生 态 环 境 部 编
《土壤环境监测分析方法》编委会

TURANG HUANJING JIANCE FENXI FANGFA

土壤环境监测分析方法

中国环境出版集团·北京

图书在版编目（CIP）数据

土壤环境监测分析方法/生态环境部，《土壤环境监测分析方法》编委会编. —北京：中国环境出版集团，2019.2（2021.1 重印）

ISBN 978-7-5111-3461-5

Ⅰ.①土… Ⅱ.①生…②土… Ⅲ.①土壤环境—土壤监测—研究 Ⅳ.①X833

中国版本图书馆 CIP 数据核字（2017）第 320382 号

出 版 人	武德凯	
责任编辑	孟亚莉	
文字编辑	张 倩	
责任校对	任 丽	
封面设计	岳 帅	
封面摄影	京 海	

出版发行	中国环境出版集团
	（100062 北京市东城区广渠门内大街 16 号）
	网 址：http://www.cesp.com.cn
	电子邮箱：bjgl@cesp.com.cn
	联系电话：010-67112765（编辑管理部）
	发行热线：010-67125803，010-67113405（传真）
印 刷	北京中科印刷有限公司
经 销	各地新华书店
版 次	2019 年 2 月第 1 版
印 次	2021 年 1 月第 2 次印刷
开 本	787×1092 1/16
印 张	45.75
字 数	1100 千字
定 价	138.00 元

《土壤环境监测分析方法》

编写领导小组及编委名单

领导小组

组　　长：翟　青

副组长：刘志全　罗　毅　邱启文　邹首民　柏仇勇　陈善荣

成　　员：胡克梅　张京麒　海　颖　邢　核　佟彦超　曹　勤　董明丽
　　　　　陈　岩　郭佳星

主　　编：魏复盛

副主编：王业耀　张建辉　吴国平

常务编委：台培东　夏　新　徐亚平　张霖琳　吕怡兵　石利利　许人骥

编　　委：李　茜　王　琳　李旭冉　李丽和　朱日龙　张　颖　南淑清
　　　　　刘宝献　宋宁慧

专家技术委员会（按拼音顺序排列）：

陈素兰　丁中元　董轶茹　多克辛　郭书海　胡冠九　李红莉
李　敏　刘纯新　刘劲松　刘景泰　刘伟（男）　刘伟（女）
罗岳平　马锦秋　秦保平　曲　健　沈英娃　汪小泉　王春利
王向明　魏恩棋　杨洪彪　张榆霞

《土壤环境监测分析方法》
参加编写单位

（以参与编写章节顺序排序）

1. 中国环境监测总站
2. 中国科学院沈阳应用生态研究所
3. 浙江省环境监测中心
4. 内蒙古自治区环境监测中心站
5. 江西省环境监测中心站
6. 天津市生态环境监测中心
7. 北京市环境保护监测中心
8. 广西壮族自治区环境监测中心站
9. 天津市宝坻区环境保护监测站
10. 湖北省环境监测中心站
11. 云南省环境监测中心站
12. 沈阳市环境监测中心站
13. 四川省环境监测总站
14. 农业农村部环境保护科研监测所
15. 江苏省环境监测中心
16. 中国农业科学院农业资源与农业区划研究所
17. 郑州市环境监测中心站
18. 天津市农业环境保护管理监测站
19. 扬州市环境监测中心站
20. 常州市环境监测中心

21. 南通市环境监测中心站

22. 苏州市环境监测中心

23. 农业农村部肥料质量监督检验测试中心（济南）

24. 济南市环境监测中心站

25. 宁夏回族自治区环境监测中心站

26. 青岛市环境监测中心站

27. 江苏省农产品质量检验测试中心

28. 上海市环境监测中心

29. 湖南省环境监测中心站

30. 河南省环境监测中心

31. 济源市环境监测站

32. 山西省环境监测中心站

33. 宁波市环境监测中心

34. 深圳市环境监测站

35. 厦门市环境监测中心站

36. 武汉市环境监测中心

37. 陕西省环境监测中心站

38. 东台市环境监测站

39. 广东省环境监测中心

40. 南京市环境监测中心站

41. 山东省环境监测中心站

42. 鞍山市环境监测中心站

43. 开封市环境监测站

44. 泰州市环境监测中心站

45. 中国科学院生态环境研究中心

46. 国家环境分析测试中心

47. 生态环境部南京环境科学研究所

前　言

根据土壤环境监测的需要，在生态环境部的支持下，编委会组织环境监测、农业、科研院所47家单位200余位监测技术专家，经过三年多的努力，编写了《土壤环境监测分析方法》这本工具书，为全国土壤环境质量监测、调查、评估及相关研究提供技术支撑。

全书分为六篇：第一篇土壤质量及评价；第二篇土壤环境监测质量管理；第三篇理化指标与肥力测定；第四篇无机元素测定；第五篇有机污染物测定；第六篇土壤生物毒性监测。

本书覆盖了土壤理化指标及污染物80个大类，共计500余个指标，147个监测方法。首先编入的是国家和行业土壤监测标准方法，同时还把现代土壤监测的新技术、新方法（如多元素的ICP-MS，多组分有机污染物分析技术GC-MS，同位素稀释/高分辨气相色谱—高分辨质谱法等）也纳入其中，以便推动我国土壤监测技术的不断进步。书中的监测方法分为三类：

A类方法85项，由土壤监测技术相关的国家标准方法和环境、农业、林业等行业标准方法等效转化而成，方法的特征指标与现行有效的标准规范完全一致；例行监测、仲裁监测等以此类方法标准作为依据。

B类方法25个，为在国内已开展过深入研究的较成熟的方法，且经多家实验室成功应用，可作为现有标准规范的有效补充，推荐土壤监测人员使用的方法。

C类方法37个，为科研院所和监测单位自主研发或是直接引用国外的标准方法，但在国内推广应用还不广泛，可作为选用方法供监测、科研人员使用。

B类和C类方法的提出，主要是为了解决目前现行标准规范不能满足土壤监测实际需求的问题，是为未来制修订国家或行业标准提供技术储备，需经标准制修订管理的一系列程序才能上升为国家或行业标准。

本书提供的监测方法，供环保工作者、科研人员和相关人士参考。本书的每篇、章、节的后面都注明了主要编写人，编写人对编写的内容负责。使用者在实际应用中遇到问题，可直接与编写人沟通与交流。

《土壤环境监测分析方法》是一本土壤环境监测专业性很强的书籍，现在正式出版了，我们衷心感谢生态环境部领导的大力支持，感谢参加本书编写的专家以及审稿的专家委员会同人们的辛勤工作，也感谢有关参加编写单位的鼎力协助。

由于我们的经验不足和学识水平所限，加之时间较紧，书中错误和遗漏之处在所难免，我们诚恳地希望大家在使用时发现问题随时告诉我们。土壤环境监测尚有不少项目缺少配套的监测标准方法，我们恳切期望监测科研单位和监测技术专家能勇于担当，为不断推进我国土壤环境监测方法的标准化，为保护土壤环境和防治土壤污染做出我们的新贡献。

中国环境监测总站

2018 年 12 月

目　录

第一篇　土壤质量及评价

第二篇　土壤环境监测质量管理

第三篇　理化指标与肥力测定

第四篇　无机元素测定

第五篇　有机污染物测定

第六篇　土壤生物毒性监测

第一篇

土壤质量及评价

1

第一章　土壤组成与分类

第一节　土壤形成和成土原因

一、土壤概念

成土因素学说及统一形成学说认为，土壤是地球陆地表面能生长绿色植物的疏松表层，即土壤处于地球陆地表面，最主要功能是生长绿色植物，其物理状态是由矿物质、有机质、水和空气组成的具有疏松多孔结构的介质。

二、土壤的成土因素

土壤是成土母质在一定水热条件和生物作用下，经过一系列物理、化学和生物的作用而形成的。在这个过程中，母质与成土环境之间发生了一系列物质、能量交换和转化，形成层次分明的土壤剖面，出现肥力特性。土壤作为一种自然体，具有本身特有的发生和发展规律。

土壤形成因素又称成土因素，是影响土壤形成和发育的基本因素。土壤的特性和发育受到外部因素影响，与动植物生长相比，土壤的形成过程很慢，很难观察，但可以通过分析土壤形成因素的差异与土壤特性差异的相关性得到部分信息。因此，成土环境（因素）的研究一直是土壤发生学的重要研究内容。

19世纪末，俄国土壤学家 B.B.道库恰耶夫认为土壤在五大成土因素（气候、母质、生物、地形和时间）作用下形成，成土因素变化制约土壤形成和发育，土壤分布受成土因素影响，具有地带规律性。

土壤形成的物质基础是母质，能量的基本来源是气候，生物则把物质循环和能量交换向形成土壤的方向发展，使无机能转变为有机能，太阳能转变为生物化学能，促进有机物质积累和土壤肥力的产生，地形、时间以及人为活动则影响土壤的形成速度、发育程度及方向。

（一）母质对土壤发生的作用

地壳表层的岩石经过风化，变为疏松的堆积物，称为风化壳，在地球陆地上有广泛的分布。风化壳表层是形成土壤的重要物质基础——成土母质。成土母质是原生基岩经过风化、搬运和堆积等过程于地表形成的一层疏松、年轻的地质矿物质层，是形成土壤的物质基础，对土壤形成过程和土壤属性均有很大影响。

母质类型按成因可分为残积母质和运积母质两大类。残积母质指岩石风化后，基本上未经动力搬运而残留在原地的风化物。运积母质指经外力，如水、风、冰川和地心引力等作用而迁移到其他地区的母质。

（二）气候对土壤发生的影响

气候对土壤形成的影响主要体现在两个方面：一是直接参与母质的风化，水热状况直接影响矿物质的分解与合成和物质的积累与淋失；二是控制植物生长和微生物活动，影响有机质积累和分解，决定养料物质循环速度。

土壤中物质迁移主要以水为载体。不同地区，由于土壤湿度有差异，物质运移有很大差别。根据土壤中水分收支情况对物质运移的影响，可分为淋溶型水分状况、上升水型水分状况、半上升水型水分状况和停滞型水分状况。温度影响矿物风化与合成和有机质的合成与分解。一般来说，温度每增加 10℃，反应速率可成倍增加。温度从 0℃增长到 50℃时，化合物的解离度可增加 7 倍。温度和湿度对成土过程的强度和方向的影响是共同作用的，两者互相配合，才能促进土壤的形成和发展。温度和湿度对土壤形成作用的总效应很复杂，这多数取决于水热条件和当地土壤地球化学状态的配合情况。

（三）生物因素在土壤发生中的作用

土壤形成的生物因素包括植物、土壤动物和土壤微生物。生物因素是促进土壤发生发展最活跃的因素。生物的生命活动，把大量太阳能引进成土过程，使分散在岩石圈、水圈和大气圈中的营养元素向土壤表层富集，形成土壤腐殖质层，使土壤具备肥力特性，推动土壤形成和演化。从一定意义上说，没有生物因素的作用就没有土壤的形成过程。

（四）地形与土壤发生的关系

成土过程中，地形是影响土壤和环境之间进行物质和能量交换的重要因素，与母质、生物、气候等因素的作用不同，它不提供任何新的物质，主要通过影响其他的成土因素对土壤形成起作用。

地形对母质起重新分配的作用，不同地形部位常分布不同的母质。

地形支配地表径流，影响水分的重新分配，从而影响或改变土壤的形成过程或性质，也是人类活动通过地表径流或地下水污染、改变土壤性态的重要原因之一。

地形对水分状况的影响在湿润地区尤为重要，因为湿润地区降水丰富，地下水位较高；而在干旱地区，降水少，地下水位较低，由地形引起的水分状况差异较小。

地形也影响地表温度差异，不同海拔高度、坡度和方位对太阳辐射能吸收和地面散射不同，如南坡通常较北坡温度高。

（五）成土时间对土壤发生的影响

时间因素对土壤形成没有直接影响，但体现土壤的不断发展。成土时间长，受气候作用持久，土壤剖面发育完整，与母质差别大；成土时间短，受气候作用短暂，土壤剖面发育差，与母质差别小。

（六）人类活动对土壤发生演化的影响

人类活动在土壤形成过程中具有独特的作用，与其他五个因素有本质区别，不能把其作为第六个因素与其他自然因素同等看待。这是因为：①人类活动对土壤的影响是有意识、有目的和定向的。农业生产实践中，在逐渐认识土壤发生发展规律的基础上，利用和改造土壤、培肥土壤，影响较快。②人类活动是社会性的，受社会制度和社会生产力的影响。不同社会制度和生产力水平下，人类活动对土壤的影响及效果有很大差别。

（中国科学院沈阳应用生态研究所　张丽莉）

第二节　土壤基本特性

一、土壤物理性质

与土壤环境质量相关的土壤物理性质主要包括土壤颗粒、密度、孔隙、质地和结构等。

（一）土壤颗粒

根据土粒的成分，土粒可分为矿质颗粒和有机颗粒。在绝大多数土壤中，前者占土壤固相重量的95%以上，而且在土壤中长期稳定地存在，构成土壤固相骨架；后者或者是有机残体的碎屑，极易被小动物吞噬和微生物分解掉，或者是与矿质土粒结合而形成复粒，因而很少单独地存在。所以，通常所说的土粒专指矿质土粒。

（二）土壤密度

单位容积固体土粒（不包括粒间孔隙的容积）的质量（实用上多以重量代替）称为土壤密度，过去曾称为土壤比重或土壤真比重，单位为 g/cm^3 或 t/m^3。土壤密度值除了用于计算土壤孔隙度和土壤三相组成外，还可用于计算土壤机械分析时各级土粒的沉降速度，估计土壤的矿物组成以及土壤环境容量的计算与评估等。一般土壤的密度多在 2.6～2.8 g/cm^3，计算时通常采用平均密度值 2.65 g/cm^3。

（三）土壤孔隙

土壤中固、液、气三相的容积比，可粗略地反映土壤持水、透水和通气情况。三相组成与容重、孔隙度等土壤参数，可评价农业土壤的松紧程度和宜耕状况。土壤固、液、气三相的容积分别占土体容积的百分率，称为固相率、液相率（即容积含水量或容积含水率，可与质量含水量换算）和气相率，三者之比即土壤三相组成（或称三相比）。

（四）土壤质地

质地是土壤十分稳定的自然属性，反映母质来源及成土过程中的某些特征，对肥力有很大影响，是土壤分类系统中基层分类的依据之一。在制定土壤利用规划、进行土壤改良和管理时必须考虑其质地特点。土壤质地对土壤肥力的影响是多方面的，是决定土壤水、肥、气、热的重要因素。

（五）土壤结构

土壤结构是土粒（单粒和复粒）的排列和组合形式。包含两重含义：结构体和结构性。通常所说的土壤结构多指结构体。土壤结构体或称结构单位，是土粒（单粒和复粒）互相排列和团聚成为一定形状和大小的土块或土团,具有不同程度的稳定性,以抵抗机械破坏(力稳性)或泡水时不致分散(水稳性)。自然土壤的结构体种类对每一类型土壤或土层是特征性的,可以作为土壤鉴定的依据。耕作土壤的结构体种类也可以反映土壤的培肥熟化程度和水文条件等。

(六)土壤力学性质

土粒通过各种引力而黏结起来,就是土壤黏结性;土壤塑性是片状黏粒及其水膜造成的。过干的土壤不能任意塑形,泥浆状态的土壤虽能变形,但不能保持变形后的状态。因此,土壤只有在一定含水量范围内才具有塑性。

(七)土壤耕性与耕作

作物生产过程中的播种、发芽以及根系的良好生长有赖于疏松且水、肥、气、热较为协调的土壤环境,其形成需要一系列农艺措施的配合,耕作就是其中的重要手段。耕作是在作物种植以前或在作物生长期间,为了改善植物生长条件而对土壤进行的机械操作。操作的方式、过程因自然条件、经济条件、作物类型及土壤性质的不同而异。

土壤耕作主要有两方面的作用:①改良土壤耕作层的物理状况,调整其中的固、液、气三相比例,改善耕层构造。对紧实的土壤耕层,耕作可增加土壤空隙,提高通透性,有利于降水和灌溉水下渗,减少地面径流,保墒蓄水,并能促进微生物的好氧分解,释放速效养分;对土粒松散的耕层,耕作可减少土壤空隙,增加微生物的厌氧分解,减缓有机物消耗和速效养分的大量损失,协调水、肥、气、热四个肥力因素,为作物生长提供良好的土壤环境。②根据当地自然条件特点和不同作物栽培要求,使地面符合农业要求。

二、土壤化学性质

(一)土壤胶体表面化学

土壤胶体化学和表面反应主要研究土壤胶体的表面结构、表面性质和表面上发生的化学及物理化学反应,是土壤学中的微观研究领域。土壤黏粒的巨大表面使土壤具有较高的表面活性,其表面所带的电荷是土壤具有一系列化学性质的根本原因,也是土壤与纯砂粒的主要不同之处。土壤化学的核心内容是土壤胶体的表面化学。

(二)土壤溶液化学反应

土壤水中含有多种可溶性有机、无机物质。土壤水分及其所含的空气、溶质称为土壤溶液,土壤中的各种反应过程都是在土壤溶液中进行,土壤矿物风化、胶体表面反应、物质运移、植物从土壤中吸取养分或有毒有害化学成分等都必须在土壤溶液参与下实现。

(三)土壤氧化还原反应

氧化还原电位(Eh)指土壤溶液中氧化态物质和还原态物质的相对比例,决定土壤的氧化还原状况,当土壤中某一氧化态物质向还原态物质转化时,土壤溶液中氧化态物质减少,对应的还原态物质浓度增加。随着浓度变化,溶液电位相应改变,变幅由性质和浓度比的具体数值而定。这种由于溶液中氧化态物质和还原态物质的浓度关系变化而产生的电位称为氧化还原电位，单位为 V 或 mV。

三、土壤生物学性质

（一）土壤微生物

土壤中微生物分布广、数量大、种类多，是土壤生物中最活跃的部分。它们参与土壤有机质分解，腐殖质合成，养分转化和推动土壤的发育和形成。1 kg 土壤中可含 5 亿个细菌，100 亿个放线菌和近 10 亿个真菌，5 亿个微小动物。土壤微生物种类不同，有能分解有机质的细菌和真菌，有以微小微生物为食的原生动物以及能进行有效光合作用的藻类等。

（二）土壤酶

土壤中各种生化反应除受微生物本身活动的影响外，实际上是在各种相应的酶的参与下完成的。土壤酶主要来自微生物、土壤动物和植物根，但土壤微小动物对土壤酶的贡献十分有限。植物根与许多微生物一样，能分泌胞外酶，并能刺激微生物分泌酶。在土壤中已发现 50～60 种酶，研究较多的有氧化还原酶、转化酶和水解酶。

土壤酶较少游离在土壤溶液中，主要是吸附在土壤有机质和矿物质胶体上，并以复合物状态存在。土壤有机质吸附酶的能力大于矿物质，土壤微团聚体中酶比大团聚体多，土壤细粒级部分比粗粒级部分吸附的酶多。酶与土壤有机质或黏粒结合，固然会对酶的动力学性质有影响，但它也会因此受到保护，增强稳定性，防止被蛋白酶或钝化剂降解。

（三）土壤活性物质

土壤活性物质包含植物激素、植物毒素、维生素和氨基酸，以及多糖和生物活性物质等。土壤微生物合成的代谢产物——生物活性物质，直接影响植物的生长、产品数量和质量。

很多微生物都能合成各种不同的植物激素，并分泌于体外或在微生物死亡后释放到土壤中。产生植物毒素的细菌多为假单胞菌属的细菌，它们的代谢产物能抑制植物生长。

许多土壤微生物都能合成维生素并分泌到周围环境中。固氮菌不同菌株能产生 V_{B1}、V_{B6}、V_{B7}、V_{B3}、V_{B12} 等 B 族维生素。根圈土壤中微生物产生氨基酸，供作物根系吸收，参与植物营养。土壤微生物产生的多糖约占土壤有机质的 0.1%，这种物质与植物黏液、矿物胶体和有机胶体结合在一起，可在幼龄、尚未木栓化的根部表面形成不连续的膜，保护根部免受锐利的土粒的损伤和病原微生物的入侵。

四、土壤肥力质量

土壤质量是土壤特性的综合反映，也是揭示土壤条件动态的最敏感的指标，能体现自然因素及人类活动对土壤的影响。土壤质量的核心之一是土壤生产力，基础是土壤肥力质量。土壤肥力质量是土壤的本质属性，直接影响作物生长的好坏，从而影响农业生产的结构、布局和效益。国内外关于土壤肥力质量的学说与观点中，比较全面的观点是将地貌、水文、气候、植物等环境因子，以及人类活动等社会因子作为土壤肥力质量系统组分，认为从土壤—植物—环境整体角度看，土壤肥力质量是土壤养分针对特定植物的供应能力，以及土壤养分供应植物时环境条件的综合体现，土壤养分、植物、环境条件共同构成土壤肥力的外延。土壤肥力质量不仅受土壤养分、植物的吸收能力和植物生长的环境条件各因子的独立作用，更重要的是取决于各因子的协调程度。

（中国科学院沈阳应用生态研究所　张丽莉）

第三节　土壤组成与性质

一、土壤矿物质

土壤矿物质是土壤的主要组成物质，构成了土壤的"骨骼"，一般占土壤固相部分重量的95%～98%。其余部分为有机质、土壤微生物体。土壤矿物质的组成、结构和性质，对土壤物理性质（结构性、水发性质、通气性、热学性质、力学性质和耕性）、化学性质（吸附性能、表面活性、酸碱性、氧化还原电位、缓冲作用等）以及生物与生物化学性质（土壤微生物、生物多样性、酶活性等）均有深刻的影响。由坚硬的岩石矿物演化成具有生物活性和疏松多孔的土壤，要经过极其复杂的风化、成土过程。因此，土壤矿物组成也是鉴定土壤类型、识别土壤形成过程的基础。

（一）土壤矿物质的主要元素组成

土壤中矿物质主要是由岩石中的矿物变化而来，土壤矿物部分元素组成很复杂，元素周期表中的全部元素几乎都能从中发现。但主要的约有20种，包括氧、硅、铝、铁、钙、镁、钛、钾、钠、磷和硫，以及锰、锌、铜、钼等微量元素。在矿物质的主要元素组成中，氧和硅是地壳中含量最多的两种元素，分别占47%和29%，铁、铝次之，四者相加共占地壳重量的88.7%。其余90多种元素合在一起约占地壳重量的11.3%。所以，组成地壳的化合物中，绝大多数是含氧化合物，以硅酸盐最多。在地壳中，植物生长所必需的营养元素含量很低，其中磷、硫均不到0.1%，氮只有0.01%，而且分布很不平衡，远远不能满足植物和微生物营养的需要。土壤矿物的化学组成，一方面继承了地壳化学组成的特点，另一方面在成土过程中增加了某些化学元素，如氧、硅、碳、氮等，有的化学元素又显著下降了，如钙、镁、钾、钠等。这反映了成土过程中元素的分散、富集特性和生物积聚作用。

（二）土壤的矿物组成

土壤矿物按矿物的来源，可分为原生矿物和次生矿物。原生矿物直接来源于母岩的矿物，岩浆岩是其主要来源；次生矿物则是由原生矿物分解转化而成。

土壤原生矿物指经过不同程度的物理风化，未改变化学组成和晶体结构的原始成岩矿物。主要分布在土壤的砂粒和粉粒中，以硅酸盐占绝对优势。土壤中原生矿物类型和数量在很大程度上取决于矿物的稳定性，石英是极稳定的矿物，具有很强的抗风化能力，因而土壤的粗颗粒中其含量就高。长石类矿物占地壳重量的50%～60%，同时也具有一定的抗风化稳定性，所以土壤粗颗粒中的含量也较高。土壤原生矿物是植物养分的重要来源，原生矿物中含有丰富的钙、镁、钾、钠、磷、硫等常量元素和多种微量元素，经过风化作用释放供植物和微生物吸收利用。

二、土壤有机质

土壤有机质是指存在于土壤中的所有含碳有机物质，它包括土壤中各种动植物残体、微生物及其分解和合成的各种有机物质。土壤有机质由生命体和非生命体两大部分有机物质组成。

有机质是土壤的重要组成部分。尽管土壤有机质只占土壤总重量很小一部分，但其数量和质量是表征土壤质量的重要指标，在土壤肥力、环境保护和农业可持续发展等方面有着很重要的作用和意义。一方面它含有植物生长所需要的各种营养元素，是土壤微生物生命活动的能源，对土壤的物理、化学和生物性质有深刻影响；另一方面，土壤有机质对重金属、农药等各种有机、无机污染物的行为有显著影响，而且土壤有机质对全球碳平衡起着重要的作用，是影响全球"温室效应"的主要因素。

（一）土壤有机质在生态环境中的作用

1．土壤有机质与重金属离子的作用

土壤腐殖物质含有多种功能基团，对重金属离子有较强的络合和富集能力。土壤有机质与重金属离子的络合作用，对土壤和水体中重金属离子的固定和迁移有极其重要的影响。

2．土壤有机质对农药等有机污染物的固定作用

土壤有机质对农药等有机污染物有强烈的亲和力，对有机污染物在土壤中的生物活性、残留、生物降解、迁移和蒸发等过程有重要影响。土壤有机质是固定农药最重要的土壤组成成分，其固定能力与腐殖物质功能基的数量、类型和空间排列密切相关，也与农药本身性质有关。一般认为，极性有机污染物可以通过离子交换和质子化、氢键、范德华力、配位体交换、阳离子桥和水桥等各种不同机理与土壤有机质结合。

3．土壤有机质对全球碳平衡的影响

土壤有机质是全球碳平衡过程中非常重要的碳库。据估计全球土壤有机质的总碳量在 $14 \times 10^{17} \sim 15 \times 10^{17} g$，大约是陆地生物总碳量（$5.6 \times 10^{17} g$）的 2.5 倍。每年因土壤有机质生物分解释放到大气的总碳量为 $68 \times 10^{15} g$，全球每年因焚烧燃料释放到大气的碳仅为 $6 \times 10^{15} g$，是土壤呼吸作用释放碳的 8%～9%。可见，土壤有机质损失对地球自然环境具有重大影响。从全球来看，土壤有机碳水平的不断下降，对全球气候变化的影响将不亚于人类活动向大气排放的影响。

（二）土壤有机质的管理

自然土壤中，土壤有机质含量反映了植物枯枝落叶、根系等有机质的加入量与有机质分解而产生损失量之间的动态平衡。自然土壤一旦被耕作农用以后，这种动态平衡关系就会遭到破坏。一方面，由于耕地上除作物根茬及根的分泌物外，其余的生物量大部分会作为收获物被取走，这样进入耕作土壤中的植物残体量比自然土壤少；另一方面，耕作等农业措施常使表层土壤充分混合，干湿交替的频率和强度增加，土壤通气性变好，导致土壤有机质的分解速度加快。适宜的水分条件和养分供应也促使微生物更为活跃。此外，耕作会增加土壤侵蚀，使土层变薄，也是土壤有机质减少的一个原因。一般的趋势是对于原有机质含量高的土壤，随着耕种年数的递增，土壤有机质含量降低。土壤有机质含量降低导

致土壤生产力下降已成为世界各国关注的问题，我国人多地少、复种指数高，保持适量的土壤有机质含量是我国农业可持续发展的一个重要因素。但对于有机质含量较低的土壤（如侵蚀性红壤、漠境土等），耕种后通过施肥等措施进入土壤的有机物质数量较荒地条件下明显增加，因而有机质含量将逐步提高。

我国耕地土壤的现状是有机质含量偏低，必须不断添加有机物质才能将土壤有机质水平提高，使土壤活性有机质保持在适宜的水平，既能保持土壤良好的结构，又能不断地供给作物生长所需要的养分。尽管因气候条件、土壤类型、利用方式、有机物质种类和用量等不同使土壤有机质含量提高的幅度有显著的差异，但施用有机肥在各种土壤及不同种植方式下都能提高耕地土壤有机质的水平。通常用"腐殖化系数"作为有机物质转化为土壤有机质的换算系数，它是单位重量的有机物质碳在土壤中分解一年后的残留碳量。同类有机物质在不同地区的腐殖化系数不同，同一地区不同有机物质的腐殖化系数也不同。

三、土壤生物

（一）土壤微生物

土壤微生物是地表下数量最巨大的生命形式。土壤微生物按形态学来分，主要包括原核微生物（古菌、细菌、放线菌、蓝细菌、黏细菌）、真核微生物（真菌、藻类和原生动物），以及无细胞结构的分子生物。

采用传统方法可培养的土壤微生物只占总数的一小部分，有人推测约占其中的 0.1%。因此，人们常常通过生物化学、分子生物学等技术分析土壤微生物的数量、群落结构及活性。最常见的指标包括土壤微生物生物量、土壤微生物多样性和土壤酶等。

（二）土壤动物

土壤中的动物按自身大小，可分为微型土壤动物（如原生动物和线虫等）、中型土壤动物（如螨等）和大型土壤动物（如蚯蚓、蚂蚁等）。虽然土壤动物生物量相对较少，但其在促进土壤养分循环方面起着重要作用。土壤动物能直接或间接地改变土壤结构，直接作用来自掘穴、残体再分配以及含有未消化残体和矿质土壤粪便的沉积作用；间接作用是指土壤动物的行为改变了地表或地下水分的运动、颗粒的形成，以及水、风和重力运输的溶解物，影响物质运输。

（三）土壤中的植物根系

高等植物根系虽然只占土壤体积的 1%，但其呼吸作用却占土壤的 1/4～1/3。根据尺寸大小，根系可被认为是中型或微型生物，其主要作用是将根部固定到土壤中，另外就是增大根部的表面积，使其能从土壤中吸收更多的水分和营养。植物根系的活动能明显影响土壤的化学和物理性质；同时，植物根系与其他生物之间也常常存在竞争或协同关系。

四、土壤水、空气和热量

（一）土壤水分

土壤水是土壤的最重要组成部分之一，对土壤的形成和发育以及土壤中物质和能量运移有着重要影响。土壤水是植物生存和生长的物质基础，是作物水分的最主要来源。水具有可溶性、可移动性和比热高等理化性质，是土壤中许多化学、物理和生物学过程的介质，是土壤环境特征的重要方面。

按水在土壤中存在状态通常可划分为固态水（化学结合水和冰）、液态水和气态水（水汽）。其中数量最多的是液态水，包括束缚水和自由水，束缚水包括吸湿水和膜状水，自由水又分为毛管水、重力水和地下水。这里主要介绍液态水。

（1）吸湿水。干土从空中吸着水汽所保持的水，称为吸湿水，又称紧束缚水，属于无效水分。在室内经过风干的土壤，实际上还含有水分。将风干的土壤样品放在烘箱里，在 $105\sim110\,℃$ 的温度下烘干，称为烘干土。如果把烘干土重新放在常温、常压的大气中，土壤重量又逐渐增加，直到与当时空气湿度达到平衡，并且随着空气湿度的变化而相应变动。风干土样与烘干土样间的重量差为吸湿水重量。

（2）膜状水。指由土壤颗粒表面吸附所保持的水层，膜状水的最大值叫最大分子持水量。膜状水对植物生长发育来说属于弱有效水分，又称为松束缚水分。由于部分膜状水所受吸引力超过植物根的吸水能力，更由于膜状水移动速度太慢，不能及时补给，所以高等植物只能利用土壤中部分膜状水。通常当土壤还含有全部吸湿水和部分膜状水时，高等植物就已经发生永久萎蔫了。

（3）毛管水。毛管水指借助于毛管力（势），吸持和保存在土壤孔隙系统中的液态水。它可以从毛管力（势）小的方向朝毛管力（势）大的方向移动，并被植物吸收利用。

（4）重力水和地下水。当大气降水或灌溉强度超过土壤吸持水分的能力时，土壤的剩余引力基本上已经饱和，多余的水由于重力作用通过大孔隙向下流失，这种形态的水称为重力水。有时因为土壤黏紧，重力水一时不易排出，暂时滞留在土壤大孔隙中，称为上层滞水。重力水虽然可以被植物吸收，但因为它很快就流失，所以实际上被利用的机会很少；而当重力水暂时滞留时，却又因为占据了土壤大孔隙，有碍土壤空气的供应，反而对高等植物根系的吸水有不利影响。

如果土壤或母质中有不透水层存在，向下渗透的重力水，就会在它上面的土壤孔隙中聚积起来，形成一定厚度的水分饱和层，其中的水可以流动，成为地下水。地下水能通过支持毛管水的方式供应高等植物的需要。

（二）土壤空气

土壤空气在土壤形成和土壤肥力培育过程中，以及在植物生命活动和微生物活动中，都有着十分重要的作用。土壤空气中具有植物生活直接和间接需要的营养物质，如氧、氮、二氧化碳和水汽等，在一定条件下土壤空气起着与土壤固、液两相相同的作用。当土壤通气受阻时，土壤空气的容量和组成会成为作物产量的限制因子。因此，在农业实践中常需通过耕作、排水或改善土壤结构等措施促进土壤空气的更新，使植物生长发育有适宜的通气条件。

（三）土壤热量与热性质

土壤热量的最基本来源是太阳辐射能。同时，微生物分解有机质的过程是放热的过程，释放的热量，小部分被微生物自身利用，而大部分可用来提高土温。进入土壤的植物组织，每千克植物含有 $16.745\,2\sim20.932\,kJ$ 的热量。据估算，含有机质 4% 的土壤，每平方米耕层

有机质的潜能为 $1.55×10^6$～$1.70×10^6$ kJ，相当于 4.9～12.4 t 无烟煤的热量。在保护地蔬菜的栽培或早春育秧时，施用有机肥，并添加热性物质，如半腐熟的马粪等，就是利用有机质分解释放出的热量以提高土温，促进植物生长或幼苗早发快长。

土壤的热性质是土壤物理性质之一。指影响热量在土壤剖面中的保持、传导和分布状况的土壤性质。包括 3 个物理参数：土壤热容量、导热率和导温率。土壤热性质是决定土壤热状况的内在因素，也是农业上控制土壤热状况，使其有利于作物生长发育的重要物理因素，可通过合理耕作、表面覆盖、灌溉、排水及施用人工聚合物等措施加以调节。

（中国科学院沈阳应用生态研究所　张丽莉）

第四节　土壤类型与分布

一、土壤分类体系

目前土壤分类多体系并存，各土壤分类体系间有较大差异。我国土壤分类主要是发生学分类体系和诊断学分类体系，对两者进行参比时，以土壤发生学分类的土类与土壤诊断学分类的亚纲或土类进行比较。

（一）土壤发生学分类体系

土壤发生学分类体系是以土壤属性为基础，以成土因素、成土过程和土壤属性（较稳定的形态特征）为依据，将耕种土壤和自然土壤作为统一的整体划分土壤类型，具体分析自然因素和人为因素对土壤的影响。我国第二次全国土壤普查汇总的中国土壤分类系统，采用土纲、亚纲、土类、亚类、土属、土种、变种 7 级分类，是以土类和土种为基本分类级别的分级分类制。各分类级别的划分依据如下：

土纲：根据土类间的发生和性状的共性加以概括。全国土壤共分铁铝土、淋溶土、半淋溶土、钙层土、干旱土、漠土、初育土、半水成土、水成土、盐碱土、人为土、高山土 12 个土纲。

亚纲：根据土壤形成过程中主要控制因素的差异划分。土壤水分状况和土壤温度状况的差异常用作亚纲的划分依据，如铁铝土纲根据温度状况不同，划分为湿热铁铝土和湿暖铁铝土两个亚纲。

土类：分类的基本单元。在一定的综合自然条件或人为因素作用下，经过一个主导的或几个附加的次要成土过程，具有相似的发生层次，土类间在性质上有明显的差异。

（二）土壤诊断学分类体系

我国土壤诊断学分类以土壤诊断层和诊断特性为基础，以发生学理论为指导，共分六级，即土纲、亚纲、土类、亚类、土族和土系。前四级为高级分类级别，后两级为基层分类级别。

土纲：最高级土壤分类级别。根据主要成土过程产生的性质、影响及主要成土过程的性质划分，共分出 14 个土纲。

亚纲：土纲的辅助级别。根据影响成土过程的控制因素所反映的性质（如水分状况、温度状况和岩性特征）划分。

土类：亚纲的细分级别。根据反映主要成土过程强度或次要成土主要过程或次要控制因素的表现性质划分。

二、土壤类型分布

（一）土壤分布的地带性

我国的土壤类型繁多，分布随自然条件的变化做相应变化，土壤类型在空间上的分布规律具有多种表现形式，一般归纳为水平地带性、垂直地带性和地域性分布规律。

1. 土壤水平地带性分布规律

我国土壤的水平地带性分布，在东部湿润、半湿润区域，表现为自南向北随气温带而变化的规律，热带为砖红壤，南亚热带为赤红壤，中亚热带为红壤和黄壤，北亚热带为黄棕壤，暖温带为棕壤和褐土，温带为暗棕壤，寒温带为漂灰土，其分布与纬度基本一致，故又称纬度水平地带性。在北部干旱、半干旱区域，表现为随干燥度而变化的规律，自东而西依次为暗棕壤、黑土、灰色森林土（灰黑土）、黑钙土、栗钙土、棕钙土、灰漠土、灰棕漠土，其分布与经度基本一致，故这种变化主要与距离海洋的远近有关。距离海洋越远，受潮湿季风的影响越小，气候越干旱；距离海洋越近，受潮湿季风的影响越大，气候越湿润。由于气候条件不同，生物因素的特点也不同，对土壤的形成和分布，必然带来重大的影响。

2. 土壤垂直地带性分布规律

我国的土壤由南到北、由东向西虽然具有水平地带性分布规律，但北方的土壤类型在南方山地却往往也会出现。随着海拔升高，山地气温就会不断降低，自然植被随之变化。由于山体海拔的变化而引起气候—生物分布的带状分异所产生的土壤带状分布规律，称土壤垂直地带性分布规律。

土壤由低到高的垂直分布规律，与由南到北的纬度水平地带分布规律是近似的。土壤的垂直分布是在不同的水平地带开始的，各个水平地带各有不同的土壤垂直带谱。这种垂直带谱，在低纬度的热带，较高纬度的寒带更为复杂，而且同类土壤的分布，自热带至寒带逐渐降低，山体的高度和相对高差，对土壤垂直带谱有影响。山体越高，相对高差越大，土壤垂直带谱越完整。例如，喜马拉雅山具有最完整的土壤垂直带谱，由山麓的红黄壤起，经过黄棕壤、山地酸性棕壤、山地漂灰土、亚高山草甸土、高山草甸土、高山寒漠土，直至雪线，为世界所罕见。

3. 土壤地域分布规律

土壤地域性分布规律，是在地带性分布规律的基础上，由于地形与水文地质差异，以及人为耕作活动影响，土壤发生相应变异的有别于地带性土壤的地方性分类，并与地带性土壤形成镶嵌分布，如广泛分布于云南、广西、贵州的岩成石灰土，与当地地带性土壤红壤、黄壤形成镶嵌分布。

（二）我国主要土壤类型

1．砖红壤、赤红壤、红壤、黄壤和燥红土

我国热带亚热带地区，广泛分布着各种红色或黄色的酸性土壤，由于它们在土壤发生发展和生产利用上有共同之处，统归为红壤系列，包括红壤、砖红壤、赤红壤、黄壤和燥红土等类。它是我国分布最广的土壤类型之一。其分布范围大致北起长江，南至南海诸岛，东起台湾、澎湖列岛，西达云贵高原及横断山脉，其中以广东、广西、福建、台湾、江西、湖南、云南、贵州等省（区）分布最广，湖北、四川、浙江、安徽等省次之。

砖红壤主要分布在海南岛、雷州半岛和西双版纳等地，大体上位于北纬 22°以南，由于地处热带，自然条件优越，是发展热带生物资源的重要基地。

赤红壤为南亚热带地区的代表性土壤，主要分布于广东西部和东南部、广西西南部、福建、台湾南部以及云南的德宏、临沧地区西南部。一般分布于海拔 1 000 m 以下的低山丘陵区。气候特点介于砖红壤和红壤之间。

红壤主要分布于长江以南广阔的低山丘陵区，其中包括江西、湖南两省的大部分，云南、广东、广西、福建等省（区）的北部，以及贵州、四川、浙江、安徽等省的南部。

黄壤是我国南方山区主要土壤类型之一，广泛分布于亚热带与热带的山地上，以四川、贵州两省为主，在云南、广西、广东、福建、湖南、湖北、江西、浙江、安徽和台湾诸省（地区）也有相当面积。黄壤形成于湿润的亚热带生物—气候条件下，热量条件较同纬度地带的红壤略低。

燥红土主要分布在海南的西南部、云南南部等地，一般由于地形受山地屏障或切割形成的高山峡谷地形的影响，生物气候条件干热，这些地区具有热量高、酷热期长、降雨量少、蒸发量大、旱季长的特点。

2．黄棕壤、棕壤和褐土

黄棕壤、棕壤和褐土是我国北亚热带与暖温带的地带性土壤类型。黄棕壤分布于北亚热带，兼有棕壤与红、黄壤的某些特点，棕壤与褐土分别出现于暖温带的湿润和半湿润地区。

黄棕壤是北亚热带地区的地带性土壤，在分布上和发生上均表现出明显的南北过渡性，集中分布于江苏、安徽两省的长江两岸以及鄂北、陕南与豫西南的丘陵低山地区。在此以南地区，黄棕壤多出现在山地垂直地带带谱中。

棕壤集中分布于暖温带的湿润地区，纵跨辽东与山东半岛，带幅大致呈南北向。另外，还广泛出现于半湿润与半干旱地区的山地垂直地带中，如在燕山、太行山、嵩山、秦岭、伏牛山、吕梁山和中条山的垂直地带中，在褐土或淋溶褐土之上均有棕壤分布。

褐土主要分布于暖温带半湿润的山地和丘陵地区，在水平分布上处于棕壤以西的半湿润地区，在垂直分布上则位于棕壤带之下。主要分布在燕山、太行山、吕梁山与秦岭等山地和关中、晋南、豫西等盆地中。

3．水稻土

水稻土是我国重要的耕作土壤之一。水稻土是指在长期淹水种稻的条件下，受人为活动和自然成土因素的双重作用，而产生水耕熟化和氧化与还原交替，以及物质的淋溶、淀积，形成特有剖面特征的土壤。由于水稻的生物学特性对气候和土壤有较广的适应性，因而水稻土可以在不同的生物气候带和不同类型的母土上发育形成。我国水稻土几乎遍布全

国，但主要分布于秦岭至淮河一线以南的广大平原、丘陵和山区，其中以长江中下游平原、四川盆地和珠江三角洲最为集中。

4．黑土、黑钙土和白浆土

黑土、黑钙土和白浆土为我国主要农业地区的土壤，主要分布在黑龙江、吉林、辽宁、内蒙古、甘肃与新疆等省（区），以黑龙江和吉林最为集中。

黑土主要分布在黑龙江和吉林的中部，集中在松嫩平原的东北部，小兴安岭和长白山的山前波状起伏台地上更是集中连片。此外，在黑龙江省东北部和北部以及吉林东部也有少量分布，向北、东与白浆土或暗棕壤相接，向西与黑钙土为邻。

黑钙土主要在黑龙江和吉林省的西部，并延伸到燕山北麓和阴山山地的垂直地带上，其上部或其东部与灰黑土、暗棕壤、黑土接壤，其下部或其西部、南部则逐渐过渡到暗栗钙土。

白浆土分布于吉林省东部和黑龙江省的东部和北部，多见于黑龙江、乌苏里江与松花江下游的河谷阶地，小兴安岭、完达山、长白山及大兴安岭东坡的山间盆地、谷地、山前台地和部分熔岩台地。

5．塿土、黑垆土

塿土与黑垆土是古老耕种土壤，塿土位于暖温带南部，呈东西长、南北狭的带状，主要分布在陕西关中和山西西南汾渭河谷的阶地上。黑垆土是中国黄土高原地区主要土类之一，主要分布于中国陕西北部、甘肃东部、宁夏南部、山西北部和内蒙古的黄土塬地、黄土丘陵和河谷高阶地。其中以地形平坦，侵蚀较轻的董志塬、早胜塬、洛川塬等塬区为多。

6．栗钙土、棕钙土和灰钙土

栗钙土、棕钙土和灰钙土带是我国温带、暖温带干旱半干旱地区的地带性土壤类型，分布辽阔。

栗钙土主要分布在内蒙古高原的东部与南部、鄂尔多斯高原东部，呼伦贝尔高原西部以及大兴安岭南麓的丘陵平原地区，向西可延伸到新疆北部的额尔齐斯、布克谷地与山前阶地。在阴山、贺兰山、祁连山、阿尔泰山、天山及昆仑山的垂直地带谱与山间盆地也有广泛分布。

棕钙土与栗钙土相比较，其腐殖质累积过程更弱，而石灰的聚积过程则大为增强，钙积层的位置在剖面中普遍升高，形成于温带荒漠草原环境，主要分布于内蒙古高原的中西部、鄂尔多斯高原的西部和准噶尔盆地的北部，是草原向荒漠过渡的地带性土壤。在贺兰山、祁连山、准噶尔界山与昆仑山的垂直地带上也有分布。

灰钙土也是荒漠草原地区的地带性土壤类型，分布面积以黄土高原的西北部、河西走廊的东段和新疆的伊犁河谷最为集中，土壤剖面分化弱，发生层次不及栗钙土、棕钙土清晰，腐殖质层的基本色调为浅黄棕带灰色，钙积层不明显。

7．灰漠土、灰棕漠土和棕漠土

漠境地区约占我国总面积的五分之一，漠境地区有三类地带性土壤，灰棕漠土和棕漠土分别位于温带和暖温带漠境地区，而灰漠土则位于温带漠境与半漠境的过渡地区。

灰漠土是石膏盐层土中稍微湿润的类型，是温带漠境边缘细土物质上发育的土壤，分布在漠境边缘地带内蒙古河套平原、宁夏银川平原的西北角，新疆准噶尔盆地到沙漠的南北两边山前倾斜平原、古老冲积平原和剥蚀高原地区，甘肃河西走廊的西段也有一部分，实际分布的面积并不大。

灰棕漠土为温带荒漠地区的土壤,是温带漠境气候条件下粗骨母质上发育的地带性土壤。在我国西北地区占有相当大面积,主要分布于准噶尔盆地、河西走廊等地,青海柴达木盆地西北部戈壁也有分布。

棕漠土是暖温带漠境条件下发育的地带性土壤类型。广泛分布在新疆天山山脉、甘肃的北山一线以南,嘉峪关以西,昆仑山以北的广大戈壁平原地区。以河西走廊的西半段,新疆东部的吐鲁番、哈密盆地和噶顺戈壁地区最为集中。塔里木盆地周围山前的洪积戈壁,以及这些地区的部分干旱山地上也有分布。

8. 高山草甸土

高山草甸土发育于高山森林郁闭线以上草甸植被下的土壤。我国高山草甸土主要分布于青藏高原东部的高原面和高山,以及帕米尔高原、天山和祁连山等海拔在 3 200～5 200 m 的祁连山、昆仑山、唐古拉山高山区均有分布。在天山等山地常呈垂直带出现,而在高原面上则具有水平地带性分布的特征。

(中国环境监测总站 于勇)

第二章　土壤环境质量

第一节　土壤环境质量

一、土壤质量

国内外对于土壤质量含义的认识不尽相同。美国国家研究委员会（1993）认为土壤质量是"土壤调节土壤生态系统及外部环境影响的能力"；美国土壤学会认为土壤质量是"在自然或人工生态系统内，某种特定土壤维持植物和动物生产力、保持和提高水质和空气质量、支撑人类健康和生活环境的能力"。中国学者认为土壤质量包含了"土壤维持生产力、对人类和动植物健康的保障能力，是指在由土壤所构成的天然或人为控制的生态系统中，土壤所具有的维持生态系统生产力和人与动物健康，而自身不发生退化及其他生态与环境问题的能力，是土壤特定或整体功能的综合体现"；土壤质量是"土壤保证生物生产的土壤肥力质量、保护生态安全和持续利用的土壤环境质量及其土壤中与人畜健康密切有关的功能元素和有机无机毒害物质含量多寡的土壤健康质量的综合量度"。

总之，土壤质量是土壤肥力质量、土壤环境质量和土壤健康质量三个既相对独立，又相互联系组分的综合集成。土壤肥力质量是土壤提供植物养分和生产生物物质的能力；土壤环境质量是土壤容纳、吸收和降解各种环境污染物质的能力；而土壤健康质量是土壤影响和促进人类和动植物健康的能力。

二、土壤环境质量

土壤环境质量是指在一定的时间和空间范围内，土壤自身性状对其持续利用以及对其他环境要素，特别是对人类或其他生物的生存、繁衍以及社会经济发展的适应性，是土壤环境"优劣"的一种概念，是特定需要的"环境条件"的量度。它与土壤健康或清洁的状态以及遭受污染的程度密切相关。

土壤环境质量不仅与土壤在自然成土过程中形成的固有环境条件、与环境质量有关的元素或化合物组成与含量，以及在利用和管理过程中的动态变化相关，也与其作为次生污染源对整体环境质量的影响有关。土壤环境质量随土地的实际使用状况而变化，即其"优劣"是相对的。

（中国环境监测总站　史宇）

第二节　土壤背景值

一、概述

土壤环境背景值是指在不受或很少受到人类活动影响和现代工业污染的情况下，土壤原来固有的化学组成和结构特征。环境背景值在时间与空间上的概念都具有相对的含义，因为很难找到绝对不受人类活动和污染影响的土壤；同时，不同自然条件下发育的不同土类，同一种土类发育自不同的母质母岩，其土壤环境背景值也有明显差异。所以，土壤元素的环境背景值是统计性的，即按照统计学的要求进行采样设计与样品采集，分析结果经频数分布类型检验，确定其分布类型，以其特征值表达该元素背景值的集中趋势，以一定的置信度表达该元素背景值的范围。

在实际土壤环境背景值调查研究中，往往根据空间范围和对比时间数而采取不同的布点、采样方法。

二、全国土壤环境背景值

全国土壤环境背景值研究是国家"七五"重点科技攻关课题之一，其目的在于获得国家大尺度的主要土类 60 余种元素准确可比的背景值，编制中国土壤环境背景值图集，探讨土壤背景值的区域分异规律及影响因素。

（一）布点

区域均值法调查大、中尺度土壤环境背景值，布点方法基本以土类为基础，兼顾统计学与制图学的要求，采用网格法布点，使采样点位有适当的密度和均匀性。根据我国东、中、西部地区经济发展差异及土壤和地理自然环境复杂程度不同，确定了三种不同的布点密度：东部 40 km×40 km、中部 50 km×50 km、西部 80 km×80 km；直辖市和沿海城市的采样密度适当增加，全国（除台湾地区外）共布设了 4 095 个土壤典型剖面。

（二）采样

选择典型的土壤发育剖面采样，每个剖面按土壤发育层次采集 A、B、C 三个样品。拣出样品中的非土壤部分，晾干后研磨过 100 目筛，供化学分析用。

（三）化学分析

对全国 4 095 个典型剖面的土壤样品中 As、Cd、Co、Cr、Cu、F、Hg、Mn、Ni、Pb、Se、V、Zn 等 61 个元素、pH、有机质、粉砂（1.0～0.01 mm）、物理黏粒（0.01～0.001 mm）、黏粒（＜0.001 mm）进行测定。

（四）全国土壤元素背景值地域分异规律及影响因素

1. 东部森林土类元素背景值纬向变化趋势

我国东部自北向南 9 个森林土类（棕色针叶林土、暗棕壤、棕壤、褐土、黄棕壤、黄壤、红壤、赤红壤、砖红壤）中微量元素含量的纬向变化趋势可分为以下几种情况：①铜、镍、钴、钒、铬及氟在华北及华中区的褐土、棕壤及黄棕壤中含量较高，在北部的暗棕壤、棕色针叶林土及南部的赤红壤与砖红壤中含量较低，而砖红壤最低；②锰和镉的含量自北方土类向南方土类逐渐降低；③锌、汞等无明显变化趋势。

2. 北部荒漠与草原土类元素背景值的经向变化趋势

我国北部自东向西6个草原与荒漠土类（灰色森林土、黑钙土、栗钙土、棕钙土、灰漠土与灰棕漠土）中微量元素含量的变化趋势难以通过统计直接反映出来，因为这个区域内气候—土类条件与母质母岩条件的交叉影响比较复杂。因此，在比较土类间元素含量的差异时，必须剔除母质因素干扰，可以采用多重分类分析获得的调整独立方差来描述不同土类中微量元素含量的差别。

3. 东部平原区与上游侵蚀区之间土壤元素背景值的共轭联系

我国东部冲积平原区位于我国地势自西向东三阶梯的最低一级，由数十条大、中河流冲积而成，这些河流在向下游流动的过程中将来自中、上游流域的风化产物和土壤进行充分研磨混合后，输送并堆积在东部大平原上。研究发现，黄河平原、长江平原、珠江平原土壤中微量元素含量都与上游被侵蚀物质之间存在地球化学共轭联系。

4. 成土条件与土壤元素背景值的关系

（1）某些岩类对其上土壤中微量元素的含量起控制作用，不同气候下的成土过程不能明显地改变原母岩中微量元素的含量，如抗风化能力强的石英质岩石（较纯质砂岩、风沙土）。

（2）某些岩类对其上土壤中微量元素的含量控制作用不强，相反地，气候及风化作用程度能强烈地改变原母岩中微量元素含量，如抗风化能力弱的碳酸盐类岩石（石灰岩、白云岩）。

（3）其他岩类对其上土壤中微量元素含量的控制作用介于上述二者之间，即在这些岩石上发育的土壤中元素含量既继承了母岩特点，又受到不同气候条件下风化成土过程的影响，如抗风化能力中等的硅酸盐与铝硅酸盐岩石（花岗岩、玄武岩、页岩、黏土、黄土等）。

一般情况下，大部分土壤中微量元素的含量同时受到母岩和成土过程的双重影响。此外，土壤pH、有机质、土壤黏粒组成、土壤氧化铁含量等对土壤元素背景值也有不同程度的影响。

（中国环境监测总站　王光）

第三节　土壤环境容量

一、土壤环境容量的概念

土壤环境容量通常是指土壤环境单元容许承纳的污染物质的最大数量或负荷量。土壤环境容量是针对土壤中的有害物质而言，土壤之所以对各种污染物有一定的容纳能力，与土壤本身具有一定的净化功能有关。

土壤对污染物具有一定容量的基础是土壤的缓冲性。这种缓冲性包括土壤本身对有机物的自净能力，反映了化学物质进入土壤后，由一系列化学反应和物理、生物的过程所控制的物质的形态、转化和迁移等行为。各种元素在土壤中都处于一个动态的平衡过程，进而制约土壤环境容量。土壤环境容量涉及土壤污染物的生态效应和环境效应，污染物的迁移、转化和净化规律。它不仅能把土壤容纳污染物的能力与污染源允许排放量联系起来，进行区域污染源的总量控制，而且还能推导出土壤环境质量标准、农田灌溉水标准和污泥农田施用标准，因而具有重要的理论意义和应用价值。

二、土壤环境容量的影响因素

（一）土壤性质

土壤是一个复杂的、不均匀的多相复合体系，不同类型土壤对环境容量有显著影响。研究表明，土壤 Cd、Cu、Pb 容量大体上由南到北随土壤类型的变化而逐渐增大，而 As 的变动容量在南方酸性土壤的容量一般较高，北部土壤一般较低。即使同一母质发育的不同地区的土壤类型，对重金属的土壤化学行为的影响和生物效应也有显著差异。

一般情况下，随着土壤 pH 的升高，土壤对重金属阳离子的"固定"能力增强。例如，下蜀黄棕壤随着 pH 的上升对 Pb 的吸附能力明显增加，As 以阴离子形式存在，随着土壤渍水时间的延长，pH 上升和 Eh 下降，水溶性 As 在一定时间内明显上升。

（二）指示物

研究环境容量的目的主要是控制土壤中污染物质通过迁移、转化后经食物链对人体健康的影响，以及通过淋溶迁移对地下水、地表水质量的影响，而且是以前者为主。因此，在选用特定的参照作物为指示物时，由于指示物不同，所得的临界含量有很大差异。例如，在下蜀土中添加相同浓度重金属时，麦粒中 Pb 和 Cd 含量大于糙米，而糙米中 As 和 Cu 含量大于麦粒。

（三）污染过程

污染物进入土壤后，可以溶解在土壤溶液中，吸附于胶体表面，闭蓄于土壤矿物中，与土壤中其他化合物产生沉淀，这些过程均与污染过程有关。随着时间推移，土壤中重金属的溶出量、形态和累积程度均会发生变化。

（四）化合物类型

不同化合物类型的污染物进入土壤，在土壤中迁移、转化行为及对作物产量和品质的影响不同，并最终导致污染物标准值和临界含量的不同。例如，当红壤中添加浓度同为 10 mg Cd/kg 的 $CdCl_2$ 和 $CdSO_4$ 时，糙米中 Cd 浓度分别为 0.65 mg/kg 和 1.26 mg/kg。

三、土壤环境容量的研究方法

通过对自然环境、社会经济与污染状况的调查，以及对污染物生态效应、环境效应和物质平衡的研究，确定土壤临界含量。在此基础上，建立土壤元素的物质平衡数学模型，制定出元素的土壤环境容量（图 1-2-1）。

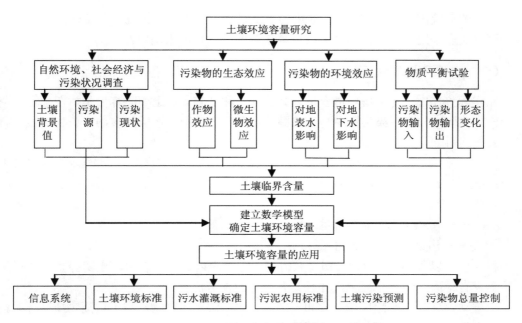

图 1-2-1　土壤环境容量研究及其应用

（一）自然环境、社会经济与污染状况调查

土壤环境容量具有显著的自然环境与社会经济依存性，保持良好的自然环境和社会经济持续发展，是土壤环境容量研究的主要目标之一。污染源调查，是预测区域环境污染物的种类、来源与污染物控制必需的内容，与污染现状有着十分密切的关系。

（二）污染物生态效应的研究

外源污染物进入土壤生态系统后，不仅影响作物的产量与品质，同时也影响土壤动物、微生物以及酶的组成与活性。土壤污染物的生态效应是通过不同浓度的污染物在生物各器官（尤其是可食部分）中残留积累的量来考察的。

（三）污染物环境效应的研究

主要研究土壤作为次生污染源对地表水、地下水的影响。通过模拟试验和污染地区的实际调查与监测获得临界含量，也可利用陆地水文学中地表径流研究成果和水文站观测资料，结合实际污染物综合分析与比较。

（四）物质平衡研究

土壤接受来自外源的所有污染物，同时通过自身净化功能，包括污染物在土壤中的迁移转化、形态变化及其影响因素，以及向水、大气和生物体的输出，使土壤中污染物处于动态平衡过程中，从而影响土壤的环境容量。

（五）土壤污染物临界含量的确定

土壤污染物临界含量，又称基准值，是土壤所能容纳污染物的最大浓度，是决定土壤环境容量的关键因子。目前,比较通用的方法是利用土壤中污染物的剂量—效应关系来获取,而且大多采用剂量—植物产量或可食部分的卫生标准来确定。

(六)土壤环境容量的计算

在实际工作中,将土壤环境容量分为静容量和动容量。土壤静容量是指在一定环境单元和一定时限内,当污染物不参与土壤圈物质循环的情况下,所能容纳污染物的最大负荷量,其通式可表示为:

$$Q_{si}=W（C_{ci}-C_{oi}） \tag{1-2-1}$$

式中:Q_{si}——污染物 i 的静负荷容量;

    W——耕层土重;

    C_{ci}——污染物 i 的临界含量;

    C_{oi}——污染物 i 的背景含量。

将 Q_{si} 除以预测年限（t）,即可获得在一定时限内的年增容量。土壤静负荷容量虽与实际容量有距离,但参数简单,并且具有一定的参考价值。

土壤动容量是指一定环境单元和一定时限内,假定污染物参与土壤圈物质循环时,土壤所能容纳污染物的最大负荷量,其通式可表示为:

$$Q_{di}=W\{ C_{ci}-[C_{pi}+f（I_1，I_2，I_3，\cdots，I_n）-f（O_1，O_2，O_3，\cdots，O_n）]\} \tag{1-2-2}$$

式中:Q_{di}——土壤动容量;

    C_{ci}——污染物 i 的临界含量;

    C_{pi}——土壤中污染物 i 的实测浓度;

    I,O——输入项和输出项,各输入和输出项可分别建立各自的子函数方程。

通过计算机算出一定时限（t）内的动容量,将 Q_{di} 除以 t,并假定每年的输入和输出量不变,即可得年动容量。

综上所述,土壤环境容量是对污染物进行总量控制与环境管理的重要指标,对损害或破坏土壤环境的人类活动及时进行限制,进一步要求污染物排放必须限制在容许限度内,既能发挥土壤的净化功能,又能保证该系统处于良性循环状态。然而,目前土壤环境容量研究的基础仍然建立在黑箱理论上,仅考虑输入和输出而不涉及发生过程,而这些过程却是影响土壤环境容量的重要因素,因而不能反映模式的理论依据及其适用的土壤条件,所获得的容量值仅是一个初步参考值。

（浙江省环境监测中心　汪小泉）

第三章 土壤污染来源与危害

第一节 土壤重金属污染

重金属多存在于各种矿物和岩石中，经过岩石风化、火山喷发、大气降尘、水流冲刷及生物摄取等过程，能够在自然环境中循环迁移。全球变化及人类活动的干扰会改变重金属元素在环境中的行为，使其通过各种途径进入土壤，以致在土壤中积累而造成污染。土壤重金属污染会使农作物产量和质量下降，并危害人类健康；也会导致大气和水环境恶化，最终威胁人类生存环境。厘清土壤重金属污染物的来源，对于治理重金属污染和保护人类健康意义重大。

土壤中重金属的来源主要有以下几个方面：

（1）土壤母质及成土过程会影响重金属元素的背景值。例如，在我国不同地区，重金属元素背景值会表现出不同的分布趋势。成土过程中母质的酸碱度、氧化还原电位和元素组成成分等因素，也会影响土壤中重金属的富集情况。在石灰性土中，成土母质的碱性环境不利于重金属迁移，造成重金属元素残留及较高的重金属背景值；成土过程中的气候因素同样会影响土壤中重金属元素的含量。我国东部和东南部湿润气候条件下，土壤砷可转化为可溶形态，易于流失。

（2）工业生产的污水排放与污水灌溉。工业废水中许多重金属含量超标，造成工厂附近生活用水中重金属含量过高，污水随意排放会污染农业灌溉用水，造成土壤重金属污染。据报道，自20世纪60年代以来，污灌面积持续增加，其中，北方旱地污灌现象尤为严重，占到全国污灌面积的90%以上，而南方地区仅占6%。农田污水灌溉会导致土壤中汞、镉、铬、砷、铜、锌、铅等重金属含量增加。

（3）大气中重金属沉降。冶金行业，特别是有色冶金及无机化工行业，在生产过程中排放出大量含重金属的有害气体和粉尘，并且经自然沉降和雨淋过程进入土壤，造成土壤重金属污染。大气重金属沉降虽然有可迁移性的特点，但受其污染的土壤也有一定分布规律，即土壤受污染程度与距离污染源的距离成反比。

（4）农药、化肥和塑料薄膜使用。过量施用化肥和农药已成为中国农业生产的一个普遍现象，而使用含有铅、汞、镉、砷等重金属的农药，以及不合理施用化肥，都会导致土壤中重金属污染。现阶段，农业生产中施用的化肥含有重金属，如过磷酸盐中含有较多的汞、镉、砷、锌和铅等，氮肥中含有较高含量的铅、砷和镉。据相关研究报道，施用化肥后，农田土壤中的镉含量由 0.134 mg/kg 增加到 0.316 mg/kg，汞含量由 0.22 mg/kg 升高到 0.39 mg/kg，而铜和锌含量也增加了 60%以上。农用塑料薄膜中也含有大量的镉和铅，薄膜使用也会造成农田土壤的重金属污染。

（5）城市垃圾的快速增长。近半个世纪以来，随着中国城镇化进程加快，城市垃圾产生量也迅速增长，其中包括厨余垃圾、燃煤炉灰以及生物有机质。城市垃圾增长速度快于垃圾处理技术的发展速度，造成垃圾积累和处理不当等问题，而城市垃圾中含有较高的重金属含量，最终造成土壤污染。

城市垃圾处理中的焚烧处理产生较多飞灰，而重金属是焚烧飞灰中最重要的污染成分之一，且重金属的不可降解性决定了其长期存在并潜在威胁人类健康；焚烧飞灰中含有不同化学形态的重金属，如不稳定结合态和稳定结合态的金属。重金属的存在形态在一定程度上决定垃圾焚烧飞灰的危害性，如稳定结合态的金属由于不易被动植物吸收，其活动性、生物可利用性和毒性等相对较低。

（内蒙古自治区环境监测中心站　张丽君）

第二节　土壤有机物污染

一、土壤有机污染物的类型、特性及主要来源

（一）土壤有机污染物的主要类型

土壤有机污染物指造成环境污染和对生态系统产生危害影响的有机物。按照来源可分为天然有机物和人工合成有机物。按照毒性可划分为有毒和无毒，有毒有机污染物主要包括苯系物、多环芳烃和有机农药等；无毒有机污染物包括容易分解的有机物，如糖、蛋白质和脂肪等。按照环境半衰期可划分为持久性有机污染物和非持久性有机污染物。

按照土壤中含量和对环境的危害程度，一般可以划分为以下六种。

（1）农药类，主要是指有机氯农药、有机磷农药。有机氯农药主要分为以苯为原料和以环戊二烯为原料两大类。以苯为原料的有机氯农药包括杀虫剂 DDT 和六六六，以及六六六的高丙体制品林丹、DDT 的类似物甲氧 DDT、乙滴涕，也包括从 DDT 结构衍生而来、品种繁多的杀螨剂，如杀螨酯、三氯杀螨砜、三氯杀螨醇等。另外，还包括一些杀菌剂，如五氯硝基苯、百菌清、稻丰宁等；以环戊二烯为原料的有机氯农药包括杀虫剂氯丹、七氯、硫丹、狄氏剂、艾氏剂、异狄氏剂、碳氯特灵等。此外以松节油为原料的莰烯类杀虫剂、毒杀芬和以萜烯为原料的冰片基氯也属于有机氯农药。

有机磷农药主要有对硫磷、内吸磷、乐果、敌百虫等。大部分有机磷农药易溶于水，如敌百虫、磷胺、甲胺磷、乙酰甲胺磷等，一般在自然环境中会迅速降解。少数有机磷农药，如一硫代磷酸酯类和二硫代磷酸酯类中的内吸磷类农药，亲体分子毒性大，进入生物体后能继续氧化为毒性大的亚砜和砜化合物，而且毒性残存期较长。

（2）多环芳烃类。多环芳烃类是广泛存在于环境中的有机污染物，由于其具有致畸、致癌或致突变作用，对人类健康危害极大。多环芳烃能以气态或者颗粒态存在于大气、水、土壤和生物体中，且在同一介质中会发生光解、生物降解等反应，在不同介质间也会相互迁移转化，能长时间地停留在环境中，对人类健康和环境带来严重危害。

（3）多氯联苯类。根据不同的氯含有量，具有 209 种同系物。

（4）二噁英和呋喃类。主要来自废弃物焚烧、冶炼再生、钢铁生产、漂白剂和农药生

产等。

（5）石油类污染物。主要来源石油开采、运输、加工、存储、使用和废弃物处理等。石油对土壤的污染多集中在表土层，影响土壤的穿透性，使土壤理化性质发生改变。其中，芳香类物质对人体和动物的毒性较大，尤其是以多环和三环为代表的芳烃。

（6）其他有机污染物。如酞酸酯类化合物、表面活性剂、染料类化合物、废塑料制品等。

（二）土壤有机污染物的特性

土壤有机污染物具有复杂性、缓慢性和面源污染的特点，但是基本上属于疏水性，具有较强的亲脂性。

（三）土壤有机污染物的主要来源

土壤有机污染物主要来自工业污染、交通运输污染、农业污染和生活污染等。有机污染物在土壤中吸附解析、降解代谢、残留富集等，进入食物链对人体产生危害，并通过挥发、淋滤、地表径流携带等方式进入其他环境体系中。

二、土壤有机污染物的化学过程

土壤中有机污染物的化学过程由其化学性质决定。有机污染物在土壤中降解和代谢，主要分为生物降解、化学降解和光解。有机污染物可以通过光降解、物理降解、化学降解和微生物降解等方式转化。

农药的降解过程十分复杂。有些农药的微生物降解能促使土壤有机物被彻底净化；有些剧毒农药经降解可以失去毒性；有些农药毒性本身不大，但其分解产物毒性很大；有些农药本身及其代谢产物都具有毒性。

进入土壤的有机污染物，同土壤物质和土壤微生物发生各种反应，进而产生降解作用。一般经过以下过程：①与土壤颗粒的吸附与解析。②通过挥发和随土壤颗粒进入大气。③渗滤到地下水或者随地表径流迁移至地表水。④通过食物链在生物体内富集或降解。⑤生物和非生物降解。其中，吸附和解析、渗滤、挥发和降解等过程对土壤有机污染物的消失贡献最大。

（中国环境监测总站　张颖）

第三节　土壤污染的危害

一、土壤重金属污染的危害

近年来，由于工业活动增多、固体废物处理和农业生产力提高，增加了重金属对环境的污染；其中，农田土壤中有毒重金属含量的增加主要是由于农业生产对化肥的依赖性增加、污水灌溉和工业化扩张，从而对土壤—植物系统产生有害影响。重金属会导致农业产量下降，同时因重金属进入食物链而危害人类健康。所有来源中，冶金工业对土壤污染的贡献最大。下面以几种典型重金属为例，阐述其对生态系统的危害。

（一）镉的来源与危害

镉是天然存在于土壤中且毒性极强的金属，但由于人类活动，镉也散布在环境中；镉可通过植物根系吸收而普遍存在于植物中，进而出现于食物中。镉在土壤中的存留时间可达上千年，且镉的毒性在毒害物质中排第七，成为农业系统中的主要环境问题之一。未受污染的土壤中，镉浓度约为 0.5 mg/kg 以下，但有些土壤中可达到 3.0 mg/kg，其含量很大程度上取决于土壤母质。一些含磷肥料镉浓度较高（4.77 mg/kg），这可能是大米中镉含量增加的原因。镉在植物体内积累，会造成一些生理、生物化学和结构上的变化，镉对植物细胞造成的毒害与活性氧基团的氧化压力、抗氧化酶的活化或抑制、氧化损坏的大小和蛋白质的氧化程度等因素密切相关。另外，碳水化合物的同化、氨基酸和脯氨酸的含量以及聚胺化水平，会因镉的毒害作用而改变。

（二）砷的来源与危害

地壳是含砷量较为丰富的自然性砷源，砷存在于 200 多种矿物质中，含量最丰富的是含砷黄铁矿。砷对地下水的污染对人类的公共健康造成较大威胁。土壤中砷和其他重金属的生物有效性和毒害性受到很多土壤特性影响，例如，土壤含水量、pH、氧化还原状况、土壤地点水文和植物及微生物成分都会影响土壤胶体的吸附特性和行为特性。另外，利用受到砷污染的地下水灌溉农田，可能会污染土壤和农产品。在通气较为良好的土壤中，无机砷形态是砷的主要存在形态，其生物地球化学行为与正磷酸盐极为相似，且砷酸盐在弱酸情况下与磷酸盐的化学特性完全一致，均可较强地吸附于黏粒边缘以及含水铁铝氧化物上。

（三）铅的来源与危害

铅是使用十分广泛的金属，主要损害人的神经系统，长期铅暴露会影响人体健康及青少年发育，摄取食物是人类铅暴露的主要途径之一。

土壤中的铅极易被植物吸收，且累积于不同器官中；土壤被铅污染后，导致农作物产量急剧下降。化肥常规施加使土壤中可移动性铅的含量增加，同时促使农作物对铅的吸收。

铅对植物产生的毒害作用是快速抑制根系生长、植株生长变慢和发生萎黄病；即使有微量的铅进入植物细胞内，也会对生理过程产生大范围的负面影响，主要表现为降低植物水势、改变细胞膜的通透性、降低激素水平及电子转移能力和改变酶活性，而这些影响会使植物生理过程发生紊乱，甚至会导致植物死亡。

二、土壤持久性有机污染物的危害

有机污染物种类众多，在环境中存留时间较长，在土壤、沉积物、空气和生物体内的半衰期也很长，对环境和人类健康危害极大。有机污染物通常是脂溶性化学物质，在水体或土壤中，与有机质具有较强的黏合特性，而较少呈现液态；在生物体内，更多地分布在磷脂中，较少出现在细胞的水环境中，这些特性决定了有机污染物会持久地在生物链中累积。

有机污染物较为重要的一个特性是在常温下易于转化为气态，因此可能从土壤、植物和水体中挥发进入大气；又由于其在空气中难以降解，会被输送到较远的距离，然后沉降。有机污染物运移—沉降的循环会重复多次，可能会累积或释放到较远的区域；在大气传输过程中，污染物分布在悬浮颗粒或气溶胶中，该分布取决于周边温度和该有机物的物理—化学性质。总之，污染物在适宜环境条件下，形成气态的倾向和稳定性使其能够长时间大气传输，决定了其能在食物链中富集的特性。

（中国科学院沈阳应用生态研究所　王汝振）

第四章 土壤环境评价方法

第一节 土壤环境质量评价

土壤环境质量评价是环境质量评价的重要组成部分，是在研究土壤环境质量变化规律的基础上，对土壤环境质量高低与优劣所做的定性、定量评价，可以为土壤环境管理提供科学依据。

土壤环境质量评价涉及评价因子、评价标准和评价模式。评价因子数量与项目类型取决于监测目的和技术条件。评价标准一般采用国家土壤环境质量标准。评价模式有单因子评价法和多因子评价法。各种评价方法都有一定的适用范围、评价目的和优缺点。

一、单因子评价法

（一）土壤单项污染指数

土壤单项污染指数是评价土壤污染程度或土壤环境质量等级的相对无量纲指数，能够比较直观地反映土壤中各项污染指标，方法简明，计算方便，具有可比较的等价特性，是目前土壤环境质量评价中应用较广泛的一种指数。

$$P_i = C_i / S_i \tag{1-4-1}$$

式中：P_i —— 土壤中 i 污染物的单项污染指数；

C_i —— 土壤中污染物 i 的实测浓度值，mg/kg；

S_i —— 土壤中污染物 i 的评价标准值或参考值，mg/kg。

土壤环境质量评价一般以单项污染指数为主，指数小污染轻，指数大则污染重。土壤环境质量评价分级见表 1-4-1。单项污染指数法是其他环境质量指数、环境质量分级和综合评价的基础。

表 1-4-1 土壤环境质量评价分级

等级	P_i 值大小	污染评价
I	$P_i \leqslant 1$	无污染
II	$1 < P_i \leqslant 2$	轻微污染
III	$2 < P_i \leqslant 3$	轻度污染
IV	$3 < P_i \leqslant 5$	中度污染
V	$P_i > 5$	重度污染

注：引自《全国土壤污染状况评价技术规定（2008）》。

（二）土壤污染累积指数

由于土壤地区背景差异较大，用土壤污染累积指数更能反映土壤受人为影响程度。土壤污染累积指数为土壤中某项污染物的实际含量与该污染物背景值的比值。

$$P_i = C_i/C_{i0} \qquad (1\text{-}4\text{-}2)$$

式中：P_i——土壤污染累积指数；

C_i——土壤中污染物 i 的实测浓度值，mg/kg；

C_{i0}——土壤中污染物 i 的背景值，mg/kg。

土壤污染累积指数可反映土壤中污染物累积情况。一般而言，土壤污染累积指数≤1，表示未受污染；土壤污染累积指数＞1，表示已受污染，值越大，受污染程度越严重。

土壤单项污染指数和污染累积指数评价法均为单因子评价法。单因子评价法以土壤环境质量标准为基础，目标明确，具有可比较的等价特性，对土壤环境质量从严要求，是操作最简单的一种环境质量评价方法。但单因子评价法只能代表一种污染物对环境质量的影响程度，各评价参数之间没有关联，不能反映整体污染程度，且有时会由于要求过于严格而使评价结果偏低。

二、多因子评价法

在土壤环境质量评价中，应用较为广泛的多因子评价法主要有综合污染指数评价法、模糊评价法、层次分析法和灰色系统理论评价法等。

（一）综合污染指数评价法

综合污染指数评价法是用土壤环境质量评价因子的监测结果与土壤环境质量评价标准之比作为该因子的污染分指数，然后通过数学方法将各因子的分指数综合而得到土壤综合污染指数，以此代表土壤环境质量。综合污染指数评价是对土壤环境质量状况做出定量描述，从总体上看可以综合反映土壤环境质量评价指标的超标程度，便于比较不同区域的土壤环境质量状况，或比较同一区域不同时期的土壤环境质量。综合污染指数评价法是目前进行土壤环境污染评价的主要方法。

根据分指数的数学处理方法不同，土壤综合污染指数存在着不同的形式，包括简单叠加指数、算术平均值指数、内梅罗指数、计权型指数等。

1. 加和型指数

选定若干评价因子，将各因子的实际浓度 C_i 和其相应的评价标准浓度（C_{0i}）相比，求出各因子的分指数，将各分指数加和，即：

$$PI = \sum_{i=1}^{n} \frac{C_i}{C_{0i}} \qquad (1\text{-}4\text{-}3)$$

$$PI = \frac{1}{n} \sum_{i=1}^{n} \frac{C_i}{C_{0i}} \qquad (1\text{-}4\text{-}4)$$

式（1-4-3）和式（1-4-4）是加和型指数的两种形式，式（1-4-3）为简单叠加指数，是最基本的污染指数计算方法，其不足在于评价结果受评价因子的不同和评价因子项数的影响，可比性不强。式（1-4-4）为算术平均值指数，是在式（1-4-3）基础上，将分指数的加和除以参加评价的因子项数（n），消除了项数不同对指数值的影响，增加了可比性。评价指标对环境质量状况的影响程度是有区别的，但加和型指数无法区别不同污染物对环境质量的影响程度。

2．内梅罗指数

美国学者 N.L.Nemerow 提出的一种水质指数的计算方法，该方法的特点是在计算式中含有评价因子中最大的分指数项。

$$PI = \sqrt{\frac{\left(\frac{C_i}{C_{0i}}\right)^2_{最大} + \left(\frac{C_i}{C_{0i}}\right)^2_{平均}}{2}} \qquad (1\text{-}4\text{-}5)$$

内梅罗指数充分重视某污染物出现的最大浓度值的影响和作用，兼顾考虑平均值和最高值。缺点是在污染物波动大时，可能出现一个由最大值决定的高峰，削弱其他污染指数的贡献。

3．计权型指数

计权型指数的出发点是认为各评价因子对环境影响是不等权的，其影响由各评价因子的权重系数 W_i 表示，计算公式为：

$$PI = \sum_{i=1}^{n} W_i I_i \qquad I_i = \frac{C_i}{C_{0i}} \qquad (1\text{-}4\text{-}6)$$

通过加权考虑不同污染物对环境质量状况的不同影响程度，可以有针对性地突出某种污染物的作用。加权指数由于引入权值，增强了指数的合理性。一般权重的赋值方法有专家打分法、超标倍数法、熵权赋值法等。

4．方法评述

综合污染指数评价法是对所有参评因子整体做出定量描述、根据定量结果并按照一定分级标准对环境质量定性评价的方法，总体上看可以基本反映环境污染的性质和程度。对于全国和区域而言，污染指数评价法计算简便，便于进行不同区域之间或同一区域时间序列上的基本污染状况和变化的比较。

（二）模糊评价法

模糊评价法通过隶属度描述土壤污染状况的渐变性和模糊性，使评价结果更接近实际情况，而且模糊评价法可以解决模糊边界，并控制评价结果误差的有效性，使评价结果更加准确可靠，目前已经应用于土壤污染综合评价。随着模糊评价法的应用和改进，模糊评价法中主要有模糊综合评价法、模糊聚类法和模糊模式识别法等。其中，模糊综合评价法在土壤环境质量评价中的应用最为广泛。

1．模糊综合评价法

模糊综合评价法的基本思路是，由监测数据建立各评价因子对各级标准的隶属度集，形成隶属度矩阵，把参评因子的权重集与隶属度矩阵相乘，获得一个综合评判集，表明环境质量评价对象对各级标准的隶属程度；取隶属程度大的级别对应的类别作为环境质量的类别，反映了评价级别的模糊性。具体步骤是：

（1）建立评价因素集，即确定参评因子集合。在环境质量评价中，由参与评价的 n 个环境质量指标的实际测定浓度组成。记为 $\boldsymbol{U} = \{u_1, u_2, \cdots, u_n\}$。

（2）建立评价等级集，即确定评价结果的等级集合，一般根据相应的国家环境质量标准建立等级集。记为 $V = \{v_1, v_2, \cdots, v_m\}$。

（3）建立隶属度函数。监测值为 X 的环境质量指标对各个环境质量级别的隶属度 r_{ij}，即可以被评为 j 类环境质量的可能；n 表示参与评价指标数；m 表示环境质量级别数。将各单因素模糊评价集 R 的隶属度为行，组成单因素评价矩阵，则可得出 $n \times m$ 的模糊矩阵 R，表明每个评价因子与每级评价标准之间的模糊关系。

（4）确定各评价因子的权重。对每个评价指标 u_i 赋予一个相应的权重值，构成权重集 $A = \{a_1, a_2, \cdots, a_n\}$。在模糊综合评价中，通常使用超标倍数法、熵权赋值法等计算方法。

（5）建立综合评价矩阵，并进行综合评价。模糊综合评价考虑所有因子的影响，将权重集 A 与单因素模糊评价矩阵 R 相乘，得到各被评价对象的模糊综合评价集 B。

即：$B = A \times R$

$$[b_1, b_2, \cdots, b_m] = [a_1, a_2, \cdots, a_n] \cdot \begin{bmatrix} r_{11} & r_{12} & \cdots & r_{1m} \\ r_{21} & r_{22} & \cdots & r_{2m} \\ \vdots & \vdots & \vdots & \vdots \\ r_{n1} & r_{n2} & \cdots & r_{nm} \end{bmatrix} \qquad (1\text{-}4\text{-}7)$$

式中，b_m 为评价指标，是综合考虑所有评价因子的影响时，评价因子对评价集中第 m 级等级的隶属程度。r 的第 n 行表示所有因子取第 n 个评价等级的隶属程度；第 m 列表示第 m 个因子对各个评价等级的隶属程度。因此，每列元素再乘以相应的因子权数 a，得出的结果就更能合理地反映所有因素的综合影响。

2．方法评述

模糊综合评价法的优点是能够得出评价因子被评为每一个质量级别的可能，反映了环境系统的模糊性；能够综合各个评价因子对土壤环境质量进行评价。缺点是大多根据各污染因子的超标程度确定权重，不利于不同样品之间评价结果的比较；不能确定主要污染因子；经常出现评价结果分类不明显、分辨性差的问题；评价过程较为复杂，可操作性差。模糊综合评价法主要适用于各个评价因子超标接近的情况，评价的出发点是体现不同评价因子对环境质量的综合影响。

（三）层次分析法

层次分析法的基本思路是首先把问题条理化、层次化，构造出一个有层次的结构模型。在这个模型下，复杂问题被分解为元素的组成部分，这些元素又按其属性及关系形成若干层次，以上一层次的元素作为准则对下一层次有关元素起支配作用。

1．一般步骤

（1）构造层次分析结构模型。层次分析法将目标问题分解为不同的层次，从上到下分别为目标层、准则层、要素层、指标层。

（2）构造判断矩阵

构造两两判断矩阵是计算权重的基础，矩阵用以表示同一层次各个指标的相对重要性的判断值。构造两两判断矩阵是将人的比较判断量化的过程，使用 Saaty 提出的 1～9 比较标度进行量化。

表 1-4-2　1～9 比较标度

甲与乙指标对比	同等重要	稍微重要	明显重要	强烈重要	极端重要	介于两者之间
甲标度	1	3	5	7	9	2，4，6，8
乙标度	1	1/3	1/5	1/7	1/9	1/2，1/4，1/6，1/8

（3）层次单排序，确定各层因子的权重值

计算判断矩阵的最大特征根，最大特征根对应的归一化特征向量即为对应元素单排序的权重值。以目标层—准则层为例，求判断矩阵 A 的最大特征根λ_{max}。

$$A \times W = \lambda_{max} \times W \tag{1-4-8}$$

式中，W 为对应最大特征根λ_{max} 的归一化特征向量，W 的分量就是相应因素单排序的权值。

对层次单排序的结果进行一致性检验，计算判断矩阵的随机一致性比例 CR：

$$CR = CI/RI \tag{1-4-9}$$

式中，$CI=(\lambda_{max}-n)/(n-1)$，$n$ 为这一层次中因素的个数；RI 的取值见表 1-4-3。

当 $CR<0.10$ 时，我们就认为判断矩阵具有令人满意的一致性；否则需要调整判断矩阵，直到满意为止。最终得到每一层次各因子的权重。

表 1-4-3　平均随机一致性指标 RI 的取值

n	1	2	3	4	5	6	7	8	9
RI	0	0	0.58	0.90	1.12	1.24	1.32	1.41	1.45

（4）层次总排序并进行一致性检验

层次总排序就是运用同一层次中所有层次单排序的结果，计算针对上一层次而言的本层次所有元素的重要性权重值。以要素层为例，要素层的总权重值的计算方法是运用要素层的权重乘以准则层的权重，得到要素层对于总的目标层的权重。层次总排序也要进行一致性检验，才认为判断矩阵具有满意一致性。

（5）目标层的综合评价值计算

计算目标层评价值，要运用原始数据自下而上逐层计算。

指标层指数的计算：首先对原始数据做归一化处理。指标分为两类：

一是正向指标，即对环境质量评价起正作用的指标，该类指标值越大，对环境质量的改善越有利。对正向指标的归一化计算公式为：

$$Q_i = \frac{x_i - x_{min}}{x_{max} - x_{min}} \tag{1-4-10}$$

二是负向指标，即对环境质量评价起负作用的指标，该类指标值越小，对环境质量的改善越有利。对负向指标的归一化计算公式为：

$$Q_i = \frac{x_{max} - x_i}{x_{max} - x_{min}} \tag{1-4-11}$$

式中，x_i 为每个指标因子的原始数据，$x_{min} = \min\{x_i, i = 1, 2, \cdots, n\}$，$x_{max} = \max\{x_i, i = 1, 2, \cdots, n\}$，$n$ 为研究区域的个数。

要素层指数和准则层指数的计算：依次运用权重加和的方法对要素层指数、准则层指数进行计算。要素层指数是根据所属各指标层的指数值乘以各自的权重后进行加和；准则层指数是根据所属各要素层的指数值乘以各自的权重并加和。计算公式如下：

$$V_i = \sum_{j=1}^{m} W_{dj} Q_j \tag{1-4-12}$$

式中：V_i——要素层 i/准则层 i 的指标值；

W_{dj}——指标层/要素层中第 j 项的权重；

Q_j——第 j 项的指数值；

m——本层的项数。

目标层综合评价值的计算：采用加权叠加的方法，将准则层的指数乘以各自的权重后求和，得到最终的目标层的综合评价指数：

$$D = \sum_{z=1}^{L} W_{bz} V_z \tag{1-4-13}$$

式中：D——目标层的综合评价值；

W_{bz}——准则层中准则 z 的权重；

V_z——准则层中准则 z 的值；

L——准则层的项数。

2. 方法评述

层次分析法通过系统分析，建立分层递阶结构模型，提供一种系统分析与系统综合过程的系统化、模型化的思维方法，体现定性与定量的结合，可解决多层次、多目标、半结构化等问题。

（四）灰色系统理论评价法

在土壤环境质量评价中，有限的时空监测数据提供的信息是不完全和非确知的，土壤环境质量系统是一个灰色系统。运用灰色评价法对土壤环境质量进行评价更客观、合理。运用灰色系统理论进行土壤环境质量综合评价的方法主要有灰色关联评价法、灰色聚类法、灰色贴近度分析法和灰色决策评价法等，其中灰色聚类法应用较为广泛。

（中国环境监测总站 李茜）

第二节 土壤生态风险评价

一、生态风险评价概念

生态风险是指一个种群、生态系统或整个景观的正常功能受到外界胁迫，使其在目前和将来的健康状况、结构、生产力、经济价值和美学价值受到影响的可能性及程度。潜在生态风险评价（Potential Ecological Risk Assessment，PERA）是指评价人类活动对生态系统中的生物可能构成的危害效应，目前大部分的生态风险评价研究大多集中在化学污染物方面。瑞典科学家 Hakanson 提出潜在生态危害指数法（Potential Ecological Risk Index），对土壤/沉积物重金属风险进行评价。

二、潜在生态风险评价

（一）计算方法

单个重金属污染系数：

$$C_f^i = C_D^i / C_R^i \qquad (1\text{-}4\text{-}14)$$

式中：C_f^i——重金属 i 的污染参数；

C_D^i——重金属 i 的实测值；

C_R^i——土壤中重金属 i 的背景值。

沉积物重金属污染程度 C_d：

$$C_d = \sum_{i=1}^{m} C_f^i \qquad (1\text{-}4\text{-}15)$$

某一区域土壤重金属 i 潜在生态危险系数 E_r^i：$E_r^i = T_r^i \times C_f^i$，$T_r^i$ 为重金属 i 的生物毒性响应因子，反映了重金属的毒性水平以及生物对重金属的敏感程度。经过一系列规范化处理后，Hakanson 将 Cu、Zn、Cd、Pb、Cr、As、Ni 和 Hg 的毒性系数分别定为：5、1、30、5、2、10、5 和 40。

土壤/沉积物中多种重金属的潜在生态危害指数 RI 等于所有重金属潜在生态危害系数的总和，计算公式为：

$$RI = \sum_{i=1}^{m} E_r^i \qquad (1\text{-}4\text{-}16)$$

（二）分级标准

将土壤重金属按潜在生态危害由低到高分为 5 个等级，E_r^i、RI 及污染强度分级标准见表 1-4-4。

表 1-4-4　潜在生态危害系数与潜在生态危害指数及污染强度的关系

E_r^i	单因子污染物生态危害程度	RI	总的潜在生态风险程度
<30	低	<150	低
30～60	中	150～300	中等
60～120	较重	300～600	重
120～240	重	≥600	严重
≥240	严重		

（三）影响因素

重金属的潜在生态危害指数主要受下列因素的影响：

（1）土壤/沉积物中重金属的浓度，即潜在生态危害指数值随表层重金属污染程度的加重而增大。

（2）重金属污染物的种类，即同等污染水平下，受多种重金属污染的土壤的潜在生态危害指数值应高于只受少数几种重金属污染的土壤的潜在生态危害指数值。

（3）重金属的毒性水平，毒性高的重金属比毒性低的重金属对潜在生态危害指数值有较大的贡献。

（四）优势与不足

潜在生态风险评价从重金属的生物毒性出发，综合考虑重金属的毒性、浓度及迁移转化规律及区域影响值的差异，不仅反映土壤中单一重金属元素的环境影响，也反映多种重金属污染物的综合效应，该方法消除了区域差异和异源污染的影响，并给出潜在生态危害程度的定量划分方法，适合大区域范围不同类型土壤之间评价比较，目前已成为国内外土壤/沉积物质量评价中应用最为广泛的方法之一。

然而，根据重金属总量进行潜在生态风险评价，仅可以了解重金属的污染程度，难以区分土壤/沉积物中重金属的自然来源和人为来源，难以反映土壤/沉积物中重金属的化学活性和生物可利用性，且未考虑多种金属复合污染时各金属之间的加权及拮抗作用，其毒性系数在不同区域的差异性也有待进一步研究。因此，不能有效地评价重金属的迁移特性和可能的潜在生态危害。

（中国环境监测总站　张凤英　陆泗进）

第三节　土壤健康风险评价

一、健康风险评价概念

健康风险评价是描述人类暴露于环境危害因素后，出现不良健康效应的特征，包括以毒理学、流行病学、环境测定和临床资料为基础，分析潜在的不良健康效应的性质，在特定暴露条件下对不良健康效应的类型和严重程度做出估计和外推，对不同暴露强度和时间条件下受影响的人群数量和特征给出判断，以及对所存在的公共卫生问题进行综合分析，是环境风险评价的重要组成部分。

二、健康风险评估流程

1983 年，美国国家科学院（NAS）正式提出健康风险评价的概念，并确定以危害识别、暴露评估、毒性评估及风险表征四方面内容作为风险评价的步骤。目前，该理论已被世界上大多数国家认可。

（一）危害识别

危害识别是确定污染物暴露对人类健康产生不利影响的概率是否增加。在化学品影响下，检查所有可用化学物质的有关数据，表征负面影响和化学品之间的联系。

（二）暴露评估

暴露是指污染物与人体外部可见部分的联系（如污染物从皮肤和口进入人体）。暴露评估是一个过程，测量或估计人体暴露在污染环境中的级别、频率和持续时间，或者评估尚未释放的污染物未来风险。暴露评估包括讨论暴露于污染物中人口、性质、类型，以及在上述信息下的不确定性。

1．暴露场地表征

暴露场地表征是暴露评估的第一步，主要是表征暴露场地物理环境特征及对暴露场地或附近的暴露人口调查统计。该阶段收集的场地环境特征及潜在的暴露人口可以用于确定暴露路径和暴露量估算，是暴露评估的基础。

2．暴露途径的确定

暴露途径指污染物质从污染源到人体的路线。一条完整的暴露途径通常包括：①污染源和污染源的污染物质释放；②污染物在介质中的迁移、降解和滞留行为；③暴露点（人与污染介质的接触点）；④在暴露点化学物质进入人体途径。污染物的暴露途径一般是进一步描述通过人的吃、喝或呼吸摄入，或通过组织（如皮肤或眼睛）吸收。

3．暴露量化

暴露量估算是用于量化被选择的暴露人群和暴露路径的暴露剂量、频率、暴露周期的一个过程，主要包括暴露浓度的估计和各暴露路径的暴露剂量量化。

（1）接触式测量：可以在人的接触点位测量（身体的外边界），测量暴露浓度和接触时间，然后整合；

（2）情景评估：可以通过单独评估暴露浓度和接触时间，然后综合结果；

（3）重构：暴露水平可从剂量大小估计，反过来剂量又可以通过内部指示物（生物标记，身体负担和分泌水平等）重构。

（三）毒性评估

毒性评估是健康风险评价的一个重要环节，根据对污染物质的现有研究，判断该污染物质是否对人体健康有负面影响，并建立暴露程度与产生健康负面影响的关系（即剂量—反应关系）。对一个污染场地的毒性评估包括两部分内容：污染物质的危害鉴定和建立暴露剂量—健康反应之间的关系。污染物质的危害鉴定是一个鉴定暴露于污染场地潜在化学物质下是否会增加某种对健康不利的影响，以及这种不利影响是否会作用于人体的过程。暴露剂量—健康反应评估指定量估计污染物毒性数据，建立污染物受试剂量和暴露人群不良反应发生率之间的关系。

1．非致癌毒性评估

非致癌化学物质对人体健康的危害多种多样，主要有以下三个方面：一是健康危害涉及的人体器官或系统较多，包括呼吸、消化、循环、排泄、生殖系统的器官，以及神经传导、免疫反应和精神活动等功能；二是所致健康危害种类及程度不同，如可从皮肤红肿、疮疹等轻微不适到心绞痛、智力减退乃至死亡等严重的后果；三是产生健康危害的机制各不相同，无统一规律可循。从健康危害的发生情况来看，通常假设化学物的非致癌性存在阈值，即低于某一剂量，不会产生可观察到的不良反应；高于某一剂量则会有健康危害出现，且一般随着剂量增大，对人体副作用越大（包括发生概率和严重程度）。

对人体造成急性或慢性系统危害的非致癌物质剂量阈值一般可用非致癌参考剂量（Reference Dose，RfD）或非致癌参考浓度（Reference Concentration，RfC）表示。根据人体摄取化学物质的方式，参考剂量分为经口参考剂量（RfDo）、吸入参考剂量（RfDi）和皮肤吸收参考剂量（RfDd）。另外，现有毒性研究对吸入途径都是以参考浓度（RfC）表示，其单位为μg/m³，而参考剂量单位为 mg/（kg·d），需要把参考浓度转换成参考剂量才能做风险评估计算，现有的转换方法是假设成人平均体重为 70 kg，每天平均呼吸空气量为 20 m³/d，因此其转换公式如下：

$$RfD=RfC \times 20 \text{ m}^3/\text{d} \times 1/70 \text{ kg} \times 10^{-3}$$

2．致癌毒性评估

致癌性污染物被认为是一种没有阈值的化学物质，即生物致癌性反应与剂量多少无关系，不论剂量多寡，只要有微量存在就会有生物反应，而且其反应可与剂量成正比。致癌效应剂量—反应关系的建立以各种关于剂量和相应反应的定量研究为基础。

由于人体在实际环境中的暴露水平通常较低，而实验学或流行病的剂量相对较高，因此在估计人体实际暴露情形下的剂量—反应时，通常是依据高剂量的资料，建立数学模型向低剂量水平外推，求得低剂量条件下的剂量—反应关系。

由于肿瘤形成是一种极其复杂的生理化学过程，涉及很多机理，而对这些机理人们还不完全了解或完全不了解，因此很难用一种简化的数学模式将其规律全面、准确而又定量地反映出来。目前在定量致癌风险评估中，基本上还是采用毒理学传统的剂量—反应关系外推模型。也就是从动物向人外推时，采用体重、体表面积外推法或采用安全系数法。现对污染物质的致癌性评估主要以查询国际癌症研究协会（IARc）和美国环保局综合风险咨询系统（IRIS）有关化学物质的致癌数据为主。

（四）风险表征

风险表征是转达风险评估者的判断，涉及风险性质以及风险是否存在，对其分别进行风险表征——阐述关键发现、假设、限制和不确定性。

评估模式的不确定性：在对健康风险进行过程评估时，不得不选用大量模式来完成该项评估工作。而不同模式可能存在的结构性错误、简化处理造成的错误、一些具体评估过程中存在的条件限制，以及不同模式带来的差异性结果，都会导致评估中表现出模式的不确定性问题。

参数不确定性：一是由于人为操作不当或是技术和硬件设施等方面存在客观限制，不能对评估过程中用到的各种参数全部完成精确性测量；二是在评估过程中，因为复杂的时空差异等客观原因，使相对有限的资料信息无法将这些差异性充分而准确地描述出来；三是评估过程中需要的一些数据不可能直接得到或不存在得到这些数据的基本条件，只能依据科技报道或文献报告推导。

评估变异性：评估过程中，无论是空间和时间，还是在物理和个体上出现的各种变异，或源于人口与大族群等各种变异等。对于前面提到的不确定性能够通过收集更完整、更精确的相关资料和数据，以及采取更符合实际需要的评估模式等方式或措施来有效避免，但对客观存在的变异性来说，并不存在有效的方法，比如说采取更加广泛的测量活动，或选用更加真实反映客观现实的正确资料数据等方式来降低这一变异性。

在当前开展的各类风险评价活动中，因为客观评价过程一般较复杂，需要判定的各种模型参数以及要完成的专业判断都非常多，无法在实际处理过程中对该项活动相关的每个不确定因素实施定量化分析和判断。因此，应当将可能对风险评价的最终结果有明显影响作用的关键性因素给予定性或半定量形式的具体分析，为决策者提供尽可能多有价值的评估决策信息。

为了最大限度地减少上述不确定因素可能对评估结果造成的负面影响，风险评价过程中常采用一些分析不确定性的方法，如蒙特卡罗提出的分析法（Monte Cario Analysis）、泰勒形成的简化处理方法以及概率树处理（Probability Tree）和专家判断法等。

三、健康风险评估模型

目前世界上认可程度较高的四种场地健康风险评价模型为美国环境保护局的《超级基金场地风险评价指南》（RAGS），美国材料与试验协会的 RBCA 模型，荷兰住房、空间规划与环境部 CSOIL 2000 模型及英国环境保护署 CLEA 模型。

（中国环境监测总站　于洋）

参考文献

[1] 《21 世纪科学发展丛书》土壤学编审委员会. 绿色的根基. 济南：山东科学技术出版社，2001.

[2] 陈怀满，郑春荣. 关于土壤环境容量研究的商榷. 土壤学报，1992，29（2）：119-225.

[3] 陈怀满，郑春荣. 中国土壤重金属污染现状与防治对策. AMBIO：人类环境杂志，1999，28：130-134.

[4] 陈怀满. 环境土壤学. 北京：科学出版社，2004.

[5] 陈静生，周家义. 中国水环境重金属研究. 北京：中国环境科学出版社，1992.

[6] 杜艳，常江，徐笠. 土壤环境质量评价方法研究进展. 土壤通报，2010，41（3）：749-756.

[7] 国家环保总局监督管理司. 中国环境影响评价培训教材. 北京：化学工业出版社，2000.

[8] 国家环境保护局. GB 15618—1995 土壤环境质量标准. 北京：中国标准出版社，1995.

[9] 国家环境保护总局. HJ/T 166—2004 土壤环境监测技术规范. 北京：中国标准出版社，2004.

[10] 黄昌勇，徐建明. 土壤学. 北京：中国农业出版社，2010.

[11] 黄昌勇. 土壤学. 北京：中国农业出版社，2000.

[12] 蒋展鹏. 环境工程学. 北京：高等教育出版社，1999：4-10.

[13] 金腊华，邓家泉，吴小明. 环境评价方法与实践. 北京：化学工业出版社，2005.

[14] 李天杰. 土壤地理学. 北京：高等教育出版社，2003.

[15] 李小牛，周长松，等. 北方污灌区土壤重金属污染特征分析. 西北农林科技大学学报（自然科学版），2014，42（6）：205-212.

[16] 刘书运，等. 我国污水灌溉发展现状及存在问题研究. 沿海企业与科技，2005，7：112-113.

[17] 毛小苓，倪晋仁. 生态风险评价研究述评. 北京大学学报（自然科学版），2005，41（4）：646-654.

[18] 孙铁珩，等. 土壤污染形成机理与修复技术. 北京：科学出版社，2005.

[19] 孙铁珩，周启星，李培军. 污染生态学. 北京：科学出版社，2001.

[20] 王焕校. 污染生态学. 北京：高等教育出版社，2000：188-213.

[21] 王文兴，童莉，海热提. 土壤污染物来源及前沿问题. 生态环境，2005，14：1-5.

[22] 魏复盛，陈静生，吴燕玉，等. 中国土壤环境背景值研究. 环境科学，1991，12（4）：12-19.

[23] 吴宝麟，等. 铅镉砷复合污染土壤钝化修复研究. 中南大学，2014：1-58.

[24] 夏增禄，等. 中国土壤环境容量. 北京：地震出版社，1992.

[25] 杨林章，徐琪. 土壤生态系统. 北京：科学出版社，2004.

[26] 张乃明. 环境土壤学. 北京：中国农业大学出版社，2013.

[27] 中国环境监测总站. 土壤环境监测技术. 北京：中国环境出版社，2013.

[28] 中国环境监测总站. 中国土壤元素背景值. 北京：中国环境科学出版社，1990.

[29] 中国农业百科全书《土壤卷》编辑委员会.农业百科全书（土壤卷）.北京：中国农业出版社，1996.

[30] 周启星，等. 污染土壤修复原理与方法. 北京：科学出版社，2005.

[31] Baker A J M, Brooks R R, Pease A J, et al. Studies on copper and cohalt tolerance in three closely related taxa within the genus *Silene* L.（Caryophyllaceae） from Zaïre. Plant and Soil，1983（3）：377-385.

[32] Cornelissen，G，van Noort，P C，& Govers，H A. Mechanism of slow desorption of organic compounds from sediments：a study using model sorbents. Environmental science & technology，1998，32（20）：3124-3131.

[33] Danso H，Martinson B，Ali M，et al. Performance characteristics of enhanced soil blocks：a quantitative review. Building research and information，2015，43（2）：253-262.

[34] Gill，S S, Tuteja，N, Polyamines and abiotic stress tolerance in plants. Plant Signaling & Behavior，2010，5，26-33.

[35] Groppa，M D，Benavides，M P. Polyamines and abiotic stress：recent advances. Amino Acids，2008，34，35-45.

[36] Hu YA，Liu XP，Bai JM，et al. Assessing heavy metal pollution in the surface soils of a region that had undergone three decades of intense industrialization and urbanization. Environmental Science and Pollution Research，2013，20（9）：6150-6159.

[37] Jones，K C，De Voogt，P. Persistent organic pollutants（POPs）：state of the science. Environmental Pollution，1999，100（1），209-221.

[38] Júlíus Sólnes. Environmental quality indexing of large industrial development alternatives using AHP. Environmental Impact Assessment Review，2003，23：283-303.

[39] Jurate K，Anders L，Christian M. Stabilization of As，Cr，Cu，Pb and Zn in soil using amendments - A review. Waste Management，2008，28（1）：215-225.

[40] Kumar，M. Crop plants and abiotic stresses. Biomolecular Research & Therapeutics，2013，3，e125.

[41] Maia C M B D，Novotny E H，Rittl T F，et al. Soil organic matter：chemical and physical characteristics and analytical methods：a review，2013，17（24）：2985-2990.

[42] Marjan Javadian，Hanieh Shamskooshki，Mostafa Momeni. Application of sustainable urban development in environmental suitability analysis of educational land use by using AHP and GIS in Tehran. Procedia Engineering，2011，21：72-80.

[43] Markowitz，M.Lead poisoning. Pediatrics in review/American Academy of Pediatrics，2000，21（10），327-335.

[44] Miller，M E，Alexander，M.Kinetics of bacterial degradation of benzylamine in a montmorillonite suspension. Environmental science & technology，1991，25（2），240-245.

[45] Shaheen S M，Tsadilas C D，Rinklebe J. A review of the distribution coefficients of trace elements in soils：Influence of sorption system，element characteristics，and soil colloidal properties. Advances in Colloid and Interface Science，2013，201：43-56.

[46] Sokolova T A.The role of soil biota in the weathering of minerals：A review of literature. Eurasian Soil Science，2011，44（1）：56-72.

第二篇

2

土壤环境监测质量管理

第一章　土壤环境监测质量

第一节　土壤环境监测

土壤环境监测是对土壤的理化性质、无机物、有机物和病原微生物的背景含量、外源污染状况、迁移途径和质量状况等进行监测的行为过程，目的是通过多种技术手段和方法测定土壤的环境指标，掌握土壤环境质量状况和土壤污染现状及变化趋势，为土壤环境保护和宏观决策提供科学依据。

一、土壤环境监测类别

土壤环境监测有多种分类方式。按照监测指标可分为理化性质监测、无机物监测、有机物监测和微生物监测等；按照土地利用类型可分为农用地土壤监测、林业用地土壤监测和建设用地土壤监测等；按照土壤监测目的可分为土壤背景值监测、土壤环境质量监测、土壤污染事故监测、重点区域监测和特定项目土壤监测等。

（1）土壤背景值监测：土壤背景值指在未受人类社会行为干扰（污染）和破坏时，土壤成分的组成和各组分含量；通过分析土壤原有的化学组成和含量水平，掌握土壤的自然本底值，可为环境保护、环境区划、环境影响评价和制定土壤环境质量标准等提供依据。

（2）土壤环境质量监测：土壤环境质量指在一定的时间和空间内，土壤自身性状对其持续利用以及对其他环境要素，特别是对人类或其他生物的生存、繁衍以及社会经济发展的适宜性；是对指定土壤中有关项目进行定期、长时间的监测，以确定土壤环境质量和污染状况以及评价控制措施的效果等。

（3）土壤污染事故监测：土壤污染指由于废水、废气和污泥等污染物质对土壤造成了污染，或者使土壤结构与性质发生了明显的变化。土壤污染事故监测是指发生土壤污染事故时，特别是突发性污染事故时，进行的土壤监测行为，往往需要在最短时间内确定污染物的种类、来源、范围和污染程度，为行政主管部门采取对策提供依据。

（4）重点区域土壤监测：重点区域指涉及人类饮食健康或易受工矿、养殖等行业污染的敏感地区，主要包括基本农田、蔬菜和果树基地、饮用水水源地、重污染企业周边和规模化养殖场周边等；重点区域土壤监测的目的是掌握这些区域土壤环境质量及污染源状况。

（5）特定项目土壤监测：指受政府或社会机构委托开展的具有特定目的的监测行为，包括仲裁监测、环境影响评价监测、专项调查性监测、咨询服务监测和考核验证监测等。

二、土壤环境监测流程

土壤环境监测主要包括监测方案编制、点位布设、样品采集、样品流转、样品制备、分析测试、数据处理、数据审核、结果报告、质量控制、样品存储与保存等多个环节。

（一）监测方案编制

监测方案是开展监测活动的基础，是监测目标得以实现的重要保障。监测方案依据监测任务的监测目的、监测目标和数据质量要求编制，具有完整性、系统性、针对性和可操作性。

监测方案的要点应包括：①监测目的和监测目标；②监测项目；③点位布设方法和采样方法，监测方法和技术规范；④质量控制计划，包括质量控制措施、方式和频次，质量控制结果的评价方式和标准，量值溯源方式和结果评价；⑤质量管理计划包括质量管理范围、内容、方式、频次和实施时间节点等；⑥监测仪器设备和监测条件；⑦数理统计和评价方法；⑧监测结果审核和报告方式；⑨人员安排和任务完成时限。总之，监测方案应任务清晰，技术和质量要求明确，计划详尽，时间节点有序，可操作性强，与监测目的吻合性好。

（二）点位布设

点位布设一般包括前期现场勘查、理论布点、点位现场核定、点位补充或调整、点位确定等步骤；必要时，需预采样和测试，初步判断污染物空间分布状况和污染程度，或初步验证点位布设方案的合理性结论。长期开展监测工作的点位一旦确定，应保证其持续性。即使是已经确定的土壤监测点位，也会因社会经济发展和临时性特殊原因而发生变化，例如土地利用类型的变化、洪涝等自然灾害的影响或突发性污染事故的影响等，因此，在土壤样品采集过程中，不能简单机械地执行点位布设方案，应实时关注点位代表性与监测目标的符合性。

点位布设应遵循科学、合理、可行的原则，保证其客观性、代表性、可操作性和可持续性，以最低的成本实现监测目标。点位布设方案中应重点考虑的内容包括：①监测目的、监测目标和监测范围；②拟定监测区域的社会状况、地形地貌、土壤要素、区域特征、水文特征和污染现状等相关因素；③布点原则和布点方法，包括各种特殊情况下的点位取舍、合并和平移规则；④监测精度或数据质量要求；⑤监测经费条件、完成时限、人员能力和监测条件；⑥最低点位数量及其计算方法；⑦样品采集可行性。

（三）样品采集

为保证采集的土壤样品具有监测区域的空间整体代表性，必须避免一切主观因素的影响，使组成总体的个体样品有等同的机会作为样品被采集。按照土壤采集的深度分布，样品分为表层样品、分层样品和剖面样品；按照监测项目测试需求，样品分为普通样品和新鲜样品；按照采集方式，样品分为单独样品和混合样品。土壤样品采集可分为采样准备和样品采集两个阶段。

（1）样品采集准备阶段：主要包括采样的组织准备、资料收集、现场勘查、采样器具和用品准备、人员培训等内容。

（2）样品采集阶段：在预定的采样地点，按照监测方案中确定的采样方式，依据监测技术规范和质量控制要求，采集符合监测目的的样品，并对样品进行正确的包装和标识。

按照样品采集的目的，土壤样品采集分为三种类型。一是前期采样：根据背景资料和现场考察结果，采集一定数量样品分析测定，初步验证污染物空间分异性和判断土壤污染程度，为制定监测方案（选择布点方式和确定监测项目及样品数量）提供依据，前期采样可与现场调查同时进行。二是正式采样：按照监测方案实施现场采样。三是补充采样：正式采样并分析测试后，若发现布设的采样点没有满足总体设计要求或偏离监测目的，则要增设采样点并补充采样。

（四）样品运输和交接

土壤样品从采集、制备到分析测试，可能经过多次流转和交接。样品运输和交接过程中，最根本的工作原则是保持样品待测组分的特性，保证样品不发生混淆、不被污染；每次流转都要检查和核实运输和存储条件符合性、样品标识正确性、数量和重量匹配性、包装完好性和交接手续完整性等。

（五）样品制备和保存

样品制备是土壤监测的特有环节，是将采集到的实际土壤样品经过风干、粗磨、磨细、过筛、混匀、缩分和包装等物理过程，制备成均匀并符合不同粒径要求的土壤待测样品；样品制备过程中应保证整体原始样品的物质组分及其含量不变。除直接用于有机物分析测试的新鲜样品外，土壤样品均需要经过制备过程。用于土壤理化性质测定的样品粒径为 20 目或 60 目，用于无机元素总量测定的样品粒径为 100 目，特殊监测项目以标准方法要求为准，例如，X 射线荧光光谱法以 200 目为宜。

土壤样品保存分为临时性保存和永久性保存，保存期间应保证样品的测定特性不变，为此，需要具备满足样品保存要求的设施和条件。临时性保存分为运输保存和实验室保存，分别指样品运输过程中的短时间保存，以及样品在流转和测试期间的样品保存，时间一般不超过一年；特殊、珍贵、有争议或有其他保存价值的样品一般要永久保存，土壤样品库是长期存放土壤样品的场所。

（六）样品分析

土壤样品分析包括样品前处理和分析测试两个环节，应按照监测方法执行。对于同一个监测项目，若有多个方法并存，应根据监测技术条件和数据质量要求选定；若采用自建方法，应严格方法确认程序，保证数据准确性和可比性。

（七）数据处理和分析

土壤监测数据应遵循监测方法、监测技术规范和《数值修约规则与极限数值的表示和判定》（GB/T 8170）进行有效数值修约，依据《数据的统计处理和解释 正态样本离群值的判断和处理》（GB/T 4883）和相关统计规则进行异常值判断和处理。数据处理应保证监测数据的完整性，确保全面、客观地反映监测结果；不得选择性地舍弃不利数据，人为干预监测和评价结果。

（八）监测报告

土壤监测报告是土壤监测结果的输出形式，是环境管理和政府决策的重要依据。监测报告的形式分为监测数据报告和综合分析报告。监测数据报告是样品测试结果的具体体现，包括：点位信息、样品信息、监测方法、仪器信息、样品测试结果、样品采集时间、样品分析时间、报告签发时间、报告编写、审核和签发人员信息等；必要时，也包括对监测数据结果的简单评价。综合分析报告是一定时空分布范围内、多个监测数据报告结果的综合评价报告，根据评价目的，报告格式和内容依具体要求而异，例如，一个地点或区域内，一个或多个监测项目的土壤质量评价报告；一个地点或区域内，一个或多个监测项目，一定时间内的土壤质量变化情况或趋势分析报告等。

第二节　土壤环境监测质量管理重点要求

质量管理涉及环境监测的各个环节，是对环境监测全过程管理的系统工程。土壤环境监测质量管理应覆盖"人、机、料、法、环、测"全要素，并贯穿监测活动的全过程。土壤环境监测除了遵循环境监测的通用质量管理体系（如 CMA 质量体系）外，应注意土壤环境监测的特殊性。

（一）监测人员

应配备与其承担监测任务相适应的管理人员和技术人员。根据土壤环境监测各环节的特点，关键岗位人员包括：方案编制（设计）人员、采样人员、制样人员、样品管理人员、分析测试人员、质量管理人员、报告编写人员、数据/报告审核人员和签发人员等。这些人员应经过相应的教育、培训并有相应的技术知识和经验，其能力应与岗位职责相匹配；应特别关注采样人员在点位布设和土壤类型等方面的知识和能力，样品制备人员的能力和操作水平以及样品前处理环节的工作经验和技术水平。

（二）监测设施和环境

固定和现场监测的场所都应满足监测仪器设备放置、开展监测活动所需的条件要求。监测区域应有明显标识，对相互有影响的活动区域应有效隔离，防止交叉污染。对可能影响监测结果质量的监测环境条件，应进行标识、监控和记录，保证符合相关技术要求；当监测条件不能满足监测要求时，应停止监测。土壤监测除了常规实验室管理要求外，应特别关注有机物和生物样品运输条件、样品临时性保存条件和样品库建设要求、样品风干场所及条件、样品制备场所及条件等，风干和制样是容易产生交叉污染的环节，且一旦发生样品污染或编码混淆，很难溯源。

（三）仪器设备

应配备数量充足、技术指标符合相关监测方法或技术规范要求的各类监测仪器设备。采样装备（含 GPS 以及材质符合要求的采样用锹、铲、布袋或容器等）、制样装备（含空压机等必要辅助设备）、前处理设备和符合技术要求的测试仪器等，都对土壤监测结果有效性和准确性起决定作用。

（四）监测方法

我国土壤环境监测标准方法包括国家标准、环境保护行业标准、农业行业标准、林业行业标准和地质行业标准等，就监测项目而言有所交叉，就监测细节而言不尽相同，同时，标准方法更新进度和先进技术应用等方面也还有较大提升空间。应根据监测任务的性质和质量目标，并结合易操作和低成本等原则选择监测方法。用非标方法时，必须经过方法证实，并确认其适用范围、检出限、准确度和精密度等指标能满足监测工作需要。

（五）标准物质/标准样品

用于土壤监测的标准物质/标准样品按形态可分为固态标准物质/标准样品和液态标准物质/标准样品。土壤环境监测工作中，样品消解是常用的操作步骤，消解过程对不同土壤样品中目标物的影响不同，因此，应尽量选择与待测土壤样品基体成分相近的固态标准样品作为质控样品，更好地消除基体干扰和控制系统误差。此外，还要尽量选用浓度与待测样品浓度范围相匹配的标准样品。液态标准物质通常用于标准曲线的绘制和实际样品加标实验；确认没有固体标准物质/标准样品时，也可使用液体标准样品作为质控样品。一般固体土壤标准样品的包装量多为几十克，而一次分析测试使用的土壤样品量一般不超过 1 g，因此，每瓶标准样品都会被多次取用，应注意剩余标准样品的保存，每次取用时应该使用干净的器具分取，已经取出的样品不能再放回瓶中，标准样品瓶应密封后保存。

（六）服务和供应品采购

对监测质量有影响的各项服务和供应品采购均应满足监测技术要求。对服务和供应品商的选择和确定、服务和供应品采购实施、服务和供应品验收、服务和供应商评价等过程实施严格管理，确保各个环节的质量可控，保证监测质量。

（七）记录与档案

记录的设计要体现全面性和完整性，在填写时要体现规范性和合理性。土壤环境监测原始记录包括：信息调查记录、现场采样记录、样品交接和流转记录、样品制备记录、质量检查记录、样品保存记录等；实验室分析记录可以与水质分析共用，也可以单独设计，但样品称量信息、前处理方式及设备信息、含水率测定信息是必需内容。

信息调查记录包含：土壤环境监测涉及的企业、矿区、工业园区、固体废物集中处置、饮用水水源地、果蔬种植基地、畜禽养殖场和交通干线等的地址、地理位置、启用时间、面积、主要产品、主导风向、主要污染物及排污去向，以及周边污染源状况等信息。

现场采样记录包含：采样地点、采样时间、样品编号、地理位置、土地利用类型、灌溉水类型、地形地貌、土壤类型、质地、颜色和湿度、采样点周边信息等；土壤剖面形态记录包括深度、剖面图、发生层次深度、采样位置、颜色、质地、结构、松紧度、孔隙度、植物根系、湿润度、腐殖质以及新生体、侵入体情况等。采样点照片、采样的航迹也应同时记录并与之对应。

样品交接和流转记录包含：点位名称、样品编号、样品重量、样品数量、监测项目、保存方式、样品容器完好度和标签完整度判定、送样人和接样人签名。

样品制备记录包含：样品编号、风干方式、研磨方式、不同粒径样品重量、样品分装情况、必要的粒径或均匀性质量检验结果等。

与水和气相比，土壤样品代表性和土壤环境质量变化周期等具有特殊性，土壤质量或污染调查等活动的原始测试记录应永久或长期保存。随着信息化技术的不断广泛应用，土壤采样移动端或信息化系统中保存的电子化数据，也应加以保护及备份。

（中国环境监测总站　米方卓　夏新
江西省环境监测中心站　彭刚华　康长安　乔支卫　罗勇　刘燕红）

第二章　土壤样品

土壤样品的代表性是实现土壤环境监测目的和监测质量目标的根本保证。点位布设、样品采集、样品运输、样品流转、样品制备和样品保存等都是土壤环境监测的重要环节，其科学性、合理性和规范性直接影响监测数据质量，是后续分析测试等工作的基础。

第一节　点位布设

布点的原则和方法是由监测目的决定的，应根据任务性质、复杂程度、区域规模和调查精度统筹设计，科学、优化布点是点位布设的基本指导思想。

一、布点准备

（一）资料收集

在研究土壤环境监测任务类型、区域规模、调查精度和复杂程度的基础上，应尽可能广泛地收集各种有关资料，包括自然环境、社会环境和图件资料。其中，自然环境包括地理地质、地形地貌、成土母质、土壤类型、气候气象、水文特征、植被特征和土地利用状况等；社会环境方面包括工农业生产布局、人口、污染源分布、污染物排放情况、农药化肥施用情况和污水灌溉情况等；图件资料包括土壤类型图、土壤环境功能区划图、地形地貌图、植被图、水系图、交通图、土地利用现状图、土地利用总体规划图、污染源分布图、土壤调查或监测历史点位图等。收集的资料越丰富、越全面，越能提高点位布设的科学性和全面性。

（二）布点工具

各类软硬件辅助设备和底图是土壤点位布设不可或缺的工具。辅助设备包括地理信息定位仪、数码照相机、电脑、绘图仪、彩色打印机、扫描仪和 ArcGIS 软件等。根据土壤监测任务类型、调查面积和调查精度，可采用不同比例尺的布设底图，包括行政区划、水系、土壤类型、土地利用现状、地形地貌、交通路网和植被图等。

（三）现场踏勘

现场踏勘是开展土壤点位布设的另一项基础工作，旨在直观认知并辨识土壤与周边环境之间的关系。现场踏勘主要有现场勘查、调研污染企业和走访住户等方式，主要了解监测区域的地理位置、经纬度、地形地貌、灌溉水源、化肥农药施用情况和作物种植类型，掌握区域土地利用现状和历史、土地利用总体规划和土壤环境功能区划，摸清污染源分布、行业类型、污染物种类和排放去向等信息。现场踏勘后，将相关资料进行整理和分析，为确定土壤点位布设方法提供依据。

二、点位布设

土壤采样点的布设，可以分为布点和定点两个阶段。在采样点数量和密度确定之后，按照布点原则，将样点标识在相应比例尺底图上，绘制点位分布图，这一过程称为布点，布点阶段在室内进行。完成室内布点后，通常在采样现场按照点位分布图，结合现场实际情况，确定合适、具体的样点位置，这一过程称为定点。

（一）布点原则

为保证土壤点位布设的科学性和合理性，并具有时空代表性，通常遵循以下原则：

代表性原则：点位数量应能反映区域土壤环境质量状况、污染物空间分布及其变化规律，力求以较少的点位获得最好的空间代表性。

准确性原则：应使用规定精度且校核无误的地理信息底图，底图采用统一地理坐标系，保证布设点位与真实点位之间误差在可接受的范围内。

精密性原则：选择土壤空间变异尽可能小的单元进行布点，确保点位测定值具有良好的重复性和再现性。

可比性原则：应兼顾历史点位，使土壤环境监测结果具有可比性和延续性，包括已经布设的土壤环境背景值监测点位、土壤环境质量监测点位和土壤污染调查监测点位等。

完整性原则：应涵盖不同土壤类型、不同土地利用类型和不同污染类型的场地，保证点位布设的完整性。

（二）布点数量

为了使布点更趋合理，在布点工作前，通常对布点数量进行核算。采样点的数量与研究地区范围、研究任务设定精度等因素相关。采样点数量依据下列统计学来确定。

1. 由均方差和绝对偏差计算样品数

可应用于规模较大的土壤污染研究中。由下列公式计算所需的样品数：

$$N = \frac{S^2 t^2}{D^2} \tag{2-2-1}$$

式中：N——样品数；

S^2——均方差，可从先前的研究或者从极差 R（$S^2 = (R/4)^2$）估计；

t——选定的置信水平（通常取 95%）一定自由度下的 t 值（查 t 分布表）；

D——可接受的绝对偏差。

2. 由变异系数和相对偏差计算样品数

由下列公式计算所需的样品数：

$$N = \frac{t^2 C_v^2}{m^2} \tag{2-2-2}$$

式中：N——样品数；

t——选定的置信水平（通常取 95%）一定自由度下的 t 值（查 t 分布表）；

C_v——变异系数（%），可从先前的研究资料中估计；没有历史资料、土壤变异程度不太大的地区，一般可用 10%～30% 粗略估计；

m——可接受的相对偏差（%），土壤环境监测中一般限定 20%～30%。

（三）布点方法

针对不同的土壤监测目的和类别可选择不同的布点方法，一般包括以下 6 种。

1. 随机布点法

随机布点法是一种完全不带主观限制条件的布点方法。将监测单元分成网格，每个网格编上号码，确定采样点样品数后，按规定的样品数随机抽取样品，其样本号码对应的网格号即为采样点。随机数的获得可以利用掷骰子、抽签、查随机数表的方法。随机数骰子的方法可参见《随机数的产生及其在产品质量抽样检验中的应用程序》（GB 10111）。

2. 网格布点法

网格布点法是利用网格将监测区域分成面积相等的若干部分，每个网格内布设一个采样点。如果监测单元内土壤污染物含量变化较大，网格布点法比随机布点法代表性更好。网格间距 L 按式（2-2-3）计算：

$$L = (A/N)^{1/2} \tag{2-2-3}$$

式中：L——网格间距；

A——采样单元面积（量纲与 L 相匹配）；

N——样点总数。

根据实际情况可适当减小网格间距。如网格内道路、河流或其他类型单元所占面积过大，则该网格无效。网格应较均匀地分布在调查区内，使样品更具代表性。

3. 放射状布点法

放射状布点法是以废气污染源为中心，向东、西、南、北四个方向布点，每个方向的布点数量根据废气污染的影响范围确定。

4. 带状布点法

带状布点法是沿废水污染源排放水流方向，自纳污口起由密渐疏布点，布点数量根据废水排放水道的长度确定。

5. 对照布点法

为反映清洁土壤环境质量状况，通常在污染企业主导风向上风向或地表水（地下水）流向的上游设置对照点位。

6. 综合布点法

针对综合污染型土壤监测单元，应综合采用网格布点法、放射状布点法和带状布点法。

（四）土壤背景值监测点位布设

土壤背景值是指一定时间条件下，受地球化学过程和非点源输入的影响，土壤化学成分的含量，代表了一定面积或区域内土壤中的元素含量水平。

1. 布点方法

土壤背景值监测通常采用网格布点法。实际情况中，若区域地形较复杂，可根据岩性和土壤类型的差异适当调节布点的疏密。在岩性简单或土壤类型单一的地方，适当减少采样点的密度，而在岩性复杂多变的地方，无论是基岩或是土壤，采样点都相对密集一些。

2. 监测项目

土壤背景值监测项目包括 pH，有机质，颗粒物组成，阳离子交换量，重金属等无机元素，有机氯农药、多环芳烃、邻苯二甲酸酯和多氯联苯类等有机物。

3. 注意事项

采样点选在土壤类型特征明显的地方，地形相对平坦、稳定，植被良好；坡脚或洼地等具有从属景观特征的地点不设采样点；城镇、住宅、道路、沟渠、粪坑和坟墓附近等处人为干扰大，不宜设采样点；点位距离铁路和公路至少 300 m；采样点以剖面发育完整、层次较清楚和无侵入体为准，不在水土流失严重或表土被破坏处设采样点；选择不施或少施化肥和农药的地块作为采样点，使样品尽可能少受人为活动的影响；不在多种土类、多种母质母岩交错分布、面积较小的边缘地区布设采样点。

（五）土壤环境质量监测点位布设

土壤环境质量监测是反映宏观尺度区域（耕地、林草地、未利用地和城市绿地）土壤污染状况的一项监测任务。

1. 布点方法

土壤环境质量监测通常采用网格布点法。耕地一般采用 8 km×8 km 网格，林草地采用 16 km×16 km 网格，未利用地采用 40 km×40 km 网格，城市绿地采用 2 km×2 km 网格。在电子地图上（1∶250 000）统一划分正方形网格及中心点。采用面积占优法，将网格与土地利用现状图做叠置分析，筛选出耕地面积占网格面积超过一定比例（一般选 40%左右）的网格，其中心点即为土壤监测理论点位。

在布设理论点位的基础上，通过必要的舍弃、平移和合并等方法，进一步优化监测点位，例如，省域交界处跨越两个或多个省的网格区域，一般选在所占面积较大的省域内布点。背景点与网格中心点落在同一网格内时，选取背景点作为监测点位。网格中心点落在大面积水域时，取消该类网格中心点；部分网格落在水域内的，将点位平移至网格区内非水域位置。网格中心点落在山地，中心点所在山地采样困难的，取消该类网格中心点，在山地边缘区选取备选点位。网格中心点落在高原（戈壁、沙漠）区，区域受人类生产活动影响较小，适当将相邻网格区域合并。对于点位落在公路带两侧 150 m 以内的点位，平移至道路 150 m 以外。对于距离居民点 300 m 以内的点位或周边 600 m 范围内存在污染源的点位，可舍弃、平移或与相邻点位合并。检查相邻网格点的土壤类型，若土壤类型一致，则合并网格点，在被合并网格点之间适当位置重新选取点位。

2. 监测项目

土壤环境质量监测项目一般以《土壤环境质量标准》（GB 15618）为准，必要时可以扩展。

（六）重点区域监测点位布设

重点区域包括国家重点关注的污染企业、工业园区、工业企业遗留遗弃场地、饮用水水源地、油田区及周边和固废集中处理处置场地等，同时兼顾果蔬菜种植基地、规模化畜禽养殖场地和大型交通干线两侧等区域。根据污染类型，可选择放射状布点法、随机布点法和带状布点法进行布点。

1. 污染企业及周边地区

（1）废气/废水型污染企业。废气企业在主导风向的下风向，按照放射状法布点；废水企业沿废水排放方向，利用带状法布点。布点位置通常距离企业 75 m、200 m 和 400 m。

若点位不适于采样或有外界干扰，则做平移，选择合适区域布点。在企业主导风向上风向或水流方向上游 2 km 处，布设 1 个对照点位。

（2）工业园区和工业企业遗留遗弃场地。利用随机布点法，将场地边界至 500 m 缓冲区的范围划分成若干网格（如 50 m×50 m），随机选取网格，网格中心点定为监测点位。若点位不适于土壤采样、有外界干扰或空间分布不合理，则再次随机选取网格直至选取合适点位。在场地主导风向上风向或水流方向上游 2 km 处，布设 1 个对照点位。

2. 饮用水水源地周边地区

（1）河流型/湖库型水源地。在取水口非水一侧 100 m 处设置 1 个监测点，同时利用随机布点法在一级、二级水源地保护区的陆域范围内各布设 1 个监测点。布点土地利用类型首选耕地，其次选择林草地，不允许在客土（如绿化带、沿湖公园绿地和护岸带等）上布点。

（2）水窖水源地。确定水窖水源区域，在水窖东、南、西、北四个方向放射状布设 4 个点位。

（3）地下水水源地。以取水口为中心，确定保护区范围，在地下水水流方向上，利用带状布点法，距离取水口下游 25 m、50 m 处各布设 1 个监测点。

3. 采矿（油田）区及周边地区

依靠山体的采矿（油田）区，以矿口为端点，向非山体一侧做 90°扇形，在扇形两条边上，利用带状布点法，距离端点 100 m、500 m、1 000 m 处各布设 1 个监测点；开阔地带的采矿（油田）区，以采矿（油田）区为中心，在 100 m、100～500 m、500～1 000 m 三个范围内，利用随机布点法，各布设 1 个监测点。若点位不适于采样或有外界干扰，则做小范围移动，选择合适区域布点。

4. 固体废物集中处理处置场地及周边地区

以固体废物集中处理处置场地为中心，在废水排放主方向上，利用带状布点法，距离中心 75 m、200 m、400 m 处各布设 1 个监测点；利用放射状布点法，在其他三个方向 200 m 处各布设 1 个监测点；如果场地周围有水源流过的，在水源流经场地的下游方向，利用带状布点法，距离场地 250 m、500 m、750 m 处各布设 1 个监测点。在场地主导风向上风向或水流方向上游 2 km 处，布设 1 个对照点位。

5. 蔬菜种植基地/高尔夫球场

确定蔬菜种植基地/高尔夫球场范围，利用随机布点法，将场地划分成 100 m×100 m 的若干网格，随机选取 3 个网格，网格中心点作为监测点位。

6. 规模化畜禽养殖场/污水灌溉区

利用随机布点法，将场地边界至 500 m 缓冲区的范围划分成 100 m×100 m 的若干网格，随机选取 3 个网格，网格中心点定为监测点位。若点位不适于土壤采样、有外界干扰或空间分布不合理，则进行再次随机选取网格直至选取合适点位。在场地主导风向上风向或水流方向上游 2 km 处，布设 1 个对照点位。

7. 大型交通干线两侧

按 50 km 或 100 km 间距，将交通干线（高速公路、国道和省道）等分，在每个段的中点任意一侧，垂直交通干线方向上，按照带状布点法，距离交通干线 50 m、150 m 处各布设 1 个监测点。

8. 监测项目

重点区域土壤监测项目见表 2-2-1。

表 2-2-1　不同类型重点区域土壤监测项目一览表

序号	污染类型	推荐项目	
		基本项目	特征污染物
1	污染企业及周边地区	1. pH、阳离子交换量、有机质 2. 镉、汞、砷、铅、铬、铜、锌、镍、硒、钒、锰、氟、铍、铊、钼、硼 3. 稀土总量 4. 六六六、滴滴涕 5. 多氯联苯 6. 多环芳烃 7. 石油烃总量	1. 钴、银、锑、钡、镁、钛、钨、铝、钍、锶、铯、有机锡、溴 2.（正）己烷、环己胺、甲醇、甲醛、乙二醇（醚）、丙酮、丁酮、氯仿、四氯化碳、氯乙烯、二氯乙烷、三氯乙烷、三氯乙烯、四氯乙烯、丁二烯、狄氏剂；苯、甲苯、乙苯、联苯、二甲苯、邻二甲苯、三甲基苯、四丁醇苯、氯甲苯、酚、氯酚、苯酚、五氯苯酚、二噁英、呋喃、石棉、二异氰酸酯、氰化物、丙烯酰胺、溴仿乙醛、邻苯二甲酸酯类等
2	饮用水水源地及周边地区		—
3	采矿（油田）区及周边地区		1. 镁、钛、钨、铝、钍、锶、铯、有机锡 2. 氰化物、邻苯二甲酸酯类等
4	固体废物集中处理处置场地及周边地区	1. pH、阳离子交换量、有机质 2. 镉、汞、砷、铅、铬、铜、锌、镍、硒、钒、锰、氟、铍、铊、钼、硼 3. 稀土总量 4. 六六六、滴滴涕 5. 多氯联苯 6. 多环芳烃 7. 石油烃总量	二噁英、呋喃、多溴联苯醚、氰化物、邻苯二甲酸酯类等
5	蔬菜种植基地		三氯乙醛、六氯苯、艾氏剂、氯丹、狄氏剂、异狄氏剂、七氯、灭蚊灵、毒杀芬、二噁英、呋喃、阿特拉津（莠去津）、西玛津、敌稗、草甘膦、2,4-滴、地亚农（二嗪磷）、三氯杀螨醇、代森锌、代森锰、邻苯二甲酸酯类、五氯酚钠等
6	规模化畜禽养殖场地		
7	污水灌溉区		三氯乙醛、六氯苯、艾氏剂、氯丹、硫丹、狄氏剂、异狄氏剂、七氯、灭蚊灵、毒杀芬、二噁英、呋喃、阿特拉津（莠去津）、西玛津、敌稗、草甘膦、2,4-滴、地亚农（二嗪磷）、三氯杀螨醇、代森锌、代森锰、邻苯二甲酸酯类、五氯酚等
8	大型交通干线两侧	1. pH、阳离子交换量、有机质 2. 铅、镉、汞、砷、锌 3. 多环芳烃	—
9	高尔夫球场	1. pH、阳离子交换量、有机质 2. 汞、砷、镉、铅、铜、锌、铬、镍、硒	杀虫剂、杀菌剂、除草剂等

（七）土壤污染事故监测

由于污染事故不可预料，需根据污染物的颜色、印渍和气味，并结合地势、风向等地理或气象因素来初步确定污染范围，再结合污染事故类型确定布点方法；根据污染物性质及其对土壤的影响，以及污染物在土壤中的化学反应过程确定监测项目，其中污染事故的特征污染物是监测的重点。

针对固体污染物抛洒型污染事故，在打扫现场后，利用随机布点法，布设 3 个点位，同时设定 2～3 个对照点。针对液体倾倒型污染事故，利用带状布点法，事故发生处加密布点，离事故点较远处适当减少布点数量，同时设定 2～3 个对照点。针对爆炸型污染事故，以爆炸中心放射性同心圆布点，爆炸中心布设 1 个点，四周各布设 1 个点，同时设定 2～3 个对照点。

（八）特定项目监测

仲裁监测、建设项目环境影响评价监测、项目竣工验收监测、咨询服务监测、考核验证监测和土壤修复评估监测等特定项目监测，土壤点位布设应根据政府或社会机构的委托目的及任务特点，综合采用随机布点法、网格布点法、放射状布点法、带状布点法和对照布点法进行布点。

三、现场核查校正

需要通过必要的现场核查，检验和优化理论布点。现场核查主要关注布点土地利用类型与现场是否一致、采样是否困难、点位是否在交通干线或居民点旁、点位是否受到人为或污染源干扰、点位是否具有监测的延续性等问题。如不满足采样条件，则现场对点位进行平移、合并或删减，调整后在电子地图上对点位进行更新，最终形成实际监测点位集。

四、遥感影像控制

用于土壤布点的遥感影像及矢量数据统一采用 WGS 坐标系，几何精校正后与 Landsat 8 OLI 影像之间误差不大于 15 m，不同年份数据之间的空间误差不大于 15 m；矢量数据地物图斑与遥感影像之间套合完好；以谷歌地球软件进行校验，用于现场踏勘、野外核查的地理信息定位仪误差小于 15 m，监测点位与周边居民点、厂矿之间距离不小于 300 m、与交通干线（国道、省道和高速公路）之间距离不小于 150 m；点位布设采用 12 位编码，编码应实用、易于操作，能系统直观地反映采样行政区域、采样年份、土地类型和采样深度等特征属性。

第二节　样品采集与运输

一、采样准备

（一）组织准备

土壤采样队伍需要由一支经过一定培训，具有土壤、环境、地质、地理和植物等基础知识的人员组成，对工作区内的样点进行统一分片采集，可以保证样品的代表性，提高调查结果的准确性。采样队伍需要专业齐全配套；需要有一定的野外和社会工作经验的人带队；要有作风严谨、工作认真的技术负责人；采样前，要经过土壤污染状况调查专项培训，以便对采样中的技术问题，如剖面层次划分、土壤性状描述和样点坐标确定等有统一的标准和认识。

（二）技术准备

采样前应收集采样区域行政区划图、水系图、土地利用现状图、地形地貌图、公路交通图、土壤类型图、地形图以及周边污染源基本信息，为采样做好技术储备。

（三）采样器具准备

1. 通用采样器具

土壤通用采样器具包括点位确定、现场记录、样品保存、样品测试、样品交接、采样防护与运输，必需的工具和容器见表 2-2-2。

表 2-2-2　土壤通用采样器具清单

物品名称	用途	数量
地理信息定位仪、卷尺、测距仪	点位确定	每个采样小组至少1套（台）
数码照相机	现场情况记录	
样品箱（具冷藏功能）	样品保存	
地质罗盘、土铲、样品标签、采样记录本、剖面记录表、比样标本盒、布袋、塑料袋、绳索、铅笔、资料夹、土壤比色卡、容重圈、pH试纸、石灰反应速测试剂等	样品采集、测试	依样品个数而定
工作服、工作鞋、常用（含蚊蛇咬伤）药品等	防护	依采样人数确定
采样车辆	运输	

2. 专用采样器具

按照无机类、挥发性有机物和半挥发性有机物的分类，土壤采样可选择不同类型的专用采样工具和容器，见表 2-2-3。为防止采样器具对样品造成的干扰，采集无机类样品时使用木质采样工具，样品盛装在布袋或聚乙烯袋中；采集农药类和有机类样品，应使用金属或木质采样工具，样品盛装在棕色玻璃容器中，并装满容器，拧紧瓶盖以防样品挥发。

表 2-2-3　土壤专用采样器具清单

物品分类	监测项目	采样工具与容器	数量
采样用具	无机类	木铲、木片、竹片、剖面刀	每组至少1套（台）
	农药类	铁铲、铁锹、木铲、土钻	
	挥发性有机物	铁铲、铁锹、木铲	
	半挥发性有机物		
样品容器	无机类	布袋、聚乙烯袋	依样品数量确定
	农药类	250 mL 棕色磨口玻璃瓶或带密封垫的螺口玻璃瓶	
	挥发性有机物	40 mL 吹扫捕集专用瓶或 250 mL 带聚四氟乙烯衬垫棕色磨口玻璃瓶或带密封垫的螺口玻璃瓶	
	半挥发性有机物	250 mL 带聚四氟乙烯衬垫棕色磨口玻璃瓶或带密封垫的螺口玻璃瓶	
其他物品	挥发性有机物	在容器口用于围成漏斗状的硬纸板	
	半挥发性有机物	在容器口用于围成漏斗状的硬纸板或一次性纸杯	

3. 主要采样工具

（1）无动力采样工具。

①锹铲类。常用于土壤污染调查采样，常用的有折叠军工铲，为钛合金或锰钢材质，可折叠，体积小，便于野外携带。针对土壤背景值调查，需使用铁锹挖掘剖面，通常为碳钢材质。

②土钻类。土钻类工具类别较多，具体可分为手动旋转采样钻、直压式采样钻。

手动旋转采样钻根据不同质地的土壤，可选用心型黏土钻头、壤土钻头、沙土钻头、泥炭土钻头，采样长度为 20 cm，钻头与钻杆螺纹连接，方便拆卸，见图 2-2-1 和图 2-2-2。

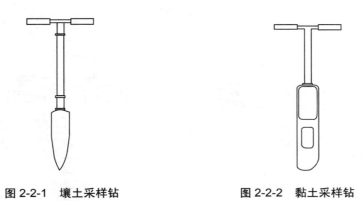

图 2-2-1　壤土采样钻　　　　　　　图 2-2-2　黏土采样钻

直压式采样钻分为直压式半圆槽钻、直压式方型钻（图 2-2-3，图 2-2-4）。直压式半圆槽钻用于土壤剖面采样、土壤原状采样，采样深度 0～180 cm，采样直径 30 mm。采样闭合圆环切割头为双凸结构，减小采样阻力及土样压缩率，圆筒状钻身为裁口，利于土样保持、观察和取样。采样时直压即可，不用旋转，操作简单。直压式方型钻用于土壤原状采样，单点采样量大，软硬土均适用。采样深度 0～200 cm，采样边长 15 cm。方形采样器侧壁可打开，易于取出土样。

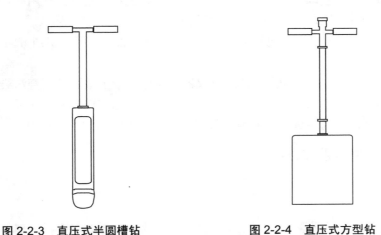

图 2-2-3　直压式半圆槽钻　　　　　　图 2-2-4　直压式方型钻

③竹具类。主要分为竹片和竹刀，用于采集土壤重金属样品，避免因采样器材质问题出现的数据误差。

（2）有动力采样工具。

当遇到坚硬地面或需采集剖面土壤时，可利用汽油动力钻、冲击钻、打孔钻等工具对目标区域施工，便于采集土壤样品。

①汽油动力钻。汽油动力钻配有汽油机 1 台，采样直径 7 cm，一次采样长度 25 cm，采样深度可达 2 m，钻头带有锯齿，可拆卸裁口设计，采样量大，取样容易，见图 2-2-5。

②冲击钻。冲击钻具有汽油、电动两种类型，采样直径 10 cm，一次采样长度 100 cm，采样深度可达 7 m，可满足土壤深层采样需要。

③打孔钻。打孔钻钻头为螺纹式，钻孔直径 30～300 mm，用于在硬化土地、冻土上钻孔，便于后期采集下层土壤样品，见图 2-2-6。

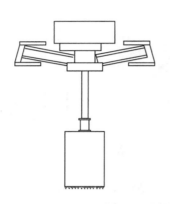 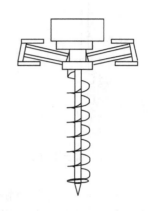

图 2-2-5　土壤采样汽油动力钻　　　　图 2-2-6　土壤采样打孔钻

（3）其他辅助工具。

①门赛尔土壤比色卡。该卡片是根据门赛尔颜色系统和门赛尔颜色命名法，结合土颜色的特点编制，用来测定和描述土壤颜色的标准比色卡。门赛尔颜色系统以颜色三属性，即色调、色值和色度为基础。颜色命名的顺序是色调、色值、色度，使用时，把某一土样与带标准色阶的卡片对照，定出并记录土壤颜色。

②地质罗盘。地质罗盘主要包括磁针、水平仪和倾斜仪，可用于识别方向、确定位置、测量地形图等。

③便携式 X 荧光土壤重金属测试仪。该仪器广泛应用于土壤野外调查污染物现场筛查测试，可初步确定土壤中汞、镉、铅、砷、铜、锌、镍、钴和钒等元素含量，快速甄别出污染区与非污染区，提高调查工作的整体效率，大幅减少监测和运输费用。

二、样品种类与采样方法

（一）样品种类

按照土壤污染类型和监测项目，土壤样品种类分为单独样、混合样、剖面样和分层样四种类型。

(二) 采样方法

1. 单独样

单独样适用于大气沉降污染型和固体废物污染型土壤监测，以及挥发性和半挥发性有机物项目测定。采样时首先清除土壤表层的植物残骸和其他杂物，有植物生长的点位要首先松动土壤，除去植物及其根系。用采样铲挖取面积 25 cm×25 cm，深度为 0~20 cm 的土壤。无机类样品直接采集至布袋中；挥发性样品直接采集到 250 mL 带聚四氟乙烯衬垫棕色磨口玻璃瓶或带密封垫的螺口玻璃瓶中，装满容器；半挥发性样品采集到 250 mL 带聚四氟乙烯衬垫棕色磨口玻璃瓶或带密封垫的螺口玻璃瓶中，装满容器。为防止样品沾污瓶口，采样时将干净硬纸板围成漏斗状衬在瓶口。

2. 混合样

混合样适用于灌溉水污染型、农业化学物质污染型和宏观区域调查土壤环境监测，以及土壤无机类和农药类样品测定。混合样的采集主要有四种方法（图 2-2-7）：

（1）对角线布点法。适用于污灌农田土壤，设 5~9 个分点。

（2）梅花布点法。适用于面积较小，地势平坦，土壤组成和受污染程度相对比较均匀的地块，设 5 个分点。

（3）棋盘式布点法。适宜中等面积、地势平坦、土壤不够均匀的地块，设分点 10 个左右；受污泥、垃圾等固体废物污染的土壤，分点应在 20 个以上。

（4）蛇形布点法。适宜于面积较大、土壤不够均匀且地势不平坦的地块，设 10~30 个分点，多用于农业污染型土壤。

监测点位确定后，在 50 m×50 m（或其他规定大小）采样区域内采集分点样品。采样时首先清除土壤表层杂物，在每个分点上，用不锈钢土钻采集 1 个样品，或用木铲向下切取 1 片长 10 cm、宽 5 cm、深 10 cm 的土壤样品。应严格预防土钻或采样铲等对土壤样品的污染，每次下钻或铲前要清洗采样工具，采集下层土壤时应注意削除采样工具带出的表层土壤。耕地采样深度为 0~20 cm，园地采样深度 0~60 cm。将各分点样品等重量混匀后用四分法弃取（图 2-2-8），保留相当于 3 kg 风干土壤的土样。土壤样品按样品的分析要求分别分装和保存。

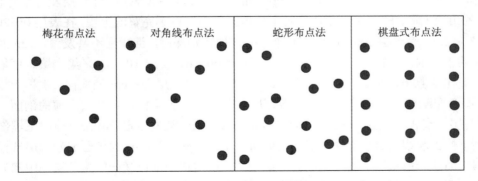

图 2-2-7　混合土壤采样点布设示意图

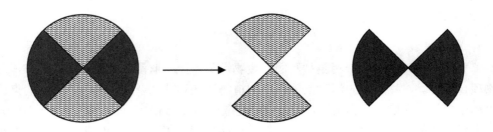

图 2-2-8　四分法取样步骤示意图

3. 背景值剖面样

土壤剖面样品在原背景点的位置上采集，一般采用自然发生层次的采样方法，根据已划分的层次，由下至上逐层采集混合样品。

（1）土壤剖面的选择。

按布点方案结合野外实地调查，在确证未受污染的土壤选择采样剖面。采样剖面必须具备发育特征的环境，小地形较平坦，地表植物生长完好。土壤剖面应发育完整，层次较清楚，无侵入体。如发现采样点不能满足需要时，应在原背景点附近易地重设，一定要使选定的剖面具有典型性和代表性。

（2）剖面的挖掘。

①在选好的剖面点，用铁锹、铁镐挖掘土壤剖面。土壤剖面的规格为：长 1.5 m、宽 0.8 m、深 1.2 m。在剖面挖掘完成时，应使阳光与剖面垂直。②地下水位高的地区，如湖积型、冲积型、海积型（盐碱地）土壤和水稻土等分布区，剖面挖至潜水面。③在土层较薄残积型及山地土壤上，剖面挖至风化壳。④土壤剖面挖掘时，应按层将挖出的土壤堆在坑的两侧，以便剖面观察、样品采集完成后顺次回填。剖面上方不准堆土或走动，以免破坏表层结构影响剖面的研究。

（3）土壤样品的采集。

①土体层次应根据实际发育情况而定，一般按土壤发生层次采样，每个层次取典型部位。通常取 A、B、C 三层，最深可挖至 1.2 m 左右（图 2-2-9 和图 2-2-10）。可按深度分层采样，表面取 0～20 cm，中层取 40～60 cm，底层取 80～100 cm。对 B 层发育不完整（不发育）的山地土壤，只采 A、C 两层；对干旱地区剖面发育不完整的土壤，在表层 0～20 cm、心土层 50 cm、底土层 100 cm 左右采样。对 A 层特别深厚，淀积层不甚发育，1 m 内见不到母质的土类剖面，按 A 层 0～20 cm、A/B 层 60 cm、B 层 100 cm 采集土壤。草甸土和潮土一般在 A 层 0～20 cm、C1 层（或 B 层）50 cm、C2 层 100 cm 处采样。水稻土按照 A 耕作层、P 犁底层、C 母质层（或 G 潜育层、W 潴育层）采样。对 P 层太薄的剖面，只采 A、C 两层（或 A、G 层或 A、W 层），具体根据水稻土类型而定。②采样前用土壤剖面刀从上到下修去观察面表层土壤，在土壤剖面的左侧加标尺和醒目的剖面编号和层次标牌进行土壤剖面的彩色摄影。③根据划分好的土层，确定典型部位（一般是各层的中部）而后自下而上用竹、木刀或剖面刀逐层采集土壤样品。④在土层较薄的土壤剖面上，土壤样品不应少于 2 个。⑤土壤样品每件重 5 kg（或按风干后土壤样品 3 kg 以上来计算湿土样重量），可根据需要适当多采。土壤样品按样品分析要求分别分装和保存。

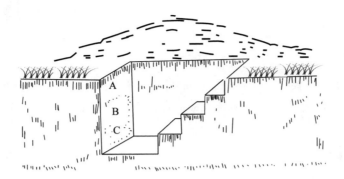

图 2-2-9　土壤剖面坑示意图

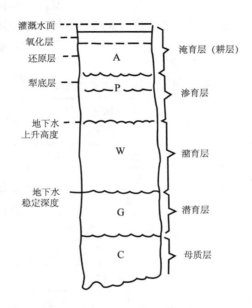

图 2-2-10　水稻土剖面示意图

4. 分层样

分层样主要用于重点区域土壤监测和污染事故土壤监测，采样的层数和深度根据污染类型和具体污染情况确定。采样自下而上采集不同深度土壤（如 0～20 cm、20～40 cm、40～60 cm），每层按梅花法采集中部位置土壤，等重量混匀后用四分法弃取，保留相当于风干土 3 kg 的土样。土壤样品按样品分析要求分装和保存。

值得说明的是，采集生物样品时，所有工具、塑料袋或其他物品都要事先灭菌或用采取的土壤擦拭；由于土壤脱离原状土后其微生物特性容易变化，采样应该快速，样品保存在低温条件下，如放入冰盒；如果要测定微生物特性，应尽快完成；如果短期内不能完成测定，可先前处理，如提取后冷藏。

三、样品标识

（一）样品编号

所有土壤样品均需要有唯一标识。样品编号应考虑采样时间、采样地点、样品种类和采样深度等信息。编码可参考中国环境监测总站制定的《国家环境监测网质量体系文件记录表格　土壤监测分册》。

（二）样品标签

采样标签应标注样品编号、采样地点、经纬度、采样深度、土壤类型、土地利用类型、监测项目、监测机构、采样人员和采样日期等信息（表2-2-4）。采样时，在聚乙烯袋与布袋之间装上标签，布袋外系上标签。若使用纸质样品标签，应将标签装入小自封袋中再装入袋中，避免因湿气导致字迹模糊。也可考虑采用塑料标签，用黑色记号笔书写，可以统一印制带有条形码的不干胶标签。

表 2-2-4　土壤样品采集标签格式

土壤样品标签	
样品编号：	
采样地点：　　省　　　市　　　县（区）　　　乡（镇）　　　村	
经纬度：　　东经：　　　　　北纬：	
采样深度：　　　　　cm	土壤类型：
土地利用类型：　□耕地　　□林地　　□草地　　□未利用地	
监测项目：	
监测机构：	合同编号：
采样人员：	采样日期：　　年　　月　　日

四、采样记录及信息

（一）采样记录

1. 土壤样品采集现场记录表

现场采样记录是反映采样点周边自然环境概况及采样情况的重要信息，具体包括：采样地点、采样时间、样品编号、采样深度、样品重量、经纬度信息、海拔高度、地理信息定位仪型号、土地利用类型、作物类型、灌溉水类型、地形地貌、土壤类型、土壤质地、土壤颜色、土壤湿度、采样点周边信息、采样点照片编号、采样器具和采样人员等（表2-2-5）。

表 2-2-5　土壤样品采集现场记录表

采样地点		省　　　　市　　　　县（区）　　　乡（镇）　　　　村				
采样时间		年　　月　　日	天气情况		□ 晴天　　□ 阴天	
样品编号				采样深度/cm		
经纬度		东经：　　　　　北纬：		海拔/m		
定位仪	型号		土地利用/作物类型	□耕地（□旱地、□水田）　□林地　□草地 □其他：_____ □小麦　□水稻　□玉米　□豆类　□蔬菜　□其他：__		
	编号					
灌溉水类型		□地表水　□地下水　□污水　□其他：_____				
地形地貌		□山地　　□平原　　□丘陵　　□沟谷　　□岗地　　□其他：_____				
土壤类型		□红壤　　□黄壤　　□黄棕壤　　□山地黄棕壤　　□棕壤　　□暗棕壤 □草甸土　□紫色土　□石灰土　□潮土　　□水稻土　□其他：_____				
土壤质地		□砂土　　□壤土　　□黏土				
土壤颜色		□黑　　□暗栗　　□暗棕　　□暗灰　　□栗　　□棕　　□灰　　□红棕　　□黄棕 □浅棕　　□红　　□橙　　□黄　　□浅黄　　□其他：_____				
土壤湿度		□干　　□潮　　□重潮　　□极潮　　□湿				
采样点周边信息 （1 km 范围内）		正东：□居民点　□厂矿　□耕地　□林地　□草地　□水域　□其他：____				
		正南：□居民点　□厂矿　□耕地　□林地　□草地　□水域　□其他：____				
		正西：□居民点　□厂矿　□耕地　□林地　□草地　□水域　□其他：____				
		正北：□居民点　□厂矿　□耕地　□林地　□草地　□水域　□其他：____				
采样点照片编号		采样前：_____采样后：_____ 东侧：_____西侧：_____ 南侧：_____北侧：_____		样品重量/kg		
采样器具		工具：□铁铲　□土钻　　□木铲　　□竹片　　　　□其他：_____ 容器：□布袋　□聚乙烯袋　□吹扫捕集瓶　□棕色磨口玻璃瓶　□其他：_____				
备注						

采样人：　　　　　记录人：　　　　　校核人：

年　　月　　日

2. 土壤剖面形态现场记录表

土壤剖面形态记录表是土壤样品采集现场记录表的重要补充，是记录土壤剖面发生层次形态及特征的重要记录，具体包括：剖面图、发生层次深度、采样位置、颜色、质地、结构、松紧度、孔隙度、植物根系、湿润度、腐殖质、pH、碳酸盐反应、新生体及侵入体描述等（表 2-2-6）。

表 2-2-6　土壤剖面形态现场记录表

样品编号：

深度/cm	剖面图	发生层次深度/cm	采样位置/cm	颜色	质地	结构	松紧度	孔隙度	植物根系	湿润度	腐殖质	pH	碳酸盐反应	新生体、侵入体形状、大小、多少、颜色
0														
20														
40														
60														
80														
100														
120														

说明：1. 剖面图以 A、AB、B、BC 等自然土壤剖面发育层次代号及界面线绘制剖面图；
2. 发生层次深度用发生层次代号下加深度表示，如：A 0-25、B 25-50 等；
3. 采样位置填写样品编号及采样区间，如：L220-A0-20, L220-B25-35, L220-C80-100 等；
4. 颜色：对照土壤比色卡填写土壤颜色；
5. 质地：在野外用手测法进行定性测定，分为砂土、砂壤土、轻壤土、中壤土、重壤土、黏土；
6. 结构：从某土层取土，使之散开在地面或手中，观察其自然结合的现状和大小，按形状可分为块状、片状和柱状三大类型；按其大小、发育程度和稳定性等，再分为团粒、团块、块状、棱块状、棱柱状、柱状和片状等结构；
7. 松紧度：利用剖面刀插入土壤中用力大小来鉴定，一般可分为疏松、稍紧、较紧、紧密、极紧；
8. 植物根系：填写植物根的种类、粗细和数量多少；
9. 湿润度：以手摸来判定干燥、湿润和潮湿；
10. 腐殖质：野外估测，用丰富、贫乏表示；
11. 碳酸盐反应：用无、微弱、中等、强烈表示；
12. 土壤新生体包括石膏、碳酸钙、铁锰结核等；
13. 土壤侵入体包括石块、砖块、瓦片、玻璃、金属等。

采样人：　　　　　　　　　　记录人：　　　　　　　　　　采样组负责人：

　年　　月　　日　　　　　　年　　月　　日　　　　　　年　　月　　日

（二）采样照片

在样品采集的同时，需拍摄采样照片。照片要求反映采样区土壤的基本特征，如土壤类型、土地利用类型和地形地貌；要求拍摄 9 张照片，其中点位近景照片一张，点位的正北（N）、东北（NE）、正东（E）、东南（SE）、正南（S）、西南（SW）、正西（W）、西北（NW）方向水平远景照片各一张，最好按照顺时针方向依次拍摄，有利于后期查阅照片，确定准确方向；采样结束后，将电子照片导出，根据照片前期记录制作点位八方位图，并标明点位编号及方向，存档备查。

（三）采样航迹

利用地理信息定位仪航迹功能，采样全过程记录航迹。在采样开始前，需检查设备电池，保证电量充足；采样期间不得关机，随时保持航迹自动输入状态；每到达一个采样点，待设备接收信号稳定后读数并在现场记录表中做相应经纬度记录，并存入内存；采样结束后，将存储的采样点信息（样点编号、日期和时间）和航迹传入计算机；采样点经纬度和航迹信息由专人管理，任何人不得私自调用和修改，采样点和航迹原始数据刻录光盘保存归档；依据地形图和航迹图进行质量管理，每个采样点和航迹图叠加，形成航迹监控图，每一采样点均应分布在航迹线上。

五、样品运输交接

（一）样品信息核对

采样小组在采样工作结束时应对采样结果进行自我检查，自检内容包括：样点位置、样品重量、样品标签、样品防沾污措施、记录完整性和准确性，填写"土壤样品采集自检登记表"（表 2-2-7）。如有缺项、漏项和错误处，应及时补齐和修正，核对无误后分类装箱。其中，采样记录信息表和样品标签填写应规范完整，一律使用蓝黑钢笔或签字笔，字迹清晰、不得随意涂改。注意检查样品标签粘贴是否牢固，若不牢固可用宽透明胶绕一圈加固，以防标签脱落；检查点位照片编号与实际拍摄方向记录是否一致，点位八方照片在采样结束后可专门制作，每个点位八方照片最好单独存档，便于后期与点位关联。

表 2-2-7　土壤样品采集自检登记表

采样日期	采样员	样品数量	自检情况								检查结果		检查意见	检查人签名	备注
			图、记录表、样品是否一致	点位是否及时着墨	布点是否符合要求	点位和地理信息定位仪读数是否符合逻辑	现场记录完整性	现场记录正确性	样品重量	样品堆放沾污情况	验收合格数	需重新采样号			

（二）样品运输

严防运输过程中破损、混淆或沾污，对光敏感的样品应有避光外包装，样品应及时运送至实验室，并采取有效措施。测定挥发性、半挥发性和持久性有机污染物项目的土壤样品应低温暗处冷藏（低于 4℃）。为防止样品瓶在运输过程中瓶口松动，应用封口膜缠绕瓶口，并起到密封和防止交叉污染的作用。运输空白样品应与样品同时采集、同时运输至实验室，可以对样品处理、装填和运输等过程中的潜在污染做进一步的检查。样品运输出发前和到达实验室后，均应在现场清点样品箱号和样品数量等，检查样品保存方式是否正确，是否采取了防沾污、防破损等措施，填写土壤样品运输记录表（表 2-2-8）。

表 2-2-8　土壤样品运输记录表

样品箱号	样品数量	保存方式 （常温/低温/避光）	有无措施防止 沾污	有无措施防止破损
目的地：		运输起止时间：		
运输车（船）号牌				

注：每箱样品编号清单须附后。

交运人：　　　　　　　　　　　　　运输人：

（三）样品交接

从样品采集到分析测试之间，会发生多次样品交接，如采样人与运输人、运输人与实验室样品管理员、样品管理员与负责样品风干的人员等，每次交接时，双方人员均应清点核实样品，核对样品数量、标签、重量、保存温度、采样清单或送样单，并在样品交接记录（表 2-2-9）上签字确认。样品交接记录一式四份，由采样人员填写并保存一份，样品管理员保存一份，交分析人员两份，其中一份存留，另一份随数据存档。对编号不清、重量不足、盛样容器破损、受沾污的样品，接收方应拒绝接收，必要时需确定是否要重新采样。

表 2-2-9　土壤样品交接记录表

样品编号	监测项目 （理化/有机/无机）	样品重量是 否符合要求	样品瓶/袋是 否完好	标签是否完 好整洁	样品数量 （袋/瓶）	保存方法 （常温/低温/避光）

交样人：　　　　　　　收样人：　　　　　　　　　　　交接日期：　　　年　　　月　　　日

第三节　样品制备与保存

一、样品类型

（一）新鲜样品

挥发性和半挥发性有机污染物、氰化物和挥发酚等组分易分解或挥发，需用新鲜样品进行分析，测定土壤样品水分也需要新鲜样品。

（二）风干样品

土壤 pH、阳离子交换量、有机质、重金属全量及有效态和农药等组分的化学性质比较稳定，不会在风干过程中发生明显变化和损失，可以使用风干样品进行分析测试。

二、样品制备条件

（一）风干室要求条件

风干室应设在通风、整洁、无扬尘和无易挥发化学物质（如酸蒸气和氨气等）的房间，面积应满足工作量的需求，不应低于 $10\ m^2$；晾样架上下隔层之间的距离应不低于 $30\ cm$；严防阳光直射样品。

（二）制样室要求条件

制样室应设在通风、整洁、无扬尘和无易挥发化学物质（如酸蒸气和氨气等）的房间，并配备通风柜；多样品同时加工的制样室，应有防止交叉污染的有效隔离措施；应安装除尘装置，大型制样室还应有集尘装置；最好配有自动混样设备和分装设备。

（三）制样工具与容器

风干样品用搪瓷盘（或木盘）、风干台架或土壤样品风干箱和牛皮纸。磨样用玛瑙研磨机（或不含重金属的化验制样机等）、玛瑙研钵、白色瓷研钵、木滚、木棒、木锤、有机玻璃棒、有机玻璃板、硬质木板和无色聚乙烯膜（60 cm×60 cm）等。过筛必须采用塑料边框和尼龙材质筛网的土壤分样筛。样品分装用具塞磨口玻璃瓶、具盖无色聚乙烯塑料瓶，无色聚乙烯塑料袋或特制牛皮纸袋；分样用分样板、分样铲（或分样器）、角勺、毛刷、毛巾、托盘天平或电子天平等其他辅助工具。为方便制样器具清扫和提高工作效率，建议在磨样室配置空压机和烘箱等。

三、样品制备方法

从野外采回的土壤样品，需经风干、磨细、过筛、混匀缩分和分装等环节，制备成不同粒径的土壤样品，以满足不同分析项目的测定要求。制备的试样应均匀并达到规定要求的粒度，保证其整体原始样品的物质组分及其含量不变和便于前处理。

（一）新鲜样品

为了能真实反映土壤在自然状态下的某些理化性状，采集新鲜样品后要及时送回实验室分析，分析前用玻璃或瓷研钵棒将样品迅速弄碎、混匀或多点取样称量，对含水较高的泥状土样可迅速搅匀后称样。称样时应注意避免称取土壤以外的侵入体和新生体。新鲜样品若不能及时进行测定，必须密封冷藏或速冻保存。

（二）风干样品

1. 样品风干
采集回来的土壤样品必须尽快风干，在风干室将湿样倒在铺垫有牛皮纸（或塑料布）

的搪瓷盘（或干净木盘）里，摊成 2 cm 的薄层放置在晾土架（台）上通风阴干，搪瓷盘之间应有 10 cm 左右的间距，避免翻拌样品时造成交叉污染；干燥过程也可以在低于 40℃并有空气流通的条件下进行（如土壤干燥箱内）；应间断地将土样压碎、小心翻拌；对于黏性土壤，在土样半干时，须将大块土捏碎或用竹铲切碎，以免完全风干后结成硬块，难以磨细。

2. 样品粗磨

在磨样室将风干样倒在有机玻璃或木板上用锤、滚、棒小心压碎，用带有筛底和筛盖的 2 mm 筛孔的筛子（8～10 目）过筛。拣出 2 mm 以上的砾石、植物残体、虫体及结核等非土壤杂物，应将其挑拣于器皿内并称重，同时称量剩余土壤样品的重量，计算出杂质的百分率，并做好记录。细小已断的植物根系，可以在土壤样品磨细前利用静电或微风吹的办法清除干净。大于 2 mm 的土团须继续研磨，直至所有土壤样品全部过筛；将全部经粗磨过筛后的样品置于无色聚乙烯膜上充分混匀。混匀可采用以下三种方式：①堆锥法：将土样均匀地从顶端倾倒，堆成一个圆锥体，再交互地从土样堆两边对角贴底逐锹铲起堆成另一个圆锥，每锹铲起的土样不应过多，并分 2～3 次撒落在新锥顶端，使之均匀地落在新锥四周；②提拉法：轮换提取方形塑料膜的对角一上一下提拉；③翻拌法：用铲子对角翻拌。如此反复多次直至样品均匀为止。

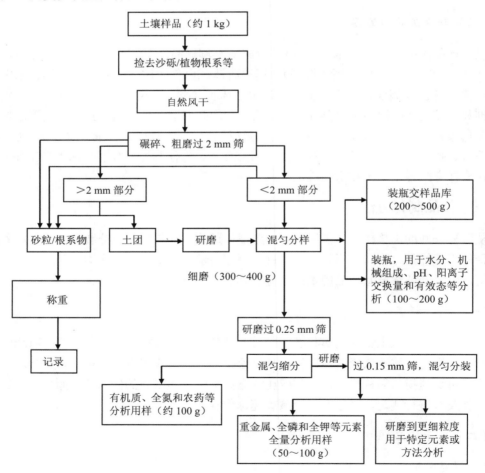

图 2-2-11　风干土样品制样过程

如果样品量较大，可采用堆锥四分法缩分，即把已破碎、过 2mm 筛且混匀的土样用平板铲铲起堆成圆锥体，如此反复堆三次，再由土样堆顶端，从中心向周围均匀地将土样摊平成厚薄一致的圆形扁平体。将分样板或分样器放在扁平体的正中，向下压至底部，土样被分成四个相等的扇形体。将相对的两个扇形体弃去，重复操作数次，直至缩分至规定重量为止。粗磨样可直接测定土壤水分、机械组成、pH、阳离子交换量、可交换酸度、石油类、元素有效态含量和土壤速测养分等项目。

3．样品细磨

经过精磨的样品，混匀分装后，逐渐细磨并分别过 0.25 mm（60 目）和 0.15 mm（100 目）筛。如果分析项目方法要求特定粒径，或因称样量少要求样品的细度增加，以降低称样误差，应进一步过孔径更小的筛子。过 0.25 mm（60 目）筛的样品用于农药、有机质、全氮、可溶性硫酸盐和碱解氮等项目分析；过 0.15 mm（100 目）筛的样品用于土壤元素全量分析。

4．样品分装

过筛后的样品充分混匀后方可装入具磨塞的广口瓶、塑料瓶或牛皮纸袋，其中永久保存的样品（如国家样品库样品和省级样品库样品）应采用棕色磨口玻璃瓶装样，并用熔化的石蜡密封。用于测试或继续细磨或临时保存的样品可以用样品瓶或样品袋装好，最好能封装，如瓶口用封口膜封装，塑料袋最好有自封口。样品容器内及容器外各具标签一张。写明编号、采样地点、土壤类型、采样深度、样品粒径、采样日期、采样人、制样人和制样时间等信息。

四、样品保存

样品按照样品名称、编号和粒径分类保存。样品保存分为实验室样品保存和样品库保存。

（一）运输和实验室样品保存

实验室样品主要包括新鲜样品、预留样品和分析取用后的样品三种。保存于实验室样品贮存室，一般保存半年至一年，以备必要时核查之用。

1．新鲜样品保存

对于易分解或易挥发等不稳定组分的样品应低温保存运输，在实验室内 4℃ 以下避光保存，必要时冷冻保存。避免用含有待测组分或对测试有干扰的材料制成的容器盛装保存样品。新鲜土壤样品保存条件见表 2-2-10。

表 2-2-10　新鲜样品的保存条件和保存时间

测试项目	容器材质	温度/℃	可保存时间/天	备注
金属 （汞和六价铬除外）	聚乙烯、玻璃	<4	180	—
汞	玻璃	<4	28	—
砷	聚乙烯、玻璃	<4	180	—
六价铬	聚乙烯、玻璃	<4	1	—
氰化物	聚乙烯、玻璃	<4	2	—
挥发性有机物	玻璃（棕色）	<4	14	采样瓶装满、装实并密封

测试项目	容器材质	温度/℃	可保存时间/天	备注
半挥发性有机物	玻璃（棕色）	<4	原始样≤10 萃取样≤40	采样瓶装满、装实并密封
难挥发性有机物	玻璃（棕色）	<4	14	—
多氯联苯	玻璃（棕色）	<4	不做规定	—

2. 风干样品保存

风干样品制备前需存放在阴凉、避光、通风、无污染处；金属项目样品除了汞最长能保存 28 天外，其余金属项目样品原则上可在室温下保存 180 天。

3. 预留样品和分析取用后样品保存

预留样品一般保存两年。分析取用后的剩余样品，待测定数据报出后，移交到实验室样品贮存室保存，一般保留半年。

（二）样品库样品保存

样品库是长期存放土壤样品的场所。在保存样品时，应注意避免日光、高温、潮湿和腐蚀性气体等影响。

1. 样品库建设要求

样品库严防阳光直射土样，整洁，无尘，保持干燥、通风、防潮、防火、无阳光直射、无污染（无易挥发性化学物质）；防止霉变，虫、鼠害及标签脱落，要定期清理样品。样品入库、领用和清理均需记录。

土壤样品库的建设和管理以安全、准确、便捷为基本原则。安全包括样品性质安全、样品信息安全，以及样品库运行安全；准确包括样品信息准确、样品存取位置准确、技术支持（人为操作）准确；便捷包括工作流程便捷、系统操作便捷和信息交流便捷。

2. 样品库样品保存要求

（1）土壤样品保存标签应包含样品编号、采样地点、经纬度、采样深度、土壤类型、土地利用类型、测试项目、土壤粒径、监测机构、合同编号、采样人员、采样日期、制样人员和制样日期等信息（表 2-2-11）。

表 2-2-11　土壤样品保存标签

样品编号：			
采样地点：　　　省　　　市　　　县（区）　　　乡（镇）　　　村			
坐　标：　东经：　　　°　　　北纬：　　　°			
采样深度：　　　　　cm		土壤类型：	
土地利用类型：　□耕地　　　□林地　　　□草地　　　□未利用地			
测试项目：			
土壤粒径：　□2 mm　　　□1 mm　　　□0.25 mm　　　□0.15 mm			
监测机构：		合同编号：	
采样人员：		采样日期：　　年　　月　　日	
制样人员：		制样日期：　　年　　月　　日	

（2）样品标签根据土地利用类型采用不同颜色，耕地为褐色，林地、草地为绿色，未利用地为黄色。

（3）样品保存标签一式两份，一张贴在瓶上，瓶内放置一张塑料标签。

（4）样品保存瓶用石蜡封口。

3．土壤样品库管理

（1）土壤样品出入库时，需由土壤样品管理人员与送、取样人员严格办理交接手续。清点样品数量，检查样品重量和样品相关信息，并分别在土壤样品交接单和出入库登记表上签字，建立样品档案。

（2）要定期整理样品，定期检查样品库室内环境，防止霉变，虫、鼠害和标签脱落，并建立严格的管理制度。

（3）当发现土壤样品损坏或遗失时，要及时处理。

（三）其他

应注意对高危土壤样品的安全防护：如污染事故的土壤样品，要根据污染物性质采取相应防护措施，避免与人体直接接触。高污染土壤样品或污染特性不明确的样品，需针对其可能引致的安全问题采取必要的防护措施。

五、样品制备和保存记录

（一）样品制备记录

样品制备完成后，需填写样品制备记录表，包括样品编号、粒径、风干方式、研磨方式、重量、样品分装和制样人等信息（表 2-2-12）。

表 2-2-12   土壤样品制备记录表

样品编号	风干方式	研磨方式	重量/g	样品分装
	□自然风干 □设备风干	□手工研磨　□仪器研磨 仪器名称： 仪器编号：	2 mm_____ 0.25 mm_____ 1 mm_____ 0.15 mm_____	□样品袋 □样品瓶

制样人：　　　　　　　　校核人：　　　　　　　　审核人：

　　年　　月　　日　　　　　年　　月　　日　　　　　年　　月　　日

（二）样品制备质量控制

样品制备质量控制包括样品制备人员在样品制备过程中，对样品状态、工作环境和制备工作情况进行的自我质量控制，也包括质量监督人员的质量检查。制样人员应严格执行操作规程，如实填写土壤样品制备记录和样品记录流转单等。质量控制检查内容包括：样袋是否完整，编号是否清楚，样品重量是否满足要求，样品编号与样袋编号是否对应，制备干燥、揉碎样品过程中是否有样袋破损或相互沾污的现象，破损样筛是否及时更换，样品瓶标签是否完整并正确等。

样品制备质量，可以采用以下几种指标进行定量评价：

（1）制样损耗率检查。

依据样品制备原始记录中粗磨或细磨前后的样品质量，分别计算损耗率；粗磨阶段损耗率应≤3%，细磨阶段应≤7%。

（2）样品过筛率检查。

样品过筛检查应在样品制备完成后，随机抽取任一样品的10%，按照规定的网目过筛。过筛率达到95%为合格。过筛后的样品原则上不得再次放回样品瓶/袋中。

（3）样品均匀性检查。

在样品混匀后、分装前，将充分混匀的土壤样品依次进行堆锥、平铺和对角线式取样，取出5个样品测试相关理化指标，依据测定结果的平行性以检查样品的均匀性。

（三）样品制备流转单

样品制备完成后，制样人员需与实验室样品管理员交接样品，填写样品制备流转单，包括样品编号、样品重量、粒径及数量、监测项目、制备人、领用人和领用时间等信息。

（四）样品入库和领用记录

样品入库和领用均需严格办理记录手续。土壤样品入库记录包括样品编号、采样地点、粒径、样品量、移交人、样品库管理员和交接时间等信息；土壤样品领用记录包括样品编号、采样地点、粒径、领用人、领用量、样品剩余量、样品库管理员和领用时间等信息。

（云南省环境监测中心站　张榆霞　赵娟　谢海涛

天津市生态环境监测中心　王斌　王静　王凤炜　姜伟　岳昂　刘振羽　张园

广西壮族自治区环境监测中心站　秦旭芝

湖北省环境监测中心站　贺小敏

江西省环境监测中心站　张起明　欧丽　胡勇　胡梅

北京市环境保护监测中心　王瑶

天津市宝坻区环境保护监测站　刘秀苹）

第三章　实验室分析质量控制

实验室分析过程中的质量控制在于控制检测分析人员的操作误差和系统误差，消除产生的过失误差，保证土壤样品分析结果在一定置信水平内达到数据质量要求，使监测结果具有可比性。

第一节　监测数据的质量指标

监测数据是监测活动的产品，监测数据质量的定量评价指标主要包括准确度、精密度和灵敏度。

一、准确度

准确度用于评价在规定的条件下，样品的测定值与假定的或公认的真值之间的符合程度，测定值可以是单次测定值或重复性测定值的均值；通常采用测定标准样品（有证标准物质）或测定加标回收率的方式。

准确度和测量结果不确定度的概念不同。不确定度是指由于测量误差的存在，对被测量值的不能肯定的程度，是与测量结果相关的参数，表征合理地赋予被测量值的分散性；既可以是标准差或其倍数，也可以是给定置信水平的区间半宽度，用标准不确定度、合成不确定度或扩展不确定度表示。

（一）绝对误差和相对误差

绝对误差是单一测量值或多次测量值的均值与真值之差，测量值大于真值时，误差为正，反之为负。

相对误差为绝对误差与真值的比值，通常以百分数表示。

（二）加标回收率

在样品中加入已知量的待测成分（或替代物），按照相同的分析步骤，同时测定加标试样和原试样，加标试样与原试样测定结果的差值与加入量的理论值之比即为加标回收率，以百分数表示。

二、精密度

精密度表示在规定的条件下，用同一种方法、对同一样品重复测定，所得结果的一致性或发散程度。精密度的大小由分析方法的随机误差决定，测量过程的随机误差越小，分析方法的精密度越高。精密度可表述为平行测定精密度、重复性精密度和再现性精密度。

（一）绝对偏差和相对偏差

绝对偏差为单一测量值（X_i）与多次测量值的均值（$\overline{X}$）之差。

相对偏差为绝对偏差与多次测量值均值的比值，通常以百分数表示。平行双样的精密度以相对偏差表示。

（二）平均偏差和相对平均偏差

平均偏差为单一测量值的绝对偏差的绝对值之和的平均值。

相对平均偏差为平均偏差与多次测量值均值的比值，通常以百分数表示。

（三）标准偏差和相对标准偏差

平行测定精密度是在相同条件下（同一实验室、相同分析人员、相同的仪器设备），用同一分析方法，在同一时间内，对同一样品多次重复测定，用标准偏差（S）或相对标准偏差（RSD）表示。

对某一水平浓度的样品在第 i 个实验室内进行 n 次平行测定，实验室内平均值（$\overline{X_i}$）、实验室内标准偏差（S_i）和实验室内相对标准偏差（RSD_i）计算公式为：

$$\overline{X_i} = \frac{\sum\limits_{k=1}^{n} X_k}{n} \tag{2-3-1}$$

$$S_i = \sqrt{\frac{\sum\limits_{k=1}^{n} (X_k - \overline{X})^2}{n-1}} \tag{2-3-2}$$

$$RSD_i = \frac{S_i}{\overline{X_i}} \times 100\% \tag{2-3-3}$$

对某一水平浓度的样品在 l 个实验室进行测定，每个实验室平行测定 n 次，实验室间平均值（$\overline{\overline{X}}$）、实验室间标准偏差（S_L）和实验室间相对标准偏差（RSD）计算公式为：

$$\overline{\overline{X}} = \frac{\sum\limits_{i=1}^{l} \overline{X_i}}{l} \tag{2-3-4}$$

$$S_L = \sqrt{\frac{l\sum\limits_{i=1}^{l} \overline{X_i}^2 - (\sum\limits_{i=1}^{l} \overline{X_i})^2}{l(l-1)} - \frac{S_r^2}{n}} \tag{2-3-5}$$

$$RSD = \frac{S_L}{\overline{\overline{X}}} \times 100\% \tag{2-3-6}$$

（四）合并标准偏差

合并标准偏差（S_p）是一种通过同一总体中 k 个样本的标准差估计总体标准差的方法，多个样本的平均值可能不一样，但必须假设它们的标准偏差相同。合并标准偏差计算公式为：

$$S_p = \sqrt{\frac{\sum\limits_{i=1}^{k}(n_i-1)S_i^{2}}{\sum\limits_{i=1}^{k}(n_i-1)}} = \sqrt{\frac{(n_1-1)S_1^{2}+(n_2-1)S_2^{2}+\cdots+(n_k-1)S_k^{2}}{n_1+n_2+\cdots+n_k-k}} \qquad (2\text{-}3\text{-}7)$$

（五）平均值的标准偏差与重复性限标准偏差

平均值的标准偏差（$S_{\overline{X}}$）是相对于单次测量标准偏差而言的。在同一测量条件下（真值未知），对同一被测样进行 l 组测量（每组 n 次），则对应每组 n 次测量都有一个算术平均值，各组算术平均值不同，它们的分散程度要比单次测量值的分散程度小得多，描述它们的分散程度同样可以用平均值标准偏差作为评定指标。同样，对某一水平浓度的样品进行 l 个实验室的验证实验，每个实验室平行测定 n 次，平均值标准偏差就是重复性限标准偏差（S_r），计算公式为：

$$S_r = \sqrt{\frac{\sum\limits_{i=1}^{l}S_i^{2}}{l}} \qquad (2\text{-}3\text{-}8)$$

式中，S_i 是各组或各实验室测量值的标准偏差。

（六）重复性限 r 和再现性限 R

对某一水平浓度的样品进行 l 个实验室的验证，每个实验室平行测定 n 次，重复性限标准差（S_r）、实验室间标准偏差（S_L）和再现性限标准差（S_R）有如下关系：

$$S_R = \sqrt{S_L^{2}+S_r^{2}} \qquad (2\text{-}3\text{-}9)$$

重复性限（r）和再现性限（R）计算公式如下：

$$r = 2.8\sqrt{S_r^{2}} \qquad (2\text{-}3\text{-}10)$$

$$R = 2.8\sqrt{S_R^{2}} \qquad (2\text{-}3\text{-}11)$$

三、方法特性指标

（一）灵敏度

灵敏度是指某方法对单位浓度或单位量待测物质变化所致的响应量变化程度，分析方法的灵敏度可用检测仪器的响应值与对应的待测物质的浓度或质量之比来衡量。若回归方程为 $y=ax+b$，y 为待测物质的响应信号，x 为待测物质的质量或浓度，a 为该方法或该仪器的灵敏度，即灵敏度用校准曲线的斜率表示。

（二）方法检出限

方法检出限是指用特定的分析方法在给定的置信度内可从样品中定性检出待测物质的最低浓度和最小量，是一个定性概念。方法检出限的确定方法一般有空白试验中检测出目标物质和空白试验中未检测出目标物质两种情况，详见《环境监测 分析方法标准制修订技术导则》（HJ 168—2010）。

（三）测定下限

测定下限是指能以适当的置信水平定量测定待测物质的最低浓度或最小质量，是一个定量概念。测定下限反映出分析方法能准确地定量测定低浓度水平待测物质的极限值，是痕量或微量分析中定量测定的特征指标。《环境监测 分析方法标准制修订技术导则》（HJ 168—2010）定义测定下限为 4 倍方法检出限。

第二节 常用数理统计方法及应用

环境监测是以抽样的方式从环境总体中获取具有代表性的样本，通过样本的测定结果评价和判断环境总体状况。对总体作出假设，采用统计手段，利用实际样本结果来检验假设的合理性，这一过程称为统计检验。通过统计检验可以获得不同时间、地点、仪器和人员等条件下测量数据结果或精密度的差异性；同时通过数据相关性分析了解监测数据或监测方法或其他相关因素间的相关性，例如，同一点位不同项目间、同一项目不同分析方法间和同一时间不同地点间等。

一、异常值的判断和处理方法

潜在异常值是一组数据中与其余数据相比明显偏大或偏小的测量值，可能不能代表其所属的总体。潜在异常值可能是数据录入错误、数据编码错误或测量系统问题引起的，也可能是随机波动的极度表现，代表一个分布的真正极值（例如，污染最重的地点），并说明总体的变异超过预期。错误地保留真正的异常值或舍弃非异常值都会导致对总体参数估计值的曲解，因此，在分析和审核数据时应重点关注潜在异常值。

统计异常值的检验可以给出概率性的证据，即极端值不"符合"其余数据的分布。这种检验只能用来确定需要进一步调查的数据点，不能用于确定统计异常值是否应该舍弃或保留，应该进行科学的判断或从技术上查找真正的原因。处理异常值一般有五个步骤：①识别极端值可能是潜在异常值；②应用统计方法检验；③按科学方法审查统计异常值并确定他们的分布特征；④按照"有"和"没有"统计异常值两种情况进行数据分析；⑤保留整个过程的记录。

潜在异常值可先通过图形表示法初步判断，识别比其余数据大很多或小很多的数据，例如，箱须图、茎叶图、排序数据图、正态概率图和时间图等。

异常值的判定一般选择 5%或 1%置信水平，如果统计量≤5%置信水平临界值，判定为不属于离群值；如果＞5%同时又≤1%置信水平临界值，判定该值为偏离值，如果没有明确产生原因不予剔除；如果＞1%置信水平临界值，判定该值为离群值，予以剔除。

怀疑某数据是异常值时，可能会做出纠正、舍弃或保留三种决定。对于明显且可以确定的失误，可以直接决定。舍弃异常数据应慎重，必须有充分的科学理由，因为其中经常包含着合理的极值。属于统计异常值的数据，无论是否被舍弃，都需要保留该数据的记录。判断异常值有多种检验法。已知标准差情况下可用 Nair 法。Dixon 检验（极差检验）用于在未知标准差的情况下对样本中离群值进行判定，可用于检验小样本（$n \leq 30$）的异常值。

Grubbs 检验也用于在未知标准差的情况下对样本中离群值进行判定。Cochran 检验用于多组数据方差一致性的检验，即等精度检验；或用于剔除多组数据精密度最差的一组。

二、常用测量结果的统计检验

数理统计应用主要包括参数估计、假设检验、回归问题、多重决策和采样设计、预测等方法。本部分只介绍几种常用的统计检验方法。

（一）t 检验

t 检验适用于样本含量较小，总体标准差未知的正态分布资料，用 t 分布推论差异发生的概率。

多次测量结果平均值与已知值的 t 检验：可以用于标准样品多次测量结果的平均值与标准值的显著性差异检验（H_0：$\overline{X} = \mu$），也可用于一组加标回收率是否达到某一水平（H_0：$\overline{X} \geq \mu$）或一组数据精密度低于某一水平（H_0：$\overline{X} \leq \mu$）的统计检验。第一种情况为双侧检验，后两种情况为单侧检验。

比较两个独立样本均值的 t 检验：主要用于评价不同分析人员、不同方法或不同仪器测量同一试样结果的均值是否存在显著性差异，也可评价污染治理区和对照区污染水平是否存在显著性差异等。环境监测大多数情况下总体方差未知，因此只能用样本方差 S_1^2 和 S_2^2 估计总体方差，在此情况下使用独立样本 t 检验。两个独立样本方差有可能一致，也可能不一致，两种情况 t 值及自由度 f 计算不同。

配对 t 检验：来自两个样本的观测值差异不仅是两样本之间，样本内每个个体也存在差异，但是两个总体的个体之间具有一一对应关系，即配对总体的观察值是相互关联的。在此情况下，可以使用配对 t 检验进行统计检验。两个样本可以是两种检测方法、两台仪器或两家实验室，样本中的个体应该是不同的样品。例如，为考察样品保存方式是否对测定结果有影响，对几个样品的鲜样和保存样进行测定，每个样品鲜样和保存样结果即为配对数据；为考察两种方法的差异，采用两种方法测定不同样品中的某一组分，两种方法的结果视为配对结果；为考察不同试验条件对测定结果的影响，分析人员在两种条件下测定不同样品中某一组分的结果也为配对结果。t 检验的目的是检验两个配对总体平均值之间的差异。

（二）F 检验

F 检验又称方差齐性检验，用于比较不同条件（时间、地点、分析方法和分析人员等）下，两组测量数据是否具有相同的精密度。总体方差未知的情况下，两组数据的总体遵从正态分布，检验两组数据均值的一致性，应首先使用本方法检验两总体方差是否相等。

（三）方差分析

方差分析是一类特定情况下的统计假设检验，是平均数差异检验的一种引申，主要用来判断多组（>2）数据的差异显著性。方差分析通过数据分析，搞清与数据有关的各因素是否存在影响和影响的程度，经常用于实验室质量控制和实验室协作实验。

方差分析分为单因素方差分析和多因素方差分析。方差分析与 t 检验要求一致，要求各组数据必须符合正态分布，同时各组数据的总体方差相等，尽管总体方差通常未知。

单因素方差分析（单因素多个样本均数的比较）：在环境监测中，常常要比较不同实验室测定结果有无显著性差异，或不同环境条件（如季节、温度和风速）、不同实验条件对测定结果的影响，单个因素对结果的影响使用单因素方差分析。例如，5家实验室对同一土壤样品中总铬的含量分别测定6次，可以通过方差分析判断5家实验室间的测定结果间是否存在显著性差异。

双因素方差分析（双因素多个样本均数的比较）：将试验对象按性质相同或相近者组成配伍组，每个配伍组有3个或3个以上试验对象，然后随机分配到各个处理组。这样，分析数据时将同时考虑两个因素的影响，试验效率较高。分析不同实验室使用不同方法测定同一样品的结果之间、不同时间不同区域测定结果之间有无显著性差异都可以用双因素方差分析。例如，某市为了研究不同时间全市不同点位土壤中汞含量的变化，该市2002—2005年，在市区选择了7个采样点，对土壤中汞含量进行测定；可以通过方差分析判断不同时间、不同地点土壤中汞含量之间有无显著性差异。

三、测量值的相关性

环境数据中经常包含每个采样点位的多个特征变量，相关系数可以衡量两个变量之间的关系，例如，两个测量数据集之间呈线性关系。但是，相关系数并不意味着原因或结果。两个变量之间的相关性强，说明二者密切相关，但若没有更进一步的证据和严格的统计控制，不能说一个变量的增加或减少是引起另一个变量增加或减少的原因。

（一）皮尔逊相关系数

皮尔逊（Pearson's）相关系数用于衡量两个变量之间的线性相关性，是建立在数据变量为定量且服从正态分布的前提下，属于参数统计相关分析方法。线性相关意味着当一个变量增加时，另一个变量也会随之线性增加或减少。相关系数接近+1时为正相关，说明一个变量增加，另一个变量也增加。相反，相关系数接近于−1时为负相关，说明一个变量线性增加，而另一个变量线性减小。相关值接近于0，说明两个变量之间没有线性关系。当数据真正相互独立时，两组数据之间的相关系数为0；但相关系数为0，并不能说明数据值是相互独立的。例如，已知在一个受污染的场地采集的4个土壤样品中，砷浓度分别为8.0、6.0、2.0和1.0 μg/kg，铅浓度分别为8.0、7.0、7.0和6.0 μg/kg，在显著性水平α=0.05条件下，经过皮尔逊相关系数检验，判断出土壤中的砷浓度与铅浓度不相关。

（二）秩相关及其检验方法

斯皮尔曼（Spearman）秩相关是皮尔逊相关系数的代替方法，根据等级资料研究两个变量间相关关系的方法，利用两变量的秩次大小作线性相关分析，对原始变量的分布不作要求，属于非参数统计方法，适用于等级变量或者等级变量不满足正态分布的情况，适用范围更广。对于服从皮尔逊相关系数的数据也可计算斯皮尔曼相关系数，但统计效能要低一些，但无论两个变量的总体分布形态、样本容量大小如何，都可以用斯皮尔曼等级相关来进行研究。

因为意义明显的数据转换（即单调递增）并没有改变各个变量的秩（例如，$\log(X)$的秩与X的秩是相同的），因此，斯皮尔曼秩相关系数也不会由于X_s或Y_s的非线性递增转换而有所改变。例如：土壤中PCB和二噁英浓度（X和Y）的秩相关系数与其对数（$\log(X)$

和 $\log(Y)$）的秩相关系数是相同的。由于秩相关系数具有这种可取的性质，又加上它受极端值的影响较小，使得秩相关系数成为皮尔逊相关系数的替代或补充。例如，4 个采样点位土壤中砷的浓度值分别为 1.0、2.0、6.0 和 8.0 μg/kg，铅浓度分别为 6.0、7.0、7.0 和 8.0 μg/kg，经过秩相关分析，可以判断砷和铅浓度呈线性相关。

第三节　实验室分析的质量控制

实验室分析的质量控制包括内部质量控制和外部质量控制，内部质量控制是分析人员对分析过程质量的自我控制，内部质量控制技术包括空白样品测定、校准曲线绘制及参数检验、方法检出限和测定下限测定、平行样分析、加标回收率测定、有证标准物质/标准样品测定、方法比对或仪器比对等。外部控制是指本机构内质量管理人员、技术组织、行政主管部门或上级环境监测机构对检测机构的检测活动进行的质量控制，包括密码平行样、密码质控样、密码加标样、实验室间比对和留样复测等。

需要强调的是质量控制指标应该与数据的质量目标匹配，即根据数据使用目的确定数据质量要求。因此，本节提出的质量控制评价指标只是作为参考值推荐使用。

一、方法检出限和测定下限

环境监测分析方法检出限和测定下限的测定方法详见《环境监测　分析方法标准制修订技术导则》（HJ 168—2010）有关规定。分析实际样品前，应验证本实验室的检出限和测定下限能否满足方法要求。如果实验室测得的检出限等于或略低于方法规定检出限时，则依据方法规定的检出限；如果实验室测得的检出限明显低于方法规定检出限，则检出限可根据实际测定值而定；如果未达到方法规定检出限，则需查找原因，也可增加取样量或减小浓缩最终体积，至检出限等于或略低于方法规定检出限。但是，增加取样量或减小浓缩最终体积可能影响空白或回收率，需要进行方法确认，并建立标准操作规程，同时在原始记录中注明。

二、空白试验

空白试验是指对不含待测物质的样品用与实际样品相同的操作步骤进行的试验。在痕量分析中，待测组分的测量值和空白值有可能处于相同数量级，空白值的大小和离散程度对方法的检出限和测量结果具有很大影响，所以，空白值控制水平直接反映了实验室的基本状况和分析人员的能力水平。影响空白值的因素包括：实验用水、试剂纯度、实验器皿的洁净程度、实验室内部交叉污染情况、仪器设备状况和分析人员的监测技术和操作水平等。

（一）空白试验种类

1. 试剂空白

试剂空白是指除去实验用水和实验器具，由试剂引入的空白值。例如土壤消解时使用的盐酸、硝酸、高氯酸和氢氟酸等，用于样品提取的二氯甲烷和正己烷等有机溶剂。在试剂使用前，需要进行空白检查。

2. 仪器空白

仪器空白是指在仪器测定样品前，用纯溶剂测定的仪器响应值，用于仪器空白检查。

3. 实验室空白

实验室空白是整个实验室分析系统的空白响应值，用不含待测物质的样品用与实际样品相同的操作步骤进行试验。一般有机物分析中用等量的空白石英砂代替土壤样品进行前处理和分析，也可将土壤样品经过提取、高温灼烧等方式去除目标化合物后作为空白样品；金属分析中用去离子水代替样品进行消解和分析。

每批试剂在使用前均应检查试剂空白，样品分析前均应测定仪器空白，每批样品均应分析实验室空白。一旦实验室空白结果出现异常，必须对仪器空白和试剂空白进行检查。

（二）空白的质量控制要求

分析每批样品的同时均应分析实验室空白值，一般有机物至少分析 1 个实验室空白值，大多数无机物要求分析至少 2 个实验室空白值。

土壤实验室空白值一般要求小于方法检出限，也可与以往积累数据比较，确定空白值是否可以接受。有机物实验室空白值一般有以下控制原则：空白值中目标化合物浓度应小于下列条件的最大值：①方法检出限；②相关标准限值的 5%；③样品分析结果的 5%。

土壤空白试验的平行双样结果应控制在一定波动范围内，一般要求其相对偏差不大于 50%。

（三）降低空白的方法

（1）保证实验用水和试剂纯度，并正确保存。

市售试剂纯度名目繁多，如"超级纯""优级纯""分析纯""色谱纯""光谱纯""农残级"等，不同纯度的试剂使用目的不同，应正确选择试剂纯度，必要时进一步提纯试剂，确保试剂空白值满足要求。

（2）实验器具的正确选择、洗涤和保存。

根据实验分析的具体要求，选择化学稳定性和热稳定性好、纯度高的实验器皿材质。例如，测定微量金属元素的器具材质，聚氟乙烯好于聚乙烯，聚乙烯好于石英，硼硅玻璃较差。根据分析项目确定洗涤和冲洗方式。洗涤后的器皿正确保存，防止受到沾污，必要时临用前洗涤或在超净环境中晾干保存。

（3）试剂使用量和使用方法严格依照规定执行，实验室内通风设施完备，防止环境污染带来交叉污染，必要时在超净室或超净工作台进行操作。

（4）仪器设备按照要求定期进行检定/校准和维护，避免系统残留，保证仪器处于良好状态。

（5）避免人为增加实验空白值。

三、校准曲线（标准曲线、工作曲线）

（一）校准曲线的绘制要求

如果标准方法中提出了校准曲线的绘制要求，则按照标准规定执行；如果没有提出要求，参照下列要求执行。

（1）一般要求校准曲线至少包括 5 个浓度水平，曲线最低点一般在测定下限附近，校准曲线绘制之后使用标准物质/标准样品进行检查，测定值必须在保证值控制范围内，否则视为曲线无效，需要重新绘制。

（2）校准曲线只能在其线性范围内使用，不得随意外延。

（3）校准曲线不得长期使用，更不得借用。校准曲线受实验条件和环境条件变化影响，尽可能与样品分析同步绘制校准曲线。相对稳定的校准曲线，要在分析样品同时进行曲线检查。一旦试剂、器皿或仪器灵敏度发生变化或曲线检查不合格，则必须重新绘制。

（4）校准曲线通常采用最小二乘法拟合直线方程（$y = a + bx$），也可以采用平均响应因子进行计算，例如，气相色谱质谱（GC-MS）测定有机物通常采用平均相对响应因子。特殊情况下，也可采用最小二乘法拟合的二次曲线方程（$y = a + bx + cx^2$）进行计算，三次以上拟合曲线一般不推荐使用，例如，电感耦合等离子体发射光谱（ICP-OES）测定碱金属元素、电感耦合等离子体质谱（ICP-MS）测定某些金属元素和采用 GC-MS 测定某些有机物。采用二次拟合曲线时，要求至少使用 6 水平校准系列，采用三次拟合曲线要求至少使用 7 水平标准系列，而且非线性拟合不能强制曲线通过原点。

（5）无论是使用线性还是非线性回归方程，一般要求 $r \geq 0.999$；但使用 ICP-OES 或 ICP-MS 测定金属元素时，要求 $r \geq 0.998$；使用原子吸收测定金属元素时，要求 $r \geq 0.995$；采用气相色谱法（GC）、高效液相色谱法（HPLC）或 GC-MS 时，要求 $r \geq 0.99$。利用平均响应因子计算结果时，各水平响应因子的相对标准偏差 $\leq 20\%$。校准曲线最低点响应值带入校准曲线的目标物计算结果，应该是实际值的 $70\% \sim 130\%$。

（6）利用 GC-MS 进行样品分析时，尽可能采用内标法定量。内标的加入体积应足够小，不能导致样品的体积发生明显变化，例如 1 mL 样品中加入 10 μL 内标。控制内标的加入量，其响应值和校准化合物的响应值相差不超过 100 倍。

（二）校准曲线参数检验

1. 线性检验

即检验校准曲线的精密度。以 4～6 个浓度水平获得的测量信号值绘制的校准曲线，一般要求其相关系数 $|r| \geq 0.999$，否则应找出原因并加以纠正，重新绘制合格的校准曲线；对于石墨炉原子吸收法，可适当放宽至 $|r| \geq 0.995$；对于同时测定多组分的方法，可允许个别组分 $|r| \geq 0.99$。直线回归方程的相关性检验可见本章"皮尔逊相关系数"部分。

2. 截距检验

即检验校准曲线的准确度，在线性合格的基础上，对其线性回归，得出回归方程 $y = a + bx$，然后将截距 a 与 0 作 t 检验，取 95% 置信水平，经检验无显著性差异时回归方程方可使用。当 a 与 0 有显著性差异时，表示校准曲线的回归方程计算结果准确度不高，应找出原因予以校正后，重新绘制校准曲线，并经线性检验合格后使用。

回归方程如不经上述检验直接使用，将给测定结果引入系统误差。

3. 斜率检验

即检验分析方法的灵敏度。方法灵敏度随实验条件变化而改变；在完全相同的分析条件下，仅由于操作中的随机误差导致的斜率变化不应超出一定允许范围，此范围因分析方法的精度不同而异。例如，一般而言，分子吸收分光光度法要求其相对差值（测定值与期望值之差除以期望值）小于 5%，而原子吸收分光光度法则要求其相对差值小于 10%等。

4．两条回归直线的比较

比较不同时间或不同实验室测得的两条校准曲线有无显著性差异，可通过检验其剩余标准差 S_E、回归系数 b 及截距 a 进行判断，即：$S_{E_1}=S_{E_2}$，$b_1=b_2$，$a_1=a_2$。

（三）校准曲线的检查

校准曲线绘制与样品分析同时进行，否则对测定曲线中间点浓度进行曲线检查（部分方法规定检查低浓度和高浓度点），如果分析方法未做规定，测定结果与该浓度理论值相差不得大于 10%；如果检查曲线最低点，相差一般不得超过 30%；否则重新绘制曲线。

使用 GC、HPLC 和 GC-MS 等色谱方法进行有机物分析时，要求在样品分析前或每分析 12 h（部分方法要求 24 h）测定目标物校准曲线中间浓度的标准溶液，测定值与期望值相差不超过 20%，或中间浓度点的响应因子与曲线的平均响应因子相差不超过 20%。部分方法要求校准曲线中间浓度测定值与期望值相差不超过 15%～30%。使用混合物标样做校准曲线校准时，单次测定不得有 10% 以上的目标物超差。

四、平行样测定

（一）平行样类型

1．实验室平行样

土壤样品在制备后取两等份，按照两个样品进行分析，用于指示土壤样品前处理和分析过程的精密度。

2．分析平行样

样品在分析测试时重复测定，用于指示仪器分析的精密度。

（二）平行样的质量控制指标

一般要求每批样品每个分析项目做 10%～20% 的实验室平行样，当 10 个样品以下时，平行样不少于 1 个。平行样可以是分析人员自行确定的明码平行，也可以是质控人员编入的密码平行。

表 2-3-1 中列出了《土壤环境监测技术规范》（HJ/T 166—2004）以及标准方法中的精密度数据。

表 2-3-1　标准方法和技术规范中平行双样测定值的精密度和准确度允许限值

监测项目	样品含量范围/mg/kg	精密度		准确度			分析方法
		室内相对偏差/%	室间相对偏差/%	加标回收率/%	室内相对误差/%	室间相对误差/%	
镉	<0.1	±35	±40	75～110	±35	±40	原子吸收分光光度法
	0.1～0.4	±30	±35	85～110	±30	±35	
	>0.4	±25	±30	90～105	±25	±30	
汞	<0.1	±35	±40	75～110	±35	±40	冷原子吸收分光光度法
	0.1～0.4	±30	±35	85～110	±30	±35	
	>0.4	±25	±30	90～105	±25	±30	原子荧光光谱法

监测项目	样品含量范围/mg/kg	精密度		准确度			分析方法
		室内相对偏差/%	室间相对偏差/%	加标回收率/%	室内相对误差/%	室间相对误差/%	
砷	<10	±20	±30	85～105	±20	±30	原子荧光光谱法
	10～20	±15	±25	90～105	±15	±25	分光光度法
	>20	±15	±20	90～105	±15	±20	
铜	<20	±20	±30	85～105	±20	±30	原子吸收分光光度法
	20～30	±15	±25	90～105	±15	±25	
	>30	±15	±20	90～105	±15	±20	
铅	<20	±30	±35	80～110	±30	±35	原子吸收分光光度法
	20～40	±25	±30	85～110	±25	±30	
	>40	±20	±25	90～105	±20	±25	
铬	<50	±25	±30	85～110	±25	±30	原子吸收分光光度法
	50～90	±20	±30	85～110	±20	±30	
	>90	±15	±25	90～105	±15	±25	
锌	<50	±25	±30	85～110	±25	±30	原子吸收分光光度法
	50～90	±20	±30	85～110	±20	±30	
	>90	±15	±25	90～105	±15	±25	
镍	<20	±30	±35	80～110	±30	±35	原子吸收分光光度法
	20～40	±25	±30	85～110	±25	±30	
	>40	±20	±25	90～105	±20	±25	
无机元素	<0.1	30					HJ 780—2015
	0.1～1.0	25					
	1.0～10	20	—	—	—	—	
	10～100	10					
	>100	5					
铍	—	20	—	—	—	—	HJ 737—2015
氰化物总氰化物	—	25 15	—	70～120	—	—	HJ 745—2015
全氮	—	15	—	75～115	—	—	HJ 717—2014
可交换酸度	≤10.0 mmol/kg	20					HJ 649—2013
	10～100 mmol/kg	10	—	—	—	—	HJ 631—2011
	≥100 mmol/kg	5					
水溶性和酸溶性硫酸盐	—	20	—	80～120	—	—	HJ 635—2011
有机碳	≤1%	0.10%（绝对偏差）					HJ 695—2014 HJ 658—2013
	>1%	10%（相对偏差）					HJ 615—2011
多氯联苯	—	30	—	60～130	—	—	HJ 743—2015
挥发性芳香烃	—	20	—	80～120（空白加标）35～110	—	—	HJ 742—2015
挥发性有机物	—	25	—	80～120	—	—	HJ 741—2015
挥发性有机物	—	25	—	70～130	—	—	HJ 642—2013 HJ 605—2011

监测项目	样品含量范围/mg/kg	精密度		准确度			分析方法
		室内相对偏差/%	室间相对偏差/%	加标回收率/%	室内相对误差/%	室间相对误差/%	
挥发性卤代烃	≤10 倍 MDL >10 倍 MDL	50 20	—	70～130	—	—	HJ 736—2015 HJ 735—2015
酚类化合物	—	30	—	50～140	—	—	HJ 704—2014
氨氮 亚硝酸盐氮 硝酸盐氮	≤10 >10	20 10	—	80～120 70～120 80～120	—	—	HJ 634—2011
总磷	—	15	—	80～120	—	—	HJ 632—2011
其他项目	>100 10～100 1.0～10 0.1～1.0 <0.1	±5 ±10 ±20 ±25 ±30					平行双样最大允许相对偏差

土壤中有机物分析的平行样要求，通常每批不超过 20 个样品做 1 个平行样，平行样的相对偏差不超过 20%～30%。测定土壤中挥发性有机物不需要复杂前处理过程，平行双样或加标回收平行双样的相对偏差一般控制在 25% 以内；半挥发性有机物经过提取和净化等复杂前处理过程，平行双样或加标回收平行双样的相对偏差一般控制在 30% 以内，甚至可以更大。

按单一组分统计，平行双样的相对偏差合格率一般不得低于 95%，否则应重新测定整批样品，并加测该批样品 10%～20% 的平行样。

五、加标试验

加标试验是检测测定结果准确性的一种方法，尤其在缺少与样品相同基质的质控样品时，用加标试验进行方法准确度的质量控制。

（一）加标回收率的类型

1. 空白加标

空白样品中加入已知量的待测组分，然后再制备和分析样品。一般无机物分析以去离子水代替空白样品，有机物分析以石英砂代替空白样品。

2. 基质加标

分取样品前，加入已知量的待测组分，然后再进行样品前处理和分析。

3. 替代物加标

在样品前处理前加入一定量与待测组分性质相近的化合物，通过测定其回收率了解样品中待测组分在前处理和分析过程中的损失情况。

（二）加标回收率的质量控制指标

1. 加标量的要求

空白样品的加标量一般根据方法的测定范围确定，加标三水平包括高（测定上限 90% 左右）、中（测量中间水平）、低（测定下限附近），加标二水平包括高、低水平。

实际样品加标量根据土壤样品中目标化合物的含量确定，含量高的样品加入目标化合物含量的 0.5～1.0 倍，但是加标被测组分的含量不能超过方法测定上限，含量低的样品加入 2～3 倍。加标的溶液浓度要高，加标体积要小，加标后不影响原样品的状态。

2．无机元素分析的加标要求

无机元素加标试验可以直接加入少量高浓度土壤标准样品或加入少量液标，前者反映了包括晶格内重金属消解效率在内的全过程准确度，后者只是反映消解过程的回收率情况，无法了解晶格内重金属是否消解完全。

加标试验具体做法是随机抽取一批试样中 10%的试样，样品数量不足 10 个时，加标试样不应少于 1 个，考察土样加标测定值是否在控制区间，如不在，该批样品分析无效，重新测定。具体要求可参考《土壤环境监测技术规范》（HJ/T 166—2004）中相关规定和标准分析方法的要求，见表 2-3-1。测定下限附近的元素，加标回收率可以放宽至 70%～130%。

3．有机物分析的加标要求

有机污染物分析加标回收实验的具体要求可参考如下规定：每批样品（最多 20 个）做一次基质加标，替代物和目标物加标回收率一般应在 70%～130%（相对易挥发的组分回收率可以规定50%或更低），否则重新分析，如果重复分析仍不合格，说明存在基体效应（两次加标回收率的相对标准偏差不超过 25%），应分析空白加标样品。如果空白加标回收率合格，说明确实存在基质效应，对该样品的结果进行标注。

六、其他实验室分析质量控制方法及有效性评价

（一）其他实验室分析质量控制方法

（1）实验室间比对是按照预先规定的条件，由两个或多个实验室对相同或类似的样品进行测量（或检测）的组织、实施和评价。实验室间比对包括双实验室间比对、多实验室间比对、能力验证和测量审核等。

（2）定期使用有证标准物质/样品开展质量控制，以保证值和不确定度判定分析测试结果的准确性。

（3）采用不同的方法、不同的人员或不同的设备，对同一样品重复比对检测，比较结果的一致性。

（4）对含量较稳定的样品，在首次检测后重新检测。

（5）分析一个样品不同特性结果的相关性。

（二）实验室分析质量控制方法的有效性评价

可参考《利用实验室间比对进行能力验证的统计方法》（GB/T 28043—2011）对质量控制进行评价。

1．常见统计量

（1）实验室偏倚估计值。

$$D = x - X \qquad (2\text{-}3\text{-}12)$$

式中：x——参加者结果；

X——指定值。

（2）百分相对差。

$$D\% = \frac{(x - X) \times 100}{X} \qquad (2\text{-}3\text{-}13)$$

（3）z 比分数。

$$z = \frac{x - X}{\hat{\sigma}} \qquad (2\text{-}3\text{-}14)$$

式中：$\hat{\sigma}$——能力评定标准差。

$\hat{\sigma}$ 可由以下方法确定：①与能力评价的目标和目的相符，由专家判定或法规规定（规定值）；②根据以前轮次的能力验证得到的估计值或由经验得到的预期值（经验值）；③由统计模型得到的估计值（一般模型）；④由精密度试验得到的结果；⑤由参加者结果得到的稳健标准差、标准化四分位距和传统标准差等。

（4）当指定值的确定未用到参加者的结果时，可用 z′比分数。

$$z' = (x - X) / \sqrt{\hat{\sigma}^2 + u_X{}^2} \qquad (2\text{-}3\text{-}15)$$

式中：u_X——指定值的标准不确定度。

（5）ξ 比分数。

$$\xi = \frac{x - X}{\sqrt{u_x{}^2 + u_X{}^2}} \quad (x \text{ 和 } X \text{ 不相关时成立}) \qquad (2\text{-}3\text{-}16)$$

式中：u_x——参加者结果的合成标准不确定度。

（6）对于校准能力验证，常用 E_n 值评价参加者结果。

$$E_n = \frac{x - X}{\sqrt{U_x{}^2 + U_X{}^2}} \qquad (2\text{-}3\text{-}17)$$

式中：U_x——参加者结果的扩展不确定度（包含因子 k=2）；

U_X——指定值的扩展不确定度（包含因子 k=2）。

（7）当用于测量的标准方法提供有可靠的重复性标准差 r 和复现性标准差 σ_R 时，可采用临界值（CD 值）对测量审核结果进行判定。

$$CD = \frac{1}{\sqrt{2}} \sqrt{(2.8\sigma_R)^2 - (2.8\sigma_r)^2 \left(\frac{n-1}{n}\right)} \qquad (2\text{-}3\text{-}18)$$

2. 指定值的确定方法

确定指定值（对能力验证物品的特定性质赋予的值的确定）有多种方法，以下列出最常用的方法。在大多数情况下，按照以下次序，指定值的不确定度逐渐增大。指定值的不确定度，可参照《利用实验室间比对进行能力验证的统计方法》（GB/T 28043—2011）等评定。

（1）已知值：根据特定能力验证物品配方（如制造或稀释）确定的结果。

（2）有证参考值：根据定义的检测或测量方法确定（针对定量检测）。

（3）参考值：根据对能力验证物品和可溯源到国家标准或国际标准的标准物质/标准样品或参考标准的并行分析、测量或比对来确定。

（4）由专家参加者确定的公议值：专家参加者（某些情况下可能是参考实验室）应当

具有可证实的测定被测量的能力，并使用已确认的、有较高准确度的方法，且该方法与常用方法有可比性。

（5）由参加者确定的公议值：使用 GB/T 28043—2011 和 IUPAC 国际协议等给出的统计方法，并考虑离群值的影响。例如，以参加者结果的稳健平均值、中位值（也称中位数）等作为指定值。

3. 多个实验室间比对或能力验证的评价方法

z 比分数用于多个测试结果的比对评价，一般对于 3～7 个测定结果，经检验剔除离群值后，使用经典统计法评价；8 个及以上测试结果的比对，采用稳健统计法评价。少数几家实验室的比对方法，以及实验室自行开展的实验室比对方法，常采用 E_n 值评价。

（1）经典统计法。

经典统计法以各实验室测定结果平均值做参考值，以标准偏差做能力评定标准差，因此测量结果的离散程度对结果影响很大。利用经典统计法评价测量结果之前，需要对异常数据判别，剔除异常值后计算平均值和标准偏差。

$|z| \leqslant 2$ 为满意结果；$2 < |z| < 3$ 为可疑或有问题结果；$|z| \geqslant 3$ 为不满意结果。

（2）稳健统计法。

稳健统计技术是目前实验室间比对或能力验证常采用的数据处理方法。它以中位值代替平均值，以标准化四分位距（NIQR）代替标准偏差，无须剔除极端数据结果，将极端结果对统计结果的影响减至最小。

单一样品：$z > 3$ 和 $z < -3$ 分别表示测定结果太高和太低，但无法判定误差来自实验室间还是实验室内。

均一样品对：$ZB > 3$ 和 $ZB < -3$ 分别表示实验室间统计结果同时过高或过低；$ZW > 3$ 和 $ZW < -3$ 分别表示实验室内两个样品结果差值过大。

分割水平样品对：$ZB > 3$ 和 $ZB < -3$ 分别表示实验室间统计结果同时过高或过低；$ZW > 3$ 表示结果间的差值太大，$ZW < -3$ 表示结果间的差值太小或相对于中位值在相反方向。

（3）利用 E_n 值评定。

如果 $|E_n| \leqslant 1$，表明"满意"，否则不满意。

4. 测量审核的评价方法

利用测量审核对参加者的结果判定时，可利用 E_n 值、临界值或有证标准物质/样品参考值或参照标准方法等判定。

5. 两个比对结果的评价

两个比对结果包括双实验室间比对、人员比对、仪器比对和留样复测等质量控制方式测得的结果。

（1）标准给定允差或重复性限 r、再现性限 R 的结果评价。

计算两个比对结果的差值，与标准方法中给定的允差比较，允差也可以是标准给出的重复性限和再现性限，内部比对使用重复性限，外部比对使用再现性限。

（2）方法比对和仪器比对。

使用不同方法或不同仪器设备测定同一个样品，按式（2-3-19）评价，扩展不确定度需扣除由系统效应造成的标准不确定度分量。多套仪器比对参考实验室间比对进行评价。

$$\left| E_n = \frac{x_1 - x_2}{\sqrt{U_1^2 + U_2^2}} \right| \leqslant 1 \qquad (2\text{-}3\text{-}19)$$

（3）留样复测和人员比对。

留样复测和人员比对基于相同的分析方法和仪器设备测定，测定结果 x_1、x_2 具有相同的扩展不确定度，可根据 E_n 值评价。

$$\left| E_n = \frac{x_1 - x_2}{\sqrt{2}U} \right| \leqslant 1 \qquad (2\text{-}3\text{-}20)$$

6. 一组检测结果和指定值的评价

指定值的确定见前文叙述，指定值也可以是有证标准物质的实际值。

（1）利用有证标准物质证书给出的结果和扩展不确定度评价。

$$\left| E_n = \frac{x_1 - x_0}{\sqrt{U_1^2 + U_0^2}} \right| \leqslant 1 \qquad (2\text{-}3\text{-}21)$$

式中：x_0 —— 标准物质的证书给出的量值；

U_0 —— 标准物质的证书给出的扩展不确定度。

如果用于没有使用有证标准物质的实验室间比对的评价，则 x_0 和 U_0 分别为参考实验室的指定值和指定值的扩展不确定度。

（2）t 检验。

可利用 t 检验评价 n（$n \geqslant 6$）次检测结果的平均值（$\bar{x}$）和指定值（X）是否存在显著性差异。首先计算该组检测结果的平均值（$\bar{x}$）和标准偏差（S），按照下式计算 t 值。

$$t = \frac{|\bar{x} - X|\sqrt{n}}{S} \qquad (2\text{-}3\text{-}22)$$

查表 $t_{0.05(n-1)}$，若 $t < t_{0.05(n-1)}$，则 n 次检测结果的平均值（$\bar{x}$）和指定值（X）不存在显著性差异。

（3）2 倍标准差法。

服从正态分布的条件下，约有 95.43% 的观测值在平均值左右两倍标准差（$\bar{x} \pm 2S$）范围内，所以，n（$n \geqslant 6$）次检测结果的平均值（$\bar{x}$）和指定值（X）的差值小于 2 倍标准偏差可评价为合格。即：

$$\left| \frac{\bar{x} - X}{S} \right| \leqslant 2 \qquad (2\text{-}3\text{-}23)$$

7. 两组检测结果平均值的评价

两个实验室间或实验室内两组检测结果可在利用 F 检验判断两组结果精密度不存在显著性差异的前提下，利用 t 检验判断两组结果的均值是否存在显著性差异。

第一组 n_1 次测定结果的平均值（$\bar{x_1}$）标准偏差（S_1），第二组 n_2 次测定结果的平均值（$\bar{x_2}$）标准偏差（S_2），$F = \dfrac{S_1^2}{S_2^2}$（假设 $S_1^2 \geqslant S_2^2$），如果 $F \leqslant F_{\frac{\alpha}{2}(n_1-1, n_2-1)}$，可判断两组数据精密度不存在显著性差异，继续进行平均值 t 检验。

$$t = \frac{|\overline{x_1} - \overline{x_2}|}{\sqrt{\frac{(n_1-1)S_1^2 + (n_2-1)S_2^2}{(n_1+n_2-2) \times (n_1 \times n_2)} \times (n_1+n_2)}} \quad\quad (2\text{-}3\text{-}24)$$

如果 $t \leqslant t_{0.05(n_1+n_2-2)}$，两组数据的均值无显著性差异，比对结果满意。

8．利用质量控制图评价质量控制

质量控制图的基本假设是认为每个分析方法过程都存在随机误差和系统误差，并且分析数据以正态分布，以实验结果为纵坐标，实验次序为横坐标，实验结果的均值为中心线。根据均值的标准差决定警告限（WL）和控制限（CL），建立质量控制图。通过质量控制图评估"统计受控"状态下测量系统数据。参见《实验室质量控制　利用统计质量保证和控制图技术评价分析测量系统的性能》（GB/T 27407—2010），建议使用 I（单值）图和 MR（移动极差）图。

七、土壤标准样品在质量控制中的正确使用

国内有证标准物质编号以 GBW 和 GBW（E）开头，意为国家标准物质，代表国家一级标准物质和国家二级标准物质；有证标准样品编号以 GSB 开头，意为国家实物标准，不分级别。土壤标准样品是直接用土壤样品或模拟土壤样品制得的固体物质，具有良好的均匀性、稳定性和长期保存性，同时在规定的准确度和精密度条件下准确确定了一个或多个化学含量和物理特性。土壤有证标准样品可用于分析方法验证和标准化，校正并标定分析仪器，评价土壤测定方法准确度和测试人员的技术水平，进行质量控制工作，实现实验室内、实验室间、行业间和国家间数据的可比性和一致性。

土壤标准样品必须正确使用，否则无法达到预期效果。使用前应仔细阅读证书，了解标准样品的组成、结构、量值特性、使用条件、测定方法、最小取样量、使用注意事项和储存条件等。选择合适的土壤标准样品，使标准样品的背景结构、组分和含量水平尽可能与待测样品一致或近似。如果与待测样品的化学性质和基本组成差异很大，不能真实反映基质干扰情况，一旦土壤标准样品作为标定或校准仪器的标准，会产生一定系统误差。

1．人员比对或考核

用已知结果的有证标准物质/样品作为未知考核样发给分析人员测试，如果测定结果落入标准值范围（或选定范围，测试水平与考核的质量目标有关，下同），确定考核合格。这种考核方式也是实验室质量控制评价的主要方式，是质量管理人员进行人员实际操作考核的主要手段，也是分析人员自我质控的常用方式。目前这种考核方式广泛用于岗前培训、持证上岗考核和实验室资质认定或认可的现场评审等。

2．新方法验证或方法比对

新方法或新标准研制过程中或投入使用前，利用有证标准物质/样品进行分析测试，是其推广使用的关键一步。《环境监测分析方法制修订技术导则》（HJ 168 —2010）规定了要使用有证标准物质/样品进行方法精密度和准确度验证。不同原理的分析方法也要尽可能利用有证标准物质/样品进行方法精密度和准确度的评价。

3．仪器校准或比对

利用有证标准物质进行仪器校准的典型仪器是 X 荧光光谱仪。考虑土壤基体效应影

响，测定土壤中重金属时，需要采用土壤标准样品粉末压片法测定 X 荧光光谱，建立校准曲线，测定待测土壤样品中重金属的含量。

考虑不同土壤的基质干扰，采用土壤有证标准物质进行仪器比对，能增加结果的准确度。

4．实验室间比对或考核

在参与比对或考核实验室数量较少，或者水平参差不齐，用已知结果的有证标准物质/样品作为未知样进行实验室间比对或考核，可有效避免异常值参与统计，影响结果的正常评定。

5．日常质量控制

土壤有证标准物质可以作为分析人员日常分析中进行自我质量控制的样品，用于评价自身操作、环境条件和仪器设备的正常运行状况。

6．建立质量控制图

以土壤标准样品的保证值 X 与标准偏差 S，在 95% 的置信水平，以保证值 X 作为中心线、$X \pm 2S$ 作为上下警告线、$X \pm 3S$ 作为上下控制线的基本数据，绘制质控图，用于分析质量的自我控制。

八、土壤样品分析中关键环节的控制

土壤样品分析的关键环节包括根据样品的特点，正确进行前处理和准确可靠的分析。土壤样品前处理主要包括无机元素的酸消解、碱熔，浸提液浸提，有机物的提取、净化等，是土壤分析最主要环节，也是土壤样品分析质量控制的关键点。本节主要针对土壤样品选择和前处理过程的关键环节进行介绍。

（一）选择合适粒度的土壤样品

在样品风干、研磨过程中，多数挥发性、半挥发性和农药类有机物会损失，因此，一般情况下测定易分解、易挥发等不稳定有机组分采用新鲜土壤样品，测定持久性有机物时可以考虑使用风干样品；测定土壤 pH、阳离子交换量、速效养分含量和元素有效性含量分析采用 20 目干燥样品；测定土壤有机质和全氮量等采用 60 目干燥样品；土壤元素分析采用 100 目干燥样品，X 射线荧光光谱法测定土壤无机元素则需要 200 目干燥样品。

（二）土壤消解

我国土壤类型繁多，成土母质差别很大，土壤元素分析的消解方法也有所不同。土壤样品消解包括酸溶法和碱熔法，有常压消解和高压消解，加热方式可以使用传统的电热板加热、水浴加热消解或微波加热。我国土壤试样的消解一般采用全分解法，即把土壤的矿物晶格彻底破坏，使土壤中待测元素全部进入试样溶液中。而美国采用盐酸+硝酸法、日本采用硝酸+硫酸+高氯酸法、英国为硝酸法，这些方法都不是全分解方法。

1．土壤酸消解法

（1）土壤酸消解常用试剂。

土壤酸消解常用试剂包括各种无机酸，如盐酸（HCl）、硝酸（HNO_3）、氢氟酸（HF）、高氯酸（$HClO_4$）、硫酸（H_2SO_4）和磷酸（H_3PO_4）等，过氧化氢以及其他试剂。氢氟酸是唯一能够分解二氧化硅和硅酸盐的酸。高氯酸能彻底分解有机物，但高氯酸直接与有机物接触会发生爆炸，通常都与硝酸组合使用，或先加入硝酸反应一段时间后再加入高氯酸。土壤酸消解采用两种、三种或四种混酸体系，包括 $HCl+HNO_3+HF+HClO_4$、$HNO_3+HF+HClO_4$、$HCl+HNO_3+HF+H_2SO_4$、王水$+HClO_4+HF$ 等。土壤全消解时，消解液应该是白色或淡黄色（含铁量较高的土壤），不存在明显的沉淀物。

（2）土壤消解器皿及其处理方法。

①玻璃器皿：能被氢氟酸、热磷酸和强碱侵蚀。使用前需用酸洗液清洗，因其表面能吸附少量铬，测定铬元素时不采用铬酸洗液。

②镍坩埚：镍在空气中灼烧易被氧化，不能用于灼烧称量沉淀。具有良好的抗碱性能，主要用于碱解熔融土壤样品，熔融温度不得超过 700℃。新坩埚使用前在 700℃灼烧数分钟，以后每次使用前用水煮沸洗涤，必要时加入少许盐酸煮片刻，再用蒸馏水洗净烘干。

③铂坩埚：化学性质稳定，大多数试剂对其无腐蚀作用，耐氢氟酸，也可用于碱熔，以及镍坩埚不能使用的酸性熔剂焦硫酸钾。注意使用前后称量重量，严格遵守使用规定。

④聚四氟乙烯器皿：对所有无机试剂和有机试剂均具有较好的惰性，最好在 250℃以下使用，使用前用酸洗液浸泡。

（3）消解的注意事项。

①消解过程所用试剂的纯度必须能满足分析方法的要求。使用的试剂不得与容器发生反应或引入待测元素，例如含氢氟酸消解体系不得使用玻璃容器。

②选用的消解体系和消解方法能有效分解试样，不得使待测组分因产生挥发性物质或沉淀而造成损失。

③含有机质较多的土壤样品，要在有机质分解后再进行高压密封消解或微波消解。

④消解温度要严格控制，消解过程应平稳，升温不宜过猛，避免反应过于激烈造成样品溅失或成团，造成消解困难。硝酸溶样时容易迸溅，使用时温度不宜过高。

⑤高氯酸大都在常压下预处理时使用，较少用于密闭消解（包括微波消解），不得直接向含有有机物的热溶液中加入高氯酸。

⑥加酸的时机要合适，例如，混酸体系中含有硝酸时，注意高氯酸加入不宜过早，避免硝酸和高氯酸反应降低消解效果。加入氢氟酸飞硅时，要在土壤晶格大部分被破坏之后，再加入高氯酸等高沸点酸，过早加入会导致飞硅效果欠佳。

⑦控制加酸量，有机质含量较高的土壤样品消解时适当多加些高氯酸，硅化类土壤样品适量多加氢氟酸，消解后坩埚内壁有黑色物，适当补加高氯酸；消解后如果呈白灰渣样乳白液，说明含盐量较高，适当补加盐酸或硝酸。

⑧赶酸要完全，高氯酸和硫酸如果不能赶酸完全，将影响 Ni、Cr、Pb 和 Mn 的测定。最终观察到白色烟雾减少，杯内溶液为透明、可流动的膏状物意味着赶酸完全。

（4）消解的误差来源及控制。

消解误差来源主要是消解不完全、消解空白过高、消解温度控制不准确、消解体系选择不正确，以及基质干扰。控制方法包括：①测定相同土质的土壤标准样品；②绘制工作曲线；③进行基质加标实验；④进行空白试验，检查器皿和试剂的空白；⑤根据要求选择合适的消解体系和消解方法。

2. 土壤熔融分解法

（1）土壤熔融分解常用试剂。

熔融分解法是将土壤样品和熔剂在坩埚中混合均匀，在 500～900℃的高温下进行熔融分解。熔融法能够彻底破坏土壤晶格，而且不产生酸气，但需加入大量熔剂（一般为试样量的 6～12 倍），引入熔剂本身的离子和其中的杂质，测定微量元素时空白很高，采用熔融法进行元素分析时必须考虑空白影响。最常用的熔剂为氢氧化钠、过氧化钠、碳酸钠、过硫酸钾、偏硼酸锂等。碳酸钠可在 920～950℃下破坏铝硅酸盐、熔解二氧化硅，通常用于测定土壤中铁、铝、锰、钛、钾、钠、钙、镁和磷等元素；氢氧化钠或氢氧化钾熔融可在 600～700℃下进行，通常用于测定钨、钼、磷、氟、硼和二氧化硅；过氧化钠熔融可用于稀土元素测定；过硫酸钾用于熔解氧化铝等碱性氧化物，偏硼酸锂或四硼酸锂可熔融硅酸盐，可用于硅酸盐、钾和钠等分析。

（2）土壤熔融分解法注意事项。

有机质含量较高的土壤样品，首先在 500～600℃的马弗炉中预灰化处理，再进行碱熔分解，同时这类样品不宜使用铂坩埚；根据熔融温度选择合适材质的坩埚；在分解完全的情况下，遵循最大样品量和较小熔剂量原则；空白测定的熔剂量与样品保持一致。

3. 消解方法的选择

土壤酸溶法通常采用混酸体系，不同的混酸体系对测定结果有影响，土壤中金属全量分析必须使用含有氢氟酸的混酸。

碱熔法分解土壤样品能力强，速度快，但熔融后盐浓度高，易堵塞喷雾器或燃烧器。

另外，敞口消解会造成挥发性元素（如 As、Hg、Pb 和 Se）损失，As、Hg 和 Se 通常采用恒温水浴消解、高压密封消解或微波消解。

（三）土壤样品浸提

土壤元素有效态和痕量金属的形态分析都是通过选择合适的提取剂提取土壤中元素。土壤元素有效态用于评价土壤实际污染状况对植物的危害；痕量金属包括多种形态，可交换态、碳酸盐结合态、铁—锰氧化物结合态、有机态和残余态。常用的提取剂包括水、稀酸或碱溶液（如稀盐酸、碳酸氢钠）、络合剂（如 EDTA、DTPA）、中性盐溶液（如氯化钾、硝酸钠、氯化钙）等。浸提剂种类、水土比例、振荡时间、振荡强度、浸提温度都是影响土壤样品浸提的关键控制因素，进行土壤样品浸提时需要严格遵照方法规定的条件进行才能获得具有可比性的结果。

（四）土壤有机物的提取与净化

1. 土壤有机物提取方法的选择

土壤样品中有机物的提取方法主要包括经典索氏提取法、自动索氏提取法、加压溶剂提取法、超声波提取法等。经典索氏提取法提取效率高，但时间长，提取溶剂消耗量大；自动索氏提取法大大压缩了提取时间，只需 2～3 h 既能达到经典索氏提取效果；加压溶剂提取法在一定压力下只需较少的时间和溶剂即可有较高的提取效果；超声波提取法提取时间较短，但需要多次提取，消耗溶剂量较大，提取效果也不如上述三种提取方法，而且部分有机磷化合物会在超声波作用下分解。在选择提取方法时要综合考虑提取效率。

2. 土壤有机物提取的质量控制

（1）提取溶剂。

土壤样品中含有水分，进行提取前需要加入一定量无水硫酸钠、硅藻土，搅拌均匀，提取溶剂应包含一定量丙酮，保证土壤中有机物提取完全。选择提取溶剂时需考虑目标化合物的极性,所选溶剂能够将目标化合物提取出来即可,过强的提取溶剂会带来更大干扰。常用的溶剂体系有丙酮/正己烷、二氯甲烷/丙酮等,一般要求提取液浓缩后将溶剂转换为正己烷,方便继续进行净化。

(2)提取效率。

通过空白加标、基质加标、加入替代物的方法确定目标化合物的提取效率,进行样品分析前必须进行提取效率实验。

3.干扰及净化

有机物提取过程中试剂、玻璃仪器等都有可能对样品分析引入杂质干扰测定,通过同时分析实验室空白值确定干扰情况。

(1)酞酸酯类是实验室常见的污染物,通过高温烘烤固体试剂、减少塑料制品使用等进行控制。

(2)残留的碱性洗涤剂使玻璃容器表面呈碱性,可造成艾氏剂、七氯、大多数有机磷农药分解,需要用热水冲洗玻璃器皿减少残留。

(3)样品提取的共存组分,也会干扰测定,可通过选择不同极性的溶剂减少共存组分的提取,必要时采用硅胶净化,氧化铝、弗罗里硅土、硫黄净化,硫酸/高锰酸钾净化法和凝胶渗透色谱等净化方法去除干扰。硅胶净化、氧化铝、弗罗里硅土属于吸附色谱法原理,利用目标化合物和干扰物极性不同达到分离的目的,可使用商业化固相柱,干扰物较多时采用层析柱;土壤样品提取液中通常包含硫黄,可使用铜粉去除;硫酸/高锰酸钾净化法一般用于测定多氯联苯时提取液的净化,艾试剂、狄氏剂、异狄氏剂、硫丹和硫丹硫酸盐在此过程中会被破坏,同时测定有机氯农药和多氯联苯时需要特别注意;凝胶渗透色谱可以分离样品提取液中沸点高的大分子干扰物。即便是商业化固相柱,不同厂家或不同批次之间也有区别,同时,不同操作人员操作方式不完全相同,任何实验室、任何实验分析人员在样品分析前必须测定净化效率,既保证净化回收率满足要求,也要保证达到净化效果。

(沈阳市环境监测中心站　曲健　郑兴宝　骆虹

中国环境监测总站　柴文轩

四川省环境监测总站　史箴　李纳　赵萍萍)

参考文献

[1] 鲍士旦. 土壤农化分析，3 版. 北京：中国农业出版社，2000.

[2] 国家环境保护总局. 水和废水监测分析方法，4 版. 北京：中国环境科学出版社，2002，11：32.

[3] 国家环境保护总局. HJ/T 166—2004 土壤环境监测技术规范. 北京：中国标准出版社，2004.

[4] 国家环境保护总局. 全国土壤污染状况调查点位布设技术规定. 北京：2006.

[5] 国家环境保护总局. 全国土壤污染状况调查土壤样品采集（保存）技术规定. 北京：2006.

[6] 国家环境保护总局. 全国土壤污染状况调查样品分析测试技术规定. 北京：2006.

[7] 国家环境保护总局. 全国土壤污染状况调查质量保证技术规定. 北京：2006.

[8] 国家环境保护总局. 全国土壤污染状况调查总体方案. 北京：2006.

[9] 国家林业局. LY/T 1210—1999 森林土壤样品的采集与制备. 北京：中国标准出版社，1999.

[10] 国家质量监督检验检疫总局，国家标准化管理委员会. GB/T 28043—2011 利用实验室间比对进行能力验证的统计方法. 北京：中国标准出版社，2011.

[11] 国家质量监督检验检疫总局，国家标准化管理委员会. GB/T 4883—2008 数据的统计处理和解释正态样本离群值的判断和处理. 北京：中国标准出版社，2008.

[12] 国家质量监督检验检疫总局. GB/T 17378.3—2007 海洋监测规范　第 3 部分：样品采集、贮存与运输. 北京：中国标准出版社，2007.

[13] 环境保护部. HJ 25.2—2014　场地环境监测技术导则. 北京：中国标准出版社，2014.

[14] 环境保护部. HJ/T 338—2007　饮用水水源保护区划分技术规范. 北京：中国标准出版社，2007.

[15] 环境保护部. 土壤环境质量监测国控点布设方法. 北京：2014.

[16] 环境监测质量管理技术导则（HJ 630—2011）.

[17] 检验检测机构资质认定评审准则. 国家认监委"关于印发检验检测机构资质认定配套工作程序和技术要求的通知"（国认实（2015）50 号）.

[18] 刘凤枝，等. 土壤和固体废物监测分析技术. 北京：化学工业出版社，2007.

[19] 牟树森，青长乐. 环境土壤学. 北京：中国农业出版社，1993.

[20] 农业部. NY/T 1121.1—2006 土壤检测　第 1 部分：土壤样品的采集、处理和贮存. 北京：中国标准出版社，2006.

[21] 农业部. NY/T 395—2012 农田土壤环境质量监测技术规范. 北京：中国标准出版社，2012.

[22] 沈阳市环境监测中心站. 环境监测数据质量管理与控制技术指南. 北京：中国环境科学出版社，2010.

[23] 陶澍，等. 应用数理统计方法. 北京：中国环境科学出版社，1994.

[24] 王业耀，赵晓军，何立环. 我国土壤环境质量监测技术路线研究[J]. 中国环境监测，2012，28（3）：116-120.

[25] 奚旦立，孙裕生. 环境监测，4 版. 北京：高等教育出版社，2010.

[26] 中国地质调查局. DD 2005-01 多目标区域地球化学调查规范. 北京：2005.

[27] 中国地质调查局. DD 2005-03 生态地球化学评价样品分析技术要求. 北京：2005.

[28] 中国环境监测总站. 土壤环境监测技术. 北京：中国环境出版社，2013.

[29] 中国环境监测总站. 环境水质监测质量保证手册. 北京：化学工业出版社，1994.

[30] 中国环境监测总站. 生态环境监测技术. 北京：中国环境出版社，2014.

[31] 中国环境监测总站. 土壤元素的近代分析方法. 北京：中国环境科学出版社，1992.

[32] 中国环境监测总站. 中国土壤元素背景值. 北京：中国环境科学出版社，1990.

[33] CNAS-CL10：2012，检测和校准实验室能力认可准则在化学检测领域的应用说明.

参考文献

第三篇

理化指标与肥力测定

3

第一章　一般指标

一、pH

　　土壤 pH 是反映土壤酸碱度的强度指标，影响土壤的物理化学性质，土壤养分的存在状态、转化和有效性，从而影响植物的生长发育。土壤 pH 通常用作土壤性质分类、植物营养状况和土壤利用管理与改良的重要参考，也是土壤环境质量的重要指标之一。土壤 pH 分为水浸和盐浸，前者代表土壤的活性酸度（碱度），后者代表土壤的潜在酸度。盐浸提液常用 1 mol/L KCl 溶液或 0.01 mol/L CaCl$_2$ 溶液，其中的 K$^+$ 或 Ca^{2+} 与土壤胶体表面吸附的 Al^{3+} 和 H$^+$ 发生交换，使其相当一部分被交换进入溶液，故盐浸 pH 较水浸 pH 低，一般实验室较多采用水浸法。

　　土壤 pH 的测定方法有电位法和混合指示剂比色法。混合指示剂比色法适用于野外现场土壤 pH 的快速初步测定，但该方法受人为因素影响较大，准确度相对较差。电位法检测准确、快速、方便，适用于不同的土壤类型，现已成为实验室测定土壤 pH 的常用方法。

电位法（A）

　　本方法等效于《土壤中 pH 值的测定》（NY/T 1377—2007）和《土壤检测　第 2 部分　土壤 pH 的测定》（NY/T 1121.2—2006）。

1. 方法原理

　　当规定的指示电极和参比电极浸入土壤悬浊液时，构成一原电池，其电动势与悬浊液的 pH 有关，通过测定原电池的电动势即可得到土壤的 pH。

2. 适用范围

　　以水或 1 mol/L KCl 溶液或 0.01 mol/L CaCl$_2$ 溶液为浸提剂，采用电位法测定土壤 pH 的方法。适用于各类土壤 pH 的测定。

3. 试剂和材料

　　除非另有说明，否则在分析中均使用分析纯试剂。

　　（1）试验用水：符合《分析实验室用水规格和试验方法》（GB/T 6682—2008）规定的至少三级水的规格，并应除去二氧化碳。

　　无二氧化碳水的制备方法：将蒸馏水或去离子水煮沸 10 min，或使水量蒸发 10%以上，加盖放冷即可；或可将惰性气体（如高纯氮）通过一玻璃管到装有蒸馏水或去离子水的容器底部，通氮气到水中 1～2 h 至饱和。制得的无二氧化碳水贮存在一个附有碱石灰管的橡皮塞盖严的瓶中。

　　（2）氯化钾溶液：c（KCl）=1 mol/L。称取 74.6 g 氯化钾溶于水，并稀释至 1 L。

　　（3）氯化钙溶液：c（CaCl$_2$）=0.01 mol/L。称取 1.47 g 氯化钙（CaCl$_2$·2H$_2$O）溶于水，并稀释至 1 L。

（4）pH 标准缓冲溶液的配制。

应用 pH 基准试剂配制 pH 标准缓冲溶液，贮存于密闭的聚乙烯瓶中，可至少稳定一个月。不同温度下各标准缓冲溶液的 pH 见表 3-1-1。

表 3-1-1 不同温度下各标准缓冲溶液的 pH

温度/℃	苯二甲酸盐标准缓冲溶液	磷酸盐标准缓冲溶液	硼酸盐标准缓冲溶液
10	4.00	6.92	9.33
15	4.00	6.90	9.27
20	4.00	6.88	9.22
25	4.01	6.86	9.18
30	4.01	6.85	9.14

①苯二甲酸盐标准缓冲溶液，c（$C_6H_4CO_2HCO_2K$）=0.05 mol/L。称取 10.21 g 于 110～120℃干燥 2 h 的邻苯二钾酸氢钾（$C_6H_4CO_2HCO_2K$），溶于无二氧化碳的水，转移至 1 L 容量瓶中，用水稀释至刻度，混匀。

②磷酸盐标准缓冲溶液，c（KH_2PO_4）=0.025 mol/L，c（Na_2HPO_4）=0.025 mol/L。分别称取于 110～120℃烘干 2 h 的磷酸二氢钾（KH_2PO_4）3.40 g 和磷酸氢二钠（Na_2HPO_4）3.55 g 溶于无二氧化碳的水，转移至 1 L 容量瓶中，用水稀释至刻度，混匀。

③硼酸盐标准缓冲溶液，c（$Na_2B_4O_7$）=0.01 mol/L。称取 3.81 g 四硼酸钠（$Na_2B_4O_7 \cdot 10H_2O$），溶于无二氧化碳的水，转移至 1 L 容量瓶中，用水稀释至刻度，混匀。

注：a. 四硼酸钠长时间放置可能会失去结晶水，不能使用，存放时需防止二氧化碳进入。

b. 可直接购置 pH 计专用的系列标准缓冲溶液。

4. 仪器和设备

（1）pH 计：精度高于 0.1pH 单位，有温度补偿功能。

（2）电极：玻璃电极和饱和甘汞电极，或 pH 复合电极。当 pH 大于 10 时，应使用专用电极。

（3）振荡机或搅拌器。

5. 试样制备

样品的风干、磨细与过筛，参照本书第二篇相关章节内容。

6. 分析步骤

（1）试样溶液制备。

称取（10.0±0.1）g 试样，置于 50 mL 的高型烧杯或其他适宜的容器中，加入 25 mL 去除二氧化碳的水（或氯化钾溶液、氯化钙溶液）。将容器密封后，用振荡机或搅拌器，剧烈振荡或搅拌 5 min，然后静止 1～3 h。浸提剂可根据测试目的或委托方要求选择。

（2）pH 计校正。

依照仪器说明书，使用 pH 标准缓冲溶液校正 pH 计，一般按照 pH 由低到高的次序进行。

①将盛有缓冲溶液并内置搅拌子的烧杯置于磁力搅拌器上，开启磁力搅拌器。

②用温度计测量缓冲溶液（或土壤悬浊液）的温度，并将 pH 计的温度补偿旋钮调节到该温度上。有自动温度补偿功能的仪器可省略此步骤。

③搅拌平稳后将电极插入缓冲溶液中，待读数稳定后读取 pH，两标准溶液读数之间允许的绝对差值不超过 0.1pH 单位，否则应当检查仪器电极或标准溶液是否存在问题，反复几次测定直至仪器稳定，方可进行样品测试。

（3）试样溶液 pH 测定。

测量试样溶液的温度，试样溶液的温度与标准缓冲溶液的温度差不超过 1℃。测定 pH时，应在搅拌的条件下或事先充分摇动试样溶液后，将电极插入试样溶液中，待读数稳定后读取 pH。

7. 结果计算

直接读取 pH，结果一般保留一位小数。应标明浸提液的种类。

8. 精密度

在重复条件下获得的两次独立测定结果的绝对差值不大于 0.1。不同实验室测定结果的绝对差值不大于 0.2。

9. 注意事项

（1）一般待测土样不宜磨得过细，宜用通过 2 mm 筛孔的土样测定。

（2）土水比的影响：一般土壤悬液越稀，测得的 pH 越高，尤以碱性土的稀释效应较大。为了便于比较，测定 pH 的土水比应当固定，一般采用 1∶2.5 土水比进行测定。

（3）测定土壤 pH 时，所使用蒸馏水中二氧化碳会使测得的土壤 pH 偏低，故应加热煮沸除去，以避免其干扰。

（4）配制 pH 标准缓冲溶液应用去除二氧化碳的水配制。

（5）玻璃电极长时间不使用，使用前应在 0.1 mol/L 氯化钾溶液或蒸馏水中浸泡 24h以上。若暂时不使用，可浸泡在水中。

（6）甘汞电极一般为氯化钾饱和溶液灌注，室温条件下应有少量氯化钾结晶存在，如果发现电极内已无氯化钾结晶，应及时补加氯化钾饱和溶液。需要注意防止氯化钾结晶堵塞电极与被测溶液的通道。

（7）电极在悬浊液中的位置对测定结果有影响，pH 电极应插入待测样品溶液的上部清液中，避免与泥浆接触。pH 计读数时，若摇动样品可能会影响读数，因此测量时需要保持样品溶液呈静止状态。

（8）连续测量碱性样品，建议玻璃电极在 0.01 mol/L 盐酸溶液中浸泡一下，防止电极因碱性引起反应迟钝。

（9）每次测量结束后应立即用蒸馏水洗净电极，避免样品溶液干涸于电极表面，尤其是含有油脂、乳化状物溶液和悬浮物较多的样品试液等更应该注意。如被沾污，可用棉花蘸取丙酮、乙醛等有机溶剂轻轻擦洗，再用蒸馏水反复冲洗。

（10）某些 pH 标准溶液校准系列可能与本文中校准系列有差异，具体可参考该校准溶液的相关说明进行校准。

（农业农村部环境保护科研监测所　戴礼洪）

二、干物质和水分

土壤中水分是土壤的重要组成部分，也是重要的土壤肥力因素。土壤中水分含量会影响到植物的生长。土壤水分与干物质的测定有两个目的：一是了解田间土壤的水分状况，为土壤耕作、播种、合理排灌等提供依据；二是在样品分析测试中，作为各项分析结果的计算基础。

土壤中水分与干物质的测定方法很多，通常有土壤测定仪法、重量法等。国际上使用的标准方法是重量法，此方法测定结果准确，精密度高，方法简便，易于操作。

（一）烘箱干燥—重量法（A）

本方法等效于《土壤　干物质和水分的测定　重量法》（HJ 613—2011）和《土壤水分测定法》（NY/T 52—1987）。

1. 方法原理

土壤样品在（105±5）℃烘至恒重，以烘干前后的土样质量差值计算干物质和水分的含量，用质量分数表示。

2. 适用范围

适用于所有类型土壤中干物质和水分的测定。

3. 仪器和设备

（1）鼓风干燥箱：（105±5）℃。

（2）干燥器：装有无水变色硅胶。

（3）分析天平：精度为 0.01 g。

（4）具盖容器：防水材质且不吸附水分。用于烘干风干土壤试样时容积应为 25～100 mL，用于烘干新鲜潮湿土壤试样时容积应至少为 100 mL。

（5）样品勺。

（6）样品筛：2 mm。

4. 试样制备

（1）风干土壤试样。

取适量新鲜土壤样品平铺在干净的搪瓷盘或玻璃板上，避免阳光直射，且环境温度不超过 40℃，自然风干，去除石块、树枝等杂质，过 2 mm 样品筛。将>2 mm 的土块粉碎后过 2 mm 样品筛，混匀，待测。

（2）新鲜土壤试样。

取适量新鲜土壤样品撒在干净、不吸收水分的玻璃板上，充分混匀。去除直径大于 2 mm 的石块、树枝等杂质，待测。

5. 分析步骤

（1）风干土壤试样测定。

具盖容器与盖子于（105±5）℃下烘干 1h，稍冷，盖好盖子，然后置于干燥器中至少冷却 45 min，称量带盖容器的质量 m_0，精确至 0.01 g。用样品勺将 10～15 g 风干土壤试样转移至已称重的具盖容器中，盖上容器盖，测定总质量 m_1，精确至 0.01 g。取下容器盖，将容器与风干土壤试样一并放入烘箱中，在（105±5）℃下烘干至恒重，同时烘干容器盖。盖上容器盖，置于干燥器中至少冷却 45 min，取出后立即测定带盖容器与烘干土壤的总质量 m_2，精确到 0.01 g。

（2）新鲜土壤试样测定。

具盖容器和盖子于（105±5）℃下烘干 1 h，稍冷，盖好盖子，然后置于干燥器中至少冷却 45 min，测定带盖容器的质量 m_0，精确至 0.01 g。用样品勺将 30～40 g 新鲜土壤试样转移至已称重的具盖容器中，盖上容器盖，测定总质量 m_1，精确至 0.01 g。取下容器盖，将容器和新鲜土壤试样一并放入烘箱中，在（105±5）℃下烘干至恒重，同时烘干容器盖。盖上容器盖，置于干燥器中至少冷却 45 min，取出后立即测定带盖容器和烘干土样的总质量 m_2，精确到 0.01 g。

注：样品烘干后，再以 4 h 烘干时间间隔对冷却后的样品进行两次连续称量，前后差值不超过最终测定质量的 0.1%，此时的重量即为恒重。

6. 结果计算

土壤中干物质含量和水分含量测定的计算，分别用以下两个公式计算。

$$w_{dm} = \frac{m_2 - m_0}{m_1 - m_0} \times 100 \tag{3-1-1}$$

$$w_{H_2O} = \frac{m_1 - m_2}{m_2 - m_0} \times 100 \tag{3-1-2}$$

式中：w_{dm}——土壤样品中的干物质含量，%；

w_{H_2O}——土壤样品中的水分含量，%；

m_0——带盖容器的质量，g；

m_1——带盖容器和风干土样或带盖容器和新鲜土样的总质量，g；

m_2——烘干后带盖容器和土样的总质量，g。

注：土壤中水分和干物质测定的试验结果以质量百分比表示，精确到 0.1%。

7. 精密度

（1）测定风干土壤样品，当干物质含量＞96%或水分含量≤4%时，两次测定结果之差绝对值应≤0.2%（质量分数）；当干物质含量≤96%或水分含量＞4%时，两次测定结果的相对偏差值应≤0.5%。

（2）测定新鲜土壤样品，当水分含量≤30%时，两次测定结果之差的绝对值应≤1.5%（质量分数）；当水分含量＞30%时，两次测定结果的相对偏差值应≤5%。

8. 注意事项

（1）试验过程中应避免具盖容器内土壤细微颗粒被气流或风吹出。

（2）一般情况下，在（105±5）℃下有机物的分解可以忽略，但是对于有机质含量＞10%（质量分数）的土壤样品（如泥炭土），应将干燥温度改为 50℃，然后干燥至恒重，必要时，可抽真空，以缩短干燥时间。

（3）一些矿物质（如石膏）在 105℃干燥时会损失结晶水。

（4）如果样品中含有挥发性（有机）物质，本方法不能准确测定其水分含量。

（5）如果待测样品中含有石膏、测定含有石子、树枝等的新鲜潮湿土壤，以及其他影响测定结果的内容，均应在检测报告中注明。

（6）土壤水分含量是基于干物质量来计算的，所以其结果可能超过 100%。

（7）一般情况下，大部分土壤的干燥时间为 16～24 h，少数特殊土壤样品和大颗粒样品需要更长时间。

（江苏省环境监测中心　高丹　吴仲夏）

（二）微波炉干燥—重量法（B）

本方法参考《微波炉法测定土壤中含水量的标准试验方法》（ASTM D4643—2008）。

1. 方法原理

土壤样品在微波炉中干燥至恒重，以干燥前后的土样质量差值计算干物质和水分含量，用质量分数表示。

2. 适用范围

（1）适用于微波炉测定土壤干物质和水分的含量。

（2）适用于大多数土壤类型。但不适用于含有大量高岭土、云母、蒙脱石、石膏或其他结晶水合物的土壤，有机质含量较高的土壤以及孔隙水内含有溶解性固体的土壤（如含盐分的海洋沉积物）等。

3. 术语和定义

（1）微波加热。

土壤内的极性水分子在微波交变磁场的作用下引起强烈的极性振荡，导致水分子剧烈运动，产生大量的热量使水分蒸发。微波是波长在 1 mm 至 1 m 的电磁波。

（2）水分含量。

水分含量指"孔隙水"或"自由水"的质量与土壤固体颗粒的质量（即土壤干重）之比，以百分比表示。

4. 干扰及消除

微波炉法测定水分含量的最大缺点是可能会使土壤试样过热，因此导致测定结果高于烘箱干燥—重量法测得的水分含量。虽然不能消除这种可能性，但本方法提出的程序干燥法可以最大限度地减少其影响。一些微波炉均有低于其最大功率的各种设置，这也可以用来防止试样过热。

5. 仪器和设备

（1）微波炉：应置于通风橱中，具有 700 W 的额定输出功率和可变功率控制，可变功率控制可以减少试样潜在的过热可能性。

（2）天平：最大量程≥2 000 g，精度为 0.1 g。

（3）具盖容器：由非金属材料制成的防水容器，耐骤冷骤热，重复加热、冷却或清洁均不会导致其质量或形状变化。可以使用瓷蒸发皿或硼硅玻璃皿。

（4）手套或夹子：用于从微波炉中取出热的容器。

（5）干燥器：装有无水变色硅胶。

（6）散热器：微波干燥时置于微波炉中用于吸收热量的固体或液体。散热器能降低过热和炉损伤的可能性，可以使用装满水或高于水沸点的液体（如不易燃的油等）的玻璃烧杯。

（7）搅拌工具：用于试验前或试验中切割和搅拌试样的刮铲、油灰刀或玻璃棒。短的玻璃棒适用于试验过程中搅拌试样，并可留于容器中，减少由于试样附着于搅拌工具而引起的损失。

6. 样品

（1）样品测定前，应储存于无腐蚀性的密闭容器中，并保持温度为 3～30℃，暗处保存。

（2）采样后应尽快测定水分含量，尤其是采样时使用易被腐蚀的容器或不能密封的样品袋。

7. 试样

取样量参考表 3-1-2。

表 3-1-2　试样质量

样品残留量不超过约 10%的筛孔尺寸/mm	鲜样参考取样量/g
2.0	100～200
4.75	300～500
19	500～1 000

注：对于黏性土壤，选择试样之前应先从样品的表层移除 3 mm 后测定。对于含大量粗颗粒的小试样，应剔除该粗颗粒后测定。团聚样品应粉碎或切割至颗粒约为 6 mm 后测定，这样可加速干燥和防止结痂，并防止内部干燥时导致的表层过热。

8. 步骤

（1）称量一个干净、干燥的具盖容器，并记录其质量。

（2）将土壤试样置于具盖容器中，立即称量，并记录质量。

（3）将土壤和具盖容器置于带有散热器的微波炉中，加热反应 3 min。特殊类型和粒径的土壤试样可以选择更短或更长的初始干燥时间，但要保证试样不会过热。初始和后续干燥时间都可以调整。

注：3 min 的初始干燥时间设置适用于最小样品量为 100 g 的试样。微波炉测定水分时不建议使用更少的样品量，因为干燥过程可能太迅速以至于不能进行适当的控制。样品量大时（如含有大砾石的土壤），可分成几部分分别干燥，以便得到总样品的干质量。

（4）达到预设时间后，从微波炉中取出土壤和具盖容器，立即称重；或置于干燥器中冷却后称重，并记录质量。这样更方便操作并防止平衡被破坏。

（5）用搅拌工具仔细混匀土壤，但要防止试样损失。

（6）将土壤和具盖容器再次置于微波炉中加热 1 min。

（7）重复步骤（4）～（6），直至两次连续称量的质量变化对水分含量计算无显著影响。对大部分试样，小于等于初始鲜重 0.1%的质量变化，可认为达到恒重。

（8）使用最终测定的质量计算水分含量。

（9）如果进行相似土壤的常规测定，对于特定的某台微波炉，可以使用标准化的干燥时间和循环次数。当标准化的干燥时间和循环次数确定后，应定期核查以确保最终的干燥质量等同于步骤（7）的结果。

注：随着搅拌过程的程序性加热，可以最大限度地减少土壤的过热和局部干燥，这样得到的结果与烘干法的测定结果更具有可比性。

9. 结果计算

土壤样品中的干物质含量 w_{dm} 和水分含量 w_{H_2O}，分别按式（3-1-3）和式（3-1-4）进行计算。

$$w_{dm} = \frac{m_2 - m_0}{m_1 - m_0} \times 100 \qquad (3\text{-}1\text{-}3)$$

$$w_{H_2O} = \frac{m_1 - m_2}{m_2 - m_0} \times 100 \qquad (3\text{-}1\text{-}4)$$

式中： w_{dm}——土壤样品中的干物质含量，%；

w_{H_2O}——土壤样品中的水分含量，%；

m_0——容器的质量，g；

m_1——容器及新鲜土壤试样的总质量，g；

m_2——容器及烘干土壤的总质量，g。

10. 注意事项

（1）如果不能立即测定试样，需将试样密封储存以防止水分损失。

（2）在试样测定过程中，操作人员应佩戴护目镜并用适当器具夹取容器，以免灼伤。

（3）由于加热产生的蒸汽可能会喷发，或热应力可能导致多孔或易碎的聚集体粉碎，试样容器上应加盖子，以防止伤害操作人员或损坏微波炉，也可防止在干燥循环期间微波炉内试样的溅射。

（4）含有金属材料的土壤在进行微波干燥时，会引起微波炉产生电弧反应。不要在微波炉中使用金属容器，因为也会引起电弧作用损坏微波炉。

（5）测定水分含量的试样不能继续用于其他试验，因为水分测定过程中会发生颗粒破碎、化学变化或损失、熔化、有机成分损失等。

（6）不能在微波炉自带的玻璃托盘上直接放置试样。试样的集中加热可能会导致玻璃盘破碎，并伤害到操作人员。

（7）安装和使用微波炉时，应按照制造商的操作说明书的要求。遵守由微波炉制造商提供的安全保护措施，特别要注意门密封垫片和门锁的清洁，使其保持良好的工作状态。在微波炉使用过程中要有警示提示。

（8）当数据要求急、对准确性要求不高时，可用本方法替代烘干法。当需要准确率较高的数据或其他试验数据对水分变化极为敏感时，本方法不适合。

（9）当本方法与烘干法的测定结果存在较大差异时，烘干法为仲裁方法。

（10）受微波能量作用的土壤，其行为依赖于它的矿物组成，因此没有一个程序适用于所有类型的土壤。因此，使用微波炉法测定土壤水分时本方法仅作为参考。

（天津市生态环境监测中心　赵莉）

三、土壤容重

土壤容重系指土壤在自然结构状态下，单位体积土壤的干重，用 g/cm³ 表示，是判断土壤结构、土壤肥力水平和退化程度的一个重要的表征因子。土壤容重值多介于 1.0～1.5 g/cm³ 范围内，容重值大，则说明土壤结构性和通透性较差，保水保肥能力相对较低。

土壤容重的常规测定方法为环刀法和挖坑法。环刀法是最常用的土壤容重的经典测试方法，挖坑法适用于有机质含量丰富、根系或石砾较多的土壤。

环刀法（A）

本方法等效于《土壤检测　第4部分：土壤容重的测定》（NY/T 1121.4—2006）。

1. 方法原理

利用一定容积的环刀切割自然状态的土样，使土样充满其中，称量后计算单位体积的烘干土样重量，即为容重。

2. 适用范围

除坚硬和易碎的土壤外，适用于各类土壤容重的测定。

3. 仪器和设备

（1）环刀（容积为 100 cm^3）；

（2）钢制环刀托（上有两个排气小孔），见图 3-1-1；

（3）削土刀（刀口要平直）；

（4）电热恒温干燥箱；

（5）木锤；

（6）小铁铲；

（7）干燥器；

（8）分析天平（精度为 0.1 g）。

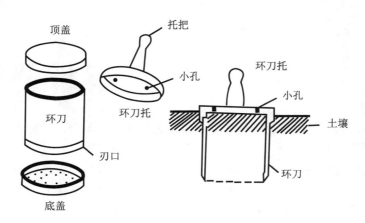

图 3-1-1　环刀及取样示意图

4. 准备工作

取清洁干燥的环刀，编号后，在各环刀的内壁均匀地涂上一层薄薄的凡士林，逐个称取环刀重量（m_1，精确至 0.1 g）。

5. 样品采集

（1）选择好土壤剖面后，按土壤剖面层次，从上至下用环刀在每层的中部采样。先用铁铲刨平采样层的土面，将环刀托套在环刀无刃的一端，环刀刃朝下，用力均衡地压环刀托把，将环刀垂直压入土中。如土壤较硬，环刀不易插入土中时，可用木锤轻轻敲打环刀托把。

（2）待整个环刀全部压入土中，且土面即将触及环刀托的顶部（可由环刀托盖上的小孔窥见）时，停止下压。

（3）用铁铲把环刀周围土壤挖去，在环刀下方切断，并使其下方留有一些多余的土壤。

（4）取出环刀，将其翻转过来，刃口朝上，用削土刀迅速刮去黏附在环刀外壁上的土壤，然后从边缘向中部用削土刀削平土面，使之与刃口齐平。盖上环刀顶盖，再次翻转环刀，使已盖上顶盖的刃口一端朝下，取下环刀托。同样削平无刃口端的土面并盖好底盖。

（5）在环刀采样底相近位置另取土样 20 g 左右，带回实验室，参照本篇第一章"二、干物质和水分"相关内容测定土壤的水分含量 w_{H_2O}。

（6）将装有土样的环刀迅速装入木箱带回实验室称重。

6. 分析步骤

从木箱中取出装有土样的环刀，将环刀外面的土擦净，随即称重（m_2，精确至 0.01g）。

7. 结果计算

土壤容重计算公式为：

$$\rho_b = \frac{(m_2 - m_1) \times 1\,000}{V \times (1\,000 + w_{H_2O})} \tag{3-1-5}$$

式中：ρ_b——土壤容重，g/cm^3；

m_2——环刀及湿土重量，g；

m_1——环刀的重量，g；

V——环刀容积，cm^3，100 cm^3，$V = \pi r^2 h$，式中 r 为环刀有刃口一端的内半径，h 为环刀高度；

w_{H_2O}——土壤含水量，g/kg。

8. 精密度

每 10 个样品或每批次（少于 10 个样品/批）应做一个平行样，平行测定结果允许绝对误差≤0.02 g/cm^3。

9. 注意事项

（1）准备环刀时，检查上下两个环刀盖是否与环刀托配套，以防采集好的土壤松动脱落或因盖不严导致水分蒸发。

（2）在取样过程中要保持环刀内土样的自然状态，避免用力过大或者用力过轻但敲砸次数过多而将土壤砸实，从而造成结果偏大。用削土刀削平土面时，防止切割过分或切割不足。如果环刀内的土壤发生松动或亏缺，必须弃土重取。

（3）为保证土壤容重测定的准确性，最好在土壤水分含量适中时采集。如果雨后或灌溉后采集，土体膨胀，会导致测定结果偏小；久旱时采集，土壤因水分含量过低而不易成型，且土壤颗粒在操作过程中容易散失，也使测定结果偏小，这两种情况下均不能代表土壤的自然结构状态。

（天津市生态环境监测中心　李静）

四、土壤机械组成

土壤基质是由不同比例的、粒径粗细不一、形状和组成各异的颗粒（通称土粒）组成。土壤质地是指土壤中各粒级土粒的配合比例或各粒级土粒在土壤总重量中所占的百分数，又称土壤机械组成。土壤质地直接影响土壤水、肥、气、热的保持和运动，并与植物的生长发育具有密切的关系。

土壤质地的室内测定一般采用"比重计法"和"吸管法"，野外则采用"干试法"和"湿试法"进行简易速测。其中，吸管法操作烦琐，但测定结果较为精确，而比重计法操作较为简单，适于大批量样品分析，但精度略差，计算也较为麻烦。

比重计法（A）

本方法等效于《土壤检测 第3部分：土壤机械组成的测定》（NY/T 1121.3—2006）。

1. 方法原理

试样经处理制成悬浮液，根据司笃克斯定律，用特制的甲种土壤比重计于不同时间测定悬液密度的变化，并根据沉降时间、沉降深度及比重计读数计算出土粒粒径大小及其含量百分数。

2. 适用范围

适用于各类土壤机械组成的测定。

3. 试剂和材料

（1）六偏磷酸钠溶液。$\rho\left(\dfrac{1}{6}(NaPO_3)_6\right) = 0.5\ mol/L$。

称取 51.00 g 六偏磷酸钠（化学纯），加水 400 mL，加热溶解，冷却后用水稀释至 1 L，其浓度 $c[1/6(NaPO_3)_6] = 0.5\ mol/L$。

（2）草酸钠溶液。$\rho\left(\dfrac{1}{2}(Na_2C_2O_4)\right) = 0.5\ mol/L$。

称取 33.50 g 草酸钠（化学纯），加水 700 mL，加热溶解，冷却后用水稀释至 1 L，其浓度 $c(1/2\ Na_2C_2O_4) = 0.5\ mol/L$。

（3）氢氧化钠溶液。$\rho(NaOH) = 0.5\ mol/L$。

称取 20.00 g 氢氧化钠（化学纯），加水溶解并稀释至 1 L。

4. 仪器和设备

（1）土壤比重计：刻度范围为 0～60 g/L。

（2）沉降筒：1 L。

（3）洗筛：直径 6 cm，孔径 0.2 mm（80 目）。

（4）带橡皮垫（有孔）的搅拌棒。

（5）恒温干燥箱。

（6）电热板。

（7）秒表。

5. 分析步骤

（1）土壤自然含水量测定。参考本篇第一章"二、干物质和水分"的相关内容测定。

（2）称样：称取 2 mm 孔径筛的风干试样 50.00 g 于 500 mL 三角瓶中，加水润湿。

（3）悬液制备。

根据土壤 pH 加入不同的分散剂（石灰性土壤加 60 mL 0.5 mol/L 六偏磷酸钠溶液；中性土壤加 20 mL 0.5 mol/L 草酸钠溶液；酸性土壤加 40 mL 0.5 mol/L 氢氧化钠溶液），再加水于三角瓶中，使土液体积约为 250 mL。瓶口放一小漏斗，摇匀后静置 2 h，然后放在电热板上加热，微沸 1 h，在煮沸过程中要经常摇动三角瓶，以防土粒沉积于瓶底结成硬块。

将孔径为 0.2 mm（80 目）的洗筛放在漏斗中，再将漏斗放在沉降筒上，待悬液冷却后，通过洗筛将悬液全部移入沉降筒，直至筛下流出的水清澈为止，但洗水量不能超过 1 L，然后加水至 1 L。

留在洗筛上的砂粒用水洗入已知质量的铝盒内，在电热板上蒸干后移入烘箱，于（105±2）℃烘 6 h，冷却后称量（精确至 0.01 g），并计算砂粒含量百分数。

（4）测量悬液温度。

将温度计插入有水的沉降筒中，并将其与装待测悬液的沉降筒放在一起，记录水温，即代表悬液的温度。

（5）测定悬液密度。

将盛有悬液的沉降筒放在温度变化小的平台上，用搅拌棒上下搅动 1 min（上下各 30 次，搅拌棒的多孔片不要提出液面）。搅拌时，悬液若产生气泡影响比重计刻度观测时，可加数滴 95%乙醇除去气泡，搅拌完毕后立即开始计时，于读数前 10～15 s 轻轻将比重计垂直地放入悬液，并用手略微挟住比重计的玻杆，使之不上下左右晃动，测定开始沉降后 30 s、1 min、2 min 时的比重计读数（每次皆以弯月面上缘为准）并记录，取出比重计，放入清水中洗净备用。

按规定的沉降时间，继续测定 4 min、8 min、15 min、30 min 及 1 h、2 h、4 h、8 h、24 h 等时间的比重计读数。每次读数前 15 s 将比重计放入悬液，读数后立即取出比重计，放入清水中洗净备用。

6. 结果计算

（1）土壤自然含水量的计算方法参考本篇第一章"二、干物质和水分"相关内容。

（2）烘干土质量计算。

$$烘干土质量（g）=\frac{试样质量（g）}{试样自然含水量（g/kg）+1000}×1000 \qquad (3-1-6)$$

（3）粗砂粒含量（2.0 mm≥D>0.2 mm）计算。

$$2.0～0.2 mm粗砂粒含量（\%）=\frac{留在0.2 mm孔径筛上的烘干砂粒质量}{烘干试样质量}×100 \qquad (3-1-7)$$

（4）0.2 mm 粒径以下，小于某粒径颗粒的累积含量的计算。

$$小于某粒径颗粒含量（\%）=\frac{比重计读数+比重计刻度弯月面校正值+温度校正值-分散剂量}{烘干土样质量}×100$$
$$(3-1-8)$$

（5）土粒直径计算。0.2 mm 粒径以下，小于某粒径颗粒的有效直径（D），可按司笃克斯公式计算。

$$D=\sqrt{\frac{1800\eta}{981(d_1-d_2)}×\frac{L}{T}} \qquad (3-1-9)$$

式中：D——土粒直径，mm；

d_1——土粒密度，g/cm^3；

d_2——水的密度，g/cm^3；

L——土粒有效沉降深度，cm；

T——土粒沉降时间，s；

η——水的黏滞系数，g/（cm·s），见表 3-1-3；

981——重力加速度，cm/s^2。

式中的 L 值可由比重计读数与土粒有效沉降深度关系图查得（图 3-1-2）。

表 3-1-3　水的黏滞系数（η）

温度/℃	η/ [g/（cm·s）]	温度/℃	η/ [g/（cm·s）]
4	0.015 67	20	0.010 05
5	0.015 19	21	0.009 810
6	0.014 73	22	0.009 579
7	0.014 28	23	0.009 358
8	0.013 86	24	0.009 142
9	0.013 46	25	0.008 937
10	0.013 08	26	0.008 737
11	0.012 71	27	0.008 545
12	0.012 36	28	0.008 360
13	0.012 03	29	0.008 180
14	0.011 71	30	0.008 007
15	0.011 40	31	0.007 840
16	0.011 11	32	0.007 679
17	0.010 83	33	0.007 523
18	0.010 56	34	0.007 371
19	0.010 30	35	0.007 225

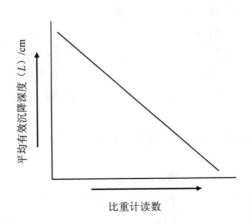

图 3-1-2　比重计读数与有效沉降深度关系图

（6）颗粒大小分配曲线绘制。

根据筛分和比重计读数计算出的各粒径数值以及相应土粒累计百分数，以土粒累计百分数为纵坐标，土粒粒径数值为横坐标，在半对数纸上绘出颗粒大小分配曲线（图 3-1-3）。

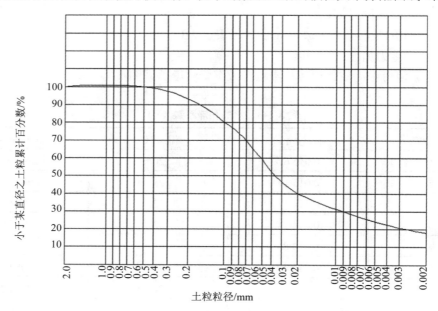

图 3-1-3　颗粒大小分配曲线

（7）计算各粒级百分数，确定土壤质地。

从颗粒大小分配曲线图上查出＜2.0 mm、＜0.2 mm、＜0.02 mm 及＜0.002 mm 各粒径累计百分数，上下两级相减即得到 2.0 mm≥D>0.02 mm，0.02 mm≥D>0.002 mm，D≤0.002 mm 各粒级的百分含量。

示例：若从颗粒大小分配曲线上查得＜2.0、＜0.2、＜0.02、＜0.002 mm 各粒径的累计百分数分别为 100、93、42 和 20，则：

黏粒（D<0.002 mm）含量（%）=20；

粉（砂）粒（0.02 mm≥D>0.002 mm）含量（%）=42－20=22；

细砂粒（0.2 mm≥D>0.02 mm）含量（%）=93－42=51；

粗砂粒（2.0 mm≥D>0.2 mm）含量（%）= 100－93=7；

0.2 mm≥D>0.02 mm 与 2.0 mm≥D>0.2 mm，即细砂粒与粗砂粒含量之和为砂粒级（2.0 mm≥D>0.02 mm）的含量，本例中砂粒级含量为 58%。

7. 精密度

平行测定结果允许绝对相差：黏粒级≤3%；粉（砂）粒级≤4%。

8. 注意事项

（1）土粒有效沉降深度（L）的校正。

比重计读数不仅表示悬液密度，而且还表示土粒的沉降深度，即用由悬液表面至比重计浮泡体积中心距离（L'）来表示土粒的沉降深度。但在实验测定中，当比重计浸入悬液后，使液面升高，由读数（即悬液表面和比重计相切处）至浮泡体积中心距离（L'）并非土粒沉降的实际深度（即土粒有效沉降深度 L）。不同比重计的同样读数所代表的（L'）值因比重计形式及读数而不同。因此，在使用比重计前就必须先进行土粒有效沉降深度校正（图3-1-2），求出比重计读数与土粒有效沉降深度的关系。校正步骤如下。

①测定比重计浮泡体积：取 500 mL 量筒，倒入约 300 mL 水，置于恒温室或恒温水槽内，使水温保持 20℃，测记量筒水面处的体积刻度（以弯月面下缘为准）。将比重计放入量筒中，使水面恰达比重计最低刻度处（以弯月面下缘为准），再测记水面处的量筒体积刻度（以弯月面下缘为准）。两者体积差即为比重计浮泡的体积（V_b），连续两次，取其算术平均值作为 V_b 值（mL）。

②测定比重计浮泡体积中心：在上述 20℃恒温条件下，调节量筒内水面至某一刻度处，将比重计放入水中，当液面升起的容积达 1/2 比重计浮泡体积时，此时水面与浮泡相切（以弯月面下缘为准）处即为浮泡体积中心线（图3-1-4）。将比重计固定于三角架上，用直尺准确量出水面至比重计最低刻度处的垂直距离（1/2 L_2），即浮泡体积中心线至最低刻度处的垂直距离。

③测量筒内径（R）（精确至 1 mm），并计算量筒的横截面积（S）：$S = 1/4\pi R^2$，$\pi \approx 3.14$。

④用直尺准确量出自比重计最低刻度至玻杆上各刻度的距离（L_1），每距 5 格量一次并记录。

⑤计算土粒有效沉降深度（L）：

$$L = L' - \frac{V_b}{2S} = L_1 + \left(L_2 - \frac{V_b}{S} \right) \tag{3-1-10}$$

式中：L——土粒有效沉降深度，cm；

$\quad\quad L'$——液面至比重计浮泡体积中心的距离，cm；

$\quad\quad L_1$——自最低刻度至玻杆上各刻度的距离，cm；

$\quad\quad L_2$——比重计浮泡体积中心至最低刻度的距离，cm；

$\quad\quad V_b$——比重计浮泡体积，cm^3；

$\quad\quad S$——量筒横截面积，cm^2。

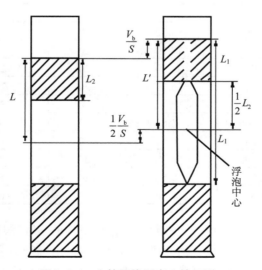

图 3-1-4　土粒沉降深度 L 校正图

⑥绘制比重计读数与土粒有效沉降深度（L）的关系曲线。用所量出的不同 L_1 值，代入式（3-1-10），计算出各相应的 L 值，绘制比重计读数与土粒有效沉降深度（L）的关系曲线（图3-1-2）。或将比重计读数直接列于司笃克斯公式列线图中有效沉降深度 L 列线的右侧。这样，就不仅可直接从曲线上把比重计读数换算出土粒有效沉降深度（L）值，而且可应用比重计读数等数值在司笃克斯公式列线图上查出相应的土粒直径（D）。

（2）比重计刻度及弯月面校正。

比重计在应用前必须校验，此为刻度校正。另外，比重计的读数原以弯月面下缘为准，但在实际操作中，由于悬液浑浊不清而只能用弯月面上缘读数，所以，弯月面校正实为必要。在校正时，刻度校正和弯月面校正可合并进行。校正步骤如下：

①配制不同浓度的标准溶液：根据甲种比重计刻度及弯月面校正计算例表（表3-1-4）第三直行所列数值，准确称取经105℃干燥过的氯化钠，配制氯化钠标准系列溶液（表3-1-4中第二直行），定容于1 000 mL 容量瓶中，分别倒入沉降筒。配制时液温保持在20℃，可在恒温室或恒温水槽中进行。

②测定比重计实际读数：将盛有不同氯化钠标准溶液的各个沉降筒放于恒温室或恒温水槽中，使液温保持20℃，用搅拌棒搅拌筒内溶液，使其分布均匀。

将需要校正的比重计依次放入盛有各标准溶液（浓度从小到大）的沉降筒中，在 20℃下进行比重计实际读数（以弯月面上缘为准）的测定，连测两次，取平均值（表3-1-4中第五直行）。比重计的理论读数（即准确读数，见表3-1-4中第一直行）和实际平均读数（表3-1-4中第五直行）之差，即为刻度及弯月面校正值（表3-1-4中第六直行）。在实际应用中要注意校正值的正负符号，以免弄错。

表3-1-4 甲种比重计刻度及弯月面校正计算例表

20℃时比重计的准确读数/（g/L）	20℃标准溶液浓度/（g/mL）	每升标准溶液中所需的氯化钠量/g	读数时温度/℃	校正时由比重计测定的平均读数/（g/L）	刻度及弯月面校正值/（g/L）
0	0.998 232	0	20	−0.6	+0.6
5	1.001 349	4.56	20	4.0	+1.0
10	1.004 465	8.94	20	9.4	+0.6
15	1.007 582	13.30	20	15.1	−0.1
20	1.010 698	17.79	20	20.2	−0.2
25	1.013 815	22.30	20	25.0	0
30	1.016 931	26.73	20	29.5	+0.5
35	1.020 048	31.11	20	34.5	+0.5
40	1.023 165	35.61	20	39.7	+0.3
45	1.026 281	40.32	20	44.4	+0.6
50	1.029 398	44.88	20	49.4	+0.6
55	1.032 514	49.56	20	54.4	+0.6
60	1.035 631	54.00	20	60.3	−0.3

③绘制比重计刻度及弯月面校正曲线：根据比重计的实际平均读数和校正值，以比重计的实际平均读数为横坐标，校正值为纵坐标，在方格坐标纸上绘制成刻度及弯月面校正曲线（图3-1-5）。依据此曲线，可对用比重计进行颗粒分析时所测得的各读数进行实际的校正。

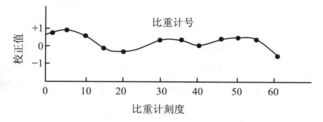

图 3-1-5　比重计刻度及弯月面校正曲线

（3）温度校正。

土壤比重计都是在 20℃校正的。测定温度改变，会影响比重计的浮泡体积及水的密度，一般根据表 3-1-5 进行校正。

表 3-1-5　甲种比重计温度校正值

悬液温度/℃	校正值	悬液温度/℃	校正值	悬液温度/℃	校正值
6.0～8.5	−2.2	18.5	−0.4	26.5	+2.2
9.0～9.5	−2.1	19.0	−0.3	27.0	+2.5
10.0～10.5	−2.0	19.5	−0.1	27.5	+2.6
11.0	−1.9	20.0	0	28.0	+2.9
11.5～12.0	−1.8	20.5	+0.15	28.5	+3.1
12.5	−1.7	21.0	+0.3	29.0	+3.3
13.0	−1.6	21.5	+0.45	29.5	+3.5
13.5	−1.5	22.0	+0.6	30.0	+3.7
14.0～14.5	−1.4	22.5	+0.8	30.5	+3.8
15.0	−1.2	23.0	+0.9	31.0	+4.0
15.5	−1.1	23.5	+1.1	31.5	+4.2
16.0	−1.0	24.0	+1.3	32.0	+4.6
16.5	−0.9	24.5	+1.5	32.5	+4.9
17.0	−0.8	25.0	+1.7	33.0	+5.2
17.5	−0.7	25.5	+1.9	33.5	+5.5
18.0	−0.5	26.0	+2.1	34.0	+5.8

（4）土粒比重校正。

比重计的刻度是以土粒比重为 2.65 作标准的。土粒比重改变时，可将比重计读数乘以表 3-1-6 所列校正值进行校正，如土粒比重差异不大，可忽略不计。

表 3-1-6　甲种比重计土粒比重校正值

土粒比重	校正值	土粒比重	校正值	土粒比重	校正值	土粒比重	校正值
2.50	1.037 6	2.60	1.011 8	2.70	0.988 9	2.80	0.968 6
2.52	1.032 2	2.62	1.007 0	2.72	0.984 7	2.82	0.964 8
2.54	1.026 9	2.64	1.002 3	2.74	0.980 5	2.84	0.961 1
2.56	1.021 7	2.66	0.997 7	2.76	0.976 8	2.86	0.957 5
2.58	1.016 6	2.68	0.993 3	2.78	0.972 5	2.88	0.954 0

（5）若不考虑比重计的刻度校正，在比重计法中作空白测定（即在沉降筒中加入与样品所加相同量的分散剂，用蒸馏水加至 1 L，与待测样品同条件测定），计算时减去空白值，便可免去弯月面校正、温度校正和分散剂校正等步骤。

（6）土壤颗粒分析的许多烦琐计算及绘图可由微机处理。

（7）加入分散剂进行样品分散时，除使用煮沸法分散外，也可采用振荡法、研磨法处理。

（中国农业科学院农业资源与农业区划研究所　刘蜜）

五、氧化还原电位

土壤的氧化还原电位用 Eh 表示，单位为 mV，广泛地用于评估土壤的氧化还原状况，尤其是用于还原性土壤。

测定氧化还原电位的方法有铂电极直接测定法和铂电极去极化法。直接测定法简便易行，且对一般还原性土壤有着实际的参考价值。但因其受土壤中平衡时间的影响较大，精度不如铂电极去极化法。铂电极去极化法是根据铂电极正极极化或负极极化后，在去极化过程中铂电极电位值的动态变化特点，将两去极化曲线直线化后外推，由其相交点求得平衡时的电位值，即 Eh 值。国内外现场测定氧化还原电位的常用方法是铂电极直接测定法。

电位法（A）

本方法等效于《土壤　氧化还原电位的测定　电位法》（HJ 746—2015）。

1. 方法原理

将铂电极和参比电极插入新鲜或湿润的土壤中，土壤中的可溶性氧化剂或还原剂从铂电极上接受或给予电子，直至在电极表面建立起一个平衡电位，测量该电位与参比电极电位的差值，再与参比电极相对于氢标准电极的电位值相加，即得到土壤的氧化还原电位。

2. 适用范围

土壤氧化还原电位的现场测试方法。适用于水分状态为新鲜或湿润土壤（表 3-1-7）的氧化还原电位的测定。

表 3-1-7　土壤水分状态评价

土壤评价	性质	土壤鉴别	
		>17%黏土	<17%黏土
干	水分含量低于凋萎点	固体，坚硬，不可塑，湿润后严重变黑	颜色浅，湿润后严重变黑
新鲜	水分含量介于田间土壤水分含量与凋萎系数点之间	半固体，可塑，用手碾成 3 mm 细条时会碎裂和碎散，湿润后颜色轻微加深	湿润后颜色轻微加深
湿润	水分含量接近于田间水分含量，不存在游离水	可塑，碾成 3 mm 细条时无破裂，湿润后颜色保持不变	接触的手指轻微湿润，挤压时没有水出现，湿润后颜色保持不变
潮湿	存在游离水，部分土壤孔隙空间饱和	质软，可碾成 <3 mm 的细条	接触的手指迅速湿润，挤压时有水出现

土壤评价	性质	土壤鉴别	
		>17%黏土	<17%黏土
饱和	所有孔隙饱和，存在游离水	所有孔隙饱和，存在游离水	所有孔隙饱和，存在游离水
充满	表层土壤含有水分	表层土壤含有水分	表层土壤含有水分

3. 试剂和材料

除非另有说明，否则分析时均使用符合国家标准的分析纯化学试剂，实验用水满足 GB/T 6682 的要求。

（1）醌氢醌（$C_{12}H_{10}O_4$）。

（2）铁氰化钾（$K_3[Fe(CN)_6]$）。

（3）亚铁氰化钾（$K_4Fe(CN)_6 \cdot 3H_2O$）。

（4）琼脂：ω=0.5%。

（5）氯化钾：KCl。

（6）氧化还原缓冲溶液。

将适量粉末态醌氢醌加至 pH 缓冲溶液中获得悬浊液；或等摩尔数的铁氰化钾—亚铁氰化钾（mol/mol）的混合溶液。标准氧化还原缓冲溶液的电位值参见"附件：标准氧化还原缓冲溶液电位值"。

（7）氯化钾溶液：c（KCl）=1.00 mol/L。

称取 74.55 g 氯化钾于 1 000 mL 容量瓶中，用水稀释至标线，混匀。

（8）氯化钾溶液：c（KCl）= 3.00 mol/L。

称取 223.65 g 氯化钾于 1 000 mL 容量瓶中，用水稀释至标线，混匀。

（9）电极清洁材料：细砂纸、去污粉、棉布。

4. 仪器和设备

（1）电位计：输入阻抗不小于 10 GΩ，灵敏度为 1 mV。

（2）氧化还原电极：铂电极，需在空气中保存并保持清洁。两种不同类型的铂电极的结构见图 3-1-6。

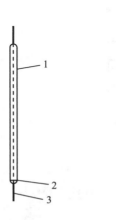 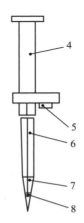

a）氧化还原电极　　　　　b）尖顶氧化还原电极

1. 绝缘材料；2. 铜杆；3. 铂丝；4. 把手；5. 插孔；6. 钢杆；7. 环氧树脂；8. 暴露的铂丝束

图 3-1-6　氧化还原电极的结构

117

（3）参比电极。

银—氯化银电极，也可以使用其他电极，如甘汞电极。参比电极相对于标准氢电极的电位见表 3-1-8。银-氯化银电极应保存于 1.00 mol/L 或 3.00 mol/L 的氯化钾溶液中，氯化钾的浓度与电极中的使用浓度相同，或直接保存于含有相同浓度氯化钾溶液的盐桥中。

表 3-1-8　不同温度对应的参比电极相对于标准氢电极的电位值　　　　　单位：mV

温度/℃	甘汞电极 0.1 mol/L　KCl	甘汞电极 1 mol/L　KCl	甘汞电极 饱和 KCl	银—氯化银 1 mol/L　KCl	银—氯化银 3 mol/L　KCl	银—氯化银 饱和 KCl
50	331	274	227	221	188	174
45	333	273	231	224	192	182
40	335	275	234	227	196	186
35	335	277	238	230	200	191
30	335	280	241	233	203	194
25	336	283	244	236	205	198
20	336	284	248	239	211	202
15	336	286	251	242	214	207
10	336	287	254	244	217	211
5	335	285	257	247	221	219
0	337	288	260	249	224	222

（4）不锈钢空心杆：直径比氧化还原电极大 2 mm，长度应满足氧化还原电极插入土壤中所要求的深度。

（5）盐桥：连接参比电极和土壤，盐桥的结构如图 3-1-7 所示。

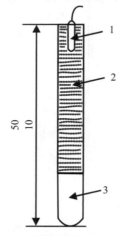

1. 银—氯化银电极；2. 琼脂氯化钾溶液（ω=0.5%）；3. 陶瓷套

图 3-1-7　氧化还原电位测量中的盐桥结构

（6）手钻：直径大于盐桥参比电极 3～5 mm。

（7）温度计：灵敏度为±1℃。

5. 现场

根据背景资料与现场考察结果、污染物空间分异性和对土壤污染程度的基本判断选择测量现场。在选定的测量点位，应清除瓦砾、石子等大颗粒杂质。

6. 分析步骤

（1）电极和盐桥的现场布置。

氧化还原电极和盐桥的现场布置见图 3-1-8。氧化还原电极和盐桥之间的距离应为 0.1～1 m，两支氧化还原电极分别插入不同深度的土壤中。电极插入的土壤层的水分状态，按表 3-1-7 中的分类应为新鲜或潮湿。如表层土壤干燥，盐桥应放在新鲜或潮湿土层的孔内，参比电极应避免阳光直射。

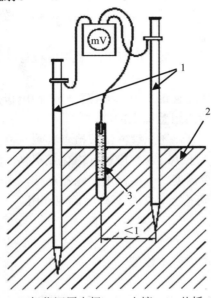

1. 氧化还原电极；2. 土壤；3. 盐桥

图 3-1-8　氧化还原电极和盐桥的布置

（2）测定。

在每个测量点位，先用不锈钢空心杆在土壤中分别钻两个比测量深度浅 2～3 cm 的孔，再迅速插入铂电极至待测深度。每个测量深度至少放置两个电极，且两个电极之间的距离为 0.1～1 m，铂电极至少在土壤中放置 30 min，然后连接电位计。在距离氧化还原电极 0.1～1 m 处的土壤中安装盐桥，并应保证盐桥的陶瓷套与土壤有良好接触。1 h 后开始测定，记录电位计的读数（Em）。如果 10 min 内连续测量相邻两次测定值的差值≤2 mV，可以缩短测量时间，但至少需要 30 min。读取电位的同时，测量参比电极处的温度。

注：在读数间隔期间要将铂电极从毫伏计上断开，因为氯化钾会从盐桥泄漏到土壤中，2 h 会达到最大泄漏量。如果断开不能解决问题，要从土壤中取出盐桥，下次测量前再重新安装。

7. 结果计算与表示

（1）结果计算。

土壤的氧化还原电位（mV），按照式（3-1-11）进行计算。

$$E_h = E_m + E_r \qquad (3\text{-}1\text{-}11)$$

式中：E_h——土壤的氧化还原电位，mV；

E_m——仪器读数，mV；

E_r——测试温度下参比电极相对于标准氢电极的电位值，mV（表 3-1-8）。

（2）结果表示。

保留整数位。

8. 注意事项

（1）使用同一支铂电极连续测试不同类型的土壤后，仪器读数常出现滞后现象，此时应在测定每个样品后对电极进行清洗净化。必要时，将电极放置于饱和 KCl 溶液中浸泡，待参比电极恢复原状方可使用。

（2）如果土壤水分含量低于 5%，应尽量缩短铂电极与参比电极间距离，以减小电路中的电阻。

（3）铂电极在一年之内使用且每次使用前都要检查铂电极是否损坏或污染。如果铂电极被沾污，可用棉布轻擦，然后用蒸馏水冲洗。

（4）铂电极使用前，应用氧化还原缓冲溶液检查其响应值，如果其测定电位值与氧化还原缓冲溶液的电位值之差大于 10 mV，应进行净化或更换。同样也要检测参比电极。参比电极可以相互检测，但至少需要三个参比电极轮流连接，当一个电极的读数和其他电极的读数差别超过 10 mV 时，可视为该电极有缺陷，应弃用。

附件：标准氧化还原缓冲溶液电位值

附表 1 标准氧化还原缓冲溶液电位值（醌氢醌）

参比电极	pH = 4（mV）			pH = 7（mV）		
	20℃	25℃	30℃	20℃	25℃	30℃
饱和银—氯化银	268	263	258	92	86	79
饱和甘汞电极	223	218	213	47	41	34
饱和氢电极	471	462	454	295	285	275

附表 2 标准氧化还原缓冲溶液电位值（铁氰化钾—亚铁氰化钾）

pH	E_h/mV	pH	E_h/mV
0	771	8	160
1	770	9	30
2	750	10	- 150
3	710	11	- 320
4	620	12	- 480
5	500	13	- 560
6	390	14	- 620
7	270		

浓度/（mol/L）	E_h/mV
0.01	415
0.007	409
0.004	401
0.002	391
0.001	383

注：用 0.001 mol/L 的铁氰化钾和亚铁氰化钾溶液测量最为准确。铁氰化钾和亚铁氰化钾溶液的浓度均相等。

（中国农业科学院农业资源与农业区划研究所　刘蜜）

六、电导率

土壤电导率（EC）是指土壤传导电流的能力。通过测定土壤提取液的电导率表示，电导率不仅为盐渍化土壤的改良提供重要依据，对于非盐渍化土壤，也可作为土壤肥力的一个综合性参考指标。一般情况下，常见低含盐土壤的电导率一般小于 1 000 μS/cm，电导率越高，则土壤含水溶性盐越高，危害农作物生长，导致土地退化。

电极法（A）

本方法等效于《土壤　电导率的测定　电极法》（HJ 802—2016）

1. 方法原理

取自然风干的土壤样品，以 1∶5（m/V）的比例加入水，在（20±1）℃的条件下振荡提取，测定（25±1）℃条件下提取液的电导率。

当两个电极插入提取液时，可测出两个电极间的电阻。温度一定时，该电阻值 R 与电导率 K 成反比，即 $R=Q/K$。当已知电导池常数 Q 时，测量提取液的电阻，即可求得电导率。

2. 适用范围

适用于风干土壤电导率的测定。

3. 试剂和材料

（1）实验用水：25℃时的电导率不高于 0.2 mS/m。

（2）氯化钾（KCl）：优级纯。

使用前，应于（220±10）℃条件下干燥 24 h，待用。

（3）氯化钾标准贮备液，c（KCl）=0.100 0 mol/L。

准确称取 7.456 g（精确至 0.001 g）氯化钾溶于 20℃适量水中，全量转入 1 000 mL容量瓶，用实验用水定容至刻度，混匀，转入密闭聚乙烯瓶中保存；临用现配。该溶液在 25℃时的电导率为 1 290 mS/m。亦可直接购买市售有证标准溶液。

（4）氯化钾标准溶液。

将氯化钾标准贮备液用 20℃水进行稀释，制备成各种浓度的氯化钾标准溶液，临用现配，其浓度和对应电导率（25℃），见表 3-1-9。

第一章　一般指标

表 3-1-9　氯化钾标准溶液的浓度和对应的电导率（25℃）

浓度/（mol/L）	电导率/（mS/m）
0.000 5	7.4
0.001 0	14.7
0.010 0	141
0.020 0	277

注 1：氯化钾标准溶液应转入密闭聚乙烯瓶中保存，密闭聚乙烯瓶不应含有碱性离子或碱性金属阳离子。推荐使用塑料瓶。

（5）定性滤纸。

4. 仪器和设备

（1）电导率仪：具可调节量程设定和温度校正功能，仪器测量误差不超过 1%。

（2）分析天平：精度分别为 0.01 g 和 0.001 g。

（3）温度计：精度为 0.1℃。

（4）往复式水平恒温振荡器：（20±1）℃，180 r/min，振幅不小于 5 cm。

（5）振荡瓶：250 mL，硼硅玻璃或聚乙烯材质。

（6）离心机：0～4 000 r/min。

（7）聚乙烯离心管：100 mL。

（8）样品筛：2 mm，尼龙材质。

5. 样品采集与保存

土壤样品的采集和保存按照《土壤环境监测技术规范》（HJ/T 166—2004）执行。将采集好的土壤样品送至实验室，并置于托盘中，于室温条件风干。

6. 试样制备

（1）样品制备。

按照 HJ/T 166—2004 的相关规定，对土壤样品进行风干、缩分、研磨和过 2 mm 样品筛。

（2）试样制备。

称取 20.00 g 土壤样品于 250 mL 振荡瓶中，加入（20±1）℃的 100 mL 实验用水，盖上瓶盖，放在往复式水平恒温振荡器上，于（20±1）℃振荡 30 min。取下振荡瓶静置 30 min 后，将上清液经定性滤纸过滤，滤液收集于 100 mL 烧杯中，待测。

注 2：取下振荡瓶静置 30 min 后，也可将提取液在 3 000 r/min 的条件下离心分离 30 min。

（3）实验室空白试样制备。

不称取样品，直接在 250 mL 振荡瓶中加入（20±1）℃的 100 mL 水，按照与试样的制备相同步骤制备实验室空白试样。

7. 分析步骤

（1）电导池常数测定。

用 0.01 mol/L 的氯化钾标准溶液冲洗电导池三次，再将电导池插入该标准溶液，置于（25±1）℃恒温水浴中 15 min，测定该标准溶液的电阻 R_{KCl}。更换标准溶液后再进行测定，重复数次，使电阻 R_{KCl} 稳定在±2%范围内，取 3 次连续重复测定的平均值 $\bar{R}_{KCl}$，按照下式计算 0.01 mol/L 氯化钾标准溶液在 25℃时的电导池常数 Q。

$$Q = 141 \times \overline{R}_{KCl} \qquad (3\text{-}1\text{-}12)$$

式中：Q —— 0.01 mol/L 氯化钾标准溶液在 25℃时的电导池常数；

$\overline{R}_{KCl}$ —— 0.01 mol/L 氯化钾标准溶液在 25℃时，3 次重复测定电阻的平均值，Ω；

141 —— 0.01 mol/L 氯化钾标准溶液在 25℃时，对应的电导率值，mS/m。

注 3：根据实际样品情况，使用和土壤浸提液电导率相近的氯化钾标准溶液测定电导池常数或校准仪器。

注 4：如使用已知电导池常数的电极，则不需测定电导池常数，可按照电导率仪的使用说明书调节好仪器，并用对应浓度的氯化钾标准溶液校准仪器后，直接测定。

（2）试样测定。

用水冲洗电极数次，再用待测的提取液冲洗电极。将电极插入待测提取液，按照电导率仪的使用说明书要求，将温度校正为（25±1）℃，测定土壤提取液的电导率。直接从电导率仪上读取电导率值，同时记录提取液的温度。

（3）实验室空白试样测定。

按照与试样的测定相同步骤测定实验室空白试样的电导率。

8. 结果计算与表示

直接从仪器上读数获得提取液的电导率值，单位以 mS/m 表示。当测定结果大于或等于 100 mS/m 时，保留三位有效数字；当测定结果小于 100 mS/m 时，保留至小数点后一位。

9. 精密度

6 家实验室分别对江西红壤（ASA-5A）和广东水稻土（ASA-6A）两种土壤标准样品进行 6 次平行测定，平均值分别为 6.9 mS/m 和 36.0 mS/m，实验室间相对标准偏差分别为 3.3% 和 0.8%，重复性限分别为 0.3 mS/m 和 1.1 mS/m，再现性限分别为 0.7 mS/m 和 1.3 mS/m。

实验室内分别对江西红壤（ASA-5A）和飞灰（GBW 08401）两种标准样品进行 6 次平行测定，平均值分别为 7.0 mS/m 和 166 mS/m，相对标准偏差分别为 1.7% 和 2.2%。

10. 质量保证和质量控制

（1）每批次样品应测定一个实验室空白，空白电导率值不应超过 1 mS/m。否则，应查找原因，重新测定。

（2）每批次样品测定前（或每月），需用氯化钾标准溶液校准仪器，3 次重复测定电导率的平均值与已知浓度标准溶液的电导率比较，相对误差不应超过 5%。否则，应清洗或更换电极。

（3）每 10 个样品或每批次（少于 10 个样品/批）应做一个平行样，平行测试结果允许误差见表 3-1-10。

表 3-1-10　电导率值的重复性

25℃的电导率	允许误差
≤50	5 mS/m
>50～200	20 mS/m
≥200	10%

11. 干扰及消除

当测量值小于 1 mS/m 时，空气中的二氧化碳和氨对电导率的测定影响较大。在密闭的小空间中操作，可消除或降低干扰。

12. 注意事项

（1）测定电极常数时，应选择与样品溶液浓度相近的标准溶液。

（2）水土比例大小直接影响土壤可溶性盐分的溶出量，因此要严格保证风干土壤样品与水为 1 : 5（m/V）的比例。

（3）用于测定电导率的土壤溶液，应保证清晰透明，不能用悬浊液测定，因为悬浮的胶体颗粒会吸附在电极铂黑上，损害铂黑层，引起测量误差。

（4）离心后的土壤待测液应尽快测定，不可在室温下放置时间过长，否则会因溶液中碳酸根或重碳酸根的变化而影响电导率的数值。

（5）用电导率仪测定平行样品的时间间隔不要相差太长，一般每个样品测定时间为 2 min。

（6）空白值的高低取决于器皿的洁净程度和超纯水的电导率值。

（7）提取液保持在恒温（25±1）℃，同时避免剧烈振荡导致泥土分散，影响电导率的测定。

（8）电极表面附有小气泡时，应轻敲震动容器将其排除，以免引起测量误差。

（天津市生态环境监测中心　李静）

七、阳离子交换量

土壤所能吸附和交换的阳离子的容量称为土壤阳离子交换量（CEC），用每千克土壤的一价离子的厘摩尔数表示，即 cmol(+)/kg。阳离子交换量是评价土壤保肥、供肥性能和缓冲能力的一个重要指标，该测定值越大，则土壤保肥力越强。不同土壤种类，阳离子交换量差异较大，如东北的黑钙土的交换量为 30～50 cmol(+)/kg，而华南的红壤交换量均小于 10 cmol(+)/kg。

在现有的常用分析方法中，酸性和中性土壤采用乙酸铵交换法，石灰性土壤则通常采用氯化铵—乙酸铵交换法和盐酸—乙酸钙交换法。

（一）乙酸铵交换法（A）

本方法等效于《森林土壤阳离子交换量的测定》（LY/T 1243—1999）。

1. 方法原理

（1）酸性及中性土壤。

用 1 mol/L 的乙酸铵溶液（pH=7.0）反复处理土壤，使土壤成为 NH_4^+ 饱和土。用乙醇洗去多余的乙酸铵后，用水将土壤洗入凯氏瓶中，加固体氧化镁蒸馏。蒸馏出的氨用硼酸溶液吸收，然后用盐酸标准溶液滴定。根据用 NH_4^+ 的量计算土壤阳离子交换量。

（2）碱性土壤。

土壤样品先用 1 mol/L 氯化铵溶液加热处理，分解除去土壤中碳酸钙，然后用 1 mol/L 乙酸铵交换法测定阳离子交换量。

2. 适用范围

（1）乙酸铵交换法适用于酸性及中性土壤阳离子交换量的测定。

（2）氯化铵—乙酸铵交换法适用于碱性土壤阳离子交换量的测定。

3. 试剂和材料

（1）1 mol/L 乙酸铵溶液：称取乙酸铵（优级纯）77.09 g 用水溶解，稀释至近 1 L，测得溶液 pH 为 7.0 后定容至 1 L。

（2）无水乙醇（优级纯）。

（3）液态石蜡（化学纯）。

（4）甲基红—溴甲酚绿混合指示剂：称取用玛瑙研磨后的 0.099 g 溴甲酚绿和 0.066 g 甲基红于烧杯中，加少量乙醇使其完全溶解，用乙醇定容至 100 mL。

（5）20 g/L 硼酸—指示剂溶液：20 g 硼酸（H_3BO_3，化学纯）溶于 1 L 水中。每升硼酸溶液中加入甲基红—溴甲酚绿混合指示剂 20 mL，并用稀酸或稀碱调节至紫红色（葡萄酒色），溶液的 pH 为 4.5。

（6）0.05 mol/L 盐酸标准溶液：每升水中注入 4.5 mL 浓盐酸，充分混匀，用硼砂标定。标定剂硼砂（$Na_2B_4O_7·10H_2O$，分析纯）必须保存于相对湿度为 60%～70% 的环境中，以确保硼砂含 10 个水合水，通常可在干燥器的底部放置氯化钠和蔗糖的饱和溶液（并有二者的固体存在），密闭容器中空气的相对湿度即为 60%～70%。

称取 2.382 5 g 硼砂溶于水中，定容至 250 mL，得 0.05 mol/L 硼砂标准溶液 $\left[c\left(\frac{1}{2}Na_2B_4O_7\right)=0.05\,mol/L\right]$。吸取上述溶液 25.00 mL 于 250 mL 锥形瓶中，加 2 滴甲基红—溴甲酚绿指示剂（或 2 g/L 甲基红指示剂），用配好的 0.05 mol/L 盐酸溶液滴定至溶液变酒红色为终点（甲基红的终点为由黄突变为微红色）。同时做空白试验，盐酸标准溶液的浓度按式（3-1-13）计算，取三次标定结果的平均值。

$$c_1 = \frac{c_2 \times V_2}{V_1 - V_0} \qquad (3\text{-}1\text{-}13)$$

式中：c_1——盐酸标准溶液的浓度，mol/L；

V_1——盐酸标准溶液的体积，mL；

V_0——空白试验用去盐酸标准溶液的体积，mL；

c_2——硼砂标准溶液的浓度，mol/L；

V_2——用去硼砂标准溶液的体积，mL。

（7）氧化镁：将氧化镁（分析纯）于 500～600℃ 高温马弗炉中灼烧 0.5 h，冷却后贮藏在密闭的玻璃器皿内。

（8）pH=10 缓冲液：6.75 g 氯化铵（优级纯）溶于近 100 mL 无二氧化碳的水中，用新开瓶的浓氨水（分析纯）调 pH 为 10 后定容至 100 mL，贮于聚乙烯瓶中。

（9）K-B 指示剂：0.5 g 酸性络 K 和 1.0 g 萘酚绿 B，与 100 g 已于 105℃烘过的氯化钠一同研磨，贮于棕色瓶中。

（10）1 mol/L 氯化铵溶液：称取 53.5 g 氯化铵（优级纯）溶于水中，稀释至 1 L。

4. 仪器和设备

（1）万分之一天平。

（2）蒸馏装置。

（3）高速离心机。

（4）离心管：100 mL。

（5）滴定装置。

（6）研磨机。

（7）2 kW 电子万用炉。

5. 分析步骤

（1）酸性及中性土壤。

①称取通过 2 mm 筛孔的风干土样 2.00 g，称取质地较轻的土壤 5.00 g，放入 100 mL 离心管中。沿壁加入少量 1 mol/L 乙酸铵溶液，用橡皮头玻璃棒搅拌土样，使其成为均匀的泥浆状态。再加 1 mol/L 乙酸铵溶液至总体积约 60 mL，并充分搅拌均匀，然后用 1 mol/L 乙酸铵溶液洗净橡皮头玻璃棒，溶液收入离心管内。

②将离心管成对放在粗天平的两个托盘上，用乙酸铵溶液使之质量平衡。平衡好的离心管对称放入电动离心机中离心 3～5 min，转速 3 000～4 000 r/min。每次离心后的清液收集在 250 mL 容量瓶中，如此用乙酸铵溶液处理 2～3 次，直到浸出液中无钙离子反应为止。钙离子检查方法：取最后一次乙酸铵浸出液 5 mL 放在试管中，加 pH=10 的缓冲液 1 mL，加少许 K-B 指示剂。如溶液呈蓝色，表示无钙离子；如呈紫红色，表示有钙离子，还要用乙酸铵继续浸提。

③向载土的离心管中加入少量无水乙醇，用橡皮头玻璃棒搅拌土样，使其成为泥浆状态，再加乙醇定容至 60 mL，用玻璃棒充分搅匀，以便洗去土粒表面多余的乙酸铵，切不可有小土团存在。将离心管对称放入离心机中，离心 3 min，转速 3 000～4 000 r/min，弃去乙醇溶液，如此反复用乙醇洗 4～6 次，直到最后一次乙醇溶液中无铵离子为止，用甲基红—溴甲酚绿指示剂检验是否含有铵离子，应无绿色反应。

④最后用蒸馏水冲洗管外壁后，在管内放入少量蒸馏水，用玻璃棒搅成糊状，并洗入 500 mL 蒸馏瓶中，洗入体积控制在 250 mL 左右，其中加 2 mL 液态石蜡和 1 g 左右氧化镁，然后放在蒸馏装置上，将盛有 25 mL 硼酸—指示剂溶液的锥形瓶连接在冷凝管的下端，开始蒸馏，蒸馏约 40 min，馏出液约 200 mL 以后，用甲基红—溴甲酚绿混合指示剂检查蒸馏是否完全。检查方法：用烧杯取几滴馏出液，立即加入 1 滴甲基红—溴甲酚绿混合指示剂，若呈紫红色，则表示氨已蒸完。

⑤用水冲洗冷凝管内外壁，洗入锥形瓶内，然后用盐酸标准溶液滴定。同时做空白试验。

（2）碱性土壤。

①称取通过 2 mm（10 目）筛孔的风干土样 5.0 g，放入 200 mL 烧杯中，加入 1 mol/L 氯化铵溶液约 50 mL，盖上表面皿，放在电炉上低温煮沸，直到无氨味为止（如烧杯内剩余溶液较少而仍有氨味时，可补加一些 1 mol/L 氯化铵溶液继续煮沸），烧杯内的土样用 1 mol/L 氯化铵溶液洗入 100 mL 的离心管中，使总体积至 60 mL，将离心管对称放入离心机中离心 3 min，转速 3 000～4 000 r/min，弃去离心管中的上清液。

②以下操作同（1）。

6. 结果计算

$$CEC = \frac{C \times (V - V_0)}{m \times K \times 10} \times 1000 \qquad (3\text{-}1\text{-}14)$$

式中：CEC——阳离子交换量，cmol(+)/kg；

C——盐酸标准溶液浓度，mol/L；

V——滴定待测液所消耗盐酸体积，mL；

V_0——滴定空白所消耗盐酸体积，mL；

m——风干土样质量，g；

K——将风干土换算成烘干土的水分换算系数；

10——将 mmol 换算成 cmol 的倍数。

7. 特性指标

（1）检出限及测定下限。

根据《环境监测　分析方法标准制修订技术导则》（HJ 168—2010）附录 A 要求，以滴定管产生的最小液滴的体积计算出方法的检出限 MDL=0.53 mg/L，当土壤样品量为 5.0 g 时，方法检出限为 0.12 cmol(+)/kg，测定下限为 0.48 cmol(+)/kg。

（2）准确度。

测定两种土壤有效态成分分析标准物质（地球物质地球化学勘查研究所），平行测定 6 组数据，结果均在保证值范围内，计算其相对误差 RE 分别为−3.9%和 1.6%。

8. 注意事项

（1）土壤阳离子交换量的测定受多种因素的影响，如交换剂的性质、盐酸溶液浓度和 pH、淋洗方法等，必须严格掌握操作技术才能获得可靠的结果。

（2）用不同方法测得的阳离子交换量的数值差异较大，应注明方法。

（3）实验所用的玻璃器皿应洁净干燥，以免造成实验误差。

（4）处在对应位置上的离心管应重量接近，避免重量不平衡情况。

（郑州市环境监测中心站　周伟峰）

（二）氢氧化钠滴定法（A）

本方法等效于《土壤检测　第 5 部分：石灰性土壤阳离子交换量的测定》（NY/T 1121.5—2006）。

1. 方法原理

用 0.25 mol/L 盐酸破坏碳酸盐，再以 0.05 mol/L 盐酸处理试样，使交换性盐基完全自土壤中被置换，形成氢饱和土壤，用乙醇洗净多余盐酸，加入 1 mol/L 乙酸钙溶液，使 Ca^{2+} 再交换出 H^+。所生成的乙酸用氢氧化钠标准溶液滴定，计算土壤阳离子交换量。

2. 适用范围

适用于石灰性土壤阳离子交换量的测定。

3. 试剂和材料

所用试剂和水除特殊注明外，均指分析纯试剂和 GB/T 6682 分析实验室用水规格和试验方法中规定的三级水。所述溶液如未指明溶剂，均系水溶液。

（1）0.5 mol/L 乙酸钙溶液（pH=8.2）。称取 88.00 g 乙酸钙（化学纯）溶于水中，稀释至 1 L。吸取该溶液 50 mL，加酚酞指示剂 2 滴，用 0.02 mol/L 氢氧化钠标准溶液滴至微红色。由消耗的氢氧化钠体积，计算出每升乙酸钙溶液应加入 2 mol/L 氢氧化钠的量，配成 pH 为 8.2 的乙酸钙溶液。

（2）0.25 mol/L 盐酸溶液。吸取 21.0 mL 浓盐酸（化学纯，密度 1.19），加水稀释至 1 L。

（3）0.05 mol/L 盐酸溶液。吸取 0.25 mol/L 盐酸溶液 200 mL，加水稀释至 1 L。

（4）2 mol/L 氢氧化钠溶液。称取 40.00 g 氢氧化钠，加水溶解，稀释至 500 mL。

（5）0.02 mol/L 氢氧化钠溶液。

（6）40%（V/V）乙醇溶液。

（7）0.5%（m/V）酚酞指示剂。称取酚酞 0.5 g，溶于 50 mL95%乙醇，稀释至 100 mL。

（8）5%（m/V）硝酸银溶液。称取 5.00 g 硝酸银（化学纯）溶于 100 mL 水中，贮存于棕色瓶内。

（9）pH=10 缓冲溶液。称取氯化铵（化学纯）33.75 g 溶于无二氧化碳水中，加新开瓶的浓氨水（化学纯，密度 0.90）285 mL，用水稀释至 500 mL。

4. 仪器和设备

（1）电动离心机（3 000～5 000 r/min）。

（2）离心管（100 mL）。

（3）滴定装置。

5. 分析步骤

（1）称取通过 2 mm 孔径筛的风干试样 5 g（精确至 0.01 g），放入 100 mL 离心管，加 5～10 mL 0.05 mol/L 盐酸溶液湿润试样，然后边搅拌边滴加 0.25 mol/L 盐酸溶液，以分解土壤中的碳酸盐和石膏（防治因局部过酸对土壤胶体的破坏），直至不再强烈发生二氧化碳气泡为止。再加入足量（对于分解碳酸盐和石膏而言）0.05 mol/L 盐酸溶液浸泡过夜。

（2）将离心管成对称地放在粗天平两盘上，加 0.05 mol/L 盐酸使达平衡，对称地放入离心机，以 3 000～4 000 r/min 转速离心 5 min，弃去清液。向离心管内加入少量 0.05 mol/L 盐酸溶液，用玻璃棒将土样搅拌成均匀泥浆状，再加 0.05 mol/L 盐酸溶液至总体积 60 mL 左右，继续搅拌 5 min，以少量 0.05 mol/L 盐酸溶液洗净玻璃棒。将离心管成对称地放在粗天平上平衡后，对称地放入离心机中离心并弃去清液，如此反复处理 3～4 次，直至溶液中无 Ca^{2+} 为止。检验溶液中有无钙离子的方法：取澄清液 20 mL 左右，放入三角瓶中，加 pH=10 缓冲溶液 3.5 mL，摇匀，再加数滴钙镁指示剂混合，如呈蓝色，表示无钙离子存在，如呈紫红色，表示有钙离子存在。

（3）向离心管中加入少量 40%乙醇，用玻璃棒将土样搅拌成均匀泥浆状，再加 40%乙醇溶液至总体积 60 mL 左右，继续搅拌，以少量 40%乙醇溶液洗净玻璃棒。经粗天平平衡后离心，弃去清液。反复清洗试样 3～4 次，直至检查无氯离子为止。检验溶液中有无氯离子的方法：取少量澄清液放入三角瓶中，滴加硝酸银溶液，如有白色沉淀生成，表示有氯离子存在，如没有白色沉淀生成，表示没有氯离子存在。

（4）向离心管中加入少量 0.5 mol/L 乙酸钙溶液，用玻璃棒将土样搅拌成均匀泥浆状，再加入 50 mL 乙酸钙溶液，继续搅拌 5 min，经粗天平平衡后放入离心机中离心 5 min，将离心液小心移入 250 mL 容量瓶中。如此反复操作 4 次，最后以 0.5 mol/L 乙酸钙溶液稀释至刻度，待测。

（5）吸取待测液 100 mL 于 250 mL 三角瓶中，加酚酞指示剂 3～4 滴，以 0.02 mol/L 氢氧化钠标准溶液滴定溶液至浅红色，同时做空白试验。

6. 结果计算

$$土壤阳离子交换量（cmol(+)/kg）=\frac{c\times(V-V_0)\times D}{m\times 10}\times 1\,000 \qquad (3\text{-}1\text{-}15)$$

式中：c——氢氧化钠标准溶液浓度，mol/L；

V——样品滴定用去氢氧化钠标准溶液体积，mL；

V_0——空白滴定用去氢氧化钠标准溶液体积，mL；

m——风干试样质量，g；

D——分取倍数，250/100=2.5；

10——将 mmol 换算成 cmol 的倍数；

1 000——换算成每千克中的 cmol。

7. 精密度

表 3-1-11　阳离子交换量平行测定结果允许差

测定值/（cmol(+)/kg）	允许绝对相差/（cmol(+)/kg）
>50	≤5.0
50～30	2.5～1.5
30～10	1.5～0.5
<10	≤0.5

8. 注意事项

（1）在已知土壤碳酸盐含量的情况下，可以定量加入盐酸破坏它。如碳酸盐含量过高，可先用 0.05 mol/L 盐酸溶液湿润土壤后，将盐酸浓度提高到 0.5～1 mol/L，边加边充分搅拌，以防止因局部过酸而破坏土壤胶体。

（2）以氢氧化钠标准溶液滴定酸性交换液时，其终点应以空白试验的颜色为参考标准，加入酚酞的量应一致，以减少滴定误差。

（天津市农业环境保护管理监测站　徐震　冯伟）

（三）三氯化六氨合钴浸提—分光光度法（A）

本方法等效于《土壤　阳离子交换量的测定　三氯化六氨合钴浸提—分光光度法》（HJ 889—2017）。

1. 方法原理

用三氯化六氨合钴溶液在（20±2）℃条件下浸提土壤，土壤胶体上可交换的有效态阳离子被三氯化六氨合钴交换，在波长 475 nm 处测量其吸光度，吸光度与浓度成正比。根据浸提前后浸提液吸光度差值，计算土壤阳离子交换量。

2. 适用范围

适用于各类土壤中阳离子交换量的测定。

当取样量为 3.5 g，浸提液体积为 50.0 mL，使用 10 mm 光程比色皿时，方法的检出限为 0.8 cmol(+)/kg，测定下限为 3.2 cmol(+)/kg。

3．干扰及消除

当试样中溶解的有机质较多时，有机质在 475 nm 处也有吸收，影响阳离子交换量的测定结果。可同时在 380 nm 处测量试样吸光度，用来校正可溶有机质的干扰。

假设 A_1 和 A_2 分别为试样在 475 nm 和 380 nm 处测量所得的吸光度，则试样校正吸光度（A）为：$A = 1.025A_1 - 0.205A_2$。

4．试剂和材料

除非另有说明，分析时均使用符合国家标准的分析纯试剂（实验用水为电导率小于 0.5 μS/cm 的蒸馏水或去离子水）。

（1）三氯化六氨合钴[$Co(NH_3)_6Cl_3$]：优级纯。

（2）三氯化六氨合钴溶液：$c[Co(NH_3)_6Cl_3] = 1.66$ cmol/L。

准确称取 4.458 g 三氯化六氨合钴溶于水中，定容至 1 000 mL，4℃低温保存。

5．仪器和设备

（1）分光光度计：配备光程为 10 mm 比色皿。

（2）振荡器：振荡频率可控制在 150～200 次/min。

（3）离心机：转速可达 4 000 r/min，配备 100 mL 圆底塑料离心管（具密封盖）。

（4）分析天平：精度 0.000 1 g。

（5）尼龙筛：孔径 1.7 mm（10 目）。

6．样品

（1）采集和保存。

土壤样品采集和保存应按照 HJ/T 166 执行。土壤样品采集时，应使用木刀、木片或聚乙烯采样工具，土壤样品用布袋或塑料袋贮存。

（2）试样制备。

将风干样品过尼龙筛，充分混匀。称取 3.5 g 混匀后的样品，置于 100 mL 离心管中，加入 50.0 mL 三氯化六氨合钴溶液，旋紧离心管密封盖，置于振荡器上，在（20±2）℃条件下振荡（60±5）min，调节振荡频率，使土壤浸提液混合物在振荡过程中保持悬浮状态。以 4 000 r/min 离心 10 min，收集上清液于比色管中，24 h 内完成分析。

（3）空白试样制备。

用实验用水代替土壤，按照与试样制备相同步骤进行实验室空白试样的制备。

7．分析步骤

（1）标准曲线绘制。

分别量取 0，1.00，3.00，5.00，7.00，9.00 mL 三氯化六氨合钴溶液于 6 个 10 mL 比色管中，分别用水稀释至标线，三氯化六氨合钴的浓度分别为 0，0.166，0.498，0.830，1.16，1.49 cmol/L。用 10 mm 比色皿在波长 475 nm 处，以水为参比，分别测量吸光度。以标准系列溶液中三氯化六氨合钴溶液的浓度（cmol/L）为横坐标，以其对应吸光度为纵坐标，建立标准曲线。

（2）测定。

按照与标准曲线绘制相同的步骤进行试样的测定。

（3）空白试验。

按照与试样测定相同的步骤进行空白试样的测定。

8. 结果计算与表示

样品中，按照式（3-1-16）进行计算：

$$CEC = \frac{(A_0 - A) \times V \times 3}{b \times m \times w_{dm}}$$

（3-1-16）

式中：CEC——土壤样品阳离子交换量，cmol(+)/kg；

A_0——空白试样吸光度；

A——试样吸光度；

V——浸提液体积，mL；

3——$Co(NH_3)_6^{3+}$ 的电荷数；

b——标准曲线斜率；

m——取样量，g；

w_{dm}——土壤样品干物质含量，%。

当测定结果小于 10 cmol(+)/kg 时，保留小数点后一位；当测定结果大于等于 10 cmol(+)/kg 时，保留三位有效数字。

9. 精密度和准确度

（1）精密度。

6 家实验室对含阳离子交换量为 5.5 cmol(+)/kg、17.8 cmol(+)/kg、29.4 cmol(+)/kg 的统一样品进行了 6 次重复测定，实验室内相对标准偏差分别为 4.1%～5.6%，3.1%～5.0%，1.7%～3.6%；实验室间相对标准偏差分别为 7.9%，4.8%，2.0%；重复性限为 0.8 cmol(+)/kg，2.1 cmol(+)/kg 和 2.5 cmol(+)/kg；再现性限为 1.4 cmol(+)/kg，3.0 cmol(+)/kg，2.8 cmol(+)/kg。

（2）准确度。

6 家实验室对含阳离子交换量为（17.0±1.0）cmol(+)/kg（编号 GB0741a）和（31.0±1.0）cmol(+)/kg（编号 GBW07458）的有证标准物质进行了 6 次重复测定，相对误差分别为-1.8%～5.8%和 0.4%～2.4%；相对误差最终值 2.5%±6.0%和 1.2%±1.8%。

10. 质量保证和质量控制

（1）每批样品应做标准曲线，标准曲线的相关系数不应小于 0.999。

（2）每批样品应至少做 10%的平行样，当样品数量少于 10 个时，平行样不少于 1 个。

11. 废物处理

实验过程中产生的废液和废物应分类收集和保管，并做好相应标识，委托有资质的单位进行处理。

（扬州市环境监测中心站　童桂凤）

八、可交换酸度

土壤可交换酸度是酸性土壤的重要性质之一，主要来自土壤胶体表面可交换氢和可交换铝的水解作用产生的氢离子，还有极少部分来自非交换性的铝盐的水解作用和部分有机物上弱酸基团产生的氢离子。测定土壤可交换酸度，可以了解土壤酸化程度，为环境管理工作提供技术支撑。

（一）氯化钾提取—滴定法（A）

本方法等效于《土壤　可交换酸度的测定　氯化钾提取—滴定法》（HJ 649—2013）。

1. 适用范围

规定了测定土壤中可交换酸度的氯化钾提取—滴定法。适用于酸性土壤中可交换酸度的测定。

当取 5.00 g 试样提取定容至 250 mL 时，方法检出限为 0.10 mmol/kg，方法测定下限为 0.40 mmol/kg。

2. 方法原理

提取原理：用适量氯化钾溶液反复淋洗土壤样品，使得土壤胶体上可交换铝和可交换氢被钾离子交换，形成氢离子和三价铝离子进入溶液。其交换过程用下式表示：

$$H^+ - |土壤胶体| - Al^{3+} + 3KCl \longleftrightarrow |土壤胶体| - 3K^+ + Al^{3+} + 3Cl^- + H^+$$

可交换酸度的测定：提取完样品后，取一部分土壤淋洗液，用氢氧化钠标准溶液直接滴定，所得结果为可交换酸度。

可交换铝的测定：提取完样品后，另取一部分土壤提取液，加入适量氟化钠溶液，使氟离子与铝离子形成络合物，Al^{3+} 被充分络合，再用氢氧化钠标准溶液滴定，所得结果为可交换氢。可交换酸度与可交换氢的差值为可交换铝。

3. 试剂和材料

除非另有说明，分析时均使用符合国家标准的分析纯试剂，实验用水为新鲜煮沸蒸馏水。

（1）新鲜煮沸蒸馏水。

将蒸馏水在烧杯中煮沸蒸发（蒸发量 10%），加盖冷却后密封备用，应现用现制。

（2）盐酸溶液：c（HCl）=1.0 mol/L。

取 83 mL 浓盐酸（ρ=1.19 g/mL），用水稀释到 1 L。

（3）氯化钾溶液：c（KCl）=1.0 mol/L。

称取 74.55 g 氯化钾，溶于水中，移入 1 L 容量瓶中，加水稀释至标线，混匀。

（4）邻苯二甲酸氢钾标准溶液：c（C$_8$H$_5$KO$_4$）=0.01 mol/L。

称取已通过 105～110℃干燥的基准试剂邻苯二甲酸氢钾 0.510 6 g，溶于适量水中，移入 250 mL 容量瓶中，加水稀释至标线，混匀。

（5）氢氧化钠标准溶液：c（NaOH）=0.01 mol/L。

称取 0.4 g 氢氧化钠，溶于适量水中，待溶液冷却后移入 1 L 容量瓶中，稀释至标线，混匀，贮存于聚乙烯塑料容器中。用邻苯二甲酸氢钾标准溶液进行标定。

（6）氟化钠溶液：c（NaF）=1.0 mol/L。

称取 42.0 g 氟化钠溶于水中并稀释到大约 900 mL，用盐酸溶液调节至 pH 为 7.0，将溶液移入 1 L 容量瓶中，加水稀释至标线，混匀。

（7）石英砂：30～60 目，使用前在 300℃加热 2 h。

4. 仪器和设备

（1）土壤筛：孔径为 2.0 mm。

（2）pH 计：精度为 0.01 个 pH 单位。

（3）磁力搅拌器。

（4）微量滴定管：最小刻度为 0.02 mL。

5. 样品

（1）样品制备。

将风干样品过孔径 2 mm 土壤筛，充分搅拌混匀，采用四分法取其两份，一份交样品库存放，另一份备用。

（2）试样制备。

称取 5.00 g 风干的土样，放在已铺好滤纸的漏斗内，用氯化钾溶液少量多次地淋洗，每次必须待漏斗中的滤液滤干后再加入氯化钾溶液。滤液承接在 250 mL 容量瓶中，近刻度时用 1.0 mol/L 氯化钾溶液定容。

（3）空白试样制备。

用石英砂代替土壤样品，按照与试样制备相同步骤，制备空白样品提取液。

（4）含水率测定。

按照本篇第一章"二、干物质和水分"的相关内容测定。

6. 分析步骤

（1）可交换酸度测定。

①测定。移取 100 mL 试样提取液至烧杯中，煮沸 5 min，使可能存在于溶液中的二氧化碳挥发，冷却至室温，以 pH 计为指示，用氢氧化钠标准溶液滴定至 pH 为 7.80±0.08，记录消耗氢氧化钠标准溶液体积 V_1 的毫升数。

②空白试验。用上述①方法同时滴定 100 mL 空白试样提取液，记录消耗氢氧化钠标准溶液体积 $V_空$ 的用量。

（2）可交换氢测定。

①测定。移取 100 mL 试样提取液至烧杯中，加入 2.5 mL 氟化钠溶液，煮沸 5 min，赶出二氧化碳，冷却至室温，以 pH 计为指示，用氢氧化钠标准溶液滴定至 pH 为 7.80±0.08，记录消耗氢氧化钠标准溶液体积 V_2 的毫升数。

②空白试验。用上述①方法同时滴定 100 mL 空白样品提取液，记录消耗氢氧化钠标准溶液体积 V_0 的毫升数。

7. 结果计算

土壤样品中的可交换酸度按照式（3-1-17）进行计算。

$$E_A = \frac{(V_1 - V_空) \times c_{NaOH} \times 1\,000 \times V}{V_s \times m} \times \frac{100 + w}{100} \qquad (3\text{-}1\text{-}17)$$

式中：E_A——烘干土壤中可交换酸度，mmol/kg；

　　　V_1——直接滴定土壤样品消耗氢氧化钠标准溶液体积，mL；

　　　$V_空$——空白样品所消耗氢氧化钠标准溶液体积，mL；

　　　c_{NaOH}——氢氧化钠标准溶液浓度，mol/L；

　　　V——提取液最终定容体积，mL；

V_s——滴定时移取的提取液体积，mL；

m——风干土质量，g；

w——风干土壤含水率，质量分数。

土壤样品中的可交换氢和可交换铝，按照式（3-1-18）和式（3-1-19）进行计算。

$$E_{H^+} = \frac{(V_2 - V_0) \times c_{NaOH} \times 1\,000 \times V}{V_s \times m} \times \frac{100 + w}{100} \qquad (3\text{-}1\text{-}18)$$

$$E_{Al^{3+}} = E_A - E_{H^+} \qquad (3\text{-}1\text{-}19)$$

式中：E_{H^+}——土壤样品的可交换氢，mmol/kg；

$E_{Al^{3+}}$——土壤样品的可交换铝，mmol/kg；

V_2——加入氟化钠后土样消耗氢氧化钠体积，mL；

V_0——加入氟化钠后空白样品消耗氢氧化钠体积，mL；

其他参数的含义见式（3-1-17）。

当测定结果小于 1.0 mmol/kg 时，保留到小数点后两位；大于等于 1.0 mmol/kg 时，保留三位有效数字。

8. 精密度

6 个实验室对可交换酸度分别为 4.52 mmol/kg 和 72.6 mmol/kg 的统一样品进行测定：实验室内相对标准偏差分别为 2.0%～4.2% 和 0.5%～1.3%；实验室间相对标准偏差分别为 1.9%～4.1% 和 0.4%～1.0%；重复性限分别为 0.13 mmol/kg 和 0.70 mmol/kg；再现性限分别为 0.19 mmol/kg 和 1.20 mmol/kg。

9. 质量保证和质量控制

（1）每批样品至少做 2 个空白试验。

（2）每批样品至少做 10% 的平行样品。当测定值≤10.0 mmol/kg，最大允许相对偏差为 ±20%；测定值在 10.0～100 mmol/kg，最大允许相对偏差为 ±10%；测定值 ≥100 mmol/kg，最大允许相对偏差为 ±5%。

（3）pH 计使用前必须用 pH 标准缓冲溶液进行校正。

10. 注意事项

（1）土壤样品浸提后尽快滴定，避免长时间暴露在空气中，造成误差。

（2）土壤样品的保存与风干过程应在通风无污染的环境中。

（3）控制滴定速度，尽快稳定至 pH 为 7.80 左右。

（天津市生态环境监测中心　赵莉）

（二）氯化钡提取—滴定法（A）

本方法等效于《土壤　可交换酸度的测定　氯化钡提取—滴定法》（HJ 631—2011）。

1. 方法原理

用适量氯化钡溶液提取土壤试样，使土壤胶体中可交换铝和可交换氢被钡离子交换，形成三价铝离子和氢离子进入溶液。取一部分试样，用氢氧化钠标准溶液直接滴定，所得结果为可交换酸度。另取一部分试样，加入适量氟化钠溶液，使氟离子与铝离子形成络合物，Al^{3+} 被充分络合，再用氢氧化钠标准溶液滴定，所得结果为可交换氢。

2. 适用范围

适用于酸性土壤中可交换酸度的测定。当试样量为 2.50 g，提取定容至 100 mL 时，本方法检出限为 0.50 mmol/kg，测定下限为 2.00 mmol/kg。

3. 试剂和材料

除非另有说明，否则分析时均使用符合国家标准的分析纯试剂，实验用水为新制备的无二氧化碳水。

（1）无二氧化碳水。

将蒸馏水在烧杯中煮沸蒸发（蒸发量约 10%），冷却后备用，电导率≤0.2 mS/m（25℃）。用时现配。

（2）盐酸溶液（HCl）：1+5。

（3）氯化钡溶液：c（$BaCl_2 \cdot 2H_2O$）=0.10 mol/L。

称取 24.43 g 氯化钡（$BaCl_2 \cdot 2H_2O$）溶于 1 000 mL 水中，混匀。

（4）氢氧化钠标准溶液：c（NaOH）=0.1 mol/L。

称取 110 g 氢氧化钠，溶于 100 mL 无二氧化碳水中，摇匀，注入聚乙烯容器中，密闭放置至溶液清亮。吸取上层清液 5.4 mL 置于 1 000 mL 容量瓶中，用无二氧化碳水稀释至标线，摇匀，移入聚乙烯瓶中保存。按下述方法进行标定：

称取于 105～110℃恒温干燥箱中干燥至恒重的基准试剂邻苯二甲酸氢钾 0.75 g（准确至 0.000 1 g），加入 50 mL 无二氧化碳水使之溶解，加 2 滴酚酞指示剂，用待标定的氢氧化钠标准溶液滴定至粉红色，并保持 30 s。同时用无二氧化碳水做空白试验，按式（3-1-20）进行计算。

$$c_{NaOH} = \frac{m \times 1\,000}{(V_1 - V_2) \times 204.22}$$ （3-1-20）

式中：c_{NaOH}——氢氧化钠标准溶液的浓度，mg/L；

m——邻苯二甲酸氢钾的质量，g；

V_1——标定邻苯二甲酸氢钾标准溶液时消耗氢氧化钠标准溶液的体积，mL；

V_2——标定空白溶液时消耗氢氧化钠标准溶液的体积，mL；

204.22——邻苯二甲酸氢钾摩尔质量，g/mol。

注：每批样品分析前均需对氢氧化钠标准溶液进行标定。

（5）氢氧化钠标准溶液：c（NaOH）=0.002 0 mol/L。

移取 10.00 mL 氢氧化钠标准溶液至 500 mL 容量瓶中，用无二氧化碳水稀释至标线。贮于聚乙烯瓶中保存。

（6）氟化钠溶液：c（NaF）=1.0 mol/L。

称取 42.0 g 氟化钠溶于 900 mL 水中，混匀。用盐酸溶液调节 pH 至 7.0，用水定容至 1 000 mL。

（7）酚酞指示剂。

称取 1.0 g 酚酞溶于 100 mL 乙醇中。

4. 仪器和设备

（1）pH 计。

（2）恒温干燥箱：能保持 105～110℃，恒温控制。

（3）振荡器：振幅为 20 mm，可调速。

（4）离心机：转速可达 4 000 r/min，具 50 mL 聚乙烯离心管。

（5）磁力搅拌器。

（6）天平：精度为 0.000 1 g。

（7）碱式滴定管：50 mL。

5. 分析步骤

（1）试样制备。

在 50 mL 聚乙烯离心管中加入 2.50 g 经风干过 2 mm 筛的试样和 30.0 mL 氯化钡溶液，放入振荡器上振荡 1 h，然后在离心机上以转速 3 000 r/min 离心 10 min，取下离心管。将上清液移入 100 mL 容量瓶中。再重复提取两次，并将所有上清液合并至上述 100 mL 容量瓶中，最后用氯化钡溶液定容至 100 mL，待测。

注：当试样中有少量动、植物残体时，可过滤后测定。

（2）空白试样制备。

不加试样，按照 5-（1）相同步骤，制备空白试样。

（3）可交换酸度测定。

量取 50.0 mL 试样于 100 mL 烧杯中，加入磁力搅拌子，置于磁力搅拌器上，插入 pH 计电极，直接用氢氧化钠标准溶液滴定至 pH=7.8；或使用酚酞做指示剂，滴定至颜色刚刚变为粉红色，并保持 30 s 不变色时为终点。记录消耗氢氧化钠标准溶液的用量 V_1（mL）。

量取 50.0 mL 空白试样代替试样做空白试验，记录消耗氢氧化钠标准溶液的用量 $V_空$（mL）。

（4）可交换氢测定。

移取 50.0 mL 试样于 100 mL 烧杯中，加入磁力搅拌子，置于磁力搅拌器上，插入 pH 计电极，加入 2.5 mL 氟化钠溶液，用氢氧化钠标准溶液滴定至 pH 为 7.8；或使用酚酞做指示剂，滴定到颜色刚刚变为粉红色，并保持 30 s 不变色时为终点。记录消耗氢氧化钠标准溶液的用量 V_2（mL）。

量取 50.0 mL 空白试样代替试样做空白试验，记录消耗氢氧化钠标准溶液的用量 V_0（mL）。

6. 结果计算

土壤样品中的可交换酸度（mmol/kg），按照式（3-1-21）进行计算。

$$E_A = \frac{(V_1 - V_空) \times c_{NaOH} \times 1\,000 \times V}{V_s \times m} \times \frac{100 + w}{100} \qquad （3\text{-}1\text{-}21）$$

式中：E_A——土壤样品的可交换酸度，mmol/kg；

V_1——直接滴定试样消耗氢氧化钠标准溶液的体积，mL；

$V_空$——直接滴定空白试样消耗氢氧化钠标准溶液的体积，mL；

c_{NaOH}——氢氧化钠标准溶液的浓度，mol/L；

V——提取液的定容体积，mL；

V_s——直接滴定时移取试样的体积，mL；

m——试样量，g；

w——风干样品的含水量，%。

土壤样品中的可交换氢（mmol/kg）按照式（3-1-22）进行计算。

$$E_{H^+} = \frac{(V_2 - V_0) \times c_{NaOH} \times 1\,000 \times V}{V_s \times m} \times \frac{100 + w}{100} \qquad (3\text{-}1\text{-}22)$$

式中：E_{H^+}——土壤样品的可交换氢，mmol/kg；

$\quad\quad V_2$——加入氟化钠后滴定试样时消耗氢氧化钠标准溶液的体积，mL；

$\quad\quad V_0$——加入氟化钠后滴定空白试样消耗氢氧化钠标准溶液的体积，mL。

其他参数的含义见式（3-1-21）。

测定结果有效数字最多保留 3 位，小数点后最多保留 2 位。

7. 精密度

5 家实验室分别对可交换酸度为 6.90 mmol/kg、11.5 mmol/kg 和 27.5 mmol/kg 的统一样品进行了测定，实验室内相对标准偏差分别为 3.0%~8.0%、5.3%~7.0%和 3.4%~4.2%；实验室间相对标准偏差分别为 3.5%、3.6%和 3.0%；重复性限分别为 1.29 mmol/kg、2.02 mmol/kg 和 2.81 mmol/kg；再现性限分别为 1.36 mmol/kg、2.17 mmol/kg 和 3.43 mmol/kg。

8. 质量保证和质量控制

（1）每批样品至少做 2 个空白试验。

（2）每批样品至少做 10%的平行样品。当测定值≤10.0 mmol/kg 时，最大允许相对偏差为±20%；测定值 10.0~100 mmol/kg 时，最大允许相对偏差为±10%；测定值≥100 mmol/kg 时，最大允许相对偏差为±5%。

（3）pH 计使用前必须用 pH 标准缓冲溶液进行校正。

9. 注意事项

（1）如测定结果低于 2.00 mmol/kg 或大于 400 mmol/kg，试样量可适当增加或减少。

（2）氯化钡为高毒物质，操作人员应做好个人防护，避免氯化钡溶液接触皮肤和摄入口腔。

（3）若选择酚酞做指示剂滴定终点，应在检测报告中注明。

10. 废物处理

实验过程中产生的废液可加入硫酸钠反应后，使用安全掩埋法处置，或置于密闭容器中保存，委托相关单位进行处理。

（扬州市环境监测中心站　童桂凤）

九、有机质

土壤有机质是指存在于土壤中的含碳有机物，包括土壤中各种动植物残体、微生物及各种有机物。目前全球土壤有机碳储量约为 1.50×10^{12} 吨，含量超过植被和大气中碳储量的总和，土壤碳含量的小幅度变化将对全球气候产生重要影响。同时，土壤有机质还参与土壤重金属、农药残毒等污染物的迁移转化过程。

土壤有机质的测定方法有重量法、容量法、比色法和灼烧法。国际上普遍采用容量法，此法不受碳酸盐干扰，操作简捷，设备简单，结果可靠，适合大量样品分析。

重铬酸钾氧化—容量法（A）

本方法等效于《森林土壤有机质的测定及碳氮比的计算》（LY/T 1237—1999）、《土壤检测　第 6 部分：土壤有机质的测定》（NY/T 1121.6—2006）和《土壤有机质测定法》（NY/T 85—1988）。

1. 方法原理

在加热条件下，用过量的重铬酸钾—硫酸溶液氧化土壤有机碳，使土壤有机质中的碳氧化成二氧化碳，而重铬酸离子被还原成三价铬离子，剩余的重铬酸钾用二价铁的标准溶液滴定，根据有机碳被氧化前后重铬酸离子数量的变化，就可算出有机碳或有机质的含量。本法只能氧化约 90% 的有机质，在计算分析结果时采用氧化校正系数 1.1 来计算有机质含量。

2. 适用范围

适用于有机质含量在 15% 以下的土壤，不宜用于测定含氯化物较高的土壤。

3. 干扰及消除

（1）重铬酸钾容量法不宜用于测定含有氯化物的土壤，如土样中含 Cl^- 量不多，加一定量的硫酸银使氯离子沉淀可消除部分干扰。土壤中 Cl^- 含量较高时，可考虑用水洗。经水洗处理后测出的土壤有机质总量不包括水溶性有机质组分，应在监测报告中加以说明。

（2）土壤中亚铁还原性物质会过多的消耗重铬酸钾，导致结果偏高。对于有较多的亚铁离子还原性物质的土壤，必须预先将样品磨细，再摊成 1~2 mm 薄层，每天至少翻动 1 次，风干 10 天左右，使还原物质充分氧化后再进行测定。

4. 试剂和材料

除特殊注明外，本方法所用试剂和水，均指分析纯试剂和 GB/T 6682 中规定的三级水。所述溶液如未指明溶剂，均系水溶液。

（1）0.4 mol/L 重铬酸钾—硫酸溶液。

称取 40.0 g 重铬酸钾（化学纯）溶于 600~800 mL 水中，用滤纸过滤到 1 L 量筒内，用水洗涤滤纸，并加水至 1 L，将此溶液转移到 3 L 大烧杯中。另取 1 L 密度为 1.84 g/mL 的浓硫酸（化学纯），慢慢地倒入重铬酸钾水溶液中，不断搅动。为避免溶液急剧升温，每加约 100 mL 浓硫酸后可稍停片刻，并把大烧杯放在盛有冷水的大塑料盆内冷却，当溶液的温度降到不烫手时再加另一份浓硫酸，直到全部加完为止。此溶液浓度 $c(1/6\ K_2Cr_2O_7)$ = 0.4 mol/L。

（2）0.1 mol/L 硫酸亚铁标准溶液。

称取 28.0 g 硫酸亚铁（化学纯）或 40.0 g 硫酸亚铁铵（化学纯）溶解于 600~800 mL 水中，加浓硫酸（化学纯）20 mL 搅拌均匀，静止片刻后用滤纸过滤到 1 L 容量瓶内，再用水洗涤滤纸并加水至 1 L。此溶液易被空气氧化而致浓度下降，每次使用时应标定其准确浓度。

0.1 mol/L 硫酸亚铁溶液的标定：吸取 0.100 0 mol/L 重铬酸钾标准溶液 20.00 mL，放入 150 mL 三角瓶中，加浓硫酸 3~5 mL 和邻菲罗啉指示剂 3 滴，以硫酸亚铁溶液滴定，根据硫酸亚铁溶液消耗量即可计算出硫酸亚铁溶液的准确浓度。

（3）重铬酸钾标准溶液。

准确称取 130℃ 烘 2~3 h 的重铬酸钾（优级纯）4.904 g，先用少量水溶解，然后无损地移入 1 000 mL 容量瓶中，加水定容，此标准溶液浓度 c（1/6 $K_2Cr_2O_7$）=0.100 0 mol/L。

（4）邻菲罗啉（$C_{12}H_8N_2 \cdot H_2O$）指示剂。

称取邻菲罗啉 1.49 g 溶于含有 0.70 g $FeSO_4 \cdot 7H_2O$ 或 1.00 g $(NH_4)_2 \cdot Fe(SO_4)_2 \cdot 6H_2O$ 的 100 mL 水溶液中。此指示剂易变质，应密闭保存于棕色瓶中。

（5）浓硫酸（密度 1.84 g/mL，化学纯）。

（6）硫酸银（化学纯）：研成粉末。

5. 仪器和设备

（1）分析天平。

（2）调温电炉（1 000W）。

（3）温度计（250℃）。

（4）硬质试管（25 mm×100 mm）。

（5）油浴锅（用紫铜皮做成或用高度为 15～20 cm 的铝锅代替，内装固体石蜡或植物油）。

（6）铁丝笼（大小和形状与油浴锅配套，内有若干小格，每格内可插入一支试管）。

（7）自动调零滴定管。

（8）锥形烧瓶（250 mL）。

6. 分析步骤

按表 3-1-12 准确称取通过 100 目筛风干试样 0.05～0.5 g（精确到 0.000 1 g，称样量根据有机质含量范围而定），放入硬质试管中，从自动调零滴定管准确加入 10.00 mL 0.4 mol/L 重铬酸钾—硫酸溶液，摇匀并在每个试管口插入一玻璃漏斗。将试管逐个插入铁丝笼中，再将铁丝笼沉入已在电炉上加热至 185～190℃的油浴锅内，使管中的液面低于油面，要求放入后油浴温度下降至 170～180℃，等试管中的溶液沸腾时开始计时，此时必须控制电炉温度，不使溶液剧烈沸腾，其间可轻轻提起铁丝笼在油浴锅中晃动几次，使液温均匀，并维持在 170～180℃，（5±0.5）min 后将铁丝笼从油浴锅内提出，冷却片刻，擦去试管外的油（蜡）液。把试管内的消煮液及土壤残渣无损地转入 250 mL 三角瓶中，用水冲洗试管及小漏斗，洗液并入三角瓶中，使三角瓶内溶液的总体积控制在 50～60 mL。加 3 滴邻菲罗啉指示剂，用硫酸亚铁标准溶液滴定剩余的 $K_2Cr_2O_7$，溶液的变色过程是橙黄—蓝绿—棕红。

如果滴定所用硫酸亚铁溶液的毫升数不到下述空白试验所耗硫酸亚铁溶液毫升数的 1/3，则应减少土壤称样量重测。

每批分析时，必须同时做 2～3 个空白试验，以消除试剂误差，即称取大约 0.2 g 灼烧浮石粉或土壤代替土样，其他步骤与土样测定相同。

表 3-1-12　不同土壤有机质含量的称样量

有机质含量/%	称取试样质量/g
<2	0.4～0.5
2～7	0.2～0.3
7～10	0.1
10～15	0.05

7. 结果计算

$$O.M = \frac{c \times (V_0 - V) \times 0.003 \times 1.724 \times 1.10}{m} \times 1\,000 \qquad (3\text{-}1\text{-}23)$$

式中：$O.M$——土壤有机质的质量分数，g/kg；

V_0——空白试验所消耗硫酸亚铁标准溶液体积，mL；

V——试样测定所消耗硫酸亚铁标准溶液体积，mL；

c——硫酸亚铁标准溶液的浓度，mol/L；

0.003——1/4 碳原子的毫摩尔质量，g；

1.724——由有机碳换算成有机质的系数；

1.10 ——氧化校正系数；

m——称取烘干试样的质量，g；

1 000 ——换算成每千克含量。

平行测定结果用算术平均值表示，保留三位有效数字。

8. 精密度

表 3-1-13 平行测定结果允许相差

有机质含量/（g/kg）	允许绝对相差/（g/kg）
＜10	≤0.5
10～40	≤1.0
40～70	≤3.0
＞70	≤5.0

9. 注意事项

（1）由于重铬酸钾溶液黏度较大，应缓慢加入，减少操作误差。

（2）开始加热时，产生的二氧化碳气泡不是真正沸腾，应在真正沸腾时才开始计算时间。

（3）消煮温度会影响有机质的氧化率，当煮沸温度低于 170℃时，氧化反应不完全，导致结果偏低；当温度高于 190℃时，高温加速有机质氧化的同时，也可能使重铬酸钾发生分解，从而使结果偏高。因此，此法选择 170～180℃作为消煮温度，其结果较为理想。

（4）在消化过程中，会产生大量的二氧化碳，石蜡或植物油在高温下会分解并挥发一些有害物质，对实验员的健康产生危害，因此消化过程必须在通风橱内进行。同时戴好护目镜和耐高温手套，以防油液或消化液溅出造成伤害。

（5）氧化时，若加 0.1 g 硫酸银粉末，氧化校正系数取 1.08。

（6）$FeSO_4$ 标准溶液很容易被空气氧化而导致浓度的改变，所以使用时需当天标定。

（7）测定土壤有机质必须采用风干样品。因为水稻土及一些长期渍水的土壤，由于较多的还原性物质存在，可消耗重铬酸钾，使结果偏高。

（8）如样品的有机质含量大于 150 g/kg 时，可用固体稀释法来测定。方法如下：称取磨细的样品 1 份（准确到 1 mg）和经过高温灼烧并磨细的矿质土壤 9 份（准确度同上）使之充分混合均匀后再从中称样分析，分析结果以称量的十分之一计算。

（常州市环境监测中心　王延军　巢文军）

十、有机碳

土壤有机碳是评价土壤肥力的一项重要指标，它不但影响农业生态系统的可持续发展，也影响大气圈和生物圈的可持续发展。不同生态系统土壤中的有机碳含量不同，一般约为 5%。

测定土壤有机碳的方法主要有燃烧氧化—滴定法、重铬酸钾氧化—分光光度法、燃烧氧化—非分散红外法等。滴定法的检出限最低，为 0.004%（以称样量为 0.5 g 计），重铬酸钾氧化—分光光度法的检出限最高，为 0.06%（以称样量为 0.5 g 计）。燃烧氧化—非分散红外法和燃烧氧化—滴定法不适用于油泥污染土壤中有机碳的测定，重铬酸钾氧化—分光光度法不适用于氯离子含量大于 $2.0×10^4$ mg/kg 的盐渍化土壤或盐碱化土壤的测定，因此根据不同的土壤选用不同的分析方法。

（一）燃烧氧化—非分散红外法（A）

本方法等效于《土壤　有机碳的测定　燃烧氧化—非分散红外法》（HJ 695—2014）。

1. 方法原理

风干土壤样品在富含氧气的载气中加热至 680℃以上，样品中有机碳被氧化为二氧化碳，产生的二氧化碳导入非分散红外检测器中，在一定浓度范围内，二氧化碳的红外线吸收强度与其浓度成正比，根据二氧化碳产生量计算土壤中的有机碳含量。

2. 适用范围

规定了测定土壤中有机碳的燃烧氧化—非分散红外法。适用于土壤中有机碳的测定，不适用于油泥污染土壤中有机碳的测定。

当样品量为 0.05 g 时，方法检出限为 0.008%，测定下限为 0.032%。

3. 干扰及消除

当样品被加热至 200℃以上时，所有碳酸盐均完全分解，产生二氧化碳，对本方法的测定产生正干扰，可通过加入适量磷酸去除。

4. 试剂和材料

除非另有说明，否则分析时均使用符合国家标准的分析纯试剂。

（1）无二氧化碳水：临用现制，电导率≤0.2 mS/m（25℃）。

（2）浓磷酸：φ（H_3PO_4）= 85%，优级纯。

（3）蔗糖（$C_{12}H_{22}O_{12}$）：基准试剂。

注：也可用葡萄糖（$C_6H_{12}O_6$）代替蔗糖。

（4）蔗糖溶液：ρ（有机碳，C）=10.0 g/L。

称取 2.375 g 已在 104℃下烘干 2 h 的蔗糖，溶于适量水，移至 100 mL 容量瓶中，用水稀释至标线，混匀。常温下保存，有效期为两周。

（5）磷酸溶液：φ（H_3PO_4）= 5%。

量取 59 mL 浓磷酸溶于 700 mL 水中，冷却至室温后，用水稀释至 1 000 mL。常温下保存，有效期为两周。

（6）载气：氮气，纯度 99.99%。

（7）助燃气：氧气，纯度 99.99%。

5. 仪器和设备

（1）总有机碳测定仪：带有固体燃烧装置，可加热至 680℃以上，温度可调节，精度 1℃；具有非分散红外检测器，并附带石英杯。

（2）天平：精度为 0.1 mg。

（3）土壤筛：2 mm（10 目）、0.097 mm（160 目），不锈钢材质。

（4）微量注射器：200 μL。

6. 样品

（1）样品制备。

取 10～20 g 过 10 目筛后的土壤样品，研磨至全部过 0.097 mm（160 目）土壤筛，装入棕色具塞玻璃瓶中，待测。

（2）干物质含量测定。

按照本篇第一章"二、干物质和水分"相关内容测定。

7. 分析步骤

（1）仪器调试。

按照总有机碳测定仪说明书设定条件参数并进行调试。

（2）校准曲线绘制。

用移液管分别准确量取 0，0.5，1.0，2.5，5.0，10.0 mL 蔗糖溶液于 10.0 mL 容量瓶中，用水稀释至标线，配制成浓度分别为 0，0.5，1.0，2.5，5.0，10.0 g/L 的校准系列。用微量注射器取 200 μL 校准系列于垫上少量玻璃棉的石英杯中，其对应有机碳含量分别为 0，0.10，0.20，0.50，1.0，2.0 mg，将石英杯放入总有机碳测定仪，依次从低浓度到高浓度测定标准系列的响应值，以有机碳含量（mg）为横坐标，对应的响应值为纵坐标，绘制校准曲线。

（3）测定。

称取 0.05 g 试样，精确到 0.000 1 g，放入垫上少量玻璃棉的石英杯中，并缓慢滴加磷酸溶液，至试样无气泡冒出。将石英杯放入总有机碳测定仪，测定响应值。

注：当样品浓度较高时，可适当减少试样取样量，但不应小于 0.01 g。

（4）空白试验。

用 200 μL 水代替试样，按照分析步骤 7-（3）进行测定。

8. 结果计算与表示

土壤中有机碳含量ω_{oc}（以碳计，质量分数，%），按照式（3-1-24）和式（3-1-25）进行计算。

$$m_1 = m \times \frac{w_{dm}}{100} \tag{3-1-24}$$

$$\omega_{oc} = \frac{(A - A_0 - a)}{b \times m_1 \times 1\,000} \times 100 \tag{3-1-25}$$

式中：m_1——试样中干物质的质量，g；

　　　　m——试样取样量，g；

　　　　w_{dm}——土壤样品的干物质含量（质量分数），%；

　　　　ω_{oc}——土壤样品中的有机碳含量（以碳计，质量分数），%；

　　　　A——试样响应值；

A_0——空白样品响应值；

a——校准曲线的截距；

b——校准曲线的斜率。

当测定结果＜1%时，保留到小数点后三位；当测定结果≥1%时，保留三位有效数字。

9. 精密度和准确度

（1）精密度。

6 家实验室分别对有机碳含量为 0.54%、1.80%的有证标准物质和 0.51%的实际样品进行了测定，实验室内相对标准偏差分别为 3.0%～7.5%、0.7%～4.5%、1.8%～7.7%；实验室间相对标准偏差分别为 3.0%、1.2%、1.8%；重复性限分别为 0.08%、0.11%、0.06%；再现性限分别为 0.08%、0.12%、0.06%。

（2）准确度。

6 家实验室分别对有机碳含量为 0.54%和 1.80%的有证标准样品进行测定，实验室内相对误差分别为 0～7.4%和 0.6%～2.2%；相对误差最终值分别为 1.9%±5.7%和 0.9%±1.3%。

10. 质量保证和质量控制

（1）每批样品应至少做 10%的平行样品测定，样品数不足 10 个时，每批样品应至少做一个平行样品测定。当样品有机碳含量≤1%时，平行样测定结果的差值应在±0.10%之间；当样品有机碳含量＞1%时，平行样测定结果的相对偏差≤10.0%。

（2）每批样品测定时，应分析一个有证标准样品，其测定值应在保证值范围内。

（3）校准曲线的相关系数应大于等于 0.995。

（4）每批样品应测定一个校准曲线中间浓度的校核样品，校核样品测定值与校准曲线相对应点浓度的相对误差应不超过 10%。

（天津市生态环境监测中心　于晓青）

（二）燃烧氧化—滴定法（A）

本方法等效于《土壤　有机碳的测定　燃烧氧化—滴定法》（HJ 658—2013）。

1. 方法原理

风干土壤样品在燃烧炉中加热至 900℃以上，样品中有机碳被氧化为二氧化碳，产生的二氧化碳用过量的氢氧化钡溶液吸收生成碳酸钡沉淀，反应后剩余的氢氧化钡用草酸标准溶液滴定，由空白滴定和样品滴定消耗的草酸标准溶液的体积差计算二氧化碳产生量，根据二氧化碳产生量计算土壤中的有机碳含量。

2. 适用范围

测定土壤中有机碳的燃烧氧化—滴定法。适用于土壤中有机碳的测定，不适用于油泥污染土壤中有机碳的测定。

当样品量为 0.50 g 时，方法检出限为 0.004%，测定下限为 0.016%，测定上限为 4.00%。样品中有机碳含量较高时，可减少取样量，但最低不能低于 0.050 g。

3. 干扰及消除

当样品加热至 200℃以上时，所有碳酸盐均完全分解，产生二氧化碳，对本方法的测定产生正干扰，可通过加入适量盐酸去除。

空气中的二氧化碳会对测定产生相当于0.2%有机碳的正干扰，通过扣除空白去除。

4．试剂和材料

除非另有说明，否则分析时均使用符合国家标准的分析纯试剂。

（1）无二氧化碳水：临用现制，电导率≤0.2 mS/m（25℃）。

（2）浓盐酸：ρ（HCl）=1.19 g/mL。

（3）正丁醇：φ（C_4H_9OH）≥99.0%。

（4）乙醇：φ（C_2H_5OH）=95%。

（5）草酸（$H_2C_2O_4 \cdot 2H_2O$）：基准试剂。

（6）盐酸溶液：c（HCl）=4 mol/L。

量取340 mL浓盐酸，边搅拌边缓慢倒入500 mL水中，用水稀释至1 000 mL，混匀。

（7）氢氧化钡（$Ba(OH)_2 \cdot 8H_2O$）。

（8）氯化钡（$BaCl_2 \cdot 2H_2O$）。

（9）氢氧化钡吸收液Ⅰ：ρ[$Ba(OH)_2$]=1.40 g/L

称取1.40 g氢氧化钡和0.08 g氯化钡溶于800 mL水中，加入3 mL正丁醇，用水稀释至1 000 mL，混匀。

（10）氢氧化钡吸收液Ⅱ：ρ[$Ba(OH)_2$]=2.80 g/L。

称取2.80 g氢氧化钡和0.16 g氯化钡溶于800 mL水中，加入3 mL正丁醇，用水稀释至1 000 mL，混匀。

注：上述两种吸收液配制后，密封保存，放置1 d使之沉淀。

（11）草酸标准溶液：ρ（$H_2C_2O_4 \cdot 2H_2O$）=0.563 7 g/L。

称0.563 7 g草酸溶于适量水，移至1 000 mL容量瓶中，用水稀释至标线，混匀。1 mL此溶液相当于标准状态下（101.325 kPa，273.15 K）0.1 mL二氧化碳。临用现配。

（12）酚酞指示剂。

称取0.5 g酚酞溶于50 mL乙醇中，再加入50 mL水，摇匀。

5．仪器和设备

（1）管式炉：采用硅碳管作为加热体，能够加热样品至900℃以上，温度可调节，精度1℃；高温区长度大于90 mm。

（2）玻板吸收瓶：吸收瓶容积为450 mL，玻板直径大于等于10 mm。

（3）磁力搅拌器：搅拌速度约为500 r/min，且连续可调。

（4）陶瓷舟。

（5）抽气泵。

（6）气体流量计：浮子流量计，配有针型阀，流量范围为0～1.0 L/min。

（7）天平：精度为0.1 mg。

（8）烘箱：温度调节范围为0～250℃。

（9）土壤筛：2 mm（10目）、0.097 mm（160目），不锈钢材质。

（10）酸式滴定管：50.00 mL。

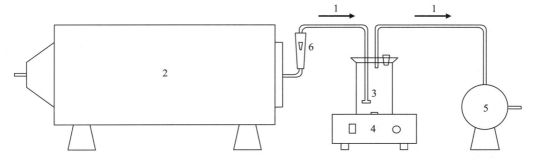

1. 气流方向；2. 管式炉；3. 玻板吸收瓶；4. 磁力搅拌器；5. 抽气泵；6. 气体流量计

图 3-1-9   管式炉燃烧和吸收装置示意图

注：也可采用与图 3-1-9 同等功效的其他装置。

6. 样品

（1）样品采集、保存和制备。

取 10～20 g 过 2 mm 筛后的土壤样品，研磨至全部过 0.097 mm（160 目）土壤筛，装入棕色具塞玻璃瓶中，待测。

（2）干物质含量测定。

按照本篇第一章"二、干物质和水分"相关内容测定。

7. 分析步骤

（1）试样制备。

称取适量试样，精确到 0.001 g，置于陶瓷舟中，并缓慢滴加盐酸溶液至试样无气泡冒出。充分混合，静置 4 h 后，于 60～70℃下烘干 16 h，待测。

注：可根据称取试样的质量和碳酸盐的含量确定盐酸溶液浓度及加入量，若土壤试样中仅含碳酸盐，可在每 1 g 试样中加 5 mL 盐酸溶液。

（2）气密性检查。

连接管式炉燃烧和吸收装置，塞好玻板吸收瓶，打开抽气泵，关闭气体流量计前阀门。若流量计流量归零，则设备气密性良好。

（3）测定。

向玻板吸收瓶中准确加入 200 mL 氢氧化钡吸收液Ⅰ的上清液，塞紧吸收瓶，将上述装有试料的陶瓷舟放入管式炉中，调节管式炉炉温至 900～1 000℃，打开抽气泵，调节抽气流量为 0.5 L/min，调节磁力搅拌器转速，使气泡分布均匀。反应时间为（600±10）s，反应结束后，倾出所有吸收液于 250 mL 具塞玻璃瓶中，加塞密闭静置 3～4 h，使碳酸钡沉淀完全，准确量取 50 mL 上清液于 250 mL 锥形瓶中，加入 4～5 滴酚酞指示剂，用草酸标准溶液滴定至溶液由红色变为无色为终点，记录所消耗的草酸标准溶液体积 V_1。

注：当样品中有机碳含量较高时，可用氢氧化钡吸收液Ⅱ作为样品吸收液。

（4）空白试验。

陶瓷舟中不加入试料，按照步骤 7-（3）测定，记录所消耗的草酸标准溶液体积 V_0。

8. 结果计算与表示

土壤中的有机碳含量 ω_{oc}（以碳计，质量分数，%），按照式（3-1-26）和式（3-1-27）进行计算。

$$m_1 = m \times \frac{w_{dm}}{100} \qquad\qquad (3\text{-}1\text{-}26)$$

$$\omega_{oc} = \frac{(V_0 - V_1) \times C \times 12 \times 200}{126 \times 50 \times m_1 \times 1\,000} \times 100 \qquad\qquad (3\text{-}1\text{-}27)$$

式中：m_1——试样中干物质的质量，g；

  m——试样取样量，g；

  w_{dm}——土壤样品的干物质含量（质量分数），%；

  ω_{oc}——土壤中的有机碳含量（以碳计，质量分数），%；

  V_0——滴定空白消耗草酸标准溶液体积，mL；

  V_1——滴定试料消耗草酸标准溶液体积，mL；

  C——草酸标准溶液质量浓度，g/L；

  12——碳元素的摩尔质量，g/mol；

  200——氢氧化钡吸收液体积，mL；

  126——草酸的摩尔质量，g/mol；

  50——用于滴定的氢氧化钡吸收液体积，mL。

当测定结果<1.00%时，保留到小数点后三位；当测定结果≥1.00%时，保留三位有效数字。

9. 精密度和准确度

（1）精密度。

6 家实验室分别对有机碳含量为 0.54%的有证标准物质和 0.51%的实际样品进行测定，实验室内相对标准偏差分别为 3.8%～10.6%和 1.9%～12.6%；实验室间相对标准偏差分别为 2.7%和 3.2%；重复性限分别为 0.11%和 0.11%；再现性限分别为 0.11%和 0.11%。

（2）准确度。

6 家实验室分别对有机碳含量为 0.54%的有证标准样品进行了测定，相对误差为 0～3.7%；相对误差最终值为 2.2%±3.6%。

10. 质量保证和质量控制

（1）每批样品应至少做 10%的平行样品测定，样品数不足 10 个时，每批样品应至少做 1 个平行样品测定。当样品有机碳含量≤1.00%时，平行样测定结果的差值应在±0.10%之内；当样品有机碳含量>1.00%时，平行样测定结果的相对偏差≤10.0%。

（2）每批样品测定时，应分析一个有证标准样品，其测定值应在保证值范围内。

11. 废弃物的处理

实验室产生的废酸、废碱等废液及固体废物应定期收集，委托有资质的单位进行处置。

12. 注意事项

（1）二氧化碳的吸收效率受气泡的大小和分布情况影响较大，因此要求玻板吸收瓶的玻板孔隙较小，使用前应检查玻璃砂芯的质量。方法如下：以 0.5 L/min 的流量抽气，气泡路径（泡沫高度）为（50±5）mm，玻板阻力为（4.7±0.7）kPa，且气泡均匀，无特大气泡。磁力搅拌器搅拌速度要合适，以使气泡在溶液中分布均匀。

（2）陶瓷舟在初次使用前，应将其放入小烧杯中，向烧杯中加入盐酸溶液，使之浸没完全，片刻后取出，沥干，于 60～70℃下烘干 16 h 后，再将陶瓷舟放入管式炉中，调节炉温至 900～1 000℃，灼烧 10 min，以去除陶瓷舟材质对测定结果的影响。

（天津市生态环境监测中心　于晓青）

（三）重铬酸钾氧化—分光光度法（A）

本方法等效于《土壤　有机碳的测定　重铬酸钾氧化—分光光度法》（HJ 615—2011）。

1. 方法原理

在加热条件下，土壤样品中的有机碳被过量重铬酸钾—硫酸溶液氧化，重铬酸钾中的六价铬（Cr^{6+}）被还原为三价铬（Cr^{3+}），其含量与样品中有机碳的含量成正比，于 585 nm 波长处测定吸光度，根据三价铬（Cr^{3+}）的含量计算有机碳含量。

2. 适用范围

测定土壤中有机碳的重铬酸钾氧化—分光光度法适用于风干土壤中有机碳的测定。不适用于氯离子（Cl^-）含量大于 2.0×10^4 mg/kg 的盐渍化土壤或盐碱化土壤的测定。当样品量为 0.5 g 时，方法检出限为 0.06%（以干重计），测定下限为 0.24%（以干重计）。

3. 干扰及消除

（1）土壤中的亚铁离子（Fe^{2+}）会导致有机碳的测定结果偏高。可在试样制备过程中将土壤样品摊成 2～3 cm 厚的薄层，在空气中充分暴露使亚铁离子（Fe^{2+}）氧化成三价铁离子（Fe^{3+}）以消除干扰。

（2）土壤中的氯离子（Cl^-）会导致土壤有机碳的测定结果偏高，通过加入适量硫酸汞以消除干扰。

4. 试剂和材料

除非另有说明，否则分析时均使用符合国家标准的分析纯化学试剂，实验用水为在 25℃下电导率≤0.2 mS/m 的去离子水或蒸馏水。

（1）硫酸：ρ（H_2SO_4）=1.84 g/mL。

（2）硫酸汞。

（3）重铬酸钾溶液：C（$K_2Cr_2O_7$）=0.27 mol/L。

称取 80.00 g 重铬酸钾溶于适量水中，溶解后移至 1 000 mL 容量瓶，用水定容，摇匀。该溶液贮存于试剂瓶中，4℃下保存。

（4）葡萄糖标准使用液：ρ（$C_6H_{12}O_6$）=10.00 g/L。

称取 10.00 g 葡萄糖溶于适量水中，溶解后移至 1 000 mL 容量瓶，用水定容，摇匀。该溶液贮存于试剂瓶中，有效期为一个月。

5. 仪器和设备

（1）分光光度计：具 585 nm 波长，并配有 10 mm 比色皿。

（2）天平：精度为 0.1 mg。

（3）恒温加热器：温控精度为（135±2）℃。恒温加热器带有加热孔，其孔深应高出具塞消解玻璃管内液面约 10 mm，且具塞消解玻璃管露出加热孔部分约 150 mm。

（4）具塞消解玻璃管：具有 100 mL 刻度线，管径为 35～45 mm。

注：具塞消解玻璃管外壁必须能够紧贴恒温加热器的加热孔内壁，否则不能保证消解

完全。

（5）离心机：0～3 000 r/min，配有 100 mL 离心管。

（6）土壤筛：2 mm（10 目）、0.25 mm（60 目），不锈钢材质。

6．样品

（1）样品制备。

在过 2 mm 筛的样品中取出 10～20 g 进一步细磨，并通过 60 目（0.25 mm）土壤筛，装入棕色具塞玻璃瓶中，待测。

（2）干物质含量测定。

按照本篇第一章"二、干物质和水分"相关内容测定。

7．分析步骤

（1）校准曲线绘制。

①分别量取 0，0.50，1.00，2.00，4.00，6.00 mL 葡萄糖标准使用液于 100 mL 具塞消解玻璃管中，其对应有机碳质量分别为 0，2.00，4.00，8.00，16.0，24.0 mg。

②分别加入 0.1 g 硫酸汞和 5.00 mL 重铬酸钾溶液，摇匀。再缓慢加入 7.5 mL 硫酸，轻轻摇匀。

③开启恒温加热器，设置温度为 135℃。当温度升至接近 100℃时，将上述具塞消解玻璃管开塞放入恒温加热器的加热孔中，以仪器温度显示 135℃时开始计时，加热 30 min。然后关掉恒温加热器开关，取出具塞消解玻璃管水浴冷却至室温。向每个具塞消解玻璃管中缓慢加入约 50 mL 水，继续冷却至室温。再用水定容至 100 mL 刻线，加塞摇匀。

④于波长 585 nm 处，用 10 mm 比色皿，以水为参比，分别测量吸光度。

⑤以零浓度校正吸光度为纵坐标，以对应的有机碳质量（mg）为横坐标，绘制校准曲线。

（2）测定。

准确称取适量试样，小心移至 100 mL 具塞消解玻璃管中，避免沾壁。按照上述步骤加入试剂并进行消解、冷却、定容。将定容后试液静置 1 h，取约 80 mL 上清液至离心管中，以 2 000 r/min 离心分离 10 min，再静置至澄清；或在具塞消解玻璃管内直接静置至澄清。最后取上清液按照步骤（1）-④测量吸光度。土壤有机碳含量与试样取样量关系见表3-1-14。

表 3-1-14　土壤有机碳含量与试样取样量关系

土壤有机碳含量/%	0～4.00	4.00～8.00	8.00～16.0
试样取样量/g	0.400 0～0.500 0	0.200 0～0.250 0	0.100 0～0.125 0

注：当样品有机碳含量超过 16.0%时，应增大重铬酸钾溶液的加入量，重新绘制校准曲线。一般情况下，试液离心后静置至澄清约需 5 h 或直接静置至澄清约需 8 h。

（3）空白试验。

在具塞消解玻璃管中不加入试样，按照步骤（1）中②～④进行测定。

8．结果计算与表示

土壤中的有机碳含量（以干重计，质量分数，%），按照式（3-1-28）和式（3-1-29）进行计算。

$$m_1 = m \times \frac{w_{dm}}{100} \tag{3-1-28}$$

$$\omega_{oc} = \frac{(A - A_0 - a)}{b \times m_1 \times 1000} \times 100 \tag{3-1-29}$$

式中：m_1——试样中干物质的质量，g；

m——试样取样量，g；

w_{dm}——土壤的干物质含量（质量分数），%；

ω_{oc}——土壤样品中有机碳的含量（以干重计，质量分数），%；

A——试样消解液的吸光度；

A_0——空白试验的吸光度；

a——校准曲线的截距；

b——校准曲线的斜率。

当测定结果<1.00%时，保留到小数点后两位；当测定结果≥1.00%时，保留三位有效数字。

9. 精密度和准确度

（1）精密度。

6 家实验室对有机碳含量为 1.80%的统一样品进行测定，实验室内相对标准偏差为 0.6%～4.0%，实验室间相对标准偏差为 4.1%，重复性限为 0.12%，再现性限为 0.24%。

（2）准确度。

6 家实验室对有机碳含量为 1.80%±0.16%的有证标准样品进行测定，相对误差为 2.2%～8.3%，相对误差最终值为 5.6%±5.2%。

10. 质量保证和质量控制

（1）每批样品应做两个空白试验，两个测定结果的相对偏差应≤50%。式（3-1-29）中 A_0 为两个空白试验测定的平均值。

（2）每 20 个样品应至少测定 10%的平行双样，样品数量少于 10 个时，每批样品应至少测定一个平行双样。当样品的有机碳含量≤1.00%时，两个测定结果之差应在±0.10%之内；当样品的有机碳含量>1.00%时，两个测定结果的相对偏差≤10.0%。

（3）每批样品测定时，应分析一个有证标准物质，其测定值应在保证值范围内。

（4）校准曲线的相关系数应大于等于 0.999。

11. 注意事项

（1）为保证恒温加热器加热温度的均匀性，样品进行消解时，在没有样品的加热孔内放入装有 15 mL 硫酸的具塞消解玻璃管，避免恒温加热器空槽加热。

（2）硫酸具有较强的化学腐蚀性，操作时应按规定要求佩戴防护器具，避免接触皮肤和衣物。样品消解应在通风橱内进行操作，检测后的废液应妥善处理。

（江苏省环境监测中心　赵艳　丁曦宁）

第二章　主要肥力指标

一、磷

土壤磷库是植物体磷元素的主要来源，分为无机磷和有机磷两大部分。无机磷有原生矿物磷灰石和次生无机磷酸盐，次生无机磷酸盐包括化合态和吸附态。我国南方多强酸性土壤，闭蓄态磷酸盐（磷酸铁盐、磷酸铝盐）可占无机磷的80%以上，如砖红壤；北方多石灰性土壤，磷酸钙盐可高达60%～85%，如黄土性土壤；在南北过渡地带多中性土壤，闭蓄态磷与磷酸钙盐的量基于上述两类之间。

测定总磷样品前处理方法一般分碱熔和酸溶两类，以碱熔法分解最为完全。其中，用Na_2CO_3熔融准确度较高，经济性较好，可用于常规分析。测定过程中一般选用钼蓝比色法，其中钼锑抗比色法有操作简便、颜色稳定、干扰离子允许量大等优点。

有效磷（速效磷），指能被当季作物吸收的磷组分，包括全部水溶性磷、部分吸附态磷及有机态磷等，是土壤主要肥力指标之一，农业生产中一般根据其含量指导施用磷肥。当全磷含量低于0.03%时，土壤往往缺少有效磷。

生物法测定有效磷最为可靠，但实验周期长、操作复杂，化学法的测定结果虽然只能表示有效磷水平的相对高低，但实验周期短、操作简便，并可快速获得数据，迄今在国内外应用仍最为普遍，近年来也出现了连续流动分析仪法等方法。化学法的前处理手段主要为浸提，经过半个世纪的不断发展，逐渐归总为少数几种浸提剂，针对不同土壤类型，应选用更为合适的方法开展分析。

（一）总磷：碱熔—钼锑抗比色法（A）

本方法等效于《土壤　总磷的测定　碱熔—钼锑抗分光光度法》（HJ 632—2011）、《土壤全磷测定法》（NY/T 88—1988）和《森林土壤磷的测定》（LY/T 1232—2015）。

1. 方法原理

经氢氧化钠熔融，土壤样品中的含磷矿物及有机磷化合物全部转化为可溶性的正磷酸盐，在酸性条件下与钼锑抗显色剂反应生成磷钼蓝，在波长700nm处测量吸光度。在一定浓度范围内，样品中的总磷含量与吸光度值符合朗伯—比尔定律。

2. 适用范围

测定土壤中总磷的碱熔—钼锑抗分光光度法。当试样量为0.250 0 g，采用30 mm比色皿时，方法检出限为10.0 mg/kg，测定下限为40.0 mg/kg。

3. 试剂和材料

除非另有说明，否则分析时均使用符合国家标准的分析纯化学试剂。实验用水为新制备的去离子水或蒸馏水，电导率（25℃）≤5.0 μS/cm。

（1）浓硫酸：ρ（H_2SO_4）=1.84 g/mL。

（2）氢氧化钠：颗粒状，优级纯。

（3）无水乙醇：ρ（CH_3CH_2OH）=0.789 g/mL。

（4）浓硝酸：ρ（HNO_3）=1.51 g/mL。

（5）磷酸二氢钾：优级纯。

取适量磷酸二氢钾（KH_2PO_4）于称量瓶中，在110℃下烘干2 h，置于干燥器中放冷，备用。

（6）硫酸溶液：c（H_2SO_4）=3 mol/L。

于800 mL水中，在不断搅拌下缓慢加入168 mL浓硫酸，待溶液冷却后加水至1 000 mL，混匀。

（7）硫酸溶液：c（H_2SO_4）=0.5 mol/L。

于800 mL水中，在不断搅拌下缓慢加入28 mL浓硫酸，待溶液冷却后加水至1 000 mL，混匀。

（8）硫酸溶液：1+1。

用浓硫酸配制。

（9）氢氧化钠溶液：c（$NaOH$）=2 mol/L。

称取20.0 g氢氧化钠，溶解于200 mL水中，待溶液冷却后加水至250 mL，混匀。

（10）抗坏血酸溶液：ρ = 0.1 g/mL。

称取10.0 g抗坏血酸溶液于适量水中，溶解后加水至100 mL，混匀。该溶液贮存在棕色玻璃瓶中，在约4℃情况下可稳定两周。如颜色变黄，则弃之重配。

（11）钼酸铵溶液：$\rho[(NH_4)_6Mo_7O_{24}·4H_2O]$=0.13 g/mL。

称取13.0 g钼酸铵溶于适量水中，溶解后加水至100 mL，混匀。

（12）酒石酸锑氧钾溶液：$\rho[K(SbO)C_4H_4O_6·1/2H_2O]$=0.003 5 g/mL。

称取0.35 g酒石酸锑氧钾溶于适量水中，溶解后加水至100 mL，混匀。

（13）钼酸盐溶液。

在不断搅拌下，将100 mL钼酸铵溶液缓慢加入至已冷却的300 mL硫酸溶液（1+1）中，再加入100 mL酒石酸锑氧钾溶液，混匀。该溶液贮存在棕色玻璃瓶中，在4℃下可以稳定两个月。

（14）磷标准贮备溶液（以P计）：ρ = 50.0 mg/L。

称取0.219 7 g磷酸二氢钾溶于适量水中，溶解后移入1 000 mL容量瓶中，再加入5 mL硫酸溶液（1+1），加水至标线，混匀。该溶液贮存在棕色玻璃瓶中，在4℃下可稳定六个月。

（15）磷标准工作溶液（以P计）：ρ =5.00 mg/L。

量取25.00 mL磷标准贮备溶液于250 mL容量瓶中，加水至标线，混匀。该溶液临用时现配。

（16）2,4-二硝基酚（或2,6-二硝基酚）指示剂：ρ =0.002 g/mL。

称取0.2 g 2,4-二硝基酚（或2,6-二硝基酚）溶于适量水中，溶解后加水至100 mL，混匀。

4. 仪器和设备

（1）分光光度计：配有30 mm比色皿。

（2）马弗炉。

（3）离心机：2 500～3 500 r/min，配有 50 mL 离心杯。

（4）镍坩埚：容量大于 30 mL。

（5）天平：精度为 0.000 1 g。

（6）样品粉碎设备：土壤粉碎机（或球磨机）。

（7）土壤筛：孔径为 1 mm、0.149 mm（100 目）。

（8）具塞比色管：50 mL。

5. 分析步骤

（1）干物质含量测定。

按照本篇第一章"二、干物质和水分"相关内容测定。

（2）试料制备。

称取 0.25 g 试样于镍坩埚底部，用几滴无水乙醇湿润样品；然后加入 2 g 氢氧化钠平铺于样品的表面，将样品覆盖，盖上坩埚盖；将坩埚放入马弗炉中升温，当温度升至400℃左右时，保持 15 min；然后继续升温至 640℃，保持 15 min，取出冷却。再向坩埚中加入 10 mL 水，加热至 80℃，待熔块溶解后，将坩埚内的溶液全部转入 50mL 离心杯中，用 10 mL 3mol/L 硫酸溶液分三次洗涤坩埚，洗涤液转入离心杯中，再用适量水洗涤坩埚 3次，洗涤液全部转入离心杯中，以 2 500～3 500 r/min 离心分离 10 min，静置后将上清液全部转入 100 mL 容量瓶中，用水定容，待测。

注：处理大批样品时，应将加入氢氧化钠后的坩埚再放入大干燥器中以防吸潮。

（3）校准曲线绘制。

分别量取 0，0.50，1.00，2.00，4.00，5.00 mL 磷标准工作溶液于 6 支 50 mL 具塞比色管中，加水至刻度，标准系列中的磷含量分别为 0，2.50，5.00，10.00，20.00，25.00 μg。然后分别向比色管中加入 2～3 滴 2,4-二硝基酚指示剂，用 0.5 mol/L 硫酸溶液和氢氧化钠溶液调节 pH 为 4.4 左右，使溶液刚成微黄色时，加入 1.0 mL 抗坏血酸溶液，混匀。30 s后加入 2.0 mL 钼酸盐溶液，充分混匀，于 20～30℃下放置 15 min。用 30 mm 比色皿，于700 nm 波长处，以水为参比，测量吸光度。以试剂空白校正吸光度为纵坐标，对应的磷含量（μg）为横坐标，绘制标准曲线。

（4）样品测定。

量取 10.0 mL（或根据样品浓度确定量取体积）试料于具塞比色管中，加水至刻度。然后按照与绘制校准曲线相同的操作步骤进行显色和测量。

（5）空白试验。

不加入土壤试样，按照与试料的制备和测量相同操作步骤，进行显色和测量。

6. 结果计算与表示

土壤中总磷的含量 ω（mg/kg），按照式（3-2-1）进行计算。

$$\omega = \frac{[(A - A_0) - a] \times V_1}{b \times m \times w_{dm} \times V_2} \qquad (3\text{-}2\text{-}1)$$

式中：ω ——土壤中总磷的含量，mg/kg；

A——试料的吸光度值；

A_0——空白试验的吸光度值；

α ——校准曲线的截距；

V_1——试样定容体积；

b——校准曲线的斜率；

m——试样量，g；

w_{dm}——土壤的干物质含量（质量分数），%；

V_2——试料体积，mL。

测量结果保留三位有效数字。

7. 精密度和准确度

（1）精密度。

5 家实验室分别对 28 mg/kg、400 mg/kg、800 mg/kg 的样品进行测定，实验室内相对标准偏差为 1.2%～9.4%、0.3%～2.9%、0.3%～1.6%；实验室间相对标准偏差分别为 8.6%、3.5%、1.4%；重复性限分别为 7.42 mg/kg、23.6 mg/kg、21.4 mg/kg；再现性限分别为 12.6 mg/kg、45.4 mg/kg、38.1 mg/kg。

（2）准确度。

5 家实验室分别对（410±73）mg/kg、（323±69）mg/kg、（492±50）mg/kg 的有证土壤标准样品进行了分析测定，相对误差分别为 8.3%～16.6%、3.1%～10.5%、0.6%～5.5%；相对误差最终值分别为 13%±6.3%、7.0%±7.0%、4.2%±4.2%。

5 家实验室分别对实验样品进行了加标分析测定，加标量为 100 μg 时，加标回收率分别为 91.2%～103%、91.1%～97.3%、90.6%～96.0%；加标回收率最终值分别为 95.1%±9.2%、93.8%±5.6%、93.2%±4.1%。

8. 质量保证和质量控制

（1）每批样品应做空白试验，其测定结果应低于方法检出限。

（2）每批样品应至少测定 10%的平行双样，样品数量少于 10 个时，应至少测定 1 个平时双样。两个测定结果的相对偏差应≤15%。

（3）每批样品应带一个中间校核点，中间校核点测定值与校准曲线相应点浓度的相对误差应≤10%。

（4）每批样品测定时，应分析一个有证标准物质，其测定值应在保证值范围内。

（5）校准曲线的相关系数应≥0.999 5。

（6）每批样品应至少测定 10%的加标样品，样品数量少于 10 个时，应至少测定 1 个加标样品。加标回收率应为 80%～120%。

9. 注意事项

样品溶液先用水提取，后用硫酸处理溶液和残渣，目的是把磷全部提取出来，同时使大部分硅酸脱水及钙元素形成沉淀，停留在溶液中的含量降低到无干扰的程度。

（天津市生态环境监测中心　李旭冉）

（二）有效磷：碳酸氢钠浸提—钼锑抗分光光度法（A）

本方法等效于《土壤　有效磷的测定　碳酸氢钠浸提—钼锑抗分光光度法》(HJ 704 —2014)。

153

1. 方法原理

用 0.5 mol/L 碳酸氢钠溶液（pH=8.5）浸提土壤中的有效磷。浸提液中的磷与钼锑抗显色剂反应生成磷钼蓝，在波长 880 nm 处测量吸光度。在一定浓度范围内，磷的含量与吸光度值符合朗伯—比尔定律。

2. 适用范围

测定土壤中有效磷的碳酸氢钠浸提—钼锑抗分光光度法适用于石灰性和中性土壤中有效磷的测定。

当取样量为 2.50 g，使用 50 mL 碳酸氢钠溶液浸提，采用 10 mm 比色皿时，方法检出限为 0.5 mg/kg，测定下限为 2.0 mg/kg。

3. 干扰及消除

当浸提液中砷含量大于 2 mg/L 有干扰，可用硫代硫酸钠除去；硫化钠含量大于 2 mg/L 有干扰，在酸性条件下通氮气可以除去；六价铬大于 50 mg/L 有干扰，用亚硫酸钠除去；铁含量为 20 mg/L，使结果偏低 5%。

4. 试剂和材料

除非另有说明，否则分析时均使用符合国家标准的分析纯化学试剂。实验用水为新制备的去离子水或蒸馏水。

（1）浓硫酸：ρ（H_2SO_4）=1.84 g/mL。

（2）浓硝酸：ρ（HNO_3）=1.51 g/mL。

（3）冰乙酸：ρ（$C_2H_4O_2$）= 1.049 g/mL。

（4）磷酸二氢钾（KH_2PO_4）：优级纯。

取适量磷酸二氢钾于称量瓶中，置于 105℃烘干 2 h，干燥箱内冷却，备用。

（5）氢氧化钠溶液：ω（NaOH）=10%。

称取 10 g 氢氧化钠溶于水中，用水稀释至 100 mL，贮于聚乙烯瓶中。

（6）硫酸溶液：c（1/2 H_2SO_4）=2 mol/L。

800 mL 水中，在不断搅拌下缓慢加入 55 mL 浓硫酸，待溶液冷却后，加水至 1 000 mL，混匀。

（7）硝酸溶液：1＋5。

用浓硝酸配制。

（8）浸提剂：c（$NaHCO_3$）=0.5 mol/L。

称取 42.0 g 碳酸氢钠溶于约 800 mL 水中，加水稀释至约 990 mL，用氢氧化钠溶液调节至 pH=8.5（用 pH 计测定），加水定容至 1 L，温度控制在（25±1）℃。贮存于聚乙烯瓶中，该溶液应在 4 h 内使用。

注：浸提剂温度需控制在（25±1）℃，具体控制时，最好有一小间恒温室，冬季除室温要维持 25℃外，还需将去离子水事先加热至 26～27℃后再进行配制。

（9）酒石酸锑钾溶液：ρ[K(SbO)$C_4H_4O_6$·1/2H_2O]=5 g/L。

称取 0.5 g 酒石酸锑钾溶于 100 mL 水中。

（10）钼酸盐溶液。

量取 153 mL 浓硫酸缓慢注入约 400 mL 水中，搅匀，冷却。另取 10.0 g 钼酸铵溶于 300 mL 约 60℃的水中，冷却。然后将该硫酸溶液缓慢注入钼酸铵溶液中，搅匀，再加入 100 mL 酒石酸锑钾溶液，最后用水定容至 1 L。溶液中含 10 g/L 钼酸铵和 2.75 mol/L 硫酸。

溶液贮存于棕色瓶中，可保存 1 年。

（11）抗坏血酸溶液：ω（$C_6H_8O_6$）=10%。

称取 10 g 抗坏血酸溶于水中，加入 0.2 g 乙二胺四乙酸二钠 EDTA 和 8 mL 冰乙酸，加水定容至 100 mL。该溶液贮存于棕色试剂瓶中，在 4℃ 下可稳定 3 个月。如颜色变黄，则弃之重配。

（12）磷标准贮备溶液：ρ（P）=100 mg/L。

称取 0.439 4 g 磷酸二氢钾溶于约 200 mL 水中，加入 5 mL 浓硫酸，然后移至 1 000 mL 容量瓶中，加水定容，混匀。该溶液贮存于棕色试剂瓶中，有效期为 1 年。或直接购买市售有证标准物质。

（13）磷标准使用液：ρ（P）=5 mg/L。

量取 5.00 mL 磷标准贮备溶液于 100 mL 容量瓶中，用浸提剂稀释至刻度。临用现配。

（14）指示剂：2,4-二硝基酚或 2,6-二硝基酚（$C_6H_4N_2O_5$），ω = 0.2%。

称取 0.2 g 2,4-二硝基酚或 2,6-二硝基酚溶于 100 mL 水中，该溶液贮存于玻璃瓶中。

5. 仪器和设备

（1）分光光度计：配备 10 mm 比色皿。

（2）恒温往复振荡器：频率可控制在 150～250 r/min。

（3）土壤样品粉碎设备：粉碎机、玛瑙研钵。

（4）分析天平：精度为 0.000 1 g。

（5）土壤筛：孔径 1 mm 或 20 目尼龙筛。

（6）具塞锥形瓶：150 mL。

（7）滤纸：经检验不含磷的滤纸。

6. 分析步骤

（1）试料制备。

称取 2.50 g 样品，置于干燥的 150 mL 具塞锥形瓶中，加入 50.0 mL 浸提剂，塞紧，置于恒温往复振荡器上，在（25±1）℃ 下以 180～200 r/min 的振荡频率振荡（30±1）min，立即用无磷滤纸过滤，滤液应当天分析。

注：浸提时最好有一小间恒温室，冬季应先开启空调，待室温达到 25℃，且恒温往复振荡器内温度达到 25℃ 后，再打开振荡器进行振荡计时。

（2）校准曲线。

分别量取 0，1.00，2.00，3.00，4.00，5.00，6.00 mL 磷标准使用液于 7 个 50 mL 容量瓶中，用浸提剂加至 10.0 mL。分别加水至 15～20 mL，再加入 1 滴指示剂，然后逐滴加入硫酸溶液调至溶液近无色，加入 0.75 mL 抗坏血酸溶液，混匀，30 s 后加 5 mL 钼酸盐溶液，用水定容至 50 mL，混匀。此标准系列中磷浓度依次为 0，0.10，0.20，0.30，0.40，0.50，0.60 mg/L。

注：上述操作过程中，会有 CO_2 气泡产生，应缓慢摇动容量瓶，勿使气泡溢出瓶口。

将上述容量瓶置于室温下放置 30 min（若室温低于 20℃，可在 25～30℃ 水浴中放置 30 min）。用 10 mm 比色皿在 880 nm 波长处，室温高于 20℃ 的环境条件下比色，以去离子水为参比，分别测量吸光度。以试剂空白校正吸光度为纵坐标，对应的磷浓度（mg/L）为横坐标，绘制校准曲线。

（3）样品测定。

量取 10.0 mL 试料于干燥的 50 mL 容量瓶中。然后按照与校准曲线 6-（2）相同操作步骤进行显色和测量。

注：试料中的含磷量较高时，可适当减少试料体积，用浸提剂稀释至 10.0 mL。

（4）空白试验。

不加入土壤试样，按照相同操作步骤进行显色和测量。

7. 结果计算与表示

土壤样品中有效磷的含量ω（mg/kg），按照式（3-2-2）进行计算。

$$\omega = \frac{[(A - A_0) - a] \times V_1 \times 50}{b \times V_2 \times m \times w_{dm}} \qquad (3\text{-}2\text{-}2)$$

式中：ω——土壤样品中有效磷的含量，mg/kg；

　　　A——试料吸光度值；

　　　A_0——空白试验的吸光度值；

　　　a——校正曲线的截距；

　　　V_1——试料体积，50 mL；

　　　50——显色时定容体积，mL；

　　　b——校准曲线的斜率；

　　　V_2——吸取试料体积，mL；

　　　m——试样量，2.50 g；

　　　w_{dm}——土壤的干物质含量（质量分数），%。

8. 精密度和准确度

（1）精密度。

6 家实验室分别对土壤有效磷含量为 4.6 mg/kg、13.8 mg/kg、23.3 mg/kg 的统一样品进行测定，实验室内相对标准偏差分别为 2.5%～4.3%、1.1%～5.2%和 0.7%～1.9%；实验室间相对标准偏差分别为 3.7%、3.2%和 1.0%；重复性限为 0.22 mg/kg、0.17 mg/kg 和 0.19 mg/kg；再现性限为 0.5 mg/kg、1.2 mg/kg 和 0.7 mg/kg。

（2）准确度。

6 家实验室分别对土壤有效磷含量为（13.8±2.3）mg/kg 和（23.3±1.4）mg/kg 的有证标准物质进行测定，相对误差分别为−10.0%～−1.4%和−4.7%～−2.1%；相对误差最终值分别为（−4.78±5.92）%和（−3.72±2.02）%。

9. 质量保证和质量控制

（1）校准曲线的相关系数应≥0.999。

（2）每批样品应做两个空白试验，其测试结果应低于检测下限。

（3）每批样品应至少测定 10%的平行双样，样品量少于 10 个时，应至少测定一个平行双样。两次测定结果的相对偏差和绝对差值应满足一定的要求（表 3-2-1）。

（4）每批样品应分析一个有证标准物质，其测定值应在保证值范围内。

（5）每批样品需做校准曲线。

表 3-2-1　平行测定结果的相对偏差控制范围

有效磷含量/（mg/kg）	允许差范围
≤10 mg/kg	≤3 mg/kg（绝对差值）
10 mg/kg<ω≤25 mg/kg	≤40%（相对偏差）
25 mg/kg<ω≤100 mg/kg	≤15 mg/kg（绝对差值）
>100 mg/kg	≤25%（相对偏差）

10. 注意事项

（1）所有的采样仪器和设备、分析仪器和设备经处理后都应不含磷。试验中使用的玻璃器皿可用（1+5）盐酸溶液浸泡 2 h，或用不含磷的洗涤剂清洗。比色皿用后应以稀硝酸浸泡片刻，以除去吸附的钼蓝有色物质。

（2）由于浸提出来的有效磷受浸提液浓度、水土比例、振荡时间、温度等的影响，建议在有温度控制的实验室内完成。

（南通市环境监测中心站　沈志群　张琪　刘琳娟　邱燕　张再峰　吴建兰　曹志刚）

（三）有效磷：联合浸提—比色法（A）

本方法等效于《中性、石灰性土壤铵态氮、有效磷、速效钾的测定　联合浸提—比色法》（NY/T 1848—2010）和《酸性土壤铵态氮、有效磷、速效钾的测定　联合浸提—比色法》（NY/T 1849—2010）。

1. 方法原理

Na^+ 可与土壤胶体表面的 NH_4^+ 和 K^+ 进行交换，连同水溶性离子一起进入溶液。

中性、石灰性土壤中，碳酸氢钠可抑制溶液中 Ca^{2+} 活度，使某些活性较大的磷酸钙盐被浸提出来；同时也可使活性磷酸铁、铝盐水解而被浸出。

酸性土壤中，利用 F^- 在酸性溶液中络合 Fe^{3+} 和 Al^{3+} 的能力，使一定量比较活性的磷酸铁、铝盐被浸提出来，同时由于 H^+ 的存在亦浸提出部分活性较大的磷酸钙盐。

浸出液中的磷酸盐与酸化的钼酸铵溶液生成磷钼杂多酸，遇氯化亚锡被还原成深蓝色络合物磷钼蓝，其颜色深浅与磷含量成正比，在 685 nm 波长下测定。

2. 适用范围

本方法适用于中性、石灰性或酸性土壤中有效磷的快速测定，最低检出限为 0.12 mg/L，线性范围为 0.3～6.0 mg/L。

3. 试剂和材料

所用试剂除另有注明之外，均为分析纯试剂。水为符合《分析实验室用水规格和试验方法》（GB 6682）规定的三级水标准。

（1）（1+9）硫酸溶液。

（2）（1+1）盐酸溶液。

（3）氢氧化钠溶液：ρ（NaOH）=100 g/L。

（4）碳酸氢钠溶液：ρ（NaHCO$_3$）=42 g/L。

（5）联合浸提剂Ⅰ（0.374 mol/L Na$_2$SO$_4$+ 0.450 mol/L NaHCO$_3$，pH 8.5）。

称取无水硫酸钠（Na$_2$SO$_4$）53.12 g，碳酸氢钠（NaHCO$_3$）37.80 g，溶于约 800 mL 水中，用（1+9）硫酸溶液或氢氧化钠溶液，将 pH 调至 8.5，用水定容至 1 L。

（6）联合浸提剂Ⅱ（0.015 mol/L NaF + 0.025 mol/L Na$_2$SO$_4$+ 0.2 mol/L CH$_3$COONa + 0.001 mol/L EDTA 二钠）。

称取氟化钠（NaF）0.63 g，无水硫酸钠（Na$_2$SO$_4$）3.55 g，无水乙酸钠（CH$_3$COONa）16.41 g，EDTA 二钠（C$_{10}$H$_{14}$N$_2$O$_2$Na·2H$_2$O）0.37 g 溶于约 600 mL 水，加入浓硫酸（H$_2$SO$_4$）5.8 mL，转移到容量瓶中，用水定容至 1 L。

（7）无磷活性炭。

如果所用活性炭含磷，应先用 1+1 盐酸溶液浸泡 12 h 以上，然后在平板漏斗上抽气过滤，用水淋洗 4～5 次，再用碳酸氢钠溶液浸泡 12 h 以上，在平板漏斗上抽气过滤，用水洗尽碳酸氢钠，并至无磷为止，烘干备用。

（8）有效磷掩蔽剂Ⅰ（10 g/L 酒石酸钠溶液）。

量取 305 mL 浓硫酸缓缓注入约 500 mL 蒸馏水的烧杯中，放置冷却，加入 10.0 g 酒石酸钠（Na$_2$C$_4$H$_4$O$_6$·2H$_2$O），搅拌溶解后，转移到容量瓶中，加水定容至 1 L。

（9）有效磷掩蔽剂Ⅱ（40 g/L 酒石酸钠溶液）。

称取 40.0 g 酒石酸钠（Na$_2$C$_4$H$_4$O$_6$·2H$_2$O）溶于约 200 mL 水中；另量取 122 mL 浓硫酸溶于约 500 mL 水中，冷却；将硫酸液缓缓倒入酒石酸钠溶液中，边加边搅拌，混匀后，转移到容量瓶中，加水定容至 1 L。

（10）有效磷显色剂（35 g/L 钼酸铵溶液）。

量取 146 mL 浓硫酸溶于约 500 mL 水中，冷却放置；称取 35.0 g 钼酸铵 [(NH$_4$)$_6$Mo$_2$O$_7$·4H$_2$O] 溶于约 200 mL 水中；将硫酸液缓缓倒入钼酸铵溶液中，边加边搅拌，混匀后，转移到容量瓶中，加水定容至 1 L。

（11）有效磷还原剂（20 g/L 氯化亚锡甘油溶液）。

称取氯化亚锡（SnCl$_2$）20.0 g，溶于 100.0 mL 盐酸中（稍加热助溶，尽可能少摇动，该操作在通风橱内进行），充分溶解后转入 1 L 容量瓶中，以甘油定容，摇匀。

（12）土壤混合标准贮备溶液Ⅰ（含 240 mg/L NH$_4^+$-N、240 mg/L P$_2$O$_5$、1 000 mg/L K$_2$O）。

称取磷酸二氢钾（KH$_2$PO$_4$）0.460 2 g、硫酸铵 [(NH$_4$)$_2$SO$_4$]1.131 9 g、硝酸钾（KNO$_3$）1.732 3 g、硫酸钾（K$_2$SO$_4$）0.802 3 g，溶于约 800 mL 水中，加入浓硫酸（H$_2$SO$_4$）10.0 mL，完全溶解后，转移到容量瓶中，以水定容至 1 L。

（13）土壤混合标准溶液Ⅰ（含 2.4 mg/L NH$_4^+$-N、2.4 mg/L P$_2$O$_5$、10 mg/L K$_2$O）。

吸取 1.0 mL 土壤混合标准储备溶液Ⅰ到容量瓶中，以土壤联合浸提剂Ⅰ定容至 100.0 mL，摇匀。

（14）土壤混合标准贮备溶液Ⅱ（含 240 mg/L NH$_4^+$-N、240 mg/L P$_2$O$_5$、1 400 mg/L K$_2$O）。

称取磷酸二氢钾（KH$_2$PO$_4$）0.460 2 g、硫酸铵 [(NH$_4$)$_2$SO$_4$]1.131 9 g、硝酸钾（KNO$_3$）1.732 3 g、硫酸钾（K$_2$SO$_4$）0.802 3 g，溶于约 800 mL 水中，加入浓硫酸（H$_2$SO$_4$）10.0 mL，完全溶解后，转移到容量瓶中，以水定容至 1 L。

（15）土壤混合标准溶液Ⅱ（含 2.40 mg/L NH$_4^+$-N、2.40 mg/L P$_2$O$_5$、14.0 mg/L K$_2$O）。

吸取 1.0 mL 土壤混合标准储备溶液Ⅰ到容量瓶中，以土壤联合浸提剂Ⅱ定容至 100.0 mL，摇匀。

4. 仪器和设备

（1）可见分光光度计。

（2）往复式振荡器。

满足（220±20）r/min 的振荡频率和（20±5）mm 的振幅，计时误差≤5 s/5 min。

（3）磁力搅拌仪。

转速不稳定度≤1%，计时误差≤5 s/5 min。

（4）滴管或滴瓶。

每滴（0.051±0.003）mL。

5. 样品前处理

土壤 pH 的测定按照本篇第一章"一、pH"相关内容。

6. 中性、石灰性土壤试样（pH≥6.5）有效磷的测定

（1）试液制备。

称取 2.5×（1+含水量）g（精确到 0.01 g）新鲜土样或 2.5 g（精确到 0.01 g）通过 2 mm 筛孔的风干试样，置于 100 mL 锥形瓶内，加入无磷活性炭约 0.5 g，加入土壤联合浸提剂 I 50.0 mL，盖紧瓶塞。

①机械振荡法。保持温度（25±2）℃，频率 220r/min，将锥形瓶振荡 10 min，干过滤。滤液即可用于土壤铵态氮、有效磷和速效钾的快速测定。

②磁力搅拌仪法。将锥形瓶放在磁力搅拌仪托盘上，保持温度为（25±2）℃，转速 1 200 r/min，搅拌 8 min，干过滤。滤液即可用于土壤铵态氮、有效磷和速效钾的快速测定。

（2）试液显色。

吸取联合浸提剂 I 2.0 mL 于一只玻璃瓶中作空白，吸取土壤混合标准溶液 I 2.0 mL 于另一玻璃瓶中，吸取土壤浸提滤液 2.0 mL 于第三只玻璃瓶中，加入土壤有效磷掩蔽剂 I 4 滴，摇匀至无气泡，然后依次加入土壤有效磷显色剂 5 滴，土壤有效磷还原剂 1 滴，摇匀后，静置 10 min。

（3）试液测定。

将待测液分别转移到 10 mm 比色皿中，在 685 nm 波长下，以空白液调零后，将标准液放入比色槽中，可按以下两种方式进行测定。

①直读法。在浓度测定档将标准液的值设为 48.0，然后将待测液置入比色槽中，显示数值即为试样中有效磷含量（P_2O_5，mg/kg）。

②计算法。在吸光度测定档分别测定标准液和待测液的吸光度值。

试样中有效磷的含量（gm/kg）按式（3-2-3）进行计算。

$$有效磷（P_2O_5）= \frac{A_2}{A_1} \times 48.0 \tag{3-2-3}$$

式中：A_1——标准液的吸光度值；

A_2——待测液的吸光度值。

平均测定结果以算术平均值表示，精确到小数点后一位。

（4）精密度。

当测定结果≤20 mg/kg（以 P_2O_5 计）时，平行样测定结果的绝对偏差应≤2.0 mg/kg（以 P_2O_5 计）。当测定结果>20 mg/kg（以 P_2O_5 计）时，平行样测定结果的相对偏差应≤10%。

7. 酸性土壤试样（pH＜6.5）有效磷的测定

（1）试液制备。

称取 5×（1+含水量）g（精确到 0.01 g）新鲜土样或 5 g（精确到 0.01 g）通过 2 mm 筛孔的风干试样，置于 100 mL 锥形瓶内，加入无磷活性炭约 0.5 g，加入土壤联合浸提剂 Ⅱ 25.0 mL，盖紧瓶塞。

①机械振荡法（见 6-（1）-①）。

②磁力搅拌仪法（见 6-（1）-②）。

（2）试液显色。

吸取联合浸提剂 Ⅱ 2.0 mL 于一只玻璃瓶中作空白，吸取土壤混合标准溶液 Ⅱ 2.0 mL 于另一玻璃瓶中，吸取土壤浸提滤液 2.0 mL 于第三只玻璃瓶中，加入土壤有效磷掩蔽剂 Ⅱ 5 滴，摇匀至无气泡，然后依次加入土壤有效磷显色剂 5 滴，土壤有效磷还原剂 1 滴，摇匀后，静置 10 min。

（3）试液测定。

将待测液分别转移到 10 mm 比色皿中，在 685 nm 波长下，以空白液调零后，将标准液放入比色槽中，可按以下两种方式进行测定。

①直读法。在浓度测定档将标准液的值设为 12.0，然后将待测液置入比色槽中，显示数值即为试样中有效磷含量（P_2O_5，mg/kg）。

②计算法。在吸光度测定档分别测定标准液和待测液的吸光度值。

试样中有效磷的含量（mg/kg）按式（3-2-4）进行计算。

$$有效磷（P_2O_5）=\frac{A_4}{A_3}\times 12.0 \tag{3-2-4}$$

式中：A_3——标准液的吸光度值；

A_4——待测液的吸光度值。

平均测定结果以算术平均值表示，精确到小数点后一位。

（4）精密度。

平行样测定结果的相对偏差应≤10%。

（天津市生态环境监测中心　李旭冉）

（四）有效磷：连续流动分析仪法（A）

本方法等效于《土壤检测 第 25 部分：土壤有效磷的测定连续流动分析仪法》（NY/T 1121.25—2012）。

1. 方法原理

（1）化学反应原理。

用碳酸氢钠浸提剂提取中性、石灰性土壤中有效磷，用氟化铵—盐酸浸提剂提取酸性土壤中有效磷。试样中加入过硫酸钾溶液，经紫外消解和（107±1）℃酸性水解，各种形态的磷全部氧化成正磷酸盐。在酸性介质中，正磷酸盐与钼酸铵反应，在锑盐存在下生成磷钼杂多酸后，立即被抗坏血酸还原，生成蓝色的络合物。在特定波长处测定试样中有效磷的质量分数，计算得出样品中的有效磷含量。

（2）连续流动分析仪工作原理。

试样与试剂在蠕动泵的推动下进入化学反应模块，在密闭的管路中连续流动，被气泡按一定间隔规律地隔开，并按特定的顺序和比例混合、反应，显色完全后进入流动检测池进行光度检测。

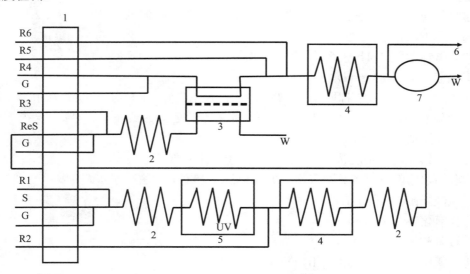

1. 蠕动泵；2. 混合反应圈；3. 透析器（单位）；4. 加热池（圈）107℃、40℃；

5. 紫外消解装置；6. 除气泡；7. 流动检测池 50 mm 880 nm；S. 试样 0.80 mL/min；

R1. 过硫酸钾消解试剂 0.32 mL/min；R2. 酸试剂Ⅱ 0.16 mL/min；G.空气；

R3. 碱试剂 0.16 mL/min；R4. 表面活性剂溶液 0.80 mL/min；

W.废液；R5. 钼酸铵溶液 0.23 mL/min；R6. 抗坏血酸溶液 0.23 mL/min；

ReS. 二次进样 1.00 mL/min

图 3-2-1　连续流动—钼酸铵分光光度法测定土壤中有效磷参考工作流程图

2. 适用范围

适用于土壤有效磷含量的测定。

3. 干扰及消除

（1）样品中砷、铬、硫会对测定产生干扰，其消除方法见《水质　总磷的测定　钼酸铵分光光度法》（GB/T 11893—1989）。

（2）样品的浊度或色度会对测定产生干扰，通过透析单元可消除。

（3）样品中高浓度的有机物会消耗过硫酸钾氧化剂，使总磷的测定结果偏低，通过稀释试样来消除影响。

（4）样品中含较多的固体颗粒或悬浮物时，需摇匀后取样，适当稀释，再通过匀质化预处理后进样。

4. 试剂和材料

本方法所用的试剂和水，在没有注明其他要求时均指分析纯试剂和《分析实验室用水规格和试验方法》（GB/T 6682）中规定的二级水；所述溶液如未指明溶剂均系水溶液。试验中所需标准滴定溶液、制剂及制品，在没有注明其他要求时均按《化学试剂　标准滴定溶液的制备》（GB/T 601）、《化学试剂　试验方法中所用制剂及制品的制备》（GB/T 603）

规定的制备。

（1）中性、酸性土壤（pH＜6.5）有效磷的提取。

①硫酸（ρ = 1.84 g/mL）。

②盐酸（ρ = 1.19 g/mL）。

③氟化铵—盐酸浸提剂：称取 1.11 g 氟化铵溶于 400 mL 水中，加入 2.1 mL 盐酸，用水稀释至 1 L，贮存于塑料瓶中。

（2）碱性土壤（pH≥6.5）有效磷的提取。

①硫酸（ρ = 1.84 g/mL）。

②碳酸氢钠浸提剂：称取 42.0 g 碳酸氢钠（$NaHCO_3$）溶于约 950 mL 水中，用 100 g/L 氢氧化钠调节 pH 至 8.5，用水稀释至 1 L，贮存于聚乙烯瓶或玻璃瓶中备用。如贮存期超过 20 d，使用前需重新校正 pH。

（3）连续流动—钼酸铵分光光度法测定土壤中有效磷。

实验用水为新鲜制备、电导率＜0.5 μS/cm（25℃）的去离子水。

①硫酸（ρ =1.84 g/mL）。

②氢氧化钠（NaOH）。

③过硫酸钾（$K_2S_2O_8$）。

④钼酸铵（$(NH_4)_6Mo_7O_{24}\cdot4H_2O$）。

⑤酒石酸锑钾（$K(SbO)C_4H_4O_6\cdot1/2H_2O$）。

⑥抗坏血酸（$C_6H_8O_6$）。

⑦磷酸二氢钾（KH_2PO_4）：优级纯，（105±5）℃干燥恒重，保存在干燥器中。

⑧单（双）十二烷基硫酸盐二苯氧钠（FFD_6）：商品溶液，ω = 45%～47%。

⑨次氯酸钠（NaClO）：商品溶液，含有效氯 100～140 g/L。

⑩过硫酸钾消解试剂：

量取 85 mL 硫酸加入到适量水中，加入 9.9 g 过硫酸钾，溶解并冷却至室温，加水稀释至 1 000 mL 并混匀。该溶液室温避光储存，可稳定 1 个月。

⑪酸试剂：

量取 160 mL 硫酸慢慢地加入到约 800 mL 水中。冷却后定容至 1 000 mL，并混匀。

⑫碱试剂：

称取 160 g 氢氧化钠溶于适量水中，冷却后，加入 2 mL FFD_6，加水稀释至 1 000 mL，并混匀。

⑬表面活性剂溶液：

在 1 000 mL 水中加入 2 mL FFD_6 混匀。该溶液在 4℃下保存，可稳定 7 d。

⑭钼酸铵溶液：

量取 40 mL 硫酸溶于 800 mL 水中，冷却后，加入 4.8 g 钼酸铵，加入 2 mL FFD_6，加水稀释至 1 000 mL，并混匀。该溶液在 4℃下保存，可稳定 1 周。

⑮酒石酸锑钾贮备溶液：

称取 0.30 g 酒石酸锑钾，溶解于 80 mL 水中，加水稀释至 100 mL 并混匀，盛于棕色具塞玻璃瓶中。该溶液在 4℃下保存，可稳定 1 个月。

⑯抗坏血酸溶液：

称取 18 g 抗坏血酸，溶解于 800 mL 水中，加入 20 mL 酒石酸锑钾贮备溶液，加水稀释至 1 000 mL 并混匀，盛于棕色具塞玻璃瓶中。该溶液在 4℃下保存，可稳定 7 d。

⑰磷酸二氢钾标准贮备液（ρ =1 000 mg/L）：

称取磷酸二氢钾 4.394 g，溶解于适量水中，转移至 1 000 mL 容量瓶中，加入 2.5 mL 硫酸，用水定容并混匀，贮存于具塞玻璃试剂瓶中。该溶液在 4℃下，可贮存 6 个月。或直接购买市售有证标准溶液。

⑱磷酸二氢钾标准中间液（ρ =100.0 mg/L）：

量取 10.00 mL 磷酸二氢钾标准贮备液于 100 mL 容量瓶中，用水定容并混匀。该溶液在 4℃下，可贮存 3 个月。

⑲清洗溶液（次氯酸钠溶液）：

量取适量的市售次氯酸钠溶液，用水稀释成有效氯含量约 1.3%的溶液。

5. 仪器和设备

（1）连续流动分析仪：自动进样器（配置匀质部件），化学分析单元（即化学反应模块，由多通道蠕动泵、歧管、泵管、混合反应圈、紫外消解装置、透析器、加热圈等组成），检测单元（检测池光程为 50 mm），数据处理单元。

（2）恒温往复式或旋转式振荡器[（25±1）℃，（180±20）r/min]。

（3）天平（感量 0.01 g）。

（4）天平（感量 0.000 1 g）。

（5）酸度计。

6. 分析步骤

（1）酸性土壤（pH＜6.5）有效磷测定。

①有效磷浸提：称取通过 2 mm 筛孔风干土壤样品 5.00 g 置于 200 mL 塑料瓶中，加入（25±1）℃的氟化铵—盐酸浸提剂 50.0 mL，在（25±1）℃恒温条件下，振荡 30 min[振荡频率约为（180±20）r/min]。立即用无磷滤纸干过滤。

②空白溶液制备：除不加试样外，其他步骤同 6-（1）-①。

③仪器调试。按仪器说明书安装分析系统、设定工作参数、操作仪器。开机后，先用水代替试剂，检查整个分析流路的密闭性及液体流动的顺畅性。待基线稳定后（约 20 min），系统开始进试剂，待基线再次稳定后，进行调试。

④校准曲线绘制。

a. 校准系列制备：分别吸取磷酸二氢钾标准中间液 0，0.50，1.00，2.00，3.00，4.00，5.00 mL 于 100 mL 容量瓶中，用去离子水定容摇匀，即得含磷 0，0.50，1.00，2.00，3.00，4.00，5.00 mg/L 的磷标准系列溶液。

b. 校准曲线绘制：量取适量标准系列溶液（a），置于样品杯中，由进样器按程序依次取样、测定。以测定信号值（峰高）为纵坐标，对应的有效磷质量浓度（以 P 计）为横坐标，绘制校准曲线。

⑤测定。按照与绘制校准曲线相同的条件，进行试样的测定。

注：若样品有效磷含量超出校准曲线范围，应取适量样品稀释后上机测定。

（2）中性、碱性土壤（pH≥6.5）有效磷测定。

①有效磷浸提：称取通过 2 mm 筛孔风干土壤样品 2.50 g 置于 200 mL 塑料瓶中，加入 0.3～0.5 g 无磷活性炭粉，再加入（25±1）℃的碳酸氢钠浸提剂 50.0 mL，在（25±1）℃恒温条件下，振荡 30 min[振荡频率约为（180±20）r/min]。立即用无磷滤纸干过滤。

滤得液体逐滴加入硫酸至无气泡产生。

②空白溶液制备：除不加试样外，其他步骤同 6-（2）-①。

③测定同 6-（1）-④和 6-（1）-⑤。

7. 结果计算

土壤样品中有效磷（P）含量，以质量分数 ω 计，数值以毫克每千克（mg/kg）表示，按式（3-2-5）计算。

$$\omega = \frac{(C - C_0) \cdot V \cdot D \cdot 10^{-3}}{m \cdot 10^{-3}} \tag{3-2-5}$$

式中：ω——有效磷（P）含量，mg/kg；

C——仪器直接求得的试样溶液中有效磷的质量浓度，mg/L；

C_0——仪器直接求得的空白溶液中有效磷的质量浓度，mg/L；

V——加入的浸提剂体积，mL；

D——稀释倍数；

m——试样质量，g；

10^{-3}——将 mL 换算成 L 和将 g 换算成 kg 的系数。

平行测定结果以算术平均值表示，保留小数点后一位。

8. 精密度和回收率

（1）精密度。

对 4 个样品进行实验室精密度测定，相对标准偏差在 0.25%～6.25%。

（2）回收率。

对 4 个样品进行实验室加标回收，回收率在 92.8%～104%。

9. 注意事项

（1）所有玻璃器皿均须用稀盐酸或稀硝酸浸泡。

（2）碱性土壤提取液在加酸除 CO_2 过程中反应剧烈，应缓慢摇动比色管，勿使气泡溢出。

（3）为减小基线噪声，试剂应保持澄清，必要时试剂应过滤。试剂和环境的温度会影响分析结果，应使冰箱贮存的试剂温度达到室温后再使用，分析过程中室温波动不超过 ±5℃。

（4）分析完毕后，应及时将流动检测池中的滤光片取下放入干燥器中，防尘防湿。

（5）注意流路的清洁，每天分析完毕后所有流路需用水清洗 30 min。每周用清洗溶液（次氯酸钠溶液）清洗管路 30 min，再用水清洗 30 min。

（6）应保持透析膜湿润，为防止透析膜破裂，可在分析完毕清洗系统时，于每升清洗水中加入 1 滴 FFD$_6$。

（7）当同批分析的样品浓度波动大时，可在样品与样品之间插入空白，以减小高浓度样品对低浓度样品的影响。

（8）不同型号的流动分析仪可参考本方法选择合适的仪器条件。

（苏州市环境监测中心　蔡晔　林怡雯）

（五）有效磷：光度法（B）

本方法参考《土质　磷含量测定　可溶磷碳酸氢钠溶液光谱测定》（DIN ISO 11263—1996）。

1. 方法原理

样品在碳酸氢钠溶液中生成碳酸钙、氢氧化铝、氢氧化铁的沉淀，随着 Ca^{2+}、Al^{3+}、Fe^{3+} 浓度的降低，磷酸盐离子被释放到溶液中。上述澄清提取物在一定条件下与抗坏血酸反应，形成深蓝色的锑—磷—钼酸盐复合结构（室温条件下）或磷—钼酸盐复合结构（高温条件下），借此通过分光法测得磷元素含量。

2. 适用范围

本方法适用于所有类型的土壤。

3. 试剂和材料

本方法所涉及试剂，除非特别注明，否则均为分析纯试剂，实验用水为二级以上超纯水。

（1）氢氧化钠溶液（1 mol/L）。

（2）浸提剂。

将（42.0±0.1）g 碳酸氢钠（$NaHCO_3$）溶于 800 mL 水中。用氢氧化钠溶液调 pH 至 8.5±0.02，然后转移至 1 000 mL 容量瓶中，定容。

（3）活性炭（当空白样的测试吸光度不小于 0.015 时，按如下方法重新制备活性炭）。

称取（100±1）g 的活性炭粉末置于 1 000 mL 烧杯中，加入 400 mL 浸提剂。在磁力搅拌仪上搅拌 2 h 后用无磷滤纸过滤并用相同体积的浸提剂重复洗涤一遍。反复用水过滤和洗涤活性炭，直至滤液的 pH 达到 7.0±0.1 后，在（105±2）℃条件下将活性炭烘干。

（4）浓硫酸（ρ =1.84 g/mL）。

（5）硫酸（5 mol/L）。

（6）硫代钼酸试剂。

向 400 mL 水中，小心加入（278±5）mL 的浓硫酸，同时不停搅拌。待冷却至 50℃ 后，加入（49.08±0.01）g 的四水合钼酸铵[$(NH_4)_6Mo_7O_{24}·4H_2O$]并搅拌至完全溶解。待冷却至（20±5）℃后，定容至 1 000 mL。

（7）正磷酸盐标准贮备液（含磷 450 mg/L）。

磷酸二氢钾（KH_2PO_4）于（105±1）℃下于烘箱中烘干 2 h 后，称取（1.976±0.001）g 置于烧杯中用水溶解，转移至 1 000 mL 容量瓶中，定容至刻线。

（8）磷酸盐标准溶液。

分别移取 0，1.00，5.00，10.00 和 20.00 mL 的标准贮备液至 1 000 mL 容量瓶中，用浸提剂定容，配得 0，0.45，2.25，4.50 和 9.00 mg/L 的磷酸盐标准溶液系列。上述溶液可稳定放置 1 个月。

（9）硫代硫酸钠溶液（12 g/L）。

称取（1.20±0.01）g 五水合硫代硫酸钠（$Na_2S_2O_3·5H_2O$）溶于 100 mL 水中，再加入（50±1）mg 碳酸钠（Na_2CO_3）作为防腐剂，临用现配。

（10）焦亚硫酸钠溶液（200 g/L）。

称取（20.0±0.1）g 焦亚硫酸钠（$Na_2S_2O_5$）溶于 100 mL 水中。本溶液临用现配。

警告：焦亚硫酸钠易释放有毒气体，使用时应做好防护工作。

（11）酒石酸锑钾溶液（0.5 g/L）。

将（0.500±0.010）g 半水合酒石酸锑钾（$K(SbO)C_4H_4O_6·0.5H_2O$）溶于 1 000 mL 水中。

警告：锑化合物有剧毒。

（12）显色剂 I。

称取（1.00±0.01）g 抗坏血酸（$C_6H_8O_6$）溶于 525 mL 水中，依次加入 10 mL 硫代钼酸试剂，15 mL 硫酸和 50 mL 酒石酸锑钾溶液，混匀后体积约为 600 mL。本试剂制备后须在 30 min 内使用。

（13）显色剂 II。

称取（1.00±0.01）g 抗坏血酸（$C_6H_8O_6$）和（50±0.5）mg 五水合硫代硫酸钠（$Na_2S_2O_3·5H_2O$）溶于 720 mL 水中，依次加入 15 mL 硫代钼酸试剂，65 mL 硫酸，混匀后体积约为 800 mL。本试剂制备后须在 30 min 内使用。

4. 仪器和设备

（1）分析天平：精度为±0.001 g。

（2）振荡器：以防浸提剂中的土壤沉淀。

（3）pH 计：精度为±0.01pH 单位。

（4）分光光度计：能够测量波长直到 900 nm 的吸光度，并能适应 10 mm 长光程的比色皿（精度为 0.001 单位吸光度）。

（5）比色皿：10 mm。

（6）涡旋搅拌器。

（7）水浴池。

5. 分析步骤

（1）干物质量测定。

参考本篇第一章"二、干物质和水分"相关内容测定。

（2）浸提。

称取（5.00±0.01）g 经过预处理的土壤于 250 mL 的具塞玻璃烧瓶中，依次加入 1.0 g 活性炭和（100±0.5）mL 的浸提剂。盖紧烧瓶并立即转移至振荡器振荡，在（20±1）℃，精确计时 30 min 整。振荡结束后 1 min 内，立即用无磷滤纸过滤到一个干燥的比色管中。

空白样的制备，除不加试样外，完全遵循上述操作步骤。

（3）显色。

①室温显色。

在一组 50 mL 容量瓶中，分别加入 5.00 mL 按步骤 5-（2）制备的空白溶液、5.00 mL 依步骤 5-（2）制备的土壤浸提液、5.00 mL 依步骤 3-（8）制备的标准溶液序列。

在上述容量瓶中小心加入 0.5 mL 硫酸，并轻轻摇晃瓶身以释放出二氧化碳。

依次加入 4.00 mL 焦亚硫酸钠溶液和 6.0 mL 硫代硫酸钠溶液后，立即盖严容量瓶并充分混匀。静置 30 min 后，加入 30.0 mL 的显色剂 I，用水定容至刻线，再盖严容量瓶并充分混匀。静置 60 min 以显色。

166

第三篇 理化指标与肥力测定

②高温显色。

在一组 25 mL 具塞比色管中分别加入 2.00 mL 按步骤 5-（2）制备的空白溶液、2.00 mL 依步骤 5-（2）制备的土壤浸提液、2.00 mL 依步骤 3-（8）制备的标准溶液序列。

在上述比色管中分别加入 8.0 mL 显色剂Ⅱ 并充分混匀，静置 60 min。然后置于水浴池中，90℃下显色 10 min。最后冷却至 20℃并用涡旋振荡器混匀。

（4）分光法测量。

室温显色后反应液的吸光度在 880 nm 处测定，高温显色后反应液的吸光度在 825 nm 处测定。记录数据。

6. 结果计算

用式（3-2-6）计算溶于碳酸氢钠中的磷含量，单位 mg/kg 干物质。

$$\omega_P = \frac{\rho_P(A_{ES} - A_B)}{A_S - A_0} \times \frac{20d \cdot m_1}{m_2} \tag{3-2-6}$$

式中：ω_P——溶于碳酸氢钠中的磷含量，mg/kg；

A_{ES}——土壤浸提液的吸光度；

A_B——空白吸光度；

A_S——所选的标准溶液的吸光度；

A_0——磷酸盐浓度为 0 的标准溶液的吸光度；

d——土壤浸提液的稀释因子（如果有的话）；

m_1——空气干燥基土壤的质量，g；

m_2——干基土壤的质量，g；

ρ_P——在所选的标准溶液中磷酸盐的浓度，mg/L。

7. 精密度

在室温或高温条件下显色后测定的，溶于碳酸氢钠溶液中的磷含量，应满足表 3-2-2 中所给精密度要求。

表 3-2-2　精密度

有效磷测定结果/（mg/kg）	置信区间
≤10	±3 mg/kg
11～25	±40%
26～100	±15 mg/kg
>100	±25%

8. 注意事项

（1）浸提剂须在配制后 4 h 内使用。

（2）如将硫代钼酸试剂储存在棕色玻璃瓶中，可稳定保存数年之久。

（3）当用室温显色后的溶液进行分光法测量时，如灵敏度的损失在可接受范围内，在完成线性和基线噪声检查后，也可以使用 710 nm 波长进行测定。

（天津市生态环境监测中心　李旭冉）

二、氮

土壤是作物氮素营养的主要来源,土壤中的氮素包括无机态氮和有机态氮两大类。95%以上为有机态氮,按照溶解度大小和水解难易度分为水溶性有机氮、水解性有机氮和非水解性有机氮。无机态氮不到 5%,无机氮主要是铵和硝态氮,亚硝态氮、氨氮和氮氧化物等很少。从土壤或沉积物中流失的氮元素（主要以 NO_3^- 形式存在）是引发江河湖泊乃至海洋等水体富营养化的最关键因素。

土壤中氨氮,包括游离态和代换态,游离态氨含量很少,在一定条件下可转换为铵态氮,铵态氮和代换态氨氮是能被植物直接吸收利用的速效氮,其含量是衡量土壤肥力质量的指标之一,与此同时,土壤氨氮易于浸出、流逝。土壤中过量的氨氮对地下水和地表水造成污染。

土壤中亚硝酸盐氮的含量极少,主要来源是硝酸盐氮在缺氧的条件下还原成亚硝酸盐氮,亚硝酸盐氮极易随水流失,在过度使用氮肥的土壤中,亚硝酸盐氮容易随水流失,造成地面水体污染。

土壤中无机氮主要是铵和硝态氮。在旱作土壤中,无机氮以硝态氮为主,而铵态氮的含量很少,所以有时仅测定硝酸盐氮含量。土壤中硝态氮含量为 0.5～50 mg/kg。与此同时,硝酸盐氮极易随水流失而不宜被土壤吸附,在过度使用氮肥的土壤中,硝酸盐氮容易随水流失,造成地面水体污染。

土壤中的全氮含量反映了土壤中氮循环的状况,是衡量土壤肥力、评价土壤资源的一项重要指标。我国耕种土壤的氮素含量不高,全氮量一般为 1.0～2.0 g/kg。

土壤水解性氮又称碱解氮或土壤有效氮,包括无机态氮（铵态氮、硝态氮）及易水解的有机态氮（氨基酸、酰铵和易水解蛋白质）。碱解氮的含量和有机质含量有关,有机质含量高,熟化程度高,有效性氮含量也高。反之,有机质含量低,熟化程度低,有效性氮的含量也低。

（一）氨氮：氯化钾溶液提取—分光光度法（A）

本方法等效于《土壤 氨氮、亚硝酸盐氮、硝酸盐氮的测定 氯化钾溶液提取—分光光度法》(HJ 634—2012)。

1. 方法原理

氯化钾溶液提取土壤中的氨氮,在碱性条件下,提取液的氨离子在有次氯酸根离子存在时与苯酚反应,生成水溶性染料靛酚蓝,溶液靛酚的蓝色很稳定,在 630 nm 波长具有最大吸收,在一定浓度范围内,氨氮浓度与吸光度值符合朗伯—比尔定理。

反应体系的 pH 应为 10.5～11.7,硝普酸钠是此反应的催化剂,能加速显色,增强蓝色及其稳定性。在 15～35℃一般需放置 1 h 后比色,完全显色约 5 h,生成的蓝色很稳定,24 h 内吸光值无显著变化。

2. 适用范围

本方法适用于各类土壤氨氮的测定。

当样品量为 40.00 g 时,本方法测定土壤中氨氮的检出限为 0.10 mg/kg,测定下限为 0.4 mg/kg。

3. 试剂和材料

除非另有注明，否则分析时均使用符合国家标准的分析纯试剂，实验用水为电导率小于 0.2 mS/m（25℃时测定）的去离子水。

（1）浓硫酸：ρ（H_2SO_4）=1.84 g/mL。

（2）二水柠檬酸钠（$C_6H_5Na_3O_7 \cdot 2H_2O$）。

（3）氢氧化钠（NaOH）。

（4）二氯异氰尿酸钠（$C_3Cl_2N_3NaO_3 \cdot H_2O$）。

（5）氯化钾（KCl）：优级纯。

（6）氯化铵（NH_4Cl）：优级纯。

于 105℃下烘干 2 h。

（7）氯化钾溶液：c（KCl）=1 mol/L。

称取 74.55 g 氯化钾，用适量水溶解，移入 1 000 mL 容量瓶中，用水定容，混匀。

（8）氯化铵标准贮备液：ρ（HN_4Cl）=200 mg/L。

称取 0.764 g 氯化铵，用适量水溶解，加入 0.30 mL 浓硫酸，冷却后，移入 1 000 mL 容量瓶中，用水定容，混匀。该溶液在避光、4℃下可保存一个月。或直接购买市售有证标准溶液。

（9）氯化铵标准使用液：ρ（HN_4Cl）=10.0 mg/L。

量取 5.0 mL 氯化铵标准贮备液于 100 mL 容量瓶中，用水定容，混匀。用时现配。

（10）苯酚溶液。

称取 70 g 苯酚（C_6H_5OH）溶于 1 000 mL 水中。该溶液贮存于棕色玻璃瓶中，在室温条件下可保存一年。

（11）二水硝普酸钠溶液。

称取 0.8 g 二水硝普酸钠{$Na_2[Fe(CN)_5NO] \cdot 2H_2O$}溶于 1 000 mL 水中。该溶液贮存于棕色玻璃瓶中，在室温条件下可保存三个月。

（12）缓冲溶液。

称取 280 g 二水柠檬酸钠及 22.0 g 氢氧化钠，溶于 500 mL 水中，移入 1 000 mL 容量瓶中，用水定容，混匀。

（13）硝普酸钠—苯酚显色剂。

量取 15 mL 二水硝普酸钠溶液及 15 mL 苯酚溶液和 750 mL 水，混匀。该溶液用时现配。

（14）二氯异氰尿酸钠显色剂。

称取 5.0 g 二氯异氰尿酸钠溶于 1 000 mL 缓冲溶液中，4℃下可保存一个月。

4. 仪器和设备

（1）分光光度计：带有 10 mm 比色皿。

（2）恒温水浴振荡器：振荡频率可达 40 次/min。

（3）聚乙烯瓶：500 mL，具螺旋盖。或采用既不吸收也不向溶液中释放所测组分的其他容器。

（4）5 mm 样品筛。

（5）离心机：转速可达 3 000 r/min，具 100 mL 聚乙烯离心管。

（6）比色管：100 mL。

5. 样品制备

土样过 5 mm 样品筛用于测定待测组分含量。

6. 分析步骤

（1）试样溶液制备。

称取 40.0 g 试样，放入 500 mL 聚乙烯瓶中，加入 200 mL 氯化钾溶液，在（20±2）℃的恒温水浴振荡器中振荡提取 1 h。转移约 60 mL 提取液于 100 mL 聚乙烯离心管中，在 3 000 r/min 的条件下离心 10 min。然后将约 50 mL 上清液转移至 100 mL 比色管中，待测。

（2）样品空白溶液制备。

加入 200 mL 氯化钾溶液于 500 mL 聚乙烯瓶中，按照试样溶液的制备相同步骤制备空白溶液。

（3）绘制校准曲线。

分别量取 0，0.10，0.20，0.50，1.00，2.00，3.50 mL 氯化铵标准使用液于一组 100 mL 具塞比色管中，加水至 10.0 mL，制备标准系列。氨氮含量分别为 0，1.0，2.0，5.0，10.0，20.0，35.0 μg。

向标准系列中加入 40 mL 硝普酸钠—苯酚显色剂，充分混合，静置 15 min。然后分别加入 1.00 mL 二氯异氰尿酸钠显色剂，充分混合，在 15～35℃条件下至少静置 5 h，于 630 nm 波长处，以水为参比，测量吸光度。以扣除零浓度的校正吸光度为纵坐标，氨氮含量（μg）为横坐标，绘制校准曲线。

（4）测定。

量取 10.0 mL 试样溶液至 100 mL 具塞比色管中，按照校准曲线比色步骤测定吸光度。

（5）空白试验。

量取 10.0 mL 样品空白溶液至 100 mL 具塞比色管中，按照校准曲线比色步骤测量吸光度。

7. 结果计算与表示

样品中的氨氮含量 ω（mg/kg）按照式（3-2-7）进行计算。

$$\omega = \frac{m_1 - m_0}{V} \cdot f \cdot R \tag{3-2-7}$$

式中：ω——样品中氨氮的含量，mg/kg；

m_1——从校准曲线上查得的试样中氨氮的含量，μg；

m_0——从校准曲线上查得的空白溶液氨氮的含量，μg；

V——测定时的试样溶液体积，10.0 mL；

f——试液的稀释倍数；

R——试样体积（包括提取液体积与土壤中水分的体积）与干土的比例系数，mL/g；按照式（3-2-8）进行计算。

$$R = \frac{V_{ES} + m_s \cdot (1 - w_{dm}) / d_{H_2O}}{m_s \cdot w_{dm}} \tag{3-2-8}$$

式中：V_{ES}——提取液的体积，200 mL；

m_s——试样量，40.0 mg；

d_{H_2O} ——水的密度，1.0 mg/mL；

w_{dm} ——土壤中干物质含量，%。

当测定结果＜1 mg/kg 时，保留两位小数；当测定结果≥1 mg/kg 时，保留三位有效数字。

8. 精密度和准确度

实验室内平行双样测定结果＞10.0 mg/kg 时，相对偏差≤10%；平行双样测定结果≤10.0 mg/kg 时，相对偏差≤20%。

实验室内氨氮加标回收率为 80%～120%。

9. 注意事项

（1）每批样品至少做一个空白试验，测定结果应低于方法检出限。

（2）土壤氨氮含量的测定一般用新鲜样品测定，如需用冷藏或冷冻样品一定要将样品放置至室温后再进行称量。

（3）在进行冷冻样品解冻时，为了缩短样品解冻时间，应在样品被冷冻前将其敲碎成小颗粒状。

（4）苯酚、硝普酸钠均属剧毒试剂，在配制这两种溶液时一定要注意安全，避免接触皮肤和衣物。

（5）在试样溶液制备中，提取液也可在 4℃以下，以静置 4 h 的方式代替离心分离，制得试液。

（6）注意样品试液需要在一天之内分析完毕，否则应在 4℃以下保存，保存时间不超过一周。

（7）苯酚、硝普酸钠溶液如需冷藏，在配制硝普酸钠—苯酚显色剂时，请将这两种溶液放置至室温后再进行配制。

（8）在测定时，加入硝普酸钠—苯酚显色剂后一定要注意充分混合。

（9）在测定时，二氯异氰尿酸钠显色剂加入后注意控制室温和显色时间，如显色时间不够，影响靛酚蓝的稳定性。

（10）校准曲线相关系数应≥0.999。

（农业农村部肥料质量监督检验测试中心（济南）　张玉芳）

（二）亚硝酸盐氮：氯化钾溶液提取—分光光度法（A）

本方法等效于《土壤　氨氮、亚硝酸盐氮、硝酸盐氮的测定　氯化钾溶液提取—分光光度法》（HJ 634—2012）。

1. 方法原理

氯化钾溶液提取土壤中的亚硝酸盐氮，在酸性条件下，提取液中的亚硝酸盐氮与磺胺反应生成重氮盐，再与盐酸 *N*-(1-萘基)-乙二胺偶联生成红色染料，在波长 543nm 处具有最大吸收，在一定浓度范围内，亚硝酸盐氮浓度值与吸光度符合朗伯—比尔定律。

2. 适用范围

本方法适用于各类土壤亚硝酸盐氮的测定。

当样品量为 40.00 g 时，本方法测定土壤中亚硝酸盐氮的检出限为 0.15 mg/kg，测定下限为 0.60 mg/kg。

3. 试剂和材料

除非另有注明，否则分析时均使用符合国家标准的分析纯试剂，实验用水为电导率小于 0.2 mS/m（25℃时测定）的去离子水。

（1）浓磷酸：ρ（H_3PO_4）=1.71 g/mL。

（2）氯化钾（KCl）：优级纯。

（3）亚硝酸钠（$NaNO_2$）：优级纯，干燥器中干燥 24 h。

（4）氯化钾溶液：c（KCl）=1 mol/L。

称取 74.55 g 氯化钾，用适量水溶解，移入 1 000 mL 容量瓶中，用水定容，混匀。

（5）亚硝酸盐氮标准贮备液：ρ（NO_2-N）=1 000 mg/L。

称取 4.926 g 亚硝酸钠，用适量水溶解，移入 1 000 mL 容量瓶中，用水定容，混匀。该溶液贮存于聚乙烯塑料瓶中，4℃下可保存 6 个月。或直接购买市售有证标准溶液。

（6）亚硝酸盐氮标准使用液Ⅰ：ρ（NO_3-N）=100 mg/L。

量取 10.0 mL 亚硝酸盐氮标准贮备液于 100 mL 容量瓶中，用水定容，混匀。用时现配。

（7）亚硝酸盐氮标准使用液Ⅱ：ρ（NO_2-N）=10.0 mg/L。

量取 10.0 mL 亚硝酸盐氮标准使用液Ⅰ于 100 mL 容量瓶中，用水定容，混匀。用时现配。

（8）磺胺溶液（$C_6H_8N_2O_2S$）。

向 1 000 mL 容量瓶中加入 600 mL 水，再加入 200 mL 浓磷酸，然后加入 80 g 磺胺。用水定容，混匀。该溶液于 4℃以下可保存一年。

（9）盐酸 *N*-(1-萘基)-乙二胺溶液。

称取 0.40 g 盐酸 *N*-(1-萘基)-乙二胺（$C_{12}H_{14}N_2$·2HCl）溶于 100 mL 水中，4℃以下保存，当溶液颜色变深时应停止使用。

（10）显色剂。

分别量取 20 mL 磺胺溶液、20 mL 盐酸 *N*-(1-萘基)-乙二胺溶液、20 mL 浓磷酸于 100 mL 棕色试剂瓶中，混合。4℃以下保存，当溶液变黑时应停止使用。

4. 仪器和设备

（1）分光光度计。带有 10 mm 比色皿。

（2）恒温水浴振荡器：振荡频率可达 40 次/min。

（3）聚乙烯瓶：500 mL，具螺旋盖。或采用既不吸收也不向溶液中释放所测组分的其他容器。

（4）5 mm 样品筛。

（5）离心机：转速可达 3 000 r/min，具 100 mL 离心管。

（6）天平：精度为 0.001 g。

（7）25 mL 比色管。

5. 分析步骤

（1）试样溶液制备。

同"（一）氨氮：氯化钾溶液提取—分光光度法（A）"中的 6-（1）。

（2）样品空白溶液制备。

同"（一）氨氮：氯化钾溶液提取—分光光度法（A）"中的6-（2）。

（3）绘制校准曲线。

分别量取 0，1.00，5.00 mL 亚硝酸盐氮标准使用液Ⅱ和 1.00，3.00，6.00 mL 硝酸盐氮标准使用液Ⅰ于一组 100 mL 容量瓶中，用水稀释至标线，混匀，制备标准系列，亚硝酸盐氮含量分别为 0，10.0，50.0，100，300，600 μg。

分别量取 1.00 mL 上述标准系列于一组 25 mL 具塞容量瓶中，加入 20 mL 水，摇匀。向每个比色管中加入 0.20 mL 显色剂充分混合，在室温下静置 60～90 min，显色，于 543 nm 波长处，以水为参比，测量吸光度。以扣除零浓度的校正吸光度为纵坐标，硝酸盐氮含量（μg）为横坐标，绘制校准曲线。

（4）测定。

量取 1.00 mL 试样溶液至 25 mL 比色管中，按照校准曲线比色步骤测定吸光度。

（5）空白试验。

量取 1.00 mL 样品空白溶液至 25 mL 比色管中，按照校准曲线比色步骤测量吸光度。

6. 结果计算与表示

样品中亚硝酸盐氮的含量 ω（mg/kg），按照式（3-2-9）进行计算：

$$\omega = \frac{m_1 - m_0}{V} \cdot f \cdot R \tag{3-2-9}$$

式中：ω——样品中亚硝酸盐氮的含量，mg/kg；

m_1——从校准曲线上查得的试样中亚硝酸盐氮的含量，μg；

m_0——从校准曲线上查得的空白溶液亚硝酸盐氮的含量，μg；

V——测定时的试样溶液体积，1.00 mL；

f——试样的稀释倍数；

R——试样体积（包括提取液体积与土壤中水分的体积）与干土的比例系数，mL/g；按照式（3-2-10）进行计算。

$$R = \frac{V_{ES} + m_s \cdot (1 - w_{dm}) / d_{H_2O}}{m_s \cdot w_{dm}} \tag{3-2-10}$$

式中：V_{ES}——提取液的体积，200 mL；

m_s——试样量，40.0 mg；

d_{H_2O}——水的密度，1.0 mg/mL；

w_{dm}——土壤中干物质含量，%。

当测定结果＜1 mg/kg 时，保留两位小数；当测定结果≥1 mg/kg 时，保留三位有效数字。

7. 精密度和准确度

实验室内平行双样测定结果＞10.0 mg/kg 时，相对偏差≤10%；平行双样测定结果≤10.0 mg/kg 时，相对偏差≤20%。

实验室内加标回收率为 70%～120%。

8. 注意事项

（1）样品经风干易引起亚硝酸盐氮的变化，故土壤亚硝酸盐氮含量的测定一般用新鲜样品测定，如需用冷藏或冷冻样品一定要将样品放置至室温后再进行称量。

（2）在进行冷冻样品解冻时，为了缩短样品解冻时间，应在样品被冷冻前将其敲碎成小颗粒状。

（3）在振荡提取时，如果有结块不易分散，先用玻璃棒捣碎土块，然后振荡。

（4）当试样溶液中亚硝酸盐氮含量超过校准曲线的最高点时，应用氯化钾溶液稀释试样，重新测定。

（5）浸出液的盐浓度过高，操作时最好用滴管吸取注入比色皿中，尽量避免污染比色皿外壁，影响其透光性。

（6）校准曲线相关系数应≥0.999。

（农业农村部肥料质量监督检验测试中心（济南）　张玉芳）

（三）硝酸盐氮：氯化钾溶液提取镉柱还原—分光光度法（A）

本方法等效于《土壤　氨氮、亚硝酸盐氮、硝酸盐氮的测定　氯化钾溶液提取—分光光度法》（HJ 634—2012）。

1. 方法原理

氯化钾溶液提取土壤中的硝酸盐氮、亚硝酸盐氮，提取液通过还原柱，将硝酸盐氮还原为亚硝酸盐氮，在酸性条件下，亚硝酸盐氮与磺胺反应生成重氮盐，再与盐酸 N-(1-萘基)-乙二胺偶联生成红色染料，在波长 543 nm 处具有最大吸收，吸光度与还原后的亚硝酸盐氮符合朗伯—比尔定律。硝酸盐氮和亚硝酸盐氮总量与亚硝酸盐氮含量之差即为硝酸盐氮含量。

2. 适用范围

本方法适用于各类土壤硝酸盐氮的测定。

当样品量为 40.00 g 时，本方法测定土壤中硝酸盐氮的检出限为 0.25 mg/kg，测定下限为 1.00 mg/kg。

3. 试剂和材料

除非另有注明，否则分析时均使用符合国家标准的分析纯试剂，实验用水为电导率小于 0.2 mS/m（25℃时测定）的去离子水。

（1）浓磷酸：ρ（H_3PO_4）=1.71 g/mL。

（2）浓盐酸：ρ（HCl）=1.12 g/mL。

（3）镉粉：粒径为 0.3～0.8 mm。

（4）氯化钾（KCl）：优级纯。

（5）硝酸钠（$NaNO_3$）：优级纯，干燥器中干燥 24 h。

（6）亚硝酸钠（$NaNO_2$）：优级纯。

（7）氯化铵（NH_4Cl）：优级纯。

（8）硫酸铜（$CuSO_4 \cdot 5H_2O$）。

（9）氨水（NH_4OH）：优级纯。

（10）氯化钾溶液：c（KCl）=1 mol/L。

称取 74.55 g 氯化钾，用适量水溶解，移入 1 000 mL 容量瓶中，用水定容，混匀。

（11）硝酸盐氮标准贮备液：ρ（NO$_3$-N）=1 000 mg/L。

称取 6.068 g 硝酸钠，用适量水溶解，移入 1 000 mL 容量瓶中，用水定容，混匀。该溶液贮存于聚乙烯塑料瓶中，4℃下可保存 6 个月。或直接购买市售有证标准溶液。

（12）硝酸盐氮标准使用液Ⅰ：ρ（NO$_3$-N）=100 mg/L。

量取 10.0 mL 硝酸盐氮标准贮备液于 100 mL 容量瓶中，用水定容，混匀。用时现配。

（13）硝酸盐氮标准使用液Ⅱ：ρ（NO$_3$-N）=10.0 mg/L。

量取 10.0 mL 硝酸盐氮标准使用液Ⅰ于 100 mL 容量瓶中，用水定容，混匀。用时现配。

（14）硝酸盐氮标准使用液Ⅲ：ρ（NO$_3$-N）=6.0 mg/L。

量取 6.0 mL 硝酸盐氮标准使用液Ⅰ于 100 mL 容量瓶中，用水定容，混匀。用时现配。

（15）亚硝酸盐氮标准贮备液：ρ（NO$_2$-N）=1 000 mg/L。

同"（二）亚硝酸盐氮：氯化钾溶液提取—分光光度法（A）"中的 3-（5）。

（16）亚硝酸盐氮标准中间液：ρ（NO$_2$-N）=100 mg/L。

同"（二）亚硝酸盐氮：氯化钾溶液提取—分光光度法（A）"中的 3-（6）。

（17）亚硝酸盐氮标准使用液：ρ（NO$_2$-N）=6.0 mg/L。

量取 6.0 mL 亚硝酸盐氮标准中间液于 100 mL 容量瓶中，用水定容，混匀。用时现配。

（18）氨水溶液：1+3。

（19）氯化铵缓冲溶液储备液：ρ（HN$_4$Cl）=100 mg/L。

将 100 g 氯化铵用适量水溶解，移入 1 000 mL 容量瓶中，加入约 800 mL 水，用氨水溶液调 pH 为 8.7～8.8，用水定容，混匀。

（20）氯化铵缓冲溶液使用液：ρ（HN$_4$Cl）=10 mg/L。

量取 100 mL 氯化铵缓冲溶液储备液于 1 000 mL 容量瓶中，用水定容，混匀。

（21）磺胺溶液（C$_6$H$_8$N$_2$O$_2$S）。

同"（二）亚硝酸盐氮：氯化钾溶液提取—分光光度法（A）"中的 3-（8）。

（22）盐酸 N-(1-萘基)-乙二胺溶液。

同"（二）亚硝酸盐氮：氯化钾溶液提取—分光光度法（A）"中的 3-（9）。

（23）显色剂。

同"（二）亚硝酸盐氮：氯化钾溶液提取—分光光度法（A）"中的 3-（10）。

4. 仪器和设备

（1）分光光度计：带有 10 mm 比色皿。

（2）恒温水浴振荡器：振荡频率可达 40 次/min。

（3）聚乙烯瓶：500 mL，具螺旋盖，或采用既不吸收也不向溶液中释放所测组分的其他容器。

（4）5 mm 样品筛。

（5）离心机：转速可达 3 000 r/min，具 100 mL 离心管。

（6）还原柱：用于将硝酸盐氮还原为亚硝酸盐氮。

①镉粉的处理。用浓盐酸浸泡约 10 g 镉粉 10 min，然后用水冲洗至少 5 次。再用水（水量盖过镉粉即可）浸泡（约 10 min），加入 0.5 g 硫酸铜，混合 10 min，然后用水冲洗至少 10 次，直至黑色铜絮凝物消失。重复采用浓盐酸浸泡混合 1 min，然后用水冲洗至少 5 次。处理好的镉粉用水浸泡，在 1 h 内装柱。

②还原柱的制备。还原柱示意图见图 3-2-2。向还原柱底端加入少许棉花，加水至漏斗 2/3 处（L_1），缓慢添加处理好的镉粉至 L_3 处（约 100 mm），添加镉粉的同时，应不断敲打柱子使其填充，最后，在上端加入少许棉花至 L_2 处（漏斗颈部）。

如果还原柱在 1 h 内不使用，应加入氯化铵缓冲溶液储备液至 L_1 处。盖上漏斗盖子，防止蒸发和灰尘进入。在这样的条件下，还原柱可保存一个月，但是每次使用前要检查还原柱的转化效率。

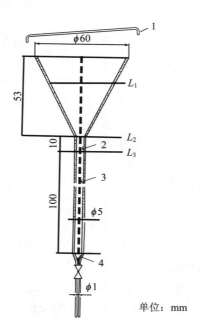

单位：mm

1. 还原柱盖子；2. 填充的棉花；3. 处理后的镉粉（颗粒直径为 0.3～0.8 mm）；4. 填充的棉花

图 3-2-2　还原柱示意图

（7）天平：精度为 0.001 g。

（8）50 mL 比色管。

5. 分析步骤

（1）试样溶液制备。

同"（一）氨氮：氯化钾溶液提取—分光光度法（A）"中的 6-（1）。

（2）样品空白溶液制备。

同"（一）氨氮：氯化钾溶液提取—分光光度法（A）"中的 6-（2）。

（3）还原柱使用前准备。

打开活塞，让氯化铵缓冲溶液全部流出还原柱。必要时，用清水洗掉表面所形成的盐。再分别用 20 mL 氯化铵缓冲溶液使用液、20 mL 氯化铵缓冲溶液储备液和 20 mL 氯化铵缓冲溶液使用液滤过还原柱，待用。

（4）校准曲线绘制。

分别量取 0，1.00，5.00 mL 硝酸盐氮标准使用液 Ⅱ 和 1.00，3.00，6.00 mL 硝酸盐氮标准使用液 Ⅰ 于一组 100 mL 容量瓶中，用水稀释至标线，混匀，制备标准系列，硝酸盐氮含量分别为 0，10.0，50.0，100，300，600 μg。

关闭活塞，分别量取 1.00 mL 校准系列于还原柱中。向还原柱中加入 10 mL 氯化铵缓冲溶液使用液，然后打开活塞，以 1 mL/min 的流速通过还原柱，用 50 mL 具塞比色管收集洗脱液。当液面达到顶部棉花时再加入 20 mL 氯化铵缓冲溶液使用液，收集所有流出液，移开比色管。最后用 10 mL 氯化铵缓冲溶液使用液清洗还原柱。

向上述比色管中加入 0.20 mL 显色剂充分混合，在室温下静置 60～90 min，于 543 nm 波长处，以水为参比，测量吸光度。以扣除零浓度的校正吸光度为纵坐标，硝酸盐氮含量（μg）为横坐标，绘制校准曲线。

（5）测定。

量取 1.00 mL 试样溶液至还原柱中，按照校准曲线比色步骤测定吸光度。

（6）空白试验。

量取 1.00 mL 样品空白溶液至还原柱中，按照校准曲线比色步骤测量吸光度。

（7）亚硝酸盐测定：试样中亚硝酸盐氮的测定同亚硝酸盐氮的测定。

6. 结果计算与表示

（1）硝酸盐氮与亚硝酸盐氮总量。

样品中硝酸盐氮与亚硝酸盐氮总量的含量 ω（mg/kg），按式（3-2-11）进行计算。

$$\omega = \frac{m_1 - m_0}{V} \cdot f \cdot R \qquad (3\text{-}2\text{-}11)$$

式中：ω——样品中硝酸盐氮与亚硝酸盐氮总量的含量，mg/kg；

m_1——从校准曲线上查得的试样中硝酸盐氮与亚硝酸盐氮总量的含量，μg；

m_0——从校准曲线上查得的空白溶液硝酸盐氮与亚硝酸盐氮总量的含量，μg；

V——测定时的试样溶液体积，1.00 mL；

f——试样的稀释倍数；

R——试样体积（包括提取液体积与土壤中水分的体积）与干土的比例系数，mL/g；按式（3-2-12）进行计算。

$$R = \frac{V_{\text{ES}} + m_{\text{s}} \cdot (1 - w_{\text{dm}}) / d_{\text{H}_2\text{O}}}{m_{\text{s}} \cdot w_{\text{dm}}} \qquad (3\text{-}2\text{-}12)$$

式中：V_{ES}——提取液的体积，200 mL；

m_{s}——试样量，40.0 mg；

$d_{\text{H}_2\text{O}}$——水的密度，1.0 mg/mL；

w_{dm}——土壤中干物质含量，%。

（2）硝酸盐氮。

样品中硝酸盐氮含量 $\omega_{硝酸盐氮}$（mg/kg），按式（3-2-13）进行计算。

$$\omega_{硝酸盐氮} = \omega_{硝酸盐氮与亚硝酸盐氮总量} - \omega_{亚硝酸盐氮} \qquad (3\text{-}2\text{-}13)$$

（3）结果表示。

当测定结果＜1 mg/kg 时，保留两位小数；当测定结果≥1 mg/kg 时，保留三位有效数字。

7. 精密度和准确度

实验室内平行双样测定结果＞10.0 mg/kg 时，相对偏差≤10%；平行双样测定结果≤10.0 mg/kg 时，相对偏差≤20%。

实验室内加标回收率为 80%～120%。

8. 注意事项

（1）样品经风干易引起硝酸盐氮的变化，故土壤硝酸盐氮含量的测定一般用新鲜样品测定，如需用冷藏或冷冻样品一定要将样品放置至室温后再进行称量。

（2）在进行冷冻样品解冻时，为了缩短样品解冻时间，应在样品被冷冻前将其敲碎成小颗粒状。

（3）对还原柱的正确维护是能否获得准确结果的关键，因此，不使用还原柱时，镉粉填料上一定要加入氯化铵缓冲溶液至 L_1 处，否则金属与空气接触后柱中的空气泡会干扰硝酸盐氮的还原。若发生这种情况，需将还原柱重新处理后才能使用。

（4）还原柱测定数百个样品后，其还原硝酸盐氮的能力下降，当硝酸盐氮标准样经柱还原显色的吸光度明显低于同浓度的亚硝酸盐氮标样时，则应将柱中金属镉粉移出，重新装柱。

（5）控制柱中的流速十分重要，流速太慢（＜8 mL/min）会导致 NO_3^--N 进一步还原，流速太快（＞110 mL/min）则不能使 NO_3^--N 完全还原。

（6）如果样品太多，可用 3～4 个还原柱同时进行，但他们的还原能力应一致，这可用硝酸盐氮标准溶液加以检查。

（7）一般土壤中 NO_2^- 含量很低，不会干扰 NO_3^- 的测定。如果 NO_2^- 含量高时，可用氨基磺酸消除。

（8）当试样溶液中硝酸盐氮与亚硝酸盐氮总量超过校准曲线的最高点时，应用氯化钾溶液稀释试样，重新测定。

（9）校准曲线相关系数应≥0.999。

（农业农村部肥料质量监督检验测试中心（济南） 张玉芳）

（四）全氮：凯氏法（A）

本方法等效于《土壤质量 全氮的测定 凯氏法》（HJ 717—2014）。

1. 方法原理

土壤中的全氮在硫代硫酸钠、浓硫酸、高氯酸和催化剂的作用下，经氧化还原反应全部转化为铵态氮。消解后的溶液碱化蒸馏出的氨被硼酸吸收，用标准盐酸溶液滴定，根据标准盐酸溶液的用量来计算土壤中全氮含量。

2. 试剂和材料

本方法所用试剂除非另有说明，分析时均使用符合国家标准的分析纯化学试剂，实验用水为无氨水。

（1）浓硫酸：ρ（H_2SO_4）=1.84 g/mL，优级纯。

（2）无氨水。

每升水中加入 0.10 mL 浓硫酸蒸馏，收集馏出液于具塞玻璃容器中，也可使用新制备的去离子水。

（3）浓盐酸：ρ（HCl）=1.19 g/mL。

（4）高氯酸：ρ（HClO$_4$）=1.768 g/mL。

（5）无水乙醇：ρ（C$_2$H$_6$O）=0.79 g/mL。

（6）硫酸钾（K$_2$SO$_4$）。

（7）五水合硫酸铜（CuSO$_4$·5H$_2$O）。

（8）二氧化钛（TiO$_2$）：优级纯。

（9）五水合硫代硫酸钠（Na$_2$S$_2$O$_3$·5H$_2$O）。

（10）氢氧化钠（NaOH）：优级纯。

（11）硼酸（H$_3$BO$_3$）：优级纯。

（12）无水碳酸钠（Na$_2$CO$_3$）：基准试剂。

（13）催化剂：200 g 硫酸钾、6 g 五水合硫酸铜和 6 g 二氧化钛于玻璃研钵中充分混匀，研细，贮于试剂瓶中保存。

（14）还原剂：将五水合硫代硫酸钠研磨后过 0.25 mm（60 目）筛，临用现配。

（15）氢氧化钠溶液：ρ（NaOH）=400 g/L。

称取 400 g 氢氧化钠溶于 500 mL 水中，冷却至室温后稀释至 1 000 mL。

（16）硼酸溶液：ρ（H$_3$BO$_3$）=20 g/L。

称取 20 g 硼酸溶于水中，稀释至 1 000 mL。

（17）碳酸钠标准溶液：c（1/2 Na$_2$CO$_3$）=0.050 0 mol/L。

称取 2.649 8 g（于 250℃烘干 4 h 并置干燥器中冷却至室温）无水碳酸钠，溶于少量水中，移入 1 000 mL 容量瓶中，用水稀释至标线，摇匀。贮于聚乙烯瓶中，保存时间不得超过一周。

（18）甲基橙指示液：ρ=0.5 g/L。

称取 0.1 g 甲基橙溶于水中，稀释至 200 mL。

（19）盐酸标准贮备溶液：c（HCl）≈0.05 mol/L。

用分度吸管吸取 4.20 mL 浓盐酸，并用水稀释至 1 000 mL，此溶液浓度约为 0.05 mol/L。其准确浓度按下述方法标定：

用无分度吸管吸取 25.00 mL 碳酸钠标准溶液于 250 mL 锥形瓶中，加水稀释至约 100 mL，加入 3 滴甲基橙指示液，用盐酸标准贮备溶液滴定至颜色由橘黄色刚变成橘红色，记录盐酸标准溶液用量。按式（3-2-14）计算其准确浓度。

$$c=\frac{25.00\times0.050\ 0}{V} \qquad (3\text{-}2\text{-}14)$$

式中：c——盐酸标准溶液浓度，mol/L；

　　　V——盐酸标准溶液用量，mL。

（20）盐酸标准溶液：c（HCl）≈0.01 mol/L。

吸取 50.00 mL 盐酸标准贮备溶液于 250 mL 容量瓶中，用水稀释至标线。

（21）混合指示剂：将 0.1 g 溴甲酚绿和 0.02 g 甲基红溶解于 100 mL 无水乙醇中。

3. 仪器和设备

（1）研磨机。

（2）玻璃研钵。

（3）土壤筛：孔径 2 mm（10 目），0.25 mm（60 目）。

（4）分析天平：精度为 0.000 1 g 和 0.001 g。

（5）带孔专用消解器或电热板（温度可达 400℃）。

（6）凯氏氮蒸馏装置（见图 3-2-3）或氨氮蒸馏装置［见《水质　氨氮的测定　蒸馏—中和滴定法》（HJ 537）］。

（7）凯氏氮消解瓶：容积 50 mL 或 100 mL。

（8）酸式滴定管（最小刻度≤0.1 mL）：25 mL 或 50 mL。

（9）锥形瓶：容积 250 mL。

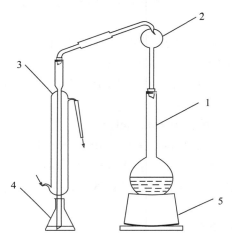

1. 凯氏蒸馏瓶；2. 定氮球；3. 直形冷凝管；4. 接收瓶；5. 加热装置

图 3-2-3　凯氏氮蒸馏装置

4. 干物质含量的测定

参考本篇第一章"二、干物质和水分"相关内容测定。

5. 分析步骤

（1）消解。

称取适量试样 0.200 0～1.000 0 g（含氮约 1 mg），精确到 0.1 mg，放入凯氏氮消解瓶中，用少量水（0.5～1 mL）润湿，再加入 4 mL 浓硫酸，瓶口上盖小漏斗，转动凯氏氮消解瓶使其混合均匀，浸泡 8 h 以上。

使用干燥的长颈漏斗将 0.5 g 还原剂加到凯氏氮消解瓶底部，置于消解器（或电热板）上加热，待冒烟后停止加热。冷却后，加入 1.1 g 催化剂，摇匀，继续在消解器（或电热板）上消煮。消煮时保持微沸状态，使白烟到达瓶颈 1/3 处回旋，待消煮液和土样全部变成灰白色稍带绿色后，表明消解完全，再继续消煮 1 h，冷却。在土壤样品消煮过程中，如果不能完全消解，可以冷却后加几滴高氯酸后再消煮。

注：消解时温度不能超过 400℃，以防瓶壁温度过高而使铵盐受热分解，导致氮的损失。

（2）蒸馏。

①按照图 3-2-3 连接蒸馏装置，蒸馏前先检查蒸馏装置的气密性，并将管道洗净。

②把消解液全部转入蒸馏瓶中，并用水洗涤凯氏氮消解瓶 4～5 次，总用量不超过 80 mL，连接到凯氏氮（或氨氮）蒸馏装置上。在 250 mL 锥形瓶中加入 20 mL 硼酸溶液和 3 滴混合指示剂吸收馏出液，导管管尖伸入吸收液液面以下。将蒸馏瓶成 45°斜置，缓缓沿壁加入 20 mL 氢氧化钠溶液，使其在瓶底形成碱液层。迅速连接定氮球和冷凝管，摇动蒸馏瓶使溶液充分混匀，开始蒸馏，待馏出液体积约 100 mL 时，蒸馏完毕。用少量已调节 pH 至 4.5 的水洗涤冷凝管的末端。

注：如果消解后消解瓶中的沉淀物附着在瓶壁上，可加入少量水后使用超声波振荡器将其溶于水中，再完全转移至蒸馏瓶中。

（3）滴定。

用盐酸标准溶液滴定蒸馏后的馏出液，溶液颜色由蓝绿色变为红紫色，记录所用盐酸标准溶液体积。

注：①如果样品含量大于 10^4 mg/kg，可以改用浓度为 0.050 0 mol/L 的盐酸标准贮备溶液滴定。

②如果使用全自动凯氏定氮仪，按说明书要求进行样品的消解、蒸馏和滴定。

（4）空白试验。

凯氏氮消解瓶中不加入试样，按照步骤（1）～（3）测定，记录所用盐酸标准溶液体积。

6. 结果计算与表示

土壤中全氮的含量（mg/kg）按式（3-2-15）计算。

$$\omega_{\mathrm{N}} = \frac{(V_1 - V_0) \times c_{\mathrm{HCl}} \times 14.0 \times 1\,000}{m \times w_{\mathrm{dm}}} \tag{3-2-15}$$

式中：ω_{N}——土壤中全氮的含量，mg/kg；

V_1——样品消耗盐酸标准溶液的体积，mL；

V_0——空白消耗盐酸标准溶液的体积，mL；

c_{HCl}——盐酸标准溶液的浓度，mol/L；

14.0——氮的毫摩尔质量，mg/mmol；

w_{dm}——土壤样品的干物质含量，%；

m——称取土样的质量，g。

结果保留三位有效数字，按科学计数法表示。

7. 精密度和准确度

（1）精密度。

6 个实验室对含氮量分别为 250 mg/kg、500 mg/kg 和 1.50×10³ mg/kg 的统一样品进行测定：实验室内相对标准偏差为 2.0%～13%、3.1%～7.3% 和 2.2%～4.8%；实验室间相对标准偏差为 5.1%、6.9% 和 5.0%；重复性限为 66 mg/kg、77 mg/kg 和 122 mg/kg；再现性限为 71 mg/kg、126 mg/kg 和 220 mg/kg。

（2）准确度。

6 个实验室对含氮量分别为 265 mg/kg、435 mg/kg 和 1.33×10³ mg/kg 的实际土壤样品

进行加标分析测定：加标回收率分别为 88.4%～105%、88.2%～109% 和 87.3%～99.4%；加标回收率最终值为（94.0±11.8）%、（96.0±14.0）% 和（92.9±7.8）%。

4 个实验室对含氮量为（720±90）mg/kg 的标准样品进行了分析测定，相对误差最终值为（−0.5±4.4）%。

8. 质量保证和质量控制

（1）空白试验。

每批样品应至少做两个全程序空白，空白值（空白样品所消耗的盐酸标准溶液体积）应小于 0.80 mL。

（2）平行样测定。

每批样品应进行 10% 的平行样品测定，当 10 个样品以下时，平行样不少于 1 个。平行双样测量结果的相对偏差应在 15% 以内。

（3）标准样品测定。

每批样品测定质控平行双样，测定值必须落在质控样保证值（在 95% 的置信水平）范围之内。

（4）样品加标回收率测定。

如果没有标准土壤样品，每批样品应进行 10%～20% 的回收率测定，样品数不足 10 个时，适当增加加标频次。实际样品加标回收率应在 75%～115%。

（天津市生态环境监测中心　王琳）

（五）全氮：自动定氮仪法（A）

本方法等效于《土壤检测　第 24 部分：土壤全氮的测定　自动定氮仪法》（NY/T 1121.24—2012）。

1. 方法原理

用高锰酸钾将样品中的亚硝态氮氧化为硝态氮后，再用还原铁粉还原全部硝态氮，在加速剂的参与下，用浓硫酸消煮，经过高温分解反应，将各种含氮化合物转化为铵态氮，碱化后蒸馏出来的氨用硼酸溶液吸收，用硫酸（或盐酸）标准溶液滴定，求出土壤全氮含量。

自动定氮仪将蒸馏、滴定、结果显示或计算等功能合为一体自动完成。

2. 适用范围

本方法适用于土壤全氮的测定。

3. 试剂和材料

所有试剂除非另有说明，均使用符合国家标准的分析纯化学试剂，实验用水为新制备的去离子水或蒸馏水。

（1）浓硫酸：ρ（H_2SO_4）= 1.84 g/mL。

（2）浓盐酸：ρ（HCl）= 1.19 g/mL。

（3）辛醇。

（4）硫酸溶液：1+1，1 体积的浓硫酸加 1 体积的水等体积混合。

（5）氢氧化钠溶液：c（NaOH）= 10 mol/L。称 400 g 氢氧化钠溶于水中并稀释至 1 L。

（6）氢氧化钠溶液：c（NaOH）= 0.1 mol/L。称 4 g 氢氧化钠溶于水中，并稀释至 1 L。

（7）硼酸吸收溶液：ρ（H_3BO_3）= 10 g/L。10 g 硼酸溶于 950 mL 约 60℃的水中，冷却至室温后，每升硼酸溶液中加入甲基红—溴甲酚绿混合指示剂 5 mL，并用 0.1 mol/L 氢氧化钠溶液调节至红紫色（pH 约 4.5），定容至 1 L。此液放置时间不宜过长，如使用过程中 pH 有变化，需随时用稀酸或稀碱调节。

（8）硫酸或盐酸标准滴定溶液：c（1/2 H_2SO_4）= 0.02 mol/L 或 c（HCl）= 0.02 mol/L。

取 0.6 mL 硫酸缓缓注入 1 000 mL 水中，冷却、摇匀。或取 1.8 mL 盐酸，置于 1 000 mL 容量瓶中，以水稀释至刻度，混匀。

称取 0.038 g（精确到 0.1 mg）预先在 270～300℃灼烧至恒重并于干燥器中冷却至室温的基准试剂碳酸钠，溶于 50 mL 水中，加 10 滴溴甲酚绿—甲基红指示液，用配制好的硫酸或盐酸溶液滴定至溶液由绿色变为暗红色，煮沸 2 min，冷却后继续滴定至溶液再呈暗红色。同时做空白试验。硫酸或盐酸标准滴定溶液的实际浓度按式（3-2-16）计算。

$$c\left(\frac{1}{2}H_2SO_4/HCl\right) = \frac{m \times 1\,000}{(V_1 - V_2) \times M} \qquad (3\text{-}2\text{-}16)$$

式中：m——无水碳酸钠的质量，g；

$\qquad V_1$——滴定碳酸钠消耗硫酸或盐酸标准滴定溶液的体积，mL；

$\qquad V_2$——滴定空白溶液消耗硫酸或盐酸标准滴定溶液的体积，mL；

$\qquad M$——无水碳酸钠的摩尔质量的数值，g/mol；$M\left(\frac{1}{2}Na_2CO_3\right) = 52.994$。

（9）甲基红—溴甲酚绿混合指示剂：将 0.5 g 溴甲酚绿和 0.1 g 甲基红于玛瑙研钵中，加少量乙醇（体积分数为 95%）研磨至指示剂全部溶解后，用乙醇（体积分数为 95%）定容至 100 mL。其变色范围 pH 4.4（红）～5.4（蓝），该指示剂贮存期不超过两个月。

（10）高锰酸钾溶液：ρ（$KMnO_4$）= 50 g/L。将 25 g 高锰酸钾溶于 500 mL 去离子水，储于棕色瓶中。

（11）还原铁粉：磨细通过孔径 0.15 mm 筛。

（12）混合加速剂：100 g 硫酸钾、10 g 五水硫酸铜与 1 g 硒粉置于研钵中研细，充分混合均匀。

4. 仪器和设备

（1）自动定氮仪：配有与自动定氮仪配套的玻璃弯颈小漏斗和消煮管。

（2）消煮炉：温度大于 400℃。

（3）天平：感量 0.1 mg。

5. 分析步骤

（1）水分含量的测定。

参考本篇第一章"二、干物质和水分"相关内容测定。

（2）消煮。

①不包括硝态氮和亚硝态氮的消煮：称取通过 0.25 mm 筛孔风干的土壤样品 1 g 左右（精确到 0.1 mg，含氮约 1 mg），将试样送入干燥的消煮管底部（勿将样品黏附在瓶壁上），滴入少量去离子水（0.5～1 mL），湿润试样后，加入 2 g 混合加速剂和 5 mL 浓硫酸，轻轻摇匀，在管口加回流装置或放置一弯颈玻璃小漏斗，置于消煮炉中低温加热，待管内反应

缓和时（10～15 min），再将炉温升至 360～380℃（炉温以放置于消煮炉内温度计实际测量的温度为准），并以硫酸蒸气在瓶颈上部三分之一处冷凝回流为宜。待消煮液和土粒全部变为灰白稍带绿色后，再继续消煮 1 h。消煮完毕，冷却，待蒸馏。

②包括硝态氮和亚硝态氮的消煮：称取通过 0.25 mm 筛孔风干土壤样品 1 g 左右（精确到 0.1 mg，含氮约 1 mg），将试样送入干燥的消煮管底部（勿将样品黏附在瓶壁上），加 1 mL 高锰酸钾溶液，摇动消煮管，缓缓加入 2 mL 硫酸溶液（1+1），不断转动消煮管，然后放置 5 min，再加入 1 滴辛醇。通过长颈漏斗将 0.5 g（±0.01 g）还原铁粉送入消煮管底部，在管口加回流装置或放置一弯颈玻璃小漏斗，转动消煮管，使铁粉与酸接触，待剧烈反应停止时（约 5 min），将消煮管置于消煮炉上缓缓加热 45 min（瓶内土液应保持微沸以不引起大量水分丢失为宜）。停止加热，待消煮管冷却后，通过长颈漏斗加入 2 g 混合加速剂和 5 mL 浓硫酸，摇匀。按 5-（2）-①的步骤，消煮至土液全部变为黄绿色，再继续消煮 1 h。消煮完毕，冷却，待蒸馏。

（3）氨的蒸馏和滴定。

参照仪器使用说明书，使用硫酸或盐酸标准滴定溶液，设定加入水 10～30 mL、10 mol/L 氢氧化钠溶液 25 mL 和 20～30 mL 硼酸吸收溶液，将消煮管置于自动定氮仪上进行蒸馏、滴定。

（4）空白试验。

采用空白溶液，其他步骤同试样溶液的测定。

6. 结果计算

土壤样品中全氮含量，按式（3-2-17）进行计算。

$$\omega = \frac{(V-V_0) \times C_H \times 0.014}{m(1-f)} \times 100 \qquad (3\text{-}2\text{-}17)$$

式中：ω——全氮含量，以质量分数（%）计；

C_H——酸标准滴定溶液浓度，mol/L；

V——滴定试样溶液所消耗的酸标准滴定液体积，mL；

V_0——滴定空白试样溶液所消耗的酸标准滴定液体积，mL；

0.014 ——氮原子的摩尔质量，g/mmol；

m——试样质量，g；

f——试样水分含量，%。

平行测定结果以算术平均值表示，保留小数点后三位。

7. 精密度和准确度

平行测定结果允许绝对相差≤0.004%。

不同实验室测定结果的绝对相差≤0.008%。

（青岛市环境监测中心站 谭丕功 鞠青）

（六）全氮：元素分析仪法（A）

本方法等效于《森林土壤氮的测定》（LY/T 1228—2015）。

1. 方法原理

样品在燃烧管中高温燃烧，使含氮的化合物转化为 NO_2，然后经自然铜的还原和杂质

（如卤素）去除过程，NO_2 被转化为 N_2，随后氮的含量被热导检测器检测。

2. 适用范围

本方法适用于测定土壤全氮含量。

3. 试剂和材料

（1）标准物质试剂：苯甲酸，乙酰苯胺，2,4-二硝基苯腙及对氨基苯磺酸。

（2）载气：氦气或氩气。

（3）氧气。

4. 仪器和设备

（1）天平：感量 0.1 mg。

（2）元素分析仪。

5. 分析步骤

参照仪器使用说明书，按样品测定程序，测定土壤样品的氮含量。

6. 结果计算

计算公式：

$$\omega_N = \frac{X}{k_1} \qquad (3\text{-}2\text{-}18)$$

式中：ω_N——全氮含量，g/kg；

X——仪器测量信号所转换成相应的氮含量，mg/kg；

k_1——由风干土样换算成烘干土样的水分换算系数。

7. 精密度与准确度

两次测定结果允许相对偏差小于 5%。

（宁夏回族自治区环境监测中心站　金辉　王喜琴）

（七）水解性氮：扩散法（A）

本方法等效于《森林土壤氮的测定》（LY/T 1228—2015）。

1. 方法原理

用 1.8 mol/L 氢氧化钠溶液处理土壤，在扩散皿中，土壤于碱性条件下进行水解，使易水解态氮经碱解转化为铵态氮，扩散后由硼酸溶液吸收，用标准酸滴定，计算碱解氮的含量。如果土壤硝态氮含量较高，应加还原剂还原。而土壤的潜育土壤由于硝态氮含量较低，不需加还原剂使其还原，因此氢氧化钠溶液浓度可降低到 1.2 mol/L。

2. 试剂和材料

（1）1.8 mol/L 氢氧化钠溶液。

称取 72.0 g 氢氧化钠溶于水，定容至 1 L。

（2）1.2 mol/L 氢氧化钠溶液。

称取 48.0 g 氢氧化钠溶于水，定容至 1 L。

（3）锌—硫酸亚铁还原剂。

称取磨细并通过 0.25 mm 筛孔的硫酸亚铁（$FeSO_4 \cdot 7H_2O$）50.0 g 及 10.0 g 锌粉，混匀，贮于棕色瓶中。

（4）碱性胶液。

称取 40.0 g 阿拉伯胶于装有 50 mL 水的烧杯中，调匀，加热到 60～70℃，冷却。加入 40 mL 甘油和 20 mL 饱和碳酸钾水溶液，搅匀，冷却。离心除去不溶物（最好放置在盛有浓硫酸的干燥器中以除去氨）。

（5）0.01 mol/L 盐酸标准溶液。

量取 100 mL 的 0.1 mol/L 盐酸溶液，用水定容至 1 L。

（6）甲基红—溴甲酚绿混合指示剂。

同"（五）全氮：自动定氮仪法（A）"中 3-（9）。

（7）硼酸—指示剂溶液。

称取 10.0 g 硼酸，溶于 1 L 水中。使用前，每升硼酸溶液中加 5.0 mL 甲基红—溴甲酚绿混合指示剂，并用 0.1 mol/L 氢氧化钠溶液调节至红紫色（pH 约为 4.5）。此液放置时间不宜超过 1 周，如在使用过程中 pH 有变化，需随时用稀酸或稀碱调节。

3. 仪器和设备

（1）天平：感量 0.01 g。

（2）天平：感量 0.1 mg。

（3）恒温箱。

（4）扩散皿。

4. 分析步骤

（1）称取过 2 mm 筛的风干土样 1.00～2.00 g（精确至 0.01 g），均匀地平铺于扩散皿外室，在土壤外室内加 1 g 锌—硫酸亚铁还原剂平铺土样上（若为潜育土壤，不需要加还原剂）。同时试剂空白作参比。

（2）加 3.0 mL 20 g/L 硼酸—指示剂溶液于扩散皿内室。

（3）在扩散皿外室边缘上方涂碱性胶液，盖好毛玻璃并旋转数次，使毛玻璃与扩散皿边缘完全黏合。然后慢慢转开毛玻璃的一边，使扩散皿的一边露出一条狭缝，在此缺口加入 10.0 mL 1.8 mol/L 氢氧化钠溶液于扩散皿的外室，立即用毛玻璃盖严。由于碱性胶液的碱性很强，在涂胶液时，应细心，慎防污染室内造成误差。

（4）水平地轻轻转动扩散皿，使外室溶液与土样充分混合，然后小心地用两根橡皮筋交叉成十字形圈紧，使毛玻璃固定。放在恒温箱，于 40℃保温 24 h，此期间间歇地水平轻轻转动 3 次。

（5）用 0.01 mol/L 盐酸标准溶液滴定内室硼酸中吸收的氨量，颜色由蓝变紫红，即达终点。滴定时应用细玻璃棒搅动内室溶液，不宜摇动扩散皿，以免溢出，接近终点时可用玻璃棒少沾滴定管尖端的标准酸溶液，以防滴过终点。

（6）在样品测定同时进行试剂空白和标准土样的测定。

5. 结果计算

水解性氮含量的计算，见式（3-2-19）：

$$\omega_N = \frac{(V - V_0) \times c \times 14}{m \times k_1} \times 10^3 \tag{3-2-19}$$

式中：ω_N——水解性氮含量，mg/kg；

V——滴定样品所用盐酸标准溶液体积，mL；

V_0——滴定空白所用盐酸标准溶液体积，mL；

c——盐酸标准溶液的浓度，mol/L；

m——风干土样质量，g；

k_1——由风干土样换算成烘干土样的水分换算系数；

14——氮原子的摩尔质量，mg/mmol。

6. 允许偏差

表 3-2-3 允许偏差

测定值/（mg/kg）	允许偏差
＞200	相对偏差＜5%
200～50	绝对偏差 10～2.5 mg/kg
＜50	绝对偏差＜2.5 mg/kg

（青岛市环境监测中心站　谭丕功　鞠青）

三、钾

土壤中钾的形态分为四类：水溶性钾、交换性钾、缓效钾、矿物钾。水溶性钾和交换性钾都是作物能直接吸收利用的，因此称为速效钾。缓效钾是非交换性的，多存在于黏土矿物的层间，不易与溶液中的阳离子发生交换。矿物钾为矿物晶格中的钾，为无效钾。

钾不仅是植物生长发育所必需的营养元素，而且是肥料三要素之一。土壤中速效钾是最能反映土壤供钾能力的指标，尤其对当季作物而言，速效钾和作物吸钾量之间往往有比较好的相关性。缓效钾是速效钾的贮备，缓效钾量的多少，可以反映土壤较长时间的供钾潜力，是土壤供钾能力的一个重要指标。

测定速效钾的方法较多，凡是能通过交换作用代换钾的试剂，如 $NaNO_3$、NaOAc、$CaCl_2$、$BaCl_2$、NH_4NO_3 和 NH_4OAc 等，都可用来作为提取剂，但用不同浸提剂所得结果不一致。在没有火焰光度计的实验室，速效钾可以用硝酸钠溶液$[c(NaNO_3)=1 \text{ mol/L}]$提取四苯硼钠比色法测定，比色法优点是设备简单，测定快速，用分光光度计即可测定，特别适合野外速测。最常用的提取剂是中性的乙酸铵。用 NH_4^+ 作为 K^+ 的代换离子有其他离子不能取代的优越性，结果比较稳定，重现性好。

测定缓效钾的方法包括 1 mol/L 硝酸煮沸法、0.5 mol/L 或 0.7 mol/L 盐酸浸提法、1.4 mol/L 热硫酸或 6 mol/L 冷硫酸浸提法等酸提的方法，还有四苯硼钠法、离子交换树脂法和电超滤法等化学平衡提取的方法。用酸提的方法省时、省力、操作简单，因此得到广泛的应用。HCl 浸提法因试剂耗量大和测定结果变异系数较大等原因，目前已很少采用。H_2SO_4 提取法因浓硫酸稀释不方便及用冷 H_2SO_4 提取量较低等原因，应用也不普遍。最通用的方法是硝酸$[c(HNO_3)=1 \text{ mol/L}]$煮沸法。这种方法不仅浸提时间短，测定的变异系数低，而且与作物连续种植时的钾吸收量有很好的相关性。四苯硼钠法、树脂法和电超滤法更能反映土壤缓效钾的真实状态，但这些方法繁杂、耗时费力，并且要有特定的仪器，因此在大范围的测定中很少应用。

土壤中全钾的测定方法常用的有重量法、容量法、比色法、火焰光度计法和原子吸收分光光度法，现在多采用仪器分析方法，既快速、简便，又灵敏、准确。

（一）速效钾：火焰光度法（A）

本方法等效于《土壤速效钾和缓效钾含量的测定》（NY/T 889—2004）。

1. 方法原理

当中性乙酸铵溶液与土壤样品混合后，溶液中的 NH_4^+ 与土壤颗粒表面的 K^+ 进行交换，取代下来的 K^+ 和水溶性 K^+ 一起进入溶液。提取液中的钾可直接用火焰光度计测定。

2. 适用范围

本方法适用于各类土壤速效钾含量的测定。

3. 试剂和材料

除非另有说明，否则在分析中仅使用确认为分析纯的试剂。水为符合《分析实验室用水规格和试验方法》（GB 6682）规定的三级水标准。

（1）乙酸铵溶液，c（CH_3COONH_4）=1.0 mol/L。称取 77.08 g 乙酸铵溶于近 1 L 水中，用稀乙酸（CH_3COOH）或氨水（1+1）（$NH_3 \cdot H_2O$）调 pH 至 7.0，用水稀释至 1 L。该溶液不宜久放。

（2）钾标准溶液，ρ（K）=100 μg/mL。准确称取经 110℃烘 2 h 的氯化钾 0.190 7 g 溶于乙酸铵溶液中，并用该溶液定容至 1 L。

4. 仪器

（1）往复式振荡机：振荡频率满足 150～180 r/min。

（2）火焰光度计。

5. 分析步骤

（1）试样溶液制备。

称取通过 1 mm 孔径筛的风干土试样 5 g（精确至 0.01 g）于 200 mL 塑料瓶（或 100 mL 三角瓶）中，加入 50.0 mL 乙酸铵溶液（土液比为 1：10），盖紧瓶塞，在 20～25℃下，150～180 r/min 振荡 30 min，干过滤，滤液为土壤速效钾待测液。同时做空白试验。

（2）校准曲线绘制。

分别吸取 100 μg/mL 钾标准溶液 0，3.00，6.00，9.00，12.00，15.00 mL 于 50 mL 容量瓶中，用乙酸铵溶液定容，即为浓度 0，6，12，18，24，30 μg/mL 的钾标准系列溶液。以钾浓度为零的溶液调节仪器零点，用火焰光度计测定，绘制校准曲线，计算回归方程。

（3）钾的定量测定。

以钾浓度为零的溶液调节仪器零点，将土壤速效钾待测液直接在火焰光度计上测定。

6. 结果计算

土壤速效钾含量：

$$\omega_1 = \frac{\rho_1 \cdot V_1}{m_1} \qquad (3\text{-}2\text{-}20)$$

式中：ω_1——土壤速效钾的含量，mg/kg；

ρ_1——查校准曲线或回归方程得待测液中钾的浓度，μg/mL；

V_1——浸提剂体积，mL；

m_1——试样质量，g。

取平行测定结果的算术平均值为测定结果，结果取整数。

7. 精密度

平行测定结果的相对相差不大于 5%。

不同实验室测定结果的相对相差不大于 8%。

8. 注意事项

（1）含乙酸铵的钾标准溶液不能久放，以免长霉影响测定结果。

（2）若样品含量过高需要稀释时，应采用乙酸铵浸提剂稀释定容，以消除基体效应。

（江苏省农产品质量检验测试中心　邵劲松）

（二）速效钾：联合浸提—比色法（A）

本方法等效于《中性、石灰性土壤氨态氮、有效磷、速效钾的测定　联合浸提—比色法》（NY/T 1848—2010）和《酸性土壤铵态氮、有效磷、速效钾的测定　联合浸提—比色法》（NY/T 1849—2010）。

1. 方法原理

浸出液中的钾离子与四苯硼钠作用，生成稳定的四苯硼钾沉淀，使溶液变浑浊，在一定浓度范围内，吸光度与溶液中钾含量成正比，在 685 nm 波长下测定。

2. 适用范围

本方法适用于中性、石灰性和酸性土壤速效钾的快速测定，采用联合浸提—比色法测定土壤速效钾。本方法速效钾最低检出限为 0.45 mg/L，线性范围为 2.0～20.00 mg/L。

3. 试剂和材料

除非另有说明，否则在本方法中所用到且未在下列注明的试剂材料均同本篇"第二章一 （三）有效磷：联合浸提—比色法（A）"。

（1）速效钾掩蔽剂 A：ρ（$CuSO_4 \cdot 5H_2O$）=5 g/L，ρ（$C_4H_6O_6$）=12 g/L。称取硫酸铜（$CuSO_4 \cdot 5H_2O$）5.0 g，酒石酸（$C_4H_6O_6$）12.0 g，溶于约 500 mL 水中，加入浓硫酸 200.0 mL，冷却至室温后，转移到容量瓶中，用水定容至 1 L。

（2）速效钾掩蔽剂 B：ρ（EDTA 二钠）= 25 g/L。准确量取 500 mL 甲醛于 1 L 容量瓶中，另称取 25.0 g EDTA 二钠（$C_{10}H_{14}N_2O_8Na_2 \cdot 2H_2O$）溶于约 300 mL 水中，将后者转移至前者中，混匀后，加入 12.5 mL 三乙醇胺，用水定容至 1 L。

（3）速效钾助掩剂 A：ρ（EDTA 二钠）= 75 g/L。称取 EDTA 二钠（$C_{10}H_{14}N_2O_8Na_2 \cdot 2H_2O$）75.0 g、氢氧化钠（NaOH）130.0 g 溶于适量水中，冷却后，转移到容量瓶中，用水定容至 1 L。

（4）速效钾助掩剂 B：ρ（NaOH）=300 g/L。称取氢氧化钠（NaOH）300.0 g，溶于约 800 mL 水中，冷却至室温后，转移到容量瓶中，用水定容至 1 L。

（5）速效钾浊度剂：ρ[$NaB(C_6H_5)_4$] = 62.5 g/L。称取氢氧化钠（NaOH）8.0 g，溶于约 80 mL 水中，冷却后定容至 100 mL，即为 2 mol/L 氢氧化钠溶液，备用。另称取四苯硼钠 [$NaB(C_6H_5)_4$] 62.5 g，溶于约 900 mL 水中，加入 0.5 mL 已配成的 2 mol/L 氢氧化钠溶液，摇匀，转移到容量瓶中，用水定容至 1 L，过滤至溶液澄清。

4. 仪器和设备

同本篇第二章"一 （三）有效磷：联合浸提—比色法（A）"。

5. 分析步骤

（1）试样溶液制备。

同本篇第二章"一 （三）有效磷：联合浸提—比色法（A）"。

（2）速效钾的显色和测定。

①显色。

中性、石灰性土壤：吸取土壤联合浸提剂 I 2.0 mL 于一只玻璃瓶中作空白，吸取土壤混合标准溶液 I 2.0 mL 于另一只玻璃瓶中，吸取土壤浸提滤液 2.0 mL 于第三只玻璃瓶中，依次加入：土壤速效钾掩蔽剂 A 2 滴、土壤速效钾助掩剂 A 6 滴、土壤速效钾浊度剂 4 滴，摇匀，立即测定。

酸性土壤：吸取土壤联合浸提剂 II 2.0 mL 于一只玻璃瓶中作空白，吸取土壤混合标准溶液 II 2.0 mL 于另一只玻璃瓶中，吸取土壤浸提滤液 2.0 mL 于第三只玻璃瓶中，依次加入：土壤速效钾掩蔽剂 B 6 滴、土壤速效钾助掩剂 B 2 滴、土壤速效钾浊度剂 4 滴、摇匀，立即测定。

②测定。

将待测液分别转移到 10 mm 比色皿中，在 685 nm 波长下，以空白液调零，将标准液放入比色槽中进行测定。

6. 结果计算

（1）直读法。

中性、石灰性土壤：在浓度测定档将标准液调值设为 200.0，然后将待测液置入比色槽中，显示数值即为试样中速效钾含量（K_2O，mg/kg）。

酸性土壤：在浓度测定档将标准液调值设为 70.0，然后将待测液置入比色槽中，显示数值即为试样中速效钾含量（K_2O，mg/kg）。

（2）计算法。

在吸光度测定档分别测定标准溶液和待测液的吸光度值。

试样中速效钾的含量按以下公式计算。

中性、石灰性土壤：

$$速效钾（K_2O，mg/kg）= \frac{A_2}{A_1} \times 200.0 \qquad (3\text{-}2\text{-}21)$$

酸性土壤：

$$速效钾（K_2O，mg/kg）= \frac{A_2}{A_1} \times 70.0 \qquad (3\text{-}2\text{-}22)$$

式中：A_1——标准液的吸光度值；

A_2——待测液的吸光度值。

平均测定结果以算术平均值表示，精确到小数点后一位。

7. 精密度

平行测定结果的相对偏差≤10%。

8. 注意事项

（1）浸出液中如有 NH_4^+ 存在，则生成四苯硼铵白色沉淀，干扰钾的测定，用甲醛掩蔽，生成水溶性的稳定的六亚甲基四胺，消除 NH_4^+ 的干扰。浸出液中 Ca^{2+}、Mg^{2+} 等金属离子，在碱性溶液中会生成碳酸盐和氢氧化物沉淀，干扰测定，加 EDTA 掩蔽，生成稳定的水溶性的络合物，消除其干扰。

（2）用四苯硼钠比色法测钾应注意控制比色时的温度。温度过低，吸光值忽高忽低，极不规律，在 18～25℃能快速形成稳定的悬浊液，其吸光度与待测液钾含量呈正相关，符合郎伯—比尔定律。应将室温控制在 18～25℃，如室温过低，应将待测液用水浴加热。样品速效钾含量如太高，应将待测液稀释。

（3）悬浊液放置时间不宜过长，放置时间过长，悬浊液里的细小颗粒会以一定速度沉降，吸光度因而降低，影响方法的准确度。

（4）土壤速效钾的浸出量取决于浸提剂的阳离子种类，因此使用不同浸提剂提取，测定速效钾的结果也不一致，稳定性也不同。目前，国内外普遍采用的浸提剂是 1 mol/L 中性乙酸铵溶液，NH_4^+ 和 K^+ 半径相近，以 NH_4^+ 取代交换性 K^+，所得结果比较稳定，重现性好。用四苯硼钠比色法测定钾时，由于 NH_4^+ 有干扰，故选用 Na^+ 来代换 K^+，但此法精密度、准确度不够理想。因此，给出了联合浸提剂快速测定值与常规浸提测定值换算系数。

（5）联合浸提剂快速测定值与常规浸提测定值换算系数的制定方法：①采集 20 个以上代表性土壤样品，养分含量分布于高、中、低各个水平。②采用联合浸提剂对土壤样品进行浸提，用四苯硼钠比色法测定土壤速效钾，对同一土样进行平行测定，取平均值作为联合浸提快速测定结果。③以中性乙酸铵溶液浸提、火焰光度计法对土壤样品进行测试，取得常规测定土壤速效钾结果。④将两组数据进行相关性检验，确定换算系数。

（江苏省农产品质量检验测试中心　高芹　金雨洁）

（三）缓效钾：硝酸煮沸提取法（A）

本方法等效于《土壤速效钾和缓效钾含量的测定》（NY/T 889—2004）。

1. 方法原理

土壤以 1 mol/L 热硝酸浸提，用火焰光度计测定。这种酸提的钾中包含了样品中的速效钾（水溶性钾和交换性钾）和缓效钾，因此将酸溶液中钾含量减去速效钾含量后即为缓效钾含量。

2. 适用范围

适用于各类土壤缓效钾含量的测定。

3. 试剂和材料

所用试剂在未标明规格时，均为分析纯试剂。用水需符合 GB/T 6682 中三级水的规定。

（1）硝酸溶液，c（HNO_3）=1 mol/L。量取 62.5 mL 浓硝酸，稀释至 1 L。

（2）硝酸溶液，c（HNO_3）=0.1 mol/L。量取 100.0 mL 硝酸稀释至 1 L。

（3）钾标准溶液，ρ（K）=100 μg/mL。准确称取经 110℃烘 2 h 的氯化钾基准试剂 0.190 7 g 溶于水中，用水稀释至 1 L。

4. 仪器和设备

（1）火焰光度计。

（2）油浴、磷酸浴或电热消解仪。

5. 分析步骤

（1）试样溶液制备。

称取通过 1 mm 孔径筛的风干土样 2.5 g（精确至 0.01 g）于消煮管中，加入 25.0 mL 1 mol/L 硝酸溶液（土液比为 1∶10），轻轻摇匀，在瓶口插入弯颈小漏斗，放入温度为 130～140℃的油浴（磷酸浴或电热消解仪）中，于 120～130℃煮沸（从沸腾开始准确计时）10 min 取下，稍冷，趁热干过滤于 100 mL 容量瓶中，用 0.1 mol/L 硝酸溶液洗涤消煮管 4 次，每次 15 mL，冷却后用水定容，混匀，此为土壤缓效钾待测液。同时做空白试验。

（2）校准曲线绘制。

分别吸取 100 μg/mL 钾标准溶液 0，3.00，6.00，9.00，12.00，15.00 mL 于 50 mL 容量瓶中，加入 15.5 mL 1 mol/L 硝酸溶液，用水定容，即为浓度 0，6，12，18，24，30 μg/mL 的钾标准系列溶液。以钾浓度为零的溶液调节仪器零点，火焰光度计测定，绘制校准曲线，计算回归方程。

（3）钾的定量测定。

以钾浓度为零的溶液调节仪器零点，将土壤缓效钾待测液直接在火焰光度计测定。

6. 结果计算

土壤缓效钾含量：

$$\omega_2\,(\mathrm{mg/kg}) = \frac{\rho_2 \cdot V_2}{m_2} - \omega_1 \tag{3-2-23}$$

式中：ρ_2——查校准曲线或回归方程得待测液中钾的浓度，μg/mL；

V_2——测定时定容体积，mL；

m_2——试样质量，g；

ω_1——测定的速效钾含量，mg/kg。

取平行测定结果的算术平均值为测定结果，结果取整数。

7. 精密度

平行测定结果的相对偏差不大于 8%。

不同实验室测定结果的相对偏差不大于 15%。

8. 注意事项

（1）加热时温度要均匀，不要忽高忽低。煮沸时间要严格掌握，碳酸盐土壤加酸消煮时有大量的二氧化碳气泡产生，不要误认为沸腾。

（2）对某些富含有机质和碳酸盐的土壤，不宜加弯颈小漏斗，最好采用高型烧杯消煮，以防止消煮时悬液向上溢出。

（江苏省农产品质量检验测试中心　邵劲松）

（四）全钾：火焰光度计法（A）

本方法等效于《森林土壤全钾、全钠的测定》（LY/T 1254—1999）和《土壤全钾测定法》（NY/T 87—1988）。

1. 方法原理

土壤全钾样品的分解通常用酸溶和碱熔两种方法。酸溶法：将土壤中有机物先用硝酸和高氯酸加热氧化，然后用氢氟酸分解硅酸盐等矿物质，硅与氟形成四氟化硅逸去。继续加热至剩余的酸被赶尽，使矿质元素变成金属氧化物或盐类。碱熔法：采用氢氧化钠熔融法，土壤中有机物和各种矿物质在高温（720℃）及氢氧化钠熔剂的作用下被氧化和分解。土壤样品经酸溶和碱熔消解完全后，用盐酸溶液溶解残渣和融块，使钾转变为钾离子。经适当稀释后用火焰光度计测定溶液中的钾离子浓度，再换算为土壤全钾含量。

2. 适应范围

采用硝酸—高氯酸—氢氟酸酸溶法和氢氧化钠碱熔法对土壤样品进行分解，采用火焰光度法测定土壤全钾。

3. 试剂和材料

除非另有说明，否则在分析中仅使用确认为分析纯的试剂。水为符合《分析实验室用水规格和试验方法》（GB/T 6682）规定的三级水标准。

（1）盐酸溶液：c（HCl）= 3 mol/L。一份浓盐酸与三份水混匀。

（2）盐酸溶液：c（HCl）= 6 mol/L。一份浓盐酸与一份水混匀。

（3）钾标准溶液：ρ（K^+）= 1 000 mg/L。准确称取在110℃烘2 h的氯化钾（基准试剂）1.907 g，用水溶解后定容至1 L，混匀，贮于塑料瓶中。

（4）硼酸溶液：ρ（H_3BO_3）= 20 g/L。称取20.0 g硼酸溶于水，稀释至1 L。

4. 仪器和设备

（1）火焰光度计。

（2）电热板或电热消解仪：温度可调。

（3）高温炉：室温至900℃温度可调。

5. 分析步骤

（1）试样溶液制备。

①硝酸—高氯酸—氢氟酸酸溶法。

称取通过0.149 mm孔径筛的风干土样0.1 g，精确到0.000 1 g，盛入聚四氟乙烯坩埚中，加入硝酸3 mL、高氯酸0.5 mL。将坩埚加盖后置于电热板（或电热消解仪）上，于通风橱中加热至硝酸被赶尽，部分高氯酸分解，出现大量白烟，当样品成糊状时取下冷却。用塑料移液管加氢氟酸5 mL，再加高氯酸0.5 mL，置于200～225℃电热板上加热使硅酸盐等矿物质分解，取下坩埚盖，继续加热至剩余的氢氟酸和高氯酸被赶尽。停止冒白烟时，取下冷却。加3 mol/L盐酸溶液10 mL，继续加热至残渣溶解。取下冷却，加硼酸溶液2 mL。用水定量转入100 mL容量瓶中，定容，混匀。此为土壤酸溶全钾消解液。同时做空白试验。

②氢氧化钠碱熔法。

称取通过0.149 mm孔径筛的风干土样0.2 g，精确到0.000 1 g，盛入镍坩埚（或银坩埚）中，加5滴无水乙醇使土壤润湿。加2 g氢氧化钠使之平铺于土壤表面，暂时放入干燥器中，以防吸湿。待一批样品加完氢氧化钠后，将坩埚放入高温炉中，使炉温升至400℃，关闭电源15 min，以防坩埚内容物溢出。再继续升温至720℃，保持15 min，关闭电源，打开炉门，待炉温降至400℃以下后，取出坩埚，稍冷观察熔块，应成淡蓝色或

蓝绿色（若显棕黑色，表示分解不完全，应再熔一次）。加入温度约为 80℃ 的水约 10 mL，放置冷却，使熔块分散。将分散物用水转入 100 mL 容量瓶中，用 6 mol/L 盐酸溶液 20 mL 分两次洗涤坩埚。再用水洗涤坩埚数次，洗涤液全部转入容量瓶，冷却后用水定容，混匀，过滤，滤液为土壤碱熔全钾消解液。同时做空白试验。

（2）校准曲线绘制。

准确吸取 1 000 mg/L 钾标准溶液 10 mL 于 100 mL 容量瓶中，用水稀释定容，混匀。此为 100 mg/L 钾标准液。吸取 100 mg/L 钾标准液 0，2.00，5.00，10.00，15.00，20.00，25.00 mL 于 50 mL 容量瓶中，加入与吸取消解液等量体积的空白试液，用水定容，摇匀，即得 0，4，10，20，30，40，50 mg/L 钾标准系列溶液。用钾标准系列零浓度溶液调节仪器零点，进行测定，绘制校准曲线，计算回归方程。

（3）钾的定量测定。

吸取 5.00～10.00 mL 土壤消解液（钾离子浓度控制在 10～30 mg/L）于 50 mL 容量瓶中，用水定容，摇匀，用钾标准系列零浓度溶液调节仪器零点，进行测定，从校准曲线或回归方程计算出待测液中钾的浓度。

（4）另外称取土样按本篇第一章"二、干物质和水分"相关内容测定土壤水分含量。

6. 结果计算

$$\text{全钾 （\%）} = \rho \times \frac{V_1}{m} \times \frac{V_3}{V_2} \times 10^{-4} \times \frac{100}{100 - H} \qquad (3\text{-}2\text{-}24)$$

式中：ρ——查校准曲线或回归方程得待测液中钾的浓度，mg/L；

V_1——消解液定容体积，mL；

V_2——消解液吸取量，mL；

V_3——待测液定容体积，mL；

m——风干土称样量，g；

10^{-4}——由 mg/L 换算为百分数的系数；

$\dfrac{100}{100 - H}$——以风干土计换算成以烘干土计的系数，H 为风干土水分含量百分数。

平行测定结果以算术平均值表示，保留小数点后两位。

7. 精密度

平行测定结果的绝对允差不超过 0.05%。

8. 注意事项

（1）土壤样品酸消解时，应先加高氯酸，再加氢氟酸。若先加氢氟酸，由于它易与样品激烈作用，会引起溅失。待测液中不能有氟离子存在，否则影响测定结果。因此，当第二次加高氯酸时，应沿坩埚四壁加入，以洗净坩埚壁上可能存在的氟离子。

（2）消解完全的标准是当第二次加入氢氟酸后，在高氯酸刚冒白烟时，坩埚内容物应清晰见底。若有沉淀物，应再加氢氟酸—高氯酸重新处理。在赶尽高氯酸过程中应注意控制温度不宜太高，以防聚四氟乙烯坩埚烧变形或烧漏。

（3）用氢氧化钠碱熔法分解样品时，土壤和氢氧化钠的比例一般为 1∶8，当土壤用量增加时，氢氧化钠用量也需相应增加。氢氧化钠碱熔法操作方便，分解也较为完全，土壤中难溶的硅酸盐和磷酸盐转变成可溶性的化合物，用稀酸溶液溶解熔融物，此消解液可同

第三篇 理化指标与肥力测定

· 194 ·

时测定土壤全钾和全磷。

（4）在测定全钾时所用的试剂尽可能少接触玻璃器皿，特别是软质玻璃，以防止玻璃器皿上的杂质进入待测液中。若待测液不能立刻测定，应将其保存在塑料瓶中。

（江苏省农产品质量检验测试中心　郝国辉）

四、钠

钠（Na）是土壤及植物中的重要元素，钠含量的高低对植物的生长具有重要作用。一方面，钠是植物生长的营养元素，施钠对作物增产作用明显；另一方面，若钠含量过高，会引起土壤盐碱化，对植物的生长造成胁迫。

测定土壤中的钠含量，对改良土壤、提高农作物产量具有重要意义。钠的测定多采用火焰光度法和火焰原子吸收光谱法。采用火焰光度法测定土壤中的全钠，具有简便、快速、准确，提取比较完全等优点。

土壤交换性钠是划分碱土的重要依据，通常以土壤交换性钠的数量占土壤交换总量的百分比表示盐碱土的碱化程度。苏联通常将碱化度大于 25% 的土壤称为碱土，美国则将碱化度大于 15% 的土壤称为碱土。

测定土壤交换性钠的方法较多，石膏 EDTA 法、石灰法和碳酸氢钙法都采用容量法或重量法，操作手续烦琐，干扰因素和限制条件较多，且不适合测定含石膏的土壤。乙酸铵—氢氧化铵交换法测定土壤交换性钠，简便、快速、准确性高、再现性强等。

（一）全钠：火焰光度法（A）

本方法等效于《土壤含全量钙、镁、钠的测定》（NY/T 296—1995）和《森林土壤全钾、全钠的测定》（LY/T 1254—1999）。

1. 方法原理

利用氢氟酸—高氯酸消解法消煮土壤样品，使土壤样品中的钠形成高氯酸盐类，利用盐酸溶解残渣，成为可溶性的氯化物，制成钠的待测液。待测液被雾化形成细小的颗粒，在火焰的高温下分解成钠和氯原子，并被激发而产生特征波长（589 nm）的原子光谱线，在选择的最佳测定条件下，钠的光谱强度与待测液中钠的浓度成定量关系。

2. 适用范围

本方法适用于土壤中全钠的测定，对于不具备氢氟酸—高氯酸消解法条件时，土壤试样中全钠的测定，可采用碳酸锂—硼酸、石墨粉坩埚熔融法（见"附录"）。

3. 试剂和材料

本方法所用试剂除非另有说明，否则分析时均使用符合国家标准的分析纯化学试剂，实验用水为新制备的去离子水。

（1）硝酸：ρ（HNO_3）=1.42 g/mL。

（2）高氯酸：ρ（$HClO_4$）=1.67 g/mL。

（3）氢氟酸：不少于 40%。

（4）3 mol/L 盐酸溶液：一份盐酸（ρ=1.19 g/mL）与三份水混合。

（5）20 g/L 硼酸溶液：20.0 g 硼酸溶于水，稀释至 1 L。

（6）2 mol/L 硝酸溶液：一份硝酸与七份水混合。

（7）钠标准贮备溶液：1 000 mg/L，准确称取 2.542 1 g 预先在 105℃烘过 4～6 h 的氯化钠（基准试剂），溶于水中，定容至 1 L，贮于塑料瓶中。

4. 仪器和设备

（1）土壤筛：孔径 1 mm 和 0.149 mm。

（2）玛瑙研钵：直径 8～12 cm。

（3）聚四氟乙烯坩埚：溶剂不小于 30 mL。

（4）电热沙浴或铺有石棉布的电热板：温度可调。

（5）分析天平：感量 0.000 1 g。

（6）火焰光度计。

5. 试样制备

取通过 1 mm 筛孔的风干土样（50～1 000 g），在牛皮纸上铺成薄层，划分成许多小方格，用小勺在每个方格中取出等量土样（总量不少于 20 g），在玛瑙研钵中进一步研磨，使其全部通过 0.149 mm 孔径筛。混匀后装入磨口瓶中备用。

6. 分析步骤

（1）样品消解。

称取通过 0.149 mm 孔径筛风干土样 0.500 0 g，精确到 0.000 1 g，小心放入聚四氟乙烯坩埚中，加硝酸 15 mL，高氯酸 2.5 mL，置于电热沙浴或铺有石棉布的电热板上，在通风橱中消煮至微沸，待硝酸被赶尽、部分高氯酸分解出大量的白烟、样品成糊状时，取下冷却。加氢氟酸 5 mL，再加高氯酸 0.5 mL 置于 200～225℃沙浴上加热，待硅酸盐分解后，继续加热至剩余的氢氟酸和高氯酸被赶尽，停止冒白烟时取下冷却。加 3 mol/L 盐酸溶液 10 mL，继续加热至残渣溶解（如残渣溶解不完全，应将溶液蒸干，再加氢氟酸 3～5 mL、高氯酸 0.5 mL 继续消解），取下冷却，加 20 g/L 硼酸溶液 2 mL，用水定量转入 250 mL 容量瓶中，定容，此为土壤消解液。同时按上述方法制备试剂空白溶液。

（2）工作曲线绘制。

准确吸取 1 000 mg/L 钠标准贮备溶液 10 mL，移入 100 mL 容量瓶中，用水稀释定容，此为 100 mg/L 钠标准工作溶液。根据所用仪器对钠的线性检测范围，将 100 mg/L 钠标准工作液用水分别稀释成下列标准系列溶液。

分取 100 mg/L 钠标准工作溶液 0，5，10，20，30 mL 于 5 个 100 mL 容量瓶中，分别加入 2 mol/L 硝酸溶液 10 mL，用水定容。此标准系列溶液含钠 0，5，10，20，30 mg/L。用火焰光度法测定钠。根据测定值绘制钠工作曲线。

（3）钠的测定。

取一定量的土壤消解液，用水稀释至钠离子浓度相当于钠标准系列溶液的浓度范围，此为土壤待测液。定容前在钠待测液中加入 2 mol/L 硝酸溶液 10 mL，使土壤待测液的酸度达到 0.126%～0.200%、然后按仪器说明书进行测定。用标准系列溶液中的钠浓度为零的溶液调仪器零点，测定钠待测液及空白试验溶液的火焰光度显示值。减去空白试验值后，由工作曲线查出待测液钠的相应浓度。

（4）另外称取土样，测定土壤水分含量。

（5）每份土样作不少于两次的平行测定。

7．结果计算

（1）计算方法和公式。

土壤全钠含量以 g/kg 表示，烘干土重按式（3-2-25）进行计算。

$$全钠 = c \times \frac{V_1}{m(1-H)} \times \frac{V_3}{V_2} \times 10^{-3} \quad\quad (3\text{-}2\text{-}25)$$

式中：c——由工作曲线查得土壤待测液的钠浓度，mg/L；

$\quad\quad V_1$——消解液定容体积，mL；

$\quad\quad V_2$——消解液吸取量，mL；

$\quad\quad V_3$——待测液定容体积，mL；

$\quad\quad m$——称样质量，g；

$\quad\quad 10^{-3}$——由 mg/L 浓度单位换算为 g/kg 的换算因数；

$\quad\quad 1-H$——将风干土样变换为烘干土的转换因数；

$\quad\quad H$——风干土样中水分含量百分率；

用平行测定结果的算术平均值表示，小数点后保留一位。

（2）重复性。

当测定值＞30 g/kg 时，相对偏差≤3%；当测定值为 10～30 g/kg 时，相对偏差≤5%；当测定值＜10 g/kg 时，相对偏差≤10%。

附录：碳酸锂—硼酸、石墨粉坩埚熔融法

1 原理

土壤中的有机物和各种矿物在高温及碳酸锂—硼酸或偏硼酸锂熔剂的作用下被氧化和分解，转变成氧化物和盐类，用硝酸溶液溶解熔块，使钠转化为离子态。用火焰光度法测定钠的离子浓度，再换算为全钠的含量。

2 试剂

所有试剂除注明者外，均为分析纯试剂，实验用水均为去离子水。

2.1 石墨粉（光谱纯）。

2.2 碳酸锂—硼酸混合熔剂（1∶2）：称取 50 g 碳酸锂和 100 g 硼酸，置于玛瑙研钵内、研磨成粉状，贮于塑料瓶中备用。

2.3 4%（v/v）硝酸溶液：吸取 40 mL 硝酸（ρ=1.42 g/mL）于 1 000 mL 容量瓶中，用水定容。

2.4 50 mg/L 锂溶液：称取 1.395 0 g 偏硼酸锂于 1 000 mL 容量瓶中，用水定容。

2.5 钠标准贮备溶液：见 3-（7）。

3 仪器和设备

3.1 土壤筛：同 4-（1）。

3.2 玛瑙研钵：同 4-（2）。

3.3 瓷坩埚：容积大于 30 mL。

3.4 马弗炉：室温至 1 200℃可调。

3.5 磁力加热搅拌器。

3.6 分析天平：见 4-（5）。

3.7　原子吸收分光光度计。

3.8　火焰光度计。

4　试样制备

同"5.试样制备"。

5　分析步骤

5.1　样品熔融

置石墨粉于瓷坩埚内，装满后移入 900℃ 高温马弗炉内。烧灼 30 min，取出冷却，用平头玻棒压一空穴。

称取通过 0.149 mm 孔径的风干土样 0.500 0 g（精确到 0.000 1 g）。置于直径为 9 cm 的定量滤纸上，与 3.75 g 碳酸锂—硼酸混合熔剂或 3.75 g 无水偏硼酸锂充分混匀，捏成小团。放入已烧灼过的瓷坩埚内衬石墨粉的空穴中，移入马弗炉内，逐渐升温至 950℃，保持 20 min 后关闭电源，然后取出坩埚，趁热将熔块投入盛有 100 mL 4%硝酸溶液的烧杯中，在磁力加热搅拌器上搅拌到完全溶解为止。将溶液过滤到 250 mL 容量瓶中，用 4%硝酸溶液）分次洗烧杯和滤器，洗液收入容量瓶中，再加 4%硝酸溶液定容，此为土壤熔融液。

同时，按上述方法制备试剂空白溶液。

5.2　工作曲线绘制

准确吸取 1 000 mg/L 钠标准贮备溶液 10 mL，移入 100 mL 容量瓶中，用水稀释定容，此为 100 mg/L 钠标准工作溶液。根据所用仪器对钠的线性检测范围，将 100 mg/L 钠标准工作溶液用 4%硝酸溶液稀释成不少于三种浓度的标准系列溶液。

分取 100 mg/L 钠标准工作溶液 0，5，10，20，30 mL 于 5 个 100 mL 容量瓶中，加 50 mg/L 锂溶液 10 mL，使标准系列溶液含锂 5 mg/L，用 4%硝酸溶液定容，此标准系列溶液含钠 0，5，10，20，30 mg/L。

用火焰光度法测定钠。根据测定值绘制钠工作曲线。

5.3　钠的测定

同 6-（3）。

5.4　另外称取土样，按 GB 7121 测定土壤水分含量。

5.5　每份土样作不少于两次的平行测定。

6　分析结果的表述

6.1　计算方法和公式

同 7-（1），用熔融液代替消解液。

6.2　重复性

同 7-（2）。

（农业农村部环境保护科研监测所　穆莉）

（二）交换性钠：乙酸铵—氢氧化铵交换法（A）

本方法等效于《碱化土壤交换性钠的测定》（LY/T 1248—1999）。

1. 方法原理

土壤经乙醇和乙二醇—乙醇溶液洗去水溶性盐后，用 pH= 9 的乙酸铵—氨水溶液作交换剂，把土壤吸收复合体上的交换性钠离子交换到溶液中，用火焰光度计测定。pH= 9 的交换剂可抑制碳酸钙的溶解，并可避免用火焰光度计测定钠时钙离子的干扰。

2. 适用范围

采用乙酸铵—氢氧化铵交换—火焰光度法测定碱化土壤交换性钠的方法。适用于碱化土壤交换钠的测定。

3. 试剂

（1）1∶1乙醇溶液：1份乙醇（化学纯）与1份水混合。

（2）1∶4乙二醇—乙醇溶液：20 mL乙二醇（化学纯）与80 mL无水乙醇（化学纯）混合。

（3）1 mol/L乙醇铵—氨水溶液（pH=9.0）：77.09 g乙醇铵（CH_3COONH_4，化学纯）加水溶解，用浓氨水调pH至9，稀释至1 L。

（4）1 000 μg/mL钠（Na）标准溶液：2.542 1 g（NaCl，分析纯，经105℃烘干4 h）用乙醇铵—氨水溶液溶解，并定容至1 L。

（5）Na标准系列混合溶液：分别吸取1 000 μg/mL钠（Na）标准溶液，用乙醇铵—氨水溶液稀释成含钠（Na）5，10，20，30，50 μg/mL的标准系列溶液，标准溶液中必须含有3 mL 0.1 mol/L硫酸铝。

（6）0.1 mol/L硫酸铝溶液：34 g硫酸铝[$Al_2(SO_4)_3$或66 g $Al_2(SO_4)_3·18H_2O$]，用水稀释至1 L。

4. 仪器

火焰光度计。

5. 分析步骤

（1）试样制备。

称取风干土样（过2 mm孔径筛）2.0～5.0 g，放在50 mL烧杯中，先用50℃温热的1∶1乙醇以倾泻法洗涤过滤2～3次，然后把土样洗到铺有细孔滤纸的漏斗中，继续用1∶4乙二醇—乙醇溶液洗至没有钠离子为止，弃去滤液。洗去水溶液盐的土样再用pH=9.0的乙酸铵—氨水溶液进行交换淋洗，滤液盛接于100 mL容量瓶中，洗到近刻度，加入3 mL 0.1 mol/L硫酸铝溶液后定容待测定。

（2）标准曲线绘制。

将配制好的钠标准系列混合溶液，以最大浓度为火焰光度计上检流计的满度，然后从稀到浓依次进行测定，记录检流计读数，以检流计读数为纵坐标，钠浓度（μg/mL）为横坐标，绘制工作曲线。

（3）样品测定。

取上述待测液，直接在火焰光度计上测定钠，记录检流计读数，并从工作曲线上查得待测液的钠浓度（μg/mL）。

6. 结果计算

$$b(Na, exch) = \frac{C \times V}{m_1 \times K_2 \times 230 \times 10^3} \times 1\,000 \qquad (3-2-26)$$

式中：b（Na，exch）——交换性钠含量，$cmol(Na^+)/kg$；

c——工作曲线上查得钠（Na）的浓度，μg/mL；

V——测读溶液体积，100 mL；

m_1——风干土样质量，g；

K_2——将风干土样换算成烘干土样的水分换算系数；

230——钠离子（Na^+）的摩尔质量，mg/cmol。

7. 允许偏差

按表 3-2-4 规定。

表 3-2-4　允许偏差

测定值/（cmol(+)/kg）	绝对偏差/（cmol(+)/kg）
>30	>3
30～10	3～1
10～1	1～0.2
<1	<0.2

8. 注意事项

（1）黏重的土壤或碱化度高的土壤可称 2.0 g，砂质土壤称 5.0 g。

（2）用 50℃1∶1 乙醇洗去碳酸钠、碳酸氢钠、氯化钠和大部分硫酸钠等水溶性钠盐，开始时因有一定量的游离钠离子存在，不致引起交换性钠离子的洗失，但洗的次数不宜太多，盐分小于 10 g/kg 的土壤洗 1～2 次，盐分大于 10 g/kg 的土壤洗 3～5 次，洗到后来因游离钠离子减少，故须换用乙二醇—乙醇溶液淋洗。如土壤水溶盐小于 10 g/kg，也可把土壤直接放在铺有细孔滤纸的漏斗中，用 50℃ 1∶1 乙醇及 1∶4 乙二醇—乙醇溶液淋洗。乙醇加热的方法：把 1∶1 的乙醇灌入洗瓶中，在热水浴上使之升温，切不可直接在电炉上加热，以保安全。

（3）可以用电导检查（电导率需小于 20 μS/cm），也可以用 pNa 计或火焰光度计检查到无钠离子。

（4）经试验，用少量多次淋洗法，洗到近 100 mL 已可将交换性钠离子交换完全。也可用火焰光度法检查至无钠离子为止。

（5）样品中如有石膏，则不能用乙醇洗除，交换时有相当多的钙离子进入浸出液，为此，浸出液及标准系列溶液中均应加入 3 mL 0.1 mol/L 硫酸铝[$Al_2(SO_4)_3$]溶液，以抑制钙离子的干扰。

（农业农村部环境保护科研监测所　穆莉）

第三章 其他指标

一、硫酸盐

硫酸盐在自然界中分布广泛，在土壤和岩石中常以微溶或不溶的矿物盐形式存在。硫酸盐对植物的影响主要来源于两个方面：一是改变土壤 pH，影响植物根系对其他矿物盐和微量元素的吸收；二是直接影响植物对硫元素的吸收和利用。硫酸盐在土壤重金属污染的迁移和转化过程中起着至关重要的作用。

（一）重量法（A）

本方法等效于《土壤 水溶性和酸溶性硫酸盐的测定 重量法》（HJ 635—2012）。

1. 方法原理

用去离子水或稀盐酸提取土壤中的硫酸盐，提取液经慢速定量滤纸过滤后，加入氯化钡溶液，提取液中的硫酸根离子转化为硫酸钡沉淀。沉淀经过滤、烘干、恒重，根据硫酸钡沉淀的质量计算土壤中水溶性和酸溶性硫酸盐的含量。

2. 适用范围

适用于风干土壤中水溶性和酸溶性硫酸盐的测定。测定水溶性硫酸盐，当试样量为 10.0 g、采用 50 mL 水提取时，本方法的检出限为 50.0 mg/kg，测定范围为 200～5.00×10^3 mg/kg；当试样量为 50.0 g、采用 100 mL 水提取时，本方法的检出限为 20.0 mg/kg，测定范围为 80.0～1.00×10^3 mg/kg。测定酸溶性硫酸盐，当试样量为 2.0 g 时，本方法的检出限为 500 mg/kg，测定范围为 2.00×10^3～2.50×10^4 mg/kg。

3. 干扰及消除

（1）当提取液中硝酸根、磷酸根和二氧化硅浓度分别大于100 mg/L、10 mg/L 和2.5 mg/L 时，产生正干扰；铬酸根、三价铁离子和钙离子浓度分别大于10 mg/L、50 mg/L 和100 mg/L 时，产生负干扰。可以通过适当稀释提取液使干扰物浓度低于控制浓度，来消除干扰。

（2）样品中的硫化物会对酸溶性硫酸盐的测定产生正干扰。消除方法：取 20 mL 盐酸溶液于 500 mL 烧杯中，加热至沸腾。停止加热，边搅拌边加入 2 g 制备好的土壤试样，再继续酸提取操作。

（3）提取液中的有机物含量过高（即高锰酸盐指数＞30 mg/L）可能由于共沉淀的吸附作用而干扰测定。消除方法：将一定体积的试料移至铂蒸发皿中，加入 2 滴甲基橙溶液，用盐酸溶液或氢氧化钠溶液中和至 pH 为 5～8，再加入 2.0 mL 盐酸溶液，将蒸发皿放置水浴中蒸至近干，然后加入 5 滴氯化钠溶液，蒸干。将蒸发皿移至马弗炉中，在 700℃下加热 15 min，至蒸发皿完全红热且内容物成灰。将蒸发皿冷却后用 10 mL 水湿润灰渣，加入 5 滴盐酸溶液，置于沸水浴中蒸干，然后缓慢冷却，再加入 10 mL 水后全部转移至 500 mL 烧杯中，待测。

4. 试剂和材料

除非另有说明，否则分析时均使用符合国家标准的分析纯试剂，实验用水为电导率小于 0.2 mS/m（25℃时测定）的去离子水。

（1）浓盐酸：ρ（HCl）=1.12 g/mL。

（2）乙醇：ϕ（CH_3CH_2OH）=95%。

（3）氨水：ρ（$NH_3 \cdot H_2O$）=0.88 g/mL。

（4）硝酸：ρ（HNO_3）=1.39 g/mL。

（5）无水碳酸钠（Na_2CO_3）。

（6）乙二胺四乙酸二钠（$Na_2EDTA \cdot 2H_2O$）。

（7）乙醇胺（$NH_2CH_2CH_2OH$）。

（8）氯化钠溶液：ρ（NaCl）=100 g/L。

称取 10 g 氯化钠溶于水中，稀释至 100 mL。

（9）盐酸溶液：c（HCl）=6 mol/L。

量取 500 mL 浓盐酸溶于水中，稀释至 1 L。

（10）氯化钡溶液：ρ（$BaCl_2$）=100 g/L。

称取 100 g 氯化钡（$BaCl_2 \cdot 2H_2O$）溶于约 800 mL 水中，必要时加热助溶，冷却后稀释至 1 L。

（11）氢氧化钠溶液：c（NaOH）=5 mol/L。

称取 200 g 氢氧化钠溶于 1 000 mL 水中，于聚乙烯瓶中保存。

（12）甲基橙溶液：ρ=1 g/L。

称取约 0.1 g 甲基橙溶于 50 mL 水中，加热助溶，冷却后稀释至 100 mL。于玻璃滴瓶中保存。

（13）硝酸银溶液：c（$AgNO_3$）=0.1 mol/L。

称取 17 g 硝酸银溶于约 800 mL 水中，稀释至 1 L。棕色瓶中避光保存。

（14）氨水溶液：1+1。

（15）坩埚洗液。

称取 5 g 乙二胺四乙酸二钠，并量取 25 mL 乙醇胺溶于 1 L 水中。

（16）定量滤纸：慢速，Φ12.5 cm。

（17）红色石蕊试纸。

5. 仪器和设备

（1）土壤前处理器具：木锤、土壤粉碎机、研钵、样品筛（2 mm、0.25 mm）等。

（2）玻璃容器：能够盛装 10 g、50 g 和 200 g 的磨口玻璃容器。

（3）天平：精度分别为 0.1 g 和 0.000 1 g。

（4）振荡器：振荡频率可达 360 r/min。

（5）真空抽滤装置：真空泵、缓冲瓶、500 mL 接收瓶等。

（6）恒温箱。

（7）干燥器：无水变色硅胶。

（8）带盖聚乙烯瓶：250 mL。

（9）瓷漏斗（布氏漏斗）：直径为 100 mm。

（10）具塞比色管：10 mL。

（11）玻璃砂芯漏斗（玻璃熔结坩埚）：容积 30 mL 和 G4 孔径。使用前在坩埚洗液中浸泡过夜，用水反复抽滤洗涤。用前烘干至恒重。恒重方法：在（105±2）℃下烘干 1 h 并在干燥器内冷却，准确称重。反复烘干，每次烘干 10 min，干燥器内冷却至室温，直至两次最近的质量差在 0.000 2 g 以内，记录玻璃砂芯漏斗最后质量。

（12）铂蒸发皿：250 mL。

（13）马弗炉：温度可达 900℃。

（14）水浴锅：温度可达 100℃。

6. 样品

（1）试样制备。

风干后的样品过 2 mm 筛，用四分法缩分土样制得一份约为 200 g 的样品。过 0.25 mm 筛，进一步缩分约 50 g（用于 1∶2 土水比水溶性硫酸盐的测定）或约 10 g（用于 1∶5 土水比水溶性硫酸盐和酸溶性硫酸盐的测定）的试样。将试样放在适合的容器中，在不超过 40℃下干燥，直至试样每隔 4 h 称重的质量差应小于 0.1%（m/m），并于干燥器内冷却。

注：①如过 2 mm 筛截留下来的材料含有石膏块应手工捡出，粉碎后过 2 mm 筛合并到已过筛的筛分中。

②可使用其他缩分法缩分土壤样品。

（2）试料制备。

①以 1∶5 土水比提取水溶性硫酸盐。称取 10 g 试样于 250 mL 聚乙烯瓶中，加入 50 mL 水，拧紧瓶盖，置于振荡器上，在 20～25℃下以 150～200 r/min 振荡提取 16 h。使用慢速定量滤纸，在布氏漏斗上过滤提取液至 500 mL 接收瓶，转移至 50 mL 比色管中，记录提取液的体积，待测。

②以 1∶2 土水比提取水溶性硫酸盐。称取 50 g 试样于 250 mL 聚乙烯瓶中，加入 100 mL 水，拧紧瓶盖，置于振荡器上，在 20～25℃下以 150～200 r/min 振荡、提取 16 h。使用慢速定量滤纸，在布氏漏斗上过滤提取液至 500 mL 接收瓶，转移至 100 mL 比色管中，记录提取液的体积，待测。

③酸溶性硫酸盐的提取。称取 2 g 试样于 500 mL 烧杯中，缓慢加入 100 mL 盐酸溶液。在烧杯上盖上表面皿，在通风橱中加热至沸腾，小火煮沸 15 min。然后用适量水润洗表面皿内侧，在沸腾状态下加数滴硝酸。边搅拌边用移液管缓慢逐滴加入氨水溶液，直至出现红褐色氧化物沉淀并使红色石蕊试纸变蓝。使用慢速定量滤纸，在布氏漏斗上过滤提取液至 500 mL 接收瓶中，并用水洗滤纸直到滤液无氯离子（即加一滴滤液于盛有少量硝酸银溶液的比色管，溶液无沉淀显示）。收集所有滤液，用量筒量取体积，记录提取液的体积。将提取液转移至 500 mL 玻璃或塑料试剂瓶中待测。

注：①在加入盐酸溶液过程中，应确保无溅出。

②当加入氨水中和酸时产生大量絮积的氧化物沉淀，一些硫酸盐可能裹杂其中而没能被清洗出来。在这种情况下，建议二次沉淀。即小心将带有沉淀的滤纸于原先的烧杯上，加入至少 20 mL 盐酸溶液搅拌直到红褐色氧化物沉淀溶解，按照 6-（2）-③步骤进行加热、过滤，滤液合并于 6-（2）-③提取液。

③收集的所有提取液体积不应超过 200 mL。

过滤后的提取液如不能及时测定，应贮存于玻璃或聚乙烯瓶中，在 2～5℃下保存时间不超过 1 周。样品瓶应完全隔绝空气，以防止硫化物和亚硫酸盐的氧化。

（3）空白试样制备。

不加入试样，按照6-（2）试料制备相同步骤制备空白试样。

7. 分析步骤

（1）酸化煮沸。

分别移取 10～200 mL 适量试料 6-（2）、6-（3）于 500 mL 烧杯中，试料中硫酸根离子含量不应超过 50 mg。记录试料的准确体积，用水稀释至 200 mL。加入 2～3 滴甲基橙溶液，用盐酸溶液或氢氧化钠溶液中和至 pH 为 5～8，再加入 2.0 mL 盐酸溶液，煮沸至少 5 min。如煮沸后溶液澄清，继续6-（2）步骤。如出现不溶物，用慢速定量滤纸趁热过滤混合物并用少量热水冲洗滤纸，合并滤液及洗液于 500 mL 烧杯中，再继续6-（2）步骤。

注：如怀疑过滤的不溶物中的沉淀含有可溶态的硫酸盐，可按注意事项 10-（1）操作。

（2）沉淀。

用吸管向上述煮沸的溶液中缓慢加入约 80℃ 的 5～15 mL 氯化钡溶液，再加热该溶液至少 1 h，冷却后放置于（50±10）℃恒温箱内沉淀过夜。

（3）过滤。

将恒重的玻璃砂芯漏斗装在抽滤瓶上，小心抽吸过滤沉淀，同时用橡皮套头的玻璃棒搅起烧杯中的沉淀，用去离子水反复冲洗烧杯，将所有洗液并入玻璃砂芯漏斗中，冲洗砂芯漏斗的沉淀物至无氯离子。

注：最后 3 次可以用 5 mL 乙醇冲洗砂芯漏斗中的沉淀，缩短干燥时间。

滤液中氯离子的测定方法：向 10 mL 比色管中加入 5 mL 硝酸银溶液，再加入抽滤瓶中的 5 mL 过滤洗涤液。如无浑浊产生，则确信沉淀中无氯离子，否则应继续冲洗沉淀。

（4）干燥。

取下玻璃砂芯漏斗，按 5-（11）中方法烘干恒重，记录最后玻璃砂芯漏斗的质量。

（5）空白试验。

移取与试料体积相同的空白试料，按照6-（1）～6-（3）步骤，测定空白试料中硫酸盐的含量。计算抽滤后干燥恒重的玻璃砂芯漏斗与抽滤前的质量差值。

8. 结果计算与表示

样品中水溶性或酸溶性硫酸盐的含量ω（mg/kg），按照式（3-3-1）进行计算。

$$\omega = \frac{(m_2 - m_1 - m_0) \times 0.411\,6 \times 10^6 \times V_E}{m_s \times V_A} \qquad (3\text{-}3\text{-}1)$$

式中：ω——样品中水溶性或酸溶性硫酸盐的含量，mg/kg；

m_0——空白试料中的沉淀质量，g；

m_2——过滤沉淀后玻璃砂芯漏斗质量，g；

m_1——用于测定样品前的玻璃砂芯漏斗质量，g；

V_A——试料的体积，mL；

V_E——提取液的总体积，mL；

m_s——试样量，g；

0.411 6——质量转换因子（硫酸根/硫酸钡）。

计算结果保留三位有效数字。

9. 精密度和准确度

（1）精密度。

10 家实验室对四种不同含量土壤的验证结果，方法的重现性变异系数为 2.59%～7.33%，再现性变异系数为 8.40%～35.37%。

（2）准确度。

实验室内对加标样品进行测定，水溶法：加标量为 5.0～40.0 mg 时，加标回收率为 94.1～100%；酸溶法：加标量为 4.0～10.0 mg 时，加标回收率为 91.0%～118%。

10. 注意事项

（1）不溶物中硫酸盐的测定。

如怀疑滤纸中的不溶物可能含有可溶性硫酸盐，应按照以下操作步骤进行测定：把沉淀和滤纸放至铂蒸发皿中，室温下放到马弗炉中，升到 500℃ 灰化滤纸，灰烬与（4±0.1）g 无水碳酸钠混合，加热至 900℃ 使之熔融，保持 15 min，冷却至室温。然后向蒸发皿中加入 50 mL 水加热溶解熔融物，用慢速定量滤纸过滤。再用 20 mL 水冲洗滤纸，合并滤液和洗液，按照 7-（1）～7-（4）步骤进行测定。测定出该不溶物中的硫酸盐，加入到土壤提取液的测定结果中，计算可溶性硫酸盐的总含量。

（2）实际样品中硫酸盐含量如超出测定上限，可适当减少提取液试份用量。

（鞍山市环境监测中心站　韩岩　于亮）

（二）滴定法（A）

本方法等效于《土壤检测　第 18 部分：土壤硫酸根离子含量的测定》（NY/T 1121.18—2006）。

1. 方法原理

土壤样品先用蒸馏水浸出，将浸出液酸化后加入钡镁混合溶液，钡离子与浸出液中硫酸根生成沉淀，然后在 pH=10 的条件下，以铬黑 T 为指示剂，用 EDTA 标准溶液滴定沉淀后的浸出液。再分别用 EDTA 滴定钡镁混合液及未加钡镁混合液的样品浸出液，由生成沉淀前后消耗的 EDTA 的量间接计算土壤中的硫酸根含量。添加一定量的镁离子，可使终点清晰。

2. 适用范围

本方法适用于各类型土壤浸出液中 SO_4^{2-} 的测定。吸取的土壤浸出液中 SO_4^{2-} 含量的适宜范围为 0.5～10.0 mg，如 SO_4^{2-} 浓度过大，应减少浸出液的用量。

3. 试剂和材料

除非另有说明，否则在分析时使用的试剂均为分析纯试剂。

（1）盐酸：ρ（HCl）=1.19 g/mL，优级纯。

（2）盐酸溶液：1+1。

（3）钡镁混合液：称取 2.44 g 氯化钡（$BaCl_2 \cdot 2H_2O$）和 2.04 g 氯化镁（$MgCl_2 \cdot 6H_2O$）溶于水，稀释至 1 L。此溶液中 Ba^{2+} 和 Mg^{2+} 的浓度均为 0.01 mol/L，每毫升约可沉淀 SO_4^{2-} 1 mg。

（4）氨缓冲溶液：pH=10。称取 67.5 g 氯化铵溶于去 CO_2 水中，加入新开瓶的浓氨水

（含 NH₃25%）570 mL，用水稀释至 1 L，贮于塑料瓶中，注意防止吸收空气中的 CO_2。

（5）EDTA 标准溶液：$c(\text{EDTA})=0.02 \text{ mol/L}$：称取 7.440 g 乙二胺四乙酸二钠（EDTA），溶于水中，定容至 1 L。

EDTA 标准溶液的标定：称取 0.25 g（精确至 0.0001 g）于 800℃灼烧至恒量的氧化锌（基准试剂）放入 50 mL 烧杯中，用少量水湿润，滴加盐酸溶液（1+1）至样品溶解，移入 250 mL 容量瓶中，定容。取 25.00 mL，加入 70 mL 水，用 10%氨水中和至 pH 为 7~8，加 10 mL 氨缓冲溶液，加 5 滴铬黑 T 指示剂，用配制待标定的 0.02 mol/L EDTA 溶液滴定至溶液由紫色变为纯蓝色，同时做空白试验。

EDTA 标准溶液的准确浓度由式（3-3-2）进行计算。

$$c=\frac{m\times 25}{(V_1-V_2)\times 0.08138\times 250} \tag{3-3-2}$$

式中：c——EDTA 标准溶液浓度，mol/L；

m——称取氧化锌的量，g；

V_1——EDTA 溶液用量，mL；

V_2——空白消耗的 EDTA 溶液用量，mL；

0.08138——氧化锌的毫摩尔质量，g。

（6）铬黑 T 指示剂。

称取 0.5 g 铬黑 T 与 100 g 烘干的氯化钠混合后，研磨成粉状，贮于棕色瓶中。

4. 分析步骤

（1）称取通过 2 mm 筛孔的风干土壤样品 50 g（精确到 0.01 g），放入 500 mL 大口塑料瓶中，加入 250 mL 无二氧化碳蒸馏水。

（2）将塑料瓶用橡皮塞塞紧后在振荡机上振荡 3 min。

（3）振荡后立即抽气过滤，弃去初始滤出的 10 mL 滤液，以获得清亮的滤液作为待测液，加塞备用。

（4）吸取待测液 5.00~25.00 mL（视 SO_4^{2-} 含量而定）于 150 mL 三角瓶中，加盐酸溶液（1+1）2 滴，加热煮沸，趁热缓缓地加入 5.00~20.00 mL 钡镁混合液（Ba^{2+} 过量 25%~100%），并继续微沸 3 min，放置 2 h 后，加入氨缓冲液 5 mL，铬黑 T 指示剂 1 小勺（约 0.1 g），摇匀后立即用 EDTA 标准溶液滴定至溶液由酒红色突变为纯蓝色，记录消耗 EDTA 标准溶液的体积（V_2）。

（5）空白（钡镁混合液）的测定：取与以上所吸待测液同量的蒸馏水于 150 mL 三角瓶中，以下操作与上述待测液测定相同。记录消耗 EDTA 标准溶液的体积（V_0）。

（6）待测液中 Ca^{2+}、Mg^{2+} 含量的测定：吸取同体积待测液于 150 mL 三角瓶中，加盐酸溶液（1+1）2 滴，充分摇动，煮沸 1 min 赶 CO_2，冷却后，加氨缓冲液 4 mL，加铬黑 T 指示剂 1 小勺（约 0.1 g），用 EDTA 标准溶液滴定至溶液由酒红色突变为纯蓝色为终点。记录消耗 EDTA 标准溶液的体积（V_1）。

5. 结果计算

土壤样品中 SO_4^{2-} 含量按式（3-3-3）计算。

$$\omega=\frac{2C(V_0+V_1-V_2)D\times 0.0480}{m}\times 1000 \tag{3-3-3}$$

式中：ω——土壤中 SO_4^{2-} 的含量，g/kg；

C——EDTA 标准溶液浓度，mol/L；

m——称取试样质量，g，本方法为 50 g；

D——分取倍数，250/（5～25）；

V_0——空白所消耗 EDTA 标准溶液体积，mL；

V_1——滴定待测液 Ca^{2+}、Mg^{2+} 所消耗 EDTA 标准溶液体积，mL；

V_2——滴定待测液中 Ca^{2+}、Mg^{2+} 及与 SO_4^{2-} 作用后剩余钡镁混合液中 Ba^{2+}、Mg^{2+} 所消耗 EDTA 标准溶液体积，mL；

0.048 0——$\frac{1}{2} SO_4^{2-}$ 的毫摩尔质量，g。

平行测定结果用算术平均值表示，保留两位小数。

6. 精密度

表 3-3-1　硫酸根离子平行测定结果允许的相对偏差

SO_4^{2-}含量范围/（mmol/kg）	相对偏差/%
<2.5	15～20
2.5～5.0	10～15
5.0～25	5～10
>25	<5

7. 注意事项

（1）若吸取的土壤样品待测液中 SO_4^{2-} 含量过高时，可能出现加入的 Ba^{2+} 量不能将 SO_4^{2-} 完全沉淀的情况，滴定值表现为 $V_1+V_0-V_2 \approx V_0/2$，此时应减少土壤待测液的吸取量，重新滴定，以使 $V_1+V_0-V_2 < V_0/2$，同时吸取测定待测液 Ca^{2+}、Mg^{2+} 含量的体积也应相应改变。

（2）加入钡镁混合液后，若生成的 $BaSO_4$ 沉淀很多，影响滴定终点的观察，可用滤纸过滤，并用热水少量多次洗涤沉淀，滤液和洗涤液合并后再进行滴定。

（3）为了防止 $BaCO_3$ 沉淀生成，土壤浸出液必须酸化，同时加热至沸以赶去 CO_2，并趁热加入钡镁混合液，以促进 $BaSO_4$ 沉淀熟化。

（青岛市环境监测中心站　谭丕功　刘丽丽）

二、硫化物

土壤中原始硫化物的溶解度通常很小，但在酸性条件下，仍有少量的硫化物可溶解出来并氧化成 SO_4^{2-}，过量的 SO_4^{2-} 会导致土壤酸化。除此之外，土壤中大多数重金属元素是亲硫元素，生成的难溶性硫化物会加重土壤重金属的污染。目前，测定硫化物的方法较多，主要有亚甲基蓝分光光度法、滴定法、离子选择性电极电位法和碘量法。亚甲基蓝分光光度法操作简便易行，灵敏度高，选择性好，检出限低。碘量法适用于硫化物含量较高的土壤样品的测定。

（一）亚甲基蓝分光光度法（A）

本方法等效于《土壤和沉积物　硫化物的测定　亚甲基蓝分光光度法》（HJ 833—2017）。

1. 方法原理

土壤中的硫化物经酸化生成硫化氢气体后，通过加热吹气或蒸馏装置将硫化氢吹出，用氢氧化钠溶液吸收，生成的硫离子在高铁离子存在下的酸性溶液中与N,N-二甲基对苯二胺反应生成亚甲基蓝，于665 nm波长处测定其吸光度，硫化物含量与吸光度值成正比。

2. 适用范围

本方法适用于测定土壤中硫化物含量。当取样量为20 g时，硫化物检出限为0.04 mg/kg，测定下限为0.16 mg/kg。

3. 试剂和材料

除非另有说明，分析时均使用符合国家标准的分析纯化学试剂，实验用水为新制备的蒸馏水或去离子水。

（1）浓硫酸：ρ（H_2SO_4）=1.84 g/mL。

（2）盐酸：ρ（HCl）=1.19 g/mL，优级纯。

（3）氢氧化钠（NaOH）。

（4）N, N-二甲基对苯二胺盐酸盐　[$NH_2C_6H_4N(CH_3)_2 \cdot 2HCl$]。

（5）硫酸铁铵　[$Fe(NH_4)(SO_4)_2 \cdot 12H_2O$]。

（6）可溶性淀粉[$(C_6H_{10}O_5)_n$]。

（7）乙酸锌[$Zn(CH_3COO)_2 \cdot 2H_2O$]。

（8）碘（I_2）。

（9）碘化钾（KI）。

（10）硫代硫酸钠（$Na_2S_2O_3 \cdot 5H_2O$）。

（11）无水碳酸钠（Na_2CO_3）。

（12）硫化钠（$Na_2S \cdot 9H_2O$）。

（13）抗坏血酸（$C_6H_8O_6$）。

（14）乙二胺四乙酸二钠（$C_{10}H_{14}O_8N_2Na_2 \cdot 2H_2O$）。

（15）重铬酸钾（$K_2Cr_2O_7$）：基准试剂。

取适量重铬酸钾于称量瓶中，于（105±1）℃干燥2 h，置于干燥器内冷却，备用。

（16）硫酸溶液：1+5（v/v）。

量取20 mL浓硫酸缓慢注入100 mL水中，冷却。

（17）盐酸溶液：1+1（v/v）。

量取250 ml盐酸缓慢注入250 mL水中，冷却。

（18）抗氧化剂溶液。

称取2.0 g抗坏血酸、0.1 g乙二胺四乙酸二钠、0.5 g氢氧化钠溶于100 mL水中，摇匀并贮存于棕色试剂瓶中。临用现配。

（19）氢氧化钠溶液：ρ（NaOH）=10 g/L。

称取10.0 g氢氧化钠溶于1 000 mL水中，摇匀。

（20）N, N-二甲基对苯二胺溶液：$\rho[NH_2C_6H_4N(CH_3)_2 \cdot 2HCl]$=2 g/L。

称取2.0 g N,N-二甲基对苯二胺盐酸盐溶于700 mL水中，缓缓加入200 mL浓硫酸，冷却后用水稀释至 1 000 mL，摇匀。此溶液室温下贮存于密闭的棕色瓶内，可稳定 3 个月。

（21）硫酸铁铵溶液：$\rho[Fe(NH_4)(SO_4)_2]$=100 g/L。

称取 25.0 g 硫酸铁铵溶于 100 mL 水中，缓缓加入 5.0 mL 浓硫酸，冷却后用水稀释至 250 mL，摇匀。溶液如出现不溶物，应过滤后使用。

（22）淀粉溶液：$\rho[(C_6H_{10}O_5)_n]$=10 g/L。

称取 1.0 g 可溶性淀粉，用少量水调成糊状，慢慢倒入 50 mL 沸水，继续煮沸至溶液澄清，定容至 100 mL，冷却后贮存于试剂瓶中。临用现配。

（23）乙酸锌溶液：$\rho[Zn(CH_3COO)_2]$=1 g/L

称取 1.20 g 乙酸锌，溶于少量水中，稀释至 1 000 mL。

（24）重铬酸钾标准溶液：$c(1/6K_2Cr_2O_7)$=0.100 0 mol/L。

准确称取 4.903 2 g 重铬酸钾溶于 100 mL 水中，转移至 1 000 mL 容量瓶，稀释至标线，摇匀。可保存一年。

（25）碘标准溶液：$c(1/2I_2)\approx$0.01 mol/L。

准确称取 1.27 g 碘溶于 100 mL 水中，再加入 10.0 g 碘化钾，溶解后转移至 1 000 mL 棕色容量瓶，稀释至标线，摇匀。临用现配。

（26）硫代硫酸钠标准溶液：$c(Na_2S_2O_3)\approx$0.1 mol/L。

称取 24.8 g 硫代硫酸钠溶于 100 mL 水中，再加入 1.0 g 无水碳酸钠，溶解后转移至 1 000 mL 棕色容量瓶，用水稀释至标线，摇匀。贮存于棕色玻璃试剂瓶中，避光可保存 6 个月。临用现标。如溶液出现浑浊，则须过滤后标定使用。也可直接购买市售有证标准物质。

标定方法：在 250 mL 碘量瓶中，依次加入 1.0 g 碘化钾、50 mL 水和 10.00 mL 重铬酸钾标准溶液，振摇至完全溶解后，再加入 5.0 mL 硫酸溶液（1+5），立即密塞摇匀，于暗处放置 5 min。取出后，用待标定的硫代硫酸钠标准溶液滴定至溶液呈淡黄色时，加 1 mL 淀粉溶液，继续滴定至蓝色刚好消失，记录硫代硫酸钠标准溶液的用量。同时用 10.00 mL 水代替重铬酸钾标准溶液进行空白滴定。硫代硫酸钠标准溶液的浓度按式（3-3-4）计算。

$$c(Na_2S_2O_3)=\frac{0.100\ 0\times10.00}{V_1-V_0} \tag{3-3-4}$$

式中：$c(Na_2S_2O_3)$——硫代硫酸钠标准溶液浓度，mol/L；

    0.100 0——重铬酸钾标准溶液浓度，mol/L；

    10.00——重铬酸钾标准溶液体积，mL；

    V_1——滴定重铬酸钾标准溶液消耗硫代硫酸钠标准溶液的体积，mL；

    V_0——滴定空白溶液消耗硫代硫酸钠标准溶液的体积，mL。

（27）硫代硫酸钠标准滴定溶液：$c(Na_2S_2O_3)\approx$0.01 mol/L。

准确吸取 10.00 mL 硫代硫酸钠标准溶液于 100 mL 棕色容量瓶中，稀释至标线，摇匀，临用现配。

（28）硫化物标准贮备液：$\rho(S^{2-})\approx$100 mg/L。

取一定量硫化钠于布氏漏斗中，用水淋洗去除表面杂质，用干滤纸吸去水分后，称取 0.75 g 于 100 mL 水中溶解，用中速定量滤纸过滤至 1 000 mL 棕色容量瓶中，定容，临用现标。

标定方法：在 250 mL 碘量瓶中，依次加入 10.0 mL 氢氧化钠溶液、10.00 mL 待标定的硫化物标准贮备液、20.00 mL 碘标准溶液，用水稀释至约 60 mL，加 5.0 mL 硫酸溶液，立即密塞摇匀，于暗处放置 5 min。取出后，用硫代硫酸钠标准滴定溶液滴定至溶液呈淡黄色时，加 1 mL 淀粉溶液，继续滴定至蓝色刚好消失，记录硫代硫酸钠标准滴定溶液的用量。同时用 10.00 mL 水代替待标定的硫化物标准贮备液进行空白试验。硫化物标准贮备液的浓度按式（3-3-5）计算。

$$\rho\,(\mathrm{S^{2-}}) = \frac{(V_0 - V_1) \times c(\mathrm{Na_2S_2O_3}) \times 16.03 \times 1\,000}{10.00} \tag{3-3-5}$$

式中：ρ（$\mathrm{S^{2-}}$）——硫化物标准贮备液的浓度，mg/L；

V_1——滴定硫化物标准贮备液消耗硫代硫酸钠标准滴定溶液的体积，mL；

V_0——滴定空白溶液消耗硫代硫酸钠标准滴定溶液的体积，mL；

$c(\mathrm{Na_2S_2O_3})$——硫代硫酸钠标准滴定溶液的浓度，mol/L；

16.03——硫化物（$1/2\mathrm{S^{2-}}$）的摩尔质量，g/mol；

10.00——待标定的硫化物标准贮备液体积，mL。

硫化物标准贮备液也可直接购买市售有证标准物质，或使用气体发生装置制备，制备方法如下。

按图 3-3-1 连接装置，从瓶 1 通入氮气，吹气 5 min 后，将 0.25 g 硫化钠投入瓶 1 中，迅速盖塞，调节氮气流速，以每秒 2 个气泡的速度通氮气约 5 min，待瓶 3 中的溶液呈微浑浊（生成硫化锌胶体溶液）时，停止通气，用中速定量滤纸将该溶液过滤至 250 mL 棕色试剂瓶中，标定后使用。此硫化锌胶体溶液贮于冷暗处可稳定 3～7 d。

（29）硫化物标准使用液：ρ（$\mathrm{S^{2-}}$）=10.00 mg/L。

移取一定量新标定的硫化物标准贮备液到已加入 2.0 mL 氢氧化钠溶液和 80 mL 水的 100 mL 棕色容量瓶中，用水定容，配制成含硫离子浓度为 10.00 mg/L 的硫化物标准使用液，临用现配。

（30）石英砂：粒径 0.841～0.297 mm。

（31）氮气：纯度≥99.99%。

（32）防爆玻璃珠。

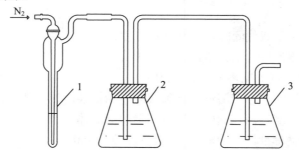

1. 硫化氢发生器，内装盐酸溶液 10 mL；2. 洗气瓶，内装水 200 mL；

3. 硫化锌胶体溶液生成器，内装乙酸锌溶液 200 mL

图 3-3-1　硫化物标准贮备液制备装置

4. 仪器和设备

（1）分光光度计：带10 mm比色皿。

（2）酸化—吹气—吸收装置（图 3-3-2）：各连接管均采用硅胶管。

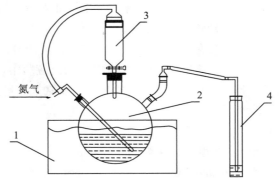

1. 水浴；2. 反应瓶；3. 加酸分液漏斗；4. 吸收管

图 3-3-2　硫化物酸化—吹气—吸收装置

（3）酸化—蒸馏—吸收装置（图 3-3-3）。

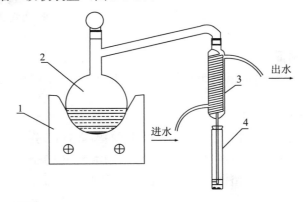

1. 加热装置；2. 蒸馏瓶；3. 冷凝管；4. 吸收管

图 3-3-3　硫化物酸化—蒸馏—吸收装置

（4）分析天平：感量为0.01 g和0.1 mg。

（5）采样瓶：200 mL棕色具塞磨口玻璃瓶。

（6）吸收管：100 mL比色管。

5. 样品

（1）样品保存。

采集后的样品应充满容器，并密封储存于棕色具塞磨口玻璃瓶中，24 h内测定，也可4℃冷藏保存，3 d内测定。或加入氢氧化钠溶液进行固定，土壤样品应使样品表层全部浸润，沉积物样品应保证样品上部形成碱性水封，4 d内测定。

（2）样品干物质含量和含水率测定。

参考本篇第一章"二、干物质和水分"相关内容测定。

（3）试样制备。

①吹气式试样制备。

称取20 g样品（若硫化物浓度高，可酌情少取样品），精确到0.01 g，转移至500 mL反应瓶中，加入100 mL水，再加入5.0 mL抗氧化剂溶液，轻轻摇动。量取10.0 mL氢氧化钠溶液于100 mL具塞比色管中作为吸收液，导气管下端插入吸收液液面下，以保证吸收完全。连接好酸化—吹气—吸收装置，将水浴温度升至100℃后，开启氮气，调整氮气流量至300 mL/min，通氮气5 min，以除去反应体系中的氧气。关闭分液漏斗活塞，向分液漏斗中加入20 mL盐酸溶液（1+1），打开活塞将酸缓慢注入反应瓶中，将反应瓶放入水浴中，维持氮气流量在300 mL/min。30 min后，停止加热，调节氮气流量至600 mL/min吹气5 min后关闭氮气。用少量水冲洗导气管，并入吸收液中，待测。

②蒸馏式试样制备。

称取20 g样品（若硫化物浓度高，可酌情少取样品），精确到0.01 g，转移至500 mL蒸馏瓶中，加入100 mL水，再加入5.0 mL抗氧化剂，轻轻摇动，加数粒防爆玻璃珠。量取10.0 mL氢氧化钠溶液于100 mL具塞比色管中作为吸收液，馏出液导管下端要插入吸收液液面下，以保证吸收完全。向蒸馏瓶中加入20 mL盐酸溶液（1+1），并立即盖紧塞子，打开冷凝水，开启加热装置，以2～4 mL/min馏出速度进行蒸馏。当比色管中的溶液达到约60 mL时，停止蒸馏。用少量水冲洗馏出液导管，并入吸收液中，待测。

注：试样制备过程中，应保持吹气或蒸馏装置的气密性，避免发生漏气。若发生漏气，试样作废，重新取样。

（4）空白试样制备。

用石英砂代替实际样品，按照5-（3）制备空白试样。

6. 分析步骤

（1）标准曲线绘制。

取6支100 mL具塞比色管，各加10.0 mL氢氧化钠溶液，分别取0，0.50，1.00，3.00，5.00，7.00 mL硫化物标准使用液移入各比色管，加水至约60 mL，沿比色管壁缓慢加入10.0 mL N,N-二甲基对苯二胺溶液，立即密塞并缓慢倒转一次，开小口沿壁加入1.0 mL硫酸铁铵溶液，立即密塞并充分摇匀。放置10 min后，用水稀释至标线，摇匀。使用10 mm比色皿，以水作参比，在波长665 nm处测量吸光度。以硫化物含量（μg）为横坐标，以相应的减空白后的吸光度值为纵坐标绘制标准曲线。

注：显色时，N,N-二甲基对苯二胺溶液和硫酸铁铵溶液均应沿比色管壁缓慢加入，然后迅速密塞混匀，避免硫化氢逸出损失。

（2）试样测定。

①吹气式试样测定。

取下比色管，加水至约60 mL，按照6-（1）测定试样吸光度。

②蒸馏式试样测定。

取下比色管，按照6-（1）测定试样吸光度。

（3）空白试样测定。

按照6-（2）进行空白试样测定。

7. 结果计算与表示

土壤中硫化物的含量 ω_1（mg/kg）按照式（3-3-6）计算。

$$\omega_1 = \frac{A - A_0 - a}{b \times m \times w_{dm}}$$ （3-3-6）

式中：ω_1——土壤中硫化物的含量，mg/kg；

A ——试样的吸光度；

A_0 ——空白试样的吸光度；

a ——标准曲线的截距；

b ——标准曲线的斜率；

m ——称取土壤样品的质量，g；

w_{dm} ——土壤样品的干物质含量，%。

当测定结果小于1.00 mg/kg时，结果保留至小数点后两位；当测定结果大于或等于1.00 mg/kg时，结果保留三位有效数字。

8. 精密度和准确度

（1）精密度。

采用吹气式前处理，6家实验室对硫化物含量为 0.50，1.50，3.00，12.0 mg/kg 的统一样品进行了 6 次重复测定，实验室内相对标准偏差分别为 2.2%～13%、3.4%～9.2%、3.6%～9.7%、2.6%～12%；实验室间相对标准偏差分别为 15%、14%、7.2%、2.8%；重复性限分别为 0.11，0.21，0.48，2.2 mg/kg；再现性限分别为 0.21，0.47，0.68，8.6 mg/kg。

采用蒸馏式前处理，6家实验室对硫化物含量为 0.50，1.50，3.00，12.0 mg/kg 的统一样品进行了 6 次重复测定，实验室内相对标准偏差分别为 6.0%～11%、3.7%～12%、2.5%～7.8%、1.3%～6.8%；实验室间相对标准偏差分别为 5.9%、12%、6.6%、8.7%；重复性限分别为 0.10，0.25，0.38，1.3 mg/kg；再现性限分别为 0.12，0.45，0.58，2.8 mg/kg。

（2）准确度。

采用吹气式前处理，6家实验室对4个实际土壤或沉积物样品进行加标测定，加标浓度为0.50～6.00 mg/kg，加标回收率分别为70.6%～94.8%、75.9%～94.8%、75.4%～101%、73.4%～92.0%；加标回收率最终值分别为84.6%±17.2%、84.8%±15.0%、86.9%±21.2%、83.2%±14.4%。

采用蒸馏式前处理，6家实验室对4个实际土壤或沉积物样品进行加标测定，加标浓度为0.50～6.00 mg/kg，加标回收率分别为67.5%～92.3%、65.0%～94.2%、71.9%～112%、84.5%～103%；加标回收率最终值分别为78.2%±17.8%、78.3%±22.0%、85.2%±29.2%、89.4%±13.6%。

9. 质量保证与质量控制

（1）空白试验。

每批样品应至少做一个实验室空白，其测定结果应低于方法检出限。

（2）标准曲线的测定。

标准曲线回归方程的相关系数应大于等于 0.999。

（3）平行样测定。

每批样品应进行 10%的平行双样测定，样品数不足 10 个时，平行样不少于 1 个。平行双样测定结果相对偏差应在 30%以内。

（4）样品加标回收率测定。

每批样品应进行 10%的加标回收率测定，样品数不足 10 个时，加标样不少于 1 个。实际样品加标回收率应在 60%～110%之间。

10. 干扰及消除

在规定条件下，单质硫对硫化物的测定无干扰。亚硫酸盐、亚硫酸氢盐、硫代硫酸盐对硫化物的测定无干扰。亚硝酸盐可与亚甲基蓝反应，使测定结果偏低，当亚硝酸盐浓度（以 N 计）高于 12.0 mg/kg 时，本方法不适用。

（天津市生态环境监测中心　赵莉）

（二）滴定法（B）

本方法参考 EPA 9030 B 和 EPA 9034。

1. 方法原理

对于酸溶性硫化物，通过添加硫酸将硫化物从样品基质中分离出来；对于酸不溶性硫化物，通过加入盐酸和 $SnCl_2$，在强力搅拌下使样品悬浮，从而将硫化物从样品基质中分离出来。样品在酸性介质中加热，生成的 H_2S 气体被蒸馏出来，以氮气为载体被带出，用乙酸锌溶液吸收，生成硫化锌沉淀。加入已知量的过量单质碘将硫化物氧化为单质硫，过量单质碘用硫代硫酸钠标准溶液滴定，至蓝色淀粉混合物消失为止。由硫代硫酸钠标准溶液的消耗量，间接求出硫化物的含量。

2. 适用范围

本方法适用于经蒸馏后的酸溶性和酸不溶性硫化物的测定，测定硫化物含量为 0.2～50 mg/kg 的样品。

3. 干扰及消除

（1）还原态硫的化合物，例如亚硫酸盐和亚硫酸氢盐，遇酸分解，生成二氧化硫。二氧化硫与碘反应，产生正干扰，在乙酸锌的气体吸收瓶中加入甲醛能消除干扰。当亚硫酸盐或亚硫酸氢盐浓度达到 10 mg/kg 时，此去除方法不适用。

（2）硫也会产生正干扰，因为氯化锡（Ⅱ）能将单质硫还原为硫化物。

（3）能和碘反应的还原性物质，包括硫代硫酸盐、亚硫酸盐和各种有机化合物，对碘量法产生干扰。

4. 试剂和材料

除非另有说明，否则分析时均使用符合国家标准的分析纯试剂，实验室用水为新制备的去离子水或蒸馏水。

（1）氢氧化钠溶液：c（NaOH）=6 mol/L。

称取 240 g 氢氧化钠溶解于水中，稀释至 1 L。

（2）氢氧化钠溶液：c（NaOH）=1 mol/L。

称取 40 g 氢氧化钠溶解于水中，稀释至 1 L。

（3）浓盐酸：ρ（HCl）=1.19 g/mL。

（4）盐酸溶液：c（HCl）=6 mol/L。

量取 51 mL 水于 100 mL 容量瓶中。缓慢加入浓盐酸至 100 mL。

（5）盐酸溶液：c（HCl）=9.8 mol/L。

在 1 L 的烧杯中放置 200 mL 水，缓慢加入浓盐酸至 1 L。

（6）浓硫酸：ρ（H_2SO_4）=1.84 g/mL。

（7）氯化锡：$SnCl_2$，颗粒状。

（8）甲醛溶液：ρ（CH_2O）=37%，市场购买。

（9）乙酸锌溶液：ρ[Zn(CH_3COO)$_2$·$2H_2O$]=2 mol/L。

溶解 220 g 二水合乙酸锌于 500 mL 水中。

（10）乙酸锌溶液：$\rho[Zn(CH_3COO)_2\cdot 2H_2O]\approx 0.5$ mol/L。

溶解 110 g 二水合乙酸锌于 200 mL 水中，加 1 mL 浓盐酸防止乙酸锌沉淀。稀释至 1 L。

（11）乙酸锌/乙酸钠缓冲液。

溶解 100 g 乙酸钠（$NaC_2H_3O_2$），11 g 二水合乙酸锌（$Zn(CH_3COO)_2\cdot 2H_2O$）于 800 mL 水中。加入 1 mL 浓盐酸后稀释到 1 L。最终 pH 应为 6.8。

（12）氮气。

（13）淀粉溶液。

溶解 2 g 可溶性淀粉及 2 g 水杨酸（作为保护试剂）于 100 mL 热水中。

（14）碘化钾（KI）。

（15）碘标准溶液：c（$1/2\ I_2$）≈ 0.050 mol/L。

1 L 容量瓶中加入 700 mL 试剂水，加 25 g 碘化钾，溶解。再加入 3.2 g 碘（I_2），使其快速溶解。加入 2 mL 6 mol/L 盐酸溶液，稀释至标线。

（16）碘标准使用液：c（$1/2\ I_2$）≈ 0.025 mol/L。

精确移取 20.00 mL 碘标准溶液，加约 2 g 碘化钾，用水稀释至 300 mL，作为碘标准使用液。

①标定。用 0.025 mol/L 的硫代硫酸钠标准溶液滴定，直到琥珀色变为黄色。加入淀粉溶液，继续逐滴滴定直到蓝色消失。重复进行操作。

②浓度计算如下：

$$c\left(\frac{1}{2}I_2,mol/L\right)=\frac{消耗的标准溶液体积(mL)\times 标准溶液浓度(mol/L)}{碘标准溶液体积(mL)} \qquad (3\text{-}3\text{-}7)$$

（17）硫代硫酸钠标准溶液（$Na_2S_2O_3\cdot 5H_2O$）：$c = 0.025$ mol/L。

称取（6.205 ± 0.005）g 硫代硫酸钠溶解于 500 mL 试剂水中。加入 9 mL 1 mol/L 氢氧化钠溶液，并稀释定容至 1 L。

5. 仪器和设备

（1）流量计。

（2）导管：聚四氟乙烯（PTFE）或者聚丙烯材质。

（3）气体洗涤瓶：125 mL。

（4）pH 计。

（5）氮气调节器。

（6）搅拌器：可加热。

（7）三颈瓶：500 mL。

（8）碘量瓶：500 mL。

（9）滴定管：25 mL。

6. 样品制备

（1）样品保存。

采集后的所有样品和蒸馏流出物必须加入乙酸锌和氢氧化钠溶液保存。对于固体样品，往固体表面填充 2 mol/L 的乙酸锌溶液直至湿润。处理后的样品必须在 4℃下冷藏，可保存 7 天。未能立刻进行分析的蒸馏样应在 4℃条件下保存在密封玻璃瓶中。

（2）试样制备。

①对于固体或污泥样品，精确称取小于 25 g 干样或 50 g 污泥，转移到三颈瓶中，用

水稀释至 250 mL。原则上保证试样能够在装置中完全悬浮。

②对于固体废弃物样品，固体必须人工破碎，黏土状固体必须在结晶皿中通过铲或刀切碎。然后按上述步骤完成试样制备。

7. 分析步骤

（1）酸溶性硫化物的蒸馏。

①在通风橱中，按图 3-3-4 所示准备气体逸出装置。

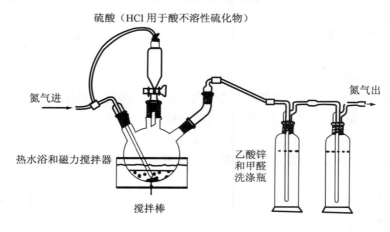

图 3-3-4　气体逸出装置

②连接气体逸出装置，固定好所有的配件和接头，打开氮气，调整通过蒸馏烧瓶的气体流量到 25 mL/min。气体洗涤瓶中的氮气应该每秒冒泡 5 个，氮气压力控制在大约 10Pa，确认系统中没有泄漏。检查完毕后，关闭气源。

③气体洗涤瓶中分别加入 10 mL 0.5 mol/L 乙酸锌溶液，50 mL 37%甲醛溶液，以及 100 mL 水。

④装有试样的三颈烧瓶中加水至 200 mL，放入水浴中，将装有 50 mL 浓硫酸的分液漏斗放置到烧瓶上，底部的活塞必须关闭。在三颈烧瓶中放置一个聚四氟乙烯覆盖的搅拌棒，使用聚四氟乙烯套筒来密封磨砂玻璃接头。热水浴中放置一个温度计，控制温度使水浴温度保持在 70℃。

⑤打开分液漏斗，控制硫酸流速约为 5 mL/min，待分液漏斗中大部分的硫酸流到样品烧瓶时，迅速关闭活塞。

⑥开启氮气气源，磁力搅拌器，保持 70℃温度下吹气 90 min。将导气管及吸收瓶取下，关闭氮气，关闭加热。

（2）酸不溶性硫化物的蒸馏。

①组装蒸馏装置，如图 3-3-4 所示。

②称量含 0.2～50 mg 的硫化物的污泥样品 25 g 干重或 50 g，以及 5 g $SnCl_2$ 到蒸馏烧瓶中，加 50 mL 水。

③气体洗涤瓶中加 100 mL 乙酸锌/乙酸钠缓冲溶液和 5.0 mL 的 37%的甲醛溶液，夹紧蒸馏烧瓶接口处的夹钳夹。

④关闭分液漏斗的开关，加入 100 mL 9.8 mol/L HCl 溶液。连接氮气管路到漏斗顶部，打开氮气给分液漏斗顶空加压。

⑤打开电磁搅拌器，将分液漏斗中的所有 HCl 加入到烧瓶中。气体洗涤瓶中的氮气应该每秒冒泡 5 个。

注：a. 搅拌棒旋转尽可能地快，流体应该形成一个旋涡。

　　b. 控制氮气流速为 25 mL/min，气体洗涤瓶中的氮气应该每秒冒泡 5 个。

⑥将水浴加热到沸点（100℃），持续吹气 90 min。将导气管及吸收瓶取下，切断氮气供应，关闭加热。

（3）滴定。

①准确移取一定量的 0.025 mol/L 碘标准溶液至 500 mL 碘量瓶（为了将硫化物氧化可适当过量），稀释至 100 mL。50 mg 的硫离子大约对应需要 65 mL 标准碘溶液。

②如果使用的是酸溶性硫化物馏分，在碘溶液中加入 2 mL 6 mol/L HCl；如果是酸不溶性馏分，需加入 10 mL 6 mol/L HCl。

③将气体洗涤瓶中残留的白色沉淀（硫化锌）全部转移至碘量瓶中。如果在转移或冲洗过程中碘溶液的琥珀色消失或逐渐变成黄色，则需要加入更多 0.025 mol/L 碘溶液，并且要将这些额外加入的碘溶液体积与①中所加入的碘溶液体积合并用以计算。记下所有使用的 0.025 mol/L 标准碘溶液的体积。

注：a. 将一定量 0.025 mol/L 标准碘溶液与 1 mL 6 mol/L HCl 溶液和水混合配制成洗涤液。

　　b. 洗气瓶中单质碘残留用水冲洗转移至碘量瓶中。

　　c. 完全冲洗后，洗气瓶壁上应不再留有白色痕迹。

④碘量瓶中的溶液用 0.025 mol/L 的硫代硫酸钠标准溶液滴定至琥珀色变为黄色时，加入足量淀粉指示剂使溶液变为深蓝色后继续滴定，直到蓝色刚好消失为止。记录所消耗的硫代硫酸钠标准溶液的体积。

（4）同时做空白试验。

8. 结果和计算

根据下列公式计算硫离子浓度：

$$c\ (S^{2-},\ \text{mg/kg 或 mg/L}) = \frac{(C_1 \times V_1) - (C_2 \times V_2) \times 16}{m \ \text{或} \ V} \tag{3-3-8}$$

式中：C_1——碘标准溶液浓度，mL；

　　　C_2——标准滴定液浓度，mL；

　　　V_1——碘标准溶液体积，mol/L；

　　　V_2——标准滴定液体积，mol/L；

　　　m——样品质量，kg；

　　　V——样品体积，L。

9. 注意事项

（1）每分析 20 个样品或每一批样品应该进行一次试剂空白。

（2）每一批或每 20 个样品应该进行一次基质加标，基质加标样品要包含整个样品制备和分析过程。

（3）控制通气速度，以避免硫化物挥发。

（上海市环境监测中心　喇国静）

（三）离子选择性电极电位法（B）

本方法参考 EPA 9215。

1. 方法原理

蒸馏后的馏分，用硫离子选择性电极测量仪测定。硫离子选择电极作指示电极，双联电极为参比电极，用标准硝酸银溶液电位滴定硫离子，根据硝酸银标准溶液的用量，得出硫化物的浓度。

2. 适用范围

本方法适用于测定馏分样品中的总硫化物含量。检出限是 1.0 mg/L。硫化物的测定范围 0.1～12 000 mg/L。

3. 干扰及消除

（1）蒸馏后的馏分，当 pH＞12 时，不会产生干扰；银、汞和腐蚀性酸对电极无干扰。

（2）经实验证明，吸收液内含+4 价硫的化合物（如亚硫酸盐和硫代硫酸盐），对电极不产生干扰。

（3）硫离子易被氧化，加入抗氧化缓冲溶液（SAOB）可防止硫离子的氧化。

（4）胶体物质对电位有干扰，必要时过滤样品能消除干扰。

4. 试剂和材料

除非另有说明，否则分析时均使用符合国家标准的分析纯试剂，实验室用水为新制备的去离子水或蒸馏水。

（1）浓氨水。

（2）氢氧化钠：c（NaOH）=6 mol/L。

称取 240 g 氢氧化钠溶解于水中，稀释至 1 L。

（3）抗氧化缓冲液（SAOB）。

溶解 80 g 氢氧化钠、320 g 水杨酸钠和 72 g 抗坏血酸于 1 L 水中，每周需新制备。

（4）标准氯化钠溶液：c（NaCl）=0.100 mol/L。

称取 5.84 g（精确至 0.1 mg）的氯化钠（140℃下干燥 2 h）溶解于水中，稀释至 1 L。

（5）硝酸银标准溶液：c（AgNO$_3$）=0.100 mol/L。

称取 16.99 g（精确至 0.1 mg）的硝酸银（150℃下干燥 2 h）溶解于水中，稀释至 1 L，贮存在棕色瓶中。临用时用标准氯化钠溶液标定。

硝酸银溶液的标定。移取 10.00 mL 0.100 mol/L NaCl 溶液和 40 mL 水于 125 mL 烧杯中，用稀 NaOH 溶液调节 pH 为 7～10，加入 1.0 mL 铬酸钾指示剂。用硝酸银溶液滴定至杏黄色即为终点。同时做空白滴定。硝酸银标准溶液的浓度计算如下：

$$C(\text{mol/L}) = \frac{(A - B) \times C_1}{10.00} \qquad (3\text{-}3\text{-}9)$$

式中：A——滴定 NaCl 所消耗的硝酸盐溶液体积，mL；

B——滴定空白样所消耗的硝酸盐溶液体积，mL；

C_1——NaCl 的浓度，mol/L。

（6）硫化物标准溶液（Na$_2$S·9H$_2$O）。

硫化物标准溶液不稳定，必须在 pH 为 9～11 条件下制备，临用时现配，或购买市售有证标准物质。

硫化物标准溶液的标定:使用前,将电极浸入 2%的 Na_2S 溶液中 5min,再浸入 10%Na_2S 溶液中使其褐色表面变黑,然后用水冲洗并擦干。激活后将其和 pH/mV 仪器连接。准确移取 20.00 mL 的硫化物标准液(或适当的用量)和 1 mL 浓氨水至烧杯中。插入 Ag/Ag_2S 电极(银覆盖在铂上作为相应电极,银/氯化银电极作为指示电极)来指示滴定。用 $AgNO_3$ 标准溶液滴定至 100 mV,再加入 1 滴后记录读数。通过滴定曲线的一次导数确定滴定终点,计算硫化物浓度。

$$C\ (S^{2-},\ mg/L) = \frac{A \times B \times 16}{V} \qquad (3-3-10)$$

式中:A——硝酸银的使用体积,mL;

B——硝酸银的浓度,mol/L;

V——硫化物标准的体积,mL。

(7)铬酸钾指示剂。

溶解 50 g 铬酸钾于少量水中,加入硝酸银溶液至产生明显红色沉淀,静置 12 h,过滤,稀释至 1 L。

5. 仪器和设备

(1)pH/mV 测定计或离子计:精度 0.1 mV。

(2)硫离子选择电极:Orion 9416 或者等效型号。

(3)双联参比电极:Orion 902000 或者等效型号。

(4)磁力搅拌器:附聚四氟乙烯(PTFE)涂覆的磁性搅拌棒。

(5)烧杯:125 mL。

6. 样品

(1)样品保存。

经蒸馏后试样应尽快用 ISE(离子选择性电极)分析,否则,必须密封后在 4℃下冷藏,能保存 7 天。

(2)试样制备。

取 10.0 mL SAOB 溶液和 40.0 mL 水加入蒸馏瓶中。参照"酸溶及酸不溶性硫化物的蒸馏"方法进行前处理。

7. 分析步骤

(1)硫化物校准曲线绘制。

分别取 10,100,1 000 mg/L 的硫化物标准溶液 25.00 mL 到 50 mL 烧杯中。插入聚四氟乙烯包覆磁性搅拌棒,放置于磁力搅拌板上,慢速(没有可见的涡流)搅拌。插入硫离子选择电极和参比电极,使其尖端刚好在旋转的搅拌子上方。慢慢加入标准 $AgNO_3$ 溶液滴定至 100 mV,再加入 1 滴,读数稳定时马上记录读数。以硫化物浓度的对数函数(log)为横轴,测得的电位(mV)为纵轴绘制校正曲线。

(2)样品测定。

吸取试样 25.0 mL 于 50 mL 烧杯,以下步骤同 7-(1)。读数稳定时马上记录读数(毫伏或浓度),通过校准曲线确定硫化物的浓度。

8. 结果计算

根据测定所得的电位值,从校准曲线上,查得相应的以 log 表示的硫化物浓度。如果需要,再乘以相应的稀释倍数。测定结果以 mg/L 表示。

9. 精密度和准确度

分别对硫化物浓度为 25，100，1 000 mg/L 的三份酸溶性样品进行精密度和加标回收率测定，6 次测定的均值见表 3-3-2。

表 3-3-2 精密度和准确度

真实值/（mg/L）	测量值/（mg/L）	标准偏差/（mg/L）	相对标准偏差/%	回收率/%
23.6	19.2	0.81	4.2	82.5
118.1	114.8	2.2	1.9	97.2
1 503	1 455	26	1.8	96.8
对于所有样品，$n=6$

10. 注意事项

（1）温度会影响电极电位，标准品和样品必须在相同温度（±1℃）下平衡。

（2）在分析之前和分析中，用水彻底冲洗电极，轻轻地抖掉多余的水。

（3）测定低浓度的硫化物样品，如果把电极浸入水中 5min，可以加快测试速度。

（4）当分析完成后，彻底清洗电极，并浸在 1 mg/mL 的硫化物标准溶液中。如果超过 1 天不使用，则排干参比电极的内充溶液，用水冲洗后擦干。

（5）试剂空白：每次实验要进行空白检验。将水和 SAOB 按 100∶1 配制成试剂空白。仪器所测出来的浓度应小于 0.05 mg/L，如果没有，查找原因后重新检验。

（上海市环境监测中心 周婷）

（四）碘量法（C）

1. 方法原理

土壤中的硫化物经酸化生成硫化氢气体后，通过加热吹气或蒸馏装置将硫化氢吹出，用氢氧化钠溶液吸收，生成的硫离子在酸性条件下与过量的碘作用，剩余的碘用硫代硫酸钠标准滴定溶液滴定。由硫代硫酸钠标准滴定溶液所消耗的量，间接求出硫化物的含量。

2. 适用范围

本方法适用于测定土壤样品中硫化物的含量。

3. 试剂和材料

除非另有说明，分析时均使用符合国家标准的分析纯化学试剂，实验用水为新制备的蒸馏水或去离子水。

（1）硫酸：ρ（H_2SO_4）=1.84 g/mL。

（2）盐酸：ρ（HCl）=1.19 g/mL，优级纯。

（3）氢氧化钠（NaOH）。

（4）可溶性淀粉[($C_6H_{10}O_5$)$_n$]。

（5）碘（I_2）。

（6）碘化钾（KI）。

（7）硫代硫酸钠（$Na_2S_2O_3 \cdot 5H_2O$）。

（8）无水碳酸钠（Na_2CO_3）。

（9）抗坏血酸（$C_6H_8O_6$）。

（10）乙二胺四乙酸二钠（$C_{10}H_{14}O_8N_2Na_2 \cdot 2H_2O$）。

（11）重铬酸钾（$K_2Cr_2O_7$）：基准试剂。

取适量重铬酸钾于称量瓶中，于（105 ± 1）℃干燥 2 h，置于干燥器内冷却，备用。

（12）硫酸溶液：1+5（v/v）（同亚甲基蓝分光光度法）。

（13）盐酸溶液：1+1（v/v）（同亚甲基蓝分光光度法）。

（14）抗氧化剂溶液（同亚甲基蓝分光光度法）。

（15）氢氧化钠溶液：ρ（NaOH）=10 g/L（同亚甲基蓝分光光度法）。

（16）淀粉溶液：$\rho[(C_6H_{10}O_5)_n]$=10 g/L（同亚甲基蓝分光光度法）。

（17）重铬酸钾标准溶液：c（$1/6K_2Cr_2O_7$）=0.100 0 mol/L（同亚甲基蓝分光光度法）。

（18）碘标准溶液：c（$1/2I_2$）$\approx$0.01 mol/L（同亚甲基蓝分光光度法）。

（19）硫代硫酸钠标准溶液：c（$Na_2S_2O_3$）$\approx$0.1 mol/L（同亚甲基蓝分光光度法）。

（20）硫代硫酸钠标准滴定溶液：c（$Na_2S_2O_3$）$\approx$0.01 mol/L（同亚甲基蓝分光光度法）。

（21）石英砂：粒径 0.841～0.297 mm。

（22）氮气：纯度≥99.99%。

（23）防爆玻璃珠。

4．仪器和设备

（1）酸化—吹气—吸收装置（同亚甲基蓝分光光度法）。

（2）酸化—蒸馏—吸收装置（同亚甲基蓝分光光度法）。

注：吸收瓶改为 150 mL 锥形瓶，并串联两个。

（3）分析天平：感量为0.01 g和0.1 mg。

（4）采样瓶：200 mL棕色具塞磨口玻璃瓶。

（5）吸收瓶：150 mL锥形瓶。

5．样品

（1）样品保存。

采集后的样品应充满容器，并密封储存于棕色具塞磨口玻璃瓶中，24 h 内测定，也可4℃冷藏保存，3 d 内测定。或加入氢氧化钠溶液进行固定，土壤样品应使样品表层全部浸润，沉积物样品应保证样品上部形成碱性水封，4 d 内测定。

（2）样品干物质含量和含水率测定。

参考本篇第一章"二、干物质和水分"相关内容测定。

（3）试样制备。

① 吹气式试样制备。

称取20 g样品（若硫化物浓度高，可酌情少取样品），精确到0.01 g，转移至500 mL反应瓶中，加入100 mL水，再加入5.0 mL抗氧化剂溶液，轻轻摇动。分别量取10.0 mL氢氧化钠溶液于两个串联的吸收瓶中作为吸收液，导气管下端插入吸收液液面下，以保证吸收完全。连接好酸化—吹气—吸收装置，将水浴温度升至100℃后，开启氮气，调整氮气流量至300 mL/min，通氮气5 min，以除去反应体系中的氧气。关闭分液漏斗活塞，向分液漏斗中加入20 mL盐酸溶液（1+1），打开活塞将酸缓慢注入反应瓶中，将反应瓶放入水浴中，维持氮气流量在300 mL/min。30 min后，停止加热，调节氮气流量至600 mL/min吹气5 min后关闭氮气。用少量水冲洗导气管，并入吸收液中，待测。

注：上述吹气速度仅供参考，必要时可通过硫化物标准溶液的回收率测定，以确定合适的吹气速度。

② 蒸馏式试样制备。

称取20 g样品（若硫化物浓度高，可酌情少取样品），精确到0.01 g，转移至500 mL蒸馏瓶中，加入100 mL水，再加入5.0 mL抗氧化剂，轻轻摇动，加数粒防爆玻璃珠。分别量取10.0 mL氢氧化钠溶液于两个串联的吸收瓶中作为吸收液，馏出液导管下端要插入吸收液液面下，以保证吸收完全。向蒸馏瓶中加入20 mL 盐酸溶液（1+1），并立即盖紧塞子，打开冷凝水，开启加热装置，以2～4 mL/min馏出速度进行蒸馏。当第一个吸收瓶中的溶液达到约60 mL时，停止蒸馏。用少量水冲洗馏出液导管，并入吸收液中，待测。

注：试样制备过程中，应保持吹气或蒸馏装置的气密性，避免发生漏气。若发生漏气，试样作废，重新取样。

（4）空白试样制备。

用石英砂代替实际样品，按照5-（3）制备空白试样。

6. 分析步骤

（1）试样测定。

①吹气式试样测定。

取下两个吸收瓶，各加水至约60 mL，向两份试样各加入20.00 mL碘标准溶液和5 mL硫酸溶液，立即密塞摇匀，于暗处放置5 min。取出后，用硫代硫酸钠标准滴定溶液滴定至溶液呈淡黄色时，加1 mL淀粉溶液，继续滴定至蓝色刚好消失，记录硫代硫酸钠标准滴定溶液的体积。

注：当加入碘标准溶液后试样溶液为无色，说明硫化物含量较高，应补加适量碘标准溶液使试样溶液呈淡黄色为止，空白试样也应加入相同量的碘标准溶液。

②蒸馏式试样测定。

取下两个吸收瓶，将第二个吸收瓶加水至约60 mL，按照6-（1）-①进行试样的测定。

（2）空白试样测定。

按照6-（1）进行空白试样测定。

7. 结果计算与表示

二级吸收的硫化物含量ω_i（mg/kg）按式（3-3-11）计算。

$$\omega_i = \frac{(V_0 - V_i) \times c(\mathrm{Na_2S_2O_3}) \times 16.03 \times 1\,000}{m \times w_{dm}} \quad (i = 1, 2) \qquad (3\text{-}3\text{-}11)$$

式中：ω_i——二级吸收中硫化物的含量，mg/kg；

V_0——滴定空白试样消耗硫代硫酸钠标准滴定溶液的体积，mL；

V_i——滴定试样消耗硫代硫酸钠标准滴定溶液的体积，mL；

$c(\mathrm{Na_2S_2O_3})$——硫代硫酸钠标准滴定溶液的浓度，mol/L；

16.03——硫化物$(1/2S^{2-})$的摩尔质量，g/mol；

m——称取土壤样品的质量，g；

w_{dm}——土壤样品的干物质含量，%。

土壤中硫化物的含量 ω （mg/kg）按式（3-3-12）计算。

$$\omega = \omega_1 + \omega_2 \qquad\qquad (3\text{-}3\text{-}12)$$

当测定结果小于1.00 mg/kg时，结果保留至小数点后两位；当测定结果大于或等于1.00 mg/kg 时，结果保留三位有效数字。

8. 质量保证与质量控制

（1）空白试验。每批样品应至少做一个实验室空白，其测定结果应低于方法检出限。

（2）平行样测定。每批样品应进行 10%的平行双样测定，样品数不足 10 个时，平行样不少于 1 个。平行双样测定结果相对偏差应在 30%以内。

（3）样品加标回收率测定。每批样品应进行 10%的加标回收率测定，样品数不足 10 个时，加标样不少于 1 个。实际样品加标回收率应为 60%～110%。

（天津市生态环境监测中心　赵莉）

三、氟

氟化物在土壤、农作物和人体中有较为明显的累积。土壤中氟化物是大多数地区水和食物中氟的重要来源，氟为亲石元素，极易同土壤胶体作用形成络合物，因此各类土壤对氟都有明显的吸附作用，而且土壤吸收氟是一个逐渐累积的过程。土壤中氟化物主要有水溶态、可交换态、铁锰氧化物态、有机结合态和残渣态等形态。

氟为人体必需的元素，适量的氟对预防龋齿有利，但过量的氟会对人的牙釉质、牙本质和牙骨质造成损害，氟与钙有极强的亲和力，可导致人畜牙齿和骨骼氟中毒，表现为牙齿发黄、牙齿松脆脱落和腰腿疼、骨关节畸形等。轻度氟中毒对牙釉质的损害会形成氟斑牙；严重氟中毒可以引起氟骨症，患者出现腰腿及全身性关节疼痛、关节活动受限、骨骼变形，甚至瘫痪。测定土壤中的氟化物含量能够较准确地预测环境污染及地氟病（地方性氟中毒）。

目前，土壤中氟的测定主要采用离子选择电极法。

（一）氟化物：离子选择电极法（A）

本方法等效于《土壤质量　氟化物的测定　离子选择电极法》（GB/T 22104—2008）。

1. 方法原理

当氟电极与试验溶液接触时，所产生的电极电位与溶液中氟离子活度的关系服从能斯特（Nernst）方程：

$$E=E_0-S\lg c_{F^-} \qquad\qquad (3\text{-}3\text{-}13)$$

式中：E——测得的电极电位；

$\quad\quad E_0$——参比电极的电位（固定值）；

$\quad\quad S$——氟电极的斜率；

$\quad\quad c_{F^-}$——溶液中氟离子的浓度。

当控制试验溶液的总离子强度为定值时，电极电位就随试液中氟离子浓度的变化而变化，E 与 $\lg c_{F^-}$ 呈线性关系。为此通常加大总离子强度缓冲溶液，以消除或减少不同浓度的

223

离子间引力大小的差异，使其活度系数为 1，用浓度代替活度。样品用氢氧化钠在高温熔融后，用热水浸取，并加入适量盐酸，使有干扰作用的阳离子变为不溶的氢氧化物，经澄清除去后调节溶液的 pH 至近中性，在总离子强度缓冲溶液存在的情况下，直接用氟电极法测定。

2. 适用范围

本方法适用于各种类型土壤中氟化物的测定；方法检出限为 2.5 μg。

3. 试剂和材料

本方法所用试剂除另有说明外，均为分析纯试剂，所用水为去离子水或无氟蒸馏水。

（1）盐酸溶液（1+1）。

（2）氢氧化钠（固体）：颗粒状。

（3）0.2 mol/L 氢氧化钠溶液：称取 0.80 g 氢氧化钠，溶于水后，用水稀释至 100 mL。

（4）0.04%溴甲酚紫指示剂：称取 0.10 g 溴甲酚紫，溶于 9.25 mL 氢氧化钠溶液中，用水稀释至 250 mL。

（5）总离子强度缓冲溶液（TISAB）。

①1 mol/L 柠檬酸钠（TISAB Ⅰ）：称取 294 g 柠檬酸钠（$Na_3C_6H_5O_7·2H_2O$）于 1 000 mL 烧杯中，加入约 900 mL 水溶解，用盐酸溶液（1+1）调 pH 至 6.0～7.0，转入 1 000 mL 容量瓶中，用水稀释至标线，摇匀。

②1 mol/L 六次甲基四胺—1 mol/L 硝酸钾—0.15 mol/L 钛铁试剂（TISAB Ⅱ）：称取 140.2 g 六次甲基四胺 [$(CH_2)_6N_4$]、101.1 g 硝酸钾（KNO_3）和 49.8 g 钛铁试剂（$C_6H_4Na_2O_8S_2·H_2O$），加水溶解，调 pH 至 6.0～7.0，转入 1 000 mL 容量瓶中，用水稀释至标线，摇匀。

（6）氟标准储备溶液：准确称取氟化钠（基准试剂）（NaF，105～110℃烘干 2 h）0.221 0 g，加水溶解后，转入 1 000 mL 容量瓶中，用水稀释至标线，摇匀。贮于聚乙烯瓶中，此溶液每毫升含氟 100 μg。

（7）氟标准使用溶液：用无分度吸管吸取氟标准储备溶液 10.00 mL，放入 100 mL 容量瓶中，用水稀释至标线，摇匀。此溶液每毫升含氟 10.0 μg。

4. 仪器和设备

（1）氟离子选择电极及饱和甘汞电极。

（2）离子活度计或 pH 计（精度±0.1 mV）。

（3）磁力搅拌器及包有聚乙烯的搅拌子。

（4）聚乙烯杯：100 mL。

（5）容量瓶：50 mL、100 mL、1 000 mL。

（6）镍坩埚：50 mL。

（7）高温电炉：温度可调（0～1 000℃）。

5. 分析步骤

（1）试液制备。

准确称取过 0.149 mm 筛的土样 0.2 g（准确至 0.000 2 g）于 50 mL 镍坩埚中，加入 2 g 氢氧化钠，放入高温电炉中加热，由低温逐渐缓缓加热升至 550～570℃后，继续保温 20 min。取出冷却，用约 50 mL 煮沸的热水分几次浸取，直至熔块完全溶解，全部转入 100 mL 容量瓶中，再缓缓加入 5 mL 盐酸溶液（1+1），不停摇动。冷却后加水至标线，摇匀。放置澄清，待测。

（2）测定。

①准确吸取样品溶液的上清液 10.0 mL，放入 50 mL 容量瓶中，加 1～2 滴溴甲酚紫指示剂，边摇边逐滴加入盐酸溶液（1+1），直至溶液由蓝紫色刚变为黄色为止。加入 15.0 mL 总离子强度缓冲溶液，用水稀释至标线，摇匀。

②将试液倒入聚乙烯烧杯中，放入搅拌子，置于磁力搅拌器上，插入氟离子选择电极和饱和甘汞电极，测量试液的电位，在搅拌状态下，平衡 3 min，读取电极点位值（mV）。每次测量前，都要用水充分冲洗电极，并用滤纸吸去水分。根据测量毫伏数计算出相应的氟化物含量。

（3）空白试验。

不加样品按试液制备全程序试剂空白溶液，并按步骤 5-（2）进行测定。每批样品制备两个空白溶液。

（4）标准曲线绘制。

准确吸取氟标准使用溶液 0，0.50，1.00，2.00，5.00，10.0，20.0 mL，分别于 50 mL 容量瓶中，加入 10.0 mL 试剂空白溶液，以下按 5-（2）所述步骤，从空白溶液开始由低浓度到高浓度顺序依次进行测定。以毫伏数（mV）和氟含量（µg）绘制对数标准曲线。

6. 结果计算和表示

土壤中氟含量 c（mg/kg）按式（3-3-14）进行计算：

$$c = \frac{m - m_0}{w} \times \frac{V_{总}}{V} \qquad (3\text{-}3\text{-}14)$$

式中：m ——样品氟的含量，µg；

m_0——空白氟的含量，µg；

w ——称取试样质量，g；

$V_{总}$——试样定容体积，mL；

V——测定时吸取试样溶液体积，mL。

7. 精密度和准确度

按照本方法测定土壤中氟化物，其相对误差的绝对值不得超过 10%。在重复条件下，获得的两次独立测定结果的相对偏差不得超过 10%。

8. 注意事项

（1）电极法测定的是游离氟离子，能与氟离子形成稳定络合物的高价阳离子及氢离子干扰测定。根据络合物的稳定常数及实验研究证明，Al^{3+} 的干扰最严重，Zr^{4+}、Sc^{3+}、Th^{4+}、Ce^{4+} 等次之，Fe^{3+}、Ti^{4+}、Ca^{2+}、Mg^{2+} 等有干扰。其他阳离子和阴离子均不干扰。

（2）在碱性溶液中，当 OH^- 的浓度大于 F^- 浓度的 1/10 时也有干扰。

（3）加入总离子强度缓冲溶液可消除干扰，使试液的 pH 保持在 6.0～7.0 时，氟电极就能在理想的范围内进行测定。

（农业农村部环境保护科研监测所　李军幸　徐亚平）

（二）总氟：高温水解离子选择电极法（A）

本方法等效于《煤及土壤中总氟测定方法　高温热水解—离子选择电极法》（WS/T 88—2012）。

1. 方法原理

土壤样品与石英砂混合，于 1 100℃在氧气—水蒸气流中燃烧、水解。样品中氟被转化成氟化氢或其他含氟的挥发性化合物，冷凝后被氢氧化钠溶液吸收，以离子选择性电极测定吸收液的氟含量。

2. 适用范围

本方法适用于各类土壤样品中总氟含量的测定。本方法规定了以高温热水解法处理样品，采用离子选择性电极测定土壤样品中总氟含量的方法。

本方法检测下限为 0.5 μg，当取样量为 0.200 0 g，吸收液定容到 50 mL 时，样品检测下限为 25 mg/kg。

3. 试剂和材料

本方法所用试剂除另有说明外，均为分析纯试剂，所用水为去离子水，或无氟蒸馏水。

（1）氟化钠标准贮备液：准确称取预先于 120℃烘干 2 h 的氟化钠（优级纯）0.221 0 g 于烧杯中，加水溶解，用水将氟化钠溶液全部洗入 100 mL 容量瓶中，加水定容，摇匀，转移至聚乙烯塑料瓶中，置于冰箱内冷藏。此贮备液每毫升含氟 1.000 mg。

（2）氟化钠标准工作液：准确吸取 1.00 mL 氟化钠标准贮备液于 100 mL 容量瓶中。加水定容，摇匀，贮于聚乙烯塑料瓶中。此溶液每毫升含氟 10.0 μg。

（3）总离子强度调节缓冲液：称取 58 g 氯化钠，2.94 g 柠檬酸钠（$Na_3C_6H_5O_7 \cdot 2H_2O$）。量取 57 mL 冰醋酸，溶于 700 mL 水中用 10 mol/L 氢氧化钠溶液调 pH 至 5.0～5.5，加水定容至 1 000 mL。

（4）氢氧化钠溶液：0.2 mol/L。称取 8 g 氢氧化钠，溶于水，稀释至 1 000 mL。

（5）氢氧化钠溶液：10 mol/L。称取 40 g 氢氧化钠，溶于水，稀释至 100 mL。

（6）硝酸溶液：2 mol/L。浓硝酸与水的体积比为 1：6.25 混合而成。

（7）酚酞指示剂溶液：称取 0.5 g 酚酞，溶解于 100 mL 90%乙醇溶液中。

（8）石英砂：分析纯，粒度 0.5～1.0 mm，含氟量≤10 mg/kg。

（9）瓷舟：长度 75 mm 或 95 mm。

（10）氧气：纯度＞99%。

4. 仪器和设备

（1）高温热水解装置（图 3-3-5）。

（2）燃烧管：透明石英管，耐温 1 300℃。

（3）电热套：可调温。

（4）离子计或精密酸度计：精度 0.1 mV。

（5）氟离子选择性电极。

（6）饱和甘汞电极。

（7）磁力搅拌器。

5. 样品

（1）准备工作。

按图 3-3-5 所示，将高温热水解装置装配妥当，连接好气路、水路，检查气密性，冷凝管通入冷却水，将石英管加热到 950℃，通入水蒸气及氧气（290 mL/min），塞紧进样口橡皮塞，逐渐升温至 1 100℃后空烧 15 min，使冲洗出的冷凝液达到 70～80 mL。

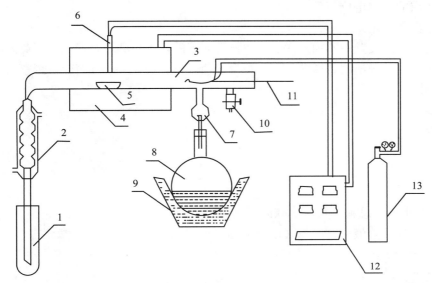

1. 吸收管；2. 冷凝管；3. 石英管；4. 管式高温炉[有 80 mm 长的恒温区（1 100±10）℃，用自动温度控制器调节温度]；5. 瓷舟（石英舟）；6. 热电偶；7. 防溅球；8. 烧瓶；9. 电热套；10. 放水口；11. 进样推棒；12. 温度控制器；13. 氧气钢瓶

图 3-3-5 高温热水解装置

（2）高温热水解。

称取 0.2 g（准确到 0.000 2 g）经粉碎研磨过 200 目筛（孔径 0.074 mm）的样品，与 0.1 g 石英砂于瓷舟中混合，再取少量石英砂铺盖于样品上，以基本覆盖样品表面为宜。用事先装有 15.0 mL 浓度为 0.2 mol/L 的氢氧化钠溶液的吸收管接收冷凝液。把瓷舟放入石英燃烧管中，插入进样推棒，通入水蒸气和氧气（290 mL/min），在 5 mim 内分两步，逐渐将瓷舟从低温区（600～700℃）推到高温区（1 100℃），并将瓷舟在 1 100℃恒温区继续保持 10 min，取出进样推棒以免熔化。在整个过程中，调节电热套温度，控制烧瓶内的水蒸气流量，使收集的冷凝液体积总量控制在 45 mL 以内。高温水解完成后，将冷凝液全部转移到 50 mL 容量瓶中，加一滴酚酞指示剂，用 2 mol/L 硝酸溶液中和至红色消失，加水至刻度摇匀待测。

6. 分析步骤

（1）工作曲线绘制。

取 5 个 25 mL 小烧杯分别加入 0，0.10，0.50，1.00，2.50，5.00 mL 氟化钠标准工作液和 5.0 mL 总离子强度缓冲液，再各加去离子水至总体积 10.0 mL，此标准系列溶液含氟量分别为 1.0，5.0，10.0，25.0，50.0 μg。放入磁芯搅拌棒，置于电磁力搅拌器上，插入氟电极和甘汞电极，搅拌，从空白溶液开始，由低浓度到高浓度依次测定各溶液的电位值，

227

当电位值变化≤0.1 mV/min 时读取平衡电位。以毫伏数（mV）和氟含量（μg）绘制对数校准曲线。

（2）样品测定。

取 5.0 mL 样品溶液于 25 mL 小烧杯中，加入 5.0 mL 总离子强度缓冲液，按校准曲线测定步骤测得平衡电位值。用校准曲线求得样品溶液氟含量。每测定一个样品时，都要将电极洗到要求的空白电位值后，进行测定。

（3）空白值测定。

在高温热水解装置中不加入样品，按样品处理的操作步骤，对瓷舟和石英砂进行高温热水解处理，用电极法测定氟含量，求得空白值。若空白值 m_0 过高应检查空白值过高原因，加以消除。

7. 结果计算

计算公式：

$$c = \frac{(m_x - m_0) \cdot V_{总}}{V \cdot m}$$ （3-3-15）

式中：c——土壤中总氟含量，mg/kg；

m_x——样品溶液中含氟量（由校准曲线求得），μg；

m_0——空白氟含量，μg；

$V_{总}$——吸收液总体积，mL；

V——测定时吸取被测液体积，mL；

m——称取样品重量，g。

本法中 $V_{总}=50$ mL，$V=5$ mL，则：

$$c = \frac{(m_x - m_0) \times 50}{5m} \text{ 或 } c = \frac{(m_x - m_0)}{m} \times 10$$

8. 精密度与准确度

同一实验室测定了含氟土壤标样[GBW07405，含氟（603±28）mg/kg]的标样，测定 13 次，得到的平均值为 608 mg/kg，相对标准偏差为 3.6%。

9. 注意事项

（1）热解温度：试验在 800～1 200℃不同热解温度对测定结果的影响，当温度低于 1 000℃时，回收率较低；高于 1 000℃时，回收率均为 100%±2%。

（2）热解时间：热解时间即试样在高温区的停留时间，当水蒸气导出量较大时，仅热解 5 min，回收率即可达到 100%，说明试样中氟化物已基本分解完全，但考虑两个样品间的沾污问题，故可使带有水蒸气的氧气持续冲洗管道 5 min，热解时间可适当调整为 10 min。

（3）氧气流量：氧气在整个过程中有两个作用，其一，作为助燃气，使试样中的有机物完全燃烧，其二，作为载气，携带水蒸气，将氟化物导出；当氧气流量在 100～440 mL/min 时，回收率均为 100%±2%，当氧气流量为 290 mL/min 时，热解气流可在吸收管中产生连续气泡。

（宁夏回族自治区环境监测中心站　金辉　丁婧）

四、氯离子

氯离子是广泛存在于自然界的氯的–1 价离子，无色。一般植物体内含氯 0.1%即可满足需要。而氯在地壳中的含量也只有 0.05%；土壤平均含氯 100 mg/kg 左右，变幅为 37～370 mg/kg。当土壤含氯量低于 2 mg/kg、植株含氯量低于 100 mg/kg 时，易发生缺氯症。

氯在土壤中主要以离子形态存在。我国土壤平均含氯量为 24.5 mg/kg。土壤缺氯，需要补充氯素才能维持作物正常生长。

土壤中氯离子的测定一般采用滴定法，也有文献使用离子色谱法。

滴定法（A）

本方法等效于《土壤氯离子含量的测定》（NY/T 1378—2007）和《土壤检测　第 17 部分：土壤氯离子含量的测定》（NY/T 1121.17—2006）。

1. 方法原理

用水浸提土壤中的氯离子，然后在中性至弱碱性范围内（pH= 6.5～10.5），以铬酸钾为指示剂，用硝酸银标准滴定溶液滴定试液中的氯离子。由于氯化银的溶解度小于铬酸银的溶解度，在氯离子被完全沉淀出来后，铬酸盐方以铬酸银的形势被沉淀，产生砖红色，指示到达滴定终点。由所消耗的硝酸银标准溶液的量，可求得土壤中氯离子的含量。

2. 适用范围

NY/T 1378—2007 适用于氯离子含量在 10～500 mg/L 的试样溶液，尤其是盐渍化土壤中氯离子含量的测定。氯离子高于 500 mg/L 的试样溶液，可稀释或采用较高浓度的硝酸银标准滴定溶液滴定。

NY/T 1121.17—2006 适用于含有机质较低的各类型土壤中氯离子的测定。

3. 试剂和材料

除非另有说明，否则在分析中仅适用确认为分析纯的试剂和 GB/T 6682 规定的至少三级的水。

（1）碳酸氢钠（NaHCO$_3$）：粉状。

（2）氯化钾标准溶液：c（KCl）=0.1 mol/L。

称取 3.728 g 预先在 130℃下干燥 1 h 的氯化钾基准试剂，置于烧杯中，加水溶解后移入 500 mL 容量瓶中，加水稀释至刻度，混匀。0.01，0.005，0.001 mol/L 或其他浓度的氯化钾标准溶液配置时，可用 0.1 mol/L 的氯化钾标准溶液稀释至所需浓度。

（3）硝酸银标准滴定溶液：c（AgNO$_3$）= 0.01 mol/L 和 0.02 mol/L。

准确称取 1.699 g 或 3.398 g 硝酸银（称量前需在 105℃干燥 1 h）溶于水，转入 1 L 容量瓶，定容，贮于棕色瓶中，使用前须用氯化钾标准溶液标定。

（4）铬酸钾指示剂溶液：50 g/L。

称取 5.0 g 铬酸钾，溶于约 40 mL 水中，滴加 1 mol/L 硝酸银溶液至刚有砖红色沉淀生成为止，放置过夜后，过滤，滤液稀释至 100 mL。

（5）活性炭：粉状。

4. 分析步骤

（1）试样制备。

①准确称取 20 g（精确到 0.01 g）通过 2 mm 筛的试样，置于 250 mL 锥形瓶中，加入

100 mL 水。加塞或用其他方式封闭瓶口。用振荡器剧烈振荡 5 min，使试样充分分散，然后干过滤，滤液用于测定。如果土壤有机质含量高或试样溶液有颜色，可加入 0.5 g 左右的活性炭与试样一并振荡。

②对于有机质含量较低的样品，准确称取 50 g（精确到 0.01 g）试样，置于 500 mL 锥形瓶中，加入 250 mL 水。加塞或用其他方式封闭瓶口。用振荡器振荡 3 min，振荡后立即抽气过滤，开始滤出的 10 mL 滤液弃去，已获得清亮的滤液，加塞备用。

（2）用移液管吸取 25 mL 试样溶液（若氯离子含量高，可取少量，但应加水至 25 mL），置于 150 mL 锥形瓶中，加入 8 滴铬酸钾指示剂溶液，混匀。在不断摇动下，用硝酸银标准溶液滴定至出现砖红色沉淀且经摇动不再消失为止。记录消耗硝酸银标准溶液的体积（V）。取 25.00 mL 蒸馏水，同试样过程测定空白试样，记录消耗硝酸银标准溶液体积（V_0）。

5. 结果计算

（1）土壤样品中氯离子含量 ω_1（mg/kg），按式（3-3-16）计算：

$$\omega_1 = \frac{c \cdot (V - V_0) \cdot D \times 0.035\,45}{m} \times 10^6 \qquad (3\text{-}3\text{-}16)$$

式中：V——试样溶液测定时消耗的硝酸银标准滴定溶液体积的数值，L；

V_0——空白溶液测定时消耗的硝酸银标准滴定溶液体积的数值，mL；

c——硝酸银标准滴定溶液浓度的数值，mol/L；

m——试料质量的数值，g；

D——试样溶液体积与测定时吸取的试样溶液体积之比的数值；

0.035 45——与 1.00 mL 硝酸银标准滴定溶液[$c(AgNO_3)$=1.000 mol/L]相当的以克表示的氯离子质量。

（2）土壤样品中氯离子含量 ω_2（mmol/kg）按式（3-3-17）进行计算。

$$\omega_2 = \frac{c \cdot (V - V_0) \cdot D}{m} \times 1\,000 \qquad (3\text{-}3\text{-}17)$$

式中：V——试样溶液测定时消耗的硝酸银标准滴定溶液体积的数值，mL；

V_0——空白溶液测定时消耗的硝酸银标准滴定溶液体积的数值，mL；

c——硝酸银标准滴定溶液浓度的数值，mol/L；

m——试料质量的数值，g；

D——试样溶液体积与测定时吸取的试样溶液体积之比的数值。

6. 精密度

表 3-3-3　氯离子平行测定结果允许相对偏差

氯离子含量范围/（mmol/kg）	相对偏差/%
<5.0	15～20
5.0～10	10～15
10～50	5～10
>50	<5

7. 注意事项

（1）铬酸钾指示剂的用量与滴定终点到来的迟早有关。根据计算，以 25 mL 待测液中加 8 滴铬酸钾指示剂为宜。

（2）在滴定过程中，当溶液出现稳定的砖红色时，Ag^+ 的用量已微有超过，因此终点颜色不宜过深。

（3）如果试样溶液的 pH<6.5，则应在试样溶液中先加入 0.2~0.5 g 的碳酸氢钠，混匀，再用硝酸银标准溶液滴定。硝酸银滴定法测定 Cl^- 时，待测液的 pH 应为 6.5~10.0。因铬酸银能溶于酸，溶液 pH 不能<6.5；若 pH>10，则会生成氧化银黑色沉淀。溶液 pH 不在滴定适宜范围，可于滴定前用稀 $NaHCO_3$ 溶液调节。

（4）最终计算结果保留两位小数，但有效数字应不超过四位。

（江苏省环境监测中心　李媛　严奕）

五、腐殖质

土壤腐殖质是土壤有机质的主要组成部分，是具有酸性、含氮量很高的一种褐色或暗褐色的大分子胶体物质。腐殖质不仅是土壤养分的重要来源，而且对土壤的物理、化学、生物学性质都有重要影响。

腐殖质在土壤和沉积物中可分为三个主要部分：胡敏酸、富里酸和胡敏素。碱液能有效地提取土壤腐殖质，其中稀氢氧化钠仍然是应用最广泛和有效的碱液提取剂。螯合剂可以提高腐殖质的溶解性，焦磷酸钠是常用的碱性螯合剂，应用焦磷酸钠和氢氧化钠混合液作为提取剂，既保持了氢氧化钠溶液提取能力高的优点，又省去用稀酸预处理土壤的操作，因此这种方法快速简便，广泛适用于各种土壤。

焦磷酸钠—氢氧化钠提取重铬酸钾氧化容量法（A）

本方法等效于《土壤腐殖质组成的测定　焦磷酸钠—氢氧化钠提取重铬酸钾氧化容量法》（NY/T 1867—2010）和《森林土壤腐殖质组成的测定》（LY/T 1238—1999）。

1. 方法原理

土壤腐殖质按其溶解度分为可溶性腐殖质（胡敏酸和富里酸）及不溶性腐殖质（胡敏素）。用 0.1 mol/L 焦磷酸钠—氢氧化钠混合液提取可溶性腐殖质，采用重铬酸钾氧化容量法测定胡敏酸和富里酸总量。提取液经酸化沉淀分离胡敏酸，并测定其含量，计算可得富里酸含量。测定土壤样品总碳量，减去胡敏酸和富里酸含量即为胡敏素含量。

2. 适用范围

焦磷酸钠—氢氧化钠提取，重铬酸钾氧化容量法测定土壤腐殖质组成适用于各类土壤腐殖质组成的测定。

3. 试剂和材料

本方法所用试剂在未注明规格时，均为分析纯试剂。本方法用水应符合 GB/T 6682 中三级水的规定。

（1）氢氧化钠（0.1 mol/L）—焦磷酸钠（0.1 mol/L）混合提取液（pH 13）：称取 4.0 g 氢氧化钠和 44.6 g 焦磷酸钠（$Na_4P_2O_7 \cdot 10H_2O$）溶于水，稀释至 1 L。

（2）氢氧化钠溶液：$c(NaOH) = 0.05$ mol/L，称取 2.0 g 氢氧化钠溶于水，稀释至 1 L。

（3）硫酸溶液：$c(1/2H_2SO_4) = 1$ mol/L，吸取 30 mL 浓硫酸（$\rho = 1.84$ g/mL），缓缓加入水中，冷却后稀释至 1 L。

（4）硫酸溶液：$c(1/2H_2SO_4) = 0.05$ mol/L，吸取 1 mol/L 浓硫酸溶液 50 mL，加入水中，冷却后稀释至 1 L。

（5）重铬酸钾。

（6）浓硫酸：$\rho(H_2SO_4) = 1.84$ g/mL。

（7）硫酸亚铁。

（8）硫酸银：研成粉末。

（9）二氧化硅：粉末状。

（10）邻菲啰啉指示剂：称取邻菲啰啉 1.490 g 溶于含有 0.700 g 硫酸亚铁的 100 mL 水溶液中。此指示剂易变质，应密闭保存于棕色瓶中备用。

（11）0.4 mol/L 重铬酸钾—硫酸溶液：称取重铬酸钾 39.23 g，溶于 600～800 mL 蒸馏水中，待完全溶解后加水稀释至 1 L，将溶液移入 3L 大烧杯中；另取 1 L 比重为 1.84 的浓硫酸，慢慢地倒入重铬酸钾水溶液内，不断搅动，为避免溶液急剧升温，每加约 100 mL 硫酸后稍停片刻，并把大烧杯放在盛有冷水的盆内冷却，待溶液的温度降到不烫手时再加另一份硫酸，直到全部加完为止。

（12）重铬酸钾标准溶液：称取经 130℃烘 1.5 h 的优级纯重铬酸钾 9.807 g，先用少量水溶解，然后移入 1 L 容量瓶内，加水定容。此溶液浓度 $c(1/6K_2Cr_2O_7) = 0.200\,0$ mol/L。

（13）硫酸亚铁标准溶液：称取硫酸亚铁 56 g，溶于 600～800 mL 水中，加浓硫酸 20 mL，搅拌均匀，加水定容至 1 L（必要时过滤），贮于棕色瓶中保存。此溶液易受空气氧化，使用时必须每天标定一次准确浓度。

硫酸亚铁标准溶液的标定方法如下：

吸取重铬酸钾标准溶液 20 mL，放入 150 mL 三角瓶中，加浓硫酸 3 mL 和邻菲啰啉指示剂 3～5 滴，用硫酸亚铁溶液滴定，根据硫酸亚铁溶液的消耗量，计算硫酸亚铁标准溶液浓度 c_2。

$$c_2 = \frac{c_1 \times V_1}{V_2} \tag{3-3-18}$$

式中：c_2——硫酸亚铁标准溶液的浓度，mol/L；

$\quad\quad\ c_1$——重铬酸钾标准溶液的浓度，mol/L；

$\quad\quad\ V_1$——吸取的重铬酸钾标准溶液的体积，mL；

$\quad\quad\ V_2$——滴定时消耗硫酸亚铁溶液的体积，mL。

4. 仪器和设备

（1）分析实验室通常使用的仪器设备。

（2）恒温水浴锅。

（3）振荡机：控温（25±2）℃，满足（180±20）r/min 的振荡频率或达到相同效果。

（4）分析天平：感量 0.000 1 g。

（5）电砂浴。

（6）磨口三角瓶：150 mL。

（7）磨口简易空气冷凝管：直径 0.9 cm，长 19 cm。

（8）定时钟。

（9）自动调零滴定管：10.00 mL、25.00 mL。

（10）小型日光滴定台。

（11）温度计：200～300℃。

（12）铜丝筛：孔径 0.25 mm。

（13）瓷研钵。

5. 分析步骤

（1）腐殖质总量测定。

①按表 3-3-4 有机质含量的规定称取制备好的风干试样 0.05～0.5 g，精确到 0.000 1 g。置入 150 mL 三角瓶中，加粉末状的硫酸银 0.1 g，然后用自动调零滴定管，准确加入 0.4 mol/L 重铬酸钾—硫酸溶液 10 mL 摇匀。

表 3-3-4 不同土壤有机质含量的称样量

有机质含量/%	试样质量/g
<2	0.4～0.5
2～7	0.2～0.3
7～10	0.1
10～15	0.05

②将盛有试样的三角瓶装一简易空气冷凝管，移至已预热到 200～230℃的电砂浴上加热（图 3-3-6）。当简易空气冷凝管下端落下第一滴冷凝液，开始记时，消煮（5±0.5）min。

③消煮完毕后，将三角瓶从电砂浴上取下，冷却片刻，用水冲洗冷凝管内壁及其底端外壁，使洗涤液流入原三角瓶，瓶内溶液的总体积应控制在 60～80 mL 为宜，加 3～5 滴邻菲啰啉指示剂，用硫酸亚铁标准溶液滴定剩余的重铬酸钾。溶液的变色过程是先由橙黄变为蓝绿，再变为棕红，即达终点。如果试样滴定所用硫酸亚铁标准溶液的毫升数不到空白标定所耗硫酸亚铁标准溶液毫升数的 1/3 时，则应减少土壤称样量，重新测定。

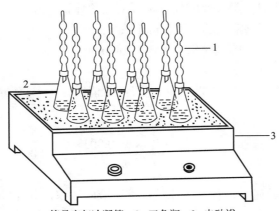

1. 简易空气冷凝管；2. 三角瓶；3. 电砂浴

图 3-3-6 消煮装置

④每批试样测定必须同时做 2～3 个空白标定。取 0.500 g 粉末状二氧化硅代替试样，其他步骤与试样测定相同，取其平均值。

（2）胡敏酸和富里酸含量测定。

①试样溶液制备。称取过 0.25 mm 孔径筛的风干试样 5.00 g 于 250 mL 三角瓶中，加入 100 mL 氢氧化钠焦磷酸钠混合提取液，塞紧瓶塞后于（25±2）℃、在恒温振荡机上振荡（30±2）min，稍静止后，微微转动三角瓶，用上清液洗下粘在瓶壁上的土粒，静置约 24 h（温度约 25℃），将溶液充分摇匀进行过滤或离心，使滤液清澈，弃去残渣，滤液收集于三角瓶中。

②胡敏酸和富里酸含量测定。吸取试样溶液 2.00～10.00 mL（视滤液颜色深浅而定）于 150 mL 三角瓶中，用 1 mol/L 硫酸溶液中和至 pH=7.0（可用 pH 试纸检验），放入水浴锅中蒸干，按 5-（1）步骤测定，为胡敏酸加富里酸含量。

③胡敏酸含量测定。吸取试样溶液 20.0～50.0 mL（视滤液颜色深浅而定）于 200 mL 烧杯中，在加热条件下逐滴加入 1 mol/L 硫酸溶液，使 pH 为 1～1.5（可用 pH 试纸检验，此时应出现胡敏酸絮状沉淀）。将烧杯放入约 80℃恒温水浴中保温 30 min 后静置过夜，使胡敏酸与富里酸充分分离。次日用慢速滤纸过滤或离心，用 0.05 mol/L 硫酸溶液洗涤沉淀，至洗涤液无色为止（约 150 mL 洗涤液），弃去滤液，将沉淀用热的 0.05 mol/L 氢氧化钠溶液少量多次快速洗涤溶解至 25～100 mL 容量瓶中（视沉淀多少而定），用 0.05 mol/L 氢氧化钠溶液定容。吸取 5.00～20.00 mL（视胡敏酸含量多少而定）于 150 mL 三角瓶中，用 1 mol/L 硫酸溶液中和至 pH=7.0（可用 pH 试纸检验），放入水浴锅中蒸干，按 5-（1）步骤测定，为胡敏酸含量。

6. 结果计算

（1）腐殖质总碳量 X_0 以质量分数计，数值以克每千克（g/kg）表示，按式（3-3-19）进行计算。

$$X_0 = \frac{(V_0 - V) \times c \times 0.003}{m} \times 1\,000 \qquad (3\text{-}3\text{-}19)$$

式中：V_0——空白试验时，消耗硫酸亚铁标准溶液的体积，mL；

$\quad\quad V$——样品测定时，消耗硫酸亚铁标准溶液的体积，mL；

$\quad\quad c$——硫酸亚铁标准溶液的浓度，mol/L；

$\quad\quad 0.003$——1/4 碳原子的毫摩尔质量，g/ mmol；

$\quad\quad m$——试样的质量，g。

（2）胡敏酸+富里酸总碳量 X_1 以质量分数计，数值以克每千克（g/kg）表示，按式（3-3-20）计算。

$$X_1 = \frac{(V_{01} - V_1) \times c \times 0.003 \times D_1}{m} \times 1\,000 \qquad (3\text{-}3\text{-}20)$$

式中：V_{01}——空白试验时，消耗硫酸亚铁标准溶液的体积，mL；

$\quad\quad V_1$——样品测定时，消耗硫酸亚铁标准溶液的体积，mL；

$\quad\quad c$——硫酸亚铁标准溶液的浓度，mol/ L；

$\quad\quad 0.003$——1/4 碳原子的毫摩尔质量，g/mol；

D_1——测定胡敏酸+富里酸含量时分取倍数；

m——试样的质量，g。

（3）胡敏酸碳量 X_2 以质量分数计，数值以克每千克（g/kg）表示，按式（3-3-21）进行计算。

$$X_2 = \frac{(V_{02} - V_2) \times c \times 0.003 \times D_2}{m} \times 1\,000 \qquad (3\text{-}3\text{-}21)$$

式中：V_{02}——空白试验时，消耗硫酸亚铁标准溶液的体积，mL；

V_2——样品测定时，消耗硫酸亚铁标准溶液的体积，mL；

c——硫酸亚铁标准溶液的浓度，mol/L；

0.003——1/4 碳原子的毫摩尔质量，g/mmol；

D_2——测定胡敏酸含量时分取两次的倍数；

m——试样的质量，g。

（4）富里酸碳量 X_3 以质量分数计，数值以克每千克（g/kg）表示，按式（3-3-22）进行计算。

$$X_3 = X_1 - X_2 \qquad (3\text{-}3\text{-}22)$$

（5）胡敏素碳量 X_4 以质量分数计，数值以克每千克（g/kg）表示，按式（3-3-23）进行计算。

$$X_4 = X_0 - X_1 \qquad (3\text{-}3\text{-}23)$$

7. 允许差

平行测定结果的相对偏差不大于 8%。

不同实验室间测定结果的相对偏差不大于 15%。

8. 注意事项

（1）土壤可溶性腐殖质碳含量随浸提温度的增高而增加，因此，浸提时要控制在（25±2）℃的条件下进行，以保证不同季节分析结果的可比性。

（2）腐殖酸浓缩蒸干时，温度不超过 60℃，否则腐殖酸易遭分解破坏。

（3）分离胡敏酸和富里酸时，pH 必须调至 1.5 以下，以保证胡敏酸和富里酸分离完全。

（4）碱液使土壤高度分散，因此不易得到清澈的滤液。在过滤或离心前可加入电解质使无机胶体絮凝。通常 100 mL 碱液中加入 5～8 g $Na_2SO_4 \cdot 10H_2O$，充分搅拌溶解后再过滤，即可得到透明清澈的滤液。

（中国农业科学院农业资源与农业区划研究所 刘蜜）

六、氰化物

氰化物广泛存在于自然界，尤其是生物界。土壤中也普遍含有氰化物，并随土壤的深度增加而递减，其含量为 0.003～0.130 mg/kg，天然土壤中的氰化物主要来自土壤腐殖质。氰化物是一种剧毒物质，人若口服 0.1 g 氰化钠或 0.12 g 氰化钾或 0.05 g 氢氰酸，瞬间就能死亡，对其他动物或牲畜的致死剂量更小。氰化物的测定方法常用的有容量法、分光光度法、流动注射法和离子色谱法等。高浓度的样品可采用硝酸银滴定法，分光光度法作为一种基本常规的检测方法在环境监测领域被广泛运用，而流动注射法和离子色谱法则对样品和仪器有比较高的要求。

（一）样品前处理：蒸馏法（A）

本方法等效于《土壤　氰化物和总氰化物的测定　分光光度法》（HJ 745—2015）。

1. 方法原理

（1）氰化物。

向试样中加入酒石酸和硝酸锌，在 pH=4 条件下加热蒸馏，简单氰化物和部分络合氰化物（如锌氰络合物）以氰化氢形式被蒸馏出，用氢氧化钠溶液吸收。

（2）总氰化物。

向试样中加入磷酸，在 pH<2 条件下加热蒸馏，加入二价锡和二价铜以抑制硫化物的干扰并且催化络合氰化物分解，并以氰化氢形式被蒸馏出，用氢氧化钠溶液吸收。

2. 干扰及消除

（1）当试样微粒不能完全在水中均匀分散，而是积聚在试剂—空气表面或试剂—玻璃器壁界面时，将导致准确度和精密度降低，可在蒸馏前加 5 mL 乙醇以消除影响。

（2）试样中存在硫化物会干扰测定，蒸馏时加入的硫酸铜可以抑制硫化物的干扰。

3. 试剂和材料

（1）酒石酸溶液，$\rho(C_4H_6O_6)=150$ g/L：称取 15.0 g 酒石酸溶于水中，稀释至 100 mL，摇匀。

（2）硝酸锌溶液，$\rho[Zn(NO_3)_2 \cdot 6H_2O]=100$ g/L：称取 10.0 g 硝酸锌溶于水中，稀释至 100 mL，摇匀。

（3）磷酸，$\rho(H_3PO_4)=1.69$ g/mL。

（4）盐酸，$\rho(HCl)=1.19$ g/mL。

（5）盐酸溶液，$c(HCl)=1$ mol/L：量取 83 mL 盐酸缓慢注入水中，放冷后稀释至 1 000 mL。

（6）氯化亚锡溶液，$\rho(SnCl_2 \cdot 2H_2O)=50$ g/L：称取 5.0 g 二水合氯化亚锡溶于 40 mL 1 mol/L 盐酸溶液中，用水稀释至 100 mL，临用现配。

（7）硫酸铜溶液，$\rho(CuSO_4 \cdot 5H_2O)=200$ g/L：称取 200 g 五水合硫酸铜溶于水中，稀释至 1 000 mL，摇匀。

（8）氢氧化钠溶液，$\rho(NaOH)=100$ g/L：称取 100 g 氢氧化钠溶于水中，稀释至 1 000 mL，摇匀，贮于聚乙烯容器中。

（9）氢氧化钠溶液，$\rho(NaOH)=10.0$ g/L：称取 10.0 g 氢氧化钠溶于水中，稀释至 1 000 mL，摇匀，贮于聚乙烯容器中。

4. 仪器和设备

（1）分析天平：精度，0.01 g。

（2）电炉：600 W 或 800 W，功率可调。

（3）全玻璃蒸馏器：500 mL，仪器装置如图 3-3-7 所示。

（4）接收瓶：100 mL 容量瓶。

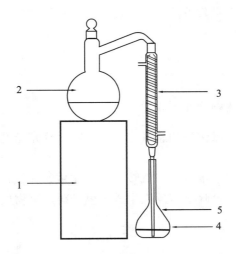

1. 可调电炉；2. 蒸馏瓶；3. 冷凝管；4. 接收瓶；5. 馏出液导管

图 3-3-7　全玻璃蒸馏器

5. 步骤

（1）样品保存。

采集后用可密封的聚乙烯或玻璃容器在 4℃左右冷藏保存，样品要充满容器，并在采集后 48 h 内完成样品分析。

（2）样品称量。

称取约 10 g 干重的样品于称量纸上（精确到 0.01 g），略微裹紧后移入蒸馏瓶。参考本篇第一章"二、干物质和水分"相关内容测定土壤水分含量。

（3）氰化物试样制备。

参照图 3-3-7 连接蒸馏装置，打开冷凝水，在接收瓶中加入 10 mL 10.0 g/L 氢氧化钠溶液作为吸收液。在加入试样后的蒸馏瓶中依次加 200 mL 水、3.0 mL 100 g/L 氢氧化钠溶液和 10 mL 硝酸锌溶液，摇匀，迅速加入 5.0 mL 酒石酸溶液，立即盖塞。打开电炉，馏出液以 2～4 mL/min 速度进行加热蒸馏。接收瓶内试样近 100 mL 时，停止蒸馏，用少量水冲洗馏出液导管后取出接收瓶，用水定容（V_1），此为试样 A。

（4）总氰化物试样制备。

参照图 3-3-7 连接蒸馏装置，打开冷凝水，在接收瓶中加入 10 mL 10.0 g/L 氢氧化钠溶液作为吸收液。在加入试样后的蒸馏瓶中依次加 200 mL 水、3.0 mL 100 g/L 氢氧化钠溶液、 2.0 mL 氯化亚锡溶液和 10 mL 硫酸铜溶液，摇匀，迅速加入 10 mL 磷酸，立即盖塞。打开电炉，馏出液以 2～4 mL/min 速度进行加热蒸馏。接收瓶内试样近 100 mL 时，停止蒸馏，用少量水冲洗馏出液导管后取出接收瓶，用水定容（V_1），此为试样 A。

（5）空白试样制备。

蒸馏瓶中只加 200 mL 水和 3.0 mL 100 g/L 氢氧化钠溶液，按步骤 5-（2）或 5-（3）操作，得到空白试验试样 B。

6. 注意事项

如在试样制备过程中，蒸馏或吸收装置发生漏气导致氰化氢挥发，将使氰化物分析产生误差且污染实验室环境，所以在蒸馏过程中一定要时刻检查蒸馏装置的气密性。蒸馏时，馏出液导管下端务必要插入吸收液液面下，使氰化氢吸收完全。

（上海市环境监测中心　潘虹）

（二）异烟酸—吡唑啉酮分光光度法（A）

本方法等效于《土壤　氰化物和总氰化物的测定　分光光度法》（HJ 745—2015）。

1. 方法原理

吸收液中的氰离子在中性条件下与氯胺 T 反应生成氯化氰，然后与异烟酸反应，经水解后生成戊烯二醛，最后与吡唑啉酮反应生成蓝色染料，该物质在 638 nm 波长处有最大吸收。

2. 适用范围

本方法适用于土壤中氰化物和总氰化物的测定。当样品量为 10 g，异烟酸—吡唑啉酮分光光度法的检出限为 0.04 mg/kg，测定下限为 0.16 mg/kg。

3. 干扰及消除

（1）试料中酚的含量低于 500 mg/L 时不影响氰化物的测定。

（2）油脂类的干扰可在显色前加入十二烷基硫酸钠予以消除。

4. 试剂和材料

除非另有说明，否则分析时均使用符合国家标准的分析纯试剂，实验用水为新制备的蒸馏水或去离子水。

（1）氢氧化钠溶液，ρ（NaOH）＝1 g/L：称取 1.0 g 氢氧化钠溶于水中，稀释至 1 000 mL，摇匀，贮于聚乙烯容器中。

（2）氢氧化钠溶液，ρ（NaOH）＝10 g/L：称取 10.0 g 氢氧化钠溶于水中，稀释至 1 000 mL，摇匀，贮于聚乙烯容器中。

（3）氢氧化钠溶液，ρ（NaOH）＝20 g/L：称取 20.0 g 氢氧化钠溶于水中，稀释至 1 000 mL，摇匀，贮于聚乙烯容器中。

（4）磷酸盐缓冲溶液（pH=7）：称取 34.0 g 无水磷酸二氢钾（KH_2PO_4）和 35.5 g 无水磷酸氢二钠（Na_2HPO_4）溶于水中，稀释至 1 000 mL，摇匀。

（5）氯胺 T 溶液，ρ（$C_7H_7ClNNaO_2S\cdot3H_2O$）＝10 g/L：称取 1.0 g 氯胺 T 溶于水中，稀释至 100 mL，摇匀，贮存于棕色瓶中，临用现配。

（6）异烟酸溶液：称取 1.5 g 异烟酸（$C_6H_6NO_2$）溶于 25 mL 20 g/L 氢氧化钠溶液中，加水稀释定容至 100 mL。

（7）吡唑啉酮溶液：称取 0.25 g 吡唑啉酮（3-甲基-1-苯基-5-吡唑啉酮，$C_{10}H_{10}ON_2$）溶于 20 mL N,N-二甲基甲酰胺[$HCON(CH_3)_2$]中。

（8）异烟酸-吡唑啉酮溶液：将吡唑啉酮溶液和异烟酸溶液 1∶5 混合，临用现配。

（9）氰化钾标准溶液，ρ（KCN）＝50 μg/mL：购买市售有证标准物质。如需自行配制，可参照 HJ 484—2009 的相关内容执行。

（10）氰化钾标准使用溶液，ρ（KCN）＝0.500 μg/mL：吸取 10.00 mL 氰化钾标准溶液于 1 000 mL 棕色容量瓶中，用 1 g/L 氢氧化钠溶液稀释至标线，摇匀，临用现配。

5. 仪器和设备

（1）分析天平：精度，0.001 g。

（2）分光光度计：带 10 mm 比色皿。

（3）恒温水浴装置：控温精度±1℃。

（4）具塞比色管：25 mL。

6. 分析步骤

（1）校准曲线绘制。

取 6 支具塞 25 mL 比色管，分别加入氰化钾标准使用溶液 0，0.10，0.50，1.50，5.00 和 10.00 mL，再加入 10 g/L 氢氧化钠溶液至 10 mL。向各管中加入 5.0 mL 磷酸盐缓冲溶液，混匀，迅速加入 0.20 mL 氯胺 T 溶液，立即盖塞混匀，放置 1～2 min。向各管中加入 5.0 mL 异烟酸—吡唑啉酮溶液，加水稀释至标线，摇匀，于 25～35 ℃的水浴装置中放置 40 min，立即比色。分光光度计在 638 nm 波长下，用 10 mm 比色皿，以水作参比测定吸光度。以氰离子的含量（µg）为横坐标，以扣除试剂空白后的吸光度为纵坐标，绘制校准曲线。

（2）试样测定。

从试样 A 中吸取 10.0 mL 试料 A 于具塞 25 mL 比色管中，按 6-（1）进行操作。

（3）空白试验。

从试样 B 中吸取 10.0 mL 空白试料 B 于具塞 25 mL 比色管中，按 6-（1）进行操作。

7. 结果计算与表示

氰化物或总氰化物含量ω（mg/kg），以氰离子（CN⁻）计，按式（3-3-24）进行计算。

$$\omega = \frac{(A - A_b - a) \times V_1}{b \times m \times w_{dm} \times V_2}$$ （3-3-24）

式中：ω ——氰化物或总氰化物（105℃干重）的含量，mg/kg；

A ——试料 A 的吸光度；

A_b ——空白试样 B 的吸光度；

a ——校准曲线截距；

b ——校准曲线斜率；

V_1 ——试样 A 的体积，mL；

V_2 ——试料 A 的体积，mL；

m ——称取的样品质量，g；

w_{dm} ——样品的干物质含量，%。

当测定结果＜1 mg/kg，保留小数点后两位；当测定结果＞1 mg/kg，保留三位有效数字。

8. 注意事项

（1）异烟酸配成溶液后如呈现明显淡黄色，使空白值增高，可过滤。实验中以选用无色的 N,N-二甲基甲酰胺为宜。

（2）氰化氢易挥发，因此从加入缓冲液后，每一步骤操作都要迅速，并随时盖紧瓶塞。

（上海市环境监测中心　潘虹）

（三）异烟酸—巴比妥酸分光光度法（A）

本方法等效于《土壤　氰化物和总氰化物的测定　分光光度法》（HJ 745—2015）。

1. 方法原理

吸收液中的氰离子在弱酸性条件下与氯胺 T 反应生成氯化氰，然后与异烟酸反应，经水解后生成戊烯二醛，最后与巴比妥酸反应生成紫蓝色化合物，该物质在 600 nm 波长处有最大吸收。

2. 适用范围

本方法适用于土壤中氰化物和总氰化物的测定。当样品量为 10 g，异烟酸—巴比妥酸分光光度法的检出限为 0.01 mg/kg，测定下限为 0.04 mg/kg；

3. 干扰及消除

（1）试料中酚的含量低于 500 mg/L 时不影响氰化物的测定。

（2）油脂类的干扰可在显色前加入十二烷基硫酸钠予以消除。

4. 试剂和材料

除非另有说明，否则分析时均使用符合国家标准的分析纯试剂，实验用水为新制备的蒸馏水或去离子水。

（1）氢氧化钠溶液，$\rho(NaOH)=1$ g/L：称取 1.0 g 氢氧化钠溶于水中，稀释至 1 000 mL，摇匀，贮于聚乙烯容器中。

（2）氢氧化钠溶液，$\rho(NaOH)=10$ g/L：称取 10.0 g 氢氧化钠溶于水中，稀释至 1 000 mL，摇匀，贮于聚乙烯容器中。

（3）氢氧化钠溶液，$\rho(NaOH)=15$ g/L：称取 15.0 g 氢氧化钠溶于水中，稀释至 1 000 mL，摇匀，贮于聚乙烯容器中。

（4）磷酸二氢钾溶液（pH=4）：称取 136.1 g 无水磷酸二氢钾（KH_2PO_4）溶于水中，加入 2.0 mL 冰乙酸（$C_2H_4O_2$），用水稀释至 1 000 mL，摇匀。

（5）氯胺 T 溶液，$\rho(C_7H_7ClNNaO_2S\cdot3H_2O)=10$ g/L：称取 1.0 g 氯胺 T 溶于水中，稀释至 100 mL，摇匀，贮存于棕色瓶中，临用现配。

（6）异烟酸—巴比妥酸显色剂：称取 2.50 g 异烟酸（$C_6H_6NO_2$）和 1.25 g 巴比妥酸（$C_4H_4N_2O_3$）溶于 100 mL 氢氧化钠溶液中，摇匀，临用现配。

（7）氰化钾标准溶液，$\rho(KCN)=50$ μg/mL：购买市售有证标准物质。如需自行配制，可参照 HJ 484 执行。

（8）氰化钾标准使用溶液，$\rho(KCN)=0.500$ μg/mL：吸取 10.00 mL 氰化钾标准溶液于 1 000 mL 棕色容量瓶中，用 1 g/L 氢氧化钠溶液稀释至标线，摇匀，临用现配。

5. 仪器和设备

（1）分析天平：精度，0.001 g。

（2）分光光度计：带 10 mm 比色皿。

（3）温水浴装置：控温精度±1℃。

（4）具塞比色管：25 mL。

6. 分析步骤

（1）校准曲线绘制。

取 6 支具塞 25 mL 比色管，分别加入氰化钾标准使用溶液 0，0.10，0.50，1.50，5.00，

10.00 mL，再加入 10 g/L 氢氧化钠溶液至 10 mL。向各管中加入 5.0 mL 磷酸二氢钾溶液，混匀，迅速加入 0.30 mL 氯胺 T 溶液，立即盖塞混匀，放置 1～2 min。向各管中加入 6.0 mL 异烟酸—巴比妥酸显色剂，加水稀释至标线，摇匀，于 25℃ 显色 15 min（15℃ 显色 25 min；30℃ 显色 10 min）。分光光度计在 600 nm 波长下，用 10 mm 比色皿，以水作参比测定吸光度。以氰离子的含量（μg）为横坐标，以扣除试剂空白后的吸光度为纵坐标，绘制校准曲线。

（2）试样测定。

从试样 A 中吸取 10.0 mL 试料 A 于具塞比色管中，按 6-（1）进行操作。

（3）空白试验。

从试样 B 中吸取 10.0 mL 空白试料 B 于具塞比色管中，按 6-（1）进行操作。

7. 结果计算与表示

氰化物或总氰化物含量 ω（mg/kg），以氰离子（CN⁻）计，按式（3-3-25）进行计算：

$$\omega = \frac{(A - A_b - a) \times V_1}{b \times m \times w_{dm} \times V_2}$$ （3-3-25）

式中：ω——氰化物或总氰化物（105℃干重）的含量，mg/kg；

A——试料 A 的吸光度；

A_b——空白试料 B 的吸光度；

a——校准曲线截距；

b——校准曲线斜率；

V_1——试样 A 的体积，mL；

V_1——试料 A 的体积，mL；

m——称取的样品质量，g；

w_{dm}——样品的干物质含量，%。

当测定结果＜1 mg/kg，保留小数点后两位；当测定结果＞1 mg/kg，保留三位有效数字。

8. 精密度和准确度

（1）精密度。

6 家实验室对氰化物含量为 0.17，0.18，1.48 mg/kg 的统一样品进行了测定，实验室内相对标准偏差分别为 2.9%～16%、3.7%～12%、0.6%～8.1%；实验室间相对标准偏差分别为 9.0%、22%、23%；重复性限分别为 0.04，0.04，0.23 mg/kg；再现性限分别为 0.06，0.12，0.96 mg/kg。

6 家实验室对总氰化物含量为 0.19，0.41，23.0 mg/kg 的统一样品进行了测定，实验室内相对标准偏差分别为 1.2%～20%、3.5%～12%、1.2%～9.5%；实验室间相对标准偏差分别为 8.9%、8.5%、13%；重复性限分别为 0.06，0.09，3.2 mg/kg；再现性限分别为 0.07，0.13，9.0 mg/kg。

（2）准确度。

6 家实验室对含氰化物含量为 0.17，0.18 mg/kg 的统一样品进行了加标分析测定，加标回收率分别为 72.1%～95.8%、71.8%～94.8%；加标回收率最终值分别为 87.7%±16.6%、85.4%±18.8%。

241

6 家实验室对含总氰化物含量为 0.19，0.41 mg/kg 的统一样品进行了加标分析测定，加标回收率分别为 72.8%～118.7%、83.0%～112.1%；加标回收率最终值分别为 92.6%±29.8%、96.2%±21.4%。

6 家实验室对含总氰化物含量为 25.7 mg/kg 的标准物质进行了测定，相对误差为 −26%～8.2%，相对误差最终值为−10.3%±23.6%。

9. 质量保证和质量控制

（1）空白试验的氰化物和总氰化物含量应小于方法检出限。

（2）每批样品应做 10%的平行样分析，其氰化物的相对偏差应小于 25%，总氰化物的相对偏差应小于 15%。如样品不均匀，应在满足精密度的要求下做至少两个平行样的测定，平行样取均值报出结果。

（3）每批样品应做 10%的加标样分析，氰化物和总氰化物的加标回收率均应控制在 70%～120%。氰化物的加标物使用氰化物标准溶液，总氰化物的加标物可使用铁氰化钾标准溶液，加标后的样品与待测样品同步处理。

（4）定期使用有证标准物质进行检验。

（5）校准曲线回归方程的相关系数$\gamma \geqslant 0.999$；每批样品应做一个中间校核点，其测定值与校准曲线相应点浓度的相对偏差应不超过 5%。

10. 废物的处理

实验中产生的废液应集中收集，并进行明显标识，如"有毒废液（氰化物）"，委托有资质的单位处置。

（上海市环境监测中心　潘虹）

参考文献

[1] 国家环境保护总局. 全国土壤污染状况调查样品分析测试技术规定. 北京：中国环境科学出版社，2006.

[2] ASTM D4643-2008, Standard Test Method for Determination of Water (Moisture) Content of Soil by Microwave Oven Heating.

[3] DIN ISO 11263-1994,Soil quality-Determination of phosphorus-Spectrometric determination of phosphorus soluble in sodium hydrogen carbonate solution.

[4] EPA Method 9030B, Acid-Soluble and Acid-Insoluble Sulfides：Distillation.

[5] EPA Method 9034,Titrimetric Procedure For Acid-Soluble And Acid Insoluble Sulfides.

[6] EPA Method 9080,Cation-exchange Capacity of Soils(Ammonium Acetate).

[7] EPA Method 9215,Potentiometric Determination of Sulfide in Aqueous Samples And Distillates with Ionselective Electrode.

第四篇

无机元素测定

一般情况下，比重大于 5 的金属称为重金属，土壤污染中的重金属主要指汞、镉、铅、铬等金属以及砷等具有显著生物毒性的类金属，同时也指铜、钴、锌、镍、锡等具有一定毒性的重金属。重金属对土壤的污染短期内很难恢复，会通过相关食物链进入农产品，进而影响到农产品的质量安全，因此可能会严重危及人类的健康、生存和发展，因而对土壤中主要重金属的含量进行测定非常有必要。

国内外传统的土壤中重金属测定通常采用现场取样、制备后经过实验室前处理和仪器分析两个环节的方法，常涉及全量、有效态/可溶态等含量的分析。根据测定要求、目的和方法要求，选择好消解方法。同样，也应该对样品制备、加热方式、操作程序等给予关注。如需要对土壤中重金属元素进行全量测定，通常需要在强酸介质中加入氢氟酸才能破坏土壤晶格，适合以二氧化硅为主要介质的土壤全消解。此外，在一些方法中，不加氢氟酸也能达到全消解的效果，如日本就采用 3%盐酸浸提的量作为土壤重金属全量；美国（EPA3051A/3051）则认为硝酸消解为全量（编者注：实际是某些金属元素污染的近似值，可作为评价使用），可见试剂的选择与分析结果息息相关。

选择合适的仪器分析方法，对于土壤中重金属的测定也至关重要。通常原子吸收分光光度法（AAS）不用于高温元素的测定，电感耦合等离子体质谱法（ICP-MS）测定汞元素效果不好，X 射线荧光光谱法（XRF）则测定镉、汞元素不理想。每一种仪器方法均有一定的适用范围，需要对考察样品类型、检测精度、金属种类等进行选择。

第一章　概述

一、样品制备

（一）风干

在风干室，将土样放置于风干盘中，摊成 2～3 cm 的薄层，适时地压碎、翻动，拣出碎石、沙砾以及植物残体。

（二）样品粗磨

在磨样室，将风干的样品倒在有机玻璃板上，用木锤敲打，用木滚、木棒、有机玻璃棒再次压碎，拣出杂质，混匀，并用四分法取压碎样，过孔径 0.85 mm（20 目）尼龙筛。过筛后的样品全部置于无色聚乙烯薄膜上，并充分搅拌混匀，再采用四分法取其两份，一份交样品库存放，另一份作样品细磨用。粗磨样可直接用于土壤 pH、阳离子交换量、元素有效态含量等项目的分析。

（三）样品细磨

用于细磨的样品再用四分法分成两份，一份研磨到全部过孔径 0.25 mm（60 目）筛，用于农药或土壤有机质、土壤全氮量等项目分析；另一份研磨到全部过孔径 0.15 mm（100目）筛，用于土壤元素全量分析。

注：在土壤样品采集和前处理过程中，应注意避免污染，采样工具、包装、贮存、风干、粉碎和过筛都应尽量避免使用金属制品，可采用玛瑙研磨机和玛瑙研钵。

二、一般性要求

（一）试剂与标准溶液

除非另有说明，否则分析时均使用符合国家标准的优级纯试剂，实验用水应符合 GB 6682 实验二级水标准。

分析中所使用到的单元素标准储备溶液，可自行以高纯度的金属（纯度大于 99.99%）或金属盐类（基准或高纯试剂）配制成 100 mg/L 的标准储备溶液，溶液酸度（HNO_3）保持在 1.0%（v/v）以上。也可购买有证标准溶液。常见元素的标准溶液配制如下：

1. 铝（Al）

（1）1 000 mg/L 称取 1.000 0 g 金属铝，用 150 mL（1+1）盐酸加热溶解，煮沸，冷却后，用水定容至 1 L。

（2）1 000 mg/L 称取 1.759 0 g 优级纯硫酸铝钾[$KAl(SO_4)_2 \cdot 12H_2O$]于聚四氟乙烯烧杯中，

加水溶解。用 5% HNO_3（v/v）移入 1 000 mL 聚乙烯容量瓶中，并稀释至刻度，摇匀。

2. 砷（As）

（1）100.0 mg/L 称取 0.132 0 g 经过 105℃干燥 2 h 的优级纯三氧化二砷（As_2O_3）溶解于 5 mL 1 mol/L 氢氧化钠溶液中，用 1 mol/L 的盐酸溶液中和至酚酞红色褪去，实验用水定容至 1 000 mL，混匀。

（2）1 000 mg/L 称取 1.320 3 g 优级纯三氧化二砷（As_2O_3）在烧杯中用 50 mL HCl 溶解，再用 5% HCl（v/v）移入 1 000 mL 聚乙烯容量瓶中，并稀释至刻度，摇匀。

3. 钡（Ba）

1 000 mg/L 准确称取 1.516 3 g 无水 $BaCl_2$（250℃烘 2 h），用水溶解并定容至 1 L。

4. 铍（Be）

（1）100 mg/L 称取 0.100 0 g 金属铍，用 150 mL（1+1）盐酸加热溶解，冷却后用水定容至 1 L。

（2）1 000 mg/L 称取 19.641 8 g 优级纯硫酸铍（$BeSO_4·4H_2O$）于烧杯中，加水溶解，用 5% HNO_3（v/v）移入 1 000 mL 聚乙烯容量瓶中。并稀释至刻度、摇匀。

5. 铋（Bi）

（1）100.0 mg/L 准确称取高纯金属铋 0.100 0 g，置于 100 mL 烧杯中，加 20 mL 硝酸，低温加热至溶解完全，冷却，移入 1 000 mL 容量瓶中，用实验用水定容至标线，混匀。

（2）1 000 mg/L 称取 2.321 0 g 优级纯硝酸铋[$Bi(NO_3)_2·4H_2O$]于烧杯中，加 100 mL 的 7 mol/L HNO_3 溶解，用 5% HNO_3（v/v）移入 1 000 mL 聚乙烯容量瓶中。并稀释至刻度，摇匀。

6. 钙（Ca）

1 000 mg/L 称取 2.497 2 g $CaCO_3$（110℃干燥 1 h），溶解于 20 mL 水中，滴加盐酸至完全溶解，再加 10 mL 盐酸，煮沸除去 CO_2，冷却后，用水定容至 1 L。

7. 镉（Cd）

（1）1 000 mg/L 称取 1.000 0 g 光谱纯金属镉于 50 mL 烧杯中，加入 20 mL 硝酸溶液，温热溶解，全量转移至 1 000 mL 容量瓶中，冷却后，用水定容至标线，摇匀。

（2）1 000 mg/L 称取 1.142 3 g 优级纯氧化镉（CdO）于烧杯中，加 20 mL 的 7 mol/L HNO_3 溶解。用 5% HNO_3（v/v）移入 1 000 mL 聚乙烯容量瓶中，并稀释至刻度，摇匀。

（3）1 000 mg/L 称取 2.432 3 g 优级纯氯化镉（$CdCl_2·5H_2O$）于烧杯中，水溶解，用 5% HCl（v/v）移入 1 000 mL 聚乙烯容量瓶中，并稀释至刻度，摇匀。

8. 钴（Co）

（1）1 000 mg/L 称取 1.000 0 g 金属钴，用 50 mL（1+1）硝酸加热溶解，冷却，用水定容至 1 L。

（2）1 000 mg/L 称取 2.628 9 g 于 500～550℃灼烧至恒重的无水硫酸钴（$CoSO_4$）于烧杯中，水溶解。用 5% HNO_3（v/v）移入 1 000 mL 聚乙烯容量瓶中，并稀释至刻度，摇匀。

9. 铬（Cr）

（1）1 000 mg/L 称取 1.000 0 g 金属铬，加热溶解于 30 mL（1+1）盐酸中，冷却，用水定容至 1 L。

（2）1 000 mg/L 称取 3.734 9 g 于 105℃干燥至恒重的优级纯铬酸钾（K_2CrO_4）于烧杯中，水溶解，用 5% HNO_3（v/v）移入 1 000 mL 聚乙烯容量瓶中，并稀释至刻度，摇匀。

10. 铜（Cu）

（1）1 000 mg/L 称取 1.000 0 g 金属铜，加热溶解于 30 mL（1+1）硝酸中，冷却，用水定容至 1 L。

（2）1 000 mg/L 称取 3.927 0 g 优级纯硫酸铜（$CuSO_4 \cdot 5H_2O$）于烧杯中，水溶解，用 5% HNO_3（v/v）移入 1 000 mL 聚乙烯容量瓶中，并稀释至刻度，摇匀。

11. 铁（Fe）

（1）1 000 mg/L 称取 1.000 0 g 金属铁，用 150 mL（1+1）盐酸溶解，冷却，用水定容至 1 L。

（2）1 000 mg/L 称取 8.694 8 g 的优级纯硫酸铁铵[$NH_4Fe(SO_4)_2 \cdot 12H_2O$]于烧杯中，水溶解。加 2.5 mL HNO_3，用 5% HNO_3（v/v）移入 1 000 mL 聚乙烯容量瓶中，并稀释至刻度，摇匀。

12. 钾（K）

1 000 mg/L 称取 1.906 7 g KCl（在 400～450℃灼烧到无爆裂声），溶于水，用水定容至 1 L。

13. 镧（La）

1 000 mg/L 称取 1.172 8 g La_2O_3，加热溶解于少量硝酸中，加入 100 mL（1+1）硝酸，冷却，用水定容至 1 L。

14. 锂（Li）

（1）1 000 mg/L 称取 5.324 0 g Li_2CO_3，滴加少量（1+1）盐酸至完全溶解，用水定容至 1 L。

（2）1 000 mg/L 称取 6.114 5 g 优级纯氯化锂（LiCl）于烧杯中，水溶解。用 5% HNO_3（v/v）移入 1 000 mL 聚乙烯容量瓶中，并稀释至刻度，摇匀。

15. 镁（Mg）

（1）1 000 mg/L 称取 1.000 0 g 金属镁，加入 30 mL 水，缓慢加入 30 mL 盐酸，待完全溶解后，煮沸，冷却后用水定容至 1 L。

（2）1 000 mg/L 称取 1.658 3 g 于 800℃灼烧至恒重的优级纯氧化镁（MgO）于烧杯中，加 20 mL 水，慢慢加入 HCl 溶解完全。用 5% HCl（v/v）移入 1 000 mL 聚乙烯容量瓶中，并稀释至刻度，摇匀。

16. 锰（Mn）

（1）1 000 mg/L 称取 1.000 0 g 金属锰，用 30 mL（1+1）盐酸加热溶解，冷却，用水定容至 1 L。

（2）1 000 mg/L 称取 1.582 5 g 高纯二氧化锰（MnO_2）于烧杯中。用约 50 mL HCl 溶解、加热蒸发至干，残渣用 HNO_3 溶解。用 5% HNO_3（v/v）移入 1 000 mL 聚乙烯容量瓶中，并稀释至刻度，摇匀。

（3）1 000 mg/L 称取 2.747 4 g 于 400～500℃灼烧至恒重的优级纯无水硫酸锰（$MnSO_4$）于烧杯中，水溶解。用 5% HCl（v/v）移入 1 000 mL 聚乙烯容量瓶中，并稀释至刻度，摇匀。

17. 钼（Mo）

1 000 mg/L 称取 1.500 3 g 三氧化钼，溶于少量氢氧化钠溶液中，用水稀释到 50 mL，以硫酸酸化后，过量 5 mL，再用水定容至 1 L。也可准确称取 1.839 8 g 钼酸铵，以少量水溶解，再用水定容至 1 L。

18. 钠（Na）

1 000 mg/L 准确称取 2.542 1 g 氯化钠（NaCl）在 400～450℃灼烧到无爆裂声，溶于水，再用水定容至 1 L。

19. 镍（Ni）

1 000 mg/L 准确称取 1.000 0 g 金属镍，用 30 mL（1+1）硝酸加热溶解，冷却，用水定容至 1 L。

20. 磷（P）

1 000 mg/L 准确称取 4.263 5 g 磷酸氢二铵[(NH$_4$)$_2$HPO$_4$]溶解于少量水中，再用水定容至 1 L。

21. 铅（Pb）

（1）1 000 mg/L 称取 1.000 0 g 金属铅，用 30 mL（1+1）硝酸加热溶解，冷却，用水定容至 1 L。

（2）1 000 mg/L 称取 1.598 5 g 优级纯硝酸铅 Pb(NO$_3$)$_2$ 于烧杯中。加 5% HNO$_3$（v/v）溶解后。用 5% HNO$_3$（v/v）移入 1 000 mL 聚乙烯容量瓶中，并稀释至刻度，摇匀。

22. 锑（Sb）

（1）100.0 mg/L 称取 0.119 7 g 经过 105℃干燥 2 h 的三氧化二锑（Sb$_2$O$_3$），溶解于 80 mL 盐酸中，转入 1 000 mL 容量瓶中，补加 120 mL 盐酸，用实验用水定容至标线，混匀。

（2）1 000 mg/L 称取 2.742 1 g 优级纯酒石酸锑钾（KSbC$_4$H$_4$O$_7$·0.5H$_2$O）于烧杯中，水溶解，用 10% HNO$_3$（v/v）移入 1 000 mL 聚乙烯容量瓶中，并稀释至刻度，摇匀。

23. 硒（Se）

（1）100.0 mg/L 称取 0.100 0 g 高纯硒粉，置于 100 mL 烧杯中，加 20 mL 硝酸，低温加热溶解后，冷却至温室，移入 1 000 mL 容量瓶中，用实验用水定容至标线，混匀。

（2）1 000 mg/L 称取 1.405 3 g 优级纯二氧化硒（SeO$_2$）于烧杯中，HCl 溶解，用 10% HCl（v/v）移入 1 000 mL 聚乙烯容量瓶中，并稀释至刻度，摇匀。

24. 锶（Sr）

1 000 mg/L 准确称取 1.684 8 g SrCO$_3$，用 60 mL（1+1）盐酸溶解并煮沸，冷却，用水定容至 1 L。

25. 钛（Ti）

（1）1 000 mg/L 称取 1.000 0 g 金属钛用 100 mL（1+1）盐酸加热溶解，冷却，用（1+1）盐酸定容至 1 L。

（2）1 000 mg/L 称取 1.668 3 g 优级纯二氧化钛（TiO$_2$）于瓷坩埚中，加 2 g 焦硫酸钾，熔融几分钟，冷却，在聚四氟乙烯烧杯中，以 0.5 mol/L 硫酸溶解。用 10% HNO$_3$（v/v）移入 1 000 mL 聚乙烯容量瓶中，并稀释至刻度，摇匀。

26. 钒（V）

（1）1 000 mg/L 称取 1.000 0 g 金属钒，用 30 mL 水加热溶解，浓缩至近干，加入 20 mL 盐酸，冷却后用水定容至 1 L。

（2）1 000 mg/L 称取 2.295 6 g 优级纯钒酸铵（NH$_4$VO$_3$）于烧杯中，加 10 mL HNO$_3$ 溶解，用 5% HNO$_3$（v/v）移入 1 000 mL 聚乙烯容量瓶中，并稀释至刻度，摇匀。

27. 锌（Zn）

（1）1 000 mg/L 称取 1.000 0 g 金属锌，用 40 mL 盐酸溶解，煮沸，冷却，用水定容至 1 L。

（2）1 000 mg/L 称取 1.244 7 g 在 1 000℃灼烧至恒重的高纯氧化锌（ZnO）于烧杯中，加 100 mL 水及 20 mL HCl 溶解，用 5% HCl（v/v）移入 1 000 mL 聚乙烯容量瓶中，并稀释至刻度，摇匀。

28. 银（Ag）

（1）1 000 mg/L 称取 1.575 0 g 优级纯硝酸银（AgNO₃）于烧杯中，用 50 mL 水溶解。再用 5% HNO₃（v/v）移入 1 000 mL 棕色聚乙烯容量瓶中，并稀释至刻度，摇匀。

（2）1 000 mg/L 称取 1.000 0 g 高纯金属银于烧杯中，溶于 20 mL（1+1）HNO₃。用 5% HNO₃（v/v）移入 1 000 mL 棕色聚乙烯容量瓶中，并稀释至刻度，摇匀。

（二）试验用气

氩气（纯度不低于 99.99 %）；乙炔，纯度不低于 99.6%，用钢瓶气或由乙炔发生器供给。

（三）空白试验

采用和试样制备相同的步骤和试剂，制备全程序空白溶液，并按试样测定步骤进行测定。每批样品至少制备两个以上的空白溶液，空白试样中待测元素的浓度应低于该元素方法测定的下限。

（四）器皿及清洗

实验所用的玻璃器皿需先用洗涤剂洗净，再用（1+1）硝酸溶液浸泡 24 h，测定铬时不得使用重铬酸钾洗液，使用前再依次用自来水和去离子水洗净。

（五）废液处理

实验中产生的废弃标准溶液、危险样品、废酸等废料应当回收，置于密闭容器中保存，委托有资质的单位进行处理。

（六）前处理设备

1. 电热板
（1）数控电热板（最大加热温度不低于 350℃）。
（2）温控电热板：±0.2℃。

2. 微波消解仪
（1）具备程序化功率设定功能，可提供至少 600 W 的输出功率。
（2）微波消解的升温速率要小于 20℃/min。
（3）消解罐的日常清洗和维护步骤，先进行一次空白消解，以去除内衬管和密封盖上的残留；用水和软刷仔细清洗内衬管和压力套管；将内衬管和陶瓷外套管放入烘箱，在 200～250℃温度下加热至少 4 h，然后在室温下自然冷却。
（4）采用微波消解时，应随时关注消解管的性状、管壁厚度等，消除不安全因素。

3. 全自动消解仪

（1）全自动石墨消解仪（具备至少 6 道独立的试剂添加通道，添加准确度为 ±0.05 mL；采用高性能石墨加热模块，表面有 Teflon 涂层保护，控温准确度 ±0.1℃，位间温差 ±1℃；可实现 X、Y 轴全方位移动的全自动机械臂，可完成添加试剂、混匀样品、定容等工作；具备非接触超声波液位探头，对不同液面高度进行自动校准，样品管液面高度校准的准确度为 ±0.5 mm；配备聚四氟乙烯消解罐）及一般实验室常用仪器和设备等。

（2）各种型号的全自动石墨消解仪器，消解条件不尽相同，应根据仪器说明书选择合适的消解条件。

4. 水浴锅

（1）适用于土壤中易挥发元素总量的恒温水浴消解预处理，包括砷（As）、汞（Hg）。其他金属元素通过验证后也适用于本方法。

（2）水浴加热设备，精密分析天平（精确至 0.000 1 g）及一般实验室常用仪器和设备。

5. 马弗炉

常用于土壤样品的碱熔法，所用器皿主要有高铝坩埚、磁坩埚、镍坩埚和铂金坩埚，常用的熔剂主要有 Na_2O_2、Na_2CO_3、NaOH 等。

三、安全防护

实验中所使用硝酸、高氯酸具有强氧化性和腐蚀性，盐酸、氢氟酸具有强挥发性和强腐蚀性，多数重金属标准溶液为有毒化学品，操作时应按规定佩戴防护用具，溶液配制和试样制备等应在通风橱中操作，注意个体防护，万一皮肤（或眼睛）接触，应立即用流动清水冲洗。实验人员应有基本的前处理的化学知识和全面安全概念，保证电热板、微波消解等仪器操作过程的可靠性和安全性。

（中国环境监测总站　张霖琳
湖南省环境监测中心站　朱日龙
广西壮族自治区环境监测中心站　李丽和）

第二章　样品前处理

一、盐酸—硝酸—氢氟酸—高氯酸消解法

(一) 电热板消解法

适用于应用原子吸收分光光度法测定土壤中的铜、铅、锌、镉、铬、镍等重金属的全消解。摘自《土壤质量　铜、锌的测定　火焰原子吸收分光光度法》(GB/T 17138—1997) 中的消解方法。

准确称取 0.2~0.5 g 试样于 50 mL 聚四氟乙烯坩埚中。用水润湿后加入 10 mL 盐酸，于通风橱内的电热板上低温加热，使样品初步分解，待蒸发至约剩 3 mL 时，取下稍冷，然后加入 5 mL 硝酸，5 mL 氢氟酸，3 mL 高氯酸，加盖后于电热板中温加热。1h 后，开盖，继续加热，为了达到良好的飞硅效果，应经常摇动坩埚。当加热至冒浓厚白烟时，加盖，使黑色有机碳化物分解。待坩埚壁上的黑色有机物消失后，开盖驱赶高氯酸白烟并蒸至内容物呈黏稠状。视消解情况可再加入 3 mL 硝酸，3 mL 氢氟酸和 1 mL 高氯酸，重复上述消解过程，当白烟再次基本冒尽且坩埚内容物呈黏稠状时。取下稍冷，用水冲洗坩埚盖和内壁，并加入 1 mL 硝酸溶液温热溶解残渣。然后将溶液转到 50 mL 容量瓶中，冷却后定容至标线，摇匀，待测。

由于土壤种类较多，所含有机质差异较多，在消解时，要注意观察，各种酸的用量可视消解情况酌情增减。消解完成后，土壤消解液应呈白色或淡黄色（含铁量高的土壤），没有明显肉眼可见物存在，否则应重复以上消解过程。注意：消解温度不宜太高，否则会使聚四氟乙烯坩埚变形。

(二) 全自动消解法

准确称取 0.2~0.5 g 试样于全自动石墨消解仪的消解罐中，并放置于消解架上，仪器通过智能软件控制，按照全自动石墨消解设定程序（表 4-2-1）进行试剂在线添加、自动摇匀、自动升温等功能实现对样品的消解并自动定容。本方法与电热板消解法适用范围相同。

表 4-2-1　全自动石墨消解参考程序

步骤	操作内容	操作要求
1	加入 0.5 mL 水	50%的高度以 50%的速度振荡 30 s
2	加入 6 mL 硝酸	50%的高度以 50%的速度振荡 30 s
3	加热至 140℃	保持 60 min
4	冷却 5 min	冷却消解罐体温度，一般冷却至约 30℃
5	加入 6 mL 盐酸及 2 mL 硝酸	50%的高度以 50%的速度振荡 30 s
6	加热至 150℃	保持 60 min

步骤	操作内容	操作要求
7	冷却	冷却消解罐体温度，一般冷却至约30℃
8	加入5 mLHF	50%的高度以50%的速度振荡30 s
9	升温至150℃	保持50 min
10	冷却5 min	冷却消解罐体温度，一般冷却至约30℃
11	加入3 mL高氯酸并用水冲洗泵管	50%的高度以50%的速度振荡30 s
12	升温至180℃	保持60 min
13	冷却至室温	定容至50 mL，混匀待测

二、硝酸—盐酸—氢氟酸消解法

摘自《土壤和沉积物 金属元素总量的消解 微波消解法》（HJ 832—2017），适用于铜、铅、锌、镉、铬、钴、钒和镍等元素的前处理。

称取样品0.2~0.5 g置于消解罐中，用少量实验用水润湿。在防酸通风橱中依次加入6 mL硝酸、3 mL盐酸、2 mL氢氟酸，使样品和消解液充分混匀。如有剧烈化学反应，待反应结束后再加盖拧紧。将消解罐装入消解罐支架后放入微波消解装置的炉腔中，确认温度传感器和压力传感器工作正常。按照表4-2-2的升温程序进行微波消解，程序结束后冷却。待罐内温度降至室温后，在防酸通风橱中取出消解罐，缓缓泄压放气，打开消解罐盖。

表4-2-2 微波消解升温程序

步骤	升温时间/min	消解温度	保持时间/min
1	7	室温升温至120℃	3
2	5	120℃升温至160℃	3
3	5	160℃升温至190℃	25

将消解罐中的溶液转移至聚四氟乙烯坩埚中，用少许实验用水洗涤消解罐和盖子后一并倒入坩埚。将坩埚置于温控加热设备上在微沸的状态下进行赶酸。待液体成黏稠状时，取下稍冷，用硝酸溶液冲洗坩埚内壁，利用余温溶解附着在坩埚壁上的残渣，转入25 mL容量瓶中，用硝酸溶液冲洗坩埚，洗涤液一并转入容量瓶中，然后用硝酸溶液定容至标线，混匀，静置60 min取上清液待测。

注：①微波消解后若有黑色残渣，是碳化物未被消解完全。在温控加热设备上向坩埚中补加2 mL硝酸、1 mL氢氟酸和1 mL高氯酸，加盖反应30 min后，揭盖继续加热至高氯酸白烟冒尽，液体成黏稠状，此过程反复进行，直到黑色碳化物消失为止。取下稍冷，用硝酸溶液冲洗坩埚内壁，利用余温溶解附着在坩埚壁上的残渣，转入容量瓶中，用硝酸溶液冲洗坩埚，洗涤液一并转入25 mL容量瓶中，然后硝酸溶液定容至标线，混匀，静置60 min取上清液待测。

②由于土壤样品种类多，所含有机质差异较大，微波消解的硝酸、盐酸和氢氟酸用量可根据实际情况酌情增加。

③样品中所测元素含量低时，可将样品称取量提高到1 g（精确至0.000 1 g），微波消解的硝酸、盐酸和氢氟酸用量可根据实际情况酌情增加。

④消解后的消解罐一定要冷却至室温才能开盖，不然会因为罐内压力过高，导致消解液飞溅，造成分析物损失及操作人员身体伤害。

三、硝酸—氢氟酸—高氯酸消解法

准确称取 0.2~0.5 g 试样于微波消解罐中，用少量水润湿后加入 5 mL 硝酸，5 mL 氢氟酸按照表4-2-2微波消解程序消解,冷却后将溶液转移至50 mL聚四氟乙烯坩埚中,加入3 mL高氯酸，放置电热板上加热至 160℃赶酸，驱赶白烟并蒸至内容物呈黏稠状，取下坩埚稍冷，加入硝酸 5 mL，温热溶解残渣，全量转移至 50 mL 容量瓶中定容，摇匀待测。

四、碱熔消解法

碱熔法是土壤样品的全分解方法之一，能彻底破坏土壤晶格。碱熔法用碱熔剂和样品混合，在高温下熔融分解样品，然后用酸溶解提取熔块进行分析测试，碱熔法主要用于酸分解法不完全的试样。该法主要优点是熔样速度快，但不适合挥发性元素的分析，而且会引入大量盐分，增加样品溶液的总溶解固体（TDS），容易给仪器分析带来干扰和管道堵塞。因此酸溶法是土壤分解的主要方法，碱熔法是对酸溶法的一种补充，当需要测定如硅和硼这种采用酸溶法处理比较困难的元素时，可考虑采用碱熔法分解土壤样品。

具体消解方法如下：

称取 0.500 0 g 左右样品于镍坩埚中，用 4.0 g 左右的 NaOH 覆盖于样品上并铺平，放入马弗炉，于 500~550℃下熔融 20~30 min，取出坩埚，放置片刻，加入 5 mL 热水（约90℃），在电热板上煮沸提取，移入预先盛有 2 mL（1+1）盐酸溶液的聚四氟乙烯烧杯中，用少量 0.1 moL/L 的盐酸溶液多次冲洗坩埚，将溶液洗入容量瓶中并稀释至 50.0 mL，摇匀，待测。同时做试剂空白实验。

采用碱熔法分解土壤样品需要注意：在分解含有机质较高的土壤试样时，反应激烈，容易溅出，可将称好的试样进行预灰化处理，使有机质氧化分解后再进行碱熔；熔剂与试样成为均匀的流体、中间无气泡和不熔物时表明试样已经完全分解；在能够达到全分解的前提下，应该使用最大的样品量和较小的熔剂量，以减少提取液中总溶解性固体量，并降低试剂空白。

五、王水消解法

（一）水浴消解法

摘自《土壤质量　总汞、总砷、总铅的测定　原子荧光法　第 1 部分：土壤中总汞的测定》（GB/T 22105.1—2008）和《土壤质量　总汞、总砷、总铅的测定　原子荧光法　第 2 部分：土壤中总砷的测定》（GB/T 22105.2—2008），适用于原子荧光法测定土壤中汞和砷的总量。

称取经风干、研磨并过筛的土壤样品 0.2~1.0 g（精确至 0.000 2 g）于 50 mL 具塞比色管中，加少许水润湿样品，加入新配制的（1+1）王水 10 mL，加塞摇匀后置于沸水浴中消解 2 h，中间摇动几次，取下冷却至室温，用水稀释至 50 mL 刻度线，摇匀后放置，分析前根据情况将其稀释适当倍数待测。

（二）微波消解法

（1）摘自《土壤和沉积物　金属元素总量的消解　微波消解法》（HJ 832—2017），适用于砷、汞、硒、锑的总量测定。

称取待测样品 0.25～0.5 g 置于消解罐中，用少量实验用水润湿。在防酸通风橱中依次加入 2 mL 硝酸、6 mL 盐酸，使样品和消解液充分混匀。若有剧烈化学反应，待反应结束后再加盖拧紧。将消解罐装入消解罐支架后放入微波消解装置的炉腔中，确认温度传感器和压力传感器工作正常。按照表 4-2-3 的升温程序进行微波消解，程序结束后冷却。待罐内温度降至室温后在防酸通风橱中取出消解罐，缓缓泄压放气，打开消解罐盖。将消解罐中的溶液转移至 25 mL 容量瓶，用少许实验用水洗涤消解罐和盖子后一并倒入 25 mL 容量瓶，然后用实验用水定容至标线，混匀，静置 60 min 取上清液待测。

表 4-2-3　微波消解升温程序

步骤	升温时间/min	消解温度	保持时间/min
1	7	室温升温至 120℃	3
2	10	120℃升温至 180℃	15

（2）摘自《土壤和沉积物　汞、砷、硒、铋、锑的测定　微波消解原子荧光法》（HJ 680—2013），适用于原子荧光法测定土壤中汞、砷、硒、锑、铋。

称取待测的样品 0.1～0.5 g（精确至 0.000 1 g。样品中元素含量低时，可将样品称取量提高至 1.0 g）置于溶样杯中，用少量实验用水润湿。在通风橱中先加入 6 mL 盐酸，再慢慢加入 2 mL 硝酸，轻轻摇动使样品与消解液充分接触。若有剧烈化学反应，待反应结束后再将溶样杯置于消解罐中密封。消解罐放入保护外壳后，将消解罐装入消解支架，然后放入微波消解仪的炉腔中，确认主控消解罐上的温度传感器及压力传感器均已与系统连接好。可参考表 4-2-4 推荐的升温程序进行微波消解，消解程序结束后冷却。待罐内温度降至室温后在通风橱中取出，缓慢泄压放气，打开消解罐盖。把玻璃小漏斗插于 50 mL 容量瓶的瓶口，用慢速定量滤纸将消解后溶液过滤、转移入容量瓶中，实验用水洗涤溶样杯及沉淀，将所有洗涤液并入容量瓶中，用实验用水定容至标线，混匀后静置。再分取 10.0 mL 试液置于 50 mL 容量瓶中，加入 2.5 mL 盐酸，用水定容至标线，混匀。室温放置 30 min 以上，取上清液测定总汞。

表 4-2-4　微波消解升温程序

步骤	升温时间/min	目标温度/℃	保持时间/min
1	5	100	2
2	5	150	3
3	5	180	25

（3）摘自《土壤和沉积物　12 种金属元素的测定　王水提取—电感耦合等离子体质谱法》（HJ 803—2016），适用于电感耦合等离子体质谱法测定镉、钴、铜、铬、锰、镍、铅、锌、钒、砷、钼、锑等金属元素。

准确称取待测样品 0.1 g，置于聚四氟乙烯密闭消解罐中，加入 6 mL 王水。将消解罐安置于消解罐支架上，放入微波消解仪中，设置合适的功率、升温时间、温度、保持时间等参数，表 4-2-5 给出了推荐的微波消解程序。微波消解结束后冷却至室温，打开密闭消解罐，将样品消解液过滤、收集于 50 mL 容量瓶中。用少量 0.5 mol/L HNO_3 溶液清洗聚四氟乙烯消解罐的盖子内壁、罐体和滤渣至少 3 次，洗液一并收集于 50.0 mL 容量瓶中，去离子水定容至刻度。

表 4-2-5　推荐微波消解程序

步骤	升温时间/℃	目标温度/min	保持时间/min
1	5	120	2
2	4	150	5
3	5	185	40

（三）电热板消解法

（1）摘自《土壤和沉积物　12 种金属元素的测定　王水提取—电感耦合等离子体质谱法》（HJ 803—2016），适用于电感耦合等离子体质谱法（ICP-MS）测定土壤中镉、钴、铜、铬、锰、镍、铅、锌、钒、砷、钼、锑等金属元素。

准确称取待测土壤样品 0.1 g，精确到 0.000 2 g，置于 100 mL 锥形瓶中，加入 6 mL 王水，盖上表面皿，于电热板上加热，保持王水处于微沸状态 2 h。消解结束后静置冷却至室温，提取液经过滤后收集于 50 mL 容量瓶。待提取液滤尽后，用少量 0.5 mol/L HNO_3 溶液清洗表面皿、锥形瓶和滤渣至少 3 次，洗液一并收集于 50.0 mL 容量瓶中，去离子水定容至刻度。

（2）摘自《土壤质量　重金属测定　王水回流消解原子吸收法》（NY/T 1613—2008），适用于火焰原子吸收法（FAAS）测定铜、锌、镍、铬、铅、镉；土壤中铅含量在 25 mg/kg 以下，镉含量在 5 mg/kg 以下适用于石墨炉原子吸收法（GFAAS）。

准确称取约 1 g（精确到 0.000 2 g）土壤样品，加少许蒸馏水润湿土样，加 3～4 粒小玻璃珠。加入 10 mL 浓 HNO_3 溶液，浸润整个样品，电热板上微沸状态下加热 20 min（HNO_3 与土壤中有机质反应后剩余部分为 6～7 mL，与下一步加入 20 mL 浓 HCl 仍大约保持王水比例）。加入 20 mL 浓 HCl，盖上表面皿，放在电热板上加热 2 h，保持王水处于明显的微沸状态（即可见到王水蒸气在瓶壁上回流，但反应又不能过于剧烈而导致样品溢出）。移去表面皿，赶掉全部酸液至湿盐状态，加 10 mL 水溶解，趁热过滤至 50 mL 容量瓶中定容。

六、水提取法

水提取法常用于土壤 pH、可溶性盐分、有效硼等的测定。详见第三篇。

七、盐酸提取法

摘自《森林土壤　有效铜的测定》（LY/T 1260—1999）、《森林土壤　有效锌的测定》（LY/T 1261—1999），适用于 pH＜6 的土壤中有效态铜、锌等元素含量的浸提。

称取 10.0 g 通过 2 mm 尼龙筛的风干土放入 150～180 mL 塑料瓶中，加 50.0 mL 0.1 mol/L 盐酸，用振荡机振荡 1.5 h，过滤得清液。

如果测定需要的试液数量较大，则可称取 15.00 g 或 20.00 g 试样，但应保证样液比为 1∶2，同时浸提使用的容器应足够大，确保试样的充分振荡。

八、二乙烯三胺五乙酸（DTPA）提取法

摘自《土壤　8 种有效态元素的测定　二乙烯三胺五乙酸浸提—电感耦合等离子体发

射光谱法》（HJ 804—2016）、《土壤有效态锌、锰、铁、铜含量的测定　二乙三胺五乙酸（DTPA）浸提法》（NY/T 890—2004），适用于 pH＞6 的土壤中有效锌、锰、铁、铜、镉、钴、镍、铅含量的提取。

称取 10.0 g（准确至 0.01 g）样品，置于 100 mL 三角瓶中。加入 20 mL 浸提液，将瓶塞盖紧。在（20±2）℃下，以 160～200 r/min 的振荡频率振荡 2 h。将浸提液缓慢倒入离心管中，离心 10 min，上清液经中速定量滤纸重力过滤后于 48 h 内进行测定。

如果测定需要的浸提液体积较大，可适当增加取样量，但应保证样品和浸提液比为 1∶2（m/v），同时应使用体积匹配的浸提容器，以确保样品的充分振荡。

注：DTPA 浸提剂成分为 0.005 mol/L DTPA、0.01 mol/L $CaCl_2$、0.1 mol/L TEA，pH=7.3。

在烧杯中依次加入 14.92 g 三乙醇胺（TEA，$C_6H_{15}NO_3$），1.967 g 二乙烯三胺五乙酸（DTPA，$C_{14}H_{23}N_3O_{10}$），1.470 g 二水合氯化钙（$CaCl_2 \cdot 2H_2O$），加入水并搅拌使其完全溶解，继续加水稀释至约 800 mL，在 pH 计上用（1+1）盐酸溶液调 pH 为 7.3±0.2，转移至 1 000 mL 容量瓶中定容至刻度，摇匀。

九、TCLP 提取法

TCLP（Toxicity Characteristic Leaching Procedure）提取法摘自《土壤中有效态铅、镉、铜、锌含量的测定　TCLP 浸提—原子吸收光谱法》（DB32/T 1614—2010），适用于土壤中有效态铅、镉、铜、锌含量的提取。

称取 2 g（精确至 0.01 g）试样，置于 150 mL 浸提瓶中，根据土壤酸碱度选定合适的浸提剂。当土壤 pH＜5 时，加入浸提剂 1 号；当土壤 pH＞5 时，加入浸提剂 2 号。提取剂的用量均按固液比 1∶20，且整个过程中不需要调 pH。加入浸提剂后，盖紧瓶盖后固定在翻转振荡设备上，以 155～165 次/min 的速度，在（22±3）℃下振荡 20 h，在振荡过程中有气体产生时，应定时在通风橱中打开提取瓶，释放过度的压力。用双层定性滤纸或离心过滤并收集浸出液，浸出液直接测定或于 4℃下保存备测。

注：①浸提剂 1 号：加 5.7 mL 冰醋酸至 500 mL 水中，加 64.3 mL 1 mol/L 氢氧化钠，稀释至 1 L。用 1 mol/L HNO_3 或 1 mol/L NaOH 调节 pH，配制后溶液的 pH 应为 4.93±0.05。

②浸提剂 2 号：用水稀释 17.25 mL 的冰醋酸至 1 L。用 1 mol/L HNO_3 或 1 mol/L NaOH 调节 pH，配制后溶液的 pH 应为 2.64±0.05。

（中国环境监测总站　张霖琳

湖南省环境监测中心站　朱日龙

广西壮族自治区环境监测中心站　苏荣　洪欣　李丽和

天津市生态环境监测中心　李旭冉

云南省环境监测中心站　黄云

上海市环境监测中心　陈丰　刘芳

四川省环境监测总站　王俊伟

常州市环境监测中心　巢文军）

第三章 多元素同时分析

一、X 射线荧光光谱法（A）

本方法等效于《土壤和沉积物 无机元素的测定 波长色散 X 射线荧光光谱法》（HJ 780—2015）。

1. 方法原理

土壤样品经过衬垫压片或铝环（塑料环）压片，试样中的原子受到适当的高能辐射激发后，放射出该原子所具有的特征 X 射线，其强度大小与试样中该元素的质量分数成正比。通过测量特征 X 射线的强度来定量分析试样中各元素的质量分数。

2. 适用范围

适用于土壤和沉积物中 25 种无机元素和 7 种氧化物的测定，包括砷（As）、钡（Ba）、溴（Br）、铈（Ce）、氯（Cl）、钴（Co）、铬（Cr）、铜（Cu）、镓（Ga）、铪（Hf）、镧（La）、锰（Mn）、镍（Ni）、磷（P）、铅（Pb）、铷（Rb）、硫（S）、钪（Sc）、锶（Sr）、钍（Th）、钛（Ti）、钒（V）、钇（Y）、锌（Zn）、锆（Zr）、二氧化硅（SiO_2）、三氧化二铝（Al_2O_3）、三氧化二铁（Fe_2O_3）、氧化钾（K_2O）、氧化钠（Na_2O）、氧化钙（CaO）、氧化镁（MgO）。各元素的检出限和测定下限见表 4-3-1。

表 4-3-1 目标元素方法检出限和测定下限

序号	元素/化合物	检出限	测定下限	序号	元素/化合物	检出限	测定下限
1	砷（As）	2.0	6.0	17	硫（S）	30.0	90.0
2	钡（Ba）	11.7	35.1	18	钪（Sc）	2.4	6.6
3	溴（Br）	1.0	3.0	19	锶（Sr）	2.0	6.0
4	铈（Ce）	24.1	72.3	20	钍（Th）	2.1	6.3
5	氯（Cl）	20.0	60.0	21	钛（Ti）	50.0	150
6	钴（Co）	1.6	4.8	22	钒（V）	4.0	12.0
7	铬（Cr）	3.0	9.0	23	钇（Y）	1.0	3.0
8	铜（Cu）	1.2	3.6	24	锌（Zn）	2.0	6.0
9	镓（Ga）	2.0	6.0	25	锆（Zr）	2.0	6.0
10	铪（Hf）	1.7	5.1	26	二氧化硅（SiO_2）	0.27	0.81
11	镧（La）	10.6	31.8	27	三氧化二铝（Al_2O_3）	0.07	0.18
12	锰（Mn）	10.0	30.0	28	三氧化二铁（Fe_2O_3）	0.05	0.15
13	镍（Ni）	1.5	4.5	29	氧化钾（K_2O）	0.05	0.15
14	磷（P）	10.0	30.0	30	氧化钠（Na_2O）	0.05	0.15
15	铅（Pb）	2.0	6.0	31	氧化钙（CaO）	0.09	0.27
16	铷（Rb）	2.0	6.0	32	氧化镁（MgO）	0.05	0.15

注：元素质量分数单位为 mg/kg；氧化物质量分数单位为%。

3. 干扰及消除

（1）试样内产生的 X 射线荧光强度值与元素的质量分数及原级光谱的质量吸收系数有关。某元素特征谱线被基体中另一元素光电吸收，此为元素间吸收—增强效应。元素间吸收—增强效应可通过基本参数法、影响系数法或两者相结合的方法进行准确的计算处理后消除这种基体效应，见表 4-3-2。

表 4-3-2　基体效应校正元素、谱线重叠干扰元素表

序号	元素/化合物	分析谱线	参与基体校正的元素	谱线重叠干扰元素线	谱线重叠干扰校正元素线
1	As	Kα	Fe、Ca	Pb Lα	Pb Lβ
2	Ba	Lα	Si、Fe、Ca	Ti Kα、V Kα	Ti Lβ、V Lβ
3	Br	Kα	Fe、Ca	As、Pb、Ba、W、Zr、Bi、Sn	As
4	Ce	Kα	—	Ba 、Ti	Ba、Ti
		Lα	Ti、Si、Al、Fe、Ca、Mg	Ba、Sr、Ti、W、Zn	—
5	Cl	Kα	Ca	Mo	
6	Co	Kα	Si、Fe、Ca	Fe、Cr、Cu、Hf、Pb、Y、Zr	Fe
7	Cr	Kα	Si、Fe、Ca	V、Ni	V
8	Cu	Kα	Fe、Ca	Sr、Zr	Sr、Zr、Ni
9	Ga	Kα	Fe、Ca	Pb、Hf、Ni、Pb、Zn	Pb
10	Hf	Lα	Si、Fe、Ca	Zr、Sr、Cu、Ba、Ce	Zr、Sr、Cu
11	La	Lα	Si、Ca、Fe、Ti、Al、Mg	Ti、Ga、 Sb	Ti
12	Mn	Kα	Si、Al、Fe、Ca、Ti	Cr、Ni	
13	Ni	Kα	Si、Fe、Ca、Mg、Ti	Y 、Rb	Y、Rb
14	P	Kα	Al、Si、Fe、Ca、Ti	Ba、Cu	
15	Pb	Lβ	Fe、Ca、Ti	Sn、Nb	
16	Rb	Kα	Fe、Ca	—	—
17	S	Kα	Si、Fe、Ca	Fe、As	
18	Sc	Kα	Si、Al、Fe、Ca、K	Ca、Ce、Sb、Ti	Ca
19	Sr	Kα	Fe、Ca、Ti	—	—
20	Th	Lα	Fe、Ca、	Bi、Pb、Sr	Bi、Pb
21	Ti	Kα	Si、Al、Fe、Ca	Ba	—
22	V	Kα	Si、Al、Fe、Ca	Ti、Ba、Sr、W、Zr	Ti
23	Y	Kα	Fe、Ca	Rb、Ba、Zr	Rb、Sr
24	Zn	Kα	Fe、Ca	Zr	
25	Zr	Kα	Fe、Ca、Ti	Sr Kβ	Sr Kα
26	SiO_2	Kα	Mg、Al、Fe、Ca、K、Na、Ti	—	—
27	Al_2O_3	Kα	Si、Fe、Ca、Mg、K、Na、Ti	—	—
28	Fe_2O_3	Kα	Si、Al、Ca、Mg	—	—
29	K_2O	Kα	Si、Al、Fe、Ca、Mg、Ti	—	—
30	Na_2O	Kα	Si、Al、Fe、Ca、Mg、Ti	Mg、Zn	Mg
31	CaO	Kα	Al、Si、Fe、K、Mg、Ti	—	—
32	MgO	Kα	Si、Al、Fe、Ca、K、Na、Ti	—	—

（2）试样的均匀性和表面特征都会对分析线测量强度造成影响，试样与标准样粒度等保持一致，则这些影响可以减至最小甚至可忽略不计。

（3）可通过分析多个标准样品计算谱线重叠干扰校正系数，来校正谱线重叠干扰。重叠干扰校正系数计算方法：首先通过元素扫描，分析与待测元素分析线有关的干扰线，确定参加谱线重叠校正的干扰元素，然后利用标准样品直接测定干扰线校正 X 射线强度的方法来求出谱线重叠校正系数。

4. 仪器和设备

X 射线荧光光谱仪：波长色散型，具计算机控制系统；粉末压片机：最大压力为 $3.9 \times 10^5 N$。

不同型号仪器的最佳测定条件不同，可根据仪器使用说明书自行选择。表 4-3-3 为推荐采用的仪器条件。

表 4-3-3　仪器分析参考条件

元素	分析谱线	准直器	分光晶体	探测器	滤光片	X-光管 电压/kV	X-光管 电流/mA	2θ/(°) 峰位	2θ/(°) 背景	PHA/%	测量时间/s 峰位	测量时间/s 背景
砷（As）	Kα	0.46dg	LiF200	SC	无	60	50	33.963	34.614	60～140	40	20
钡（Ba）	Lα	0.46dg	LiF200	FC	无	50	60	87.200	88.560	60～140	30	20
溴（Br）	Kα	0.23dg	LiF200	SC	无	60	50	29.974	30.960	60～140	40	20
铈（Ce）	Lα	0.46dg	LiF200	FC	无	50	60	79.160	80.902	60～140	40	20
氯（Cl）	Kα	0.46dg	PET	FC	无	27	111	65.397	67.012	60～140	40	20
钴（Co）	Kα	0.46dg	LiF200	SC	无	60	50	52.792	53.992	60～140	40	20
铬（Cr）	Kα	0.46dg	LiF200	SC	无	60	50	69.368	70.472	60～140	30	20
铜（Cu）	Kα	0.46dg	LiF200	SC	无	60	50	45.035	46.854	60～140	40	20
镓（Ga）	Kα	0.46dg	LiF200	SC	无	60	50	38.901	39.485	60～140	20	10
铪（Hf）	Lα	0.46dg	LiF200	SC	无	60	50	45.902	46.802	60～140	40	20
镧（La）	Lα	0.46dg	LiF200	FC	无	50	60	82.989	84.444	60～140	40	20
锰（Mn）	Kα	0.46dg	LiF200	SC	无	60	50	62.982	64.778	60～140	16	10
铌（Nb）	Kα	0.23dg	LiF200	SC	无	60	50	21.390	24.500	60～140	24	8
镍（Ni）	Kα	0.46dg	LiF200	SC	无	60	50	48.663	49.863	60～140	40	20
磷（P）	Kα	0.46dg	Ge	FC	无	27	111	140.977	144.934	69～140	30	10
铅（Pb）	Lβ	0.23dg	LiF200	SC	无	60	50	28.251	28.811	60～140	40	20
铷（Rb）	Kα	0.23dg	LiF200	SC	无	60	50	26.622	24.500	60～140	12	6
硫（S）	Kα	0.46dg	PET	FC	无	27	111	75.822	79.629	60～140	40	20
钪（Sc）	Kα	0.46dg	LiF200	FC	无	60	50	97.726	96.940	60～140	40	20
锶（Sr）	Kα	0.23dg	LiF200	SC	无	60	50	25.149	24.500	60～140	12	6
钍（Th）	Lα	0.23dg	LiF200	SC	无	60	50	27.420	29.510	60～140	40	20
钛（Ti）	Kα	0.46dg	LiF200	FC	无	50	60	86.169	85.180	60～140	12	6
钒（V）	Kα	0.23dg	LiF220	FC	无	50	60	123.171	—	60～140	20	16
钇（Y）	Kα	0.23dg	LiF200	SC	无	60	50	23.778	24.500	60～140	24	12
锌（Zn）	Kα	0.23dg	LiF200	SC	无	60	50	41.801	42.530	60～140	20	10
锆（Zr）	Kα	0.23dg	LiF200	SC	无	60	50	22.544	24.500	60～140	14	8

元素	分析谱线	准直器	分光晶体	探测器	滤光片	X-光管 电压/kV	X-光管 电流/mA	2θ/（°） 峰位	2θ/（°） 背景	PHA/%	测量时间/s 峰位	测量时间/s 背景
铝（Al）	Kα	0.46dg	PET	FC	无	27	111	144.591	—	35～252	8	—
钙（Ca）	Kα	0.46dg	LiF200	FC	无	60	50	113.117	—	60～140	12	—
铁（Fe）	Kα	0.23dg	LiF200	SC	200 μmAl	60	50	57.524	—	27～273	8	—
钾（K）	Kα	0.46dg	LiF200	FC	无	50	60	136.665	—	60～140	10	—
镁（Mg）	Kα	0.46dg	OVO-55	FC	无	27	111	20.701	22.162	50～150	30	20
钠（Na）	Kα	0.46dg	OVO-55	FC	无	27	111	25.055	27.280	50～150	30	20
硅（Si）	Kα	0.23dg	PET	FC	无	27	60	108.977	—	35～248	10	—

注：As 选 Kα，不选 As 默认的线 As Kβ 线，有助于降低 LLD。

5．试剂和材料

（1）硼酸（H_3BO_3）。

（2）高密度低压聚乙烯粉。

（3）标准土壤样品：含测定 25 种无机元素和 7 种氧化物的市售有证标准物质或标准样品。

（4）氩气—甲烷气：P10 气体，90%氩气+10%甲烷。

6．分析步骤

（1）试样制备。

用硼酸或高密度低压聚乙烯粉垫底、镶边或塑料环镶边，将 5 g 左右过筛样品于压片机上以一定压力压制成≥7 mm 厚度的薄片。根据压力机及镶边材质确定压力及停留时间。

（2）校准曲线绘制。

按照与试样的制备相同操作步骤，压制不同质量分数元素标准样品（至少 20 个不同质量分数标准样品）的薄片，25 种无机元素和 7 种氧化物的质量分数范围见表 4-3-4。在仪器最佳工作条件下，依次上机测定分析，记录 X 射线荧光强度。以 X 射线荧光强度（个数/秒，cps）为纵坐标，以对应各元素（或氧化物）的质量分数（mg/kg 或百分数）为横坐标，建立校准曲线。

表 4-3-4　测定元素校准曲线范围

序号	元素/化合物	质量分数范围	序号	元素	质量分数范围
1	砷（As）	2.0～841	17	硫（S）	50～940
2	钡（Ba）	44.3～1 900	18	钪（Sc）	4.4～43
3	溴（Br）	0.25～40	19	锶（Sr）	28～1 198
4	铈（Ce）	3.5～402	20	钍（Th）	3.6～79.3
5	氯（Cl）	10.8～1 400	21	钛（Ti）	1 270～46 100
6	钴（Co）	2.6～97	22	钒（V）	15.6～768
7	铬（Cr）	7.2～795	23	钇（Y）	2.4～67
8	铜（Cu）	4.1～1 230	24	锌（Zn）	24.0～3 800
9	镓（Ga）	3.2～39	25	锆（Zr）	3.0～1 540
10	铪（Hf）	4.9～34	26	二氧化硅（SiO_2）	6.65～82.89
11	镧（La）	21～164	27	三氧化二铝（Al_2O_3）	7.70～29.26
12	锰（Mn）	10.8～2 490	28	三氧化二铁（Fe_2O_3）	1.90～18.76
13	镍（Ni）	2.7～333	29	氧化钾（K_2O）	1.03～7.48

序号	元素/化合物	质量分数范围	序号	元素	质量分数范围
14	磷（P）	38.4～4 130	30	氧化钠（Na$_2$O）	0.10～7.16
15	铅（Pb）	7.6～636	31	氧化钙（CaO）	0.08～8.27
16	铷（Rb）	4.79～470	32	氧化镁（MgO）	0.21～4.14

注：元素质量分数单位为 mg/kg；氧化物质量分数单位为%。

（3）样品测定。

待测试样按照校准曲线相同测定条件进行测定，记录 X 射线荧光强度。

7．结果计算

土壤样品中无机元素（或氧化物）的质量分数（mg/kg 或百分数），按照式（4-3-1）进行计算。

$$\omega_i = k \times (I_i + \beta_{ij} \times I_k) \times (1 + \sum \alpha_{ij} \times \omega_j) + b \qquad (4-3-1)$$

式中：ω_i —— 待测无机元素（或氧化物）的质量分数，mg/kg 或%；

ω_j —— 干扰元素的质量分数，mg/kg 或%；

k、b —— 校准曲线的斜率和截距；

I_i —— 测量元素（或氧化物）的 X 射线荧光强度，个数/秒，cps；

β_{ij} —— 谱线重叠校正系数；

I_k —— 谱线重叠的理论计算强度；

α_{ij} —— 干扰元素对测量元素（或氧化物）的 α 影响系数。

样品中铝、铁、硅、钾、钠、钙、镁以氧化物表示，单位为%；其他均以元素表示，单位为 mg/kg。测定结果氧化物保留四位有效数字，小数点后保留两位；元素保留三位有效数字，小数点后保留一位。有证标准物质测定结果保留位数参照标准值结果。

8．精密度和准确度

本方法分析 ESS 系列土壤标样的精密度和实验结果见表 4-3-5。

9．注意事项

（1）当更换氩气—甲烷气体后，应进行漂移校正或重新制作校准曲线。

（2）当样品基体明显超出本方法规定的土壤范围时，或当元素质量分数超出测量范围时，如二氧化硅含量大于 80.0%，应使用其他国家标准方法进行验证。

（3）由于硫、氯的不稳定性以及极易受污染的特点，分析硫、氯等组分的试样在制备后应立即测量。

（4）更换 X 射线光管后，调节电压、电流时，需从低电压、电流逐步调节至工作电压、电流。

表 4-3-5　方法精密度与准确度表

序号	名称	平均值/ （mg/kg）	实验室内相对 标准偏差/%	实验室间相对 标准偏差/%	相对误差/%
1	砷（As）	6.8～11.4	4.0～9.2	0.7～9.1	−3.4～6.2
2	钡（Ba）	448～569	0.4～2.3	1.6～6.0	−2.9～4.6
3	溴（Br）	3.5～8.2	2.3～8.3	4.8～5.5	−2.7～14.8
4	铈（Ce）	69.6～109	4.6～15.7	1.6～9.1	−0.9～1.6

序号	名称	平均值/（mg/kg）	实验室内相对标准偏差/%	实验室间相对标准偏差/%	相对误差/%
5	氯（Cl）	144～1 340	0.5～2.6	7.6	335
6	钴（Co）	9.0～25.6	2.6～7.2	8.0～22.8	−8.1～−3.4
7	铬（Cr）	61.8～80.9	0.4～2.4	6.0～6.2	−8.6～−4.9
8	铜（Cu）	21.1～29.3	1.5～3.1	2.8～9.7	−1.3～2
9	镓（Ga）	13.8～20.2	1.5～3.2	0.9～4.9	−71.2～−0.2
10	铪（Hf）	6.9～9.8	1.5～13.2	6.2	2.9～6.1
11	镧（La）	37.5～44	4.4～13.0	1.9～2.0	−4.2～9.5
12	锰（Mn）	511～1 125	0.1～3.9	2.0～2.8	−1.6～2.9
13	镍（Ni）	25.8～37.2	0.4～1.4	3.2～8.7	−0.8～1.9
14	磷（P）	246～907	0.2～1.2	0.6～1.3	−6.5～−1.8
15	铅（Pb）	22.5～24.6	1.7～4.4	3.9～4.0	−5.6～−5.3
16	铷（Rb）	83.7～120	0.4～2.0	4.4～5.4	−5.6～−4.6
17	硫（S）	130～1 228	1.6～4.6	13.2	−10.2～32.7
18	钪（Sc）	11.4～15.3	3.7～6.4	1.2	1.4～26.8
19	锶（Sr）	90.2～172	0.2～1.1	3.1～8.0	−2.7～2.2
20	钍（Th）	9.4～17.9	2.8～9.9	22.2～22.2	−1～19
21	钛（Ti）	4 468～5 306	0.10～0.48	0.8～0.9	−2.9～−2.9
22	钒（V）	77.2～108	0.6～2.8	2.8～5.8	−2.8～1.1
23	钇（Y）	26.3～31.2	0.8～1.6	2.7～6.9	3.3～8.8
24	锌（Zn）	57.1～84.6	0.4～1.6	0.9～7.1	−6～−0.4
25	锆（Zr）	225～314	0.09～1.8	3.4～7.1	−2.1～−0.5
26	二氧化硅（SiO$_2$）	60.57～69.44	0.0～0.4	1.0～2.5	−3.8～−1.6
27	三氧化二铝（Al$_2$O$_3$）	11.02～15.5	0.0～1.0	0.8～7.8	−0.7～−0.2
28	三氧化二铁（Fe$_2$O$_3$）	4.07～7.22	0.1～0.9	1.1～7.4	−3.7～−0.9
29	氧化钾（K$_2$O）	1.91～2.43	0.00～2.1	0.9～3.3	−1.8～3.4
30	氧化钠（Na$_2$O）	0.64～1.76	0.2～2.1	6.3～13.6	−12.8～−3.6
31	氧化钙（CaO）	0.77～4.87	0.0～2.2	0.9～0.9	−4.9～−2.4
32	氧化镁（MgO）	1.16～2.14	0.2～0.4	0.8～8.6	2.8～6.1

注：铝、铁、钾、钠、钙、镁氧化物平均值单位为%。

（江苏省环境监测中心　陈素兰　章勇　蔡熹）

二、电感耦合等离子体发射光谱法（B）

1．方法原理

采用酸消解的方法，使试样中的待测元素全部进入试液中。试液注入电感耦合等离子体发射光谱仪（ICP-OES）后，目标元素在等离子体火炬中被气化、电离、激发并辐射出特征谱线，在一定浓度范围内，其特征谱线的强度与元素的浓度成正比。

2．适用范围

适用于土壤中铝（Al）、钡（Ba）、铍（Be）、钙（Ca）、钴（Co）、铬（Cr）、铜（Cu）、铁（Fe）、钾（K）、镧（La）、锂（Li）、镁（Mg）、锰（Mn）、钼（Mo）、钠（Na）、镍（Ni）、磷（P）、铅（Pb）、锶（Sr）、钛（Ti）、钒（V）和锌（Zn）等元素的测定，各元素的分析检出限见表 4-3-6。

表 4-3-6　测定元素分析方法检出限

元素或组分	检出限	元素或组分	检出限
钡（Ba）	0.3	铅（Pb）	0.08
铍（Be）	0.06	锶（Sr）	0.04
钴（Co）	0.3	钛（Ti）	0.3
铬（Cr）	0.5	钒（V）	0.04
铜（Cu）	0.1	锌（Zn）	0.07
镧（La）	0.3	铝（以 Al_2O_3 计）	0.1
锂（Li）	0.09	铁（以 Fe_2O_3 计）	0.06
锰（Mn）	0.3	钾（以 K_2O 计）	0.01
钼（Mo）	0.2	钠（以 Na_2O 计）	0.004
镍（Ni）	0.04	钙（以 CaO 计）	0.01
磷（P）	0.1	镁（以 MgO 计）	0.008

注:元素单位为 mg/kg，氧化物单位为%。

3．干扰及消除

电感耦合等离子体发射光谱法通常存在的干扰可分为两类：一类是光谱干扰，另一类是非光谱干扰。

（1）光谱干扰。

光谱干扰主要包括了连续背景和谱线重叠干扰。目前常用的校正方法是背景扣除法（根据单元素和混合元素试验确定扣除背景的位置及方式）和干扰系数法。也可以在混合标准溶液中采用基体匹配的方法消除其影响。

当存在单元素干扰时，可按式（4-3-2）求得干扰系数。

$$K_t = \frac{(Q' - Q)}{Q_t} \qquad (4\text{-}3\text{-}2)$$

式中，K_t —— 干扰系数；

$\quad Q'$ —— 干扰元素加分析元素的含量；

$\quad Q$ —— 分析元素的含量；

$\quad Q_t$ —— 干扰元素的含量。

通过配制一系列已知干扰元素含量的溶液在分析元素波长的位置测定其 Q'，根据上述公式求出 K_t，然后进行人工扣除或计算机自动扣除。

常见元素测定波长光谱干扰见表 4-3-7 和表 4-3-8，不同仪器测定的干扰系数可能会有区别。

表 4-3-7　元素测定波长及元素间干扰

测定元素	测定波长/nm	干扰元素	测定元素	测定波长/nm	干扰元素
银（Ag）	328.068	钛、锰、铈等少量稀土元素	锰（Mn）	257.610	铁、镁、铝、铈
	338.289	锑、铬		293.306	铝、铁
铝（Al）	308.215	钠、锰、钒、钼、铈	钼（Mo）	202.030	铝、铁、钛
				203.844	铈
	309.271	钠、镁、钒		204.598	钽
	396.152	钙、铁、钼		281.615	铝

测定元素	测定波长/nm	干扰元素
砷（As）	189.042	铬、铈
	193.696	铝、磷
	193.759	铝、钴、铁、镍、钒、钪
	197.262	铅、钴
硼（B）	208.959	钼、钴
	249.678	铁、钴
	249.773	铁、钴、铝
钡（Ba）	233.53	铁、钒
	455.403	铁
	493.409	钪
铍（Be）	313.042	钛、钒、硒、铈
	234.861	铁、钛、钼
	436.098	铁
铋（Bi）	223.061	铜
	306.772	铁、钒
钙（Ca）	315.887	钴、钼、铈
	317.933	铁、钠、硼、铀
	393.366	钒、锶、铜
镉（Cd）	214.438	铁
	226.502	铁、镍、钛、铈、钾、钴
	228.806	砷、钴、钪
钴（Co）	228.616	钛、钡、镉、镍、铬、钼、铈
	230.786	铁、镍
	238.892	铝、铁、钒、（铅）
铬（Cr）	202.55	铁、钼
	205.552	铍、钼、镍
	267.716	锰、钒、镁
	283.563	铁、钼
	357.869	铁
铜（Cu）	324.7	铁、铝、钛、钼
	327.396	
铁（Fe）	239.924	铬、钨
	240.488	钼、钴、镍
	259.940	钼、钨
	261.762	镁、钙、铍、锰
钾（K）	766.491	铜、铁、钨、镧

测定元素	测定波长/nm	干扰元素
钠（Na）	588.995	钴
	589.592	铅、钼
镍（Ni）	231.604	铁、钴、铊
磷（P）	178.287	钠
	213.618	铁、铜
	214.914	铜、钼、钨
铅（Pb）	220.353	铁、铝、钛、钴、铈、铜、镍、铋
	283.306	
硫（S）	182.036	铬、钼
	180.669	钙
锑（Sb）	206.833	铝、铬、铁、钛、钒
	217.581	
硒（Se）	196.026	铝、铁
	203.985	
硅（Si）	251.611	
	212.412	
	288.158	
锡（Sn）	235.848	钼、钴
	189.980	钼、钛、铁、锰、硅
锶（Sr）	215.284	铁、磷
	346.446	铁
	407.771	铁、镧
	421.552	铬、镧
钛（Ti）	334.904	镍、钼
	334.941	铬、钙
	337.280	锆、钪
钒（V）	290.882	铁、钼
	292.402	铁、钼、钛、铬、铈
	309.311	铝、镁、锰
	310.230	铝、钛、钾、钙、镍
	311.071	钛、铁、锰

测定元素	测定波长/nm	干扰元素	测定元素	测定波长/nm	干扰元素
锂（Li）	670.784	钒	锌（Zn）	202.548	钴、镁
				206.200	镍、镧、铋
				213.856	镍、铜、铁、钛
镁（Mg）	279.079	铈、铁、钛、锰	锆（Zr）	343.823	
	279.553	锰		354.262	
	285.213	铁			
	293.674	铁、铬		339.198	

表 4-3-8　目标元素测定波长、干扰元素及干扰系数示例

目标元素及测定波长/nm	干扰元素及干扰系数	目标元素及测定波长/nm	干扰元素及干扰系数
钴 230.786	铁 0.000 034	磷 213.618	铁 0.001 562
铬 283.563	铁 0.001 234	铅 220.353	铁 0.000 041；铝 0.000 193；钛 0.000 043
铜 324.754	铁 0.000 039；铝 0.000 575	钒 310.230	铝 0.000 095；钛 0.000 696
镍 231.604	铁 0.000 058	锌 213.856	铜 0.004 23

（2）非光谱干扰。

非光谱干扰主要包括化学干扰、电离干扰、物理干扰以及去溶剂干扰等，在实际分析过程中各类干扰很难彻底分开。是否予以补偿和校正，与样品中干扰元素的浓度有关。此外，物理干扰一般由样品的黏滞程度及表面张力变化所致，尤其是当样品中含有大量可溶盐或样品酸度过高，都会对测定产生干扰。消除此类干扰的最简单方法是将样品稀释，但应保证待测元素的含量高于测定下限。

4．仪器和设备

电感耦合等离子体发射光谱仪（具背景校正原子发射光谱计算机控制系统），温控电热板（温度稳定在±5℃，可控温度＞180℃）及一般实验室常用仪器设备。

不同型号仪器的最佳测定条件不同，可根据仪器使用说明书自行选择。表 4-3-9 为推荐采用的仪器条件。

表 4-3-9　仪器分析主要指标推荐参考条件

观察方式	水平、垂直或水平垂直交替使用
发射功率/W	1 150
载气流量/（L/min）	0.7
辅助气流量/（L/min）	1.0
冷却气流量/（L/min）	12.0

5．试剂和材料

（1）硝酸，ρ（HNO_3）=1.42 g/mL，优级纯。

（2）盐酸，ρ（HCl）=1.19 g/mL，优级纯。

（3）氢氟酸，ρ（HF）=1.13 g/mL，优级纯。

（4）高氯酸，ρ（$HClO_4$）=1.68 g/mL 优级纯。

（5）氩气，钢瓶气，纯度不低于 99.9%。

（6）标准溶液。

①单元素标准贮备液：Al、Ba、Be、Ca、Co、Cr、Cu、Fe、K、La、Li、Mg、Mn、Mo、Na、Ni、P、Pb、Sr、Ti、V、Zn，浓度为 1 000 mg/L 或 100 mg/L。购买有证准样品，或自配。

②单元素标准使用液：分取上述单元素标准贮备液稀释配制。稀释时补加一定量的酸。

③多元素混合标准溶液：根据元素间相互干扰的情况与标准溶液的性质分组制备，浓度据分析样品及待测项目而定，标液的酸度尽量保持与待测样品溶液的酸度一致。

6．分析步骤

（1）试样制备。

见第四篇第二章"三、硝酸—氢氟酸—高氯酸消解法"。

（2）校准曲线绘制。

取标准使用液配制标准溶液，至少制备 5 个浓度点的标准系列，详见表 4-3-10。

表 4-3-10　土壤测定的标准溶液浓度范围

元素	浓度范围/（mg/L）
Be、Mo	0～0.50
Co、Cr、Cu、La、Li、Ni、Pb、Sr、Zn、V	0～1.00
Ba、P、Mn	0～10.00
Ti	0～40.00
Fe、Ca、Mg、Na、K	0～300
Al	0～500

（3）样品测定。

在试样测定前，先用 1%硝酸溶液冲洗系统直至信号降至最低，待分析信号稳定后方能开始测定。将制备好的试液按仪器测定条件进行测定。

7．结果计算

土壤样品中目标元素的质量浓度ω（mg/kg）按式（4-3-3）进行计算。

$$\omega = \frac{(\rho - \rho_0) \times V}{m \times (1 - f)}$$　　　　　　（4-3-3）

式中：ρ—— 试液中目标元素测定浓度，mg/L；

　　　ρ_0—— 空白试液中目标元素测定浓度，mg/L；

　　　V—— 试液定容的体积，mL；

　　　m—— 称取试样的重量，g；

　　　f—— 试样中水分的含量，%。

8．精密度和准确度

本方法分析 ESS 系列土壤标样中钡等元素精密度和准确度实验结果见表 4-3-11 和表 4-3-12。

表 4-3-11　目标元素或组分分析精密度

元素或组分	平均值/（mg/kg）	实验室内相对标准偏差/%	实验室间相对标准偏差/%
钡（Ba）	342～623	0.11～4.4	0.43～4.8
铍（Be）	1.05～2.56	0.46～8.2	0.91～5.4
钴（Co）	12.7～21.1	0.87～9.3	0.75～7.2
铬（Cr）	57.6～94.6	0.62～6.2	0.91～6
铜（Cu）	20.9～36	0.3～8.1	1.4～5.9
镧（La）	26.4～41.8	0.68～12	0.89～4.6
锂（Li）	27.3～44.6	0.3～13	0.95～4.9
锰（Mn）	497～1.08×10^3	0.25～5.3	0.3～8.2
钼（Mo）	0.45～1.5	0.38～24	2.2～2.4
镍（Ni）	26.9～38.2	0.17～4.4	0.69～12.1
磷（P）	323～794	0.4～4.7	0.37～5.1
铅（Pb）	21.0～32.2	0.21～5.2	1.5～3.9
锶（Sr）	41.9～228	0.3～7.1	0.48～6.9
钛（Ti）	3.02×10^3～6.40×10^3	0.15～4.3	0.58～3.7
钒（V）	77.9～117	0.42～6.3	0.92～6.1
锌（Zn）	55.0～99.4	0.26～7	1.2～4.7
铝（以 Al_2O_3 计）	10.31～13.7	0.066～3.5	0.42～3.9
铁（以 Fe_2O_3 计）	3.53～5.76	0.11～2.4	0.85～5.2
钾（以 K_2O 计）	1.57～2.56	0.13～4.7	0.35～3.2
钠（以 Na_2O 计）	0.11～2.16	0.13～4.4	0.31～4.2
钙（以 CaO 计）	0.08～5.3	0.13～5.8	0.18～10.8
镁（以 MgO 计）	0.61～2.34	0.062～3.3	0.47～4.6

注：铝、铁、钾、钠、钙、镁氧化物平均值单位为%。

表 4-3-12　目标元素有证标准物质分析准确度

元素或组分	平均值/（mg/kg）	相对误差/%
钡（Ba）	319～629	−10～2.6
铍（Be）	1.53～2.38	−18～−1.4
钴（Co）	13.2～22.4	−9.5～1.8
铬（Cr）	56.3～105	−7～7.5
铜（Cu）	19.9～34.6	−10～8.1
镧（La）	33.6～38.9	−5.2～5.7
锂（Li）	28.5～47.9	−15～8.2
锰（Mn）	494～1.09×10^3	−5～2.5
钼（Mo）	0.35～1.39	−20～20
镍（Ni）	27.5～36.7	−7～8.9
磷（P）	299～655	−7.8～8.2
铅（Pb）	19.9～32	−16～−3.8
锶（Sr）	39.7～232	−9.3～3.3
钛（Ti）	3.9×10^3～6.5×10^3	−9.9～−0.7
钒（V）	76.6～123	−15～5.9
锌（Zn）	53.9～92.1	−2.4～5.8
铝（以 Al_2O_3 计）	10.26～14.45	−11～0.25

元素或组分	平均值/（mg/kg）	相对误差/%
铁（以 Fe_2O_3 计）	3.72～6.28	−11～1.6
钾（以 K_2O 计）	1.61～2.66	−7.7～1.9
钠（以 Na_2O 计）	0.1～2.21	0.72～13.9
钙（以 CaO 计）	0.06～5.32	−20～9.4
镁（以 MgO 计）	0.6～2.35	−3～2.1

注：铝、铁、钾、钠、钙、镁氧化物平均值单位为%。

（江苏省环境监测中心　陈素兰　陈波）

三、电感耦合等离子体质谱法（B）

本方法主要参考标准 EPA Method 6020A 及 ISO/TS 16965—2013，并结合国内相关实验室进行的系列研究进行编写。EPA Method 6020A 是 ICP-MS 仪器分析方法，标准中土壤的预处理主要参考 EPA Method 3050/3051/3052。EPA Method 3050/3051/3052 涉及的预处理方式主要有蒸汽浴消解（硝酸—双氧水体系）、微波消解（硝酸体系、硝酸—氢氟酸体系、硝酸—氢氟酸—双氧水体系、硝酸—氢氟酸—盐酸体系）。本方法主要对两种消解方法（电热板消解法和微波消解法）进行详细阐述。

EPA Method 6020A 对土壤中 23 种金属元素的 ICP-MS 法进行了规定，ISO/TS 16965—2013 对土壤中 67 种金属元素的 ICP-MS 法进行了规定。针对 14 种元素的 ICP-MS 研究分析结果表明，银、汞、铜、镉元素因干扰及记忆效应强等问题，最好与其他元素分开分析。因此，本方法将铅（Pb）、铬（Cr）、砷（As）、镍（Ni）、锌（Zn）、钒（V）、锰（Mn）、钴（Co）、铊（Tl）、锑（Sb）10 种元素作为测定目标，研究了 ICP-MS 法同步测定这 10 种金属元素的检出限、精密度、准确度以及加标回收情况。

1. 方法原理

采集的土壤样品经风干、研磨后，采用混合酸体系对土壤样品进行预处理，成为待测溶液。然后用电感耦合等离子体质谱仪（ICP-MS）对待测液中的目标元素浓度进行测定，内标法定量。

2. 适用范围

适用于土壤样品中铅（Pb）、铬（Cr）、砷（As）、镍（Ni）、锌（Zn）、钒（V）、锰（Mn）、钴（Co）、铊（Tl）、锑（Sb）等金属元素的测定。当取样量为 0.5 g（精确至 0.1 mg），消解后定容至 50.0 mL 时，方法检出限及测定下限见表 4-3-13。

表 4-3-13　各金属元素检出限及测定下限　　　　单位：mg/kg

元素	Pb	Cr	As	Ni	Zn	V	Mn	Co	Tl	Sb
推荐元素分析质量	207，208，209	52	75	60	66	51	55	59	205	121
检出限	2.2	2.3	0.2	0.3	3	0.4	3	0.7	0.1	0.3
测定下限	8.8	9.2	0.8	1.2	12	1.6	12	2.8	0.4	1.2

3. 干扰及消除

ICP-MS 的干扰主要有质谱型干扰和非质谱型干扰，详细情况可以参考标准 ISO/TS 16965—2013 及 ISO 17294-2：2004。

（1）质谱型干扰。

质谱型干扰即不能分辨出相同质量的干扰（表 4-3-14），包含同量异位素干扰、同量多原子（离子）干扰、氧化物、双电荷干扰，对这些种类型干扰，可采用选择无干扰同位素、优化仪器调谐条件、采用干扰修正方程等方法消除，必要时使用屏蔽矩来消除或减小干扰。

表 4-3-14　重要的质谱型干扰

元素	同位素的干扰	由同量异位素和双电荷离子造成的元素间干扰	由多原子离子造成的干扰
Ag	^{107}Ag	—	ZrO
	^{109}Ag	—	NbO、ZrOH
As	^{75}As	—	ArCl、CaCl
Au	^{197}Au	—	TaO
B	^{11}B	—	BH
Ba	^{138}Ba	La^+、Ce^+	—
Ca	^{43}Ca	—	CNO
	^{44}Ca	—	COO
Cd	^{111}Cd	—	MoO、MoOH、ZrOH
	^{114}Cd	Sn^+	MoO、MoOH
Co	^{59}Co	—	CaO、CaOH、MgCl
Cr	^{52}Cr	—	ArO、ArC、ClOH
	^{53}Cr	Fe^+	ClO、ArOH
Cu	^{63}Cu	—	ArNa、POO、MgCl
	^{65}Cu	—	SOOH
Eu	^{151}Eu	—	BaO
	^{153}Eu	—	BaO
Ga	^{69}Ga	Ba^{++}	CrO、ArP、ClOO
Ge	^{74}Ge	Se^+	ArS、ClCl
In	^{74}In	Sn^+	—
Ir	^{193}Ir	—	HfO
Mg	^{24}Mg	—	CC
	^{25}Mg	—	CC
Mn	^{55}Mn	—	NaS、ArOH、ArNH
Mo	^{98}Mo	Ru^+	—
Ni	^{58}Ni	Fe^+	CaO、CaN、NaCl、MgS
	^{60}Ni	—	CaO、CaOH、MgCl、NaCl
Pd	^{108}Pd	Cd^+	MoO、ZrO
Pt	^{195}Pt	—	HfO
Re	^{187}Re	Os^+	—
Ru	^{102}Ru	Pd^+	—
Sb	^{123}Sb	Te^+	—
Sc	^{45}Sc	—	COO、COOH
Se	^{77}Se	—	CaCl、ArCl、ArArH
	^{78}Se	Kr^+	ArAr、CaCl
	^{78}Se	Kr^+	—
Sn	^{120}Sn	Te^+	—

271

元素	同位素的干扰	由同量异位素和双电荷离子造成的元素间干扰	由多原子离子造成的干扰
V	^{51}V	—	ClO、SOH、ClN、ArNH
W	^{184}W	Os$^+$	—
Zn	^{64}Zn	Ni$^+$	AlCl、SS、FeC、SOO
	^{66}Zn	Ba^{++}	PCl、SS、FeC、SOO
	^{68}Zn	Ba^{++}、Ce^{++}	FeN、PCl、ArS、FeC、SS、ArNN、SOO

注：当高质量浓度的元素存在时，干扰可能是由于上述没有列出的多原子或双电荷离子造成的。

①同量异位素干扰。

同量异位素干扰是由于不同元素的同位素具有相同质荷比而不能被质谱仪分辨出来而引起的干扰（如：^{114}Cd 和 ^{114}Sn）。通常，同量异位素的元素干扰可以根据干扰方程来进行校正（表 4-3-15）。

表 4-3-15 干扰校正方程

元素	修正方程
Pb	^{208}Pb=^{207}Pb+ 1×^{206}Pb+1×^{208}Pb
As	^{75}As=^{75}As−3.127×[^{77}Se−(0.815×^{82}Se)]或者 ^{75}As=^{75}As−3.127×（^{77}Se+0.322×^{78}Se）
Ni	^{58}Ni=^{58}Ni−0.048 25^{54}Fe
V	^{51}V=^{51}V−3.127×[^{53}Cr−(0.1134×^{52}Cr)]
Sb	^{123}Sb=^{123}Sb−0.127 189×^{125}Te
Ba	^{138}Ba=^{138}Ba−0.000 900 8×^{139}La−0.002 825^{140}Ce
Cd	^{114}Cd=^{114}Cd−0.026 84^{118}Sn
Ge	^{74}Ge=^{74}Ge−0.138 5^{82}Se
In	^{115}In=^{115}In−0.014 86^{118}Sn
Mo	^{98}Mo=^{98}Mo−0.110 6^{101}Ru
Se	^{82}Se=^{82}Se−1.009^{83}Kr
W	^{184}W=^{184}W−0.001 242^{189}Os

②多原子离子干扰。

多原子离子是等离子体组分与试剂和样品基体相互作用而形成的，如 ^{75}As 受 ^{40}Ca^{35}Cl 以及 ^{40}Ar^{35}Cl 的干扰。这些干扰也可以通过干扰校正方程来进行校正。表 4-3-16 列出了受溶液中钠、钾、钙、镁、氯、硫、磷（ρ =100 mg/L）和钡（ρ =1 000 mg/L）影响的相关元素的重要干扰信息，在进行精确修正时，可以通过调整等离子体（如氧化物形成速率）和干扰元素的质量浓度来校正。

表 4-3-16 溶液中钠、钾、钙、镁、氯、硫、磷（ρ =100 mg/L）和钡（ρ =1 000 mg/L）的干扰

元素	同位素	[a]模拟的质量浓度/（μg/L）	干扰类型
As	^{75}As	1.0	ArCl
Co	^{59}Co	0.2～0.8	CaO、CaOH
Cr	^{52}Cr	1.0	ClOH
		1.0	ArC
	^{53}Cr	1.0	ClO、ArOH

元素	同位素	a模拟的质量浓度/（μg/L）	干扰类型
Cu	^{63}Cu	1.0～3.0	ArNa
		1.0～1.6	POO
	^{65}Cu	2.0	ArMg
		2.0	POO
		2.0	SOOH
Ga	^{69}Ga	1.0～25	Ba^{++}
		0.3	ArP
		1.0	ClOO
	^{71}Ga	0.2～0.6	ArP
Ge	^{74}Ge	0.3	ClCl
		0.3	ArS
Mn	^{55}Mn	3.0	KO
		3.0	NaS
		3.0	NaS
Ni	^{58}Ni	2.5	CaO、CaN
	^{60}Ni	3～12	CaO、CaOH
Se	^{77}Se	10	ArCl
V	^{51}V	1～5	ClO、ClN
		1.0	SOH
Zn	^{64}Zn	7	ArMg
		3	CaO
		8	SS、SOO
		1	POOH
	^{66}Zn	2.0	ArMgBa^{++}
		5	SS、SOO
		4	PCl
		2	Ba^{++}
	^{68}Zn	50	ArS、SS、SOO
		4	Ba^{++}

注：a. 列表中列出的浓度，没有观察到表中列出的干扰类型。

（2）非质谱型干扰。

非质谱型干扰即指由于总固体溶解量过高而引起的干扰，应控制试样中可溶性总固体含量不大于 0.1%，重质量元素或易电离元素的干扰，常用方式为稀释样品，选择适当内标元素，最后还可采用标准加入法进行测定。

（3）内标的加入方式及内标元素的选择。

可采用在线内标的方式消除基体干扰，内标溶液可采用 ^6Li、^{45}Sc、^{89}Y、^{103}Rh、^{115}In、^{159}Tb、^{165}Ho、^{209}Bi 等混合溶液。

4. 仪器和设备

电感耦合等离子体质谱仪、微波消解装置、电热板（具有温控功能）、超纯水制备仪、聚四氟乙烯烧杯、一般实验室常用仪器和设备。

不同型号仪器的最佳测定条件不同，可根据仪器使用说明书自行选择。推荐采用表 4-3-17 中的测量条件，微波消解仪采用表 4-3-18 中的升温程序。

表 4-3-17　ICP-MS 测量条件

名称	参数	名称	参数
进样系统	石英雾化器/室	等离子体功率	1 372 W
冷却气	13.02 L/min	辅助气	0.8 L/min
雾化气	0.81 L/min	测量模式	跳峰测定
蠕动泵转速	30 r/min	截取锥类型	镍锥
采样锥类型	镍锥	雾化器温度	4℃
采样深度	100 mm	计数模式	脉冲计数
通道数	3	数据采集时间	10 ms
样品测定次数	3	—	—

表 4-3-18　微波消解升温程序

程序	温度	升温时间/min	保持时间/min
1	室温至 150℃	7	3
2	150～180℃	5	20

5．试剂和材料

（1）盐酸：ρ（HCl）=1.19 g/mL，优级纯。

（2）硝酸：ρ（HNO$_3$）=1.42 g/mL，优级纯。

（3）氢氟酸：ρ（HF）=1.49 g/mL，优级纯。

（4）高氯酸：ρ（HClO$_4$）=1.68 g/mL，优级纯。

（5）双氧水：V（H$_2$O$_2$）=30%，优级纯。

（6）单元素标准储备溶液：ρ=100 mg/L。

高纯度的金属（纯度大于 99.99%）或金属盐类（基准或高纯试剂）配制成 100 mg/L 的标准储备溶液，溶液酸度（HNO$_3$）保持在 1.0%（v/v）以上。也可购买有证标准溶液。

（7）多元素标准储备溶液：ρ=100 mg/L。

可通过单元素标准储备溶液配制，也可购买有证标准溶液，溶液酸度（HNO$_3$）保持在 1.0%（v/v）以上。

（8）多元素标准使用溶液。

每 14 天或使用前配制，其最高浓度建议为ρ=100 μg/L，介质为 1% HNO$_3$。

（9）调谐溶液。宜选用含有 Li、Y、Be、Mg、Co、In、Tl、Pb 和 Be 等元素的溶液为质谱仪的调谐溶液。可直接购买有证标准溶液配制。调谐溶液浓度可以根据仪器灵敏度确定，一般为 1～10 μg/L，介质为 1% HNO$_3$。

（10）内标溶液。可选用 ^{6}Li、^{45}Sc、^{89}Y、^{103}Rh、^{115}In、^{159}Tb、^{165}Ho、^{209}Bi 作为内标元素。内标溶液浓度可以根据测定需要确定，一般为 1～50 μg/L，介质为 1% HNO$_3$。

6．分析步骤

（1）试样制备。

① 电热板消解。

参见第四篇第二章"一、盐酸—硝酸—氢氟酸—高氯酸消解法　（一）电热板消解法"。

②微波消解（参照 EPA Method 3052）。

称取待测样品 0.1～0.5 g，精确至 0.000 1 g。置于微波消解罐内，加 5.0 mL 硝酸、2.0 mL 氢氟酸和 2.0 mL 双氧水，按照表 4-3-18 的消解程序进行消解，消解完后冷却至室温，将消解液转移至 50 mL 聚四氟乙烯烧杯中电热板加热赶酸，温度控制在 180℃，蒸至溶液呈黏稠状（注意防止烧干）。取下烧杯稍冷，加入 0.5 mL 硝酸，温热溶解可溶性残渣，转移至 50.0 mL 比色管中，冷却至室温后用超纯水定容至标线，摇匀。静置过夜，取上清液稀释适当倍数再上机测定。

（2）校准曲线绘制。

在聚四氟乙烯容量瓶中配置金属元素标准系列（单标或混标），其标准曲线点如表 4-3-19 所示，介质为 1%硝酸。内标溶液可直接加入到待测溶液中，也可过蠕动泵在线加入。按浓度从低到高的顺序依次测定。

表 4-3-19　各目标元素校准曲线配制浓度

浓度/（μg/L） 元素	1	2	3	4	5	6
Tl	0	0.1	0.5	1.0	5.0	10.0
Cr、Co、Ni、V、Sb	0	0.5	1.0	5.0	10.0	50.0
Pb、Zn、Mn、As	0	1.0	5.0	10.0	50.0	100.0

（3）样品测定。

可先用半定量分析法扫描样品，确定其中的高浓度元素，避免样品分析时对检测器的潜在损害，同时鉴别浓度超过线性范围的元素。在分析每个样品前，先用 1% HNO_3 冲洗系统直到信号降至最低，待分析信号稳定后才可开始测定样品。样品测定时应在线加入内标溶液，样品测定时应加入与标准曲线相同量的内标溶液，若样品中待测元素浓度超出校准曲线范围，需经稀释后再重新测定。

7. 结果计算

土壤样品中待测金属元素的含量 ω（mg/kg）按照式（4-3-4）进行计算。

$$\omega = \frac{(c_1 - c_0) \times V}{m \times (1-f) \times 1000} \tag{4-3-4}$$

式中：ω —— 土壤中待测金属质量浓度，mg/kg；

c_1 —— 由校准曲线查得的试液中待测金属质量浓度，μg/L；

c_0 —— 由校准曲线查得待测金属全程序试剂空白的浓度，μg/L；

V —— 试液定容的体积，mL；

m —— 称取试样的重量，g；

f —— 样品中水分的含量，%。

8. 精密度和准确度。

本方法对 GSS 系列土壤标准样品及实际样品中各金属元素进行了精密度实验，结果见表 4-3-20 和表 4-3-21。

表 4-3-20　电热板消解法精密度实验结果　　　　　　　　　　　　　　单位：mg/kg

元素名称		Pb	Cr	As	Ni	Zn	V	Mn	Co	Sb	Tl
GSS-9	测定平均值	23.3	65.1	8.3	34.8	61.7	95.4	514	12.5	1.22	0.53
	相对标准偏差/%	3.1	7.3	2.8	10.6	12.5	8.3	5.2	6.6	8.1	1.1
GSS-16	测定平均值	59.6	65.6	16.7	28.6	98	98	451	13.4	2.20	1.07
	相对标准偏差/%	1.5	3.0	5.5	4.9	6.0	1.4	2.5	4.7	12.4	1.9
GSS-4	测定平均值	54.5	377	46.8	57.6	220	253	1 371	20.4	5.89	0.94
	相对标准偏差/%	1.8	6.8	17.2	8.2	13.2	2.2	1.1	3.6	4.4	1.9
GSS-5	测定平均值	551	124	384	36.2	531	155	1 485	10.8	37.3	1.79
	相对标准偏差/%	2.9	2.4	3.5	2.9	15.9	1.6	9.3	2.3	1.01	3.0
样 1	测定平均值	6 058	1 670	229	24.1	18 209	86.5	5 814	10.4	13.2	1.30
	相对标准偏差/%	3.6	2.8	2.8	1.7	2.0	1.4	1.4	1.9	6.3	11.0
样 2	测定平均值	8 908	2 284	227	24.2	20 409	82.0	7 045	9.9	15.8	1.17
	相对标准偏差/%	0.6	0.9	4.1	5.2	1.3	2.1	2.8	2.5	4.0	2.6
样 3	测定平均值	7 995	2 090	201	23.5	21 055	80.4	7 027	9.6	14.3	1.10
	相对标准偏差/%	11.7	9.0	10.8	4.0	10.0	9.5	10.6	8.7	12.7	6.7
样 4	测定平均值	171	109.5	21.9	30.4	558	94	636	14.3	3.3	0.71
	相对标准偏差/%	4.2	3.2	9.6	4.3	2.1	2.7	5.2	3.6	3.5	3.4
相对标准偏差范围/%		0.6～11.7	0.9～9.0	2.8～17.2	1.7～10.6	1.3～15.9	1.4～8.3	1.1～10.6	1.9～8.7	3.5～12.7	1.1～11.0

注：样品平行测定 6 次结果统计。

表 4-3-21　微波消解法精密度实验结果　　　　　　　　　　　　　　单位：mg/kg

元素名称		Pb	Cr	As	Ni	Zn	V	Mn	Co	Sb	Tl
GSS-9	测定平均值	23.4	71.7	9.5	32.5	67.5	83.7	507	12.8	1.28	0.65
	相对标准偏差/%	3.0	5.1	5.4	0.5	6.9	6.0	6.3	6.1	1.1	3.3
GSS-16	测定平均值	55.6	67.7	19.3	29.5	111	102	412	13.2	2.23	1.22
	相对标准偏差/%	8.3	0.9	1.5	2.0	8.7	1.7	2.3	2.6	1.7	2.6
GSS-4	测定平均值	52.8	367	60.1	65.9	198	231	1 314	21.8	7.31	0.87
	相对标准偏差/%	5.2	2.3	2.9	2.8	1.6	5.2	2.7	2.3	2.1	2.9
GSS-5	测定平均值	534	116	407	40.2	548	160	1 296	11.5	37.4	1.63
	相对标准偏差/%	3.0	3.6	2.5	3.1	4.7	1.3	1.9	2.1	3.7	3.2
样 1	测定平均值	5 805	1 629	213	25.0	19 261	82.1	5 491	10.3	13.4	1.18
	相对标准偏差/%	1.1	1.2	3.0	6.3	2.2	1.4	3.5	2.2	2.2	2.7
样 2	测定平均值	9 099	2 318	219	24.5	21 596	80.1	7 530	10.1	15.9	1.14
	相对标准偏差/%	1.5	1.5	2.5	4.1	1.1	2.5	3.0	2.4	1.5	1.8
样 3	测定平均值	8 297	2 148	208	24.2	22 633	80.1	7 157	9.9	14.8	1.08
	相对标准偏差/%	1.5	1.6	2.1	0.9	2.2	1.8	4.4	2.7	1.0	0.9
样 4	测定平均值	160	105.6	21.5	29.8	573	93.8	632	14.2	4.0	0.68
	相对标准偏差/%	1.9	1.0	3.2	1.7	1.1	1.4	2.1	1.7	2.6	1.6
相对标准偏差范围/%		1.1～8.3	0.9～5.1	1.5～5.4	0.5～6.3	1.1～6.9	1.3～6.0	1.9～6.3	1.7～6.1	1.0～3.7	0.9～3.3

注：样品平行测定 6 次结果统计。

第四篇　无机元素测定

对 GSS 系列土壤标准样品中各金属元素进行了准确度实验，结果见表 4-3-22 和表 4-3-23。

表 4-3-22　电热板消解法准确度实验结果　　　　　　　　单位：mg/kg

	元素名称	Pb	Cr	As	Ni	Zn	V	Mn	Co	Sb	Tl
GSS-9	测定平均值	23.3	73.1	8.3	34.8	61.7	95.4	514	12.5	1.22	0.53
	标准参考值	25±3	75±5	8.4±1.3	33±3	61±5	90±12	520±24	14±2	1.1	0.6±0.1
	相对误差/%	−6.8	−2.5	−1.3	5.3	1.1	6.1	−1.2	−10.6	10.9	−11.7
GSS-16	测定平均值	59.6	65.6	16.7	28.6	98	98.5	451	13.4	2.20	1.07
	标准参考值	61±2	67±3	18±2	27.4±0.9	100±8	105±4	441±20	13.6±0.6	1.9	1.12±0.08
	相对误差/%	−2.3	−2.1	−7.5	4.4	−2.3	−6.2	2.2	−1.5	15.5	−4.5
GSS-4	测定平均值	54.5	377	46.8	57.6	220	253.0	1371	20.4	5.89	0.94
	标准参考值	58±5	370±16	58±6	64±5	210±13	247±14	1420±75	22±2	6.3±1.1	0.94±0.25
	相对误差/%	−6.1	1.8	−19.4	−10.0	4.8	2.4	0.8	−7.4	−6.5	−0.4
GSS-5	测定平均值	551	124	384	36.2	531	155.1	1485	10.8	37.3	1.79
	标准参考值	552±29	118±7	412±16	40±4	494±25	166±9	1360±71	12±2	35±5	1.6±0.3
	相对误差/%	−0.2	4.8	−6.8	−9.5	7.5	−6.6	4.6	−10.2	6.7	12.1
相对误差范围/%		−6.8～−0.2	−2.5～4.8	−19.4～−1.3	−10.0～5.3	−2.3～7.5	−6.6～6.1	−10.6～4.6	−10.6～−1.5	−6.5～10.9	−11.7～12.1

注：样品平行测定 6 次结果统计。

表 4-3-23　微波消解法准确度实验结果　　　　　　　　单位：mg/kg

	元素名称	Pb	Cr	As	Ni	Zn	V	Mn	Co	Sb	Tl
GSS-9	测定平均值	23.4	71.7	9.5	32.5	67.5	83.7	507	12.8	1.28	0.65
	标准参考值	25±3	75±5	8.4±1.3	33±3	61±5	90±12	520±24	14±2	1.1	0.6±0.1
	相对误差/%	−6.6	−4.4	12.8	−1.5	10.6	−7.0	−2.5	−8.3	16.4	8.7
GSS-16	测定平均值	55.6	67.7	17.3	29.5	111	102.1	412	13.2	2.23	1.22
	标准参考值	61±2	67±3	18±2	27.4±0.9	100±8	105±4	441±20	13.6±0.6	1.9	1.12±0.08
	相对误差/%	−8.8	1.1	−3.9	7.5	11.0	−2.8	−6.5	−3.2	17.4	8.7
GSS-4	测定平均值	52.8	367	60.1	65.9	198	231.2	1314	21.8	7.31	0.87
	标准参考值	58±5	370±16	58±6	64±5	210±13	247±14	1420±75	22±2	6.3±1.1	0.94±0.25
	相对误差/%	−8.9	−0.9	3.5	2.9	−5.7	−6.4	−3.4	−0.7	16.1	−6.9
GSS-5	测定平均值	534	116	407	40.2	548	160	1296	11.5	37.4	1.63
	标准参考值	552±29	118±7	412±16	40±4	494±25	166±9	1360±71	12±2	35±5	1.6±0.3
	相对误差/%	−3.2	−1.8	−1.2	0.6	10.9	−3.4	−8.8	−4.1	6.8	1.9
相对误差平均值/%		−8.9～−3.2	−4.4～1.1	−3.9～12.8	−1.5～7.5	−5.7～11.0	−7.0～−2.8	−8.8～−2.5	−8.3～−0.7	6.8～17.4	−6.9～8.7

注：样品平行测定 6 次结果统计。

分别采用电热板消解法和微波消解法对三个不同浓度的实际土壤样品（样 1、样 2 和样 4）进行了加标回收测试，实验结果见表 4-3-24 和表 4-3-25。

表 4-3-24　实际土壤样品中各金属元素加标回收测定结果（电热板消解）

	元素名称	Pb	Cr	As	Ni	Zn	V	Mn	Co	Sb	Tl
样 1	样品测定值/μg	606	167	22.9	2.41	1821	8.65	581	1.04	1.32	0.13
	加标样品测定值/μg	1 012	249	37.7	4.39	2 186	26.5	1 022	2.86	3.09	0.30
	加标量/μg	500	100	20.0	2.0	500	20.0	500	2.0	2.0	0.2
	加标回收率/%	81.1	82.3	74.0	99.0	73.0	89.3	88.1	91.0	88.5	87.0
样 2	样品测定值/μg	891	228	22.7	2.42	2 041	8.20	705	0.99	1.58	0.12
	加标样品测定值/μg	1 410	329	37.6	4.30	2 551	26.7	1 248	2.90	3.37	0.31
	加标量/μg	500	100	20.0	2.0	500	20.0	500	2.0	2.0	0.2
	加标回收率/%	104	101	74.5	94.0	102	92.5	109	95.7	89.5	96.0
样 4	样品测定值/μg	85.5	55.0	11.0	15.2	279	46.9	318	7.15	1.67	0.36
	加标样品测定值/μg	183	153	30.7	35.2	367	67.0	417	26.7	3.67	1.34
	加标量/μg	100	100	20.0	20.0	100	20.0	100	20.0	2.0	1.0
	加标回收率/%	97.5	98.0	98.8	99.8	87.5	101	99.0	97.8	99.8	98.0

注：样品平行测定 6 次结果统计。

表 4-3-25　实际土壤样品中各金属元素加标回收测定结果（微波消解）

	元素名称	Pb	Cr	As	Ni	Zn	V	Mn	Co	Sb	Tl
样 1	样品测定值/μg	581	163	21.3	2.50	1 926	8.21	549	1.03	1.34	0.12
	加标样品测定值/μg	1 094	267	37.1	4.47	2 409	26.9	1 077	2.96	3.21	0.31
	加标量/μg	500	100	20.0	2.0	500	20.0	500	2.0	2.0	0.2
	加标回收率/%	103	105	79.0	98.5	96.5	93.5	106	96.5	93.5	94.5
样 2	样品测定值/μg	910	232	21.9	2.45	2 160	8.01	753	1.01	1.59	0.11
	加标样品测定值/μg	1 386	325	35.8	4.33	2 595	25.9	1 217	2.85	3.35	0.30
	加标量/μg	500	100	20.0	2.0	500	20.0	500	2.0	2.0	0.2
	加标回收率/%	95.2	92.9	69.5	94.0	87.0	89.5	92.9	92.0	88.0	95.0
样 4	样品测定值/μg	80.0	53.0	10.8	14.9	287	46.9	316	7.10	2.00	0.34
	加标样品测定值/μg	174	151	27.2	35.9	377	67.0	398	27.0	4.10	1.21
	加标量/μg	100	100	20.0	20.0	100	20.0	100	20.0	2.0	1.0
	加标回收率/%	93.5	98.0	82.3	105	90	101	81.5	99.5	105	87.0

注：样品平行测定 6 次结果统计。

9. 注意事项

（1）分析所用质谱仪需要满足以下要求：质谱仪需要在 5%峰高处峰宽达到 1 m_r/z（m_r=一个原子相对质量；z=电荷数）的分辨率，能扫描 5～240 m/z（AMU）的质量范围。

（2）样品测量和校准溶液的稳定性取决于容器材料的等级。材料需要根据特殊要求核查。用 ICP-MS 进行元素分析时，当测定元素在非常低的浓度范围内，玻璃和聚氯乙烯（PVC）不得使用，可以使用聚氟烷氧树脂（PFA）、聚六氟乙烯丙烯树脂（FEP）或石英容器，用热的浓硝酸清洗后使用。对于高浓度测定的元素，高密度的聚丙烯（HDPE）或聚四氟乙烯（PTFE）溶液也可用于样品的存放。

（3）对于高浓度样品，应先用电感耦合等离子体发生光谱法（ICP-OES）或原子吸收光谱法（AAS）进行测定，然后确定合适的稀释倍数，再用 ICP-MS 法进行测定，避免高浓度样品对检测器的潜在损害。

（湖南省环境监测中心站　林海兰　于磊　朱日龙）

第四章 单元素分析

一、汞

汞（Hg），俗称水银，在化学元素周期表属于ⅡB族元素，是常温常压下唯一以液态存在的金属。汞在土壤中呈三种价态：0价、+1价和+2价。汞溶于硝酸和热浓硫酸，但与稀硫酸、盐酸、碱都不发生反应，能溶解许多金属。土壤中汞按化学形态可分为金属汞、无机结合态汞（游离态的Hg^{2+}和Hg^+）和有机结合态汞（短链烷基汞为主）。

汞在自然界中普遍存在，一般动植物体内都含有微量的汞。汞是一种生物毒性极强的重金属污染物，汞蒸气和汞的化合物多有剧毒（慢性），其毒性是积累的，进入生物体后很难被排出，对人体的肝脏、肾脏和大脑等器官都会造成损伤。过量的汞会抑制和破坏土壤中微生物的生命活动，使土壤理化性质变差，肥力降低，导致农作物产量和质量下降。汞进入土壤后，95%以上能迅速被土壤吸持或固定，土壤中的汞可通过土壤侵蚀和淋溶而迁移，被植物吸收或向大气释放。不同植物对汞的吸收累积不同，其中通过谷物向人体输送的汞甚微，通过蔬菜向人体输送可达植物总汞的25%以上。除了土壤母质外，大气沉降、矿石加工、氯碱化工、电池制造、造纸业、含汞的肥料和农药、污水灌溉、燃煤、有色金属冶炼等都是土壤中汞的来源。

土壤中汞的测定可采用冷原子吸收法、冷原子荧光法、原子荧光法等。其中，原子荧光法具有操作简单，检出限低，准确度高的特点，结果重复性和可比性较好。冷原子吸收法则精度高、干扰小，催化热解—冷原子吸收法通过热分解、催化和吸收过程，无须消解直接测定土壤中的汞。冷原子荧光法灵敏度最高，但相对催化热解冷原子吸收法，需对样品进行酸解等前处理，易沾污或损失，但因其仪器设备性价比高，也是汞分析的较为常用的方法。

（一）冷原子吸收分光光度法（A）

本方法等效于《土壤质量　总汞的测定　冷原子吸收分光光度法》（GB/T 17136—1997）。

1. 方法原理

采用硫酸—硝酸—高锰酸钾或硝酸—硫酸—五氧化二钒氧化消解的方法，破坏土壤的矿物晶格结构，使样品中各种形式存在的汞全部转化为可溶态汞离子进入试液中。用盐酸羟胺还原过剩的氧化剂，再用氯化亚锡将汞离子还原成汞原子。在室温下通入空气或氮气，将汞原子载入冷原子吸收测汞仪，于253.7 nm特征波长处测定仪器响应值，汞的含量与仪器响应值成正比。

2. 适用范围

适用于土壤中总汞的测定。按称取2 g土壤试样计算，最低检出限为0.005 mg/kg，测定下限为 0.02 mg/kg。

3. 干扰及消除

易挥发的有机物和水蒸气在 253.7 nm 处有吸收而产生干扰。易挥发有机物在样品消解时可除去，水蒸气用无水氯化钙、过氯酸镁除去。

4. 仪器和设备

冷原子吸收测汞仪、可调温的电热板消解器、万分之一天平、汞吸收塔（250 mL 玻璃干燥塔，内装经碘处理的活性炭。为保证碘—活性炭的效果，使用 1～2 个月后，应重新更换）、反应器（容积分别为 250 mL、500 mL，具有磨口，带莲蓬形多孔吹气头的玻璃翻泡瓶，或与仪器配套的反应器）。

5. 试剂和材料

（1）硫酸，ρ（H_2SO_4）=1.84 g/mL。

（2）盐酸，ρ（HCl）=1.19 g/mL。

（3）硝酸，ρ（HNO_3）=1.42 g/mL。

（4）硫酸—硝酸混合液，1+1。

（5）重铬酸钾（$K_2Cr_2O_7$）：优级纯。

（6）高锰酸钾溶液：将 20 g 的高锰酸钾（$KMnO_4$，优级纯，必要时重结晶精制）用水溶解，稀释定容至 1 000 mL，储存于棕色瓶中。

（7）盐酸羟胺溶液：将 20 g 的盐酸羟胺（$NH_2OH \cdot HCl$）用水溶解，释释定容至 100 mL。该溶液中常含有汞，应提纯。

（8）五氧化二钒（V_2O_5）。

（9）氯化亚锡溶液：将 20 g 氯化亚锡（$SnCl_2 \cdot 2H_2O$）置于烧杯中，加入 20 mL 盐酸，微微加热。待完全溶解后，冷却，再用水稀释至 100 mL。若含有汞，可通入氮气鼓泡除汞。

（10）汞标准固定液：将 0.5 g 重铬酸钾溶于 950 mL 水中，再加 50 mL 硝酸。

（11）稀释液：将 0.2 g 重铬酸钾溶于 900 mL 水中，再加 27.8 mL 硫酸，用水稀释至 1 000 mL。

（12）汞标准贮备溶液，ρ=100 mg/L。

（13）汞标准中间溶液，ρ=10.0 mg/L：吸取汞标准贮备溶液 10.00 mL，用汞标准固定液稀释定容至 100 mL。于室温阴凉处放置。

（14）汞标准使用溶液，ρ=0.100 mg/L：吸取汞标准中间溶液 1.00 mL，用汞标准固定液稀释定容至 100 mL。临用现配。

（15）经碘处理的活性炭：称取 10 g 碘、20 g 碘化钾置于玻璃烧杯中，加入 200 mL 水，配制成溶液，然后向溶液中加入约 100 g 活性炭。用力搅拌至溶液脱色后，从烧杯中取出活性炭，将活性炭在 100～110℃烘干，烘干时间为 1～2 h，置于干燥器中备用。

（16）仪器洗液：将 1.0 g 重铬酸钾溶于 900 mL 水中，加入 100 mL 硝酸。

6. 分析步骤

（1）试液制备。

①硫酸—硝酸—高锰酸钾消解法。

称取土壤样品 0.5～2 g 于 150 mL 锥形瓶中。用少量水润湿样品，加硫酸—硝酸混合液 5～10 mL，待剧烈反应停止后，分别加入 10 mL 水和 10 mL 高锰酸钾溶液，在瓶口插一小漏斗。置于低温电热板上加热至近沸，保持 30～60 min。分解过程中若紫色褪去，应随时补加高锰酸钾溶液，以保持有过量的高锰酸钾存在。取下冷却。在临测定前，边摇边滴加盐酸羟胺溶液，直至刚好使过剩的高锰酸钾及器壁上的水合二氧化锰全部褪色为止。

注：对有机质含量较多的样品，可预先用硝酸加热回流消解，然后再加硫酸和高锰酸钾继续消解。

②硝酸—硫酸—五氧化二钒消解法。

称取土壤样品 0.5～2 g 于 150 mL 锥形瓶中。用少量水润湿样品，加入五氧化二钒约 50 mg、硝酸 10～20 mL、硫酸 5 mL，玻璃珠 3～5 粒，摇匀。在瓶口插一小漏斗，置于电热板上加热至近沸，保持 30～60 min。取下稍冷，加 20 mL 水，继续加热煮沸 15 min，此时试样为浅灰白色（若试样色深，应适当补加硝酸再进行分解）。取下冷却，滴加高锰酸钾溶液至紫色不褪。临测定前，边摇边滴加盐酸羟胺溶液，直至刚好使过剩的高锰酸钾及器壁上的水合二氧化锰全部褪色为止。

（2）校准曲线绘制。

依次移取汞标准使用溶液 0，0.50，1.00，2.00，3.00，4.00 mL 于反应器中，加硫酸—硝酸混合液 4 mL，高锰酸钾溶液 5 滴，20 mL 水，摇匀。滴加盐酸羟胺溶液还原，迅速插入吹气头，由低浓度到高浓度顺序测定标准溶液的吸光度。以测定的吸光度为纵坐标，对应的汞含量为横坐标，绘制校准曲线。

（3）样品测定。

将试样转移至反应器中进行测定。如汞的浓度超过校准曲线浓度范围，应稀释后重测。

7. 结果计算

试样中总汞的含量 c（mg/kg）按式（4-4-1）进行计算。

$$c = \frac{m}{W(1-f)} \qquad (4\text{-}4\text{-}1)$$

式中：c —— 试样中总汞的含量，mg/kg；

m —— 测得试液中汞的含量，μg；

W —— 称取土样重量，g；

f —— 试样中水分的含量，%。

8. 精密度和准确度

多个实验室用本方法分析 ESS 系统土壤标样中总汞的精密度和准确度，见表 4-4-1。

表 4-4-1　方法的精密度和准确度

实验室数	土壤标样	保证值/(mg/kg)	总均值/(mg/kg)	室内相对标准偏差/%	室间相对标准偏差/%	相对误差/%
25	ESS-1	0.016±0.003	0.016	6.2	32.5	0.0
26	ESS-3	0.112±0.012	0.100	3.4	20.0	−10.7
24	ESS-4	0.021±0.004	0.019	8.4	20.5	−9.5

9. 注意事项

（1）当盐酸羟胺中汞含量较低时，采用巯基棉纤维管除汞法；当汞含量较高时，先按萃取除汞法除掉大量汞，再按巯基棉纤维管除汞法除尽汞。

巯基棉纤维除汞法操作如下：在内径 6～8 mm、长约 100 mm、一端拉细的玻璃管中，或在 500 mL 分液漏斗的放液管中，填充 0.1～0.2 g 羟基棉纤维，将待净化的试液以 10 mL/min 速度滤过，即可除尽汞。巯基棉纤维制法：于棕色磨口广口瓶中，依次加入硫代乙醇酸（分析纯）、乙酸酐 60 mL、36%乙酸 40 mL、硫酸 0.3 mL，充分混匀并冷却至室温后，加入长纤维脱脂棉 30 g。铺平，使之完全浸泡于溶液内，用水冷却，待反应热散去后加盖，放入（40±2）℃烘箱中 4 d 后取出。用耐酸过滤漏斗抽滤，以无汞水充分洗涤至中性后，摊开，于 30～35℃下烘干。放入棕色磨口广口瓶中，避光和在较低温下保存。

萃取除汞法操作如下：量取 250 mL 盐酸羟胺溶液，倒入 500 mL 分液漏斗中，每次加入 0.1 g/L 双硫腙的四氯化碳溶液 15 mL，反复萃取，直至含双硫腙的四氯化碳溶液保持绿色不变为止。然后用四氯化碳萃取，以除去多余的双硫腙。

（2）温度对测定灵敏度有影响，当室温低于 10℃时，不利于汞的挥发，灵敏度较低，应采取增高操作间环境温度的办法来提高汞的气化效率。并要注意标准溶液和试样温度的一致性。

（3）全部玻璃仪器和玻璃器皿在使用前用仪器洗液或用（1+1）硝酸溶液浸泡过夜，再依次用自来水、去离子水洗净，以除去器壁上吸附的汞。

（4）实验使用试剂（尤其是高锰酸钾）中汞含量对空白测定值影响较大。因此，实验中应选择汞含量尽可能低的试剂。

（5）水蒸气对汞的测定有影响，会导致测定时响应值降低，应注意保持连接管路和汞吸收池干燥。

（湖南省环境监测中心站　田耘　朱日龙　谢沙
广西壮族自治区环境监测中心站　梁晓曦）

（二）原子荧光光谱法（A）

本方法等效于《土壤质量　总汞、总砷、总铅的测定　原子荧光法　第 1 部分：土壤中总汞的测定》（GB/T 22105.1—2008）。

1. 方法原理

样品经盐酸—硝酸体系水浴消解/微波消解后，试液进入原子荧光光度计，在硼氢化钾溶液还原作用下，试液中汞被还原成原子态，由载气带入原子化器中，在汞元素灯照射下，基态汞原子被激发至高能态，再去活化回到基态时，发射出特征波长的荧光，荧光强度与试液中汞含量成正比。

2. 适用范围

适用于土壤中汞的水浴消解/微波消解，原子荧光法检测。当取样品量为 0.5 g 时，采用微波消解，方法检出限为 0.002 mg/kg，测定下限为 0.008 mg/kg；采用水浴消解，方法检出限为 0.002 mg/kg。

3. 干扰及消除

硝酸—盐酸混合试剂具有比单一酸更强的溶解能力，此体系不仅能使样品中大量有机物得以分解，在盐酸存在条件下，大量的 Cl^- 与 Hg^{2+} 作用形成稳定的络合离子，可抑制汞的吸附和挥发。惰性气体氩气为载气，氢化物发生方法可消除大部分元素的干扰，注意防止空气和水蒸气进入荧光池。

4. 仪器和设备

原子荧光光度计，汞元素灯，具有温度控制和程序升温功能的微波消解仪（温度精度可达±2.5℃），恒温水浴装置，分析天平（精度为 0.000 1 g）及一般实验室常用设备。

原子荧光光度计开机预热，汞的预热时间可适当延长，按照仪器使用说明书设定灯电流、负高压、载气流量、屏蔽气流量等工作参数，参考条件见表 4-4-2。微波消解仪的升温程序见表 4-4-3。

表 4-4-2　原子荧光光度计的工作参数

负高压/V	灯电流/mA	原子化器温度/℃	载气流量/（mL/min）	屏蔽气流量/（mL/min）
270	30	200	400	800

表 4-4-3　微波消解升温程序

步骤	升温时间/min	目标温度/℃	保持时间/min
1	5	100	2
2	5	150	3
3	5	180	25

5. 试剂和材料

（1）盐酸：ρ（HCl）=1.19 g/mL。

（2）硝酸：ρ（HNO$_3$）=1.42 g/mL。

（3）氢氧化钾（KOH）。

（4）硼氢化钾（KBH$_4$）。

（5）重铬酸钾（K$_2$Cr$_2$O$_7$）。

（6）盐酸溶液：5+95。

（7）王水溶液：量取 1 份硝酸，3 份盐酸混合，用实验用水稀释一倍，混匀。

（8）硼氢化钾溶液，ρ = 10 g/L：称取 0.5 g 氢氧化钾，放入盛有 100 mL 实验用水的烧杯中，玻璃棒搅拌，待完全溶解后再加入称好的 1.0 g 硼氢化钾，搅拌溶解。此溶液当日配制。

注：也可以用氢氧化钠、硼氢化钠配制硼氢化钠溶液。

（9）汞保存液：称取 0.5 g 重铬酸钾溶于少量实验用水中，再加入 50 mL 硝酸，定容至 1 000 mL，混匀。

（10）汞标准贮备液，ρ = 100.0 mg/L。

（11）汞标准中间液，ρ = 1.00 mg/L：移取汞标准贮备液 5.00 mL，置于 500 mL 容量瓶中，用汞保存液定容至标线，混匀。

（12）汞标准使用液，ρ = 10.0 μg/L：移取汞标准中间液 5.00 mL，置于 500 mL 容量瓶中，用汞保存液定容至标线，混匀。临用现配。

6. 分析步骤

（1）试样制备。

①微波消解法。

称取待测的样品 0.1～0.5 g（样品中元素含量低时，可将样品称取量提高至 1.0 g）。置于溶样杯中，用少量实验用水润湿。在通风橱中，先加入 6 mL 盐酸，再慢慢加入 2 mL 硝酸，轻轻摇动使样品与消解液充分接触。若有剧烈化学反应，待反应结束后再将溶样杯置于消解罐中密封。消解罐放入保护外壳后，将消解罐装入消解支架，然后放入微波消解仪的炉腔中，确认主控消解罐上的温度传感器及压力传感器均已与系统连接好。按照升温程序进行微波消解，消解程序结束后冷却。待罐内温度降至室温后在通风橱中取出，缓慢泄压放气，打开消解罐盖。把玻璃小漏斗插于 50 mL 容量瓶的瓶口，用慢速定量滤纸将消解后溶液过滤、转移入容量瓶中，用实验用水洗涤溶样杯及沉淀，将所有洗涤液并入容量瓶中，用实验用水定容至标线，混匀后静置。再分取 10.0 mL 试液置于 50 mL 容量瓶中，加入 2.5 mL 盐酸，用水定容至标线，混匀。室温放置 30 min 以上，取上清液测定总汞。

②水浴消解法。

参见第四篇第二章"五（一）水浴消解法"进行消解，加入 10 mL 汞保存液防止汞挥发，用实验用水定容至标线，加塞摇匀后静置，取上清液测定总汞。

（2）校准曲线绘制。

分别移取 0，0.50，1.00，2.00，4.00，8.00，10.00 mL 汞标准使用液于 50 mL 容量瓶中，分别加入 2.5 mL 盐酸，用实验用水定容至标线，混匀。得到 0，0.10，0.20，0.40，0.80，1.60，2.00 μg/L 系列标准溶液。

以硼氢化钾溶液为还原剂、盐酸溶液为载流，由低浓度到高浓度顺序测定校准系列标准溶液的原子荧光强度。用扣除零浓度空白的校准系列原子荧光强度为纵坐标，溶液中相对应的元素浓度（μg/L）为横坐标，绘制校准曲线。

（3）样品测定。

将制备好的试样导入原子荧光光度计中，按照与绘制校准曲线相同仪器工作条件进行测定，按照先测定试样空白，后测定试样的次序进行。如果被测元素浓度超过校准曲线浓度范围，应稀释后重新进行测定，通过与绘制校准曲线比较得出试样中汞的含量。

7. 结果计算

土壤中汞含量 ω（mg/kg）按照式（4-4-2）进行计算：

$$\omega = \frac{(c - c_0) \times V_0 \times V_2}{m \times (1 - f) \times V_1} \times 10^{-3} \qquad (4\text{-}4\text{-}2)$$

式中：ω —— 土壤中汞的含量，mg/kg；

c —— 由校准曲线查得测定试液中汞的浓度，μg/L；

c_0 —— 空白溶液中汞的测定浓度，μg/L；

V_0 —— 消解后试液的定容体积，mL；

V_1 —— 分取试液的体积，mL；

V_2 —— 分取后测定试液的定容体积，mL；

m —— 称取样品的质量，g；

f —— 样品的含水率，%。

10^{-3} —— "μg" 换算为 "mg" 的系数。

重复试验结果以算数平均值表示。

8. 精密度和准确度

由 6 家实验室对土壤标准样品中的汞进行测定，实验室内相对标准偏差（%）为 1.44～

11.7；实验室间相对标准偏差（%）为 3.42～11.2；重复性限（mg/kg）为 0.003～0.006；再现性限（mg/kg）为 0.003～0.007。由 6 家实验室对汞标准样品进行测定，相对误差为 −12.5%～12.5%，详见表 4-4-4。

表 4-4-4　方法的精密度和准确度

元素	平均值/(mg/kg)	保证值/(mg/kg)	室内相对标准偏差/%	室内间相对标准偏差/%	重复性限（r）	再现性限（R）	相对误差/%
汞	0.012	0.011±0.002	4.56～11.7	5.00	0.003	0.003	0～10.6
	0.038	0.037±0.004	1.44～11.1	3.42	0.006	0.007	−2.7～7.2
	0.016	0.016±0.003	5.56～11.0	11.2	0.004	0.006	−12.5～12.5

9. 注意事项

（1）消解罐的日常清洗和维护步骤，先进行一次空白消解，以去除内衬管和密封盖上的残留；用水和软刷仔细清洗内衬管和压力套管；将内衬管和陶瓷外套管放入烘箱，在 200～250℃温度下加热至少 4 h，然后在室温下自然冷却。

（2）采用微波消解时，应随时关注消解管的性状，管壁厚度等，消除不安全因素。

（3）采用王水消解时，应避免使用沸腾的王水处理样品，以防止汞以氯化物的形式挥发而损失，样品中含有较多的有机物时，可适当增加王水溶液用量。

（4）样品消解完毕，样品试液宜尽早测定，需要加入汞保存液防止汞的损失，一般只允许放置 1～2 d。

（5）原子荧光测汞，因汞灯存在漂移特性，在批量测试时，应注意监控仪器系统的漂移，可在测试过程中对固定标准曲线点进行复测，查看汞的偏移情况，必要时重新绘制校准曲线，保证检测数据的可靠性。

（6）实验过程中选择纯度较高的试剂，尽量降低汞背景干扰。

（农业农村部环境保护科研监测所　戴礼洪）

（三）催化热解—冷原子吸收分光光度法（A）

本方法等效于《土壤和沉积物　总汞的测定　催化热解—冷原子吸收分光光度法》（HJ 923—2017）。

1. 方法原理

样品进入催化高温热解炉，各形态汞还原为单质汞，被金汞齐选择性吸附，混合器快速加温，将金汞齐吸附的汞解吸，形成汞蒸气，进入冷原子吸收光谱仪，在 253.7 nm 下测定其吸光率，吸光率与汞含量成函数关系。

2. 适用范围

适用于土壤中总汞的测定。取样量为 0.1 g 时，方法检出限为 0.2 μg/kg，测定下限为 0.8 μg/kg。

3. 干扰及消除

游离氯气和易挥发性有机物、水蒸气等物质虽然在 253.7 nm 处有吸收，但金汞齐可以避免水蒸气等物质的干扰，只选择性地吸附汞蒸气，因此不影响测定结果。

4. 仪器和设备

测汞仪（具有催化、高温热分解炉），冷原子吸收光谱仪，金汞齐吸附装置及数据处理系统，万分之一天平及一般实验室仪器设备。

仪器测试条件建议参照仪器使用说明，选择最佳条件。表4-4-5仪器测试条件可作参考。

表4-4-5 仪器测试条件

项目	条件
干燥温度/℃	200
干燥时间/s	10
分解温度/℃	700
分解时间/s	140
催化温度/℃	600
金汞齐混合加热温度/℃	900
金汞齐混合加热时间/s	12

5. 试剂和材料

（1）重铬酸钾（$K_2Cr_2O_7$）。

（2）硝酸（HNO_3）：$\rho = 1.42$ g/mL。

（3）氯化汞（$HgCl_2$）：在硅胶干燥器中充分干燥。

（4）固定液：将0.5 g重铬酸钾溶于950 mL蒸馏水中，再加50 mL硝酸。

（5）汞标准贮备液，$\rho = 100$ mg/L。

（6）高纯氧气（O_2）：纯度要求在99.999%以上，在气源与测汞仪器之间安装一个网孔过滤器，以防止汞蒸气污染。

6. 分析步骤

（1）工作曲线绘制。

低浓度工作曲线：取汞标准贮备液用固定液逐级稀释为以下浓度：0，0.05，0.10，0.20，0.30，0.40，0.50 mg/L。

高浓度工作曲线：取汞标准贮备液用固定液逐级稀释为以下浓度：0，1.00，2.00，3.00，4.00，5.00，6.00 mg/L。

由低浓度到高浓度顺次进行仪器测量，绘制低或高浓度工作曲线。

（2）空白试验。

空烧样品舟，结果作为空白值。

（3）样品测定。

称取制备后样品0.100 g，记录重量，并输入仪器，进行仪器测量。

7. 结果计算

测得样品的吸光率，由计算机依据标准曲线自动计算出样品中的汞含量。

土壤中总汞的含量ω_1（Hg，μg/kg）按式（4-4-3）进行计算：

$$\omega_1 = m_3 / (m_4 \times W) \tag{4-4-3}$$

式中：ω_1—— 样品中汞的浓度，μg/kg；

m_3 —— 仪器计算出的样品中的汞含量，ng；

m_4 —— 称取样品的质量，g；

W —— 样品的干物质含量，%；

8. 精密度和准确度

表 4-4-6　方法的精密度和准确度

实验室数	土壤标样	保证值/(mg/kg)	总均值/(mg/kg)	室内相对标准偏差/%	室间相对标准偏差/%	相对误差/%
6	GBW07333	0.022 ± 0.002	0.024	2.6～12.0	5.4	5.6
6	GSS-15	0.095 ± 0.004	0.096	6.0～19.5	7.3	2.5
6	GSD-9	0.083 ± 0.009	0.086	3.7～8.6	7.1	3.8

9. 注意事项

（1）对样品舟进行空白检验，以确认样品舟汞的本底值是否低于检出限。若高出检出限时可使用马弗炉 850℃ 灼烧样品舟 2h 后再进行本底测量。

（2）由于环境因素的影响，会使仪器汞的背景值明显的增加，因此应避免在汞污染的环境中操作。

（3）分析时应先分析低浓度汞样品（≤25 ng），再分析高浓度汞样品（≥400 ng）。在高浓度样品分析之后将 15%硝酸作为样品分析，当其分析结果低于检出限时，再进行下一样品分析。

（4）仪器产生的汞蒸气可由碘盐、硫酸、二氧化锰溶液或活性炭 5%的高锰酸钾溶液吸收，以防止造成二次污染。

（江苏省环境监测中心　刘雯　陈素兰）

（四）冷原子荧光光谱法（B）

1. 方法原理

试样中的汞离子被还原剂还原为单质汞，再汽化成汞蒸气。其基态汞原子受到波长 253.7 nm 的紫外光激发，当激发态汞原子去激发时便辐射出相同波长的荧光。在给定的条件下和较低的浓度范围内，荧光强度与汞的浓度成正比。

2. 适用范围

适用于土壤中总汞的测定。称取 0.5 g 试样消解定容至 50 mL 时，方法检测限为 0.005 mg/kg。

3. 干扰及消除

激发态汞原子与其他分子，如 O_2、CO、CO_2 等碰撞而发生能量传递，造成荧光猝灭，从而降低汞的测定灵敏度，本方法采用高纯氩气作为载气。

4. 仪器和设备

冷原子荧光光谱仪、汞空心阴极灯、水浴锅等。

不同型号仪器的最佳测定条件不同，可根据仪器使用说明书自行选择。通常本方法采用表 4-4-7 中的测定条件。

表 4-4-7　仪器测量条件

元素	光电管负压/V	载气 Ar 流量/（mL/min）	屏蔽 Ar 流量/（mL/min）	灯电流/mA	原子化器高度/mm
Hg	280	400	900	15	10

5. 试剂和材料

（1）盐酸：ρ（HCl）=1.19 g/mL，优级纯。

（2）硝酸：ρ（HNO$_3$）=1.42 g/mL，优级纯。

（3）重铬酸钾（K$_2$Cr$_2$O$_7$）：优级纯。

（4）氢氧化钠（NaOH）：优级纯。

（5）新配（1+1）王水溶液：取 10 mL 硝酸、30 mL 盐酸和 40 mL 去水搅拌均匀。

（6）固定溶液：称取 0.5 g 重铬酸钾溶于水中，并用水稀释至 1 000 mL。

（7）汞标准贮备液：ρ=100 mg/L。

（8）汞标准使用液：ρ=100μg/L，用 1.00 mL 无刻度试管取汞标准贮备液于 100 mL 容量瓶中，用水定容至刻度。

（9）载液（5%盐酸溶液）：用 1 000 mL 烧杯取 500 mL 水，再缓慢加入 50 mL 盐酸，搅拌均匀后用水稀释至刻度。

（10）还原剂（2%硼氢化钾溶液）：先取 5.0 g 氢氧化钠溶于 500 mL 水中，再加入 20.0 g 硼氢化钾，搅拌均匀后用水稀释至刻度。

6. 分析步骤

（1）试样制备。

参见第四篇第二章"五、王水消解法（一）水浴消解法"。

（2）校准曲线绘制。

准确移取汞标准使用液 0，0.10，0.20，0.40，0.80，1.00，2.00 于 100 mL 容量瓶中，用水定容至标线，摇匀，其汞的质量浓度分别为 0，0.10，0.20，0.40，0.80，1.00，2.00 μg/L。此质量浓度范围应包括试液中汞的质量浓度。按仪器测量条件由低到高质量浓度顺序测定标准溶液的荧光强度。用减去空白的荧光强度与相对应的汞的质量浓度（μg/L）绘制标准曲线。

（3）样品测定。

取适量试液，按测试条件测定试液的荧光强度，由荧光强度值在标准曲线上查得汞的质量浓度。

7. 结果计算

土壤样品中汞的含量 ω（mg/kg）按式（4-4-4）进行计算。

$$\omega = \frac{\rho \times V}{m \times (1-f)} \times 10^{-3} \tag{4-4-4}$$

式中：ρ —— 试液的荧光强度减去空白溶液的荧光强度值，然后在标准曲线上查得汞的质量浓度，μg/L；

　　　V —— 试液定容的体积，mL；

　　　m —— 称取试样的质量，g；

　　　f —— 试样中水分的含量，%。

8. 精密度和准确度

本方法分析 ESS 系列土壤标样中汞的精密度和实验结果，见表 4-4-8。

表 4-4-8　方法的精密度实验结果

土壤标样	标准值/(mg/kg)	平均值/(mg/kg)	标准偏差	相对标准偏差/%
ESS-1	0.016±0.008	0.014	0.002	14.8
ESS-4	0.021±0.004	0.020	0.002	8.97

（江苏省环境监测中心　陈素兰　王婕　张莲莲）

二、砷

砷（As）在自然界广泛存在，是 V A 族非金属元素，地壳中丰度为 1.8 mg/kg，在土壤中的含量一般为 2.5～33.5 mg/kg，土壤平均背景值为 9.6 mg/kg。水溶性砷一般占砷总量的 5%～10%，土壤中的砷以无机态为主，常以五价或三价形成砷酸盐或亚砷酸盐存在，其迁移转化受土壤 pH、Eh 以及土壤胶体的吸附络合作用的影响，在氧化条件下砷酸盐是其主要形态，在还原条件下亚砷酸盐是主要形态。

砷是一种具有较强毒性和致癌作用的元素，是土壤环境质量重要指标之一。土壤砷污染会使农产品砷含量升高，进而危害人畜健康。长期食用被砷污染的粮食和其他食品，会引起砷中毒。砷对人体胃肠道系统、呼吸系统、皮肤和神经系统有较强毒性，其中三价砷的毒性最大，是五价砷的 60 倍，是甲基砷的 70 倍。工矿业开采、电子产品、涂料、含砷的农药、化肥、饲料添加剂、杀虫剂、燃煤灰尘等都是土壤砷的来源。

砷的测定可采用原子荧光光谱法、原子吸收分光光度法、电感耦合等离子发射光谱法、电感耦合等离子体质谱法、分光光度法、固体进样直接分析法（如 X 射线荧光光谱法）等。电感耦合等离子发射光谱法和质谱法成本较高，适合多元素同时测定；固体进样直接分析法适合元素的初步测定；分光光度法、原子吸收分光光度法灵敏度和稳定性相对较差。

（一）二乙基二硫代氨基甲酸银分光光度法（A）

本方法等效于《土壤质量　总砷的测定　二乙基二硫代氨基甲酸银分光光度法》（GB/T 17134—1997）。

1. 方法原理

锌与酸反应，产生新生态氢。在碘化钾和氯化亚锡存在下，使五价砷还原为三价砷，三价砷被新生态氢还原成气态砷化氢（胂）。用二乙基二硫代氨基甲酸银-三乙醇胺的三氯甲烷溶液吸收砷化氢，生成红色胶体银，在波长 510 nm 处，测定吸收液的吸光度。

2. 适用范围

适用于土壤中总砷的测定。按称取 1 g 试样计算，方法检出限为 0.5 mg/kg。

3. 干扰及消除

锑和硫化物对测定有正干扰。锑在 300 µg 以下，可用 KI-SnCl₂ 掩蔽。在试样氧化分解时，硫已被硝酸氧化分解，不再有影响。试剂中可能存在的少量硫化物，可用乙酸铅脱脂棉吸收除去。

4. 仪器和设备

分光光度计（10 mm 比色皿）、吸收管（内径为 8 mm 的试管，带有 5.0 mL 刻度），吸收液柱高保持 8～10 cm。

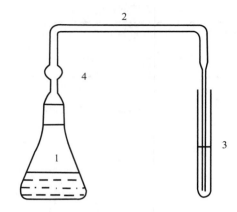

1. 砷化氢发生瓶；2. 导气管；3. 吸收管；4. 乙酸铅棉花

图 4-4-1　砷化氢发生与吸收装置

5. 试剂和材料

（1）硫酸，$\rho(H_2SO_4)$ =1.84 g/mL。

（2）硝酸，$\rho(HNO_3)$ =1.42 g/mL。

（3）高氯酸，$\rho(HClO_4)$ =1.67 g/mL。

（4）盐酸，$\rho(HCl)$ =1.19 g/mL。

（5）二乙基二硫代氨基甲酸银（$C_5H_{10}NS_2Ag$）。

（6）三乙醇胺（$(HOCH_2CH_3)_3N$）。

（7）三氯甲烷（$CHCl_3$）。

（8）无砷锌粒（10～20 目）。

（9）硫酸溶液，1+1。

（10）碘化钾（KI）溶液：将 15 g 碘化钾（KI）溶于蒸馏水中并稀释至 100 mL。

（11）氯化亚锡溶液：将 40 g 氯化亚锡（$SnCl_2 \cdot 2H_2O$）置于烧杯中，加入 40 mL 盐酸，微微加热。待完全溶解后，冷却，再用蒸馏水稀释至 100 mL。加数粒金属锡保存。

（12）硫酸铜溶液：将 15 g 硫酸铜（$CuSO_4 \cdot 5H_2O$）溶于蒸馏水中并稀释至 100 mL。

（13）乙酸铅溶液：将 8 g 乙酸铅[$Pb(CH_3COO)_2 \cdot 5H_2O$]溶于蒸馏水中并稀释至 100 mL。

（14）乙酸铅棉花：将 10 g 脱脂棉浸于 100 mL 乙酸铅溶液中，浸透后取出风干。

（15）吸收液：将 0.25 g 二乙基二硫代氨基甲酸银用少量三氯甲烷溶成糊状，加入 2 mL 三乙醇胺，再用三氯甲烷稀释到 100 mL。用力振荡使其尽量溶解。静置暗处 24 h 后，倾出上清液或用定性滤纸过滤，贮于棕色玻璃瓶中。贮存在 2～5℃冰箱中。

（16）氢氧化钠溶液：2 mol/L，贮存在聚乙烯瓶中。

（17）砷标准贮备溶液：1 000 mg/L。

（18）砷标准中间液：100 mg/L，取 10.00 mL 砷标准贮备液于 100 mL 容量瓶中，用蒸馏水稀释至标线，摇匀。

（19）砷标准使用液：1.00 mg/L，取 1.00 mL 砷标准中间液于 100 mL 容量瓶中，用蒸馏水稀释至标线，摇匀。

6. 分析步骤

（1）试样制备。

称取土壤样品 0.5～2 g 于 150 mL 锥形瓶中，加 7 mL 硫酸溶液，10 mL 硝酸，2 mL 高氯酸，置电热板上加热分解，破坏有机物（若试液颜色变深，应及时补加硝酸），蒸至冒白色高氯酸浓烟。取下放冷，用水冲洗瓶壁，再加热至冒浓白烟，以驱尽硝酸。取下锥形瓶，瓶底仅剩下少量白色残渣（若有黑色颗粒物，应补加硝酸继续分解），加蒸馏水至约 50 mL，全部转移至砷化氢发生瓶中。

向盛有试液的砷化氢发生器中加入 4 mL 碘化钾溶液，摇匀，再加 2 mL 氯化亚锡溶液，混匀，放置 15 min。取 5.00 mL 吸收液至吸收管中，插入导气管。加 1 mL 硫酸铜溶液和 4 g 无砷锌粒于砷化氢发生瓶中，并立即将导气管与砷化氢发生瓶连接，保证反应器密闭。在室温下，维持反应 1 h，使砷化氢完全释出。加三氯甲烷将吸收液体积补充至 5.0 mL。

注：①砷化氢剧毒，整个反应在通风橱内进行；②在完全释放砷化氢后，红色生成物在 2.5 h 内是稳定的，应在此期间内进行光度测定。

（2）空白试样。

每分析一批试样，按步骤 6-（1）制备至少两份空白样。

（3）校准曲线绘制。

分别加入 0，1.00，2.50，5.00，10.00，15.00，20.00，25.00 mL 砷标准使用溶液于 8 个砷化氢发生瓶中，并用蒸馏水稀释至 50 mL。加入 7 mL 硫酸溶液，按下述步骤进行测定。将测得的吸光度为纵坐标，对应的砷含量（μg）为横坐标，绘制校准曲线。

（4）样品测定。

用 10 mm 比色皿，以吸收液为参比液，在 510 nm 波长下测量吸收液的吸光度，减去空白试液所测得的吸光度，从校准曲线上查出试样中的含砷量。

7. 结果计算

土样中总砷的含量 c (mg/kg) 按式（4-4-5）进行计算：

$$c = \frac{m}{W(1-f)} \qquad (4\text{-}4\text{-}5)$$

式中：m —— 测得试液中砷的质量，μg；

W —— 称取土样重量，g；

f —— 土样水分含量，%。

8. 精密度和准确度

多个实验室用本方法分析 ESS 系列土壤标样中砷的精密度和准确度，见表 4-4-9。

表 4-4-9　方法的精密度和准确度

实验室数	土壤标样	保证值/ （mg/kg）	总均值/ （mg/kg）	实验室内相对 标准偏差/%	实验室间相对 标准偏差/%	相对误差/ %
14	ESS-1	10.7±0.8	10.7	2.0	5.6	0.0
15	ESS-3	15.9±1.3	17.1	1.3	4.3	7.5
12	ESS-4	11.4±0.7	21.4	3.8	4.8	0.0

9. 注意事项

（1）有机质含量低的土壤，土样消化时可加硝酸。

（2）土样消解后，溶液应透明无色，如溶液呈棕色或黄色，说明有机质分解不完全，或硝酸驱赶不彻底，将对测定产生不良影响。

（3）在砷化氢发生前，每加一种试剂均需摇匀，吸收管用后要洗净烘干。

（4）锌粒的粒度对砷化氢的发生有强烈影响，要求粒度均一。使用无砷锌粒时，最好加入两颗颗粒较大的锌粒，其余仍用细锌粒。如全部用细锌粒，反应太激烈。

（5）砷化氢发生过程中，要注意防止后一段时间因砷化氢瓶内的压力下降而产生倒吸现象。为避免倒吸，应将砷化氢发生瓶在反应一段时间后提高一定高度，使导气管内液面下降。

（6）硝酸干扰砷的测定，故需在砷化氢发生前用硫酸去除干净。

（7）在砷化氢发生瓶中加入锌粒后，立即将磨口弯接管塞塞紧，避免砷化氢未与二乙基二硫代氨基甲酸银反应前从体系中逸出。

（8）砷的反应吸收尽量控制在 25℃ 左右进行。当室温高时，吸收管应放在冰水中，避免吸收液挥发。

（天津市生态环境监测中心　郭晶晶）

（二）硼氢化钾—硝酸银分光光度法（A）

本方法等效于《土壤质量　总砷的测定　硼氢化钾—硝酸银分光光度法》（GB/T 17135—1997）等效。

1. 方法原理

硼氢化钾（或硼氢化钠）在酸性的溶液中产生新生态的氢，在一定酸度下，可使五价砷还原为三价砷，并生成砷化氢（胂）。用硝酸—硝酸银—聚乙烯醇—乙醇溶液为吸收液，银离子被砷化氢还原成单质银，使溶液呈黄色，在波长 400 nm 处测量吸光度。

2. 适用范围

适用于测定土壤中总砷的硼氢化钾—硝酸银分光光度法，方法检出限为 0.2 mg/kg（按称取 0.5 g 试样计算）。

3. 干扰及消除

能形成共价氢化物的锑、铋、锡、硒和碲的含量为砷的 20 倍时，可用二甲基甲酰胺—乙醇胺浸渍的脱脂棉除去，否则不能使用本方法。硫化物对测定有正干扰，在试样氧化分解时，硫化物已被硝酸氧化分解，不再有影响。试剂中可能存在的少量硫化物可用乙酸铅脱脂棉吸收除去。

4. 仪器和设备

分光光度计（10 mm 比色皿），压片机，砷化氢发生装置（图 4-4-2）。

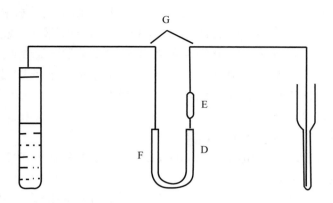

A. 砷化氢发生器，管径以 30 mm，液面为管高的 2/3 为宜；B. U 形管（消除干扰用），管径为 10 mm；C. 吸收管，液面以 90 mm 高为宜；D. 装有 1.5 mLDMF 混合液脱脂棉 0.3 g；E. 内装吸附有硫酸钠-硫酸氢钾混合粉脱脂棉的聚乙烯管；F. 乙酸铅脱脂棉 0.3 g；G. 导气管（内径为 2 mm）

图 4-4-2　砷化氢吸收与发生装置

5. 试剂和材料

（1）硝酸：ρ（HNO_3）=1.42 g/mL。

（2）盐酸：ρ（HCl）=1.19 g/mL。

（3）高氯酸：ρ（$HClO_4$）=1.67 g/mL。

（4）盐酸溶液：0.5 moL/L。

（5）二甲基甲酰胺 [$HCON(CH_3)_2$]。

（6）乙醇胺（C_2H_7NO）。

（7）无水硫酸钠（Na_2SO_4）。

（8）硼氢化钾（$KHSO_4$）。

（9）硫酸钠—硫酸氢钾混合粉：取硫酸钠和硫酸氢钾，按 9：1 比例混合，用研钵研细后使用。

（10）抗坏血酸（$C_6H_8O_6$）。

（11）氨水溶液（$NH_3 \cdot H_2O$）：1 + 1。

（12）氢氧化钠溶液：2 moL/L。

（13）聚乙烯醇 [$(C_2H_4O)_n$] 溶液：称取 0.2 g 聚乙烯醇（平均聚合度为 1 750±50）置于 150 mL 烧杯中，加入 100 mL 蒸馏水，在不断搅拌下加热至全溶，盖上表面皿微沸 10 min。冷却后，贮于玻璃瓶中，此溶液可稳定一周。

（14）酒石酸溶液（$C_4H_6O_6$）：200 g/L。

（15）硝酸银溶液（$AgNO_3$）：称取 2.04 g 硝酸银于 100 mL 烧杯中，用 50 mL 蒸馏水溶解，加入 5 mL 硝酸，用蒸馏水稀释至 250 mL，摇匀。于棕色玻璃瓶中保存。

（16）砷化氢吸收液：取硝酸银溶液、聚乙烯醇溶液、乙醇（无水或 95%），按（1+1+2）比例混合，充分摇匀后使用，临用现配。如果出现混浊，将此溶液放入 70℃ 左右的水中，待透明后取出，冷却后使用。

（17）二甲基甲酰胺混合液（简称 DMF 混合液）：取二甲基甲酰胺，乙醇胺，按 9+1 比例混合，贮于棕色玻璃瓶中，在 2～5℃ 冰箱中可保存 30 d 左右。

（18）乙酸铅溶液：将 8 g 乙酸铅[Pb(CH₃COO)₂·5H₂O]溶于蒸馏水中稀释至 100 mL。

（19）乙酸铅脱脂棉：将 10 g 脱脂棉浸于 100 mL 乙酸铅溶液中，浸透后取出风干。

（20）硼氢化钾片的制备：硼氢化钾与氯化钠按 1∶5 重量比混合，充分混匀后，在压片机上以 2～5 t/cm² 的压强，压成直径约为 1.2 cm，重约为 1.5 g 的片剂。

（21）硫酸：ρ（H₂SO₄）=1.84 g/mL。

（22）硫酸溶液：1+1。

（23）砷标准贮备溶液，1.00 mg/mL。

（24）砷标准中间液，100 mg/L：取 10.00 mL 砷标准贮备液于 100 mL 容量瓶中，用蒸馏水稀释至标线，摇匀。

（25）砷标准使用溶液 1.00 mg/L：取 1.00 mL 砷标准中间溶液于 100 mL 容量瓶中，用蒸馏水稀释至标线，摇匀。

6. 分析步骤

（1）试样制备。

称取土壤样品 0.1～0.5 g 于 100 mL 锥形瓶中，用少量蒸馏水润湿后，加 6 mL 盐酸，2 mL 硝酸、2 mL 高氯酸。在瓶口插一小三角漏斗，在电热板上加热分解，待剧烈反应停止后用少量蒸馏水冲洗小漏斗，然后取下小漏斗，小心蒸至近干。冷却后，加入 20 mL 盐酸溶液，加热 3～5 min，冷却后，加 0.2 g 抗坏血酸，使 Fe³⁺ 还原为 Fe²⁺。将试液移至 100 mL 砷化氢发生器中，加入 0.1%甲基橙指示液两滴，用氨水溶液调至溶液转为黄色，加蒸馏水至 50 mL，全部转移至砷化氢发生瓶中。

向盛有试液的砷化氢发生器中加 5 mL 酒石酸溶液，摇匀。取 4 mL 砷化氢吸收液至吸收管中，插入导气管。如图 4-4-2 所示，连接好装置，加一片硼氢化钾于盛有试液的砷化氢发生瓶中，立即盖好橡皮塞，保证反应器密闭。

注：砷化氢剧毒，整个反应在通风橱内或通风良好的室内进行。

（2）空白试验。

每分析一批试样，按上述步骤制备至少两份空白试样。

（3）校准曲线绘制。

分别加入 0，0.50，1.00，1.50，2.00，2.50，3.00 mL 砷标准使用溶液于 7 支砷化氢发生器中，并用蒸馏水稀释到 50 mL。将测得的吸光度为纵坐标，对应的砷含量为横坐标，绘制校准曲线。

（4）样品测定。

待反应完毕后（3～5 min），用 10 mm 比色皿，以砷化氢吸收液为参比溶液，在 400 nm 波长处测量样品吸收液的吸光度，减去空白试验所测得的吸光度，从标准曲线上查出试液中的含砷量。

7. 结果计算

土样中总砷的含量 c（As，mg/kg）按式（4-4-6）进行计算：

$$c = \frac{m}{W(1-f)} \qquad (4\text{-}4\text{-}6)$$

式中：m —— 测得试液中砷的质量，μg；

W —— 称取土样重量，g；

f —— 土样水分含量，%。

8. 精密度和准确度

多个实验室用本方法分析 ESS 系列土壤标样中总砷的精密度和准确度，见表 4-4-10。

表 4-4-10 方法的精密度和准确度

实验室数	土壤标样	保证值/ （mg/kg）	总均值/ （mg/kg）	室内相对 标准偏差/%	室间相对 标准偏差/%	相对 误差/%
12	ESS-1	10.7±0.8	11.1	3.0	9.9	3.7
11	ESS-3	15.9±1.3	17.7	2.4	5.4	11.3
15	ESS-4	11.4±0.7	11.7	4.4	9.4	2.6

（山西省环境监测中心站　董轶茹　殷海龙）

（三）原子荧光光谱法（A）

本方法等效于《土壤质量　总汞、总砷、总铅的测定　原子荧光法　第 2 部分：土壤中总砷的测定》（GB/T 22105.2—2008）。

1. 方法原理

土壤样品经酸消解后，试液进入原子荧光仪，在酸性条件的硼氢化钾还原作用下，生成砷化氢、锑化氢、硒化氢、铋化氢气体，氢化物在氩氢火焰中形成基态原子，其基态原子受砷元素灯发射光的激发产生原子荧光，原子荧光强度与试液中砷、锑、硒、铋含量在一定范围内成正比。

2. 适用范围

适用于土壤中砷、锑、硒、铋总量的测定。微波消解法，当称取土壤样品量为 0.5 g 时，砷、锑、硒、铋检出限均为 0.01 mg/kg，测定下限为 0.04 mg/kg；水浴消解法，砷检出限为 0.01 mg/kg。

3. 干扰及消除

氢化物反应可实现待测元素与可能引起干扰的样品基体分离，消除光谱干扰。加入硫脲和抗坏血酸溶液可消除部分干扰物。

4. 仪器和设备

原子荧光光度计（配置砷、锑、硒、铋空心阴极灯），微波消解仪（具有温度控制和程序升温功能，温度精度可达±2.5℃），恒温水浴装置，分析天平（精度为 0.000 1 g）及实验室常用设备。

原子荧光光度计开机预热，按照仪器使用说明书设定灯电流、负高压、载气流量、屏蔽气流量等工作参数，参考条件见表 4-4-11。

表 4-4-11 原子荧光光谱仪的工作参数

元素	负高压/V	灯电流/mA	原子化器温度/℃	载气流量/（mL/min）	屏蔽气流量/（mL/min）
As	270	60	200	400	800
Sb	230～300	40～80	200	200～400	400～800
Bi	230～300	40～80	200	300～400	800～1 000
Se	230～300	40～80	200	300～400	600～1 000

295

5．试剂和材料

（1）盐酸，ρ（HCl）=1.19 g/mL。

（2）硝酸，ρ（HNO$_3$）=1.42 g/mL。

（3）氢氧化钾（KOH）。

（4）硼氢化钾（KBH$_4$）。

（5）硫脲（CH$_4$N$_2$S）：分析纯。

（6）抗坏血酸（C$_6$H$_8$O$_6$）：分析纯。

（7）盐酸溶液：5+95。

（8）盐酸溶液：1+1。

（9）硼氢化钾溶液：ρ = 20 g/L。

称取 0.5 g 氢氧化钾放入盛有 100 mL 实验用水的烧杯中，玻璃棒搅拌，待完全溶解后再加入称好的 2.0 g 硼氢化钾，搅拌溶解，临用现配。

注：也可以用氢氧化钠、硼氢化钠配制硼氢化钠溶液。

（10）硫脲和抗坏血酸混合溶液

称取硫脲、抗坏血酸各 10 g，用 100 mL 实验用水溶解，混匀，临用现配。

（11）王水溶液（1+1）：量取 1 份硝酸、3 份盐酸混合，用实验用水稀释一倍，混匀。

（12）砷标准溶液。

① 砷标准贮备液：ρ = 100.0 mg/L。

② 砷标准中间液：ρ = 1.00 mg/L。

移取砷标准贮备液 5.00 mL，置于 500 mL 容量瓶中，加入 25 mL 盐酸，用实验用水定容至标线，混匀。

③ 砷标准使用液：ρ = 100.0 μg/L。

移取砷标准中间液 10.00 mL，置于 100 mL 容量瓶中，加入 5 mL 盐酸，用实验用水定容至标线，混匀，临用现配。

（13）锑标准溶液。

① 锑标准贮备液：ρ =100.0 mg/L。

② 锑标准中间液：ρ = 1.00 mg/L。

移取锑标准贮备液 5.00 mL，置于 500 mL 容量瓶中，加入 100 mL 盐酸溶液（1+1），用实验用水定容至标线，混匀。

③ 锑标准使用液：ρ =100.0 μg/L。

移取 10.00 mL 锑标准中间液，置于 100 mL 容量瓶中，加入 20 mL 盐酸溶液（1+1），用实验用水定容至标线，混匀，临用现配。

（14）铋标准溶液。

① 铋标准贮备液：ρ =100.0 mg/L。

② 铋标准中间液：ρ = 1.00 mg/L。

移取铋标准贮备液 5.00 mL，置于 500 mL 容量瓶中，加入 100 mL 盐酸溶液（1+1），用实验用水定容至标线，混匀。

③ 铋标准使用液：ρ =100.0 μg/L。

移取铋标准中间液 10.00 mL，置于 100 mL 容量瓶中，加入 20 mL 盐酸溶液（1+1），用实验用水定容至标线，混匀，临用现配。

（15）硒标准溶液。

① 硒标准贮备液：100.0 mg/L。

② 硒标准中间液：1.00 mg/L。

移取硒标准贮备液 5.00 mL，置于 500 mL 容量瓶中，用实验用水定容至标线，混匀。

③ 硒标准使用液：100.0 μg/L。

移取硒标准中间液 10.00 mL，置于 100 mL 容量瓶中，用实验用水定容至标线，混匀，临用现配。

6. 分析步骤

（1）试样制备。

① 微波消解法。

参见第四篇第四章"一、汞（二）原子荧光光谱法（A）"中微波消解法。

② 水浴消解法。

参见第四篇第二章"五、王水消解法（一）水浴消解法"。再分取 10.0 mL 试液置于 50 mL 容量瓶中，加入 2.5 mL 盐酸，10 mL 硫脲和抗坏血酸混合溶液，用实验用水定容至标线，混匀，室温放置 30 min，取上清液测定总砷。

（2）校准曲线绘制。

分别移取 0，1.00，2.00，5.00，10.00，20.00 mL 砷标准使用液于 50 mL 容量瓶中，分别加入 2.5 mL 盐酸、10.0 mL 硫脲和抗坏血酸混合溶液，室温放置 30 min（室温低于 15℃时，可置于 30℃水浴中保温 20 min），用实验用水定容至标线，混匀，配制成 0，2.00，4.00，10.00，20.00，40.00 μg/L 砷标准溶液。

分别移取 0，0.50，1.00，2.00，3.00，4.00，5.00 mL 锑、铋标准使用液于 50 mL 容量瓶中，分别加入 5.0 mL 盐酸、10.0 mL 硫脲和抗坏血酸混合溶液，室温放置 30 min（室温低于 15℃时，置于 30℃水浴中保温 20 min），用实验用水定容至标线，混匀。此时，锑、铋的校准系列溶液浓度为 0，1.00，2.00，4.00，6.00，8.00，10.00 μg/L。

分别移取 0，0.50，1.00，2.00，3.00，4.00，5.00 mL 硒标准使用液于 50 mL 容量瓶中，分别加入 10.0 mL 盐酸，室温放置 30 min（室温低于 15℃时，置于 30℃水浴中保温 20 min），用实验用水定容至标线，混匀。此时，硒的校准系列溶液浓度为：0，1.00，2.00，4.00，6.00，8.00，10.00 μg/L。

以（5+95）盐酸溶液为载流、硼氢化钾溶液为还原剂，由低浓度到高浓度顺序测定校准系列标准溶液的原子荧光强度。用扣除零浓度空白的校准系列原子荧光强度为纵坐标，溶液中相对应的元素浓度（μg/L）为横坐标，绘制校准曲线。

（3）样品测定。

将制备好的试样导入原子荧光光度计中，按照与绘制校准曲线相同仪器工作条件进行测定，按照先测定试样空白，后测定试样的次序进行。如果被测元素浓度超过校准曲线浓度范围，应稀释后重新进行测定，通过与绘制校准曲线比较得出试样中待测元素的含量。

7. 结果计算

土壤中待测元素含量 ω（mg/kg）按照式（4-4-7）进行计算：

$$\omega = \frac{(c - c_0) \times V_0 \times V_2}{m \times (1 - f) \times V_1} \times 10^{-3} \tag{4-4-7}$$

式中：ω—— 土壤中待测元素的含量，mg/kg；

   c—— 由校准曲线查得测定试液中待测元素的浓度，μg/L；

   c_0—— 空白溶液中待测元素的测定浓度，μg/L；

   V_0—— 消解后试液的定容体积，mL；

   V_1—— 分取试液的体积，mL；

   V_2—— 分取后测定试液的定容体积，mL；

   m—— 称取样品的质量，g；

   f—— 样品的含水率，%。

   10^{-3}—— "μg" 换算为 "mg" 的系数。

8. 精密度和准确度

（1）精密度。

6 家实验室测定砷、锑、铋、硒标准样品的精密度结果见表 4-4-12。

（2）准确度。

6 家实验室测定砷、锑、铋、硒的准确度见表 4-4-12。

表 4-4-12　方法的精密度和准确度

元素	平均值/（mg/kg）	保证值/（mg/kg）	实验室内相对标准偏差/%	实验室内间相对标准偏差/%	相对误差/%
砷	1.90	2.0±0.2	2.58～7.42	3.14	−7.5～0
	18.0	18±2	1.33～8.91	4.44	−6.1～3.7
	10.6	10.7±0.8	0.67～4.42	3.79	−5.3～4.7
锑	0.18	0.19±0.05	6.50～11.7	9.95	−15.8～5.3
	2.60	2.7±0.4	1.83～8.07	7.69	−11.7～11.1
	0.96	1.0	2.28～8.20	3.35	−7.7～0
铋	0.054	0.057±0.010	2.69～19.4	7.59	−12.7～8.8
	2.90	3.0±0.3	1.47～5.05	4.92	−7.8～6.3
硒	0.037	0.040±0.011	2.56～23.1	9.46	−25.0～−2.5
	0.15	0.15	3.23～8.96	3.92	−6.7～6.7
	0.091	0.093±0.012	0.79～8.30	6.15	−8.6～8.6

（农业农村部环境保护科研监测所　戴礼洪
宁波市环境监测中心　孙骏）

三、铅

铅（Pb）的原子序数是 82，位于化学元素周期表中第六周期第ⅣA 族，主要化合价为 0、+2、+4，熔点和沸点分别是 327.5℃ 和 1 740℃。在土壤中主要以二价态的无机化合物形式存在，如 $Pb(OH)_2$、$PbCO_3$、$PbSO_4$ 等，绝大多数难溶于水。

铅对动植物是毒元素，生长在铅污染土壤上的作物受到污染，通过生物圈循环，经食物链使人体中毒，扰乱人类机体正常发育中所必需的生化反应和生理活动，在人体组织中蓄积，对人体神经、造血、消化、肾脏和内分泌等产生危害。从形态上看，有机铅的毒性远比无机铅大，尤以三甲基铅的毒害作用最大。铅污染主要来自矿山开采、冶炼、橡胶生产、染料、印刷、陶瓷、铅玻璃、焊锡、电缆及铅管等行业。土壤中铅污染来源主要是汽车尾气产生的大气降尘、城市固体垃圾、工业废水灌溉农田以及铅矿采矿和金属加工业。铅在土壤中的积累、迁移和转化与土壤 pH、Eh、CEC、有机质等有关。

土壤中铅的测定主要有原子吸收分光光度法、原子荧光光谱法、电感耦合等离子体发射光谱法、电感耦合等离子体质谱法等。其中原子吸收法稳定性和准确性较好，但分析速度较慢；电感耦合等离子体发射光谱法和电感耦合等离子体质谱法使用成本较高，适合多元素测定；原子荧光法分析速度较快，使用成本较低，但对系统的酸度要求比较苛刻。

（一）KI—MIBK 萃取火焰原子吸收分光光度法（A）

本方法等效于《土壤质量　铅、镉的测定　KI-MIBK 萃取火焰原子吸收分光光度法》（GB/T 17140—1997）。

1. 方法原理

采用盐酸—硝酸—氢氟酸—高氯酸全分解的方法，彻底破坏土壤的矿物晶格，使试样中的待测元素全部进入试液中。然后，在约 1%的盐酸介质中加入适量的 KI，试液中的 Pb^{2+}、Cd^{2+} 与 I⁻ 形成稳定的离子缔合物，可被甲基异丁基甲酮（MIBK）萃取。将有机相喷入火焰，在火焰的高温下，铅化合物离解为基态原子，该基态原子蒸气对相应的空心阴极灯发射的特征谱线产生选择性吸收。在选择的最佳测定条件下，测定铅和镉的吸光度。

当盐酸浓度为 1%～2%、碘化钾浓度为 0.1 mol/L 时，MIBK 对铅和镉的萃取率达 99.4%和 99.3%以上。在浓缩试样中铅镉的同时，还达到与大量共存成分铁铝及碱金属、碱土金属分离的目的。

2. 适用范围

适用于土壤中总铅的测定。称取 0.5 g 试样消解定容至 50 mL 时，铅的方法检出限为 0.2 mg/kg，镉的方法检出限为 0.05 mg/kg。

3. 干扰及消除

用 KI-MIBK 萃取时，土壤中共存的基体元素不干扰萃取和测定。

4. 仪器和设备

原子吸收分光光度计（带有背景校正装置）、铅空心阴极灯、镉空心阴极灯、乙炔钢瓶、空气压缩机（应备有除水、除油和除尘装置）及分析天平等。

不同型号仪器的最佳测试条件不同，可根据仪器使用说明书自行选择。通常采用表 4-4-13 中的测量条件。

表 4-4-13　仪器测量条件

元素	铅	镉
测定波长/nm	217.0	228.8
通带宽度/nm	1.3	1.3
灯流量/mA	7.5	7.5
火焰性质	氧化性	氧化性

5. 试剂和材料

（1）盐酸：ρ（HCl）=1.19 g/mL，优级纯。

（2）硝酸：ρ（HNO_3）=1.42 g/mL，优级纯。

（3）氢氟酸：ρ（HF）=1.49 g/mL，优级纯。

（4）高氯酸：ρ（$HClO_4$）=1.68 g/mL，优级纯。

（5）盐酸溶液：1+1（V/V）。

（6）盐酸溶液：0.2%（V/V）。

（7）硝酸溶液：1+1（V/V）。

（8）抗坏血酸（$C_6H_8O_6$）水溶液：10%（质量分数）。

（9）碘化钾（KI），2 mol/L：称取 33.2 gKI 溶于 100 mL 水中。

（10）甲基异丁基甲酮［MIBK，$(CH_3)_2CHCH_2COCH_3$］，水饱和溶液：在分液漏斗中放入和 MIBK 等体积的水，振摇 1 min，静置分层（约 3 min）后弃去水相，取上层 MIBK 相使用。

（11）铅标准储备液：ρ=1 000 mg/L。

（12）镉标准储备液：ρ=1 000 mg/L。

（13）铅、镉标准使用液：铅 5 mg/L，镉 0.25 mg/L，用盐酸溶液逐级稀释铅、镉标准储备液配制。

6. 分析步骤

（1）样品制备。

①消解。

参见第四篇第二章"一、盐酸—硝酸—氢氟酸—高氯酸消解法（一）电热板消解法"。

②萃取。

在分液漏斗中，加入 2.0 mL 抗坏血酸溶液，2.5 mL 碘化钾溶液，摇匀。然后，准确加入 5.00 mL 甲基异丁基甲酮，振摇 1～2 min，静置分层。取有机相备测。

（2）校准曲线绘制。

参考表 4-4-14 在 100 mL 分液漏斗中加入铅、镉标准使用液，加入 1 mL 盐酸溶液，加水至 50 mL 左右。按由低浓度到高浓度顺次测定标准溶液的吸光度。用减去空白的吸光度与相对应的铅的质量浓度（mg/L）绘制校准曲线。

表 4-4-14　校准曲线溶液浓度

标准溶液体积/mL	0.00	0.50	1.00	2.00	3.00	5.00
MIBK 中 Pb 的浓度/（mg/L）	0	0.50	1.00	2.00	3.00	5.00
MIBK 中 Cd 的浓度/（mg/L）	0	0.025	0.05	0.10	0.15	0.25

（3）样品测定。

取适量有机相试液（MIBK），按仪器最佳条件测定试液的吸光度，由吸光度值在校准曲线上查得铅、镉质量浓度。

7. 结果计算

土壤样品中铅、镉的含量 ω（mg/kg）按式（4-4-8）进行计算：

$$\omega = \frac{c \times V}{m \times (1-f)} \qquad (4\text{-}4\text{-}8)$$

式中：c—— 试液的吸光度减去空白试验的吸光度，然后在校准曲线上查得铅、镉的质量
浓度，mg/L；

V—— 试液（有机相）的体积，mL；

m—— 称取试样的重量，g；

f—— 试样中的水分含量，%。

8. 精密度和准确度

多个实验室用本方法分析 ESS 系列土壤标样中铅、镉的精密度和准确度，见表 4-4-15。

表 4-4-15 方法的精密度和准确度

元素	实验室数	土壤标样	保证值/(mg/kg)	总均值/(mg/kg)	室内相对标准偏差/%	室间相对标准偏差/%	相对误差/%
Pb	14	ESS-1	23.6±1.2	23.8	3.1	5.0	0.85
	17	ESS-3	33.3±1.3	32.7	2.2	3.7	−1.8
Cd	18	ESS-1	0.083±0.011	0.080	1.4	3.2	−3.6
	21	ESS-3	0.044±0.014	0.045	3.1	4.3	2.3

9. 注意事项

（1）由于 MIBK 的比重比水小，分层后上层直接喷入火焰，在实际操作中可以用 50 mL
比色管替代分液漏斗。

（2）当试液中铜、锌的含量较高时，会消耗碘化钾，应酌情增加碘化钾的用量。

（广西壮族自治区环境监测中心站　付洁）

（二）石墨炉原子吸收分光光度法（A）

本方法等效于《土壤质量　铅、镉的测定　石墨炉原子吸收分光光度法》（GB/T
17141 —1997）。

1. 方法原理

样品经消解后，注入石墨炉原子化器中。溶液中所含被测元素离子在石墨管内经高温
原子化，形成的基态原子对同种元素空心阴极灯发射的特征谱线产生选择性吸收，其吸光
强度在一定范围内与待测元素含量成正比。

2. 适用范围

适用于土壤中总铅和总镉的测定。称取 0.200 0 g 试样消解定容至 50.0 mL 时，铅的方
法检出限为 0.25 mg/kg，测定下限为 1.0 mg/kg；镉的方法检出限为 0.01 mg/kg，测定下限
为 0.04 mg/kg。

3. 干扰及消除

可以采用塞曼法、连续光源法等方法校正背景吸收。选用磷酸氢二铵基体改进剂消除
氯离子等的干扰。

4. 仪器和设备

石墨炉原子吸收分光光度计、空心阴极灯、数控平底石墨电热板（最大加热温度不小
于 350℃）、全自动消解仪、微波消解仪、聚四氟乙烯坩埚等。

石墨炉原子吸收分光光度计参考条件见表 4-4-16。各种型号的仪器，测定条件可根据仪器说明书选择合适条件。

表 4-4-16　仪器参考测量条件

元素	特征谱线/nm	灯电流/mA	通带宽度/nm	干燥温度/时间/(℃/s)	灰化温度/时间/(℃/s)	原子化温度/时间/(℃/s)	清除温度/时间/(℃/s)	进样量/基体改进剂/μL
铅	283.3	10.0	0.7	110/30、130/30	850/30	1 600/3	2 500/3	20.0/2.0
镉	228.8	10.0	0.7	110/30、130/30	500/30	1 500/3	2 450/3	20.0/2.0

5. 试剂和材料

（1）硝酸：ρ（HNO_3）＝1.42 g/mL。

（2）盐酸：ρ（HCl）＝1.19 g/mL。

（3）氢氟酸：ρ（HF）＝1.12 g/mL。

（4）高氯酸：ρ（$HClO_4$）＝1.68 g/mL。

（5）硝酸溶液，（1+99）。

（6）盐酸溶液，（1+1）。

（7）基体改进剂，5.0%磷酸氢二铵溶液：准确称取 5.0 g 磷酸氢二铵 ［$(NH_4)_2HPO_4$］，用少量实验用水溶解后全部转移入 100 mL 容量瓶中，实验用水定容至标线，摇匀。

（8）铅标准贮备液，ρ＝10.0 mg/L。

（9）镉标准贮备液，ρ＝10.0 mg/L。

（10）铅、镉混合标准使用液，铅 250 μg/L，镉 50 μg/L：用硝酸溶液逐级稀释配制。

6. 分析步骤

（1）样品制备。

见第四篇第二章"一、盐酸—硝酸—氢氟酸—高氯酸"中"（一）电热板消解法"和"（二）全自动消解法"，以及"三、硝酸—氢氟酸—高氯酸微波消解法"。

（2）校准曲线绘制。

准确移取铅、镉混合标准使用液 0，0.50，1.00，2.00，3.00，5.00 mL 于 25 mL 容量瓶中，加入 2.0 mL 磷酸氢二铵溶液，用硝酸溶液定容至刻度。该标准溶液含铅 0，5.00，10.0，20.0，30.0，50.0 μg/L，含镉 0，1.00，2.0，4.0，6.0，10.0 μg/L 的标准曲线溶液。

按仪器条件，由低浓度到高浓度依次测定标准溶液的吸光度；以扣除背景的吸光度与相对应的铅、镉浓度（μg/L）绘制校准曲线。

（3）样品测定。

测定全程序空白、试样溶液的吸光度。

7. 结果计算

土壤样品中铅、镉的含量 ω（mg/kg）按式（4-4-9）进行计算：

$$\omega = \frac{c \cdot V}{m(1-f)} \qquad (4\text{-}4\text{-}9)$$

式中：ω —— 土壤样品中铅、镉的含量，mg/kg；

　　　c —— 试液的吸光度减去空白试验的吸光度，然后在校准曲线上查得铅、镉的含量，

mg/L；

V—— 试液定容体积，mL；

m—— 称取试样的重量，g；

f—— 试样中水分的含量，%。

8. 精密度和准确度

方法分析 GSS 系列土壤标样中铅和镉的精密度和准确度，分别见表 4-4-17 和表 4-4-18。

表 4-4-17　铅的方法精密度和准确度实验结果

土壤标样	消解方法	保证值/ (mg/kg)	平均值/ (mg/kg)	相对误差/ %	相对标准偏差/ %	回收率/%
GSS-7	电热板法	14±3	13.2	−5.8	7.2	94.2
	全自动法		13.2	−5.5	8.2	94.5
	微波消解法		11.2	−20	7.2	80.0
GSS-16	电热板法	61±2	58.5	−4.1	1.9	95.9
	全自动法		60.5	−0.9	3.2	99.1
	微波消解法		60.5	−0.9	1.5	99.1
GSS-27	电热板法	41±2	41.1	0.3	4.3	101
	全自动法		41.7	1.6	4.7	102
	微波消解法		41.0	−0.1	1.5	99.9

表 4-4-18　镉的方法精密度和准确度实验结果

土壤标样	消解方法	保证值/ (mg/kg)	平均值/ (mg/kg)	相对误差/ %	相对标准偏差/ %	回收率/ %
GSS-7	电热板法	0.08±0.02	0.077	−3.8	4.7	96.2
	全自动法		0.074	−7.6	7.3	92.4
	微波消解法		0.061	−23.8	5.9	76.2
GSS-16	电热板法	0.25±0.02	0.243	−2.9	4.9	97.1
	全自动法		0.268	7.3	1.8	108
	微波消解法		0.238	−4.7	1.7	95.3
GSS-27	电热板法	0.59±0.04	0.554	−6.1	1.3	93.9
	全自动法		0.587	−0.6	2.4	99.4
	微波消解法		0.551	−6.7	3.7	93.3

9. 注意事项

高硅含量（二氧化硅大于 80%）的样品如砂土，试样制备的赶酸阶段要特别注意防止蒸干，否则待测元素会有损失。

使用硝酸溶液对试样制备溶液进行稀释，土壤镉含量较高时，可以采用次灵敏谱线 326.1 nm 测试。

（济源市环境监测站　赵宗生　赵小学）

303

（三）原子荧光光谱法（A）

本方法等效于《土壤质量 总汞、总砷、总铅的测定 原子荧光法 第 3 部分：土壤中总铅的测定》（GB/T 22105.3—2008）。

1. 方法原理

样品经盐酸—硝酸—氢氟酸—高氯酸体系全消解，样品中的铅与还原剂硼氢化钾反应生成挥发性铅的氢化物（PbH_4），以氩气为载气带入原子化器中进行原子化，在铅元素灯照射下，基态铅原子被激发至高能态，在去活化回到基态时，发射出特征波长的荧光，荧光强度与试液中铅含量成正比，与标准系列比较，得出样品中铅的含量。

2. 适用范围

适用于土壤中总铅的原子荧光法检测方法，检出限为 0.06 mg/kg。

3. 干扰及消除

加入草酸和铁氰化钾可以掩蔽消除大部分干扰物。铁氰化钾作为氧化剂，将消化后样品溶液中的二价铅氧化成四价铅，与氢原子生成氢化物进行检测，铁氰化钾还可以减少金、银、铂、铜等金属离子的干扰，草酸能消除部分金属氯化物的背景信号干扰。

4. 仪器和设备

氢化物发生原子荧光光度计、铅空心阴极灯、电热板、分析天平（精度为 0.000 1 g）及实验室常用设备。

原子荧光光谱开机预热，按照仪器使用说明书设定灯电流、负高压、载气流量、屏蔽气流量等工作参数，参考条件见表 4-4-19。

表 4-4-19 原子荧光光谱的工作参数

负高压/V	灯电流/mA	原子化器温度/℃	载气流量/（mL/min）	屏蔽气流量/（mL/min）
280	80	200	400	800

5. 试剂和材料

（1）盐酸，ρ（HCl）=1.19 g/mL。

（2）硝酸，ρ（HNO_3）=1.42 g/mL。

（3）氢氟酸，ρ（HF）=1.49 g/mL。

（4）高氯酸，ρ（$HClO_4$）=1.68 g/mL。

（5）铁氰化钾（$K_3Fe(CN)_6$）。

（6）氢氧化钾（KOH）。

（7）硼氢化钾（KBH_4）。

（8）盐酸溶液（1+1）：量取一定体积的盐酸，用实验用水稀释一倍。

（9）盐酸溶液（1+66）：量取 1.5 mL 盐酸，用实验用水稀释至 100 mL。

（10）硝酸溶液（1+1）：量取一定体积的硝酸，用实验用水稀释一倍。

（11）草酸溶液（100 g/L）：称取 10 g 草酸，用少量水溶解，定容至 100 mL。

（12）铁氰化钾溶液（100 g/L）：称取 10 g 铁氰化钾，用少量水溶解，定容至 100 mL。

（13）还原剂（20 g/L 硼氢化钾+5 g/L 氢氧化钾溶液）：称取 0.5 g 氢氧化钾放入烧杯中，

用少量实验用水溶解，再称取 2.0 g 硼氢化钾放入氢氧化钾溶液中，溶解后用实验用水稀释至 100 mL，此溶液临用现配。

（14）载液：量取 3 mL 盐酸溶液（1+1）、2 mL 草酸溶液、4 mL 铁氰化钾溶液放入烧杯中，用水稀释至 100 mL，混匀。

（15）铅标准溶液，ρ（Pb）=1 000 mg/L。

① 铅标准中间液：ρ = 10.00 μg/mL。

移取铅标准溶液 10.00 mL，置于 1 000 mL 的容量瓶中，用盐酸溶液（1+66）稀释至刻度，混匀，此标准溶液铅浓度为 10.00 μg/mL。

② 铅标准使用液：ρ = 0.20 μg/mL。

移取铅标准溶液 2.00 mL，置于 100 mL 容量瓶中，用盐酸溶液（1+66），稀释至刻度，混匀，此标准溶液铅浓度为 0.20 μg/mL。

6. 分析步骤

（1）试样制备。

称取风干、过筛的样品 0.2～1.0 g 于 25 mL 聚四氟乙烯坩埚中，用少量实验用水润湿。在通风橱中，加入 5 mL 盐酸、2 mL 硝酸摇匀，盖上坩埚盖，浸泡过夜。然后置于电热板上消解，温度控制在 100℃左右，消解至剩余酸在 2～3 mL 时取下坩埚，稍冷却后加入 2 mL 氢氟酸，继续消解至残余酸在 1～2 mL 时取下，稍冷却后加入 2～3 mL 高氯酸，电热板升温至 200℃左右，消解至白烟冒尽，加少许盐酸淋洗坩埚壁，加热溶解残渣，将盐酸赶尽，加入 15 mL 盐酸溶液于坩埚中，在电热板上低温加热溶解，至溶液清澈为止。取下冷却后转移至 50 mL 容量瓶中，用水稀释至刻度，摇匀。然后取 5 mL 溶液于 50 mL 容量瓶中，加入 2 mL 草酸溶液，2 mL 铁氰化钾溶液，用水稀释至刻度，摇匀，放置 30 min 以上。

（2）校准曲线绘制。

分别移取 0，1.00，2.00，3.00，5.00，7.50，10.00 mL 铅标准使用液于 50 mL 容量瓶中，分别加入 1.5 mL 盐酸溶液、2 mL 草酸溶液、2 mL 铁氰化钾溶液，用实验用水定容至标线，混匀。此标准系列铅浓度分别为 0，4.00，8.00，12.0，20.0，30.0，40.0 ng/mL，适用于一般样品的测定。

将仪器调整至最佳状态，在还原剂、载液的带动下，由低浓度到高浓度顺次测定校准系列标准溶液的原子荧光强度。用扣除零浓度空白的校准系列原子荧光强度为纵坐标，溶液中相对应的元素浓度（ng/mL）为横坐标，绘制校准曲线。

（3）样品测定。

按照与绘制校准曲线相同仪器工作条件进行测定，依次测定样品空白、试样的荧光强度。如果被测元素浓度超过校准曲线浓度范围，应稀释后重新进行测定，通过与绘制校准曲线比较得出试样中铅的含量。

7. 结果计算

土壤样品总铅含量 ω 以质量分数计，数值以毫克每千克（mg/kg）表示，按照式（4-4-10）进行计算：

$$\omega = \frac{(c - c_0) \times V_2 \times V_{总} / V_1}{m \times (1 - f) \times 1\,000} \tag{4-4-10}$$

式中：ω —— 土壤中元素的含量，mg/kg；

c —— 由校准曲线查得测定试液中铅的浓度，ng/mL；

c_0——空白溶液中铅的测定浓度，ng/mL；

V_2——测定时分取样品稀释定容体积，mL；

$V_总$——样品消解后定容总体积，mL；

V_1——测定时分取样品消化液体积，mL；

m——称取样品的质量，g；

f——样品的含水率，%；

1 000——将"ng"换算为"μg"的系数。

重复试验结果以算数平均值表示。

8. 精密度和准确度

按照本方法测定土壤中总铅，其相对误差的绝对值不得超过 5%。在重复性条件下，获得的两次独立测定结果的相对偏差不得超过 5%。

9. 注意事项

（1）本方法对测定溶液中盐酸的浓度要求比较严格，在消解过程中赶酸环节应注意务必赶尽，样品酸度要与标准溶液酸度一致。

（2）在进行铅的测试时，要考虑仪器进样系统和氢化物反应系统的差异，必要时需要对载液的酸度或还原剂的碱度进行调整优化，一般酸碱反应后的废液为弱碱性，pH 为 8～9 为宜。

（3）标准溶液与制备好的样品试液应放置 30 min 后再测定，以确保样品中的二价铅全部被氧化为四价铅。

（农业农村部环境保护科研监测所　戴礼洪）

四、镉

镉（Cd）是ⅥB 族元素，在自然界中常与锌、铅共生，地壳中镉丰度为 0.20 mg/kg，在土壤中的含量一般为 0.01～2.0 mg/kg，中位值为 0.35 mg/kg。镉的主要化合价为 0 价和 +2 价，土壤中镉主要是两价的镉及其化合物，常见形态有 Cd^{2+}、$CdCl^+$、$CdSO_4$、$CdHCO_3^+$、$CdCO_3$、$Cd_3(PO_4)_2$、$Cd(OH)_2$、CdS 等。镉的迁移转化主要受土壤 pH 及氧化还原电位等因素的影响。

镉是动植物非必需的有毒元素，对人体有强烈的致癌性，主要危害人体呼吸系统、神经系统、骨骼组织等，引起人体中毒的剂量为 100 mg。农业污水灌溉或含镉污泥、固体废物的农用是引起土壤镉污染的主要原因。生长在被镉污染的土地上的作物会富集镉，特别富集在植物的籽实中，通过食物链而使人体中毒，如日本的痛痛病便是慢性镉中毒的典型例子。镉污染主要来源于有色金属冶炼、电镀、选矿、磷肥、含镉废物的处理等行业。

镉的测定可采用火焰原子吸收法（FLAAS）、石墨炉原子吸收法（GFAAS）、电感耦合等离子体发射光谱法（ICP-OES）、电感耦合等离子体质谱法（ICP-MS）等。土壤中镉含量较低，优先选择 GFAAS 法；镉含量很高时选择 FLAAS 法、ICP-OES 法；镉含量较高且多元素同时分析时优先选择 ICP-MS 法。

（一）KI-MIBK 萃取火焰原子吸收分光光度法（A）

本方法等效于《土壤质量　铅、镉的测定 KI-MIBK 萃取火焰原子吸收分光光度法》

（GB/T 17140—1997）。

参见第四篇第四章"三、铅（一）KI-MIBK 萃取火焰原子吸收分光光度法（A）"。

（广西壮族自治区环境监测中心站　李丽和）

（二）石墨炉原子吸收分光光度法（A）

本方法等效于《土壤质量　铅、镉的测定　石墨炉原子吸收分光光度法》（GB/T 17141 —1997）。

参见第四篇第四章"三、铅（二）石墨炉原子吸收分光光度法（A）"。

（济源市环境监测站　赵小学）

五、铬

铬（Cr）在自然界广泛存在，是ⅥB 族元素，地壳中丰度为 200 mg/kg，在土壤中的含量一般为 10～150 mg/kg，土壤平均背景值为 100 mg/kg。土壤中铬以四种形态存在，即三价铬离子 Cr^{3+}、CrO_2^- 及六价阴离子 CrO_4^{2-} 和 $Cr_2O_7^{2-}$，其中三价铬较稳定。土壤中可溶性铬只占总铬量的 0.01%～0.4%。铬的迁移转化与土壤 pH、氧化还原电位、有机质含量等因素有关。

铬是生物体所必需的微量元素之一。铬的毒性与其存在价态有关，通常认为六价铬的毒性比三价铬高 100 倍。六价铬更易被人体吸收并在体内蓄积，导致肝癌。植物从土壤中吸收的铬大部分积累在根中，过量会引起毒害作用，直接或间接危害人类健康。铬污染来源主要是含铬矿石的加工、金属表面处理、皮革鞣制、印染等行业。

铬的测定可采用二苯碳酰二肼分光光度法、原子吸收分光光度法、电感耦合等离子发射光谱法和电感耦合等离子体质谱法等。高浓度的样品，单元素分析首选火焰原子吸收分光光度法，多元素同时分析首选电感耦合等离子发射光谱法；低浓度的样品，单元素分析首选石墨炉原子吸收分光光度法，多元素同时分析首选电感耦合等离子体质谱法。

（一）火焰原子吸收分光光度法（A）

本方法等效于《土壤　总铬的测定　火焰原子吸收分光光度法》（HJ 491—2009）。

1. 方法原理

采用盐酸—硝酸—氢氟酸—高氯酸全分解的方法，破坏土壤的矿物晶格，使试样中的待测元素全部进入试液，并且在消解过程中，所有铬都被氧化成 $Cr_2O_7^{2-}$。然后将消解液喷入富燃性空气—乙炔火焰中。在火焰的高温下，形成铬基态原子，并对铬空心阴极灯发射的特征谱线 357.9 nm 产生选择性吸收。在选择的最佳测定条件下，测定铬的吸光度。

2. 适用范围

适用于土壤中总铬的测定。称取 0.5 g 试样消解定容至 50 mL 时，方法检出限为 5 mg/kg，测定下限为 20.0 mg/kg。

3. 干扰及消除

（1）铬易形成耐高温的氧化物，其原子化效率受火焰状态和燃烧器高度的影响较大，需使用富燃烧性（还原性）火焰。

（2）加入氯化铵可以抑制铁、钴、镍、钒、铝、镁、铅等共存离子的干扰。

4. 仪器和设备

原子吸收分光光度计、铬空心阴极灯、微波消解仪、电热板等。

不同型号仪器的最佳测定条件不同，可根据仪器使用说明书自行选择。推荐采用表4-4-20 中的测量条件，微波消解仪采用表 4-4-21 中的升温程序。

表 4-4-20　仪器测量条件

元素	Cr
测定波长/nm	357.9
通带宽度/nm	0.7
火焰性质	还原性
次灵敏线/nm	359.0；360.5；425.4
燃烧器高度	8 mm（使空心阴极灯光斑通过火焰亮蓝色部分）

表 4-4-21　微波消解仪升温程序

程序	升温时间/min	消解温度/℃	保持时间/min
1	5.0	120	1.0
2	3.0	150	5.0
3	4.0	180	10.0
4	6.0	210	30.0

5. 试剂和材料

（1）盐酸：ρ（HCl）=1.19 g/mL，优级纯。

（2）硝酸：ρ（HNO_3）=1.42 g/mL，优级纯。

（3）氢氟酸：ρ（HF）=1.49 g/mL。

（4）高氯酸：ρ（$HClO_4$）=1.68 g/mL，优级纯。

（5）盐酸溶液：1+1。

（6）10%氯化铵水溶液：准确称取 10 g 氯化铵（NH_4Cl），用少量水溶解后全量转移入 100 mL 容量瓶中，用水定容至标线，摇匀。

（7）铬标准储备液，ρ=1.000 mg/mL。

（8）铬标准使用液，ρ=50 mg/L：移取铬标准储备液 5.00 mL 于 100 mL 容量瓶中，加水定容至标线，摇匀，临用现配。

6. 分析步骤

（1）试样制备。

① 电热板消解法。

见第四篇第二章"一、盐酸—硝酸—氢氟酸—高氯酸消解法（一）电热板消解法"进行消解，取下坩埚稍冷，加入 3 mL（1+1）盐酸溶液 5-（5），温热溶解可溶性残渣，全量转移至 50 mL 容量瓶中，加入 5 mL 氯化铵水溶液，冷却后用水定容至标线，摇匀。

② 微波消解法。

准确称取 0.2 g 试样于微波消解罐中，用少量水润湿后加入 6 mL 硝酸 5-（2）、2 mL 氢氟酸 5-（3），按照一定升温程序进行消解，冷却后将溶液转移至 50 mL 聚四氟乙烯坩埚中，加入 2 mL 高氯酸 5-（4），电热板温度控制在 150℃，驱赶白烟并蒸至内容物呈黏稠状。取下坩埚稍冷，加入盐酸溶液 3 mL，温热溶解可溶性残渣，全量转移至 50 mL 容量瓶中，加入 5 mL NH$_4$Cl 溶液，冷却后定容至标线，摇匀。

由于土壤种类较多，所含有机质差异较大，在消解时，应注意观察，各种酸的用量可视消解情况酌情增减；电热板温度不宜太高，否则会使聚四氟乙烯坩埚变形；样品消解时，在蒸至近干过程中需特别小心，防止蒸干，否则待测元素会有损失。

（2）空白试验。

采用和试液制备相同的步骤和试剂，制备全程序空白溶液进行测定。每批样品至少制备两个以上的空白溶液。

（3）校准曲线绘制。

准确移取铬标准使用液 0，0.50，1.00，2.00，3.00，4.00 mL 于 50 mL 容量瓶中，然后，分别加入 5 mL NH$_4$Cl 溶液、3 mL 盐酸溶液，用水定容至标线，摇匀，其铬的质量浓度分别为 0.50，1.00，2.00，3.00，4.00 mg/L。此质量浓度范围应包括试液中铬的质量浓度。按仪器测量条件由低到高质量浓度顺序测定标准溶液的吸光度。用减去空白的吸光度与相对应的铬的质量浓度（mg/L）绘制校准曲线。

（4）样品测定。

取适量试液，并按上述相同条件测定试液的吸光度。由吸光度值在校准曲线上查得铬质量浓度。每测定约 10 个样品要进行一次仪器零点校正，并吸入 1.00 mg/L 的标准溶液，检查灵敏度是否发生了变化。

7. 结果计算

土壤样品中铬的含量 ω（mg/kg）按式（4-4-11）进行计算。

$$\omega = \frac{\rho \times V}{m \times (1 - f)} \tag{4-4-11}$$

式中：ρ —— 试液的吸光度减去空白溶液的吸光度，然后在校准曲线上查得铬的质量浓度，mg/L；

V —— 试液定容的体积，mL；

m —— 称取试样的重量，g；

f —— 试样中水分的含量，%。

8. 精密度和准确度

（1）本方法分析 ESS 系列土壤标样中铬的精密度实验结果见表 4-4-22。

表 4-4-22　方法的精密度实验结果

土壤标样	消解方法	保证值/（mg/kg）	平均值/（mg/kg）	标准偏差	相对标准偏差/%
ESS-4	全消解法	70.4±4.9	66.3	1.99	3.0
ESS-4	微波消解法		65.4	3.01	4.6
GSD-4	全消解法	81.0±6.0	75.8	1.82	2.4
GSD-4	微波消解法		75.2	2.56	3.4

（2）多个实验室用本方法分析 ESS 系列土壤标样中铬的精密度和准确度实验结果见表4-4-23。

表 4-4-23　方法的精密度和准确度实验结果

土壤标样	实验室数	保证值/ （mg/kg）	总均值/ （mg/kg）	室内相对标准 偏差/%	室间相对标准 偏差/%	相对误差/ %
ESS-1	16	57.2±4.2	56.1	2.0	9.8	−1.9
ESS-3	18	98.0±7.1	93.2	2.3	8.3	−4.9

（3）在全消解（盐酸+硝酸+氢氟酸+高氯酸）情况下，标准土样回收率为 88%～94%，微波加电热板消解（硝酸+氢氟酸+高氯酸）情况下，标准土样的回收率为 90%～100%。

9. 注意事项

（1）所有仪器不能用重铬酸钾洗液洗涤，可用稀硝酸浸泡或用稀热硝酸荡洗，再用纯水冲洗。玻璃器皿内壁要求光洁，防止铬被吸附。

（2）若有基体干扰，可采用标准加入法定量；若有背景吸收，可采用自吸收法或塞曼效应扣除背景。无此条件，可采用邻近吸收线法扣除背景吸收，在测量浓度许可时，也可采用稀释方法减少背景吸收。

（中国环境监测总站　张霖琳）

（二）二苯碳酰二肼分光光度法（A）

本方法等效于《土壤检测　第 12 部分　土壤总铬的测定》（NY/T 1121.12—2006）。

1. 方法原理

土壤经硫酸、硝酸、磷酸消化，铬的化合物转化为可溶物，加入高锰酸钾将铬氧化成六价铬，过量的高锰酸钾用亚硝酸钠还原除去。在酸性条件下，六价铬与二苯碳酰二肼反应生成紫色化合物，于波长 540 nm 处进行比色测定。

2. 适用范围

适用于各类土壤中总铬的测定。方法最低检出浓度为 0.2 μg。当称样量为 0.5 g，定容体积为 50 mL 时，方法检出限为 0.4 mg/kg。

3. 干扰及消除

在酸性介质中能与二苯碳酰二肼反应生成络合物的离子：$Mo(VI)$ 形成红紫色、$Hg(I)$ 和 $Hg(II)$ 形成蓝色或蓝紫色、$V(V)$ 和 Fe^{3+} 形成黄色或黄褐色而产生干扰。但是 $Mo(VI)$、$Hg(I)$、$Hg(II)$ 含量低，且形成有色化合物易褪色，$V(V)$ 形成的有色物质也易褪色，放置 15 min 以上可以消除干扰。Fe^{3+} 可在加入显色剂前用磷酸掩蔽。

4. 仪器和设备

分光光度计（具 3 cm 比色皿），离心机，电热板（可控温，最大加热温度不小于 350℃）。

5. 试剂和材料

（1）硝酸：$\rho(HNO_3)$ =1.42，优级纯。

（2）硫酸：$\rho(H_2SO_4)$ =1.84，优级纯。

（3）磷酸：$\rho(H_3PO_4)$ =1.69，优级纯。

（4）高锰酸钾溶液：ω（$KMnO_4$）=4%，优级纯。

（5）叠氮化钠溶液：ω（NaN_3）=5%，优级纯。（警告：易燃易爆化学品）

（6）亚硝酸钠溶液：ω（$NaNO_2$）=5%，优级纯。

（7）尿素溶液：ω（$CO(NH_2)_2$）=20%，优级纯。

（8）丙酮（C_3H_6O）：优级纯。

（9）硫酸溶液：1+1。

（10）磷酸溶液：1+1。

（11）二苯碳酰二肼溶液：ω（$C_{13}H_{14}N_4O$）=2.5%，优级纯。

称取 0.25 g 二苯碳酰二肼溶于 50 mL 丙酮溶液中，加水定容至 100 mL。

（12）重铬酸钾（$K_2Cr_2O_7$）：基准试剂或优级纯。

称取 5.0 g 重铬酸钾于磁坩埚中，在（105±5）℃干燥箱中烘 2 h，冷却至室温，保存于干燥器内，备用。

（13）重铬酸钾标准贮备溶液：ρ（Cr^{6+}）=100 mg/L。

准确称取 0.282 9 g 重铬酸钾溶于水中，稀释定容至 1 000 mL。常温保存 6 个月。

（14）重铬酸钾标准使用溶液：ρ（Cr^{6+}）=1.00 mg/L。

取 1.00 mL 重铬酸钾标准贮备溶液移入 100 mL 容量瓶中，用水稀释至标线，摇匀，常温保存 6 个月。

6. 分析步骤

（1）试样制备。

称取土样 0.2～0.5 g 于 100 mL 三角瓶或高型烧杯中，加几滴水湿润样品，加入 1.5 mL 浓硫酸，小心摇匀，加 1.5 mL 浓磷酸、3 mL 浓硝酸，小心摇匀。盖上表面皿，置于电热板上（表面温度控制在 220℃以下）加热消解至冒大量白烟。这时如果土样未变白，将烧杯取下稍冷，再加 1 mL 浓硝酸，继续加热至冒浓白烟，直至土样变白，取下三角瓶冷却至室温，用水冲洗表面皿和烧杯壁，将三角瓶内容物无损失转入 50 mL 容量瓶（或比色管）中，加水至刻度，摇匀，放置澄清（放置时间 6 h 以上）或采用离心机（4 000 r/min，20 min）离心后取上清液测定。同时做空白试验。

（2）空白试验。

采用上述相同的步骤和试剂，制备全程序空白溶液。每批样品至少制备两个以上的空白溶液。

（3）校准曲线绘制。

分别吸取含铬（Cr^{6+}）1.00 mg/L 的标准溶液 0，1.00，2.00，4.00，6.00，8.00，10.00 mL 于 25 mL 比色管中，定容至 10.00 mL，加 1 mL 磷酸溶液、0.25 mL 硫酸溶液，摇匀，滴加 1～2 滴高锰酸钾溶液至紫红色，置沸水浴中煮沸 15 min，若紫红色褪去，再补加 1 滴高锰酸钾溶液至紫色不退，摇匀。趁热滴加叠氮化钠溶液，迅速充分摇匀至紫红色刚好消失，将比色管放入冷水中迅速冷却，加水至刻度。加入二苯碳酰二肼溶液 2 mL，迅速摇匀，5 min 后比色，读取吸光度。

（4）样品测定。

准确吸取 5.00～10.00 mL 清亮试液于 25 mL 比色管中，加 1～2 滴高锰酸钾溶液至紫红色，置沸水浴中煮沸 15 min，若紫红色褪去，再补加 1 滴高锰酸钾溶液至紫色不退，摇匀。趁热滴加叠氮化钠溶液，迅速充分摇匀至紫红色刚好消失，将比色管放入冷水中迅速冷却，加 1 mL 磷酸溶液，摇匀，加水至刻度。加 2 mL 二苯碳酰二肼溶液，迅速摇匀。15 min 后，用 3 cm 比色皿于波长 540 nm 处，以标准系列溶液的零浓度为参比调节仪器零点比色，读取吸光度。

注：也可用亚硝酸钠还原过量的高锰酸钾，即在高锰酸钾氧化步骤完成后，迅速冷却至室温，加入 1 mL 尿素溶液，摇匀。用滴管滴加亚硝酸钠溶液，每加 1 滴充分摇匀，至高锰酸钾紫红色刚好褪去。稍停片刻，待溶液内气泡溢出，定容至 25 mL。

7. 结果计算

$$\omega = \frac{m_1 \cdot D}{m}$$ （4-4-12）

式中，ω —— 土壤中总铬的浓度，mg/kg；

m_1 —— 从校准曲线上查得铬的含量，μg；

m —— 试样质量，g；

D —— 分取倍数，定容体积/分取体积，本方法为 50/5。

8. 准确度和精密度

测定编号 GSD-9 的标准样品[保证值（85±7）mg/kg]（连续测定 6 天，每天测定一组平行双样），测定均值 79.8 mg/kg，实验室内相对标准偏差 3.6%。

9. 注意事项

（1）所有器皿和耗材不能用铬酸洗液洗涤，可用稀硫酸、稀硝酸浸泡过夜，再用纯水洗涤，玻璃器皿内壁要求光洁，防止铬被吸附。

（2）消解过程必须有足够的硝酸和硫酸。当有 SO_3 白烟冒出后，温度不能太高，如温度过高，会生成不溶解的硫酸铬，使测定结果偏低。

（3）加入磷酸既可掩蔽铁，同时也络合其他金属离子，避免盐类析出而产生浑浊。在磷酸存在下还可以排除硝酸根、氯离子干扰。如果在氧化或显色时出现浑浊可考虑加大磷酸的用量。

（4）用叠氮化钠或亚硝酸钠使高锰酸钾褪色时，要逐滴加入并充分摇匀，至红色刚好褪去。

（5）用高锰酸钾氧化低价铬时，七价锰可能被还原为二价锰，出现棕色沉淀而影响低价铬的氧化完全，需要控制好溶液酸度及高锰酸钾的用量。

（6）加入二苯碳酰二肼溶液后，应立即摇动，防止局部有机溶剂过量而使六价铬部分被还原为三价铬，使测定结果偏低。

（济南市环境监测中心站　叶新强）

（三）石墨炉原子吸收分光光度法（B）

1. 方法原理

采用盐酸—硝酸—氢氟酸—高氯酸全分解的方法，破坏土壤的矿物晶格，使试样中的待测元素全部进入试液，并且在消解过程中，所有铬都被氧化成 $Cr_2O_7^{2-}$。将消解处理后试样注入石墨炉原子化器，试样所含铬离子在石墨管内经过原子化，高温解离为原子蒸气。待测元素铬的基态原子吸收来自铬元素空心阴极灯发出的 357.9 nm 或 359.3 nm 的特征谱线选择性吸收，铬的吸收强度在一定范围内与其浓度成正比。将测得的试样吸光度同标准溶液的吸光度进行比较，可确定试样中元素铬的浓度。

2. 适用范围

适用于土壤中总铬的测定，称取 0.2 g 试样消解定容至 50 mL 时，方法检出限为 0.3 mg/kg，测定下限为 1.2 mg/kg。

3. 干扰及消除

低浓度的钙或磷酸盐可能对测定引起干扰，当钙离子的浓度或磷酸盐的浓度大于 200 mg/L 时，钙的影响持续不变，磷酸盐的影响会消除。加入硝酸钙溶液浓度大于 2 000 mg/L 时，干扰会稳定。应用塞曼效应校正法可对因背景吸收产生的干扰进行校正。使用热解石墨管和涂层石墨管可以消除碳化物的影响。

4. 仪器和设备

石墨炉原子吸收分光光度计（铬空心阴极灯）、涂层石墨管、微波消解仪、电热板（具温控功能）、抽滤装置（孔径为 0.45 μm 醋酸纤维或聚乙烯滤膜）、全自动石墨消解仪(智能软件控制，试剂在线添加、自动升温、定容等功能)及一般实验室常用仪器和设备。

不同型号仪器的最佳测定条件不同，可根据仪器使用说明书自行选择。通常采用表 4-4-24 中的测量条件。

表 4-4-24　仪器测量条件

元素	Cr
测定波长/nm	357.9 或 359.3
通带宽度/nm	0.2
灯电流/mA	7
干燥温度(℃)/时间(s)	85～120/55
灰化温度(℃)/时间(s)	900/8
原子化温度(℃)/时间(s)	2 650/2.8
消除阶段(℃)/时间(s)	2 700/2
氩气流速/(mL/min）	300
进样量/μL	20

5. 试剂和材料

（1）盐酸：ρ（HCl）=1.19 g/mL，优级纯。

（2）硝酸：ρ（HNO_3）=1.42 g/mL，优级纯。

（3）氢氟酸：ρ（HF）=1.49 g/mL，优级纯。

（4）高氯酸：ρ（$HClO_4$）=1.68 g/mL，优级纯。

（5）硝酸溶液：1+1。

（6）硝酸溶液：1+99。

（7）硝酸钙溶液：ρ（$Ca(NO_3)_2$）=2 g/L，称取 11.8 g 硝酸钙[$Ca(NO_3)_2 \cdot 4H_2O$]，用水溶解并稀释定容至 1 000 mL。

（8）铬标准储备液，ρ（Cr）=1 000 mg/L。

（9）铬标准中间溶液：ρ（Cr）=10 mg/L。

准确移取铬标准储备液 1.0 mL 于 100 mL 容量瓶中，用硝酸溶液定容至 100 mL。

（10）铬标准使用液，ρ（Cr）=1.0 mg/L：准确移取铬标准中间溶液 10.0 mL 于 100 mL 容量瓶中，用硝酸溶液（1+99）定容至 100 mL，摇匀，临用现配。

（11）高纯氩：纯度≥99.999%。

6. 分析步骤

（1）试样制备。

① 电热板消解法。

见第四篇第二章"一、盐酸—硝酸—氢氟酸—高氯酸消解法（一）电热板消解法"。

② 微波消解法。

见第四篇第二章"二、硝酸—盐酸—氢氟酸消解法"。

③ 全自动消解法。

见第四篇第二章"一、盐酸—硝酸—氢氟酸—高氯酸消解法（二）全自动消解法"。

（2）校准曲线绘制。

准确移取铬标准使用液 0，0.50，1.00，1.50，2.00，2.50 mL 于 100 mL 容量瓶中，用硝酸溶液定容至标线，摇匀，其铬的质量浓度分别为 0，5.00，10.0，15.0，20.0，25.0 μg/L 的标准系列。按照仪器工作条件设定后，依次吸取空白、标准系列和试液 20 μL 及基体改进剂 2～5 μL，注入石墨管，启动石墨炉控制程序和电脑记录程序，记录吸收峰高或峰面积。以质量浓度为横坐标，峰高或峰面积为纵坐标绘制校准曲线。用减去空白的吸光度与相应的铬含量（μg/L）绘制校准曲线。

（3）样品测定。

按照与绘制校准曲线相同的仪器参考条件测定试样，由试样吸光度值在校准曲线上查得铬质量浓度。

7. 结果计算

土壤样品中总铬的含量 ω（mg/kg）按式（4-4-13）进行计算。

$$\omega = \frac{(\rho_1 - \rho_0)V}{m \times (1-f) \times 1\,000} \qquad (4\text{-}4\text{-}13)$$

式中：ω —— 土壤中总铬的含量，mg/kg；

　　　ρ_0 —— 校准曲线上查得的空白试样中铬的浓度，μg/L；

　　　ρ_1 —— 校准曲线上查得的试样铬的浓度，μg/L；

　　　V —— 试液定容的体积，mL；

　　　m —— 称取试样的重量，g；

　　　f —— 试样中水分的含量，%。

8. 精密度和准确度

本方法分析 ESS-1、GSS-1 土壤标样中铬的精密度和准确度实验结果见表 4-4-25。

表 4-4-25　方法的精密度和准确度实验结果

土壤标样	消解方法	保证值/（mg/kg）	平均值/（mg/kg）	标准偏差/（mg/kg）	相对标准偏差/%	相对误差/%
GSS-1	电热板全消解法	62±4	61.3	1.55	2.5	−1.1
GSS-1	微波消解法		59.4	2.81	4.7	−4.2
GSS-1	全自动石墨消解法		59.6	2.56	4.3	−3.9
ESS-1	电热板全消解法	57.2±4.2	56.8	2.15	3.8	−0.6
ESS-1	微波消解法		53.9	2.17	4.0	−5.3
ESS-1	全自动石墨消解法		54.2	1.99	3.7	−4.8

9. 注意事项

（1）本方法选择了硝酸钙溶液作为基体改进剂，也可选用其他种类的基体改进剂，例如磷酸二氢铵溶液、硝酸钯等。

（2）如果选用氘灯扣背景的仪器进行测定，可适当调整灰化温度和原子化温度。

（常州市环境监测中心　段雪梅　张燕波）

六、铜

铜（Cu）是第ⅠB族元素，地壳中丰度为 63 mg/kg，铜主要以+1 价和+2 价存在。地壳中铜的平均含量约为 70 mg/kg；全球土壤中铜的含量范围一般在 2～100 mg/kg，平均含量为 20 mg/kg；我国土壤中铜的含量在 3～300 mg/kg，平均含量为 22 mg/kg。土壤的铜含量常与其母质来源和抗风化能力有关，因此也与土壤质地间接相关。土壤中的铜大部分来自含铜矿物——孔雀石、黄铜矿及含铜砂岩等。一般情况下，基性岩发育的土壤，其含铜量多于酸性岩发育的土壤，沉积岩中以砂岩含铜最低。各类土壤的含铜量如下：砂姜黑土（25.49 mg/kg）＞潮土（22.48 mg/kg）＞褐土（22.18 mg/kg）＞盐碱土（18.78 mg/kg）＞棕壤（17.81 mg/kg）＞黄棕壤（15.58 mg/kg）＞风沙土（8.44 mg/kg）。

铜是生物必需的营养元素，成人每日的需要量估计为 20 mg。人体缺铜会导致各种疾病，摄入过多则会引起铜中毒，急性铜中毒表现为恶心、呕吐、腹泻等症状，引起坏死性肝炎及溶血性贫血，严重者可因肾脏衰竭而死亡。一般土壤中有效态铜低于 1.0 mg/kg 时，会阻碍作物正常生长。铜的毒性与其形态紧密相关。铜的污染主要来自电镀、冶炼、五金、石油化工和化学工业等。

铜的测定可采用萃取光度法、原子吸收分光光度法、阳极溶出伏安法、示波极谱法、电感耦合等离子体发射光谱法和电感耦合等离子体质谱法等。高浓度的样品，单元素分析首选火焰原子吸收分光光度法，多元素同时分析首选电感耦合等离子体发射光谱法；低浓度的样品，单元素分析首选石墨炉原子吸收分光光度法，多元素同时分析首选电感耦合等离子体质谱法。

火焰原子吸收分光光度法（A）

本方法等效于《土壤质量 铜、锌的测定 火焰原子吸收分光光度法》（GB/T 17138—1997）。

1. 方法原理

采用盐酸—硝酸—氢氟酸—高氯酸全分解的方法，彻底破坏土壤的矿物晶格，使试样中的待测元素全部进入试液中。将土壤消解液喷入空气—乙炔火焰中，在火焰的高温下，铜、锌化合物离解为基态原子。该基态原子蒸气对相应的空心阴极灯发射的特征谱线产生选择性吸收。在选择的最佳测定条件下，测定铜、锌的吸光度。

2. 适用范围

适用于土壤中铜、锌总量的测定。称取 0.25 g 试样消解定容至 25 mL，方法检出限分别为铜 1.0 mg/kg、锌 0.5 mg/kg。

3. 干扰及消除

硫酸对铜、锌的测定有影响，一般不能超过 2%，故一般使用盐酸或硝酸介质。当土壤消解液中铁含量大于 100 mg/L，抑制锌的吸收，加入硝酸镧可消除共存成分的干扰。含盐类高时，往往出现非特征吸收，此时可用背景校正加以克服。

4. 仪器和设备

原子吸收分光光度计（具背景校正装置），空气压缩机，铜、锌空心阴极灯，微波消解仪，电热板等。

不同型号仪器的最佳测试条件不同，可根据仪器使用说明书自行选择。表 4-4-26 列出通常采用的测量条件。

表 4-4-26　仪器测量条件

元素	铜	锌
测定波长/nm	324.8	213.8
通带宽度/nm	0.5	1.3
灯电流/mA	5～8	7.5
火焰性质	中性	氧化性
其他可测波长/nm	327.4，225.8	307.6

5. 试剂和材料

（1）盐酸：ρ（HCl）=1.19 g/mL，优级纯。

（2）硝酸：ρ（HNO_3）=1.42 g/mL，优级纯。

（3）氢氟酸：ρ（HF）=1.49 g/mL。

（4）高氯酸：ρ（$HClO_4$）=1.68 g/mL，优级纯。

（5）硝酸溶液：1+1。

（6）硝酸溶液：体积分数为 0.2%。

（7）硝酸镧水溶液，质量分数为 5%。

（8）铜、锌标准储备液：1 000 mg/mL，称取 1.000 0 g 光谱纯金属铜、锌于 50 mL 烧杯中，加入硝酸溶液 20 mL，温热，待完全溶解后，转至 1 000 mL 容量瓶中，用水定容至标线，摇匀。

（9）铜、锌标准使用液，50.0 mg/L：移取铜、锌标准储备液 10.0 mL 于 200 mL 容量瓶中，用硝酸溶液稀释至标线，摇匀配制。

6. 分析步骤

（1）试样制备。

① 电热板消解法。

称取 0.2～0.5 g 过筛后的样品（精确至 0.2 mg）于 50 mL 聚四氟乙烯坩埚中。用少量水润湿样品后加入 10 mL 盐酸，于通风橱内的电热板上约 120℃加热，使样品初步消解，待蒸发至约剩 3 mL 时取下稍冷。加入 5 mL 硝酸、5 mL 氢氟酸、3 mL 高氯酸，加盖后于电热板上约 160℃加热 1 h。开盖，电热板温度控制在 170～180℃继续加热，并经常摇动坩埚。当加热至冒浓白烟时，加盖使黑色有机碳化物充分分解。待坩埚壁上的黑色有机物消失后，开盖，驱赶白烟并蒸至内容物呈黏稠状。视消解情况，可补加 3 mL 硝酸、3 mL 氢氟酸和 1 mL 高氯酸，重复上述消解过程。当白烟再次冒尽且内容物呈黏稠状时，取下坩埚稍冷，加入 1 mL 硝酸溶液温热溶解可溶性残渣，再用水冲洗坩埚盖和内壁，将淋洗液全部转移至 25 mL 容量瓶中，以实验用水定容至标线，摇匀，待测。如果消解液中含有未溶解颗粒，需进行过滤、离心分离或者自然沉降。

② 微波消解法。

称取 0.2～0.5 g 过筛后的样品（精确至 0.2 mg）于微波消解罐中。用少量水润湿样品后加入 5 mL 硝酸、5 mL 盐酸、3 mL 氢氟酸，按照表 4-4-27 中升温程序进行消解。冷却后将内容物全部转移至 50 mL 聚四氟乙烯坩埚中，加入 2 mL 高氯酸置于电热板加热，温度控制在 170～180℃，微沸状态下驱赶白烟，蒸至内容物呈黏稠状。取下坩埚稍冷，加入 1 mL 硝酸溶液，温热溶解可溶性残渣，用水冲洗坩埚内壁，将淋洗液全部转移至 25 mL 容量瓶中，用实验用水定容至标线，摇匀，待测。如果消解液中含有未溶解颗粒，需进行过滤、离心分离或者自然沉降。

表 4-4-27　微波消解法升温程序参考

升温时间/min	消解功率/W	消解温度/℃	保持时间/min
12	400	室温～160	3
5	500	160～180	3
5	500	180～200	10

（2）校准曲线绘制。

准确移取铜、锌标准使用液 0，1.00，2.00，3.00，4.00，5.00 mL 于 100 mL 容量瓶中，用硝酸溶液定容至标线，摇匀，其浓度为 0，0.50，1.00，1.50，2.00，2.50 mg/L。此浓度范围应包括试液中铜、锌的浓度，由低到高顺次测定标准溶液的吸光度。用减去空白的吸光度与相对应的元素含量（mg/L）绘制校准曲线。

（3）样品测定。

取适量试液，按照仪器使用说明书调节仪器至最佳工作条件，测定试液的吸光度。由吸光度值在校准曲线上查得铜、锌质量浓度。

7. 结果计算

土壤样品中铜、锌的含量 ω（mg/kg）按式（4-4-14）进行计算。

$$\omega = \frac{cV}{m(1-f)} \tag{4-4-14}$$

式中：c —— 试液的吸光度减去空白试验的吸光度，然后在校准曲线上查得铜、锌的含量，mg/L；

　　　V —— 试液定容的体积，mL；

　　　m —— 称取试样的重量，g；

　　　f —— 试样水分的含量，%。

8. 精密度和准确度

分析 ESS 和 GSS 系列土壤标样中铜的精密度实验结果见表 4-4-28。

表 4-4-28　方法的精密度实验结果

土壤标样	消解方法	保证值/（mg/kg）	总均值/（mg/kg）	标准偏差/%	相对标准偏差/%
ESS-1	全消解法	20.9±0.8	20.3	1.9	9.4
ESS-1	微波消解法		20.5	1.7	8.3
GSS-9	全消解法	25±3	23.4	2.2	9.4
GSS-9	微波消解法		23.8	2.6	10.9

多个实验室分析 ESS 和 GSS 系列土壤标样中铜的准确度实验结果见表 4-4-29。在全消解法情况下，标准土样回收率为 86%～97%。在微波消解法情况下，标准土样的回收率为 89%～103%。

表 4-4-29　方法的准确度实验结果

土壤标样	实验室数目	保证值/（mg/kg）	总均值/（mg/kg）	实验室内相对标准偏差/%	实验室间相对标准偏差/%	相对误差/%
ESS-1	16	20.9±0.8	20.3	9.4	9.2	−2.9
GSS-9	18	25±3	23.4	9.4	8.5	−6.4

（江苏省环境监测中心　陈波　蔡熹）

七、锌

锌（Zn）地壳中含量为 70 mg/kg；土壤中锌含量在 10～300 mg/kg，平均值 50 mg/kg。它能与很多元素（如铅、铜、镉等）形成共生矿物，广泛存在于自然界中。土壤锌含量因土壤类型而异，并受土母质的影响，同一类型的土壤，因土母质不同，锌含量差异很大。

锌是植物、动物和人体必需的微量元素，但过量的锌也会对人、畜、动植物造成危害。碱性水中锌的浓度超过 5 mg/L 时，水有苦涩味，并出现乳白色，水中含锌 1 mg/L 时，对水体的生物氧化过程有轻微抑制作用。农灌水中含锌量低于 10 mg/L 时，对水稻、小麦的生长无影响。

锌污染是指锌及化合物所引起的环境污染。主要污染源有锌矿开采、冶炼加工、机械制造以及镀锌、仪器仪表、有机物合成和造纸等工业的排放。汽车轮胎磨损以及煤燃烧产生的粉尘、烟尘中均含有锌及化合物，工业废水中锌常以锌的羟基络合物存在。锌的主要测试方法有原子吸收分光光度法、电感耦合等离子体发射光谱法、电感耦合等离子体质谱法等。

火焰原子吸收分光光度法（A）

本方法等效于《土壤质量　铜、锌的测定　火焰原子吸收分光光度法》（GB/T 17138 — 1997）。见第四篇第四章"六、铜　火焰原子吸收分光光度法（A）"。

分析 ESS 和 GSS 系列土壤标样中铜的精密度实验结果见表 4-4-30。

表 4-4-30　方法的精密度实验结果

土壤标样	消解方法	保证值/（mg/kg）	总均值/（mg/kg）	标准偏差/%	相对标准偏差/%
ESS-1	全消解法	55.2±3.4	56.1	3.5	6.2
ESS-1	微波消解法		57.6	5.7	9.9
GSS-9	全消解法	61±5	59.3	2.4	3.9
GSS-9	微波消解法		62.8	4.7	7.7

多个实验室分析 ESS 和 GSS 系列土壤标样中铜的准确度实验结果见表 4-4-31。全消解法标准土样回收率为 82%～105%，微波消解法标准土样的回收率为 85%～97%。

表 4-4-31　方法的准确度实验结果

土壤标样	实验室数目	保证值/（mg/kg）	总均值/（mg/kg）	实验室内相对标准偏差/%	实验室间相对标准偏差/%	相对误差/%
ESS-1	16	55.2±3.4	56.9	3.5	5.9	3.1
GSS-9	18	61±5	63.1	2.4	6.1	3.4

（江苏省环境监测中心　陈波　蔡熹）

八、镍

镍（Ni），地壳中镍的丰度为 75 mg/kg，全球土壤中镍的含量范围值是 2～750 mg/kg。土壤中的镍主要来源于岩石风化、大气降尘、灌溉用水（包括含镍废水）、农田施肥、植物和动物遗体的腐烂等。通常随污灌进入土壤的镍离子被土壤无机和有机复合体所吸附，主要累积在表层。

在环境中镍主要以二价离子状态存在，与许多无机和有机络合物生成溶于水的络盐，但也有一些络合物含有较高氧化态（+3 价和+4 价）的镍。镍主要应用在合金中，工业污染来源于采矿、冶炼、电镀等工业排放的废水和废渣。镍具有致癌性，对水生生物有明显毒害作用，有些人对镍会产生过敏性反应，长期接触含镍的饰品，会对皮肤产生严重的刺激。每天摄入可溶性镍 250 mg 会引起中毒，敏感人群摄入 600 μg 即可引起中毒。

土壤中镍的测定主要采用原子吸收分光光度法、电感耦合等离子体发生光谱法和电感耦合等离子体质谱法等。

火焰原子吸收分光光度法（A）

本方法等效于《土壤质量　镍的测定　火焰原子吸收分光光度法》（GB/T 17139—1997）。

1. 方法原理

采用盐酸—硝酸—氢氟酸—高氯酸全分解的方法，彻底破坏土壤的矿物晶格，使试样中的待测元素全部进入试液。然后，将土壤消解液喷入空气—乙炔火焰中。在火焰的高温下，镍化合物离解为基态原子，基态原子蒸气对镍空心阴极灯发射的特征谱线 232.0 nm 产生选择性吸收。在选择的最佳测定条件下，测定镍的吸光度。

2. 适用范围

适用于土壤中总镍的测定。称取 0.25 g 试样消解定容至 25 mL 时，方法检出限为 5 mg/kg，测定下限为 20 mg/kg。

3. 干扰及消除

（1）使用镍 232.0 nm 线作为吸收线，存在波长距离很近的镍三线，应选用较窄的光谱通带予以克服。

（2）镍 232.0 nm 线处于紫外区，盐类颗粒物、分子化合物产生的光散射和分子吸收比较严重，会影响测定，使用背景校正可以克服这类干扰。如浓度允许亦可用将试液稀释的方法来减少背景干扰。

4. 仪器和设备

原子吸收分光光度计（带有背景校正装置）、空气压缩机、镍空心阴极灯、微波消解仪、电热板、玛瑙研磨仪等。

不同型号仪器的最佳测试条件不同，可根据仪器使用说明书自行选择。表 4-4-32 列出了微波消解仪推荐的升温程序，表 4-4-33 列出本方法通常采用的测量条件。

表 4-4-32　微波消解仪升温程序

程序	升温时间/min	消解功率/W	消解温度/℃	保持时间/min
1	12	400	室温～160	3
2	5	500	160～180	3
3	5	500	180～200	10

表 4-4-33　仪器测量条件

元素	镍
测定波长/nm	232.0
通带宽度/nm	0.2
灯电流/mA	5～8
火焰性质	中性

5. 试剂和材料

（1）盐酸：ρ（HCl）=1.19 g/mL，优级纯。

（2）硝酸：ρ（HNO_3）=1.42 g/mL，优级纯。

（3）氢氟酸：ρ（HF）=1.49 g/mL。

（4）高氯酸：ρ（$HClO_4$）=1.68 g/mL，优级纯。

（5）硝酸溶液：1+1。

（6）硝酸溶液：体积分数为 0.2%。

（7）镍标准储备液：1 000 mg/L。

（8）镍标准使用液，50 mg/L：移取镍标准储备液 10.0 mL 于 200 mL 容量瓶中，用 0.2%硝酸溶液 5-（6）稀释至标线，摇匀。

6. 分析步骤

（1）试样制备。

① 电热板消解法。

称取 0.2～0.5 g 过筛后的样品（精确至 0.2 mg）于 50 mL 聚四氟乙烯坩埚中。用少量水润湿样品后加入 10 mL 盐酸，于通风橱内的电热板上约 120℃加热，使样品初步消解，待蒸发至约剩 3 mL 时取下稍冷。加入 5 mL 硝酸、5 mL 氢氟酸、3 mL 高氯酸，加盖后于电热板上约 160℃加热 1 h。开盖，电热板温度控制在 170～180℃继续加热，并经常摇动坩埚。当加热至冒浓白烟时，加盖使黑色有机碳化物充分分解。待坩埚壁上的黑色有机物消失后，开盖，驱赶白烟并蒸至内容物呈黏稠状。视消解情况，可补加 3 mL 硝酸、3 mL 氢氟酸和 1 mL 高氯酸，重复上述消解过程。当白烟再次冒尽且内容物呈黏稠状时，取下坩埚稍冷，加入 1 mL 硝酸溶液温热溶解可溶性残渣，再用水冲洗坩埚盖和内壁，将淋洗液全部转移至 25 mL 容量瓶中，以实验用水定容至标线，摇匀，待测。如果消解液中含有未溶解颗粒，需进行过滤、离心分离或者自然沉降。

② 微波消解法。

称取 0.2～0.5 g 过筛后的样品（精确至 0.2 mg）于微波消解罐中。用少量水润湿样品后加入 5 mL 硝酸、5 mL 盐酸、3 mL 氢氟酸，按照微波消解升温程序进行消解。冷却后将内容物全部转移至 50 mL 聚四氟乙烯坩埚中，加入 2 mL 高氯酸置于电热板加热，温度控制在 170～180℃，微沸状态下驱赶白烟，蒸至内容物呈黏稠状。取下坩埚稍冷，加入 1 mL 硝酸溶液，温热溶解可溶性残渣，用水冲洗坩埚内壁，将淋洗液全部转移至 25 mL 容量瓶中，用实验用水定容至标线，摇匀，待测。如果消解液中含有未溶解颗粒，需进行过滤、离心分离或者自然沉降。

（2）校准曲线绘制。

准确移取镍标准使用液 0，0.20，0.40，0.60，0.80，1.00 mL 于 50 mL 容量瓶中，用硝酸溶液定容至标线，摇匀，其浓度为 0，0.40，0.60，0.80，1.60，2.00 mg/L。此浓度范围应包括试液中镍的浓度，按表 4-4-33 中的仪器测量条件由低到高顺次测定标准溶液的吸光度。

（3）样品测定。

取适量试液，按照仪器最佳工作条件测定试液的吸光度。由吸光度值在校准曲线上查得镍质量浓度。用减去空白的吸光度与相对应的元素含量（mg/L）绘制校准曲线。

7. 结果计算

土壤样品中镍的含量ω（mg/kg）按式（4-4-15）进行计算：

$$\omega = \frac{cV}{m(1-f)} \tag{4-4-15}$$

式中：c —— 试液的吸光度减去空白试验的吸光度，然后在校准曲线上查得镍的含量，mg/L；

$\quad\quad V$ —— 试液定容的体积，mL；

$\quad\quad m$ —— 称取试样的重量，g；

$\quad\quad f$ —— 试样水分的含量，%。

8. 精密度和准确度

用本方法分析 ESS 和 GSS 系列土壤标样中镍的精密度实验结果见表 4-4-34。

表 4-4-34　方法的精密度实验结果

土壤标样	消解方法	保证值/（mg/kg）	总均值/（mg/kg）	标准偏差/%	相对标准偏差/%
ESS-1	全消解法	29.6±1.8	28.7	2.7	9.4
ESS-1	微波消解法		29.1	2.2	7.6
GSS-9	全消解法	33±3	32.6	1.8	5.5
GSS-9	微波消解法		31.9	2.3	7.2

　　多个实验室用本方法分析 ESS 和 GSS 系列土壤标样中镍的准确度实验结果见表4-4-35。全消解法标准土样回收率为88%～96%，微波消解法标准土样回收率为89%～98%。

表 4-4-35　方法的准确度实验结果

土壤标样	实验室数目	保证值/（mg/kg）	总均值/（mg/kg）	实验室内相对标准偏差/%	实验室间相对标准偏差/%	相对误差/%
ESS-1	16	29.6±1.8	29.1	9.4	7.8	−1.7
GSS-9	18	33±3	31.8	5.5	6.1	−3.6

9. 注意事项

（1）本方法测镍基体干扰不显著，但当无机盐浓度较高时则产生背景干扰，采用背景校正器校正；在测量浓度许可时，也可采用稀释法。

（2）使用 232.0 nm 作吸收线，存在波长相距很近的镍三线，选用较窄的光谱通带可以克服邻近谱线的光谱干扰。

（江苏省环境监测中心　陈波　蔡熹　王骏飞）

九、锰

　　锰（Mn）是一种过渡金属，银白色金属，质坚而脆，属于ⅦB 族元素。在地壳中分布很广，存在于大多数岩石中，特别是铁镁物质中。土壤中锰以交换态锰（Mn^{2+}）、水溶性锰（Mn^{2+}）、水溶和不溶性有机束缚态锰、易还原态锰以及各种锰氧化物等形式存在，常包被在土壤颗粒上、沉积在裂缝和矿脉中，与铁的氧化物和其他土壤组分混合形成结核。锰的化合物有多种形态，主要有二价、三价、四价、六价和七价。土壤 pH 对 Mn^{2+} 溶解度影响很大，pH 每增加 1，Mn^{2+} 浓度就降低 100 倍，湿润地区土壤较易缺锰。

　　锰是植物生长所必需的营养元素，土壤中锰缺乏植物叶片会产生斑状失绿，而过量的锰会危害动植物的生长。锰是人体内生化反应不可缺少的微量元素，作为一类重要的辅酶，锰酶在体内超氧自由基清除过程中发挥着重要的作用，但是锰的过量摄入会对脑、肝、肺等产生损害，甚至会致癌、致畸、致突变。土壤锰污染主要来自原生地质污染、含锰土壤的面源污染和采矿矿山的尾水污染等。

　　锰的测定可采用高碘酸钾氧化分光光度法、原子吸收分光光度法和等离子体发射光谱法等。原子吸收分光光度法和等离子体发射光谱法简便、快速、干扰少，且灵敏度高，但仪器价格昂贵，投入较高。高碘酸钾氧化分光光度法操作简便易行，安全可靠，适合条件一般的实验室采用。

（一）火焰原子吸收分光光度法（B）

1. 方法原理

土壤样品采用混合酸全分解的方法，彻底破坏土壤的矿物晶格，使试样中的锰元素全部进入试液。然后，将土壤消解液喷入空气—乙炔火焰中。在火焰的高温下，锰化合物离解为基态原子，该基态原子蒸气对锰空心阴极灯发射的特征谱线 279.5 nm 产生选择性吸收。在选择的最佳测定条件下，测定锰的吸光度。通过测量吸光度来测定样品中锰元素的浓度。

2. 适用范围

适用于土壤中锰总量的测定。当称取 0.5 g（精确至 0.1 mg）试样消解，定容至 50 mL，硝酸—氢氟酸—双氧水微波消解法的方法检出限为 0.54 mg/kg、测定下限为 2.16 mg/kg；硝酸—氢氟酸—盐酸—高氯酸电热板消解法的方法检出限为 0.3 mg/kg、测定下限为 1.2 mg/kg。

3. 干扰及消除

土壤中常见的金属离子与阴离子均不干扰锰的测定。

4. 仪器和设备

原子吸收分光光度计、锰空心阴极灯、微波消解装置、具有控温功能的电热板及一般实验室常用仪器。

各实验室仪器型号不尽相同，最佳测定条件也会有所不同，可根据仪器使用说明书调至最佳工作状态。本方法推荐的仪器工作参数如表 4-4-36 所示。

表 4-4-36　仪器工作参数

名称	参数
测定波长/mn	279.5
通带宽度/mn	1.0
火焰性质	中性
燃烧器高度/cm	10

5. 试剂和材料

（1）盐酸：ρ（HCl）=1.19 g/mL。

（2）硝酸：ρ（HNO_3）=1.42 g/mL。

（3）氢氟酸：ρ（HF）=1.49 g/mL。

（4）高氯酸：ρ（$HClO_4$）=1.68 g/mL。

（5）双氧水：含量 30%，优级纯。

（6）锰标准贮备液：ρ（Mn）=1 000 mg/L。

（7）锰标准中间液，ρ（Mn）=100.0 mg/L：准确吸取 10.00 mL 锰标准贮备液于 100 mL 容量瓶中，加入 1 mL 硝酸用超纯水定容至标线，摇匀。

6. 分析步骤

（1）试样制备。

① 微波消解法。

称取 100 目土壤样品干重 0.2～0.5 g，置于微波消解罐内，加 5.0 mL 浓硝酸、2.0 mL

氢氟酸和 2 mL 双氧水，按照表 4-4-37 中的消解条件进行消解，消解完后冷却至室温，将消解液转移至 50 mL 聚四氟乙烯烧杯中电热板加热赶酸，温度控制在 180℃，蒸至溶液呈黏稠状（注意防止烧干）。取下烧杯稍冷，加入 0.5 mL 浓硝酸，温热溶解可溶性残渣，转移至 50.0 mL 比色管中，冷却至室温后用超纯水定容至标线，摇匀。静置过夜，取上清液稀释适当倍数再上机测试。

表 4-4-37　微波消解仪升温程序

步骤	温度	升温时间/min	保持时间/min
1	室温至 150℃	7	3
2	150～180℃	5	20

② 电热板消解。

见第四篇第二章"一、盐酸—硝酸—氢氟酸—高氯酸（一）电热板消解法"。

（2）校准曲线绘制。

准确移取 0，0.50，1.00，2.00，3.00，5.00 mL 锰标准使用液置于 50 mL 容量瓶中，用 1%硝酸定容至标线，摇匀，锰的质量浓度分别为 0.50，1.00，2.00，3.00，5.00 mg/L。此质量浓度范围应包括试液中锰的质量浓度。按仪器测量条件由低到高质量浓度顺序测定标准溶液的吸光度。用减去空白的吸光度与相对应的锰的质量浓度（mg/L）绘制校准曲线。

（3）样品测定。

按所选工作条件，测定试剂空白和试样的吸光度。由吸光度值在校准曲线上查得锰含量。如试样在测定前进行了稀释，应将测定结果乘以相应的稀释倍数。

7. 结果计算

土壤样品中锰的含量 ω（mg/kg）按式（4-4-16）进行计算。

$$\omega = \frac{(c_1 - c_0) \times V}{m \times (1 - f)} \tag{4-4-16}$$

式中：ω —— 土壤中锰质量浓度，mg/kg；

　　　c_1 —— 由校准曲线查得的试液中锰质量浓度，mg/L；

　　　c_0 —— 由校准曲线查得锰空白的浓度，mg/L；

　　　V —— 试液定容的体积，mL；

　　　m —— 称取试样的重量，g；

　　　f —— 试样中水分的含量，%。

8. 精密度和准确度

（1）实验室内采用两种前处理方法分别对四种土壤有证标准样品（GSS-9、GSS-16，GSS-4，GSS-5）和四种土壤实际样品进行了测定。测定结果表明：硝酸—氢氟酸—双氧水/微波消解法测定土壤中锰相对标准偏差范围为 1.6%～12.9%，相对误差范围为−9.45%～5.21%；硝酸—氢氟酸—盐酸—高氯酸电热板消解法测定土壤中锰的相对标准偏差范围为 0.9%～8.5%，相对误差范围为−15.53%～7.31%。

（2）多个实验室用本方法对 GSS 系列土壤标样及实际样品中锰进行了测定。

① 电热板消解测定土壤中锰。

采用电热板消解测定土壤中锰，3 家实验室对土壤实际样品样 1、样 2 和样 4 进行测定，实验室间均值分别为 6 252 mg/kg、7 946 mg/kg 和 643 mg/kg；实验室内相对标准偏差范围分别为 0.2%～2.0%、0.3%～2.9%和0.6%～5.3%；实验室间相对标准偏差范围分别为 3.3%、2.5%和5.4%；重复性限 r 分别为 224 mg/kg、402 mg/kg 和 4.01 mg/kg；再现性限 R 分别为 620 mg/kg、670 mg/kg 和 97.6 mg/kg。3 家实验室对土壤 GSS-4、GSS-5 和 GSS-9 进行测定，相对误差分别为−11.6%～0.2%、−15.7%～−2.5%和−5.1%～2.9%；相对误差的平均值分别为−4.12%±13.0%、−7.39%±14.4%和−1.10%±8.02%。

② 微波消解测定土壤中锰。

采用微波消解测定土壤中锰，3 家实验室对土壤实际样品样 1、样 2 和样 4 进行测定，实验室间均值分别为 6 087 mg/kg、8 021 mg/kg 和 606 mg/kg；实验室内相对标准偏差范围分别为 0.4%～3.3%、0.1%～4.3%和1.6%～2.1%；实验室间相对标准偏差范围分别 2.7%、2.1%和10.4%；重复性限 r 分别为 342 mg/kg、601 mg/kg 和 1.99 mg/kg；再现性限 R 分别为 553 mg/kg、719 mg/kg 和 177 mg/kg。3 家实验室对土壤 GSS-4、GSS-5 和 GSS-9 进行测定，相对误差分别为 1.7%～4.9%、−4.0%～−2.2%和−6.5%～2.9%；相对误差的平均值分别为 1.95%±6.78%、−3.16%±1.8%和−1.68%±9.36%。

（3）实际样品加标回收。

采用电热板消解法测定土壤中锰，两家实验室对实际样品样 1、样 2 和样 4 的加标回收率范围分别为 98.6%～105%、98.7%～116%和80.4%～96%；采用微波消解法测定土壤中锰，两家实验室对实际样品样 1、样 2 和样 4 的加标回收率范围分别为 108%～113%、99.2%～108%和79.6%～96.5%。

（湖南省环境监测中心站　刘沛　林海兰　朱日龙）

（二）高碘酸钾氧化光度法（B）

1. 方法原理

采用盐酸—硝酸—氢氟酸—高氯酸全分解的消解方法，破坏土壤的矿物晶格，使试样中的待测元素全部进入试液。土壤试液中的锰主要为 Mn^{2+}，经强氧化剂高碘酸钾氧化为紫红色的高锰酸盐，于波长 520 nm 处进行定量测定。高碘酸钾与 Mn^{2+} 的反应如下：

$$2 Mn^{2+}+5IO_4^-+3H_2O \longrightarrow 2MnO_4^-+5IO_3^-+6H^+$$

2. 适用范围

适用于土壤中锰的总量的测定。称取 0.5 g 试样，消解定容至 50 mL 时，方法检出限为 4.5 mg/kg。

3. 干扰及消除

土壤中还原性物质和氯化物对锰的测定有干扰，可采用硝酸—硫酸处理予以除去；大量的 Fe^{3+} 存在时土壤试液呈黄色，可加入适量磷酸加以掩蔽，不仅可掩蔽 Fe^{3+} 对显色的干扰，而且可防止二氧化锰和过碘酸钾沉淀的生成，使 MnO_4^- 的颜色更加稳定。土样中 Cl^- 的干扰，在经反复消解和加热至硫酸冒浓厚白烟的过程中，以 HCl 形式挥发除去，不再影响锰的显色和测定。土壤试液中其他金属离子和阴离子均不干扰锰的测定。

4. 仪器和设备

可见分光光度计（3 mm 比色皿）、电热板及一般实验室仪器设备。

5. 试剂和材料

（1）盐酸：ρ（HCl）=1.19 g/mL。

（2）硝酸：ρ（HNO$_3$）=1.42 g/mL。

（3）氢氟酸：ρ（HF）=1.49 g/mL。

（4）高氯酸：ρ（HClO$_4$）=1.68 g/mL。

（5）硫酸：ρ（H$_2$SO$_4$）=1.84 g/mL。

（6）磷酸：ρ（H$_3$PO$_4$）=1.87 g/mL。

（7）高碘酸钾（不含锰）。

（8）硝酸溶液：1+1。

（9）锰标准贮备液，ρ=1 000 mg/L。

（10）锰标准使用液，ρ=50.0 μg/mL：临用时用水稀释成每毫升含 50.0 μg 锰的使用溶液。

6. 分析步骤

（1）试样制备。

称取 0.2～0.5 g 土样于 50 mL 聚四氟乙烯坩埚中，加少量水润湿后，加入 10 mL 盐酸，于通风橱内的电热板上低温加热，使样品初步分解，待蒸发至约 3 mL 时，取下稍冷，然后加入 5 mL 硝酸、5 mL 氢氟酸、3 mL 高氯酸，加盖于电热板上加热 1 h 左右，然后开盖，电热板温度控制在 150℃，继续加热除硅，为了达到良好的飞硅效果，应经常摇动坩埚。当加热至冒浓厚高氯酸白烟时，加盖，使黑色有机碳化物分解。待坩埚上的黑色有机物消失后，开盖，驱赶白烟并蒸至内容物呈黏稠状。取下坩埚稍冷，加入 3 mL 盐酸溶液，温热溶解可溶性残渣，全量转移至 50 mL 容量瓶中，加入 5 mL 氯化铵水溶液，冷却后用水定容至标线，摇匀。

（2）校准曲线绘制。

准确移取锰标准使用液 0，0.20，0.50，1.00，1.50，2.00 mL 于六支 150 mL 锥形瓶中，分别加入 2.5 mL 硫酸、2.0 mL 磷酸，加水至 40 mL，再加入高碘酸钾粉末 0.2～0.3 g，置电热板上加热至微沸，并保温 10 min，至紫红色不再加深为止，取下冷却至室温，移入 50 mL 容量瓶中，加水定容，摇匀。用 30 mm 比色皿于波长 520 nm 处测量吸光度。以测得的吸光度为纵坐标，锰含量为横坐标绘制校准曲线，并进行相应的回归计算。

（3）样品测定。

准确移取适量土壤试液及空白溶液于 150 mL 锥形瓶中，相同条件测定试液的吸光度。由吸光度值在校准曲线上查得锰质量浓度。

7. 结果计算

土壤样品中锰的含量 ω（mg/kg）按式（4-4-17）计算。

$$\omega = \frac{\rho \cdot V}{m(1-f)} \qquad (4\text{-}4\text{-}17)$$

式中：ρ——试液的吸光度减去空白溶液的吸光度，然后在校准曲线上查得锰的质量浓度，mg/L；

V——试液定容的体积，mL；

m——称取试样的重量，g；

f——试样中水分的含量，%。

8. 精密度和准确度

称取 0.500 0 g 标准土壤样品 GSS-8[保证值为（650±23）mg/kg]进行测定，6 次重复测定平均值为（641±13.3）mg/kg，相对标准偏差为 2.1%。

9. 注意事项

（1）用高碘酸钾氧化试样中锰，适宜的硫酸酸度为 1.8～3.6 mol/L（1/2H$_2$SO$_4$），酸度过高或过低不仅影响显色而且颜色也不稳定。酸度应控制在 2.0 mol/L 左右。

（2）氧化生成的高锰酸根离子的吸收最佳波长选择 520 nm。

（山西省环境监测中心站　董轶茹　岳丽）

十、铁

铁（Fe）的原子序数是 26，位于化学元素周期表中第四周期第Ⅷ族，主要化合价为 0、+3、+2，熔点和沸点分别为 1 535℃、2 750℃。

铁是地壳含量第二高的金属元素，在土壤中分布差异较大（1%～15%），是人体和动植物必需的微量元素，参与一系列吸收代谢和生理功能；土壤中有效铁的含量会受多种因素的影响，如土壤 pH、有机质、氧化还原电位以及养分之间的相互作用等，容易导致缺乏现象。

土壤中铁的测定主要有容量法（重铬酸钾法）、比色法（邻菲啰啉分光光度法）、火焰原子吸收法（FLAAS）、电感耦合等离子体发射光谱法（ICP-OES）、X 射线荧光光谱法（XRF）等。多元素同时分析优先选择 XRF 法和 ICP-OES 法；单元素分析可以选择容量法、比色法和 FLAAS 法，FLAAS 法相比其他两种方法操作简便。

火焰原子吸收分光光度法（B）

1. 方法原理

样品经消解后，直接喷入空气—乙炔的富燃性火焰中。溶液中所含被测元素离子在火焰高温下原子化，形成的基态原子对同种元素空心阴极灯发射的特征谱线产生选择性吸收，其吸光强度在一定范围内与待测元素含量成正比。

2. 适用范围

本方法适用于土壤中总铁的测定。称取 0.200 0 g 试样消解定容至 50.0 mL 时，方法的检出限为 25 mg/kg，测定下限为 100 mg/kg。

3. 干扰及消除

铁的最佳灵敏线 248.3 nm 存在硅（248.329 nm）、铬（348.307 nm）、铈（248.300 nm）、钨（348.323 nm）和铁（248.8 nm）等谱线干扰；铁的次灵敏线 302.1 nm 存在铬（302.135 nm）、钌（302.088 nm）、钼（302.069 nm）、锆（302.110 nm）等谱线干扰。结合土壤中铁和干扰元素的含量，以及减少稀释倍数，选择次灵敏线 302.1 nm。

4. 仪器和设备

火焰原子吸收分光光度计、空心阴极灯、数控平底石墨电热板（最大加热温度不小于350℃）、全自动消解仪、微波消解仪、聚四氟乙烯坩埚等。

火焰原子吸收分光光度计参考条件见表 4-4-38。各种型号的仪器，测定条件不尽相同，应根据仪器说明书选择合适的条件。

表 4-4-38　仪器参考测量条件

特征谱线/nm	火焰类型	灯电流/mA	通带宽度/nm
302.1	氧化型（蓝色）	4.0	0.2

5. 试剂和材料

（1）硝酸：ρ（HNO_3）=1.42 g/mL。

（2）盐酸：ρ（HCl）=1.19 g/mL。

（3）氢氟酸：ρ（HF）=1.12 g/mL。

（4）高氯酸：ρ（$HClO_4$）=1.68 g/mL。

（5）硝酸溶液：1+99。

（6）盐酸溶液：1+1。

（7）铁标准贮备液，ρ=1 000 mg/L。

（8）铁标准使用液，ρ=10.0 mg/L：移取铁标准贮备液 1.00 mL 于 100 mL 容量瓶中，用硝酸溶液定容至标线，摇匀。

6. 分析步骤

（1）试样制备。

见第四篇第二章"一、盐酸—硝酸—氢氟酸—高氯酸"中"（一）电热板消解法"和"（二）全自动消解法"，以及"三、硝酸—氢氟酸—高氯酸微波消解法"。

（2）校准曲线绘制。

以硝酸溶液为介质，通过稀释铁标准使用液，配制浓度为 0，0.50，1.00，2.00，4.00，6.00，10.0 mg/L 的标准曲线溶液。按仪器测量条件由低到高顺序测定标准溶液的吸光度。用减去空白的吸光度与相对应的铁浓度（mg/L）绘制校准曲线。

（3）样品测定。

测定全程序空白、试液的吸光度。由吸光度值在校准曲线上查得铁质量浓度。

7. 结果计算

样品中铁的含量 ω（mg/kg）按式（4-4-18）进行计算。

$$\omega = \frac{cV}{m(1-f)} \tag{4-4-18}$$

式中：ω —— 土壤样品中铁的含量，%；

　　　c —— 试液的吸光度减去空白试验的吸光度，然后在校准曲线上查得铁的含量，mg/L；

　　　V —— 试液定容体积，mL；

　　　m —— 称取试样的重量，g；

　　　f —— 试样中水分的含量，%。

8. 精密度和准确度

该方法分析 GSS 系列土壤标样的精密度和准确度见表 4-4-39。

表 4-4-39 方法的精密度和准确度实验结果

土壤标样	消解方法	保证值/%	平均值/%	相对误差/%	相对标准偏差/%	回收率/%
GSS-7	电热板法	18.76±0.33	18.48	−1.5	0.7	98.5
	全自动法		18.89	0.7	0.9	100.7
	微波消解法		16.68	−11.1	5.3	88.9
GSS-16	电热板法	5.44±0.05	5.42	−0.4	3.8	99.6
	全自动法		5.38	−1.1	3.0	98.9
	微波消解法		4.36	−19.9	1.2	80.1
GSS-27	电热板法	6.12±0.09	6.14	0.4	8.0	100.3
	全自动法		6.06	−1.0	2.7%	99.0
	微波消解法		5.58	−8.9	1.8%	91.1

注：保证值和平均值均是总三氧化二铁（TFe_2O_3）的含量。

（济源市环境监测站　成永霞　邱坤艳）

十一、铊

石墨炉原子吸收分光光度法（A）

铊（Tl），在自然界中分布广泛且分散，地壳中丰度为 0.75 mg/kg，在土壤中的含量一般为 0.2～1.0 mg/kg，土壤平均背景值为 0.58 mg/kg。土壤中铊的形态可分为水溶性铊、交换性铊和难溶性铊，化合价有一价和三价，三价不稳定，遇碱或水变为一价化合物。铊在土壤中的存在形态与土壤类型、pH、有机质含量等有一定的关系。

铊及其化合物的毒性高且蓄积作用较强，是强烈的神经毒物，可引起肝、肾损害，有致突变和致畸作用，三价铊的毒性大于一价铊。铊污染主要来源于电子工业，含铅、锌、铜等硫化矿冶炼行业。

单元素分析铊首选石墨炉原子吸收分光光度法，多元素同时分析首选电感耦合等离子体质谱法。

1. 方法原理

土壤和沉积物样品经消解后，注入石墨炉原子化器中，铊化合物形成基态原子，并对锐线光源发射的特征谱线（276.8 nm）产生选择性吸收，其吸收强度在一定范围内与铊含量成正比。

2. 适用范围

本方法适用于土壤中铊总量的测定，当称样量为 0.5 g，定容至 50 mL 时，本方法检出限为 0.10 mg/kg，测定下限为 0.40 mg/kg。

3. 干扰及消除

氯离子对铊的测定产生负干扰，当氯离子浓度为 50 mg/L 时，20.0 μg/L 浓度铊的吸光度下降 50%；加入硝酸钯、抗坏血酸基体改进剂，氯离子的共存浓度可达 1 000 mg/L，同时方法灵敏度明显提高。

4. 仪器和设备

石墨炉原子吸收分光光度计、铊锐线光源、微波消解仪、电热板等。

不同型号仪器的最佳测定条件不同，可根据仪器使用说明书自行选择。通常采用表

4-4-40 中的测量条件，升温程序见表 4-4-41。

表 4-4-40　仪器工作参数

名称	参数
测定波长/nm	276.8
通带宽度/nm	0.5
灯电流/mA	10.0
进样体积/μL	10
基体改进剂/μL	抗坏血酸 5μL+硝酸钯 5μL
石墨管	热解涂层石墨管

表 4-4-41　石墨炉升温程序

升温程序	温度/℃	时间/s	流量/(L/min)
1 干燥	85	6.0	0.3
2 干燥	95	42.0	0.3
3 干燥	120	13.0	0.3
4 灰化	600	5	0.3
5 灰化	600	5	0.3
6 灰化	600	4	0
7 原子化	2 100	1	0
8 原子化	2 100	2	0
9 除残	2 200	2	0.3

5. 试剂和材料

（1）硝酸：ρ（HNO_3）=1.42 g/mL，优级纯。

（2）氢氟酸：ρ（HF）=1.49 g/mL，优级纯。

（3）硝酸溶液：1+99。

（4）硝酸溶液：1+1。

（5）硝酸钯，优级纯。

（6）硝酸钯溶液：ρ =200 mg/L。称取 0.02 g 硝酸钯，加 1 mL 浓硝酸溶解，用水定容至 100 mL 容量瓶中。

（7）抗坏血酸，优级纯。

（8）抗坏血酸溶液：ρ =30 g/L。称取 3 g 抗坏血酸，用水定容至 100 mL 棕色容量瓶中。临用现配。

（9）金属铊：$\rho \geqslant 99.9\%$。

（10）Tl 标准贮备液：ρ =100 μg/mL。准确称取 0.1 g（精确至 0.1 mg）的金属铊加热溶解于硝酸溶液 20 mL 中冷却后，用水稀释到 1 000.0 mL。也可直接购买市售有证标准溶液。

（11）Tl 标准中间液：ρ =1.0 μg/mL。准确量取 1.00 mL 铊标准贮备液于 100 mL 容量瓶中，用硝酸溶液稀释至刻度线，摇匀。

（12）Tl 标准使用液：ρ =100 μg/L。准确量取 10.00 mL 铊标准中间液于 100 mL 容量瓶中，用硝酸溶液稀释至刻度线，摇匀。

（13）氩气：纯度>99.9%。

6. 分析步骤

（1）试样制备。

① 电热板消解法。

准确称取 0.1～0.5 g（精确至 0.1 mg）样品于 50 mL 聚四氟乙烯坩埚中，加 2～3 滴水湿润样品后加 10.0 mL 硝酸、3.0 mL 氢氟酸，180℃加盖消煮 1 h 后，揭盖飞硅赶酸（为达到良好的飞硅效果，应经常摇动坩埚），此时温度仍控制在 180℃，蒸至近干（注意防止烧干）。取下烧杯稍冷，加入 0.5 mL 硝酸，温热溶解可溶性残渣，转移至 50 mL 容量瓶中，冷却后用水定容至标线，摇匀。静置过夜，取上清液上机测试。

② 微波消解法。

准确称取 0.1～0.5 g（精确至 0.1 mg）样品于微波消解罐中，加 5.0 mL 硝酸、3.0 mL 氢氟酸，按照一定消解条件（表 4-4-42）进行消解，消解完后冷却至室温，将消解液转移至 50 mL 聚四氟乙烯烧杯中电热板加热赶酸（为达到良好的飞硅效果，应经常摇动坩埚），温度控制在 180℃，蒸至近干（注意防止烧干）。取下烧杯稍冷，加入 0.5 mL 硝酸，温热溶解可溶性残渣，转移至 50 mL 容量瓶中，冷却至室温后用水定容至标线，摇匀。静置过夜，取上清液上机测试。

表 4-4-42　微波消解仪升温程序

	温度	升温时间/min	保持时间/ min
1	室温至 120℃	6	3
2	120～150℃	8	10
3	150～180℃	8	30

注：若土壤样品中有机质含量高，也可视情况酌量加入双氧水辅助消解。

（2）空白试验。

采用和试液制备相同的步骤和试剂，制备全程序空白溶液，并按相同条件进行测定。每批样品至少制备两个以上的空白溶液。

（3）校准曲线绘制。

分别移取 0，1.00，2.00，3.00，4.00，5.00 mL 铊标准使用液于 10 mL 容量瓶中，用硝酸溶液定容后摇匀。此标准系列中铊的浓度分别为 0，10.0，20.0，30.0，40.0，50.0 μg/L。或者按照以上浓度由仪器自动配制。

按照仪器参考测量条件，基体改进剂采取先进硝酸钯溶液，后进抗坏血酸溶液的方式；由低到高顺次测定标准溶液系列的吸光度。以铊的质量浓度为横坐标，吸光度为纵坐标，建立铊的校准曲线。

（4）样品测定。

在开始测量前将石墨管空烧 3～5 次，通过测量试剂空白来检测试剂污染情况，石墨管空烧后先不进样品，启动石墨炉程序，检查石墨管中铊的残留情况。按所选工作条件，测定试剂空白和试样的吸光度。由吸光度值在校准曲线上查得铊的含量。如试样在测定前进行了稀释，应将测定结果乘以相应的稀释倍数。

7. 结果计算

土壤样品中铊的含量 ω（mg/kg）按照式（4-4-19）进行计算。

$$\omega = \frac{(c_1 - c_0) \times V}{m \times (1-f) \times 1\,000} \tag{4-4-19}$$

式中：ω —— 土壤中铊的质量浓度，mg/kg；

c_1 —— 由校准曲线查得的试液中铊质量浓度，μg/L；

c_0 —— 由校准曲线查得的铊全程序试剂空白的浓度，μg/L；

V —— 试液定容的体积，μL；

m —— 称取试样的重量，g；

f —— 试样中水分的含量，%。

8. 精密度和准确度

（1）精密度。

8 家实验室采用微波消解法对 GSS-2、GSS-28、衡阳土壤（1.37 mg/kg）、GSD-17、GSD-19 和辽宁渤海湾沉积物（0.75 mg/kg）进行了 6 次重复测定：实验室内相对标准偏差范围分别为 0.06%～12%、0.80%～9.2%、2.2%～5.9%、2.4%～6.6%、1.6%～7.9%和 3.2%～9.5%；实验室间相对标准偏差分别为 14%、5.7%、17%、4.2%、5.5%和 14%。

8 家实验室采用电热板消解法对 GSS-2、GSS-28、衡阳土壤（1.34 mg/kg）、GSD-17、GSD-19 和辽宁渤海湾沉积物（0.77 mg/kg）进行了 6 次重复测定：实验室内相对标准偏差范围分别为 0.06%～14%、2.1%～11%、2.3%～7.1%、0.04%～8.5%、1.6%～7.4%和 3.2%～11%；实验室间相对标准偏差分别为 12%、4.9%、11%、4.8%、4.2%和 13%。

（2）准确度。

8 家实验室采用微波消解分别对 GSS-2、GSS-28、GSD-17 和 GSD-19 进行了 6 次重复测定：实验室内相对误差范围分别为−18%～23%、−12%～7.5%、−10%～0.72%和−9.1%～6.5%；实验室间相对误差均值分别为 1.4%、−2.5%、−4.1%和−0.80%；相对误差最终值分别为 1.4%±30%、−2.5%±11%、−4.1%±7.8%和−0.80%±11%。

8 家实验室采用电热板消解分别对 GSS-2、GSS-28、GSD-17 和 GSD-19 进行了 6 次重复测定：实验室内相对误差范围分别为−19%～18%、−10%～2.5%、−5.8%～5.8%和−5.2%～5.2%；实验室间相对误差均值分别为 0.43%、−3.4%、−2.4%和 0.32%；相对误差最终值分别为 0.43%±26%、−3.4%±7.6%、−2.4%±10%和 0.32%±8.6%。

8 家实验室采用微波消解对含铊浓度为 1.37 mg/kg 和 0.75 mg/kg 的土壤和沉积物实际样品进行加标分析测定：加标回收率范围分别为 85.0%～113%和 80.0%～122%，加标回收率均值分别为 97.8%和 95.9%，加标回收率最终值为 97.8%±17.4%和 95.9%±32.6%。

8 家实验室采用电热板消解对含铊浓度为 1.34 mg/kg 和 0.77 mg/kg 的土壤和沉积物实际样品进行加标分析测定：加标回收率范围分别为 90.0%～109%和 83.0%～122%，加标回收率均值分别为 100%和 100%，加标回收率最终值为 100%±14.3%和 100%±29.4%。

（湖南省环境监测中心站　朱日龙　于磊　朱瑞瑞）

十二、锑

原子荧光光谱法（A）

锑（Sb），元素周期表中原子序数为 51，相对原子质量为 121.75。锑为银白色金属，在自然界中主要以三价、五价、负三价形式存在，三价锑的毒性要比五价锑毒性大，这与同族的砷和铋的情况相似；负三价锑的氢化物毒性剧烈。锑有刺激性，会刺激人的眼、鼻、喉咙及皮肤，持续接触可引起皮肤炎、破坏心脏及肝脏功能，摄入高含量的锑会导致中毒。我国《污水综合排放标准》（GB 8978—1996）将锑列为第一类污染物。锑的污染主要来自选矿、冶金、电镀、制药、铅字印刷、皮革等工业企业。

土壤中锑的测定可采用原子荧光法光谱法、电感耦合等离子体质谱法等。样品前处理可采用盐酸—硝酸（王水）/微波消解法、硝酸—过氧化氢/微波消解法、盐酸—硝酸/电热板低温加热法、硝酸—酒石酸/电热板低温加热法、硝酸—高氯酸/电热板消解法等。

参见第四篇第四章"二、砷（三）原子荧光光谱法（A）"。

（宁波市环境监测中心　孙骏）

十三、硒

硒（Se），元素周期表中原子序数为34，相对原子质量为78.96。Se（Ⅳ）为土壤中主要的硒形态，约占40%以上；以Se（Ⅵ）形态存在的硒，总量不超过10%。在干旱地区的碱性土壤和碱性风化壳中，硒通常以Se（Ⅵ）形态存在，可被植物直接吸收利用；在中性和酸性土壤中，绝大部分硒以Se（Ⅳ）形态存在，常为土壤黏粒和氧化物胶体吸附固定，不易被植物吸收利用；单质硒和有机质结合的硒则是湿地中硒的主要形态，分别占土壤总硒的46%和33%，可溶态和吸附态硒含量较低，分别为土壤总硒的5%和13%。

硒是生物体必需的营养元素，是组成谷胱甘肽过氧化酶的成分，保护心血管和心肌的健康，解除体内重金属的毒性作用，保护视器官的健全功能和视力。环境中硒过量或缺乏均会导致机体产生疾病。硒的环境污染源主要来源于硒矿山开采、冶炼、炼油、精炼铜、制造硫酸及特种玻璃等行业。若土壤中硒含量很高，会危害牲畜和居民。

硒的测定可采用原子荧光光谱法、石墨炉原子吸收分光光度法、氢化物原子吸收分光光度法、电感耦合等离子体质谱法等。石墨炉原子吸收分光光度法试样用量少，灵敏度高，适用于样品的直接分析；电感耦合等离子体质谱法可以实现多元素的同时分析，但是仪器昂贵。原子荧光光谱法存在荧光淬灭效应、散射光的干扰等问题，用于复杂基体的样品测定比较困难；氢化物原子吸收光谱法灵敏度高、准确度好，分析检测限可以达到μg/L。

（一）原子荧光光谱法（A）

参见第四篇第四章"二、砷（三）原子荧光光谱法（A）"。

本方法等效于《土壤中全硒的测定》（NY/T 1104—2006）。

（宁波市环境监测中心　孙骏）

（二）氢化物原子吸收光谱法（A）

本方法等效于《土壤中全硒的测定》（NY/T 1104—2006）。

1. 方法原理

样品经硝酸、高氯酸混合酸加热消解后，在盐酸介质中，将样品中的六价硒还原成四价硒，用硼氢化钠（$NaBH_4$）作还原剂，将四价硒在盐酸介质中还原成硒化氢（SeH_2），由载气（氮气）将硒化氢吹入高温电热石英管原子化。根据硒基态原子吸收硒空心阴极灯发射出来的共振线的量与待测液中硒含量成正比，与标准系列比较定值。

2. 适用范围

适用于土壤中全硒的测定，测定范围是质量分数为 1～8 mg/kg 的硒，方法检出限为 0.7 mg/kg。

3. 干扰及消除

Cu^{2+}、Co^{2+}、Ni^{2+}干扰测定，加入 EDTA、1,10-邻二氮菲、硫脲作掩蔽剂，可消除过渡金属离子的干扰；Pt^{4+}、Pd^{2+}、Au^{3+}、Ag^+的含量极低，一般不产生干扰；10 mg/L 的 Sb、Bi、As 以及 20 mg/L 的 Sn、Te 均不干扰 Se 的测定。

4. 仪器和设备

原子吸收分光光度计（配有氢化物发生器和硒空心阴极灯）、自动控温消解炉等。不同型号仪器的最佳测定条件不同，可根据仪器使用说明书自行选择。

5. 试剂和材料

（1）硝酸：ρ（HNO_3）=1.42 g/mL，优级纯。

（2）高氯酸：ρ（$HClO_4$）=1.68 g/mL，优级纯。

（3）盐酸：ρ（HCl）=1.19 g/mL，优级纯。

（4）氢氧化钠（$NaOH$）。

（5）10 g/L 硼氢化钠溶液：称取 1 g 硼氢化钠（$NaBH_4$）和 0.5 g 氢氧化钠溶于去离子水中，稀释至 100 mL，临用现配。

（6）0.1 mol/L 盐酸溶液。

（7）过氧化氢（H_2O_2）：质量分数为 30%，分析纯。

（8）硒标准储备液：100 mg/L。

（9）硒标准使用液：0.5 mg/L，将硒标准储备液用 0.1 mol/L 盐酸溶液稀释成每毫升含 500 ng 硒的标准使用液，于冰箱内保存。

6. 分析步骤

（1）试样制备。

称取 0.50 g 待测土样，放入聚四氟乙烯坩埚中，加入 2～3 滴水湿润样品。加入 10 mL 硝酸和 5 mL 高氯酸，盖上坩埚盖，放置过夜冷消化，然后将坩埚放在电炉上加热，当坩埚内有环状白烟逸出时，取下稍冷，加 1 mL 过氧化氢继续消煮，温度不能超过 200℃，当土壤残渣变成乳白色或暗灰色，此时土壤中硒全部进入溶液中。将坩埚稍冷，用水把坩埚内容物洗入 50 mL 容量瓶中，稀释至刻度，摇匀。放置澄清或干过滤，待测。

（2）校准曲线绘制。

吸取 0，1.00，2.00，4.00，8.00 mL 硒标准使用液于 50 mL 容量瓶中，用 0.1 mol/L 盐酸稀释至刻度，摇匀。配置成 0，10.0，20.0，40.0，80.0 ng/mL 硒标准系列溶液。吸取试液由载气导入氢化物发生器中，以硼氢化钠为还原剂将四价硒还原为硒化氢，测定其吸光度。标准溶液系列的浓度范围可根据样品中硒含量和仪器灵敏度高低适当调整。用吸光度与之对应的硒含量绘制校准曲线。

（3）样品测定。

分取 10.00～20.00 mL 制备好的待测液，在与测定硒标准系列溶液相同的条件下，测定试液的吸光度。

7. 结果计算

硒含量ω，以质量分数记，单位为毫克每千克（mg/kg），按式（4-4-20）进行计算：

$$\omega = \frac{(\rho - \rho_0) \times V}{m(1-f)} \times 10^{-3} \tag{4-4-20}$$

式中：ρ—— 测定试液中硒的质量浓度，ng/mL；

ρ_0—— 空白试液所测得的硒的质量浓度，ng/mL；

V—— 测定时吸取的试样溶液体积，mL；

m—— 试样的质量，g；

f—— 试样中水分的含量，%；

10^{-3}——以 ng 为单位的质量数值换算为以微克为单位的质量数值的换算系数。

8. 精密度和准确度

（1）精密度。

每批（10～100 个样品）样品中，随机抽取 10%的样品做平行双样检查（当批样品量少于 10 个，做 1 个平行双样）。平行双样的分析结果用相对偏差来评价。全硒的测定结果允许差符合表 4-4-43 的要求。

表 4-4-43　方法的精密度

全硒的质量分数（以 Se 计）/（mg/kg）	平行测定允许相对偏差/%	不同实验室间测定允许相对偏差/%
<0.10	20	50
0.10～0.40	15	30
>0.40	10	20

（2）准确度。

每批（10～100 个样品）样品中，随机抽取 10%的样品做基体加标测定，加标回收率应控制在 89.9%～100.0%。对土壤标准样品进行测定，测定结果见表 4-4-44。

表 4-4-44　准确度分析结果　　　　单位：×10⁻⁶（质量分数）

标样编号	标样推荐值	方法测定平均值
GBW07404	0.64±0.10	0.65±0.04
GBW07405	1.56±0.12	1.51±0.05
GBW07406	1.34±0.12	1.35±0.04
GBW07407	0.32±0.05	0.32±0.03

9. 注意事项

（1）硼氢化钠用量受使用仪器、操作参数的影响。当用量不足时，硒化物不能被完全还原成 SeH_2，当用量过多时，生成大量的 H_2 抑制 SeH_2 原子化。因此应根据样品量及实验条件调整用量。

（2）石英管原子化器的处理：当石英管透明度下降时，用浓硝酸浸泡 15 min，然后用水洗净，即可恢复到最大灵敏度。

（山西省环境监测中心站　张静　李焕峰）

十四、铋

铋（Bi），元素周期表中原子序数为 83，相对原子质量为 208.98。铋是环境中的稀有分散元素，在地壳中的丰度约为 0.2 mg/kg。铋在自然界中以游离金属和矿物的形式存在，中国的铋资源储量居世界首位。

铋污染主要来自有色金属的矿山开采及金属冶炼等行业。铋是人体非必需的有毒元素，主要累积在哺乳动物的肾脏造成病变。经白鼠试验表明，1.5 mg/d 将有中毒症状，160 mg/d 将会中毒致死。

土壤铋含量的测定方法主要有硫脲分光光度法、氢化物发生—无色散原子荧光光谱法、微波消解—原子荧光光谱法等，其中原子荧光光谱法较分光光度法操作简便、灵敏度高，应用普遍。

原子荧光光谱法（A）

参见第四篇第四章"二、砷（三）原子荧光光谱法（A）"。

（宁波市环境监测中心　孙骏）

十五、铍

自然界中的铍，因比重为 1.84 g/m³ 而被列为轻金属。铍是一种稀有金属，在地壳中的含量极少，只有 5%左右，主要存在于绿柱石矿（硅酸铝铍）中。铍不仅是生产铁合金的重要原料，而且在原子能反应堆中也得到广泛应用，土壤中铍的污染与铍的冶炼和加工等过程有关。铍及其化合物具有强烈的毒性及其致癌作用，进入人体后几乎全部被吸收，浓度高时会致死，即使是极少量也会由于局部刺激而伤害皮肤、黏膜，使结膜、角膜发生炎症，引起肺气肿、肺炎等。鉴于铍的毒性极大持续作用又强，痕量也会使人中毒，被 EPA 列为重要致癌物之一，属于美国优先控制污染物，其检测具有重要意义。

土壤中铍的测定可采用分光光度法、原子吸收分光光度法、电感耦合等离子体发射光谱法及电感耦合等离子体质谱法。常用的前处理方法主要有干法消解、电热板消解和微波消解。其中，微波消解技术具有消解完全快速、所需试剂量少、低空白、降低分析人员劳动强度等特点，受到广大分析人员的青睐。

石墨炉原子吸收分光光度法（A）

本方法等效于《土壤和沉积物　铍的测定　石墨炉原子吸收分光光度法》（HJ 737—2015）。

1. 方法原理

土壤样品采用混合酸（盐酸—硝酸—氢氟酸—高氯酸/电热板消解或硝酸—盐酸—氢氟酸/微波消解）消解后，注入石墨炉原子化器中，经过预设的干燥、灰化和原子化程序升温，铍化合物形成的铍基态原子对 234.9 nm 产生吸收，其吸收强度在一定范围内与铍浓度成正比，将试样的吸光度与标准溶液的吸光度进行比较，测定试液中铍的浓度，从而计算出土壤中铍的含量。

2. 适用范围

适用于土壤中铍的测定。称取 0.2 g 试样消解，定容至 50 mL，方法检出限为 0.03 mg/kg，测定下限为 0.12 mg/kg。

3. 干扰及消除

（1）采用塞曼法可消除背景干扰。

（2）对于共存离子干扰，1 μg/L 的铍消解溶液中，下列浓度以内的共存离子的存在对铍的测定不产生干扰：Pb（Ⅱ）75 mg/L、Cd（Ⅱ）7.5 mg/L、Zn（Ⅱ）7.5 mg/L、Cu（Ⅱ）35.5 mg/L、V（Ⅵ）20 mg/L、Cr（Ⅲ）1 mg/L、As（Ⅲ）0.85 mg/L；20 mg/L 的铁对铍的测定产生负干扰；75 mg/L 的镁对铍的测定产生正干扰；其他常见阴阳离子未见干扰。

（3）对于基体复杂的样品，加入基体改进剂（氯化钯：17.0 g/L）消除干扰，按基体改进剂与样品体积比 1：10 的比例加入。

4. 仪器和设备

石墨炉原子吸收分光光度计、铍空心阴的极灯、热解涂层石墨管（不能用普通石墨管代替）、微波消解仪、具有温控功能的电热板、聚四氟乙烯烧杯及一般实验室常用设备。

不同型号仪器的最佳测定条件不同，可根据仪器使用说明书自行选择。通常本方法采用表 4-4-45 中的测量条件，微波消解仪采用表 4-4-46 中的升温程序。

表 4-4-45　石墨炉原子吸收分光光度计测量条件

序号	温度/℃	时间/s	流量/（L/min）
1	85	5.0	3.0
2	95	40.0	3.0
3	120	10.0	3.0
4	1 000	5.0	3.0
5	1 000	1.0	3.0
6	1 000	2.0	0
7	2 300	0.7	0
8	2 300	2.0	0
9	2 300	2.0	3.0

注：1～3 步为干燥阶段；4～6 步为灰化阶段；7～8 步为原子化阶段；9 步为除残阶段。

表 4-4-46　微波消解升温程序

程序	升温时间/min	消解温度	保持时间/min
1	7	室温至 150℃	3
2	5	150～210℃	20

5. 试剂和材料

（1）盐酸：ρ（HCl）=1.19 g/mL，优级纯。

（2）硝酸：ρ（HNO$_3$）=1.42 g/mL，优级纯。

（3）氢氟酸：ρ（HF）=1.49 g/mL，优级纯。

（4）高氯酸：ρ（$HClO_4$）=1.68 g/mL，优级纯。

（5）铍标准贮备液：ρ（Be）=1 000 mg/L。

（6）铍标准中间液 A：ρ（Be）=10.0 mg/L。

准确吸取 1.00 mL 铍标准贮备液于 100 mL 容量瓶中，加入 1 mL 硝酸，用去离子水定容至标线，摇匀。

（7）铍标准中间液 B：ρ（Be）=100.0 μg/L。

准确吸取 1.00 mL 铍标准中间液 A 于 100 mL 容量瓶中，加入 1 mL 硝酸，用去离子水定容至标线，摇匀。

（8）铍标准使用液 A：ρ（Be）=10.0 μg/L。

准确吸取 10.00 mL 铍标准中间液 B 于 100 mL 容量瓶中，加入 1 mL 硝酸，用去离子水定容至标线，摇匀。

（9）铍标准使用液 B：ρ（Be）=4.0 μg/L。

准确吸取 4.00 mL 铍标准中间液 B 于 100 mL 容量瓶中，加入 1 mL 硝酸，用去离子水定容至标线，摇匀。

（10）氯化钯溶液，ρ（$PdCl_2$）=17.0 g/L。

称取 1.70 g 氯化钯（优级纯），用 5%硝酸溶液低温加热溶解，定容至 100 mL。

（11）氩气：纯度＞99.999%。

6．分析步骤

（1）试样制备。

① 电热板消解法。

称取样品 0.1～0.5 g 于 50 mL 聚四氟乙烯烧杯中，用少量水润湿后加入 10 mL 盐酸，于通风橱内的电热板上低温（95±5）℃加热，使样品初步分解，待蒸发至约剩 3 mL 时，加入 5 mL 硝酸、5 mL 氢氟酸，加盖于电热板上中温（120±5）℃加热 0.5～1 h，冷却后加入 2 mL 高氯酸，加盖中温加热 1 h，开盖飞硅（为了达到良好的飞硅效果，经常摇动烧杯，当加热至冒浓厚高氯酸白烟时，加盖，使黑色有机碳化物分解。待烧杯壁上的黑色有机物消失后，开盖，温度控制在（140±5）℃，驱赶白烟并蒸至近干（趁热观察内容物呈不流动的液珠状）。视消解情况可再补加 3 mL 硝酸、3 mL 氢氟酸、1 mL 高氯酸，重复以上消解过程。取下烧杯稍冷，加入 1 mL 硝酸（1+1），温热溶解可溶性残渣，转移至 50 mL 容量瓶中，用水定容至标线，摇匀，保存于聚乙烯瓶中。

某些土壤中有机质含量较高，应增加硝酸用量；在消解过程中注意观察，各种酸的用量和消解时间可视消解情况酌情增减；电热板温度不宜过高，防止聚四氟乙烯烧杯变形及样品蒸干。

② 微波消解法。

准确称取 0.1～0.2 g 试样于微波消解罐中，加入 5 mL 硝酸、2 mL 盐酸和 2 mL 氢氟酸，按照表 4-4-46 中微波升温程序进行消解，冷却至室温后将消解液转移至 50 mL 聚四氟乙烯烧杯中，电热板加热赶酸，温度控制在 210℃，蒸至溶液呈黏稠状（注意防止烧干）。取下烧杯稍冷，加入 0.5 mL 硝酸，温热溶解可溶性残渣，转移至 25 mL 容量瓶中，冷却至室温后用去离子水定容至标线，摇匀，保存于聚乙烯瓶中。在实际操作过程中，可以根据土壤的性质适当调整酸的用量，保证土壤消解彻底。

（2）空白试验。

采用和试液制备相同的步骤和试剂，每批样品至少制备两个以上的空白溶液。

（3）校准曲线绘制。

铍的校准曲线可以根据仪器特点，采用仪器自动配制或预配制的方法配制。

① 仪器自动配制：用铍标准使用液 B 作为母液，设定标准曲线系列铍浓度为 0，0.40，0.80，1.60，2.40，3.20，4.00 μg/L。

② 预配制：准确移取 0，1.00，2.00，4.00，6.00，8.00，10.00 mL 铍标准使用液 B 于 10 mL 容量瓶中，加入 0.1 mL 硝酸，然后用去离子水稀释至标线并混匀。标准系列中铍的浓度分别为 0，0.40，0.80，1.60，2.40，3.20，4.00 μg/L。

按仪器测量条件由低到高质量浓度顺序测定标准溶液的吸光度，由仪器自动给出校准曲线方程及相关系数。

（4）样品测定。

取适量试液，测定试液的吸光度。由吸光度值在校准曲线上查得铍的质量浓度。

7. 结果计算

土壤样品中铍的含量 ω（mg/kg）按式（4-4-21）进行计算：

$$\omega = \frac{(\rho_1 - \rho_0) \times V}{m \times w_{dm} \times 1\,000} \tag{4-4-21}$$

式中：ω——土壤中铍的质量浓度，mg/kg；

ρ_1——由校准曲线查得的试液中铍的质量浓度，μg/L；

ρ_0——由校准曲线查得铍全程序试剂空白的浓度，μg/L；

V——试液定容的体积，mL；

m——称取试样的重量，g；

w_{dm}——土壤中干物质含量，%。

结果表示应遵循有效数字修约规则的要求。

8. 精密度和准确度

（1）本方法分析 GSS 系列土壤标准样品及实际样品中铍的精密度实验结果见表 4-4-47 和表 4-4-48。

表 4-4-47　方法精密度实验结果（电热板消解）（参照标准 HJ 737—2015）

平行号	GSS-2	GSS-9	GSS-15	土壤实际样品
1	1.88	2.32	2.82	1.95
2	1.95	2.30	2.56	1.68
3	1.75	2.05	2.75	1.86
4	1.89	2.14	2.68	1.86
5	2.06	2.16	2.84	2.02
6	1.89	2.29	2.66	1.88
平均值/（mg/kg）	1.90	2.21	2.72	1.88
标准偏差	0.101	0.109	0.106	0.114
相对标准偏差/%	5.3	4.9	3.9	6.1

表 4-4-48　方法精密度实验结果（微波消解）

平行号	GSS-1	GSS-2	GSS-3	GSS-4	GSS-5	土壤实际样品
1	2.70	1.78	1.35	1.45	1.80	3.02
2	2.65	1.89	1.53	1.55	1.81	3.04
3	2.83	1.75	1.43	1.61	1.80	3.09
4	2.79	1.82	1.46	1.46	1.84	3.14
5	2.73	1.94	1.45	1.57	1.86	2.88
6	2.92	1.79	1.53	1.63	1.84	3.10
平均值/（mg/kg）	2.77	1.83	1.46	1.55	1.83	3.05
标准偏差	0.10	0.07	0.07	0.07	0.03	0.09
相对标准偏差/%	3.5	4.0	4.6	4.8	1.4	3.0

（2）本方法分析 GSS 系列土壤标准样品中铍的准确度实验结果见表 4-4-49 和表 4-4-50。

表 4-4-49　土壤中铍准确度测定结果（电热板消解）（参照标准 HJ 737—2015）

平行号	GSS-2	GSS-9	GSS-15
1	1.88	2.32	2.82
2	1.95	2.30	2.56
3	1.75	2.05	2.75
4	1.89	2.14	2.68
5	2.06	2.16	2.84
6	1.89	2.29	2.66
平均值/（mg/kg）	1.90	2.21	2.72
保证值/（mg/kg）	1.8±0.2	2.2±0.1	2.7±0.1
相对误差/%	5.7	0.4	0.7

表 4-4-50　土壤中铍准确度测定结果（微波消解）

平行号	GSS-1	GSS-2	GSS-3	GSS-4	GSS-5
1	2.70	1.78	1.35	1.45	1.80
2	2.65	1.89	1.53	1.55	1.81
3	2.83	1.75	1.43	1.61	1.80
4	2.79	1.82	1.46	1.46	1.84
5	2.73	1.94	1.45	1.57	1.86
6	2.92	1.79	1.53	1.63	1.84
平均值/（mg/kg）	2.77	1.83	1.46	1.55	1.83
保证值/（mg/kg）	2.5±0.3	1.8±0.2	1.4±0.2	1.85±0.34	2.0±0.4
相对误差/%	10.8	1.6	4.1	-16.5	-8.8

（3）多个实验室用本方法对 GSS 系列土壤标样及实际样品中的铍进行了测定。

① 电热板消解测定土壤中铍。

7 家实验室采用电热板消解法对实际土壤样品进行测定，实验室内相对标准偏差范围为 2.8%～12%，实验室间相对标准偏差为 7.3%，重复性限为 0.465 mg/kg，再现性限为

0.665 mg/kg。

7 家实验室采用电热板消解法对土壤标准样品 GSS-5 进行测定，相对误差为−18%～9.2%，相对误差的平均值为−5.7%±22%。

② 微波消解测定土壤中铍。

6 家实验室采用微波消解法对实际样品进行测定，实验室内相对标准偏差范围分别为1.9%～11.2%和1.7%～7.8%；实验室间相对标准偏差分别为 7.5%和6.1%。重复性限分别为 0.29 mg/kg 和 0.34 mg/kg；再现性限分别为 0.39 mg/kg 和 0.59 mg/kg。

6 家实验室采用微波消解法对土壤标准样品 GSS-3 进行测定，相对误差为−3.2%～10.7%；相对误差的平均值为−1.4%±14.6%。

（4）实际样品加标回收。

采用微波消解对三个不同浓度的实际土壤样品进行了测试，平均值分别为 2.84 mg/kg、1.65 mg/kg 和 0.29 mg/kg。分别测定其在两个浓度水平（1mg/kg 和 3 mg/kg）下的加标回收率，其加标回收率范围为 77.2%～115.9%。

9. 注意事项

石墨炉测定土壤中铍采用的石墨管为热解涂层石墨管，不能用普通的石墨管。

（湖南省环境监测中心站　林海兰　朱日龙　朱瑞瑞）

十六、钴

钴属于过渡金属，是具有光泽的钢灰色金属，常见化合价为+2 价和+3 价。在常温下不和水反应，在潮湿的空气中也很稳定。在空气中加热至 300℃以上时氧化生成 CoO，在白热时燃烧成 Co_3O_4。土壤中钴的形态可分为交换态、碳酸盐结合态、易还原锰结合态、有机结合态、无定形氧化物结合态等。其能够通过食物链等方式进入人体。

钴是人体和植物中所必需的微量元素之一，在人体中钴主要通过维生素 B_{12} 发挥生物学作用，钴对铁的代谢、血红蛋白的合成、细胞的生长等具有重要的生理作用，缺钴将产生严重的低色素小细胞，过量的钴也能够产生中毒现象。钴可经消化道和呼吸道进入人体，一般成年人体内含钴量为 1.1～1.5 mg。在血浆中无机钴附着在白蛋白上，最初贮存于肝和肾，然后贮存于骨、脾、胰、小肠以及其他组织。体内钴14%分布于骨骼，43%分布于肌肉组织，43%分布于其他软组织中。经常暴露于过量钴的环境中，可引起钴中毒，钴矿工、冶炼者在工作时染病时有发生。

土壤中钴的测定方法主要有分光光度法、原子吸收分光光度法、电感耦合等离子发射光谱法、电感耦合等离子质谱法、X 射线荧光光谱法。多元素同时分析可以选择电感耦合等离子发射光谱法、电感耦合等离子质谱法、X 射线荧光光谱法。由于分析精度好、分析速度快、仪器比较简单、操作方便等优点，单元素分析首选火焰原子吸收分光光度法。

火焰原子吸收分光光度法（B）

1. 方法原理

采用混合酸全分解的方法，彻底破坏土壤的矿物晶格，使试样中的钴元素全部进入试液。然后，将土壤消解液喷入空气-乙炔火焰中。在火焰的高温下，钴化合物离解为基态原子，该基态原子蒸气对钴空心阴极灯发射的特征谱线 240.7 nm 产生选择性吸收。在选择的最佳测定条件下，测定钴的吸光度。通过测量吸光度来测定样品中钴元素的浓度。

2. 适用范围

适用于土壤中钴的测定。当称取 0.5 g 试样消解，定容至 50 mL，采用电热板消解的方法检出限为 1.4 mg/kg，测定下限为 5.6 mg/kg；采用微波消解的方法检出限为 1.2 mg/kg，测定下限为 4.8 mg/kg。

3. 干扰及消除

测定钴受到共存元素的化学干扰较少。基体盐类的分子吸收可用氘灯背景校正器或 Zeeman 效应背景校正器扣除。此外，钴的光谱线十分复杂，在其灵敏吸收线 240.7 nm 附近还存在其他的光谱线会产生光谱干扰，不仅会降低测量灵敏度，而且也会影响测量的线性范围，为此应选择尽可能窄的光谱通带（或仪器的狭缝宽度）。

4. 仪器和设备

原子吸收分光光度计、钴空心阴极灯、纯度＞99.999%的乙炔、微波消解装置、具有温控功能的电热板、玛瑙研磨机等。

不同型号仪器的最佳测定条件不同，可根据仪器使用说明书自行选择。可参考表 4-4-51 中的测量条件，表 4-4-52 中的微波消解升温程序。

表 4-4-51　仪器测量条件

名称	参数
测定波长/mn	240.7
狭缝宽度/mn	0.2
火焰性质	贫燃
灯电流 mA	7.0

表 4-4-52　微波消解仪升温程序

程序	温度	升温时间/min	保持时间/min
1	室温至 150℃	7	3
2	150～210℃	5	20

5. 试剂和材料

（1）盐酸：ρ（HCl）=1.19 g/mL，优级纯。

（2）硝酸：ρ（HNO$_3$）=1.42 g/mL，优级纯。

（3）氢氟酸：ρ（HF）=1.49 g/mL，优级纯。

（4）高氯酸：ρ（HClO$_4$）=1.68 g/mL，优级纯。

（5）钴标准贮备液：ρ（Co）=500.0 mg/L。

（6）钴标准使用液：ρ（Co）=100.0 mg/L。

准确吸取 20.00 mL 钴标准贮备液于 100 mL 容量瓶中，加入 1 mL 硝酸用水定容至标线，摇匀。

6. 分析步骤

（1）试样制备。

① 电热板法。

详见第四篇第二章"一、盐酸—硝酸—氢氟酸—高氯酸（一）电热板消解法"。

② 微波消解法。

称取待测样品干重 0.5 g，置于聚四氟乙烯坩埚内，加 2～3 滴水湿润试样。加 5 mL 浓硝酸、2 mL 氢氟酸、1 mL 盐酸和 1 mL 高氯酸，按照上述消解条件进行消解，消解完后冷却至室温，将消解液转移至 50 mL 聚四氟乙烯烧杯中电热板加热赶酸，温度控制在 180℃，蒸至溶液呈黏稠状（注意防止烧干）。取下烧杯稍冷，加入 0.5 mL 浓硝酸，温热溶解可溶性残渣，转移至 50.0 mL 比色管中，冷却至室温后定容至标线，摇匀。静置过夜，取上清液稀释适当倍数再上机测试。消解后试样保存于聚乙烯瓶中，保证试样 pH＜2。

（2）空白试验。

采用和试液制备相同的步骤和试剂，每批样品至少制备两个以上的空白溶液。

（3）校准曲线绘制。

准确移取钴标准使用液 0，0.10，0.50，1.00，2.00，3.00，5.00 mL 于 100 mL 容量瓶中，用 1%硝酸定容至标线，摇匀，钴的质量浓度分别为 0，0.10，0.50，1.00，2.00，3.00，5.00 mg/L。此质量浓度范围应包括试液中钴的质量浓度。仪器测量条件由低到高质量浓度顺序测定标准溶液的吸光度。用减去空白的吸光度与相对应的钴的质量浓度（mg/L）绘制校准曲线。

（4）样品测定。

取适量试液，测定试液的吸光度。由吸光度值在校准曲线上查得铍的质量浓度。

7. 结果计算

土壤样品中钴的含量 ω（mg/kg）按照式（4-4-22）进行计算：

$$\omega = \frac{(c_1 - c_0) \times V}{m \times (1 - f)} \qquad (4\text{-}4\text{-}22)$$

式中：ω —— 土壤中钴的质量浓度，mg/kg；

c_1 —— 由校准曲线查得的试液中钴的质量浓度，mg/L；

c_0 —— 由校准曲线查得钴全程序试剂空白的浓度，mg/L；

V —— 试液定容的体积，mL；

m —— 称取试样的重量，g；

f —— 试样中水分的含量，%。

8. 精密度和准确度

（1）精密度。

实验室内采用两种前处理方法分别对四种土壤实际样品进行了测定（平行 6 次）。测定结果表明：采用电热板—硝酸—氢氟酸—盐酸—高氯酸测定土壤中钴的相对标准偏差范围为 1.7%～4.2%；采用微波消解—硝酸—氢氟酸—盐酸—高氯酸测定土壤中钴的相对标准偏差范围为 1.7%～2.1%。

（2）准确度。

实验室内采用两种前处理方法分别对四种土壤有证标准样品（GSS-9、GSS-16、GSS-4、GSS-5）进行准确度测定（平行 6 次）。测定结果表明：采用电热板—硝酸—氢氟酸—盐酸—高氯酸测定土壤中钴的相对误差范围为 1.6%～12.4%；采用微波消解—硝酸—氢氟酸—盐酸—高氯酸测定土壤中钴的相对误差范围为 2.8%～13.4%。

（3）加标回收率。

实验室内采用两种前处理方法分别对三种土壤实际样品进行了测定（平行 6 次）。电热板消解法加标回收率为 90.4%～111.8%；微波消解法的加标回收率为 92.6%～106.9%。

（湖南省环境监测中心站　毕军平　朱瑞瑞　林海兰）

十七、钒

钒（V）在自然界中分布较广，约占地壳重量的 0.6%，是 VB 族元素，地壳中丰度约为 0.02%，世界土壤中钒的平均含量为 90 mg/kg，我国土壤背景值平均为 86 mg/kg。土壤中钒所构成的化合物非常复杂，存在的价态可从 −1～+5 价，可同氨基酸、草酸、磷酸根离子、羟基等多种配体形成聚合物。钒的迁移转化与土壤，pH、氧化还原电位、有机质含量及气候、水文、生物等因素有关。

钒是生物体内所必需的微量元素之一，其毒性与其存在价态有关，五价钒的毒性最大，VO_2^+ 为生物无效，VO_3^- 容易被植物吸收。植物从土壤中吸收的钒大部分积累在根中，过量会引发毒害作用，直接或间接危害人类健康。钒在人体内累积到一定浓度时会产生毒性反应，导致咳嗽、肠道血管痉挛、胃肠蠕动亢进等病症。钒的污染来源主要是工业废渣以及石油泄漏、大气沉降，含钒废水灌溉农田，金属矿山含钒废弃物的堆积等。

钒的测定可采用钽试剂（BPHA）萃取分光光度法、催化极谱法、石墨炉原子吸收分光光度法、X 射线荧光光谱法、电感耦合等离子发射光谱法和电感耦合等离子体质谱法等。多元素同时分析首选电感耦合等离子发射光谱法、电感耦合等离子体质谱法、X 射线荧光光谱法；单元素分析首选石墨炉原子吸收分光光度法。

石墨炉原子吸收分光光度法（B）

1. 方法原理

土壤样品采用混合酸全分解的方法，彻底破坏土壤的矿物晶格，使试样中的待测元素全部进入试液，然后将土壤消解液注入石墨炉中。经过预先设定的干燥、灰化、原子化等升温程序使共存基体成分蒸发除去，同时在原子化阶段的高温下钒化合物离解为基态原子蒸气，并对空心阴极灯发射的特征谱线产生选择性吸收。在选择的最佳测定条件下，通过背景扣除，测定试液中钒的吸光度。

2. 适用范围

适用于土壤中钒的总量测定。当称取 0.5 g（精确至 0.1 mg）试样消解，定容至 50 mL，土壤中钒的方法检出限为 0.48 mg/kg，测定下限为 1.93 mg/kg。

3. 干扰及消除

采用氘灯法、塞曼效应校正法或连续光谱灯背景校正法校正背景。一些干扰可以加入铝盐使土壤溶液中最终浓度达 2 000 mg/L Al^{3+} 即可克服。土壤中共存组分在常见浓度下对钒的测定不产生干扰，当钒的浓度为 1 mg/L、而铅、钼的浓度超过 300 mg/L、铁的浓度超过 200 mg/L、砷、锑、铋的浓度超过 100 mg/L、硝酸的浓度超过 6% 时，将会抑制钒的吸收信号，使钒的测定结果偏低。

4. 仪器和设备

（1）石墨炉原子吸收分光光度计、钒空心阴极灯、微波消解装置、电热板、玛瑙研磨机等。
（2）仪器参数。

不同型号仪器的最佳测定条件不同，可根据仪器使用说明书自行选择。通常采用表4-4-53和表4-4-54中的测量条件，微波消解采用表4-4-55中的升温程序。

表 4-4-53　仪器工作参数

名称	参数
测定波长/nm	318.5
通带宽度/nm	0.5R
灯电流/mA	3.0
进样体积/μL	10

表 4-4-54　石墨炉升温程序

升温程序	温度/℃	时间/s	流量/（L/min）
1 干燥	85	5.0	0.3
2 干燥	95	40.0	0.3
3 干燥	120	10.0	0.3
4 灰化	1 000	5.0	0.3
5 灰化	1 000	1.0	0.3
6 灰化	1 000	2.0	0.0
7 原子化	2 700	0.9	0.0
8 原子化	2 700	2.0	0.0
9 除残	2 700	2.0	0.3

表 4-4-55　微波消解仪升温程序

程序	温度	升温时间/min	保持时间/min
1	室温至 150℃	7	3
2	150～180℃	5	20

5. 试剂和材料

（1）硝酸：ρ（HNO_3）=1.42 g/mL，优级纯。

（2）氢氟酸：ρ（HF）=1.49 g/mL，优级纯。

（3）双氧水：含量 30%，优级纯。

（4）钒标准贮备液：ρ（V）=1 000 mg/L。

（5）钒标准使用液：ρ（V）=100.0 mg/L。

准确吸取 10.00 mL 钒标准贮备液于 100 mL 容量瓶中，加入 1 mL 硝酸用超纯水定容至标线，摇匀。

6. 分析步骤

（1）试样制备。

① 微波消解法：硝酸—氢氟酸—双氧水体系。

称取 100 目土壤样品干重 0.5 g，置于微波消解罐内，加 5 mL 硝酸、2 mL 氢氟酸和 2 mL 双氧水，按照表 4-4-55 进行消解，消解完后冷却至室温，将消解液转移至 50 mL 聚四氟乙烯烧杯中电热板加热赶酸，温度控制在 180℃，蒸至溶液呈黏稠状（注意防止烧干）。取下烧杯稍冷，加入 0.5 mL 浓硝酸，温热溶解可溶性残渣，转移至 50.0 mL 比色管中，冷却至室温后用水定容至标线，摇匀。静置过夜，取上清液稀释适当倍数再上机测试。

② 电热板消解法：硝酸—氢氟酸—双氧水体系。

称取待测土壤样品干重 0.5 g，置于聚四氟乙烯坩埚内，加 2～3 滴水湿润试样。加 10 mL

浓硝酸、3 mL 氢氟酸，2 mL 双氧水，180℃加盖消煮约 1 h，揭盖飞硅、赶酸，温度控制在 180℃，蒸至溶液呈黏稠状（注意防止烧干）。取下烧杯稍冷，加入 0.5 mL 浓硝酸，温热溶解可溶性残渣，转移至 50.0 mL 比色管中，冷却后用水定容至标线，摇匀。静置过夜，取上清液进行测试。

由于土壤种类较多，所含有机质差异较大，各种酸的用量可视消解情况酌情增减；电热板温度不宜太高，否则会使聚四氟乙烯坩埚变形；样品消解时，严禁蒸干，否则待测元素会有损失。

（2）校准曲线绘制。

在容量瓶中配制钒标准系列，浓度为 0，50.0，100.0，150.0 μg/L，介质为 1%硝酸。该标准曲线可以由仪器自动配制，质量浓度范围应包括试液中钒的质量浓度，按仪器测量条件由低到高质量浓度顺序测定标准溶液的吸光度，用减去空白的吸光度与相对应的钒的质量浓度（μg/L）绘制校准曲线。

（3）空白试验。

采用和试液制备相同的步骤和试剂，每批样品至少制备两个以上的空白溶液。

（4）样品测定。

在开始测量前将石墨管空烧 3～5 次，通过测量试剂空白来检测试剂污染情况，石墨管空烧后先不进样品，启动石墨炉程序，检查石墨管中钒的残留情况。按所选工作条件，测定试剂空白和试样的吸光度。由吸光度值在校准曲线上查得钒含量。如试样在测定前进行了稀释，应将测定结果乘以相应的稀释倍数。每测定约 20 个样品要进行一次斜率校正。

7. 结果计算

土壤样品中钒的含量 ω（mg/kg）按照式（4-4-23）进行计算：

$$\omega = \frac{(c_1 - c_0) \times V}{m \times (1 - f)} \qquad (4\text{-}4\text{-}23)$$

式中：ω —— 土壤中钒的质量浓度，mg/kg；

c_1 —— 由校准曲线查得试液中钒的质量浓度，μg/L；

c_0 —— 由校准曲线查得钒空白的质量浓度，μg/L；

V —— 试液定容的体积，mL；

m —— 称取试样的重量，g；

f —— 试样中水分的含量，%。

8. 精密度和准确度

（1）本方法分析 GSS 系列土壤标样中钒的准确度实验结果见表 4-4-56。

表 4-4-56　方法的准确度实验结果

土壤标样	消解方法	保证值/（mg/kg）	平均值/（mg/kg）	相对误差/%
GSS-9	电热板消解法	90±12	80.8	−10.2
GSS-9	微波消解法		80.7	−10.3
GSS-5	电热板消解法	166±9	165.0	−0.5
GSS-5	微波消解法		163.0	−2.0

采用体系硝酸—氢氟酸—双氧水/微波消解法测定土壤中钒的相对误差范围为 −10.3%～−2.0%，采用体系硝酸—氢氟酸—双氧水/电热板消解法测定土壤中钒的相对误差

范围为−10.2%～−0.5%。

（2）多个实验室用本方法分析 GSS 系列土壤标样中钒的精密度和准确度实验结果见表 4-4-57。

表 4-4-57　方法的精密度和准确度实验结果

土壤标样	实验室数	保证值/（mg/kg）	总均值/（mg/kg）	室内相对标准偏差/%	室间相对标准偏差/%
GSS-9	5	90±12	86.8	2.3	9.8
GSS-5	5	166±9	163.2	3.0	10.1

对实际样品按 0～1 倍量添加对应的水标样进行加标回收测定，在电热板消解（硝酸+氢氟酸+双氧水）情况下，土壤中钒的测定加标回收率平均为 117%～118%。在微波消解（硝酸+氢氟酸+双氧水）情况下，实际土壤中钒的测定加标回收率平均为 100%～117%。

（湖南省环境监测中心站　于磊　林海兰　朱日龙）

十八、银

石墨炉原子吸收分光光度法（C）

1. 方法原理

样品经消解后，注入石墨炉原子化器中。溶液中所含被测元素离子在石墨管内经高温原子化，形成的基态原子对同种元素空心阴极灯发射的特征谱线产生选择性吸收，其吸光强度在一定范围内与待测元素含量成正比。

2. 适用范围

适用于土壤中总银的测定。称取 0.200 0 g 试样消解定容至 50.0 mL 时，方法检出限为 0.010 mg/kg，测定下限为 0.040 mg/kg；

3. 干扰及消除

可以采用直流塞曼法、交流塞曼法等校正背景吸收。选用磷酸氢二铵基体改进剂消除氯离子等干扰。

4. 仪器和设备

石墨炉原子吸收分光光度计、空心阴极灯、数控平底石墨电热板（最大加热温度不小于 350℃）、全自动消解仪、微波消解仪、聚四氟乙烯坩埚等。

石墨炉原子吸收分光光度计测量条件参考表 4-4-58。各种型号的仪器，测定条件不尽相同，应根据仪器说明书选择合适条件。

表 4-4-58　仪器参考测量条件

元素	特征谱线/nm	灯电流/mA	通带宽度/nm	干燥温度/时间/（℃/s）	灰化温度/时间/（℃/s）	原子化温度/时间/（℃/s）	清除温度/时间/（℃/s）	进样量/基体改进剂/μL
银	328.1	10.0	0.7	110/30、130/30	850/30	1600/3	2450/3	20.0/2.0

5. 试剂和材料

（1）硝酸：ρ（HNO$_3$）=1.42 g/mL。

（2）盐酸：ρ（HCl）=1.19 g/mL。

（3）氢氟酸：ρ（HF）=1.12 g/mL。

（4）高氯酸：ρ（HClO$_4$）=1.68 g/mL。

（5）硝酸溶液，（1+99）。

（6）盐酸溶液，（1+1）。

（7）基体改进剂，5.0%磷酸氢二铵溶液：准确称取 5.0 g 磷酸氢二铵 [(NH$_4$)$_2$HPO$_4$]，用少量实验用水溶解后全部转移入 100 mL 容量瓶中，实验用水定容至标线，摇匀。

（8）银标准贮备液，ρ（Ag）=500 mg/L。

（9）银混合标准使用液，银 100 μg/L，用 1%硝酸溶液逐级稀释配制。

6. 分析步骤

（1）试样制备。

详见第四篇第二章"一、盐酸—硝酸—氢氟酸—高氯酸（一）电热板消解法"和"（二）全自动消解法"以及"三、硝酸—氢氟酸—高氯酸微波消解法"。

（2）校准曲线绘制。

准确移取银混合标准使用液 0，0.50，1.00，1.50，2.00，3.00 mL 于 100 mL 容量瓶中，加入 2.0 mL 磷酸氢二铵溶液，用（1+99）硝酸溶液定容至刻度。该标准曲线溶液含银 0，0.50，1.00，1.50，2.00，3.00 μg/L。按仪器条件由低浓度到高浓度依次测定标准溶液的吸光度；以扣除背景的吸光度与相对应的银浓度（μg/L）绘制校准曲线。

（3）样品测定。

测定全程序空白、试样溶液的吸光度。

7. 结果计算

土壤样品中银的含量ω（mg/kg）按式（4-4-24）进行计算：

$$\omega = \frac{(\rho \times f - \rho_0) \times V}{m \times w_{dm}} \times 10^{-3} \tag{4-4-24}$$

式中：ω——土壤样品中银的含量，mg/kg；

ρ——试样溶液吸光度（扣除背景）在校准曲线上查得银的浓度，μg/L；

f——采用硝酸溶液稀释制备试样的倍数；

ρ_0——全程序空白吸光度（扣除背景）在校准曲线上查得银的浓度，μg/L；

V——消解后试样的定容体积，mL；

m——称取试样的重量，g；

w_{dm}——试样的干物质含量，%。

8. 精密度和准确度

该方法分析 GSS 系列土壤标样中银精密度和准确度，见表 4-4-59。

表 4-4-59　银方法的精密度和准确度实验结果

土壤标样	消解方法	保证值/（mg/kg）	平均值/（mg/kg）	相对误差/%	相对标准偏差/%	回收率/%
GSS-7	电热板法	0.057±0.011	0.048	−15.8	8.6	84.3
	全自动法		0.055	−3.6	1.8	96.5
	微波消解法		0.053	−7.1	3.7	93.0

土壤标样	消解方法	保证值/（mg/kg）	平均值/（mg/kg）	相对误差/%	相对标准偏差/%	回收率/%
GSS-11	电热板法	0.098±0.007	0.091	−7.2	3.8	92.9
	全自动法		0.097	−1.1	0.6	99.0
	微波消解法		0.102	4.1	2.0	104
GSS-16	电热板法	014±0.02	0.12	−14.3	7.7	85.8
	全自动法		0.14	0	0	100
	微波消解法		0.15	7.2	3.5	108

9. 注意事项

高硅含量（二氧化硅大于 80%）的样品如砂土，试样制备的赶酸阶段要特别注意防止蒸干，否则待测元素会有损失。

（天津市生态环境监测中心　王鑫　王静）

十九、稀土元素

稀土元素是指元素周期表第六周期副族的镧系元素，即镧（La）、铈（Ce）、镨（Pr）、钕（Nd）、钷（Pm）、钐（Sm）、铕（Eu）、钆（Gd）、铽（Tb）、镝（Dy）、钬（Ho）、铒（Er）、铥（Tm）、镱（Yb）、镥（Lu），以及与上述 15 个元素密切相关的钇（Y）和钪（Sc）共 17 种元素。稀土元素在自然界中通常以正三价存在，铈常呈正四价，铕常呈正二价。稀土元素总量在不同岩石中含量不同，主要取决于发育的母岩母质。中国 860 余个表层土壤分析结果表明，土壤总稀土含量为 18~582 mg/kg，中位值为 181.1 mg/kg，算术平均值为 187.6 mg/kg，几何均值为 179.1 mg/kg。

稀土元素广泛应用于电子、石油化工、冶金、机械、能源、轻工、环境保护和农业等领域，可生产荧光材料、稀土金属氢化物电池材料、电光源材料、永磁材料、储氢材料、催化材料、精密陶瓷材料、激光材料、超导材料、磁致伸缩材料、磁致冷材料、磁光存储材料和光导纤维材料等。稀土元素用于植物，在增产、优质、抗逆等方面具有优越性，但是过量的稀土可能对作物有害。

稀土元素测定的方法有电感耦合等离子发射光谱法、电感耦合等离子质谱法、X 射线荧光光谱法和中子活化分析法。稀土总量是指上述稀土元素分量的总和，测定土壤中稀土总量的方法主要是分光光度法，适用于低浓度稀土的测定，不适用于高浓度稀土的测定。

（一）稀土总量　偶氮氯膦分光光度法（C）

1. 方法原理

试样以氢氧化钠、过氧化钠熔融，用三乙醇胺浸取以分离铁、钛、锰、硅、磷等。沉淀用盐酸溶解后再经氨水沉淀稀土以分离钙、镍，最后在 0.20~0.24 mol/L 盐酸介质中，稀土元素与偶氮氯膦-MA 生成绿色络合物，于波长 675 nm 处进行光度测量。

2. 适用范围

适用于一般土壤中稀土元素总量的测定（放射性元素钷除外），测定范围为 0.01%~0.05%。不适用于 $ThO_2/\Sigma RE_xO_y > 10\%$ 试样的分析。

3. 干扰及消除

土壤中共存的 Fe^{3+}、Ti^{4+}、Zr^{4+}、Ni^{2+} 等有干扰。土壤经氢氧化钠熔融，用三乙醇胺浸取，以除去大量铁、钛、铝、硅；稀土在沉淀物中经盐酸溶解，氨水再沉淀，可使 Ni^{2+}、Co^{2+}、Cu^{2+}、Ca^{2+} 进入溶液而分离。最后试液中可能含有少量 Th^{4+}、Zr^{4+}、U^{4+}，可用草酸和 NH_4F 掩蔽。

4. 仪器和设备

分光光度计，30 mL 镍坩埚或高铝坩埚，马弗炉等。

5. 试剂和材料

（1）氢氧化钠（A.R.，粒状）。

（2）过氧化钠（A.R.，粉状）。

（3）氢氧化钠溶液：2%（w/v）水溶液。

（4）三乙醇胺（A.R.）。

（5）氯化镁（A.R.）：5%（w/v）水溶液。

（6）盐酸（G.R.）：12 mol/L。

（7）盐酸（G.R.）：6 mol/L。

（8）盐酸（G.R.）：1.2 mol/L 水溶液。

（9）氨水（A.R.）：14 mol/L。

（10）氨水（A.R.）：0.28 mol/L 水溶液。

（11）草酸（A.R.）：5%（w/v）水溶液。

（12）氟化铵（A.R.）：2%（w/v）水溶液。

（13）过氧化氢（A.R.）：30%。

（14）偶氮氯膦-MA（A.R.）：0.015%（w/v）水溶液。

（15）混合稀土标准使用液：准确移取各稀土分量浓度为 100 μg/mL 的混合稀土标准贮备液 1.00 mL 于 100 mL 容量瓶中，加水稀释至刻度，摇匀，此溶液含稀土分量 1.00 μg/mL。使用时再稀释至含稀土分量 0.10 μg/mL 的溶液使用。

注：本方法溶液含 16 种稀土元素，稀土元素总量浓度为 1.60 μg/mL；按照附录 B 公式换算，稀土元素氧化物浓度为 1.90 μg/mL。

6. 分析步骤

（1）试样制备。

① 试样需全部通过筛孔为 0.097 mm 筛（160 目）；试样需预先在 105～110℃烘干 2 h，置于干燥器中冷至室温。

注：本方法测定土壤过筛与其他无机元素筛孔不同，其他无机元素为 0.149 mm 筛（100目）。稀土总量无需进行含水率换算。

② 称取 0.5 g 土样（取三份试样平行测定）于盛有 3 g 氢氧化钠的坩埚中，加 2 g 过氧化钠覆盖样品，置电炉除去水分，移入 680～720℃马弗炉中熔融 10 min，中间摇动一次，取出，冷却。

③ 用滤纸擦净坩埚外壁，置于 400 mL 烧杯中，加入 5 mL 三乙醇胺，盖上表面皿，从杯嘴加入 100 mL 近沸水浸取。取下表面皿，将坩埚用水洗净后取出，缓慢加入 2 mL 氯化镁溶液。盖上表面皿，加热煮沸 1～2 min，取下静置。待沉淀物沉降后，用中速定性滤纸过滤，弃去滤液。沉淀用热氢氧化钠溶液洗涤 4～5 次。

注：如果坩埚内壁呈黄色，需加入 10 mL 1.2 mol/L 盐酸洗涤坩埚内壁并将酸洗液合并于烧杯中。

④ 将沉淀和滤纸放回原烧杯中，加 30 mL 6 mol/L 盐酸，低温加热溶解沉淀，煮沸 1～2 min，加热水至 150 mL，缓慢加 20 mL 浓氨水至 pH 为 8～9，煮沸 1～2 min。冷却至室温，用中速定性滤纸过滤，弃去滤液。用氨水洗沉淀和滤纸 3～4 次，用 20 mL 80℃左右的 6 mol/L 盐酸分四次溶解滤纸上的沉淀，滤液接于原烧杯中，用 80℃左右的热水洗涤滤纸 4～5 次。待滤液冷却至室温后转移至 100 mL 容量瓶中，用水稀释至刻度，摇匀。

（2）校准曲线绘制。

于 6 支 25 mL 比色管中，分别加入稀土标准使用液（稀土氧化物总量 1.91 μg/mL）0，0.50，1.00，2.00，4.00，5.00 mL，纯水定容至 10.00 mL，加入 5 mL、1.2 mol/L 盐酸后混匀，加入 1 mL 氟化铵溶液后摇匀，加入 1 mL 草酸溶液后摇匀，加入 4 mL 偶氮氯膦-MA 溶液，纯水定容，摇匀。放置 20 min 后，用 30 mm 比色皿于波长 675 nm 处测定（同时测定空白样品吸光度），绘制校准曲线。

（3）样品测定。

准确移取试液 6-（1）-④ 5.00 mL 于 25 mL 比色管中，纯水定容至 10.00 mL，依次加入 1 mL 氟化铵溶液，摇匀；1 mL 草酸溶液，摇匀；4 mL 偶氮氯膦-MA 溶液，纯水定容至 25.00 mL，摇匀。放置 20min 后，用 30 mm 比色皿于波长 675 nm 处测定（同时测定空白样品吸光度），从校准曲线计算得出试液混合稀土的含量。

7. 结果计算

（1）计算方法 1（稀土元素的总量，以 mg/kg 计）：

$$\omega = \frac{m_1 \cdot (V / V_1) \cdot D}{m} \tag{4-4-25}$$

式中：ω —— 土壤中稀土元素总量的浓度，mg/kg；

$\quad m_1$ —— 从校准曲线上查得稀土元素总量的含量，μg；

$\quad m$ —— 土壤质量，g；

$\quad D$ —— 稀释倍数，无量纲；

$\quad V$ —— 消解液定容体积，mL；

$\quad V_1$ —— 消解液分取体积，mL。

（2）计算方法 2（稀土氧化物总量，以百分含量计，%）：

$$\sum RE_xO_y = \frac{m_1 \cdot (V_1 / V) \cdot D}{m \cdot 10^6} \tag{4-4-26}$$

式中：RE_xO_y —— 氧化稀土总量的百分含量，%；

$\quad m_1$ —— 从校准曲线上查的稀土氧化物总量的含量，μg；

$\quad m$ —— 土壤质量，g；

$\quad D$ —— 稀释倍数，无量纲；

$\quad V$ —— 消解步骤定容体积，mL；

$\quad V_1$ —— 消解液分取体积，mL。

8. 精密度和准确度

测定编号 GBW07307a（GSD-7a）和 GB07309（GSD-9）的标准样品（连续测定 6 天，每天测定一组平行双样），测定均值 170.88 mg/kg（GBW07307a（GSD-7a））和 260.88 mg/kg

（GB07309（GSD-9）），实验室内相对标准偏差 4.6%（GBW07307a（GSD-7a））和 GB07309（GSD-9）3.8%。

9. 注意事项

（1）显色剂：采用偶氮氯膦-MA 作为显色剂。

对马尿酸偶氮氯膦分子式：

偶氮氯膦-MA 分子式：

（2）马弗炉加热 10 min，取出时要戴耐酸碱、耐热手套，轻轻摇动坩埚，防止熔融液溢出。

（3）浸取、洗涤、分离过程目的是在消除铁、钛、锰、硅、磷、钙、镍干扰后，将稀土元素氢氧化物沉淀酸化为稀土元素溶液，洗涤过程中用到热氢氧化钠，浸取过程用到热水、热盐酸，需保证洗涤液、浸取液温度，洗涤过程保证杂质去除完全，浸取过程保证稀土元素氢氧化物沉淀转化完全。

（济南市环境监测中心站　董捷）

（二）稀土分量　电感耦合等离子体质谱法（C）

本方法参考《茶叶中稀土元素的测定　电感耦合等离子体发射光谱法和电感耦合等离子体质谱法》（GB/T 23199—2008）。

1. 方法原理

样品经消解处理为样品溶液，定容至一定体积。样品溶液经雾化由载气送入等离子体炬管中，经过蒸发、解离、原子化和离子化等过程，转化为带正电荷的离子，经离子采集系统进入质谱仪，质谱仪根据质荷比进行分离。对于一定的质荷比，质谱的信号强度与进入质谱仪的离子数成正比，即样品浓度与质谱信号强度成正比。通过测量质谱的信号强度来测定试样溶液的元素浓度。

2. 适用范围

适用于电感耦合等离子体发射光谱法和电感耦合等离子体质谱法测定土壤中稀土元素。稀土元素包括镧（La）、铈（Ce）、镨（Pr）、钕（Nd）、钐（Sm）、铕（Eu）、钆（Gd）、铽（Tb）、镝（Dy）、钬（Ho）、铒（Er）、铥（Tm）、镱（Yb）、镥（Lu）、钪（Sc）、钇（Y）、的测定。本方法不涉及放射性核素钷（Pm）。

3. 仪器和设备

电感耦合等离子体质谱仪（ICP-MS）；天平，感量为 0.1 mg；高压密闭微波消解系统，配有聚四氟乙烯高压消解罐；密闭高压消解器，配有消解内罐；恒温干燥箱（烘箱）；控温电热板（50～200℃）；球磨机。

仪器参考条件：按照仪器标准操作规程进行一期起始化、质量校准、氩气流量等的调试，选择合适条件（详见附录 A）。在调谐仪器达到测定要求后，编辑测定方法、干扰校正方程（校正铕（Eu）元素）及选择各待测元素同位素镧（^{139}La）、铈（^{140}Ce）、镨（^{141}Pr）、钕（^{146}Nd）、钐（^{147}Sm）、铕（^{153}Eu）、钆（^{157}Gd）、铽（^{159}Tb）、镝（^{163}Dy）、钬（^{165}Ho）、铒（^{166}Er）、铥（^{169}Tm）、镱（^{172}Yb）、镥（^{175}Lu）钪（^{45}Sc）、钇（^{89}Y），在线引入内标使用溶液，观测内标灵敏度，使仪器产生信号强度为 400 000～600 000 cps。测定脉冲模拟转换系数，符合要求后，对试剂空白、标准系列、样品溶液依次进行测定。铕（Eu）元素校正方程采用：[^{151}Eu]=[151]-[（Ba（135）O/Ba（135）]×[135]。式中，[（Ba（135）O）/Ba（135）]为氧化物比，[151]、[135]分别为质量数 151 和 135 处的质谱的信号强度。

表 4-4-60　电感耦合等离子体质谱仪参考条件

采样时间	0.3 s	采样深度	8 mm
射频功率	1 250～1 350 W	雾化器	耐盐型
进样速率	0.1 mL/min	雾化气流量	0.96 L/min
载气流量	1.5～5.0 mL/min	雾化器温度	2℃
真空度	$2.3×10^{-4}$ psi	检测方式	自动
冷却气流量	15 mL/min	测定点数	3
等离子体气流量	15 L/min	重复次数	3

表 4-4-61　电感耦合等离子体质谱仪选择质量数及对应的内标质量数

元素	钪	钇	镧	铈	镨	钕	钐	铕
质量数	45	89	139	140	141	146	147	153
内标质量数	103	103	115	115	115	115	115	115
元素	钆	铽	镝	钬	铒	铥	镱	镥
质量数	157	159	163	165	166	169	172	175
内标质量数	115	115	115	115	115	115	115	115

4. 试剂和材料

（1）氩气（Ar）：高纯氩气（＞99.999%）。

（2）硝酸（HNO_3）。

（3）硝酸溶液：5%（V/V）。

（4）高氯酸（$HClO_4$）。

（5）盐酸（HCl）。

（6）氢氟酸（HF）。

（7）氯化铵（A.R.）：10%（w/v）水溶液。

（8）标准物质。

① 稀土元素混合贮备液（10.0 μg/mL）：Sc、Y、La、Ce、Pr、Nd、Sm、Eu、Gd、Tb、Dy、Ho、Er、Tm、Yb、Lu 16 种元素浓度均为 10.0 μg/mL。

② 稀土元素混合标准使用溶液（0.100 μg/mL）：取适量 Sc、Y、La、Ce、Pr、Nd、Sm、Eu、Gd、Tb、Dy、Ho、Er、Tm、Yb、Lu 的各元素混标储备溶液，用 5%硝酸溶液逐级稀释至浓度为 100 μg/L 的元素混合标准使用溶液。

③ 标准曲线工作液：取适量元素混合标准使用溶液，用硝酸溶液配制成浓度为 0，0.05，0.10，0.50，1.00，2.00 μg/L 的标准系列，也可依据样品溶液中稀土元素浓度适当调节标准系列浓度范围。

④ 内标贮备液（10.0 μg/mL）：Rh、In、Re。

⑤ 内标使用液（1.00 μg/mL）：取适量内标贮备液，用 5%硝酸溶液稀释至浓度为 1.00 μg/mL。

⑥ 仪器调谐贮备液（10.0 ng/mL）（Li、Co、Ba、Tl）。

⑦ 仪器调谐使用液（1.00 ng/mL）：取适量仪器调谐贮备液，用 5%硝酸溶液稀释 10 倍，浓度为 1.00 ng/mL。

5. 分析步骤

（1）试样制备。

① 电热板消解。

见第四篇第二章"一、盐酸—硝酸—氢氟酸—高氯酸（一）电热板消解法"。

② 微波消解。

见第四篇第二章"三、硝酸—氢氟酸—高氯酸微波消解法"。

（2）校准曲线绘制。

将标准系列分别注入电感耦合等离子质谱仪中，测定相应的信号响应值，以标准工作液的浓度为横坐标，以响应值—离子计数值（CPS）为纵坐标，绘制标准曲线。

（3）样品测定。

将试样溶液注入电感耦合等离子质谱仪中，得到相应的信号响应值，根据标准曲线得到待测液中相应元素的浓度，平行测定次数不少于两次。

6. 结果计算

稀土元素的分量计算见式（4-4-27），以 mg/kg 计：

$$\omega_i = \frac{(m_i - m_{i0}) \cdot D}{m \times 1\,000} \tag{4-4-27}$$

式中：ω_i —— 样品中第 i 个稀土元素含量，mg/kg；

$\qquad m_i$ —— 样品溶液中第 i 个稀土元素测定值，μg/L；

$\qquad m_{i0}$ —— 样品空白液中第 i 个稀土元素测定值，μg/L；

$\qquad m$ —— 土壤质量，g；

$\qquad D$ —— 稀释倍数，无量纲；

$\qquad 1\,000$ —— 单位转换。

计算结果以重复性条件下获得的两次独立测试结果的算术平均值表示，保留 3 位有效数字。

7. 精密度和准确度

按照步骤测定编号 GBW07307a（GSD-7a）和 GB07309（GSD-9）的标准样品（连续测定 6 天，每天测定一组平行双样），精密度和准确度测定结果如表 4-4-62 所示。当样品中的稀土元素含量大于 0.010 mg/kg 时，在重复条件下获得的两次独立测定结果的绝对差值不得超过算术平均值的 10%；当样品中稀土元素含量小于 0.010 mg/kg 时，在重复条件下获得的两次独立测定结果的绝对差值不得超过算术平均值的 20%。

表 4-4-62　方法的精密度和准确度实验结果

| 元素 | GBW07307a（GSD-7 a） | | | 元素 | GBW07309（GSD-9） | | |
	保证值/(mg/kg)	测定值/(mg/kg)	相对标准偏差/%		保证值/(mg/kg)	测定值/(mg/kg)	相对标准偏差/%
镧（La）	27±2	25.5	3.2	镧（La）	40±3	41.5	2.2
铈（Ce）	54±2	52.7	2.5	铈（Ce）	78±6	77.0	2.5
镨（Pr）	6.1±0.4	6.0	2.7	镨（Pr）	9.2±0.8	9.7	3.9
钕（Nd）	22.1±0.5	21.5	3.2	钕（Nd）	34±2	34.9	2.7
钐（Sm）	3.9±0.2	3.7	3.6	钐（Sm）	6.3±0.6	6.1	2.6
铕（Eu）	0.93±0.04	0.89	3.2	铕（Eu）	1.33±0.06	1.29	3.5
钆（Gd）	3.4±0.2	3.3	3.9	钆（Gd）	5.5±0.4	5.47	3.0
铽（Tb）	0.52±0.06	0.50	4.0	铽（Tb）	0.87±0.09	0.83	3.0
镝（Dy）	2.9±0.2	2.8	3.5	镝（Dy）	5.1±0.3	5.09	3.9
钬（Ho）	0.59±0.05	0.55	3.2	钬（Ho）	0.96±0.07	0.90	4.2
铒（Er）	1.7±0.2	1.7	2.4	铒（Er）	2.8±0.3	2.57	3.4
铥（Tm）	0.27±0.02	0.25	3.4	铥（Tm）	0.44±0.04	0.47	3.2
镱（Yb）	1.7±0.2	1.8	2.6	镱（Yb）	2.8±0.3	2.78	3.6
镥（Lu）	0.27±0.03	0.26	3.0	镥（Lu）	0.45±0.03	0.42	2.9
钇（Y）	16.0±0.7	15.7	2.7	钇（Y）	27±2	25.8	3.7
钪（Sc）	7.2±0.4	7.5	3.2	钪（Sc）	11.1±0.6	11.3	2.2

8. 其他

当称样量为 0.5 g、消解定容 50 mL 时，稀土元素各分量元素的检出限和测定下限如表 4-4-63 所示。

表 4-4-63　各稀土分量的检出限和定量下限

元素	检出限/（μg/kg）	测定下限/（μg/kg）	元素	检出限/（μg/kg）	测定下限/（μg/kg）
镧（La）	1.2	4.0	镝（Dy）	0.4	1.3
铈（Ce）	1.5	5.0	钬（Ho）	0.15	0.5
镨（Pr）	1.0	3.3	铒（Er）	0.3	1.0
钕（Nd）	1.0	3.3	铥（Tm）	0.15	0.5
钐（Sm）	1.0	3.3	镱（Yb）	0.3	1.0
铕（Eu）	0.3	1.0	镥（Lu）	0.15	0.5
钆（Gd）	0.5	1.7	钇（Y）	1.5	5.0
铽（Tb）	0.3	1.0	钪（Sc）	3.0	10.0

第五章 有效态及形态分析

土壤环境重金属污染主要是对农作物和人畜生物显毒性的汞、镉、铅、铬、类金属砷，以及具有毒性的锌、铜、钴、镍、锡、钒等污染物，后者常量下对农作物和人体是营养元素，过量时则出现危害。重金属进入土壤后，很难在生物循环和能量交换过程中分解，更难从土壤中迁出，不仅会对土壤的生态结构和功能稳定性造成影响，还会对植物的生长产生不利影响，甚至会通过各种食物链，通过逐级生物富集对人体健康产生危害。

从生态学意义上来说，土壤元素的有效态就是生物有效态，即能够被植物实际吸收的部分。不仅包括水溶态、酸溶态、螯合态和吸附态，还包括能在短期内释放为植物可吸收利用的某些形态。某一重金属在土壤中的全量并不能决定它的环境行为和生态效应，其在土壤中存在的形态和各种形态的数量比例才是决定其对环境及周围生态系统造成影响的关键因素。

土壤中有效态元素可用多种方法提取测定，如化学试剂浸提法、同位素稀释法、快速生物法和解吸法等。其中，化学试剂浸提法在实际中比较常用。

一、DTPA 浸提—电感耦合等离子体发射光谱法（A）

本方法等效于《土壤 8 种有效态元素的测定 二乙烯三胺五酸 浸提—电感耦合等离子体发射光谱法》（HJ 804—2016）。

1．方法原理

用二乙烯三胺五乙酸—氯化钙—三乙醇胺（DTPA-CaCl₂-TEA）缓冲溶液浸提出土壤中的各有效态元素，用电感耦合等离子体发射光谱仪测定其含量。试料由载气带入雾化系统进行雾化后，以气溶胶形式进入等离子体，目标元素在等离子体火炬中被气化、原子化、电离和激发，并辐射出特征谱线，经分光系统进入光谱检测器。依据特征光谱进行元素定性分析。在一定浓度范围内，其特征谱线强度与元素浓度成正比。

2．适用范围

适用于土壤中铜（Cu）、铁（Fe）、锰（Mn）、锌（Zn）、镉（Cd）、钴（Co）、镍（Ni）、铅（Pb）8 种有效态元素的测定。当取样量为 10.0 g、浸提液体积为 20 mL 时，方法检出限和测定下限见表 4-5-1。

表 4-5-1 方法检出限和测定下限 单位：mg/kg

元素	铜	铁	锰	锌	镉	钴	镍	铅
方法检出限	0.005	0.04	0.02	0.04	0.007	0.02	0.03	0.05
测定下限	0.02	0.16	0.08	0.16	0.028	0.08	0.12	0.2

3．干扰及消除

（1）光谱干扰。

光谱干扰包括谱线重叠干扰和连续背景干扰等。选择合适的分析线可避免光谱线的重叠干扰，表 4-5-2 为待测元素在建议分析波长下的主要光谱干扰。使用仪器自带的校正软件或干扰系数法来校正光谱干扰，当存在单元素干扰时，可按如下式求得干扰系数。

$$K_t = (Q'-Q)/Q_t \qquad (4\text{-}5\text{-}1)$$

式中：K_t —— 干扰系数；

$\quad Q'$ —— 干扰元素加分析元素的质量浓度，$\mu g/L$；

$\quad Q$ —— 分析元素的质量浓度，$\mu g/L$；

$\quad Q_t$ —— 干扰元素的质量浓度，$\mu g/L$。

通过配制一系列已知干扰元素含量的溶液在分析元素波长的位置测定其 Q'，根据上述公式求出 K_t，然后进行人工扣除或计算机自动扣除。连续背景干扰一般用仪器自带的扣背景的方法消除。

表 4-5-2　待测元素的主要光谱干扰

待测元素	波长/nm	干扰元素	待测元素	波长/nm	干扰元素
Cu	324.75	Fe、Al、Ti	Cd	228.80	As
Mn	257.61	Fe、Mg、Al	Co	228.62	Ti
Zn	213.86	Ni、Cu	Ni	231.60	Co
Cd	214.44	Fe	Pb	220.35	Al
	226.50	Fe			

（2）非光谱干扰。

非光谱干扰主要包括化学干扰、电离干扰、物理干扰及去溶剂干扰等，其干扰程度与样品基体性质有关。消除或降低此类干扰的有效方法是稀释法或基体匹配法（即除目标物外，使用的标准溶液的组分与试样溶液一致）。

4. 仪器和设备

等离子体发射光谱仪、振荡器（频率可控制在 160～200 r/min）、pH 计（分度为 0.1pH）、分析天平（精度为 0.000 1 g 和 0.01 g）、离心机（3 000～5 000 r/min）、离心管（50 mL）、具塞三角瓶（100 mL）及一般实验室常用仪器和设备。

按照仪器使用说明书优化 RF 功率、雾化器压力、载气流速、冷却气流速等工作参数，测定参考条件见表 4-5-3。

表 4-5-3　仪器测定参考条件

元素	检测波长/nm	次检测波长/nm	RF 功率/W	雾化器压力/psi	载气流速/（L/min）	冷却气流速/（L/min）	测定次数/次
铜	324.75	327.40					
铁	259.94	238.20					
锰	257.61	293.31					
锌	213.86	202.55	1 100	55	1.4	19	3
镉	214.44	226.50					
钴	228.62	238.89					
镍	231.60	221.65					
铅	220.35	217.00					

5．试剂和材料

（1）三乙醇胺（TEA），$C_6H_{15}NO_3$。

（2）二乙烯三胺五乙酸（DTPA），$C_{14}H_{23}N_3O_{10}$。

（3）二水合氯化钙，$CaCl_2 \cdot 2H_2O$。

（4）盐酸：ρ（HCl）=1.19 g/mL，优级纯。

（5）硝酸：ρ（HNO_3）=1.42 g/mL，优级纯。

（6）盐酸溶液：1+1。

（7）硝酸溶液：1+1。

（8）浸提液：c（TEA）=0.1 mol/L，c（$CaCl_2$）=0.01 mol/L，c（DTPA）=0.005 mol/L；pH 为 7.3。

在烧杯中依次加入 14.92 gTEA、1.967 g DTPA、1.470 g 二水合氯化钙，加入水并搅拌使其完全溶解，继续加水稀释至约 800 mL，在 pH 计上用盐酸溶液调整 pH 为 7.3±0.2，转移至 1 000 mL 容量瓶中定容至刻度，摇匀。

（9）标准溶液。

单元素标准储备液：可用高纯度的金属（纯度大于 99.99%）或金属盐类（基准或高纯试剂）配制成 1 000 mg/L 或 500 mg/L 的标准储备溶液，溶液酸度保持在 1.0%（v/v）以上。或购买市售有证标准物质。

多元素标准使用溶液：ρ =200 mg/L，可通过单元素标准储备溶液配制，或购买市售有证标准物质。

6．分析步骤

（1）试样制备。

见本篇第二章"八、二乙烯三胺五乙酸（DTPA）提取法"。

（2）校准曲线绘制。

分别移取一定体积的各元素标准溶液置于同一组 100 mL 容量瓶中，用浸提液稀释定容至刻度，混匀。制备至少 5 个浓度点的标准系列，标准系列溶液浓度见表 4-5-4，浓度范围可根据测定实际需要进行调整。

表 4-5-4　标准系列溶液浓度

元　素	C_0/（mg/L）	C_1/（mg/L）	C_2/（mg/L）	C_3/（mg/L）	C_4/（mg/L）	C_5/（mg/L）
铜	0.00	0.25	0.50	1.00	2.00	4.00
铁	0.00	5.00	10.0	20.0	40.0	80.0
锰	0.00	2.00	5.00	10.0	20.0	30.0
锌	0.00	0.20	0.50	1.00	2.00	4.00
镉	0.00	0.01	0.02	0.04	0.08	0.12
钴	0.00	0.10	0.20	0.30	0.40	0.50
镍	0.00	0.05	0.25	0.50	0.75	1.00
铅	0.00	0.50	1.00	1.50	2.00	5.00

将标准系列溶液依次导入雾化器，按优化的仪器参考条件依次从低浓度到高浓度进行分析。以质量浓度为横坐标，以其对应的响应值为纵坐标建立标准曲线。

（3）样品测定。

在试样测定前，先用2%硝酸溶液冲洗系统直至信号降至最低，待分析信号稳定后方能开始测定。将制备好的样品倒入进样管中，按与标准曲线建立相同的操作步骤进行试样的测定。若样品中待测元素浓度超出校准曲线的范围，需要稀释以后重新测定，稀释倍数为f。

7．结果计算与表示

土壤样品中各有效态元素的含量ω（mg/kg），按式（4-5-2）计算。

$$\omega = \frac{(\rho - \rho_0) \times V \times f}{m \times w_{dm}} \times 10^{-3} \tag{4-5-2}$$

式中：ω —— 土壤样品中有效态元素的含量，mg/kg；

ρ —— 由标准曲线查得试液中有效态元素的质量浓度，μg/L；

ρ_0 —— 空白溶液中有效态元素的质量浓度，μg/L；

V —— 试样的定容体积，mL；

f —— 试样溶液的稀释倍数；

m —— 称取土壤样品的质量，g；

w_{dm} —— 土壤样品干物质含量，%。

测定结果小数位数的保留与方法检出限一致，最多保留三位有效数字。

8．精密度和准确度

方法编制实验室和6家方法验证实验室分别对3个不同含量水平的统一标准样品进行测定，实验室内相对标准偏差为0.36%～16%、0.24%～7.5%和0.28～15%；实验室间相对标准偏差为2.1%～12%、2.6%～7.3%和8.6%～18%；分别对两个实际样品测定实验室内相对标准偏差为0.42%～8.7%和0.52%～15%；实验室间相对标准偏差为6.3%～15%和1.8%～17%。

方法编制实验室和6家方法验证实验室分别对3个不同含量水平的有证标准样品进行测定，相对误差为-18%～15%、-14%～13%和-25%～21%。分别对两个实附样进行加标回收实验，加标回收率为81.2%～139%和83.2%～114%。

（云南省环境监测中心站　黄云）

二、王水提取—电感耦合等离子体质谱法（镉、钴、铜、铬、锰、镍、铅、锌、钒、砷、钼、锑）（A）

本方法等效于《土壤和沉积物　12种金属元素的测定　王水提取—电感耦合等离子体质谱法》（HJ 803—2016）。

王水消解土壤样品的方法是利用王水的氧化性、氯离子的络合性以及氯气、亚硝酰氯和氯离子的催化作用，将有机质氧化，并将合金等难溶物转化为易溶的可测态。大多数样品不能被王水完全溶解，不同元素的提取效率不同，同种元素在不同基体中的提取效率也不相同，其提取效率受王水质量、土壤理化性质、提取时间、提取温度及目标元素的种类和各种形态分布情况等因素的影响。王水提取法不一定能提取目标元素全量，其提取量也不能代表有效态的量，因此提取过程并不等同于生物的利用过程。

1．方法原理

土壤样品用盐酸/硝酸（王水）混合溶液经电热板或微波消解仪消解后，用电感耦合等离子体质谱仪进行检测。根据元素的质谱图或特征离子进行定性，内标法定量。

试料由载气带入雾化系统进行雾化后，目标元素以气溶胶形式进入等离子体的轴向通道，在高温和惰性气体中被充分蒸发、解离、原子化和电离，转化成带电荷的正离子经离子采集系统进入质谱仪，质谱仪根据离子的质荷比即元素的质量数进行分离并定性、定量分析。在一定浓度范围内，元素质量数处所对应的响应值与其浓度成正比。

2．适用范围

适用于土壤中镉（Cd）、钴（Co）、铜（Cu）、铬（Cr）、锰（Mn）、镍（Ni）、铅（Pb）、锌（Zn）、钒（V）、砷（As）、钼（Mo）、锑（Sb）12 种金属元素的测定。若通过验证，本方法也可适用于其他金属元素的测定。当取样量为 0.10 g、消解后定容体积为 50 mL 时，方法检出限和测定下限见表 4-5-5。

表 4-5-5　方法检出限和测定下限　　　　　　　　　　　单位：mg/kg

元素		镉	钴	铜	铬	锰	镍	铅	锌	钒	砷	钼	锑
电热板消解	方法检出限	0.07	0.03	0.5	2	0.7	2	2	7	0.7	0.6	0.1	0.3
	测定下限	0.28	0.12	2.0	8	2.8	8	8	28	2.8	2.4	0.4	1.2
微波消解	方法检出限	0.09	0.04	0.6	2	0.4	1	2	1	0.4	0.4	0.05	0.08
	测定下限	0.36	0.16	2.4	8	1.6	4	8	4	1.6	1.6	0.20	0.32

3．干扰及消除

（1）质谱干扰。

质谱干扰主要包括多原子离子干扰、同量异位素干扰、氧化物和双电荷离子干扰等。

多原子离子干扰是 ICP-MS 最主要的干扰来源，可以利用干扰校正方程、仪器优化以及碰撞反应池技术加以解决，常见的多原子离子干扰见附录表 1。同量异位素干扰可以使用干扰校正方程进行校正，或在分析前对样品进行化学分离等方法进行消除，主要的干扰校正方程见附表 2。氧化物干扰和双电荷干扰可通过调节仪器参数降低影响。

（2）非质谱干扰。

非质谱干扰主要包括基体效应、空间电荷效应和物理干扰等。其干扰程度与样品基体性质有关，通常采用稀释样品、内标法、优化仪器条件等措施来消除和降低干扰。

4．仪器和设备

（1）电感耦合等离子体质谱仪。

ICP-MS 仪器测量参考条件见表 4-5-6，推荐使用和同时检测的同位素以及对应内标物见表 4-5-7。

表 4-5-6　仪器参考条件

功率/W	雾化器	采样锥和截取锥	载气流速/（L/min）	采样深度/mm	内标加入方式	测量方式
1 240	高盐雾化器	镍	1.10	6.9	在线加入内标：锗、铟、铋等多元素混合标准溶液	自动测定 3 次

表 4-5-7　推荐使用和同时检测的质量数以及对应内标物

元素	质量数	内标	元素	质量数	内标
镉	<u>111</u>，114	Rh 或 In	铅	<u>206</u>，<u>207</u>，<u>208</u>	Re 或 Bi
钴	<u>59</u>	Sc 或 Ge	锌	<u>66</u>，67，68	Ge
铜	<u>63</u>，65	Ge	钒	<u>51</u>	Sc 或 Ge
铬	<u>52</u>，53	Sc 或 Ge	砷	<u>75</u>	Ge
锰	<u>55</u>	Sc 或 Ge	钼	95，<u>98</u>	Rh
镍	<u>60</u>，62	Sc 或 Ge	锑	<u>121</u>，123	Rh 或 In

注：有下划线标示的为推荐使用的质量数。

（2）温控电热板：±0.2℃。

（3）微波消解仪：具备程式化功率设定功能，可提供至少 600 W 的输出功率。

（4）分析天平：精度为 0.000 1 g。

（5）聚四氟乙烯密闭消解罐：可抗压、耐酸、耐腐蚀，具有泄压功能。

（6）锥形瓶：100 mL。

（7）回流漏斗。

（8）容量瓶：50 mL。

（9）尼龙筛：0.15 mm（100 目）。

5．试剂和材料

（1）盐酸：ρ（HCl）=1.19 g/mL。

（2）硝酸：ρ（HNO$_3$）=1.42 g/mL。

（3）盐酸-硝酸溶液（王水）：3+1。

（4）硝酸溶液：c（HNO$_3$）=0.5 mol/L。

（5）硝酸溶液：1+4。

（6）标准溶液。

① 单元素标准储备液。

用高纯度的金属（纯度大于 99.99%）或金属盐类（基准或高纯试剂）配制成 100～1 000 mg/L 的标准储备溶液，溶液酸度保持在 1.0%（v/v）以上，或购买市售有证标准物质。

② 多元素混合标准储备液：ρ=10.0 mg/L。

可通过单元素标准储备溶液配制，或购买市售有证标准物质。

③ 多元素标准使用液：ρ=200 μg/L。

可购买市售有证标准物质，或用 0.5 mol/L 硝酸溶液稀释标准储备液配制成多元素混合标准使用液。

④ 内标储备液：ρ=10.0 mg/L。

宜选用 ^{6}Li、^{45}Sc、^{74}Ge、^{89}Y、^{103}Rh、^{115}In、^{185}Re、^{209}Bi 为内标元素。可用高纯度的金属（纯度大于 99.99%）或金属盐类（基准或高纯试剂）配制，或直接购买市售有证标准物质。

⑤ 内标使用液：ρ=100 μg/L。

用 0.5 mol/L 硝酸溶液稀释内标储备液，配制内标标准使用液。由于不同仪器使用的蠕动泵管管径不一样，在线加入内标时，加入的浓度也不同，因此在配制内标使用液时应考虑使内标元素在样液中的浓度为（10～50）μg/L。

⑥ 调谐液：ρ =10 μg/L。

宜选用含有 Li、Be、Mg、Y、Co、In、T1、Pb 和 Bi 元素为质谱仪的调谐溶液。可直接购买市售有证标准物质，也可用高纯度的金属（纯度大于 99.99%）或相应的金属盐类（基准或高纯试剂）进行配制。

（7）慢速定量滤纸。

（8）载气：氩气（纯度≥99.999%）。

6．分析步骤

（1）试样制备。

见本篇第二章"五、王水消解（二）微波消解法（3）"和"（三）电热板消解法（1）"。

（2）空白试验。

不加样品按照上述步骤同时制备空白试样。

（3）样品干物质含量和含水率的测定。

试样制备的同时，按照《土壤　干物质和水分的测定　重量法》（HJ 613—2011）测定土壤样品的干物质含量。

（4）校准曲线绘制。

分别移取一定体积的各元素标准使用液置于同一组 100 mL 容量瓶中，用硝酸溶液稀释至刻度，混匀。以硝酸溶液为标准系列的最低浓度点，制备至少 5 个浓度点的标准系列。内标元素标准使用液可直接加入到待测溶液中，也可以通过蠕动泵在线加入。内标应选择样品中不含有的元素，或浓度远大于试样本身含量的元素。标准系列溶液浓度见表 4-5-8。标准曲线的浓度范围可根据测定实际需要进行调整。将标准系列溶液依次导入雾化器，按优化的仪器参考条件依次从低浓度到高浓度进行分析。以质量浓度为横坐标，以其对应的响应值为纵坐标建立标准曲线。

表 4-5-8　标准系列溶液浓度

元素	C_0/（μg/L）	C_1/（μg/L）	C_2/（μg/L）	C_3/（μg/L）	C_4/（μg/L）	C_5/（μg/L）
镉	0.00	0.200	0.400	0.600	0.800	1.00
钴	0.00	10.0	20.0	40.0	60.0	80
铜	0.00	25.0	50.0	75.0	100	150
铬	0.00	25.0	50.0	100	150	200
锰	0.00	200	400	600	800	1 000
镍	0.00	10.0	20.0	50.0	80.0	100
铅	0.00	20.0	40.0	60.0	80.0	100
锌	0.00	20.0	40.0	80.0	160	320
钒	0.00	20.0	40.0	80.0	160	320
砷	0.00	10.0	20.0	30.0	40.0	50.0
钼	0.00	1.00	2.00	3.00	4.00	5.00
锑	0.00	1.00	2.00	3.00	4.00	5.00

（5）样品测定。

在试样测定前，先用 2%硝酸溶液冲洗系统直至信号降至最低，待分析信号稳定后方能开始测定。按与标准曲线建立相同的操作步骤进行试样的测定。若试样中待测元素浓度超出标准曲线的范围，需要稀释以后重新测定，稀释倍数为 f。按照与试样相同的测定条件测定空白试样。

7. 结果计算

土壤样品中各金属元素的含量ω_1（mg/kg），按式（4-5-3）进行计算：

$$\omega_1 = \frac{(\rho - \rho_0) \cdot V \cdot f}{m \times w_{dm}} \times 10^{-3}$$

（4-5-3）

式中：ω_1 —— 土壤中金属元素的含量，mg/kg；

ρ —— 由标准曲线查得试样中金属元素的质量浓度，$\mu g/L$；

ρ_0 —— 空白试样中该金属元素的质量浓度，$\mu g/L$；

V —— 试样的定容体积，mL；

f —— 试样溶液的稀释倍数；

m —— 称取试样的质量，g；

w_{dm} —— 土壤样品干物质的含量，%。

测定结果小数位数的保留与方法检出限一致，最多保留三位有效数字。

8. 精密度和准确度

方法编制实验室和 6 家方法验证实验室分别对 5 个不同含量水平的有证标准土壤样品进行测试，电热板消解法实验室内相对标准偏差 0.57%～28%、0.51%～18%、0.49%～15%、0.44%～18%、0.42%～19%；实验室间相对标准偏差为 7.8%～23%、15%～33%、12%～44%、13%～47%、9.8%～40%；微波消解法实验室内相对标准偏差 0.46%～17%、9.8%～40%、0.56%～17%、0.52%～16%、0.52%～20%、0.79%～22%；实验室间相对标准偏差为 4.0%～22%、4.2%～20%、4.9%～23%、3.1%～26%、7.8%～48%。分别对两个有证标准土壤样品进行加标回收实验，加标回收率为 54.9%～117%、60.8%～120%。

附录

附表 1　ICP-MS 测定中常见的多原子离子干扰

分子离子	质量数	受干扰元素	分子离子	质量数	受干扰元素
$^{14}N^{1}H^{+}$	15	—	$^{40}Ar^{81}Br^{+}$	121	Sb
$^{16}O^{1}H^{+}$	17	—	$^{35}Cl^{16}O^{+}$	51	V
$^{16}O^{1}H_{2}^{+}$	18	—	$^{35}Cl^{16}O^{1}H^{+}$	52	Cr
$^{12}C_{2}^{+}$	24	Mg	$^{37}Cl^{16}O^{+}$	53	Cr
$^{12}C^{14}N^{+}$	26	Mg	$^{37}Cl^{16}O^{1}H^{+}$	54	Cr
$^{12}C^{16}O^{+}$	28	Si	$^{40}Ar^{35}Cl^{+}$	75	As
$^{14}N_{2}^{+}$	28	Si	$^{40}Ar^{37}Cl^{+}$	77	Se
$^{14}N_{2}^{1}H^{+}$	29	Si	$^{32}S^{16}O^{+}$	48	Ti
$^{14}N^{16}O^{+}$	30	Si	$^{32}S^{16}O^{1}H^{+}$	49	Ti
$^{14}N^{16}O^{1}H^{+}$	31	P	$^{34}S^{16}O^{+}$	50	V,Cr
$^{16}O_{2}^{1}H^{+}$	32	S	$^{34}S^{16}O^{1}H^{+}$	51	V
$^{16}O_{2}^{1}H_{2}^{+}$	33	S	$^{34}S^{16}O_{2}^{+}, ^{32}S_{2}^{+}$	64	Zn
$^{36}Ar^{1}H^{+}$	37	Cl	$^{40}Ar^{32}S^{+}$	72	Ge
$^{38}Ar^{1}H^{+}$	39	K	$^{40}Ar^{34}S^{+}$	74	Ge
$^{40}Ar^{1}H^{+}$	41	K	$^{31}P^{16}O^{+}$	47	Ti

分子离子	质量数	受干扰元素	分子离子	质量数	受干扰元素
$^{12}C\,^{16}O_2^{+}$	44	Ca	$^{31}P\,^{17}O\,^1H^{+}$	49	Ti
$^{12}C\,^{16}O_2^{+\,1}H^{+}$	45	Se	$^{31}P\,^{16}O_2^{+}$	63	Cu
$^{40}Ar\,^{12}C^{+},\,^{36}Ar\,^{16}O^{+}$	52	Cr	$^{40}Ar\,^{31}P^{+}$	71	Ga
$^{40}Ar\,^{14}N^{+}$	54	Cr,Fe	$^{40}Ar\,^{23}Na^{+}$	63	Cu
$^{40}Ar\,^{14}N\,^1H^{+}$	55	Mn	$^{40}Ar\,^{39}K^{+}$	79	Br
$^{40}Ar\,^{16}O^{+}$	56	Fe	$^{40}Ar\,^{40}Ca^{+}$	80	Se
$^{40}Ar\,^{16}O\,^1H^{+}$	57	Fe	$^{130}Ba^{2+}$	65	Cu
$^{40}Ar\,^{36}Ar^{+}$	76	Se	$^{132}Ba^{2+}$	66	Cu
$^{40}Ar\,^{38}Ar^{+}$	78	Se	$^{134}Ba^{2+}$	67	Cu
$^{40}Ar_2^{+}$	80	Se	TiO	62~66	Ni,Cu,Zn
$^{81}Br\,^1H^{+}$	82	Se	ZrO	106~112	Ag,Cd
$^{79}Br\,^{16}O^{+}$	95	Mo	MoO	108~116	Cd
$^{81}Br\,^{16}O^{+}$	97	Mo	$^{93}Ar\,^{16}O^{+}$	109	Ag
$^{81}Br\,^{16}O\,^1H^{+}$	98	Mo			

附表 2　ICP-MS 测定中常用的干扰校正方程

元素	干扰校正方程
^{51}V	$[51]M\times1-[53]M\times3.127+[52]M\times0.353$
^{75}As	$[75]M\times1-[77]M\times3.127+[82]M\times2.733-[83]M\times2.757$
^{82}Se	$[82]M\times1-[83]M\times1.009$
^{98}Mo	$[98]M\times1-[99]M\times0.146$
^{111}Cd	$[111]M\times1-[108]M\times1.073-[106]M\times0.712$
^{114}Cd	$[114]M\times1-[118]M\times0.027-[108]M\times1.63$
^{115}In	$[115]M\times1-[118]M\times0.016$
^{208}Pb	$[206]M\times1+[207]M\times1+[208]M\times1$

注：①"M"为通用元素符号。②在仪器配备碰撞反应池的条件下，选用碰撞反应池技术消除干扰时，可忽略上述干扰校正方程。

（云南省环境监测中心站　黄云）

三、DTPA 浸提—原子吸收分光光度法（锌、锰、铁、铜）（A）

本方法等效于《土壤有效态锌、锰、铁、铜含量的测定　二乙三胺五乙酸（DTPA）浸提法》（NY/T 890—2004）。

1．方法原理

用 pH=7.3 的二乙三胺五乙酸—氯化钙—三乙醇胺（DTPA-CaCl_2-TEA）缓冲溶液作为浸提剂，螯合浸提出土壤中有效态锌、锰、铁、铜。其中 DTPA 为螯合剂；氯化钙能防止石灰性土壤中游离碳酸钙的溶解，避免因碳酸钙所包蔽的锌、铁等元素释放而产生的影响；三乙醇胺作为缓冲剂，能使溶液 pH 保持在 7.3 左右，对碳酸钙溶解也有抑制作用。用原子吸收分光光度计，以乙炔—空气火焰测定浸提液中锌、锰、铁、铜的含量。

2．适用范围

适用于 pH 大于 6 的土壤中有效态锌、锰、铁、铜含量的测定，采用二乙三胺五乙酸（DTPA）浸提剂提取土壤中有效态锌、锰、铁、铜，以原子吸收分光光度法定量测定的方法。

3．仪器和设备

原子吸收分光光度计，附有空气-乙炔燃烧器及锌、锰、铁、铜空心阴极灯；恒温往复式或旋转式振荡器，或普通振荡器及（25±2）℃的恒温室，振荡器应能满足（180±20）r/min 的振荡频率。

4．试剂和材料

（1）DTPA 浸提剂：其成分为 0.005 mol/L DTPA、0.01 mol/L $CaCl_2$、0.1 mol/L TEA，pH=7.3。

配制方法可参考第四篇第二章"八、二乙烯三胺五乙酸（DTPA）提取法"。

（2）锌标准贮备溶液，ρ（Zn）=1 000 mg/L。

（3）锌标准溶液，ρ（Zn）=50 mg/L：吸取锌标准贮备溶液 5 mL 于 100 mL 容量瓶中，稀释至刻度，混匀。

（4）锰标准贮备溶液，ρ（Mn）=1 000 mg/L。

（5）锰标准溶液，ρ（Mn）=100 mg/L：吸取锰标准贮备溶液 10 mL 于 100 mL 容量瓶中，稀释至刻度，混匀。

（6）铁标准贮备溶液，ρ（Fe）=1 000 mg/L。

（7）铜标准贮备溶液，ρ（Cu）=1 000 mg/L。

5．分析步骤

（1）试样制备。

参见第四篇第二章"八、二乙烯三胺五乙酸（DTPA）提取法"。

（2）校准曲线绘制。

按表 4-5-9 所示，配制标准溶液系列。吸取一定量的锌、锰、铁、铜标准溶液，分别置于一组 100 mL 容量瓶中，用 DTPA 浸提剂稀释至刻度，混匀。

表 4-5-9　原子吸收光分光度法的标准溶液系列配制

序号	Zn		Mn		Fe		Cu	
	加入标准溶液体积/mL	相应浓度/（mg/L）	加入标准溶液体积/mL	相应浓度/（mg/L）	加入标准溶液体积/mL	相应浓度/（mg/L）	加入标准溶液体积/mL	相应浓度/（mg/L）
1	0	0	0	0	0	0	0	0
2	0.50	0.25	1.00	1.00	1.00	1.00	0.50	0.50
3	1.00	0.50	2.00	2.00	2.00	2.00	1.00	1.00
4	2.00	1.00	4.00	4.00	4.00	4.00	2.00	2.00
5	3.00	1.50	6.00	6.00	6.00	6.00	3.00	3.00
6	4.00	2.00	8.00	8.00	8.00	8.00	4.00	4.00
7	5.00	2.50	10.00	10.00	10.00	10.00	5.00	5.00

注：标准溶液系列的配制可根据试样溶液中待测元素含量的多少和仪器灵敏度高低适当调整。

测定前，根据待测元素性质，参考仪器使用说明书，对波长、灯电流、狭缝、能量、空气—乙炔流量比、燃烧头高度等仪器工作条件进行选择，调整仪器至最佳工作状态。以

DTPA 浸提剂校正仪器零点，采用乙炔-空气火焰，在原子吸收光度计分别测量标准溶液中锌、锰、铁、铜的吸光度。以浓度为横坐标，吸光度为纵坐标，分别绘制锌、锰、铁、铜的标准工作曲线。

（3）样品测定。

与标准工作曲线绘制的步骤相同，依次测定空白试液和试样溶液中锌、锰、铁、铜的浓度。试样溶液中测定元素的浓度较高时，可用 DTPA 浸提剂相应稀释，再上机测定。有时亦可根据仪器使用说明书，选择灵敏度较低的共振线或旋转燃烧器的角度进行测定，不必稀释。

6. 结果计算

土壤有效锌（锰、铁、铜）含量 ω（mg/kg），按式（4-5-4）进行计算。

$$\omega = \frac{(\rho - \rho_0)VD}{m} \tag{4-5-4}$$

式中：ρ —— 试样溶液中锌（锰、铁、铜）的浓度，mg/L；

ρ_0 —— 空白溶液中锌（锰、铁、铜）的浓度，mg/L；

V —— 加入的 DTPA 浸提剂体积，mL；

D —— 试样溶液的稀释倍数；

m —— 试料的质量，g。

取平行测定结果的算术平均值作为测定结果。

有效锌、铜的计算结果表示到小数点后两位，有效锰、铁的计算结果表示到小数点后一位，但有效数字位数最多不超过三位。

7. 精密度和准确度

有效锌、有效铜测定结果的允许差应符合表 4-5-10 的要求。

表 4-5-10　有效锌、有效铜测定结果的允许差

有效锌（以 Zn 计）或有效铜（以 Cu 计）的质量分数	平行测定允许差值	不同试验空间测定允许差值
<1.50 mg/kg	绝对差值≤0.15 mg/kg	绝对差值≤0.30 mg/kg
≥1.50 mg/kg	相对差值≤10%	相对差值≤30%

有效锰、有效铁测定结果的允许差符合表 4-5-11 的要求。

表 4-5-11　有效锰、有效铁测定结果的允许差

有效锰（以 Mn 计）或有效铁（以 Fe 计）的质量分数	平行测定允许差值	不同试验空间测定允许差值
<15.0 mg/kg	绝对差值≤1.5 mg/kg	绝对差值≤3.0 mg/kg
≥15.0 mg/kg	相对差值≤10%	相对差值≤30%

（天津市生态环境监测中心　李旭冉

湖南省环境监测中心站　朱瑞瑞

广西壮族自治区环境监测中心站　李丽和　王晓飞）

四、TCLP 浸提—原子吸收分光光度法（铅、镉、铜、锌）（C）

1．方法原理

TCLP（Toxicity Characteristic Leaching Procedure）方法根据土壤中酸碱度和缓冲量的不同而制定两种不同的 pH 缓冲液作为提取剂，将浸提剂加入土壤中，模拟土壤中无机重金属元素浸出行为，并通过过滤方法分离出浸提液，用原子吸收分光光度计，以乙炔—空气火焰测定浸提液中铅、镉、铜、锌含量。通过测定浸出的特定金属元素含量反映其有效性。

2．适用范围

采用原子吸收光谱法测定土壤中有效态铅、镉、铜、锌含量，适用于不同 pH 土壤中有效铅、镉、铜、锌含量的测定。

3．仪器和设备

浸提瓶（150 mL 具旋盖和内盖的密封性良好聚乙烯瓶或玻璃瓶），恒温往复式或旋转式振荡设备[速度满足（160±20）次/min，温度（22.3±3）℃]，酸度计（精度满足±0.01pH），原子吸收分光光度计（带有火焰、石墨炉及铜、锌、铅、镉空心阴极灯）。

4．试剂和材料

（1）冰醋酸（CH₃COOH）：优级纯。

（1）冰醋酸（CH_3COOH）：优级纯。

（2）盐酸（HCl）：优级纯。

（3）硝酸（HNO_3）：优级纯。

（4）1 mol/L 氢氧化钠（NaOH）溶液：称取 40.0 g 氢氧化钠（优级纯），溶于无二氧化碳的 1 000 mL 水中，用邻苯二甲酸氢钾基准试剂标定其浓度。

（5）1 mol/L 硝酸（HNO_3）溶液：取 6.4 mL 硝酸加入 50 mL 水中，稀释至 100 mL。

（6）铅标准储备液和镉标准储备液。

（7）铜标准储备液和锌标准储备液。

（8）浸提剂 1 号：加 5.7 mL 冰醋酸至 500 mL 水中，加 64.3 mL 1 mol/L 氢氧化钠，稀释至 1 L。用 1 mol/L HNO_3 或 1 mol/LNaOH 调节 pH，配置后溶液的 pH 应为 4.93±0.05。

（9）浸提剂 2 号：用水稀释 17.25 mL 的冰醋酸至 1 L。用 1 mol/L HNO_3 或 1 mol/L NaOH 调节 pH，配制后溶液的 pH 应为 2.46±0.05。

5．分析步骤

（1）试样制备。

见第四篇第二章"九、TCLP 提取法"。

（2）校准曲线绘制。

用 TCLP 溶液配制相应的铅、镉、铜、锌标准系列溶液，在原子吸收分光光度计上于同样条件下测定吸收值后绘制工作曲线。与标准工作曲线绘制的步骤同时进行试样与空白试样的检测。绘制工作曲线各元素标准溶液的系列浓度可参考表 4-5-12 配制。

表 4-5-12　采用原子吸收分光光度法的标准溶液系列　　　　单位：mg/L

序号	Pb	Cd	Cu	Zn
1	0.00	0.00	0.00	0.00
2	0.01	0.000 5	0.10	0.10
3	0.02	0.001	0.20	0.20
4	0.03	0.002	0.30	0.30

序号	Pb	Cd	Cu	Zn
5	0.04	0.003	0.40	0.40
6	0.05	0.004	0.50	0.50
7	0.06	0.005	0.60	0.60

注：可根据试样溶液中待测元素含量高低适当调整系列标准溶液浓度；土壤有效态元素含量在 0.1 mg/kg 以上时宜用火焰法，在 0.1 mg/kg 以下时宜用石墨炉法。

（3）样品测定。

提取液中铜、锌的含量测定见第四篇第四章"六、铜　火焰原子吸收分光光度法"，提取液中铅、镉的含量测定见第四篇第四章"三、铅（二）石墨炉原子吸收分光光度法"。

6. 结果计算

土壤有效态铅、镉、铜、锌含量 ω（mg/kg），以各元素质量分数表示，按式（4-5-5）进行计算：

$$\omega[以铅（镉、铜、锌）计] = \frac{(c - c_0) \cdot V \cdot D}{m} \qquad (4\text{-}5\text{-}5)$$

式中：c —— 有工作曲线查得试样中铅（镉、铜、锌）的浓度，mg/L；

c_0 —— 空白试液中铅（镉、铜、锌）的浓度，mg/L；

V —— 加入的浸提剂体积的数值，mL；

D —— 试样溶液的稀释倍数；

m —— 试样的质量，g。

取平行测定结果的算术平均值作为结果，有效态铅、镉、铜、锌含量计算结果表示到三位有效数字。

7. 平行结果的允许差

有效态铅、有效态镉、有效态锌、有效态铜测定结果的允许差应符合表 4-5-13 的要求。

表 4-5-13　测定结果的允许差

测定值	平行测定允许差值
＜1.50 mg/kg	绝对差值≤0.15 mg/kg
≥1.50 mg/kg	相对差值≤mg/kg

（广西壮族自治区环境监测中心站　李丽和　王晓飞）

五、有效铜

DDTC 比色法（A）

本方法等效于《森林土壤有效铜的测定》（LY/T 1260—1999）。

1. 方法原理

用一定浓度的稀酸或螯合剂浸提样品（酸性土壤和中性土壤用 0.1 mol/L 盐酸浸提，石灰性土壤用 EDTA 或 DTPA 溶液浸提），在 pH 为 4～11 的条件下，浸出液中的二价铜离子与二乙基二硫代氨基甲酸钠（DDTC，又称铜试剂）形成棕黄色络合物，再用三氯甲烷或四氯化碳萃取，萃取液在波长 435～440 nm 处有最大吸收峰。

2．适用范围

适用于土壤中有效铜的测定。

3．干扰及消除

DDTC 的钠盐选择性较差，铁、锰、钴、镍等元素干扰铜的测定。铁（Fe^{3+}）与 DDTC 生成棕黑色化合物或沉淀，一般可加入柠檬酸掩蔽铁。但多于 5 mg 的铁应分离除去。在柠檬酸盐存在下，加入掩蔽剂 EDTA 能消除铁、锰、钴、镍的干扰，但应注意控制溶液的酸度，使之保持在 pH 为 8.0～8.8。pH＞9 时，EDTA 对铜的萃取不完全。Cu-DDTC 络合物对光敏感，但在强光下至少在 30 min 内稳定，在漫射光下则可在数小时内稳定。

4．仪器和设备

水平振荡器、pH 计分光光度计等。

5．试剂和材料

（1）0.1 mol/L 盐酸：8.2 mL 浓盐酸稀释至 1 L。

（2）DTPA 浸提剂：其成分为 0.005 mol/L DTPA、0.01 mol/L $CaCl_2$、0.1 mol/L TEA，pH=7.3。配制方法可参考第四篇第二章"八、二乙烯三胺五乙酸（DTPA）提取法"。

（3）柠檬酸铵溶液，ρ =200 g/L：用分析纯试剂配制，并需用双硫腙—四氯化碳萃取，除去金属杂质，萃取时溶液用柠檬酸调节至 pH=2.5。

（4）EDTA 二钠盐溶液，ρ =50 g/L。

（5）酚酞指示剂溶液，ρ =1 g/L。

（6）DDTC-氯化钠混合粉剂：1 份 DDTC 与 9 份氯化钠（分析纯）在玛瑙研钵中磨细混匀，贮于玻璃塞瓶中。

（7）四氯化碳（CCl_4），分析纯。

（8）铜标准溶液，ρ =10 mg/L。

6．分析步骤

（1）试样制备。

酸性土用 0.1 mol/L 盐酸浸提，称取 10.0 g 通过 2 mm 尼龙筛的风干土放入 150～180 mL 塑料瓶中，加 50.0 mL 0.1 mol/L 盐酸，用振荡机振荡 1.5 h，过滤得清液。

石灰性土用 DTPA 浸提剂：称取 25.0 g 通过 2 mm 尼龙筛的风干土放入 150～180 mL 塑料瓶中，加 50.0 mL DTPA 浸提剂，用振荡机振荡 2 h，过滤得清液。

（2）校准曲线绘制。

吸取 10 μg/mL 铜标准溶液 0，1，2，4，5 mL，分别放入分液漏斗中，按上述步骤进行比色测定，绘制工作曲线。

（3）样品测定。

吸取 25.0 mL 清液（含铜 50 μg 以下）于 50 mL 硬质烧杯中，在电炉上小心蒸干。移入高温电炉中，在 450℃ 灰化，冷却后用 6 mol/L 盐酸溶解残渣，将全部灰分溶液转移到 125 mL 分液漏斗中。加 10 mL 200 g/L 柠檬酸铵溶液、10 mL 50 g/L EDTA 溶液和 3 滴酚酞指示剂，加氨水使溶液颜色刚刚开始变红。加 0.3 g DDTC-氯化钠混合粉剂，稍加摇动使完全溶解。约 10 min 后反应完全。准确地加入 10.00 mL 四氯化碳，振荡 5 min，放置分层后，放出四氯化碳层，用干滤纸直接滤入比色杯中，于 435 nm 波长处比色测定。

7. 结果计算

$$\omega_{Cu} = \frac{c \times V \times t_s}{m}$$

(4-5-6)

式中：ω_{Cu} —— 有效铜含量，mg/kg；

   c —— 由工作曲线查得铜的浓度，μg/mL；

   V —— 显色液体积，10 mL；

   t_s —— 分取倍数 [t_s=浸提时所用浸提剂体积（mL）/测定时吸取浸出液体积（mL）=50/25]；

   m —— 土壤样品质量，g。

8. 注意事项

（1）用 DTPA 溶液浸提石灰性土壤中有效铜时，浸提条件必须标准化：土壤盛在 150～180 mL 塑料瓶中，在（20±2）℃下，以（160～200）r/min 的振荡频率振荡 2 h。浸提剂的 pH 应为 7.30，浸提时间为 2 h，这些都要严格遵守。

（2）萃取工作应在漫射光下进行，避免强光直接照射。Cu-DDT 络合物对光敏感，但在强光下至少在 30 min 内稳定，在漫射光下则可在数小时内稳定。

（广西壮族自治区环境监测中心站　李丽和）

六、有效钼

钼（Mo）是ⅥB 族元素，地壳丰度为 1.5 mg/kg。土壤中的钼以四种形态存在，即水溶态钼、交换态钼、难溶态钼和有机结合态钼，其中前两种是能够被植物吸收的，即有效态钼。我国土壤中全钼的含量为 0.1～6 mg/kg，平均含量 1.7 mg/kg，有效态钼的含量范围为 0.02～0.5 mg/kg（以草酸—草酸铵为浸提剂）。钼的迁移转化与土壤的酸碱度和氧化还原条件有关。

钼是生物体所必需的微量元素之一，如果土壤中有效钼含量过少，植物就会出现缺钼症状，但如果土壤中有效钼含量过多，也会导致植物生长不良，人体摄入过量会导致痛风和全身性动脉硬化。风化作用使钼从岩石中释放出来，估计每年有 1 000 吨进入水体和土壤，并在环境中迁移。人类活动广泛地应用钼以及燃烧含钼矿物燃料，因而加大了钼在环境中的循环量。

有效钼的测定可采用草酸—草酸铵浸提—硫氰化钾比色法、极谱法、原子吸收分光光度法、电感耦合等离子体发射光谱法和质谱法。高浓度的样品，可以选择草酸—草酸铵浸提—硫氰化钾比色法、电感耦合等离子体发射光谱法；低浓度的样品，可以选择极谱法、原子吸收分光光度法、电感耦合等离子体质谱法。

（一）有效钼：极谱法（A）

本方法等效于《土壤检测　第 9 部分：土壤有效钼的测定》（NY/T 1121.9—2012）。

1. 方法原理

样品经过草酸—草酸铵溶液浸提，提取土壤中有效钼，加入硝酸—高氯酸—硫酸破坏草酸盐及铁的干扰，采用极谱仪测定试液波峰电流值，通过有效钼含量与波峰电流值的标准曲线计量试液中有效钼的含量。

2. 适用范围

适用于土壤中有效钼的测定，由于草酸—草酸铵浸提剂的缓冲容量大，基本适用于各种类型的土壤，检出限范围为 0.005～0.01 mg/kg。

3. 干扰及消除

浸出液中草酸盐和有机质的存在将降低测定灵敏度，铁、锰含量高时，对钼的测定有干扰，采用硝酸—高氯酸—硫酸体系对浸出液进行消解，可同时消除草酸盐、有机质、铁和锰对测定的干扰。

4. 仪器和设备

极谱仪、振荡设备（恒温往复式水平振荡装置，频率可调）、电热板。

5. 试剂和材料

（1）高氯酸：ρ（$HClO_4$）=1.66 g/mL，优级纯。

（2）硝酸：ρ（HNO_3）=1.42 g/mL，优级纯。

（3）硫酸：ρ（H_2SO_4）=1.84 g/mL，优级纯。

（4）盐酸：ρ（HCl）=1.19 g/mL，优级纯。

（5）草酸—草酸铵浸提剂：称取 24.9 g 草酸铵（$(NH_4)_2C_2O_4 \cdot H_2O$，优级纯）和 12.6 g 草酸（$H_2C_2O_4 \cdot H_2O$，优级纯）溶于水，定容至 1 L。pH 为 3.3，定容前用 pH 计校准。

（6）苯羟乙酸（苦杏仁酸）溶液 {$c[C_6H_5CH(OH)COOH]$=0.5 mol/L}：称取 7.6 g 苯羟乙酸溶于水中，定容至 100 mL，临用现配。

（7）硫酸溶液，c（$1/2H_2SO_4$）=2.5 mol/L：量取 75 mL 硫酸，缓缓注入 800 mL 水中，冷却后定容至 1 L。

（8）饱和氯酸钠溶液（$NaClO_3$）：氯酸钠溶液（$NaClO_3$），500 g/L。

（9）钼标准储备液，ρ（Mo）=100 μg/mL：准确称取 0.252 2 g 钼酸钠（$Na_2MoO_4 \cdot 2H_2O$），优级纯，溶于水中，加入 1 mL 盐酸，移入 1 L 容量瓶中，定容至标线，摇匀。

（10）钼标准使用液，ρ（Mo）=1 μg/mL：移取钼标准储备液 5.00 mL 于 500 mL 容量瓶中，加水定容至标线，摇匀。

6. 分析步骤

（1）试样制备。

称取 5.00 g 试样于 200 mL 聚乙烯瓶中，加入 50 mL 草酸—草酸铵浸提剂，盖紧瓶塞，在 20～25℃条件下，以振荡频率（180±20）r/min 振荡 30 min 后，放置 10 h，干过滤，弃去初滤的 10～15 mL 混浊滤液。

（2）空白试验。

按照上述相同的试剂和步骤进行空白试验，每批样品至少测定两个全程序空白。

（3）校准曲线绘制。

准确移取钼标准使用液 0，0.50，1.00，2.00，4.00，8.00，16.0 mL 于 100 mL 容量瓶中，分别用纯水定容，配制成钼的质量浓度分别为 0，0.005，0.010，0.020，0.040，0.080，0.16 μg/mL 的标准系列溶液。

分别吸取钼标准系列各 1.00 mL，于 7 个预先盛有 1.00 mL 草酸—草酸铵浸提剂的高型烧杯中，于电热板或电炉上低温蒸至近干，取下冷却，依次加入 2 mL 硝酸、0.5 mL 高氯酸和 0.2 mL 硫酸，电热板上加热，温度控制在约 250℃，加热至白烟冒尽，取下冷却后，依次加入 1 mL 硫酸溶液、1 mL 苯羟乙酸溶液和 10 mL 饱和氯酸钠溶液，摇匀。0.5h 后，移入电解杯中，在极谱仪上测量波峰电流值。

注：加入硫酸、苯羟乙酸、饱和氯酸钠后的试液，应在 3.5 h 内完成测定。

根据以上步骤测得标准系列各点的波峰电流值，以减去零浓度点波峰电流值为纵坐标，对应的钼的质量（μg）为横坐标绘制校准曲线。

（4）样品测定。

吸取经处理的样品浸出液 1.00～5.00 mL 于高型烧杯中，测定波峰电流值，从校准曲线上计算钼的含量 m（μg），校准曲线和样品测定应在同一温度条件下进行。如样品中有效钼含量超出标准曲线范围，应用浸提剂稀释试样浸出液后重新测定。

7. 结果计算

土壤有效钼（Mo）含量 ω_{Mo} 以质量分数（mg/kg）表示，按式（4-5-7）进行计算。

$$\omega_{Mo} = \frac{(m_1 - m_0) \times D}{m} \tag{4-5-7}$$

式中：m_0 —— 从标准曲线上查得空白溶液的有效钼的质量，μg；

　　　m_1 —— 从标准曲线上查得试样溶液的有效钼的质量，μg；

　　　m —— 风干试样质量，g；

　　　D —— 分取倍数，D =浸提时所用浸提剂体积（mL）/测定时吸取浸出液体积（mL）。

8. 精密度和准确度

采用本方法分析 ASA 系列土壤标准样品中的有效钼，测定结果的精密度和准确度实验结果见表 4-5-14。

表 4-5-14　方法精密度和准确度实验结果

土壤标样	保证值和不确定度/（mg/kg）	平均值/（mg/kg）	标准偏差/（mg/kg）	相对标准偏差/%	相对误差/%
ASA-1a	0.24±0.05	0.21	0.022	11	−12.5

9. 注意事项

极谱催化波受温度的影响比较大，因此极谱测定应在同一温度下进行。

（武汉市环境监测中心　周婷　程晨）

（二）有效钼：草酸—草酸铵浸提—硫氰化钾比色法（A）

本方法等效于《森林土壤有效钼的测定》（LY/T 1259—1999）。

1. 方法原理

在酸性溶液中，硫氰化钾（KCNS）与五价钼在有还原剂存在的条件下形成橙红色络合物 $Mo(CNS)_5$ 或 $[MoO(CNS)_5]^{2-}$，用有机溶剂（异戊醇等）萃取后，于波长 470 nm 处比色测定。

2. 适用范围

适用于森林微量元素分析中有效钼的测定。

3. 干扰及消除

当测定不含铁或含铁很少的试样时，应加入三氯化铁溶液，溶液的含铁量或三氯化铁的加入量，应当等于或大于溶液的含钼量。钨的干扰则可加入柠檬酸消除。

4. 仪器和设备

往复振荡器、高温电炉、125 mL 分液漏斗、分光光度计、石英或硬质玻璃器皿、pH 计。

5. 试剂和材料

（1）草酸—草酸铵浸提剂：24.9 g 草酸铵（$(NH_4)_2C_2O_4·H_2O$，分析纯）与 12.6 g 草酸（$H_2C_2O_4·2H_2O$，分析纯）溶于水，定容成 1 L。酸度应为 pH=3.3，必要时在定容前用 pH 计校准。

（2）盐酸溶液：6.5 mol/L 用重蒸馏过的盐酸配制。

（3）异戊醇—四氯化碳混合液：异戊醇（$(CH_3)_2CH·CH_2CH_2·OH$，分析纯），加等体积四氯化碳（分析纯）作为增重剂，使密度大于 1 mg/L。为了保证测定结果的准确性，应先将异戊醇加以处理：将异戊醇盛在大分液漏斗中，加少许硫氰化钾和二氯化锡溶液，振荡几分钟，静置分层，弃去水相。

（4）柠檬酸试剂（分析纯）。

（5）200 g/L 硫氰化钾溶液：20 g 硫氰化钾（KCNS，分析纯）溶于水，稀释至 100 mL。

（6）100 g/L 二氯化锡溶液：10 g 未变化的二氯化锡（$SnCl_2·2H_2O$）溶解在 50 mL 浓盐酸中，加水稀释至 100 mL。由于二氯化锡不稳定，应当天配制。

（7）0.5 g/L 三氯化铁溶液：0.5 g 三氯化铁（$FeCl_3·6H_2O$，分析纯）溶于 1 L6.5 mol/L 盐酸中。

（8）1 μg/mL 钼标准溶液：0.252 2 g 钼酸钠（$Na_2MoO_4·2H_2O$，分析纯）溶于水，加入 1 mL 浓盐酸（优级纯），用水稀释成 1 L，成为 100 μg/mL 钼的标准贮备溶液。吸取 5 mL 标准贮备溶液，准确稀释至 500 mL，即为 1 μg/mL 钼的标准溶液。

6. 分析步骤

（1）试样制备。

称取 25.00 g 风干土（通过 2 mm 尼龙筛），盛在塑料瓶中，加 250 mL 草酸—草酸铵浸提剂。瓶塞盖紧，在振荡机上恒温（25℃）振荡 8 h（振荡机频率 150～180 次/min）。用经 6 mol/L 盐酸处理过的滤纸过滤，过滤时弃去最初的 10～15 mL 浑浊滤液。

（2）空白试验。

按照与上述相同的试剂和步骤进行空白试验，每批样品至少测定两个全程序空白。

（3）标准曲线绘制。

吸取 1 μg/mL 钼标准溶液 0，0.1，0.3，0.5，1.0，2.0，4.0，6.0 mL 分别放入 125 mL 分液漏斗中，各加 10 mL 0.5 g/L 三氯化铁溶液，按上述步骤显色和萃取比色（系列比色液的浓度为 0～0.6 μg/mL 钼），绘制标准曲线。

（4）样品测定。

取 200 mL 滤液（含钼不超过 6μg）在烧杯中，于电炉上蒸发至小体积，移入石英蒸发皿或 50 mL 硬质玻璃烧杯中，继续蒸发至干。加强热破坏部分草酸盐后，移入高温电炉中于 450℃ 灼烧，破坏草酸和有机物。冷却后加 10 mL 6.5 mol/L 盐酸溶液残渣。移入 125 mL 分液漏斗中，加水至体积约为 45 mL。

加 1 g 柠檬酸和 2～3 mL 异戊醇—四氯化碳混合液，摇动 2 min，静置分层后弃去异戊醇—四氯化碳层。加入 3 mL 硫氰化钾溶液，混合均匀，于是溶液呈现 Fe（CNS）$_3$ 的血红色。加 2 mL 二氯化锡溶液，混合均匀，这时红色逐渐消失。准确加入 10.0 mL 异戊醇—四氯化碳混合液，振动 2～3 min，静置分层后，用干滤纸将异戊醇—四氯化碳层过滤到比色槽中，在波长 470 nm 处比色测定。

7. 结果计算

$$\omega_{Mo} = \frac{c \times V \times t_s}{m} \qquad (4\text{-}5\text{-}8)$$

式中：ω_{Mo} —— 有效钼（Mo）含量，mg/kg；

c —— 由工作曲线查得比色液中钼的浓度，μg/mL；

V —— 显色液体积，10 mL；

t_s —— 分取倍数[t_s=浸提时所用浸提剂体积（mL）/测定时吸取浸出液体积（mL）= 250/200]；

m —— 土壤样品质量，25 g。

8. 质量控制

表 4-5-15　森林土壤微量元素结果允许偏差

测定值/（mg/kg）	绝对偏差/（mg/kg）
300～100	15～5
100～10	5～0.5
10～1	0.5～0.05
1～0.2	0.05～0.02
0.2～0.1	0.02～0.01
<0.1	<0.01

9. 注意事项

（1）由于有机溶液中络合物的颜色比在水溶液中稳定，并且试样含钼量一般都很低，常用有机溶剂如异戊醇、异戊醇乙酯、甲基异丁酮、乙酸乙酯或乙醚萃取浓缩。为了萃取操作方便，常以四氯化碳作为增重剂，将四氯化碳与其他有机溶剂混合，使混合液的密度大于 1 g/mL。测定的结果与使用单一的有机溶剂时相同。在异戊醇或异戊醇-四氯化碳中钼含量在 0.16～6 μg/mL 时符合朗伯—比尔定律。

（2）显色时溶液的酸度应严格控制，只有在方法中所述的酸度下，过量的二氯化锡才会使 Mo^{6+} 还原成 Mo^{3+}。在更高的酸度时则 Mo^{5+} 会进一步被还原，Mo^{3+} 的络合物是无色的。酸度的变化对颜色的稳定性影响很大，应尽量保持一致。

（3）显色时试剂加入的顺序不宜改变，硫氰化钾必须先加入，其浓度至少应当保持在 6 g/L；而后加入二氯化锡。如果先加入二氯化锡，则形成了钼的含氯络合物，可能是 $K_2(MoOCl_5)$、$K_2(MoO_2Cl_3)$ 或 $K_3(MoCl_6)$，即使再加入硫氰化钾，也难于使其转化成硫氰酸钼。

（天津市生态环境监测中心　郭晶晶）

七、有效硼

土壤中的有效硼是指植物可以从土壤中吸收利用的硼，包括土壤溶液中的硼和可溶性硼酸盐中的硼。硼是植物正常生长发育不可缺少的微量元素，对植物体内的物质运输、生物膜透性、花粉萌发、受精作用以及木质素的形成和输导组织的分化均有重要作用，并能抑制有毒酚类化合物的形成，直接影响植物的生长发育。土壤缺硼，严重影响农作物的产量和品质；供硼过多会使作物形成硼中毒。植物对硼的缺乏、适量和中毒含量之间的变幅很小，当土壤的有效硼为 0.5～1.0 mg/kg 时，对植物的生长是有益的；当含量超过 5.0 mg/kg 时，植物会出现中毒现象。

目前国内外广泛用水溶态硼来代表土壤中的有效硼，土壤中有效硼的测定方法主要有原子吸收分光光度法、电感耦合电离子体发射光谱法以及分光光度法等。原子吸收光谱法需要经过络合过程并进行间接测定，操作烦琐。ICP-AES 法灵敏度高、稳定、线性范围广，不足之处是易受铁等的干扰。分光光度法是硼测定的常规分析方法，一般采用姜黄素比色法和亚甲胺比色法。姜黄素法对操作和环境条件要求较高，干扰离子较多，重复性差，操作费时、费工，分析效率低。亚甲胺法省去了姜黄素法的蒸干、溶解和过滤等步骤，操作较简便快速，便于批量化作业，适合较高浓度硼的测定。

（一）姜黄素吸收光度法（A）

本方法等效于《土壤检测　第 8 部分　土壤有效硼的测定》（NY/T 1121.8—2006）。

1. 方法原理

土壤中有效硼用沸水浸提，浸提出的硼用姜黄素比色法测定。在酸性介质中姜黄素与硼结合成玫瑰红色的络合物，即玫瑰花青苷。玫瑰花青苷溶液在 0.001 4～0.06 mg/L 的浓度范围内符合朗伯—比尔定律。

2. 适用范围

适用于各类土壤中有效硼含量的测定。

3. 仪器和设备

分光光度计（10 mm 光径比色皿）、四联或六联电炉、恒温水浴、250 mL 石英三角烧瓶、50 mL 石英蒸发皿、石英回流冷凝装置。

4. 试剂和材料

（1）95%乙醇，分析纯。

（2）硫酸镁溶液[ρ（MgSO$_4$·7H$_2$O）=100 g/L]：称取 10.00 g 硫酸镁（分析纯）溶于水中，稀释至 100 mL。

（3）姜黄素—草酸溶液：称取 0.040 g 姜黄素（分析纯）、5.00 g 草酸（分析纯）溶于100 mL 的乙醇（95%）溶液中。

（4）硼标准贮备溶液[ρ（B）＝100 μg/mL]：称取预先在浓硫酸干燥器内至少干燥 24 h 的硼酸（H$_3$BO$_3$，优级纯）0.571 9 g 于 400 mL 烧杯中，加 200 mL 无硼水溶解，移入 1 L 容量瓶中定容，贮于塑料瓶中。称取干燥的硼酸 0.571 9 g 于 400 mL 烧杯中，加 200 mL 无硼水溶解，移入 1 L 容量瓶中定容，即为 100 μg/mL 硼标准贮备液。贮于塑料瓶中。

（5）硼标准系列溶液：吸取 50.00 mL 硼标准贮备液于 500 mL 容量瓶中，用无硼水定容，即为 10 μg/mL 硼标准溶液，贮于塑料瓶中。分别吸取 10 μg/mL 硼标准溶液 0，0.50，

1.00，2.00，3.00，4.00，5.00 mL 于 7 个 50 mL 容量瓶中，用无硼水定容，即为 0，0.1，0.2，0.4，0.6，0.8，1.0 μg/mL 硼标准系列溶液，贮于塑料瓶中。

5. 分析步骤

（1）试样制备。

称取通过 2 mm 孔径尼龙筛的风干试样 10.00 g 于 250 mL 石英三角瓶中，加入 20.00 mL 水，装好回流冷凝器，文火煮沸并微沸 5 min（准确计时），移开热源，继续回流冷凝 5 min（准确计时），取下三角瓶，冷却。在煮沸过的样品溶液中加入两滴硫酸镁溶液加速澄清，一次倾入滤纸上（或离心），滤液承接于塑料杯中（最初滤液浑浊时可弃去）。同时做空白试验。

（2）校准曲线绘制。

分别吸取含 0，0.1，0.2，0.4，0.6，0.8，1.0 μg/mL 硼标准系列溶液 1.00 mL 于 50 mL 石英（或瓷）蒸发皿中，此标准系列中硼的含量分别为 0，0.1，0.2，0.4，0.6，0.8，1.0 μg。以下同样品操作测定，计算回归方程或绘制工作曲线。

（3）样品测定。

吸取 1.00 mL 滤液于 50 mL 石英（或瓷）蒸发皿内，加入 4.00 mL 姜黄素—草酸溶液，置于（55±3）℃的恒温水浴上蒸发至干（皿底部全部接触水面），自呈现玫瑰红色时开始计时继续烘焙 15 min，取下冷却至室温，加入 20 mL 95%乙醇，用塑料棒搅动至残渣完全溶解。用中速滤纸过滤到具塞容器内（此溶液放置时间不要超过 3 h），以 95%乙醇溶液调零，在分光光度计上用 550 nm 波长，1 cm 光径比色皿比色，测定吸光度。以扣除空白后的吸光值查校准曲线或求回归方程得到测定液的含硼量（m_1）。

6. 结果计算

$$\omega_B = \frac{m_1 \cdot D}{m \times 10^3} \times 1\,000 \qquad (4\text{-}5\text{-}9)$$

式中：m_1 —— 显色液中硼的含量，μg；

D —— 分取倍数；本试验为 20/1＝20；

10^3 和 1 000 —— 分别将 μg 换算成 mg 和将 g 换算为 kg；

m —— 风干试样质量，g。

平行测定结果以算术平均值表示，保留两位小数。

7. 精密度和准确度

有效硼测定结果的允许差应符合表 4-5-16 的要求。

表 4-5-16　方法精密度和准确度实验结果

有效硼含量/（mg/kg）	允许绝对相差/（mg/kg）
＜0.20	≤0.03
0.20～0.50	≤0.05
＞0.50	≤0.06

注：绝对相差指平行测定结果之差的绝对值。

8. 注意事项

（1）配制试剂须用石英蒸馏器重蒸馏过的水或无硼去离子水。所用的玻璃器皿不应与试剂、试样溶液长时间接触，应尽量储存在塑料器皿中。

（2）水提取液中若硝酸盐超过 20 μg/L，须加氢氧化钙蒸发至干并灼烧来破坏硝酸盐，再用 0.1 mol/L 盐酸溶解残渣后过滤，吸取滤液进行测定。

（3）测硼时必须严格控制显色条件。蒸发的温度、速度和空气流速等必须保持一致，否则再现性不良。所用的蒸发皿要经过严格挑选，以保证其形状、大小和厚度尽可能一致。恒温水浴应尽可能采用水层较深的水浴，并且完全敞开，将蒸发皿直接漂在水面上。水浴的水面应尽可能高，使蒸发皿不致被水浴的四壁挡住而影响空气的流动，以保证蒸发速度一致。

（4）显色测定过程中，不宜中途停止，如因故必须暂停工作，应在加入姜黄素试剂以前，否则结果会不准确；蒸发显色后不应将蒸发皿长时间暴露在空气中，应将蒸发皿从水浴中取出擦干，随即放入干燥器中，待比色时再取出。以免玫瑰花青苷因吸收空气中的水分而发生水解，影响测定结果。

（5）酒精溶解后应尽可能迅速比色，因酒精易挥发使溶液的吸收值发生变化。

（广西壮族自治区环境监测中心站　李丽和）

（二）沸水浸提—甲亚胺比色法（A）

本方法等效于《森林土壤有效硼的测定》（LY/T 1258—1999）。

1. 方法原理

土样经沸水浸提 5 min，浸出液中的硼用甲亚胺比色法测定。在弱酸性水溶液中，硼与甲亚胺生成黄色络合物，420 nm 波长处测量吸光度。

2. 适用范围

适用于土壤中有效硼的测定。称取 20.00 g 试样，40 mL 水浸提，方法检测限为 0.06 mg/kg。

3. 干扰及消除

本方法硝酸盐不干扰；铁、铝等金属离子的干扰可加 EDTA 和氮基三乙酸络合掩蔽。

4. 仪器和设备

紫外可见分光光度计，石英蒸馏装置，其他实验室常用器皿。

5. 试剂和材料

（1）9 g/L 甲亚胺溶液：称取 0.9 g 甲亚胺和 2 g 抗坏血酸，加 100 mL 纯水，微热溶解（分析时当天配用）。若无固体甲亚胺试剂，可分别配制 1% H 酸溶液及 0.04%水杨醛溶液使用。

（2）10 g/L H 酸溶液：在室温下溶解 1 g 1-氨基-8 萘酚-3,6-二磺酸氢钠于 100 mL 去离子水中，然后加入 2 g 抗坏血酸，使之完全溶解。若浑浊可过滤后使用。溶液 pH=2.5，此液要当天配制。

（3）0.4 mol/L 水杨醛溶液：每 100 mL 1∶4 乙醇中加入水杨醛 0.04 mL。

（4）0.5 mol/L 氯化钙溶液：5.55 g 氯化钙，加水 100 mL 溶解。

（5）缓冲液：取乙酸铵 231 g 溶于水中，稀释到 1 L。再加入 67 g EDTA，此液 pH=6.7。

（6）100 μg/mL 硼标准溶液：将 0.571 6 g 干燥的硼酸溶于水中，定容至 1 L，此液为 100 μg/mL 硼标准贮存液。将此硼标准贮存液稀释 10 倍，即为 10 μg/mL 硼标准溶液。吸取 10 μg/mL 硼标准液 0，1，2，3，4，5mL，定容成 50mL，配成浓度为 0，0.2，0.4，0.6，0.8，1.0 μg/mL 的一组硼标准系列溶液，贮存在塑料瓶中备用。

6．分析步骤

（1）试样制备。

取 20.00 g 风干并通过 2.0 mm 尼龙筛的土样于 250 mL 锥形瓶中，按土水比 1∶2，加 40 mL 纯水，连接冷凝管，文火煮沸 5 min（从沸腾时计算，用秒表计时），5 min 取下，立即冷却。煮沸过的土壤溶液中，加入 4 滴 0.5 mol/L CaCl$_2$ 溶液，移入离心管中，离心 8 min（400 r/min），并过滤（用紧密滤纸过滤），滤液承接于塑料瓶中，待测。

（2）样品测定。

取 1 mL 10 g/L H 酸溶液于 10 mL 干净试管中，加 2 mL 水杨醛溶液，摇匀。再加入 3 mL 缓冲液，立即加 4 mL 待测液，摇匀后放置 1 h，选分光光度计 420～430 nm 波长，1 cm 比色皿，用试剂空白溶液调吸收值到零，测显色液的吸收值。

（3）校准曲线绘制。

取标准系列溶液 0.2，0.4，0.6，0.8，1.0 mg/L 硼于不同试管中，按上述步骤测试吸收值。以吸收值为纵坐标，以标准系列溶液含量为横坐标，绘制校准曲线。

7．结果计算

$$\omega_B = c \cdot r \qquad\qquad (4\text{-}5\text{-}10)$$

式中：ω_B —— 有效硼（B）含量，mg/kg；

c —— 由工作曲线查得硼的浓度，μg/mL；

r —— 液土比（r =浸提时浸提剂毫升数/土壤克数=40/20=2）。

8．精密度和准确度

分析土壤标样的精密度和实验结果见表 4-5-17。

表 4-5-17　方法的精密度实验结果

土壤标样	标准值/（mg/kg）	平均值/（mg/kg）	相对误差/%	相对标准偏差/%
SAS-5a	0.17±0.05	0.16	−6.7	8.0
SAS-7	0.56±0.08	0.062	10.7	6.1

9．注意事项

（1）煮沸时间一定要准确，否则易产生误差，也不易重复。

（2）硬质玻璃中常含有硼。所使用的玻璃器皿不应与试样溶液作长时间接触。加热浸提土壤水溶性硼时，最好使用石英玻璃制的锥形瓶。用其他玻璃制品时，应先进行空白试验，观察空白值的大小，决定其是否能用。用扣除空白的方法来消除玻璃器皿的污染有时是难以奏效的。加热温度不高时，瓷器皿可用于硼的测定。聚四氟乙烯制品也是适用的。

（3）配制试剂及浸提用的水均须用石英蒸馏器重蒸馏过的水或去离子水。

（4）若硝酸根浓度超过 20 μg/mL，对硼的比色测定有干扰，必须加氢氧化钙使呈碱性反应，在水浴上蒸发至干，再慢慢灼烧以破坏硝酸盐。再用一定量的 0.1 mol/L 盐酸溶液残渣，吸取 1.00 mL 溶液进行比色测定。

（5）若土壤中的水溶性硼过量，比色发生困难，可以准确吸取较多的溶液，移入蒸发皿，加少许饱和氢氧化钙溶液使之呈碱性反应，在水浴上蒸发至干。加入适当体积（例如 5.00 mL）的 0.1 mol/L 盐酸溶解，吸取 1.00 mL 进行比色。由于待测液的酸度对显色有很大影响，所以标准系列也应按同样步骤处理。

（6）一般在显色 1 h 后比色，显色稳定时间长达 3 h。

（江苏省环境监测中心　陈素兰　王骏飞

陕西省环境监测中心站　周弛）

八、甲基汞

汞是一种毒性较大、熔点低、易挥发的重金属元素，其毒性依赖它所存在的化学形态及其浓度。在自然界中主要以金属汞、无机汞和有机汞的形态存在。不同的汞形态毒性各不同，有机汞的毒性比无机汞强，尤其以甲基汞的毒性最强。甲基汞是脂溶性的，易被生物体吸收，主要侵犯中枢神经系统，可造成语言和记忆能力障碍等。且甲基汞容易通过血脑屏障和胎盘屏障，使新生儿发生先天疾病，除了神经系统受到损害外，免疫系统和循环系统的发育也会受到侵害。

汞和甲基汞在环境中分布广泛，土壤是全球性汞循环的重要媒介，环境中任何一种形态的汞都可以在一定条件下转化成甲基汞。通常环境介质中甲基汞的含量较低，一般为 10^{-9} 级，甚至 10^{-12} 级，但是甲基汞能沿着食物链逐级递增，进行高度生物富集，且代谢周期长，即使剂量很少也可累积致毒，例如，当人体血液中甲基汞的含量超过 0.2 μg/g 时，就会出现中毒症状。

土壤甲基汞测定可采用气相色谱电子捕获检测器（GC-ECD）或气相色谱原子发射检测器（GC-AED）；也可采用联用技术，分离主要采用气相色谱（GC）和高效液相色谱（HPLC），测定主要采用原子吸收（AAS）、原子荧光（AFS）、电感耦合等离子体质谱（ICP/MS）、毛细管电泳（CE）等。高效液相色谱—电感耦合等离子体质谱联用技术（HPLC-ICP/MS）前处理简单、灵敏度高、线性范围宽、检出限低，接口简单、应用广泛、可以多检测器串联、前处理过程有利于保持待测样品原始形态不变，在元素的形态价态分析中得到了广泛应用。

（一）液相色谱—电感耦合等离子体质谱法（B）

1. 方法原理

土壤中甲基汞经酸性溴化钾—硫酸铜溶液浸提，通过二氯甲烷萃取后，用硫代硫酸钠溶液反萃取，萃取液直接进入液相色谱进行分离，电感耦合等离子体质谱进行检测。根据保留时间、目标物标准质谱图相比较进行定性，外标法定量。

2. 适用范围

适用于土壤中甲基汞的测定。当试样量为 2 g，进样量为 50 μL 时，方法检出限为 0.1 μg/kg，测定下限为 0.4 μg/kg。

3. 干扰及消除

方法通过酸溶液浸提、萃取与反萃取有效地消除基质的干扰，并通过仪器条件实验完全将汞、乙基汞与甲基汞分离。

4. 仪器和设备

（1）液相色谱进样系统：配备恒温箱，具有梯度淋洗功能。

（2）电感耦合等离子体质谱仪：质量范围为 5～250 amu，分辨率在 5%波峰高度时的最小宽度为 1 amu，并配有有机进样系统与加氧通道。

（3）冷冻干燥机。

（4）分析天平：精度为 0.01 g。

（5）研钵：玻璃或玛瑙材质。

（6）实验所用的玻璃器皿均需用 20%硝酸浸泡 12 h 以上，用水反复冲洗干净。

5. 试剂和材料

所用的标准物质、标准溶液及工作溶液应避光保存。

（1）载气：高纯氩气，纯度为 99.99%以上。

（2）氯化甲基汞（CH_3HgCl）：优级纯。

（3）二氯甲烷（CH_2Cl_2）、甲醇（CH_3OH）为农残级。

（4）36%醋酸（CH_3COOH）：优级纯。

（5）醋酸/甲醇（3：1）（V/V）：醋酸和甲醇配制成体积比为 3：1 的溶液。

（6）硫代硫酸钠（$Na_2S_2SO_3$ $5H_2O$）：分析纯或更高级。

（7）溴化钾（KBr）：分析纯或更高级。

（8）硫酸铜（$CuSO_4 \cdot 5H_2O$）：分析纯或更高级。

（9）醋酸铵（CH_3COONH_4）：优级纯。

（10）L-半胱氨酸（$C_3H_7NO_2S$）：优级纯。

（11）25%～28%氨水（NH_3H_2O）：优级纯。

（12）硫酸：ρ（H_2SO_4）=1.84 g/mL，优级纯。

（13）盐酸：ρ（HCl）=1.19 g/mL，优级纯。

（14）氢氧化钾（KOH）：优级纯。

（15）甲基汞标准贮备液：ρ =1 000 mg/L。

称取 0.116 4 g 氯化甲基汞（相当于 0.100 0 g 甲基汞），用醋酸/甲醇（3：1）溶解，转移到 100 mL 容量瓶中，用醋酸/甲醇（3：1）稀释至标线摇匀。保存于 2～5℃冰箱中可稳定一年。

（16）甲基汞工作溶液：ρ =1.00 mg/L。

用含有 0.5%（w/w）醋酸、0.2%（w/w）盐酸的水溶液逐级稀释甲基汞标准贮备液至 1.00 mg/L。

（17）质谱仪调谐溶液。

浓度建议为 ρ =100 μg/L。该溶液需含有足以覆盖全质谱范围的元素离子，包括 Li、Mg、Co、Y、Tl、Ce 等，可购买有证标准溶液，也可用高纯度的金属（纯度大于 99.99%）或相应的金属盐类（基准或高纯试剂）进行配制。

（18）酸性溴化钾溶液：ρ（KBr）=180 g/L。

称取 90.0 g 溴化钾溶于 100 mL 水中，加入 25 mL 浓硫酸，冷却后用去离子水稀释至 500 mL。

（19）硫酸铜溶液：ρ（$CuSO_4 \cdot 5H_2O$）=1.00 mol/L。

称取 80.0 g 硫酸铜（$CuSO_4 \cdot 5H_2O$）溶于 100 mL 水中，用去离子水稀释至 500 mL。

（20）硫代硫酸钠溶液：ρ（$Na_2S_2SO_3 \cdot 5H_2O$）=0.01 mol/L。

称取 1.24 g 硫代硫酸钠（Na$_2$S$_2$SO$_3$·5H$_2$O）溶于 100 mL 水中，用去离子水稀释至 500 mL。

6. 样品制备

（1）样品采集与保存。

参照《土壤环境监测技术规范》（HJ/T 166—2004）和《海洋监测规范　第 3 部分：样品采集、贮存与运输》（GB 17378.3—2007）的相关要求采集有代表性的土壤样品，保存在事先清洗洁净并用有机溶剂处理后不存在干扰物的磨口棕色玻璃瓶中。运输过程中应密封避光、冷藏保存，途中避免干扰引入或样品的破坏，尽快运回实验室分析。如暂不能分析，应在 4℃以下冷藏保存，保存时间为 10 d。

（2）试样制备。

除去枝棒、叶片、石子等异物，将所采全部样品完全混匀。经 -45℃冷冻干燥后，快速研磨过 80 目筛，放置在 -18℃保存。

称取 2.00 g 土壤样品于 50 mL 玻璃离心管中，用 5 mL 去离子水润湿，加入 3 mL 酸性溴化钾溶液、1 mL 硫酸铜溶液，振荡过夜。加入 6 mL 二氯甲烷，振荡 6 min，3 500 r/min 离心 20 min 后，取出 4 mL 有机相于 10 mL 玻璃离心管中。再加入 2 mL 硫代硫酸钠溶液，3 500 r/min 离心 60 min，使甲基汞从二氯甲烷相进入到水相。取一定体积上层水相（硫代硫酸钠）待分析。

（3）含水率测定。

取 5 g（精确至 0.01 g）样品在（105±5）℃下干燥至少 6 h，以烘干前后样品质量的差值除以烘干前样品的质量再乘以 100，计算样品含水率 w（%），精确至 0.1%。

7. 分析步骤

（1）仪器调试。

① 液相色谱参考条件。

色谱柱：C18 柱（4.6 mm×150 mm×5μm）；流动相：A 相为 10 mmol/L 醋酸铵，0.12% L-半胱氨酸，氨水调节 pH=7.5，经 4.5 μm 滤膜过滤；B 相为 5%（V/V）甲醇；流动相流速为 1.0 mL/min；样品成分复杂时可采用梯度洗脱；进样量：20～50 μL。

② ICP/MS 参考条件。

入射功率 1 550 W；采样深度 8.0 mm；载气流速：约 0.6 L/min；玻璃同心雾化器；石英雾化室，半导体控温于 -5℃；Pt（或 Ni）采样锥和截取锥；有机进样专用矩管；高有机相时的 O$_2$/Ar 混合气（20∶80）加入量约 10%；采样模式：时间解析，积分时间 0.5 s。

③ ICP/MS 调谐。

点燃等离子体后，仪器预热稳定 30 min，用质谱仪调谐溶液对仪器的灵敏度、氧化物和双电荷进行调谐，在满足要求的条件下，调谐溶液中所含元素信号强度的相对标准偏差≤5%。然后在涵盖待测元素的质量范围内进行质量校正和分辨率校验，如质量校正结果与真实值差别超过±0.1 amu 或调谐元素信号的分辨率在 10%峰高所对应的峰宽超过 0.6～0.8 amu 的范围，应依照仪器使用说明书的要求对质谱进行校正。

④ 仪器性能监控。

用内标 Bi 监控仪器的稳定性，通过优化 Bi 信号而调试 ICP/MS，获得最优的灵敏度。样品分析中无须进行内标校正，使用外标法定量。

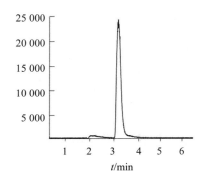

图 4-5-1　甲基汞标准物质总离子流

（2）校准曲线绘制。

用微量注射器准确移取甲基汞工作溶液 0，5.00，10.0，25.0，50.0，100 μL 至 10.00 mL 的容量瓶中，加入硫代硫酸钠溶液并定容，配制浓度为 0，0.50，1.00，2.50，5.00，10.0 μg/L 的校准系列。上机测定校准系列，以校准系列浓度为横坐标，以样品的信号为纵坐标建立校准曲线。用线性回归分析方法求得斜率，用于样品含量计算。

（3）样品测定。

每个试样测定前，先用流动相冲洗液相系统，硝酸溶液冲洗 ICP/MS 系统直到信号降到最低并且稳定后，将液相色谱柱流出管路与 ICP/MS 进样系统连接，待信号稳定后开始测定。若样品中甲基汞浓度超出校准曲线范围，需要稀释后重新测定。

（4）空白试验。

按照与试样相同的测定条件测定实验室空白试样。

8. 结果计算与表示

样品中的目标化合物含量 ω（μg/kg），按照式（4-5-11）进行计算。

$$\omega = \frac{\rho V f}{m(1-w)} \tag{4-5-11}$$

式中：ω —— 样品中的目标物含量，μg/kg；

　　　ρ —— 测试液中甲基汞的浓度，μg/L；

　　　V —— 试样定容体积，mL；

　　　f —— 稀释倍数；

　　　m —— 试样量，g；

　　　w —— 样品含水率，%。

测定结果保留三位有效数字。

9. 精密度和准确度

（1）精密度。

对甲基汞含量为 5.00 μg/kg 的土壤样品进行了精密度的测定，相对标准偏差在 5% 以内。

（2）准确度。

测定甲基汞含量为（5.49±0.549）μg/kg 的标准参考物质，测定值为（5.63±0.125）μg/kg。对实际土壤加标测定，加标量为 100 ng、500 ng、1 000 ng，回收率范围为 70%～95%。

（天津市生态环境监测中心　王艳丽）

382

（二）吹扫捕集/气相色谱—原子荧光光谱法（B）

1．方法原理

土壤样品经过浸提和萃取后，在样品水溶液中加入四乙基硼化钠溶液，水溶液中的甲基汞发生乙基化衍生反应转化为甲基乙基汞，乙基化反应完成后甲基乙基汞被吹扫进入捕集管中富集，再经过热解吸进入气相色谱分离，原子化后进入原子荧光光谱仪，通过测定荧光信号强度对甲基汞进行定量。

2．仪器和设备

（1）吹扫捕集/气相色谱—原子荧光光谱仪。

（2）涡旋振荡器。

（3）鼓风干燥箱。

（4）分析天平：精度为 0.01 g。

（5）尼龙样品筛：100 目筛。

（6）棕色样品瓶：40 mL。

3．试剂和材料

（1）实验用水为超纯水。

（2）甲醇：色谱纯。

（3）氢氧化钾：优级纯。

（4）醋酸钠：优级纯。

（5）冰醋酸：优级纯。

（6）氯化甲基汞标准溶液。

（7）标准参考物质 ERM-CC580（75.5±3.7）ng/g Hg。

（8）1%四乙基硼化钠溶液：使用市售乙基化试剂或者自行配制。配制方法：于含氟聚合物瓶中制备 40 mL 的 2% KOH（质量体积比）水溶液，冷却至 0℃（直至出现冰晶）。四乙基硼化钠试剂购买时保存在安瓿瓶中，配制溶液时四乙基硼化钠试剂瓶需被迅速打开，并将约 5 mL 的 KOH 溶液倒入四乙基硼化钠试剂瓶中。上盖旋紧，摇匀。之后将上述溶液倒入已配好的 40 mL KOH 溶液瓶中，摇匀后迅速将上述溶液分装至 27 个 1.5 mL 大小的气相小瓶中，上盖旋紧，冷冻条件保存。使用时，取出一小瓶上述试剂瓶，需在全融之前使用。

（9）2 mol/L 醋酸缓冲溶液：称取优级纯醋酸钠 27.2 g、优级纯冰醋酸 11.8 mL 溶于超纯水中，定容至 100 mL。如果试剂干扰严重，在溶液中加入 50 μL 1%四乙基硼化钠溶液摇匀，以 300 mL/min 的速度用无汞氮气除汞 6～8 h 即可。

（10）25%氢氧化钾甲醇溶液：称量 50.00 g 氢氧化钾至 200 mL 甲醇中，盖紧盖子，超声溶解，20 min 后溶液为乳白色溶液即可。

4．分析步骤

（1）试样制备。

① 称取 0.10～0.15 g 样品（磨细，过 100 目尼龙筛），记录重量，加入含有刻度的 50 mL 聚丙烯管中。

② 加入 2.5 mL 25%的氢氧化钾甲醇溶液，涡旋 10～15s（中等转速），土壤黏度比较大，必须涡旋，这样才能让土壤和消解溶液充分混合。

③ 盖紧盖子，于 60℃的烘箱中放置 2 h 后，将样品取出，再次涡旋 10～15 s（中等

转速），继续烘 2.5 h。

④ 加入超纯水 8 mL，涡旋 10～15 s（中等转速）后，静置 10 min。

⑤ 吸取 150 μL 样品溶液，置于 40 mL 棕色样品瓶中，加入 35 mL 超纯水至样品瓶瓶颈处，加入 0.3 mL 醋酸缓冲液，加入 50 μL 1%四乙基硼化钠溶液，加入超纯水至瓶满，盖紧盖子摇匀，静置 10～15 min，待分析。

（2）校准曲线绘制。

将已配好的 0.5，1，5，10，50，100，500，1 000 pg 标准系列溶液（需要与样品溶液一样，加入四乙基硼化钠进行乙基化衍生，15 min 后方可测定，标准系列溶液可根据实际样品浓度做适当调整，只要保证 5 个浓度梯度）按浓度从低到高的顺序，分别导入在线吹扫捕集/气相色谱—原子荧光光谱仪，测定系列工作溶液中各待测元素的光谱强度。以光谱强度为纵坐标，元素浓度为横坐标，绘制标准曲线。校准曲线的浓度范围可根据测量需要进行调整，5 个浓度点即可。

标准曲线绘制完成后，在分析期间，每天应以校正标准溶液（10 pg）进行检验，如果测定值与参考值相差 20%以上，需要重新绘制标准曲线。

（3）样品测定。

不同型号的仪器，最佳工作条件不同，应按照仪器使用说明书操作。参考测量条件见表 4-5-18。

表 4-5-18　仪器测量条件

参数	设定值	参数	设定值
吹扫捕集气	N_2	加热解析时间/s	9.9
吹扫捕集气流速/（mL/min）	394	捕集管干燥时间/min	3
干燥气	N_2	气相色谱温度/℃	44
干燥气流速/（mL/min）	297	气相色谱载气	Ar
吹扫捕集时间/min	5	气相色谱载气流速/（mL/min）	34

分析样品前，先用洗涤空白溶液冲洗系统，待分析信号稳定后开始分析样品。测定样品过程中，若甲基汞浓度超出校准曲线范围，需经稀释后重新测定。

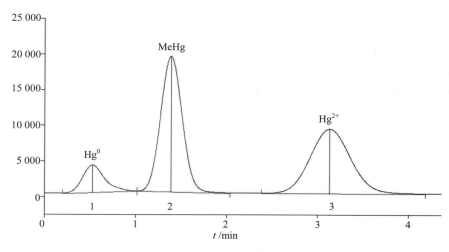

图 4-5-2　1.50 pg 甲基汞标准溶液的色谱图

5. 结果计算

土壤中的甲基汞含量ω（pg/g）按式（4-5-12）进行计算：

$$\omega = \frac{(m_1 - m_0) \times F}{m \times w_{dm}} \qquad (4\text{-}5\text{-}12)$$

式中：ω —— 土壤中甲基汞的质量浓度，pg/g；

m_1 —— 由校准曲线计算试样中甲基汞的质量，pg；

m_0 —— 由校准曲线计算空白中甲基汞的质量，pg；

m —— 消解样品的重量，g；

w_{dm} —— 土壤样品的干物质含量，%；

F —— 稀释因子。

测定结果保留三位有效数字。

6. 质量保证和质量控制

每批样品分析需至少 3 个试剂空白，如果空白值明显偏高或几个空白值的相对差过大，应仔细检查并消除影响因素。校准曲线的相关系数 $R^2 \geqslant 0.999$。

7. 精密度和准确度

（1）精密度。

每批样品至少按 10%的比例进行平行双样测定，样品数量少于 10 时，应至少测定一个平行双样，测定结果的室内相对标准偏差应小于 25%。

（2）准确度。

每批样品带土壤标准样品进行测定，标准样品的回收率范围应为 65%～115%。

8. 注意事项

（1）土壤中二价汞含量很大，取样量不可过大，如果取样量大会损伤 Tenax 管；

（2）原子荧光光谱仪需要提前 24 h 打开检测器电源，保证汞原子特征光谱强度保持不变；

（3）使用烘箱加热时，应观察聚丙烯管的盖子，加热一段时间后拧紧，防止因热胀而导致分析物质挥发。

（4）棕色样品瓶清洗后，应该在 200℃下烘烤 12 h 后继续使用，避免汞的干扰。

（中国环境监测总站　许秀艳

江苏省环境监测中心　丁曦宁　杨雪）

第五篇

有机污染物测定

土壤中有机污染物的主要来源有工业污染源、交通运输污染源、农业污染源和生活污染源等。通过挥发、淋滤、地表径流携带等方式进入土壤，在土壤环境中经解析、吸附、降解、代谢等复杂的环境行为，危害土壤品质和作物生长，或通过食物链蓄积、放大，影响动物和人体健康。有机污染物种类繁多，但大都具有憎水性和较好的亲酯性。由于土壤有机污染物非常复杂，结构、形态和性质各异，且每年有越来越多的有机污染物投入生产、使用，目前没有特定的分类标准划分土壤中有机污染物，一般根据各学科和研究目的对其进行初步分类与划分，根据毒性大小分为有毒污染物和无毒污染物，根据半衰期分为持久性有机污染物（Persistent Organic Pollutants，POPs）和非持久性有机污染物。土壤环境有机污染物监测过程中，挥发性有机污染物（Volatile Organic Compouds，VOCs）、半挥发性有机污染物（Semi-Volatile Organic Compounds，SVOCs）、持久性有机污染物、化学品、农药残留等概念较为常用。

测定土壤中有机污染物一般经取样、提取、净化、上机分析测试等过程。要获得准确可靠的分析结果，样品前处理是重要环节，甚至是分析成败的关键。当土壤待测污染物为半挥发或不挥发性有机物时，前处理占用的工作量超过样品分析工作量的70%，分析过程中近50%的误差源于样品准备及前处理，仪器测定的误差大多低于30%。根据土壤有机污染物的测定需要，选用合理的仪器分析手段，目前测试技术与装备主要包括气相色谱（GC-FID、GC-ECD等）、气相色谱质谱（GC-MS）、气相色谱—三重四极质谱、高分辨气相色谱—高分辨质谱、高效液相色谱（HPLC）等。为了保证监测数据的准确性、精密性、代表性、完整性及可比性，分析全过程要采用严格的质量控制与保证措施。

本篇推荐方法主要参考生态环境部、农业农村部等发布的标准方法，以及美国环境保护局（EPA）、国际标准化组织（ISO）等相关标准、方法，以及一些环境监测系统内针对特定需求开发的方法，共分为三章。第一章为概述，对土壤有机污染物样品的采集保存、样品制备、环境条件、试剂、器皿及其清洗、仪器设备、安全防护和废物处理等一般性要求进行概述；第二章为样品前处理，介绍常见的有机污染物提取、净化方法；第三章推荐26类有机污染物的分析测试方法，主要包括芳香烃、卤代烃等挥发性有机污染物，多环芳烃、酞酸酯、酚类、胺类等半挥发性有机污染物，有机氯农药、多氯联苯、二噁英、毒杀芬、全氟辛烷磺酸（PFOS）等广受关注的履约持久性有机污染物，有机磷农药、氨基甲酸酯类农药、酰胺类除草剂、三嗪类除草剂、磺酰脲类除草剂等常见土壤农药残留，以及石油类、醇、酮、酸等化学品和毒鼠强等事故调查常见有机污染物。

土壤有机污染物分析难度很大，复杂基质下前处理和净化方式的优选、挥发性有机污染物的干扰消除和来源判定、邻苯二甲酸酯测定的空白问题、低分子量多环芳烃测定时的样品保存、多氯联苯总量与各单体量之和的差异等是土壤分析中需要重点关注的问题，希望在土壤有机污染物监测实践中给予高度重视。

第一章 概述

本章仅介绍土壤有机污染物样品采集和保存、样品制备、实验室环境条件和试剂等一般要求、样品定性定量方法、样品测定质控措施、干扰及消除、安全防护和废物处置等普遍要求，污染物测定的特殊要求见相关测定方法。

一、样品采集和保存

根据监测目的布点，使用铁质或木质工具，采集有代表性的土壤样品，除去枝棒、叶片、石子等异物，将所采全部样品完全混匀，取适量装满于样品瓶。挥发性有机物样品至少采集 3 份平行样品，置于 60 mL 棕色螺纹口样品瓶（或大于 60 mL 其他规格样品瓶）；半挥发性或难挥发性有机物样品采集 1 kg 置于棕色磨口玻璃瓶中。

运输过程中密封避光，冷藏保存，途中避免引入干扰或破坏样品，尽快运回实验室分析。如不能立即分析应在 4℃以下冷藏保存。挥发性有机物样品保存时间不超过 7 天，半挥发性有机物样品不超过 10 天，难挥发性有机物样品不超过 14 天。

二、样品制备

一般情况下，挥发性有机物、半挥发性有机物或可萃取有机物用新鲜样品按特定方法进行样品前处理。若需脱水，可采用冷冻干燥。

如果要求计算目标化合物在干样品中含量，需测定样品干物质含量或样品含水率。和样品称量同步，称取 5.00 g 样品，在（105±5）℃下干燥至少 6 h，以烘干后和烘干前样品质量的商乘以 100，计算样品干物质含量；以烘干前和烘干后样品质量的差值除以烘干前样品的质量再乘以 100，计算样品含水率 w（%）。结果精确至 0.1%。

三、实验室条件和试剂

（一）环境条件

样品前处理间应有满足实验要求的处理台，并配备通风橱；仪器室应满足仪器对温湿度和洁净度的要求；除实验必需试剂外，实验室不应存在其他有机溶剂，尤其不应放置对目标化合物有干扰的溶剂、样品或标准物质；实验室空白需满足测定方法要求。

（二）试剂

除非另有说明，否则实验用水为新制备的去离子水或蒸馏水，不含有机物；试剂或溶剂应使用符合国家标准的分析纯（优级纯）试剂、色谱或农残级溶剂。使用前或实验过程中更换品牌或批次时，进行空白检验，确认在目标化合物保留时间区间内无干扰色谱峰出现或目标化合物浓度低于方法检出限。

氯化钠（NaCl）：优级纯，用于破乳或减小有机物在水相中溶解度。在马弗炉 400℃灼烧 4 h，置于干燥器中冷却至室温，转移至磨口玻璃瓶中保存。

无水硫酸钠（Na₂SO₄）：用去除土壤样品提取液中水分。450℃焙烧 4 h 后，温度降至 100℃，关闭电源转入干燥器中，冷却后装入试剂瓶密封，保存在干燥器中，如果受潮需再次处理。

铜粉：用于除去样品提取溶液中硫。使用前用稀硝酸浸泡去除表面氧化物，然后依次用水、丙酮清洗，再用氮气吹干待用。每次用前处理，保持铜粉表面光亮。

石英砂：20～100 目，用作空白土壤样品。使用前用丙酮和正己烷（1∶1）有机溶剂将其提取干净或直接购买商品石英砂，在 400℃烘烤 4 h，置于干燥器中冷却至室温，转移至磨口玻璃瓶中，于干燥器中保存。

硅藻土：100～400 目，与土壤样品混合以除去其中水分。使用前于 400℃下加热 4 h，置于干燥器中冷却至室温，保存于干净的玻璃器皿中，铝箔纸封口，贮存期不应超过 2 周。

氮气、氦气等载气纯度为 99.999%，经脱氧剂脱氧、分子筛脱水；氢气纯度为 99.999%，经分子筛脱水；空气经硅胶脱水、活性炭脱有机物。

（三）器皿及清洗

除非另有说明，否则样品采集、保存及分析过程中均使用玻璃器皿。器皿使用前用酸或热水加清洁剂清洗，再用蒸馏水或去离子水冲洗干净并用有机溶剂处理后，保存在干净环境中，使用前经空白检验不存在干扰物质。

四、样品测定

（一）定性

色谱法测定时，样品分析前，建立保留时间窗口 $t±3\ s$。t 为初次建立标准曲线时各浓度标准物质保留时间平均值，s 为初次建立校准曲线时各标准物质保留时间标准偏差。样品分析时，目标化合物保留时间应在保留时间窗口内。目标化合物被干扰或分离度不能满足要求时，可使用另一根不同极性色谱柱辅助定性，或在质谱上验证。

质谱法测定时，一般用全扫描模式采集数据，以样品中目标化合物保留时间、辅助定性离子和目标离子丰度比与标准样品比较定性。样品中目标化合物保留时间与标准样品平均保留时间的相对标准偏差控制在±3%以内；样品中目标化合物的辅助定性离子和定量离子峰面积比值，标准曲线目标化合物的辅助定性离子和定量离子峰面积比值相对偏差控制在±30%以内。

（二）定量

外标法：多用于色谱法测定。以目标化合物标准溶液浓度或质量为横坐标，信号值（峰高或峰面积）为纵坐标，绘制校准曲线。根据样品信号值和标准曲线，计算样品浓度。

内标法：多用于质谱法测定。将同样量内标加入含目标化合物的标准溶液系列，根据得到的不同浓度标准溶液质量色谱图，计算不同浓度目标化合物定量离子的相对响应因子及平均相对响应因子，并以 $\dfrac{A_s \cdot \rho_{is}}{A_{is}}$ 为纵坐标，标准溶液中目标化合物浓度为横坐标，绘制校准曲线。利用平均相对响应因子计算样品中目标化合物浓度。

$$\text{相对响应因子：} \quad \mathrm{RRF}_i = \frac{A_s \rho_{is}}{A_{is} \rho_s} \tag{5-1-1}$$

$$\text{平均相对响应因子：} \quad \overline{\mathrm{RRF}_i} = \frac{\sum\limits_{i=1}^{n} \mathrm{RRF}_i}{n} \tag{5-1-2}$$

$$\text{目标化合物浓度：} \quad \rho_i = \frac{\rho_{is} \times A_i}{\overline{\mathrm{RRF}_i} \times A_{is}} \tag{5-1-3}$$

式中：RRF_i——相对响应因子；

$\overline{\mathrm{RRF}_i}$ ——平均相对响应因子；

A_s——标准溶液中目标化合物定量离子峰面积；

A_{is}——内标化合物定量离子峰面积；

A_i——样品中目标化合物定量离子峰面积；

ρ_s——标准溶液中目标化合物浓度；

ρ_{is}——内标化合物浓度；

ρ_i——样品中目标化合物浓度。

五、测定质控

（一）仪器性能检查

1. 色谱

样品分析前，检查色谱图基线，观察其是否存在噪声大、漂移严重等问题。

2. 质谱

开机后，检查仪器真空系统，并观察水、空气峰的比例和强度，检验系统是否泄漏。真空符合要求后，检查仪器性能。

测定挥发性有机物，用微量注射器移取 $1\sim2~\mu L$ 4-溴氟苯（BFB），直接注入气相色谱仪分析，或加入到实验用水中通过吹扫捕集装置注入气相色谱—质谱系统进行校准，使质谱图符合表 5-1-1 的要求，否则需调整质谱仪参数或考虑清洗离子源。若仪器软件不能自动判定 BFB 关键离子丰度是否符合表 5-1-1 的标准时，通过取峰顶扫描点及其前后两个扫描点离子丰度的平均值扣除背景值后获得关键离子丰度，检查仪器真空系统的真空程度，并观察水、空气峰的比例和强度，检验系统是否泄漏。

表 5-1-1 BFB(4-溴氟苯)关键离子丰度标准

m/z	需要的相对强度
50	m/z 95 峰的 15%～40%
75	m/z 95 峰的 30%～60%
95	基峰，100%的相对强度
96	m/z 95 峰的 5%～9%
173	小于 m/z 174 峰的 2%
174	大于 m/z 95 峰的 50%
175	m/z 174 峰的 5%～9%

m/z	需要的相对强度
176	大于 *m/z* 174 峰的 95%，但小于 *m/z* 174 峰的 101%
177	*m/z* 176 峰的 5%～9%

测定半挥发性有机物，进 1 μL 十氟三苯基膦（DFTPP）溶液入气相色谱—质谱系统检查仪器性能，其质量离子丰度应满足表 5-1-2。

表 5-1-2　十氟三苯基磷（DFTPP）离子丰度评价

质荷比（*m/z*）	相对丰度规范	质荷比（*m/z*）	相对丰度规范
51	198 峰（基峰）的 30%～60%	199	198 峰的 5%～9%
68	小于 69 峰的 2%	275	基峰的 10%～30%
70	小于 69 峰的 2%	365	大于基峰的 1%
127	基峰的 40%～60%	441	存在且小于 443 峰
197	小于 198 峰的 1%	442	基峰或大于 198 峰的 40%
198	基峰，丰度 100%	443	442 峰的 17%～23%

（二）空白试验

更换试剂品牌或批次后，分析试剂空白；每 20 个或每批样品（少于 20 个样品）分析一个全程序空白；必要时，分析实验室空白，以考察实验室是否存在干扰测定的因素。各种空白测试结果中，目标化合物浓度均应低于方法检出限。

试剂空白：实验使用的有机溶剂按分析过程中样品最大浓缩倍数浓缩后，以方法条件测定，考察试剂是否对测定造成干扰。

实验室空白：用硅藻土或净化处理的石英砂代替土壤样品，按照与样品相同的操作步骤对样品制备、前处理、仪器分析并处理数据，考察实验室环境是否对样品测定造成干扰。

全程序空白：用硅藻土或净化处理的石英砂代替土壤样品，带至采样现场后，随样品带回实验室，按照与样品相同的操作步骤进行样品制备、前处理、仪器分析和数据处理，考察全程序中是否引入干扰样品测定因素。

（三）加标

每 20 个或每批样品（少于 20 个样品）分析一个样品加标，加标回收率一般为 60%～130%。样品加标回收率不能达到要求时，分析空白样品加标，若能达到回收率要求，说明样品存在基体效应。如需加入替代物指示样品全程序回收率，可抽取同批次 25～30 个样品进行替代物加标，计算其平均加标回收率 *p* 及相对标准偏差 *s*，回收率控制在 *p*±3 *s*。

（四）平行样

每批样品（最多 20 个）选择一个样品进行平行分析。当测定结果为 10 倍检出限以内，相对偏差应≤50%；当测定结果大于 10 倍检出限，相对偏差应≤20%。

（五）校准

校准曲线至少需要 5 个浓度系列，校准曲线相关系数大于 0.990，目标化合物相对响应因子的相对标准偏差不大于30%。

每12 h或24 h，分析1次校准曲线中间浓度点，中间浓度点测定值与校准曲线响应点浓度相对偏差不超过30%。

六、干扰及消除

（1）选择适当强度的萃取溶剂，避免从样品中提取出过多干扰物质。

（2）针对样品基质，选择适当的净化方法，去除干扰物质。

（3）溶剂、试剂、玻璃器皿、样品制备中使用的其他器皿以及基线提高均可能造成色谱峰假阳性，可通过试剂空白确保分析条件下免于这类物质的干扰。

（4）当高、低浓度样品交替分析时，易产生残留带来的污染。为了减少残留，在分析高浓度样品后，需用溶剂彻底清洗进样针，并且通过溶剂空白试验检查是否存在交叉污染。溶剂空白表明存在交叉污染时，在样品分析过程中交替增加溶剂空白试验。

（5）某些情况下，一些化合物在1～2根色谱柱上存在共洗脱，对这类化合物可作为共洗脱来报告。或在浓度允许下，使用气相色谱质谱重新分析混合物。

（6）若挥发性有机物样品中基质复杂，存在悬浮物、高沸点有机污染物或高含量有机物，分析结束后，清洗吹扫装置和进行针；设置烘烤时间，确保高沸点有机物流出色谱柱。

七、安全防护和废物处置

实验中使用的试剂、溶剂或标准物质多对人体有害，实验人员佩戴防护器具，避免接触皮肤和衣物，样品制备及标准配制等过程应在通风橱内操作。分析过程产生的所有废液和废物，应置于密闭容器中保存，委托有资质单位处理。

（河南省环境监测中心　南淑清）

第二章　样品前处理

探索快速、高效、简便、自动化的样品前处理方法，是当今土壤有机物分析的重要研究方向之一。为保证数据有效、可靠，选择前处理方法时必须遵守一定准则：①所选方法能有效去除对分析造成干扰的成分；②测定组分的回收率要高；③操作简便，省时，环境友好，对分析人员健康影响小。对于挥发性有机污染物前处理，目前多采用鲜样进行顶空或吹扫。半挥发和持久性有机污染物，最常用的前处理方式包括索氏提取、微波萃取、超声波萃取、加压流体萃取和超临界流体萃取；常用的净化方式包括弗罗里硅土净化、硅胶净化、氧化铝柱净化、凝胶渗透色谱净化和酸碱分配净化。

一、常用有机溶剂

（一）有机溶剂的选择原则

根据相似相溶原理，尽量选择与目标化合物极性相近的有机溶剂作为提取剂。提取剂必须能与样品很好地分离，且不影响目标化合物的纯化与测定；不能与样品发生作用，毒性低、价格便宜；沸点范围在 45～80℃为宜。

还要考虑溶剂对样品的渗透力，以便将土样中的目标化合物充分提取出来。单一溶剂不能成为理想提取剂时，常用两种或两种以上不同极性溶剂按一定比例配成混合提取剂。

（二）常用有机溶剂的极性

常用有机溶剂的极性由强到弱的顺序为：（水）、乙腈、甲醇、乙酸、乙醇、异丙醇、丙酮、二氧六环、正丁醇、正戊醇、乙酸乙酯、乙醚、硝基甲烷、二氯甲烷、苯、甲苯、二甲苯、四氯化碳、二硫化碳、环己烷、正己烷（石油醚）和正庚烷。

（三）溶剂的纯化

纯化溶剂多用重蒸馏法。纯化后的溶剂是否符合要求，最常用的检查方法是将纯化后的溶剂浓缩 100 倍，再用与待测物检测相同的方法进行检测，无干扰即可。

二、挥发性有机物的提取和富集

（一）吹扫捕集

吹扫捕集（Purge and Trap，P&T），又称动态顶空浓缩法，是 20 世纪 70 年代中期发展起来的一种萃取技术，通过高纯惰性气体连续吹扫样品以提取其中的挥发性有机物，经吸附剂富集后，加热脱附的萃取技术。吹扫捕集技术可从液体和固体样品中吹扫出沸点 200℃以下、溶解度小于 2%的挥发性有机物，具有取样量少、快速、灵敏、富集效率高、受基体干扰小、容易实现在线监测、无须使用有机溶剂及不会对环境造成二次污染等特点。

吹扫捕集法是一种非平衡态的连续萃取技术，其过程主要分成三个阶段：吹扫阶段、解吸阶段和烘烤阶段，整个过程步骤较多，重复性不易控制，因此测定时一般采用内标法有效消除吹扫捕集过程中因各因素波动产生的误差。吹扫捕集是环境中痕量挥发性有机物分析的重要手段，已被许多国家定为标准分析方法。《土壤和沉积物　挥发性有机物的测定　吹扫捕集/气相色谱—质谱法》（HJ 605—2011），适用于 65 种挥发性有机物的测定。

（二）静态顶空

静态顶空（headspace）是一种分析固体或液体顶部气相中挥发性物质的样品前处理技术。顶空技术包括静态顶空、动态顶空和顶空—固相微萃取等。静态顶空是顶空技术的最早形态，将样品放置在一密闭容器中，一定温度下放置一段时间使气液两相达到平衡，取气相部分进入气相色谱分析，也称平衡顶空或一次气相萃取。静态顶空在仪器模式上可分三类，顶空气体直接进样模式、平衡加压采样模式和加压定容采样进样模式。顶空的优势在于，既可以避免溶剂浓缩时挥发性物质的损失，又降低了共提取物的干扰，减少了维护进样系统的时间和费用。同时，由于顶空前处理不使用有机溶剂，减少了对环境的污染和对分析人员的危害，而且也无溶剂峰干扰。

国内近年颁布顶空技术用于土壤前处理的标准主要有《土壤和沉积物　挥发性有机物的测定　顶空/气相色谱—质谱法》（HJ 642—2013）、《土壤和沉积物　丙烯醛、丙烯腈、乙腈的测定　顶空/气相色谱法》（HJ 679—2013）、《土壤和沉积物　挥发性卤代烃的测定　顶空/气相色谱—质谱法》（HJ 736—2015）、《土壤和沉积物　挥发性有机物的测定　顶空/气相色谱法》（HJ 741—2015）、《土壤和沉积物　挥发性芳香烃的测定　顶空/气相色谱法》（HJ 742—2015）。

（北京市环境保护监测中心　王小菊　沈秀娥）

三、半挥发性有机污染物的提取

（一）索氏提取

索氏提取（Soxhlet Extraction，SE）又称沙式提取或脂肪提取，适用于从土壤样品中提取半挥发性和非挥发性化合物。预处理后的土壤样品放在滤纸套内，置于萃取室中，根据目标化合物性质选择适当的萃取溶剂；加热萃取溶剂至沸腾，蒸汽通过导气管上升，冷凝为液体滴入提取器中；液面超过虹吸管最高处时，发生虹吸现象，溶液回流入烧瓶，萃取出部分目标化合物；如此反复，利用溶剂回流和虹吸作用，将土壤样品中的目标化合物萃取至烧瓶内。萃取效率与萃取溶剂性质和用量、萃取温度、萃取时间相关。一般情况下，萃取溶剂与样品的比率为 10～30，回流时间为 6～24 h。方法优点是萃取效率高，缺点是溶剂用量大且萃取时间长。

作为土壤样品萃取的经典方法，索氏提取被多个国家和组织用于标准方法，如《土壤环境监测技术规范》（HJ/T 166—2004）、EPA 3545、《有机分析样品前处理方法》（SL391—2007）等。

（上海市环境监测中心　刘鸣）

（二）微波萃取法

微波萃取（Micowave Extraction，ME），利用微波能提高溶剂对固体样品中有机目标化合物的萃取速率，是一种微波和传统溶剂萃取法相结合的新萃取方法。1986 年，首次报道使用微波加热促进溶剂萃取污染土壤中的有机化合物，具有萃取时间短、选择性好、回收率高、试剂用量少、污染低和可自动控制萃取条件等优点。

在土壤监测中，微波萃取适用于有机磷农药、有机氯农药、氯代杀虫剂、多氯联苯、二噁英、柴油类有机物及多环芳烃、酞酸酯类、吡啶类、喹啉类、苯胺类、醚类、醛酮类等其他半挥发性有机物的萃取。目前微波萃取技术已逐步应用于国家和行业标准方法，详见表 5-2-1。

表 5-2-1 微波萃取在标准方法中的应用

标准名称	目标物	萃取溶剂（v/v）	萃取条件
EPA 3546	多环芳烃	丙酮/己烷（1∶1）	温度：100～115℃ 压强：50～150 psi 时间：10～20 min 冷却：至室温
	氯代除草剂（苯氧羧酸除草剂）		
	酚类		
	有机磷农药		
	二噁英		
	半挥发性有机物		
《固体废物有机物的提取 微波萃取法》（HJ 765—2015）	多环芳烃类	丙酮/正己烷（1∶1）	预加热时间：5 min；萃取时间：10 min；加热温度：90℃
	酞酸酯类		预加热时间：5 min；萃取时间：10 min；加热温度：100℃
	有机氯农药		预加热时间：5 min；萃取时间：10 min；加热温度：110℃
	有机磷农药		预加热时间：5 min；萃取时间：10 min；加热温度：90℃
	多氯联苯		预加热时间：5 min；萃取时间：10 min；加热温度：110℃
	其他半挥发性或不挥发性有机物		预加热时间：5 min；萃取时间：15 min；加热温度：110℃

（江苏省环境监测中心　史震宇　章勇）

（三）超声波萃取

超声波萃取（Ultrasound extraction，UE），也称为超声波辅助萃取、超声波提取，是利用超声波辐射压强产生的强烈空化效应、扰动效应、高加速度、击碎和搅拌作用等多级效应，增大物质分子运动频率和速度，增加溶剂穿透力，从而加速目标成分进入溶剂，促进萃取进行。与常规萃取技术相比，超声波萃取技术具有快速、价廉和高效等优点，而且对不耐热的目标成分也能够萃取。超声波萃取操作步骤少，萃取过程简单，不易对萃取物造成污染。超声波在不均匀介质中传播也会发生散射衰减，从而影响萃取效果。

提取前样品的浸泡时间、超声波强度、超声波频率及提取时间等是影响目标成分萃取率的重要因素。

土壤监测中，超声波萃取适用于有机磷农药、有机氯农药、多氯联苯、多环芳烃及其他半挥发性有机物。目前超声波萃取技术已逐步应用于国家和行业标准方法，见表 5-2-2。

表 5-2-2　超声波萃取在标准方法中的应用

标准名称	目标物	萃取溶剂	萃取条件
EPA 3550C	有机氯农药	丙酮/正己烷（1∶1，*v/v*），或丙酮/二氯甲烷（1∶1，*v/v*）	探头式超声波萃取仪；萃取功率至少 300 W；时间：3 min；循环次数：3
	半挥发性有机物（多环芳烃、酞酸酯类、吡啶类、喹啉类、苯胺类、醚类、醛酮类等）	丙酮/二氯甲烷（1∶1，*v/v*）或丙酮/正己烷（1∶1，*v/v*）	
	多氯联苯	丙酮/正己烷（1∶1，*v/v*），丙酮/二氯甲烷（1∶1，*v/v*）或单独使用正己烷	
《土壤和沉积物 多氯联苯的测定 气相色谱—质谱法》（HJ 743—2015）	多氯联苯	丙酮/正己烷（1∶1，*v/v*）	探头式超声波萃取仪；萃取功率至少 300 W；时间：5 min；循环次数：3
《土壤和沉积物 酚类化合物的测定 气相色谱法》（HJ 703—2014）	酚类化合物	正己烷/二氯甲烷（1∶2，*v/v*）	探头式超声波萃取仪；萃取功率至少 300 W；时间：3 min；循环次数：3

（厦门市环境监测中心站　梁榕源）

（四）加压流体萃取法

加压流体萃取（Pressurized Fluid Extraction，PFE），又称加速溶剂萃取（Accelerated Solvent Extraction，ASE）或压力液体萃取（Pressurized Liquid Extraction，PLE），是 20 世纪 90 年代问世、近些年发展起来的一种快速有机提取技术，其通过提高萃取温度（50～200℃）和压力（1 000～3 000 psi），增加有机溶剂对固体或半固体样品中目标有机化合物的萃取效率。与传统的索氏提取方式相比，加压流体萃取技术具有时间短、溶剂少等特点。

加压流体萃取技术萃取固体、半固体样品中有机氯农药、多环芳烃、多氯联苯等半挥发性有机物的试验条件已相对成熟，美国 EPA、我国生态环境部和水利部将该技术制定为前处理标准方法 EPA 3545、《土壤和沉积物　有机物的提取　加压流体萃取法》（HJ 783—2016）和《有机分析样品前处理方法》（SL 391—2007）。HJ 783—2016 中给出了各类目标化合物萃取参数选择。提取溶剂：

（1）有机磷农药：二氯甲烷或丙酮/二氯甲烷，（1∶1，*v/v*）；

（2）有机氯农药：丙酮/正己烷（1∶1，*v/v*）或丙酮/二氯甲烷（1∶1，*v/v*）；

（3）氯代除草剂（氯代苯氧羧酸）：丙酮/二氯甲烷/磷酸溶液（250∶125∶15，*v/v/v*）；

（4）多环芳烃：丙酮/正己烷（1∶1，*v/v*）；

（5）多氯联苯：丙酮/正己烷（1∶1，*v/v*），丙酮/二氯甲烷（1∶1，*v/v*）或正己烷；

（6）其他半挥发性有机物：丙酮/二氯甲烷（1∶1，*v/v*），或丙酮/正己烷（1∶1，*v/v*）。

其他萃取参数：

载气压力：0.8 Pa；加热温度：100℃；萃取池压力：1 200～2 000 psi（仪器示数约合 8.3～13.8 MPa）；预加热平衡：5 min；静态萃取时间：5 min；溶剂淋洗体积：60%池体积；氮气吹扫时间：60 s（可根据萃取池体积适当增加吹扫时间以彻底淋洗样品）；静态萃取次数：1～2 次。

（河南省环境监测中心　南淑清　王玲玲）

（五）超临界流体萃取

超临界流体萃取（Supercritical Fluid Extraction，SFE），利用处于超临界状态的流体（常用超临界流体为 CO_2）为溶剂，萃取样品中目标化合物。主要原理是将样品放入萃取釜中，使温度和压力处于超临界状态的流体与样品充分接触，通过控制萃取体系的压力和温度，选择性地萃取样品中的某一类组分，然后通过改变温度或压力，使溶解于超临界流体中的溶质因密度下降、溶解度降低而析出，从而实现特定溶质分离，并让超临界流体循环使用。影响萃取效率的主要因素包括温度、压力、时间、超临界流体流速、样品粒径等。超临界流体萃取是一种新型分离技术，与传统的溶剂萃取方法相比，具有速度快、萃取效率高、方法准确度高、节省溶剂和处理样品无污染等优点，目前已在环境、医药、食品等分析中应用。

土壤监测中，超临界流体萃取适用于石油烃类、挥发性卤代烃、多环芳烃、多氯联苯和 DDT 类有机氯农药。超临界流体萃取标准方法，见表 5-2-3。

表 5-2-3　超临界流体萃取在标准方法中的应用

标准名称	目标化合物	萃取流体（*v/v*）	主要萃取条件		
			提取	收集	洗脱
EPA 3560	石油烃类	CO_2	萃取温度：80℃；萃取压力：35 MPa；动态提取时间：30 min	收集溶液：3 mL 四氯乙烯；收集温度：0℃以上；收集液可进一步浓缩	—
EPA 3561	易挥发性多环芳烃	CO_2	萃取温度：80℃；萃取压力：12 MPa；静态模式提取 10 min；CO_2 流量：2.0 mL/min；动态模式提取 30 min	收集：ODS；收集温度：−5℃；可调限流器温度：80℃	液相分析方法洗脱溶液：THF/乙腈液（*v/v*，50/50）；气相分析方法：二氯甲烷/异辛烷（*v/v*，75/25）；收集温度：60℃；可调限流器温度：45℃；洗脱液流速：1.0 mL/min；洗脱液体积：0.8 mL

标准名称	目标物	萃取流体（v/v）	主要萃取条件		
			提取	收集	洗脱
EPA 3561	不挥发性多环芳烃	液相分析方法：CO_2/甲醇/水（95/1/4）气相分析方法：CO_2/甲醇/二氯甲烷（95/1/4）	萃取温度：120℃；萃取压力：33.8 MPa；静态模式提取：10 min；CO_2流量：4.0 mL/min；动态模式提取：30 min	收集：ODS；收集温度：80℃；可调限流器温度：80℃；清洗：萃取温度：120℃；压力：33.8 MPa；静态模式提取：5 min；CO_2流量：4.0 mL/min；动态模式提取：10 min；收集：ODS；收集温度：80℃；可调节流器温度：80℃	液相分析方法：THF/乙腈（v/v，50/50）；气相分析方法：二氯甲烷/异辛烷（v/v，75/25）；洗脱液体积：0.8 mL；收集温度60℃；可调限流器温度：45℃；洗脱液流速：1.0 mL/min；两次洗脱液混合最后得到提取液1.6 mL
EPA 3562	多氯联苯	CO_2	萃取温度：80℃；萃取压力：30.5 MPa；静态模式提取：10 min；CO_2流量：2.5 mL/min；动态模式提取：40 min	收集：弗罗里硅土小柱；收集温度：15～20℃；可调限流器温度：45～55℃	洗脱溶液：正己烷；洗脱液体积：1.6 mL；收集温度：38℃；可调限流器温度：30℃；洗脱液流速：1.0 mL/min；重复洗脱一次
	DDT类有机氯农药	CO_2	萃取温度：50℃；萃取压力：29.9 MPa；静态模式提取：20 min；CO_2流量：1.0 mL/min；动态模式提取：30 min	收集：ODS；收集温度：20℃；可调限流器温度：50℃；洗脱溶液：正己烷；洗脱液体积：1.3 mL；收集温度：50℃；可调限流器温度：30℃；洗脱液流速：2.0 mL/min	—

（厦门市环境监测中心站　刘艳英）

（六）分散固相萃取

分散固相萃取法（Dispersive Solid-phase Extraction，DSPE）是美国农业部于2003年提出使用的一种样品前处理技术，具有快速、简单、廉价、有效、可靠和安全等特点。基本原理是将均质后的样品经乙腈（或酸化乙腈）或其他有机溶剂提取后，采用萃取盐盐析分层，利用基质分散萃取机理，采用 N-丙基乙二胺（PSA）、C_{18} 或石墨化碳黑（GCB）等吸附剂与基质中绝大部分干扰物（有机酸、脂肪酸、碳水化合物等）结合，通过离心方式去除，从而达到净化目的。

该方法提出加入类分析保护剂的单一溶剂（乙腈）提取农药的新模式，并通过具有更强吸水功能的无水硫酸镁代替常用的无水硫酸钠；采用 PSA 和 GCB 净化，去除脂肪酸、有机酸和色素。

土壤监测中，分散固相萃取适用于有机磷杀虫剂、有机氯杀虫剂、含氯除草剂和多环芳烃等有机污染物，见表 5-2-4。

表 5-2-4 分散固相萃取方法提取和净化土壤中有机污染物推荐条件

目标化合物	推荐提取溶剂	推荐净化剂
有机氯农药（顺式-氯丹、反式-氯丹、灭蚁灵、艾氏剂、狄氏剂、异狄氏剂、六氯苯、七氯、o,p'-DDT、p,p'-DDT）	丙酮：正己烷 1：1（v/v）	PSA+C$_{18}$
唑嘧磺草胺、噻吩磺隆、莠去津、2,4-滴、苯磺隆、异噁草松、氯嘧磺隆、氟磺胺草醚、三氟羧草醚、异丙甲草胺、乙草胺、烯草酮等除草剂	乙腈以及乙腈-50 mmol/L HCl 溶液	C$_{18}$
苯甲酰脲类杀虫剂（氟铃脲）	乙腈	PSA+C$_{18}$
烟嘧磺隆、莠去津、氯氟吡氧乙酸等除草剂	2%甲酸的乙腈	PSA
氟磺胺草醚	0.5%甲酸的乙腈	PSA+GCB
有机磷类（毒死蜱）和拟除虫菊酯类（氯氰菊酯）农药	含 0.1%乙酸的乙腈	PSA+ C$_{18}$
有机磷农药（敌敌畏、乐果、甲基嘧啶磷、马拉硫磷、毒死蜱、水胺硫磷、甲基异柳磷、三唑磷）	乙腈	PSA
二硫代氨基甲酸酯类杀菌剂（福美双）和酰胺类内吸性杀菌剂（甲霜灵）	乙腈	PSA
三唑类杀菌剂（戊唑醇）	乙腈	PSA
氯化烟碱类杀虫剂（啶虫脒）	乙酸—乙腈（1：99，v/v）	PSA+C$_{18}$
均三氮苯类除草剂	冰乙酸—正己烷饱和乙腈溶液	PSA+C$_{18}$+GCB
二硝基苯胺类除草剂（二甲戊灵）	乙腈	PSA
咪唑啉酮类除草剂（咪唑乙烟酸）	先用 Na$_2$CO$_3$-NaHCO$_3$ 碱性缓冲溶液提取；上清液再用甲酸调 pH 至 2～3，再加入二氯甲烷萃取目标物	GCB
多环芳烃	KOH 饱和的甲醇溶液+丙酮/正己烷（1：1）	PSA+硅胶

（湖北省环境监测中心站 李爱民 贺小敏）

四、半挥发性有机污染物的净化

（一）弗罗里硅土净化

土壤分析过程中，用于净化步骤的商品弗罗里硅土是一种碱性硅酸镁盐吸附剂，用于吸附样品提取液中目标化合物和干扰物质，再通过适当溶剂将目标化合物洗脱出来，达到净化样品的目的。影响净化效率的弗罗里硅土性质主要是其活性（活化温度不同导致化学特性不同），其中 A 级和 PR 级用途较广。

弗罗里硅土净化柱适用于基质为非极性至中等极性，目标化合物为中等极性至强极性的情况，去除干扰物质的能力有限，为达到满意净化效果，常需要与其他净化技术配合使用。如干扰物是高沸点物质，应在弗罗里硅土净化前使用凝胶色谱法（GPC）净化；干扰物质是与目标化合物沸点相近的极性化合物，采用多种柱串联净化；目标化合物为某些有机氯农药和多氯联苯，先使用浓硫酸净化；提取液中含干扰物质单质硫，先用铜粉除去。

弗罗里硅土可用于净化土壤样品提取液中有机氯农药类、酞酸酯类、亚硝胺类、硝基芳香化合物、卤代醚类、氯代烃类、有机磷农药、胺及胺衍生物和多氯联苯等多类目标化合物,已在各国家、组织制定为标准(HJ/T 166—2004、SL 391—2007、EPA 3620C 等),部分应用见表 5-2-5。

表 5-2-5 弗罗里硅土净化在标准方法中的应用

标准	目标化合物	提取液预处理	净化柱	净化
EPA 3620C	酞酸酯类	提取液浓缩至 2 mL,溶剂为二氯甲烷(苯胺和苯胺派生物)和正己烷(酞酸酯类和氯代烃溶剂)	层析柱	40 mL 正己烷预淋柱,100 mL 乙酸乙酯/正己烷(20/80,v/v)洗脱
	氯代烃类			分别用 100 mL、200 mL 石油醚预洗和洗脱
	苯胺和苯胺派生物			相继用 100 mL 正己烷/二氯甲烷(50/50,v/v)、100 mL 正己烷预淋洗柱子,分别收集用 50 mL 的二氯甲烷/正己烷(50/50,v/v)、50 mL 的 2-丙醇/正己烷(50/50,v/v)、50 mL 的甲醇/正己烷(50/50,v/v)洗脱的溶液
	有机氯农药	提取液浓缩至 10 mL,溶剂为正己烷	层析柱	60 mL 正己烷预淋洗柱子,分别用 200 mL 乙酸乙酯/正己烷溶液(6/94,v/v,目标物卤待醚)、200 mL 乙酸乙酯-正己烷溶液(15/85,v/v)、200 mL 乙酸乙酯醚/正己烷溶液(50/50,v/v)、200 mL 乙酸乙酯(第四级分)洗脱并收集
	卤代醚			
	有机磷农药			
	多氯联苯		固相萃取柱	4 mL 正己烷活化柱子。取 1 mL 样品过柱子,分别用溶剂 9 mL 丙酮/正己烷(10∶90 v/v)洗脱(目标物为多氯联苯+有机氯农药)、3 mL 正己烷洗脱(多氯联苯+少量有机氯农药),再加 5 mL 二氯甲烷/正己烷(26/74,v/v)洗脱(主要为有机氯农药)、再加 5 mL 丙酮/正己烷(10/90,v/v)洗脱(少量有机氯农药)并收集

(江苏省环境监测中心 张蓓蓓 杨雪)

(二)硅胶净化

硅胶(硅酸)由硅酸钠和硫酸反应制成,是弱酸性无定形二氧化硅,可用作再生性吸附剂。土壤样品分析净化环节,可从不同化学极性的干扰化合物中分离目标化合物。硅胶净化法可使用实验室自填层析柱,也可使用商品固相萃取柱,硅胶净化土壤样品提取液中多环芳烃、衍生化后的酚类化合物、有机氯农药和多氯联苯及其混合物等目标化合物,已被多个国家和组织制定为标准方法(EPA 3630、SL 391—2007 等),见表 5-2-6。

硅胶净化法去干扰能力有限,必要时可与其他方法联用,达到更好的净化效果,如干扰物质沸点高,应先用凝胶色谱(GPC)预净化;干扰物质具有较强极性且沸点范围与目标化合物相同,使用多种净化柱串联净化;样品提取液中有单质硫,需先用铜粉除硫等。

表 5-2-6　硅胶净化的应用

目标化合物	净化柱	净化步骤
多环芳烃	层析柱	1. 填柱。10 g 活化后硅胶+适量二氯甲烷，填成内径 10 mm 的层析柱，上覆 1～2 cm 无水硫酸钠 2. 预洗脱及上样。40 mL 正戊烷预洗脱柱后，转移 2 mL 环己烷提取液于层析柱上，再加入 25 mL 正戊烷，弃去流出液 3. 洗脱。用 25 mL 二氯甲烷/正戊烷（2/3，*v/v*）洗脱层析柱，收集洗脱液
衍生化后的酚类化合物		1. 填柱。4 g 活化后硅胶装入内径 10 mm 空柱，硅胶上部加 2 g 无水硫酸钠 2. 预洗脱及上样。6 mL 正己烷预洗脱柱后，转移 2 mL 正己烷提取液于层析柱上，再加 10 mL 正己烷，弃去流出液 3. 洗脱。依次用甲苯/正己烷（15/85，*v/v*）溶剂、含甲苯/正己烷（40/60，*v/v*）溶剂、甲苯/正己烷（70/30，*v/v*）溶剂、异丙醇/甲苯（15/85，*v/v*）溶剂各 10 mL 洗脱层析柱，并分别收集
有机氯农药和多氯联苯		1. 填柱。3 g 活化后硅胶装入内径 10 mm 空柱，硅胶上部加 2～3 cm 无水硫酸钠 2. 预洗脱、上样和洗脱。10 mL 正己烷预洗脱柱后，转移 2 mL 正己烷提取液于层析柱上。再加 80 mL 正己烷，收集洗脱液；再用 50 mL 正己烷洗脱层析柱并收集洗脱液；最后用 15 mL 二氯甲烷洗脱并收集洗脱液
衍生化后的酚类化合物	固相萃取柱 活化：加 4 mL 正己烷于柱中，保留 5 min 后流出	1. 上样。2 mL 样品提取液转移至柱上，弃去流出液 2. 洗脱。加 5 mL 正己烷于柱上，弃去流出液；加 5 mL 甲苯/正己烷（25/75，*v/v*）于柱里，收集流出液
有机氯农药和多氯联苯		1. 上样。2 mL 正己烷提取液转移至萃取柱 2. 洗脱。加 5 mL 正己烷于柱中，收集流出液；加 5 mL 乙醚/正己烷（50/50，*v/v*）于柱中，收集流出液

（江苏省环境监测中心　穆肃　章勇）

（三）氧化铝柱净化

土壤样品分析过程中，氧化铝柱可用于从不同化学极性干扰物中分离出目标化合物。氧化铝是高度多孔的粒状两性氧化物，具有很强的吸附性能，能溶于无机酸、碱性溶液，几乎不溶于水及非极性有机溶剂。影响目标化合物净化效率的关键因素是氧化铝酸碱度和活性：常用氧化铝分为酸性、中性和碱性，分别用于净化酸性、中性和碱性目标化合物；根据柱中氧化铝含水量的寡多，活性等级分为Ⅰ～Ⅴ级，根据目标化合物性质选择合适的活性等级。目标化合物在净化柱中被不同活性氧化铝反复吸附与解吸，依据保留性能不同，使得目标化合物与干扰物分离，达到净化目的。

在土壤分析过程中，主要用于酞酸酯类、亚硝胺类、脂肪族类、芳香族类、极性化合物、有机杂环类除草剂及二噁英（PCDDs/PCDFs）类化合物的净化和分离，在各国家和组织标准方法中的应用见表 5-2-7。

表 5-2-7　氧化铝柱净化在标准方法中的应用

标准	目标物	氧化铝类型	氧化铝制备	净化条件	注意事项
EPA 3610	酞酸酯类	中性氧化铝（活性I）	活化：将 100 g 氧化铝在 400℃加热大约 16 h。密封并冷却至室温。加 3 mL 试剂水。摇荡或转动 10 min 使其充分混合，放置 2 h 以上，密封	传统层析柱： 提取液浓缩到 2 mL，溶剂为正己烷 预洗：40 mL 正己烷，流速 2 mL/min 上样：完全转移 2 mL 提取液 清洗：35 mL 正己烷 洗脱：140 mL 乙醚/正己烷（20/80，v/v）收集洗脱液 固相萃取柱： 活化：4 mL 正己烷，流速 2 mL/min 上样：定量完全转移 2 mL 萃取液 洗脱：用 10 mL 丙酮/正己烷（20/80，v/v）洗脱小柱，调整流速，使得洗脱液能够浸泡小柱 1 min 或者少于 1 min，收集洗脱液	提取液中不能含有机氯农药
	亚硝胺类	碱性氧化铝（活性I）	活化：100 g 氧化铝加 2 mL 试剂水，摇荡或转动 10 min 使其充分混合，放置 2 h 以上，密封	传统层析柱： 提取液浓缩到 2 mL，溶剂为二氯甲烷 预洗：10 mL 乙醚/戊烷（3：7，v/v） 上样：定量全部转移 2 mL 提取液 洗脱：70 mL 乙醚/戊烷（30/70，v/v），弃去前 10 mL 洗脱液，收集后面的洗脱液，这部分洗脱液含有 N-亚硝基-2-正丙胺。再用 60 mL 乙醚/戊烷（50/50，v/v）洗脱，收集洗脱液于锥形瓶中，并在此瓶中加入 15 mL 甲醇。这部分洗脱液含 N-亚硝基二甲胺、绝大部分 N-亚硝基-2-正丙胺和其他二苯胺	如果提取液中含二苯胺，而亚硝基二苯胺又是目标化合物，要从提取液中分离出去二苯胺
EPA 3611	中性/碱性脂肪族化合物	中性氧化铝	将氧化铝于 130℃干燥过夜	提取液浓缩至 1 mL，溶剂为正己烷 传统层析柱： 预洗：50 mL 正己烷，流速 2 mL/min 上样：定量完全转移 1 mL 提取液 洗脱：13 mL 正己烷洗脱，收集洗脱液	—
	中性/碱性芳香族类化合物			收集完中性/碱性脂肪族化合物后 洗脱：用 100 mL 二氯甲烷洗脱，收集洗脱液	
	中性/碱性极性化合物			收集完中性/碱性芳香族类化合物后 洗脱：用 100 mL 甲醇洗脱色谱柱，收集洗脱液	
《土壤　沉积物　二噁英类的测定　同位素稀释/高分辨气相色谱—低分辨质谱法》（HJ 650—2013）	二噁英类	碱性氧化铝（活性I）	将氧化铝摊放在烧杯中，厚度小于 10 mm，130℃加热 18 h，或者在培养皿中铺成 5 mm 厚度，在 500℃ 的条件下加热 8 h，冷却 30 min。干燥密闭	提取液浓缩到 1 mL 传统层析柱： 预洗：50 mL 正己烷 上样：定量完全转移提取液 清洗：70 mL 甲苯 洗脱：先用 30 mL 正己烷洗脱，收集洗脱液（含多氯联苯）；再用 220 mL 50%（v/v）二氯甲烷/正己烷洗脱，流速 2.5 mL/min，收集洗脱液（含二噁英）；最后用 50 mL 二氯甲烷洗脱，收集洗脱液	氧化铝活性可能随生产批号和开封后保存时间发生变化

（北京市环境保护监测中心　赵红帅）

（四）凝胶渗透色谱净化

凝胶渗透色谱（Gel Permeation Chromatography，GPC），也称为空间排阻色谱（Size Exclusion Chromatography，SEC），是一种采用有机溶剂和疏水性凝胶分离人工合成大分子的尺寸排斥净化过程，具有适用范围广、自动化程度高、操作方便、回收率较高和稳定性好等优点。该方法基于尺寸排阻的分离原理，利用样品中各组分分子大小不同，导致在凝胶中保留时间差异，达到分离目的，可用于分离小分子物质和化学性质相似而分子大小不同的高分子化合物。使用凝胶渗透色谱对样品进行净化分离时，不受淋洗液极性影响，通常是油脂（通常分子量大于 600）等大分子物质首先流出，随后是小分子物质（农药，多氯联苯等）。

土壤监测分析中，GPC 净化适用于农药、兽药残留、多环芳烃、多氯联苯、二噁英等极性或非极性、中性和酸性等各类半挥发性有机化合物，去除样品萃取液中的油脂、聚合物、共聚物、蛋白质、天然树脂和多孔物质、病毒及类固醇等大分子物质。但是该方法不适用于挥发性有机物或沸点较低化合物和难溶于 GPC 净化流动相溶剂的物质分离。当目标物为全部半挥发性有机物时，应使用凝胶渗透色谱净化方法，可以较好地保留酞酸酯类、多环芳烃类、非挥发性氯代烃类、有机磷农药类、硝基苯类等大部分半挥发性有机化合物。目前，GPC 净化处理技术已逐步应用于各国家和行业标准方法，见表 5-2-8。

表 5-2-8 GPC 净化在标准方法中的应用

标准名称	目标化合物	洗脱体积/mL	萃取条件
EPA 3640A	半挥发性有机物（多环芳烃、氯苯类、酞酸酯类、硝基芳烃 芳香胺、硝基酚、氨酚、氯酚类、有机氯农药、有机磷农药、多环芳烃、除草剂等）	以 GPC 校准溶液（含玉米油、邻苯二甲酸酯、甲氧滴滴涕、二萘嵌苯、硫 5 种物质的二氯甲烷混合溶液）进行校准，参照校准溶液各物质洗脱体积确定，或由目标化合物标准样品洗脱体积确定	进样量：5 mL 洗脱溶剂：二氯甲烷 流速：5.0 mL/min
《土壤、沉积物 二噁英类的测定 同位素稀释/高分辨气相色谱—低分辨质谱法》（HJ 650—2013）	二噁英类化合物	—	保证提取液的提取和净化效率，满足质量控制要求

（武汉市环境监测中心 吕志勇）

（五）酸碱分配净化

酸碱分配净化是一种液液分配前处理方法，通过调节水溶液 pH 将酸性化合物与中性/碱性化合物分离，如可以将有机酸或者酚类化合物用碱性水溶液从胺类、芳香烃类或者卤代有机化合物中分离出来。分析酸性化合物，可将水相酸化，再用有机溶剂萃取，酸性化合物进入有机相，进行浓缩或者其他处理；分析碱/中性化合物，则直接将分离获得的有机相进行浓缩或者其他处理。

有机酸和酚类化合物可用本方法分离净化，见表 5-2-9。

表 5-2-9　可用于酸碱分配净化方法的常见有机化合物及其酸碱属性

化合物名称	CAS 号	酸碱属性
苯并（a）蒽	56-55-3	碱性—中性
苯并（a）芘	50-32-8	碱性—中性
苯并（b）荧蒽	205-99-2	碱性—中性
氯丹	57-74-9	碱性—中性
二噁英	—	碱性—中性
2-氯酚	95-57-8	酸性
苊	218-01-9	碱性—中性
杂酚油	8001-58-9	碱性—中性和酸性
甲酚	—	酸性
二氯苯	—	碱性—中性
二氯苯氧乙酸	94-75-7	酸性
2,4-二甲基苯酚	105-67-9	酸性
二硝基苯	25154-54-5	碱性—中性
4,6-二硝基邻甲酚	534-52-1	酸性
2,4-二硝基甲苯	121-14-2	碱性—中性
七氯	76-44-8	碱性—中性
六氯苯	118-74-1	碱性—中性
六氯丁二烯	87-68-3	碱性—中性
六氯乙烷	67-72-1	碱性—中性
六氯环戊二烯	77-47-4	碱性—中性
萘	91-20-3	碱性—中性
硝基苯	98-95-3	碱性—中性
4-硝基苯酚	100-02-7	酸性
五氯苯酚	87-86-5	酸性
苯酚	108-95-2	酸性
甲拌磷	298-02-2	碱性—中性
2-甲基吡啶	109-06-8	碱性—中性
吡啶	110-86-1	碱性—中性
四氯苯	—	碱性—中性
四氯酚	—	酸性
毒杀芬	8001-35-2	碱性—中性
三氯酚	—	酸性
2,4,5-涕丙酸	93-72-1	酸性

（南京市环境监测中心站　杨丽莉）

五、衍生化技术

（一）衍生化技术的必要性

衍生化法，即借助化学反应，给目标化合物接上某一特定基团，从而改善对试样混合物的分离效果和检测性能，达到可采用理想分析手段的目的。对样品衍生化处理可以扩大气相色谱和液相色谱的应用范围，进一步进行化学结构鉴定和确证试验。气相色谱分析含酸性或碱性官能团极性有机物分子前，通常采用衍生化反应，用非极性取代基封闭极性官能团，提高目标化合物挥发性，改善色谱分离效果，提高检测灵敏度并缩短分析时间。如果将不发荧光或荧光较弱的样品进行化学衍生，即将荧光团标记到目标化合物上使其产生强荧光，可改善分离效果和提高检测灵敏度。

（二）衍生化技术分类

按照衍生试剂与目标化合物作用在分析过程中的先后顺序，分为柱前、柱中和柱后衍生。柱前衍生是在色谱分离前，预先将样品组分与衍生试剂作用，然后进行分离并检测。柱中衍生是将衍生试剂引入流动相中，注射样品后，目标化合物与流动相中的衍生试剂反应，最后经检测器检测。柱后衍生是分离目标化合物后，再通过柱后反应器让衍生试剂与其作用，最后再经过检测器检测。三种衍生方法各有优缺点，柱前衍生的衍生条件较易控制，对仪器要求不高，应用更广泛。

（三）衍生方法及注意事项

经气相色谱和气相色谱—质谱分离、测定的化合物，衍生化反应主要类型有硅烷化反应法、酰化反应法、烷基化反应法、酯化法。经液相色谱分离、测定的化合物，衍生化方法主要类型有紫外衍生化法、荧光衍生化法、电化学衍生化法。

对衍生化反应的要求是：①衍生化反应迅速、完全、易于定量、重现性好，且反应步骤少；②衍生反应产物在分析过程中性能稳定；③对某一目标化合物，只能生产一种衍生物且在色谱柱上完全分离，反应副产物和过量衍生化试剂不干扰测定。

对衍生化试剂的要求是：①与检测器匹配；②与流动相适应；③纯度要高，不能含有杂质，以免带到反应中；④性能稳定；⑤方便易得，通用性好。

（北京市环境保护监测中心　王小菊）

六、半挥发性有机物的浓缩

土壤样品经过有机溶剂提取净化后，一般提取液体积较大，目标化合物浓度较低，不利于检测。为提高目标化合物浓度，通常将提取液浓缩至较小体积。目前半挥发性有机物前处理过程中，常见浓缩方法主要有常压浓缩、减压浓缩、旋转蒸发浓缩及氮吹浓缩，用一种浓缩方法不能达到实验目的时，需多种浓缩方法结合使用。

（一）常压浓缩法

常压浓缩法适用于挥发性和沸点相对较低的目标化合物，通过升高温度，将溶剂由液态转化成气态抽走或通过冷凝器再次收集，达到浓缩目的。目前最常见的半挥发性有机物常压浓缩法是水浴浓缩法，水浴浓缩仪一般由水浴锅、K-D浓缩管、刻度试管、温度计、冷凝管等组成。K-D浓缩管一般浸在水浴中，通过传热控制浓缩管内溶液温度。通常水浴温度控制在 30～60℃，温度设定根据浓缩管里溶剂的沸点和目标化合物性质而定，水浴温度一般要低于溶剂沸点温度，否则可能蒸发速度过快，回收率降低；但温度设置过低，会导致浓缩时间过长。同时，浓缩过程中应控制冷凝管温度，一般使用三球冷凝管，浓缩过程中为防止爆沸，可加入少量沸石。常见溶剂的沸点见表 5-2-10。

表 5-2-10　常见溶剂的沸点

溶剂	分子式	分子量	熔点/℃	沸点/℃	密度/（g/mL）
烃类					
正戊烷	C_5H_{12}	72.2	−130	36	0.626 2
环戊烷	C_5H_{10}	70.1	−93.8	49.3	0.745 7
正己烷	C_6H_{14}	86.2	−95	69	0.654 8
环己烷	C_6H_{12}	84.2	7	81	0.778 5
苯	C_6H_6	78.1	6	80	0.876 5
甲苯	C_6H_8	92.1	−95	111	0.866 9
卤代烃					
二氯甲烷	CH_2Cl_2	84.9	−95	40	1.326 6
氯仿	$CHCl_3$	119.4	−64	61	1.483 2
四氯化碳	CCl_4	153.8	−23	77	1.594 0
1,2-二氯乙烷	$C_2H_4Cl_2$	99.0	−35	81～85	1.250 0
醇类					
甲醇	CH_4O	32.0	−98	65	0.791 4
乙醇	C_2H_6O	46.1	−114	78	0.798 3
正丙醇	C_3H_8O	60.1	−126	97	0.803 5
异丙醇	C_3H_8O	60.1	−90	82	0.785 5
叔丁醇	$C_4H_{10}O$	74.1	26	82	0.788 7
其他					
乙酸乙酯	$C_4H_8O_2$	88.1	−84	77	0.900 3
醋酸乙烯酯	$C_4H_6O_2$	86.1	−93	72	0.930 0
醋酸酐	$C_4H_6O_3$	102.1		140	1.087 0
丙酮	C_3H_6O	58.1	−95	56	0.789 9
二硫化碳	CS_2	76.1	−112	46	1.263 2
乙腈	C_2H_3N	41.1	−44	82	0.944 0

（二）减压浓缩法

减压浓缩是通过抽真空，使容器内产生负压，在不改变物质化学性质的前提下，降低其沸点，使一些高温下化学性质不稳定或沸点高的溶剂在低温下由液态转化成气态被抽走或被通过冷凝器再次收集。有些目标化合物对热不稳定，在较高温度下容易分解，采用减压浓缩，降低溶剂的沸点，既可迅速浓缩至所需体积，又可避免其分解。常用的减压浓缩装置为全玻减压浓缩器，又称 K-D 浓缩器，具有浓缩温度低、速度快、损失少以及容易控制所需要体积的特点，适合对热不稳定被测物提取液的浓缩，特别适用于浓缩农药类分析中样品溶液的浓缩。

（三）旋转蒸发浓缩法

旋转蒸发浓缩法基本原理是减压蒸馏，是目前半挥发性有机物浓缩最为常用的方式之一。在高效冷却器（一般是冷凝管）作用下，热蒸汽迅速液化，加快蒸发速率。同时，浓缩时通过真空泵使蒸发烧瓶处于负压状态，在减压下边旋转、边加热，蒸发瓶内的溶液黏附于内壁形成一层薄液膜，增大了蒸发面积，并且由于负压作用，溶剂沸点降低，进一步提高了蒸发效率。

旋转蒸发仪一般通过电子控制，使蒸馏烧瓶在适宜速度下旋转，以增大蒸发面积。蒸馏烧瓶一般是一个带有标准磨口接口的茄形或圆底烧瓶，通过一高度回流蛇形冷凝管与减压泵相连，回流冷凝管另一开口与带有磨口的接收烧瓶相连，用于接收蒸发的有机溶剂。在冷凝管与减压泵之间有一个三通活塞，当体系与大气相通时，可以将蒸馏烧瓶、接液烧瓶取下，转移溶剂；当体系与减压泵相通时，则体系应处于减压状态。使用时，应先减压，再开动电动机转动蒸馏烧瓶；结束时，应先停机，再通大气，以防蒸馏烧瓶在转动中脱落。作为蒸馏热源，常配有恒温水槽。另外，被蒸发的溶剂在冷凝器中冷凝、回流至接收瓶。

影响旋转蒸发仪蒸发速度的四要素：①水浴锅温度；②旋转蒸发仪内的真空度；③冷凝回收单元效率；④试料瓶旋转速度。旋转蒸发最大的弊端是样品沸腾将导致收集样品损失。操作时，在蒸馏过程混匀阶段，小心调节真空泵工作强度或者加热锅的温度，防止沸腾；或者向样品中加入防沸颗粒。

（四）氮吹浓缩法

氮吹浓缩法适用于体积小、易挥发的提取液，采用惰性气体吹扫、加热提取液，使其迅速浓缩。此法操作简单，可同时处理多个样品，但效率低，蒸气压较高的目标化合物易损失。如需在热水浴中加热促使溶剂挥发，应控制水浴温度，防止目标化合物氧化分解或挥发；对于蒸气压高的目标化合物，必须在50℃以下操作，最后残留的溶液只能在室温下用缓和的氮气流浓缩至所需体积，以免目标化合物损失。目前，氮吹浓缩法一般和其他方法相结合，可以较好地控制浓缩体积，并避免目标化合物损失。

影响氮吹浓缩效果的因素，主要包括气流压力和氮吹温度。气流压力越大，气流流量越大，氮气流撞到试管壁形成旋涡，溶剂接触表面积和旋涡剪力越大，溶剂蒸发越快，同时持续吹扫氮气能避免溶剂与空气发生化学反应，但过大的气流易造成目标化合物损失。通常氮吹温度控制范围为30～60℃，温度根据浓缩管里溶剂的沸点和目标化合物性质设定。温度一般要低于溶剂沸点温度，但是温度设置过低，浓缩时间过长，导致目标化合物挥发；温度高，能缩短浓缩时间，避免目标物质与空气长时间接触，减少目标物质挥发，但过高温度会导致溶剂沸腾，从而降低回收率。

（北京市环境保护监测中心　刘宝献）

第三章　有机污染物分析

一、挥发性有机物

目前，不同机构对挥发性有机化合物（VOCs）的定义不同。美国环保局（EPA）定义：挥发性有机化合物是除 CO、CO_2、H_2CO_3、金属碳化物、碳酸盐和碳酸铵外，所有参加大气光化学反应的碳化合物。国际标准 ISO 4618/1—1998 和德国 DIN 55649—2000 标准的定义是：在常温常压下，任何能自发挥发的有机液体或固体。挥发性有机物按化学结构分为八类：烷类、芳烃类、烯类、卤烃类、酯类、醛类、酮类和其他。

挥发性有机物在土壤中主要以气相和液相两种相态存在，并在土壤中滞留或通过挥发、渗滤和扩散等进入水体和空气中，进而对生态系统和人体健康造成危害。

测定挥发性有机物可采用气相色谱法和气相色谱—质谱法，土壤前处理方法主要有溶剂萃取法、吹扫捕集法、静态顶空法和固相微萃取法等。

（一）吹扫捕集/气相色谱—质谱法（A）

1. 方法原理

土壤中挥发性有机物经高纯氮气吹扫，富集于捕集管中，加热捕集管并以高纯氮气反吹，热脱附的组分进入气相色谱并分离后，应用质谱仪进行检测。通过与目标化合物质谱图相比较和保留时间进行定性，内标法定量。

2. 适用范围

本方法适用于测定土壤中 65 种挥发性有机物。当样品量为 5 g 时，65 种目标物的方法检出限为 0.2～3.2 μg/kg，测定下限为 0.8～12.8 μg/kg。其他挥发性有机物如通过验证也可适用。

3. 干扰及消除

干扰主要来源于样品容器、采样环境和样品的运输过程，以及实验室环境中存在的各种挥发性物质。对实验器皿进行高温（200℃）烘烤以去除干扰，分析实验室空白和现场空白，明确干扰来源。

4. 试剂和材料

（1）实验用水。

（2）甲醇。

（3）挥发性有机物标准贮备液 A：ρ =200 mg/L。

（4）挥发性有机物标准贮备液 B：ρ =200 mg/L。

（5）挥发性有机物标准中间使用液：ρ =25 mg/L。

用甲醇将挥发性有机物标准贮备液 A 和 B 进行适当稀释和混合。

（6）内标贮备液：ρ =2 000 mg/L。

氟苯、氟苯-d_5 和 1,4-二氯苯-d_4 混合溶液。

（7）内标中间使用液：ρ =25 mg/L。

用甲醇将内标贮备液进行适当稀释。

（8）替代物贮备液：AccuStandard 混标（M-8260A/B-IS/SS-10X）ρ =2 000 mg/L。

二溴氟甲烷、甲苯-d_8 和 4-溴氟苯混合溶液。

（9）替代物中间使用液：ρ =25 mg/L。

用甲醇将替代物贮备液进行适当稀释。

（10）4-溴氟苯（BFB）溶液：ρ =50 mg/mL。

（11）氮气。

（12）氮气。

注：以上所有标准溶液均以甲醇为溶剂，在-10℃以下避光保存或参照制造商的产品说明保存方法。使用前恢复至室温、混匀。存放期间至少每个月检查中间使用液的降解和蒸发情况，一旦蒸发或降解应重新配制。

5. 仪器和设备

（1）气相色谱—质谱联用仪：气相色谱仪，具分流/不分流进样口，能对载气进行电子压力控制，可程序升温；质谱仪，电子轰击（EI）电离源，具有 NIST 质谱图库。

（2）吹扫捕集仪：具备加热功能，捕集管使用 1/3Tenax、1/3 硅胶、1/3 活性炭混合吸附剂或其他等效吸附剂。

（3）样品瓶：具有聚四氟乙烯—硅胶衬垫旋盖的 60 mL 棕色广口玻璃瓶（或大于 60 mL 其他规格的玻璃瓶），40 mL 棕色玻璃瓶。

（4）棕色玻璃瓶：2 mL，具聚四氟乙烯—硅胶衬垫和实芯螺旋盖。

（5）色谱柱：60 m×0.25 mm×1.4 μm（6%腈丙苯基、94%二甲基聚硅氧烷固定液）或其他等效性能的毛细管柱。

6. 样品

（1）样品采集和保存。参见 HJ/T 166—2004。所有样品均应至少采集 3 份平行样品。

（2）样品的预处理。

土壤中挥发性有机污染物浓度为 0.5～200 μg/kg（低含量）时，称取约 5 g 样品，在 200～1 000 μg/kg 时，称取约 1g 样品放在 40 mL 样品瓶中，然后以吹扫捕集法进行预处理。

（3）高含量土壤的甲醇提取法。

采用甲醇提取法：样品中目标化合物含量大于 1 000 μg/kg 时，称取 5～10 g 的样品于 40 mL 棕色玻璃样品瓶内，定量地加入 10 mL 甲醇，盖好瓶盖并振摇 2 min。静置沉降后（必要时，提取液可进行离心分离），用一次性巴斯德玻璃管或进样针定量吸取提取液，加入 5 mL 水中，添加内标和替代物，按低浓度土壤的吹扫捕集条件重新分析样品。

7. 分析步骤

（1）仪器参考条件。

①吹扫捕集装置参考条件。

吹扫流量：40 mL/min；吹扫温度：40℃；预热时间：2 min；吹扫时间：11 min；干吹时间：2 min；预脱附温度：180℃；脱附温度：190℃；脱附时间：2 min；烘烤温度：200℃；烘烤时间：8 min；传输线温度：200℃。其余参数参照仪器说明书进行设定。

②气相色谱参考条件。

进样口温度：200℃；载气：氦气；分流比：50∶1；柱流量（恒流模式）：1 mL/min；升温程序：38℃（0 min）→6℃/min→80℃（0 min）→8℃/min→120℃（3 min）→12℃/min→200℃（7min）→30℃/min→220℃。

③质谱参考条件。

扫描方式：全扫描；扫描范围：35～300 amu；离子化能量：70 eV；电子倍增器电压：与调谐电压一致也可根据灵敏度增加 100～200 V；接口温度：280℃；其余参数参照仪器说明书进行设定。

（2）校准。

①质谱检查。

用 BFB 检查质谱性能，BFB 关键离子丰度符合挥发性有机污染物测试仪器基本要求（表 5-1-1），否则调整质谱仪参数或考虑清洗离子源。

②校准曲线绘制。

内标校准曲线采用五点法，可用微量注射器分别移取一定量的标准使用液和替代物标准溶液至空白试剂水中，也可以模拟土壤基体即在五个采样管预先加入 5 g 石英砂（经烘烤）及 5 mL 实验用水，然后分别加入浓度为 25 μg/mL 的目标化合物混合标准溶液 1，4，10，20，40 μL 和所用的替代物，相当于 5 g 样品中，目标化合物浓度分别为 5，20，50，100，200 μg/kg。自动加入 1.0 μL 内标溶液，按照上述吹扫捕集/气相色谱—质谱条件对 5 个校准标准进行分析，根据结果绘制校准曲线。

在本方法规定的仪器条件下，目标物的总离子流色谱图见图 5-3-1。

③用平均相对响应因子绘制校准曲线。

标准系列目标物（或替代物）相对响应因子（RRF）的相对标准（RSD）应小于等于 20%。相对响应因子、平均相对响应因子、目标化合物浓度计算公式分别见式（5-1-1）～式（5-1-3）。

④用最小二乘法建立校准曲线。

以目标化合物和相对应内标的响应值比为纵坐标，浓度比为横坐标，用最小二乘法建立校准曲线。若线性校准曲线的相关系数小于 0.990 时，也可以采用非线性拟合曲线进行校准，曲线相关系数需大于等于 0.990。采用非线性校准曲线时，应至少采用 6 个浓度点进行校准。

（3）测定。

测定前，先将样品瓶从冷藏设备中取出，使其恢复至室温。对于低浓度样品（挥发性有机物含量小于等于 200 μg/kg），称量约 5 g 样品，并添加替代物和内标各 1 μL 后直接进样；对于高浓度样品（挥发性有机物含量大于 200 μg/kg），可减少取样量（取样称重不得小于 1 g）或参考 6-（2）稀释进样。

注：一般吹扫捕集仪都具备自动添加内标和替代物功能，如无，手动添加。

（4）空白试验。

可用 5 mL 空白试剂水替代试样，按照与试样相同的预处理、测定步骤进行测定。

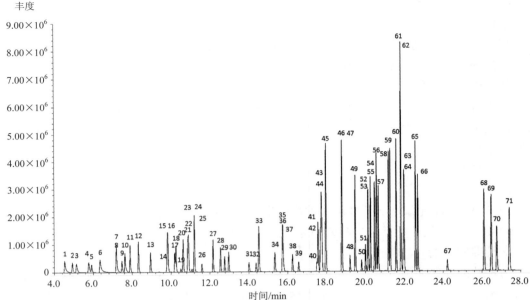

1. 二氯二氟甲烷；2. 氯甲烷；3. 氯乙烷；4. 溴甲烷；5. 氯乙烯；6. 三氯氟甲烷；7. 1,1-二氯乙烯；8. 丙酮；

　9. 碘甲烷；10. 二硫化碳；11. 二氯甲烷；12. 反式-1,2-二氯乙烯；13. 1,1-二氯乙烷；14. 2-丁酮；

　15. 顺式-1,2-二氯乙烯；16. 2,2-二氯丙烷；17. 溴氯甲烷；18. 氯仿；19. 二溴氟甲烷；20. 1,1,1-三氯乙烷；

　21. 1,1-二氯丙烯；22. 四氯化碳；23. 1,2-二氯乙烷-d₄；24. 1,2-二氯乙烷；25. 苯；26. 氟苯；27. 三氯乙烯；

　28. 1,2-二氯丙烷；29. 二溴甲烷；30. 一溴二氯甲烷；31. 4-甲基-2-戊酮；32. 甲苯-d₈；33. 甲苯；

　34. 1,1,2-三氯乙烷；35. 1,3-二氯丙烷；36. 四氯乙烯；37. 2-己酮；38. 二溴氯甲烷；39. 1,2-二溴乙烷；

　40. 氯苯-d₅；41. 氯苯；42. 1,1,2-三氯丙烷；43. 乙苯；44. 1,1,1,2-四氯乙烷；45. 间-二甲苯/对-二甲苯；

　46. 邻-二甲苯；47. 苯乙烯；48. 溴仿；49. 异丙苯；50. 4-溴氟苯；51. 1,1,2,2-四氯乙烷；52. 1,2,3-三氯丙烷；

　53. 溴苯；54. 正丙苯；55. 2-氯甲苯；56. 1,3,5-三甲基苯；57. 4-氯甲苯；58. 叔丁基苯；59. 1,2,4-三甲苯；

　60. 仲丁基苯；61. 对-异丙基甲苯；62. 1,3-二氯苯；63. 1,4-二氯苯-d₄；64. 1,4-二氯苯；65. 正丁基苯；

　66. 1,2-二氯苯；67. 1,2-二溴-3-氯丙烷；68. 1,2,4-三氯苯；69. 六氯丁二烯；70. 萘；71. 1,2,3-三氯苯

图 5-3-1　目标物的总离子流色谱图

8. 结果计算与表示

（1）目标化合物的定性分析。

通过全扫描模式进行标准谱库谱图检索，与标准谱图比对，难以分辨的同分异构体可通过标准物质的保留时间辅助谱库检索来定性。复杂基质可通过提取离子分析主离子碎片、特征碎片的丰度比与标准物质谱图匹配和定性，见表 5-3-1。

（2）试样中目标化合物的定量分析。

在能够保证准确定性检出目标化合物时，用质谱图中主离子作为定量离子峰面积或峰高定量，内标法定量。样品中目标物的主离子有干扰时，可以使用特征离子定量。

①用平均相对响应因子计算。

目标物（或替代物）采用平均相对响应因子进行校准时，试样中目标物的质量浓度用平均相对响应因子计算，见式（5-1-3），平均相对响应因子计算见式（5-1-2）。

表 5-3-1　挥发性有机物（含内标和替代物）的保留时间和离子碎片定量顺序

化合物中文和英文名称		保留时间/min	碎片离子	
			主离子	特征离子
Dichlorodifluoromethane	二氯二氟甲烷	4.53	85	87
Chloromethane	氯甲烷	4.93	50	52
Chloroethane	氯乙烷	5.14	64	66
Bromomethane	溴甲烷	5.77	94	96
Vinyl Chloride	氯乙烯	5.92	62	64，65
Trichlorofluoromethane	三氯氟甲烷	6.35	101	103
1,1-Dichloroethene	1,1-二氯乙烯	7.19	96	61，63
Acetone	丙酮	7.20	58	43
Iodo-methane	碘甲烷	7.47	142	127，141
Carbon disulfide	二硫化碳	7.63	76	78
Methylene Chloride	二氯甲烷	7.89	84	86，49
trans-1,2-Dichloroethene	反式-1,2-二氯乙烯	8.32	96	61，98
1,1-Dichloroethane	1,1-二氯乙烷	8.95	63	65，83
2-Butanone	2-丁酮	9.77	72	43
cis-1,2-Dichloroethene	顺式-1,2-二氯乙烯	9.81	96	61，98
2,2-Dichloropropane	2,2-二氯丙烷	9.84	77	97
Bromochloromethane	溴氯甲烷	10.19	128	49，130
Chloroform	氯仿	10.25	83	85
Dibromofluormethane	二溴氟甲烷（替代物）	10.50	113	—
1,1,1-Trichloroethane	1,1,1-三氯乙烷	10.63	97	99，61
1,1-Dichloropropene	1,1-二氯丙烯	10.86	75	110，77
Carbon tetrachloride	四氯化碳	10.90	117	119
1,2-Dichloroethane-d4	1,2-二氯乙烷-d$_4$（替代物）	11.07	97	99，61
1,2-Dichloroethane	1,2-二氯乙烷	11.19	62	98
Benzene	苯	11.20	78	—
Fluorobenzene	氟苯（内标）	11.59	96	—
Trichloroethene	三氯乙烯	12.17	95	97，130
1,2-Dichloropropane	1,2-二氯丙烷	12.55	63	112
Dibromomethane	二溴甲烷	12.76	93	95，174
Bromodichloromethane	一溴二氯甲烷	12.97	83	85，127
4-Methyl-2-pentanone	4-甲基-2-戊酮	14.01	100	43
Toluene-d8	甲苯-d$_8$（替代物）	14.37	98	—
Toluene	甲苯	14.52	92	91
1,1,2-Trichloroethane	1,1,2-三氯乙烷	15.34	83	97，85
1,3-Dichloropropane	1,3-二氯丙烷	15.74	76	78
Tetrachloroethene	四氯乙烯	15.75	164	129，131
2-Hexanone	2-己酮	15.80	43	58，57
Dibromochloromethane	二溴氯甲烷	16.26	129	127
1,2-Dibromoethane	1,2-二溴乙烷	16.57	107	109，188
Chlorobenzene-d5	氯苯-d$_5$（内标）	17.50	117	—
Chlorobenzene	氯苯	17.57	112	77，114
1,1,1,2-Tetrachloroethane	1,1,1,2-四氯乙烷	17.69	63	—

化合物中文和英文名称		保留时间/min	碎片离子	
			主离子	特征离子
Ethyl benzene	乙苯	17.74	106	91
1,1,2-Trichloropropane	1,1,2-三氯丙烷	17.77	131	133，119
m-Xylene/p-Xylene	间-二甲苯/对-二甲苯	17.97	106	91
o-Xylene	邻-二甲苯	18.78	106	91
Styrene	苯乙烯	18.80	104	78
Bromoform	溴仿	19.21	173	175，254
Isopropylbenzene	异丙苯	19.48	105	120
4-Bromofluorobenzene	4-溴氟苯（替代物）	19.81	95	174，176
1,1,2,2-Tetrachloroethane	1,1,2,2-四氯乙烷	20.01	83	131，85
1,2,3-Trichloropropane	1,2,3-三氯丙烷	20.14	75	77
Bromobenzene	溴苯	20.14	156	77，158
n-Propylbenzene	正丙苯	20.27	91	120
2-Chlorotoluene	2-氯甲苯	20.48	91	126
1,3,5-Trimethylbenzene	1,3,5-三甲基苯	20.58	105	120
4-Chlorotoluene	4-氯甲苯	20.67	91	126
tert-Butyl benzene	叔丁基苯	21.20	119	91，134
1,2,4-Trimethylbenzene	1,2,4-三甲苯	21.28	105	120
sec-Butyl benzene	仲丁基苯	21.59	105	134
p-Isopropyltoluene	对-异丙甲苯	21.83	119	134，91
1,3-Dichlorobenzene	1,3-二氯苯	21.84	146	111，148
1,4-Dichlorobenzene-d4	1,4-二氯苯-d₄（内标）	21.95	152	115，150
1,4-Dichlorobenzene	1,4-二氯苯	21.99	146	111，148
n-Butyl benzene	正丁基苯	22.58	91	92，134
1,2-Dichlorobenzene	1,2-二氯苯	22.70	146	111，148
1,2-Dibromo-3-chloropropane	1,2-二溴-3-氯丙烷	24.23	75	155，157
1,2,4-Trichlorobenzene	1,2,4-三氯苯	26.11	180	182，145
Hexachlorobutadiene	六氯丁二烯	26.49	225	223，227
Naphthalene	萘	26.78	128	—
1,2,3-Trichlorobenzene	1,2,3-三氯苯	27.42	180	182，145

②用线性或非线性校准曲线计算。

当目标物采用线性或非线性校准曲线进行校准时，试样中目标物质量浓度 ρ_{ex} 通过相应的校准曲线计算。

（3）结果计算。

①低含量样品中目标化合物的含量，按照式（5-3-1）进行计算：

$$\omega = \frac{A_x \times w_{IS} \times 100}{\overline{RRF} \times A_{IS} \times m \times w_{dm}} \qquad (5\text{-}3\text{-}1)$$

式中：ω ——样品中目标物的含量，$\mu g/kg$；

A_x ——目标化合物的定量离子响应值；

w_{IS} ——对应内标化合物的绝对量，ng；

$\overline{RRF}$ ——目标化合物的平均相对响应因子；

A_{IS} ——内标化合物的定量离子响应值；

m——土壤样品湿样的重量，g；

w_{dm}——土壤样品的干物质含量，%。

②对于高含量样品，样品中目标物的含量（μg/kg）按照式（5-3-2）进行计算。

$$\omega = \frac{A_x \times W_{IS} \times 100 \times V_t}{\overline{RRF} \times A_{IS} \times m \times w_{dm} \times V_s} \qquad (5\text{-}3\text{-}2)$$

式中：A_x——目标化合物的定量离子响应值；

W_{IS}——内标化合物的进样量，ng；

$\overline{RRF}$——目标化合物的平均相对响应因子；

A_{IS}——内标化合物的定量离子响应值；

m——土壤样品湿样的质量，g；

w_{dm}——土壤样品干物质含量，%；；

V_t——高浓度甲醇提取法所用甲醇总体积，mL；

V_s——提取液的体积，mL。

（4）结果表示。测定结果保留三位有效数字。

9. 精密度和准确度

实验室分别对 5.0 μg/kg 和 100 μg/kg 的统一样品进行测定，实验室内相对标准偏差分别为 1.2%～19.5%，3.2%～15.7%；分别对加标量为 250 ng 的土壤样品进行加标分析测定，加标回收率为 70.8%～123%。

10. 质量保证和质量控制

（1）替代物测定。

替代物的测定与每个样品的测定同时进行，以控制样品分析过程中的回收率。如果替代物回收率不在 70%～130%之内，须找出原因重新分析。

注：回收率异常可能是样品基质、捕集管失效、吹扫捕集仪漏气和长期未校准质谱仪等引起的。

（2）校准曲线检查、空白实验、平行样和基体加标质控要求同 VOCs 测试的一般要求。

11. 注意事项

（1）若样品中基体复杂，存在悬浮物、高沸点有机污染物或高含量有机物，分析后须清洗吹扫装置和进行针，设置烘烤时间确保高沸点有机物流出色谱柱。

（2）除实验所需有机试剂外，挥发性有机物分析实验室不应存在其他有机溶剂。样品贮存和分析时，应当尽量避免实验室中其他溶剂污染，玻璃器皿和其他样品处理设备应清洗干净，不应使用非聚四氟乙烯密封垫圈、塑料管或橡胶成分的流量控制器。

本方法主要参考《土壤和沉积物　挥发性有机物的测定　吹扫捕集/气相色谱—质谱法》（HJ 605—2011），对其中部分条件进行了优化。

（上海市环境监测中心　戴军升　陈蓓蓓

中国环境监测总站　谭丽）

（二）顶空/气相色谱—质谱法（A）

本方法等效于《土壤和沉积物　挥发性有机物的测定　顶空/气相色谱—质谱法》（HJ

642—2013）。

1. 方法原理

在一定的温度条件下，顶空瓶内样品中挥发性组分向液上空间挥发，产生蒸气压，在气液固三相达到热力学动态平衡。气相中的挥发性有机物进入气相色谱分离后，用质谱仪进行检测。通过与标准物质保留时间和质谱图相比较进行定性，内标法定量。

2. 适用范围

本方法适用于土壤中 36 种挥发性有机物的测定。若通过验证，也可适用于其他挥发性有机物的测定。

当样品量为 2 g 时，36 种目标物的方法检出限为 0.8～4 μg/kg，测定下限为 3.2～16 μg/kg。

3. 干扰及消除

同方法"（一）吹扫捕集/气相色谱—质谱法（A）"。

4. 试剂和材料

（1）实验用水。

（2）甲醇（CH_3OH）。

（3）氯化钠（NaCl）。

（4）磷酸（H_3PO_4）：优级纯。

（5）基体改性剂。

量取 500 mL 实验用水，滴加几滴磷酸调节 pH≤2，加入 180 g 氯化钠，溶解并混匀。于 4℃下保存，可保存 6 个月。

（6）标准贮备液：ρ =1 000～5 000 mg/L。

可直接购买有证标准溶液，也可用标准物质配制。

（7）标准使用液：ρ =10～100 mg/L。

易挥发的目标物如二氯甲烷、反-1,2-二氯乙烯、1,2-二氯乙烷、顺-1,2-二氯乙烯和氯乙烯等标准中间使用液需单独配制，保存期通常为一周，其他目标物的标准使用液保存于密实瓶中保存期为一个月，或参照制造商说明配制。

（8）内标标准溶液：ρ =250 mg/L。

选用氟苯、氯苯-d_5 和 1,4-二氯苯-d_4 作为内标。可直接购买有证标准溶液。

（9）替代物标准溶液：ρ =250 mg/L。

选用甲苯-d_8 和 4-溴氟苯作为替代物。可直接购买有证标准溶液。

（10）4-溴氟苯（BFB）溶液：ρ =25 mg/L。

可直接购买有证标准溶液，也可用高浓度标准溶液配制。

（11）石英砂。

（12）载气：高纯氦气。

注：以上所有标准溶液均以甲醇为溶剂，配制或开封后的标准溶液置于密实瓶中，4℃以下避光保存，保存期一般为 30 d。使用前应恢复至室温、混匀。

5. 仪器和设备

（1）气相色谱仪：具有毛细管分流/不分流进样口，可程序升温。

（2）质谱仪：具 70 eV 的电子轰击（EI）电离源，具 NIST 质谱图库、手动/自动调谐、数据采集、定量分析及谱库检索等功能。

（3）毛细管柱：60 m×0.25 mm×1.4 μm（6%腈丙苯基、94%二甲基聚硅氧烷固定液），也可使用其他等效毛细柱。

（4）顶空进样器：带顶空瓶、密封垫（聚四氟乙烯/硅氧烷或聚四氟乙烯/丁基橡胶）、瓶盖（螺旋盖或一次使用的压盖）。

（5）往复式振荡器：振荡频率 150 次/min，可固定顶空瓶。

（6）超纯水制备仪或亚沸蒸馏器。

（7）天平：精度为 0.01 g 的天平。

（8）微量注射器：5，10，25，100，500，1 000 μL。

6．样品

（1）样品采集与保存。

样品采集时切勿搅动土壤及沉积物，以免造成土壤中有机物挥发。样品中挥发性有机物浓度大于 1 000 μg/kg 时，视该样品为高含量样品。

（2）试样制备。

①低含量试样。

实验室内取出样品瓶，待恢复至室温后，称取 2 g 样品置于顶空瓶中，迅速向顶空瓶中加入 10 mL 基体改性剂、1.0 μL 替代物标准溶液和 2.0 μL 内标标准溶液，立即密封，在振荡器上振荡以 150 次/min 的频率振荡 10 min，待测。

②高含量试样。

如果现场初步筛选挥发性有机物为高含量或低含量测定结果大于 1 000 μg/kg 时应视为高含量试样。高含量试样制备：取出用于高含量样品测试的样品瓶，使其恢复至室温。称取 2 g 样品置于顶空瓶中，迅速加入 10 mL 甲醇，密封，在振荡器上以 150 次/min 的频率振荡 10 min。静置沉降后，用一次性巴斯德玻璃吸液管移取约 1 mL 提取液至 2 mL 棕色玻璃瓶中，必要时，提取液可进行离心分离。该提取液置于冷藏箱内 4℃ 下保存，保存期为 14 d。

分析之前将提取液恢复到室温后，向空的顶空瓶中加入 2 g 石英砂、10 mL 基体改性剂和 10～100 μL 甲醇提取液。加入 2.0 μL 内标标准溶液和替代物标准溶液，立即密封，在振荡器上以 150 次/min 的频率振荡 10 min，待测。

注：①若甲醇提取液中目标化合物浓度较高，可加入甲醇适当稀释。

②若用高含量方法分析浓度值过低或未检出，应采用低含量方法重新分析样品。

（3）空白试样的制备。

①低含量空白试样。

以 2 g 石英砂代替样品，按照 6-（2）-①步骤制备低含量空白试样。

②高含量空白试样

以 2 g 石英砂代替高含量样品，按照 6-（2）-②步骤制备高含量空白试样。

7．分析步骤

（1）仪器参考条件。

不同型号顶空进样器、气相色谱仪和质谱仪的最佳工作条件不同，应按照仪器使用说明书进行操作。本方法推荐仪器参考条件如下：

①顶空进样器参考条件。

加热平衡温度 60～85℃；加热平衡时间 50 min；取样针温度 100℃；传输线温度 110℃；传输线为经过去活处理，内径为 0.32 mm 的石英毛细管柱；压力化平衡时间 1 min；进样时间 0.2 min；拔针时间 0.4 min；顶空瓶压力 23 psi。

②气相色谱仪参考条件。

程序升温：40℃（保持 2 min）$\xrightarrow{8℃/min}$ 90℃（保持 4 min）$\xrightarrow{6℃/min}$ 200℃（保持 15 min）。

进样口温度：250℃。接口温度：230℃。载气：氦气；进样口压力：18 psi。进样方式：分流进样，分流比：5∶1。

③质谱仪参考条件。

扫描范围：35～300 amu。扫描速度：1 sec/scan。离子化能量：70 eV。离子源温度：230℃。四极杆温度：150℃。扫描方式：全扫描（SCAN）或选择离子（SIM）扫描。

（2）校准。

①仪器性能检查。

用 BFB 进行质谱性能检查，BFB 关键离子丰度符合挥发性有机污染物测试仪器基本要求（表 5-1-1）。

②校准曲线的绘制。

向 5 支顶空瓶中依次加入 2 g 石英砂、10 mL 基体改性剂，再向各瓶中分别加入一定量的标准使用液和替代物标准溶液，配制目标化合物和替代物的浓度系列均为 5，10，20，50，100 μg/L；并各加入 2.0 μL 内标标准溶液，配制内标浓度为 50 μg/L，立即密封。将配制好的标准系列样品在振荡器上以 150 次/min 的频率振荡 10 min，由低浓度到高浓度依次进样分析，绘制校准曲线或计算平均响应因子。在规定的条件下，分析测定 36 种挥发性有机物的标准总离子流图，见图 5-3-2。

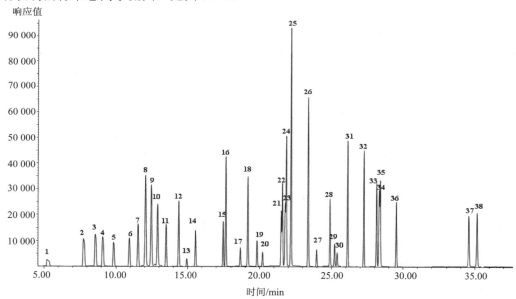

1．氯乙烯；2．1,1-二氯乙烯；3．二氯甲烷；4．反-1,2-二氯乙烯；5．1,2-二氯乙烷；6．顺-1,2-二氯乙烯；7．氯仿；8．1,1,1-三氯乙烷；9．四氯化碳；10．1,2-二氯乙烷+苯；11．氟苯（内标1）；12．三氯乙烯；13．1,2-二氯丙烷；14．溴二氯甲烷；15．甲苯-d₈（替代物1）；16．甲苯；17．1,1,2-三氯乙烷；18．四氯乙烯；19．二溴一氯甲烷；20．1,2-二溴乙烷；21．氯苯-d₅（内标2）；22．氯苯；23．1,1,1,2-四氯乙烷；24．乙苯；25．间-二甲苯+对-二甲苯；26．邻-二甲苯+苯乙烯；27．溴仿；28．4-溴氟苯（替代物2）；29．1,1,2,2-四氯乙烷；30．1,2,3-三氯丙烷；31．1,3,5-三甲基苯；32．1,2,4-三甲基苯；33．1,3-二氯苯；34．1,4-二氯苯-d₄（内标3）；35．1,4-二氯苯；36．1,2-二氯苯；37．1,2,4-三氯苯；38．六氯丁二烯

图 5-3-2　36 种挥发性有机物标准总离子流图

③用平均相对响应因子建立校准曲线。

同"（一）吹扫捕集/气相色谱—质谱法（A）"中7-（2）-③。

④用最小二乘法绘制校准曲线。

同"（一）吹扫捕集/气相色谱—质谱法（A）"中7-（2）-④。

（3）测定。

将制备好的试样置于顶空进样器上，按照仪器参考条件进行测定。

（4）空白试验。

将制备好的空白试样置于顶空进样器上，按照仪器参考条件进行测定。

8. 结果计算与表示

（1）定性和定量分析。

目标化合物的定性和定量分析参考"（一）吹扫捕集/气相色谱—质谱法（A）"中定性和定量分析，目标化合物的定量离子及辅助离子见表5-3-2。

表 5-3-2　目标化合物的测定参考参数

序号	化合物名称	英文名称	CAS 号	定量内标	定量离子	辅助离子	保留时间/min
1	氯乙烯	Vinyl chloride	75-01-4	1	62	64	5.20
2	1,1-二氯乙烯	1,1-Dichloroethene	75-35-4	1	96	61,63	7.75
3	二氯甲烷	Methylene chloride	75-09-2	1	84	86,49	8.56
4	反-1,2-二氯乙烯	*Trans*-1,2-Dichloroethene	156-60-5	1	96	61,98	9.08
5	1,1-二氯乙烷	1,1-Dichloroethane	75-34-3	1	63	65,83	9.84
6	顺-1,2-二氯乙烯	*Cis*-1,2-Dichloroethene	156-59-2	1	96	61,98	10.94
7	氯仿	Chloroform	67-66-3	1	83	85	11.54
8	1,1,1-三氯乙烷	1,1,1-Trichloroethane	71-55-6	1	97	99,61	12.06
9	四氯化碳	Carbon tetrachloride	56-23-5	1	117	119	12.46
10	1,2-二氯乙烷	1,2-Dichloroethane	107-06-2	1	62	98	12.88
11	苯	Benzene	71-43-2	1	78	—	12.91
12	氟苯	Fluorobenzene	—	内标1	96	—	13.49
13	三氯乙烯	Trichloroethene	79-01-6	2	95	97,130,132	14.36
14	1,2-二氯丙烷	1,2-Dichloropropane	78-87-5	2	63	112	14.93
15	一溴二氯甲烷	Bromodichloromethane	75-27-4	2	83	85,127	15.54
16	甲苯-d_8	Toluene-d_8	—	替代物1	98	—	17.46
17	甲苯	Toluene	108-88-3	2	92	91	17.65
18	1,1,2-三氯乙烷	1,1,2-Trichloroethane	79-00-5	2	83	97,85	18.66
19	四氯乙烯	Tetrachloroethylene	127-18-4	2	164	129,131,166	19.17
20	二溴氯甲烷	Dibromochloromethane	124-48-1	2	129	127	19.81
21	1,2-二溴乙烷	1,2-Dibromoethane	106-93-4	2	107	109,188	20.21
22	氯苯-d_5	Chlorobenzene-d_5	—	内标2	117	—	21.50
23	氯苯	Chlorobenzene	108-90-7	2	112	77,114	21.59
24	1,1,1,2-四氯乙烷	1,1,1,2-Tetrachloroethane	630-20-6	3	131	133,119	21.78
25	乙苯	Ethylbenzene	100-41-4	3	91	106	21.86

序号	化合物名称	英文名称	CAS 号	定量内标	定量离子	辅助离子	保留时间/min
26	间,对-二甲苯	*m,p*-Xylene	108-38-3/ 106-42-3	3	106	91	22.18
27	邻-二甲苯	*o*-Xylene	95-47-6	3	106	91	23.37
28	苯乙烯	Styrene	100-42-5	3	104	78	23.38
29	溴仿	Bromoform	75-25-2	3	173	175,254	23.96
30	4-溴氟苯	4-Bromofluorobenzene	—	替代物2	95	174,176	24.90
31	1,1,2,2-四氯乙烷	1,1,2,2-Tetrachloroethane	79-34-5	3	83	131,85	25.22
32	1,2,3-三氯丙烷	1,2,3-Trichloropropane	96-18-4	3	75	77	25.40
33	1,3,5-三甲基苯	1,3,5-Trimethylbenzene	108-67-8	3	105	120	26.13
34	1,2,4-三甲基苯	1,2,4-Trimethylbenzene	95-63-6	3	105	120	27.25
35	1,3-二氯苯	1,3-Dichlorobenzene	541-73-1	3	146	111,148	28.14
36	1,4-二氯苯-d₄	1,4-Dichlorobenzene-d₄	—	内标3	152	115,150	28.32
37	1,4-二氯苯	1,4-Dichlorobenzene	106-46-7	3	146	111,148	28.39
38	1,2-二氯苯	1,2-Dichlorobenzene	95-50-1	3	146	111,148	29.51
39	1,2,4-三氯苯	1,2,4-Trichlorobenzene	120-82-1	3	180	182,145	34.57
40	六氯丁二烯	Hexachlorobutadiene	87-68-3	3	225	223,227	35.14

（2）结果计算。

①低含量样品中挥发性有机物的含量（μg/kg），按照式（5-3-3）进行计算。

$$\omega = \frac{\rho_{ex} \times 10 \times 100}{m \times (100-w)} = \frac{A_x \times \rho_{is} \times 1\,000}{A_{is} \times \overline{RRF} \times m \times (100-w)} \tag{5-3-3}$$

式中：ω——样品中目标化合物的含量，μg/kg；

　　　ρ_{ex}——根据响应因子或校准曲线计算出目标化合物（或替代物）的浓度，μg/L；

　　　10——基体改性剂体积，mL；

　　　m——样品量（湿重），g；

　　　w——样品的含水率，%；

　　　A_x——目标物（或替代物）定量离子的响应值；

　　　ρ_{is}——内标物的质量浓度，50μg/L；

　　　A_{is}——与目标物（或替代物）相对应内标定量离子的响应值；

　　　$\overline{RRF}$——目标物（或替代物）的平均相对响应因子。

②高含量样品中挥发性有机物的含量（μg/kg），按照式（5-3-4）进行计算。

$$\omega = \frac{10 \times \rho_{ex} \times V_c \times K \times 100}{m \times (100-w) \times V_s} = \frac{A_x \times \rho_{is}}{A_{is} \times \overline{RRF}} \times \frac{10 \times V_c \times K \times 100}{m \times (100-w) \times V_s} \tag{5-3-4}$$

式中：ω——样品中目标化合物的含量，μg/kg；

　　　ρ_{ex}——根据响应因子或校准曲线计算出目标化合物的浓度，μg/L；

　　　10——基体改性剂体积，mL；

　　　V_c——提取液体积，mL；

　　　m——样品量（湿重），g；

　　　V_s——用于顶空测定的甲醇提取液体积，mL；

　　　w——样品的含水率，%；

K——萃取液的稀释比；

A_x——目标物（或替代物）定量离子的响应值；

ρ_{is}——内标物的质量浓度，50μg/L；

A_{is}——与目标物（或替代物）相对应内标定量离子的响应值；

$\overline{RRF}$——目标物（或替代物）的平均相对响应因子。

注：若样品含水率大于 10%时，提取液体积 V_c 应为甲醇与样品中水的体积之和；若样品含水率小于等于10%，V_c 为 10 mL。

（3）结果表示。

①当测定结果小于 100 μg/kg 时，保留小数点后一位；当测定结果大于或等于 100 μg/kg 时，保留三位有效数字。

②当使用本方法中规定的毛细管柱时，间二甲苯和对二甲苯两峰分不开，它们的含量为两者之和。

9. 精密度和准确度

（1）精密度。

6 家实验室分别对土壤的各两种不同含量水平的统一样品进行测定。

土壤中挥发性有机物浓度约为 100 μg/kg 和 200 μg/kg 时，实验室内相对标准偏差范围分别为 1.1%～13%和 1.4%～15%；实验室间相对标准偏差范围分别为 1.8%～14%和 6.7%～17%；重复性限范围分别为 8.8～19.4 μg/kg 和 32.5～116 μg/kg；再现性限范围分别为 9.4～51.8 μg/kg 和 68.8～188 μg/kg。

（2）准确度。

6 家实验室分别对土壤的基体加标样品进行测定。土壤样品加标含量为 100 μg/kg 和 250 μg/kg 时，对应 36 种目标物的加标回收率范围为 65.2%～134%和 73.3%～107%。

10. 质量保证和质量控制

同"（一）吹扫捕集/气相色谱—质谱法（A）"。

11. 注意事项

（1）为防止通过采样工具污染样品，采样工具使用前用甲醇、纯净水充分洗净。在采集其他样品时，要注意更换采样工具和清洗采样工具，防止交叉污染。

（2）样品保存和运输过程时要避免沾污，样品应在密闭、避光的冷藏箱中冷藏贮存。

（3）分析过程中必要的器具、材料、药品等应事先分析确认其是否含有对目标化合物测定有干扰的物质。器具、材料可采用甲醇清洗，尽可能除去干扰物质。

（鞍山市环境监测中心站　钟岩　杨洪彪

中国环境监测总站　谭丽）

（三）顶空/气相色谱法（A）

本方法等效于《土壤和沉积物　挥发性有机物的测定　顶空/气相色谱法》（HJ 741—2015）。

1. 方法原理

在一定的温度下，顶空瓶内样品中挥发性有机物向液上空间挥发，产生蒸气压，在气液固三相达到热力学动态平衡后。气相中的挥发性有机物经气相色谱分离，用火焰离子化检测器检测。以保留时间定性，外标法定量。

2. 适用范围

本方法适用于土壤中 37 种挥发性芳香烃和卤代烃的测定。若通过验证，本方法也可适用于其他挥发性有机物的测定。

当土壤样品量为 2 g 时，37 种挥发性有机物的方法检出限为 0.005～0.03 mg/kg，测定下限为 0.02～0.12 mg/kg。

3. 干扰及消除

同"方法（一）吹扫捕集/气相色谱—质谱法（A）"。

4. 试剂和材料

（1）实验用水。

（2）甲醇（CH_3OH）。

（3）氯化钠（NaCl）。

（4）磷酸（H_3PO_4）：优级纯。

（5）基体改性剂。

量取 500 mL 实验用水，滴加几滴磷酸调节 pH≤2，加入 180 g 氯化钠，溶解并混匀。于 4℃下保存，可保存 6 个月。

（6）标准贮备液：ρ =1 000～5 000 mg/L。

可直接购买有证标准溶液，也可用标准物质配制。

（7）标准使用液：ρ =10～100 mg/L。

目标化合物的标准使用液保存于密实瓶中，保存期为 30 d，或参照制造商说明配制。

（8）石英砂（SiO_2）：分析纯，20～50 目。

（9）载气：高纯氮气。

（10）燃气：高纯氢气。

（11）助燃气：空气，经硅胶脱水、活性炭脱有机物。

注：以上所有标准溶液均以甲醇为溶剂，配制或开封后的标准溶液应置于密实瓶中，4℃以下避光保存，保存期一般为 30 d。使用前应恢复至室温、混匀。

5. 仪器和设备

（1）气相色谱仪：具有毛细管分流/不分流进样口，可程序升温，具氢火焰离子化检测器（FID）。

（2）色谱柱：石英毛细管柱。柱 1：60 m×0.25 mm×1.4 μm（6%腈丙苯基、94%二甲基聚硅氧烷固定液），也可使用其他等效毛细柱。柱 2：30 m×0.32 mm×0.25 μm（聚乙二醇−20 M），也可使用其他等效毛细柱。

（3）自动顶空进样器：顶空瓶（22 mL）、密封垫（聚四氟乙烯/硅氧烷材料）、瓶盖（螺旋盖或一次使用的压盖）。

（4）往复式振荡器：振荡频率 150 次/min，可固定顶空瓶。

（5）天平：精度为 0.01 g。

（6）微量注射器：5，10，25，100，500 μL。

（7）采样器材：铁铲或不锈钢药勺。

（8）便携式冷藏箱：容积 20 L，温度 4℃以下。

（9）棕色密实瓶：2 mL，具聚四氟乙烯衬垫和实芯螺旋盖。

（10）采样瓶：具聚四氟乙烯—硅胶衬垫螺旋盖的 60 mL 或 200 mL 的螺纹棕色广口玻璃瓶。

（11）一次性巴斯德玻璃吸液管。

（12）马弗炉。

6. 样品

（1）样品制备。

①低含量试样。

样品采集见 HJ 166、GB 17378.3。

在实验室内取出装有样品的样品瓶，待恢复至室温后，称取 2 g（精确至 0.01 g）样品置于顶空瓶中，迅速加入 10.0 mL 基体改性剂，立即密封，在振荡器上以 150 次/min 的频率振荡 10 min，待测。

②高含量试样。

如果现场初步筛选挥发性有机物为高含量或低含量样品测定结果大于 1 000 μg/kg 时，应视为高含量试样。

取出装有高含量样品的样品瓶，待其恢复至室温。称取 2 g（精确至 0.01 g）样品置于顶空瓶中，迅速加入 10.0 mL 甲醇，密封，在振荡器上以 150 次/min 的频率振荡 10 min。静置沉降后，用一次性巴斯德玻璃吸管移取约 1 mL 甲醇提取液至 2 mL 棕色密实瓶中。该提取液可冷冻密封避光保存，保存期为 14 d。若甲醇提取液中目标化合物浓度较高，可加入甲醇进行适当稀释。

然后，向空的顶空瓶中依次加入 2 g（精确至 0.01 g）石英砂、10.0 mL 饱和基体改性剂和 10～100 μL 上述甲醇提取液，立即密封，在振荡器上以 150 次/min 的频率振荡 10 min，待测。

注：若用高含量方法分析浓度值过低或未检出，应采用低含量方法重新分析样品。

（2）土壤干物质含量测定。

按照《土壤　干物质和水分的测定　重量法》（HJ 613—2011）测定土壤中干物质含量。

（3）空白试样制备。

①低含量空白试样。

以 2 g 石英砂代替样品，按照 6-（1）-①步骤制备低含量空白试样。

②高含量空白试样。

以 2 g 石英砂代替样品，按照 6-（1）-②步骤制备低含量空白试样。

7. 分析步骤

（1）仪器参考条件。

不同型号顶空进样器和气相色谱仪的最佳工作条件不同，应按照仪器使用说明书进行操作。本方法给出的仪器参考条件如下。

①顶空自动进样器参考条件。

同"（二）顶空/气相色谱—质谱法（A）"。

②气相色谱参考条件。

升温程序：40℃（保持 5 min）$\xrightarrow{8℃/min}$ 100℃（保持 5 min）$\xrightarrow{6℃/min}$ 200℃（保持 10 min）；进样口温度：220℃；检测器温度：240℃；载气：氮气；载气流量：1 mL/min；

氢气流量：45 mL/min；空气流量：450 mL/min；进样方式：分流进样；分流比：10∶1。

（2）校准曲线绘制。

向 5 支顶空瓶中依次加入 2.00 g 石英砂、10.0 mL 基体改性剂和一定量的标准使用液，立即密封，配制目标化合物分别为 0.10，0.20，0.50，1.00，2.00 μg 的 5 点不同浓度系列的校准曲线系列。将配制好的标准系列样品在振荡器上以 150 次/min 的频率振荡 10 min，按照仪器参考条件依次进样分析，以峰面积或峰高为纵坐标，质量（μg）为横坐标，绘制校准曲线。

（3）样品测定。

将制备好的试样置于顶空进样器上，按照仪器参考条件进行测定。如果挥发性有机物有检出，应用色谱柱 2 辅助定性予以确认。

（4）空白试验。

将制备好的空白试样置于自动顶空进样器上，按照仪器参考条件进行测定。

8. 结果计算与表示

（1）定性分析。

配制挥发性有机物浓度为 0.200 mg/L 的标准溶液，使用色谱柱 1 进行分离，按照顶空自动进样器和气相色谱仪参考条件进行测定，以保留时间定性。当使用本方法无法定性时，用色谱柱 2 或 GC-MS 等其他方式辅助定性。色谱柱 1 分析挥发性有机物的标准色谱图见图 5-3-3。色谱柱 2 分析挥发性有机物的标准色谱图见图 5-3-4。

（2）定量分析。

在对目标物定性判断的基础上，根据峰高或峰面积，采用外标法进行定量。

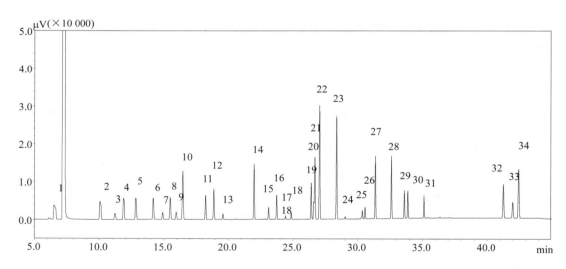

1. 氯乙烯；2. 1,1-二氯乙烯；3. 二氯甲烷；4. 反-1,2-二氯乙烯；5. 1,1-二氯乙烷；6. 顺-1,2-二氯乙烯；7. 氯仿；

8. 1,1,1-三氯乙烷；9. 四氯化碳；10. 1,2-二氯乙烷+苯；11. 三氯乙烯；12. 1,2-二氯丙烷；13. 溴二氯甲烷；

14. 甲苯；15. 1,1,2-三氯乙烷；16. 四氯乙烯；17. 二溴一氯甲烷；18. 1,2-二溴乙烷；19. 氯苯；

20. 1,1,1,2-四氯乙烷；21. 乙苯；22. 间-二甲苯+对-二甲苯；23. 邻-二甲苯+苯乙烯；24. 溴仿；

25. 1,1,2,2-四氯乙烷；26. 1,2,3-三氯丙烷；27. 1,3,5-三甲基苯；28. 1,2,4-三甲基苯；29. 1,3-二氯苯；

30. 1,4-二氯苯；31. 1,2-二氯苯；32. 1,2,4-三氯苯；33. 六氯丁二烯；34. 萘

图 5-3-3　柱 1 分析 37 种挥发性有机物标准色谱图

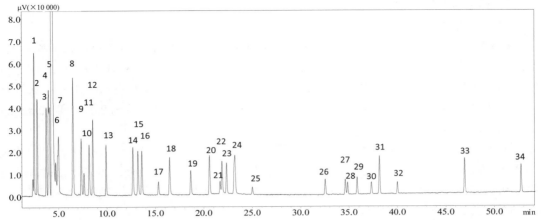

1．氯乙烯；2．顺-1,2-二氯乙烯+1,1-二氯乙烯；3．反-1,2-二氯乙烯；4．四氯化碳+1,1,1-三氯乙烷；
5．1,1-二氯乙烷；6．二氯甲烷；7．苯；8．三氯乙烯；9．四氯乙烯；10．氯仿；11．甲苯；12．1,2-二氯丙烷；
13．1,2-二氯乙烷；14．乙苯；15．对-二甲苯；16．间-二甲苯；17．溴二氯甲烷；18．邻-二甲苯；19．氯苯；
20．1,3,5-三甲基苯；21．1,2-二溴乙烷；22．苯乙烯；23．1,1,1,2-四氯乙烷；24．1,2,4-三甲基苯+1,1,2-三氯乙烷；
25．二溴一氯甲烷；26．1,3-二氯苯；27．1,4-二氯苯；28．溴仿；29．1,2,3-三氯丙烷；30．1,2-二氯苯；
31．六氯丁二烯；32．1,1,2,2-四氯乙烷；33．1,2,4-三氯苯；34．萘

图 5-3-4 柱 2 分析 37 种挥发性有机物色谱图

（3）土壤样品结果计算。

①低含量样品中挥发性有机物的含量（mg/kg），按照式（5-3-5）进行计算。

$$\omega = \frac{m_0}{m_1 \times w_{dm}} \qquad (5\text{-}3\text{-}5)$$

式中：ω —— 样品中挥发性有机物的含量，mg/kg；

m_0 —— 校准曲线计算目标物的含量，μg；

m_1 —— 样品量（湿重），g；

w_{dm} —— 样品的干物质含量，%。

②高含量样品中挥发性有机物的含量（mg/kg），按照式（5-3-6）进行计算。

$$\omega = \frac{m_0 \times 10 \times f}{m_1 \times w_{dm} \times V_s} \qquad (5\text{-}3\text{-}6)$$

式中：ω —— 样品中挥发性有机物的含量，mg/kg；

m_0 —— 校准曲线计算目标物的浓度，μg；

10 —— 提取样品加入的甲醇量，mL；

m_1 —— 样品量（湿重），g；

V_s —— 用于顶空测定的甲醇提取液体积，mL；

w_{dm} —— 样品的干物质含量，%；

f —— 提取液的稀释倍数。

（4）结果表示。

测定结果小数位数与方法检出限一致，最多保留三位有效数字。

9. 精密度和准确度

（1）精密度。

6 家实验室分别对浓度水平 0.25 mg/kg（0.1 mg/kg）和 1.0 mg/kg（0.5 mg/kg）的土壤样品进行精密度测定。实验室内相对标准偏差范围分别为 1.7%～14.4%、1.0%～11.7%；实验室间相对标准偏差范围分别为 4.8%～20.1%、1.7%～15.1%；重复性限范围分别为 0.013～0.05 mg/kg、0.041～0.15 mg/kg；再现性限范围分别为 0.020～0.07 mg/kg、0.044～0.30 mg/kg。

（2）准确度。

6 家实验室对土壤基体加标样品进行测定，土壤样品加标浓度为 0.10 mg/kg（0.25 mg/kg），37 种挥发性有机物的加标回收率范围为 22.4%～113%；土壤样品加标浓度为 0.50 mg/kg（1.00 mg/kg），37 种挥发性有机物的加标回收率范围为 40.7%～94.7%。

10. 质量保证和质量控制

（1）目标化合物的校准曲线，其相关系数应大于 0.990，若不能满足要求，应查找原因，重新绘制校准曲线。

（2）校准确认。

每批样品分析之前或 24 h 之内，需测定校准曲线中间浓度点，与校准曲线该浓度点响应值比较，保留时间的变化不超过±2 s，其测定值与标准值的相对误差应≤20%，否则应采取校正措施。若校正措施无效，则应重新绘制校准曲线。

（3）实验室空白试验分析结果中，所有目标化合物浓度均应低于方法检出限。

（4）每一批样品（最多 20 个）应测定一个全程序空白加标样品、基体加标样品和基体加标平行样品，实验室空白加标回收率在 80.0%～120%。若样品回收率较低，说明样品存在基体效应，但平行加标样品回收率相对偏差不得超过 25%。

11. 注意事项

同"一、挥发性有机物（二）顶空/气相色谱—质谱法（A）11. 注意事项"。

（鞍山市环境监测中心站　孙华）

二、挥发性芳香烃

挥发性芳香烃（VAHs）在日常生活中广泛存在，主要来源是燃料（汽油、木材、煤和天然气）、溶剂、油漆、胶和其他在家庭及工作场所应用的产品。挥发性芳香烃具有迁移性、持久性和毒性，通过呼吸道、消化道和皮肤进入人体并产生危害，对人体具有致畸、致突变和致癌等作用。

顶空/气相色谱法（A）

本方法等效于《土壤和沉积物　挥发性芳香烃的测定　顶空/气相色谱法》（HJ 742 — 2015）。

1. 方法原理

在一定的温度下，顶空瓶内样品中挥发性芳香烃向液上空间挥发，产生蒸气压，在气液固三相达到热力学动态平衡后。气相中的挥发性芳香烃经气相色谱分离，用火焰离子化检测器检测。以保留时间定性，外标法定量。

2. 适用范围

本方法适用于土壤中苯等 12 种挥发性芳香烃的测定。其他挥发性芳香烃如果通过验证也适用于本方法。

当取样量为 2 g 时，12 种挥发性芳香烃的方法检出限为 3.0～4.7 μg/kg，测定下限为 12.0～18.8 μg/kg。

3. 干扰及消除

使用顶空前处理方法可以消除半挥发性有机物的干扰，通过使用恰当的色谱柱和分离条件可以有效排除其他干扰物。

4. 试剂和材料

（1）实验用水。

（2）甲醇。

（3）氯化钠。

（4）磷酸（H_3PO_4）。

（5）饱和氯化钠溶液。

量取 500 mL 实验用水，滴加几滴磷酸调节至 pH≤2，加入 180 g 氯化钠，溶解并混匀。于 4℃下避光保存，可保存 6 个月。

（6）标准贮备液：$\rho = 1\,000$ μg/mL。

挥发性芳香烃的甲醇标准溶液可直接购买有证标准溶液，也可用标准物质配制。包括苯，甲苯，乙苯，间-二甲苯，对-二甲苯，邻-二甲苯，异丙苯，苯乙烯，氯苯，1,3-二氯苯，1,4-二氯苯，1,2-二氯苯。

在 4℃以下避光保存或参照制造商的产品说明。使用前应恢复至室温，并摇匀。开封后冷冻密封避光可保存 14 d。如购置高浓度标准贮备液，使用甲醇进行适当稀释。

（7）石英砂（SiO_2）：分析纯，20～50 目。

（8）载气：高纯氮气。

（9）燃气：高纯氢气。

（10）助燃气：空气。

5. 仪器和设备

同"一、挥发性有机物 （三）顶空/气相色谱法（A）"中 5-（3）进样器参考条件，色谱柱为柱 2。

6. 样品

（1）样品制备。

同"一、挥发性有机物 （三）顶空/气相色谱法（A）"中"6-（1）样品制备"。

（2）空白试样制备。

同"一、挥发性有机物 （三）顶空/气相色谱法（A）"中"6-（3）空白试样制备"。

（3）土壤干物质含量测定。

按照 HJ 613 测定土壤中干物质含量。

7. 分析步骤

不同型号顶空进样器和气相色谱仪的最佳工作条件不同，应按照仪器使用说明书进行操作。本方法推荐仪器参考条件如下。

（1）仪器参考条件。

①顶空进样器参考条件。

同"一、挥发性有机物（二）顶空/气相色谱法—质谱法（A）"中 7-（1）-①进样器参考条件。

②气相色谱仪参考条件。

升温程序：35℃（保持 6 min）$\xrightarrow{5℃/min}$ 150℃（保持 5 min）$\xrightarrow{20℃/min}$ 200℃（保持 5 min）；进样口温度：220℃；检测器温度：240℃；载气：氮气；柱流量：1.0 mL/min；氢气流量：45 mL/min；空气流量：450 mL/min；进样方式：分流进样；分流比：5∶1。

（2）校准曲线绘制。

分别量取 25.0，50.0，100，250，500 μL 标准贮备液于已装有少量甲醇的 5 mL 容量瓶中，然后用甲醇定容，得到标准溶液浓度分别为 5.00，10.0，20.0，50.0，100 μg/mL，冷冻（−18℃以下）保存。

向 5 支顶空瓶中依次加入 2 g（精确至 0.01 g）石英砂、10.0 mL 饱和氯化钠溶液和 10.0 μL 上述标准溶液，配置目标化合物质量分别为 50.0，100，200，500，1 000 ng 的 5 点校准曲线系列。按照仪器参考条件依次进样分析，以峰面积或峰高为纵坐标，质量（ng）为横坐标，绘制校准曲线。12 种挥发性芳香烃的标准色谱图见图 5-3-5。

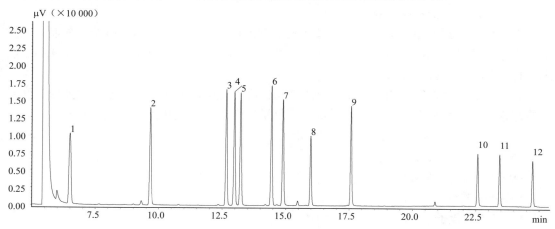

1. 苯；2. 甲苯；3. 乙苯；4. 对-二甲苯；5. 间-二甲苯；6. 异丙苯；7. 邻-二甲苯；8. 氯苯；9 一苯乙烯；

10. 1,3-二氯苯；11. 1,4-二氯苯；12. 1,2-二氯苯

图 5-3-5 芳香族挥发性有机物的标准色谱图

（3）测定。

将制备好的试样置于自动顶空进样器上，按照仪器参考条件进行测定。

（4）空白试验。

将制备好的空白试样置于自动顶空进样器上，按照仪器参考条件进行测定。

8. 结果计算与表示

（1）定性分析。

根据标准物质各组分的保留时间进行定性分析。

（2）结果计算。

同"一、挥发性有机物 （三）顶空/气相色谱法（A）"中"8-（3）土壤样品结果计算"。

（3）结果表示。

当测定结果小于 100 μg/kg 时，保留小数点后一位；当测定结果大于或等于 100 μg/kg 时，保留三位有效数字。

9. 精密度和准确度

（1）精密度。

6 家实验室分别对浓度水平 25.0 μg/kg、100 μg/kg、500 μg/kg 的土壤统一样品进行精密度测定。实验室内相对标准偏差范围分别为 3.3%～17.8%、0.9%～11.2% 和 1.8%～13.0%；实验室间相对标准偏差范围分别为 2.4%～10.1%、2.1%～7.8% 和 1.3%～4.8%；重复性限范围分别为 1.9～3.3 μg/kg、5.9～11.9 μg/kg 和 30.2～60.9 μg/kg；再现性限范围分别为 2.0～3.9 μg/kg、7.7～15.0 μg/kg 和 30.2～64.4 μg/kg。

（2）准确度。

6 家实验室分别对加标浓度 25.0 μg/kg、100 μg/kg、500 μg/kg 的土壤基体加标样品进行测定，对应 12 种目标物的加标回收率范围分别为 35.3%～68.7%、49.3%～90.6% 和 37.8%～73.7%。

10. 质量保证和质量控制
同"一、挥发性有机物 （三）顶空/气相色谱法（A）"中"10. 质量保证和质量控制"。

11. 注意事项
同"一、挥发性有机物（二）顶空/气相色谱—质谱法（A）"中"11. 注意事项"。

（鞍山市环境监测中心站　田靖

天津市生态环境监测中心　王艳丽）

三、卤代挥发性有机物

卤代挥发性有机物是指含有卤素的挥发性有机物，主要包括卤代烷烃、卤代苯类及其他挥发性卤代有机物。卤代挥发性有机物可采用气相色谱分离，使用电导检测器（HECD）、电子捕获检测器（ECD）或质谱检测器（MS）测定。HECD 仪器普及率不高，ECD 方法测定的干扰主要是杂质在 ECD 上的响应。MS 检测器的难点主要是同系物难以分离，具有相似卤素碎片在相同保留时间的干扰等。干扰消除的方法主要有使用不同性质双柱加强定性、多检测器辅助验证及串联质谱法。

吹扫捕集/气相色谱—质谱法（A）

1. 方法原理
样品中的卤代挥发性有机物用高纯氦气吹扫出来，吸附于捕集管中，将捕集管加热并用氦气反吹，捕集管中的卤代挥发性有机物被热脱附出来，组分进入气相色谱分离后，质谱仪进行检测。根据保留时间、碎片离子质荷比及不同离子丰度比定性，内标法定量。

2. 方法的适用范围
本方法适用于土壤中 42 种卤代挥发性有机物的测定。其他卤代挥发性有机化合物如果通过验证也适用于本方法。

当样品量为 5 g，42 种卤代挥发性有机物的方法检出限为 0.2～0.4 μg/kg，测定下限为 0.8～1.6 μg/kg 。

3. 试剂和材料

（1）实验用水。

（2）甲醇（CH_3OH）。

（3）标准贮备液：$\rho = 1\ 000$ mg/L。

直接购买市售有证标准溶液。在$-10℃$以下避光保存或参照制造商的产品说明。使用时应恢复至室温，并摇匀。开封后在密实瓶中可保存一个月。

（4）标准使用液：

取适量标准贮备液，用甲醇适当稀释。在密实瓶中$-10℃$以下避光保存，可保存一周。

（5）内标贮备液：$\rho = 2\ 000$ mg/L。

选用氟苯作为内标。可直接购买有证标准溶液，也可用标准物质制备。在$-10℃$以下避光保存或参照制造商的产品说明。使用时应恢复至室温，并摇匀。开封后在密实瓶中可保存一个月。

（6）内标使用液：

取适量内标贮备液，用甲醇适当稀释。在密实瓶中$-10℃$以下避光保存，可保存一周。

（7）替代物贮备液：$\rho = 2\ 000$ mg/L。

选用二氯甲烷-d_2、1,2-二氯苯-d_4作为替代物。可直接购买有证标准溶液，也可用标准物质制备。在$-10℃$以下避光保存或参照制造商的产品说明。使用时应恢复至室温，并摇匀。开封后在密实瓶中可保存一个月。

（8）替代物使用液：

取适量替代物贮备液，用甲醇适当稀释。在密实瓶中$-10℃$以下避光保存，可保存一周。

（9）4-溴氟苯（BFB）溶液：可直接购买有证标准溶液，也可用标准物质制备。在$-10℃$以下避光保存或参照制造商的产品说明。使用时应恢复至室温，并摇匀。开封后在密实瓶中可保存一个月。

（10）石英砂：20～50目。

（11）氦气。

4. 仪器和设备

（1）采样器材：铁铲和不锈钢药勺。

（2）采样瓶：聚四氟乙烯硅胶衬垫螺旋盖的 60 mL 的广口玻璃瓶。

（3）样品瓶：具聚四氟乙烯衬垫螺旋盖的 40 mL 棕色玻璃瓶和无色玻璃瓶。

（4）气相色谱—质谱仪：EI 电离源。

（5）色谱柱：石英毛细管柱，20 m×0.18 mm×1.0 μm，固定相为 6%腈丙苯基/94%二甲基聚硅氧烷，也可使用其他等效毛细柱。

（6）吹扫捕集装置：适用于土壤样品测定。捕集管使用 1/3Tenax、1/3 硅胶、1/3 活性炭混合吸附剂或其他等效吸附剂。

（7）微量注射器：10，25，100，250，500，1 000 μL。

（8）天平：精度为 0.01 g。

（9）往复式振荡器：振荡频率 150 次/min，可固定吹扫瓶。

（10）棕色密实瓶：2 mL，具聚四氟乙烯衬垫。

（11）pH 计：精度为±0.05。

（12）便携式冷藏箱：容积 20 L，温度 4℃以下。

（13）一次性巴斯德玻璃吸液管。

5. 样品

（1）样品采集。

采样前在样品瓶中放置磁力搅拌子，密封，称重（精确至 0.01 g）。采集约 5 g 样品至样品瓶中，快速清除掉样品瓶螺纹及外表面黏附的样品，立即密封样品瓶。另外采集一份样品于采样瓶中用于高含量样品和含水率的测定。样品采集后置于便携式冷藏箱内带回实验室。

注：挥发性卤代烃含量测定结果大于 200 μg/kg 时，视该样品为高含量样品。

（2）样品保存。

样品到达实验室后，应尽快分析。若不能及时分析，应将样品低于 4℃下保存，保存期为 14 天。样品存放区域应无有机物干扰。

（3）试样制备。

①低含量试样制备。

取出样品瓶，待恢复至室温后称重（精确至 0.01 g）。加入 5.0 mL 实验用水、10 μL 替代物和 10 μL 内标物，待测。

②高含量试样制备。

实验室内取出采样瓶，待恢复至室温后，称取 5 g 样品置于样品瓶中，迅速加入 10.0 mL 甲醇，密封，在往复式振荡器上以 150 次/min 的频率振荡 10 min。静置沉降后，用一次性吸液管移取约 1.0 mL 提取液至 2 mL 棕色密实瓶中，必要时，提取液可离心分离。该提取液置于冷藏箱内 4℃下保存，保存期为 14 天。分析前，将提取液恢复至室温后，向样品瓶中加入 5 g 石英砂、5.0 mL 实验用水、10～100 μL 甲醇提取液、10 μL 替代物和 10 μL 内标物，立即密封，待测。

注：①若甲醇提取液中目标化合物浓度较高，可加入甲醇适当稀释。

②若用高含量方法分析，浓度值过低或未检出，应采用低含量方法重新分析样品。

（4）空白试样制备。

①低含量空白试样。

以 5 g 石英砂代替样品，按照步骤 5-（3）-①制备低含量空白试样。

②高含量空白试样。

以 5 g 石英砂代替样品，按照步骤 5-（3）-②制备高含量空白试样。

（5）土壤干物质含量测定。

土壤干物质含量的测定按照 HJ 613 执行。

6. 分析步骤

（1）仪器参考条件。

①吹扫捕集装置参考条件。

同"一、挥发性有机物　（一）吹扫捕集/气相色谱—质谱法（A）"。

②气相色谱仪参考条件。

程序升温：40℃（保持 5 min）以 10℃/min 升到 200℃保持（1 min）；进样口温度：180℃；进样方式：分流进样；分流比：20∶1；载气：氦气；接口温度：230℃；柱流量：0.6 mL/min。

③质谱仪参考条件。

离子化方式：EI；离子源温度：150℃；传输线温度：230℃；电子加速电压：70 eV；

全扫描质量范围：35～260 amu。扫描方式：选择离子（SIM）法。

（2）校准。

①仪器性能检查。

用 BFB 进行质谱性能检查，BFB 关键离子丰度符合挥发性有机污染物测试仪器基本要求（表 5-1-1）。

②校准曲线的绘制。

用微量注射器分别移取一定量标准使用液和替代物使用液，至盛有 5 g 石英砂、5.0 mL 实验用水的样品瓶中，配制目标物和替代物含量分别为 5，10，25，50，100 ng 的标准系列，并分别加入 10 μL 内标使用液，立即密封。按照仪器参考条件依次进样分析，以目标物定量离子的响应值与内标物定量离子的响应值的比值为纵坐标，以目标物含量与内标物含量的比值为横坐标，绘制校准曲线。图 5-3-6 为本方法规定仪器条件下目标物的色谱图。

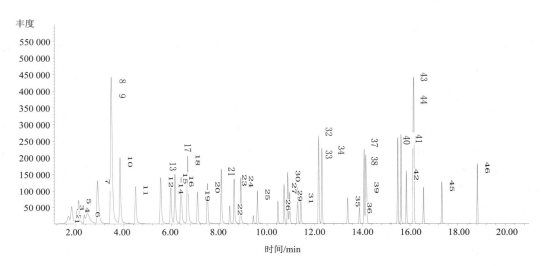

1. 二氯二氟甲烷；2. 氯甲烷；3. 氯乙烯；4. 溴甲烷；5. 氯乙烷；6. 三氯氟甲烷；7. 1,1-二氯乙烯；

8. 二氯甲烷-d_2；9. 二氯甲烷；10. 反-1,2-二氯乙烯；11. 1,1-二氯乙烷；12. 2,2-二氯丙烷；

13. 顺-1,2-二氯乙烯；14. 溴氯甲烷；15. 氯仿；16. 1,1,1-三氯乙烷；17. 四氯化碳；18. 1,1-二氯丙烯；

19. 1,2-二氯乙烷；20. 氟苯；21. 三氯乙烯；22. 1,2-二氯丙烷；23. 二溴甲烷；24. 一溴二氯甲烷；

25. 顺-1,3-二氯丙烯；26. 反-1,3-二氯丙烯；27. 1,1,2-三氯乙烷；28. 四氯乙烯；29. 1,3-二氯丙烷；

30. 二溴一氯甲烷；31. 1,2-二溴乙烷；32. 氯苯；33. 氯己烷；34. 1,1,1,2-四氯乙烷；35. 溴仿；

36. 4-溴氟苯；37. 溴苯；38. 1,1,2,2-四氯乙烷；39. 1,2,3-三氯丙烷；40. 1,3-二氯苯；41. 1,4-二氯苯；

42. 氯甲苯；43. 1,2-二氯苯；44. 1,2-二氯苯-d_4；45. 1,2-二溴-3-氯丙烷；46. 六氯丁二烯

图 5-3-6　卤代挥发性有机物的标准色谱图（浓度：20 μg/L）

（3）测定。

①定性分析。

定性可通过全扫描 Scan 模式进行标准谱库谱图检索，和标准谱图进行比对。卤代挥发性有机物和内标替代物定性离子见表 5-3-3。

②定量分析。

本方法规定在能够保证准确定性检出目标化合物时，用质谱图中的主离子作为定量离

子的峰面积或峰高定量，内标法定量。当样品中目标物的主离子有干扰时，可以使用特征离子定量。

表 5-3-3　42 种卤代挥发性有机物和内标替代物的主离子和特征离子

序号	目标化合物	主离子	特征离子	序号	目标化合物	主离子	特征离子
1	二氯二氟甲烷	85	87	24	一溴二氯甲烷	83	85,127
2	氯甲烷	50	52	25	顺-1,3-二氯丙烯	75	110
3	氯乙烯	62	64	26	反-1,3-二氯丙烯	75	110
4	溴甲烷	94	96	27	1,1,2-三氯乙烷	83	97,85
5	氯乙烷	64	66	28	四氯乙烯	164	129,131
6	三氯氟甲烷	101	103	29	1,3-二氯丙烷	76	78
7	1,1-二氯乙烯	96	61,63	30	二溴一氯甲烷	129	127
8	二氯甲烷-d₂（替代物）	51	88	31	1,2-二溴乙烷	107	109,188
9	二氯甲烷	84	49	32	氯苯	112	77,114
10	反-1,2-二氯乙烯	96	61,98	33	氯己烷	91	55，93
11	1,1-二氯乙烷	63	65,83	34	1,1,1,2-四氯乙烷	131	133,119
12	2,2-二氯丙烷	77	97	35	溴仿	173	175,254
13	顺-1,2-二氯乙烯	96	61,63	36	4-溴氟苯（内标）	95	174,176
14	溴氯甲烷	128	49,130	37	溴苯	77	156,158
15	氯仿	83	85	38	1,1,2,2-四氯乙烷	83	131,85
16	1,1,1-三氯乙烷	97	99,61	39	1,2,3-三氯丙烷	75	77
17	四氯化碳	119	117	40	1,3-二氯苯	146	111,148
18	1,1-二氯丙烯	110	75,77	41	1,4-二氯苯	146	111,148
19	1,2-二氯乙烷	62	98	42	氯甲苯	91	126
20	氟苯（内标）	96	—	43	1,2 二氯苯	146	111,148
21	三氯乙烯	95	97,130	44	1,2-二氯苯-d₄（替代物）	150	115,78
22	1,2-二氯丙烷	63	112	45	1,2-二溴-3-氯丙烷	75	155,157
23	二溴甲烷	93	95,174	46	六氯丁二烯	225	223,227

7. 结果计算与表示

（1）用平均相对响应因子计算。

当目标物（或替代物）采用平均相对响应因子进行校准时，试料中目标物的质量浓度用平均相对响应因子计算。

（2）用线性和非线性校准曲线计算。

当目标物采用线性和非线性校准曲线进行校准时，目标物的含量通过相应的校准曲线计算。

（3）土壤样品结果计算。

同"一、挥发性有机物的测定　（三）顶空气相色谱法（A）"中"8-（3）土壤样品结果计算"。

（4）结果表示。

当测定结果小于 100 μg/kg 时，保留小数点后一位，当测定结果大于或等于 100 μg/kg 时，保留三位有效数字。

8. 精密度和准确度

（1）精密度。

实验室分别对 0.4 μg/kg、2.0 μg/kg、10.0 μg/kg 的样品采用吹扫捕集/气相色谱—质谱法进行了测定，实验室内相对标准偏差分别为 2.3%～16.1%、1.8%～16.9%、1.4%～15.8%。

（2）准确度。

实验室对土壤实际样品采用吹扫捕集/气相色谱—质谱法进行加标分析测定，加标浓度为 2.0 μg/kg 时，加标回收率范围分别为：83.1%～112%。

9. 质量保证和质量控制

（1）平行样的测定。

当测定结果为 10 倍检出限以内（包括 10 倍检出限），平行双样测定结果的相对偏差应≤50%，当测定结果大于 10 倍检出限，平行双样测定结果的相对偏差应≤20%。

（2）回收率的测定。

样品中目标物和替代物加标回收率应在 70%～130%，否则重复分析样品。若重复测定替代物回收率仍不合格，说明样品存在基体效应。应分析一个空白加标样品。

（3）仪器性能检查、校准曲线检查、空白实验质控要求同 VOCs 测试的一般要求。

10. 注意事项

同"一、挥发性有机物　（一）顶空/气相色谱—质谱法（A）"中"11. 注意事项"。

本方法主要参考《土壤和沉积物　挥发性卤代烃的测定　吹扫捕集/气相色谱—质谱法》（HJ 735—2015），对其中部分条件进行了优化。

（苏州市环境监测中心　孙欣阳　尹燕敏）

四、非卤代挥发性有机物

非卤代挥发性有机物多来自化工生产中产生的废水或废气，通过各种物理作用，最易在土壤中形成累积。

顶空/气相色谱法（C）

1. 方法原理

土壤中的非卤代挥发性有机化合物，用顶空法进样，在气相色谱仪中以程序升温分离，用 FID 检测。根据保留时间定性，外标法定量。

2. 适用范围

本方法适用于测定土壤中各种非卤代挥发性有机化合物。依据本方法可测定土壤中丙酮、乙腈、丙烯醛、丙烯腈、1-丁醇、叔丁醇、1,4-二恶烷、乙醇、乙酸乙酯、氧化乙烯、异丁醇、异丙醇、甲醇、丁酮、4-甲基-2-戊酮、2-戊酮、丙腈、吡啶。

取样量为 2 g 时，各目标化合物检出限为 0.07～0.31 mg/kg。

3. 干扰及消除

同"一、挥发性有机物　（一）顶空/气相色谱—质谱法（A）"中"3. 干扰及消除"。

4. 试剂和材料

（1）实验用水。

（2）氯化钠（NaCl）：优级纯。

在马弗炉中 400℃下烘烤 4 h，置于干燥器中冷却至室温，转移至磨口玻璃瓶中保存。

（3）磷酸（H₃PO₄）：优级纯。

（4）饱和氯化钠溶液。

量取 500 mL 实验用水，滴加几滴磷酸，调节 pH≤2，加入 180 g 氯化钠，溶解并混匀。于 4 ℃下保存，可保存 6 个月。

（5）标准储备液：可直接购买市售有证标准溶液（10 mg/mL 水溶液，氧化乙烯和 *N*-亚硝基二正丁胺为 0.5 mg/mL），也可用标准物质配制。

（6）标准使用液：用实验用水对标准储备液进行稀释。

（7）内标标准溶液：建议采用 2-氯丙烯腈，六氟异丙醇，六氟-2-甲基-2-丙醇作为内标。

（8）石英砂（SiO₂）：20～50 目。

使用前需通过检验，确认无目标化合物或目标化合物浓度低于方法检出限。

（9）载气：高纯氮气（≥99.999%），经脱氧剂脱氧、分子筛脱水。

（10）燃气：高纯氢气（≥99.999%），经分子筛脱水。

（11）助燃气：空气，经硅胶脱水、活性炭脱有机物。

注：配制或开封后的标准溶液应置于密实瓶中，4℃以下避光保存，保存期一般为 30 d。使用前应恢复至室温、混匀。

5. 仪器和设备

（1）气相色谱仪：具有分流/不分流进样口，可程序升温，具氢火焰离子化检测器（FID）。

（2）色谱柱：石英毛细柱，30 m×0.53 mm×1 μm（聚乙二醇固定液），也可使用其他等效毛细柱。

（3）自动顶空进样器：顶空瓶（22 mL）、密封垫（聚四氟乙烯/硅氧烷材料）、瓶盖（螺旋盖或一次使用的压盖）。

（4）往复式振荡器：振荡频率 150 次/min，可固定顶空瓶。

（5）天平：精度为 0.01 g。

（6）微量注射器：5，10，25，10，500 μL。

（7）采样器材：铁铲或不锈钢药勺。

（8）便携式冷藏箱：容积 20 L，温度 4℃以下。

（9）棕色密实瓶：2 mL，具聚四氟乙烯衬垫和实芯螺旋盖。

（10）采样瓶：具聚四氟乙烯—硅胶衬垫螺旋盖的 60 mL 或 200 mL 的螺纹棕色广口玻璃瓶。

（11）一次性巴斯德玻璃吸液管。

（12）马弗炉。

6. 样品

（1）样品采集与保存。

参照 HJ/T 166 和 GB 17378.3 的相关要求采集有代表性的土壤样品。

样品保存在洁净并经有机溶剂处理、不存在干扰物的磨口棕色玻璃瓶中，尽快运回实验室分析。如暂不能分析，应在 4℃以下、无有机物干扰的环境中冷藏保存，保存时间为 14 d。

（2）干物质含量测定。

按照 HJ 613 测定土壤样品中的干物质含量。

（3）试样预处理。

在实验室内取出装有样品的样品瓶，待恢复至室温后，称取 2 g（精确至 0.01 g）样品置于顶空瓶中，迅速加入 10.0 mL 饱和氯化钠溶液和内标标准溶液（仅限内标法定量），立即密封，在振荡器上以 150 次/min 的频率振荡 10 min，待测。

7. 分析步骤

（1）仪器参考条件。

①气相色谱参考条件。

进样口温度：220℃，进样方式：分流进样；分流比 5∶1。

进样量：1 mL，柱流量：5～7 mL/min

柱温：30℃保持 2 min，以 3℃/min 速率至 100℃，再以 25℃/min 速率至 200℃，保持 4 min。

检测器温度：240℃。

载气：N_2，流量：5 mL/min；H_2 流量：45 mL/min；空气流量：450 mL/min。

②顶空条件。

加热平衡温度 85℃；加热平衡时间 50 min；取样针温度 100℃；传输线温度 110℃；传输线为经过惰性处理，内径为 0.32 mm 的石英毛细管柱；压力化平衡时间 1 min；进样时间 0.2 min；拔针时间 0.4 min。

（2）校准曲线绘制。

向 5 支顶空瓶中依次加入 2 g 石英砂、10.0 mL 饱和氯化钠溶液和一定量的标准使用液，配制目标化合物浓度分别为 10，50，100，200，500 μg/L，再向每个顶空瓶各加入等量的内标标准溶液使其浓度为 2.5 mg/L（仅限内标法定量），立即密封。将配制好的标准系列样品在振荡器上以 150 次/min 的频率振荡 10 min，按照仪器参考条件依次进样分析，以峰面积或峰高为纵坐标，绘制校准曲线，见图 5-3-7。

（3）测定。

保证准确定性检出目标化合物时，用保留时间定性，峰面积定量。

（4）空白试验。

使用 2.0 g 石英砂替代试样。按照与试样的预处理、测定相同步骤进行测定。

8. 结果计算与表示

（1）结果计算。

样品中的目标物含量 ω（mg/kg），按照式（5-3-7）进行外标法定量计算。

$$\omega = \frac{\rho \times V}{m \times w_{dm}} \tag{5-3-7}$$

式中：ω ——目标化合物的含量，mg/kg；

    ρ ——根据校准曲线计算出目标化合物的浓度，mg/L；

    V ——样品进样体积，mL；

    m ——样品量，g；

    w_{dm} ——干物质含量，%。

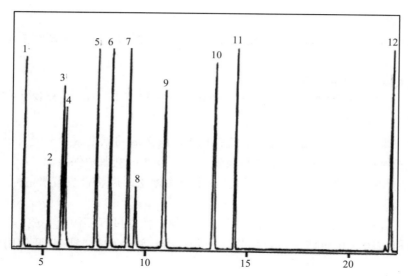

1. 丙酮；2. 甲醇；3. 异丙醇；4. 乙醇；5. 乙腈；6. 丙腈；7. 2-氯丙烯腈（内标1）；

8. 1,4-二恶烷；9. 异丁醇；10. 1-丁醇；11. 六氟-2-甲基-2-丙醇（内标2）；12. 六氟异丙醇（内标3）

(a)

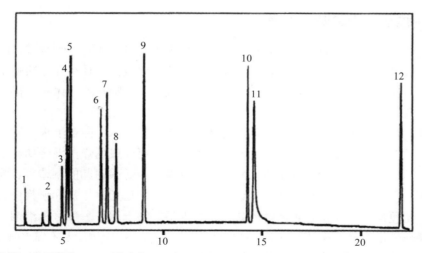

1. 氧化乙烯；2. 丙烯醛；3. 乙酸乙酯；4. 叔丁醇；5. 丁酮；6. 2-戊酮；7. 丙烯腈；8. 4-甲基-2-戊酮；

9. 2-氯丙烯腈（内标1）；10. 六氟-2-甲基-2-丙醇（内标2）；11. 吡啶；12. 六氟异丙醇（内标3）

(b)

图 5-3-7 非卤代挥发性有机物色谱图

（2）结果表示。

测定结果保留三位有效数字。

9. 精密度和准确度

（1）精密度。

实验室分别测定低浓度和高浓度实际土壤，实验室内相对标准偏差范围分别为 5%～17%和 19%～52%。

（2）准确度。

实验室对加标量为 0.5 mg/kg 的实际土壤进行加标分析测定，加标回收率范围为 50%～117%。

10. 质量保证和质量控制

同"一、挥发性有机物 （三）顶空/气相色谱法（A）"中"10. 质量保证和质量控制"。

11. 注意事项

（1）顶空瓶、密封垫在使用前应清洗并烘干。清洗后的顶空瓶置于无有机试剂的区域存放备用，密封垫放入洁净的铝箔密封袋或干净的玻璃试剂瓶中保存。

（2）由于非卤代挥发性有机物易挥发，配制标准溶液时应将针尖置于液面下注射标液，以减少挥发。

（3）在进行标准溶液配制时，取样要快速，整个操作过程要快速完成。

（4）有机试验区域可能含有目标物，配制标准溶液及取样时应避开使用有机试剂的区域。

（湖南省环境监测中心站　刘荔彬）

五、丙烯醛、丙烯腈和乙腈

丙烯醛为合成树脂工业的重要原料之一，大量用于有机合成与药物合成，溶于水，易溶于醇、丙酮等多数有机溶剂。常温下丙烯醛为无色透明液体，具有强烈的刺激性，蒸气有强烈的催泪性，吸入会损害呼吸道，大量吸入可致肺炎、肺水肿、休克、肾炎及心力衰竭，严重可致死。

丙烯腈，常温下为无色、易燃、易挥发液体，有桃仁气味；微溶于水，低浓度水溶液很不稳定，易溶于多数有机溶剂；丙烯腈的蒸气与空气可形成爆炸性混合物。工业上主要用于腈纶纤维、丁腈橡胶、ABS 工程塑料及丙烯酸酯、丙烯酸树脂的制造等。丙烯腈属于高毒类，可由吸入、食入、经皮吸收等途径进入人体，引起急性中毒和慢性中毒。

乙腈，无色易燃液体，有刺激性气味；与水混溶，溶于醇等多数有机溶剂，蒸气与空气可形成爆炸性混合物。最主要的用途是作溶剂，如石油工业中用于从石油烃中除去焦油、酚等物质的溶剂，油脂工业中用作从动植物油中抽提脂肪酸的溶剂。乙腈可通过多种方式进入人体导致急性中毒。

丙烯醛、丙烯腈和乙腈通常采用气相色谱法和气相色谱—质谱法测定，土壤的前处理方法常用的有吹扫捕集法和顶空法。气相色谱法使用 FID 检测，因这些化合物的沸点较低，易受共流出杂质的干扰，需使用分离效果好的色谱柱。气相色谱—质谱法的干扰主要是目标化合物的分子量低，特征碎片离子受本底影响大。测定时可通过选择合适的色谱柱和仪器参数避免干扰。

顶空／气相色谱法（A）

顶空/气相色谱法等效于《土壤和沉积物　丙烯醛、丙烯腈、乙腈的测定　顶空—气相色谱法》（HJ 679—2013）。

1. 方法原理

样品密封在顶空瓶中，在一定温度条件下，样品中所含的丙烯醛、丙烯腈、乙腈挥发至上部空间，并在气液固三相中达到热力学动态平衡。取一定量气相气体注入带有氢火焰离子化检测器的气相色谱仪中进行分离和测定。以保留时间定性，外标法定量。

2. 适用范围

本方法适用于土壤中丙烯醛、丙烯腈、乙腈的测定。

当取样量为 2.0 g 时，丙烯醛的检出限为 0.4 mg/kg，测定下限为 1.6 mg/kg；丙烯腈的检出限为 0.3 mg/kg，测定下限为 1.2 mg/kg；乙腈的检出限为 0.3 mg/kg，测定下限为 1.2 mg/kg。

3. 干扰及消除

在本方法规定条件下，常用有机溶剂和污染物不会对测定造成干扰。

4. 试剂和材料

（1）实验用水。

（2）氯化钠（NaCl）：优级纯。

（3）甲醇（CH_3OH）。

（4）磷酸（H_3PO_4）：优级纯。

（5）基体改性剂。

量取 500 mL 实验用水，滴加几滴磷酸调节 pH≤2，再加入 180 g 氯化钠，溶解并混匀。在无有机物干扰的环境中，4℃以下密封保存。保存期为 6 个月。

（6）甲醇中丙烯醛、丙烯腈、乙腈标准溶液：ρ =2 000 mg/L。

以甲醇为溶剂，用丙烯醛、丙烯腈、乙腈标准物质制备，或直接购买市售有证标准溶液。标准溶液在–18℃以下避光保存。使用前将该溶液恢复至室温，并摇匀。开封后用密实瓶避光保存，保存期为 1 个月。

（7）石英砂（SiO_2）：20～50 目。

（8）载气：高纯氮气。

（9）燃烧气：氢气。

（10）助燃气：空气。

5. 仪器和设备

（1）毛细管色谱柱：30 m×0.53 mm×1.0 μm，聚乙二醇固定液或其他等效色谱柱。

（2）其他仪器和设备，同"一、挥发性有机物 （三）顶空/气相色谱法（A）"。

6. 样品

（1）采集与保存。

①样品采集。

样品采集时切勿搅动土壤，以免造成土壤中有机物挥发。采集的土壤样品，要轻缓的放入采样瓶中，不留空间，迅速密封。

②样品保存。

样品送入实验室后应尽快分析。若不能立即分析，样品应在无有机物干扰的 4℃以下环境中密封保存。丙烯醛的保存期限不超过 2 天，乙腈和丙烯腈的保存期限不超过 5 天。

（2）试样制备。

①低含量样品。

同"一、挥发性有机物 （三）顶空/气相色谱法（A）"中"6-（1）-①低含量试样"。

②高含量样品。

样品现场初步筛选结果大于 300 mg/kg 时，视为高含量试样。高含量试样的制备方法同"一、挥发性有机物 （三）顶空/气相色谱法（A）"中"6-（1）-②高含量试样"。

甲醇提取液在 4℃暗处保存，丙烯醛保存期为 2 天，若只测乙腈和丙烯腈，则可保存7 天。

注：若甲醇提取液中目标化合物浓度较高，可用甲醇适当稀释。

（3）空白试样制备。

①低含量空白试样。

以 2 g 石英砂代替样品，按照步骤 6-（2）-①制备低含量空白试样。

②高含量空白试样。

以 2 g 石英砂代替样品，按照步骤 6-（2）-②制备高含量空白试样。

（4）样品干物质含量和水分的测定。

土壤样品干物质含量的测定按照 HJ 613 执行。

7. 分析步骤

（1）仪器参考条件。

不同型号顶空进样器、气相色谱仪的最佳工作条件不同，应按照仪器使用说明书进行操作，本方法推荐仪器参考条件如下：

①顶空仪参考条件。

加热平衡温度：75℃；加热平衡时间：30 min；取样针温度：105℃；传输线温度：150℃；传输线类型：经过去活处理，内径为 0.32 mm 的石英毛细管柱；压力化平衡时间：2 min；进样时间：0.10 min；拔针时间：0.2 min；顶空瓶压力：8 psi。

②气相色谱参考条件。

程序升温：40℃（保持 5 min） $\xrightarrow{5℃/min}$ 60℃ $\xrightarrow{30℃/min}$ 150℃（保持 5 min）；进样口温度：150℃；载气：氮气；恒流：流速为 4.5 mL/min；进样方式：分流进样；分流比：5∶1；检测器温度：250℃；氢气流量：40 mL/min；空气流量：450 mL/min；尾吹气：30 mL/min。

（2）校准。

①校准曲线绘制。

向 6 支 22 mL 顶空瓶中分别加入 2 g 石英砂、10 mL 基体改性剂和适量的标准溶液，配制丙烯醛、丙烯腈和乙腈等目标化合物的浓度系列均为 2.0，5.0，20.0，40.0，80.0 μg，按照仪器参考条件，从低至高浓度依次进样分析，以峰面积或峰高为纵坐标，目标化合物含量（μg）为横坐标，绘制校准曲线。

②标准色谱图。

在本方法规定色谱分析条件下，目标化合物的标准参考色谱图，见图 5-3-8。

（3）测定。

将制备好的试样置于顶空进样器的样品盘上，按照仪器参考条件进行测定。

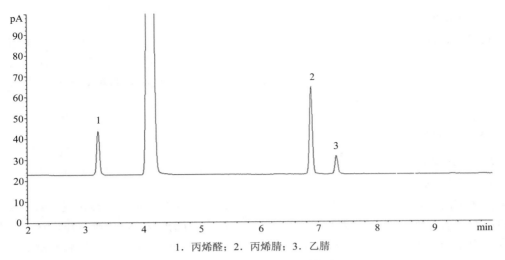

1. 丙烯醛；2. 丙烯腈；3. 乙腈

图 5-3-8　丙烯醛、丙烯腈、乙腈的标准参考色谱图

8. 结果计算与表示

（1）结果计算。

同"一、挥发性有机物 （三）顶空/气相色谱法（A）"中"8-（3）土壤样品结果计算"。

（2）结果表示。

测定结果小于 10.0 mg/kg 时，保留小数点后一位；测定结果大于等于 10.0 mg/kg 时，保留三位有效数字。

9. 精密度和准确度

（1）精密度。

6 家实验室分别对加标量为 1.0 mg/kg 和 5.0 mg/kg 的统一样品进行测定，实验室内相对标准偏差范围分别为：2.0%～10.3%、2.4%～9.0%；实验室间相对标准偏差范围分别为 6.1%～9.8%、4.8%～10.7%；重复性限范围分别为 0.17～0.18 mg/kg、0.77～0.82 mg/kg；再现性限范围分别为 0.16～0.25 mg/kg、0.77～1.20 mg/kg。

（2）准确度。

6 家实验室分别对加标量为 1.0 mg/kg 和 5.0 mg/kg 的统一样品进行了测定，加标回收率范围分别为 74.5%～115%和 80.0%～113%。

10. 质量保证和质量控制

（1）样品测定。

超过校准曲线上限 4 倍以内的样品可减少样品取样量重新分析，两个结果都要报出，减少取样量后的样品浓度要大于曲线中间点浓度。最小样品取样量不能低于 0.5 g，否则需用高浓度方法分析。

（2）平行样测定。

每批样品应分析 20%的平行样品，若样品中含有目标化合物，则平行样品测定值的相对偏差应在 25%以内。

（3）加标回收率。

每批样品至少分析 10%的加标平行样品，加标平行样品测定值的相对偏差应在 25%以内。

（4）校准曲线检查和空白实验的质控要求同 VOCs 测试的一般要求。

11. 注意事项

同"一、挥发性有机物 （二）顶空/气相色谱—质谱法（A）"中"11. 注意事项"。

（宁波市环境监测中心 钱飞中）

六、三氯乙醛

（一）顶空/气相色谱法（C）

1. 方法原理

土壤中的三氯乙醛用水浸提，浸提液中的三氯乙醛在碱性条件下转化成三氯甲烷。在一定的温度条件下，顶空瓶内样品中三氯甲烷向液上空间挥发，产生蒸气压，在气液两相达到热力学动态平衡，气相中的三氯甲烷经气相色谱分离后，用带电子捕获检测器的色谱仪进行检测。用外标法定量，通过加碱前后三氯甲烷的增量，计算对应的三氯乙醛含量。

2. 适用范围

本方法适用于测定土壤中的三氯乙醛。

当试样量为 10 g 时，三氯乙醛的检出限为 20.0 μg/kg，测定下限为 80.0 μg/kg。

3. 干扰及消除

可采用不同极性的色谱柱进行双柱分析，排除共流出化合物的干扰。

4. 试剂和材料

（1）实验用水。

（2）三氯乙醛标准物质（纯度≥96%）。

（3）标准贮备液（$\rho = 1\,000$ mg/L）：称取适量三氯乙醛标准物质，用水溶解配制成浓度为 1 000 mg/L 的标准贮备液。

（4）标准使用液（$\rho = 100$ mg/L）。

用水稀释标准贮备液，配制成浓度为 100 mg/L 的标准使用液，临用现配。

（5）氢氧化钠溶液（NaOH）：$c_{NaOH} = 5$ mol/L，临用时用水配制。

（6）硫酸溶液（H_2SO_4）：20%。

（7）对苯二酚溶液：0.4%。

5. 仪器和设备

（1）气相色谱仪：具分流/不分流进样口，带电子捕获检测器（ECD），可程序升温。

（2）顶空进样器：加热温度控制范围在室温至 120℃之间；温度控制精度：±1℃。

（3）振荡设备：频率可调的往复式水平振荡装置。

（4）毛细管柱：30 m（或 60 m）×0.25 mm×1.4 μm（6%腈丙苯基—94%二甲基聚硅氧烷固定液），也可使用其他等效毛细管柱。

（5）样品瓶：具塞棕色玻璃瓶，放置于不含挥发性有机物的区域。

（6）顶空瓶：22 mL 玻璃顶空瓶，具密封垫（聚四氟乙烯/硅橡胶或聚四氟乙烯/丁基橡胶材料）、密封盖（螺旋盖或一次使用的压盖），也可使用与顶空自动进样器配套的其他玻璃顶空瓶。

（7）玻璃微量注射器：10～100 μL。

6. 样品

（1）样品保存。

样品保存在事先清洗干净的棕色磨口玻璃瓶中，立即放入冷藏箱中冷藏运输；样品运回实验室后，应在4℃以下保存，在48 h内进行浸提操作。

注：土壤微生物对土壤中三氯乙醛的消减影响很大，样品浸提前处理应尽可能在48 h内完成。

（2）样品预处理。

①干物质含量的测定。

称取土样10 g（精确至0.01 g），按照HJ 613测定土壤样品的干物质含量。

②浸提。

称取土样10～20 g，置于300 mL具塞三角瓶中，加200 mL蒸馏水和一滴20%硫酸，在往返振荡器上振荡15 min，离心3 min。取上清液待测。若浸提液不能及时处理，可转至样品瓶中（上部不留空间）于2～5℃冰箱中密闭保存，保存时间不超过72 h。保存区域内应无有机物干扰。

注：浸提液中加入1 mL 0.4%对苯二酚溶液可延长保存时间至少14天，必须确认加入的溶液不会带入三氯甲烷污染。

③浸提液的预处理。

取浸提液两份各5.0 mL于顶空瓶中，向其中一份中加入适量氢氧化钠溶液，使氢氧化钠浓度约为0.4 mol/L，立即加盖密封；另一份不加碱，密封，待测。

注：加碱操作要迅速，防止生成的三氯甲烷逸出。可先用试纸测量浸提液pH，调成中性后，再加入0.2 mL氢氧化钠溶液，立即密封。

7. 分析步骤

（1）仪器参考条件。

不同型号顶空进样器、气相色谱仪的最佳工作条件不同，可按照仪器使用说明进行操作。本方法仪器参考条件如下：

①顶空进样器参考条件。

加热平衡温度：45℃；平衡时间：30 min；取样针温度：80℃；传输线温度：105℃；进样体积：1.0 mL。

②气相色谱参考条件。

进样口温度：250℃；载气：高纯氮气；进样模式：分流进样（分流比为20:1）；柱流量：1.2 mL/min。升温程序：65℃保持2 min，以10℃/min的升温速率升至95℃。ECD检测器温度：250℃；尾吹气流量：30 mL/min。

（2）校准曲线绘制。

取5 mL纯水于顶空瓶中，用微量注射器准确吸取适量体积的标准使用液注入其中，配制成浓度为2.00，5.00，10.0，15.0，20.0 μg/L的标准系列。再向每个瓶中注入0.4 mL氢氧化钠溶液，迅速加盖密封，在推荐仪器条件下进行测定，以三氯乙醛的质量浓度为横坐标，三氯甲烷色谱峰面积（或峰高）为纵坐标，绘制校准曲线。

（3）参考色谱图。

按照气相色谱参考条件分析三氯乙醛（实际为三氯甲烷）在6%腈丙苯基—94%二甲基聚硅氧烷色谱柱上的参考色谱图见图5-3-9。

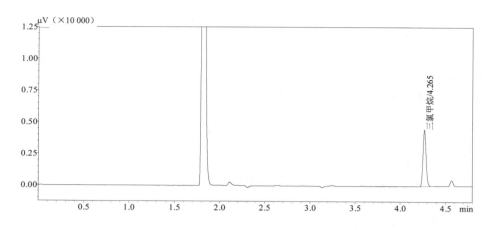

图 5-3-9　三氯乙醛标准色谱图

（4）测定。

将制备好的试样 6-（2）-②同时取两份，一份不加碱，另一份加碱，按照气相色谱参考条件分别进行测定。

（5）空白试验。

取 5.0 mL 纯水，按照 7-（2）步骤在气相色谱参考条件下测定。

8. 结果计算及表示

（1）定性。

根据目标物的保留时间进行定性。

（2）结果计算。

同"四、非卤代挥发性有机物　顶空/气相色谱法（C）"中"8. 结果计算与表示"。

（3）结果表示。

当结果大于等于 10.0 μg/kg 时，结果保留三位有效数字；小于 10.0 μg/kg 时，结果保留至小数点后一位。

9. 质量保证和质量控制

（1）用线性拟合曲线进行校准，其相关系数应大于等于 0.995，否则需重新绘制校准曲线。

（2）每批样品（最多 20 个样品）应至少进行 1 次平行测定，平行双样测定结果相对偏差应在 30%以内。

（3）每一批样品（最多 20 个样品）应至少分析 1 个实际样品加标样。实际样品加标回收率应在 60%～120%。

（4）校准曲线检查和空白实验的质控要求同 VOCs 测试的一般要求。

（南京市环境监测中心站　杨丽莉　王美飞）

（二）吹扫捕集/气相色谱—质谱法（C）

1. 方法原理

土壤中的三氯乙醛用水浸提，浸提液中的三氯乙醛在碱性条件下转化成三氯甲烷，用吹扫捕集/气相色谱—质谱法测定。通过加碱前后三氯甲烷的增量计算样品中三氯乙醛含量，用内标法定量。

2. 适用范围

本方法适用于测定土壤中的三氯乙醛。

当试样量为 10 g，用吹扫捕集/气相色谱—质谱法测定时，三氯乙醛的检出限为 30.0 μg/kg，测定下限为 120 μg/kg。

3. 干扰及消除

采用不同极性的色谱柱进行双柱分析，排除共流出化合物的干扰。还可借助质谱特征离子进行定性确认。

4. 试剂和材料

（1）实验用水。

（2）三氯乙醛标准物质（纯度≥96%）。

（3）标准贮备液（ρ = 1000 mg/L）：称取适量三氯乙醛标准物质，用水溶解配制成浓度为 1 000 mg/L 的标准贮备液。

（4）标准使用液（ρ = 10.0 mg/L）。

用水稀释标准贮备液，配制成浓度为 10.0 mg/L 的标准使用液，临用现配。

（5）内标标准溶液（ρ = 25 mg/L）。

宜选用氟苯作为内标，可直接购买有证标准溶液。

（6）替代物和质谱调谐标准溶液（ρ = 25 mg/L）。

宜选用 4-溴氟苯（BFB）作为替代物，可直接购买有证标准溶液。

（7）氢氧化钠溶液（NaOH）：c_{NaOH}= 5 mol/L，临用时用水配制。

5. 仪器和设备

（1）气相色谱—质谱仪：具 EI 电离源。

（2）吹扫捕集装置：同"一、挥发性有机物 （一）吹扫捕集/气相色谱—质谱法（A）"中"5. 仪器和设备"。

（3）振荡设备：频率可调的往复式水平振荡装置。

（4）毛细管柱：30 m×0.32 mm×1.4 μm（6%腈丙苯基—94%二甲基聚硅氧烷固定液），也可使用其他等效毛细管柱。

（5）样品瓶：40 mL 棕色玻璃瓶，具硅橡胶—聚四氟乙烯衬垫螺旋盖，放置于不含挥发性有机物的区域。

（6）玻璃微量注射器：10～100 μL。

6. 样品

（1）样品采集与保存。

同"六、三氯乙醛 （一）顶空/气相色谱法（C）"中 6-（1）。

（2）样品预处理。

①干物质含量测定。

称取土样 10 g（精确至 0.01 g），按照 HJ 613 测定土壤样品的干物质含量。

②浸提。

浸提方法同"六、三氯乙醛 （一）顶空/气相色谱法（C）"中"6-（2）-②浸提"。

③浸提液预处理。

取浸提液两份于 40 mL 螺口 VOC 样品瓶中，上部不留空间，加盖密封，向其中一份中加入适量氢氧化钠溶液，使得氢氧化钠浓度约为 0.4 mol/L；另一份不加碱，待测。

注：加碱的操作要迅速，防止分解产生的三氯甲烷逸出。可先测量浸提液 pH 以大致确定加入的碱液体积。

7. 分析步骤

（1）仪器参考条件。

不同型号吹扫捕集装置、气相色谱/质谱仪的最佳工作条件不同，可按照仪器使用说明进行操作。本方法仪器参考条件如下：

①吹扫捕集参考条件。

吹扫温度：室温或恒温；吹扫流速 40 mL/min；吹扫时间 11 min；干吹扫时间：1 min；预脱附温度：180℃；脱附温度 190℃，脱附时间 2 min，烘烤温度：200℃；水样量 10 mL。

②气相色谱参考条件。

进样口温度：200℃；载气：高纯氦气；进样模式：分流进样（分流比 20∶1）；柱流量：2 mL/min；升温程序：35℃保持 5 min，以 5℃/min 的升温速率升至 100℃，保持 2 min，再以 10℃/min 的升温速率升至 220℃，保持 1 min。

③质谱参考条件。

离子源：EI 源（70 eV）；离子源温度：230℃；扫描方式：全扫描；扫描范围：（m/z）45～260 amu；接口温度：250℃。其余参数可参照仪器说明书进行设定。

三氯甲烷定量离子：（m/z）83；辅助定性离子：（m/z）85，47；内标定量离子：（m/z）96；辅助定性离子：（m/z）77；替代物定量离子：（m/z）95；辅助定性离子：（m/z）174，176。

（2）校准。

①仪器性能检查。

每天分析样品前，用 BFB 检查气相色谱—质谱仪器性能，其质谱图关键离子丰度应符合表 5-1-1 的标准。

②校准曲线绘制。

样品瓶中事先加满实验用水，用微量注射器分别移取一定体积的标准使用液注入水中，配制成浓度为 0.50，1.00，2.00，5.00，10.0 μg/L 的校准系列，再往每个瓶中注入氢氧化钠溶液 8 μL，迅速加盖密封。按照仪器参考条件，从低浓度到高浓度依次进样分析，记录校准系列中三氯甲烷和内标的保留时间和定量离子响应值，以三氯甲烷和内标响应值比为纵坐标，浓度比为横坐标，用最小二乘法建立校准曲线。

注：校准计算方法也可参照质谱分析方法中的平均相对响应因子法。

（3）参考色谱图。

按照仪器参考条件分析，三氯乙醛（实际为三氯甲烷）在 6%腈丙苯基—94%二甲基聚硅氧烷色谱柱上的参考总离子流图见图 5-3-10。

（4）测定。

将制备好的试样 6-（2）-②同时取两份，一份不加碱，另一份加碱，按照仪器参考条件进行测定。

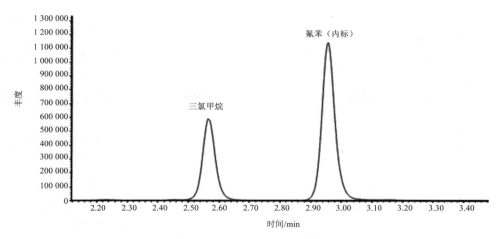

图 5-3-10　三氯甲烷色谱图

8. 结果计算及表示

（1）定性。

根据样品中三氯甲烷与标准系列中的保留时间和质谱图，进行定性。

（2）定量。

根据三氯甲烷和内标定量离子的响应值进行计算。当样品中定量离子有干扰时，可使用辅助离子定量。

采用线性校准曲线法校准 7-（2）-②时，试样溶液中三氯乙醛质量浓度 ρ_x 按式（5-3-8）进行计算。

$$\rho_x = R_{cal} \times \rho_{IS} \qquad (5\text{-}3\text{-}8)$$

式中：ρ_x —— 浸提液中三氯乙醛的质量浓度，μg/L；

　　　R_{cal} —— 由校准曲线得到三氯乙醛与内标的浓度比值，无量纲；

　　　ρ_{IS} —— 内标物的质量浓度，μg/L

土壤中三氯乙醛的含量（μg/kg）按式（5-3-9）进行计算。

$$\omega_i = \frac{\rho_i \times V}{m \times w_{dm}} \qquad (5\text{-}3\text{-}9)$$

式中：ω_i ——样品中三氯乙醛的含量，μg/kg；

　　　ρ_i —— 由式（5-3-8）计算所得浸提液中三氯乙醛的质量浓度（加碱前后的差值），μg/L；

　　　V —— 浸提液体积，mL；

　　　m —— 土壤试样质量（湿重），g；

　　　w_{dm} —— 土壤试样干物质含量，%。

（3）结果表示。

当结果大于等于 10.0 μg/kg 时，结果保留三位有效数字；小于 10.0 μg/kg 时，结果保留至小数点后一位。

9. 质量保证和质量控制

（1）样品中内标定量离子响应值与绘制校准曲线内标响应值相比，变化应在校准系列内标响应均值的±50%以内，并且与最近一次校准核查内标响应值相比，变化应在最近一次校准核查内标响应值±30%以内。

（2）所有样品和空白中都需加入替代物，按照与样品相同的步骤分析，替代物回收率应在70%～130%。

（3）每批样品（最多20个样品）应至少进行1次平行测定，平行双样测定结果相对偏差应在30%以内。

（4）每一批样品（最多20个样品）应至少分析1个实际样品基体加标样。实际样品加标回收率应在60%～130%。

（5）校准曲线检查和空白实验的质控要求同VOCs测试的一般要求。

（南京市环境监测中心站　杨丽莉　王美飞）

七、半挥发性有机物

世界卫生组织1989年规定沸点为240～400℃的有机物为半挥发性有机物（Semivolatile Organic Compounds，SVOCs）；美国EPA指出SVOCs是在室温下沸点高于水的有机物；另一种定义是在气相色谱上保留时间为C_{16}～C_{22}的有机物。总之，SVOCs是一大类分子量大、挥发性较慢、易溶于有机溶剂（具有较强极性化合物微溶于水）、难降解的有机物，容易在水、土壤、空气、生物等介质中迁移转化，环境归宿于土壤和沉积物，通过生物富集而危害人体健康。通常，有机氯农药、有机磷农药、多环芳烃类、酞酸酯类、多氯联苯类、苯胺类、酚类、硝基苯类等有机物都可归入SVOCs范围内。

目前，常用的土壤样品中半挥发性有机物前处理方法见本篇第一章"土壤样品前处理"，检测技术有液相色谱法、气相色谱法、气相色谱—质谱法等。气相色谱—质谱在可接受的灵敏度条件下是分析多组分半挥发性有机物的首选方法。

气相色谱—质谱法（A）

本方法等效于《土壤和沉积物　半挥发性有机物的测定　气相色谱—质谱法》（HJ 834—2017）。

1. 方法原理

土壤中半挥发性有机物采用适合的萃取方法（索氏提取、加压流体萃取等）提取，提取液经净化去除干扰物，浓缩定容后进气相色谱/质谱进行分析检测。根据保留时间、目标物的特征离子丰度比及NIST标准谱库检索等多种方式定性，内标法定量。

2. 适用范围

本方法适用于土壤中多环芳烃类、氯代烃类、有机氯农药、邻苯二甲酸酯类、亚硝胺类、卤醚类、醚类、酮类、苯胺类、吡啶类、喹啉类、硝基芳香化合物、酚类等半挥发性有机物的筛查定性和定量。

当样品量为20 g时，单四极杆质谱全扫描分析，64种半挥发性有机物方法检出限为0.06～0.3 mg/kg，测定下限为0.24～1.20 mg/kg。

3. 干扰及消除

质谱方法可以消除共流出物的干扰，但大量的干扰物质会大大降低定性准确度和检测灵敏度。本方法以柱分离、凝胶渗透色谱等方法去除大分子干扰物或其他非目标物。

4．试剂和材料

（1）有机溶剂。

丙酮、正己烷、二氯甲烷、乙酸乙酯、戊烷、环己烷或其他等效有机溶剂均为农残级。

（2）SVOCs 标准储备液：$\rho = 1 \sim 5$ mg/mL。

（3）SVOCs 中间使用液：以丙酮/二氯甲烷（v/v，1+1）混合溶液将 SVOCs 储备液稀释成 100 μg/mL。

（4）内标：$\rho = 2 \sim 5$ mg/mL。

1,4-二氯苯-d_4，苊-d_{10}，菲-d_{10}，䓛-d_{12}，萘-d_8，苝-d_{12}，可直接购买有证标准溶液，也可用标准物质制备。

（5）内标中间使用液：将内标储备液稀释成 500 μg/mL。校准曲线和所有样品定容前都要加入内标，浓度与校准曲线的中间点相同。

（6）替代物：$\rho = 1 \sim 4$ mg/mL。

苯酚-d_5、2-氟苯酚、2,4,6-三溴苯酚、硝基苯-d_5、2-氟联苯、4,4'-三联苯-d_{14} 等标准储备液。

（7）替代物中间使用液：$\rho = 100$ μg/mL。以丙酮/二氯甲烷（v/v，1+1）混合溶液将替代物浓度稀释至 100 μg/mL。

提取前加入所有样品中，包括空白和质控样品，加入量应不低于校准曲线中间点浓度。

（8）调谐液：十氟三苯基膦（DFTPP）：$\rho = 50.0$ mg/L。

可直接购买有证标准溶液，也可用标准物质制备。

（9）凝胶渗透色谱仪（GPC）校准溶液：适当浓度，保证在紫外检测器有明显完整峰型。

含有玉米油、邻苯二甲酸二（2-二乙基己基）酯、甲氧滴滴涕、苝和硫。可直接购买有证标准溶液，也可用标准物质制备。

注：4-（3）～4-（9）的所有标准溶液均应置于-10℃以下避光保存或参照制造商的产品说明保存方法，存放期间定期检查溶液的降解和蒸发情况，特别是使用前应检查其变化情况，一旦蒸发或降解应重新配制，使用前应恢复至室温、混匀。

（10）无水硫酸钠 Na_2SO_4（分析纯）或粒状硅藻土。

（11）铜粉：分析纯。

（12）玻璃层析柱：内径 20 mm 左右，长 10～20 cm 的带聚四氟乙烯阀门，下端具筛板。

（13）固相萃取柱：1 g 硅酸镁或硅胶填料。

（14）载气：高纯氦气。

（15）石英砂。

5．仪器和设备

（1）气相色谱/质谱仪：电子轰击（EI）电离源，单四极质谱。

（2）色谱柱：石英毛细管柱，30 m×0.25 mm×0.25 μm，固定相为 5%苯基—95%甲基聚硅氧烷或其他等效毛细管柱。

（3）凝胶渗透色谱仪（GPC）：具紫外检测器（固定波长 254 nm），净化柱。

（4）浓缩装置：旋转蒸发装置或 K-D 浓缩器、浓缩仪，或同等性能的设备。

（5）固相萃取装置：手动或自动。

（6）分析天平：精度为 0.01 g。

（7）研钵：玻璃或玛瑙材质。

6. 样品预处理

（1）样品采集、保存与制备。

见本篇"第一章 概述"中半挥发性有机物部分。使用加压溶剂萃取提取样品，选择硅藻土脱水。

（2）提取。

试样量依据具体提取方法而定，一般称取制备好的 20 g 试样萃取，加入适当浓度的替代物（大于或等于校准曲线中间点浓度）。萃取方法可选择索氏提取、自动索氏提取、加压流体萃取或超声萃取等，萃取溶剂为二氯甲烷/丙酮（1+1）或正己烷/丙酮（1+1）。

（3）脱水和浓缩。

如果萃取液存在明显水分，需要脱水。在玻璃漏斗上垫上一层玻璃棉或玻璃纤维滤膜，铺加约 5 g 无水硫酸钠，将萃取液经上述漏斗直接过滤到浓缩器皿中，每次用少量萃取溶剂充分洗涤萃取容器，将洗涤液倒入漏斗中，重复 3 次。最后少许萃取溶剂冲洗无水硫酸钠，待浓缩。

浓缩方法推荐以下 3 种方式，也可选择 K-D 浓缩等其他方式。

①氮吹：萃取液转入浓缩管或其他玻璃容器中，开启氮气至溶剂表面有气流波动但不形成气涡为宜。氮吹过程中用正己烷多次冲洗露出的浓缩器管壁。

②减压快速浓缩：将萃取液转入专用浓缩管，根据仪器说明书设定温度和压力条件，浓缩。

③旋转蒸发浓缩：将萃取液转入合适体积的圆底烧瓶，根据仪器说明书或萃取液沸点设定温度条件（如二氯甲烷/丙酮设定 50℃ 左右，正己烷/丙酮设定 60℃ 左右），浓缩至 2 mL 左右，转移出的提取液需要再用小流量氮气浓缩至 1.0 mL 左右。

注：如果净化选用 GPC，则需在浓缩前加入 2 mL 左右 GPC 流动相替换原萃取溶剂。

（4）脱硫。

将上述萃取液转移至 5 mL 离心管，加入 2 g 铜粉，在机械振荡器上混合至少 5 min。用一次性移液管移出萃取液，再用 1 mL 二氯甲烷清洗铜粉，小心移出二氯甲烷并入萃取液，待净化。

注：如果使用凝胶渗透色谱净化萃取液，可省略脱硫步骤。

（5）净化。

存在干扰的提取液浓缩后应采取适当方法净化特定目标物，应选择表 5-3-4 中对应的方法。

①柱净化：分析只关注半挥发性有机物部分组分，可选取表 5-3-4 推荐净化方法处理。

表 5-3-4　目标化合物及适用净化方法

目标化合物	氧化铝	硅酸镁	硅胶	凝胶色谱
苯胺和苯胺衍生物		✓		
苯酚类			✓	✓
邻苯二甲酸酯类	✓	✓		✓
亚硝基胺类	✓	✓		✓

目标化合物	氧化铝	硅酸镁	硅胶	凝胶色谱
有机氯农药	✓	✓	✓	✓
硝基芳烃和环酮类		✓		✓
多环芳烃类	✓	✓	✓	✓
卤代醚类		✓		✓
氯代烃类		✓		✓
其他半挥发性有机物				✓

②凝胶渗透色谱净化。

筛查全部半挥发性有机物时，应使用 GPC 净化方法。GPC 可以较好地保留酞酸酯类、多环芳烃类、非挥发性氯代烃类、农药、有机磷农药类、硝基苯类等大部分半挥发性有机物。

按照仪器说明书对校准 GPC 柱，使用推荐 GPC 校准液得到的色谱峰应满足以下条件：所有峰形均为均匀对称，玉米油和邻苯二甲酸二（2-二乙基己基）酯的峰之间分辨率大于 85%，邻苯二甲酸二（2-二乙基己基）酯和甲氧滴滴涕的峰之间分辨率大于 85%，甲氧滴滴涕和芘的峰之间分辨率大于 85%，芘和硫的峰不能饱和，基线分离大于 90%。

多环芳烃收集时间在玉米油至硫出峰之间，芘洗脱出以后，立即停止收集。

配制校准曲线中间点浓度的多环芳烃混合标准溶液，设定收集时间，使混标全部通过净化柱，再根据多环芳烃混标出峰时间，调整更加准确的收集时间，重复多环芳烃混合标准溶液净化过程，并测试收集液中多环芳烃回收率，当目标物（除苊烯外）均能满足 90% 以上要求后，即可开始净化样品。

将提取液浓缩至 2 mL 左右，然后用 GPC 的流动相定容至 GPC 定量环需要的体积，按照校准验证后的净化条件收集流出液。

注：如果提取液中含水或有乳化现象，须脱水、破乳。

（6）浓缩、加内标。

净化后的试液浓缩至 1 mL 以下，加入适量内标中间使用液，使其浓度和校准曲线中内标浓度一致，混匀后定容至 1.0 mL，移至 2 mL 样品瓶中，待测。

7. 分析步骤

（1）仪器参考条件。

①气相色谱参考条件。

进样口温度：280℃，不分流，或分流进样（样品浓度较高或仪器灵敏度足够时）；

进样量：1 μL；

柱流量：1.0 mL/min（恒流）；

柱温：从 35℃ 开始，保持 2 min；以 15℃/min 速率升温至 150℃，保持 5 min；以 3℃/min 速率升温至 290℃，保持 2.0 min。

注：保持到最后一个目标物苯并（ghi）芘出峰后。

②质谱参考条件。

接口温度：280℃；离子源温度：230℃；离子化能量：70 eV；扫描质量范围：35～450 amu；溶剂延迟时间：5 min；扫描模式：全扫描（SCAN）或选择离子模式（SIM）模式。

（2）校准。

①质谱检查。

配制 50 mg/mL 十氟三苯基磷（DFTPP）直接移取 1 μL 进入色谱，得到的质谱图应全部符合表 5-1-2 中的标准。

②校准曲线绘制。

配制至少 5 个不同浓度的校准标准，其中 1 个校准标准的浓度应接近又稍高于该方法检测限，其他 4 个浓度应与实际样品浓度范围一致，不超过定量工作范围。

分别取适量半挥发性有机物标准中间使用液和替代物中间使用液（需要时），加入 5 mL 容量瓶中配制 5 个不同浓度的标准系列，如 1.00，5.00，10.0，20.0，50.0 μg/mL。同时，向每个点中加入 400 μL 内标中间使用液，使内标浓度为 40 μg/mL，用二氯甲烷定容。

按照仪器参考条件分析标准系列，对目标物进行识别标记，记录每个目标物、替代物和内标的保留时间、定量离子质谱峰的峰高或峰面积，绘制校准曲线。以目标化合物浓度和内标化合物浓度比值为横坐标，以目标化合物定量离子的响应值和内标化合物定量离子的响应值比值与内标化合物浓度的乘积为纵坐标。

在本方法仪器条件下，目标物的总离子流色谱图见图 5-3-11，定量离子和特征离子测定参数见表 5-3-5。

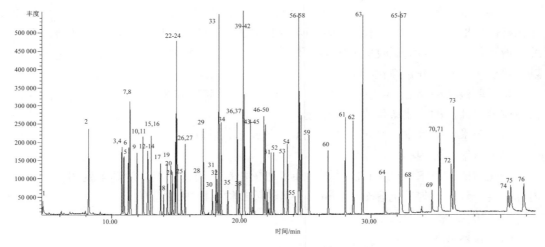

1. N-亚硝基二甲胺；2. 2-氟酚（替代物）；3. 苯酚-d₆（替代物）；4.苯酚；5. 双（2-氯乙基）醚；6. 2-氯苯酚；
7. 1,3-二氯苯；8. 1,4-二氯苯-d₄（内标）；9.1,4-二氯苯；10. 1,2-二氯苯；11. 2-甲基苯酚；12. 二（2-氯异丙基）醚；
13. 六氯乙烷；14. N-亚硝基二正丙胺；15. 4-甲基苯酚；16. 硝基苯-d₅（替代物）；17. 硝基苯；18. 异佛尔酮；
19. 2-硝基苯酚；20. 2,4-二甲基苯酚；21. 二（2-氯乙氧基）甲烷；22. 2,4-二氯苯酚；23. 1,2,4-三氯苯；24. 萘-d₈（内标）；
25. 萘；26. 4-氯苯胺；27. 六氯丁二烯；28. 4-氯-3-甲基苯酚；29. 2-甲基萘；30. 六氯环戊二烯；31. 2,4,6-三氯苯酚；
32. 2,4,5-三氯苯酚；33. 2-氟联苯（替代物）；34. 2-氯萘；35. 2-硝基苯胺；36. 苊烯；37. 邻苯二甲酸二甲酯；
38. 2,6-二硝基甲苯；39. 苊-d₁₀（内标）；40. 3-硝基苯胺；41. 2,4-二硝基苯酚；42. 苊；43. 二苯并呋喃；44. 4-硝基苯酚；
45. 2,4-二硝基甲苯；46. 芴；47. 邻苯二甲酸二乙酯；48. 4-氯苯基苯基醚；49. 4-硝基苯胺；50. 4,6-二硝基-2-甲基苯酚；
51. 偶氮苯；52. 2,4,6-三溴苯酚（替代物）；53. 4-溴二苯基醚；54. 六氯苯；55. 五氯苯酚；56. 菲-d₁₀（内标）；57. 菲；
58. 蒽；59. 咔唑；60. 邻苯二甲酸二正丁酯；61. 荧蒽；62. 芘；63. 4,4'-三联苯-d₁₄（替代物）；64. 邻苯二甲酸丁基苄基酯；
65. 苯并（a）蒽；66. 䓛-d₁₂（内标）；67. 䓛；68. 邻苯二甲酸二（2-乙基己基）酯；69. 邻苯二甲酸二正辛酯；
70. 苯并（b）荧蒽；71. 苯并（k）荧蒽；72. 苯并（a）芘；73. 苝-d₁₂（内标）；74. 茚并（1,2,3-cd）芘；
75. 二苯并（ah）蒽；76. 苯并（ghi）芘

图 5-3-11 15.0 mg/L 浓度 64 种半挥发性有机物标准谱图

表 5-3-5　目标化合物的出峰顺序、定量内标、定量离子、特征离子和检出限

名称	CAS	出峰顺序	定量内标	定量离子（m/z）	特征离子（m/z）	检出限/（mg/kg）
N-亚硝基二甲胺	621-64-7	1	1	42	74，43	0.08
2-氟酚（替代物）	367-12-4	2	1	112	64，92	0.1
苯酚-d6（替代物）	13127-88-3	3	1	99	71	0.1
苯酚	108-95-2	4	1	94	66，40	0.1
双（2-氯乙基）醚	111-44-4	5	1	93	63，95	0.09
2-氯苯酚	95-57-8	6	1	128	93，63	0.06
1,3-二氯苯	541-73-1	7	1	146	111，75	0.08
1,4-二氯苯-d4（内标1）	3855-82-1	8	1	150	115	—
1,4-二氯苯	106-46-7	9	1	146	148，111	0.08
1,2-二氯苯	95-50-1	10	1	146	148，111	0.08
2-甲基苯酚	95-48-7	11	1	108	107，77	0.1
双（2-氯异丙基）醚	108-60-1	12	1	45	108，77	0.1
六氯乙烷	118-74-1	13	1	117	109，201	0.1
N-亚硝基二正丙胺	621-64-7	14	1	43	70，130	0.07
4-甲基苯酚	106-44-5	15	1	107	108，77	0.1
硝基苯-d5（替代物）	4165-60-0	16	1	82	128，54	0.1
硝基苯	98-95-3	17	1	77	123，51	0.09
异佛尔酮	78-59-1	18	1	82	138，54	0.07
2-硝基苯酚	88-75-5	19	2	139	65，81	0.2
2,4-二甲苯酚	105-67-9	20	2	107	122，77	0.09
双（2-氯乙氧基）甲烷	111-91-1	21	2	93	63，123	0.08
2,4-二氯苯酚	120-83-2	22	2	162	164，63	0.07
1,2,4-三氯苯	120-82-1	23	2	147	74，109	0.07
萘-d8（内标2）	1146-65-2	24	2	136	108	—
萘	92-20-3	25	2	128	129	0.09
4-氯苯胺	106-47-8	26	2	127	129，65	0.09
1,3-六氯丁二烯	87-68-3	27	2	118	260，223	0.06
4-氯-3-甲基苯酚	59-50-7	28	2	107	142，144，77	0.06
2-甲基萘	91-57-6	29	2	142	141，115	0.08
六氯环戊二烯	77-47-4	30	3	130	239，235	0.1
2,4,6-三氯苯酚	88-06-2	31	3	196	198，200	0.1
2,4,5-三氯苯酚	95-95-4	32	3	196	198，200	0.1
2-氟联苯（替代物）	321-60-8	33	3	172	171，170	0.1
2-氯萘	91-58-7	34	3	162	127	0.1
2-硝基苯胺	88-74-4	35	3	138	65，92	0.08
苊烯	208-96-8	36	3	152	76	0.09
邻苯二甲酸二甲酯	131-11-3	37	3	163	77	0.07
2,6-二硝基甲苯	606-20-2	38	3	165	63，89	0.08
苊-d10（内标3）	15067-26-2	39	3	164	162，160	—
3-硝基苯胺	99-09-2	40	3	65	92，138	0.1

名称	CAS	出峰顺序	定量内标	定量离子（m/z）	特征离子（m/z）	检出限/（mg/kg）
2,4-二硝基苯酚	51-28-5	41	3	184	63，154	0.1
苊	83-32-9	42	3	153	76	0.1
二苯并呋喃	132-64-9	43	3	168	139	0.09
4-硝基苯酚	100-02-7	44	3	139	65，109	0.09
2,4-二硝基甲苯	121-14-2	45	3	165	89，63	0.2
芴	86-73-7	46	3	166	82.4	0.08
邻苯二甲酸二乙酯	84-66-2	47	3	149	177	0.3
4-氯苯基苯基醚	7005-72-3	48	3	204	141，77	0.1
4-硝基苯胺	100-01-6	49	3	65	138，108	0.1
4,6-二硝基-2-甲酚	534-52-1	50	3	198	51，105	0.1
偶氮苯	103-33-3	51	3	77	182，51	0.1
2,4,6-三溴酚（替代物）	118-79-6	52	3	332	62，143	0.2
4-溴二苯基醚	101-55-3	53	4	250	141，77	0.1
六氯苯	118-74-1	54	4	284	286，282	0.1
五氯苯酚	87-86-5	55	4	266	184	0.2
菲-d_{10}（内标4）	1517-22-2	56	4	188	80	—
菲	85-01-8	57	4	178	176，179	0.1
蒽	120-12-7	58	4	178	176，179	0.1
咔唑	86-74-8	59	4	167	166，139	0.1
邻苯二甲酸二正丁酯	84-74-2	60	4	149	150，76	0.1
荧蒽	206-44-0	61	4	202	200，203	0.2
芘	129-00-0	62	5	202	200，201	0.1
4,4′-三联苯-d_{14}（替代物）	1718-51-0	63	5	244	245-243	0.1
丁基苄基邻苯二甲酸酯	85-68-7	64	5	149	91，206	0.2
苯并（a）蒽	56-55-3	65	5	228	226，229	0.1
䓛-d_{12}（内标5）	1719-03-5	66	5	240	236，241	—
䓛	218-01-9	67	5	228	226，229	0.1
双（2-乙基己基）邻苯二甲酸酯	117-81-7	68	5	149	167，57	0.1
邻苯二甲酸二正辛酯	117-84-0	69	6	149	279	0.2
苯并（b）荧蒽	205-99-2	70	6	252	126，250	0.2
苯并（k）荧蒽	207-08-9	71	6	252	126，250	0.1
苝-d_{12}（内标6）	1520-96-3	72	6	264	260，263	—
苯并（a）芘	50-32-8	73	6	252	250，253	0.1
茚并（1,2,3-cd）芘	193-39-5	74	6	276	138，274	0.1
二苯并（ah）蒽	53-70-3	75	6	278	139，276	0.1
苯并（ghi）芘	191-24-2	76	6	276	138，274	0.1

（3）样品测定。

取待测试样，按照与绘制校准曲线相同的仪器条件进行测定。

（4）空白试验。

使用 20 g 石英砂替代样品，按照试样测定相同步骤进行测定。

8. 结果计算与表示

（1）定性分析。

根据试样保留时间、碎片离子质荷比及其丰度比定性。多次分析标准溶液或校准曲线，计算其平均保留时间和标准偏差，试样目标物的保留时间窗口为平均保留时间±3倍标准偏差。

样品中目标化合物的不同离子碎片丰度比与标准溶液中不同离子碎片丰度比的相对偏差控制在30%以内。

（2）定量分析。

目标物定性判断基础上，定量离子峰面积内标法定量。能够保证准确定性检出目标化合物时，可使用更为灵敏的选择离子检测（SIM）方式定量。

（3）结果计算。

样品中的目标化合物含量ω（μg/kg），按照式（5-3-10）进行计算。

$$\omega = \frac{A_x \times \rho_{IS} \times V_x}{A_{IS} \times \overline{RF} \times m \times (1-w)} \times 1\,000 \tag{5-3-10}$$

式中：ω —— 样品中的目标化合物含量，μg/kg；

A_x —— 测试液试样中目标化合物特征离子的峰面积；

A_{IS} —— 测试液中内标化合物特征离子的峰面积；

ρ_{IS} —— 测试液中内标的浓度，μg/mL；

$\overline{RF}$ —— 校准曲线的平均相对响应因子；

V_x —— 浓缩定容体积，mL；

m —— 试样量，g；

w —— 样品含水率，%。

（4）结果表示。

当测定结果＜1 mg/kg时，小数点后的位数与方法检出限一致；当测定结果≥1 mg/kg时，最多保留三位有效数字。

9. 精密度和准确度

（1）精密度。

6个实验室测定20 g土壤添加标准为0.2 μg/g、0.5 μg/g和1.0 μg/g的64种半挥发性有机物混标。实验室内相对标准偏差分别为5%～44%、4%～29%和3%～30%；实验室间相对标准偏差分别为 10%～62%、7%～36%和 7%～35%；重复性限范围分别为0.04～0.12 μg/g、0.08～0.24 μg/g 和 0.13～0.47 μg/g；再现性限范围分别为 0.07～0.31 μg/g、0.10～0.44 μg/g 和0.26～0.84 μg/g。

（2）准确度。

6个实验室对加标量为20 μg的20 g实际土壤样品加标分析测定，64种半挥发性有机物平均加标回收率范围为47%～122%。

10. 质量保证和质量控制

（1）空白干扰消除。

①试剂空白。

所使用的有机试剂均应浓缩后（浓缩倍数视分析过程中最大浓缩倍数而定）进行空白检查，试剂空白测试结果中目标化合物浓度应低于方法检出限。

②全程序空白。

全程序空白可用处理过的河砂或石英砂替代样品，按照与样品相同的操作步骤进行样品制备、前处理、仪器分析并处理数据。

全程序空白应每批样品（1批最多20个样品）做1个，前处理条件或试剂变化时均要重新做全程序空白，全程序空白中检出每个目标化合物的浓度不得超过方法的定量检出限。全程序空白中加入替代物。

全程序空白中每个内标特征离子的峰面积要为同批连续校准点中内标特征离子的峰面积的−50%～100%。其每个内标的保留时间与在同批连续校准点中相应内标保留时间相比，偏差要求在30 s以内。

（2）仪器性能。

进样口惰性检查：DDT到DDE和DDD的降解不可超过20%。如果DDT衰减过多或出现较差的色谱峰，则需要清洗或更换进样口，同时还要截取毛细管前端4～30 cm。联苯胺和五氯苯酚等极性化合物在进样口易出现分解，峰形出现拖尾分裂等现象，也采取同样的处理办法。

（3）校准曲线检查。

①分析之前必须检查系统性能，保证校准曲线达到最小的平均响应因子。半挥发性化合物，用一些较为活跃的化合物来检查，如，N-亚硝基二正丙胺、六氯环戊二烯、2,4-二硝基苯酚及4-硝基酚。

上述化合物最小的可接受平均响应因子为0.05。它们通常有较低的响应因子，并且随着色谱系统或者标准物质的衰减而趋向减少。如果在保证标准物质不变的情况下，响应变差说明仪器系统出现问题，系统必须进行评估、维护并在样品分析之前进行校准。系统校准时它们必须满足最低要求。

②计算每种目标分析物的平均相对响应因子，如果校准化合物的相对标准偏差超过30%，说明系统活跃而不能分析，必须进行必要的维护。

③每24 h重新检查校准曲线，如果不同浓度点的响应因子相对偏差大于20%（来源），则需要重新校准。用中间浓度点检查。

④内标物的保留时间：样品中内标的保留时间应和最近校准中内标的保留时间偏差不大于30 s，否则需要检查色谱系统或重新校准。

（4）基体加标。

每批样品（1批中最多20个样品）须做1对基体加标样，加标浓度为原样品浓度的1～5倍或曲线中间浓度点，加标样与原样品在完全相同的测试条件下进行分析。加标化合物可以根据目标化合物选择，当替代物不能满足需要时可直接加入目标化合物。

11. 注意事项

彻底清洗所用的全部玻璃器皿，以消除干扰物质。先用热水加清洁剂清洗，再用自来水和不含有机物的试剂水淋洗，在130℃烘2～3 h，或用甲醇淋洗后晾干。干燥的玻璃器皿必须在干净的环境中保存。

本方法可用于分析多种SVOCs，也适于分析某一类或单个半挥发性有机物，故内标和替代物应根据目标化合物选择一种或几种。

浓缩时，半挥发性有机物中较易挥发的化合物（如苯酚、萘、硝基苯）会有损失，氮吹时应控制氮气流量，不要有明显涡流。采用其他浓缩方式时，应控制好加热的温度或真空度。

单四极质谱的选择离子检测可以用于更高灵敏度的低浓度分析，由于获得的质谱信息较少，其对化合物的定性鉴定可信度会大大降低。因此不建议没有鉴定识别全扫描质谱图的情况下进行选择离子定量分析。

邻苯二甲酸酯类化合物在实验室普遍存在，样品制备过程会引入邻苯二甲酸酯类的干扰。避免接触任何塑料材料，并且检查所有溶剂空白，保证污染在检出限以下。

（河南省环境监测中心　王玲玲　王潇磊）

八、多环芳烃

多环芳烃（Polycyclic Aromatic Hydrocarbons，PAHs）是由 2 个或 2 个以上苯环以稠环方式形成的一类化合物。PAHs 有多种同分异构体，六环 PAHs 有 82 种异构体，七环 PAHs 有 333 种异构体，二至八环的 PAHs 有 1 896 种。美国环保局按照多环芳烃的危害性，选择 16 种作为优先控制污染物，分别为萘、苊烯、苊、芴、菲、蒽、荧蒽、芘、苯并（a）蒽、䓛、苯并（b）荧蒽、苯并（k）荧蒽、苯并（a）芘、二苯并（ah）蒽、苯并（ghi）苝和茚并（1,2,3-cd）芘。

PAHs 大多是无色或黄色结晶，个别深色，熔点及沸点较高，蒸气压很小，极不易溶于水，易溶于有机溶剂，辛醇/水分配系数（K_{ow}）很大。各种 PAHs 在水中的溶解度和挥发性表现为随着苯环数增加，溶解度和挥发性降低。

PAHs 是一类惰性很强的烃类化合物，化学性质稳定，广泛存在于各种环境介质中。在空气中，二环、三环的 PAHs 主要存在于气相，五环以上的主要存在于颗粒物上，四环在两相中同时存在。PAHs 在水中的溶解度极低，大部分吸附于颗粒物表面而逐渐沉积于河床。低苯环数 PAHs 挥发性较强，且在土壤中相对容易降解，在土壤中的相对含量较低；高环数 PAHs 由于挥发性较差、亲脂性较好，较易被土壤吸附，且较为稳定，在土壤中的相对含量较高。

PAHs 分子中存在高能反键轨道和低能成键轨道。当 PAHs 分子吸收可见光或紫外光，能够形成特征吸收光谱，同时价电子从低能成键轨道跃迁至高能反键轨道，当电子从激发态返回至基态时，会释放荧光。上述两个特性，使 PAHs 能够为紫外检测器和荧光检测器所检测。

（一）液相色谱法（A）

本方法等效于《土壤和沉积物　多环芳烃的测定　高效液相色谱法》（HJ 784—2016）。

1. 方法原理

用合适的萃取方法（索氏提取、加压流体萃取等）提取土壤样品中多环芳烃，采取合适净化方法（硅胶层析柱、硅胶或硅酸镁固相萃取柱等）去除样品基体干扰，浓缩、定容萃取液，用配备紫外/荧光检测器的高效液相色谱仪分离检测，保留时间定性，外标法定量。

2. 适用范围

适用于土壤中 16 种多环芳烃的测定，包括萘、苊烯、苊、芴、菲、蒽、荧蒽、芘、苯并（a）蒽、䓛、苯并（b）荧蒽、苯并（k）荧蒽、苯并（a）芘、二苯并（ah）蒽、苯并（*ghi*）苝、茚并（1,2,3-*cd*）芘。

取样量 10.0 g，定容体积 1.0 mL 时，紫外检测器测定 16 种多环芳烃的方法检出限为 3～5 μg/kg，测定下限为 12～20 μg/kg；用荧光检测器测定 16 种多环芳烃的方法检出限为 0.3～0.5 μg/kg，测定下限为 1.2～2.0 μg/kg。

3. 试剂和材料

（1）有机溶剂：乙腈（CH_3CN）、二氯甲烷（CH_2Cl_2）、丙酮（C_2H_6CO）、正己烷（C_6H_{14}），HPLC 级。

（2）丙酮—正己烷混合溶液：1+1。丙酮和正己烷按 1：1 体积比混合。

（3）二氯甲烷—正己烷混合溶液：2+3。二氯甲烷和正己烷按 2：3 体积比混合。

（4）二氯甲烷—正己烷混合溶液：1+1。二氯甲烷和正己烷按 1：1 的体积比混合。

（5）多环芳烃标准贮备液：ρ=100～2 000 mg/L。购买市售有证标准溶液，于 4℃下冷藏、避光保存，或参照标准溶液证书进行保存。使用时应恢复至室温并摇匀。

（6）多环芳烃标准使用液：ρ=10.0～200 mg/L。取 1.0 mL 多环芳烃标准贮备液于 10 mL 棕色容量瓶，用乙腈稀释并定容至刻度，摇匀，转移至密实瓶，4℃下避光冷藏保存。

（7）十氟联苯（$C_{12}F_{10}$）：纯度为 99%。用作替代物，也可用其他类似物。

（8）十氟联苯贮备溶液：ρ=1 000 mg/L。称取十氟联苯 0.025 g（精确到 0.001 g），用乙腈溶解并定容至 25 mL 棕色容量瓶，摇匀，转移至密实瓶中于 4℃下冷藏、避光保存。或购买市售有证标准溶液。

（9）十氟联苯使用液：ρ=40 μg/mL。移取 1.0 mL 十氟联苯贮备溶液于 25 mL 棕色容量瓶，用乙腈稀释并定容至刻度，摇匀，转移至密实瓶中于 4℃下冷藏、避光保存。

（10）干燥剂：无水硫酸钠（Na_2SO_4）或粒状硅藻土。

（11）硅胶：粒径 75～150 μm（200～100 目）。使用前，置于平底托盘中，以铝箔松覆，130℃活化至少 16 h。

（12）玻璃层析柱：内径约 20 mm，长 10～20 cm，具聚四氟乙烯活塞。

（13）硅胶固相萃取柱：1 000 mg/6 mL。

（14）硅酸镁固相萃取柱：1 000 mg/6 mL。

（15）石英砂：粒径 150～830 μm（100～20 目），使用前检验确认无干扰。

（16）玻璃棉或玻璃纤维滤膜：马弗炉中 400℃烘 1 h，冷却后置于磨口玻璃瓶中密封保存。

（17）氮气。

4. 仪器和设备

（1）高效液相色谱仪：配备紫外检测器或荧光检测器，具有梯度洗脱功能。

（2）色谱柱：填料为 ODS（十八烷基硅烷键合硅胶），粒径 5 μm，柱长 250 mm，内径 4.6 mm 的反相色谱柱，或其他等效色谱柱。

（3）提取装置 1：索氏提取器、加压流体萃取仪，或其他同等性能的设备。

（4）提取装置 2：加压流体萃取仪。

（5）浓缩装置：氮吹浓缩仪或其他同等性能的设备。

（6）固相萃取装置。

5. 样品前处理

（1）样品采集与保存、制备。

见本篇"第一章 概述"中半挥发性有机物部分。

（2）萃取。

将制备好的试样放入玻璃套管或纸质套管内（根据样品量确定套管规格），加入 50.0 μL 十氟联苯使用液，将套管放入索氏提取器中。加入 100 mL 丙酮—正己烷混合溶液，以每小时不小于 4 次的回流速度提取 16～18 h。

也可使用加压流体萃取：称取新鲜土样 20.0 g，加适量硅藻土拌匀，填入萃取池中，若萃取池中仍有空间，则用硅藻土填满。装填好的萃取池置于快速溶剂萃取仪上，用萃取溶剂丙酮—二氯甲烷（1+1）在如下条件下萃取：系统压力：10 MPa（1 500 psi）；温度：100℃；加热时间：5 min；静态提取时间：5 min；冲洗体积：60%（萃取池体积）；N_2 吹扫：1 MPa（150 psi），100 s。

（3）过滤和脱水。

玻璃漏斗上垫一层玻璃棉或玻璃纤维滤膜，加入约 5 g 无水硫酸钠，将提取液过滤到浓缩器皿中。用适量丙酮—正己烷混合溶液洗涤提取容器 3 次，再用适量丙酮—正己烷混合溶液冲洗漏斗，洗液并入浓缩器皿。

（4）浓缩。

氮吹浓缩法：开启氮气至溶剂表面有气流波动（避免形成气涡），用正己烷多次洗涤氮吹过程中已经露出的浓缩器壁，将过滤和脱水后的提取液浓缩至约 1 mL。如不需净化，加入约 3 mL 乙腈，再浓缩至约 1 mL，将溶剂完全转化为乙腈。如需净化，加入约 5 mL 正己烷并浓缩至约 1 mL，重复此浓缩过程 3 次，将溶剂完全转化为正己烷，再浓缩至约 1 mL，待净化。

（5）净化。

①硅胶层析柱净化。

硅胶柱制备：玻璃层析柱底部加入玻璃棉，加入 10 mm 厚无水硫酸钠，用少量二氯甲烷冲洗。玻璃层析柱上置玻璃漏斗，加入二氯甲烷直至充满层析柱，漏斗内存留部分二氯甲烷，称取约 10 g 硅胶，经漏斗加入层析柱，以玻璃棒轻敲层析柱，除去气泡，使硅胶填实。放出二氯甲烷，在层析柱上部加入 10 mm 厚无水硫酸钠。

净化：用 40 mL 正己烷预淋洗层析柱，淋洗速度 2 mL/min，无水硫酸钠暴露于空气前，关闭层析柱底端聚四氟乙烯活塞，弃去流出液。浓缩后约 1 mL 提取液移入层析柱，用 2 mL 正己烷分 3 次洗涤浓缩器皿，洗液全部移入层析柱，顶端无水硫酸钠暴露空气前，加入 25 mL 正己烷继续淋洗，弃去流出液。用 25 mL（2+3）二氯甲烷—正己烷混合溶液洗脱，洗脱液收集于浓缩器皿中。

②硅胶或硅酸镁固相萃取柱净化。

将固相萃取柱固定在固相萃取装置上。用 4 mL 二氯甲烷冲洗净化柱，再用 10 mL 正己烷平衡，溶剂充满柱后关闭流速控制阀，浸润填料 5 min，打开控制阀，弃去流出液。溶剂流干前，将浓缩至约 1 mL 的提取液移入柱内，用 3 mL 正己烷分 3 次洗涤浓缩器皿，洗液全部移入柱内，用 10 mL（1+1）二氯甲烷—正己烷混合溶液洗脱，洗脱液浸满净化柱后关闭控制阀，浸润填料 5 min，打开控制阀，接收洗脱液至完全流出，洗脱液收集于浓缩器皿中。

（6）最终浓缩。

用氮吹浓缩法（或其他浓缩方式）将洗脱液浓缩至约 1 mL，加入约 3 mL 乙腈，再浓缩至 1 mL 以下，将溶剂完全转换为乙腈，定容至 1.0 mL，待测。待测样不能及时分析，于 4℃下避光、冷藏、密封保存，30 天内完成分析。

6. 空白样品

用石英砂代替实际样品，按照试样制备相同步骤制备空白试样。

7. 分析步骤

（1）仪器条件。

进样量：10 μL。

柱温：35℃。

流速：1.0 mL/min。

流动相 A：乙腈；流动相 B：水。

梯度洗脱程序：60%A，40%B，保持 8 min；8~18 min，流动相变更为 100%A，0 B，保持 28 min；28~28.5 min 流动相变更为 60%A，40%B，保持 35 min。

检测波长：16 种多环芳烃在紫外检测器上对应的最大吸收波长及在荧光检测器特定条件下的最佳激发和发射波长见表 5-3-6。

表 5-3-6　检测波长

序号	目标化合物	紫外吸收波长/nm	激发波长/发射波长
1	萘	220	280/324
2	苊烯	230	—
3	苊	254	280/324
4	芴	230	280/324
5	菲	254	254/350
6	蒽	254	354/400
7	荧蒽	230	290/460
8	芘	230	336/376
9	苯并（a）蒽	290	375/385
10	䓛	254	375/385
11	苯并（b）荧蒽	254	305/430
12	苯并（k）荧蒽	290	305/430
13	苯并（a）芘	290	305/430
14	二苯并（ah）蒽	290	305/430
15	苯并（ghi）䓛	220	305/430
16	茚并（1,2,3-cd）芘	254	305/430
17	十氟联苯	230	—

注：苊烯和十氟联苯不能用荧光检测器测定。

（2）初始校准曲线绘制。

分别量取适量的多环芳烃标准使用液，用乙腈稀释，制备至少 5 个浓度点的标准系列，同时取 50.0 μL 十氟联苯使用液，分别加入标准系列。多环芳烃质量浓度分别为 0.04，0.10，0.50，1.00，5.00 μg/mL，十氟联苯质量浓度为 2.00 μg/mL。贮存于棕色进样瓶中，待测。

由低浓度到高浓度依次分析标准系列溶液，以标准系列溶液中目标化合物浓度为横坐标，对应峰面积（峰高）为纵坐标，绘制校准曲线，其相关系数需≥0.995。16 种多环芳烃在紫外和荧光检测器上的色谱图见图 5-3-12 和图 5-3-13。

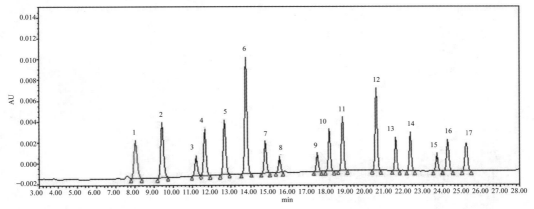

1. 萘；2. 苊烯；3. 苊；4. 芴；5. 菲；6. 蒽；7. 荧蒽；8. 芘；9. 十氟联苯；10. 苯并（a）蒽；11. 䓛；12. 苯并（b）荧蒽；13. 苯并（k）荧蒽；14. 苯并（a）芘；15. 二苯并（ah）蒽；16. 苯并（ghi）苝；17. 茚并（1,2,3-cd）芘

图 5-3-12　16 种多环芳烃在紫外检测器上的色谱图

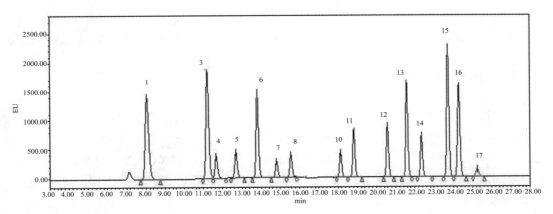

1. 萘；2. 苊烯；3. 苊；4. 芴；5. 菲；6. 蒽；7. 荧蒽；8. 芘；9. 十氟联苯；10. 苯并（a）蒽；11. 䓛；12. 苯并（b）荧蒽；13. 苯并（k）荧蒽；14. 苯并（a）芘；15. 二苯并（ah）蒽；16. 苯并（ghi）苝；17. 茚并（1,2,3-cd）芘（其中：苊烯和十氟联苯用荧光检测器检测时不出峰）

图 5-3-13　16 种多环芳烃在荧光检测器上的色谱图

（3）测定。

测定前处理好的样品，记录色谱峰保留时间和峰高（或峰面积）。

（4）空白实验。

分析样品同时分析空白实验。用硅藻土代替土壤样品，采用和试样制备相同步骤，制备全程序空白试样，按相同测定条件测定。

8. 结果计算与表示

（1）外标法定量。苊烯用紫外信号定量，其余 15 种物质用荧光信号定量。

$$\omega_i = \frac{\rho_i \times V}{m \times w_{dm}} \qquad (5\text{-}3\text{-}11)$$

式中：ω_i——样品中组分 i 质量浓度，$\mu g/kg$；

ρ_i——样品中组分 i 的质量浓度，$\mu g/mL$；

V —— 定容体积，mL；

m —— 称取的土样质量，kg；

w_{dm} —— 土样干物质含量，%。

（2）十氟联苯回收率（%）。

$$P = \frac{A_1 \times \rho_2 \times V_2}{A_2 \times \rho_1 \times V_1 \times 10^{-3}} \times 100\% \qquad （5\text{-}3\text{-}12）$$

式中：P —— 十氟联苯的回收率，%；

$\quad\quad A_1$ —— 试样中十氟联苯的峰面积；

$\quad\quad A_2$ —— 标准系列中十氟联苯的峰面积；

$\quad\quad \rho_1$ —— 十氟联苯使用液的质量浓度，40 μg/mL；

$\quad\quad \rho_2$ —— 标准系列中十氟联苯的质量浓度，2 μg/mL；

$\quad\quad V_1$ —— 试样中加入十氟联苯使用液的体积，50.0 μL；

$\quad\quad V_2$ —— 试样定容体积，mL。

（3）结果表示。

当测定结果≥10 μg/kg 时，保留三位有效数字；当测定结果<10 μg/kg，保留至小数点后一位。苊烯保留整数位，最多保留三位有效数字。

9. 精密度和准确度

（1）精密度

6 家实验室分别对目标化合物含量为 1～10 μg/kg、5～100 μg/kg、10～200 μg/kg 的统一样品进行 6 次重复测定：实验室内相对标准偏差分别为 4.3%～15%、4.1%～14%、4.1%～12.3%；实验室间相对标准偏差分别为 9.7%～22%、6.2%～12%、4.2%～13%；重复性限范围分别为 0.3～5.6 μg/kg、2.2～28 μg/kg、2.4～45 μg/kg；再现性限范围分别为 0.5～8.0 μg/kg、1.5～34 μg/kg、2.8～56 μg/kg。

（2）准确度。

6 家实验室分别以土壤和沉积物为基质进行样品加标回收率测定，加标浓度水平为100～200 μg/kg，每个样品重复测定 6 次，加标回收率分别为59.3%～98.7%、57.4%～91.9%，加标回收率最终值分别为69.5%±13.1%～92.5%±14.9%、70.3%±17.4%～90.9%±4.3%。

10. 质量保证和质量控制

（1）分析空白试验、平行样和基体加标。

空白试验测定结果中，目标化合物浓度不得高于方法检出限。平行样测定结果相对偏差应≤30%。基体加标测定结果中，目标化合物和十氟联苯回收率分别为 50%～120%、60%～120%。

（2）连续校准。

连续校准相对误差应≤20%。

（云南省环境监测中心站　金玉　铁程）

（二）气相色谱—质谱法（B）

1．方法原理

土壤中多环芳烃（PAHs）采用索氏提取或加压流体萃取法提取，提取液经硅胶柱或硅酸镁（弗罗里硅土）柱净化去除干扰物，浓缩定容后进入气相色谱—质谱联用仪分析。根据保留时间、目标物标准质谱图相比较定性，内标法定量。

2．适用范围

本方法适用于土壤中多环芳烃的测定。依据本方法可以测定土壤中的苯并（a）芘等16种多环芳烃，其他多环芳烃如果通过验证后也可用本方法测定。

当取样量为 20.0 g，浓缩后定容体积为 1.0 mL 时，全扫描方式测定，目标物的方法检出限为 80~170 μg/kg，测定下限为 320~680 μg/kg（表5-3-7）。

3．干扰及消除

本方法提供硅酸镁柱或硅胶柱净化方法去除大分子干扰物，磺化法去除硫的干扰。

4．试剂和材料

（1）有机溶剂。

丙酮、正己烷、甲醇、二氯甲烷或其他等效有机溶剂均为农药残留分析纯级，使用前脱气。

（2）PAHs 标准贮备液：ρ=1 000~5 000 mg/L。

可购买有证标准溶液（16种PAHs混标或PAHs单标）；也可以丙酮为溶剂，用纯品配制，但应在保质期内使用。

（3）PAHs 使用液：ρ=100~500 mg/L。

以正己烷—丙酮（1+1，v/v）为溶剂，适当稀释PAHs贮备液。

（4）内标贮备液：ρ=5 000 mg/L。

选取氘代标记多环芳烃为内标，氘代萘、氘代苊、氘代䓛、氘代菲和氘代苝，以丙酮为溶剂，使用纯品配制或购买市售有证标准溶液；也可使用 2-氟联苯和对三联苯-d_{14}。

（5）内标使用液：ρ=500 mg/L。

量取 1.0 mL 内标贮备液于 10 mL 容量瓶中，以正己烷—丙酮（1+1，v/v）为溶剂稀释定容，混匀。

（6）替代物贮备液ρ=2 000~4 000 mg/L。

2-氟联苯和对三联苯-d_{14} 或十氟联苯等，以丙酮为溶剂，使用纯品配制或购买市售有证标准溶液；亦可选用氘代标记多环芳烃。

（7）替代物使用液：ρ=200~400 mg/L。

量取 1.0 mL 替代物贮备液于 10 mL 容量瓶中，以正己烷—丙酮（1+1，v/v）为溶剂稀释定容，混匀。提取前加入所有样品中，包括空白和质控样品，加入量应不低于校准曲线的中间点浓度。

（8）十氟三苯基膦（DFTPP）：ρ=50 mg/mL。

可购买有证标准溶液，也可用标准物质制备。

（9）无水硫酸钠（Na_2SO_4）或粒状硅藻土。

（10）稀硝酸：1+1（v/v）。

浓硝酸和水配制成体积比为 1：1 的溶液。

（11）铜粉。

（12）固相萃取柱：1 g/6 mL 硅酸镁商品固相萃取柱。

（13）玻璃棉或玻璃纤维滤膜：400℃下加热 1 h，冷却后，存放于磨口玻璃瓶中密封保存。

（14）硅胶吸附剂：农残级，100～200 目。

临用前将纯化的硅胶放在一玻璃器皿中，用铝箔盖住，防止异物沾污，然后放入 130℃ 的烘箱活化过夜（至少 16 h）。活化后放入干燥器冷却 30 min，装入试剂瓶中密封，保存在干燥器中备用。

（15）玻璃层析柱：内径 20 mm 左右、长 10～20 cm 的带聚四氟乙烯阀门，下端具筛板。

（16）硅胶层析柱：先将经有机溶剂浸提干净的玻璃棉填入玻璃层析柱底部，然后在层析柱上放一磨口小分液漏斗，加入 5～10 g 硅胶，轻敲层析柱壁，使硅胶吸附剂填实。在上部装入 1 cm 厚的无水硫酸钠，用 30～60 mL 二氯甲烷淋洗，轻敲层析柱壁，避免填料中存在明显的空气。当溶剂通过柱子开始流出后关闭阀门，浸泡填料至少 10 min，然后打开柱阀继续加入正己烷 30～60 mL，至全部流出，剩余溶剂刚好淹没硫酸钠层，关闭阀门待用。临用时装填，如果填料干枯，需要重新处理。

注：本方法推荐一般土壤用 5 g 硅胶吸附剂，有机质含量较高的土壤用 10 g 硅胶吸附剂。

（17）河砂或石英砂。

（18）载气：高纯氦气。

5. 仪器和设备

（1）气相色谱仪：具分流/不分流进样口，能对载气进行电子压力控制，可程序升温。

（2）质谱仪：电子轰击（EI）电离源，每秒或少于 1 s 可以完成 35～500 amu 扫描，配备 NIST 谱库。

（3）浓缩装置：旋转蒸发仪、氮吹浓缩仪等性能相当的设备。

（4）色谱柱：石英毛细柱，30 m×0.25 mm×0.25 μm（5%苯基—95%甲基聚硅氧烷固定液）或其他等效性能的质谱专用毛细管柱。

（5）固相萃取装置：手动或自动。

（6）分析天平：精度为 0.01 g。

（7）研钵：玛瑙材质。

6. 样品前处理

（1）样品采集与保存、制备。

见第五篇第一章中半挥发性有机物部分。使用加压快速溶剂萃取提取样品，选择硅藻土脱水。

（2）萃取。

称量一定量（一般 20 g 左右）制备好的样品，选择索氏提取、自动索氏提取、加压流体萃取或超声等方法提取，萃取溶剂为二氯甲烷—丙酮（1+1，v/v）或为正己烷—丙酮（1+1，v/v）。萃取前加入适量替代物使用液。

（3）脱水和浓缩。

向萃取液中加入无水硫酸钠至颗粒可以自由流动，放置 30 min，过滤至浓缩器中，待浓缩。

浓缩方法推荐使用以下 2 种方式，也可选择 K-D 浓缩等其他浓缩方式。

氮吹：将萃取液转入浓缩管或其他玻璃容器中，开启氮气至溶剂表面有气流波动但不形成气涡为宜。氮吹过程中应将已经露出的浓缩器管壁用正己烷洗涤多次。

旋转蒸发浓缩：将萃取液转入合适体积的旋转瓶，根据仪器说明书或萃取液沸点设定温度条件（二氯甲烷/丙酮可设定 50℃左右，正己烷—丙酮（1+1）可设定 60℃左右），浓缩到约 2 mL，小心转出全部浓缩的提取液并用正己烷将瓶底冲洗两次，合并，再用小流量氮气浓缩方式将溶剂转换为正己烷，浓缩至 1 mL。

注：浓缩时不能将溶剂蒸干，否则会丢失挥发性较强的多环芳烃。无论使用何种浓缩方式，应事先验证该步骤目标物的回收率。

（4）脱硫。

样品中存在硫干扰需要脱硫。常见的脱硫方法有两种：

将上述萃取液转移至 5 mL 离心管，加入 2 g 铜粉，在机械振荡器上混合至少 5 min。用一次性移液管将萃取液吸出，再用 1 mL 丙酮清洗铜粉，小心移出丙酮并入萃取液，待下一步净化。

将适量铜粉铺在制备好的玻璃层析柱或固相萃取柱上层，萃取液在铜粉层停留 5 min。然后按照步骤净化。

（5）净化。

存在干扰物的提取液浓缩溶剂转换为正己烷后，用硅酸镁固相萃取柱或硅胶层析柱净化。

①硅酸镁商品固相萃取柱净化。

向固相萃取柱加入 4 mL 正己烷，保持有机溶剂浸没填料的时间至少 5 min。然后缓慢打开固相萃取装置的活塞放出多余的有机溶剂，且保持溶剂液面高出填料层 1 mm。如固相萃取柱填料变干，则需重新活化固相萃取柱。将浓缩后提取液全部移至上述固相萃取柱中，用 0.5 mL 正己烷清洗浓缩管，一并转入固相萃取柱。然后缓慢打开装置阀门，使提取液进入填料，当提取液全部浸入填料（不能流出），且填料没有暴露于空气中时，关闭活塞。用 10 mL 二氯甲烷—正己烷（10/90，v/v）混合液洗脱固相萃取柱，开始加入少量洗脱液使溶剂浸没填料层约 1 min，然后缓缓打开萃取柱活塞，逐渐加入洗脱液并收集全部洗脱液。

②硅胶柱层析净化。

用戊烷预淋洗制备好待用的硅胶层析柱，淋洗速度控制在 2 mL/min，弃去前 15～20 mL 淋洗液；淋洗液刚刚下至无水硫酸钠层时，将浓缩后萃取液全部转移至硅胶层析柱，并用 1 mL 戊烷清洗浓缩管，全部移入层析柱；无水硫酸钠层暴露在空气中之前，缓缓加入 20 mL 戊烷，打开阀门，弃去戊烷。再用 20 mL 二氯甲烷—戊烷（2+3，v/v）洗脱，收集洗脱液。

（6）浓缩、加内标。

净化后的试液浓缩至 5 mL 左右，转入浓缩管中，小流量氮气吹至 1.0 mL 以下，定容前反复用少量二氯甲烷淋洗器壁，加入一定量内标中间使用液使其浓度和校准曲线中内标浓度保持一致，混匀后定容至 1 mL，移至 2 mL 样品瓶中，待测。

7. 分析步骤

（1）仪器参考条件。

①气相色谱参考条件。

进样口温度：290℃，分流进样（若样品浓度较低时，可配制低浓度标准曲线不分流进样）进样量：1 μL；柱流量：1.0 mL/min（恒流）；

柱温：80℃（2 min）$\xrightarrow{20℃/min}$ 180℃（5 min）$\xrightarrow{10℃/min}$ 290℃（7 min）

色谱柱：石英毛细管柱，30 m×0.25 mm × 0.25 μm（5%苯基—95%甲基聚硅氧烷；固定液）。

②质谱参考条件。

扫描模式：全扫描（SCAN）或选择离子（SIM）模式；扫描质量范围：45～450 amu；离子化能量：70 eV；四极杆：150℃；离子源温度：230℃；接口温度：280℃；溶剂延迟时间：5 min；调谐方式：DFTPP。

（2）校准。

①质谱检查。

每次分析前，配制 50 mg/L 十氟三苯基膦（DFTPP），取 1 μL 进入色谱，按照上述仪器条件分析，得到的质谱图应全部符合表 5-1-2 要求。

②内标法初始校准。

将内标物配制至少 5 个点的校准标准，按样品分析步骤分析每个校准标准，检查各组分的色谱图和质谱灵敏度。质谱识别校准溶液中每个化合物在适当保留时间窗口的色谱能够初步确认，可辨识的化合物不少于 99%。每种组分平均响应因子的相对标准偏差应小于 30%。

③校准曲线绘制。

配制至少 5 个不同浓度的校准标准，其中 1 个校准标准的浓度应相当于或低于样品浓度，其余点参考实际样品浓度范围，但应不超出气相色谱质谱联用仪的定量范围。分别量取适量 PAHs 标准使用液，加入到 5 mL 容量瓶中，以正己烷—丙酮（1+1）为溶剂配制 6 个不同浓度的标准系列，如 0.5，1.0，5.0，10.0，20.0，50.0 μg/mL。同时，向每个浓度的标准系列中加入 200 μL 内标使用液，使内标浓度为 20 μg。由低浓度到高浓度依次进样，绘制标准曲线。以标准溶液中目标化合物的定量离子峰面积与内标物的定量离子峰面积之比，对目标化合物与内标物的浓度之比作图，得到该目标化合物的标准曲线，标准曲线的相关系数要≥0.995，否则重新绘制标准曲线。图 5-3-14 为在本方法规定的仪器条件下，目标化合物、内标物和替代物的总离子流色谱图。

（3）测定。

①定性分析。

见第五篇第一章"四、样品测定"。

②定量分析。

能够保证准确定性检出目标化合物时，用质谱图中主离子作为定量离子的峰面积，内标法定量。样品中目标物的主离子有干扰时，可以使用特征离子定量。

（4）空白试验。

使用 20 g 河砂或石英砂替代试样，按照与样品的预处理、测定相同步骤分析。

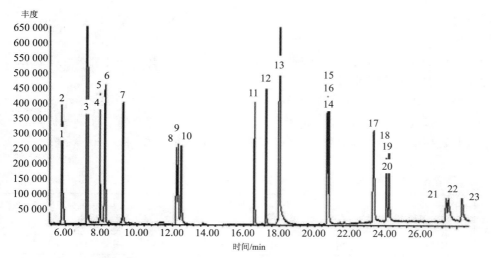

1. 萘-d₈；2.萘；3.2-氟联苯；4. 苊烯；5. 苊-d₁₀；6. 苊；7. 芴；8. 菲-d₁₀；9. 菲；10. 蒽；11. 荧蒽；12. 芘；
13. 对三联苯-d₁₄；14. 苯并（a）蒽；15. -d₁₂；16. 䓛；17. 苯并（b）荧蒽；18. 苯并（k）荧蒽；
19. 苯并（a）芘；20. 芘-d₁₂；21. 茚并（123-cd）芘；22. 二苯并（ah）蒽；23. 苯并（ghi）苝

图 5-3-14   16 种多环芳烃标准物质、内标物和替代物的总离子流色谱图

8. 结果计算与表示

样品中的目标化合物含量 ω（μg/kg），按照下式进行计算。

$$\omega = \frac{A_x \times \rho_{IS} \times V_x \times 1\,000}{A_{IS} \times \overline{RF} \times m \times (1-w)}$$ （5-3-13）

式中： ω —— 样品中的目标物含量，μg/kg；

A_x —— 测试液中目标化合物定量离子的峰面积；

A_{IS} —— 测试液中内标化合物定量离子的峰面积；

ρ_{IS} —— 测试液中内标的浓度，μg/mL；

$\overline{RF}$ ——校准曲线的平均相对响应因子；

V_x —— 浓缩定容体积，mL；

m —— 试样量，g；

w —— 样品含水率，%。

当测定结果＜1.0 mg/kg 时，结果小数点后的位数与方法检出限一致，当测定结果≥1.0 mg/kg 时，结果最多保留三位有效数字。

9. 精密度和准确度

（1）精密度。

6 家实验室分别对加标浓度为 250 μg/kg、500 μg/kg 和 1 000 μg/kg 的 16 种多环芳烃混标统一样品进行 6 次重复测定，实验室内相对偏差范围分别为 4%～23%、5%～32% 和 4%～22%；实验室间相对偏差范围分别为 11%～38%、9%～27%、9%～32%；重复性限范围分别为 40～80 μg/kg、120～240 μg/kg、210～380 μg/kg；再现性限范围分别为 50～240 μg/kg、190～380 μg/kg、350～840 μg/kg。

（2）准确度。

5 家实验室分别对 20.0 g 两种实际土壤样品进行了加标分析测定，加标量为 20 μg，每个样品进行 6 次重复测定加标回收率范围分别为 42%～143%、44%～132%（表 5-3-8）。

10. 质量保证和质量控制

（1）一般要求。对试剂空白、全程序空白、基体加标、替代物加标及校准曲线的一般要求见本章"七、半挥发性有机物"。

（2）特殊要求。基体加标回收率范围可参考 40%～150%。实验室应建立替代物加标回收控制图，按同一批样品 20～30 个样品进行统计，剔除离群值，计算替代物的平均回收率 p 及相对标准偏差 s，则该实验室该方法替代物回收率应控制在 $p\pm3\,s$ 内。

表 5-3-7　16 种多环芳烃出峰顺序，主离子和特征离子，检出限和测定下限

出峰顺序	化合物名称	CAS	定量离子	参考离子	检出限/（μg/kg）	测定下限/（μg/kg）
1	萘	91-20-3	128	127、129	90	360
2	苊烯	208-96-8	152	151、153	90	360
3	苊	83-32-9	153	153、152	120	480
4	芴	86-73-7	166	165、167	80	320
5	菲	85-01-8	178	179、176	100	400
6	蒽	120-12-7	178	179、176	120	480
7	荧蒽	206-44-0	202	200、203、101、100	140	560
8	芘	129-00-0	202	200、203、101、100	130	390
9	苯并（a）蒽	56-55-3	228	226、229、114、113	120	480
10	䓛	218-01-9	228	226、229、114、113	140	560
11	苯并（b）荧蒽	205-99-2	252	253、250	170	680
12	苯并（k）荧蒽	207-08-9	252	253、250	110	440
13	苯并（a）芘	50-32-8	252	253、250	170	680
14	茚并（1,2,3-cd）芘	193-39-5	276	277	130	520
15	二苯并（ah）蒽	53-70-3	278	279	130	520
16	苯并（ghi）芘	191-24-2	276	274	120	480

表 5-3-8　方法的精密度和准确度

化合物名称	空白基体加标水平/（mg/kg）	实验室内相对标准偏差/%	实验室间相对标准偏差/%	重复性限 r/（mg/kg）	再现性限 R/（mg/kg）	五家实验室土壤加标回收率范围/%（加标量 20 μg）	
						砂质土	耕作土
萘	0.25	6～13	14	0.04	0.06		
	0.50	12～29	12	0.20	0.22	44～77	44～78
	1.00	14～22	17	0.31	0.40		
苊烯	0.25	6～15	15	0.05	0.08		
	0.50	10～32	12	0.18	0.21	53～81	59～82
	1.00	7～10	16	0.22	0.35		
苊	0.25	6～19	22	0.05	0.08		
	0.50	6～16	20	0.13	0.22	51～80	63～85
	1.00	11～21	18	0.31	0.43		

化合物名称	空白基体加标水平/（mg/kg）	实验室内相对标准偏差/%	实验室间相对标准偏差/%	重复性限 r/（mg/kg）	再现性限 R/（mg/kg）	五家实验室土壤加标回收率范围/%（加标量 20 μg）	
						砂质土	耕作土
芴	0.25	6～15	38	0.05	0.17	50～107	66～92
	0.50	8～25	15	0.16	0.22		
	1.00	7～12	17	0.21	0.40		
菲	0.25	7～16	37	0.07	0.20	55～124	84～122
	0.50	11～25	23	0.24	0.38		
	1.00	7～12	19	0.21	0.48		
蒽	0.25	7～17	30	0.06	0.19	67～107	88～96
	0.50	10～28	23	0.22	0.37		
	1.00	8～16	22	0.28	0.59		
荧蒽	0.25	5～18	34	0.07	0.21	58～121	76～115
	0.50	9～27	18	0.23	0.30		
	1.00	8～15	9	0.30	0.35		
芘	0.25	4～17	29	0.06	0.19	58～117	75～111
	0.50	9～28	11	0.15	0.19		
	1.00	7～19	12	0.30	0.39		
苯并（a）蒽	0.25	6～18	20	0.07	0.14	58～125	76～116
	0.50	8～18	9	0.17	0.19		
	1.00	9～14	15	0.33	0.51		
䓛	0.25	10～17	25	0.08	0.16	57～118	75～111
	0.50	8～15	25	0.14	0.23		
	1.00	5～12	15	0.23	0.43		
苯并（b）荧蒽	0.25	6～16	15	0.07	0.11	45～120	63～119
	0.50	8～15	11	0.14	0.19		
	1.00	14～18	14	0.38	0.48		
苯并（k）荧蒽	0.25	9～23	35	0.08	0.24	55～123	71～109
	0.50	8～12	13	0.13	0.22		
	1.00	8～10	32	0.25	0.84		
苯并（a）芘	0.25	9～20	11	0.08	0.10	42～81	56～99
	0.50	13～19	27	0.13	0.26		
	1.00	8～17	17	0.28	0.39		
茚并（1,2,3-cd）芘	0.25	6～23	31	0.06	0.13	52～143	69～132
	0.50	7～15	21	0.14	0.32		
	1.00	4～13	18	0.35	0.55		
二苯并（ah）蒽	0.25	5～17	35	0.07	0.20	51～122	67～128
	0.50	5～13	15	0.14	0.24		
	1.00	7～12	14	0.26	0.44		
苯并（ghi）芘	0.25	6～19	23	0.06	0.12	49～133	64～118
	0.50	5～13	20	0.12	0.27		
	1.00	7～12	18	0.25	0.48		

（江苏省环境监测中心站　穆肃　朱冰清

开封市环境监测站　蔡晓强）

九、邻苯二甲酸酯

邻苯二甲酸酯又称酞酸酯（PAEs），是一种无色透明的油状液体，难溶于水，易溶于甲醇、乙醇、乙醚等有机溶剂，可通过呼吸、饮食和皮肤接触直接进入人和动物体内。酞酸酯主要作为增塑剂应用于塑料、树脂、合成橡胶等生产过程中，是环境中分布较广的有机污染物。酞酸酯具有半挥发性，经过淋溶、挥发和沉降过程在土壤、水体和大气环境介质中不停地迁移，并最终在土壤中形成累积。

酞酸酯主要包括邻苯二甲酸二甲酯（DMP）、邻苯二甲酸酯二乙酯（DEP）、邻苯二甲酸二正丁酯（DBP）、邻苯二甲酸二（2-乙基己基）酯（DEHP）和邻苯二甲酸（DNOP）二正辛酯等。我国优先污染物黑名单包括 DMP、DBP 和 DNOP。

测定酞酸酯可采用气相色谱—质谱法和液相色谱法。

（一）气相色谱—质谱法（B）

1. 方法原理

采用快速溶剂萃取法或索氏提取法，萃取土壤中邻苯二甲酸酯类化合物，萃取液经脱水、浓缩、净化和定容后，用气相色谱—质谱分离检测。根据保留时间、标准质谱图比较定性，内标法定量。

2. 适用范围

本方法适用于土壤中邻苯二甲酸酯类的测定。依据本方法可测定土壤中邻苯二甲酸二甲酯（DMP）等 16 种酞酸酯，其他邻苯二甲酸酯如果通过验证，也适用于本方法。

当取样量为 15.0 g 时，16 种邻苯二甲酸酯的方法检出限为 7.5～16 μg/kg，测定下限为 30～64 μg/kg（表 5-3-9）。

表 5-3-9 邻苯二甲酸酯类化合物的检出限和测定下限

出峰顺序	化合物名称	CAS	检出限/（μg/kg）	测定下限/（μg/kg）
1	邻苯二甲酸二甲酯	113-11-3	12	50
2	邻苯二甲酸二乙酯	84-66-2	10	40
3	邻苯二甲酸二异丁酯	84-69-5	11	42
4	D$_4$-邻苯二甲酸二丁酯（替代物）	9395-211-5	7.5	30
5	邻苯二甲酸二丁酯	84-74-2	10	42
6	邻苯二甲酸二（2-甲氧基乙基）酯	117-82-8	12	46
7	邻苯二甲酸二（4-甲基-2-戊基）酯	146-50-9	12	48
8	邻苯二甲酸二（2-乙氧基乙基）酯	605-54-9	12	47
9	邻苯二甲酸二戊酯	131-18-0	11	44
10	邻苯二甲酸二己酯	84-75-3	11	45
11	邻苯二甲酸丁基苄基酯	85-68-7	12	46
12	邻苯二甲酸二（2-丁氧基乙基）酯	117-83-9	12	48
13	邻苯二甲酸二环己酯	84-61-7	12	47
14	邻苯二甲酸二（2-乙基己基）酯	117-81-7	12	50

出峰顺序	化合物名称	CAS	检出限/（μg/kg）	测定下限/（μg/kg）
15	邻苯二甲酸二苯酯	84-62-8	14	55
16	邻苯二甲酸二正辛酯	117-84-0	14	56
17	邻苯二甲酸二壬酯	84-76-4	16	64

3. 干扰及消除

（1）塑料制品会带入酞酸酯污染，实验过程中应尽量避免使用塑料制品。

（2）实验过程中使用的溶剂、试剂和玻璃器皿，都必须通过分析方法空白，证明在分析条件下无干扰存在时方可使用。

（3）为防止实验室空气引入酞酸酯污染，试验过程在洁净实验室进行。分析过程中，尽量减少样品暴露在空气中的时间。实验各环节，样品均需保存在密闭玻璃容器中。

（4）塑料材质弗罗里硅土商品净化小柱会带入酞酸酯污染，须使用玻璃或聚四氟乙烯（PTFE）材质的净化柱。

4. 试剂和材料

（1）二氯甲烷（CH_2Cl_2）：农残级。

（2）丙酮（C_3H_6O）：农残级。

（3）正己烷（C_6H_{14}）：农残级。

（4）环己烷（C_6H_{12}）：农残级。

（5）乙酸乙酯（$C_4H_8O_2$）：农残级。

（6）环己烷—乙酸乙酯混合溶液：1+1（v/v）。

（7）二氯甲烷—丙酮混合溶液：1+1（v/v）。

（8）正己烷—丙酮混合溶液：1+1（v/v）。

（9）淋洗液1：20+80乙酸乙酯/正己烷混合溶液（v/v）。

（10）淋洗液2：20+80二氯甲烷/正己烷混合溶液（v/v）。

（11）淋洗液3：10+90正己烷/丙酮混合溶液（v/v）。

（12）市售有证标准溶液，1 mg/mL（甲醇溶剂），包括邻苯二甲酸二甲酯（DMP）等16种酞酯。

（13）内标液：选用苊-d_{10}、菲-d_{10}和䓛-d_{12}一种或多种作内标物，购买市售有证标准溶液，0.5 mg/mL。标准曲线和每个用于分析的样品萃取物定容前必须加入内标物标准溶液，并使萃取物中内标物的浓度为5 μg/mL（供参考）。

（14）替代物标液：选用邻苯二甲酸丁酯-d_4作替代物，购买市售有证标准溶液，0.1 mg/mL。替代物加入量不低于标准曲线中间点浓度，在样品处理前加到土壤样品、空白样品和加标样品中，经过提取、净化、浓缩等步骤后，作为待测物定性和定量。

（15）调谐标液：十氟三苯基磷（DFTPP），购买市售有证标准溶液1 mg/mL，稀释成50 μg/mL使用液。

注：4-（12）~4-（15）的所有标准溶液均应置于-10℃以下避光保存或参照制造商的产品说明保存方法，存放期间定期检查溶液的降解和蒸发情况，特别是使用前应检查其变化情况，一旦蒸发或降解应重新配制，使用前应恢复至室温、混匀。

（16）干燥剂：无水硫酸钠（Na_2SO_4）。

（17）硅藻土。

（18）玻璃棉或玻璃纤维滤纸：玻璃棉为农残级，用前在 450℃下加热 4 h，置于干燥器中冷却至室温，保存于干净的玻璃器皿中，铝箔纸封口，尽快使用；玻璃纤维滤纸用前应用正己烷浸洗 3 次，真空干燥后保存于干净的玻璃器皿中，铝箔纸封口。

（19）弗罗里硅土：60～100 目。在 130℃下加热 24 h，置于干燥器中冷却至室温，密闭保存于干净的试剂瓶中。使用前制备。

（20）弗罗里硅土固相萃取柱：市售 1 000 mg，6 mL，玻璃柱；亦可根据样品中杂质含量选择其他容量。

（21）河砂或石英砂。

（22）氮气，可采用活性炭柱过滤后使用，防止邻苯二甲酸酯类污染。

5. 仪器和设备

（1）电子天平：精确至 0.01 g。

（2）研钵：玻璃或玛瑙材质。

（3）玻璃层析柱：内径 10 mm、长 300 mm，带聚四氟乙烯阀门，下端具筛板。

（4）快速溶剂萃取仪：配有 34 mL、66 mL 萃取池；萃取压力不低于 1 500 psi；萃取温度不低于 120℃。

（5）浓缩装置：旋转蒸发装置、K-D 浓缩器、减压快速浓缩仪、氮吹仪或同等性能设备。

（6）凝胶色谱仪：上样量 5 mL，流速可达 5 mL/min。凝胶分离柱内径 25 mm，柱长 400 mm，填料为 50 g Bio-Beads S-X3（200～400 目）或同等规格的填料。

（7）固相萃取装置：手动或自动。

（8）气相色谱—质谱仪：EI 源。

（9）色谱柱：石英毛细管柱，30 m×0.25 mm×0.25 μm，固定相为 5%二苯基—95%二甲基聚硅氧烷或其他等效毛细管柱。

（10）微量注射器：5，10，25，50，100，250 μL。

6. 样品前处理

（1）样品采集与保存、制备。

见第五篇第一章中半挥发性有机物部分。

（2）试样制备。

样品使用新鲜土壤样品，不得风干。

①快速溶剂萃取：准确称取 15.0 g 土壤样品，加入等体积硅藻土，将样品混匀呈散粒状。

②索氏提取：准确称取 15.0 g 土壤样品，加入适量无水硫酸钠，研磨均化为流体状。

（3）试样提取与浓缩。

①萃取。萃取方法可选择索氏提取、自动索氏提取、快速溶剂萃取或超声萃取等，依据具体萃取方法对制备好的试样进行萃取。萃取溶剂为二氯甲烷—丙酮或正己烷—丙酮混合溶液。

快速溶剂萃取：根据试样体积选择合适的萃取池，装入按 6-（2）-①制备后的样品，以二氯甲烷—丙酮混合溶液为萃取溶剂，按以下参考条件进行萃取：萃取温度 100℃，萃取压力 1 500 psi，静态萃取时间 10 min（5 min 预热平衡之后），淋洗体积为 60%池体积，氮气吹扫 60 s，萃取循环次数为 2 次。收集提取液，待浓缩、净化。

索氏提取：将 6-（2）-②制备后试样全部用净化过的滤纸封好，置于索氏提取容器中；于烧瓶中加入 120 mL 正己烷—丙酮混合溶液，抽提 16 h，回流速度控制在 4～6 次/h。冷却后收集所有提取液待浓缩、净化。

②脱水和浓缩。如果萃取液存在明显水分，需要脱水。在玻璃漏斗内垫一层玻璃棉或玻璃纤维滤膜，加入约 5 g 无水硫酸钠，将萃取液经上述漏斗直接过滤到浓缩器皿中，每次用少量萃取溶剂充分洗涤萃取容器，将洗涤液也倒入漏斗中，重复 3 次。最后再用少许萃取溶剂冲洗无水硫酸钠，待浓缩。

浓缩方法推荐使用以下 3 种方式，也可选择 K-D 浓缩等其他浓缩方式。如不需净化直接分析，需将样品氮气浓缩至 1 mL；如选用 GPC 进一步净化，需将样品溶剂置换为环己烷—乙酸乙酯混合溶液；如选用弗罗里硅土进一步净化，需将样品溶剂置换为正己烷。

氮吹：萃取液转入浓缩管或其他玻璃容器中，开启氮气至溶剂表面有气流波动但不形成气涡为宜。

减压快速浓缩：将萃取液转入专用浓缩管中，根据仪器说明书设定温度和压力条件，进行浓缩。

旋转蒸发浓缩：将萃取液转入合适体积的圆底烧瓶，根据仪器说明书或萃取液沸点设定温度条件（如二氯甲烷—丙酮混合溶液可设定 50℃左右，正己烷—丙酮混合溶液可设定 60℃左右），浓缩至 2 mL，转出的提取液需要再用小流量氮气浓缩至 1 mL 以下。

③样品净化。样品净化推荐采用凝胶色谱法或弗罗里硅土净化法。

如条件具备，建议首选凝胶色谱法对样品进一步净化处理。实验证明，该方法对于有机氯农药、多环芳烃和 PCBs 等多种干扰污染物的去除效果稳定可靠。弗罗里硅土容易受邻苯二甲酸酯类污染，每个批号产品均需检查空白，并以有证标准物质验证样品回收率。

Ⅰ 凝胶色谱净化。

采用凝胶色谱净化前，需用邻苯二甲酸酯有证标准物质配制一个曲线中间点浓度的样品进行方法校准，确定收集样品的起止时间，并验证回收率，当回收率满足方法要求后即可开始净化样品。

将提取得到的溶剂为环己烷—乙酸乙酯混合溶液的提取液定容至 5 mL（或依据 GPC 定量环体积定容至相应体积），样品全部转移至凝胶色谱仪，以环己烷—乙酸乙酯混合溶液为流动相进行分离，并按照校准验证后的净化条件收集流出液；重新浓缩至 1 mL 以下。

GPC 参考条件：进样量：5 mL；流动相：环己烷—乙酸乙酯混合溶液；流速：5.0 mL/min；收集 810～1 750 s（供参考）的流出液进一步浓缩。

Ⅱ 弗罗里硅土净化。

（A）玻璃层析柱法。

a. 活化。将玻璃棉填入玻璃层析柱底部，然后加入 10 g 弗罗里硅土。轻敲柱子，避免填料中存在明显的气泡，再添加厚 1～2 cm 的无水硫酸钠；用 40 mL 正己烷淋洗，控制流速约 2 mL/min，弃去该部分溶剂，当溶剂液面刚好淹没硫酸钠层时，关闭柱阀门待用。如果填料干枯，需要重新处理。层析柱应临用时装填。

b. 上样。将溶剂为正己烷的提取液全部移至上述层析柱中，用 1 mL 正己烷清洗浓缩管，一并转入层析柱。然后缓慢打开柱阀门，使萃取液以 2 mL/min 的速度通过小柱，当溶剂液面刚好淹没硫酸钠层时，关闭柱阀门。

c. 洗脱。首先用 40 mL 正己烷淋洗层析柱，将流速控制在 2 mL/min 左右，弃去该部分溶剂，当溶剂液面刚好淹没硫酸钠层时，关闭柱阀门；取 100 mL 乙酸乙酯—正己烷混合溶液继续淋洗层析柱，同样将流速控制在 2 mL/min 左右，将所有溶剂收集于浓缩容器内。重新浓缩至 1 mL 以下。

（B）固相萃取柱法。

浓缩后的萃取液颜色较浅时，可采用固相萃取柱净化。操作步骤如下：

a. 活化。将商品化弗罗里硅土小柱安置于固相萃取装置，关闭小柱阀门，打开真空泵保持一定的真空度；用 4 mL 正己烷活化萃取柱，慢慢打开小柱阀门，使正己烷浸润萃取柱并除去柱内气泡，关闭小柱阀门使溶剂浸润吸附剂 5 min（此过程中不要关闭真空泵）；然后缓慢打开小柱阀门放出多余有机溶剂，但应保持溶剂液面高出填料层 1 mm，使其不与空气接触，如固相萃取柱填料变干，则需重新活化固相萃取柱。

b. 上样。将溶剂为正己烷的提取液全部移至上述固相萃取柱中，用 0.5 mL 正己烷清洗浓缩管，一并转入固相萃取柱。然后缓慢打开小柱阀门，使提取液以 2 mL/min 的速度通过小柱，当提取液全部浸入填料时关闭小柱阀门，整个过程应控制流速确保填料层之上自始至终有溶液覆盖。

c. 洗脱。在固相萃取小柱下方放入 10 mL 收集管，用 9 mL 正己烷—丙酮混合溶液洗脱上述固相萃取柱，溶剂浸没填料层约 1 min。缓缓打开小柱阀门，控制流速约为 2 mL/min 收集洗脱液。

样品含有机氯农药干扰时，首先用 5 mL 二氯甲烷—正己烷混合溶液淋洗上述固相萃取柱以除去有机氯农药干扰；再以 9 mL 正己烷—丙酮混合溶液洗脱固相萃取柱并收集洗脱液。重新浓缩至 1 mL 以下。

d. 定容。取一定量的内标液，加入上述净化浓缩后的样品，使内标浓度和校准曲线中的内标浓度保持一致，混匀后定容至 1.0 mL，移至 2 mL 样品瓶中，待测。

7．分析步骤

（1）仪器参考条件。

①气相色谱参考条件。

进样口温度：250℃，不分流；

进样量：1 μL，柱流量：1.0 mL/min（恒流）；

柱温：50℃（1 min）$\xrightarrow{20℃/min}$ 220℃（1 min），$\xrightarrow{5℃/min}$ 280℃（3.5 min）。

②质谱参考条件。

扫描模式：全扫描（SCAN），扫描质量范围：45～450 amu；或选择离子模式（SIM）模式；每个目标化合物的选择离子包括定量离子和两个辅助定性离子（表 5-3-10）；离子化能量：70 eV；四极杆：165℃；离子源温度：280℃；接口温度：280℃；溶剂延迟时间：3 min。

表 5-3-10　16 种酞酸酯、1 种替代物和 3 种内标的主离子和特征离子

化合物名称	定量离子	辅助定性离子	名称	定量离子	辅助定性离子
邻苯二甲酸二甲酯	163	164、77	邻苯二甲酸二戊酯	149	150、237
D₁₀-苊（内标）	164	162、80	邻苯二甲酸二己酯	149	150、43
邻苯二甲酸二乙酯	149	150、177	邻苯二甲酸丁基苄基酯	149	91、206

化合物名称	定量离子	辅助定性离子	名称	定量离子	辅助定性离子
D₁₀-菲（内标）	188	94、80	D₁₂-䓛（内标）	240	236、120
邻苯二甲酸二异丁酯	149	150、57	邻苯二甲酸二（2-丁氧基乙基）酯	149	101、57
D₄-邻苯二甲酸二丁酯（替代物）	153	154、227	邻苯二甲酸二环己酯	149	167、67
邻苯二甲酸二丁酯	149	104、150	邻苯二甲酸二（2-乙基己基）酯	149	167、70
邻苯二甲酸（2-甲氧基乙基）酯	59	149、58	邻苯二甲酸二苯酯	225	77、226
邻苯二甲酸（4-甲基-2-戊基）酯	149	167、85	邻苯二甲酸二正辛酯	149	150、279
邻苯二甲酸二（2-乙氧基乙基）酯	73	149、72	邻苯二甲酸二壬酯	149	207、150

（2）校准。

①质谱检查。配制 50 mg/mL 十氟三苯基磷（DFTPP），直接移取 1 μL 进入色谱，得到的质谱图应全部符合表 5-1-2。

②校准曲线绘制。至少配制 5 个不同浓度的校准标准，在仪器维修、换柱或连续校准不合格时需要重新绘制标准曲线。

将目标物标液和替代物标液根据样品浓度范围用二氯甲烷溶剂（甲醇与正己烷不互溶）配制成 5～7 点标准系列，如 1.0，1.5，2.5，5，10，15，20 μg/mL。同时，向每个点中加入内标液使内标浓度均为 5.0 μg/mL。按照仪器参考条件从低浓度到高浓度依次进行分析，根据结果绘制校准曲线。

图 5-3-15 为在本方法规定的仪器条件下，目标物的总离子流色谱图。

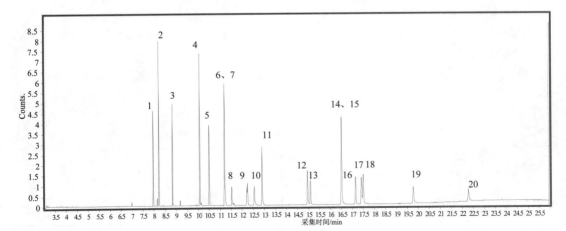

1．邻苯二甲酸二甲酯；2．D₁₀-苊（内标）；3．邻苯二甲酸二乙酯；4．D₁₀-菲（内标）；5．邻苯二甲酸二异丁酯；
6．D₄-邻苯二甲酸二丁酯（替代物）；7．邻苯二甲酸二丁酯；8．邻苯二甲酸（2-甲氧基乙基）酯；
9．邻苯二甲酸（4-甲基-2-戊基）酯；10．邻苯二甲酸二（2-乙氧基乙基）酯；11．邻苯二甲酸二戊酯；
12．邻苯二甲酸己酯；13．邻苯二甲酸丁基苄酯；14．D₁₂-䓛（内标）；15．邻苯二甲酸二（2-丁氧基乙基）酯；
16．邻苯二甲酸二环己酯；17．邻苯二甲酸二（2-乙基己基）酯；18．邻苯二甲酸二苯酯；
19．邻苯二甲酸二正辛酯；20．邻苯二甲酸二壬酯

图 5-3-15　16 种酞酸酯、1 种替代物和 3 种内标的总离子流图

（3）测定。

①定性分析。全扫描模式检索标准谱库谱图，与标准谱图比对定性。复杂基质可提取离子，分析主离子碎片、特征碎片的丰度比，与标准物谱图匹配来定性（表 5-3-10 和图 5-3-15）。

②定量分析。能够保证准确定性检出目标化合物时，用质谱图中主离子作为定量离子的峰面积或峰高定量，内标法定量。当样品中目标物的主离子有干扰时，可使用特征离子定量（表 5-3-10）。

（4）空白试验。

使用 15.0 g 空白土壤样品替代试样，按照与试样的预处理、测定相同步骤进行测定。

8. 结果计算与表示

样品中的目标化合物含量 ω（μg/kg），按照式（5-3-14）进行计算。

$$\omega = \frac{A_x \times \rho_{IS} \times V_x}{A_{IS} \times \overline{RF} \times m \times (1-w)} \times 1000 \tag{5-3-14}$$

式中：ω —— 样品中的目标物含量，μg/kg；

A_x —— 测试液试样中目标化合物特征离子的峰面积；

A_{IS} —— 测试液中内标化合物特征离子的峰面积；

ρ_{IS} —— 测试液中内标的浓度，μg/mL；

$\overline{RF}$ —— 校准曲线的平均相对响应因子；

V_x —— 浓缩定容体积，mL；

m —— 试样量，g；

w —— 样品含水率，%。

结果保留三位有效数字。

9. 精密度和准确度

（1）精密度。

测定 100 μg/kg、500 μg/kg 样品，实验室内相对标准偏差分别为 4%～21%、5%～26%。

（2）准确度。

测定 2 μg、10 μg 的实际土壤加标，加标回收率范围分别为 50.4%～78.5%、65.0%～104.2%（表 5-3-11）。

表 5-3-11　2 μg、10 μg 的实际土壤加标回收率结果　　　　单位：%

化合物名称	2 μg/mL	10 μg/mL	化合物名称	2 μg/mL	10 μg/mL
邻苯二甲酸二甲酯	52.1	65.8	邻苯二甲酸二己酯	66.9	88.9
邻苯二甲酸二乙酯	60.2	67.3	邻苯二甲酸丁基苄基酯	55.3	82.4
邻苯二甲酸二异丁酯	50.7	83.3	邻苯二甲酸二（2-丁氧基乙基）酯	50.4	104.2
D$_4$-邻苯二甲酸二丁酯	78.5	87.1	邻苯二甲酸二环己酯	60.4	85.2
邻苯二甲酸二丁酯	70.9	86.3	邻苯二甲酸二（2-乙基己基）酯	74.1	91.2
邻苯二甲酸（2-甲氧基乙基）酯	70.8	94.9	邻苯二甲酸二苯酯	60.8	81.7
邻苯二甲酸（4-甲基-2-戊基）酯	63.2	82.9	邻苯二甲酸二正辛酯	56.6	88.1
邻苯二甲酸二（2-乙氧基乙基）酯	51.6	94.5	邻苯二甲酸二壬酯	54.4	79.4
邻苯二甲酸二戊酯	77.3	88.5			

10. 质量保证和质量控制

（1）仪器性能检查。

按照样品分析的仪器条件做一个二氯甲烷溶剂空白，TIC谱图中应没有干扰物。分析干扰较多或浓度较高样品后也应分析溶剂空白。如果溶剂空白图谱中出现较多干扰峰、高温区出现干扰峰或柱流失过多，应检查污染来源，必要时更换衬管、清洗离子源或保养、更换色谱柱等。

（2）空白实验和基体加标。

分析试剂空白和全程序空白、基体加标，指标要求见本章"七、半挥发性有机物"中空白试验和基体加标。

（3）校准曲线检查。

检查指标及要求见本章"七、半挥发性有机物"中"10.质量保证和质量控制"校准曲线检查。

11. 注意事项

（1）邻苯二甲酸酯类化合物性质稳定，难以离子化。适当使用较高的离子源温度，可以增强离子化效率，提高方法的灵敏度和校准曲线的线性范围。

（2）彻底清洗所用的玻璃器皿，以消除干扰物质。先用热水加清洁剂清洗，或用铬酸洗液浸泡清洗，再用自来水和不含有机物的试剂水淋洗，在150℃下烘2～3 h，或用甲醇淋洗后晾干。干燥的玻璃器皿应在干净的环境中保存。

（3）商品无水硫酸钠一般装在塑料瓶内，这是空白值高的主要原因。在使用前应在马弗炉中400℃烘烤数小时，装入密封玻璃瓶中，置于干燥器中存放。

（山东省环境监测中心站　朱晨　郭文建

河南省环境监测中心　王玲玲　王潇磊　梁晶）

（二）液相色谱法（B）

1. 方法原理

采用快速溶剂萃取法或索氏提取法，萃取土壤中的邻苯二甲酸酯类化合物，萃取液经脱水、浓缩、净化和定容后，高效液相色谱法分离，紫外检测器检测。根据保留时间、标准紫外吸收光谱图定性，外标法定量。

2. 适用范围

本方法适用于土壤中邻苯二甲酸酯类的测定。依据本方法可测定土壤中邻苯二甲酸二甲酯、邻苯二甲酸二乙酯、邻苯二甲酸二丁酯、邻苯二甲酸二辛酯、邻苯二甲酸二（2-乙基己基）酯和邻苯二甲酸丁基苄酯6种邻苯二甲酸酯。其他邻苯二甲酸酯如果通过验证，也适用于本方法。

当取样量为15.0 g时，6种邻苯二甲酸酯的方法检出限为2.7～11.5 μg/kg，测定下限为10.8～46.0 μg/kg。

3. 干扰及消除

见本章"九、邻苯二甲酸酯（一）气相色谱—质谱法（B）"中"3.干扰及消除"。

4. 试剂和材料

（1）二氯甲烷（CH_2Cl_2）：农残级。

（2）丙酮（C_3H_6O）：农残级。

（3）正己烷（C_6H_{14}）：农残级。

（4）环己烷（C_6H_{12}）：农残级。

（5）乙酸乙酯（$C_4H_8O_2$）：农残级。

（6）乙腈（C_2H_3N）：HPLC 级。

（7）环己烷/乙酸乙酯混合溶液：1+1，v/v。

（8）二氯甲烷/丙酮混合溶液：1+1，v/v。

（9）丙酮/正己烷混合溶液：1+1，v/v。

（10）淋洗液 1：20+80 乙酸乙酯—正己烷混合溶液，v/v。

（11）淋洗液 2：20+80 二氯甲烷—正己烷混合溶液，v/v。

（12）淋洗液 3：10+90 丙酮—正己烷混合溶液，v/v。

（13）邻苯二甲酸酯混合标准储备液：ρ =1 000 mg/L，以乙腈为溶剂，由有证标准物质配制或直接购买市售有证标准溶液。包括邻苯二甲酸二甲酯、邻苯二甲酸二乙酯、邻苯二甲酸二丁酯、邻苯二甲酸二辛酯、邻苯二甲酸二（2-乙基己基）酯和邻苯二甲酸丁基苄酯。

（14）邻苯二甲酸酯混合标准中间使用液：ρ =20～100 mg/L，用乙腈对邻苯二甲酸酯混合标准贮备液进行适当稀释。

注：4-（13）和 4-（14）的标准溶液均应置于 − 10℃以下避光保存或参照制造商的产品说明书保存。存放期间定期检查溶液的降解和蒸发情况，特别是使用前应检查其变化情况，一旦蒸发或降解应重新配制。使用前应恢复至室温、混匀。

（15）干燥剂：无水硫酸钠（Na_2SO_4）。

（16）硅藻土。

（17）玻璃棉或玻璃纤维滤纸：玻璃棉为农残级，用前在 450℃下加热 4 h，置于干燥器中冷却至室温，保存于干净的玻璃器皿中，铝箔纸封口，尽快使用；玻璃纤维滤纸用前应用正己烷浸洗 3 次，真空干燥后贮于保存于干净的玻璃器皿中，铝箔纸封口。

（18）弗罗里硅土：60～100 目。在 130℃下加热 24 h，置于干燥器中冷却至室温，密闭保存于干净的试剂瓶中。使用前制备。

（19）弗罗里硅土固相萃取柱：市售 1 000 mg，6 mL，玻璃柱；亦可根据样品中杂质含量选择适宜容量的商业化弗罗里硅土固相萃取柱。

（20）河砂或石英砂。

（21）氮气，活性炭柱过滤后使用，防止邻苯二甲酸酯类污染。

5. 仪器和设备

（1）电子天平：精确至 0.01 g。

（2）研钵：玻璃或玛瑙材质。

（3）玻璃层析柱：内径 10 mm、长 300 mm，带聚四氟乙烯阀门，下端具筛板。

（4）快速溶剂萃取仪：配有 34 mL、66 mL 萃取池；萃取压力不低于 1 500 psi；萃取温度不低于 120℃。

（5）浓缩装置：旋转蒸发装置、K-D 浓缩器、减压快速浓缩仪、氮吹仪或同等性能设备。

（6）凝胶色谱仪：上样量 5 mL，流速可达 5 mL/min，凝胶分离柱内径 25 mm，柱长 400 mm（填充聚苯乙烯凝胶珠 S-X3 Bio-beads 200～400 目 50 g）。

（7）固相萃取装置：手动或自动。

（8）高效液相色谱仪：具有可调波长紫外检测器或二极管阵列检测器，可实现梯度洗脱功能。

（9）色谱柱：填料为 C_{18}（5 μm），柱长 150 mm、内径 4.6 mm 的反相色谱柱或其他性能相近的色谱柱。

（10）微量注射器：5，10，25，50，100，250 μL。

6. 样品

（1）样品的采集与保存、制备。

见第五篇第一章中半挥发性有机物部分。

（2）样品制备。

样品使用新鲜土壤样品，不得风干。

①快速溶剂萃取：准确称取 15.00 g 土壤样品（预先除去枝棒、叶片、石子等异物），加入等体积硅藻土，将样品混匀呈散粒状。

②索氏提取：准确称取 15.00 g 土壤样品（预先除去枝棒、叶片、石子等异物），加入适量无水硫酸钠，研磨均化为流体状。

（3）试样的提取与富集。

①萃取。萃取方法可选择索氏提取、自动索氏提取、快速溶剂萃取或超声萃取等，依据具体萃取方法对制备好的试样进行萃取。萃取溶剂为二氯甲烷/丙酮或正己烷/丙酮混合溶液。

快速溶剂萃取：根据制备得到的试样体积选择合适的萃取池，装入样品，以丙酮—二氯甲烷混合溶液为萃取溶剂，按以下参考条件进行萃取：萃取温度 100℃，萃取压力 1 500 psi，静态萃取时间 10 min（5 min 预热平衡之后），淋洗体积为 60%池体积，氮气吹扫 60 s，萃取循环次数为 2 次。收集提取液，待浓缩、净化。

索氏提取：将制备好的试样全部用净化过的滤纸封好，置于索氏提取容器中；于烧瓶中加入 120 mL 丙酮—正己烷混合溶液，抽提 16 h，回流速度控制在 4～6 次/h。冷却后收集所有提取液待浓缩、净化。

②脱水和浓缩。如果萃取液存在明显水分，需要脱水。在玻璃漏斗内垫一层玻璃棉或玻璃纤维滤膜，加入约 5 g 无水硫酸钠，将萃取液经上述漏斗直接过滤到浓缩器皿中，每次用少量萃取溶剂充分洗涤萃取容器，将洗涤液也倒入漏斗中，重复 3 次。最后再用少许萃取溶剂冲洗无水硫酸钠，待浓缩。

浓缩方法推荐使用以下 3 种方式，也可选择 K-D 浓缩等其他浓缩方式。如不需净化直接分析，需将样品溶剂置换为乙腈；如选用 GPC 进一步净化，需将样品溶剂置换为环己烷—乙酸乙酯混合溶液；如选用弗罗里硅土进一步净化，需将样品溶剂置换为正己烷。

氮吹：萃取液转入浓缩管或其他玻璃容器中，开启氮气至溶剂表面有气流波动但不形成气涡为宜。

减压快速浓缩：将萃取液转入专用浓缩管中，根据仪器说明书设定温度和压力条件，进行浓缩。

旋转蒸发浓缩：将萃取液转入合适体积的圆底烧瓶，根据仪器说明书或萃取液沸点设定温度条件（如二氯甲烷—丙酮混合溶液可设定 50℃左右，正己烷—丙酮混合溶液可设定 60℃左右），浓缩至 2 mL，转出的提取液需要再用小流量氮气浓缩至 1 mL。

③样品净化。

样品净化推荐采用凝胶色谱法或弗罗里硅土净化法。

Ⅰ 凝胶色谱净化。

采用凝胶色谱净化前，应用邻苯二甲酸酯有证标准物质配制一个曲线中间点浓度的样品，进行方法校准，确定收集样品的起止时间，并验证回收率，当回收率满足方法要求后即可开始净化样品。

将6-（3）-②得到的溶剂为环己烷—乙酸乙酯混合溶液的提取液定容至5 mL（或依据GPC 定量环体积定容至相应体积），样品全部转移至凝胶色谱仪，以环己烷—乙酸乙酯混合溶液为流动相进行分离，并按照校准验证后的净化条件收集流出液；按照6-（2）-②重新浓缩，并将溶剂置换为乙腈待分析。

GPC 参考条件：进样量：5 mL；流动相：环己烷—乙酸乙酯混合溶液；流速：5.0 mL/min；收集810~1 750 s 的流出液进一步浓缩。

Ⅱ 弗罗里硅土净化。

（A）玻璃层析柱法。

a. 活化。将玻璃棉填入玻璃层析柱底部，然后加入 10 g 弗罗里硅土。轻敲柱子，避免填料中存在明显的气泡，再添加厚 1~2 cm 的无水硫酸钠；用 40 mL 正己烷淋洗，控制流速约 2 mL/min，弃去该部分溶剂，当溶剂液面刚好淹没硫酸钠层时，关闭柱阀门待用。如果填料干枯，需要重新处理。层析柱应临用时装填。

b. 上样。将6-（3）-②得到的溶剂为正己烷的提取液全部移至上述层析柱中，用 1.0 mL 正己烷清洗浓缩管，一并转入层析柱。然后缓慢打开柱阀门使萃取液以 2 mL/min 的速度通过小柱，当溶剂液面刚好淹没硫酸钠层时，关闭柱阀门。

c. 洗脱。首先用 40 mL 正己烷淋洗层析柱，将流速控制在 2 mL/min 左右，弃去该部分溶剂，当溶剂液面刚好淹没硫酸钠层时，关闭柱阀门；取 100 mL 乙酸乙酯—正己烷混合溶液继续淋洗层析柱，同样将流速控制 2 mL/min 左右，将所有溶剂收集于浓缩容器内。按照 6-（3）-②重新浓缩，并将溶剂置换为乙腈待分析。

（B）固相萃取柱法。

当浓缩后的萃取液颜色较浅时，可采用固相萃取柱净化。操作步骤如下：

a. 活化。将商品化弗罗里硅土小柱安置于固相萃取装置，关闭小柱阀门，打开真空泵保持一定的真空度；用 4 mL 正己烷对固相萃取柱进行活化，慢慢打开小柱阀门，使正己烷浸润吸附柱并除去柱内气泡，关闭小柱阀门使溶剂浸润吸附剂 5 min（此过程中不要关闭真空泵）；然后缓慢打开小柱阀门放出多余有机溶剂，但应保持溶剂液面高出填料层 1 mm 使其不与空气接触，如固相萃取柱填料变干，则需重新活化固相萃取柱。

b. 上样。将6-（3）-②得到的溶剂为正己烷的提取液全部移至上述固相萃取柱中，用 0.5 mL 正己烷清洗浓缩管，一并转入固相萃取柱。然后缓慢打开小柱阀门，使提取液以 2 mL/min 的速度通过小柱，当提取液全部浸入填料时关闭小柱阀门，整个过程应控制流速确保填料层之上自始至终有溶液覆盖。

c. 洗脱。在固相萃取小柱下方放入 10 mL 收集管，用 9 mL 丙酮—正己烷混合溶液洗脱上述固相萃取柱，溶剂浸没填料层约 1 min。缓缓打开小柱阀门，控制流速约为 2 mL/min 收集洗脱液。

样品含有机氯农药干扰时，首先用 5 mL 二氯甲烷—正己烷混合溶液淋洗上述固相萃取柱以除去有机氯农药干扰；再以 9 mL 丙酮—正己烷混合溶液洗脱固相萃取柱并收集洗脱液。

收集的洗脱液按照 6-（3）-②重新浓缩，并将溶剂置换为乙腈待分析。

7. 分析步骤

（1）液相色谱分析参考分析条件。

流动相：乙腈/水；梯度淋洗：55%的乙腈保持 2 min；2.0～6.0 min，乙腈从 55%线性增至 100%，并保持 9 min；15.0～16.0 min，乙腈从 100%线性减至 55%，并保持 2 min。

检测波长：225 nm。

流速：1.0 mL/min；进样量：20.0 µL；柱温：35℃。

（2）校准。

① 标准系列配制。

将邻苯二甲酸酯混合标准中间使用液根据样品浓度范围，以乙腈为溶剂稀释、配制成合适的 5～6 点标准系列。如可配制浓度为 0.25，0.5，1.0，2.5，5.0，10.0 µg/mL 的标准系列。

② 校准曲线绘制。

按照参考分析条件，通过自动进样器或手动进样阀（配 20 µL 定量环）分别移取 6 种浓度的标准使用液 20.0 µL，注入液相色谱仪，得到各不同浓度的邻苯二甲酸酯色谱图，以峰高或峰面积为纵坐标，浓度为横坐标，绘制校准曲线。校准曲线的相关系数应≥0.999，否则重新绘制标准曲线。6 种邻苯二甲酸酯标准物质参考色谱图见图 5-3-16。

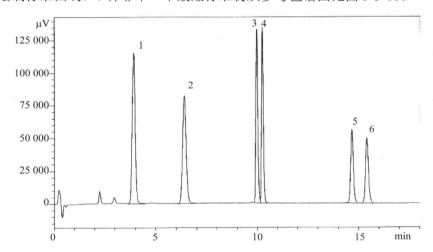

1. 邻苯二甲酸二甲酯；2. 邻苯二甲酸二乙酯；3. 邻苯二甲酸丁基卞酯；4. 邻苯二甲酸二丁酯；

5. 邻苯二甲酸二（2-乙基己基）酯；6. 邻苯二甲酸二辛酯

图 5-3-16　6 种邻苯二甲酸酯标准物质紫外色谱图

③ 校准曲线核查：每个工作日应测定校准曲线中间点浓度溶液，来检验校准曲线。

（3）样品测定。

① 定性分析。

根据标准色谱图各组分的保留时间定性。若使用二极管阵列检测器测定，还可用光谱图特征吸收峰辅助定性。

② 定量分析。

取 20 μL 待测样品注入液相色谱仪，记录色谱峰的保留时间和峰高（峰面积），外标法定量。

（4）空白试验。

使用 15.0 g 河砂或石英砂替代试样，按照与试样的预处理、测定相同步骤进行测定，检查分析过程是否有污染。

（5）检出限。

连续分析 7 个实验室空白土壤加标样品，利用下式计算检出限。

$$MDL = t_{(n-1, \ 0.99)} S \qquad (5\text{-}3\text{-}15)$$

式中，$t_{(n-1, \ 0.99)}$ 为置信度 99%，自由度 $n-1$ 时的 t 值（$t = 3.143$）。

8. 结果计算与表示

样品中的目标化合物含量 ω（μg/kg），按照下式进行计算。

$$\omega = \frac{\rho_i \times V_x}{m \times (1-w)} \times 1\,000 \qquad (5\text{-}3\text{-}16)$$

式中：ω —— 样品中的目标物含量，μg/kg；

　　　ρ_i —— 从校准曲线上查得邻苯二甲酸酯化合物的浓度，μg/mL；

　　　V_x —— 样品浓缩定容体积，mL；

　　　m —— 样品质量，g；

　　　w —— 样品含水率，%。

测试结果保留三位有效数字。

9. 精密度和准确度

对实际样品加标进行精密度及准确度测试。在实际样品中（15.0 g）加入邻苯二甲酸酯混合标准溶液（1 000 ng、2 000 ng、4 000 ng），使 6 种邻苯二甲酸酯化合物在样品中的加标量分别为 66.7 μg/kg、133 μg/kg、267 μg/kg。

实验室内相对标准偏差分别为 3.58%～10.4%、6.03%～9.75%、1.62%～6.31%。

平均加标回收率分别为 72.1%～109%、73.0%～105%、73.0%～95.6%。

10. 质量保证和质量控制

（1）分析全程序空白、试剂空白和基体加标。

分析方式及控制指标见本章"七、半挥发性有机物"中的空白试验和基体加标部分。

（2）净化柱性能检查。

实际样品净化前，验证净化方法对目标化合物定量回收率。不同品牌、批次商品化弗罗里硅土固相萃取小柱净化效率存在差别，更换固相萃取小柱品牌、批次时，至少抽取一支小柱进行定量回收率核验。结果满足控制要求时，才能用于样品净化。

（3）连续校准：

每 12 h 分析 1 次校准曲线中间浓度点，中间浓度点测定值与校准曲线相应点浓度的相对偏差不大于 20%，否则需要重新绘制校准曲线。

（4）保留时间。

以样品的保留时间与标准品的保留时间相比定性。其定性的保留时间窗口宽度以测定标准样品的实际保留时间变化为基准，以各组分 72 h 内三次测定所得保留时间计算标准偏差δ，并按$\pm3\delta$设定保留时间窗口，最低按±0.03 min 计。

11. 注意事项

低分子量邻苯二甲酸酯在浓缩时较易损失。因此氮吹时应注意控制氮气流量，不要有明显涡流；采用其他浓缩方式时，应合理控制加热温度或真空度。

（山东省环境监测中心站　李红莉　颜涛　郭文建）

十、醛酮类化合物

醛酮类化合物是一类重要的环境污染物，无论在大气还是在水体、土壤中，甚至在食物、植物等方面，均受到广泛关注。醛酮类化合物大多有刺激性和毒性，对人的眼睛、皮肤、呼吸道有强烈刺激作用，其中甲醛和丙烯醛是可疑致癌物。

醛酮类化合物的分析方法主要有气相色谱法、液相色谱—紫外法和液相色谱串联质谱法。气相色谱法主要用于测定低分子量，挥发性的醛酮类化合物，又分为衍生—气相色谱法和吹扫捕集/气相色谱法。液相色谱—紫外法是目前测定醛酮类化合物广泛使用的方法，具有稳定性好、灵敏度高、检出限低的特点，被很多国家采用为标准方法。液相色谱串联质谱法是目前最先进、发展最快的方法，采用大气压化学电离（APCI）的负离子模式或电喷雾电离（ESI）的负离子模式，可以检测到 pg 级，是一种高灵敏度、高选择性的定量检测技术。目前国内最成熟的检测技术是衍生化液相色谱—紫外检测器法。

液相色谱法（B）

1. 方法原理

2,4-二硝基苯肼（DNPH）与醛酮类化合物反应，生成 2,4-二硝基苯腙，利用高效液相色谱（HPLC）—紫外法/可见法检测，识别和定量目标分析物。

2. 适用范围

本方法适用于土壤中十二种醛酮类化合物的测定，包括甲醛、乙醛、丙醛、反式丁烯醛、丁醛、环己酮、戊醛、己醛、庚醛、辛醛、壬醛、癸醛。其他醛酮类化合物经适用性验证，也可采用本方法进行分析。

采用液固提取衍生化前处理方法时，方法检出限为 4.4～43.7 μg/L；当采用液液萃取衍生化前处理方法时，方法检出限为 6.6～110.2 μg/L。

3. 干扰及消除

（1）玻璃器皿必须严格清洗。玻璃器皿在使用完后应立即清洗。使用热水清洗完再用不含有机物的水清洗，清洗完再晾干，在 130℃下干燥 2～3 h 或用乙腈润洗。清洁后的玻璃器皿存放在洁净环境中。丙酮和甲醇与 DNPH 反应形成干扰物质，严禁用其润洗器皿。

（2）环境中甲醛较多，DNPH 试剂易受其影响，纯的 DNPH 晶体放在色谱纯乙腈中保存。必要时，可在色谱纯乙腈中重结晶净化 DNPH 试剂：40～60℃条件下，慢慢蒸发溶剂，使结晶体积最大化。DNPH 含杂质水平应在样品分析之前确定，应低于 25 mg/L。

（3）如样品中含有乙醇，乙醇在衍生化过程中产生乙醛，形成正干扰。

4．试剂和材料

（1）氢氧化钠溶液：1.0 mol/L 和 6.0 mol/L。

（2）冰醋酸。

（3）柠檬酸缓冲液：1.0 mol/L。

（4）盐酸溶液：6.0 mol/L。

（5）DNPH 反应剂。

（6）饱和氯化钠溶液。

（7）乙腈：液相色谱纯，甲醛浓度应小于 1.5 µg/L，避光保存。

（8）二氯甲烷：液相色谱纯，甲醛浓度应小于 1.5 µg/L，避光保存。

（9）醛酮类化合物标准溶液：100 µg/mL，直接购买市售有证的醛酮类-2,4-二硝基苯腙衍生物标准溶液，或用市售固体标样配制，质量浓度以醛酮类化合物计。避光保存，开封后于 4℃低温密闭保存，可保存 2 个月。

5．仪器和设备

（1）高效液相色谱仪：具备梯度洗脱功能。

色谱柱：C_{18}（250 mm×4.6 mm×5µm 液相色谱柱）。

检测器：360 nm 二极管阵列检测器或紫外/可见检测器。

流动相过滤系统：全玻璃或 PTFE 材料，滤膜孔径 0.22 µm。

（2）容量瓶。

（3）分液漏斗：250 mL，具 PTFE 活塞。

（4）K-D 浓缩器。

（5）沸石：用于二氯甲烷溶剂萃取，10～40 目。

（6）pH 计：分辨率为 0.01 pH 单位。

（7）玻璃滤膜：1.2 µm 孔径。

（8）固相萃取柱：填充 2 g C_{18} 填料。

（9）水浴锅：带刻度，控温范围（±2℃）。

（10）离心机。

（11）天平：能精确至 0.000 1 g。

（12）涡旋振荡器。

6．样品

（1）样品提取。

称取 25 g 土壤放入 500 mL 带聚四氟乙烯瓶盖的玻璃瓶中，加入 500 mL 提取溶剂（64.3 mL 1.0 mol/L 的 NaOH 溶液和 5.7 mL 冰醋酸加入到 900 mL 无有机物的超纯水中，再用无有机物的超纯水定容到 1 L）。土壤与提取液的质量与体积比是 1∶20。以 30 r/min 的速度振荡土壤提取液 18h，提取液用玻璃纤维滤纸过滤，在 4℃条件下密封保存。

（2）净化和分离。

如果样品不干净或者完全未知，全部的样品应该在 2 500 r/min 下离心 10 min。确保上层液与乳化层分离，上层液通过玻璃纤维滤纸过滤到密封容器中。基质相对干净的样品不需要净化，这个净化方法适合于各种类型的样品，个别样品需要不同的净化方法，样品中的甲醛回收率要大于 85%，如果提取液有乳化现象回收率可以低点。

（3）衍生化。

取 1～10 mL 提取液，用超纯水定容到 100 mL，转移至反应器中，使用液固或液液方法进行衍生。

① 液固提取和衍生。当分析物中不只甲醛时，加入 4 mL 柠檬酸缓冲液，用 6 mol/L 的盐酸溶液或 6 mol/L 的 NaOH 溶液调节 pH 至 3.0±0.1；当只有甲醛时，调节 pH 至 5.0±0.1。加入 6 mL 的 DNPH 反应剂，密封容器，在 40℃条件下，温和旋涡振荡 1h。用水泵或真空泵抽真空管，在真空管里装入 2 g 吸附材料，用 10 mL 稀柠檬酸（10 mL 1 mol/L 的柠檬酸缓冲溶液溶解在 250 mL 无有机物的超纯水中）通过每一个吸附材料。1h 后从旋涡振荡器上移下反应容器，加入 10 mL 饱和氯化钠。定量转移反应溶液以 3～5 mL/min 的速度通过吸附材料，再用 9 mL 乙腈洗脱，洗脱液收集到 10 mL 容量瓶中，用乙腈定容混匀，放置在密封玻璃瓶中等待分析。

② 液液提取和衍生。当分析物中不只甲醛时，加入 4 mL 柠檬酸缓冲液，用 6 mol/L 的盐酸溶液或 6 mol/L 的 NaOH 溶液调节 pH 至 3.0±0.1；当只有甲醛时，调节 pH 至 5.0±0.1。加入 6 mL 的 DNPH 反应剂，密封容器，在 40℃条件下，温和旋涡振荡 1h。用三次 20 mL 二氯甲烷连续萃取，合并萃取液过无水硫酸钠，K-D 浓缩至 5 mL，转换溶剂为乙腈分析。

7. 分析步骤

（1）参考色谱条件。

色谱柱：C_{18}（250 mm×4.6 mm×5μm 液相色谱柱）。

流动相变化过程：70/30 乙腈/水（v/v），保持 20 min；15 min 内 70/30 乙腈/水（v/v）升到 100%乙腈；100%乙腈保持 15 min；

流速：1.2 mL/min；

检测器：二极管阵列或紫外检测，360 nm；

进样体积：20 μL。

（2）校准。

① 标准系列配制。

取浓度为 100 μg/mL 的醛酮类标准储备溶液 20 μL，用乙腈定容至 2 mL，得到浓度为 1.0 μg/mL 的醛酮类标准使用溶液；分别取醛酮类标准使用溶液 10，20，60，100，200，500，1 000 μL，用乙腈定容至 1 mL，得到浓度为 0.01，0.02，0.06，0.1，0.2，0.5，1.0 μg/mL 的系列标准溶液。

② 校准曲线绘制。

按照参考色谱条件，依次将系列标准溶液进样测试。以色谱响应值为纵坐标，浓度为横坐标，绘制校准曲线，校准曲线的相关系数≥0.995。

（3）样品测定。

① 定性分析：根据标准色谱图各组分的保留时间定性。使用二极管阵列检测器检测，可用光谱图特征峰来辅助定性。

② 定量分析：采用色谱峰面积外标法定量。

③ 空白测定：称取一定量的石英砂代替样品，按照与实际样品同样的处理步骤制备空白试样，按照参考色谱条件进行测定。每批样品应至少带一个全程序空白。

8. 结果计算和表示

土壤样品中的醛酮类化合物浓度 ω（µg/kg），按照式（5-3-17）进行计算。

$$\omega = \frac{\omega_0 \times V_0}{m_1 \times w_{dm}} \qquad (5\text{-}3\text{-}17)$$

式中：ω —— 样品中醛酮类化合物的含量，µg/kg；

$\quad\quad\;\;\omega_0$ —— 从校准曲线上查得的醛酮类化合物的浓度，µg/mL；

$\quad\quad\;\;V_0$ —— 洗脱液定容体积，mL；

$\quad\quad\;\;m_1$ —— 样品量（湿重），g；

$\quad\quad\;\;w_{dm}$ —— 样品的干物质含量，%。

当测定结果＜100 µg/kg 时，结果保留至小数点后一位；当测定结果＞100 µg/kg 时，结果保留三位有效数字。

（广东省环境监测中心　贾静　向运荣）

十一、酚类

酚类化合物（phenolic compounds）是指芳香烃苯环上的氢原子被羟基取代的衍生物，根据所含羟基的数目可分为一元酚和多元酚，根据挥发性可分挥发性酚和不挥发性酚，根据苯环上的不同取代基团又可分为卤代酚类、硝基酚类等。

酚类化合物是重要的有机化工原料，用于制造酚醛树脂、高分子材料、离子交换树脂、合成纤维、染料、药物、炸药等，工业生产中产生的"三废"是酚类化合物的重要来源；在农业生产中酚类化合物可作为除草剂、杀虫剂、杀菌剂使用。因此酚类化合物广泛存在于土壤和沉积物中，引起土壤和沉积物环境的生态变异或破坏生态系统的物质平衡，残留富集在土壤和沉积物中的酚类化合物会通过食物链的富集作用最终影响到人体健康，因此，分析土壤和沉积物中酚类化合物的含量显得尤为重要。

目前环境中关注的酚类化合物主要为苯酚、氯酚类和硝基酚类，测定方法包括气相色谱法、液相色谱法以及气相色谱—质谱法等。土壤样品中酚类化合物的提取方法主要有索氏提取、超声提取、加压流体萃取、微波萃取法和超临界流体萃取等。由于酚类化合物能溶于碱性水溶液，可使用酸碱分配进行净化。酚类化合物在质谱中的响应不佳，通常采用衍生化反应改善峰形，提高灵敏度。

（一）衍生化气相色谱—质谱法（C）

1. 方法原理

土壤样品用合适的有机溶剂提取，提取液经酸碱分配净化，酚类化合物进入水相后，将水相调节至酸性，用合适的有机溶剂萃取水相，萃取液经脱水、浓缩、定容、硅烷化反应后，用气相色谱—质谱法（GC-MS）分离检测，以保留时间和特征离子定性，外标法或内标法定量。

2. 适用范围

本方法适用于土壤中 17 种酚类化合物的测定，其他酚类化合物如果通过验证也可适用于本方法。当取样量为 10.0 g，采用全扫描方式时，17 种酚类化合物的方法检出限为 0.01～0.04 mg/kg，测定下限为 0.04～0.16 mg/kg，见表 5-3-12。

表 5-3-12　方法检出限、测定下限及定量内标

序号	目标化合物	检出限/（mg/kg）	测定下限/（mg/kg）	内标物
1	苯酚	0.01	0.04	萘-d_8
2	2-甲酚	0.01	0.04	萘-d_8
3	3-甲酚	0.01	0.04	萘-d_8
4	4-甲酚	0.01	0.04	萘-d_8
5	2-氯苯酚	0.01	0.04	萘-d_8
6	2,4-二甲酚	0.01	0.04	萘-d_8
7	4-氯-3-甲酚	0.01	0.04	萘-d_8
8	2,6-二氯苯酚	0.02	0.08	萘-d_8
9	2,4-二氯苯酚	0.02	0.08	萘-d_8
10	2-硝基酚	0.02	0.08	萘-d_8
11	2,4,6-三氯苯酚	0.03	0.12	菲-d_{10}
12	4-硝基酚	0.02	0.08	菲-d_{10}
13	2,4,5-三氯苯酚	0.02	0.08	菲-d_{10}
14	2,3,4,5-四氯苯酚	0.02	0.08	菲-d_{10}
15	2,3,4,6-四氯苯酚	0.03	0.12	菲-d_{10}
16	2,3,5,6-四氯苯酚	0.03	0.12	菲-d_{10}
17	五氯酚	0.04	0.16	菲-d_{10}

3. 试剂和材料

（1）氢氧化钠（NaOH）。

（2）盐酸（HCl）：$\rho = 1.19$ g/mL。

（3）无水硫酸钠（Na_2SO_4）。

（4）氢氧化钠溶液：c（NaOH）= 5 mol/L。

称取 20 g NaOH 固体，用水溶解冷却后定容至 100 mL。

（5）盐酸溶液：c（HCl）=3 mol/L

量取 125 mL 盐酸，用水稀释至 500 mL。

（6）二氯甲烷（CH_2Cl_2）：色谱纯。

（7）乙酸乙酯（$CH_3COOC_2H_5$）：色谱纯。

（8）甲醇（CH_3OH）：色谱纯。

（9）正己烷（C_6H_{14}）：色谱纯。

（10）二氯甲烷—乙酸乙酯混合溶剂：4+1（v/v）。

（11）二氯甲烷—正己烷混合溶剂：2+1（v/v）。

（12）硅烷化试剂（TMS）：双（三甲基硅烷基）三氟乙酰胺+三甲基氯硅烷（BSTFA+TMCS，99：1）。

（13）标准贮备液：$\rho = 1\ 000$ mg/L。

可直接购买包括所有分析组分的有证标准溶液，也可用纯标准物质制备。包括苯酚、2-甲酚、3-甲酚、4-甲酚、2,4-二甲酚、2-氯苯酚、2,4-二氯苯酚、2,6-二氯苯酚、4-氯-3-甲酚、2,4,6-三氯苯酚、2,4,5-三氯苯酚、2,3,4,6-四氯苯酚、2,3,4,5-四氯苯酚、2,3,5,6-四氯苯酚、五氯酚、2-硝基酚、4-硝基酚。

（14）标准使用液：$\rho = 100$ mg/L。

用甲醇稀释标准贮备液，配制成浓度为 100 mg/L 的标准使用液，于 4℃冰箱避光保存。

（15）内标标准贮备液：$\rho = 2\,000$ mg/L。

可直接购买市售有证标准溶液，含萘-d_8、菲-d_{10}，也可用纯标准物质制备。

（16）内标标准使用液：$\rho = 200$ mg/L。

用二氯甲烷与乙酸乙酯混合溶剂稀释内标标准储备液。

（17）石英砂：20～50 目。在 400℃烘烤 4 h，置于干燥器中冷却至室温，转移至磨口玻璃瓶中，于干燥器中保存。

（18）硅藻土。

（19）氮气（N_2）。

（20）氦气（He）。

（21）萃取池：不锈钢材质或其他可耐高温高压的材料制成。

（22）十氟三苯基膦（DFTPP）：5 mg/L（二氯甲烷溶剂），可直接购买市售有证标准溶液，或用高浓度标准溶液配制。

4. 仪器和设备

（1）气相色谱—质谱仪：气相色谱具有分流/不分流进样口，具有程序升温功能；质谱仪采用电子轰击电离源。

（2）色谱柱：30 m×0.25 mm×0.25 μm（固定相为 5%苯基—甲基聚硅氧烷），或其他等效毛细管柱。

（3）提取设备：加压流体萃取装置。也可选用探针式超声波提取仪、索氏提取装置或微波提取装置。

（4）分液漏斗：玻璃，带聚四氟乙烯（PTFE）塞子。

（5）浓缩装置：旋转蒸发装置或 K-D 浓缩仪、氮吹浓缩仪等性能相当的设备。

（6）研钵：由玻璃、玛瑙或其他无干扰物的材质制成。

（7）天平：精度为 0.01 g。

5. 样品

（1）样品采集与保存、制备。

见第五篇第一章中半挥发性有机物部分。

（2）试样制备。

①脱水。称取约 10 g（精确到 0.01 g）土壤样品双份，一份测定干物质含量，另一份加入适量硅藻土，拌匀研磨成散粒状。

②提取。可选择加压流体萃取、索氏提取、超声波提取或微波提取等方式进行提取目标物。

a. 加压流体萃取。根据试样体积选择合适萃取池，装入样品，以二氯甲烷—正己烷混合溶剂为萃取溶剂，按以下参考条件萃取：萃取温度 100℃，萃取压力 1 500 psi，静态萃取时间 5 min，淋洗体积为 60%池体积，氮气吹扫时间 60 s，萃取循环次数 2 次。也可参照仪器生产商说明书设定条件。收集提取液，待净化。

b. 索氏提取。将试样置于纸质套筒中，加入 100 mL 二氯甲烷—正己烷混合溶剂，提取 16～18 h，回流速率控制在 10 次/h 左右，冷却后收集所有提取液，待净化。

c. 超声波提取。根据试样体积选择合适的锥形瓶，加入适量二氯甲烷—正己烷混合溶剂，使得液面至少高出固体 2 cm，将超声探头置于液面下，超声提取 3 次，每次 3 min，控制提取温度不超过 40℃（可将锥形瓶放在冰水浴中），合并提取液，待净化。

d. 微波提取。将试样置于微波提取专用容器中,加入适量二氯甲烷—正己烷混合溶剂,液面高度没过试样且低于容器深度的 2/3(样品过多可分多份单独提取,最后合并提取液)。微波提取参考条件:功率 800 W,5 min 内升温至 75℃,保持 10 min。待提取液冷却后过滤,用适量混合溶剂洗涤容器内壁及试样,收集提取液,待净化。

③净化。将得到的提取液转入分液漏斗中,加入 2 倍于提取液体积的水,用 NaOH 溶液调节至 pH>12,充分振荡、静置,弃去下层有机相,保留水相部分。

注:若有机相颜色较深,可适当增加净化次数。

(3)萃取和浓缩。

将得到的水相部分用盐酸溶液调节 pH<2,加入 50 mL 二氯甲烷—乙酸乙酯混合溶剂,充分振荡、静置,弃去水相,有机相经过装有适量无水硫酸钠的漏斗除水,用二氯甲烷—乙酸乙酯混合溶剂充分淋洗硫酸钠,合并全部有机相,浓缩定容至 1.0 mL。

(4)衍生化反应。

在 1.0 mL 上述萃取浓缩液中准确加入 100 μL 硅烷化试剂及 5.0 μL 内标标准使用液。盖好瓶塞,轻轻振摇、混匀。置于室温下衍生 1 h 后,待测。

(5)空白试样制备。

用石英砂代替实际样品,按与试样制备相同步骤制备空白试样。

6. 分析步骤

(1)仪器参考条件。

①气相色谱参考条件。

进样口温度:260℃;进样方式:分流或不分流;进样体积:1.0 μL。柱箱升温程序:40℃保持 2.0 min,以 5℃/min 的升温速率升至 180℃,再以 10℃/min 的升温速率升至300℃并保持 2.0 min;载气流量:1.2 mL/min;

②质谱参考条件。

四极杆温度:150℃;离子源温度:250℃;传输线温度:280℃;扫描模式:全扫描或选择离子扫描,酚类衍生物(如苯酚三甲基硅烷化衍生物,简称为苯酚-TMS)的主要特征离子参见表 5-3-13;溶剂延迟时间:9 min。

表 5-3-13 酚类衍生物出峰顺序及主要特征离子

序号	保留时间/min	化合物名称	特征离子(m/z)
1	12.123	苯酚-TMS	**151** 166 152
2	14.418	2-甲酚-TMS	**165** 180 91
3	14.764	3-甲酚-TMS	**165** 180 91
4	15.074	4-甲酚-TMS	**165** 180 166
5	16.041	萘-d_8(IS1)	**136** 68
6	16.559	2-氯苯酚-TMS	**185** 149 93
7	17.193	2,4-二甲酚-TMS	**179** 194 105
8	19.926	4-氯-3-甲酚-TMS	**199** 214 201
9	20.590	2,6-二氯苯酚-TMS	**219** 221 183
10	21.003	2,4-二氯苯酚-TMS	**219** 93 221
11	21.757	2-硝基酚-TMS	**196** 151 197
12	24.061	2,4,6-三氯苯酚-TMS	**253** 255 93
13	24.593	4-硝基酚-TMS	**196** 211 150

序号	保留时间/min	化合物名称	特征离子（m/z）
14	24.682	2,4,5-三氯苯酚-TMS	**93** 253 255
15	28.282	2,3,4,5-四氯苯酚-TMS	**289** 287 93
16	28.508	2,3,4,6-四氯苯酚-TMS	**289** 287 291
17	29.039	2,3,5,6-四氯苯酚-TMS	**93** 289 287
18	30.801	菲-d$_{10}$（IS2）	**188** 94 80
19	32.134	五氯酚-TMS	**323** 93 325

注：特征离子列黑体数值为酚类化合物三甲基硅烷化衍生物的定量离子。

③仪器性能检查。

分析开始前，用十氟三苯基膦（DFTPP）溶液对气相色谱—质谱系统进行仪器性能检查，结果达到表 5-1-2 要求，否则重新 GC/MS 系统调谐。

④校准系列配制。

准确移取标准使用液 10.0，25.0，50.0，100，250，500 μL 于 5 mL 容量瓶中，用二氯甲烷—乙酸乙酯混合溶剂稀释至标线，配制校准系列溶液，目标化合物浓度分别为 0.20，0.50，1.00，2.00，5.00，10.0 mg/L。按照步骤进行衍生化并加入内标后，在推荐仪器条件下测定。

⑤校准曲线绘制。

按照仪器参考条件进行分析，得到不同浓度各目标化合物的质谱图，记录各目标化合物的保留时间和定量离子质谱峰的峰面积（或峰高），按内标法绘制标准曲线或计算平均相对相应因子。

（2）参考色谱图。

按照色谱参考条件分析，17 种酚类化合物三甲基硅烷化衍生物的参考色谱图见图 5-3-17。

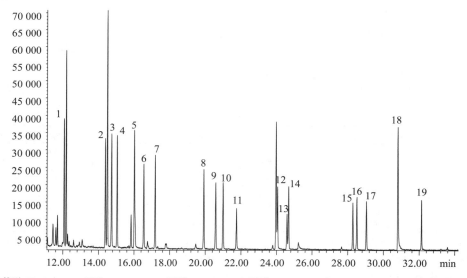

1. 苯酚-TMS；2. 2-甲酚-TMS；3. 3-甲酚-TMS；4. 4-甲酚-TMS；5. 萘-d$_8$（I.S.）；6. 2-氯苯酚-TMS；
7. 2,4-二甲酚-TMS；8. 4-氯-3-甲酚-TMS；9. 2,6-二氯苯酚-TMS；10. 2,4-二氯苯酚-TMS；11. 2-硝基酚-TMS；
12. 2,4,6-三氯苯酚-TMS；13. 4-硝基酚-TMS；14. 2,4,5-三氯苯酚-TMS；15. 2,3,4,5-四氯苯酚-TMS；
16. 2,3,4,6-四氯苯酚-TMS；17. 2,3,5,6-四氯苯酚-TMS；18. 菲-d$_{10}$（I.S.）；19. 五氯酚-TMS

图 5-3-17　17 种酚类化合物硅烷化衍生物的参考标准总离子流图

（3）测定。

取 1.0 μL 试样，注入气相色谱—质谱仪中，记录色谱峰的保留时间和定量离子质谱峰的峰面积（或峰高）。

（4）空白试验。

在同批样品测定时做空白试验，取 1.0 μL 空白试样进行测定。

7. 结果计算与表示

（1）定性与定量。

以样品中目标物的保留时间和辅助定性离子与目标离子峰面积比（Q）与标准样品比较来定性。多次分析标准溶液得到目标物的保留时间均值，以平均保留时间±3 倍的标准偏差为保留时间窗口，样品中目标物的保留时间应在其范围内。样品中目标化合物的辅助定性离子和目标离子峰面积比与期望 Q 值（即标准样品的 Q 值）的相对偏差应在±30%以内。

内标法定量。

（2）结果计算。

土壤样品中目标化合物的含量 ω（mg/kg），按照式（5-3-18）进行计算。

$$\omega = \frac{A_x \times \rho_{IS} \times V_x}{A_{IS} \times \overline{RF} \times m \times w_{dm}} \quad (5\text{-}3\text{-}18)$$

式中：ω —— 样品中的目标化合物含量，mg/kg；

A_x —— 测试液试样中目标化合物特征离子的峰面积；

A_{IS} —— 测试液中内标化合物特征离子的峰面积；

ρ_{IS} —— 测试液中内标化合物的浓度，mg/L；

$\overline{RF}$ —— 校准曲线的平均相对响应因子；

V_x —— 浓缩定容体积，mL；

m —— 样品量，g；

w_{dm} —— 样品的干物质含量，%。

（3）结果表示。

当结果≥1.00 mg/kg 时，结果保留三位有效数字；＜1.00 mg/kg 时，结果保留至小数点后两位。

8. 精密度和准确度

（1）精密度。

实验室对目标化合物浓度为 0.10 mg/kg 和 0.50 mg/kg 的土壤加标样品各测定 6 次，相对标准偏差分别为 3.8%～22.5%、7.1%～23.9%；

（2）准确度。

实验室对目标化合物浓度为 0.10 mg/kg 和 0.50 mg/kg 的土壤加标样品各测定 6 次，目标化合物的加标回收率范围分别为 63.5%～109.7%和 67.7%～115.8%。

方法的检出限、测定下限及定量内标见表 5-3-12。

9. 质量保证和质量控制

（1）分析空白试验，结果中目标化合物浓度应小于方法检出限。

（2）校准曲线。线性拟合曲线相关系数应≥0.990，或相对响应因子的相对标准偏差不得大于 20%。否则应查找原因，重新绘制校准曲线。

（3）校准核查。每次分析样品前选校准曲线中间浓度进行校准核查，测定结果与原标准浓度相对偏差应≤30%。否则应重新绘制校准曲线。

（4）平行样测定。每批样品至少测定 1 次平行样品，平行样品测定结果相对偏差应在 30%以内。

（5）实际样品加标和加标平行。每批样品至少分析 1 个实际样品加标和 1 个加标平行。实际样品加标回收率应在 50%～140%，加标平行样测定结果相对偏差应在 30%以内。若实际样品加标回收率达不到要求，而加标平行符合要求，说明样品存在基体效应，在结果中注明。

10. 注意事项

（1）衍生化过程受湿度影响较大，样品萃取、衍生化之前应脱水完全，衍生化后要于干燥处密封保存。衍生化试剂应在干燥密封的环境下存放。

（2）衍生化试剂用量较大，若谱图中有未衍生的待测酚类物质出现，说明衍生反应不完全，应查明原因后再进行分析。实际样品及标准浓度不超过本方法标准曲线浓度范围时，加入的衍生化试剂可保证反应完全。对于超过校准曲线上限的高浓度样品，可减少取样量重新分析，或适当稀释萃取液后再进行衍生化反应。

（3）测定高浓度样品可能会存在记忆效应。可通过分析空白样品，直至空白样品中目标化合物的浓度低于检出限，方可分析下一个样品。

（宁波市环境监测中心　钱飞中）

（二）液相色谱法（C）

1. 方法原理

土壤中酚类化合物采用合适的萃取方法提取，再将提取液用纯水稀释后保留水相，经过 PSD 固相萃取柱分离，然后用乙腈洗脱，浓缩并定容，用液相色谱法分离测定。根据保留时间定性，外标法定量。

2. 适用范围

本方法适用于土壤中 11 种酚类化合物的测定。当土壤样品取样量为 10 g，萃取液浓缩后定容体积为 1 mL，进样体积为 10 μL 时，目标化合物的方法检出限为 1.25～5.00 μg/kg。

3. 干扰及消除

对于含油量较高的土壤样品（经索氏提取器或超声波萃取仪处理后，弃去的有机相颜色较深），可向水相中再加入一半水相体积的二氯甲烷—正己烷混合溶剂（1∶1，*v/v*）反复萃取 1～2 次，弃去有机相，保留水相。

4. 试剂和材料

（1）有机溶剂。

乙腈、二氯甲烷、丙酮、正己烷、甲醇、乙酸乙酯或其他等效有机溶剂，均为农残级。

（2）氢氧化钠。

（3）盐酸。

（4）石英砂。

（5）酚类化合物标准储备液：ρ=500～1 000 mg/L。

以甲醇为溶剂，配制标准储备液，或直接购买市售有证标准溶液。

（6）酚类化合物标准中间使用液：ρ=1～10 mg/L。

用乙腈对酚类化合物标准储备液进行适当稀释。

（7）干燥剂：无水硫酸钠或粒状硅藻土。

400℃下焙烧 2 h，然后将温度降至 100℃，关闭电源转入干燥器中，冷却后装入试剂瓶中，于干燥器中密封保存。临用前干燥。

（8）固相萃取柱：苯乙烯/二乙烯苯共聚物（PSD）固相萃取柱（250 mg/6 mL）或等效固相萃取小柱。

5. 仪器和设备

（1）液相色谱：具紫外检测器。

（2）色谱柱：18 烷基键合色谱柱，250 mm×4.6 mm×5 μm。

（3）索氏提取器。

（4）固相萃取装置：手动或自动。

（5）浓缩装置：旋转蒸发装置或 K-D 浓缩器，浓缩仪，或同等性能的设备。

（6）分析天平：精度为 0.01 g。

6. 样品

（1）样品采集与保存、制备。

见第五篇第一章中半挥发性有机物部分。

（2）试样预处理。

① 提取。试样量依据具体萃取方法而定，一般称取 10 g 试样进行萃取。萃取方法可选择索氏提取，自动索氏提取，加压流体萃取或超声萃取等，萃取试剂为二氯甲烷—正己烷混合溶剂（3：1，v/v）。提取液加入 100 mL 超纯水，用氢氧化钠溶液调节 pH＞12，充分振荡，静置分层后弃去下层有机相，保留水相部分，用盐酸调 pH 至 3。

② 固相萃取。

a. 活化和上样。依次用 10 mL 甲醇、10 mL 纯水活化 PSD 柱，以 5 mL/min 流速加入 100 mL 提取水样。上样完毕后，用高纯 N_2 吹干小柱水分。

b. 样品洗脱。用 10.0 mL 乙腈淋洗 PSD 柱，将洗脱溶液转入浓缩装置。

③ 脱水和浓缩。

如果萃取液存在明显水分，需要脱水。在玻璃漏斗上垫上一层玻璃棉或玻璃纤维滤膜，铺加约 5 g 无水硫酸钠，将萃取液经上述漏斗直接过滤到浓缩器皿中，每次用少量萃取溶剂充分洗涤萃取容器，将洗涤液也倒入漏斗中，重复 3 次。最后再用少许萃取溶剂冲洗无水硫酸钠，待浓缩。

浓缩方式推荐以下两种方式，也可选择减压快速浓缩和 K-D 浓缩等其他浓缩方式。

a. 氮吹：萃取液转入浓缩管或其他玻璃容器中，开启氮气至溶剂表面有气流波动但不形成气涡为宜。氮吹过程中应将已经露出的浓缩器管壁用乙腈反复洗涤多次。氮吹浓缩至 1 mL 以下，定容至 1.0 mL。

b. 旋转蒸发浓缩：将萃取液转入合适体积的圆底烧瓶，根据仪器说明书或萃取液沸点设定温度条件，浓缩至 2 mL，转出的提取液用小流量氮气浓缩至 1 mL 以下，用乙腈定容至 1.0 mL。

7. 分析步骤

（1）仪器参考条件。

液相色谱条件。

流动相：A：乙腈（含 1%乙酸），B：水（含 1%乙酸），梯度淋洗；

梯度淋洗:流动相 A 30% $\xrightarrow{1\ min}$ 流动相 A 30% $\xrightarrow{29\ min}$ 流动相 A 80% $\xrightarrow{2\ min}$ 流动相 A 30% $\xrightarrow{3\ min}$ 流动相 A 30%；

检测器：UV-280 nm，287 nm；

进样量：10 μL。

（2）标准曲线绘制。

分别取适量酚类化合物标准中间使用液，配制成 6 个不同浓度的标准系列，如 0.20，0.50，1.00，2.00，4.00，6.00 mg/L。按照仪器参考条件依次进行分析，根据结果绘制标准曲线。

图 5-3-18 为在本方法规定的仪器条件下，目标化合物的液相色谱图。

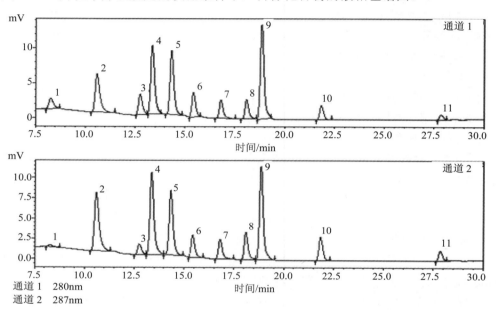

1. 苯酚；2. 对硝基酚；3. 邻氯酚；4. 2,4-二硝基酚；5. 邻硝基酚；6. 2,4-二甲酚；7. 4-氯间甲酚；8. 2,4-二氯酚；9. 4,6-二硝基邻甲酚；10. 2,4,6-三氯酚；11. 五氯酚

图 5-3-18　各种酚的液相色谱图

（3）测定。

①定性分析。根据各组分的相对保留时间，不同波长下的吸收比及紫外光谱定性。

②定量分析。采用外标法，根据样品溶液中各组分的峰高或峰面积，由标准曲线得出酚的含量并计算土样中酚的浓度。

8. 结果计算与表示

土壤中目标物浓度按式（5-3-19）计算。

$$\omega = \frac{C_1 \times V_1}{M_1 \times (1-w)}$$
（5-3-19）

式中：ω —— 土壤样品中目标化合物的浓度，mg/kg；

$\quad\quad C_1$ —— 由标准曲线上查得的样品溶液中目标化合物浓度，mg/L；

$\quad\quad V_1$ —— 洗脱液体积，L；

M_1—— 土样的质量，kg；

w—— 样品含水率，%；

测定结果保留三位有效数字。

9. 精密度和准确度

称取石英砂 10.00 g（精确到 0.01 g），加入适当浓度的酚类化合物标准溶液，按前处理方法进行样品前处理并上机测试，实际样品的加标回收率在 50%～75%。

10. 质量保证和质量控制

分析试剂空白、全程序空白，测定结果中目标化合物浓度均应不超出方法检出限。分析基体加标，加标浓度为原样品浓度的 1～5 倍或曲线中间浓度点。

11. 注意事项

（1）在对萃取液的水相部分进行固相萃取时，水样的 pH 为 3 时，目标物回收率最好。所以在保留水相部分进行固相萃取前，要调节其 pH 以保证回收效率。

（2）流动相的 pH 对目标物信号强度影响较大。经测试，在超纯水和乙腈中加入 1% 的甲酸，目标化合物信号明显增强。

（3）彻底清洗所用的全部玻璃器皿，以消除干扰物质。清洗后在 130℃ 下烘 2～3 h，或用甲醇淋洗后晾干，保存于干净环境。

（深圳市环境监测站　林晶　林庆华）

十二、硝基芳烃类和环酮类

硝基芳烃类和环酮类化合物是染料、医药、化工、农药及有机合成等工业生产中的重要原料或中间体。常见的硝基芳烃类化合物有硝基苯、二硝基苯、二硝基甲苯、三硝基甲苯及硝基氯苯等，常见的环酮类化合物有异佛尔酮和萘醌等。这类物质均结构稳定，较难降解，难溶于水，溶于乙醇、乙醚及其他多数有机溶剂。硝基芳烃类化合物由于其毒性强、分布广，可直接作用于肝细胞导致肝实质病变，引起中毒性肝病。异佛尔酮为无色或水白色至黄色低挥发性液体，带有薄荷香或樟脑样味，属低毒类，对黏膜、皮肤刺激性强。萘醌为亮黄色针状晶体，对皮肤、黏膜有刺激作用，并能引起过敏性皮炎。

土壤样品可采用正己烷—丙酮或二氯甲烷—丙酮的混合溶剂（1+1，v/v）提取，提取方法可选择索式提取、微波萃取、超声萃取、超临界流体萃取和快速溶剂萃取等。净化方法通常采用凝胶渗透色谱净化、硫净化、氧化铝净化、弗罗里硅土净化和硅胶净化等。分析方法通常采用气相色谱法（FID/ECD/NPD 检测器）、气相色谱—质谱联用法。

（一）气相色谱法（C）

1. 方法原理

土壤中硝基芳烃类和环酮类化合物用正己烷—丙酮或二氯甲烷—丙酮的混合溶剂（1：1，v/v）作为溶剂，选择合适的萃取方法提取，萃取液经净化、浓缩、定容后进入气相色谱分离，用电子捕获或氮磷检测器测定各化合物的峰高或峰面积，以外标法或内标法进行定量。

2. 适用范围

本方法适用于测定土壤中硝基芳烃类和环酮类化合物。

3. 干扰及消除

（1）电子捕获检测器对所有电负性化合物有响应，其他含卤化合物、有机氮、有机硫和有机磷化合物等会对测定带来干扰。必要时，用另一根色谱柱或用 GC-MS 验证以确保分析正确。

（2）某些情况下，一些化合物在一根或两根色谱柱上存在共洗脱，这类化合物可作为共洗脱报告。浓度允许下，可使用 GC-MS 重新分析混合物。

①对色谱柱 1，下列化合物可能共洗脱：2,4,6-三氯硝基苯/1,3-二硝基苯，1-氯-2,4-二硝基苯/1-氯-3,4-二硝基苯，1,2,3-三氯-4-硝基苯。

②对色谱柱 2，下列化合物可能共洗脱：2,4-二氯硝基苯/4-氯-3-硝基苯，2,4,6-三氯硝基苯/1,4-萘醌，1-氯-2,4-二硝基苯/2,3,4,5-四氯硝基苯。

另外，在色谱柱 1 上，2,5-二氯硝基苯和 4-氯-3-硝基甲苯、氟乐灵和氟草胺均不能较好的分离。在色谱柱 2 上，4-硝基甲苯和 1-氯-3-硝基苯、氟乐灵和氟草胺也不能较好的分离。

4. 试剂和材料

（1）有机溶剂。

正己烷、丙酮、异辛烷或其他等效有机溶剂均为农残级或相当级别。

（2）单体或混合标准贮备液：$\rho = 1\,000$ mg/L。

以正己烷或异辛烷为溶剂，使用纯品配制，或直接购买市售有证标准溶液。

（3）标准中间使用液：$\rho = 40 \sim 50$ mg/L。

用正己烷或异辛烷为溶剂对标准贮备液适当稀释，于 4℃冰箱避光保存，密封可保存 1 个月。

（4）内标贮备液：$\rho = 1\,000$ mg/L。

宜选用六氯苯为内标，以正己烷或异辛烷为溶剂，使用纯品配制，或直接购买市售有证标准溶液。可将此溶液稀释至 50 mg/L 或相当浓度作为实验中内标使用。

（5）替代物贮备液：$\rho = 1\,000$ mg/L。

宜选用 1-氯-3-硝基苯为替代物，以正己烷或异辛烷为溶剂，使用纯品配制，或直接购买市售有证标准溶液。可取此溶液 100 uL 稀释至 1 L，制备成浓度为 10 mg/L 的溶液作为实验中替代物使用。

所有标准贮备溶液需保存在具有聚四氟乙烯（PTFE）衬里螺旋盖的棕色玻璃瓶中，于 4℃或以下冰箱避光保存。

（6）硅藻土。

（7）无水硫酸钠（Na_2SO_4）。

（8）石英砂。

（9）铜粉。

（10）载气：氮气。

5. 仪器和设备

（1）气相色谱仪：具分流/不分流进样口，具有 ECD 或 NPD 检测器。能对载气进行电子压力控制，可程序升温。单一色谱柱和检测器以及双色谱柱和双检测器均可使用。

（2）色谱柱：石英毛细管色谱柱。

①柱1：30 m×0.53 mm×1.5 μm，固定相为5%苯基—95%二甲基聚硅氧烷。

②柱2：30 m×0.53 mm×1.0 μm，固定相为14%氰丙基苯基—86%二甲基聚硅氧烷。

（3）浓缩装置：旋转蒸发仪、氮吹仪或同等性能的设备。

（4）净化装置：凝胶色谱仪、固相萃取装置或同等性能的设备。

（5）提取装置：索氏提取装置、超声波萃取仪、微波萃取装置或快速溶剂萃取装置。

（6）研钵：由玻璃、玛瑙或其他无干扰物的材质制成。

（7）微量注射器：10，25，100，500，1 000 μL。

6. 样品

（1）样品采集与保存、制备。

见第五篇第一章中半挥发性有机物部分。

（2）样品预处理。

①提取。可选择索氏提取、超声波萃取、微波萃取或快速溶剂萃取等任一方式提取目标化合物。萃取溶剂为正己烷—丙酮或二氯甲烷—丙酮（1+1）。替代物在样品预处理前定量加入样品中，与样品经过完全相同的预处理和仪器分析全过程。提取条件见第五篇第二章索氏提取、超声波萃取、微波萃取和加压流体萃取。

②脱水。如果萃取液存在明显水分，需要脱水。在玻璃漏斗上垫一层玻璃棉或玻璃纤维滤膜，铺加约5 g无水硫酸钠，将萃取液经上述漏斗直接过滤到浓缩器皿中，每次用少量萃取溶剂充分洗涤萃取容器，将洗涤液一并倒入漏斗中，重复3次。最后再用少许萃取溶剂冲洗无水硫酸钠，待浓缩。

③净化。基质复杂时，可采用弗罗里硅土净化和凝胶渗透净化等方法净化样品，见第五篇第二章"四、半挥发有机污染物的净化"。样品存在硫干扰，可用铜粉脱硫，见第五篇第三章"七、半挥发性有机物"中6-（4）。

④浓缩。

浓缩方法推荐使用氮吹、减压快速浓缩或旋转蒸发浓缩加氮吹浓缩；当提取液量较少时，也可直接氮吹浓缩。

减压快速浓缩：将萃取液转入专用浓缩管，根据仪器说明书设定温度和压力条件，进行浓缩。

旋转蒸发浓缩：将萃取液转入合适体积的圆底烧瓶，根据仪器说明书或萃取液沸点设定温度条件（如二氯甲烷—丙酮设定在50℃，正己烷—丙酮可设定在60℃左右），浓缩至2 mL，转出的提取液需要再用小流量氮气浓缩至1 mL。

氮吹浓缩：萃取液转入浓缩管或其他玻璃容器中，开启氮气至溶剂表面有气流波动但不形成气涡为宜。二氯甲烷会造成色谱图中出现极宽溶剂峰而干扰测定，在气相色谱分析之前将其更换为正己烷。氮吹过程中，将已经露出的浓缩器管壁用正己烷反复洗涤多次。

⑤加内标。

溶剂转换完全后，氮吹浓缩样品溶液至稍低于1 mL，取一定量的内标稀释液加入样品溶液，使样品中内标浓度和校准曲线中内标浓度相同，混匀后定容到1.0 mL，移至2 mL样品瓶中，待测。

7. 分析步骤

（1）气相色谱参考条件。

进样口温度：250℃，不分流，或分流进样（样品浓度较高或仪器灵敏度足够时）；

检测器温度：320℃，进样体积：2 μL，载气流量：6 mL/min（He），尾吹流量：20 mL/min（N_2）；

柱箱升温程序：120℃保持 1 min，以 3℃/min 的升温速率升至 200℃并保持 1 min，然后以 8℃/min 的升温速率升至 250℃并保持 4 min。

（2）校准曲线绘制。

精确量取适量标准中间使用液和替代物稀释液，以正己烷或异辛烷为溶剂，加入到 5 mL 容量瓶中，配制 6 个不同浓度的标准系列，如 0.5，1.0，5.0，10.0，20.0，50.0 mg/L，定容。若选用内标校准方法，可向每个点中加入 1 μL 内标液至 1.0 mL 的每个样品中。按照气相色谱参考条件依次进行分析，以各组分的质量浓度为横坐标，以该组分色谱峰面积或峰高为纵坐标绘制校准曲线。

（3）参考色谱图。

按照气相色谱参考条件进行分析，各种硝基类和环酮类化合物在色谱柱 1 和色谱柱 2 上的参考色谱图见图 5-3-19，保留时间见表 5-3-14。

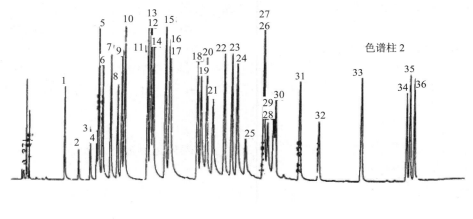

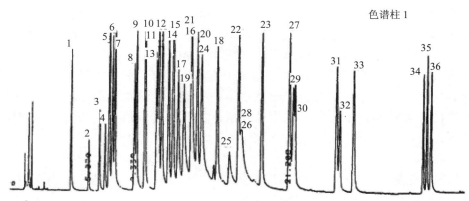

注：图中目标化合物名称见表 5-3-14。

图 5-3-19　硝基类和环酮类化合物在色谱柱 2 和色谱柱 1 上的色谱图

表5-3-14　硝基芳烃类和环酮类的保留时间

序号	化合物名称	保留时间/min	
		色谱柱 1	色谱柱 2
1	硝基苯	4.71	4.23
2	2-硝基苯	6.08	5.32
3	3-硝基苯	6.93	6.22
4	4-硝基苯	7.35	6.73
5	1-氯-3-硝基苯（替代物）	7.66	6.85
6	1-氯-4-硝基苯	7.9	7.15
7	1-氯-2-硝基苯	8.09	7.78
8	2-氯-6-硝基苯	9.61	8.32
9	4-氯-2-硝基苯	9.76	8.62
10	3,5-二氯硝基苯	10.42	8.84
11	2,5-二氯硝基苯	11.46	10.62
12	2,4-二氯硝基苯	11.73	10.84
13	4-氯-3-硝基甲苯	11.31	10.84
14	3,4-二氯硝基苯	12.24	11.04
15	2,3-二氯硝基苯	12.58	12.01
16	2,4,6-三氯硝基苯	13.97	12.31
17	1,4-萘醌	12.98	12.31
18	1,2,4-三氯-5-硝基苯	15.97	14.46
19	1,4-二硝基苯	13.41	14.72
20	2,6-二硝基苯	14.44	15.16
21	1,3-二硝基苯	13.97	15.68
22	1,2,3-三氯-4-硝基苯	17.61	16.51
23	2,3,5,6-四氯硝基苯	19.41	17.11
24	1,2-二硝基苯	14.76	17.51
25	2,4-二硝基苯	16.92	18.16
26	1-氯-2,4-二硝基苯	17.85	19.55
27	2,3,4,5-四氯硝基苯	21.51	19.55
28	1-氯-3,4-二硝基苯	17.85	19.85
29	氟乐灵	21.81	20.31
30	氟草胺	21.94	20.46
31	五氯硝基苯	25.13	22.33
32	环丙氟灵	25.39	23.81
33	敌乐胺	26.45	27.06
34	地乐胺	32.41	31.03
35	异乐灵	32.71	31.33
36	二甲戊乐灵	33.05	31.67
37	1,2-萘醌	1 ng 下未检出	1 ng 下未检出
38	2-氯-4-硝基苯	无效的	无效的
内标*	六氯苯	23.18	18.72

注：内标出峰时间为应出峰时间，但未在图5-3-19中显示。

（4）测定。

将制备好的试样按照气相色谱参考条件进行测定。

（5）空白试验。

称取 20 g 石英砂替代试样，按照与试样的预处理、测定相同步骤进行测定。

8. 结果计算与表示

（1）目标化合物定性。

保留时间定性。样品分析前，应建立保留时间窗口 $t \pm 3s$。样品中目标化合物保留时间应在保留时间窗口内。

（2）结果计算。

外标法定量，目标化合物含量（mg/kg）按式（5-3-20）进行计算。

$$\omega_i = \frac{\rho_i \times V}{m \times w_{dm}} \tag{5-3-20}$$

式中：ω_i —— 样品中目标化合物的含量，mg/kg；

ρ_i —— 由校准曲线计算所得目标化合物的质量浓度，mg/L；

V —— 试样定容体积，mL；

m —— 土壤试样质量（湿重），g；

w_{dm} —— 土壤试样干物质含量，%。

（3）结果表示。

①当结果≥1.00 mg/kg 时，结果保留三位有效数字；当结果＜1.00 mg/kg 时，结果保留至小数点后两位。

②目标化合物共洗脱时，测定结果为难分离物质之和。

9. 精密度和准确度

（1）精密度。

6 家实验室对目标化合物浓度约为 0.05 mg/kg、0.65～3.63 mg/kg 和 2.58～6.46 mg/kg 的统一样品进行测定，实验室内相对标准偏差分别为 3.8%～40.7%、1.6%～24.4% 和 2.1%～20.7%；实验室间相对标准偏差分别为 8.8%～30.7%、13.6%～56.0% 和 22.1%～41.6%；重现性限分别为 0.01～0.05 mg/kg、0.14～1.03 mg/kg 和 0.48～1.40 mg/kg；再现性限分别为 0.02～0.08 mg/kg、042～5.72 mg/kg 和 1.81～7.58 mg/kg。

（2）准确度。

6 家实验室对实际土壤样品进行基体加标分析测定，基体加标量为 1 mg/kg，目标化合物的加标回收率分别为 59.1%～89.2% 和 61.8%～95.9%。

具体的方法精密度和精确度数据参见表 5-3-15。

表 5-3-15　硝基芳烃类的回收率和相对标准偏差

	目标化合物	保留时间/min	添加浓度/（ng/g）	回收率/%	相对标准偏差/%
混合物 1	硝基苯	11.51	5 000	85	6.9
	2-硝基甲苯	14.13	5 000	80	5.4
	3-硝基甲苯	15.52	5 000	83	6.8
	4-硝基甲苯	16.22	5 000	97	6.2
	1-氯-3-硝基苯	16.64	100	103	6.2
	2,3-二氯硝基苯	22.48	100	102	7.3
	1,4-萘醌	23.29	200	35	23.1
	1,3-二硝基苯	24.25	400	80	13.1

目标化合物		保留时间/min	添加浓度/（ng/g）	回收率/%	相对标准偏差/%
混合物1	1,2-二硝基苯	24.69	200	99	17.0
	3-硝基苯胺	25.44	10 000	54	17.8
	2,4-二硝基甲苯	26.95	200	75	13.9
	4-硝基苯胺	28.91	5 000	53	29.6
	氟乐灵	30.25	200	127	4.4
	五氯硝基苯	32.26	100	129	5.8
混合物2	1-氯-3-硝基苯	16.64	100	98	3.0
	2-硝基苯胺	22.87	5 000	88	3.6
	1,4-二硝基苯	23.82	200	142	2.9
	2,6-二硝基甲苯	24.49	200	192	6.2
	5-硝基-o-甲苯胺	28.91	5 000	60	42

10. 质量保证和质量控制

（1）分析试剂空白、全程序空白，测定结果中目标化合物浓度应小于方法检出限。

（2）分析平行样，测定结果相对偏差在30%以内。

（3）分析实际样品加标和加标平行，实际样品加标回收率应为 50%～140%，加标平行的测定结果相对偏差应在30%以内。若加标回收率达不到要求，而加标平行符合要求，说明样品存在基体效应，在结果中注明。

（4）校准曲线相关系数应大于等于 0.995。校准曲线核查，相对偏差应小于 30%。样品中内标的保留时间和最近校准核查中内标保留时间不能大于 30 s。

（5）以替代物回收率监控分析效率。

11. 注意事项

（1）自动进样体积推荐为 1 μL，手动进样体积一般不超过 2 μL。

（2）彻底清洗所用的全部玻璃器皿，以消除干扰物质。先用热水加清洁剂清洗，或用铬酸洗液浸泡清洗，再用自来水和不含有机物的试剂水淋洗，在130℃下烘干 2～3 h，或用甲醇淋洗后晾干。干燥的玻璃器皿应在干净的环境中保存。

（3）其他注意事项见第五篇第一章中"六、干扰及消除"。

（厦门市环境监测中心站　张志刚）

（二）气相色谱—质谱法（C）

1. 方法原理

土壤中硝基芳烃类和环酮类化合物采用适合的萃取方法提取，用硅酸镁柱或凝胶色谱等方式净化，浓缩后被测组分进入气相色谱分离后，用质谱仪进行检测。根据保留时间、目标化合物标准质谱图相比较定性，内标法定量。

2. 适用范围

本方法适用于测定土壤中硝基芳烃类和环酮类化合物。本方法可测定土壤中异佛尔酮、硝基苯、对-硝基甲苯、间-硝基甲苯、邻-硝基甲苯、对-硝基氯苯、间-硝基氯苯、邻-硝基氯苯、对-二硝基苯、间-二硝基苯、邻-二硝基苯、2,6-二硝基甲苯、2,4-二硝基甲苯、

3,4-二硝基甲苯、2,4-二硝基氯苯、2,4,6-三硝基甲苯、1,2-萘醌和1,4-萘醌等硝基芳烃和环酮类化合物，其他硝基芳烃类和环酮类化合物如果通过验证也可适用于本方法。

当试样量为 20 g，目标物的方法检出限为 36～118 μg/kg，测定下限为 144～472 μg/kg，见表 5-3-16。

表 5-3-16　硝基芳烃和环酮类化合物定量离子、检出限和测定下限

序号	化合物名称	CAS	定量离子	辅助离子	检出限/(μg/kg)	测定下限/(μg/kg)
1	硝基苯	98-95-3	77	123，65	45	180
2	异佛尔酮	78-59-1	82	95，138	43	172
3	邻-硝基甲苯	88-72-2	120	65，91	36	144
4	间-硝基甲苯	99-08-1	91	65，137	36	144
5	对-硝基甲苯	99-99-0	137	65，91	38	152
6	间-硝基氯苯	121-73-3	111	75，157	37	148
7	对-硝基氯苯	100-00-5	75	111，157	37	148
8	邻-硝基氯苯	88-73-3	75	111，157	36	144
9	1,2-萘醌	524-42-5	130	102，76，50	118	472
10	1,4-萘醌	130-15-4	158	104，102，76，50，130	65	260
11	对-二硝基苯	100-25-4	168	75，50，122	61	244
12	间-二硝基苯	99-65-0	168	76，50，92	63	252
13	邻-二硝基苯	528-29-0	168	50，63，76	65	260
14	2,6-二硝基甲苯	606-20-2	165	63，89	56	224
15	2,4-二硝基甲苯	121-14-2	165	89，63	66	264
16	3,4-二硝基甲苯	610-39-9	182	63，89	75	300
17	2,4-二硝基氯苯	97-00-7	202	75，110	68	272
18	2,4,6-三硝基甲苯	118-96-7	210	89，63	62	248
19	1-溴-2-硝基苯（IS）	577-19-5	75	50，155	—	—
20	硝基苯-d_5（SS）	4-165-60-0	82	54，128	—	—
21	五氯硝基苯（SS）	82-68-8	237	295，249，214		

3. 干扰及消除

邻苯二甲酸酯类是硝基芳烃和环酮类化合物检测的重要干扰物，样品制备过程可能引入邻苯二甲酸酯类干扰，避免接触任何塑料材料，并且检查所有溶剂空白，保证这类污染物在检出限以下。

4. 试剂和材料

（1）有机溶剂。

甲醇、丙酮、甲苯、正己烷、二氯甲烷或其他等效有机溶剂均为农残级。

（2）硝基芳烃和环酮类化合物标准贮备液：ρ=10 mg/mL。

以甲醇为溶剂，使用纯品配制，或直接购买市售有证标准溶液。

（3）硝基芳烃和环酮类化合物标准中间使用液：ρ=200 mg/L。

用二氯甲烷对硝基芳烃和环酮类化合物标准贮备液稀释。

（4）内标贮备液：ρ=10 mg/mL。

宜选用 1-溴-2-硝基苯作内标。以甲醇为溶剂，使用纯品配制，或直接购买市售有证标

准溶液。

（5）内标中间使用液：ρ=200 mg/L。

量取 1.0 mL 内标贮备液于 10 mL 容量瓶中，用二氯甲烷稀释至标线，混匀。

（6）替代物贮备液：ρ=10 mg/L。

宜选用五氯硝基苯或硝基苯-d_5作替代物。以甲醇为溶剂，使用纯品配制，或直接购买市售有证标准溶液。

（7）替代物中间使用液：ρ=200 mg/L。

用二氯甲烷对替代物标准贮备液 4-（6）稀释。

（8）十氟三苯基磷（DFTPP）溶液：ρ=50 mg/mL。

（9）GPC 校准溶液：保证在紫外检测器有完整明显峰型。

含有玉米油、双（2-二乙基己基）邻苯二甲酸酯、甲氧滴滴涕、苊和硫。可直接购买市售有证标准溶液。

注：4-（2）～4-（9）所有标准溶液保存于-10℃避光环境或参照制造商说明。保证无蒸发和降解，用前恢复至室温，混匀。

（10）无水硫酸钠（Na_2SO_4）或粒状硅藻土。

（11）硅酸镁吸附剂。

（12）玻璃层析柱：内径 20 mm 左右、长 10～20 cm 的带聚四氟乙烯阀门，下端具筛板。

（13）硅酸镁层析柱。

先将用有机溶剂浸提干净的脱脂棉填入玻璃层析柱底部，然后加入 10～20 g 硅酸镁吸附剂。轻敲柱子，再添加厚 1～2 cm 的无水硫酸钠。用 60 mL 正己烷淋洗，避免填料中存在明显的气泡。当溶剂通过柱子开始流出后关闭柱阀，浸泡填料至少 10 min，然后打开柱阀继续加入正己烷，至全部流出，剩余溶剂刚好淹没硫酸钠层，关闭柱阀待用。如果填料干枯，需要重新处理。临用时装填。

（14）固相萃取柱：1 g 硅酸镁。

（15）河砂或石英砂。

（16）高纯氦气。

5. 仪器和设备

（1）气相色谱仪：具分流/不分流进样口，能对载气进行电子压力控制，可程序升温。

质谱仪：电子轰击（EI）电离源，配备 NIST 谱库。

（2）色谱柱：石英毛细管柱，30 m×0.25 mm×0.25 μm，固定相为 100%二甲基聚硅氧烷或其他等效毛细管柱。

（3）索氏提取器、快速溶剂萃取仪、加压流体萃取仪、超声波萃取仪或功能相当的萃取装置。

（4）凝胶色谱仪：净化柱长 400 mm、内径 25 mm，填料为聚苯乙烯凝胶或同等规格的填料。

（5）浓缩装置：旋转蒸发装置或 K-D 浓缩器、浓缩仪，或同等性能的设备。

（6）固相萃取装置：手动或自动。

（7）分析天平：精度为 0.01 g。

（8）研钵：玻璃或玛瑙材质。

6. 样品

（1）样品采集与保存、制备。

见第五篇第一章。干燥首推冷冻方式，风干不适于处理易挥发的硝基芳烃和环酮类化合物（如硝基苯）等。

（2）试样预处理。

①萃取。试样量依据具体萃取方法而定，一般称取 20 g 试样进行萃取。萃取方法可选择索氏提取、自动索氏提取、加压流体萃取或超声萃取等，萃取溶剂为二氯甲烷—丙酮（1+1）。实验条件见第五篇第二章。

②脱水。如果萃取液存在明显水分，需要脱水。在玻璃漏斗上垫上一层玻璃棉或玻璃纤维滤膜，铺加约 5 g 无水硫酸钠，将萃取液经上述漏斗直接过滤到浓缩器皿中，每次用少量萃取溶剂充分洗涤萃取容器，将洗涤液也倒入漏斗中，重复 3 次。最后再用少许萃取溶剂冲洗无水硫酸钠，待浓缩。

③浓缩。浓缩方法推荐使用以下 3 种方式，也可选择 K-D 浓缩等其他浓缩方式。

a. 氮吹：萃取液转入浓缩管或其他玻璃容器中，开启氮气至溶剂表面有气流波动但不形成气涡为宜。氮吹过程中应将已经露出的浓缩器管壁用二氯甲烷反复洗涤多次。

b. 减压快速浓缩：将萃取液转入专用浓缩管中，根据仪器说明书设定温度和压力条件，进行浓缩。

c. 旋转蒸发浓缩：将萃取液转入合适体积的圆底烧瓶，根据仪器说明书或萃取液沸点设定温度条件，浓缩至 2 mL，转出的提取液需要再用小流量氮气浓缩至 1 mL。

注：萃取液浓缩过程中应注意水浴温度、真空度和浓缩速度，否则硝基苯容易产生较大的损失。

如果净化选用 GPC，则需在浓缩前加入 2 mL 左右 GPC 流动相替换原萃取溶剂。

④净化。推荐使用以下两种净化方式。

A. 硅酸镁净化。

a. 玻璃层析柱法。将浓缩后的萃取液移至硅酸镁层析柱内，并用 2 mL 正己烷清洗浓缩管，并转入柱内。然后按照下述步骤进行操作：用 30 mL 二氯甲烷—正己烷（1+9，v/v）混合液淋洗层析柱，弃去洗脱液。再用 30 mL 丙酮—二氯甲烷（1+9，v/v）混合液淋洗层析柱，收集洗脱液于圆底烧瓶中。

b. 固相萃取柱法。当浓缩后的萃取液颜色较浅时，可采用固相萃取柱净化。操作步骤如下：

Ⅰ. 活化。用 4 mL 正己烷对固相萃取柱活化，保持有机溶剂浸没填料的时间至少 5 min。然后缓慢打开固相萃取装置的活塞，放出多余的有机溶剂，且保持溶剂液面高出填料层 1 mm。如固相萃取柱填料变干，则需重新活化固相萃取柱。

Ⅱ. 上样。将浓缩后的提取液全部移至上述固相萃取柱中，用 0.5 mL 正己烷清洗浓缩管，一并转入固相萃取柱。

Ⅲ. 过柱。缓慢打开装置活塞使萃取液通过填料，当萃取液全部浸入填料（不能流出），关闭活塞，确保填料层之上自始至终有溶液覆盖，弃去流出液，用 10 mL 丙酮—二氯甲烷（1∶9，v/v）洗脱样品，收集于接收管中。

Ⅳ. 浓缩定容。将洗脱液浓缩至约 0.5 mL，向其中加入 10.0 μL 内标标准使用溶液，用二氯甲烷定容至 1.0 mL，混匀，待测。

B. 凝胶色谱净化：若无紫外检测器时，应采用有证标准物质进行方法校准，手动收集流出样品，绘制流出曲线，确保所有目标化合物流出净化柱。

a. GPC 的校准。将含有玉米油、苊和硫的 GPC 校准溶液稀释成合适浓度，例如，玉米油 25 000，双（2-二乙基己基）邻苯二甲酸酯 1 000 mg/L。

根据紫外检测器绘制流出曲线，硝基芳烃类和环酮类化合物的收集时间可以定在玉米油出峰之后至硫出峰之前，注意苊洗脱出以后，立即停止收集。然后配制一个校准曲线中间点浓度的硝基芳烃类和环酮类化合物混合标准溶液，应用上述收集时间，检查硝基芳烃类和环酮类化合物的回收率，根据硝基芳烃类和环酮类化合物出峰时间和回收率情况，再调整收集时间，回收率满足方法要求后，确定硝基芳烃类和环酮类化合物的收集时间，即可开始净化样品。

若无紫外检测器，应采用有证标准物质进行方法校准，手动收集流出样品，绘制流出曲线，确保所有目标化合物流出净化柱。

b. 将浓缩的萃取液，用 GPC 的流动相定容至 GPC 定量环需要的体积，按照校准验证后的净化条件收集流出液。

⑤浓缩、加内标。将净化后试液按照上述浓缩方法，浓缩至 1 mL 以下。量取一定量的内标中间使用液入其中，使试液中内标浓度和校准曲线中内标浓度相同，混匀后定容至 1.0 mL，移至 2 mL 样品瓶中，待测。

7. 分析步骤

（1）仪器参考条件。

①气相色谱参考条件。

进样口温度：250℃。

进样方式：分流进样，分流比 5∶1。

柱箱温度：60℃ $\xrightarrow{10℃/min}$ 200℃ $\xrightarrow{15℃/min}$ 250℃。

柱流量：1.0 mL/min。

进样量：1.0 μL。

②质谱参考条件。

扫描方式：全扫描或选择离子扫描（SCAN/SIM）。

扫描范围：40～500 amu。

离子源温度：230℃。

传输线温度：280℃。

离子化能量：70 eV。

其余参数参照仪器使用说明书进行设定。

（2）校准。

①质谱检查。

以 1 μL 十氟三苯基磷溶液进行质谱检查，质谱图应全部符合表 5-1-2 中的标准。

②校准曲线绘制。

分别量取适量的硝基芳烃类和环酮类化合物标准中间使用液和替代物中间使用液，加入到 5 mL 容量瓶中配制 6 个不同浓度的标准系列，如 0.2，0.5，1.0，2.0，5.0，10.0 μg/mL，加入内标标准使用溶液，使内标浓度为 2.0 μg/mL。用二氯甲烷定容。按照仪器参考条件依次进行分析，根据结果绘制校准曲线。

在本方法规定的仪器条件下，目标化合物的总离子流图，见图 5-3-20。

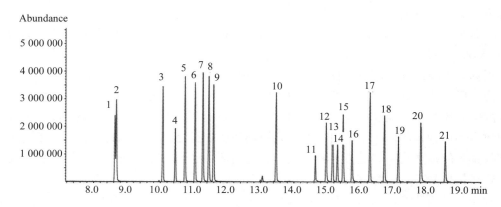

1. 硝基苯-d₅（SS）；2. 硝基苯；3. 异佛尔酮；4. 邻-硝基甲苯；5. 间-硝基甲苯；6. 对-硝基甲苯；7. 间-硝基氯苯；

8. 对-硝基氯苯；9. 邻-硝基氯苯；10. 1-溴-2-硝基苯（IS）；11. 1,2-萘醌；12. 1,4-萘醌；13. 对-二硝基苯；

14. 间-二硝基苯；15. 2,6-二硝基甲苯；16. 邻-二硝基苯；17. 2,4-二硝基甲苯；18. 2,4-二硝基氯苯；

19. 3,4-二硝基甲苯；20. 2,4,6-三硝基甲苯；21. 五氯硝基苯（SS）

图 5-3-20　硝基芳烃类和环酮类化合物的典型总离子流图

（3）测定。

①定性分析。

根据样品中目标化合物的保留时间、碎片离子质荷比以及不同离子丰度比定性。硝基芳烃类化合物的特征离子，见表 5-3-16。

样品中目标化合物的保留时间与期望保留时间（即标准溶液中的平均相对保留时间）的相对偏差应控制在±3%以内；样品中目标化合物的不同碎片离子丰度比与期望值（即标准溶液中碎片离子的平均离子丰度比）的相对偏差应控制在±30%以内。

②定量分析。

用质谱图中主离子作为定量离子，内标法定量。当样品中目标物的主离子有干扰时，可以使用特征离子定量。

（4）空白试验。

使用 20 g 河砂或石英砂替代试样，按照与试样的预处理、测定相同步骤进行测定。

8. 结果计算与表示

样品中的目标化合物含量ω（$\mu g/kg$），按照式（5-3-21）进行计算。

$$\omega = \frac{A_x \times \rho_{IS} \times V_x}{A_{IS} \times \overline{RF} \times m \times (1-w)} \times 1000 \qquad (5\text{-}3\text{-}21)$$

式中：ω —— 样品中的目标物含量，$\mu g/kg$；

A_x —— 测试液试样中目标化合物特征离子的峰面积；

A_{IS} —— 测试液中内标化合物特征离子的峰面积；

ρ_{IS} —— 测试液中内标的浓度，$\mu g/mL$；

$\overline{RF}$ —— 校准曲线的平均相对响应因子；

V_x —— 浓缩定容体积，mL；

m —— 试样量，g；

w —— 样品含水率，%。

测定结果保留三位有效数字。

9. 质量保证和质量控制

（1）分析溶剂空白、试剂空白、全程序空白，溶剂空白 TIC 谱图中应没有干扰物，各种空白测试结果中目标化合物浓度均应低于方法检出限，全程序空白中内标特征离子的峰面积要达到同批连续校准点中内标特征离子峰面积的−50%～100%；内标保留时间与同批连续校准点中相应内标保留时间偏差要求在 30 s 以内。

（2）分析基体加标。

（3）校准曲线中各目标化合物信号值相对标准偏差不超过 30%。每 24 h 重新检查校准曲线，响应因子相对偏差不大于 20%。样品中内标的保留时间和最近校准中内标的保留时间偏差不能大于 30 s。

10. 注意事项

（1）硝基芳烃类和环酮类标准贮备溶液配制过程中如果难溶于甲醇，加入适量甲苯助溶。

（2）彻底清洗所用的玻璃器皿，以消除干扰物质。先用热水加清洁剂清洗，或用铬酸洗液浸泡清洗，再用自来水和不含有机物的试剂水淋洗，在 130℃下烘 2～3 h，或用甲醇淋洗后晾干。干燥的玻璃器皿应在干净的环境中保存。

（3）干扰较多或样品浓度较高的样品进样后也应做溶剂空白检查，如果出现较多的干扰峰或高温区出现干扰峰或流失过多，应检查污染来源，必要时采取更换衬管、清洗离子源或保养、更换色谱柱等措施。

（天津市生态环境监测中心　李利荣）

十三、亚硝胺

亚硝胺是 N-亚硝基化合物的一种，一般结构为 $\begin{smallmatrix}R_1\\R_2\end{smallmatrix}>\text{N-N=O}$。当 R_1 等于 R_2 时，称为对称性亚硝胺，如 N-亚硝基二甲胺（NDMA）、N-亚硝基二乙胺（NDEA）。当 R_1 不等于 R_2 时，称为非对称性亚硝胺，如 N-亚硝基甲基乙基胺（NMEA）、N-亚硝基甲苄胺（NMBzA）等。不同的亚硝胺分子量不同、蒸气压大小不同，能够被水蒸气蒸馏出来并不经衍生化直接由气相色谱测定的为挥发性亚硝胺，否则称为非挥发性亚硝胺。

低分子量的亚硝胺（如 N-亚硝基二甲胺）常温下为黄色液体，高分子量亚硝胺多为固体。除了某些 N-亚硝胺（如 N-亚硝基二甲胺、N-亚硝基二乙胺、N-亚硝基二乙醇胺等）可以溶于水及有机溶剂外，大多数亚硝胺都不溶解于水，仅溶解于有机溶剂中。亚硝胺在紫外光照射下可发生光解反应。通常条件下，不易水解、氧化、转亚甲基等，化学性质相对稳定。

亚硝酸盐是亚硝胺的前体物质。在自然界中，亚硝酸盐极易与胺化合，生成亚硝胺。在人体胃的酸性环境中，亚硝酸盐也可以转化为亚硝胺。亚硝胺是强致癌物，并能通过胎盘和乳汁引发后代肿瘤。同时，亚硝胺还有致畸和致突变作用。人类某些癌症，如胃癌、食道癌、肝癌、结肠癌和膀胱癌等可能与亚硝胺有关。

目前，国内外对亚硝胺的分析测试技术有气相色谱—热能分析法（GC-TEA）、气相色谱—氢火焰离子化检测器法（GC-FID）、气相色谱—氮磷检测器法（GC-NPD）、气相色谱—质谱法（GC-MS）和分光光度法。

气相色谱法（B）

1. 方法原理

土壤中亚硝胺采用适合的萃取方法提取，用硅酸镁或凝胶色谱等方式净化，浓缩后被测组分进入气相色谱分离后，用氢火焰离子化检测器（FID）或氮磷检测器（NPD）进行检测。根据目标化合物的保留时间定性，根据目标化合物的峰面积用外标法定量。

2. 适用范围

本方法适用于土壤中 N-亚硝基二甲胺、N-亚硝基甲基乙基胺、N-亚硝基二乙胺、N-亚硝基二正丙胺、N-亚硝基二丁胺和 N-亚硝基二苯胺 6 种亚硝胺的测定，其他种类亚硝胺如果通过验证也可适用于本方法。

当试样量为 20 g 时，用 FID 检测目标物的方法检出限为 19～35 μg/kg，测定下限为 76～140 μg/kg；用 NPD 检测目标物的方法检出限为 0.4～0.8 μg/kg，测定下限为 1.6～3.2 μg/kg，详见表 5-3-17。

表 5-3-17　6 种亚硝胺的出峰顺序、检出限和测定下限

峰序	化合物名称	CAS	FID		NPD	
			检出限/(μg/kg)	测定下限/(μg/kg)	检出限/(μg/kg)	测定下限/(μg/kg)
1	N-亚硝基二甲胺	62-75-9	35	140	0.7	2.8
2	N-亚硝基甲基乙基胺	10595-95-6	33	132	0.7	2.8
3	N-亚硝基二乙胺	55-18-5	23	92	0.5	2.0
4	N-亚硝基二正丙胺	621-64-7	21	84	0.5	2.0
5	N-亚硝基二正丁胺	924-16-3	19	76	0.4	1.6
6	N-亚硝基二苯胺	87-30-6	30	120	0.8	3.2

3. 干扰及消除

（1）样品中可能共存其他共萃物等干扰测定，选择极性差别较大的两种石英毛细管色谱柱分别分离测定，可在很大程度上减小定性误差。

（2）对于背景干扰复杂的样品也可使用气相色谱—质谱法定性定量测定。

4. 试剂和材料

（1）有机溶剂。

甲醇、丙酮、正己烷、二氯甲烷、正己烷、乙醚、戊烷或其他等效有机溶剂均为农残级。

（2）亚硝胺标准贮备液：$\rho = 1\,000$ mg/L。

以甲醇为溶剂，使用纯品配制，或直接购买市售有证标准溶液。

（3）亚硝胺标准中间使用液：$\rho = 200$ mg/L。

用甲醇对有亚硝胺标准贮备液适当稀释。

（4）GPC 校准溶液：保证在紫外检测器有完整明显峰型。

含有玉米油、双（2-二乙基己基）邻苯二甲酸酯、甲氧滴滴涕、芘和硫。可直接购买市售有证标准溶液。

注：4-（2）、4-（3）和4-（4）中所有标准溶液均应置于-10℃以下避光保存或参照制造商的产品说明保存方法，存放期间定期检查溶液的降解和蒸发情况，特别是使用前应检查其变化情况，一旦蒸发或降解应重新配制，使用前应恢复至室温、混匀。

（5）无水硫酸钠（Na$_2$SO$_4$）或粒状硅藻土。

（6）硅酸镁吸附剂。

（7）玻璃层析柱：内径20 mm左右，长100～200 mm，具聚四氟乙烯旋塞。

（8）固相萃取柱：1 g硅酸镁。

（9）河砂或石英砂。

（10）高纯氮气。

5. 仪器和设备

（1）气相色谱仪：具分流/不分流进样口，能对载气进行电子压力控制，可程序升温。

（2）色谱柱1：石英毛细管柱，30 m× 0.25 mm× 0.25 μm，固定相为交联键合聚乙二醇柱或其他等效毛细管柱。

色谱柱2：石英毛细管柱，30 m× 0.32 mm× 0.25 μm，固定相为5%苯基—95%甲基聚硅氧烷或其他等效毛细管柱。

（3）索氏提取器、快速溶剂萃取仪、加压流体萃取仪、超声波萃取仪或功能相当的萃取装置。

（4）凝胶色谱仪：具紫外检测器，净化柱填料为Bio-Beads，或同等规格的填料。

（5）浓缩装置：旋转蒸发装置或K-D浓缩器、浓缩仪，或同等性能的设备。

（6）固相萃取装置：手动或自动。

（7）分析天平：精度为0.01 g。

（8）研钵：玻璃或玛瑙材质。

6. 样品

（1）样品的采集与保存、制备。

见第五篇第一章中半挥发性有机物。

（2）试样的预处理。

①样品的提取。

称取20 g试样于索氏提取器的提取杯中，用200～300 mL的二氯甲烷—丙酮（1+1，v/v）提取16 h以上。收集提取液，待脱水浓缩。

萃取方法也可选择自动索氏提取、快速溶剂萃取、加压流体萃取或超声萃取等。具体操作条件参照各自仪器说明书。

②脱水和浓缩。

a. 样品脱水：在玻璃漏斗上垫一层玻璃棉或玻璃纤维滤膜，铺加约5 g无水硫酸钠，将萃取液经上述漏斗直接过滤到浓缩器皿中，每次用少量二氯甲烷充分洗涤萃取容器，将洗涤液也倒入漏斗中，重复3次。最后再用少许二氯甲烷冲洗无水硫酸钠，待浓缩。

浓缩方法推荐使用以下3种方式，也可选择K-D浓缩等其他浓缩方式。

b. 样品浓缩：萃取液转入浓缩管或其他玻璃容器中，在50℃左右水浴温度下，开启氮气至溶剂表面有气流波动但不形成气涡为宜。氮吹过程中应将已经露出的浓缩器管壁用二氯甲烷或甲醇反复洗涤多次，浓缩至约0.5 mL。

也可选择旋转蒸发浓缩、K-D浓缩、减压快速浓缩及GPC等其他浓缩方式。浓缩条件根据仪器说明书设定温度和压力条件，进行浓缩。

注：如果净化选用 GPC，则需在浓缩前加入 2 mL 左右 GPC 流动相替换原萃取溶剂。

③净化。

a. 硅酸镁净化。

Ⅰ. 玻璃层析柱法。

用 40 mL 乙醚—戊烷混合溶剂（15+85，v/v）预洗脱柱子，弃去洗脱液，当硫酸钠层要暴露于空气之前，将浓缩后的萃取液移至硅酸镁层析柱内，并用 2 mL 戊烷清洗浓缩管，并转入柱内。

用 90 mL 乙醚—戊烷混合溶剂（15+85，v/v）洗脱柱子，此洗脱液包含 N-亚硝基二苯胺。

用 100 mL 丙酮—乙醚混合溶剂（5+95，v/v）混合液再次淋洗层析柱，此洗脱液包含方法列出的全部亚硝胺类。

Ⅱ. 固相萃取柱法。

当浓缩后的萃取液颜色较浅时，可采用固相萃取柱净化。操作步骤如下：

固相萃取柱内加入 4 mL 正己烷，待溶剂流过柱床浸没填料至少 5 min。然后打开固相萃取装置的活塞放出多余的有机溶剂，且保持溶剂液面高出填料层 1 mm。如固相萃取柱填料变干，则需重新活化固相萃取柱。将浓缩后的提取液全部移至固相萃取柱内，用 0.5 mL 正己烷清洗浓缩管，一并转移，接收流出液，用 9 mL 丙酮—二氯甲烷混合溶剂（10+90，v/v）或 9 mL 甲醇洗脱固相萃取柱，待溶剂流过柱床浸润约 1 min，打开活塞，继续收集洗脱液至完全流出。

b. 凝胶色谱净化。

GPC 的校准。将含有玉米油、苊和硫的 GPC 校准溶液稀释成合适浓度，例如，玉米油 25 000，双（2-二乙基己基）邻苯二甲酸酯 1 000，甲氧滴滴涕 200，苊 20 mg/L 和硫 80 mg/L。

亚硝胺的收集时间可以定在玉米油出峰之后至硫出峰之前，应注意苊洗脱出以后，立即停止收集。然后配制一个校准曲线中间点浓度的亚硝胺混合标准溶液，应用上述收集时间，检查亚硝胺的回收率，根据亚硝胺出峰时间和回收率情况再调整此收集时间，回收率满足方法要求后，确定亚硝胺的收集时间，即可开始净化样品。

将浓缩的萃取液，用 GPC 的流动相定容至 GPC 定量环需要的体积，按照校准验证后的净化条件收集流出液。

（3）浓缩。

上述净化后的试液，选择氮吹或其他方式浓缩、定容至 1.0 mL，移至 2 mL 样品瓶中，待测。

7. 分析步骤

（1）气相色谱参考条件。

进样口温度：230℃，不分流，或分流进样（样品浓度较高或仪器灵敏度足够时）；检测器温度：250℃；进样量：1 μL；柱流量：1.0 mL/min（恒流）；

色谱柱 1 柱温：

40℃（0 min）$\xrightarrow{5℃/min}$ 100℃（0 min）$\xrightarrow{20℃/min}$ 250℃（1.0 min）。

色谱柱 2 柱温：

$$50℃（2.5\ min）\xrightarrow{5℃/min}130℃（0\ min）\xrightarrow{20℃/min}220℃（1.0\ min）。$$

（2）校准曲线绘制。

分别量取适量的亚硝胺标准贮备液，加入到 10 mL 容量瓶中配制 6 个不同浓度的标准系列，1.00，2.00，5.00，10.0，20.0，60.0 μg/mL（FID 适用）；分别量取适量的亚硝胺标准中间使用液，加入到 10 mL 容量瓶中配制 6 个不同浓度的标准系列，0.02，0.10，0.20，0.50，1.00，2.00 μg/mL（NPD 适用）。按照仪器参考条件依次进行分析，以峰面积或峰高为纵坐标，各目标组分质量为横坐标，绘制校准曲线（线性要求在质控部分）。

图 5-3-21、图 5-3-22 为在本方法规定的仪器条件下，使用 FID 检测器，目标化合物的气相色谱图。

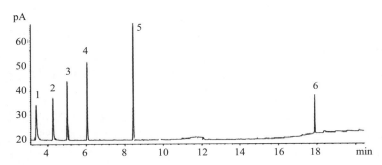

1. N-亚硝基二甲胺；2. N-亚硝基甲基乙基胺；3. N-亚硝基二乙胺；4. N-亚硝基二正丙胺；

5. N-亚硝基二正丁胺；6. N-亚硝基二苯胺

图 5-3-21　色谱柱 2 上 6 种亚硝胺气相色谱图

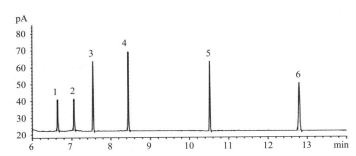

1. N-亚硝基二甲胺；2. N-亚硝基甲基乙基胺；3. N-亚硝基二乙胺；4. N-亚硝基二正丙胺；

5. N-亚硝基二正丁胺；6. N-亚硝基二苯胺

图 5-3-22　色谱柱 1 上 6 种亚硝胺气相色谱图

（3）测定。

用微量注射器或自动进样器取 1.0 μL 试样注入气相色谱仪中，在与标准曲线相同的色谱条件下进行测定。记录色谱峰的保留时间和峰面积（或峰高）。以保留时间定性、外标法定量，要求见第五篇第一章。

（4）空白试验。

使用 20 g 河砂或石英砂替代试样，按照与试样的预处理、测定相同步骤进行测定。

第三章　有机污染物分析

511

8. 结果计算与表示

样品中的目标化合物含量 ω（μg/kg），按照式（5-3-22）进行计算。

$$\omega = \frac{\rho_x \times V_x}{m \times (1-w)} \times 1000 \qquad (5\text{-}3\text{-}22)$$

式中：ω —— 样品中的目标物含量，μg/kg；

　　　ρ_x —— 由标准曲线计算所得的浓度值，μg/mL；

　　　V_x —— 浓缩定容体积，mL；

　　　m —— 试样量，g；

　　　w —— 样品含水率，%。

测定结果保留三位有效数字。

9. 注意事项

（1）亚硝胺类在实验室中可能存在，实验人员应通过分析实验室空白等方法排除样品分析过程中产生的亚硝胺残留或试剂空白中亚硝胺杂质的存在。

（2）亚硝胺类化合物常在塑料制品中作为增塑剂，因此实验过程中应避免使用塑料制品，防止其中的亚硝胺类化合物被溶剂萃取出。

（3）彻底清洗所用的玻璃器皿，以消除干扰物质。先用热水加清洁剂清洗，或用铬酸洗液浸泡清洗，再用自来水和不含有机物的试剂水淋洗，在 130℃ 下烘 2～3 h，或用甲醇淋洗后晾干。干燥的玻璃器皿应在干净的环境中保存。

（天津市生态环境监测中心　李利荣）

十四、脂肪胺

低级脂肪胺广泛分布于自然界中，主要来源于石油化工、油脂化工、水产加工、畜产加工、皮革加工及饲料加工等行业，因其具有刺激性气味、毒性大和反应活性高而成为环境监测中备受关注的一类化合物。

液相色谱法（C）

1. 方法原理

采用加水溶解、振荡提取土壤中脂肪胺，通过液液萃取净化除杂、固相萃取小柱（SPE）萃取、吸附、富集，乙腈定容。低级脂肪胺类化合物通常无紫外吸收或本身不发荧光，荧光标记试剂 10-乙基吖啶酮 2-磺酰氯（EASC）与低级脂肪胺反应产生的磺酰胺衍生物可被液相色谱荧光检测器检测，采用保留时间定性、外标法定量，测定出土壤中低级脂肪胺含量。

2. 适用范围

本方法适用于土壤中乙胺、丙胺和丁胺的测定。当试样量为 10.0 g，乙胺、丙胺和丁胺方法检出限分别为 0.1 μg/kg、0.3 μg/kg 和 0.1 μg/kg，方法测定下限分别为 0.4 μg/kg、1.2 μg/kg 和 0.4 μg/kg。

3. 干扰及消除

氨基酸和生物胺是最主要的干扰物，通过固相萃取和衍生后调节流动相除去干扰。

4．试剂和材料

（1）有机溶剂：甲醇、乙腈、二氯甲烷等均为色谱纯。

（2）实验用水为新制备去离子水或蒸馏水或通过纯水设备制备的水。

（3）80%乙腈：将乙腈和水以 4：1 体积比混合。

（4）乙胺（98%）。

（5）丙胺（98%）。

（6）丁胺（98%）。

（7）荧光标记试剂：10-乙基吖啶酮 2-磺酰氯（EASC）。

（8）石英砂。

（9）浓盐酸 ρ =1.18 g/mL，分析纯。

（10）氢氧化钠溶液：100 g/L，称取 10 g 氢氧化钠，溶于 100 mL 水中。

（11）0.1 mol/L 硼酸钠：称取 3.82 g 四硼酸钠，加水定容至 100 mL。

（12）固相萃取柱：Waters Oasis HLB 6cc（500 mg），亲脂性二乙烯苯和亲水性 N-乙烯基吡咯烷酮两种单体按一定比例聚合成的大孔共聚物。

5．仪器和设备

（1）高效液相色谱仪，具荧光检测器。

（2）电热鼓风干燥箱。

（3）色谱柱：C_{18} 色谱柱，4.6 mm×250 mm×5 μm。

（4）分液漏斗振荡器。

（5）固相萃取装置：手动或自动。

6．样品

（1）样品采集与保存、制备。

见第五篇第一章中半挥发性有机物部分。

（2）试样预处理。

①提取和净化。

称取土壤 10 g（鲜重），加入 50 mL 纯水（盐酸调节 pH=2），振荡萃取 1 h，过滤。测定滤液 pH 使其 pH≤4，转入分液漏斗再加入 10 mL 二氯甲烷，振荡萃取 10 min，静置分离。倾出上层水相，用 NaOH 溶液调节 pH=9。

②固相萃取。

依次用 10 mL 甲醇、10 mL 纯水活化 SPE 小柱，以 5 mL/min 流速加入 100 mL 水样。上样完毕，用高纯 N_2 20 min 吹干小柱水分，用 5 mL 溶剂（$V_{乙腈}$：$V_{水}$=4：1，用盐酸调节 pH=4）洗脱，洗脱液再氮吹浓缩至 1.0 mL 供分析。

③柱前衍生。

在进样瓶中依次加入缓冲液 150 μL（0.1 mol/L 硼酸钠，pH=9.3），20 μL 样品提取液和 100 μL EASC 标记试剂，在 50℃ 水浴中加热 5 min 后，加入 30 μL 50%乙酸水溶液，再加入 500 μL 50%乙腈水溶液稀释。

7．分析步骤

（1）色谱参考条件。

流动相见表 5-3-18。进样量 10 μL，柱温 30℃。荧光激发和发射波长分别为：ρ_{ex}=270 nm，ρ_{em}=430 nm。

表 5-3-18　流动相梯度淋洗程序

时间 t/min	流量 qV/（mL/min）	Φ（乙腈）/%	Φ（水）/%
	1.00	30	70
20.00	1.00	80	20

（2）校准曲线绘制。

分别取一定量不同浓度 3 种脂肪胺混合标准使用溶液 10.0，20.0，50.0，100.0，200.0 μg/L，制备标准系列，按照柱前衍生和色谱参考条件分析。以标准系列浓度（μg/L）为横坐标，对应的色谱峰的峰面积（或峰高）为纵坐标，绘制校准曲线。

（3）标准色谱图。

目标物标准色谱图见图 5-3-23。

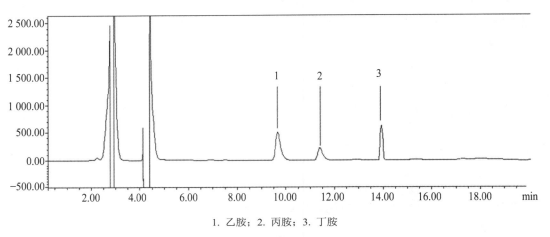

1. 乙胺；2. 丙胺；3. 丁胺

图 5-3-23　3 种脂肪胺标准色谱图

8. 结果计算与表示

样品中目标化合物含量 ω（μg/kg），按照式（5-3-23）进行计算。

$$\omega = \frac{\rho V}{m_1 \times w_{dm}}$$

（5-3-23）

式中：ω —— 样品中目标化合物含量，μg/kg；

$\quad \rho V$ —— 根据校准曲线计算出目标化合物的浓度并计算质量，ng；

$\quad m_1$ —— 样品量（湿重），g；

$\quad w_{dm}$ —— 样品的干物质含量，%。

测定结果＜100 μg/kg 时，保留至小数点后一位；测定结果≥100 μg/kg 时，保留三位有效数字。

9. 精密度和准确度

分别在 10 g 石英砂和 10 g 环境土壤中加入一定量 3 种脂肪胺混合标准物质，分别制备成空白加标样品和土壤加标样品，按试样的预处理平行测定 6 次，分别计算其精密度和准确度，结果见表 5-3-19 和表 5-3-20。

表 5-3-19 空白样品加标回收率测定结果　　　　　　　　单位：ng/g

目标物 结果	乙胺		丙胺		丁胺	
	原样品	加标样品	原样品	加标样品	原样品	加标样品
1	ND	7.65	ND	8.14	ND	8.45
2	ND	7.33	ND	8.02	ND	9.32
3	ND	9.1	ND	9.12	ND	8.31
4	ND	9	ND	8.46	ND	8.11
5	ND	8.14	ND	9.76	ND	10.24
6	ND	9.01	ND	9.57	ND	10.28
平均值	ND	8.37	ND	8.85	ND	9.12
标准偏差	—	7.7	—	7.4	—	9.8
相对标准偏差 RSD/%	—	9.2	—	8.4	—	10.7
加标浓度	—	10.0	—	10.0	—	10.0
加标回收率/%	—	83.7	—	88.5	—	91.2

表 5-3-20 土壤实样加标回收率测定结果　　　　　　　　单位：ng/g

目标物 结果	乙胺		丙胺		丁胺	
	原样品	加标样品	原样品	加标样品	原样品	加标样品
1	ND	7.13	ND	8.04	ND	7.14
2	ND	7.10	ND	7.19	ND	9.31
3	ND	8.39	ND	9.42	ND	8.38
4	ND	7.89	ND	8.14	ND	7.71
5	ND	9.32	ND	8.91	ND	9.84
6	ND	9.00	ND	9.12	ND	9.91
平均值	ND	8.14	ND	8.47	ND	8.72
标准偏差	—	9.3	—	8.3	—	11.5
RSD/%	—	11.5	—	9.8	—	13.2
加标浓度	—	10.0	—	10.0	—	10.0
加标回收率/%	—	81.4	—	84.7	—	87.2

（泰州市环境监测中心站　陈军　卢佩言　曹鹏　张永兵）

十五、多氯联苯

多氯联苯（Polychlorinated Biphenyl，PCBs），是含氯数不同的联苯含氯化合物的统称。在多氯联苯中，部分苯环上的氢原子被氯原子置换，一般式为 $C_{12}H_nCl_{(10-n)}$（$0 \leqslant n \leqslant 9$）。依氯原子个数及位置不同，多氯联苯共有 209 种异构体存在。其中二噁英类多氯联苯（DL-PCBs）是《斯德哥尔摩公约》的首批受控对象，废物焚烧、金属冶炼、遗体火化、水泥窑等固定源是它们的重要排放源，已造成全球性环境污染问题，是持久性有机污染物（POPs）的重要监控对象。

多氯联苯的测定可采用气相色谱—电子捕获检测器法（GC-ECD）和气相色谱—质谱法（GC-MS），提取方法主要有索氏提取、微波萃取、超声萃取、加压流体萃取等。ECD 测定的干扰主要来源于色谱柱共流出的杂质，特别是酞酸酯在 ECD 上的响应。质谱检测器的干扰主要是同系物难以分离，具有相似卤素碎片在相同保留时间的干扰等。干扰消除的办法：净化去除杂质，使用不同极性色谱柱加强定性，或多检测器辅助验证及高分辨质谱法。

（一）气相色谱—质谱法（A）

本方法等效于《土壤和沉积物　多氯联苯的测定　气相色谱—质谱法》（HJ 743—2015）。

1. 方法原理

用合适的萃取方法（微波萃取、超声波萃取等）提取土壤中的多氯联苯，根据样品基体干扰情况选择合适的净化方法（浓硫酸磺化、铜粉脱硫、弗罗里硅土柱、硅胶柱、凝胶渗透净化等），对提取液净化、浓缩、定容后，用气相色谱—质谱仪分离、检测，内标法定量。

2. 适用范围

本方法适用于土壤样品中 7 种指示性多氯联苯和 12 种共平面多氯联苯的测定。其他多氯联苯如果通过验证也可用本方法测定。

当取样量为 10.0 g、采用选择的离子扫描模式时，多氯联苯的方法检出限为 0.4～0.6 µg/kg，测定下限为 1.6～2.4 µg/kg，见表 5-3-21。

表 5-3-21　目标化合物的特征离子、方法检出限和测定下限

序号	化合物名称	组分简称	CAS 号	特征离子（m/z）		检出限/（µg/kg）	测定下限/（µg/kg）
				定量离子	辅助定性离子		
1	2,4,4'-三氯联苯*	PCB 28	7012-37-5	256	258/186/188	0.4	1.6
2	2,2',5,5'-四氯联苯*	PCB 52	35693-99-3	292	290/222/220	0.4	1.6
3	2,2',4,5,5'-五氯联苯*	PCB 101	37680-73-2	326	328/254/256	0.6	2.4
4	3,4,4',5-四氯联苯	PCB81	70362-50-4	292	290/220/222	0.5	2.0
5	3,3',4,4'-四氯联苯	PCB 77	32598-13-3	292	290/220/222	0.5	2.0
6	2',3,4,4',5-五氯联苯	PCB 123	65510-44-3	326	328/254/256	0.5	2.0
7	2,3',4,4',5-五氯联苯**	PCB 118	31508-00-6	326	328/254/256	0.6	2.4
8	2,3,4,4',5-五氯联苯	PCB 114	74472-37-0	326	328/254/256	0.5	2.0
9	2,2',4,4',5,5'-六氯联苯*	PCB 153	35065-27-1	360	362/290/288	0.6	2.4
10	2,3,3',4,4'-五氯联苯	PCB 105	32598-14-4	326	328/254/256	0.4	1.6
11	2,2',3,4,4',5'-六氯联苯*	PCB 138	35065-28-2	360	362/290/288	0.4	1.6
12	3,3',4,4',5-五氯联苯	PCB 126	57465-28-8	326	328/254/256	0.5	2.0
13	2,3',4,4',5,5'-六氯联苯	PCB 167	52663-72-6	360	362/290/288	0.4	1.6
14	2,3,3',4,4',5-六氯联苯	PCB 156	38380-08-4	360	362/290/288	0.4	1.6
15	2,3,3',4,4',5'-六氯联苯	PCB 157	69782-90-7	360	362/290/288	0.4	1.6
16	2,2',3,4,4',5,5'-七氯联苯*	PCB 180	35065-29-3	394	396/324/326	0.6	2.4
17	3,3',4,4',5,5'-六氯联苯	PCB 169	32774-16-6	360	362/290/288	0.5	2.0
18	2,3,3',4,4',5,5'-七氯联苯	PCB 189	39635-31-9	394	396/326/324	0.4	1.6

注 3："＊"为指示性多氯联苯；未标识为共平面多氯联苯；"＊＊"既为指示性多氯联苯，又为共平面多氯联苯。

3. 干扰及消除

土壤样品的提取溶液背景干扰较大，应选用合适的净化方法去除可能对色谱柱及检测器产生污染、对定性定量结果产生影响的干扰物质，以获得更好的检测灵敏度和确保定性定量结果的准确性。根据样品基体干扰情况选择适当的净化方法，如浓硫酸净化、铜粉脱硫、弗罗里硅土柱、硅胶柱、石墨碳柱等固相净化小柱去除干扰物。

4. 试剂和材料

除非另有说明，否则分析时均使用符合国家标准的分析纯试剂和实验用水。

（1）甲苯（C_7H_8）：色谱纯。

（2）正己烷（C_6H_{14}）：色谱纯。

（3）丙酮（CH_3COCH_3）：色谱纯。

（4）无水硫酸钠（Na_2SO_4）。

（5）碳酸钾（K_2CO_3）：优级纯。

（6）硝酸：ρ（HNO_3）＝1.42 g/mL。

（7）硝酸溶液：1+9（v/v）。

（8）浓硫酸：ρ（H_2SO_4）＝1.84 g/mL。

（9）正己烷—丙酮混合溶剂：1+1（v/v）

用正己烷和丙酮按 1∶1 的体积比混合。

（10）正己烷—丙酮混合溶剂：9+1（v/v）

用正己烷和丙酮按 9∶1 的体积比混合。

（11）碳酸钾溶液：ρ＝0.1 g/mL。

称取 1.0 g 碳酸钾溶于水中，定容至 10.0 mL。

（12）铜粉（Cu）：99.5%。

（13）多氯联苯标准贮备液：ρ＝10～100 mg/L。

用正己烷稀释纯标准物质制备，该标准溶液在 4℃下避光密闭冷藏，可保存半年。也可直接购买有证标准溶液（多氯联苯混合标准溶液或单个组分多氯联苯标准溶液），保存时间参见标准溶液证书的相关说明。

（14）多氯联苯标准使用液：ρ＝1.0 mg/L（参考浓度）。

用正己烷稀释多氯联苯标准贮备液。

（15）内标贮备液：ρ＝1 000～5 000 mg/L。

选择 2,2′,4,4′5,5′-六溴联苯或邻硝基溴苯作为内标；当十氯联苯为非目标化合物时，也可选用十氯联苯作为内标。也可直接购买有证标准溶液。

（16）内标使用液：ρ＝10 mg/L（参考浓度）。

用正己烷稀释内标贮备液。

（17）替代物贮备液：ρ＝1 000～5 000 mg/L。

选择 2,2′,4,4′5,5′-六溴联苯或四氯间二甲苯作为替代物（与内标物不重复）。当十氯联苯为非目标化合物时，可选用十氯联苯作为替代物。可直接购买有证标准溶液。

（18）替代物使用液：ρ＝4.0 mg/L（参考浓度）。

用丙酮稀释替代物贮备液。

（19）十氟三苯基膦（DFTPP）溶液：ρ＝1 000 mg/L，溶剂为甲醇。

（20）十氟三苯基膦使用液：ρ＝50.0 mg/L。

移取 500 μL 十氟三苯基磷（DFTPP）溶液至 10 mL 容量瓶中，用正己烷定容至标线，混匀。

（21）弗罗里硅土柱：1 000 mg，6 mL。

（22）硅胶柱：1 000 mg，6 mL。

（23）石墨碳柱：1 000 mg，6 mL。

（24）石英砂。

（25）硅藻土。

5. 仪器和设备

（1）气相色谱—质谱仪。

（2）色谱柱：石英毛细管柱，30 m×0.25 mm×0.25 μm，固定相为 5%苯基—95%甲基聚硅氧烷，或等效的色谱柱。

（3）提取装置：微波萃取装置、索氏提取装置、探头式超声提取装置或具有相当功能的设备。需在临用前及使用中进行空白试验，所有接口处严禁使用油脂润滑剂。

（4）浓缩装置：氮吹浓缩仪、旋转蒸发仪、K-D 浓缩仪或具有相当功能的设备。

（5）采样瓶：广口棕色玻璃瓶或聚四氟乙烯衬垫螺口玻璃瓶。

6. 样品

（1）样品采集与保存。

见第五篇第一章中半挥发性有机物部分。

（2）试样制备。

称取约 10 g（精确到 0.01 g）样品两份，一份测定干物质含量，另一份加入适量无水硫酸钠，研磨均化成流沙状，如使用加压流体萃取，则用硅藻土脱水。

（3）试样预处理。

①提取。

采用微波萃取、超声萃取、索氏提取或加压流体萃取。如需用替代物指示试样全程回收效率，则可在称取好待萃取的试样中加入一定量的替代物使用液，使替代物浓度在标准曲线中间浓度点附近。

a. 微波萃取。称取试样 10.0 g（可根据试样中目标化合物浓度适当增加或减少取样量）于萃取罐中，加入 30 mL 正己烷—丙酮混合溶剂。萃取温度为 110℃，微波萃取时间 10 min。收集提取溶液。

b. 超声波萃取。称取 4.0～14.0 g 试样（可根据试样中目标化合物浓度适当增加或减少取样量），置于玻璃烧杯中，加入 30 mL 正己烷—丙酮混合溶剂，用探头式超声波萃取仪，连续超声萃取 5 min，收集萃取溶液。上述萃取过程重复三次，合并提取溶液。

c. 索氏提取。用纸质套筒称取制备好的试样约 10.0 g（可根据试样中目标化合物浓度适当增加或减少取样量），加入 100 mL 正己烷—丙酮混合溶剂，提取 16～18 h，回流速度约 10 次/h。收集提取溶液。

d. 加压流体萃取。称取 4.0～14.0 g 试样（可根据试样中目标化合物浓度适当增加或减少取样量），根据试样量选择体积合适的萃取池，装入试样，以正己烷—丙酮混合溶剂为提取溶液，按以下参考条件进行萃取：萃取温度 100℃，萃取压力 1 500 psi，静态萃取时间 5 min，淋洗液为 60%池体积，氮气吹扫时间 60 s，萃取循环次数 2 次。收集提取溶液。

②过滤和脱水。

如萃取液未能完全和固体样品分离，可采取离心后倾出上清液或过滤等方式分离。

如萃取液存在明显水分，需进行脱水。在玻璃漏斗上垫一层玻璃棉或玻璃纤维滤膜，铺加约 5 g 无水硫酸钠，将萃取液经上述漏斗直接过滤到浓缩器皿中，用 5～10 mL 正己烷—丙酮混合溶剂充分洗涤萃取容器，将洗涤液也经漏斗过滤到浓缩器皿中。最后再用少许上述混合溶剂冲洗无水硫酸钠。

③浓缩和更换溶剂。

采用氮吹浓缩法，也可采用旋转蒸发、K-D 浓缩等其他浓缩方法。

氮吹浓缩仪设置温度 30℃，小流量氮气将提取液浓缩到所需体积。如需更换溶剂体系，则将提取液浓缩至 1.5～2.0 mL，用 5～10 mL 需更换的溶剂洗涤浓缩器管壁，再用小流量氮气浓缩至所需体积。

④净化。

如提取液颜色较深，可首先采用浓硫酸净化，去除包括部分有机氯农药的大部分有机化合物。样品提取液中存在杀虫剂及多氯碳氢化合物干扰时，可采用弗罗里硅土柱或硅胶柱净化；存在明显色素干扰时，可用石墨碳柱净化。样品含有大量元素硫干扰时，可采用活化铜粉去除。

a. 浓硫酸净化。浓硫酸净化前，须将萃取液溶剂更换为正己烷并浓缩至 10～50 mL。将上述溶液置于 150 mL 分液漏斗中，加入约 1/10 萃取液体积的硫酸，振摇 1 min，静置分层，弃去硫酸层。按上述步骤重复数次，至两相层界面清晰并均呈无色透明为止。在上述正己烷萃取液中加入相当于其一半体积的碳酸钾溶液，振摇后，静置分层，弃去水相。可重复上述步骤 2～4 次直至水相呈中性，对正己烷萃取液进行脱水。

注：在浓硫酸净化过程中，须防止发热爆炸：加浓硫酸后先慢慢振摇，不断放气，再稍剧烈振摇。

b. 脱硫。将萃取液体积预浓缩至 10～50 mL。若浓缩时产生硫结晶，可用离心方式使晶体沉降在玻璃容器底部，再用滴管小心转移出全部溶液。在上述萃取浓缩液中加入大约 2 g 活化后的铜粉，振荡混合至少 1～2 min，将溶液吸出使其与铜粉分离，转移至干净的玻璃容器内，待进一步净化或浓缩。

c. 弗罗里柱净化。弗罗里柱用约 8 mL 正己烷洗涤，保持柱吸附剂表面浸润。萃取液预浓缩至 1.5～2 mL，用吸管将其转移到弗罗里柱上停留 1 min 后，让溶液流出小柱并弃去，保持柱吸附剂表面浸润。加入约 2 mL 正己烷—丙酮混合溶剂并停留 1 min，用 10 mL 小型浓缩管接收洗脱液，继续用正己烷—丙酮溶液洗涤小柱，至接收的洗脱液体积到 10 mL 为止。

d. 硅胶柱净化。用约 10 mL 正己烷洗涤硅胶柱。萃取液浓缩并替换至正己烷，用硅胶柱对其进行净化。

e. 石墨碳柱净化。用约 10 mL 正己烷洗涤石墨碳柱。萃取液浓缩并替换至正己烷，分析多氯联苯时，用甲苯溶剂为洗脱溶液，收集甲苯洗脱液体积为 12 mL；分析除 PCB81、PCB77、PCB126 和 PCB169 外的多氯联苯时，也可采用正己烷—丙酮混合溶液为洗脱溶液，收集的洗脱液体积为 12 mL。

注：每批次新购买的弗罗里硅土柱、硅胶柱、石墨碳柱等净化柱，均需做空白检验，确定其不含影响测定的杂质干扰时，方可使用。

⑤浓缩定容和加内标。

净化后的洗脱液浓缩并定容至 1.0 mL。取 20 μL 内标使用液，加入浓缩定容后的试样中，混匀后转移至 2 mL 样品瓶中，待分析。

（4）空白试样制备。

用石英砂代替实际样品，按与试样制备相同步骤制备空白试样。

7. 分析步骤

（1）仪器参考条件。

①气相色谱条件。

进样口温度：270℃，不分流进样；柱流量：1.0 mL/min；柱箱温度：40℃，以 20℃/min 升温至 280℃，保持 5 min；进样量：1.0 μL。

②质谱分析条件。

四极杆温度：150℃；离子源温度：230℃；传输线温度：280℃；扫描模式：选择离子扫描（SIM），多氯联苯的主要选择离子参见表 5-3-21。溶剂延迟时间：5 min。

（2）校准。

①仪器性能检查。

样品分析前，用 1 μL 十氟三苯基膦（DFTPP）溶液对气相色谱—质谱（GC-MS）系统进行仪器性能检查，控制指标见表 5-1-2。

②校准曲线绘制。

用多氯联苯标准使用液配制标准系列，如样品分析时采用了替代物指示全程回收效率则同步加入替代物标准使用液，多氯联苯目标化合物及替代物标准系列浓度为：10.0, 20.0, 50.0, 100, 200, 500 μg/L；分别加入内标使用液，使其浓度均为 200 μg/L。按照仪器参考条件进行分析，得到不同浓度各目标化合物的质谱图，记录各目标化合物的保留时间和定量离子质谱峰的峰面积（或峰高）。总离子流图见图 5-3-24。

（3）测定。

取待测试样，按照与绘制标准曲线相同的分析步骤进行测定。

（4）空白试验。

取空白试样，按照与绘制标准曲线相同的分析步骤进行测定。

8. 结果计算

（1）定性分析。

以样品中目标物的保留时间、辅助定性离子和目标离子峰面积比（Q）与标准样品比较来定性。多氯联苯化合物标准物质的选择离子扫描总离子流图，见图 5-3-24。

（2）定量分析。

以选择离子扫描方式采集数据，内标法定量。计算方法见第五篇第一章。

（3）计算结果。

土壤中的目标化合物含量 ω（μg/kg），按照式（5-3-24）进行计算。

$$\omega = \frac{A_{\mathrm{x}} \times \rho_{\mathrm{IS}} \times V_{\mathrm{x}}}{A_{\mathrm{IS}} \times \mathrm{RF} \times m \times w_{\mathrm{dm}}} \times 1000 \qquad (5\text{-}3\text{-}24)$$

式中：ω —— 样品中的目标物含量，μg/kg；

A_{x} —— 测试试样中目标化合物定量离子的峰面积；

A_{IS} —— 测试试样中内标化合物定量离子的峰面积；

ρ_{IS} —— 测试液中内标化合物的质量浓度，mg/L；

$\overline{RF}$ —— 校准曲线的平均相对响应因子；

V_x —— 样品提取液的定容体积，mL；

w_{dm} —— 样品的干物质含量，%；

m —— 称取样品的质量，g。

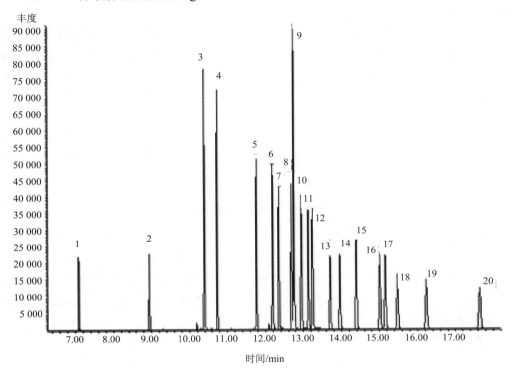

1. 邻硝基溴苯（内标）；2. 四溴间二甲苯（替代物）；3. 2,4,4′-三氯联苯；4. 2,2′,5,5′-四氯联苯；

5. 2,2′,4,5,5′-五氯联苯；6. 3,4,4′,5-四氯联苯；7. 3,3′,4,4′-四氯联苯；8. 2′,3,4,4′,5-五氯联苯；

9. 2,3′,4,4′,5-五氯联苯；10. 2,3,4,4′,5-五氯联苯；11. 2,2′,4,4′,5,5′-六氯联苯；12. 2,3,3′,4,4′-五氯联苯；

13. 2,2′,3,4,4′,5′-六氯联苯；14. 3,3′,4,4′,5-五氯联苯；15. 2,3′,4,4′,5,5′-六氯联苯；16. 2,3,3′,4,4′,5-六氯联苯；

17. 2,3,3′,4,4′,5′-六氯联苯；18. 2,2′,3,4,4′,5,5′-七氯联苯；19. 3,3′,4,4′,5,5′-六氯联苯；20. 2,3,3′,4,4′,5,5′-七氯联苯

图 5-3-24　多氯联苯选择离子扫描总离子流图

（4）结果表示。

测定结果＜100 µg/kg 时，结果保留小数点后一位；测定结果≥100 µg/kg 时，结果保留三位有效数字。

9. 精密度和准确度

（1）精密度。

6 家实验室对浓度分别为 2.0 µg/kg、20.0 µg/kg、80.0 µg/kg 的三个空白石英砂加标样品精密度进行测定，相对偏差范围为 1.1%～12.4%；实验室间重复性限为 0.3～15.7 µg/kg；再现性限为 0.4～15.9 µg/kg。

6 家实验室对加标浓度为 20.0 μg/kg 的砂质壤土进行测定，相对偏差范围为 2.2%～5.7%。实验室内对四种不同性质土壤样品（砂质土、砂质壤土、黏壤土和沙子）做加标测试，加标浓度分别为 2.0 μg/kg、20.0 μg/kg、80.0 μg/kg，相对偏差范围为 2.2%～14.5%。

（2）准确度。

6 家实验室分别对 2.0 μg/kg、20.0 μg/kg、80.0 μg/kg 三个浓度空白石英砂加标样品进行 6 次重复测定，相对误差最终值−20.1%±2.4%～4.85%±3.8%、−19.6%±6.4%～−2.08%±9.0%、−21.7%±9.4%～0.19%±3.2%。

6 家实验室分别对加标浓度为 20.0 μg/kg 的砂质壤土进行测试，加标回收率范围为 66.9%～90.9%。实验室内分别对四种不同性质土壤样品（砂质土、砂质壤土、黏壤土和沙土）做加标测试，加标浓度分别为 2.0 μg/kg、20.0 μg/kg 和 80.0 μg/kg，加标回收率范围为 63.5%～108%。

（东台市环境监测站　王小春　崔小丽

江苏省环境监测中心　李娟）

（二）同位素稀释/高分辨气相色谱—高分辨质谱法（C）

1. 方法原理

按相应采样规范采集样品并干燥，采用索氏提取、加速溶剂萃取或其他等效并经验证的方法提取，提取液用凝胶色谱柱、硫酸/硅胶柱或多层硅胶柱等方式净化分离（或采用自动净化设备），浓缩后加入进样内标，使用高分辨气相色谱—高分辨质谱（HRGC-HRMS）定性和定量分析。

2. 适用范围

本方法适用于土壤中多氯联苯类物质的测定，主要包括从一氯到十氯代多氯联苯。

本方法的目标化合物检出限随仪器灵敏度、样品中多氯联苯浓度及干扰水平等因素变化。

当土壤取样量 20 g 时，多氯联苯目标化合物检出限为 0.4～46 ng/kg，测定下限为 1.0～100 ng/kg，见表 5-3-22。

表 5-3-22　多氯联苯目标物检出限与测定下限　　　　　　　单位：ng/kg

多氯联苯（IUPAC 编号）		方法检出限	测定下限	多氯联苯（IUPAC 编号）	方法检出限	测定下限
一氯联苯	1	8	20	3	9	20
	2	0.4	1			
二氯联苯	4	17	50	8	12	50
	10	2	5	14	3	10
	9	2	5	11	10	20
	7	2	5	13	3	10
	6	1	5	12	3	10
	5	1	5	15	18	50

多氯联苯 （IUPAC 编号）	方法检出限	测定下限	多氯联苯 （IUPAC 编号）	方法检出限	测定下限
19	4	10	25	5	20
30	17	50	31	15	50
18	17	50	28	19	50
17	9	20	20	19	50
27	6	20	21	5	20
24	5	10	33	5	20
16	4	20	22	9	20
32	8	20	36	8	20
34	7	20	39	9	20
23	5	20	38	8	20
29	8	20	35	8	20
26	8	20	37	13	50
54	12	50	40	12	50
50	6	20	64	7	20
53	6	20	72	16	50
45	5	20	68	15	50
51	5	20	57	12	50
46	10	20	58	13	50
52	19	50	67	15	50
73	16	50	63	14	50
43	9	20	61	17	50
69	11	50	70	17	50
49	11	50	76	17	50
48	8	20	74	17	50
65	19	50	66	16	50
47	19	50	55	12	50
44	19	50	56	10	20
62	6	20	60	13	50
75	6	20	80	18	50
59	6	20	79	17	50
42	6	20	78	17	50
41	12	50	81	18	50
71	12	50	77	17	50
104	20	50	86	15	50
96	21	50	97	15	50
103	23	50	125	15	50
94	12	50	87	15	50
95	22	50	117	10	20
100	22	50	116	10	20
93	22	50	85	10	20
102	22	50	110	24	100
98	22	50	115	24	100
88	12	50	82	13	50

三氯联苯（第1组）
四氯联苯（第2组）
五氯联苯（第3组）

多氯联苯（IUPAC 编号）		方法检出限	测定下限	多氯联苯（IUPAC 编号）		方法检出限	测定下限
五氯联苯	91	12	50		111	24	100
	84	12	50		120	15	50
	89	19	50		108	27	100
	121	21	50		124	27	100
	92	12	50		107	10	20
	113	24	100		123	15	50
	90	24	100		106	14	50
	101	24	100		118	19	50
	83	22	50		122	12	50
	99	22	50		114	12	50
	112	25	100		105	11	20
	119	15	50		127	18	100
	109	15	50		126	14	50
六氯联苯	155	34	100		146	18	50
	152	24	100		161	35	100
	150	33	100		153	13	50
	136	9	20		168	13	50
	145	32	100		141	9	20
	148	32	100		130	14	50
	151	11	50		137	30	100
	135	11	50		164	14	50
	154	11	50		138	21	50
	144	17	50		163	21	50
	147	18	50		129	21	50
	149	18	50		160	21	50
	134	13	50		150	10	20
	143	13	50		166	12	50
	139	20	50		128	12	50
	140	20	50		159	35	100
	131	12	50		162	35	100
	142	31	100		167	11	50
	132	12	50		156	13	50
	133	17	50		157	13	50
	165	36	100		169	16	50
七氯联苯	188	23	50		180	14	50
	179	23	50		191	42	100
	184	40	100		191	42	100
	176	39	100		170	16	50
	186	41	100		190	23	50
	178	22	50		189	18	50
	175	38	100		202	44	100
	187	19	50		201	44	100
	182	40	100		204	45	100

多氯联苯（IUPAC 编号）		方法检出限	测定下限	多氯联苯（IUPAC 编号）	方法检出限	测定下限
七氯联苯	183	40	100	197	25	100
	185	40	100	200	25	100
	174	19	50	198	20	50
	177	14	50	199	20	50
	181	40	100	196	43	100
	171	37	100	203	44	100
	173	37	100	195	43	100
	172	38	100	194	17	50
	192	42	100	205	45	100
	193	14	50			
九氯联苯	208	46	100	206	45	100
	207	45	100			
十氯联苯	209	15	50			

3. 干扰及消除

柱分离、磺化法或凝胶色谱法去除大分子干扰物及硫的干扰。

4. 试剂和材料

有机溶剂浓缩 10 000 倍不得检出共平面多氯联苯类物质。

（1）有机溶剂。

丙酮、正己烷、二氯甲烷、甲苯、甲醇、乙醚、壬烷或其他等效有机溶剂均为农残级。

（2）无水硫酸钠（Na_2SO_4）。

（3）盐酸溶液：优级纯，（1+1）。

（4）硫酸：优级纯，ρ（H_2SO_4）=1.84 g/mL。

（5）10%硝酸银硅胶：市售，保存在干燥器中。

（6）还原铜：使用前用盐酸、蒸馏水、丙酮、甲苯分别淋洗，放入干燥器中保存。

（7）硅胶：将色谱用硅胶（100～200 目）放入烧杯中，用二氯甲烷洗净，待二氯甲烷全部挥发后，摊放在蒸发皿或烧杯中，厚度小于 10 mm，在 130℃的条件下加热 18 h，放在干燥器中冷却 30 min。装入密闭容器后放入干燥器中保存。

（8）氢氧化钠碱性硅胶：ω =33%。

取硅胶 67 g，加入浓度为 1 mol/L 的氢氧化钠溶液 33 g，充分搅拌，使之呈流体粉末状。制备完成后装入试剂瓶中密封，保存在干燥器内。

（9）硫酸硅胶：ω =44%。

取硅胶 100 g，加入 78.6 g 硫酸，充分振荡后变成粉末状。制备完成后装入试剂瓶中密封，保存在干燥器内。

（10）氧化铝。

色谱用氧化铝（碱性活性度Ⅰ）。可以直接使用活性氧化铝。必要时可进行活化，活化方法为：将氧化铝摊放在烧杯中，厚度小于 10 mm，在 130℃的条件下加热 18 h，或者在培养皿中铺成 5 mm 厚度，在 500℃的条件下加热 8 h，放在干燥器内冷却 30 min。装入密闭容器后放在干燥器内保存。活化后应尽快使用。

（11）活性炭分散硅胶：市售，保存在干燥器中。

（12）GPC 校准溶液：保证在紫外检测器有完整明显峰型。含有玉米油和硫。可直接购买市售有证标准溶液。

（13）氮气。

（14）水：用正己烷充分洗涤过的蒸馏水。除非另有说明，否则本方法中涉及的水均指上述处理过的蒸馏水。

（15）二氯甲烷—正己烷溶液：50%（v/v）二氯甲烷和正己烷以 1∶1 的体积比混合。

（16）二氯甲烷—正己烷溶液：25%（v/v）二氯甲烷和正己烷以 1∶3 的体积比混合。

（17）氯化钠溶液：ρ（NaCl）＝0.15 g/mL。取 150 g 氯化钠溶于水中，稀释至 1 L。

（18）碱性洗涤剂：市售。

（19）校准标准：市售多氯联苯类校准标准物质，见表 5-3-23。

（20）净化内标：市售多氯联苯类净化内标物质，一般选择 27 种 ^{13}C 标记化合物作为净化内标，见表 5-3-23。

（21）进样内标：市售多氯联苯类进样内标物质，一般选择 5 种 ^{13}C 标记化合物作为进样内标，见表 5-3-23。

（22）PFK（全氟煤油）校准调谐标准溶液，市售。

5-3-23　多氯联苯类校准物质使用举例

多氯联苯		校准溶液/（ng/mL）					
	多氯联苯 IUPAC 编号	CS0.2	CS1	CS2	CS3	CS4	CS5
未标记物质 2-MoCB	1	0.1	0.5	2.5	25	200	1 000
4-MoCB	3	0.1	0.5	2.5	25	200	1 000
2,2'-DiCB	4	0.1	0.5	2.5	25	200	1 000
4,4'-DiCB	15	0.1	0.5	2.5	25	200	1 000
2,2',6'-TrCB	19	0.1	0.5	2.5	25	200	1 000
2,4,4'-TrCB	28	0.1	0.5	2.5	25	200	1 000
3,4,4'-TrCB	37	0.1	0.5	2.5	25	200	1 000
2,2',5,5'-TeCB	52	0.1	0.5	2.5	25	200	1 000
2,2',6,6'-TeCB	54	0.1	0.5	2.5	25	200	1 000
3,3',4,4'-TeCB	77	0.1	0.5	2.5	25	200	1 000
3,4,4',5-TeCB	81	0.1	0.5	2.5	25	200	1 000
2,2',4,5,5'-PeCB	101	0.1	0.5	2.5	25	200	1 000
2,2',4,6,6'-PeCB	104	0.1	0.5	2.5	25	200	1 000
2,3,3',4,4'-PeCB	105	0.1	0.5	2.5	25	200	1 000
2,3,4,4',5-PeCB	114	0.1	0.5	2.5	25	200	1 000
2,3',4,4',5-PeCB	118	0.1	0.5	2.5	25	200	1 000
2',3,4,4',5-PeCB	123	0.1	0.5	2.5	25	200	1 000
3,3',4,4',5-PeCB	126	0.1	0.5	2.5	25	200	1 000
2,2',3,3,4',5'-HxCB	138	0.1	0.5	2.5	25	200	1 000
2,2',4,4',5,5'-HxCB	153	0.1	0.5	2.5	25	200	1 000
2,2',4,4',6,6'-HxCB	155	0.1	0.5	2.5	25	200	1 000
2,3,3',4,4',5-HxCB	156	0.1	0.5	2.5	25	200	1 000

| 多氯联苯 | | 校准溶液/（ng/mL） | | | | | |
	多氯联苯 IUPAC 编号	CS0.2	CS1	CS2	CS3	CS4	CS5
2,3,3′,4,4′,5′-HxCB	157	0.1	0.5	2.5	25	200	1 000
2,3′,4,4′,5,5′-HxCB	167	0.1	0.5	2.5	25	200	1 000
3,3′,4,4′,5,5′-HxCB	169	0.1	0.5	2.5	25	200	1 000
2,2′,3,4,4′,5,5′-HpCB	180	0.1	0.5	2.5	25	200	1 000
2,2′,3,4′,5,6,6′-HpCB	188	0.1	0.5	2.5	25	200	1 000
2,3,3′,4,4′,5,5′-HpCB	189	0.1	0.5	2.5	25	200	1 000
2,2′,3,3′,5,5′,6,6′-OcCB	202	0.1	0.5	2.5	25	200	1 000
2,3,3′,4,4′,5,5′,6-OcCB	205	0.1	0.5	2.5	25	200	1 000
2,2′,3,3′,4,4′,5,5′,6-NoCB	206	0.1	0.5	2.5	25	200	1 000
2,2′,3,3′,4′,5,5′,6,6′-NoCB	208	0.1	0.5	2.5	25	200	1 000
DeCB	209	0.1	0.5	2.5	25	200	1 000
$^{13}C_{12}$-2-MoCB	1 L	50	50	50	50	50	50
$^{13}C_{12}$-4-MoCB	3L	50	50	50	50	50	50
$^{13}C_{12}$-2,2′-DiCB	4L	50	50	50	50	50	50
$^{13}C_{12}$-4,4′-DiCB	15L	50	50	50	50	50	50
$^{13}C_{12}$-2,2′,6′-TrCB	19L	50	50	50	50	50	50
$^{13}C_{12}$-3,4,4′-TrCB	37L	50	50	50	50	50	50
$^{13}C_{12}$-2,2′,6,6′-TeCB	54L	50	50	50	50	50	50
$^{13}C_{12}$-3,3′,4,4′-TeCB	77L	50	50	50	50	50	50
$^{13}C_{12}$-3,4,4′,5-TeCB	81 L	50	50	50	50	50	50
$^{13}C_{12}$-2,2′,4,6,6′-PeCB	104L	50	50	50	50	50	50
$^{13}C_{12}$-2,3,3′,4,4′-PeCB	105L	50	50	50	50	50	50
$^{13}C_{12}$-2,3,4,4′,5-PeCB	114L	50	50	50	50	50	50
$^{13}C_{12}$-2,3′,4,4′,5-PeCB	118L	50	50	50	50	50	50
$^{13}C_{12}$-2′,3,4,4′,5-PeCB	123L	50	50	50	50	50	50
$^{13}C_{12}$-3,3′,4,4′,5-PeCB	126L	50	50	50	50	50	50
$^{13}C_{12}$-2,2′,4,4′,6,6′-HxCB	155L	50	50	50	50	50	50
$^{13}C_{12}$-2,3,3′,4,4′,5-HxCB	156L	50	50	50	50	50	50
$^{13}C_{12}$-2,3,3′,4,4′,5′-HxCB	157L	50	50	50	50	50	50
$^{13}C_{12}$-2,3′,4,4′,5,5′-HxCB	167L	50	50	50	50	50	50
$^{13}C_{12}$-3,3′,4,4′,5,5′-HxCB	169L	50	50	50	50	50	50
$^{13}C_{12}$-2,2′,3,4′,5,6,6′-HpCB	188L	50	50	50	50	50	50
$^{13}C_{12}$-2,3,3′,4,4′,5,5′-HpCB	189L	50	50	50	50	50	50
$^{13}C_{12}$-2,2′,3,3′,5,5′,6,6′-OcCB	202L	50	50	50	50	50	50
$^{13}C_{12}$-2,3,3′,4,4′,5,5′,6-OcCB	205L	50	50	50	50	50	50
$^{13}C_{12}$-2,2′,3,3′,4,4′,5,5′,6-NoCB	206L	50	50	50	50	50	50
$^{13}C_{12}$-2,2′,3,3′,4′,5,5′,6,6′-NoCB	208L	50	50	50	50	50	50
$^{13}C_{12}$-DeCB	209L	50	50	50	50	50	50
$^{13}C_{12}$-2,4,4′-TrCB	28L	50	50	50	50	50	50
$^{13}C_{12}$-2,3,3′,5,5′-PeCB	111 L	50	50	50	50	50	50
$^{13}C_{12}$-2,2′,3,3′,5,5′,6-HpCB	178L	50	50	50	50	50	50

未标记物质（rows 157–209）
净化内标①（rows 1L–209L）
净化内标②（rows 28L, 111L, 178L）

多氯联苯		校准溶液/（ng/mL）					
	多氯联苯 IUPAC 编号	CS0.2	CS1	CS2	CS3	CS4	CS5
进样 内标 $^{13}C_{12}$-2,5-DiCB	9L	50	50	50	50	50	50
$^{13}C_{12}$-2,2′,5,5′-TeCB	52L	50	50	50	50	50	50
$^{13}C_{12}$-2,2′,4′,5,5′-PeCB	101 L	50	50	50	50	50	50
$^{13}C_{12}$-2,2′,3′,4,4′,5′-HxCB	138L	50	50	50	50	50	50
$^{13}C_{12}$-2,2′,3,3′,4,4′,5,5′-OcCB	194L	50	50	50	50	50	50

5. 仪器和设备

（1）采样工具和样品容器：符合 HJ/T 166 和 GB 17378.3 的要求，并使用对多氯联苯类无吸附作用的不锈钢或铝合金材质器具。

（2）样品前处理装置。

用碱性洗涤剂和水充分洗净，使用前依次用丙酮、正己烷或甲苯等溶剂冲洗，定期进行空白试验。所有接口处严禁使用油脂。

①索氏提取器或具有相当功能的设备。

②浓缩装置：旋转蒸发装置或 K-D 浓缩器、氮吹仪以及相当浓缩装置等。

③加压流体萃取装置：带 34 mL 和 66 mL 的萃取池，萃取压力不低于 1 500 psi，萃取温度需要大于 120℃。

④层析柱：内径 8～15 mm，长 200～300 mm 玻璃层析柱。

（3）分析仪器。

高分辨气相色谱—高分辨质谱（HRGC-HRMS）。

进样口：具备分流进样功能，最高使用温度不低于 280℃，也可使用柱上进样或者程序升温大体积进样方式。

①高分辨气相色谱：进样部分采用柱上进样或者不分流进样方式，进样口最高使用温度 250～280℃。

②石英毛细管色谱柱：长度为 60 m，内径为 0.25 mm，膜厚为 0.1～0.25 μm 石英毛细管色谱柱，可对 209 种多氯联苯异构体进行良好分离，并能判明这些化合物的色谱峰流出顺序。为保证对 209 种多氯联苯异构体都能很好地分离，建议选用两种不同极性的毛细管柱分别测定。

③柱箱温度：温度控制范围在 50～350℃，能进行程序升温。

④高分辨质谱。

双聚焦磁质谱。离子源温度，250℃；电子轰击（EI）式；电子轰击能，35 eV；选择离子检出方法（SIM 法）。

⑤载气：高纯氦气（纯度为 99.999% 以上）。

6. 样品

（1）采集与保存。

见第五篇第一章中半挥发性有机物部分。采集后的样品在实验室中风干、破碎、过筛。保存在棕色玻璃瓶中。

（2）试样制备。

包括净化内标的加入、样品的提取、提取液的多种净化、净化液的浓缩、进样内标的加入。

①样品提取。

a. 索氏提取法。称取约 20 g 风干过筛样品放入索氏提取器的提取杯中，在每个样品中加入 0.5 ng 的 $^{13}C_{12}$ 标记的净化内标。用 120～150 mL 的甲苯提取 16 h 以上。将提取液浓缩至 1～2 mL，待净化。

b. 加压流体萃取方法。在小烧杯中称取约 20 g 的风干过筛样品，加入一定量的无水硫酸钠，将样品转移至加压流体萃取装置的萃取池中，同时加入一定量的 $^{13}C_{12}$ 标记的净化内标。设定的萃取条件为：压力 1 500 psi，温度 120℃，提取溶剂甲苯，100% 充满萃取池模式，高温高压静置 5 min，循环三次。提取后的样品浓缩定容，待净化。

如样品含大量的硫化物，需要进行脱硫净化。脱硫方法如下：将样品提取液浓缩至 50 mL 左右，加入处理后的还原铜，充分振荡，过滤，收集滤液，浓缩定容。

②样品净化。

a. 硫酸—硅胶柱净化。

如样品颜色较深，干扰较大，采用硫酸—硅胶柱净化方法。

将浓缩后的样品提取液放入 250 mL 分液漏斗中，加入 75 mL 正己烷，用 30 mL 硫酸振摇约 10 min，静置后弃去水相，重复操作直至硫酸层为无色。正己烷层用 50 mL 15%氯化钠溶液反复洗至中性，经无水硫酸钠脱水后，浓缩到 2 mL 以下，继续净化处理。

在玻璃层析柱底部添入玻璃棉，填入 10 mm 无水硫酸钠，再在其上分别添加 10 g 硅胶和 10 mm 厚的无水硫酸钠。

用 80 mL 正己烷冲洗硅胶柱，液面保持在无水硫酸钠层以上。将样品浓缩液缓慢转入硅胶柱，再用 1 mL 正己烷反复洗涤浓缩瓶，同样转移至硅胶柱上，待液面降至无水硫酸钠层以下，用 120 mL 正己烷以 2.5 mL/min（每秒 1 滴）流速淋洗。淋洗液用浓缩器浓缩到 1 mL 左右，用于下一步处理。

b. 多层硅胶柱净化。

在玻璃层析柱（内径 15 mm）底部添加一些玻璃棉，依次称取 3 g 硅胶、5 g 33%氢氧化钠碱性硅胶、2 g 硅胶、10 g 44%硫酸硅胶、2 g 硅胶、5 g 10%硝酸银硅胶和 5 g 无水硫酸钠。

用 80 mL 正己烷淋洗，保持液面在无水硫酸钠层上面。

提取液用氮气除去甲苯，剩余液体量约为 0.5 mL。将该浓缩液缓慢注入玻璃柱中，液面保持在柱子填充部分的上端。用 1 mL 的正己烷反复洗涤浓缩瓶，同样转移到玻璃柱上。将 120 mL 正己烷装入分液漏斗置于硅胶柱上方，以 2.5 mL/min（每秒 1 滴）的流速缓慢滴入硅胶柱中进行淋洗。如果充填部分的颜色变深或出现穿透现象，则应重复操作。

将淋洗液用浓缩器浓缩到 1 mL 以下，用正己烷转移至 5 mL K-D 浓缩管中继续浓缩至 100 μL 左右，加入 20 μL 壬烷，用氮气吹至壬烷体积左右，添加进样内标 0.5 ng 并定容至 30 μL 左右，转移入 100 μL 小样品管中，封装待仪器分析。

c. 其他净化方法。

采用凝胶渗透色谱、高效液相色谱、自动样品处理装置等自动净化技术代替手工净化方式。使用前必须用焚烧设施布袋除尘器底灰样品提取液进行分离和净化效果试验，确认满足本方法质量控制/质量保证要求后方可使用。

7. 分析步骤

（1）仪器参考条件。

①气相色谱参考条件。

色谱柱温度，130℃（1 min）$\xrightarrow{15℃/min}$ 210℃ $\xrightarrow{3℃/min}$ 310℃（5 min）；载气，氦气；流速，1.2 mL/min；进样口温度，280℃；接口温度，280℃；进样量，1 μL，不分流进样。

②质谱仪校正及测定。

在仪器开机状态下，设定必要的条件后，以 PFK 校正调谐标准溶液依照仪器内部质量校正程序进行操作，使其所有校正离子的分辨率 $R>10\ 000$。

使用选择离子测定方法（SIM 法），选定的质量数及离子丰度比见表 5-3-24。记录各氯代物色谱图。

表 5-3-24 多氯联苯定量离子同位素存在的丰度比及推断离子强度比

多氯联苯	定量离子			定量离子理论丰度比	丰度比下限值	丰度比上限值
	质量数	监测离子	内标监测离子			
MoCB	$m/m+2$	188.0393/190.0363	200.0795/202.0766	3.13	2.66	3.60
DiCB	$m/(m+2)$	222.0003/223.9974	234.0406/236.0376	1.56	1.33	1.79
TrCB	$m/(m+2)$	255.9613/257.9584	268.0016/269.9986	1.04	0.88	1.20
TeCB	$m/(m+2)$	289.9224/291.9194	301.9626/303.9597	0.77	0.65	0.89
PeCB	$(m+2)/(m+4)$	325.8804/327.8775	337.9207/339.9178	1.55	1.32	1.78
HxCB	$(m+2)/(m+4)$	359.8415/361.8385	371.8817/373.8788	1.24	1.05	1.43
HpCB	$(m+2)/(m+4)$	393.8025/395.7995	405.8428/407.8398	1.05	0.89	1.21
OcCB	$(m+2)/(m+4)$	427.7635/429.7606	439.8038/441.8008	0.89	0.76	1.02
MoCB	$(m+2)/(m+4)$	461.7246/463.7216	473.7648/475.7619	0.77	0.65	0.89
DiCB	$(m+4)(m+6)$	497.6826/499.6797	509.7229/511.7199	1.16	0.99	1.33

注：同位素内标化合物与相同氯原子取代数的多氯联苯丰度比一致。

（2）校准曲线绘制。

①校准溶液的测定。按照表 5-3-23 配制的校准标准溶液或其他校准标准系列按照 SIM 测定操作进行。

②峰面积强度比确认。从得到的色谱图上，确认各标准物质对应的两个监测离子的峰面积强度比与通过氯原子同位素丰度比推算的离子强度比几乎一致。

③相对响应因子的计算。按照式（5-3-25）计算净化内标相对响应因子 RRF_{cs}。

$$RRF_{cs} = \frac{Q_{cs}}{Q_s} \times \frac{A_s}{A_{cs}} \qquad (5\text{-}3\text{-}25)$$

式中：RRF_{cs} —— 净化内标的相对响应因子；

$\quad Q_{cs}$ —— 校准标准溶液中净化内标质量，ng；

$\quad Q_s$ —— 校准标准溶液中待测物质质量，ng；

$\quad A_s$ —— 校准标准溶液中待测物质峰面积；

$\quad A_{cs}$ —— 校准标准溶液中净化内标峰面积。

按照式（5-3-26）计算进样内标的相对响应因子 RRF_{rs}。

$$RRF_{rs} = \frac{Q_{rs}}{Q_{cs}} \times \frac{A_{cs}}{A_{rs}} \qquad (5\text{-}3\text{-}26)$$

式中：RRF_{rs} —— 进样内标相对响应因子；

$\quad\quad Q_{rs}$ —— 校准标准溶液中进样内标质量，ng；

$\quad\quad Q_{cs}$ —— 校准标准溶液中净化内标质量，ng；

$\quad\quad A_{cs}$ —— 校准标准溶液中净化内标峰面积；

$\quad\quad A_{rs}$ —— 校准标准溶液中进样内标峰面积。

（3）样品测定。

将预处理后的样品，按照与标准曲线相同的条件进行测定。根据峰面积进行定量。

8. 结果计算与表示

（1）色谱峰检出。

确认样品测定中分析样品进样内标的峰面积是标准溶液中同等浓度进样内标的峰面积的 70%～130%，超出该范围，要查明原因后重新测定。

（2）定性。

①多氯联苯类同类物。

多氯联苯类同类物的两个监测离子在指定的保留时间窗口内同时存在，并且其离子丰度比与表 5-3-24 所列理论离子丰度比相对偏差小于 15%（浓度在 3 倍检出限时在±25% 以内）。同时满足上述条件的色谱峰定性为多氯联苯类物质。

②多氯联苯类定性。

除满足多氯联苯类同类物定性条件要求之外，色谱峰的保留时间应与标准溶液一致（±3 s 以内），同时内标的相对保留时间也与标准溶液一致（±0.5% 以内）。同时满足上述条件的色谱峰定性为多氯联苯类。

（3）定量。

①取代异构体的量（Q_i）。

按式（5-3-27）以对应的净化内标的添加量为基准，采用内标法求出。不含有同位素内标的多氯联苯类化合物，采用具有相同氯原子取代数的多氯联苯类 RRF_{cs} 均值计算。

$$Q_i = \frac{A_i}{A_{csi}} \times \frac{Q_{csi}}{RRF_{cs}} \quad\quad\quad (5\text{-}3\text{-}27)$$

式中：Q_i —— 提取液中 i 异构体的量，ng；

$\quad\quad A_i$ —— 色谱图上 i 异构体的峰面积；

$\quad\quad A_{csi}$ —— 对应净化内标物质的峰面积；

$\quad\quad Q_{csi}$ —— 对应净化内标物质的添加量，ng；

$\quad\quad RRF_{cs}$ —— 对应净化内标物质的相对响应因子。

②结果计算。

按式（5-3-28）计算样品中的各异构体的含量。

$$C_i = (Q_i - Q_t) \times \frac{1}{M} \quad\quad\quad (5\text{-}3\text{-}28)$$

式中：C_i —— 样品中 i 异构体的浓度，ng/kg；

$\quad\quad Q_i$ —— 提取液总量中 i 异构体的质量，ng；

$\quad\quad Q_t$ —— 空白实验中 i 异构体的的质量，ng；

$\quad\quad M$ —— 干基样品量，kg。

（4）结果表示。

①表示方法。

多氯联苯类化合物浓度测定结果，要有所有氯取代异构体的浓度，一氯～十氯代多氯联苯同族体的浓度，并记录它们的总和。测定结果保留三位有效数字。

当各异构体的浓度大于检出限时，原值记录；低于检出限时，按照低于检出限记录。

各同族体的浓度和它们的总和按照被检出的异构体浓度计算。样品的检出限也要明确记录。

②浓度单位。

当需要报告全部多氯联苯类实测值时，样品浓度以 ng/kg 表示。

③毒性当量换算。

如只需定量分析含有毒性当量的多氯联苯类化合物时，需将样品中 12 种二噁英类多氯联苯浓度换算成毒性当量，用测定浓度乘以毒性当量因子（TEF），以 TEQ ng/kg 表示。

毒性当量因子（TEF）：没有特殊指定时，多氯联苯类化合物的毒性当量因子见表 5-3-28。

毒性当量的计算：计算各个异构体浓度，计算总毒性当量。当高于检出限时按照原值进行计算，低于检出限时按照 0 值计算毒性当量，最后加和计算总的毒性当量。

9. 精密度与准确度

（1）精密度。

实验室采用添加 1.0 ng 同位素内标物质，测定含多氯联苯土壤样品：实验室间 12 种不同多氯联苯类同类物平均回收率为 83%～101%，RSD 为 1.0%～8.9%，见表 5-3-25。

表 5-3-25　方法的精密度

内标化合物	添加量/ng	回收率平均值/%	RSD/%	内标化合物	添加量/ng	回收率平均值/%	RSD/%
$^{13}C_{12}$-PCB-77	1.0	86	2.5	$^{13}C_{12}$-PCB-126	1.0	95	5.1
$^{13}C_{12}$-PCB-81	1.0	91	1.5	$^{13}C_{12}$-PCB-156	1.0	92	1.2
$^{13}C_{12}$-PCB-105	1.0	101	4.5	$^{13}C_{12}$-PCB-157	1.0	90	1.0
$^{13}C_{12}$-PCB-114	1.0	102	8.9	$^{13}C_{12}$-PCB-167	1.0	94	6.8
$^{13}C_{12}$-PCB-118	1.0	92	6.1	$^{13}C_{12}$-PCB-169	1.0	90	4.0
$^{13}C_{12}$-PCB-123	1.0	95	3.5	$^{13}C_{12}$-PCB-189	1.0	97	4.7

（2）准确度。

实验室对有证物质样品中多氯联苯进行测定，见表 5-3-26。

表 5-3-26　方法的准确度

多氯联苯	SRM 测定结果（$n=5$）				多氯联苯	SRM 测定结果（$n=5$）			
	平均值	RSD/%	标准值	相对偏差/%		平均值	RSD/%	标准值	相对偏差/%
PCB-77	0.692	11.0	—	—	PCB-126	0.374	5.6	—	—
PCB-81	6.202	12.0	—	—	PCB-156	6.2	3.9	6.52±0.66	−4.9
PCB-105	21.8	9.6	24.5±1.1	−11.0	PCB-157	1.432	4.6	—	—
PCB-114	2.83	8.4	—	—	PCB-167	14.28	4.8	—	—
PCB-118	46.2	6.6	58.0±4.3	—	PCB-169	0.011	4.0	—	—
PCB-123	6.72	5.4	—	—	PCB-189	0.559	5.1	—	—

10. 质量保证和质量控制

（1）校准曲线相对校正因子。

制作校准曲线的净化内标相对响应因子 RRF_{cs} 相对标准偏差需控制在 ±20% 以内，超出范围需要重新调整仪器或者重新配制标准系列。

（2）连续校准。

选择标准曲线的中间浓度点，每天至少一次进行 SIM 测定，计算各个异构体对应的净化内标相对响应因子 RRF_{cs} 和进样内标相对响应因子 RRF_{rs}，将此结果与校准曲线上对应浓度点测定值的计算结果进行对比，确认变化值在 ±20% 以内。如果超过这个范围，应查找原因，重新测定。如果保留时间在一天内变化超过 ±5%，或者与内标物的相对保留时间在 ±2% 以上，应查找原因，重新测定。

（3）确认内标物质的回收率。

按照式（5-3-29）确认净化内标的回收率。如果净化内标的回收率在要求的范围以外，要重新进行前处理，再测定。

作为定量的 $^{13}C_{12}$-标记的同类物的信噪比 >20∶1

$$R_c = \frac{A_{csi}}{A_{rsi}} \times \frac{Q_{rsi}}{RRF_{rs}} \times \frac{100}{Q_{csi}} \qquad （5\text{-}3\text{-}29）$$

式中：R_c —— 净化内标的回收率，%；

A_{csi} —— 净化内标的峰面积；

A_{rsi} —— 对应的进样内标的峰面积；

Q_{rsi} —— 对应的进样内标的添加量，ng；

RRF_{rs} —— 对应的进样内标的相对响应因子；

Q_{csi} —— 净化内标的添加量，ng。

（4）仪器检出限。

以制作标准曲线的标准溶液的最低浓度（多氯联苯类同类物浓度 0.1～1 000 pg）对多氯联苯异构体进行定量，反复进行 5 次以上，计算测定结果的标准偏差，标准偏差的 3 倍为仪器检出限。

如果仪器的检出限超过 CS0.2，可采用 0.2 ng/mL 或 0.25 ng/mL 浓度代替。若还未能达到，需重新检查器具、仪器，要调整仪器的检出限低于以上值。

仪器的检出限随 HRGC/HRMS 状态变化，一定周期内要确认，使用仪器和测定条件变化时必须确认。

（5）样品。

①分析运输空白和全程序空白样品。空白中目标化合物浓度应小于下列条件的最大值：方法检出限；样品分析结果的 10%。

若空白试验未满足以上要求，则应采取措施排除污染并重新分析同批样品。

每批样品应至少进行一次试剂空白分析。

②每批样品分析一次平行样。平行样分析时目标化合物的相对偏差应小于 30%，同位素内标物质的回收率应满足表 5-3-27 要求。

表 5-3-27　净化内标回收率范围

多氯联苯	IUPAC 编号	回收率范围/%	多氯联苯	IUPAC 编号	回收率范围/%
净化内标① $^{13}C_{12}$-2-MoCB	1 L	4～100	$^{13}C_{12}$-3,3′,4,4′,5-PeCB	126L	50～106
$^{13}C_{12}$-4-MoCB	3L	11～106	$^{13}C_{12}$-2,2′,4,4′,6,6′-HxCB	155L	25～124
$^{13}C_{12}$-2,2′-DiCB	4L	14～107	$^{13}C_{12}$-2,3,3′,4,4′,5-HxCB	156L	40～120
$^{13}C_{12}$-4,4′-DiCB	15L	19～107	$^{13}C_{12}$-2,3,3′,4,4′,5′-HxCB	157L	40～120
$^{13}C_{12}$-2,2′,6′-TrCB	19L	1～108	$^{13}C_{12}$-2,3′,4,4′,5,5′-HxCB	167L	45～118
$^{13}C_{12}$-3,4,4′-TrCB	37L	25～123	$^{13}C_{12}$-3,3′,4,4′,5,5′-HxCB	169L	37～117
$^{13}C_{12}$-2,2′,6,6′-TeCB	54L	13～105	$^{13}C_{12}$-2,2′,3,4′,5,6,6′-HpCB	188L	23～125
$^{13}C_{12}$-3,3′,4,4′-TeCB	77L	14～127	$^{13}C_{12}$-2,3,3′,4,4′,5,5′-HpCB	189L	47～116
$^{13}C_{12}$-3,4,4′,5-TeCB	81 L	14～127	$^{13}C_{12}$-2,2′,3,3′,5,5′,6,6′-OcCB	202L	31～134
$^{13}C_{12}$-2,2′,4,6,6′-PeCB	104L	36～115	$^{13}C_{12}$-2,3,3′,4,4′,5,5′,6-OcCB	205L	46～115
$^{13}C_{12}$-2,3,3′,4,4′-PeCB	105L	50～111	$^{13}C_{12}$-2,2′,3,3′,4,4′,5,5′,6-NoCB	206L	38～122
$^{13}C_{12}$-2,3,4,4′,5-PeCB	114L	41～121	$^{13}C_{12}$-2,2′,3,3′,4′,5,5′,6,6′-NoCB	208L	31～126
$^{13}C_{12}$-2,3′,4,4′,5-PeCB	118L	49～111	$^{13}C_{12}$-DeCB	209L	43～115
$^{13}C_{12}$-2′,3,4,4′,5-PeCB	123L	49～116			
净化内标② $^{13}C_{12}$-2,4,4′-TrCB	28L	14～131	$^{13}C_{12}$-2,2′,3,3′,5,5′,6-HpCB	178L	57～125
$^{13}C_{12}$-2,3,3′,5,5′-PeCB	111 L	57～112			

11. 检测报告

多氯联苯结果报告宜采用表格的形式，表中应包括测定对象、实测质量分数；如果需报告中列出样品的毒性当量质量分数，则需明确标记处所采用的毒性当量因子，见表 5-3-28。

5-3-28　测定结果记录

二噁英类多氯联苯	实测质量分数/（ng/kg）	方法定量下限/（ng/kg）	毒性当量因子	毒性当量（I-TEQ ng/kg）
PCB-77			0.000 1	
PCB-81			0.000 3	
PCB-105			0.000 03	
PCB-114			0.000 03	
PCB-118			0.000 03	
PCB-123			0.000 03	
PCB-126			0.1	
PCB-156			0.000 03	
PCB-157			0.000 03	
PCB-167			0.000 03	
PCB-169			0.03	
PCB-189			0.000 03	
I-TEQ				

12. 废物处理

（1）气相色谱分流及质谱机械泵废气应通过活性炭柱、含油或高沸点醇的吸收管后排出。

（2）液体及可溶性废物可溶解于甲醇或乙醇中并以紫外灯（波长低于 290 nm）照射处

理，若无多氯联苯类检出可按普通废物处置。

（3）其他废物处置见第五篇第一章。

（浙江省环境监测中心　朱国华　李沐霏　刘劲松）

十六、二噁英类

二噁英是一类三环芳香族有机化合物，由 75 种多氯代二苯并对二噁英和 135 种多氯代二苯并呋喃（PCDD/Fs）组成。常温下均为固体、熔点较高、没有极性、难溶于水，在强酸强碱中保持稳定，化学稳定性强，在环境中能长时间残留，随着氯化程度的增强，PCDD/Fs 的溶解度和挥发性减小。

一般来说，土壤中二噁英类物质可采用高分辨气相色谱—高分辨质谱法检测，但其他检测方法如气相色谱—低分辨质谱法、液相色谱法、全二维气相色谱法和生物法也能在较好的分离技术下得到应用。气相色谱—低分辨质谱法在美国、日本均已颁布国家标准。土壤样品的前处理方法主要有索氏提取、加压流体萃取等，净化方法包括浓硫酸净化、多层硅胶净化、氧化铝分离或活性炭分散硅胶分离。

（一）同位素稀释/高分辨气相色谱—低分辨质谱法（A）

本方法等效于《土壤、沉积物　二噁英类的测定　同位素稀释/高分辨气相色谱—低分辨质谱法》（HJ 650—2013）。

1. 方法原理

按相应采样规范采集样品并干燥，采用索氏提取、加速溶剂萃取或其他等效并经验证的方法进行提取，提取液用硫酸/硅胶柱或多层硅胶柱净化及氧化铝柱或活性炭分散硅胶柱等分离，浓缩后加入进样内标，使用高分辨气相色谱—低分辨质谱法（HRGC-LRMS）进行定性和定量分析。

2. 适用范围

本方法规定了测定土壤中的多氯二苯并二噁英和多氯二苯并呋喃的同位素稀释/高分辨气相色谱—低分辨质谱方法。

适用于土壤中二噁英类物质的初步筛查，主要包括从四氯到八氯的多氯二苯并二噁英、二苯并呋喃的高分辨气相色谱—低分辨质谱联用的测定方法。事故仲裁、建设项目评价及验收等建议采用《土壤和沉积物　二噁英类的测定　同位素稀释高分辨气相色谱—高分辨质谱法》（HJ 77.4—2008）等高分辨质谱方法。

方法检出限随仪器的灵敏度、样品中二噁英浓度及干扰水平等因素变化。当土壤取样量为 20 g 时，对 $2,3,7,8\text{-}T_4CDD$ 的检出限应低于 1.0 ng/kg。

3. 干扰及消除

采用不同的净化分离柱去除大分子干扰物及其他干扰物。

4. 试剂和材料

除非另有说明，否则分析时均使用符合相关标准的农残级试剂，并进行空白试验。有机溶剂浓缩 10 000 倍不得检出二噁英类物质。

（1）丙酮（$(CH_3)_2CO$）。

（2）甲苯（C_7H_8）。

（3）正己烷（$n\text{-}C_6H_{14}$）。

（4）甲醇（CH₃OH）。

（5）二氯甲烷（CH₂Cl₂）。

（6）无水硫酸钠（Na₂SO₄）。

（7）盐酸溶液：优级纯，1+1。

（8）硫酸：优级纯，ρ（H₂SO₄）=1.84 g/mL。

（9）氢氧化钠溶液：c（NaOH）＝1 mol/L。

（10）10%硝酸银硅胶：市售，保存在干燥器中。

（11）还原铜。

使用前用盐酸、蒸馏水、丙酮、甲苯分别淋洗，放入干燥器中保存。

（12）硅胶。

将色谱用硅胶（100～200 目）放入烧杯中，用二氯甲烷洗净，待二氯甲烷全部挥发后，摊放在蒸发皿或烧杯中，厚度小于 10 mm，在 130℃的条件下加热 18 h，放在干燥器中冷却 30 min。装入密闭容器后放入干燥器中保存。

（13）氢氧化钠碱性硅胶：ω=33%。

取硅胶 67 g，加入浓度为 1 mol/L 的氢氧化钠溶液 33 g，充分搅拌，使之呈流体粉末状。制备完成后装入试剂瓶中密封，保存在干燥器内。

（14）硫酸硅胶：ω=44%。

取硅胶 100 g，加入 78.6 g 的硫酸，充分振荡后变成粉末状。制备完成后装入试剂瓶中密封，保存在干燥器内。

（15）氧化铝。

色谱用氧化铝（碱性　活性度Ⅰ）。分析过程中可以直接使用活性氧化铝。必要时可进行活化，活化方法为：将氧化铝摊放在烧杯中，厚度小于 10 mm，在 130℃的条件下加热 18 h，或者在培养皿中铺成 5 mm 厚度，在 500℃的条件下加热 8 h，放在干燥器内冷却 30 min。装入密闭容器后放在干燥器内保存。活化后应尽快使用。

（16）活性炭分散硅胶：市售，保存在干燥器中。

（17）氮气。

（18）水：用正己烷充分洗涤过的蒸馏水。除非另有说明，否则本方法中涉及的水均指上述处理过的蒸馏水。

（19）二氯甲烷/正己烷溶液：3%（v/v）。

二氯甲烷和正己烷以 3∶97 的体积比混合。

（20）二氯甲烷/正己烷溶液：50%（v/v）。

二氯甲烷和正己烷以 1∶1 的体积比混合。

（21）二氯甲烷/正己烷溶液：25%（v/v）。

二氯甲烷和正己烷以 1∶3 的体积比混合。

（22）氯化钠溶液：ρ（NaCl）＝0.15 g/mL。取 150 g 氯化钠溶于水中，稀释至 1 L。

（23）碱性洗涤剂：市售。

（24）校准标准：市售二噁英类校准标准物质，需要涵盖 17 种不同氯取代二噁英及呋喃，见表 5-3-29。

（25）净化内标：市售二噁英类净化内标物质，一般选择 8～17 种 ¹³C 标记化合物作为净化内标，见表 5-3-29。

（26）进样内标：市售二噁英类进样内标物质，一般选择 1～2 种 ^{13}C 标记化合物作为进样内标，见表 5-3-29。

表 5-3-29　二噁英类校准物质使用举例

校准溶液编号	浓度/（ng/mL）				
	CC1	CC2	CC3	CC4	CC5
2,3,7,8-T$_4$CDD	10	20	40	100	200
2,3,7,8-T$_4$CDF	10	20	40	100	200
1,2,3,7,8-P$_5$CDD	50	100	200	500	1 000
1,2,3,7,8-P$_5$CDF	50	100	200	500	1 000
2,3,4,7,8-P$_5$CDF	50	100	200	500	1 000
1,2,3,4,7,8-H$_6$CDD	50	100	200	500	1 000
1,2,3,6,7,8-H$_6$CDD	50	100	200	500	1 000
1,2,3,7,8,9-H$_6$CDD	50	100	200	500	1 000
1,2,3,4,7,8-H$_6$CDF	50	100	200	500	1 000
1,2,3,6,7,8-H$_6$CDF	50	100	200	500	1 000
1,2,3,7,8,9-H$_6$CDF	50	100	200	500	1 000
2,3,4,6,7,8-H$_6$CDF	50	100	200	500	1 000
1,2,3,4,6,7,8-H$_7$CDD	50	100	200	500	1 000
1,2,3,4,6,7,8-H$_7$CDF	50	100	200	500	1 000
1,2,3,4,7,8,9-H$_7$CDF	50	100	200	500	1 000
OCDD	100	200	400	1 000	2 000
OCDF	100	200	400	1 000	2 000
^{13}C$_{12}$-2,3,7,8-T$_4$CDD	100	100	100	100	100
^{13}C$_{12}$-2,3,7,8-T$_4$CDF	100	100	100	100	100
^{13}C$_{12}$-1,2,3,7,8-P$_5$CDD	100	100	100	100	100
^{13}C$_{12}$-1,2,3,7,8-P$_5$CDF	100	100	100	100	100
^{13}C$_{12}$-2,3,4,7,8-P$_5$CDF	100	100	100	100	100
^{13}C$_{12}$-1,2,3,6,7,8-H$_6$CDD	100	100	100	100	100
^{13}C$_{12}$-1,2,3,4,7,8-H$_6$CDD	100	100	100	100	100
^{13}C$_{12}$-1,2,3,6,7,8-H$_6$CDF	100	100	100	100	100
^{13}C$_{12}$-1,2,3,4,7,8-H$_6$CDF	100	100	100	100	100
^{13}C$_{12}$-1,2,3,7,8,9-H$_6$CDF	100	100	100	100	100
^{13}C$_{12}$-1,2,3,4,6,7,8-H$_7$CDD	100	100	100	100	100
^{13}C$_{12}$-1,2,3,4,6,7,8-H$_7$CDF	100	100	100	100	100
^{13}C$_{12}$-1,2,3,4,7,8,9-H$_7$CDF	100	100	100	100	100
^{13}C$_{12}$-OCDD	200	200	200	200	200
^{13}C$_{12}$-1,2,3,4-T$_4$CDD	100	100	100	100	100
^{13}C$_{12}$-1,2,3,7,8,9-H$_6$CDD	100	100	100	100	100

（表中"未标记物质"对应第 1 组，"净化内标"对应第 2 组，"进样内标"对应第 3 组）

5. 仪器和设备

（1）采样装置。

采样工具和样品容器：符合 HJ/T 166 和 GB 17378.3 要求，并使用对二噁英类无吸附作用的不锈钢或铝合金材质器具。

（2）前处理装置。

样品前处理装置要用碱性洗涤剂和水充分洗净，使用前依次用丙酮、正己烷或甲苯等溶剂冲洗，定期进行空白试验。所有接口处严禁使用油脂。

①索氏提取器或具有相当功能的设备。

②浓缩装置：旋转蒸发浓缩器、氮吹仪以及相当浓缩装置等。

③快速萃取装置：带 34 mL 和 66 mL 的萃取池，萃取压力不低于 1 500 psi，萃取温度需要大于 120℃。

④层析柱：内径 8～15 mm、长 200～300 mm 玻璃层析柱。

（3）分析仪器。

使用高分辨气相色谱—低分辨质谱（HRGC-LRMS）对二噁英类进行分析。

①高分辨气相色谱：进样部分采用柱上进样或者不分流进样方式，进样口最高使用温度 250～280℃。

石英毛细管色谱柱：长度为 25～60 m，内径为 0.1～0.32 mm，膜厚为 0.1～0.25 μm 石英毛细管色谱柱，可对 2,3,7,8-位氯取代异构体良好分离，并能判明这些化合物色谱峰流出顺序。为保证对所有的 2,3,7,8-位氯取代异构体能很好分离，宜选择两种不同极性毛细管柱分别测定。

柱箱温度：50～350℃，能进行程序升温。

②低分辨质谱。

离子源温度，250℃；电子轰击（EI）模式；电子轰击能，70 eV；选择离子检出方法（SIM 法）。

6. 样品

（1）采集与保存。

见第五篇第一章中半挥发性有机物部分。将采集后的样品在实验室中风干、破碎、过筛。保存在棕色玻璃瓶中。

（2）试样制备。

按照加入净化内标、提取样品、分取适量提取液进行 2 级净化（1. 硫酸—硅胶净化或多层硅胶柱净化；2. 氧化铝柱或活性炭分散硅胶柱或其他方法分离）、浓缩净化液、加入进样内标的步骤制备试样。

①样品提取。

a. 索氏提取法。称取约 20 g 风干过筛样品放入索氏提取器的提取杯中，在每个样品中加入 1 ng 的 $^{13}C_{12}$ 标记的净化内标。用 200～300 mL 的甲苯提取 16 h 以上。将提取液浓缩至 1～2 mL，定容到 5 mL，待净化。

b. 快速萃取方法。在小烧杯中称取约 20 g 的风干过筛样品，加入一定量的无水硫酸钠，将样品转移至快速萃取装置的萃取池中，同时加入一定量的 $^{13}C_{12}$ 标记的净化内标。设定的萃取条件为：压力 1 500 psi，温度 120℃，提取溶剂甲苯，100%充满萃取池模式，高温高压静置 5 min，循环三次。提取后的样品按浓缩定容，待净化。

如沉积物样品含大量的硫化物，需要进行脱硫净化。脱硫方法为：将样品提取液浓缩至 50 mL 左右，加入处理后的还原铜，充分振荡，过滤，收集滤液，浓缩定容。

②样品净化。

a. 硫酸—硅胶柱净化。当样品颜色较深，干扰较大时，采用硫酸—硅胶柱净化方法。

将浓缩后的样品放入 250 mL 的分液漏斗中，加入 75 mL 正己烷，用 30 mL 硫酸振摇约 10 min，静置后弃去水相，重复操作直至硫酸层为无色。正己烷层用 50 mL 15%氯化钠溶液反复洗至中性，经无水硫酸钠脱水后，浓缩到 2 mL 以下，继续净化处理。

在玻璃层析柱的底部添入玻璃棉，添入 3 g 硅胶，再在其上部加入约 10 mm 厚的无水硫酸钠。

用 50 mL 的正己烷冲洗硅胶柱，液面保持在无水硫酸钠层以上。将样品浓缩液缓慢转入硅胶柱，再用 1 mL 正己烷反复洗涤浓缩瓶，同样转移至硅胶柱上，待液面降至无水硫酸钠层以下，用 120 mL 正己烷以 2.5 mL/min（每秒 1 滴）的流速进行淋洗。淋洗液用浓缩器浓缩到 1 mL 左右，用于下一步处理。

注：玻璃柱层析时，分步收集馏分的条件随着填充剂的种类、活性或者溶剂的种类，溶剂量的变化而变化，在操作之前，用煤灰提取液等包含全部二噁英的样品进行分步实验，以确定条件。

b. 多层硅胶柱净化。

在玻璃层析柱（内径 15 mm）底部添加一些玻璃棉，依次称取 3 g 硅胶、5 g 33%氢氧化钠碱性硅胶、2 g 硅胶、10 g 44%硫酸硅胶、2 g 硅胶、5 g 10%硝酸银硅胶和 5 g 无水硫酸钠。

用 50 mL 正己烷淋洗，保持液面在无水硫酸钠层上面。

取提取液，用氮气除去甲苯，剩余液体量约为 0.5 mL。将该浓缩液缓慢注入玻璃柱中，液面保持在柱子填充部分的上端。用 1 mL 正己烷反复洗涤浓缩瓶，同样转移到玻璃柱上。

将 120 mL 正己烷装入分液漏斗置于硅胶柱上方，以 2.5 mL/min（每秒 1 滴）的流速缓慢滴入硅胶柱中进行淋洗。

淋洗液用浓缩器浓缩到 1 mL，用于下一步处理。如果充填部分的颜色变深或出现穿透现象，则应重复净化操作。

c. 活性氧化铝净化。

注：氧化铝的活性随着生产批号和开封后的保存时间不同而有很大的变化。活性降低时，1,3,6,8-T_4CDD 和 1,3,6,8-T_4CDF 可能会在第一部分淋洗液中溶出，而八氯代物用规定量 50%（v/v）的二氯甲烷—正己烷溶液在第二部分淋洗液中不能洗脱出来。所以在操作之前，用煤灰提取液等包含全部二噁英的样品分步实验，以确定条件。

在玻璃层析柱的底部添入玻璃棉，填入 20 g 活化后氧化铝，并在其上部加入 10 mm 厚的无水硫酸钠，用 50 mL 正己烷淋洗后。液面保持在硫酸钠的上部。

将净化后的样品溶液适量缓慢移入氧化铝柱，用 1 mL 正己烷反复清洗容器，洗脱液也转移入氧化铝柱上。待样品溶液液面在硫酸钠层的下部时，加入 70 mL 甲苯溶液淋洗，甲苯流出后，弃去所有的淋洗液。再加入 30 mL 正己烷，收集该部分淋洗液为 A 部分，主要含多氯联苯等物质。然后用 220 mL 50%（v/v）二氯甲烷/正己烷溶液以 2.5 mL/min（每秒 1 滴）的速度进行淋洗，得到淋洗液 B 部分，此部分溶液含有二噁英类物质。然后用 50 mL 的二氯甲烷淋洗层析柱直至不再流出，得到淋洗液 C 部分。保留 A 部分和 C 部分直至测定结束（A 部分和 C 部分溶液可以合并在一起）。

将 B 部分淋洗液用浓缩器浓缩到 1 mL 以下，转移至 5 mL 浓缩管中（或者直接进行小活性氧化铝柱净化步操作），用氮气吹至近干，添加进样内标，并用壬烷或甲苯定容至 20 μL，转移入 100 μL 小样品管中，封装待仪器分析。

d. 小活性氧化铝柱净化。

当用活性氧化铝法不能较好地净化时，可以操作本步骤。在一次性滴管头部添加少量的玻璃棉，再称取 1 g 活性氧化铝于滴管上，加入 5 mL 正己烷淋洗层析管。待正己烷溶液在氧化铝上部时，将6-（2）-①中浓缩样品转移入柱上，用 0.5 mL 正己烷清洗样品瓶三次，清洗液同时转移到层析柱上。待样品溶液液面在氧化铝层上部时，弃去淋洗液，依次加入 12 mL 3%（v/v）二氯甲烷—正己烷溶液、17mL 50%（v/v）二氯甲烷—正己烷溶液和 5 mL 二氯甲烷进行淋洗，收集的淋洗液分别标注为 B（a）部分、B（b）部分和 B（c）部分，其中 B（b）部分含有二噁英，将 B（a）和 B（c）部分合并存放直至分析结束。按 6-（2）-②-c 中的浓缩方法来浓缩 B（b）部分溶液，待仪器分析。

e. 活性炭分散硅胶柱净化。

取一根内径 8 mm 玻璃管，由下至上分别加入玻璃棉、10 mm 无水硫酸钠、1 g 活性炭分散硅胶、10 mm 无水硫酸钠、玻璃棉。固定架安装好层析柱，用甲苯充分洗净后，再用正己烷置换柱内甲苯。将硫酸—硅胶柱或多层硅胶柱处理后样品进一步浓缩至 0.5 mL，转移该浓缩样品至层析柱上，清洗样品瓶一次，清洗液同时转移到层析柱上，停留 15 min，再清洗样品瓶两次，同样转移到层析柱上。待样品溶液在玻璃棉层以下时，加入 25 mL 正己烷，弃去该淋洗液，然后加入 40 mL 25%（v/v）二氯甲烷—正己烷混合溶液，收集该片段溶液保存。将活性炭柱反转，用 50 mL 甲苯淋洗该柱，收集甲苯溶液，二噁英主要在此步骤中淋洗下来，按按 6-（2）-②-c 中的浓缩方法来浓缩待分析。

f. 其他净化方法。

可以使用凝胶渗透色谱（GPC）、高效液相色谱（HPLC）、自动样品处理装置（FMS）等自动净化技术代替手工净化方式进行样品的净化处理。使用前必须用焚烧设施布袋除尘器底灰样品提取液进行分离和净化效果试验，并经验证确认满足本方法质量控制/质量保证要求后方可使用。

7. 分析步骤

（1）测定条件。

①气相色谱参考条件的设定。

毛细管色谱柱：60 m×0.32 mm×0.1 μm（二苯基—95%二甲基硅氧烷固定液），或其他相当毛细管色谱柱；色谱柱温度：100℃（2 min）$\xrightarrow{25℃/min}$ 200℃ $\xrightarrow{3℃/min}$ 280℃（5 min）；载气：氦气；流速：1.4 mL/min；进样口温度：280℃；接口温度：280℃；进样量：1 μL，不分流进样。

②质谱仪校正及测定。

在仪器开机状态下，设定必要的条件后，注入 PFTBA 或其他校正调谐标准溶液依照仪器内部质量校正程序进行操作，质量数调谐范围（m/z）35～550 amu，关键离子丰度应满足相应的规范要求。保留质量校正结果。

使用选择离子测定方法（SIM 法），选定的质量数及离子丰度比见表 5-3-30。记录各氯代物色谱图，确认 2,3,7,8-氯取代物能够得到有效分离。

（2）校准曲线绘制。

①校准溶液的测定。

按照表 5-3-29 配制的校准标准溶液或其他校准标准系列按照 SIM 测定操作进行。

表 5-3-30　二噁英类测定的质量数（检测离子）及离子丰度比

	氯代物	M^+	$(M+2)^+$	$(M+4)^+$	离子丰度比/%
待测物质	T_4CDDs	320	322*		0.77 ± 0.12
	P_5CDDs	354	356*		1.55 ± 0.13
	H_6CDDs		390*	392	1.24 ± 0.19
	H_7CDDs		424*	426	1.04 ± 0.16
	OCDD		458	460*	0.89 ± 0.13
	T_4CDFs	304	306*		0.77 ± 0.12
	P_5CDFs	338	340*		1.55 ± 0.13
	H_6CDFs		374*	376	1.24 ± 0.19
	H_7CDFs		408*	410	1.04 ± 0.16
	OCDF		442	444*	0.89 ± 0.13
内标物质	$^{13}C_{12}\text{-}T_4CDDs$	332	334*		
	$^{13}C_{12}\text{-}P_5CDDs$	366	368*		
	$^{13}C_{12}\text{-}H_6CDDs$		402*	404	
	$^{13}C_{12}\text{-}H_7CDDs$		436*	438	
	$^{13}C_{12}\text{-}OCDD$		470	472*	
	$^{13}C_{12}\text{-}T_4CDFs$	316	318*		
	$^{13}C_{12}\text{-}P_5CDFs$	350	352*		
	$^{13}C_{12}\text{-}H_6CDFs$		386*	388	
	$^{13}C_{12}\text{-}H_7CDFs$		420*	422	
	$^{13}C_{12}\text{-}OCDF$		454	456*	

"*"标注为定量离子。

②峰面积强度比确认。

从得到的色谱图上，确认各个标准物质对应的两个监测离子的峰面积强度比与通过氯原子同位素丰度比推算的离子强度比几乎一致，见表 5-3-31。

表 5-3-31　氯原子同位素存在的丰度比推断离子强度比

	M	M+2	M+4	M+6	M+8	M+10	M+12	M+14
T_4CDDs	77.43	100.00	48.74	10.72	0.94	0.01		
P_5CDDs	62.06	100.00	64.69	21.08	3.50	0.25		
H_6CDDs	51.79	100.00	80.66	34.85	8.54	1.14	0.07	
H_7CDDs	44.43	100.00	96.64	52.03	16.89	3.32	0.37	0.02
OCDD	34.54	88.80	100.00	64.48	26.07	6.78	1.11	0.11
T_4CDFs	77.55	100.00	48.61	10.64	0.92			
P_5CDFs	62.14	100.00	64.57	20.98	3.46	0.24		
H_6CDFs	51.84	100.00	80.54	34.72	8.48	1.12	0.07	
H_7CDFs	44.47	100.00	96.52	51.88	16.80	3.29	0.37	0.02
OCDF	34.61	88.89	100.00	64.39	25.98	6.74	1.10	0.11

③相对响应因子的计算。

a. 计算净化内标相对响应因子 RRF_{cs}。

$$RRF_{cs} = \frac{O_{cs}}{Q_s} \times \frac{A_s}{A_{cs}} \qquad (5\text{-}3\text{-}30)$$

第三章　有机污染物分析

541

式中：RRF$_{cs}$ —— 净化内标的相对响应因子；

Q$_{cs}$ —— 校准标准溶液中净化内标质量，ng；

Q$_s$ —— 校准标准溶液中待测物质质量，ng；

A$_s$ —— 校准标准溶液中待测物质峰面积；

A$_{cs}$ —— 校准标准溶液中净化内标峰面积。

b. 计算进样内标的相对响应因子 RRF$_{rs}$。

$$RRF_{rs} = \frac{Q_{rs}}{Q_{cs}} \times \frac{A_{cs}}{A_{rs}}$$ （5-3-31）

式中：RRF$_{rs}$ —— 进样内标相对响应因子；

Q$_{rs}$ —— 校准标准溶液中进样内标质量，ng；

Q$_{cs}$ —— 校准标准溶液中净化内标质量，ng；

A$_{cs}$ —— 校准标准溶液中净化内标峰面积；

A$_{rs}$ —— 校准标准溶液中进样内标峰面积。

（3）样品测定。

将预处理后的样品，按照与标准曲线相同的条件进行测定。根据峰面积进行定量。

8. 结果计算与表示

（1）色谱峰的检出。

确认样品测定中分析样品进样内标的峰面积是标准溶液中同等浓度进样内标的峰面积的 70%～130%，超出该范围，查明原因后重新测定。

（2）定性。

①二噁英类同类物。二噁英类同类物的两个监测离子在指定的保留时间窗口内同时存在，并且其离子丰度比与表 5-3-31 所列理论离子丰度比相对偏差小于 15%（浓度在 3 倍检出限时在 ±25% 以内）。同时满足上述条件的色谱峰定性为二噁英类物质。

②2,3,7,8-氯取代二噁英类的定性。除满足二噁英类同类物条件要求之外，色谱峰的保留时间应与标准溶液一致（±3 s 以内），同时内标的相对保留时间亦与标准溶液一致（±0.5% 以内）。同时满足上述条件的色谱峰定性为 2,3,7,8-氯代二噁英类。

（3）二噁英类物质定量。

①2,3,7,8-氯取代异构体的量（Q$_i$）。

以对应的净化内标的添加量为基准，采用内标法求出。非 2,3,7,8-氯代二噁英类，采用具有相同氯原子取代数的 2,3,7,8-氯代二噁英类 RRF$_{cs}$ 均值计算。

$$Q_i = \frac{A_i}{A_{csi}} \times \frac{Q_{csi}}{RRF_{cs}}$$ （5-3-32）

式中：Q$_i$ —— 提取液中 i 异构体的量，ng；

A$_i$ —— 色谱图上 i 异构体的峰面积；

A$_{csi}$ —— 对应净化内标物质的峰面积；

Q$_{csi}$ —— 对应净化内标物质的添加量，ng；

RRF$_{cs}$ —— 对应净化内标物质的相对响应因子。

②浓度计算。

计算样品中的各异构体的浓度。

$$C_i = (Q_i - Q_t) \times \frac{1}{M} \qquad (5\text{-}3\text{-}33)$$

式中：C_i—— 样品中 i 异构体的浓度，ng/kg；

Q_i—— 提取液总量中 i 异构体的质量，ng；

Q_t—— 空白实验中 i 异构体的质量，ng；

M—— 干基样品量，kg。

（4）结果表示。

①结果表示方法。二噁英类化合物浓度测定结果，要有 2,3,7,8-氯取代异构体浓度，四氯至八氯代物（T₄CDDs-OCDD 和 T₄CDFs-OCDF）同族体浓度并记录它们的总和。

当各异构体浓度大于检出限时，原值记录；低于检出限，按照低于检出限记录。

各同族体浓度和它们的总和按照被检出异构体浓度计算。样品检出限也要明确记录。

②浓度单位二噁英类实测值用 ng/kg 表示。

③毒性当量的换算。二噁英类化合物浓度换算成毒性当量时，用测定浓度乘以毒性当量因子（TEF），以 TEQ ng/kg 表示。

毒性当量因子（TEF）。没有特殊指定的时候，二噁英类化合物的毒性当量因子见表 5-3-32。

表 5-3-32　二噁英类化合物的毒性当量因子

化合物	毒性当量因子	化合物	毒性当量因子
2,3,7,8-T₄CDD	1	2,3,7,8-T₄CDF	0.1
1,2,3,7,8-P₅CDD	0.5	1,2,3,7,8-P₅CDF	0.05
—	—	2,3,4,7,8-P₅CDF	0.5
1,2,3,4,7,8-H₆CDD	0.1	1,2,3,4,7,8-H₆CDF	0.1
1,2,3,6,7,8- H₆CDD	0.1	1,2,3,6,7,8-H₆CDF	0.1
1,2,3,7,8,9- H₆CDD	0.1	1,2,3,7,8,9-H₆CDF	0.1
—	—	2,3,4,6,7,8-H₆CDF	0.1
1,2,3,4,6,7,8-H₇CDD	0.01	1,2,3,4,6,7,8-H₇CDF	0.01
—	—	1,2,3,4,7,8,9-H₇CDF	0.01
OCDD	0.001	OCDF	0.001

毒性当量的计算。计算各个异构体的浓度，计算总毒性当量。当高于检出限时按照原值进行计算，低于检出限时按照 0 值计算毒性当量，最后加和计算总的毒性当量。

9. 精密度和准确度

（1）精密度。

5 家实验室分别对含二噁英类污染物毒性当量浓度为 64.8 ng/kg 的土壤样品进行了测定：实验室间 17 种不同二噁英类同类物相对标准偏差变化范围为 3.1%～24.4%，毒性当量相对标准偏差为 5.4%。

（2）准确度。

5 家实验室分别在土壤样品中加入 1.0 ng 不同同位素内标，8 种同位素内标平均加标回收率范围为 48.6%～92.4%。

10. 质量保证和质量控制

（1）校准曲线相对校正因子。

制作校准曲线的净化内标相对响应因子 RRF$_{cs}$ 相对标准偏差需控制在±20%以内，超出范围需要重新调整仪器或者重新配制标准系列。

（2）连续校准。

选择标准曲线的中间浓度点，每天至少一次进行 SIM 测定，计算各个异构体对应的净化内标相对响应因子 RRF$_{cs}$ 和进样内标相对响应因子 RRF$_{rs}$，将此结果与校准曲线的计算结果进行对比，确认变化值在±20%以内。如果超过这个范围，应查找原因，重新测定。如果保留时间在一天内变化超过±5%，或者与内标物的相对保留时间在±2%以上，应查找原因，重新测定。

（3）确认内标物质的回收率。

按照下式确认净化内标的回收率。如果净化内标的回收率在要求的范围以外，要重新进行前处理，再测定。

作为定量的 $^{13}C_{12}$ 标记的同类物的信噪比 >20：1

$$R_c = \frac{A_{csi}}{A_{rsi}} \times \frac{Q_{rsi}}{RRF_{rs}} \times \frac{100}{Q_{csi}}$$ （5-3-34）

式中：R_c——净化内标的回收率，%；

A_{csi}——净化内标的峰面积；

A_{rsi}——对应的进样内标的峰面积；

Q_{rsi}——对应的进样内标的添加量，ng；

RRF$_{rs}$——对应的进样内标的相对响应因子；

Q_{csi}——净化内标的添加量，ng。

每个样品中单个 2,3,7,8-氯代 PCDDs/PCDFs 的净化内标回收率为：四氯代至六氯代同类物回收率为 50%~130%；七氯代至八氯代同类物回收率为 40%~130%。

某种同类物的回收率若超过上面的要求，但对总的 I-TEQ 的毒性贡献不超过 10%，其回收率的范围放宽到以下要求：四氯代至六氯代同类物回收率为 30%~150%；七氯代至八氯代同类物回收率为 20%~150%。

（4）仪器检出限。

制作标准曲线的标准溶液的最低浓度（四氯代及五氯代二噁英类同类物 10~50 pg，六氯代及七氯代二噁英类同类物 20~100 pg，八氯代二噁英类同类物 50~250 pg）。对 2,3,7,8-氯代异构体进行定量，这样的操作反复进行 5 次以上，计算测定结果的标准偏差，标准偏差的 3 倍为仪器检出限。

如果仪器的检出限超过下列值：四氯代及五氯代二噁英类同类物 10 pg，六氯代及七氯代二噁英类同类物 25 pg，八氯代二噁英类同类物 50 pg，重新检查器具、仪器，要调整仪器的检出限低于以上值。

仪器的检出限随着使用 GC/MS 的状态而变化，一定周期内要进行确认。在使用仪器和测定条件变化的时候必须进行确认。

（5）样品。

①每批样品至少应采集一个运输空白和全程序空白样品。空白中目标化合物浓度应小于下列条件的最大值：方法检出限、相关环保标准限值的 5%、样品分析结果的 5%。若空

白试验未满足以上要求，则应采取措施排除污染并重新分析同批样品。

每批样品应至少进行一次试剂空白分析。

②每批样品应进行一次平行样分析。平行样分析时目标化合物的相对偏差应小于30%，同位素内标物质的回收率应满足 10-（3）要求。

11. 废物处理

（1）气相色谱分流及质谱机械泵废气应通过活性炭柱、含油或高沸点醇的吸收管后排出。

（2）液体及可溶性废物可溶解于甲醇或乙醇中并以紫外灯（波长低于 290 nm）照射处理，若无二噁英类检出可按普通废物处置。

（3）试验中使用的手套、口罩及其他废物处置见第五篇第一章。

12. 检测报告

结果报告宜采用表格的形式，表中应包括测定对象、实测质量分数、采用的毒性当量因子以及毒性当量质量分数等内容。

（浙江省环境监测中心　刘劲松）

（二）同位素稀释/高分辨气相色谱—高分辨质谱法（A）

1. 方法原理

按相应采样规范采集样品并干燥。加入提取内标后，对样品进行提取，经过净化、分离及浓缩。加入进样内标后使用高分辨色谱—高分辨质谱法（HRGC-HRMS）进行定性和定量分析。

2. 适用范围

本方法适用于土壤样品中二噁英类的分析测试。

本方法规定了采用 HRGC-HRMS 对 2,3,7,8 位取代的多氯代二苯并-对-二噁英（PCDDs）和多氯代二苯并呋喃（PCDFs）进行定性和定量分析的方法，包括 7 种四氯至八氯代的二苯并-对-二噁英和 10 种四氯至八氯代的二苯并呋喃（PCDFs），见表 5-3-33 中的目标化合物。

方法检出限取决于所使用的分析仪器的灵敏度、样品中的二噁英类质量分数以及干扰水平等多种因素。2,3,7,8-TCDD 仪器检出限应低于 0.1 pg，当土壤取样量为 100 g 时，本方法对 2,3,7,8-TCDD 的最低检出限应低于 0.05 ng/kg。

3. 干扰及消除

方法提供了柱分离去除大分子干扰物，铜去除硫的干扰。

4. 试剂和材料

除非另有说明，分析时均使用符合国家标准的农残级试剂，并进行空白试验。有机溶剂浓缩 10 000 倍不得检出二噁英类。

（1）甲醇。

（2）丙酮。

（3）甲苯。

（4）正己烷。

（5）二氯甲烷。

（6）壬烷或癸烷。

（7）水：超纯水，电导率达到 18.2 MΩ·cm（25℃），有机物：TOC＜5 µg/L，细菌＜1 CFU/mL，颗粒（直径＞0.22 µm）＜1 个/mL。

（8）提取内标：二噁英类内标物质（溶液），一般选择 ^{13}C 标记或 ^{37}Cl 标记化合物作为提取内标，每样品添加量一般为：四氯至七氯代化合物 0.4～2.0 ng，八氯代化合物 0.8～4.0 ng，并且以不超过定量线性范围为宜。本方法通常选用表 5-3-33 所列的 ^{13}C 标记化合物为提取内标。

（9）进样内标：二噁英类内标物质（溶液），一般选择 ^{13}C 标记或 ^{37}Cl 标记化合物作为进样内标，每样品添加量为 0.4～2.0 ng。本方法通常选用表 5-3-33 所列的 ^{13}C 标记化合物为进样内标。

（10）标准溶液：指以壬烷（或癸烷、甲苯等）为溶剂配制的二噁英类标准物质与相应内标物质的混合溶液。标准溶液的质量浓度精确已知，且质量浓度序列应涵盖 HRGC-HRMS 的定量线性范围，包括 5 种质量浓度梯度。见表 5-3-33。

表 5-3-33　PCDD/Fs 标准溶液质量浓度梯度示例

	待分析化合物	CS1	CS2	CS3	CS4	CS5
目标化合物	2,3,7,8-TCDF	0.5	2	10	40	200
	1,2,3,7,8-PeCDF	2.5	10	50	200	1 000
	2,3,4,7,8-PeCDF	2.5	10	50	200	1 000
	1,2,3,4,7,8-HxCDF	2.5	10	50	200	1 000
	1,2,3,6,7,8-HxCDF	2.5	10	50	200	1 000
	2,3,4,6,7,8-HxCDF	2.5	10	50	200	1 000
	1,2,3,7,8,9-HxCDF	2.5	10	50	200	1 000
	1,2,3,4,6,7,8-HpCDF	2.5	10	50	200	1 000
	1,2,3,4,7,8,9-HpCDF	2.5	10	50	200	1 000
	OCDF	5.0	20	100	400	2 000
	2,3,7,8-TCDD	0.5	2	10	40	200
	1,2,3,7,8-PeCDD	2.5	10	50	200	1 000
	1,2,3,4,7,8-HxCDD	2.5	10	50	200	1 000
	1,2,3,6,7,8-HxCDD	2.5	10	50	200	1 000
	1,2,3,7,8,9-HxCDD	2.5	10	50	200	1 000
	1,2,3,4,6,7,8-HpCDD	2.5	10	50	200	1 000
	OCDD	5.0	20	100	400	2 000
提取内标	$^{13}C_{12}$-2,3,7,8- TCDF	100	100	100	100	100
	$^{13}C_{12}$-1,2,3,7,8-PeCDF	100	100	100	100	100
	$^{13}C_{12}$-2,3,4,7,8-PeCDF	100	100	100	100	100
	$^{13}C_{12}$-1,2,3,4,7,8-HxCDF	100	100	100	100	100
	$^{13}C_{12}$-1,2,3,6,7,8-HxCDF	100	100	100	100	100
	$^{13}C_{12}$-2,3,4,6,7,8-HxCDF	100	100	100	100	100
	$^{13}C_{12}$-1,2,3,7,8,9-HxCDF	100	100	100	100	100
	$^{13}C_{12}$-1,2,3,4,6,7,8-HpCDF	100	100	100	100	100
	$^{13}C_{12}$-1,2,3,4,7,8,9-HpCDF	100	100	100	100	100

待分析化合物		CS1	CS2	CS3	CS4	CS5
提取内标	$^{13}C_{12}$-OCDD	200	200	200	200	200
	$^{13}C_{12}$-2,3,7,8-TCDD	100	100	100	100	100
	$^{13}C_{12}$-1,2,3,7,8-PeCDD	100	100	100	100	100
	$^{13}C_{12}$-1,2,3,4,7,8-HxCDD	100	100	100	100	100
	$^{13}C_{12}$-1,2,3,6,7,8-HxCDD	100	100	100	100	100
	$^{13}C_{12}$-1,2,3,4,6,7,8-HpCDD	100	100	100	100	100
进样内标	$^{13}C_{12}$-1,2,3,4-TCDD	100	100	100	100	100
	$^{13}C_{12}$-1,2,3,7,8,9-HxCDD	100	100	100	100	100

CS：Calibration Solution，CS1 表示校准溶液质量浓度梯度 1。

（11）浓硫酸：优级纯。

（12）无水硫酸钠：分析纯以上，在 380℃下处理 4 h，密封保存。若烘完之后，无水硫酸钠变成浅灰色（由于晶体基质中有碳存在），则弃去该批无水硫酸钠。

（13）氢氧化钠：优级纯。

（14）硅胶：层析填充柱用硅胶，0.063～0.212 mm（70～230 目），在 550℃下活化 12 h。若硅胶纯度不够，可在烧杯中用甲醇洗净，甲醇挥发完全后，在蒸发皿中摊开，厚度小于 10 mm。130℃下干燥 18 h。处理之后的硅胶放入干燥器冷却至室温后，装入试剂瓶中密封，保存在干燥器中。

（15）碱性硅胶：取硅胶 98.8 g 于干净烧杯中，加入 30 mL 40 g/L 氢氧化钠溶液，搅拌，充分混合后变成粉末状，在 50℃下减压脱水。所制成的硅胶含有 1.2%（质量分数）的氢氧化钠，将其装入试剂瓶密封，保存在干燥器中。

（16）44%硫酸硅胶：取硅胶 56 g 于干净烧杯中，加入浓硫酸 44 g，搅拌，充分混合后变成粉末状。将所制成的硅胶装入试剂瓶密封，保存在干燥器中。

（17）氧化铝：层析填充柱用氧化铝（碱性，活性度Ⅰ），可以直接使用活性氧化铝。必要时可按如下步骤活化。将氧化铝在烧杯中铺成厚度小于 10 mm 的薄层，在 130℃下处理 18 h，或者在培养皿中铺成厚度小于 5 mm 的薄层，在 500℃下处理 8 h，活化后的氧化铝在干燥器内冷却后，装入试剂瓶密封，保存在干燥器中。氧化铝活化后应尽快使用。有效期限一般为 5 天。

（18）活性炭或活性炭硅胶：活性炭可选用下述两种配制方法，或使用市售活性炭硅胶成品。

①Carbopack C/Celite 545（18%）。混合 9.0 g 的 Carbopack C 活性炭与 41 g 的 Celite545，于附聚四氟乙烯内衬螺帽的 250 mL 玻璃瓶中混合均匀，使用前于 130℃活化 6 h，冷却后储于干燥箱内保存备用。

②AX-21/Celite 545（8%）。混合 10.7 g 的 AX-21 活性炭与 124 g 的 Celite545 于附聚四氟乙烯内衬螺帽的 250 mL 玻璃瓶中，使其完全混合均匀，使用前于 130℃活化 6 h，冷却后储于干燥箱内保存备用。

使用前，以甲苯为溶剂索氏提取 48 h 以上，确认甲苯不变色，若甲苯变色，重复索氏提取。索氏提取后，在 180℃温度下干燥 4 h，再用旋转蒸发装置干燥 1 h（50℃）。在干燥器中密封保存备用。

（19）石英棉：使用前在 200℃下处理 2 h，密封保存。

（20）高纯氮气：99.999%。

（21）高纯氦气：99.999%。

以上材料均可选择符合二噁英类分析要求的市售商业产品。

5. 仪器和设备

（1）采样装置。

采样工具、样品容器，见本章"十六、二噁英类（一）同位素稀释/高分辨气相色谱—低分辨质谱法（A）"。

（2）前处理装置。

样品前处理装置、索氏提取器、浓缩装置同本章"十六、二噁英类（一）同位素稀释/高分辨气相色谱—低分辨质谱法（A）"。

填充柱：内径 8～15 mm，长 200～300 mm 的玻璃填充柱管。

（3）分析仪器。

高分辨毛细管柱气相色谱—高分辨质谱仪（HRGC-HRMS）。

①高分辨毛细管柱气相色谱，应具有下述功能：

进样口：具有不分流进样功能，最高使用温度不低于 280℃。也可使用柱上进样或程序升温大体积进样方式。

柱温箱：具有程序升温功能，可在 50～350℃温度区间内进行调节。

毛细管色谱柱：内径 0.10～0.32 mm，膜厚 0.10～0.25 μm，柱长 25～60 m。可对 2,3,7,8-氯代二噁英类化合物进行良好的分离，并能判明这些化合物的色谱峰流出顺序。

载气：高纯氦气，99.999%。

②高分辨质谱仪：应为双聚焦磁质谱，要求具有下述功能：

具有气质联机接口。

具有电子轰击离子源，电子轰击电压可在 25～70 V 调节。

具有选择离子检测功能，并使用锁定质量模式（Lock mass）进行质量校正。

动态分辨率大于 10 000（10%峰谷定义，下同）并至少可稳定 24 h 以上。当使用的内标包含 $^{13}C_{12}$-OCDF 时，动态分辨率应大于 12 000。

高分辨状态（分辨率＞10 000）下能够在 1 s 内重复监测 12 个选择离子。

数据处理系统能够实时采集、记录及存储质谱数据。

6. 样品

（1）样品采集与保存、制备。

见第五篇第一章中半挥发性有机物部分。试样制备过程中，尽量避免接触塑料、尼龙等制品。

（2）试样预处理。

①萃取。

试样量依据具体萃取方法而定，一般称取 20 g 试样进行萃取。在样品提取之前添加提取内标，添加量以最终定容体积确定，所含浓度应与制作相对响应因子的标准曲线提取内标质量浓度相同。如果样品提取液需要分割使用（如样品中二噁英类预期质量分数过高需要加以控制或者需要预留保存样），提取内标添加量则应适当增加。以甲苯为溶剂进行索氏提取，提取时间应在 16 h 以上。将提取溶剂置换为正己烷后合并，作为分析样品，进行净化处理。

实验室可以通过与索氏提取效率的比较、分析有证参考物质或参加国际能力验证的方法对加速溶剂萃取等其他提取方法的使用进行评估。

②样品溶液分割。

可根据样品中二噁英类预期质量分数的高低分取 25%～100%（整数比例）的样品溶液作为样品储备液，样品储备液应转移至棕色密封储液瓶中冷藏贮存。

③样品净化。

样品净化可以选择硫酸处理—硅胶柱净化或多层硅胶柱净化方法。对干扰物的分离可以选择氧化铝柱分离或活性炭柱分离方法。

a. 硫酸处理—硅胶柱净化。

将样品提取溶液浓缩至 1～2 mL，用 50～150 mL 正己烷洗入分液漏斗，每次加入适量（10～20 mL）浓硫酸，轻微振荡，静置分层，弃去硫酸层。根据硫酸层颜色的深浅重复操作 1～3 次。正己烷层每次加入适量的水洗涤，重复洗至中性。正己烷层经无水硫酸钠脱水后，浓缩至 1～2 mL。

在 15 mm 内径的填充柱底部垫一小团石英棉，用 10 mL 正己烷冲洗内壁。在烧杯中加入 3 g 硅胶和 10 mL 正己烷，用玻璃棒缓缓搅动赶掉气泡，倒入填充柱，让正己烷流出，待硅胶层稳定后，再填充约 10 mm 厚的无水硫酸钠，用正己烷冲洗管壁上的硫酸钠粉末。

用 50 mL 正己烷淋洗硅胶柱，然后将浓缩液定量转移到硅胶柱上。用 70 mL 正己烷淋洗，调节淋洗速度约为 2.5 mL/min（大约 1 滴/s）。洗出液浓缩至 1～2 mL。

b. 多层硅胶柱净化。

在 15 mm 内径的填充柱底部垫一小团石英棉，用 10 mL 正己烷冲洗内壁。依次装填硅胶 1 g，碱性硅胶 4 g，硅胶 1 g，44%硫酸硅胶 8 g，硅胶 2 g，无水硫酸钠 1～2 cm，敲击填充柱，用 70 mL 正己烷淋洗硅胶柱。

将样品提取液浓缩至 1～2 mL，定量转移到多层硅胶柱上。90 mL 正己烷淋洗，调节淋洗速度约为 2.5 mL/min（大约 1 滴/s）。洗出液浓缩至 1～2 mL。

若多层硅胶柱颜色加深较多，应重复上述净化操作。样品含硫量较高时，可在索氏提取器的蒸馏烧瓶中加入 5～10 g 铜珠或在多层硅胶柱上端加入适量铜粉。

c. 氧化铝柱净化。

在 15 mm 内径的填充柱底部垫一小团石英棉，用 10 mL 正己烷冲洗内壁。在烧杯中加入 10 g 氧化铝和 10 mL 正己烷，用玻璃棒缓缓搅动赶掉气泡，倒入填充柱，让正己烷流出，待氧化铝层稳定后，再填充约 10 mm 厚的无水硫酸钠，用正己烷冲洗管壁上的无水硫酸钠粉末。用 50 mL 正己烷淋洗氧化铝柱。

将经过初步净化的样品浓缩液定量转移到氧化铝柱上。首先用 100 mL 的 2%二氯甲烷—正己烷溶液淋洗，调节淋洗速度约为 2.5 mL/min（大约 1 滴/s）。洗出液为第一组分。

用 150 mL 的 50%二氯甲烷—正己烷溶液淋洗氧化铝柱（淋洗速度约为 2.5 mL/min），得到的洗出液为第二组分，该组分含有分析对象二噁英类。将第二组分洗出液浓缩至 1～2 mL。

d. 活性炭柱净化。

在 8 mm 内径的填充柱底部垫一小团石英棉，用 10 mL 正己烷冲洗内壁。依次干法填充 1.5 g 活性炭和 1～2 cm 无水硫酸钠，敲击填充柱，依次用 10 mL 甲苯和 10 mL 正己烷淋洗。

将经过初步净化的样品浓缩液定量转移到活性炭柱上。首先用 50 mL 的正己烷溶液淋洗，调节淋洗速度约为 2.5 mL/min（大约 1 滴/s）。洗出液为第一组分。

用 250 mL 的甲苯淋洗活性炭柱（淋洗速度约为 2.5 mL/min），得到的洗出液为第二组分，该组分含有分析对象二噁英类。将第二组分洗出液浓缩至 1～2 mL。

e. 其他样品提取及净化方法。

本方法是开放的方法，可以根据实际样品分析情况，使用二氯甲烷、正己烷、丙酮等溶剂进行提取，凝胶渗透色谱（GPC）、高效液相色谱（HPLC）、自动样品处理装置以及其他净化方法或装置等进行样品的净化处理。使用前应用标准样品或标准溶液进行提取、分离和净化效果试验，并确认满足本方法质量保证/质量控制要求。

（3）样品的浓缩。

净化步骤第二组分洗出液用高纯氮吹至 100 μL 左右，转移前先加入 20 μL 壬烷（或癸烷、甲苯）的锥形玻璃内插管（0.3 mL）中，用正己烷洗 3 遍。氮吹浓缩至 20 μL。

（4）添加进样内标。

为了减少挥发、吸附或反应的可能，建议在上机前添加进样内标。添加量根据最后的定容体积折算，一般将折算进样内标质量浓度与制作相对响应因子的标准曲线进样内标质量浓度相同。

7. 分析步骤

（1）高分辨气相色谱条件设定。

选择适当操作条件来分离 2,3,7,8-氯代二噁英类化合物，推荐条件为：

进样方式：不分流进样 1 μL；

进样口温度：270℃；

载气流量：1.0 mL/min；

色质接口温度：270℃；

色谱柱：固定相 5%苯基-95%聚甲基硅氧烷，柱长 60 m，内径 0.25 mm，膜厚 0.25 μm；

程序升温：初始温度150℃，保持 1 min 后以20℃/min的速度升温至230℃，停留 18 min，以 5℃/min 的速度升温至 235℃，停留 10 min；以 5℃/min 的速度升温至 320℃后停留 3.5 min。

也可使用其他操作条件，前提是分析物能达到分离要求，获得较好峰型。

（2）高分辨质谱条件设定。

离子源温度：280℃；

电子能量：35 eV。

（3）仪器调谐。

注入质量校准物质（PFK），响应稳定后，进行调谐，使仪器在 m/z 304.9824 或 m/z 接近 304（TCDF 的分子量）的 PFK 碎片离子信号分辨率达到 10 000。

（4）质量校正。

仪器分析开始前需进行质量校正。监测表 5-3-34 中各扫描窗口中内 PFK 峰离子的荷质比及分辨率，分辨率应全部达到 10 000 以上，通过锁定质量模式进行质量校正。当使用的内标包含 $^{13}C_{12}$-OCDF 时，分辨率应大于 12 000。校正过程完成后保存质量校正文件。

（5）SIM 检测。

①使用 SIM 法选择待测化合物的两个监测峰离子进行监测，如表 5-3-35 所示。通过

使用分析物标准溶液或窗口定义标准溶液确定保留时间窗口划分界限。每个时间窗口内监测的离子可参照表 5-3-35。

②对质量校正后进行样品分析。每 12 h 对分辨率及质量校正进行验证。不符合质量校正要求时应重新进行调谐及质量校正。

③完成测定后，取得各监测离子的色谱图，确认 PFK 峰离子丰度差异小于 20%。检查是否存在干扰以及 2,3,7,8-氯代二噁英类的分离效果，如表 5-3-34 中存在的各种醚类物质。最后进行数据处理。按各化合物的离子荷质比记录谱图。

表 5-3-34　PCDD/Fs 在 HRGC/HRMS 的扫描窗口、提取碎片（*m/z*）、碎片类型及化合物名称

窗口	提取碎片/（*m/z*）[①]	碎片类型	元素组成	碎片名
1	292.982 5	lock	C_7F_{11}	PFK
	303.901 6	M	$C_{12}H_4{}^{35}Cl_4O$	TCDF
	305.898 7	M+2 M M+2	$C_{12}H_4{}^{35}Cl_3{}^{37}ClO$	TCDF
	315.941 9	M	$^{13}C_{12}H_4{}^{35}Cl_4O$	TCDF[②]
	317.938 9	M+2	$^{13}C_{12}H_4{}^{35}Cl_3{}^{37}ClO$	TCDF[②]
	319.896 5	M	$C_{12}H_4{}^{35}Cl_4O_2$	TCDD
	321.893 6	M+2	$C_{12}H_4{}^{35}Cl_3{}^{37}ClO_2$	TCDD
	327.884 7	M	$C_{12}H_4{}^{37}Cl_4O_2$	TCDD[③]
	330.979 2	QC	C_7F_{13}	PFK
	331.936 8	M+2	$^{13}C_{12}H_4{}^{35}Cl_4O_2$	TCDD[②]
	333.933 9	M+2	$^{13}C_{12}H_4{}^{35}Cl_3{}^{37}ClO_2$	TCDD[②]
	375.836 4	M+2	$C_{12}H_4{}^{35}Cl_5{}^{37}ClO$	HxCDPE
2	339.859 7	M+2	$C_{12}H_3{}^{35}Cl_4{}^{37}ClO$	PeCDF
	341.856 7	M+4	$C_{12}H_3{}^{35}Cl_3{}^{37}Cl_2O$	PeCDF
	351.900 0	M+2	$^{13}C_{12}H_3{}^{35}Cl_4{}^{37}ClO$	PeCDF[②]
	353.897 0	M+4	$^{13}C_{12}H_3{}^{35}Cl_4{}^{37}Cl_2O$	PeCDF[②]
	354.979 2	lock	C_9F_{13}	PFK
	355.854 6	M+2	$C_{12}H_3{}^{35}Cl_4{}^{37}ClO_2$	PeCDD
	357.851 6	M+4	$C_{12}H_3{}^{35}Cl_3{}^{37}Cl_2O_2$	PeCDD
	367.894 9	M+2	$^{13}C_{12}H_3{}^{35}Cl_4{}^{37}ClO_2$	PeCDD[②]
	369.891 9	M+4	$^{13}C_{12}H_3{}^{35}Cl_3{}^{37}Cl_2O_2$	PeCDD[②]
	409.797 4	M+2	$C_{12}H_3{}^{35}Cl_6{}^{37}ClO$	HpCDPE
3	373.820 8	M+2	$C_{12}H_2{}^{35}Cl_5{}^{37}ClO$	HxCDF
	375.817 8	M+4	$C_{12}H_2{}^{35}Cl_4{}^{37}Cl_2O$	HxCDF
	383.863 9	M	$^{13}C_{12}H_2{}^{35}Cl_5O$	HxCDF[②]
	385.861 0	M+2	$^{13}C_{12}H_2{}^{35}Cl_5{}^{37}ClO$	HxCDF[②]
	389.815 7	M+2	$C_{12}H_2{}^{35}Cl_5{}^{37}ClO_2$	HxCDD
	391.812 7	M+4	$C_{12}H_2{}^{35}Cl_4{}^{37}Cl_2O_2$	HxCDD
	392.976 0	lock	C_9F_{15}	PFK
	401.855 9	M+2	$^{13}C_{12}H_2{}^{35}Cl_5{}^{37}ClO_2$	HxCDD[②]
	403.852 9	M+4	$^{13}C_{12}H_2{}^{35}Cl_4{}^{37}Cl_2O_2$	HxCDD[②]
	430.972 9	QC	C_9F_{17}	PFK

窗口	提取碎片/(m/z)①	碎片类型	元素组成	碎片名
3	445.755 5	M+4	$C_{12}H_2{}^{35}Cl_6{}^{37}Cl_2O$	OCDPE
4	407.781 8	M+2 M+4	$C_{12}{}^{35}Cl_6{}^{37}ClO$	HpCDF
	409.778 9	M+4 M+4	$C_{12}H^{35}Cl_5{}^{37}Cl_2O$	HpCDF
	417.825 3	M	$^{13}C_{12}H^{35}Cl_7O$	HpCDF②
	419.822 0	M+2	$^{13}C_{12}H^{35}Cl_6{}^{37}ClO$	HpCDF②
	423.776 6	M+2	$C_{12}H^{35}Cl_6{}^{37}ClO_2$	HpCDD
	425.773 7	M+4	$C_{12}H^{35}Cl_5{}^{37}Cl_2O_2$	HpCDD
	430.972 9	lock	C_9F_{17}	PFK
	435.816 9	M+2	$^{13}C_{12}H^{35}Cl_5{}^{37}ClO_2$	HpCDD②
	437.814 0	M+4	$^{13}C_{12}H^{35}Cl_5{}^{37}Cl_2O_2$	HpCDD②
	479.716 5	M+4	$^{13}C_{12}H^{35}Cl_7{}^{37}Cl_2O$	NCDPE
5	441.742 8	M+2	$C_{12}{}^{35}Cl_7{}^{37}ClO$	OCDF
	442.972 8	lock	$C_{10}F_{17}$	PFK
	443.739 9	M+4	$C_{12}{}^{35}Cl_6{}^{37}Cl_2O$	OCDF
	457.737 7	M+2	$C_{12}{}^{35}Cl_7{}^{37}ClO_2$	OCDD
	459.734 8	M+4	$C_{12}{}^{35}Cl_6{}^{37}Cl_2O_2$	OCDD
	469.777 9	M+2	$^{13}C_{12}{}^{35}Cl_7{}^{37}ClO_2$	OCDD②
	471.775 0	M+4	$^{13}C_{12}{}^{35}Cl_6{}^{37}Cl_2O_2$	OCDD②
	513.677 5	M+4	$C_{12}{}^{35}Cl_8{}^{37}Cl_2O$	DCDPE

注：①用于计算的同位素质量：^1H：1.0078；^{12}C：12.0000；^{13}C：13.0034；^{16}O：15.9949；^{35}Cl：34.9689；^{37}Cl：36.9659；②^{13}C 同位素标记化合物；③$^{37}Cl_4$-TCDD 仅有一个监测峰离子。

表 5-3-35　PCDD/Fs 的碎片理论丰度以及质量控制限

氯原子数目	丰度比的计算	理论丰度比	低限	高限
4	M/（M+2）	0.77	0.65	0.89
5	（M+2）/（M+4）	1.55	1.32	1.78
6	（M+2）/（M+4）	1.24	1.05	1.43
61	M/（M+2）	0.51	0.43	0.59
7	（M+2）/（M+4）	1.05	0.88	1.20
71	M/（M+2）	0.44	0.37	0.51
8	（M+2）/（M+4）	0.89	0.76	1.02

注：仅用于 ^{13}C 标记的同位素同族体。

（6）相对响应因子制作。

①标准溶液测定。

标准溶液质量浓度序列应有 5 种以上质量浓度，对每个质量浓度应重复 3 次进样测定。

②离子丰度比确认。

标准溶液中化合物对应的两个检测离子的离子丰度比应与理论离子丰度比大体一致，变化范围应在±15%以内。

③信噪比确认。

标准溶液质量浓度序列中最低质量浓度的化合物信噪比（S/N）应大于 10。取谱图基线测量值标准偏差的 2 倍作为噪声值 N。也可以取噪声最大值和最小值之差的 2/5 作为噪声值 N。以噪声中线为基准，到峰顶的高度为峰高（信号 S）。

④相对响应因子计算。

各质量浓度点待测化合物相对于提取内标的平均相对响应因子（RRF_{es}）由下式计算，并计算其平均值和相对标准偏差，相对标准偏差应在 $\pm 20\%$ 以内，否则应重新制作校准曲线。

$$RRF_{es} = \frac{Q_{es}}{Q_s} \times \frac{A_s}{A_{es}} \tag{5-3-35}$$

式中：Q_s —— 标准溶液中待测化合物的绝对量，ng；

$\quad\quad Q_{es}$ —— 标准溶液中提取内标物质的绝对量，ng；

$\quad\quad A_s$ —— 标准溶液中待测化合物的监测离子峰面积之和；

$\quad\quad A_{es}$ —— 标准溶液中提取内标物质的监测离子峰面积之和。

提取内标相对于进样内标的平均相对响应因子（RRF_{rs}）由下式计算。

$$RRF_{rs} = \frac{Q_{rs}}{Q_{es}} \times \frac{A_{es}}{A_{rs}} \tag{5-3-36}$$

式中：Q_{es} —— 标准溶液中提取内标物质的绝对量，ng；

$\quad\quad Q_{rs}$ —— 标准溶液中进样内标物质的绝对量，ng；

$\quad\quad A_{es}$ —— 标准溶液中提取内标物质的监测离子峰面积之和；

$\quad\quad A_{rs}$ —— 标准溶液中进样内标物质的监测离子峰面积之和。

（7）样品测定。

取得相对响应因子之后，对处理好的最终分析样品按下述步骤测定。

①标准溶液确认。选择中间质量浓度的标准溶液，按一定周期或频次（每 12 h 或每批样品至少 1 次）测定。质量浓度变化不应超过 $\pm 35\%$，否则应查找原因，重新测定或重新制作相对响应因子。

②测定样品。将空白样品和最终分析样品按照 7-（3）、7-（4）和 7-（5）所述的程序进行测定，得到二噁英类各监测离子的色谱图。

8. 结果计算与表示

（1）色谱峰确认。

①进样内标确认。分析样品中进样内标的峰面积应不低于标准溶液中进样内标峰面积的 70%。否则应查找原因，重新测定。

②色谱峰确认。在色谱图上，对信噪比 S/N 大于 3 的色谱峰视为有效峰。

（2）定性。

二噁英类同类物的两个监测离子在指定保留时间窗口内同时存在，并且其离子丰度比与表 5-3-35 所列理论离子丰度比一致，相对偏差小于 15%。色谱峰的保留时间应与标准溶液一致（± 3 s 以内），同时内标的相对保留时间亦与标准溶液一致（$\pm 0.5\%$ 以内）。

（3）定量。

①对于有相应的 ^{13}C 标记的二噁英类采用同位素稀释法计算。

按式（5-3-37）计算样品中待测化合物的 Q。

$$Q = \frac{A}{A_{es}} \times \frac{Q_{es}}{RRF_{es}} \tag{5-3-37}$$

式中：Q —— 分析样品中待测化合物的量，ng；

　　　A —— 色谱图待测化合物的监测离子峰面积之和；

　　　A_{es} —— 相应的 ^{13}C 标记的提取内标的监测离子峰面积之和；

　　　Q_{es} —— 相应的 ^{13}C 标记的提取内标的添加量，ng；

　　　RRF_{es} —— 待测化合物相对提取内标的相对响应因子。

②对于无相应的 ^{13}C 标记的二噁英类采用内标法计算。

按式（5-3-38）计算样品中待测化合物的 Q。

$$Q = \frac{A}{A_{es}} \times \frac{Q_{es}}{RRF_{es}} \qquad (5\text{-}3\text{-}38)$$

式中：Q —— 分析样品中待测化合物的量，ng；

　　　A —— 色谱图待测化合物的监测离子峰面积之和；

　　　A_{es} —— 采用的 ^{13}C 标记的提取内标的监测离子峰面积之和；

　　　Q_{es} —— 采用的 ^{13}C 标记的提取内标的添加量，ng；

　　　RRF_{es} —— 待测化合物相对提取内标的平均相对响应因子。

化合物采用的保留时间参考物和定量参考物见表 5-3-36。

表 5-3-36　PCDD/Fs 的保留时间参考物及定量参考物

待分析化合物		保留时间及定量参考物
目标化合物	2,3,7,8-TCDF	$^{13}C_{12}$-2,3,7,8-TCDF
	1,2,3,7,8-PeCDF	$^{13}C_{12}$-1,2,3,7,8-PeCDF
	2,3,4,7,8-PeCDF	$^{13}C_{12}$-2,3,4,7,8-PeCDF
	1,2,3,4,7,8-HxCDF	$^{13}C_{12}$-1,2,3,4,7,8-HxCDF
	1,2,3,6,7,8-HxCDF	$^{13}C_{12}$-1,2,3,6,7,8-HxCDF
	2,3,4,6,7,8-HxCDF	$^{13}C_{12}$-2,3,4,6,7,8-HxCDF
	1,2,3,7,8,9-HxCDF	$^{13}C_{12}$-1,2,3,7,8,9-HxCDF
	1,2,3,4,6,7,8-HpCDF	$^{13}C_{12}$-1,2,3,4,6,7,8-HpCDF
	1,2,3,4,7,8,9-HpCDF	$^{13}C_{12}$-1,2,3,4,7,8,9-HpCDF
	OCDF	$^{13}C_{12}$-OCDD
	2,3,7,8-TCDD	$^{13}C_{12}$-2,3,7,8-TCDD
	1,2,3,7,8-PeCDD	$^{13}C_{12}$-1,2,3,7,8-PeCDD
	1,2,3,4,7,8-HxCDD	$^{13}C_{12}$-1,2,3,4,7,8-HxCDD
	1,2,3,6,7,8-HxCDD	$^{13}C_{12}$-1,2,3,6,7,8-HxCDD
	1,2,3,7,8,9-HxCDD	$^{13}C_{12}$-1,2,3,7,8,9-HxCDD/$^{13}C_{12}$-1,2,3,4,7,8-HxCDD $+^{13}C_{12}$-1,2,3,6,7,8-HxCDD
	1,2,3,4,6,7,8-HpCDD	$^{13}C_{12}$-1,2,3,4,6,7,8-HpCDD
	OCDD	$^{13}C_{12}$-OCDD
提取内标	$^{13}C_{12}$-2,3,7,8-TCDF	$^{13}C_{12}$-1,2,3,4-TCDD
	$^{13}C_{12}$-1,2,3,7,8-PeCDF	$^{13}C_{12}$-1,2,3,4-TCDD
	$^{13}C_{12}$-2,3,4,7,8-PeCDF	$^{13}C_{12}$-1,2,3,4-TCDD
	$^{13}C_{12}$-1,2,3,4,7,8-HxCDF	$^{13}C_{12}$-1,2,3,7,8,9-HxCDD
	$^{13}C_{12}$-1,2,3,6,7,8-HxCDF	$^{13}C_{12}$-1,2,3,7,8,9-HxCDD
	$^{13}C_{12}$-2,3,4,6,7,8-HxCDF	$^{13}C_{12}$-1,2,3,7,8,9-HxCDD
	$^{13}C_{12}$-1,2,3,7,8,9-HxCDF	$^{13}C_{12}$-1,2,3,7,8,9-HxCDD

待分析化合物	保留时间及定量参考物
$^{13}C_{12}$-1,2,3,4,6,7,8-HpCDF	$^{13}C_{12}$-1,2,3,7,8,9-HxCDD
$^{13}C_{12}$-1,2,3,4,7,8,9-HpCDF	$^{13}C_{12}$-1,2,3,7,8,9-HxCDD
$^{13}C_{12}$-OCDD	$^{13}C_{12}$-1,2,3,7,8,9-HxCDD
提取内标 $^{13}C_{12}$-2,3,7,8-TCDD	$^{13}C_{12}$-1,2,3,4-TCDD
$^{13}C_{12}$-1,2,3,7,8-PeCDD	$^{13}C_{12}$-1,2,3,4-TCDD
$^{13}C_{12}$-1,2,3,4,7,8-HxCDD	$^{13}C_{12}$-1,2,3,7,8,9-HxCDD
$^{13}C_{12}$-1,2,3,6,7,8-HxCDD	$^{13}C_{12}$-1,2,3,7,8,9-HxCDD
$^{13}C_{12}$-1,2,3,4,6,7,8-HpCDD	$^{13}C_{12}$-1,2,3,7,8,9-HxCDD
进样内标 $^{13}C_{12}$-1,2,3,4-TCDD	
$^{13}C_{12}$-1,2,3,7,8,9-HxCDD	

③用下式计算样品中的待测化合物质量分数，结果修约为两位有效数字。

$$\omega = \frac{Q}{m(1-w)} \qquad (5\text{-}3\text{-}39)$$

式中：ω——样品中待测化合物的质量分数，ng/kg；

Q——样品中待测化合物总量，ng；

m——样品量，kg；

w——含水率，%。

④毒性当量（TEQ）质量分数：2,3,7,8 位取代 PCDD/Fs 实测质量分数进一步换算成毒性当量质量分数时，应将实测质量分数乘以相应的毒性当量因子（二噁英的毒性当量因子见表 5-3-37），对于低于样品检出限的测定结果，如无特别指明，使用样品检出限的 1/2 计算毒性当量质量分数，单位以 ng I-TEQ/kg 或 ng WHO（2005）-TEQ/kg 表示。

表 5-3-37 二噁英的毒性当量因子

	I-TEF	WHO-TEF（2005）
2,3,7,8-TCDF	0.1	0.1
1,2,3,7,8-PeCDF	0.05	0.03
2,3,4,7,8-PeCDF	0.5	0.3
1,2,3,4,7,8-HxCDF	0.1	0.1
1,2,3,6,7,8-HxCDF	0.1	0.1
2,3,4,6,7,8-HxCDF	0.1	0.1
1,2,3,7,8,9-HxCDF	0.1	0.1
1,2,3,4,6,7,8-HpCDF	0.01	0.001
1,2,3,4,7,8,9-HpCDF	0.01	0.001
OCDF	0.001	0.000 3
2,3,7,8-TCDD	1	1
1,2,3,7,8-PeCDD	0.5	1
1,2,3,4,7,8-HxCDD	0.1	0.1
1,2,3,6,7,8-HxCDD	0.1	0.1
1,2,3,7,8,9-HxCDD	0.1	0.1
1,2,3,4,6,7,8-HpCDD	0.01	0.001
OCDD	0.001	0.000 3

（4）提取内标的回收率。

根据提取内标峰面积与进样内标峰面积的比以及对应的平均相对响应因子（RRF_{rs}）均值，按式（5-3-40）计算提取内标的回收率并确认提取内标的回收率在规定的范围之内。若提取内标的回收率不符合表 5-3-38 规定的范围，应查找原因，重新进行提取和净化操作。

$$R = \frac{A_{es}}{A_{rs}} \times \frac{Q_{rs}}{RRF_{rs}} \times \frac{100\%}{Q_{es}} \qquad (5\text{-}3\text{-}40)$$

式中：R —— 提取内标回收率，%；

A_{es} —— 提取内标的监测离子峰面积之和；

A_{rs} —— 进样内标的监测离子峰面积之和；

Q_{rs} —— 进样内标的添加量，ng；

RRF_{rs} —— 提取内标相对于进样内标的相对响应因子；

Q_{es} —— 提取内标的添加量，ng。

表 5-3-38　提取内标回收率

化合物	范围/%
$^{13}C_{12}$-2,3,7,8-TCDD	25～164
$^{13}C_{12}$-2,3,7,8- TCDF	24～169
$^{13}C_{12}$-1,2,3,7,8-PeCDD	25～181
$^{13}C_{12}$-1,2,3,7,8-PeCDF	24～185
$^{13}C_{12}$-2,3,4,7,8-PeCDF	21～178
$^{13}C_{12}$-1,2,3,4,7,8-HxCDD	32～141
$^{13}C_{12}$-1,2,3,6,7,8-HxCDD	28～130
$^{13}C_{12}$-1,2,3,4,7,8-HxCDF	26～152
$^{13}C_{12}$-1,2,3,6,7,8-HxCDF	26～123
$^{13}C_{12}$-2,3,4,6,7,8-HxCDF	28～136
$^{13}C_{12}$-1,2,3,7,8,9-HxCDF	29～147
$^{13}C_{12}$-1,2,3,4,6,7,8-HpCDD	23～140
$^{13}C_{12}$-1,2,3,4,6,7,8-HpCDF	28～143
$^{13}C_{12}$-1,2,3,4,7,8,9-HpCDF	26～138
$^{13}C_{12}$-OCDD	17～197

（5）检出限。

①仪器检出限。

选择制作相对响应因子的系列质量浓度标准溶液中最低质量浓度的标准溶液进行 7 次重复测定，对溶液中 2,3,7,8-氯代二噁英类定量，计算测定值标准偏差 S，取标准偏差的 3 倍（$3S$），修约为一位有效数字作为仪器检出限。仪器检出限限值规定为四氯至五氯代二噁英类 0.1 pg，六氯至七氯代二噁英类 0.2 pg，八氯代二噁英类 0.5 pg。当测得仪器检出限高于限值时，应查找原因，重新测定使其满足标准限值的要求。实验室应定期检验和确认仪器检出限。

②方法检出限。

使用与实际采样相同试剂，按照本方法进行提取，提取液中添加标准物质，添加量为仪器检出限的 3～10 倍；然后进行与样品处理相同的净化、仪器分析、定性和定量操作。重复上述空白测定，共计 7 次。计算测定值的标准偏差，取标准偏差的 3 倍，修约为 1 位有效数字，作为方法检出限。

③样品检出限。

按式（5-3-41）计算样品检出限，样品检出限应在评价质量分数的 1/10 以下。

$$\omega_{DL}=（D_L/1000）\times[1/m（1-w）]\qquad(5\text{-}3\text{-}41)$$

式中：ω_{DL} —— 样品检出限，ng/kg；

　　　D_L —— 方法检出限，pg；

　　　m —— 称取样品量，kg；

　　　w —— 含水率，%。

9. 质量控制和质量保证

实验室应具备合乎要求的样品分析能力、标准物质和空白操作以及数据评价和质量控制能力，所有分析结果应符合本方法所规定的质量保证要求。

（1）数据可靠性保证。

①内标回收率。提取内标的回收率：应对所有样品提取内标的回收率进行确认。回收率应在表 5-3-39 所列范围内。

②检出限确认。针对二噁英类分析的特殊性，本方法规定了三种检出限，即仪器检出限、方法检出限和样品检出限。应对三种检出限进行检验和确认。

a. 仪器检出限：定期进行检查和调谐仪器，当改变测量条件时应重新确认仪器检出限。

b. 方法检出限：定期检查和确认方法检出限，当样品制备或测试条件改变时应重新确认方法检出限。需要注意的是不同的实验条件或操作人员可能得到的方法检出限不同。

c. 样品检出限：样品检出限应低于评价质量分数的 1/10。对每一个样品都要计算样品检出限。如果排放标准或质量标准中规定了分析方法的检出限，则本方法的样品检出限应满足相关规定要求。

③空白实验。分析实验室空白、实验室试剂空白、方法空白和全程序空白。空白实验结果应低于评价质量分数的 1/10。

④平行实验。平行实验频度取样品总数的 10%左右。17 种 2,3,7,8-氯代二噁恶英类，大于检出限 3 倍以上的平行实验结果取平均值，单次平行实验结果应在平均值的±30%以内。

（2）操作要求。

①样品制备。

a. 样品提取：使用索氏提取时，提取之前应充分干燥，条件允许时应选择带有水分分离功能的索氏提取器。

b. 硫酸处理—硅胶柱净化或多层硅胶柱净化：应确认淋洗后的样品溶液无明显着色。改变净化柱的填充材料的类型或用量时，以及改变淋洗溶剂的种类或用量时，应通过制作淋洗曲线等方法优化实验条件，避免样品中的二噁英类在净化过程中的损失。

c. 氧化铝柱净化：氧化铝活性较低，可能发生 $1,3,6,8\text{-}T_4CDD$ 和 $1,3,6,8\text{-}T_4CDF$ 被淋洗到第一组分以及第二组分中的 O_8CDD 和 O_8CDF 未被淋洗出来等异常情况。生产批次以及开启封口后的贮存时间和贮存条件对氧化铝活性产生较大影响。上述问题产生时，通过制作淋洗曲线等方法优化实验条件。

d. 活性炭柱：活性炭柱使用前应通过制作淋洗曲线等方法确认分离效果，优化实验条件。

②定性和定量

根据标准溶液的色谱峰保留时间对时间窗口进行分组，使得待测化合物以及相应内标的色谱峰在适当的时间窗口中出现。每组时间窗口中的选择离子的检测周期应小于 1 s。

定期测定并计算相对响应因子，同使用的相对响应因子值比较，变化范围应在±35%范围内，否则应查找原因，重新制作相对响应因子。

10. 注意事项

本方法中涉及的试剂及化合物具有一定健康风险，应尽量减少分析人员对这些化合物的暴露。

（1）分析人员应了解二噁英类分析操作以及相关的风险，并接受相关的专业培训。建议实验室的分析人员定期进行日常体检。

（2）实验室应选用可直接使用的低质量浓度标准物质，减少或避免对高质量浓度标准物质的操作。

（3）实验室应配备手套、实验服、安全眼镜、面具、通风橱等保护措施。

本方法主要参考《土壤和沉积物　二噁英类的测定　同位素稀释高分辨气相色谱—高分辨质谱法》（HJ 77.4—2008），针对土壤样品对其中部分条件进行了优化。

（中国环境监测总站　郑晓燕）

十七、全氟烷基羧酸及其盐类化合物和全氟烷基磺酸及其盐类化合物

全氟烷基羧酸类（PFOA）和全氟烷基磺酸化合物（PFOS）是全氟化合物（Perfluorinated Compounds，PFCs）中重要的类别，具有难降解性，环境持久性，生物积累性和生物毒性。由于在环境和生物体中不断检出，引起了环境学家的广泛关注。2009 年，PFOS 及其盐和全氟辛基磺酰氟被正式列入持久性有机污染物名单加以限制，作为斯德哥尔摩公约缔约国，我国对 PFOS 和 PFOA 的关注也逐渐增加。

液相色谱—串联质谱法（C）

1. 方法原理

采用超声提取土壤中全氟烷基羧酸类化合物和全氟烷基磺酸，再用弱阴离子固相萃取柱固相萃取，甲醇定容，过 0.22 μm 滤膜后由高效液相色谱—串联质谱（HPLC-MS/MS）分析检测。

2. 适用范围

本方法适用于土壤中全氟烷基酸类化合物和全氟烷基磺酸的测定。

方法检出限取决于所使用的分析仪器的灵敏度、样品中全氟烷基酸和全氟烷基磺酸类化合物的质量浓度，以及背景干扰水平等多方面因素。当试样量为 10 g 时，本方法测定的目标物及其方法参考检出限和测定下限见表 5-3-39。

表 5-3-39　参考的方法检出限和测定下限

编号	目标物	方法检出限/（μg/kg）	测定下限/（μg/kg）
1	全氟丁酸 PFBA	0.1	0.4
2	全氟戊酸 PFPeA	0.3	1.2
3	全氟己酸 PFHxA	0.2	0.8

编号	目标物	方法检出限/（μg/kg）	测定下限/（μg/kg）
4	全氟庚酸 PFHpA	0.4	1.6
5	全氟辛酸 PFOA	0.2	0.8
6	全氟壬酸 PFNA	0.3	1.2
7	全氟癸酸 PFDA	0.2	0.8
8	全氟辛烷磺酸 PFOS	0.3	1.2
9	全氟十一烷基酸 PFUnDA	0.1	0.4
10	全氟十二烷基酸 PFDoDA	0.2	0.8
11	全氟十三烷基酸 PFTrDA	0.1	0.4

3. 干扰及消除

（1）样品基体干扰。

实验中可能存在的干扰主要来自土壤中腐殖酸和腐殖质等。土壤样品萃取后，首先离心去除萃取液中残留的颗粒、悬浮物和絮状物等。然后通过固相柱选择性萃取，洗脱目标化合物前，使用甲醇清洗去除其他的干扰物质。

（2）仪器背景干扰。

若发现仪器分析过程中有较高仪器背景时，可在液相系统流动相比例阀之后，样品进样器之前串联一支与分析柱相当的色谱柱为延迟柱，实现系统背景干扰与样品中目标物的分离。

4. 试剂和材料

（1）乙腈（CH_3CN）：HPLC 级。

（2）甲醇（CH_3OH）：农残级。

（3）乙酸（CH_3COOH）：HPLC 级。

（4）氨水（$NH_3·H_2O$）：50%，HPLC 级。

（5）氨水—甲醇溶液（w=0.5%）：使用经检定的 1.0 mL 规格的移液器准确量取 1.0 mL 氨水溶解于 99.0 mL 甲醇中。

（6）乙酸铵（CH_3COONH_4）：HPLC 级。

醋酸缓冲溶液（0.025 mol/L，pH=4）：取 0.5 mL 醋酸溶解于 349.5 mL 水中。称取 0.116 g 醋酸铵溶解于 60 mL 水中。取 200 mL 稀释的醋酸溶液和 50 mL 醋酸铵溶液充分混合，得到缓冲溶液。

（7）高纯氮气。

（8）硫代硫酸钠（$Na_2S_2O_3·5H_2O$）：分析纯。

（9）全氟丁酸 PFBA（98%）。

（10）全氟戊酸 PFPeA（97%）。

（11）全氟庚酸 PFHpA（99%）。

（12）全氟辛酸 PFOA（96%）。

（13）全氟壬酸 PFNA（97%）。

（14）全氟癸酸 PFDA（98%）。

（15）全氟十一烷基酸 PFUnDA（95%）。

（16）全氟十二烷基酸 PFDoDA（95%）。

（17）全氟十三烷基酸 PFTrDA（97%）。

（18）全氟辛烷磺酸 PFOS（99%）。

（19）$^{13}C_2$-PFOA 标准溶液：M_2PFOA，50μg/mL（甲醇）。

（20）$^{13}C_8$-PFOA，M_8PFOA，50μg/mL（甲醇）。

（21）$^{13}C_4$-PFOS 标准溶液：MPFOS，50μg/mL（甲醇）。

（22）实验用水为纯水。

注：购买标准药品时，可以购买通过质量验证的混合标准溶液。

5. 仪器和设备

在实验过程中所有接触样品的设备、器皿等在使用前均应用纯水和甲醇淋洗，且均应不检出目标化合物或者低于本方法规定的检出限。

（1）高效液相色谱—串联质谱仪。

色谱柱：$BEHC_{18}$，50 mm×2.1 mm×1.7 μm。

（2）固相萃取仪。

弱阴离子固相色谱小柱。使用前，依次用 6 mL 0.5%氨水甲醇溶液、6 mL 甲醇和 6 mL 水活化。

（3）浓缩装置：氮吹浓缩仪、K-D 浓缩器或旋转蒸发装置等性能相当的设备。

（4）超声仪。

（5）离心机。

（6）真空泵：最大负压 80 kPa。

（7）采样瓶，聚丙烯材质，不小于 1 L。

（8）烧杯：白色（聚丙烯材质），500 mL。

（9）离心管：聚丙烯材质，15 mL，100 mL。

（10）量筒，聚丙烯材质，500 mL。

（11）聚丙烯容量瓶，10 mL。

（12）滤膜：0.45 μm，水相。

（13）滤膜：0.22 μm，有机相。

6. 样品

（1）样品采集与保存。

样品采集见第五篇第一章中半挥发性有机物部分。样品采集后，将样品冷冻干燥，研磨过筛（80～100 目），并测定含水率。将均一后的样品保存在 PP 材质密封袋中，−20℃冰箱中保存，待测。

（2）试样预处理。

①提取和净化。

准确称取土壤样品 10 g 于离心管中，加入替代回收物（$^{13}C_4$-PFOA、$^{13}C_4$-PFOS，各 10.0 ng），平衡 30 min。

在离心管中加入 8 mL 甲醇，涡旋混匀器混匀。将离心管放入超声仪中，在 30℃条件下超声 20 min。将离心管以 8 000 r/min 转速离心 10 min。移取上清液到 500 mL 烧杯中。重复上述操作两次，合并三次萃取液，加入纯水将萃取液稀释定容至 300 mL。

②固相萃取。

依次用 5 mL 0.5%氨水甲醇溶液、5 mL 甲醇和 5 mL 纯水活化固相萃取小柱，使水样以 3～5 mL/min 流速通过固相萃取柱，待样品完全流出后，用 5 mL 纯水和 5 mL 醋酸缓冲溶液（pH=4）依次清洗固相萃取柱。在 65 kPa 负压下，抽干小柱，用 3 mL 甲醇清洗去除残留杂质，弃去全部流出液。加入 4 mL 0.5%氨水的甲醇溶液淋洗得到目标物，收集洗脱液于 15 mL 离心管中。在 40℃下氮吹浓缩至近干，加入甲醇定容至 1.0 mL，并通过 0.22 μm 有机相微孔滤膜过滤，转存于色谱进样瓶中待测。

7. 分析步骤

（1）色谱条件。

色谱柱：BEH C$_{18}$ 色谱柱（50 mm×2.1 mm×1.7 μm）；流动相：2 mmol/L 乙酸铵：甲醇，梯度淋洗（表 5-3-40）；柱流量：0.3 mL/min；进样体积：5 μL；柱温：40℃。

表 5-3-40　流动相梯度

时间 t/min	流量 qV/（mL/min）	ϕ（2 mmol/L 乙酸铵）/%	ϕ（甲醇）/%
0	0.30	70	30
5	0.30	25	75
9	0.30	0	100
11	0.30	0	100

（2）质谱条件。

离子源：电喷雾离子源（ESI）；扫描方式：负离子扫描；检测方式：多反应检测（MRM）；雾化器：40 psi；干燥气流速：8 L/min；干燥气温度：350℃；毛细管电压：4 000 V；碎裂电压和碰撞能量见表 5-3-41。

表 5-3-41　全氟化合物质谱参数

目标化合物	CAS	碎裂电压/V	碰撞能/V	母离子（m/z）	子离子（m/z）	替代回收物
PFBA	375-22-4	70	2	213	169	
PFPeA	2706-90-3	70	3	262.9	218.9	
PFHxA	307-24-4	66	5	312.9	268.9	
PFHpA	375-85-9	80	5	362.8	318.9	
PFOA	335-67-1	90	5	412.9	368.8	
PFNA	375-95-1	95	5	463	418.8	^{13}C$_4$-PFOA
PFDA	335-76-2	95	7	512.9	468.8	
PFOS	1763-23-1	125	50	498.8	79.9	
PFUnDA	2058-94-8	105	5	563	519	
PFDoDA	307-55-1	105	10	612.9	568.7	
PFTrDA	72629-94-8	105	10	662.7	618.8	^{13}C$_4$-PFOS
^{13}C$_4$-PFOA	—	90	5	417	372	
^{13}C$_4$-PFOS	—	125	50	503	80	—

（3）标准曲线绘制。

分别取一定量 11 种全氟化合物混合标准使用溶液，用甲醇稀释定容，制备至少 5 个浓度点的标准系列，5.0，10.0，20.0，50.0，100.0 μg/L。以标准系列的浓度（μg/L）为横坐标，对应的色谱峰的峰面积（或峰高）为纵坐标，绘制标准曲线。

（4）标准色谱图。

目标化合物标准色谱图见图 5-3-25。

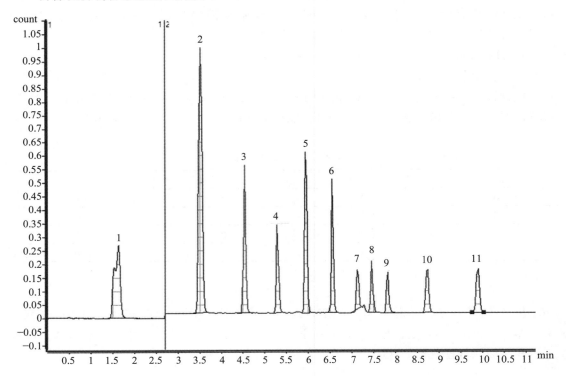

1. PFBA；2. PFPeA；3. PFHxA；4. PFHpA；5. PFOA；6. PFNA；7. PFDA；8. PFOS；9. PFUnDA；
10. PFDoDA；11. PFTrDA

图 5-3-25　11 种全氟化合物标准色谱图

8. 计算

$$C_i = \frac{c_{\text{is},i} \times v}{m}$$ （5-3-42）

式中：C_i —— 土壤中物质 i 的浓度（干重），ng/g；

$\quad\quad c_{\text{is},i}$ —— 根据标准曲线查得的物质 i 的浓度，ng/mL；

$\quad\quad v$ —— 样品定容体积，mL；

$\quad\quad m$ —— 土壤样品质量（干重），g。

9. 精密度与准确度

分别在 10 g 石英砂和 10 g 环境土壤中加入 11 种全氟化合物混合标准物质，分别制备成空白加标样品和土壤加标样品，样品制备平行测定 6 次，分别计算其精密度和准确度，结果见表 5-3-42。

表 5-3-42　方法精密度和准确度

目标化合物	空白加标		实际样品加标	
	回收率/%	相对标准偏差/%	回收率/%	相对标准偏差/%
PFBA	106.4	7.9	103.2	8.6

562

目标化合物	空白加标		实际样品加标	
	回收率/%	相对标准偏差/%	回收率/%	相对标准偏差/%
PFPeA	97.1	13.2	94.4	15.4
PFHxA	88.3	8.5	85.6	9.7
PFHpA	95.6	9.4	93.2	10.6
PFOA	90.2	7.7	88.5	8.3
PFNA	93.5	11.3	91.2	12.4
PFDA	83.4	9.5	81.3	10.4
PFOS	95.8	10.2	93.6	11.1
PFUnDA	91.6	7.6	88.7	8.1
PFDoDA	71.4	15.8	67.2	17.3
PFTrDA	75.9	11.4	73.4	13.5

（泰州市环境监测中心站　陈军　张永兵　张钧

中国环境监测总站　王超）

十八、有机氯农药

有机氯农药（OCPs）是一类全球性环境污染物，对人和牲畜具有致癌、致畸、致突变等作用。该类农药疏水性强，在环境中易于流动，能够扩散到世界各地，并且能够通过食物链传递，在环境中和生物体内难降解，是典型的持久性有机污染物（POPs），主要分为以苯为原料和以环戊二烯为原料的两大类。

以苯为原料的包括六六六、滴滴涕（DDT）和六氯苯等。DDT 是一种混合物，含氯量为 48%～51%，pH 为 5～8，包含几种异构体，p,p'-DDT 占 75%～80%，o,p-DDT 为 15%～20%，还可能有 4% 的 4,4'-二氯二苯基乙酸（p,p'-DDA）。DDT 有三种代谢过程：①脱去氯化氢产生 1,1-二氯-2,2-双（4-氯苯）乙烯（DDE）；②脱氯还原成 1,1-二氯-2,2-双（4-氯苯）乙烷（DDD）；③DDD 氧化成 DDA。DDT 和它的主要代谢物 DDD、DDE 均是亲脂性化合物，易于积聚在身体脂肪中。六六六（HCH）主要有四种异构体（α，β，γ，δ），γ-HCH 也称为林丹，是六氯环己烷的活性成分。

以环戊二烯为原料的包括七氯、艾氏剂、狄氏剂和异狄氏剂等。艾氏剂能迅速降解，形成环氧化物狄氏剂，后者在环境中非常稳定，土壤中半衰期为 5 年。异狄氏剂是狄氏剂的立体异构体。硫丹（endosulfan）又名赛丹。不同于其他的环戊二烯类杀虫剂，硫丹有一定的稳定性，在水果和蔬菜中易于降解并形成相应的硫酸盐，半衰期一般为 3～7 天。

目前，有机氯农药含量测定普遍采用气相色谱法和气相色谱—质谱法，气相色谱法通过配置电子捕获检测器（ECD）测定，该检测方法简便、仪器普及率高，但是干扰因素较多。质谱法采用选择离子模式（SIM）定量分析，既降低了定量分析对分离度的要求，又提高了灵敏度。同位素稀释/高分辨气相色谱—高分辨质谱法（HRGC-HRMS）具有高灵敏度、高准确度、低检出限和高选择性等优势，在超痕量有机氯农药分析中发挥重要作用。

（一）气相色谱—质谱法（A）

本方法等效于《土壤和沉积物　有机氯农药的测定　气相色谱—质谱法》（HJ 835—

2017）。

1. 方法原理

土壤中有机氯农药采用适合的萃取方法提取，用硅酸镁柱或凝胶色谱（GPC）等方式净化，浓缩后目标化合物进入气相色谱分离后，用质谱仪测定。根据保留时间、目标物标准质谱图相比较进行定性，内标法定量。

2. 适用范围

本方法规定了测定土壤中有机氯农药的气相色谱—质谱法。

本方法适用于土壤中六六六等 23 种有机氯农药的测定。其他有机氯农药如果通过验证也可适用于本方法。

当试样量为 20 g，浓缩后定容体积为 1.0 mL 时，采用全扫描方式测定目标物的方法检出限为 0.02～0.09 mg/kg，测定下限为 0.08～0.36 mg/kg。

3. 干扰及消除

方法提供了柱分离去除大分子干扰物，磺化法去除硫的干扰。

4. 试剂和材料

（1）有机溶剂。

丙酮、正己烷、二氯甲烷、乙酸乙酯、环己烷、乙醚或其他等效有机溶剂均为农残级。

（2）稀硝酸：1+1（v/v）。

浓硝酸和水配置成体积比为 1：1 的溶液。

（3）有机氯农药标准贮备液：ρ =1 000～5 000 mg/L。

以正己烷为溶剂，使用纯品配制，或直接购买市售有证标准溶液。

（4）有机氯农药标准中间使用液：ρ =200～500 mg/L。

用正己烷对有机氯农药标准贮备液进行适当稀释。

（5）内标贮备液：ρ =5 000 mg/L。

宜选用五氯硝基苯作内标。以甲醇为溶剂，使用纯品配制，或直接购买市售有证标准溶液。

（6）内标中间使用液：ρ =500 mg/L。

量取 1.0 mL 内标贮备液于 10 mL 容量瓶中，用正己烷稀释至标线，混匀。

（7）替代物贮备液：ρ =2 000～4 000 mg/L。

宜选用十氯联苯或 2,4,5,6-四氯-间-二甲苯和氯茵酸二丁酯。以甲醇为溶剂，使用纯品配制，或直接购买市售有证标准溶液。

（8）替代物中间使用液：ρ =100～200 mg/L。

用正己烷对替代物标准贮备液进行适当稀释。

（9）十氟三苯基磷（DFTPP）溶液：ρ =50 mg/mL。

（10）GPC 校准溶液：保证在紫外检测器有完整明显峰型。

含有玉米油、双（2-二乙基己基）邻苯二甲酸酯、甲氧滴滴涕、芘和硫。可直接购买市售有证标准溶液。

注：4（3）～4（10）的所有标准溶液均应置于–10℃以下避光保存或参照制造商的产品说明保存方法，存放期间定期检查溶液的降解和蒸发情况，特别是使用前应检查其变化情况，一旦蒸发或降解应重新配制，使用前应恢复至室温、混匀。

（11）干燥剂：无水硫酸钠（Na_2SO_4）或粒状硅藻土。

（12）铜粉。

（13）硅酸镁吸附剂：100～200目。

取适量放在玻璃器皿中，用铝箔盖住，在130℃下活化过夜（12 h左右），置于干燥器中备用。临用前处理。

（14）玻璃层析柱：内径20 mm左右，长10～20 cm的带聚四氟乙烯阀门，下端具筛板。

（15）硅酸镁层析柱。

先将用有机溶剂浸提干净的脱脂棉填入玻璃层析柱底部，然后加入10～20 g硅酸镁吸附剂。轻敲柱子，再添加厚1～2 cm的无水硫酸钠。用60 mL正己烷淋洗，避免填料中存在明显的气泡。当溶剂通过柱子开始流出后关闭柱阀，浸泡填料至少10 min，然后打开柱阀继续加入正己烷，至全部流出，剩余溶剂刚好淹没硫酸钠层，关闭柱阀待用。如果填料干枯，需要重新处理。临用时装填。

（16）固相萃取柱：1 g硅酸镁。

（17）河砂或石英砂。

（18）载气：高纯氦气。

5. 仪器和设备

（1）气相色谱仪：具分流/不分流进样口，能对载气进行电子压力控制，可程序升温。

（2）质谱仪：电子轰击（EI）电离源，每秒或少于1秒可以完成35～500 amu扫描，配备NIST谱库。

（3）色谱柱：石英毛细管柱，30 m×0.25 mm×0.25 μm，固定相为5%苯基—95%甲基聚硅氧烷或其他等效毛细管柱。

（4）凝胶色谱仪：紫外检测器，波长为固定254 nm；净化柱填料为Bio-Beads，或同等规格的填料。

（5）浓缩装置：氮吹装置、旋转蒸发装置或K-D浓缩器、浓缩仪，或同等性能的设备。

（6）固相萃取装置：手动或自动。

（7）分析天平：精度为0.01 g。

（8）研钵：玻璃或玛瑙材质。

6. 样品

（1）试样制备。

用于测定有机氯农药的样品采集和制备按一般性要求进行。样品送至实验室后，除去枝棒、叶片、石子等异物，将所采全部样品完全混匀，称取20 g样品，加入适量无水硫酸钠，将样品拌匀干燥至流沙状，备用。若使用加压流体萃取仪，则用硅藻土脱水。若采用风干处理，将需要风干的样品放在事先用有机溶剂清洗过的金属盘中，在室温下避光、干燥、均化和过筛，取干样20 g备用。

注：风干不适用于处理易挥发的有机氯农药（如六六六）等，冷冻干燥法更适合于处理这类样品。

（2）试样预处理。

①萃取。试样量依据具体萃取方法而定，一般称取20 g试样进行萃取。萃取方法可选择索氏提取、自动索氏提取、加压流体萃取或超声萃取等（萃取条件参见第五篇第二章相关萃取方法），萃取溶剂为二氯甲烷—丙酮（1+1）或正己烷—丙酮（1+1）。

②脱水和浓缩。如果萃取液存在明显水分，需要脱水。在玻璃漏斗上垫上一层玻璃棉或玻璃纤维滤膜，铺加约 5 g 无水硫酸钠，将萃取液经上述漏斗直接过滤到浓缩器皿中，每次用少量萃取溶剂充分洗涤萃取容器，将洗涤液也倒入漏斗中，重复 3 次。最后再用少许萃取溶剂冲洗无水硫酸钠，待浓缩。

浓缩方法推荐使用以下 3 种方式，也可选择 K-D 浓缩等其他浓缩方式。

a. 氮吹：萃取液转入浓缩管或其他玻璃容器中，开启氮气至溶剂表面有气流波动但不形成气涡为宜。氮吹过程中应将已经露出的浓缩器管壁用正己烷反复洗涤多次。

b. 减压快速浓缩：将萃取液转入专用浓缩管中，根据仪器说明书设定温度和压力条件，进行浓缩。

c. 旋转蒸发浓缩：将萃取液转入合适体积的圆底烧瓶，根据仪器说明书或萃取液沸点设定温度条件（如二氯甲烷—丙酮（1+1）设定可 50℃左右，正己烷—丙酮（1+1）可设定 60℃左右），浓缩至 2 mL，转出的提取液需要再用小流量氮气浓缩至 1 mL。

注：如果净化选用 GPC，则需在浓缩前加入 2 mL 左右 GPC 流动相替换原萃取溶剂。

③脱硫。样品存在硫干扰，需要脱硫。脱硫方法有以下两种方式。

a. 将上述萃取液转移至 5 mL 离心管，加入 2 g 铜粉，混合振荡至少 5 min。用一次性移液管将萃取液吸出，待下一步净化。

b. 可将适量铜粉铺在硅酸镁层析柱或固相萃取柱上层，将萃取液在铜粉层停留 5 min。

注：如果使用 GPC 净化萃取液，可省略脱硫步骤。

④净化。

a. 硅酸镁层析柱法。

将浓缩后的萃取液移至硅酸镁层析柱内，并用 2 mL 正己烷清洗浓缩管，并转入柱内。

对于需要分离多氯联苯和有机氯农药的样品，应按照下述步骤进行操作：

于上述硅酸镁层析柱下置一圆底烧瓶，用于收集洗脱液。打开活塞放出洗脱液至液面刚没过硫酸钠层，关闭活塞。用 200 mL 乙醚—正己烷（6+94，v/v）混合液淋洗层析柱，洗脱液速度保持在 5 mL/min。洗脱完成后仍保持液面刚没过硫酸钠层，关闭活塞。此洗脱液包含多氯联苯及六六六、滴滴涕、氯丹等有机氯农药。

然后用 200 mL 乙醚—正己烷（15+85，v/v）混合液再次淋洗层析柱，收集洗脱液于另一个圆底烧瓶中。此洗脱液包含异狄氏剂等有机氯农药。

再用 200 mL 乙醚—正己烷（50+50，v/v）混合液再次淋洗层析柱，收集洗脱液于另一个圆底烧瓶中。此洗脱液包含硫丹、异狄氏剂醛等有机氯农药。

将上述洗脱液分别浓缩至 1 mL，待分析。

对于不需要分离多氯联苯和有机氯农药的样品，可直接使用 200 mL 二氯甲烷—正己烷（50+50，v/v）混合液淋洗层析柱，收集全部洗脱液，将洗脱液浓缩至 1 mL，待分析。

b. 固相萃取柱法。

当浓缩后的萃取液颜色较浅时，可采用固相萃取柱净化。操作步骤如下：

活化：用 4 mL 正己烷活化固相萃取小柱，保持有机溶剂浸没填料至少 5 min。缓慢打开活塞放出多余的有机溶剂，且保持溶剂液面高出填料层 1 mm。如固相萃取柱填料变干，则需重新活化小柱。

上样：将萃取液全部移入小柱，用 1 mL 正己烷润洗浓缩管，将润洗液移入小柱，重复 2 次。缓慢打开活塞使萃取液通过填料，当萃取液全部浸入填料（不能流出），关闭活塞，确保填料层之上始终有溶液覆盖。

洗脱：对于需要分离多氯联苯和有机氯农药的样品，应按照下述步骤进行操作：

在固相萃取装置的相应位置放入 10 mL 收集管，向上述固相萃取柱中加入 3 mL 正己烷，溶剂浸没填料层约 1 min。缓慢打开活塞，收集洗脱液。此洗脱液包含多氯联苯及六六六、滴滴涕、氯丹等有机氯农药。然后在固相萃取装置相应位置放入另一个 10 mL 收集管，用 5 mL 二氯甲烷—正己烷（26+74，v/v）混合液洗脱固相萃取柱，溶剂浸没填料层约 1 min。缓慢打开活塞，收集洗脱液。此洗脱液包含大部分有机氯农药。再在固相萃取装置相应位置放入另一个 10 mL 收集管，用 5 mL 丙酮—正己烷（10+90，v/v）混合液洗脱固相萃取柱，溶剂浸没填料层约 1 min。缓慢打开活塞，收集洗脱液。此洗脱液包含余下的有机氯农药。将上述洗脱液分别浓缩至 1 mL，待分析。

对于不需要分离多氯联苯和有机氯农药的样品：在固相萃取装置的相应位置放入 10 mL 收集管，用 9 mL 丙酮—正己烷（10+90，v/v）混合液洗脱上述固相萃取柱，溶剂浸没填料层约 1 min。缓慢打开活塞，收集洗脱液。将洗脱液浓缩至 1 mL，待分析。

注：也可使用凝胶色谱（GPC）净化法，可有效去除大分子干扰物。

7. 分析步骤

（1）仪器参考条件。

①气相色谱参考条件。

进样口温度：250℃，不分流；

进样量：1 μL，柱流量：1.0 mL/min（恒流）；

柱温：120℃（2 min） $\xrightarrow{12℃/min}$ 180℃（5 min） $\xrightarrow{7℃/min}$ 240℃（1.0 min） $\xrightarrow{1℃/min}$ 250℃（2.0 min）（后程序 280℃，2 min）；

色谱柱：30 m×0.25 mm×0.25 μm（5%苯基—甲基聚硅氧烷；固定液）。

②质谱参考条件。

扫描模式：全扫描（SCAN）；扫描质量范围：45～450 amu；或选择离子模式（SIM）模式，每个目标化合物的选择离子应至少包括定量离子和两个辅助定性离子；离子化能量：70 eV；四极杆：150℃；离子源温度：230℃；接口温度：280℃；溶剂延迟时间：5 min；调谐方式：DFTPP。

23 种有机氯农药和内标替代物的主离子和特征离子见表 5-3-43。

表 5-3-43　23 种有机氯农药和内标替代物的主离子和特征离子

名称	主离子	特征离子	名称	主离子	特征离子
四氯间二甲苯（替代物）	207	201、244、242	狄氏剂	79	263、279
α-六六六	183	181、109	p,p′-DDE	246	248、176
六氯苯	284	286、282	异狄氏剂	263	82、81
β-六六六	181	183、109	β-硫丹	337	339、341
γ-六六六	183	181、109	p,p′-DDD	235	237、165
五氯硝基苯（内标）	237	249、214、142	o,p′-DDT	235	237、165
δ-六六六	183	181、109	异狄氏剂醛	67	345、250
七氯	100	272、274	硫酸盐硫丹	272	387、422

名称	主离子	特征离子	名称	主离子	特征离子
艾氏剂	66	263、220	*p,p'*-DDT	235	237、165
环氧化七氯	353	355、351	异狄氏剂酮	67	317、147
α-氯丹	373	375、377	甲氧滴滴涕	227	228、152、274
α-硫丹	195	339、341	灭蚁灵	272	274、270
γ-氯丹	375	237、272	氯茵酸二丁酯（替代物）	57	99、388

（2）校准。

①质谱检查。用 DFTPP 进行质谱性能检查，DFTPP 关键离子丰度符合挥发性有机污染物测试仪器基本要求（表 5-1-2），否则需对质谱仪的参数进行调整或考虑清洗离子源。

②校准曲线绘制。分别量取适量的有机氯农药标准中间使用液和替代物中间使用液，加入到 5 mL 容量瓶中，配制 6 个不同浓度的标准系列，如 0.5、1.0、5.0、10.0、20.0、50.0 μg/mL。同时，向每个点中加入 400 μL 内标中间使用液，使内标浓度为 40 μg/mL，用正己烷定容。按照仪器参考条件依次进行分析，根据结果绘制校准曲线。

图 5-3-26 为在本方法规定仪器条件下，目标化合物的总离子流色谱图。

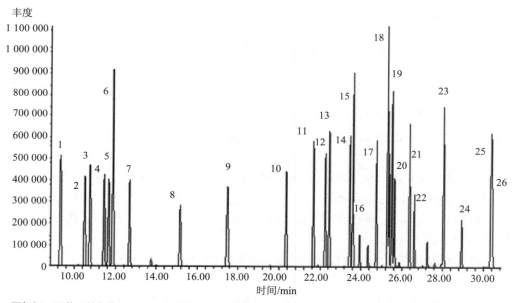

1. 四氯间二甲苯（替代物）；2. α-六六六；3. 六氯苯；4. β-六六六；5. γ-六六六；6. 五氯硝基苯（内标）；
7. δ-六六六；8. 七氯；9. 艾氏剂；10. 环氧化七氯；11. α-氯丹；12. α-硫丹；13.g-氯丹；14. 狄氏剂；
15. *p,p'*-DDE；16 异狄氏剂；17. β-硫丹；18. *p,p'*-DDD；19. *o,p'*-DDT；20. 异狄氏剂醛；21.硫酸盐硫丹；
22. *p,p'*-DDT；23. 异狄氏剂酮；24. 甲氧滴滴涕；25. 灭蚁灵；26. 氯茵酸二丁酯（替代物）

图 5-3-26　23 种有机氯农药参考标准的总离子流图

（3）测定。

①定性分析。定性可通过全扫描模式进行标准谱库谱图检索，和标准谱图进行比对，难以分辨的同分异构体可通过标准物质的保留时间辅助谱库检索来定性。复杂基质可通过提取离子分析主离子碎片、特征碎片的丰度比与标准物谱图匹配来定性。

②定量分析。能够保证准确定性检出目标化合物时，用质谱图中主离子作为定量离子

的峰面积或峰高定量，内标法定量。当样品中目标化合物的主离子有干扰时，可以使用特征离子定量。

（4）空白试验。

使用 20 g 河砂或石英砂替代试样，按照与试样的预处理、测定相同步骤进行测定。

8. 结果计算与表示

样品中的目标化合物含量 ω（μg/kg），按照式（5-3-43）进行计算。

$$\omega = \frac{A_x \times \rho_{IS} \times V_x}{A_{IS} \times \overline{RF} \times m \times (1-w)} \times 1\,000 \qquad (5\text{-}3\text{-}43)$$

式中：ω —— 样品中的目标化合物含量，μg/kg；

　　　A_x —— 测试液试样中目标化合物特征离子的峰面积；

　　　A_{IS} —— 测试液中内标化合物特征离子的峰面积；

　　　ρ_{IS} —— 测试液中内标的浓度，μg/mL；

　　　$\overline{RF}$ —— 校准曲线的平均相对响应因子；

　　　V_x —— 浓缩定容体积，mL；

　　　m —— 试样量，g；

　　　w —— 样品含水率，%。

测定结果保留三位有效数字。

9. 精密度和准确度

（1）精密度。

6 家实验室分别对加标含量为 0.2 mg/kg、0.5 mg/kg 和 1.0 mg/kg 的统一样品进行了测定，实验室内相对标准偏差分别为 5.0%～25%、5.0%～30%、8.0%～29%；实验室间相对标准偏差分别为 5.0%～32%、2.0%～31%、6.0%～34%；重复性限分别为 0.03～0.11 mg/kg、0.12～0.24 mg/kg、0.21～0.53 mg/kg；再现性限分别为 0.04～0.25 mg/kg、0.13～0.34 mg/kg、0.21～0.76 mg/kg。

（2）准确度。

6 家实验室分别对加标量为 0.5 mg/kg 的实际土壤样品进行加标分析测定，加标回收率范围分别为 65.8%～109.9%。

10. 质量保证和质量控制

（1）校准曲线检查、空白试验、平行样和加标质控要求同第五篇第一章的测定质控一般性要求，其中全程序空白样品中目标化合物浓度应不超过方法检出限，每个内标特征离子的峰面积要在同批连续校准点中内标特征离子的峰面积的–50%～100%，其每个内标的保留时间与在同批连续校准点中相应内标保留时间相比，偏差要求在 30 s 以内。

有机氯校准标准溶液每 1～2 个月应更换一次。

（2）仪器性能检查。

① 用 2 mL 试剂瓶装入未经浓缩的正己烷，按照样品分析的仪器条件做一个空白，TIC 谱图中应没有干扰物。干扰较多或浓度较高的样品进针后也应做一个这样的空白检查，如果出现较多的干扰峰或高温区出现干扰峰或流失过多，应检查污染来源，必要时采取更换衬管、清洗离子源或保养、更换色谱柱等措施。

② 进样口惰性检查：DDT 到 DDE 和 DDD 的降解率应不超过 15%。如果 DDT 衰减过多或出现较差的色谱峰，则需要清洗或更换进样口，同时还要截取毛细管前端的 5～

30 cm，重新校准。

DDT 和异狄氏剂降解率的计算公式如下：

$$DDT\% = \frac{（DDE + DDD）的检出量（ng）}{DDT的进样量（ng）} \times 100 \qquad (5\text{-}3\text{-}44)$$

$$异狄氏剂\% = \frac{（异狄氏醛 + 异狄氏酮）的检出量（ng）}{异狄氏剂的进样量（ng）} \times 100 \qquad (5\text{-}3\text{-}45)$$

（3）校准曲线检查。

① 计算每种目标化合物的平均相对响应因子，如果校准化合物的相对标准偏差超过 30%，说明系统活跃而不能分析，应进行必要的维护。

②每 24 h 重新检查校准曲线，如果校准化合物的响应因子相对偏差大于 20%，则需要重新校准。

③样品中内标的保留时间应和最近校准中内标的保留时间偏差不能大于 30 s，否则需要检查色谱系统或重新校准。

11. 注意事项

（1）有机氯农药中属于较易挥发的部分（如六六六）浓缩时会有损失，特别是氮吹浓缩时应注意氮气流量，不要有明显涡流。采用其他浓缩方式时，应控制好加热的温度或真空度。

（2）本方法可以用于分析多种有机氯农药，也可以分析某一类或单个有机氯农药，应根据分析的化合物确定选择一种或几种替代物。

（3）DDT 和异狄氏剂在进样口处很容易降解。进样口衬管和进样垫受到以前注射的高沸点残留物污染，或是进样口有金属配件时，都会造成这些化合物的分解。注射含有 p,p'-DDT 和异狄氏剂的标准溶液，检查是否有分解的问题。若发现有 p,p'-DDE、p,p'-DDD、异狄氏剂醛或异狄氏剂酮存在即表示有分解。若 DDT 或异狄氏剂分解超过 15%，则应及时更换衬管，清洗进样口，或在建立校准曲线前须先实行改正措施，并且进样口温度不宜过高，以消除降解的影响。

（4）样品预处理过程中引入的邻苯二甲酸酯类，会对有机氯农药测定造成很大干扰。实验过程中应避免接触任何塑料物品，检查所有溶剂和试剂的沾污情况。

（5）除采用本方法中给出的萃取、浓缩、净化方法外，其他方法在满足回收率要求时均可使用。

（6）异狄氏剂质谱谱图的离子碎片较多，分析时定性、定量会受到干扰。定性干扰仪器谱图检索软件排除。色谱柱的流失会对其定量产生较大干扰，会使结果偏高，这时应考虑更换新的色谱柱或使用有机氯农药专用色谱柱。

（河南省环境监测中心　王玲玲　王潇磊　南淑清）

（二）气相色谱法（B）

本方法主要参考《土壤中六六六和滴滴涕的测定　气相色谱法》（GB/T 14550—2003）。

1．方法原理

土样中的有机氯农药采用有机溶剂经适合的萃取方法提取，提取液经除硫、净化后，浓缩定容并将溶剂转换成正己烷，用双色谱柱双 ECD 分析，根据色谱峰保留时间定性，外标法定量。

2．适用范围

本方法适用于土壤中有机氯农药的测定。依据本方法可测定α-六六六等 20 种有机氯农药，其他有机氯农药若通过验证也适用于本方法。

当取样量为 20 g 时，各目标化合物的方法检出限见表 5-3-44。

3．干扰及消除

土壤中存在的硫元素可能对色谱峰产生干扰，可使用磺化法或铜粉除硫。样品中可能存在的有机干扰物可使用柱分离法去除。

4．试剂和材料

（1）有机溶剂。

正己烷、二氯甲烷、丙酮、乙醚或其他有机溶剂均为农残级。

（2）稀硝酸：1+1（v/v）。

浓硝酸和水配制成体积比为 1：1 的溶液。

（3）有机氯农药标准贮备液：ρ＝100 mg/L。

以正己烷为溶剂，使用纯品配制，也可直接购买市售有证标准溶液。

（4）替代物标准贮备液：四氯二甲苯和十氯联苯，ρ＝200 mg/L。

以正己烷为溶剂，使用纯品配制，也可直接购买市售有证标准溶液。

（5）有机氯农药标准中间使用液：ρ＝1.0 mg/L。

用正己烷对有机氯农药标准贮备液适当稀释。

（6）替代物标准中间使用液：ρ＝10 mg/L。

用正己烷对替代物标准贮备液适当稀释。

（7）干燥剂：无水硫酸钠（Na_2SO_4）或粒状硅藻土。

（8）空白石英砂。

（9）铜粉。

（10）硅酸镁吸附剂：100～200 目。

取适量放在玻璃器皿中，用铝箔盖住，然后在 130℃下活化过夜（12 h 左右），置于干燥器中备用。临用前处理。

（11）玻璃层析柱：内径 20 mm，长 10～20 cm，带聚四氟乙烯阀门，下端具筛板。

（12）硅酸镁层析柱。

先将用有机溶剂浸提干净的脱脂棉填入玻璃层析柱底部，加入 10～20 g 硅酸镁吸附剂，轻敲层析柱壁，使吸附剂填实，再加入 1～2 cm 厚无水硫酸钠，最后加入正己烷直至充满层析柱，轻敲层析柱壁，避免填料中存在明显的气泡，浸泡填料至少 10 min，放出正己烷，待用。临用时装填，如果填料干枯，需要重新处理。

（13）固相萃取柱：硅酸镁填料，1 g。

（14）载气：氮气。

5．仪器和设备

除非另有说明，分析时均使用符合国家标准 A 级玻璃量器。

（1）气相色谱仪：具有分流/非分流进样口，双 ECD 检测器（^{63}Ni）。

（2）毛细管色谱柱：

色谱柱 1：DB-1701，30 m×0.53 mm×0.85 μm，14%氰丙基苯基，86%二甲基聚硅氧烷；

色谱柱 2：DB-608，30 m×0.53 mm× 1.00 μm，50%苯基，50%二甲基聚硅氧烷，也可用其他等效毛细管柱。

（3）萃取装置：超声波萃取仪，探针式，具超声波输出功率可调节功能。

（4）浓缩装置：氮吹浓缩仪、K-D 浓缩器、旋转蒸发装置或其他等效装置。

（5）固相萃取装置：手动或自动。

（6）分析天平：精度为 0.01 g。

6. 样品

（1）试样制备。

样品采集和保存见第五篇第一章。样品送至实验室后，除去枝棒、叶片、石子等异物，将所采全部样品完全混匀，称取 20 g 样品，加入适量无水硫酸钠，将样品干燥拌匀至流沙状，备用。若使用加压流体萃取仪，则用硅藻土脱水。若采用风干处理，将需要风干的样品放在事先用有机溶剂清洗过的金属盘中，在室温下避光、干燥，均化和过筛，取干样 20 g 备用。

注：风干不适用于处理易挥发的有机氯农药（如六六六）等，冷冻干燥法更适用。

（2）试样预处理。

①萃取。

将已制备好的试样用 60 mL 二氯甲烷—丙酮混合溶液（1+1）超声波萃取 3 min，收集萃取液，重复萃取 2 次，合并萃取液。也可使用其他适合的有机溶剂萃取，如正己烷—丙酮（1+1）。

②脱水和浓缩。

在玻璃漏斗上垫一层玻璃棉或玻璃纤维滤膜，铺加约 5 g 无水硫酸钠，将萃取液经上述玻璃漏斗至浓缩器皿中，每次用少量萃取溶剂充分洗涤萃取容器，将洗涤液也倒入漏斗中，重复 3 次。最后再用少许萃取溶剂冲洗无水硫酸钠，待浓缩。

使用氮吹仪浓缩时，水浴温度为 35℃。当样品浓缩至 2～3 mL 时，将溶剂转换成正己烷，继续浓缩至 1.0 mL。也可使用其他适合的浓缩方法，如 K-D 浓缩、旋转蒸发浓缩等。

③脱硫。

在萃取液中加入适量铜粉，振摇后，确保部分铜粉为亮红色，静置 2 h，萃取液经无水硫酸钠过滤去除铜粉，收集全部萃取液。

④净化。

同"十八、有机氯农药（一）气相色谱法—质谱法（A）"中 6-（2）-④。

7. 分析步骤

（1）气相色谱参考条件。

进样方式：不分流进样，不分流时间为 0.75 min；进样口温度：205℃；

进样量：2.0 μL；检测器温度：320℃；

载气流速：7.4 mL/min；

尾吹气：60 mL/min；

程序升温：150℃（0.5 min） $\xrightarrow{8.0℃/min}$ 240℃ $\xrightarrow{3.0℃/min}$ 270℃（8.0 min）；

色谱柱：双柱系统，色谱柱 1 和色谱柱 2。

（2）校准曲线绘制。

将适量有机氯农药标准中间使用液和替代物标准中间使用液加入正己烷中，制备至少 5 个浓度点的标准系列 10.0，20.0，50.0，100.0，200.0，500 μg/L，在上述色谱条件下依次测定 5 个浓度点，色谱图如图 5-3-27。以峰高或峰面积为纵坐标，浓度为横坐标，绘制校准曲线。

（3）测定。

本方法采用双柱双检测器定性，如对结果有疑问，可采用气相色谱—质谱进一步定性确认。在定量方面，由于双柱双 ECD 同时有两套校准曲线，样品数据也相应生成两套，若目标化合物相应的定量值在两柱上的差异大于 5 倍，则认为此化合物为假阳性；若小于 5 倍，则认为此峰所对应的化合物存在且以较小的一个数据作为定量值。分析每个样品前，加入替代物标准中间使用液 10.0 μL，与样品中目标化合物同时分析，测得替代物的回收率。

（4）空白试验。

使用 20 g 空白石英砂替代试样，按照与试样的预处理、测定相同步骤进行测定。

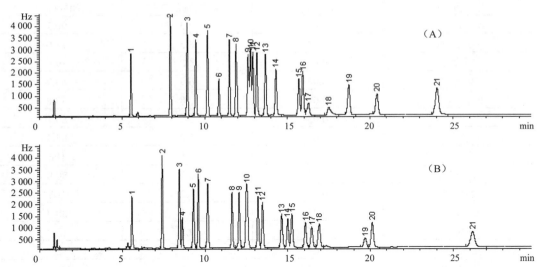

A　1. 四氯间二甲苯；2. α-六六六；3. γ-六六六；4. 七氯；5. 艾氏剂；6. β-六六六；7. δ-六六六；8. 环氧七氯；9. 硫丹 Ⅰ；10. γ-氯丹；11. α-氯丹；12. p,p'-DDE；13. 狄氏剂；14. 异狄氏剂；15. p,p'-DDD；16. 硫丹 Ⅱ；17. p,p'-DDT；18. 异狄氏剂醛；19. 硫丹硫酸盐+甲氧氯；20. 异狄氏剂酮；21. 十氯联苯

B. 1. 四氯间二甲苯；2. α-六六六；3. γ-六六六；4. β-六六六；5. 七氯；6. δ-六六六；7. 艾氏剂；8. 环氧七氯；9. γ-氯丹；10. α-氯丹+硫丹 Ⅰ；11. p,p'-DDE；12. 狄氏剂；13. 异狄氏剂；14. p,p'-DDD；15. 硫丹 Ⅱ；16. p,p'-DDT；17. 异狄氏剂醛；18. 硫丹硫酸盐；19. 甲氧氯；20. 异狄氏剂酮；21. 十氯联苯

图 5-3-27　有机氯农药标样在色谱柱 1（A）和色谱柱 2（B）上的色谱图

8. 结果计算

样品中目标化合物含量 ω（μg/kg）按照式（5-3-46）进行计算：

$$\omega = \frac{\rho_{\mathrm{x}} \times V_{\mathrm{x}}}{m_{\mathrm{x}} \times w_{\mathrm{dm}}}$$

（5-3-46）

式中：ω——目标化合物的含量，μg/kg；

ρ_{x}——由校准曲线计算得到的目标化合物的质量浓度，μg/L；

V_{x}——萃取液浓缩定容体积，mL；

m_{x}——土壤取样量（湿重），g。

w_{dm}——土壤干物质含量，%。

9. 精密度和准确度

（1）精密度。

取 20.0 g 空白石英砂，加入有机氯农药标准中间使用液，使空白石英砂中每种化合物的浓度为 20 μg/kg，经与样品完全相同的萃取、净化和浓缩等步骤，平行测定 6 次。

（2）准确度。

取 20.0 g 空白石英砂，加入有机氯农药标准溶液，使空白石英砂中每种化合物的浓度为 5.0 μg/kg，经与样品完全相同的萃取、净化和浓缩等步骤，平行测定 6 次。

精密度和准确结果见表 5-3-44。

表 5-3-44　20 种有机氯农药的方法检出限、精密度和和准确度

化合物名称	检出限/（μg/kg）	相对标准偏差 RSD/%	空白加标回收率/%
α-六六六	0.03	7.5	90.7
γ-六六六	0.04	8.5	75.0
七氯	0.04	4.8	89.6
艾氏剂	0.04	6.9	65.9
β-六六六	0.07	9.8	87.8
δ-六六六	0.05	6.2	89.1
环氧七氯	0.04	6.0	82.4
硫丹 I	0.05	9.5	106
γ-氯丹	0.05	6.0	80.9
α-氯丹	0.05	9.2	105
p,p'-DDE	0.05	6.1	88.8
狄氏剂	0.05	9.2	82.4
异狄氏剂	0.06	7.7	82.3
p,p'-DDD	0.09	9.5	111
硫丹 II	0.07	8.3	94.7
p,p'-DDT	0.06	6.9	91.5
异狄氏剂醛	0.1	8.7	90.3
硫丹硫酸盐	0.1	5.7	99.1
甲氧氯	0.2	8.2	123
异狄氏剂酮	0.06	5.6	69.5

10. 质量保证和质量控制

（1）仪器系统。

系统空白没有干扰物，测定干扰较多或浓度较高的样品后应做一个系统空白检查，必

要时采取更换衬管、割柱等措施。

（2）替代物。

土壤样品中替代物的回收率控制范围在 40%～160%。

（3）滴滴涕和异狄氏剂的降解率。

注射含有 p,p'-DDT 和异狄氏剂的标准溶液，检查 DDT 和异狄氏剂的降解率，DDT 或异狄氏剂的降解率应不超过 15%。DDT 的降解率以式（5-3-47）计算，异狄氏剂的降解率以式（5-3-48）计算：

$$DDT\% = \frac{A_{DDD} + A_{DDE}}{A_{DDT} + A_{DDD} + A_{DDE}} \times 100 \qquad (5\text{-}3\text{-}47)$$

$$Endrin\% = \frac{A_{醛} + A_{酮}}{A_{异狄氏剂} + A_{醛} + A_{酮}} \times 100 \qquad (5\text{-}3\text{-}48)$$

式中：DDT% —— DDT 的降解率，%；

A_{DDD} —— DDD 的峰面积；

A_{DDE} —— DDE 的峰面积；

A_{DDT} —— DDT 的峰面积；

Endrin% —— 异狄氏剂的降解率，%；

$A_{醛}$ —— 异狄氏剂醛的峰面积；

$A_{酮}$ —— 异狄氏剂酮的峰面积；

$A_{异狄氏剂}$ —— 异狄氏剂的峰面积。

（4）校准曲线检查、空白试验、平行样和加标质控要求同第五篇第一章中测定质控一般性要求，其中，全程序空白样品中目标化合物浓度应不超过方法检出限，平行样的误差控制在 30%以内，有机氯校准标准溶液每一到两个月应更换一次。

11. 注意事项

同"十八、有机氯农药"中"（一）气相色谱—质谱法（A）"。

（上海市环境监测中心　陈蓓蓓　王臻

中国环境监测总站　许秀艳）

十九、有机磷农药

有机磷农药是农药中重要的一类，广泛用作防治农作物病虫害。这类农药品种繁多，高效广谱，易分解，多为磷酸酯类或硫代磷酸酯类化合物，大多呈油状或结晶状，工业品呈淡黄色至棕色。除敌百虫和敌敌畏之外，有机磷农药及其降解产物大多具有蒜臭味或特殊臭味。除敌百虫、磷胺、甲胺磷、乙酰甲胺磷等易溶于水外，有机磷农药一般不溶于水，易溶于有机溶剂如苯、丙酮、乙醚、三氯甲烷及油类。

环境中有机磷农药的污染和毒害已日益引起广泛关注。如一硫代磷酸酯类和二硫代磷酸酯类中的内吸型农药，亲体分子毒性大，进入生物体后能继续氧化为毒性更大的亚砜和砜化合物，这类农药毒性的残存期较长。

测定有机磷农药可采用气相色谱—火焰光度法、气相色谱—氮磷法和气相色谱—质谱法等，土壤样品的前处理方法主要有索氏提取、自动索氏提取、加速溶剂提取、超声提取等。常用的净化方法有柱层析法、固相小柱法和凝胶色谱法等。

气相色谱法（B）

1. 方法原理

本方法以正己烷—丙酮为溶剂，于索氏提取装置上提取土壤中的有机磷农药。提取液经净化浓缩后，用具火焰光度检测器的气相色谱仪测定，外标法定量。

2. 适用范围

本方法适用于土壤中敌敌畏等 31 种有机磷农药的测定，其他有机磷农药经过验证也可适用于本方法。取样量为 10g 时，方法检出限为 0.002～0.020mg/kg，测定下限为 0.008～0.080 mg/kg，见表 5-3-45。

3. 干扰及消除

通过硅胶小柱净化，消除共存成分的干扰。

4. 试剂和材料

（1）有机溶剂。

正己烷、丙酮、乙酸乙酯或其他等效有机溶剂均为农残级。

（2）无水硫酸钠。

（3）石英砂。

（4）有机磷农药标准物质，市售有证有机磷农药标准物质。

（5）有机磷农药混合标准使用溶液：称取一定量的有机磷农药标准物质，以丙酮为溶剂，分别配制浓度 1 000 mg/L 的标准贮备液。避光 4℃冷藏，保存期 6～12 个月。

（6）载气：氮气。

（7）燃烧气：氢气。

（8）辅助气：压缩空气。

5. 仪器和设备

（1）气相色谱仪，具火焰光度检测器（采用磷滤光片）。

（2）色谱柱：石英毛细管柱，30 m×0.25 mm×0.25 μm，固定相为 14%氰基丙基苯基，86%二甲基聚硅氧烷，或其他同类型石英毛细管柱。

（3）索氏提取装置。

（4）浓缩装置：氮吹浓缩仪、K-D 浓缩器或旋转蒸发装置等性能相当的设备。

（5）微量注射器：10 μL，100 μL，500 μL，1 mL。

（6）净化柱：商品化硅胶小柱，填料硅胶，1 g/6 mL。

6. 样品

（1）样品采集和保存。

用于测定有机磷农药的样品采集和制备按第五篇第一章中半挥发性有机物进行采样，样品采集后应尽快分析，避光于 4℃以下冷藏保存，保存时间为 7 d。

（2）试样预处理。

①试样制备。称取 10 g 左右的样品，加入 5～20 g 无水硫酸钠研磨均匀，使样品呈流沙状，通过索氏提取装置，以 200 mL 正己烷—丙酮（1+1）萃取 18～24 h。

②固相小柱净化。依次用 5 mL 乙酸乙酯和 15 mL 正己烷活化硅胶柱，弃去流出液。将萃取浓缩液移入固相萃取柱，再以 5 mL 正己烷淋洗，弃去流出液。最后再用 10 mL 正己烷

—乙酸乙酯为（9+1）溶剂洗脱，洗脱液收集于浓缩管中，浓缩定容至 1 mL，待色谱分析。

7. 分析步骤

（1）气相色谱参考条件。

进样方式：分流进样，分流比 10∶1；

进样口温度：250℃；检测器温度 240℃；

程序升温：初始温度 60℃，以 5℃/min 速度升温至 150℃（保持 5 min），以 5℃/min 速度升温至 190℃（保持 5 min），以 5℃/min 速度升温至 220℃（保持 5 min），以 5℃/min 速度升温至 260℃（保持 10 min）。也可使用其他适合的色谱条件。

载气流量：1.0 mL/min；氢气流量 75 mL/min；空气流量 100 mL/min；尾吹氮气 60 mL/min；

进样量：1.0 μL。

（2）校准曲线绘制。

分别取一定量有机磷农药混合标准使用溶液，用正己烷稀释定容，制备至少 5 个浓度点的标准系列，0.50，1.00，2.00，5.00，10.0 mg/L。以标准系列的浓度（mg/L）为横坐标，对应色谱峰的峰面积（或峰高）为纵坐标，绘制标准曲线。

标准色谱图见图 5-3-28。

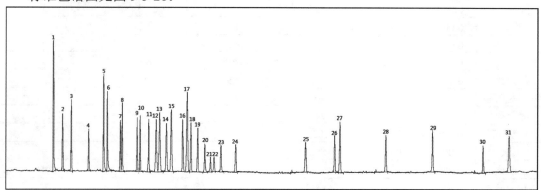

1. 敌敌畏；2. 甲胺磷；3. 速灭磷；4. 乙酰甲胺磷；5. 甲拌磷；6. 治螟磷；7. 特丁硫磷；8. 二嗪磷；9. 异稻瘟净；10. 除线磷；11. 乐果；12. 甲基立枯磷；13. 甲基嘧啶磷；14. 毒死蜱；15. 甲基对硫磷；16. 倍硫磷；17. 马拉硫磷；18. 杀螟硫磷；19. 对硫磷；20. 乙基溴硫磷；21. 水胺硫磷；22. 稻丰散；23. 脱叶磷；24. 杀扑磷；25. 乙拌磷砜；26. 三唑磷；27. 苯腈磷；28. 苯硫磷；29. 吡菌磷；30. 赛灭磷；31. 蝇毒磷

图 5-3-28 有机磷农药标准色谱图

（3）空白试验。

使用 10 g 石英砂替代试样，按照与试样预处理、测定相同步骤进行测定。

8. 结果计算

用外标法定量，按式（5-3-49）进行计算：

$$X = c \times \frac{V_x}{m_x}$$

（5-3-49）

式中：X —— 样品中有机磷农药目标组分的含量，mg/kg；

c —— 根据校准曲线查得的有机磷农药目标组分的浓度，μg/mL；

V_x —— 样品浓缩定容后的体积，mL；

m_x —— 样品的干基质量，g。

9. 精密度和准确度

分别在 10 g 石英砂和 10 g 土壤中加入一定量有机磷农药混合标准物质，按分析步骤操作平行测定六次，分别计算其精密度和准确度，结果见表 5-3-45。

表 5-3-45　方法的精密度和准确度

目标化合物	检出限/(mg/kg)	测定下限/(mg/kg)	空白加标		实际样品加标	
			回收率/%	相对标准偏差/%	回收率/%	相对标准偏差/%
敌敌畏	0.002	0.008	90.6	9.3	85.4	9.0
甲胺磷	0.006	0.024	92.7	6.8	89.5	10.2
速灭磷	0.005	0.020	90.5	9.4	87.0	11.3
乙酰甲胺磷	0.007	0.028	85.4	10.2	83.2	11.8
甲拌磷	0.003	0.012	89.6	5.0	85.8	9.7
治螟磷	0.004	0.016	89.2	7.9	82.8	10.3
特丁硫磷	0.007	0.028	82.9	5.5	80.5	7.9
二嗪磷	0.005	0.020	91.5	9.9	90.0	12.5
异稻瘟净	0.006	0.024	93.1	6.7	90.2	9.6
除线磷	0.006	0.024	90.2	12.4	85.3	13.5
乐果	0.006	0.024	92.5	4.9	91.9	7.5
甲基立枯磷	0.006	0.024	82.7	9.2	83.7	10.0
甲基嘧啶磷	0.006	0.024	103	14.5	88.5	12.9
毒死蜱	0.006	0.024	89.1	8.9	101	9.2
甲基对硫磷	0.005	0.020	90.5	7.5	90.7	9.9
倍硫磷	0.006	0.024	94.7	10.3	87.2	13.4
马拉硫磷	0.003	0.012	103.2	5.5	91.1	6.9
杀螟硫磷	0.006	0.024	86.3	14.1	82.8	15.9
对硫磷	0.007	0.028	90.7	10.6	90.1	13.4
乙基溴硫磷	0.015	0.060	85.8	5.3	81.9	7.7
水胺硫磷	0.020	0.080	87.0	7.2	85.7	11.6
稻丰散	0.020	0.080	103	7.7	92.0	9.2
脱叶磷	0.015	0.060	91.4	4.7	88.4	9.1
杀扑磷	0.015	0.060	85.9	9.4	83.9	14.9
乙拌磷砜	0.012	0.048	105	11.5	101	14.2
三唑磷	0.012	0.048	92.7	7.1	86.4	12.5
苯腈磷	0.006	0.024	88.3	8.9	83.5	13.5
苯硫磷	0.012	0.048	96.2	10.6	91.8	12.3
吡菌磷	0.012	0.048	86.0	12.8	82.9	10.9
赛灭磷	0.015	0.060	87.2	14.1	82.7	13.2
蝇毒磷	0.012	0.048	105	6.8	92.1	7.0

10. 质量保证和质量控制

校准曲线绘制、空白试验、平行样和加标质控等要求同第五篇第一章中测定质控一般性要求。

11. 注意事项

（1）浓缩时，有机磷农药中较易挥发的化合物会有损失，特别是氮吹时应控制氮气流量，不要有明显涡流。采用其他浓缩方式时，应控制加热的温度或真空度。

（2）除采用本方法中给出的浓缩和净化方法外，其他浓缩和净化方法在满足回收率要求时均可以使用。

12. 安全防护与废弃物处理

同第五篇第一章中"七、安全防护和废物处置"。

（泰州市环境监测中心站　张宗祥　朱小梅　王玉祥）

二十、氨基甲酸酯类农药

氨基甲酸酯类农药（Carbamates）从 20 世纪 50 年代开始生产。20 世纪 70 年代以来，由于禁用或限用有机氯农药，更容易降解的氨基甲酸酯类农药作为替代物迅速成为全球最主要的合成有机农药之一。目前氨基甲酸酯类农药作为杀虫剂、除草剂、杀真菌剂、杀螨剂、杀螺剂以及萌芽抑制剂等广泛应用于农业、工业，甚至是家庭日用品。氨基甲酸酯类农药从结构上看，一般是引入不同的取代基团进入氨基甲酸，从而形成一类具有 $R_1OCONR_2R_3$ 结构的物质。这种结构决定了氨基甲酸酯类农药具有高效、低生物累积性、相对较低的哺乳动物毒性等特点，但同时也是乙酰胆碱酯酶的抑制剂，存在一定神经毒性。大部分氨基甲酸酯类农药具有较高熔点以及较低饱和蒸气压，在水体中具有较大溶解度。氨基甲酸酯类农药能够在生态系统中通过土壤的淋洗以及过滤作用进入到地下水以及地表水中，这种环境迁移带来的潜在威胁不可估量，而且氨基甲酸酯的代谢产物，如涕灭威的代谢物涕灭威砜、涕灭威亚砜在环境中同样具有毒性。目前，EPA 已经将氨基甲酸酯类农药及其代谢物列入优先污染物检测名单。

气相色谱与液相色谱是有机痕量分析最常用的方法，但是氨基甲酸酯类物质的极性和热力学不稳定性导致其很难在气相色谱上进行直接分析检测，需要衍生化处理，因此通常采用液相色谱法。其他的色谱技术如超临界流体色谱（SFC）、薄层色谱法（TIC）、胶束电动毛细管色谱（MEKC）以及非色谱技术如紫外—可见吸收光谱法（UV–Vis）、傅里叶红外光谱（FT-IR）、免疫测定、生物传感器、电化学方法等也都在氨基甲酸酯类农药的检测研究中有所应用。

液相色谱法（C）

1. 方法原理

土壤样品用加速溶剂萃取仪提取，固相萃取小柱净化，浓缩后用液相色谱分离，在碱性条件下水解，与衍生试剂发生衍生反应，荧光法测定。

2. 适用范围

本方法适用于土壤中克百威等 10 种氨基甲酸酯农药的测定，其他氨基甲酸酯类农药通过验证也可适用于本方法。

当取样量为 10 g 时，目标物的方法检出限为 1.2～2.2 μg/kg，测定下限为 4.6～8.8 μg/kg，见表 5-3-46。

3. 干扰及消除

加速溶剂萃取过程中，选择合适的溶剂可以在提取过程中去除部分干扰；然后在固相萃取过程中，可以去除大部分与目标化合物极性不同的物质和色素等干扰物。

表 5-3-46   土壤中氨基甲酸酯的检测限及测定下限

序号	化合物名称	检测限/（μg/kg）	测定下限/（μg/kg）
1	涕灭威亚砜	1.9	7.5
2	涕灭威砜	1.3	5.0
3	灭多威	1.3	5.2
4	羟基克百威	1.7	6.8
5	涕灭威	1.2	4.7
6	残杀威	1.2	4.6
7	克百威	1.2	4.7
8	甲萘威	2.2	8.8
9	异丙威	1.4	5.4
10	甲硫威	1.4	5.7

4. 试剂和材料

（1）乙腈（CH_3CN）：液相色谱级。

（2）甲醇（CH_3OH）：液相色谱级。

（3）二氯甲烷（CH_2Cl_2）：液相色谱级。

（4）水：超纯水，电阻率为 18.2 MΩ·cm。

（5）氢氧化钠（NaOH）：分析纯。

（6）四硼酸钠（$Na_2B_4O_7 \cdot 10H_2O$）。

（7）2-二甲胺基乙硫醇盐酸盐（$C_4H_{11}NS \cdot HCl$）：色谱级。

（8）邻苯二醛（OPA）：分析纯。

（9）氨基甲酸酯标样：100 μg/mL。

（10）水解液：0.05 mol/L 氢氧化钠，经 0.45 μm 滤膜过滤。

（11）氮气：纯度≥99.999%，用于样品的干燥浓缩。

（12）硅藻土：20～30 目。

（13）固相萃取小柱：石墨化炭黑/N-丙基乙二胺复合填料（GCB/PSA），500 mg/6 mL。

（14）针式过滤器：0.22 μm 有机相过滤。

（15）过滤膜：0.45 μm 玻璃纤维滤膜。

（16）四硼酸钠溶液（0.05 mol/L）：称取 19.1 g 四硼酸钠，用超纯水溶解并定容至 1.0 L。

（17）OPA 溶液：称取 0.1 g OPA，溶于 10 mL 甲醇，再加入 1 000 mL 四硼酸钠溶液（0.05 mol/L），溶解 2.0 g 的巯基乙胺盐酸盐，经 0.45 μm 滤膜过滤。

（18）标准贮备液：取 1 mL 标样，用甲醇稀释至 10 mL，浓度为 10 μg/mL，冷冻保存。

（19）标准使用液：分别用甲醇配制 0.1，0.5，1.0，2.5，5 μg/mL 标准溶液。

5. 仪器和设备

（1）液相色谱仪—柱后衍生系统。

① 具有荧光检测器和梯度洗脱功能。

② 色谱柱：氨基甲酸酯专用柱或其他性能相近的色谱柱，25.0 cm×4.6 mm×5 μm。

③ 进样器：手动或自动进样器，进样量大于 50 μL。

④ 柱温箱。

⑤柱后衍生系统能自动完成衍生反应，且性能稳定。

（2）加压液体萃取仪：萃取压力 10.34 MPa（1 500 psi），萃取温度大于 120℃。

（3）冷冻干燥仪。

（4）氮吹仪。

（5）旋转蒸发仪。

（6）研钵：玻璃或玛瑙材质。

6. 样品

（1）样品采集和保存。

用于测定氨基甲酸酯类农药的样品采集和制备按第五篇第一章相关内容进行，样品采集后应尽快分析，避光于 4℃以下冷藏保存，保存时间为 7 d。

（2）试样制备。

本方法使用如下试样制备方式，只要满足分析要求，也可使用其他方式。

①脱水。将新鲜样品放在干净的金属盘上，除去枝棒、叶片、石子等异物，将采集的全部样品完全混匀。样品采用冷冻干燥仪干燥，如果样品存在明显水相，应先进行离心分离，再用该法脱水。

②均化。

方法一：将脱水后的样品进行缩分、研磨、过筛，均化处理成 1 mm 左右的颗粒。

方法二：称取适量的新鲜样品，加入一定量的硅藻土脱水后研磨，充分拌匀直至成 1 mm 左右的散粒状。

（3）试样预处理。

①萃取。称取适量干燥后的样品，加入适量硅藻土，用加速溶剂萃取。萃取剂为二氯甲烷—甲醇（1+1）；温度：80℃；循环：3；冲洗：80%；压力：1 500 psi。

②样品的浓缩净化。

将萃取液浓缩至 1.0 mL，通过预先用 6.0 mL 二氯甲烷—甲醇（9+1）活化的 GCB/PSA 固相萃取小柱，继续用 6.0 mL 二氯甲烷—甲醇（9+1）洗脱小柱，收集滤出液及洗脱液。用氮吹仪继续浓缩样品至近干，加入内标，用初始流动相定容至 1.0 mL。经 0.22 μm 针式过滤器过滤后进样仪器分析。

如样品浓度很高，则将萃取液浓缩至 1.0 mL，用初始流动相定容至 100 mL，经 0.22 μm 针式过滤器过滤后进样分析。

处理好的试样在 40 d 内完成分析。

7. 分析步骤

（1）仪器参考条件。

参考仪器条件如下，实验时可根据具体情况适当调整。

① 梯度条件见表 5-3-47。

② 进样量为 15 μL。

③ 柱温：30℃。

④ 反应器温度：80℃。

⑤ 衍生泵流速：0.3 mL/min。

⑥ 检测器：激发波长 338 nm，发射波长 446 nm。

表 5-3-47　梯度条件

时间/min	乙腈/%	水/%
0	12	88
2	12	88
42	66	34
45	100	0
48	12	88

（2）工作曲线绘制。

①标准系列：分别用甲醇配制 0.1，0.5，1.0，2.5，5.0 μg/mL 的标准溶液。

②工作曲线：分别进样不同浓度标准系列，进样量为 15 μL，以峰面积为纵坐标，浓度为横坐标，绘制工作曲线，相关系数大于 0.999。

③标样色谱图。

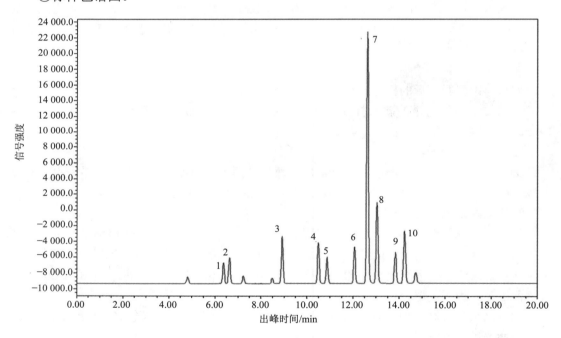

1. 涕灭威亚砜；2. 涕灭威砜；3. 灭多威；4. 羟基克百威；5. 涕灭威；6. 残杀威；7. 克百威；
8. 甲萘威；9. 异丙威；10. 甲硫威

图 5-3-29　标样色谱图

（3）空白试验。

在分析样品的同时应做空白试验，即萃取池用硅藻土填满，按相同步骤分析，检查分析过程中是否有污染。

8. 结果计算与表示

（1）定性分析。

根据保留时间定性分析，样品和标准中目标物保留时间应在 $T \pm 3S$ 之内。T 为目标物保留时间，S 为初次校准时目标物保留时间标准偏差。

（2）土壤定量分析。

样品中目标物浓度按式（5-3-50）进行计算。

$$C_x = \frac{C_{ex} \times V}{M_0 \times w_{dm}}$$ （5-3-50）

式中：C_x —— 样品浓度，mg/kg；

C_{ex} —— 提取液中目标物浓度，mg/L；

V —— 定容体积，mL；

M_0 —— 土壤湿重，g；

w_{dm} —— 土壤干物质含量，%。

（3）结果表示。

测定结果保留三位有效数字，当土壤测定结果＜1.0 µg/kg 时，小数点后保留两位。

9. 精密度和准确度

（1）精密度。

6 家实验室对加标浓度为 50 µg/kg 的统一样品进行了测定，实验室内相对偏差范围为 7.5%～22.7%；实验室间相对偏差范围为 5.2%～29.7%；重复性限范围为 7.44～18.3 µg/kg；再现性限范围为 15.5～29.3 µg/kg。6 家实验室对加标浓度为 5.0 µg/kg 的统一样品进行了测定，实验室内相对偏差范围为 9.5%～29.4%；实验室间相对偏差范围为 15.4%～37.1%；重复性限范围为 0.33～1.08 µg/kg；再现性限范围为 0.31～2.49 µg/kg。

（2）准确度。

6 家实验室对 10 g 固体样品进行了加标分析测定，加标量为 50.0 µg/kg，加标回收率范围为 75.2%±34.9%～114.5%±41.9%，加标量为 5.0 µg/kg，加标回收率范围为 70.9%±28.9%～112.5%±43.7%。

10. 质量保证和质量控制

校准曲线检查、空白试验、平行样和加标质控等要求同第五篇第一章的测定质控一般性要求。同时，每批样品至少分析 10%的平行样，当测定结果≤10 倍检出限，平行样相对偏差≤70%，当测定结果＞10 倍检出限，平行样相对偏差≤50%。

11. 注意事项

见第五篇第一章中"六、干扰及消除"相关内容。

12. 安全防护与废弃物处理

见第五篇第一章"七、安全防护与废物处置"。

（宁波市环境监测中心　冯加永　胡凌霄）

二十一、硫代氨基甲酸酯（盐）类农药

硫代氨基甲酸酯（盐）类（DTCs）农药是一类有机硫农药的总称，始于 20 世纪 30 年代，具有广谱、高效、低毒、低成本的特点，广泛应用于粮食、蔬菜、水果、茶叶等农产品生产过程中病害防治。DTCs 类农药对哺乳动物皮肤和呼吸器官有中度刺激性，无明显神经毒性，其降解产物二硫化碳（CS_2）是神经毒素，其他代谢产物、降解物及主要杂

质具有致畸、致癌作用。

DTCs 是一种含有二硫基团取代的化合物，主要包括二甲基二硫代氨基甲酸酯（DMDCs，如福美钠、福美铁、福美锌、福美双等）、乙撑二硫代氨基甲酸酯（EBDCs，如代森钠、代森锰、代森锌、代森锰锌等）和丙撑二硫代氨基甲酸酯（PBDCs，如丙森钠、丙森锌等）。它们均含有—CS_2结构，此结构易在还原剂作用下分解产生二硫化碳。许多国家和国际组织控制其在农产品中的最高残留量。目前，国内外通行的限量标准均以二硫化碳代表 DTCs 类农药残留的总量，测定农产品中该类农药残留，也是通过对试样还原处理后测定二硫化碳的含量。

当前，国际上分析土壤 DTCs 类农药残留的方法包括分光光度法、原子吸收分光光度法、甲基衍生化液相色谱法、非衍生化/液相色谱—串联质谱法同位素示踪法、气相色谱法和顶空/气相色谱法等。

顶空/气相色谱法（C）

1. 方法原理

在密闭系统中加热条件下，硫代氨基甲酸酯（盐）类在 $SnCl_2$-HCl 溶液中酸解生成二硫化碳气体，取液上气体，采用顶空气相色谱法（电子捕获检测器）测定气相中二硫化碳的量，即可定量测定土壤样品中硫代氨基甲酸酯（盐）类的残留量。

2. 适用范围

本方法适用于土壤中硫代氨基甲酸酯（盐）类（DTCs）农药的分析测定，包括二甲基二硫代氨基甲酸酯（DMDCs，如福美钠、福美铁、福美锌、福美双等）、乙撑二硫代氨基甲酸酯（EBDCs，如代森钠、代森锰、代森锌、代森锰锌等）和丙撑二硫代氨基甲酸酯（PBDCs，如丙森钠、丙森锌等）。如上述某些硫代氨基甲酸酯类农药共存于土壤样品中，所测为其总量。

当试样量为 5 g 时，目标物的方法检出限为 25 μg/kg，测定下限 100 μg/kg。

3. 干扰及消除

（1）将土壤样品中直接加入蒸馏水按照试验要求进行分析，测定二硫化碳的含量为土壤本底二硫化碳浓度。

（2）土壤样品在酸解过程中产生少量硫化氢等气体，对二硫化碳无干扰。

（3）土壤样品在前处理过程中，如果样液中存在金属离子，硫代氨基甲酸酯（盐）类（DTCs）酸解受抑制，在样液中加入适量抗坏血酸，可以缓解金属离子的抑制作用。

（4）土壤中硫代氨基甲酸酯（盐）类（DTCs）农药标准样品在配制过程中一定保证均匀性。二硫化碳标准样品溶液配制时，在容量瓶中加入一定溶剂后，再往里称入标准品，以防止二硫化碳挥发。

（5）具塞瓶盖好后要保证气密性，反应试剂的加入顺序要保持一致，水浴温度、水浴时间和振摇时间要严格控制，且每个处理步骤保持一致，以减少误差。

4. 试剂和材料

（1）硫代氨基甲酸酯（盐）类（DTCs）农药：纯度不小于 99.5%。

（2）吡啶。

（3）浓盐酸。

（4）氯化亚锡。

（5）硫代氨基甲酸酯（盐）类（DTCs）农药使用液。

（6）5 mol/L 盐酸：取 45 mL 浓盐酸加入去离子水中，配成 100 mL 溶液。

（7）石英砂。

（8）载气：高纯氮气。

5. 仪器和设备

（1）气相色谱仪：具有分流/不分流进样口，能对载气进行电子压力控制，可程序升温，配有电子捕获检测器（ECD）。

（2）色谱柱：石英毛细管柱，30 m× 0.25 mm× 0.25 μm，固定相为 5%苯基—95%甲基聚硅氧烷，或其他等效毛细管柱。

（3）电热恒温振荡器：可控温度、时间，能调节振荡频率，能固定具塞反应瓶。

（4）具塞反应瓶：250 mL，具硅胶塞。

（5）气密性注射器：5 mL。

6. 样品

（1）样品采集与保存。

用于测定硫代氨基甲酸酯（盐）类农药的样品采集和制备按第五篇第一章中半挥发性有机物操作，样品采集后应尽快分析，避光于 4℃以下冷藏保存，保存时间为 10 天。

（2）试样预处理。

取 5 g（精确至 0.01 g）土壤样品于 250 mL 具塞反应瓶中，加入 2 g 氯化亚锡和 40 mL 蒸馏水，再加入 30 mL 5 mol/L 盐酸，立即密封，混匀后置于 80℃水浴中反应 2 h，其间每隔 0.5 h 振摇 2 min，冷却后，用气密针吸取 1 mL 反应瓶上部空间气体，进行气相色谱测定。

7. 分析步骤

（1）气相色谱参考条件。

进样口温度：200℃，进样量：1.0 mL，载气：氮气，流速：1.5 mL/min；

检测器：ECD，检测器温度：250℃；

柱温：50℃，恒温 5 min。

（2）校准曲线绘制。

配制一系列含量不同的硫代氨基甲酸酯（盐）类（DTCs）农药标准工作曲线，使其以二硫化碳计的质量分别为 200，500，1 000，2 000，5 000 ng，按照试样的预处理步骤进行分析，经转化处理后，吸取反应瓶上部空间气体，按照气相色谱参考条件依次进行分析，根据结果绘制校准曲线。

图 5-3-30 为在本方法规定的仪器条件下，硫代氨基甲酸酯（盐）类（DTCs）农药经转化得到的二硫化碳色谱图。

（3）测定。

①定性分析。根据标准物质的保留时间进行定性分析。

②定量分析。本方法规定在能够保证准确定性检出目标化合物时，用色谱峰的峰面积或峰高定量，外标法定量。

（4）空白试验。

称取 5 g（精确至 0.01 g）石英砂替代试样，按照与试验的预处理和气相色谱参考条件进行测定。

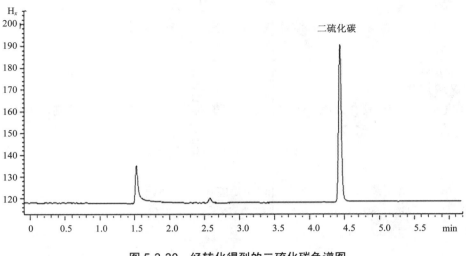

图 5-3-30　经转化得到的二硫化碳色谱图

8. 结果计算与表示

样品中目标化合物含量 ω（μg/kg），以二硫化碳计，按照式（5-3-51）进行计算。

$$\omega = \frac{\rho - \rho_0}{m \times (1-w)} \tag{5-3-51}$$

式中：ω —— 样品中目标化合物含量，μg/kg；

ρ —— 校准曲线查得土壤样品中硫代氨基甲酸酯（盐）类（DTCs）农药的含量，以二硫化碳计，ng；

ρ_0 —— 土壤样品中二硫化碳的本底值，ng；

m —— 试样量，g；

w —— 样品含水率，%。

测定结果保留三位有效数字。

9. 质量保证与质量控制

校准曲线检查、空白试验、平行样和加标质控等要求同第五篇第一章的测定质控一般性要求，其中每个土壤样品应测定一个土壤样品中二硫化碳的本底值。

（天津市生态环境监测中心　王艳丽）

二十二、酰胺类除草剂

异丙甲草胺、萘丙酰草胺和双苯甲酰胺是酰胺类选择性芽前除草剂，用于控制果树、烟草、谷物、坚果等农作物种植土壤中一年生杂草和阔叶杂草的生长，动物急性毒性较小，异丙甲草胺、敌草胺和双苯酰草胺具有弱的基因毒性。其中异丙甲草胺被美国 EPA 列为可能对人体致癌的化合物。

酰胺类除草剂可以选用气相色谱—氮磷检测器或气相色谱—质谱法测定。土壤中酰胺类除草剂前处理采用加压溶剂萃取方法，采用弗罗里硅土层析柱净化除去杂质和干扰物。

气相色谱法（C）

1. 方法原理
用石油醚和丙酮经加压溶剂萃取土壤中酰胺类除草剂，提取液经弗罗里硅土层析柱净化，气相色谱仪—氮磷检测器测定。

2. 适用范围
本方法适用于土壤中异丙甲草胺、敌草胺、双苯酰草胺残留量的气相色谱法，其他酰胺类除草剂如果通过方法验证也可适用本方法。

当试样量为 20 g，3 种酰胺类除草剂的检出限均为 0.02 μg/kg，定量下限为 0.08 μg/kg。

3. 干扰及消除
采用弗罗里硅土层析柱除去干扰物。

4. 试剂与材料
（1）石油醚、丙酮、环己烷或其他等效有机溶剂均为农残级。

（2）洗脱液：环己烷—丙酮混合溶剂，4+1（v/v）。

（3）农药标准品：异丙甲草胺、萘丙酰草胺、双苯酰草胺。

（4）无水硫酸钠。

（5）石英砂。

（6）弗罗里硅土，60～80 目。

① 弗罗里硅土应有充分的活性，以保留萃取液中的杂质，同时使农药残留洗脱。

② 将弗罗里硅土置于石英坩埚内，在马弗炉中 550℃至少灼烧 5 h，在无干燥剂的干燥器中冷却后，转入圆底烧瓶，每 100 g 加 5 g 水，在旋转烧瓶中充分混合 1 h。使用前弗罗里硅土应在密闭的玻璃容器中平衡至少 48 h。

（7）石英玻璃棉，经硅烷化后方可使用。

（8）氮气（N_2）。

（9）氢气（H_2）。

（10）空气。

5. 仪器和设备
（1）气相色谱仪：具分流/不分流进样口和氮磷检测器（NPD），能对载气进行电子压力控制，可程序升温。

（2）色谱柱：石英毛细管柱，30 m×0.32 mm×0.25 μm，固定相为（14%氰丙基—苯基）—甲基聚硅氧烷或其他等效毛细管柱。

（3）加压溶剂萃取仪。

（4）玻璃层析柱，内径 20 mm 左右，长 20 cm 左右。

（5）浓缩装置：氮吹仪或同等性能设备。

（6）分析天平（精确至 0.01 g）。

6. 样品
（1）样品采集与保存。

用于测定酰胺类除草剂的土壤样品按第五篇第一章中半挥发性有机物操作，样品采集后应尽快分析，避光于 4℃以下冷藏保存，保存时间为 10 d。

（2）试样制备。

除去树枝、叶片、石子等异物，加入适量弗罗里硅土将样品搅拌至可流动粉末状。

（3）试样预处理。

①萃取。根据试样体积选择合适的萃取池，萃取溶剂石油醚—丙酮（4+1），按以下参考条件进行萃取：萃取温度 80℃，萃取压力 1 500 psi，加热时间 5 min，静态萃取时间 5 min。萃取循环 2 次，也可按照仪器生产商说明书设定条件。收集提取液，待净化。

②脱水和浓缩。萃取液经无水硫酸钠干燥后浓缩至 1 mL 左右，加入 5 mL 环己烷，浓缩至 1 mL 左右，再加入 4 mL 环己烷。

③净化。层析柱依次加入约 2 cm 厚无水硫酸钠、6 g 弗罗里硅土、2 cm 厚无水硫酸钠，加入 15 mL 环己烷淋洗层析柱。液面距填料上端 2 mm 时，将所得浓缩液倒入层析柱。用石油醚洗涤浓缩瓶 3 次，每次 5 mL，每次洗涤液应待液面距填料 2 mm 时倒入，弃去流出液。液面距填料 2 mm 时，用 40 mL 洗脱液洗脱，收集洗脱液。

④浓缩。洗脱液经氮吹浓缩至小于 1 mL，加入少量环己烷淋洗瓶壁，浓缩至小于 1 mL，反复 2 次，最后用环己烷定容至 1 mL。

7. 分析步骤

（1）仪器参考条件。

进样口温度：250℃，不分流进样，时间为 0.75 min；

进样量：2.0 μL，柱流量 3 mL/min（恒流）；

柱温：70℃保持 2 min，以 30℃/min 速率升至 100℃，再以 7℃/min 速率升至 250℃；

检测器温度：320℃；氢气流量：3 mL/min；空气流量：60 mL/min；尾吹气，氮气 10 mL/min。

（2）校准曲线绘制。

分别取适量酰胺类农药标准溶液，配制 5 个不同浓度的标准系列，如 0.2，0.5，1.0，2.0，5.0 μg/mL。按照仪器条件依次进行分析，根据结果绘制校准曲线。图 5-3-31 为在本方法规定的仪器条件下，目标化合物的色谱图。

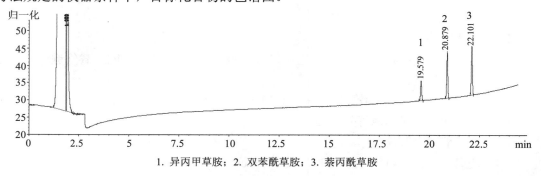

1. 异丙甲草胺；2. 双苯酰草胺；3. 萘丙酰草胺

图 5-3-31　三种酰胺类除草剂标准色谱图

（3）测定。

根据标准谱图中组分的保留时间进行定性，根据峰面积进行定量。

（4）空白试验。

使用 20 g 石英砂替代试样，按照与试样预处理、测定相同步骤进行测定。

8. 结果计算

样品中目标化合物含量ω（μg/kg），按照式（5-3-52）进行计算。

$$\omega = \frac{c \times V}{m \times (1-w)} \times 1\,000 \qquad (5\text{-}3\text{-}52)$$

式中：ω —— 样品中目标化合物含量，μg/kg。

c —— 由标准曲线得出的目标化合物浓度，μg/mL。

V —— 溶液最终定容的体积，mL。

m —— 土壤样品质量，g。

w —— 土壤样品含水率，%。

9. 精密度与准确度

（1）方法精密度。

分别对 100 μg/kg 和 500 μg/kg 的样品进行测定,实验室内相对标准偏差分别为 2.2%～3.6%、2.3%～13.3%。

（2）方法准确度。

分别对加标量为 0.20 μg 和 1.0 μg 的实际土壤进行了加标分析测定，实验室内加标回收率范围分别为 96.9%～109.8%，80.6%～101.4%。

10. 质量保证和质量控制

校准曲线检查、空白试验、平行样和加标质控等要求同第五篇第一章中"五、测定质控"一般性要求，其中实际样品加标回收率应在 60%～130%，加标平行样的测定结果相对偏差应在 30%以内。

（北京市环境保护监测中心　董瑞　沈秀娥　王小菊）

二十三、磺酰脲类除草剂

目前，磺酰脲类除草剂是世界上使用量最大的一类除草剂，此类除草剂主要用于稻田、大豆田和玉米田等的杂草防治。在我国广泛应用的磺酰脲类除草剂有氯磺隆、甲磺隆、苄嘧磺隆、胺苯磺隆、吡嘧磺隆、醚磺隆等，其中氯磺隆的应用面积最大，约占播种面积的6%，其次是甲磺隆，约占 4%。磺酰脲类除草剂具有高效、低毒等优点，但在土壤中残留时间较长，微量残留即可对后茬敏感作物造成危害。

磺酰脲类除草剂的检测方法有液相色谱法、液相色谱—串联质谱法、毛细管电泳法等；土壤样品的前处理方法有索氏提取、微波萃取、超声萃取、加压流体萃取等。本方法采用超声萃取—液相色谱串联质谱法实现了土壤中多种磺酰脲类除草剂的测定。

液相色谱—串联质谱法（C）

1. 方法原理

用磷酸盐缓冲溶液和甲醇混合溶液，经超声提取土壤中的磺酰脲类除草剂，分取提取液浓缩后调节 pH 至 2.0～3.0，用固相萃取柱净化，液相色谱—串联质谱测定，外标法定量。

2. 适用范围

本方法适用于土壤中环氯嘧磺隆等 13 种磺酰脲类除草剂的测定，其他磺酰脲类除草剂如果通过验证也可适用于本方法。

烟嘧磺隆测定下限为 2.0 μg/kg，其他 12 种磺酰脲类除草剂测定下限为 0.5 μg/kg。

3. 干扰及消除

本方法采用固相萃取柱净化来去除其他物质的干扰。

4. 试剂和材料

（1）有机溶剂：乙腈、甲醇和乙酸均为液相色谱纯。

（2）磷酸：优级纯。

（3）磷酸氢二钾。

（4）磷酸二氢钾。

（5）磷酸盐缓冲溶液：pH 为 7.8。

称取 41.70 g 磷酸氢二钾（$K_2HPO_4 \cdot 3H_2O$）和 2.30 g 磷酸二氢钾（KH_2PO_4），加水溶解至 1 000 mL。

（6）磷酸盐缓冲溶液：pH 为 2.0～3.0。

加磷酸于磷酸盐缓冲溶液中，调节 pH 至 2.0～3.0。

（7）提取液。

将磷酸盐缓冲液与甲醇按体积分数为 50%混合均匀。

（8）0.1%乙酸水溶液。

准确吸取 1.00 mL 乙酸至 1 000 mL 容量瓶中，用水稀释定容至 1 000 mL，混合均匀。

（9）环氧嘧磺隆、噻吩磺隆、醚苯磺隆、烟嘧磺隆、甲磺隆、甲嘧磺隆、氯磺隆、胺苯磺隆、苄嘧磺隆、氟磺隆、氯嘧磺隆、氟嘧黄隆、吡嘧磺隆标准物质：质量分数≥97%。

（10）农药标准溶液。

① 标准储备溶液：ρ =100 mg/L。

分别称取 13 种磺酰脲类除草剂标准品约 0.010 0 g（准确至 0.000 1 g）至 100 mL 容量瓶中，用乙腈定容至 100 mL，配制成 100 mg/L 标准储备液，放置于–18℃冰箱中保存，有效期为 6 个月。

② 标准混合储备溶液：ρ =10.0 mg/L。

移取 5.00 mL 标准储备液至 50 mL 容量瓶中，用乙腈定容至 50 mL。13 种农药质量浓度均为 10.0 mg/L。储备液放置于 4℃冰箱中避光保存，有效期为 3 周。

③ 基质混合标准工作溶液。

用空白样品基质液配成不同浓度的标准工作溶液，用作绘制校准曲线，该工作曲线要现配现用。

（11）固相萃取柱（HLB）：200 mg，6 mL。

（12）有机微孔过滤膜：0.2 μm。

（13）石英砂。

5. 仪器和设备

（1）高效液相色谱—串联质谱仪（配电喷雾离子源）。

（2）天平：感量分别为 0.01 g 和 0.000 1 g。

（3）摇床振荡器。

（4）旋转蒸发仪。

（5）超声波清洗器。

（6）氮吹仪。

（7）固相萃取仪。

6. 样品

用于测定磺酰胺类除草剂的土壤样品按第五篇第一章中半挥发性有机物操作，样品采集后应尽快分析，避光于 4℃以下冷藏保存，保存时间为 7 天。

7. 分析步骤

（1）提取。

称取 10 g 土壤样品（准确至 0.01 g）于 200 mL 具塞锥形瓶中，加入 80 mL 提取液，加盖后在摇床振荡器上以 150 r/min 振荡 30 min，提取 10 min，布氏漏斗抽滤，滤液转移至 100 mL 的容量瓶中，用提取液清洗、转移并定容至 100 mL，混匀。移取 20 mL 上述溶液在 40℃水浴中减压浓缩至 10 mL 左右，加 10 mL 磷酸盐缓冲溶液并用磷酸调节 pH 至 2.0～3.0，待净化。提取液最长保存 3 周。

（2）净化。

依次使用 5 mL 甲醇、5 mL 水和 5 mL 磷酸盐缓冲溶液淋洗活化固相萃取柱，将提取步骤中待净化液转移上柱，抽干。再用 6 mL 乙腈洗脱，收集至刻度管中，40℃平缓氮气吹至近干，移取 2.00 mL 体积分数为 50%甲醇水溶液超声溶解样品，过 0.2 μm 滤膜，供液相色谱串联质谱检测。

（3）测定。

①液相色谱参考条件。

a. 色谱柱：C$_8$ 高效液相色谱柱，3.5 μm×150 mm×2.1 mm 或性能相当者；

b. 流动相：A 为甲醇，B 为 0.1%乙酸水溶液，梯度洗脱程序见表 5-3-48；

流速：0.2 mL/min；

c. 进样量：10 μL。

表 5-3-48　梯度洗脱程序

时间/min	A（甲醇）/%	B（0.1%乙酸水溶液）/%
0	40	60
2	40	60
10	90	10
20	90	10
21	40	60
29	40	60

②质谱参考条件。

离子源：电喷雾离子源；扫描方式：正离子扫描；喷雾电压：4 500 V；毛细管温度：350℃；雾化气氮气：0.7 L/h；气帘气氮气：0.1 L/h；碰撞气氩气：0.2 Pa；检测方式：多离子反应监测（MRM），多离子反应监测条件见表 5-3-49。

表 5-3-49 13 种磺酰脲类除草剂的保留时间和多反应监测条件

序号	目标化合物	保留时间/min	定量离子对	定性离子对	碰撞能量/V
1	环氧嘧磺隆	8.8	407.1/150.0	407.1/150.0; 407.1/107.0	29；40
2	噻吩磺隆	9.5	388.1/167.0	388.1/167.0; 388.1/205.1	16；24
3	醚苯磺隆	9.6	402.1/167.1	402.1/167.1; 402.1/141.1	16；19
4	烟嘧磺隆	9.9	411.1/182.1	411.1/182.1; 411.1/213.0	20；15
5	甲磺隆	11.3	382.1/167.0	382.1/167.0; 382.1/199.0	15；21
6	甲嘧磺隆	11.7	365.1/107.0	365.1/107.0; 365.1/150.0	41；16
7	氯磺隆	13.3	358.0/167.0	358.0/167.0; 358.0/141.0	17；18
8	胺苯磺隆	13.7	411.1/196.1	411.1/196.1; 411.1/168.1	16；29
9	苄嘧磺隆	15.7	411.1/149.0	411.1/149.0; 411.1/182.1	21；18
10	氟磺隆	16.2	420.1/141.0	420.1/141.0; 420.1/167.0	18；17
11	氯嘧磺隆	16.5	415.0/185.1	415.0/185.1; 415.0/186.1	24；19
12	氟嘧磺隆	16.8	469.0/254.1	469.0/254.1; 469.0/199.1	18；19
13	吡嘧磺隆	17.1	415.1/182.1	415.1/182.1; 415.1/139.1	20；37

③测定。

按照外标法进行定量计算。按浓度由小到大的顺序，依次分析基质混合标准溶液，得到浓度与峰面积的校准曲线。样品溶液中目标化合物的响应值应在工作曲线范围内。

（4）空白试验。

称取 10 g（精确至 0.01 g）石英砂替代样品，按照与试验的预处理和参考条件进行测定。

8. 结果计算与表示

样品中的目标化合物含量（μg/kg），按式（5-3-53）进行计算：

$$\omega_i = \frac{\rho_i \times V}{m \times K \times f} \tag{5-3-53}$$

式中：ω_i —— 样品中的目标化合物含量，μg/kg；

ρ_i —— 从基质混合标准曲线上得到的样液中分析物的质量浓度，μg/L；

V —— 样液最终定容体积，mL；

m —— 试样质量，g；

K —— 将土样换算至烘干的水分换算系数；

f—— 净化液与提取液体积比。

计算结果保留两位有效数字。

9. 回收率和精密度

本方法的回收率和精密度数据分别见表 5-3-50 和表 5-3-51。

表 5-3-50　磺酰脲类除草剂的回收率

目标化合物	0.5 μg/kg		1 μg/kg		5 μg/kg		20 μg/kg		100 μg/kg	
	回收率/%	RSD/%	回收率/%	RSD/%	回收率/%	RSD/%	回收率/%	RSD/%	回收率/%	RSD/%
环氧嘧磺隆	87.9	18	86.5	22	94.0	3.2	93.2	7.5	91.5	3.5
噻吩磺隆	75.5	16	96.5	16	83.7	8.9	83.4	12	90.4	3.7
醚苯磺隆	77.6	22	91.9	23	93.3	6.5	85.5	10	95.7	3.9
烟嘧磺隆	44.1	25	73.9	22	77.6	3.8	94.0	13	92.2	7.1
甲磺隆	75.6	20	97.7	10	82.8	4.8	85.9	10	89.9	5.1
甲嘧磺隆	79.0	17	84.2	15	85.3	8.5	91.3	6.2	90.6	4.9
氯磺隆	81.4	11	71.7	16	79.0	5.9	80.4	9.8	88.4	5.1
胺苯磺隆	73.4	13	76.3	18	80.1	5.5	83.9	6.5	89.2	5.8
苄嘧磺隆	66.8	12	70.2	21	70.4	14	78.5	7.3	82.5	4.3
氟磺隆	75.8	22	79.6	11	73.6	6.2	80.2	9.5	89.6	4.3
氯嘧磺隆	81.2	18	70.1	17	71.7	11	84.7	9.4	80.8	7.2
氟嘧磺隆	71.9	15	74.6	14	91.1	10	75.0	8.6	83.7	9.7
吡嘧磺隆	75.9	13	80.0	11	88.8	2.3	78.7	13	86.9	9.5

表 5-3-51　磺酰脲类除草剂的精密度

目标化合物	含量/（μg/kg）	重复性限 r	再现性限 R	含量/（μg/kg）	重复性限 r	再现性限 R
环氧嘧磺隆	5	0.751	1.171	20	3.072	4.684
噻吩磺隆	5	0.890	1.424	20	3.141	5.182
醚苯磺隆	5	0.782	1.525	20	3.291	5.361
烟嘧磺隆	5	0.721	1.331	20	4.059	7.097
甲磺隆	5	0.704	1.274	20	2.926	3.945
甲嘧磺隆	5	1.077	1.487	20	2.965	4.309
氯磺隆	5	0.921	1.302	20	2.992	6.308
胺苯磺隆	5	0.721	1.342	20	2.398	6.225
苄嘧磺隆	5	0.852	1.707	20	2.739	6.497
氟磺隆	5	0.764	1.402	20	3.099	6.032
氯嘧磺隆	5	0.974	1.572	20	3.375	4.645
氟嘧磺隆	5	1.066	1.631	20	3.515	6.381
吡嘧磺隆	5	0.659	1.204	20	3.282	6.181

10. 质量保证与质量控制

（1）校准曲线检查、空白试验、平行样和加标质控等要求同第五篇第一章中"五、测定质控"一般性要求。

（2）仪器性能检查。

①用 2 mL 试剂瓶装入未经浓缩的体积分数为 50%的甲醇水溶液，按照样品分析的仪器条件做一个空白，色谱图中应没有干扰物。干扰较多或浓度较高的样品进针后也应做空白检查，如果出现较多的干扰峰或高温区出现干扰峰或流失过多，应检查污染来源，必要时采取更换衬管、清洗离子源或保养、更换色谱柱等措施。

②进样口惰性检查：如果目标物响应值衰减过多，或出现较差的色谱峰，则需要清洗或更换进样口，重新校准。

（北京市环境保护监测中心　董瑞　宋程）

二十四、三嗪类除草剂

三嗪类除草剂用于防除一年生禾本科杂草，对某些多年生杂草有一定的抑制作用。多为无色或白色晶体，不易溶于水，对皮肤和眼睛有刺激作用，可通过食物链的传递使肝肾、心脏、血管出现中毒症状，严重危害人体健康。

土壤中三嗪类除草剂采用的提取方法主要有加压流体萃取、索氏提取、振荡提取和超声萃取等，净化方法主要包括凝胶渗透色谱净化和固相萃取柱净化，分析仪器包括气相色谱、气相色谱—质谱、液相色谱、液相色谱—质谱等。

液相色谱法（C）

1. 方法原理

采用合适的萃取方法（加压流体萃取、索氏提取等）提取土壤中的三嗪类农药，根据样品基体干扰情况，选择适当的净化方法去除干扰物，提取液经净化、浓缩、定容后，用液相色谱仪分离，紫外检测器或二极管阵列检测器检测。以保留时间定性，外标法定量。

2. 适用范围

本方法适用于测定土壤中的 11 种三嗪类除草剂（西玛津、莠去通、西草净、阿特拉津、仲丁通、扑灭通、莠灭净、扑灭津、特丁津、扑草净、去草净）。其他三嗪类除草剂通过验证也可适用于本方法。当取样量为 10 g 时，11 种三嗪类除草剂的方法检出限为 0.003～0.012 mg/kg，测定下限为 0.012～0.069 mg/kg。

3. 试剂和材料

（1）甲醇（CH_4O）：农残级。

（2）乙腈（C_2H_3N）：农残级。

（3）正己烷（C_6H_{14}）：农残级。

（4）丙酮（C_3H_6O）：农残级。

（5）三嗪类标准贮备液：ρ =100 mg/L，溶剂为甲醇，市售有证标准溶液。

（6）三嗪类标准使用液：ρ =10 mg/L，用甲醇稀释标准贮备液。

（7）弗罗里硅土柱：填料为弗罗里硅土，500 mg/6 mL，市售。

（8）硅藻土。

（9）无水硫酸钠（Na_2SO_4）。

（10）石英砂。

4. 仪器和设备

（1）高效液相色谱仪（HPLC）：具紫外检测器或二极管阵列检测器。

（2）色谱柱：C$_{18}$ 柱（5 μm×4.6 mm×250 mm），或其他等效色谱柱。

（3）提取装置：加压流体萃取仪、索氏提取装置等性能相当的设备。

（4）浓缩装置：旋转蒸发装置、氮吹仪或浓缩仪等性能相当的设备。

（5）固相萃取装置：固相萃取仪，可通过真空泵调节流速。

（6）马弗炉。

5. 样品采集、保存和预处理

（1）样品采集与保存。

用于测定三嗪类除草剂的样品采集和制备按第五篇第一章中半挥发性有机物操作，样品采集后应尽快分析，避光于 4℃ 以下冷藏保存，保存时间为 14 d。样品提取溶液 4℃ 以下避光冷藏保存时间为 40 d。

（2）试样制备。

去除样品中石子、枝叶等异物，称取约 10 g（精确到 0.01 g）样品，加入适量无水硫酸钠，混合均匀脱水，直至样品呈流沙状。如使用加压流体萃取法，则用硅藻土脱水。

6. 分析步骤

（1）提取。

采用正己烷—丙酮（1+1）或二氯甲烷—丙酮混合溶剂（1+1）提取样品，可选用加压流体萃取、索氏提取或其他合适的提取方式。

①加压流体萃取。

根据试样体积选择合适的萃取池，装入样品，以正己烷—丙酮（1+1）混合溶剂为萃取溶剂，按以下参考条件进行加压流体萃取：萃取温度 100℃，萃取压力 1 500 psi，静态萃取时间 5 min，淋洗液体积为 60% 池体积，氮气吹扫时间 60 s，萃取循环次数两次。也可以参照仪器生产商说明书设定条件。收集提取溶液。

②索氏提取。

称取 10 g（可根据试样中待测化合物浓度适当增加或减少取样量）制备好的土壤样品和适量无水硫酸钠，混匀后转移至提取筒，放在索氏提取器中，加入 200 mL 正己烷/丙酮（1+1）或二氯甲烷/丙酮（1+1）混合溶剂，抽提 16～24 h，回流速度约 10 次/h。收集提取溶液。

注：索氏提取一般采用制备好的样品进行萃取。

（2）脱水和浓缩。

若萃取液存在明显水分，需要脱水。在玻璃漏斗上垫一层玻璃棉或玻璃纤维滤膜，铺加约 10 g 无水硫酸钠，将萃取液经上述漏斗直接过滤到浓缩器皿中，每次用少量萃取溶剂充分洗涤萃取容器，将洗涤液也导入漏斗中，重复三次。最后再用少量萃取溶剂冲洗无水硫酸钠，待浓缩。

浓缩可采用氮吹浓缩法，也可采用旋转蒸发浓缩、K-D 浓缩等其他浓缩方法。氮吹浓缩时注意采用小流量（开启氮气至溶剂表面有气流波动但不形成气涡为宜）进行浓缩，提取液浓缩至所需体积，待净化。

（3）净化。

样品净化不是必需的，当样品中有干扰时，可采用净化方法进行处理。本方法推荐弗罗里土柱净化方法，其他净化方法在被证明有良好的效果，满足回收率要求时也可采用。

弗罗里硅土柱净化：弗罗里土柱使用前先用 10 mL 正己烷预淋洗和浸泡，使填料处于湿润和活化状态备用；加入样品提取浓缩液，上样完成后用 8 mL 正己烷—丙酮混合溶剂（1+1，v/v）进行洗脱，收集洗脱液，浓缩时将溶剂置换为乙腈，并定容至 1.0 mL，待分析。

（4）空白试样制备。

以相同质量的石英砂代替实际样品，按与试样的预处理相同步骤制备空白试样。

7. 分析步骤

（1）仪器参考条件。

流动相：75%水/25%乙腈（v/v）保持 20 min $\xrightarrow{10\ min}$ 65%水/35%乙腈（v/v）$\xrightarrow{10\ min}$ 50%水/50%乙腈（v/v）$\xrightarrow{10\ min}$ 75%水/25%乙腈（v/v）；

检测波长：220 nm；流速：1 mL/min；进样量：10 μL；柱温：25℃。

（2）校准曲线绘制。

分别取适量标准溶液，配制成浓度分别为 0.05，0.5，1，2.5，5 mg/L 的 5 个标准溶液，按照仪器参考条件由低浓度到高浓度依次进行测定。以标准系列质量浓度为横坐标，对应的色谱响应值为纵坐标，建立外标法校准曲线。

（3）标准样品的色谱图。

图 5-3-32 为在本方法规定的仪器条件下，11 种三嗪类除草剂的色谱图。

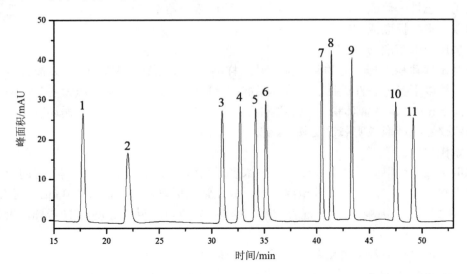

1. 西玛津；2. 莠去通；3. 西草净；4. 阿特拉津；5. 仲丁通；6. 扑灭通；7. 莠灭净；8. 扑灭津；

9. 特丁津；10. 扑草净；11. 去草净

图 5-3-32　三嗪类除草剂液相色谱图（5 mg/L）

（4）样品测定。

取待测试样，按照与绘制标准曲线相同的分析步骤测定。

（5）空白试验。

取空白试样，按照与绘制标准曲线相同的分析步骤测定。

8. 结果计算和表示

土壤中三嗪类除草剂的含量按式（5-3-54）进行计算。

$$\omega = \frac{\rho_i \times V \times n}{m}$$ (5-3-54)

式中：ω —— 样品中三嗪类除草剂的含量，mg/kg；

ρ_i —— 从标准曲线上查得浓缩液中三嗪类除草剂的质量浓度，mg/L；

V —— 浓缩后试样体积，mL；

n —— 稀释倍数，无量纲；

m —— 试样质量，g。

当结果≥1.00 mg/kg 时，结果保留三位有效数字；当结果＜1.00 mg/kg 时，结果保留两位有效数字。

9. 精密度和准确度

分别对加标浓度为 0.01 mg/kg、0.5 mg/kg、2 mg/kg 的土壤样品进行测定，相对标准偏差为 0.9%～19.6%；回收率范围为 60.5%～123.7%。

10. 质量控制和质量保证

（1）校准曲线检查、空白试验、平行样等要求同第五篇第一章中"五、测定质控"的一般性要求，其中，每批样品应至少测定 10%的平行样品，样品数量少于 10 个时，应至少测定一个平行双样；当测定结果为 10 倍检出限以内（包括 10 倍检出限），平行双样测定结果的相对偏差应≤25%；当测定结果大于 10 倍检出限，平行双样测定结果的相对偏差应≤20%。

（2）样品加标回收率测定。

每批样品应进行不少于 10%的空白加标回收率测定，加标回收率应为 60%～120%。

（湖北省环境监测中心站　李爱民）

二十五、毒杀芬

毒杀芬是一种广谱性杀虫剂，主要由 5～10 个氯取代的莰烯或莰烷组成的一类混合化合物，根据其结构式理论推断，其同类物数量多达 32 768 种。在工业毒杀芬中约检出了 1 000 种同类物。毒杀芬作为一种内吸性触杀和胃毒杀虫剂，呈黄色或琥珀色，味道像松节油，不易燃，难挥发。工业毒杀芬最早在 1945 年由 Hercules power inc.生产，随后在大豆、棉花、谷物等农田作为杀虫剂使用，还有少量毒杀芬应用于杀螨剂。中国曾经累计生产毒杀芬 24 000 吨。用于防治粮、棉等农作物害虫、棉铃虫、蚜虫等。

毒杀芬具有亲脂性，不易溶于水，在环境中多存在于空气、土壤或沉积物中。由于毒杀芬难以降解，一旦进入环境介质将长期存在于环境中，是一种持久性有机污染物，被列入斯德哥尔摩公约优先控制的 12 种持久性有机污染物之一。

毒杀芬种类繁多且结构复杂，分析难度大，多集中于总量分析，通过一个工业毒杀芬作标准曲线，加入一个内标计算毒杀芬同族体的响应因子，计算毒杀芬的总含量。环境中毒杀芬的同类物分布可能与工业毒杀芬不尽相同，如果使用不同的毒杀芬标准溶液来定量，测得毒杀芬的总含量不同。定量曲线和样品中毒杀芬的响应也可能不同，尤其在使用负化学电离扫描模式测试时，即使两组同类物分布相同，也有可能响应不同；同时必须避免其他化合物例如氯丹产生的干扰。

根据 2007 年最新全球环境监测技术导则，要求对指示性毒杀芬（parlar 26、parlar 50、

parlar 62）采用负化学源质谱、三重四极质谱法或高分辨气相色谱—高分辨质谱法检测，其中三重四极质谱法对于化合物具有很好的选择性，具有较高的灵敏度和准确度，仪器成本相对较低且相对普及。毒杀芬在环境中微量/痕量存在，样品中毒杀芬分析时容易产生基质干扰，在前处理阶段有效去除其他化合物的干扰至关重要。

气相色谱—三重四极质谱法（C）

1. 方法原理

土壤中毒杀芬采用加速溶剂萃取方法提取，用凝胶色谱和柱层析等方式净化，浓缩后被测组分用高分辨气相色谱—三重四极串联质谱（HRGC-MS/MS）进行定性和定量分析，在质谱分辨率大于 1 000 的条件下，串联质谱运行多重反应监测（MRM）方式，使得每一目标化合物有一对一一对应的母离子和子离子。以目标化合物的 $^{13}C_{10}$ 同位素标记化合物为替代标，以性质相近的 $^{13}C_{10}$ 同位素标记化合物未定量内标，采用稳定性同位素稀释法准确测定土壤中 3 种指示性毒杀芬的含量。

2. 适用范围

本方法适用于测定土壤中指示性毒杀芬（parlar 26、parlar 50、parlar 62）。

3. 干扰及消除

方法提供了凝胶色谱和双重柱分离去除大分子干扰物，铜粉法去除硫的干扰。

4. 试剂和材料

（1）有机溶剂。

丙酮、正己烷、二氯甲烷、甲醇、甲苯、壬烷均为农残级，浓缩 10 000 倍不得检出毒杀芬。

（2）指示性毒杀芬标准贮备液，ρ =10 mg/L。

$^{13}C_{10}$ 标记和非标记的 parlar 26、parlar 50、parlar 62 标准物质，纯度：99%。

（3）指示性毒杀芬标准使用液。

以壬烷做溶剂对指示性毒杀芬标准贮备液进行适当稀释。

（4）内标贮备液，ρ =100 mg/L。

$^{13}C_{10}$ 标记的反式氯丹，纯度：99%。

（5）内标使用液。

以壬烷做溶剂对内标贮备液进行适当稀释。

（6）样品净化用吸附剂。

样品净化用吸附剂应在制备后尽快使用，如果经过一段较长时间的保存，应检验其活性。

① 硅胶：100～200 目或相当等级的硅胶。

② 活性硅胶。

使用前称取 300 g，装入层析柱中，依次用 1 000 mL 甲醇和 500 mL 二氯甲烷淋洗；淋洗后通高纯氮气吹至近干，转移至烧瓶中，以铝箔盖住瓶口置于烘箱中，在 30℃下加热 12 h，进一步去除溶剂；再在 550℃下至少加热活化 6 h。在干燥器中冷却，用带磨口的玻璃瓶封装，保存在干燥器中。

③ 22%酸性硅胶。

取活化后的硅胶 78 g，逐滴加入优级纯浓硫酸 22 g，边加边振荡，使其分散均匀。将制备好的酸性硅胶放入试剂瓶中密封，保存在干燥器中。

④ 44%酸性硅胶。

取活化后的硅胶 56 g，逐滴加入优级纯浓硫酸 44 g，边加边振荡，使其分散均匀。将制备好的酸性硅胶放入试剂瓶中密封，保存在干燥器中。

（7）无水硫酸钠。

（8）浓硫酸（H_2SO_4）。

（9）玻璃棉。

使用前，以二氯甲烷及正己烷回流 48 h，用氮气吹干后，置于棕色瓶内备用。

（10）十氟三苯基膦（DFTPP）溶液：ρ =50 mg/mL。

（11）GPC 校准溶液：保证在紫外检测器有完整明显峰型。

含有玉米油、双（2-二乙基己基）邻苯二甲酸酯、甲氧滴滴涕、苊和硫。可直接购买市售有证标准溶液。

（12）稀硝酸：1+1（v/v）。

浓硝酸和水配制成体积比为 1∶1 的溶液。

（13）铜粉。

用（1+1）稀硝酸浸泡去除表面氧化物，然后用水清洗干净，再用丙酮清洗，氮气吹干待用。临用前处理，保持铜粉表面光亮。

（14）玻璃棉。

使用前以二氯甲烷及正己烷回流 48 h，用氮气吹干后，置于棕色瓶内备用。

（15）参考基质。

石英砂，硅藻土：基质中毒杀芬不得检出。

（16）载气：高纯氦气。

（17）载气：高纯氮气。

5. 仪器和设备

（1）高分辨气相色谱—三重四极串联质谱仪（HRGC-MS/MS）。

（2）提取装置：加速溶剂萃取仪（ASE），或等效提取设备。

（3）色谱柱：石英毛细管柱，30 m×0.25 mm×0.25 μm，固定相为 5%苯基—95%甲基聚硅氧烷或其他等效毛细管柱。

（4）凝胶色谱仪：具紫外检测器，净化柱填料为 Bio-Beads，或同等规格的填料。具凝胶渗透色谱柱（规格：i.d. 25 mm×300 mm）。

（5）浓缩装置：旋转蒸发仪，氮吹浓缩仪，K-D 浓缩仪或同等性能的设备。

（6）冷冻干燥机。

（7）玻璃层析柱：具聚四氟乙烯柱塞，10 mm×200 mm 的玻璃柱。

（8）分析天平：精度为 0.001 g。

（9）研钵：玻璃或玛瑙材质。

（10）60 目筛。

6. 样品

（1）试样制备。

用于测定毒杀芬的样品采集和制备按第五篇第一章中半挥发性有机物操作，样品送至实验室后，除去枝棒、叶片、石子等异物，将所采样品完全混匀。需要风干的样品放在事先用有机溶剂清洗过的金属盘中，在室温下避光、干燥，也可用硅藻土将样品拌匀，直至样品呈散粒状，或采用冷冻干燥器干燥。干燥样品研碎、过筛，装入样品瓶中备用。

（2）试样预处理。

①萃取。

a. 提取加速溶剂萃取筒，以正己烷—丙酮（1+1，v/v）250 mL 作为提取溶剂，超声清洗 10～20 min，取出晾干。

b. 土壤样品：称取干燥土壤样品 10 g（精确到 0.001 g），加入 1 mL 替代标溶液（将浓度为 1 μg/L 的替代标 10 μL 稀释到 1 mL），搅拌均匀，平衡至少 2 h，再加入质量比 2∶1 的硅藻土混合均匀，移入处理好的提取筒（提取筒中先垫入玻璃纤维滤膜），提取筒，用 ASE 提取。以适量正己烷—丙酮（1+1）作为溶剂提取 3 个循环，提取温度为 150℃，提取压力为 1 500 psi。

c. 提取后将提取液转移到茄型瓶中，供下一步浓缩净化用。

②脱水和浓缩。

如果提取液存在明显水分，需要脱水。在玻璃漏斗上垫一层玻璃棉或玻璃纤维滤膜，铺加约 5 g 无水硫酸钠，将提取液经上述漏斗直接过滤到浓缩器皿中，每次用少量提取溶剂充分洗涤萃取容器，将洗涤液也倒入漏斗中，重复 3 次。最后再用少许提取溶剂冲洗无水硫酸钠，待浓缩。

水浴温度控制在 40℃，将 100 mL 正己烷—丙酮（1+1）溶剂模拟提取溶剂浓缩，清洗整个旋转蒸发系统，检测经浓缩的溶剂和收集瓶中的溶剂，进行污染状况检查。在每次浓缩样品之间，分 3 次用 2～3 mL 溶剂洗涤旋转蒸发器接口，用烧杯收集废液。

将装有样品提取液的茄形瓶连接到旋转蒸发器上，先抽真空。将茄形瓶降至水浴锅中，控制提取液和水浴的温度在 35～45℃，使浓缩在 15～20 min 内完成。在正确的浓缩速度下，流入废液瓶中的溶剂流出速度均匀，提取液溶剂不能有爆沸或可见的沸腾现象发生。当茄型瓶中溶剂约为 2 mL，将茄形瓶从水浴锅中移升并停止旋转。缓慢并小心地向旋转蒸发器中放气，确保打开阀门时不要太快，以免样品冲出茄形瓶。用 2～3 mL 溶剂洗涤旋转蒸发器接口。

③脱硫。

样品存在硫干扰，需要进行脱硫。脱硫方法有以下两种方式：

a. 将上述提取液转移至 5 mL 离心管，加入 2 g 铜粉，混合振荡至少 5 min。用一次性移液管将提取液吸出，待下一步净化。

b. 将适量铜粉铺在层析柱上层，将提取液在铜粉层停留 5 min。

④净化。

为了将毒杀芬从基质中分离出来，可根据基质材料或干扰组分的具体情况选用不同的吸附剂进行净化。通常使用凝胶色谱（GPC）和两根柱层析色谱柱净化，即一根多层酸性硅胶柱和一根硅胶净化柱。

a. 凝胶色谱净化（自动 GPC）。

样品通过 5 mL 定量环注入 GPC 柱，泵流速 5.0 mL/min，弃去 0～17 min 馏分，收集 17～35 min 馏分，35～60 min 冲洗 GPC 柱。洗脱液为乙酸乙酯—环己烷（1+1）混合溶液。将收集的馏分旋转蒸发浓缩至约 1 mL，用氮气吹至近干，以正己烷定容至 1 mL。

b. 多层硅胶柱净化。

层析柱的填充：层析柱底部填玻璃棉以后，从上到下依次为 5.0 g 无水硫酸钠、2.5 g 活化硅胶、10.0 g 22%酸性硅胶和 12.5 g 44%酸性硅胶。轻敲层析柱，使其分布均匀。用 100 mL 正己烷预淋洗层析柱。当液面降至无水硫酸钠上方约 2 mm 时，关闭柱阀，弃去淋洗液。检查色谱柱，如果出现沟流现象应重新装柱。

将浓缩的样品提取液加入层析柱中，打开柱阀使液面下降，当液面降至无水硫酸钠层时，关闭柱阀。用 5 mL 正己烷洗涤浓缩样品瓶两次，将洗涤液一并加入柱中，打开柱阀使液面降至无水硫酸钠层时。用 100 mL 正己烷淋洗层析柱，收集洗脱液。将收集的洗脱液用旋转蒸发器浓缩至 3～5 mL，供下一步净化用。

·c. 硅胶柱净化。

层析柱的填充：层析柱底部填以玻璃棉以后，上到下依次为 5.0 g 无水硫酸钠和 8.0 g 活化硅胶。轻敲层析柱，使其分布均匀。用 100 mL 正己烷预淋洗层析柱。当液面降至无水硫酸钠上方约 2 mm 时，关闭柱阀，弃去淋洗液。检查层析柱，如果出现沟流现象应重新装柱。

将浓缩的样品提取液加入柱中，打开柱阀使液面下降，当液面降至无水硫酸钠层时，关闭柱阀。用 45 mL 正己烷淋洗，去除多氯联苯及其他有机氯农药的干扰，再用 50 mL 甲苯—正己烷（35+65）溶液淋洗，并收集洗脱液。将 3 mL 壬烷加入收集的洗脱液中，在 20 kPa 与 40℃的条件下，将收集的洗脱液用旋转蒸发器浓缩至 5 mL，供下一步测定用。

⑤微量浓缩与溶剂交换。

提取液浓缩后将用于 HRGC-MS/MS 分析，将净化分离后得到的馏分用旋转蒸发器浓缩至 3～5 mL，转入至 K-D 浓缩管中，氮气流下浓缩至 0.2 mL，转移至 2 mL 进样瓶中，并用正己烷洗涤 K-D 浓缩管，一并转入进样瓶中。氮气吹至近干，加入进样内标并用壬烷定容至 2 mL。将进样瓶密封，并标记样品编号。室温下暗处保存，供 HRGC-MS/MS 分析用。如果样品当日不分析，则于−10℃以下保存。

注：气流过大会引起样品损失，氮气流速调节到能够使溶剂表面轻微振动。

7. 分析步骤

（1）仪器参考条件。

①气相色谱参考条件。

进样口温度：250℃。

进样方式：不分流进样 1 μL。

柱温：100℃保持 2 min，以 15℃/min 的速度升至 160℃，以 5℃/min 的速度升至 275℃ 保持 7 min，再以 10℃/min 的速度升至 300℃。

载气：氦气，恒流模式 1 mL/min；

传输线温度：290℃。

②质谱参考条件。

在分辨率≥1 000 的条件下，电子轰击源（EI），电子能量 70 eV，离子源温度 230℃，双四极杆温度均为 150℃，碰撞气 He 2.25 mL/min、N_2 1.5 mL/min，采用多反应检测（MRM）方式进行数据采集，监测表 5-3-52 规定的各毒杀芬同类物的监测离子质核比及碰撞电压，得到其选择离子流图。

表 5-3-52　指示性毒杀芬多反应检测模式的监测离子质核比及碰撞电压

毒杀芬同类物	先驱离子（m/z）	产物离子（m/z）		碰撞电压/eV
		定量离子	定性离子	
P26	327	219	183	20
P50	339	219	230	30
P62	339	193	232	25
$^{13}C_{10}$-P26	238	202	166	25
$^{13}C_{10}$-P50	238	202	166	20
$^{13}C_{10}$-P62	238	202	166	20
$^{13}C_{10}$-反式氯丹	385	276	242	30

（2）校准。

①质谱检查。用 DFTPP 进行质谱性能检查，DFTPP 关键离子丰度符合挥发性有机污染物测试仪器基本要求（表 5-1-2），否则需对质谱仪的参数进行调整或考虑清洗离子源。

②校准曲线绘制。

以壬烷配制 5 个浓度为 2.00，20.0，100，500，2 000 ng/mL 的毒杀芬系列校准溶液（CS），见表 5-3-53。按照仪器参考分析条件，由低浓度到高浓度依次进样 CS-1～CS-5 校正溶液进行测定。

表 5-3-53　指示性毒杀芬校正标准溶液

化合物		浓度/（ng/mL）				
		CS-1	CS-2	CS-3	CS-4	CS-5
天然指示性毒杀芬	P26	2.00	20.0	100	500	2 000
	P50	2.00	20.0	100	500	2 000
	P62	2.00	20.0	100	500	2 000
同位素指示性毒杀芬	^{13}C-P26	100	100	100	100	100
	^{13}C-P50	100	100	100	100	100
	^{13}C-P62	100	100	100	100	100
	^{13}C-氯丹	100	100	100	100	100

（3）测定。

①定性分析。以样品中目标化合物的保留时间（或相对保留时间）和提取离子与同位素替代标提取离子的丰度比来定性。图 5-3-33 为目标物在 MRM 模式下的色谱图。

②定量分析。以相应内标物质的添加量为参比，采用内标法计算提取液总量中被检出的指示性毒杀芬的绝对含量。

③空白试验。使用 10 g 石英砂替代试样，按照与试样的预处理、测定相同步骤进行测定。

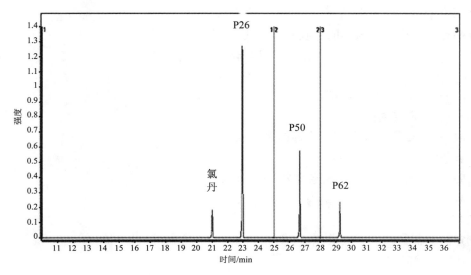

图 5-3-33　指示性毒杀芬在 MRM 模式下的色谱图

8. 结果计算与表示

（1）结果计算。

①目标物含量。采用内标法，按式（5-3-55）计算指示性毒杀芬的各个化合物的含量：

$$C_n = \frac{Q_s \times A_n}{W \times A_s \times RRF_n} \tag{5-3-55}$$

式中：A_n —— 目标化合物的分子离子峰面积；

A_s —— 定量内标的分子离子峰面积；

C_n —— 试样中毒杀芬的含量，μg/kg；

W —— 取样量，g；

Q_s —— 试样中加入定量内标的量，ng；

RRF_n —— 目标化合物对定量内标的相对响应因子。

②RRF 值。根据标准曲线，按照规定的精确质量数离子相应峰面积，按式（5-3-56）和式（5-3-57）计算各化合物相对于其标记化合物的 RRF。

$$RRF_n = \frac{A_n \times C_s}{A_s \times C_n} \tag{5-3-56}$$

$$RRF_r = \frac{A_s \times C_s}{A_r \times C_s} \tag{5-3-57}$$

式中：RRF_n —— 目标化合物对定量内标的相对响应因子；

A_n —— 目标化合物的峰面积；

C_s —— 定量内标的浓度，g/L；

A_s —— 定量内标的峰面积；

C_n —— 目标化合物的浓度，g/L；

RRF_r —— 定量内标对回收率内标的相对响应因子；

C_r —— 同位素标的浓度，g/L；

A_r —— 定量内标的峰面积。

③同位素标的回收率。

样品提取液中同位素标的回收率，按式（5-3-58）进行计算：

$$R = \frac{A_s \times M_r}{A_r \times \text{RRF}_r \times M_s} \times 100 \qquad (5\text{-}3\text{-}58)$$

式中：R —— 同位素标回收率，%；

A_s —— 定量内标的峰面积；

M_r —— 试样中加入同位素标的量，ng；

A_r —— 同位素标的峰面积；

RRF_r —— 定量内标对同位素标的相对响应因子；

M_s —— 试样中加入定量内标的量，ng。

（2）结果表示。

测定结果保留三位有效数字。

9. 精密度和准确度

（1）精密度。

6 家实验室空白加标浓度为 500 ng/kg 和 9 000 ng/kg 时，实验室内相对标准偏差分别为 1.1%～10.0% 和 0.9%～14.8%，实验室间相对标准偏差为 10.3%～12.7% 和 0.9%～14.8%，重复性限（r）分别为 58.0～74.4 ng/kg 和 1 145～1 669 ng/kg，再现性限（R）分别为 151～187 ng/kg 和 3 052～3 964 ng/kg。

6 家实验室土壤加标浓度为 10 ng/kg 和 100 ng/kg 时，实验室内相对标准偏差分别为 1.5%～18.7% 和 1.0%～15.7%，实验室间相对标准偏差为 19.0%～26.4% 和 9.6%～15.2%，重复性限（r）分别为 2.7～3.2 ng/kg 和 16.4～21.7 ng/kg，再现性限（R）分别为 6.0～7.9 ng/kg 和 33.2～42.5 ng/kg。

（2）准确度。

6 家实验室对土壤加标浓度为 5 000 ng/kg 的实际样品进行测定，加标回收率范围为 69.0%～110.0%。

10. 质量保证和质量控制

（1）校准曲线检查、空白试验、平行样等要求同第五篇第一章中"五、测定质控"一般性要求。其中每个标记化合物的回收率应在 40%～130%，如果任何一个化合物的回收率不能满足要求，应增加净化过程将回收率恢复到正常范围内，如果采用了所有的净化过程但回收率仍不在正常范围内，那么就需要将样品稀释，或减少基质样品的取样量。

（2）仪器校正和运行检查。

① 在分析过程中，每隔 12 h 校验一次 HRGC-MS/MS 性能。注入标线中间点校正溶液，检查分析系统的各项性能指标。只有在符合规定的情况下，才能进行空白、初始精密度和回收率（IPR）、分析过程中的精密度及回收率（OPR）和样品的检测。

② 校正标准的校验。

a. 检查表 5-3-52 中各目标化合物离子的丰度比是否符合规定，如果不符合，需要调谐质谱仪，重复进行校正。

b. 校正标准中指示性毒杀芬及其同位素标记化合物的色谱峰信噪比（S/N）应大于 10，否则需要调谐质谱仪，重复进行校正。

③ 初始精密度和回收率（IPR）试验。

平行称取适量参考基质，每份均加入适量指示性毒杀芬的精密度和准确度试验标准溶液，对制备好的样品进行分析，分析步骤应与实际样品完全一致，提取液最终定容至 20 mL。计算 4 个 IPR 样品中指示性毒杀芬的实际测定值及定量内标的回收率平均值和标准偏差，当所有化合物结果都在规定范围内时表明实验室具备了分析能力，才可以开展实际样品的分析。

④ 分析过程中的精密度及回收率（OPR）试验。

a. 在同一批样品分析之前，应首先进行 OPR 试验。在空白参考基质中加入适量指示性毒杀芬的精密度和准确度试验标准溶液，对制备好的 OPR 样品进行分析，分析步骤应与实际样品完全一致，提取液最终定容至 20 mL。

b. 采用同位素稀释法，根据定量内标，计算指示性毒杀芬的含量。同时计算各同位素标记内标化合物的回收率。回收率为 40%～130%，RSD＜30%，方可进行实际样品的分析。

⑤ 空白对照检查。

OPR 试验后，应进行样品的空白对照检查，以确定分析系统未受到污染及没有 OPR 分析的残留，才能进行样品的检测。

（3）定性分析。

① 对净化后的提取液进行仪器分析，检测表 5-3-52 中各目标化合物中两个精确的 m/z 信号，信号应在 2 s 内达到最大值。

② 在样品提取液中监测各指示性毒杀芬的一对精确的 m/z 信号，在样品中目标化合物的 GC 峰 S/N 不应小于 3，而校正标准中目标化合物的 GC 峰 S/N 不应小于 10。

③ 各目标化合物的相对保留时间偏差应小于−1～+3 s。

④ 当上述定性指标未达到要求时，应进一步净化样品，重新分析。

11. 注意事项

溶剂、试剂、玻璃器皿和其他涉及物品，干扰过高都会引起背景增加，以至得到错误结果。因此本方法需要使用农残级溶剂。如有必要，层析柱填料应通过溶剂提取或洗脱纯化。

（中国环境监测总站　邢冠华
中国科学院生态环境研究中心　高丽荣）

二十六、石油类

随着石油的大量开采和广泛使用，石油烃对水体和土壤的污染已成为一个越来越严重的问题。石油烃对人的消化系统有危害，可导致急性中毒、严重腹泻，同时还能引起手脚麻痹、头晕、昏迷、神经紊乱等症状，对人的血液、免疫系统、肺、皮肤和眼睛等也有一定的毒害作用。测定土壤石油烃的方法有红外光度法、气相色谱法、红外光谱法、非色散红外吸收光度法及重量法。样品前处理方式主要采用振荡提取、索氏提取及超临界流体提取等。

（一）红外光度法（B）

1. 方法原理

用四氯乙烯提取土壤样品中的石油烃，提取液用硅酸镁吸附，除去动植物油等极性物质后，采用红外测油仪测定提取液中石油烃的含量。石油烃的含量由波数分别为 2 930 cm^{-1}

（CH$_2$基团中 C—H 键的伸缩振动）、2 960 cm^{-1}（CH$_3$基团中 C—H 键的伸缩振动）和 3 030 cm^{-1}（芳香环中 C—H 键的伸缩振动）谱带处的吸光度进行计算。

2. 适用范围

本方法适用于新鲜土壤样品中石油烃的测定，当土壤样品量为 10.0 g 时，方法检出限为 4 mg/kg，测定下限为 16 mg/kg。

3. 试剂和材料

（1）四氯乙烯（C$_2$Cl$_4$）。

在 2 600～3 300 cm^{-1}扫描，使用 10 mm 比色皿，用空比色皿作参比，测定其吸光度应不超过 0.003。

（2）正十六烷，光谱纯。

（3）异辛烷，光谱纯。

（4）苯，光谱纯。

（5）无水硫酸钠（Na$_2$SO$_4$）。

（6）硅酸镁（MgSiO$_4$）：60～100 目。

取硅酸镁于瓷蒸发皿中，置于马弗炉内 550℃下加热 4 h，在炉内冷却至约 200℃后，转移至干燥器中冷却至室温，装入磨口玻璃瓶中，干燥器内贮存。使用时，称取适量的干燥硅酸镁于磨口玻璃瓶中，根据硅酸镁的重量，按 6%（m/m）比例加入适量的实验用水，密塞并充分振荡数分钟，放置约 12 h 后使用。

（7）石油烃标准贮备液：ρ =1 000 mg/L，可直接购买市售有证标准溶液。

（8）正十六烷标准贮备液：ρ =1 000 mg/L。

称取 0.100 0 g 正十六烷于 100 mL 容量瓶中，用四氯乙烯定容，摇匀。

（9）异辛烷标准贮备液：ρ =1 000 mg/L。

称取 0.100 0 g 异辛烷于 100 mL 容量瓶中，用四氯乙烯定容，摇匀。

（10）苯标准贮备液：ρ =1 000 mg/L。

称取 0.100 0 g 苯于 100 mL 容量瓶中，用四氯乙烯定容，摇匀。

（11）玻璃纤维滤膜：90 mm，在 500℃下加热 3 h。

4. 仪器和设备

实验所用玻璃器皿均应清洗干净并干燥。必要时应用重铬酸钾洗液浸泡后用自来水、蒸馏水反复冲洗，干燥。

（1）红外分光测油仪：能在 3 400～2 400 cm^{-1}进行扫描操作，并配有 10 mm 和 40 mm 带盖石英比色皿。

（2）振荡器：回旋式振荡器，振荡频率可达 200 次/min 或当振动幅度为 7 cm 时，振荡频率达 150 次/min。

（3）马弗炉。

（4）天平：精度为 0.001 g。

（5）具塞锥形瓶：100 mL。

（6）玻璃砂芯漏斗：40 mL，G-1 型。

（7）采样瓶：200 mL，磨口棕色玻璃瓶。

（8）硅酸镁吸附柱：内径 10 mm、长约 200 mm 的玻璃层析柱。出口处塞少量用四氯乙烯浸泡并晾干的玻璃棉，将硅酸镁缓缓倒入层析柱中，轻轻敲实，填充高度约为 80 mm。

5．分析步骤

（1）试样制备。

用于测定石油类的样品采集和制备按第五篇第一章中半挥发性有机物操作，样品送至实验室后，准确称取 10.0 g 样品，根据样品的含水率，加入 10~20 g 无水硫酸钠，充分混匀，放置 30 min，固化后压碎。

将已干燥的样品，全部转移至 100 mL 具塞锥形瓶中，加入 20.0 mL 四氯乙烯，密封，置于振荡器中，以 200 次/min 的速度振荡提取 30 min。静置 10 min 后，采用玻璃漏斗和玻璃纤维滤膜将溶液过滤至 50 mL 比色管中。再用 20.0 mL 四氯乙烯重复提取、过滤一次，合并所有滤液。用 5 mL 四氯乙烯洗涤滤膜、玻璃漏斗以及土壤试样，合并提取液，用四氯乙烯定容至标线。提取液经硅酸镁吸附柱吸附，弃去前 1 mL 溶液，转入 50 mL 锥形瓶，待测。

注：①如总萃取液中动植物油含量过高，应适当稀释总萃取液后，再加入硅酸镁净化。
②当实验室温度过高时，因四氯乙烯易挥发，在振荡过程中应适度放气。

（2）空白试验。

向 100 mL 具塞锥形瓶中，加入与试样的制备等量无水硫酸钠，按试样制备的步骤制备空白试样。

（3）校正系数测定。

分别量取 2.00 mL 正十六烷标准贮备液、2.00 mL 异辛烷标准贮备液和 10.00 mL 苯标准贮备液于 3 个 100 mL 容量瓶中，用四氯乙烯定容至标线，摇匀。正十六烷、异辛烷和苯标准溶液的浓度分别为 20，20，100 mg/L。

用四氯乙烯做参比溶液，使用 4 cm 比色皿，分别测量正十六烷（H）、异辛烷（I）和苯（B）标准溶液在 2 930，2 960，3 030 cm^{-1} 处的吸光度 A_{2930}、A_{2960}、A_{3030}。正十六烷、异辛烷和苯标准溶液在上述波数处的吸光度均符合式（5-3-59），由此得出的联立方程式经求解后，可分别得到相应的校正系数 X、Y、Z 和 F。

$$\rho = X \cdot A_{2930} + Y \cdot A_{2960} + Z\left(A_{3030} - \frac{A_{2930}}{F}\right) \qquad (5\text{-}3\text{-}59)$$

式中：ρ —— 提取液中石油烃的浓度，mg/L；

A_{2930}、A_{2960}、A_{3030} —— 各对应波数下测得的吸光度；

X、Y、Z —— 与各种 C—H 键吸光度相对应的校正系数；

F —— 脂肪烃对芳香烃影响的校正因子，即正十六烷在 2 930 cm^{-1} 与 3 030 cm^{-1} 处的吸光度之比。

对于正十六烷（H）和异辛烷（I），由于其芳香烃含量为零，即 $A_{3030} - \dfrac{A_{2930}}{F} = 0$，则有：

$$\mathrm{RRF_{CS}} = \frac{O_{CS}}{Q_S} \times \frac{A_S}{A_{CS}} \qquad (5\text{-}3\text{-}60)$$

$$\rho(H) = X \cdot A_{2930}(H) + Y \cdot A_{2960}(H) \qquad (5\text{-}3\text{-}61)$$

$$\rho(I) = X \cdot A_{2930}(I) + Y \cdot A_{2960}(I) \qquad (5\text{-}3\text{-}62)$$

由式（5-3-60）可得 F 值，由式（5-3-61）和式（5-3-62）可得 X 和 Y 值，其中 ρ（H）和 ρ（I）分别为测定条件下正十六烷和异辛烷的浓度（mg/L）。

对于苯（B）则有：

$$\rho(B) = X \cdot A_{2930}(B) + Y \cdot A_{2960}(B) + Z\left(A_{3030}(B) - \frac{A_{2930}(B)}{F}\right) \quad (5\text{-}3\text{-}63)$$

由式（5-3-63）可得 Z 值，其中 ρ（B）为测定条件下苯的浓度（mg/L）。

可采用姥鲛烷代替异辛烷、甲苯代替苯，以相同方法测定校正系数。

注：如果红外分光光度计出厂时已经设定了校正系数，可以直接进行校正系数的检验。

（4）校正系数的检验。

分别量取 5.00 mL 和 10.00 mL 的石油烃标准贮备液于 100 mL 容量瓶中，用四氯乙烯定容，摇匀，石油烃标准溶液的浓度分别为 50 mg/L 和 100 mg/L。分别量取 2.00，5.00，20.00 mL 浓度为 100 mg/L 的石油烃标准溶液于 100 mL 容量瓶中，用四氯乙烯定容，摇匀，石油烃标准溶液的浓度分别为 2，5，20 mg/L。

使用 40 mm 石英比色皿，以四氯乙烯作参比溶液，在 2 930，2 960，3 030 cm^{-1} 处分别测量 2，5，20，50，100 mg/L 石油烃标准溶液的吸光度 A_{2930}、A_{2960}、A_{3030}，计算测定浓度，并与标准值进行比较，如果测定值与标准值的相对误差在 ±10% 以内，则校正系数可采用，否则重新测定校正系数并检验，直至符合条件为止。

注：用标准物质配制标准溶液时，使用正十六烷、异辛烷和苯，按 65：25：10（v/v）的比例配制混合烃标准物质；使用正十六烷、姥鲛烷和甲苯，按 5：3：1（v/v）的比例配制石油烃标准物质。以四氯乙烯作为溶剂配制所需浓度的标准溶液。

（5）样品测定。

在波数分别为 2 930，2 960，3 030 cm^{-1} 谱带处，使用 40 mm 石英比色皿，以四氯乙烯作参比溶液，测定样品吸光度，并得出 ρ_1 值。测定空白试样的吸光度，并得出 ρ_0 值。

注：当提取液中石油烃浓度大于仪器的测定上限时，应采用四氯乙烯稀释土壤提取液或减少取样量，重新进行测量。空白试验步骤与样品测定保持一致。

6. 结果计算与表示

土壤中石油烃的含量（mg/kg），按照式（5-3-64）进行计算。

$$\omega = \frac{(\rho_1 - \rho_0) \cdot D \cdot V}{m_s \cdot w_{dm}} \quad (5\text{-}3\text{-}64)$$

式中：ω —— 土壤中石油烃的含量，mg/kg；

ρ_1 —— 试样石油烃浓度，mg/L；

ρ_0 —— 空白试样石油类浓度，mg/L；

D —— 提取液的稀释倍数；

V —— 提取液定容体积，50 mL；

m_s —— 取样量，g；

w_{dm} —— 土壤干物质量，%。

式中 ρ 值可按式（5-3-65）进行计算得出。

$$\rho = X \cdot A_{2930} + Y \cdot A_{2960} + Z\left(A_{3030} - \frac{A_{2930}}{F}\right) \quad (5\text{-}3\text{-}65)$$

式中：A_{2930}、A_{2960}、A_{3030} —— 各对应波数下测得的吸光度值；

X、Y、Z —— 与各种 C—H 键吸光度相对应的校正系数；

F —— 脂肪烃对芳香烃影响的校正因子。

当测定结果<100 mg/kg 时，结果保留一位小数，当测定结果≥100 mg/kg 时，保留三位有效数字。

7. 精密度和准确度

（1）精密度。

实验室内分别对土壤中石油烃浓度为 20.0，50.0，110 mg/kg 左右的土壤样品进行了测定，实验室内相对标准偏差分别为 9.9%、3.1%和 5.69%。

（2）准确度。

实验室内分别对土壤中石油烃浓度为 20.0 mg/kg 和 50.0 mg/kg 左右的土壤样品进行了加标回收率测定，加标回收率为 86.3%和 88.1%。

8. 注意事项

（1）由于测定的目标物是易挥发组分，采集后的样品应置于冷藏箱保存。避免用含有待测组分或对测定有干扰的材料制成的容器，必要时事先对容器进行背景检测。返回实验室如不能立即测定，应在 4℃以下避光保存。

（2）样品制备间应清洁、无污染，样品制备过程中应远离有机蒸气，使用的所有工具都应进行彻底清洗，防止交叉污染，影响分析的准确度。

（3）萃取液经硅酸镁吸附剂处理后，由极性分子构成的动植物油类被吸附，而非极性的石油类不被吸附。某些含有如羧基、羟基的非动植物油类的极性物质同时也被吸附，当样品中明显含有此类物质时，应在测试报告中加以说明。

（4）当测定石油烃污染严重的土壤样品时，可减少土壤取样量或进行多次提取。

（鞍山市环境监测中心站　杨洪彪　刘洋

中国环境监测总站　张颖）

（二）挥发性石油烃（$C_6 \sim C_9$）有机物：吹扫捕集/气相色谱法（B）

挥发性石油烃（$C_6 \sim C_9$）通常指汽油类，沸点近似于在 $60 \sim 170℃$，包含了 $C_6 \sim C_9$ 所有的芳香族和脂肪族化合物，是石油加工的产物之一。随着石油的勘探、开发及加工，石油对环境的污染也越来越严重。监测土壤中挥发性石油烃，对于了解其污染状况具有重要意义。

1. 方法原理

样品中的挥发性石油烃（$C_6 \sim C_9$）经高纯氮气吹扫后吸附于捕集管中，将捕集管加热并以高纯氮气反吹，被热脱附出来的组分经气相色谱柱分离后，用氢火焰离子化检测器（FID）检测，根据保留时间窗定性，外标法定量。

2. 适用范围

本方法适用于土壤中挥发性石油烃（$C_6 \sim C_9$）的测定。

当取样量为 5g 时，本方法检出限为 0.04 mg/kg，测定下限为 0.16 mg/kg。

3. 干扰及消除

必须保证吹扫气体的纯度；吹扫—捕集系统中不得使用聚四氟乙烯以外的塑料或橡胶材料密封；分析地点及样品存放地点应保证周边环境的清洁，防止外界污染干扰测定。

高浓度样品易在吸附柱中残留，从而引起污染。一旦分析了高浓度样品，应分析空白样品来检验是否存在交叉污染。如空白样品受污染，必须用蒸馏水吹扫干净，直至空白样品不含目标化合物。必要时可用 10%的甲醇进行整个管路清洗。

4．试剂和材料

除非另有说明，分析时均使用符合国家标准的分析纯化学试剂，实验用水为新制备的去离子水或蒸馏水，或通过纯水设备制备的水。

（1）甲醇（CH_3OH）：优级纯。

（2）挥发性石油烃（$C_6 \sim C_9$）标准贮备液：ρ =5 000 mg/L。可直接购买有证标准溶液，也可用标准物质配制。

（3）挥发性石油烃（$C_6 \sim C_9$）标准使用液：ρ =1 000 mg/L。用甲醇将挥发性石油烃（$C_6 \sim C_9$）标准贮备液适当稀释。

（4）4-溴氟苯标准贮备液：ρ =2 000 mg/L。可直接购买有证标准溶液。

（5）4-溴氟苯标准使用液：ρ =500 mg/L。用甲醇将 4-溴氟苯标准贮备液适当稀释。

（6）2-甲基戊烷标准溶液：ρ =500 mg/L，溶剂为甲醇。

（7）正己烷标准溶液：ρ =500 mg/L，溶剂为甲醇。

（8）氮气：纯度 99.999%。

（9）氢气：纯度 99.99%。

（10）空气：经变色硅胶除水和除烃管除烃的空气，或经 5Å 分子筛净化的无油空气。

5．仪器和设备

除非另有说明，分析时均使用符合国家标准 A 级玻璃量器。

（1）气相色谱仪：具有分流/不分流进样口，可程序升温，配有氢火焰离子化检测器（FID），能实现一定时间范围内峰面积加和功能。

（2）吹扫捕集仪：带有 5 mL 的吹扫管，捕集管选用 100% Tenax 吸附剂。

（3）色谱柱：石英毛细管色谱柱，30 m×0.53 mm×3.0 μm，固定相为 6%氰丙基苯基—94%二甲基硅氧烷，或其他等效的色谱柱。

（4）样品瓶：40mL 棕色玻璃瓶，具硅橡胶—聚四氟乙烯衬垫螺旋盖。

（5）微量注射器：10 μL、100 μL、1 000 μL。

（6）气密性注射器：5 mL（吹扫捕集仪专用，用于手动进样）。

（7）容量瓶：5 mL，棕色。

（8）采样瓶：100 mL 棕色玻璃瓶。

6．样品

（1）样品采集与保存。

土壤样品按照 HJ/T 166 中挥发性有机物部分的要求进行采集，所有样品均应采集 2 份平行样品，装入采样瓶，装满压实。将采集好的样品于 4℃以下避光、冷藏、密封保存，保存时间不超过 7 天。样品存放区域应无有机物干扰。

全程序空白：在现场加入 5 mL 同批次的水到样品瓶中，盖紧瓶盖，与样品一起带回实验室。

（2）水分测定。

按照 HJ 613《土壤 干物质和水分的测定 重量法》测定样品中的水分含量。

（3）试样制备。

① 低浓度样品的制备。称取约 5 g（精确到 0.01 g）的样品，放入样品瓶中，并立即加入 5 mL 水，盖紧瓶盖，待测。

② 高浓度样品的制备。当样品浓度大于 60.0 mg/kg 时，准确称取一定量的样品到样品瓶中，迅速加入甲醇（1 g 样品加入 1～2 mL 的甲醇），摇匀，静置 1 h 后待测。

（4）空白试样制备。

① 低浓度空白试样制备。在样品瓶中加入 5 mL 同批次的水，盖紧瓶盖，待测。

② 高浓度空白试样制备。在样品瓶中加入 5 mL 同批次的水，同时，加入 10～100 μL 同批次的甲醇（甲醇加入体积与高浓度样品测定时加入的甲醇提取液相同），盖紧瓶盖，待测。

7．分析步骤

（1）参考条件。

① 吹扫条件。吹扫温度：35℃；吹扫时间：11 min；吹扫流速：30 mL/min；脱附时间：0.5 min；脱附温度：190℃。其余参数参照仪器使用说明书。

② 色谱条件。

进样口温度：200℃；进样方式：不分流进样；柱温：初始温度 38℃保持 1 min，以每分钟 3.8℃的速率升至 80℃保持 1 min，以每分钟 10℃的速率升至 105℃保持 5 min，再以每分钟 10℃的速率升至 150℃保持 1 min，最后以每分钟 10℃的速率升至 180℃保持 5 min；气体流量：氮气 8.0 mL/min，氢气 30 mL/min，空气 300 mL/min；检测器温度：250℃。

（2）校准。

① 挥发性石油烃（C_6～C_9）保留时间窗的确定。

用微量注射器分别移取 1μL 2-甲基戊烷标准溶液和正癸烷标准溶液，加入到事先装有 5 mL 水的样品瓶中，拧紧瓶盖，摇匀。

按照仪器参考条件进行保留时间窗的确定。根据 2-甲基戊烷的出峰时间确定石油烃（C_6～C_9）的开始时间，正癸烷的出峰开始时间确定为石油烃（C_6～C_9）的结束时间。

在本方法规定的参考色谱条件下，2-甲基戊烷和正癸烷的参考色谱图见图 5-3-34。

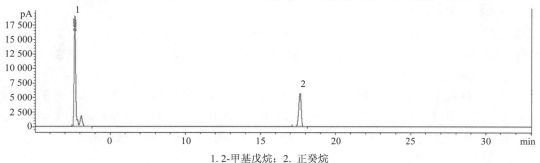

1. 2-甲基戊烷；2. 正癸烷

图 5-3-34 2-甲基戊烷和正癸烷的参考色谱图

② 工作曲线的建立。

用微量注射器分别移取适量的挥发性石油烃（C_6～C_9）标准使用液快速加入到对应装有 5 mL 水的 6 个样品瓶中，同时，在上述样品瓶中各加入 1 μL 4-溴氟苯标准使用液，盖紧瓶盖，摇匀。配制成挥发性石油烃（C_6～C_9）质量分别为 0，0.50，1.00，5.00，10.0，30.0 μg，4-溴氟苯质量为 0.50 μg 的标准系列。

按照仪器参考条件，从低浓度到高浓度依次测定。以浓度为横坐标，以确定的保留时间窗 7-（2）-① 以内所有色谱峰的峰面积和为纵坐标，建立工作曲线。

注：①实验用水配制的标准溶液不稳定，需现用现配。

②也可用气密性注射器配制标准溶液，分别用微量注射器移取一定量的挥发性石油烃（$C_6 \sim C_9$）标准使用液和替代物标准溶液直接加入装有 5 mL 水的气密性注射器中。

在本方法规定的参考色谱条件下，挥发性石油烃（$C_6 \sim C_9$）参考色谱图见图 5-3-35。

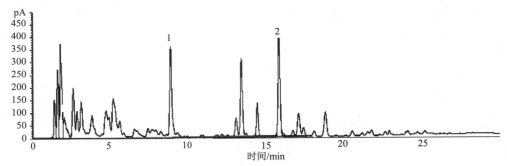

1. 石油烃（C_6-C_9）（2.480min～17.851 min）；2. 4-溴氟苯

图 5-3-35　石油烃（$C_6 \sim C_9$）参考色谱图

（3）测定。

① 定性分析。根据挥发性石油烃（$C_6 \sim C_9$）保留时间窗对目标化合物进行定性。即从 2-甲基戊烷出峰开始时开始，到正癸烷出峰开始时结束进行积分，计算石油烃（$C_6 \sim C_9$）的峰面积和。

② 定量分析。根据建立的工作曲线 7-（2）-②，目标化合物的峰面积和，外标法定量。

③ 试样测定。

低浓度试样的测定：将 1.0μL 4-溴氟苯标准使用液加入到试样 6-（3）-①中，按与工作曲线建立相同的条件，进行低浓度试样的测定。当样品浓度大于 6.0 mg/kg 时，可适当减少取样量，但取样量不得低于 0.5 g。

高浓度试样的测定：用微量注射器移取 10～100 μL 的甲醇提取液 6-（3）-②，加入到装有 5 mL 水和 1 μL 4-溴氟苯标准使用液的样品瓶中，摇匀。按与工作曲线建立相同的条件，进行高浓度试样的测定。

注：当样品中挥发性石油烃（$C_6 \sim C_9$）的某组分与 4-溴氟苯的保留时间有重叠或部分重叠时，可以通过重新分析不加替代物的该样品，在计算替代物回收率时减去重叠部分。

④ 空白实验。按照与试样测定 7-（3）-③相同的步骤进行空白试样的测定。

8. 结果计算与表示

样品中挥发性石油烃（$C_6 \sim C_9$）含量 ω（mg/kg），低浓度含量按式（5-3-66）计算；高浓度含量按式（5-3-67）计算：

$$\omega = \frac{m_1}{m \times W_{dm}} \qquad (5\text{-}3\text{-}66)$$

式中：ω——土壤中石油烃（$C_6 \sim C_9$）的含量，mg/kg；

m_1——由工作曲线得到的石油烃（$C_6 \sim C_9$）的质量，μg；

m——样品量（湿重），g；

W_{dm}——样品中干物质含量，%。

$$\omega = \frac{m_1 \times V}{m \times W_{dm} \times V_1}$$

（5-3-67）

式中： ω——土壤中挥发性石油烃（$C_6 \sim C_9$）的含量，mg/kg；

m_1——由工作曲线得到的石油烃（$C_6 \sim C_9$）的质量，μg；

m——样品量（湿重），g；

W_{dm}——样品中干物质含量，%；

V——加入甲醇体积，mL；

V_1——加入甲醇提取液体积，mL。

9. 精密度和准确度

（1）精密度。

取三种不同浓度的空白加标样品，浓度分别为 0.10mg/kg、1.00 mg/kg、4.00 mg/kg，每一种浓度平行测定 6 次进行精密度计算。

（2）准确度。

按试样制备 6-（3）制备样品，并加入挥发性石油烃（$C_6 \sim C_9$）标准使用液和 4-溴氟苯标准使用液，摇匀。按与试样相同测定步骤平行测定 6 次，进行加标回收率测定。

10. 质量保证和质量控制

（1）实验室空白。

每 20 个样品或每批次（少于 20 个样品/批）应做一个实验室空白。实验室空白测定结果应低于方法检出限。

（2）全程序空白。

每批样品应采集一个全程序空白。全程序空白测定结果应低于方法检出限。

（3）校准。

用线性拟合曲线进行校准，相关系数应≥0.999。每批次分析样品前配制校准曲线中间点附近浓度做常规校准试验。校准点测定值的相对误差应≤15%。

（4）平行样。

每 20 个样品或每批次（少于 20 个样品/批）应至少分析一个平行样，平行样测定结果的相对偏差应≤20%。

（5）样品加标。

每 20 个样品或每批次（少于 20 个样品/批）应至少分析一个基体加标样。基体加标样中石油烃（$C_6 \sim C_9$）和 4-溴氟苯的加标回收率应在 50%～130%。

11. 废弃物处理

试验中所产生的所有机废液和其他有害废弃物，应统一回收，送有资质单位进行处理。

（上海市环境监测中心　张建萍

中国环境监测总站　张颖）

（三）可萃取性石油烃：气相色谱法（B）

1. 方法原理

采用萃取的方法，富集样品中可萃取性石油烃，萃取液经脱水、浓缩、净化、定容后，用带有氢火焰离子检测器（FID）的气相色谱仪进行分析，根据保留时间定性，峰面积（或峰高）定量。

2. 适用范围

本方法适用于测定土壤中石油烃。检出限 6 mg/kg，定量限 24 mg/kg。

3. 干扰及消除

方法提供了柱分离去除极性干扰物。

4. 试剂和材料

（1）有机溶剂。

正己烷、二氯甲烷或其他等效有机溶剂均为分析纯级。

（2）$C_{10} \sim C_{40}$ 正构烷烃标准贮备液：$\rho = 100$ mg/L。

（3）干燥剂：无水硫酸钠（Na_2SO_4）。

（4）硅胶柱：填料为硅胶，1 g，柱体积为 6 mL。

5. 仪器和设备

（1）气相色谱仪：具分流/不分流进样口，能对载气进行电子压力控制，可程序升温，配以 FID 检测器。

（2）色谱柱：石英毛细管柱，30 m×0.32 mm×0.25 μm，固定相为 5%苯基—95%甲基聚硅氧烷或其他等效毛细管柱。

（3）浓缩装置：旋转蒸发装置或 K-D 浓缩器、浓缩仪，或同等性能的设备。

6. 样品

（1）样品萃取。

用于测定可萃取石油烃的样品采集和制备按第五篇第一章中半挥发性有机物的一般性要求进行采样，避光于 4℃ 以下冷藏，在 14 天内分析完毕。样品送至实验室后，去除表面土壤，称取 5 g 左右的土壤样品。将样品全部转移至 300 mL 三角烧瓶中，量取 60 mL 二氯甲烷，水平振荡 15 min，提取 3 次，合并萃取液，将萃取液通过无水硫酸钠脱水。

（2）样品脱水和浓缩。

在玻璃漏斗上垫上一层玻璃棉或玻璃纤维滤膜，铺加约 5 g 无水硫酸钠，将萃取液经上述漏斗直接过滤到浓缩器皿中，每次用少量萃取溶剂充分洗涤萃取容器，将洗涤液也倒入漏斗中，重复 3 次。最后再用少许萃取溶剂冲洗无水硫酸钠，待浓缩。

浓缩方法推荐使用以下 3 种方式，也可选择 K-D 浓缩等其他浓缩方式。

① 氮吹：萃取液转入浓缩管或其他玻璃容器中，开启氮气至溶剂表面有气流波动但不形成气涡为宜。氮吹过程中应将已经露出的浓缩器管壁用正己烷，反复洗涤多次。

② 减压快速浓缩：将萃取液转入专用浓缩管中，根据仪器说明书设定温度和压力条件，进行浓缩。

③ 旋转蒸发浓缩：将萃取液转入合适体积的圆底烧瓶，根据仪器说明书或萃取液沸点设定温度条件和压力，浓缩至约 2 mL，转出的提取液需要再用小流量氮气浓缩至 1 mL。

注：浓缩过程试样体积不得少于 1 mL，否则回收率偏低。

（3）样品净化。

本方法推荐使用固相萃取柱净化方式。

① 活化：用 20 mL 正己烷对固相萃取柱进行活化，保持有机溶剂浸没填料的时间至少 5 min。然后缓慢打开固相萃取装置的活塞放出多余的有机溶剂，且保持溶剂液面高出填料层 1 mm。如固相萃取柱填料变干，则需重新活化固相萃取柱。

② 上样：将浓缩后的提取液全部移至上述固相萃取柱中，用 0.5 mL 正己烷清洗浓缩管，一并转入固相萃取柱。然后缓慢打开装置活塞使萃取液通过填料，当萃取液全部浸入填料（不能流出），关闭活塞，确保填料层之上自始至终有溶液覆盖。

③ 过柱：在固相萃取装置的相应位置放入 10 mL 收集管，用 12 mL 二氯甲烷—正己烷（1/4，v/v）混合液洗脱上述固相萃取柱，溶剂浸没填料层约 1 min。缓缓打开萃取柱活塞，收集洗脱液。

（4）浓缩定容。

将净化后的试液按照上述浓缩方法，浓缩至约 1 mL，移至 2 mL 样品瓶中，用 0.5 mL 正己烷清洗浓缩管两次，继续氮吹，用正己烷定容至 1.0 mL，供 GC-FID 分析。

7. 分析步骤

（1）仪器参考条件。

①气相色谱参考条件。

进样口温度：320℃，不分流，或分流进样（样品浓度较高或仪器灵敏度足够时）；

进样量：1 μL，柱流量：2.0 mL/min（恒流）；

柱温：60℃（1 min）$\xrightarrow{8℃/min}$ 290℃ $\xrightarrow{30℃/min}$ 320℃（7 min）；

色谱柱：石英毛细管色谱柱 30 m×0.32 mm×0.25 μm（5%苯基—甲基聚硅氧烷；固定液）。

② FID 参考条件。

FID 检测器温度：330℃；氢气流速：40 mL/min；空气流速：350 mL/min。

（2）校准曲线绘制。

取 5 个 10 mL 棕色容量瓶，分别加入 10.0，100，200，500，1 000 μL 标准溶液，用正己烷将定容至标线，混匀。配制成五个浓度分别为 1.0，10.0，20.0，50.0，100 μg/mL 的标准溶液。按照仪器参考分析条件依次进行分析，由低浓度到高浓度依次进行 GC-FID 测定。

（3）测定。

①定性分析。根据色谱图组分保留时间对目标化合物进行定性分析。

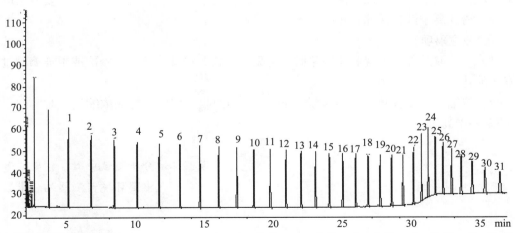

其中化合物均为正构烷烃：1. n-$C_{10}H_{22}$；2. n-$C_{11}H_{24}$；3. n-$C_{12}H_{26}$；4. n-$C_{13}H_{28}$；5. n-$C_{14}H_{30}$；6. n-$C_{15}H_{32}$；7. n-$C_{16}H_{34}$；8. n-$C_{17}H_{36}$；9. n-$C_{18}H_{38}$；10. n-$C_{19}H_{40}$；11. n-$C_{20}H_{42}$；12. n-$C_{21}H_{44}$；13. n-$C_{22}H_{46}$；14. n-$C_{23}H_{48}$；15. n-$C_{24}H_{50}$；16. n-$C_{25}H_{52}$；17. n-$C_{26}H_{54}$；18. n-$C_{27}H_{56}$；19. n-$C_{28}H_{58}$；20. n-$C_{29}H_{60}$；21. n-$C_{30}H_{62}$；22. n-$C_{31}H_{64}$；23. n-$C_{32}H_{66}$；24. n-$C_{33}H_{68}$；25. n-$C_{34}H_{70}$；26. n-$C_{35}H_{72}$；27. n-$C_{36}H_{74}$；28. n-$C_{37}H_{76}$；29. n-$C_{38}H_{78}$；30. n-$C_{39}H_{80}$；31. n-$C_{40}H_{82}$.

图 5-3-36　C_{10}～C_{40} 正构烷烃气相色谱图

②定量分析。目标化合物定量表达采用总量的方式，即目标化合物积分从 $n\text{-}C_{10}H_{22}$（包含）出峰时开始到 $n\text{-}C_{40}H_{82}$（包含）出峰结束，计算 $C_{10} \sim C_{40}$ 的总峰面积，以标准系列总质量浓度为横坐标，对应的总色谱峰峰面积为纵坐标，建立外标法校准曲线进行定量。

8. 结果计算与表示

根据目标化合物的总峰面积，由定量曲线得出目标化合物的总浓度。样品中的目标化合物含量 ρ（mg/kg），按式（5-3-68）进行计算。

$$\rho = \frac{\rho_1 \times V_1}{M} \times f \qquad (5\text{-}3\text{-}68)$$

式中：ρ —— 样品中目标物浓度，mg/kg；

ρ_1 —— 样品中目标物测定浓度，μg/mL；

V_1 —— 浓缩液体积，mL；

M —— 样品取样量，g；

f —— 稀释倍数。

当测定结果大于等于 1.00 mg/kg 时，数据保留 3 位有效数字，当结果小于 1.00 mg/kg 时，保留小数点后两位。

9. 质量保证和质量控制

（1）校准曲线检查、空白试验、平行样等要求同第五篇第一章中测定质控一般性要求，其中平行样品分析结果相对偏差要小于 30%。

（2）样品复测。

每 20 个样品或每批样品分析时进行一个样品的重复测定，测定结果超过允许误差时，重新测定该样品。

（3）仪器性能检查。

用 2 mL 试剂瓶装入未经浓缩的正己烷 4-（1），按照样品分析的仪器条件做一个空白，色谱图中应没有干扰物。干扰较多或样品浓度较高的进针后也应做一个这样的空白检查，如果出现较多的干扰峰或高温区出现干扰峰或流失过多，应检查污染来源，必要时采取更换衬管、清洗离子源或保养、更换色谱柱等措施。

10. 注意事项

（1）当萃取过程中出现乳化现象时，可采用盐析、搅动、离心、冷冻或用玻璃棉过滤等方法破乳。

（2）浓缩过程试样体积不得少于 1 mL，否则回收率偏低。样品浓缩近干时，回收率为 50%～70%。

（国家环境分析测试中心　钮珊　董亮

中国环境监测总站　张颖）

参考文献

[1] 国家环境保护总局. 土壤环境监测技术规范（HJ/T 166—2004）.北京：中国环境科学出版社，2004.

[2] 环境保护部. 固体废物　有机物的提取　微波萃取法（HJ 765—2015）.北京：中国环境出版社，2015.

[3] 环境保护部. 土壤、沉积物　二噁英类的测定　同位素稀释/高分辨气相色谱—低分辨质谱法.（HJ 650—2013）.北京：中国环境科学出版社，2013.

[4] 环境保护部. 土壤和沉积物　多氯联苯的测定　气相色谱—质谱法（HJ743—2015）.北京：中国环境出版社，2015.

[5] 环境保护部. 土壤和沉积物　酚类化合物的测定　气相色谱法（HJ703—2014）.北京：中国环境出版社，2014.

[6] 环境保护部. 土壤和沉积物　挥发性有机物测定　吹扫捕集/气相色谱—质谱法（HJ 605—2011）.北京：中国环境科学出版社，2011.

[7] 环境保护部. 土壤和沉积物　挥发性有机物测定　顶空/气相色谱—质谱法（HJ 642—2013）.北京：中国环境科学出版社，2013.

[8] 环境保护部. 土壤和沉积物　有机物的提取　加压流体萃取法（HJ 783—2016）.北京：中国环境出版社，2016.

[9] 美国环保局（EPA）. METHOD 3610B. Alumina Cleanup.1996.

[10] 美国环保局（EPA）. METHOD 3611B. Alumina Cleanup and Separation of Aolsorption Petrsleum Wastel. 1996.

[11] 美国环保局（EPA）. Test Methods: Methods for Organic Chemical Analysis of Municipal and Industrial Wastewater；U.S. Environmental Protection Agency. Office of Research and Development. Environmental Monitoring and Support Laboratory. ORD Publication Offices of Center for Environmental Research Information：Cincinnati，OH，1982；EPA-600/4-82-057.

[12] 美国环境保护局（EPA）. 3620C. Florisil Cleanup, 2014.

[13] 美国环境保护局（EPA）. 3630C. Cleanup, 1996.

[14] 美国环境保护局（EPA）. 3640A. Gel-Permeation Chromatography Cleanup, 1994.

[15] 美国环境保护局（EPA）. METHOD 3546. Microwave Extraction, 2007.

[16] 美国环境保护局（EPA）. METHOD 3550C. Ultrasonic Extraction, 2007.

[17] 美国环境保护局（EPA）. METHOD 3560.Supercritical Fluid Extraction of Total Recoverable Petroleum Hydrocarbons, 1996.

[18] 美国环境保护局（EPA）. METHOD 3561. Supercritical Fluid Extraction of Polynuclear Aromatic Hydrocarbons, 1996.

[19] 美国环境保护局（EPA）. METHOD 3562. Supercritical Fluid Extraction of Polychlorinated Biphenyls (PCBs) and Organochlorine Pesticides, 1998.

[20] 杨坪. 环境样品分析新方法及其应用. 北京：科学出版社，2010.

第六篇

土壤生物毒性监测

第一章 概述

土壤作为一种环境介质，是水污染、大气沉降、固体废物等各种污染物的受纳体，会对地下水、地表水等其他环境介质造成污染，其结构组成比大气和水体更为复杂，污染物的种类和污染途径也是多种多样。在此情况下，需要生物监测作为一种灵敏、低成本、反映多种污染物综合效应的监测方法与理化监测互为补充，共同应用到土壤环境监测中。

土壤环境监测中，除了土壤中污染物浓度监测外，还需要对土壤的生物和生态功能进行监测，如耕地生产力的可持续性评价，还田污泥等土壤废弃物造成的潜在环境风险评价，工业用地、煤矿或垃圾填埋场复垦土壤的质量评估等。理化指标监测在这类工作中发挥作用有限，需要生物毒性和生态毒理测试相关的监测方法共同为以上工作提供技术支撑。

生物监测用于土壤环境监测的优点在于：①可以对土壤中各种污染物的综合效应进行长时间连续跟踪监测，能够反映污染物积累性、慢性的影响；②除了急性和慢性毒性效应以外，生物监测可以反映外源化学物质对生物自身代谢影响和对生物群落密度等的影响，即对生态功能的影响；③灵敏，可以对土壤中痕量污染物产生反应；④没有仪器维护等相关费用，应用成本较低。

相较于发达国家，我国土壤生物监测起步较晚，目前主要是研究性监测，尚未形成系统的土壤生物监测体系。本篇以推荐实用性土壤生物毒性监测方法为主，主要参考了经济合作与发展组织（OECD）和国际标准化组织（ISO）等发布的相关方法，共分为四章，除第一章概述外，按照生物毒性监测和生态监测分开，即第二章土壤污染物对陆生植物的毒性监测、第三章土壤动物的毒性监测和第四章土壤微生物活性与多样性监测。

希望大家能在实际应用这些方法对土壤功能、土壤质量进行评价时不断总结，积累经验，共同推动土壤生物监测技术的完善和提高。

一、定义

半数致死浓度（LC_{50}）：以参比土壤或标准土壤为对照，试验期间使 50%供试生物死亡的污染土壤稀释度或受试物浓度。

最低显著效应浓度（LOEC）：在一定时间内受试生物产生统计显著性有害效应的最低土壤稀释度或最低受试物浓度。

无显著效应浓度（NOEC）：低于测试土壤的最低效应稀释度（LOEC），或在一定时间内受试生物没有产生统计显著性有害效应的最大受试物浓度。

限度试验：至少包括 4 个平行处理的单一浓度试验。试验中测试土壤样品不作任何稀释，或者受试物以最高浓度与对照土壤混合。

参比土壤：与测试土壤具有相似性质（pH、有机质的含量、结构组成、营养成分等）的未污染土壤（例如在污染点附近采集的土壤）。

标准土壤：主要性质（如 pH、有机质含量、结构组成等）已知，野外采集的土壤或者人工土壤。

对照土壤：用于对照试验和配制受试物系列浓度的参比土壤或者标准土壤。

受试混合物：受试污染土壤或者受试物与对照土壤的混合物。

受试土壤稀释度：在受试混合物中，受试土壤和对照土壤的比例。

二、生物测试体系

1. 高等植物

高等植物是生态系统的基本组成部分。一个不稳定或受到外来污染的生态系统，对高等植物的生长会带来不利影响。因此，利用高等植物的生长状况监测土壤污染，是土壤污染诊断的重要方法之一。目前，已建立的高等植物毒性测试方法，包括种子发芽、根伸长抑制及植物早期生长影响等急性毒性试验，主要通过检测植物在污染条件下根系发育的状况、生物量减少的程度或植物的耐污特性等对污染进行诊断。作物生长能力是评判土壤质量的主要标准，尤其是对高等植物出苗和早期生长的影响可以作为评价土壤功能性的重要指标。植物生长受土壤质地、pH 或养分含量等土壤性质的影响，因此，自然土壤试验仍需参比土壤（与受试土壤性质相同的未污染土壤）或标准土壤作对照。

在评价土壤和土壤类物质的质量方面，有必要确定其对生物的潜在遗传毒性，它们可能是由污染或净化过程所引起的。虽然具有遗传毒性的物质会损害生物的基因组或干扰其功能，但这些物质并不一定能通过化学分析或传统的生态毒理试验检测出来。通常，遗传毒性效应可在亚致死浓度被观察到，而这样的浓度下不会显示短期的毒性效应（如生存或增长），但对于生物可能会有一些长期的影响。高等植物蚕豆（*Vicia faba*）是一种很好的细胞遗传学研究材料，它有 6 对相当大的染色体，根尖含有较多的分裂相细胞，非常适合显微观察，而且对土壤和土壤类物质质量的评价有生态学上的相关性。

2. 动物

土壤动物是土壤生物的重要组成部分，其生物学特征及其与污染物的相互作用具有独特性。因此，在土壤污染评价中扮演着重要角色。

在生态系统的食物链中，蚯蚓是陆生生物与土壤之间传递污染物的桥梁，是环境有毒物质一种非常重要的非靶标陆生土壤生物，被认为是检测土壤污染最合适的生物，因而作为指示生物用于生态毒理学试验和土壤生态监测等。常用试验物种包括赤子爱胜蚓（*Eisenia fetida*）和安德爱胜蚓（*Eisenia andrei*）。

鞘翅目昆虫作为腐食性大型土壤动物，主要在土壤中穿行、打洞并栖息，对于促进植物生长、改善土壤结构、促进微生物活性等方面具有重要作用。常用于评价土壤的生态功能和土壤污染物的毒性效应。

除环节动物（蚯蚓和线蚓）和节肢动物（昆虫：弹尾目和鞘翅目）外，蜗牛作为土壤表层（腐食性和植食性）生物，它们的生命周期（产卵、孵化、初始发育阶段、冬眠等）主要发生在土壤，通过潮湿且带有黏液的触角接触土壤（水、矿物盐、排泄物和死后的躯壳或有机体），是联系植物、动物和土壤微生物之间的重要纽带生物。此外，蜗牛易于采集和鉴定，分布广泛，在受控条件下容易培育；已被证明对常见的环境污染物敏感。因此，蜗牛可作为评估土壤质量的指示生物。

3. 微生物

土壤微生物是土壤有机质和土壤养分（C、N、P、S 等）转化和循环的动力，参与有机质的分解、腐殖质的形成、养分的转化和循环等各个生化过程。土壤微生物的生物量是土壤养分的储存库和植物生长可利用养分的重要来源，与微生物个体数量指标相比，更能反映微生物在土壤中的实际含量和作用潜力，可以评估土壤肥沃度的持续保持性、降解有机物质的潜在能力和添加物对自然微生物群落的影响。土壤微生物量的测定方法主要包括：直接镜检法、熏蒸提取法（FE）、诱导呼吸法（SIR）及成分分析法等。

菌根真菌一类普遍存在可以与维管束植物的根形成共生关系的微生物，是土壤微生物群落的重要组成部分和植物/土壤系统中的关键性生物。在自然和农业环境中，菌根真菌形成的根共生系统建立了土壤和大部分维管植物（80%）的直接作用关系。研究表明，菌根真菌对污染物，如金属微量元素和多环芳烃非常敏感，甚至在污泥对宿主植物的毒性效应还未显现时，菌根真菌就已经发生了变化。菌根真菌满足指示生物的大部分标准（土壤中普遍存在、对污染物敏感、在植物健康和生态系统中具有生态功能），可用于污染物、污染土壤和污泥农用等有关的危害和环境风险评估。

三、土壤采集、预处理与保存要求

（一）采集

土壤采集应根据实验室测试条件决定，采集含水量适中的土壤样品，以便于过筛。尽量避免在干旱、洪涝、冰冻期间或长期（如 1 个月）处于上述情况后立即采集土样。如果开展田间监测，那么可接受田间的现状条件。

若采集好氧的农田土壤，应根据实际耕作深度采样。移除土壤表面的植被覆盖，可见根际，移除大型木本植物垃圾和土壤动物活动区域，以减少新鲜有机碳引入土壤中。如果自然土壤有不同的断面，那么土壤样品应从不同的断面采集。

（二）预处理

土壤应在采样后尽快处理，去掉植被、大型土壤动物和石块，并过 2 mm 筛。土壤过 2 mm 筛有利于土壤颗粒的气体交换，以维持土壤氧含量（好氧土壤）。一些有机物料（如沼泽层和腐殖土）需在湿润条件下人工过筛（5 mm 或 4 mm 筛）。如果实在太潮湿无法过筛，可在室温条件下自然风干处理，风干期间应经常翻动土壤，土壤表面不宜过于干燥，确保能过筛即可。不推荐使用完全晾干再湿润的方法处理土壤，避免影响土壤微生物群落。干燥再湿润的处理会导致微生物碳和氮的显著变化，以及呼吸爆发和细菌种群的增长。

（三）储存条件和储存周期

土壤样品可以使用塑料袋保存，保持土壤松散状态。采集的土壤须经过预处理后再储存，以保证其好氧条件，于（4±2）℃避光保存，并保证有空气的流通。储存期间土壤禁止干燥和加湿处理。储存时间不宜过长，不能超过 3 个月，尽可能在采样后尽快使用。若土壤样品需要 DNA 分析，则应于-20℃冷冻保存，若需要 RNA 分析，则应于-80℃冷冻保存。

若土壤样品的储存时间需超过 3 个月，则推荐将样品置于-20℃、-80℃或者-180℃保存。用于测定磷脂脂肪酸（PLFA）和 DNA 分析的土壤样品可以在-20℃条件下储存 1～2 年。用于 rRNA 分析的土壤样品在-80℃可贮存 1～2 年。

四、数据处理方法

（一）显著性差异统计分析

显著性差异统计分析是为了分析处理组和对照组之间的生物毒性响应差异是否具有统计学意义。一般地，显著性差异用 $p = 0.05$ 的显著性水平进行评估：若处理组与对照组的生物毒性响应差异显著性（p 值）小于 0.05，认为处理组和对照组的生物毒性响应具有显著性差异；否则就认为处理组和对照组的生物毒性响应无显著性差异。常用的显著性差异统计分析软件包括 SPSS、Origin 等。

显著性差异统计分析时，首先采用适当的统计检验方法对数据进行正态分布和方差齐性检验，如 Shapiro-Wilk（$p = 0.05$）和 Levene 检验（$p = 0.05$）；然后根据正态分布和方差齐性检验结果，选择相应的方法进行后续的多重比较。若数据不符合正态分布，应采用对数转化等方法使其符合正态分布。若数据满足方差齐性假设（$p > 0.05$），可选用参数检验方法，如 Dunnett、Bonferroni、Scheffe、Turkey、LSD 等多重比较方法；否则须选用 Dunnett's C、Dunnett's T3、Tamhane's T2 或 Games-Howell 等非参数检验方法。最后，根据多重比较得到的处理组与对照组的生物毒性响应差异显著性概率（p 值），判定该差异是否显著。

若开展仅包含 1 个浓度处理组的限度试验，当数据满足正态分布和方差齐性，可选用 Student t 检验方法；否则须采用 Welch 检验等不等方差的 t 检验方法或 Mann-Whitney-U 等非参数检验方法。

（二）效应浓度（EC$_x$）计算方法

EC$_x$ 是通过统计学计算得到的、在试验周期内引起 x% 生物出现毒性响应的处理浓度（剂量）。常用的指标包括 EC$_{10}$、EC$_{20}$ 和 EC$_{50}$。

EC$_x$ 计算的常用软件包括 SPSS 概率法（Probit 拟合）、Origin（剂量效应曲线拟合法，Sigmoidal-Does Response 拟合）、Trimmed Spearman-Karber Method（USEPA）。其中概率法（Probit）可以得到 x=1～99 的 EC$_x$ 值，剂量效应曲线拟合法（Sigmoidal-Does Response）可以得到 x=0～100 的 EC$_x$ 值。但 Trimmed Spearman-Karber Method 法仅能得到 EC$_{50}$ 值。

（三）无显著效应浓度（NOEC）计算方法

NOEC 是通过统计学分析得到的、在试验周期内受试生物的最高无显著效应浓度，LOEC 是通过统计学分析得到的最低显著效应浓度。NOEC 一般可通过 LOEC 间接得到。

计算 NOEC 时，首先根据不同处理组与对照组生物毒性响应差异性的显著性统计结果确定 LOEC，即和对照组有显著差异（$p < 0.05$）的最低浓度（剂量）。低于 LOEC 的最高处理浓度即为 NOEC。一般要求浓度高于 LOEC 的处理组的生物毒性响应不低于 LOEC 处理组，否则须对结果进行解释。

五、监测报告基本要求

对于生物监测，监测报告中需对受试生物、土壤及理化特性、样品制备方法、测试条件、数据处理和结果计算方法、结果有效性（质量控制）等进行详细描述，试验结果一般以 EC_{50}、LOEC、NOEC 或 EC_{10} 等指标表征，同时还应包括测试过程中出现的生物毒性症状。需要对试验结果进行评价。

（中国环境监测总站　许人骥）

第二章　陆生植物毒性监测

一、根生长抑制试验（C）

植物生长能力是评判土壤质量的主要标准，参考国际标准化组织 ISO 11269-1：2012 方法（Soil quality—Determination of the effects of pollutants on soil flora Part 1：Method for the measurement of inhibition of root growth），描述了可控环境条件下植物根伸长抑制测定方法，用于比较不同土壤质量差异、监测土壤肥力变化或测定外源性化学物质或废物材料（如堆肥、污泥、垃圾）对土壤质量的影响。

（一）方法原理

通过对比受试土壤和对照土壤中陆生植物根伸长情况，评估受试土壤对陆生植物根伸长的影响。将未发芽种子暴露于含有不同稀释度的污染土壤或添加不同浓度受试物的介质中，在受控条件下开展根伸长抑制试验。试验结束时，观测受试组与空白对照组植物的根长度。与对照组相比，确定对植物种子根伸长具有显著抑制作用的最低显著效应浓度（LOEC）与无显著效应浓度（NOEC）。必要时，也可通过测定芽长确定 LOEC 与 NOEC，为土壤质量评估提供参考数据或佐证数据。

（二）适用范围

本方法适用于测定污染土壤或样品对陆生植物根伸长的影响，包括污染土壤、土壤类物质、堆肥、污泥和化学品等。同时适用于土壤添加物质的效应测定以及已知和未知土壤样品质量的比较研究。

（三）试验材料

1. 受试植物

推荐物种包括冬大麦（*Hordeumvulgare* L.）、燕麦（*Avena sativa* L.）和小麦（*Triticumaestivum* L.），也可选择其他单子叶植物与直根系双子叶物种，如经济作物或对地区生态学有重要价值的植物。

受试植物在受试土壤和测试条件下应具有一定的耐受性。如对低 pH 条件敏感的植物不能用于低 pH 森林土壤的测试。杀虫剂或杀真菌剂包衣的种子不能用于测试。

2. 试验样品

（1）受试土壤。

受试土壤的均质性（含粗颗粒的非均质土壤）或黏土的含水量（高含水量的黏质土壤）等物理特性可能会影响根伸长，受试土壤应过 2 mm 筛去除粗颗粒。此外，细颗粒（$\phi <$ 20 μm）应不超过干重的 20%。

试验前，土壤样品的存储条件参考本篇第一章相关部分，pH、机械组成、含水量、阳离子交换量及有机质含量等土壤基本理化参数的测定参见第三篇相关部分。土壤持水量测定参见附件2A。

（2）对照土壤。

参比土壤和标准土壤都可作为对照土壤。当比较已知和未知土壤对植物根伸长的影响时，对照土壤和受试土壤的质地应相同，且除化学品或污染物之外的其他组分也应相同。因土壤特性的差异可导致根伸长显著差异并引起假阳性的测试结果。

①参比土壤。

污染场地附近的无污染土壤经过预处理和理化性质测定（同 2-（1））后可作为参比土壤。如果无法确定土壤是否污染，应优先使用标准土壤。

②标准土壤。

标准土壤可采用未污染的自然土壤或人工土壤。其中，自然土壤的有机质含量不应超过 5%，细颗粒（$\phi < 20\ \mu m$）含量不超过 20%。人工土壤的配方如下：泥炭藓 10%（无明显植物残体，风干，磨细）；高岭黏土 20%（高岭石含量不小于 30%）；工业石英砂 69%（$50 \sim 200\ \mu m$ 粒径的细沙含量大于 50%）；碳酸钙 0.3%~1.0%（调节土壤 pH 至 6.0 ± 0.5）。

当存在非极性物质（$\log P_{ow} > 2$）或易电离物质时，5%的泥炭足够维持人工土壤的结构，人工土壤中各组分含量应调整为泥炭 5%、黏土 20%、石英砂 75%。

试验前配制人工土壤，使用大型实验用搅拌机混匀以上干基质，碳酸钙的添加量应根据每批次泥炭的性质和添加量作相应调整。人工土壤于室温下保存。为测定 pH 与饱和持水量，应至少于试验前 2 d 添加去离子水预湿润干人工土壤，达到饱和持水量 $70\% \pm 5\%$ 的 $1/2$。

③空白对照组。

为了确保试验条件的一致性，每次试验均须设置 3 个仅含石英砂（不含受试物）的空白对照组。植物根长不仅与物种及其个体差异有关，而且与生长条件也有关。表 6-2-1 为三个推荐物种空白对照组的根伸长测定结果示例。

表 6-2-1　三种推荐物种的空白对照组根伸长测试结果

物种	试验次数	根长范围/mm	平均值/mm	平均值±2 s/mm
冬大麦	12	112.7~146.6	131.9	114.2~149.7
燕麦	9	97.8~119.0	112.8	100.4~124.8
小麦	10	84.0~109.9	91.4	77.8~105.7

石英砂：选用水洗工业石英砂或其他类似纯石英砂，粒径（ϕ）分布：>6 mm，10%；0.2~6 mm，80%；<0.2 mm，10%。

实验室使用的每种植物均应建立相应的空白对照试验结果动态变化图。当数据足够（如 10 个空白对照组根伸长测定值）时，即可计算该物种的对照组根伸长值变化的可接受范围（均值±2 s，s 为标准偏差 SD），以考察试验结果的稳定性。对照组根伸长值变化的可接受范围应根据新的试验数据动态更新。

（3）参比物。

建议定期开展参比物试验以验证试验条件的一致性。参比物质推荐为硫酸镍

（NiSO₄·6H₂O）和硼酸（H₃BO₃），见附件2B。

（四）仪器设备

（1）试验容器：应为圆柱形，直径≥8 cm，高≥11 cm，并有平行边，确保幼苗根生长不受限制且不被圆锥形侧壁阻扰，并确保加入约500 g石英砂，或400 g风干土壤，或250 g人工土壤后可达到10 cm。容器底部须带孔或铺上滤纸。

（2）人工气候箱（室）：为植物生长提供特定条件的设备或温室。

（3）天平：精度为0.1 g。

（4）聚乙烯自封袋：规格36 cm×18 cm。

（5）大型实验用搅拌机。

（6）不锈钢筛：筛孔2 mm。

（五）试验程序

1. 实验设计

根据研究目的，设计限度试验（如使用污泥的未知土壤与已知特性土壤的质量比较）或完整的正式试验（评估剂量—效应关系）。对于后者，应先通过预试验确定受试物对根伸长影响的剂量范围，预试验不设平行。正式试验至少设置5个浓度，且浓度间隔倍数不超过两倍。

对于正式试验，石英砂组、对照组、受试土壤和（或）受试混合物（如土壤/堆肥、污泥或废物或土壤/化学品）均须设置3个平行。对于限度试验，建议增加平行数以提高统计分析结果的可靠性。

2. 受试土壤（受试混合物）制备

根据受试材料的性质，依照附件2C（化学品）或附件2D（堆肥、污泥、垃圾）分别制备不同受试混合物。

向不同试验容器中装入等量的石英砂、受试土壤、对照土壤或受试混合物，保证内容物高度在容器上边缘5～10 mm以下（不能用力按压土壤）。然后加入去离子水润湿石英砂、受试土壤、对照土壤或受试混合物，使其含水率达到饱和持水量的70%±5%。一个实验容器为一个处理，测定各处理的pH（KCl）。

3. 催芽

将种子均匀放在经去离子水润湿的滤纸上培养，直到胚根（胚发育形成初生根的部分）出现。

种子的发芽时间受植物物种和密度的影响。通常，20℃黑暗条件下，大麦需36～48 h；燕麦需48～72 h；小麦需48～60 h（根据有限的种子数量推得，仅供参考）。

当胚根出现且在长到2 mm前，按照每容器6粒的密度将种子植入试验介质。植入时应保持胚根朝下，深度在基质表层10 mm之下。

4. 生长条件

将试验容器放入人工气候箱（室），在表6-2-2推荐的条件下培养。为了避免不同光照和温度对受试植物的影响，试验容器应随机摆放。

整个暴露期应保持含水量恒定。如将试验容器置于聚乙烯密封袋中即可保持含水量，无须补水。对于黏性土壤，应适当减少土壤含水量。

表 6-2-2　推荐的单子叶植物培养条件

条件	白天	夜晚
光周期/h	12～16	8～12
光强度/lx	≥2 500	—
温度/℃	20±2	16±2
含水量 C_w/%	70±5	70±5

5. 试验周期

试验周期为 4 d。但对于双子叶植物，可能需要更长时间。

6. 测定

生长期结束后，将试验容器侧放并小心地从盆中移除土壤，分离土壤和植物后，清洗植物并测量其最大根长（精度 0.5 mm）。根长应从下胚轴和根之间过渡点测量到根的尖端。也可同步测量芽长作为参考数据。

将试验容器放入加水的托盘（水层约 5 cm）中可使植物与土壤更容易分离。试验结束时，测定各处理组（每处理的一个容器，同试验开始时）的 pH（KCl）。应注意 pH（KCl）的测定介质为 1 mol/L KCl 或 0.01 mol/L $CaCl_2$。

（六）有效性标准

（1）石英砂对照组的根伸长应达到表 6-2-1 的要求；

（2）最大根长的平均值应在选定物种根长平均值±2s 范围内；

（3）石英砂对照组的根伸长变异系数不应超过 20%。

（七）数据处理和结果表征

测定每种植物的最大根长，计算各处理组（石英砂组、空白对照组、受试处理组）植物最长根的平均长度，结果以表格的形式列出。

比较受试混合土壤或未稀释受试土壤和空白对照组的根长度时，首先应进行方差齐性分析。满足方差齐性的数据可直接用软件进行统计分析，如单因素方差分析（ANOVA）和 Dunnett 检验（$\alpha = 0.05$）。如果不满足方差齐性，建议进行数据转换或采用非参数法。

对于单一浓度的限度试验，且满足参数法的先决条件（正态分布、方差齐性）时，可用 T 检验（Student-t test）或曼-惠特尼秩和检验（Mann-Whitney-U test）进行数据分析。

对于多浓度的正式试验，且存在剂量—效应关系时，可选用合适的统计分析方法计算 EC_x（10、20、50）和置信区间（$p = 0.95$）。

（八）试验报告

试验报告应包含下列内容：

（1）方法依据；

（2）实验设计和试验程序的完整描述；

（3）受试植物（品种、来源）；

（4）试验条件（温度、光周期、照明等）；

（5）受试土壤、堆肥、污泥、垃圾等受试材料的理化性质（必要时）；

（6）石英砂的理化性质，对照土壤的理化性质；

（7）各试验容器中植物的最大根长与最大芽长（可选），包括石英砂、对照土壤、受试样品、受试混合物，及其他任何观察到的效应；

（8）试验结果表，包括处理组、平行数和每一种植物最大根长、根伸长抑制率及是否有统计学意义的差别，或观测到的任何增长率抑制效应的显著性水平。

附件 2A　土壤饱和持水量测定方法

首先在已知体积的玻璃管中填满土壤，底部用滤纸封住，盖紧上口后将试管置于水浴（室温）中保持 2 h，确保玻璃管口高于水面。然后将整个玻璃管（或塑料管）浸入水面以下 1 h，取出玻璃管将其置于盛有湿润细颗粒石英砂的托盘上沥水 2 h。最后在 105℃ 下烘至恒重。

持水量 C_w 以土壤干重的百分比计，计算公式如下：

$$C_w = \frac{m_s - m_t - m_d}{m_d} \times 100$$

式中：M_s —— 水饱和土壤的质量加上试管和滤纸质量的总和；

　　　M_t —— 试管和滤纸的质量；

　　　M_d —— 土壤干重（试管、干土和滤纸总质量减去试管、滤纸的质量）。

附件 2B　参比物试验结果（供参考）

表 2B-1　硫酸镍（NiSO$_4$·6H$_2$O）

物种	基质	试验周期/d	EC$_{50}$/（mg/kg，以 Ni^{2+}计）
冬麦	石英砂	4	1.01　（0.70～1.45）
			2.32　（1.87～2.88）
		5	2.34　（1.01～5.42）
			0.81　（0.60～1.10）
			1.65　（1.12～2.45）
			1.21　（1.05～1.40）
			2.17　（1.97～2.44）
			1.50　（1.04～2.16）
			1.33　（1.21～1.47）
燕麦	石英砂	4	1.86　（1.43～2.43）

表 2B-2　硼酸（H$_3$BO$_3$）

物种	基质	试验周期/d	EC$_{50}$/（mg/kg）
冬麦	石英砂	4	62.3　（55.8～69.9）
			70.3　（63.2～78.7）
			61.9　（54.9～70.2）
燕麦	人工土壤	4	449.2　（405.7～505.3）
			255.0　（148.1～440.3）
		5	365.4　（322.8～412.2）

物种	基质	试验周期/d	EC$_{50}$/（mg/kg）
小麦	石英砂	4	57.5 （50.5～65.5）
			63.0 （44.0～90.5）
			57.8 （48.8～67.1）
	人工土壤	4	281.5 （166.0～479）
			294.0 （216.7～399.6）
		5	278.1 （211.7～365.3）
			487.5 （438.4～552.4）

附件 2C　化学品测试—受试介质制备方法

2C.1　水溶性物质

用去离子水配制一定浓度的贮备液并与预湿的土壤充分混合，再次加入去离子水，使含水率达到土壤饱和持水量的 70%±5%。

2C.2　不溶于水、但溶于有机溶剂的物质

将受试物溶于挥发性溶剂（如甲醇或丙酮）中得到一定浓度的贮备液，然后向小份（10～50 g）石英砂中加入一定量贮备液并充分混匀。在通风橱中于常温下挥干溶剂后，再将小份石英砂与土壤充分混匀。最后，用去离子水调节含水率至土壤饱和持水量的 70%±5%。

2C.3　不溶于水和有机溶剂的物质

对于不溶于水和挥发性溶剂的物质，直接向小份石英砂（10～50 g）中加入一定量受试物，混匀后再转入盛有土壤的玻璃容器中，并再次混匀。受试物的添加量应根据所设的最终受试浓度确定。最后，用去离子水调节含水率至土壤饱和持水量的 70%±5%。

附件 2D　堆肥、污泥或废物等受试混合物制备方法

所有受试材料应为粒径小于 2 mm 的颗粒，否则需进行预处理。根据试验目的，可以用石英砂替代土壤以评估堆肥、污泥或废物的影响，比较不同受试材料生物毒性的差异（如用于环境管理）。当试验目的为评估污泥或堆肥的使用对区域土壤质量的影响时，不推荐使用石英砂。

2D.1　固体受试材料

受试材料的添加方法取决于其物理属性、受试剂量等多个参数。

（1）低剂量：将受试材料加入水（维持土壤湿度所需的全部水量或部分水量）中，然后再与土壤混匀；

（2）高剂量：将受试材料与配制好的湿土充分混合；

（3）疏水材料：先将受试材料与土壤充分混合，然后再补水至适当的含水量。

2D.2　可与水混合的液态污泥或液体废物

将受试材料加入水（维持土壤湿度所需的全部水量或部分水量）中，然后再与土壤混匀。其中，最大加水量是受试混合物总持水量的 70%±5%。

2D.3　不能与水混合的液体废物

（1）低剂量：将受试材料加入水（维持土壤湿度所需的全部水量或部分水量）中形成悬浊液，然后再与土壤混匀。可通过超声加速混匀，或直接向小份石英砂（推荐量：10 g

砂/kg 土）中加入一定量的受试材料，混匀后再与土壤充分混合。根据设定的最终受试浓度确定受试物添加量。最后，用去离子水调节含水率至受试混合物饱和持水量的 70%±5%。

（2）高剂量：将受试材料与配制好的湿土直接混合；或先将受试材料与土壤混匀，然后再补水至适当的含水量。

（生态环境部南京环境科学研究所　石利利　王蕾）

二、萌芽和早期生长影响试验（C）

植物生长能力是评判土壤质量的主要标准，尤其是对高等植物出苗和早期生长的影响可以作为评价土壤功能性的重要指标。参考 ISO 11269-2 方法，描述了可控环境条件下植物种子萌芽和早期生长影响试验方法，用于比较不同土壤质量的差异，监测土壤肥力变化或测定外源性化学物质或有关废物材料（如堆肥、污泥、垃圾）对土壤质量的影响。

（一）方法原理

通过对比受试土壤（和/或其稀释处理组）和对照土壤中陆生植物的生长情况，评估受试土壤对植物出苗和早期生长的影响。至少选取两种陆生植物种子，分别植入受试土壤和对照土壤后，置于适宜的条件下培育。当对照组出苗率达到 50% 时，测定所有受试组的出苗率并移除部分植株使密度降低到一定程度。2～3 周后，采集余下的植株并称重。与对照组相比，确定基于出苗率和生长量的 NOEC、LOEC 或 EC_x、ER_x 值。必要时，其他测试终点（芽长、根长、根干重）也可作为早期植物生长测试指标。

（二）适用范围

本方法适用于测定污染土壤对陆生植物出苗和早期生长的影响，包括污染场地土壤或修复土壤。

（三）试验材料

1. 受试植物

受试植物应包括一种单子叶植物和一种双子叶植物。推荐的单子叶植物为燕麦（*Avena sativa*），双子叶植物包括芜菁（*Brassica rapa*）和芜菁亚种野萝卜（*Brassica rapa* ssp. *rapa*）。也可选择其他在对照土壤中正常生长且满足有效性标准的物种，如 C-4 植物（玉米、甘蔗、粟米）等特定生理特性的植物或与固氮菌（如 Fabaceae）共生的植物，或具有显著的区域生态学价值或经济价值的植物。

选用燕麦、芜菁或野萝卜以外的生物作为受试植物时，应在报告中说明原因。其他推荐物种及其有效性标准和参考性试验数据详见附件 2E 和 2F。

2. 受试样品

评估污染场地土壤或修复土壤的潜在毒性时，受试土壤的 pH 应对受试植物无影响，如 pH 为 5.0～7.5 时，对燕麦、芜菁的生长无影响。试验前不能调节受试土壤 pH。在对比已知性质和未知性质的土壤时，对照土壤和受试土壤应具有相同质地级别，并且除了添加化学物质或含有污染物之外，两者的其他性质也应尽可能相同。因为除污染物组分差异外，土壤性质的显著差异也可能导致植物生长的差异，从而产生假阳性结果。

（1）受试土壤。

受试土壤包括来自工业用地、农田及其他高关注场地或计划用于填埋处置的废弃物（如疏浚物、污水处理厂污泥、粪肥等）。

试验前，受试土壤应过 4 mm 孔径的筛网去除粗颗粒并充分混匀，过筛前尽可能风干。土壤采集后应尽快开始试验，尽量缩短储存时间。土壤样品的存储条件参考本篇第一章相关部分，储存容器应尽可能确保减少因挥发、吸附所造成的污染物损失。测定土壤 pH、机械组成、含水量、阳离子交换量及有机质含量等基本理化参数。土壤饱和持水量测定参见本章附件 2A。为了避免土壤污染物发生生物降解，不能调节土壤 pH。

（2）对照土壤。

对受试植物生长无影响的参比土壤和标准土壤都可作为对照土壤。土壤养分含量可影响剂量—效应关系。如对照土壤养分含量偏高可能导致假阳性试验结果。反之，对照土壤养分含量偏低又可能导致低含量受试土壤的"毒性刺激作用"（受试物或受试土壤高浓度致毒，但低浓度却增加出苗率、生长率或存活率的现象）。当养分差异成为主要影响因素时，甚至可能出现相反的剂量—效应关系。因此，推荐向受试土壤和对照/参比土壤中添加营养物质，以避免出现假阳性或假阴性试验结果。

①参比土壤。

污染场地附近的无污染土壤经过处理和特性测定后，可作为参比土壤。如果无法确定土壤是否被污染，应优先使用标准土壤。

②标准土壤。

标准土壤可采用未污染的自然土壤或人工土壤。其中，自然土壤的有机质含量不应超过 5%，细颗粒（$\phi<20\ \mu m$）含量不超过 20%。人工土壤的配方如下：泥炭藓 10%（无明显植物残体，磨细，风干）；高岭黏土 20%（高岭石含量不小于 30%）；工业石英砂 69%（50～200 μm 粒径的细砂含量大于 50%）；碳酸钙 0.3%～1.0%（调节土壤 pH 至 6.0±0.5）。

当存在非极性物质（$\log P_{ow}>2$）或易电离物质时，5% 的泥炭足够维持人工土壤的结构，应将土壤各组分的含量调整为泥炭 5%、黏土 20%、石英砂 75%。应注意 pH（KCl）的测定介质为 1 mol/L KCl 或 0.01 mol/L $CaCl_2$。

试验开始配制人工壤，用大型实验用搅拌机将以上干基质混匀，然后加入去离子水使其达到最终含水率（饱和持水量的 40%～60%）的 50%。碳酸钙的添加量根据泥炭的性质和加量作相应调整。配好的人工土壤至少在室温下放置 2d 以平衡酸度，测定 pH 和含水量。如需配制不同稀释度的受试土壤，加入对照土壤并充分混匀，目测检查土壤混合物的均质性。

（3）参比物。

建议定期开展参比物试验以验证试验条件的一致性，以及不同批次种子敏感度的差异。推荐的参比物质为三氯乙酸钠或硼酸。附件 2F 为参比物质植物毒性试验数据。

（四）仪器设备

（1）试验容器：材质为五孔塑料或光滑罐体，内径 85～95 mm。推荐采用自动加水系统，如配置玻璃纤维灯芯，用于调节土壤水分含量。即从容器底部引入 1～2 根玻璃纤维灯芯，将试验容器置于水缸后，灯芯即可接触水源，以保证受试土壤的水分供应。当预试验证实受试土壤无法通过灯芯吸水时，不能采用灯芯浇水法。

（2）人工气候箱（室）。

（3）分析天平：精度为 0.1 mg。

（4）电子秤：大量程（如 10 kg），用于土壤混合物制备时称量。

（5）不锈钢筛：筛孔 4 mm。

（6）玻璃纤维灯芯：直径 1 mm。

（五）试验程序

1. 实验设计

采自场地的土壤可以在单一浓度下试验（如 100%），也可采用参比土壤进行梯度稀释后试验以评估其毒性。一般先开展预试验以确定正式试验的浓度范围。正式试验包括一系列稀释度的土壤混合物（处理组），每个处理组至少 4 个平行。

为了避免因养分缺乏导致的效应偏差或出现错误结果，所有处理组和对照组土壤均应在植物出苗后补施肥料。在最佳养分条件下，可以增强污染物引起的植物生长抑制效应。

试验前，应检查受试土壤是否通过玻璃纤维灯芯有效吸水。含砂量特别高的土壤或富含憎水性污染物的土壤、甚至高黏粒含量的土壤，当其饱和持水量很高时，土质会变紧实，从而导致斥水性或较差的输水性。通过预试验（设置 2 个平行），有助于确定供水系统是否可行或是否需要人工补水。

受试土壤及其稀释梯度系列、对照土壤和参比土壤（如有）均设置 2 个平行。向配置有灯芯的试验容器中加入受试土壤或土壤混合物后，将试验容器置于外部水缸之上并确保其不直接接触水源。如果水分能在 24 h 内到达土壤表层，表明灯芯浇水法可以达到很好的供水效果。否则，应采用人工法向土壤表层补水，直至润湿（但不能浸透）。第一次人工补水常有助于后期灯芯浇水的顺利应用。极少数情况下需要在整个试验周期进行人工补水。

2. 预试验

预试验的目的是确定最适土壤混合比的范围。采用适当的方法将受试土壤与参比土壤或标准土壤混合，混合比一般设置为 0、12.5%、25%、50% 和 100%。如果出苗（胚芽鞘或子叶露出土壤）后显现毒性效应，可在两周生长期结束前完成试验。

3. 正式试验

根据试验目的设计正式试验。一般可通过对比受试土壤和参比土壤的生物效应评估场地土壤样品的生物生存适宜性。当由于毒性或非典型的理化参数不能采用参比土壤时，可采用标准土壤。标准土壤的测试结果有助于区分污染物毒性效应或由土壤理化特性造成的非污染物毒性效应。

正式试验须设置一系列浓度或稀释梯度，对于不同的试验目的，可采取以下 3 种方案。

（1）计算 NOEC 时，至少应以几何级数设置 5 个浓度，各处理组分别设 4 个平行、对照组设 8 个平行。

（2）计算 ER_x 和 EC_x 时，至少设置 12 个浓度，各处理组分别设 2 个平行、对照组设 6 个平行。浓度间距可灵活设置：低浓度间隔小一些，高浓度间隔大一些。

（3）同时计算 NOEC 和 ER_x/EC_x 时，至少应以几何级数设置 6～8 个浓度，各处理组分别设 4 个平行、对照组设 8 个平行。

若预试验未观测到任何毒性效应，即可开展限度试验。限度试验仅需测定未经稀释土壤样品和对照土壤的毒性，每组至少 4 个平行。

通常完整的正式试验至少设置 5 个浓度，且浓度间比例不得大于 2.0。

4. 受试介质制备

如果受试土壤或配制好的土壤混合物已经保存了一定时间，使用前应重新混匀。所有试验容器装入等量的土壤（土壤量约在上沿下方 1 cm），将土壤湿度调至饱和持水量的20%～40%。土壤不能太湿，否则容易板结，不易植入种子。必要时，装土前适当风干或润湿土壤。应于试验前计算每组受试土壤的实际加水量。

不可用力按压土壤。如果土壤结构过于松散，可采用从坚固桌面上方 5 cm 处垂直丢下试验容器的方式夯实土壤。

5. 种子准备

土壤装好后，每个试验容器分别植入 10 粒规格相似、未包衣的种子。每个容器植入种子的数量可根据容器体积和面积进行调整（550～700 cm²/粒）。植入种子前，先在土壤中挖几个小洞，然后每洞植入 1 粒种子，最后轻轻盖上土并平整表面。芜菁和燕麦种子适宜的种植深度分别为 5～10 mm 和 10～15 mm。或者直接用镊子尖夹住种子，将种子植入适宜的土壤深度。

为了减小种子重量的差异性，可采用重力分选法筛选燕麦种子，舍弃过轻和过重的种子。但芜菁种子过小而无法采用重力筛分。应舍去形状不规则的种子。如果选用其他植物种子，应采用对应的筛选标准。

6. 生长条件

适宜的温度、湿度和光照是维持植物正常生长的必要条件，因此试验需在人工气候箱、植物生长室或温室中进行。除了温室中的日光外，用于植物生长的荧光灯、气体放电灯、金卤灯、高压汞灯和高压钠灯均可使用。生长灯应安装于土壤表层上方 1 m 以上，以便试验过程中有足够空间对植物进行处理（如重新放置试验容器、浇水等）。此外，应确保试验容器所在的区域内光照基本均匀。

燕麦和芜菁所需的生长条件为光暗比 16 h∶8 h，光强至少 7 000 lx，温度为（23±3）℃（出苗后可适应更大温度变化范围）。

试验空间须保持通风，以避免处理组和对照组之间交叉污染。

7. 开始试验

若采用玻璃纤维灯芯灌溉方式，试验容器可放置在水槽上方，无须进行额外的加湿处理。但只允许玻璃纤维灯芯接触下方水面，且不同处理组应使用不同的水槽进行加湿。由于受试土壤中的营养成分可能被冲洗到下方水槽中，因此应控制水槽的水量（如<0.5 L/容器）。

试验过程中，土壤含水量相对饱和持水量（$C_{w,max}$）的比例应保持基本不变，可通过目测检查灯芯供水系统是否为植物生长提供足够水分。如果预研究表明，灯芯供水系统无法保证供水量，应进行人工加湿使其含水量达到饱和持水量的 60%～80%。

应每天调节土壤含水量，使其保持预定的初始含水量（如燕麦：饱和持水量的 80%；芜菁：饱和持水量的 60%）。选择足够的试验容器，每天核查土壤含水量。应避免出现积水厌气条件，并在报告中注明。

8. 试验过程中的处理

（1）植株数量及分离。

为了避免未萌发种子无法测定生长情况对试验结果的影响，开始时应在每个容器中植入多于试验所需数量的种子。试验过程中，根据各个试验容器中的出苗率（燕麦 3～5 d，芜菁 7～8 d），剔除多余植株以保持每容器 5 株的均匀种植密度，确保燕麦和芜菁的正常生长。其他物种或试验容器中的种植密度可根据实际情况调整。剔除植株时可以直接拔起，当土壤黏附性太强或植株太过接近时，可直接将需要剔除的植株折断。对于燕麦，若折断后长出新的植株，则应将新植株也折断。必要时，添加营养液补充水槽中损失的水分。当对照组 50%植株出苗后即可结束试验，试验周期应控制在 14～21 d。

（2）供水。

用于供水的水槽须装入软水，确保其能够维持所需的土壤湿度。定期检查土壤湿度，如目测或触摸土壤表面以确认土壤是否湿润。如果发现水分不足，应称量试验容器并补充损失的水分。如果无法采用灯芯供水，则应小心地以直接倒入或喷洒的方式定期向土壤表面补水。

若未采用灯芯供水，每天随机抽检几个试验容器并称重。必要时使用人工补水的方式以保证土壤维持所需的含水率。

（3）营养补给。

出苗后，补给水槽应加入商品化营养液的稀释液。营养液的浓度以维持植物生长最低需求为佳，可根据商品说明书要求计算并予以记录。若未采用灯芯供水，则应在人工补水时补充稀释的营养液。附件 2G 列出的营养液供参考。

（4）试验容器的摆放。

为了避免光照、温度、湿度和通风性不均匀给试验结果造成的误差，试验容器的摆放位置每周应至少随机调整两次。

（5）记录。

定期（不低于 1 次/h）或连续测定并记录试验温度与湿度。

（六）有效性标准

当对照组达到以下要求时，试验结果有效。

（1）健康种苗出苗率不低于 70%；

（2）目测未见植物毒性效应（如萎黄病、坏死病、枯萎病、茎叶畸形等），且植株生长和形态差异均在正常范围内；

（3）试验期间出苗植株的平均存活率不低于 90%。

（七）数据处理和结果表征

1. 基本要求

以表格的形式记录各平行处理的出苗数、试验结束时的总芽重（干重，在 70～80℃下烘干 16 h 后测定）。以结果平均值（含标准差）对土壤稀释比绘图，用于表征植物毒性效应、毒性大小及毒性兴奋效应。其中土壤稀释比以土壤干重表示。

2. 预试验结果

如果预试验结果具有显著的剂量—效应关系，采用逻辑回归等回归分析法或概率分析法，计算 EC_x 或 ER_x。否则，应根据专家知识判断效应边界值。

3. 正式试验结果

（1）限度试验（单一浓度）。

比较未稀释土壤样品和对照土壤的试验结果。对于多点采集的未稀释土壤平行组的试验数据，当数据符合正态分布，处理组数据具有独立性，且不同处理组之间具有方差齐性，可采用多元方差分析，然后判断是否与对照土壤有显著性差异。否则，须先将数据进行转换后再进行多元方差分析。若数据转化后仍不能满足方差齐性，可采用参数检验法分析。

（2）正式试验（多浓度）。

①NOEC。

根据数据分布情况采用有效的统计分析，计算 NOEC。对于连续性生长测试终点，推荐采用以下分析方法：

首先采用 Cochran 检验等方法分析数据均质性。对于均质性数据，采用方差分析等适用的统计分析方法和 Dunnett 检验进一步分析。由于低浓度可能出现毒性兴奋作用，因此 Dunnett 检验应采用双边法。但如果仅关注测试终点的降低，Dunnett 检验可采用单边法。

若数据不满足均质性标准，应采用适当的数据转换，也可采用 Mann 和 Whitney 或 Bonferroni U 检验进行分析。

②EC_x（效应浓度）或 ER_x（效应比率）

仅当试验结果具有显著的剂量—效应关系时，才能计算 EC_x 或 ER_x。剂量—效应关系模型拟合优度 R^2 不能低于 0.7，且试验结果应覆盖 20%～80%抑制率。如果不能满足上述要求，应根据专业知识对结果进行解释。

计算 EC_x 或 ER_x 时，采用处理组试验结果的平均值进行回归分析。应用 logit、probit、Weibull、Spearman-Karber 及 trimmed Spearman-Karber 等方法，计算基于出苗率（离散型终点）的 ER_x 及其置信区间。而计算基于植株生长量（干重，连续性终点）的 EC_x/ER_x 及其置信区间时，应采用 Bruce-Versteeg 非线性回归等回归分析方法。推荐采用 EC_{50} 或 ER_{50} 值。

（八）结果报告

试验报告应包含以下内容或信息：

（1）方法依据；

（2）受试植物种类（拉丁名、品种、来源）；

（3）试验条件，包括：试验容器型号、每容器内的土壤质量、培植空间类型（温室等）、温度、湿度、供水方式、土壤组分（添加营养组分的信息等）、光照类型和强度、受试浓度的选择理由；

（4）受试物添加方法以及受试物溶解状态，如乳浊液或悬浊液；

（5）植物种植或收获的相关信息；

（6）每个试验容器：出苗数、试验结束时的植株数量与植株总重（鲜重或干重）；

（7）每个处理组及对照组：每个平行的平均出苗数和标准偏差、试验结束时每个平行组的平均植株数、试验结束时每个平行组植株总重（鲜重或干重）的平均值和标准偏差、试验结束时每种植物每个平行组植株总重（鲜重或干重）的平均值和标准偏差；

（8）可见性损伤的描述或图片；

（9）每个受试浓度的平均出苗率和质量结果表；

（10）LOEC、NOEC、EC$_{10}$和EC$_{50}$，以及数据统计分析方法；

（11）最新的参比物试验结果及其与定期试验结果的对比，并说明试验条件是否发生改变。

附件 2E 推荐的其他植物及有效性标准（加拿大 EPA 1/RM/45）

表 2E-1 推荐植物种类

物种	试验周期 /d		种子数	说明
	参比试验 [a]	正式试验		
红狐茅 *Festuca rubra*	10	21	5	植入种子后轻压土壤；出苗延迟；生长良好；操作方便，但根系有点脆弱，处理时应格外小心
大麦 *Hordeum vulgare*	7	14	5	出苗情况良好；生长良好；操作方便；根系相互缠绕，但比较结实
苜蓿 *Medicago sativa*	7	14	10	出苗情况良好；生长良好；操作方便；处理难易程度与红花苜蓿相似
红花苜蓿 *Trifolium pratense*	7	14	5	出苗情况良好；生长良好；操作方便；某些根系相互缠绕，但不会很脆弱

注：a 表示与正式试验同步开展。

表 2E-2 田间土壤样品测试有效性标准（未添加营养液）

物种	有效性标准	
	参比物试验	正式试验
红狐茅 *Festuca rubra*	出苗率＞70% 芽长＞40 mm	出苗率＞70% 芽长＞80 mm 根长＞70 mm
大麦 *Hordeum vulgare*	出苗率＞80%根 芽长＞100 mm	出苗率＞70% 芽长＞150 mm 根长＞170 mm
苜蓿 *Medicago sativa*	出苗率＞80% 芽长＞20 mm	出苗率＞70% 芽长＞40 mm 根长＞120 mm
红花苜蓿 *Trifolium pratense*	出苗率＞70% 芽长＞10 mm	出苗率＞70% 芽长＞30 mm 根长＞40 mm

表 2E-3 参比物（硼酸）试验结果（未添加营养液）

物种	土壤	根/芽	参数	统计模型	IC$_{50}$/ (mg/kg)	95%置信限/ (mg/kg)	IC$_{20}$/ (mg/kg)	95%置信限/ (mg/kg)
红狐茅 *Festuca rubra*	AS	芽	长度	Logistic	797	672～945	442	364～536
		芽	干重	Logistic	531	376～749	329	188～574
		根	长度	Logistic	498	407～609	283	205～390
		根	干重	Logistic	738	336～1 617	446	184～1 082

第六篇　土壤生物毒性监测

物种	土壤	根/芽	参数	统计模型	IC$_{50}$/ （mg/kg）	95%置信限/ （mg/kg）	IC$_{20}$/ （mg/kg）	95%置信限/ （mg/kg）
红狐茅 *Festuca rubra*	AS	芽	长度	Gompertz	932	636～1 367	775	606～994
		芽	干重	Logistic	569	278～1 160	355	110～1 142
		根	长度	Gompertz	497	360～686	367	231～585
		根	干重	Logistic	890	403～1 976	434	133～1 405
大麦 *Hordeum vulgare*	AS	芽	长度	Logistic	1 053	1 005～1 102	578	528～627
		芽	干重	Gompertz	920	833～1 007	491	392～590
		根	长度	Logistic	424	393～455	262	232～293
		根	干重	Logistic	395	355～436	211	173～248
小麦 *Hordeum*	AS	芽	长度	Logistic	1 557	1 444～1 670	1 011	890～1 132
		芽	干重	Logistic	1 437	1 045～1 829	806	437～1 175
		根	长度	Hormesis	670	628～711	333	291～375
		根	干重	Hormesis	734	680～788	472	369～574
苜蓿 *Medicago sativa*	AS	芽	长度 （第 7 天）	Gompertz	926	800～1 053	393	269～517
		芽	长度	Hormesis	868	774～962	535	460～610
		芽	干重	Gompertz	514	425～604	223	138～309
		根	长度	Hormesis	863	785～942	617	545～688
		根	干重	Gompertz	516	438～593	294	201～387
苜蓿 *Medicago sativa*	AS	芽	长度	Hormesis	1 603	1 400～1 807	1 122	616～1 628
		芽	干重	Hormesis	1 174	903～1 445	711	496～926
		根	长度	Hormesis	1 310	1 181～1 439	711	522～899
		根	干重	Hormesis	918	645～1 192	513	288～739
红花苜蓿 *Trifolium pratense*	AS	芽	长度	Hormesis	1 370	711～2 029	830	675～985
		芽	干重	Hormesis	595	418～773	280	195～365
		根	长度	Hormesis	752	617～888	578	507～650
		根	干重	Hormesis	713	420～1 006	452	308～595
红花苜蓿 *Trifolium pratense*	AS	芽	长度	Gompertz	1 124	922～1 373	725	478～1 103
		芽	干重	ICPIN	754	129～992	66	3～1 513
		根	长度	Logistic	713	589～862	364	265～499
		根	干重	Logistic	493	339～720	258	141～474

注：芽长、干重和根长、干重均为正式试验终点；AS：人工土壤。

附件 2F　参比物的毒性试验结果（三氯乙酸钠和硼酸）

表 2F-1　参比物对植物的毒性试验结果

参比物	受试物种	试验终点	EC_{50} 范围/（mg/kg）
三氯乙酸钠	大麦 *Hordeum vulgare*	芽重	6.8～13.5
	莴苣 *Lactuca sativa*	芽重	143～237
硼酸	燕麦 *Avena sativa*	芽重	190～330 [a]
	芜菁 *Brassica rapa*	芽重	80～240 [b]
硼酸	大麦 *Hordeum vulgare*	芽长	1 444～1 670
	萝卜 *Raphanus sativus*	芽长	1 236～1 665
	西红柿 *Lycopersicum esculentum*	芽长	599～705
硼酸	大麦 *Hordeum vulgare*	芽长	1 444～1 670
	西红柿 *Lycopersicum esculentum*	芽长	599～705

注：a 表示基于 4 次试验结果；b 表示基于 5 次试验结果。

附件 2G　土壤养分补给推荐方法

可购买商品化营养液加入供水系统中（1 g/L 肥料），表 2G-1 为 Flory 9® 营养液成分及含量。

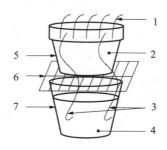

1. 植物；2. 土壤；3. 玻璃纤维；4. 水或 Flory 9®；5. 塑料罐；6. 过滤网；7. 玻璃罐

图 2G-1　植物试验的自供水系统

表 2G-1 Flory 9®成分及含量

营养组分	含量/（mg/L）	营养组分	含量/（mg/L）
N	150.00	Cu	0.02
P	30.60	Mn	0.50
K	220.00	Mo	0.05
Mg	60.00	Zn	0.10
B	0.30	Co	0.02

（生态环境部南京环境科学研究所　石利利　王蕾）

三、莴苣种子出苗影响筛查试验（C）

参考 ISO 17126-2005，本方法描述了污染土壤或其他污染样品对莴苣出苗影响的试验方法，可用于污染土壤、土壤类物质、堆肥、污泥和化学品对植物影响的筛查试验。

（一）方法原理

将莴苣种子暴露于含不同稀释度或浓度受试样品的培养基质中，在可控的光照和温度条件下，进行为期 5 天的试验。试验结束时，观测和记录可见苗数量。通过统计分析对照组（仅含培养基质）和受试组（含受试样品和培养基质）中可见苗数量，得到受试样品对莴苣出苗的影响结果，以 EC_{50}（或 EC_{20}）表示。

（二）适用范围

本方法适用于污染土壤、土壤类物质、堆肥、污泥和化学品对植物影响的筛查测试，适用于土壤添加物的效应测定，以及已知和未知土壤质量的比较研究。但不适用于挥发性污染物的测试。

（三）试验材料

1. 受试植物

莴苣种子（*Lactuca sativa* L.），但杀虫剂或杀菌剂包衣的种子不能作为受试种子，新购种子应检查、去除所有破损、中空的种子及其他杂物。每批种子在使用前均须用叠放的 4 个不同孔径的长方形孔筛网进行筛分，最终选取占优势的粒径组种子用于试验。

种子应储存在密闭容器中，存储时间不应超过供应商提供的保质期。存储温度推荐为 4℃，但 18℃黑暗条件也可达到较好的出苗率。种子在试验之前不能用水浸泡。

2. 培养基质

水洗的细石英砂，如粒径为 0.4～0.8 mm。

3. 覆盖材料

水洗的粗石英砂，如粒径为 0.7～1.2 mm（或 0.8～1.4 mm）。较粗的粒度可以保证植物生长的培养基质和外部的气体交换。

4. 受试样品

对于土壤及类似样品，受试样品在试验之前一般不需风干。必要时，接收后于室温下风干至可进行土壤筛分的程度，然后立即过不锈钢筛并于（4±2）℃避光存储。存储期一般不应超过 3 个月；若需长期存储，应在-18℃条件下。受试样品筛分时，一般采用 2 mm 孔径的筛网；若该网孔不适用时，也可采用粗孔筛（如 5 mm 孔径）。试验前，测定并记录受试样品的含水量、饱和持水量、电导率、pH 等理化参数。其中，受试样品的含水量和饱和持水量、培养基质的持水量用于计算试验用水量。试验前，称取适量受试样品（湿重）和培养基质（干重）并充分混匀。

对于化学品测试，一般仅将受试化学品加入培养基质并混匀，不再添加覆盖材料。受试浓度以每克培养基质干重中受试化学品的质量来表示。

5. 参比物

推荐采用 2-氯乙酰胺或硼酸作为参比物，以验证试验条件的一致性。参比物试验应定期开展，试验条件改变时也应开展参比物试验，如人工气候室、生长空间、温室、土壤和加水方式的变化等。

2-氯乙酰胺和硼酸的 EC_{50} 值分别为 10.4 mg/kg 和 406 mg/kg。其中，2-氯乙酰胺的 EC_{50} 值基于石英砂的人工土壤试验得到，而硼酸的 EC_{50} 值基于 70%石英砂、20%高岭石黏土和 10%泥炭藓组成的人工土壤试验得到。

（四）仪器设备

（1）天平：精度为 0.1 g。

（2）试验容器：直径 15 cm 的培养皿，或表面积相似的其他容器。

（3）聚乙烯自封袋：能容纳试验容器，如直径 15 cm 培养皿，需 20 cm×25 cm 的自封袋。

（4）种子筛：长方形，网孔尺寸分别为 0.75 mm×10 mm、0.8 mm×10 mm、0.85 mm×10 mm 和 0.9mm×10 mm。

（5）土壤筛：2 mm 孔径的不锈钢筛。

（6）人工气候箱。

（7）放大镜。

（五）试验程序

1. 受试介质制备

（1）土壤及类似样品。

按照几何级数，以培养基质稀释受试样品（最少 5 个浓度），稀释因子≤2。受试浓度范围应包括 0（或最低）和 100%的预计出苗率，必要时可先进行预试验。常用稀释因子为 $\sqrt[4]{10}$（约 1.8），几何级数浓度设置为 10、18、32、56、100。试验结果以干重计算，受试浓度以试验体系每克干重（即受试样品和培养基质）中受试样品的干重来表示。

（2）化学品。

①水溶性物质：将化学品溶于水后再加入试验容器，最后补充水分至所需的量。

②不溶于水的物质：将化学品溶于尽可能少、适当的有机溶剂（如丙酮或乙醇）中，然后取适量受试物溶液（最多 1 mL）与 10 g 培养基质混合后转入各试验容器中，挥干溶剂后再加入 90 g 培养基质，最后仔细混匀以使受试物分散均匀。应设置相同操作的溶剂对照组（不加受试物）。

2. 预试验

预试验用于确定出苗抑制率 0～100%时，受试样品的浓度范围。采用直径 9 cm 的培养皿，每皿放置 15 颗种子，每个浓度设置 1 个平行。其他步骤同正式试验。

3. 正式试验

称取适量的受试样品（湿重）和培养基质（干重）并混匀，确保每个受试浓度试验系统干重为 300～400 g。每个浓度的 3 个平行试验容器中分别加入 100 g（干重）上述混合物，将其表面处理平整。对于化学品测试，每个试验容器加入 100 g（干重）培养基质即可。空白对照的 3 个平行中仅包括培养基质，试验方法同处理组。

将 40 粒莴苣种子均匀放至在配好的试验基质表面，种子离试验容器边缘不小于 1 cm。轻轻地将种子按入基质中。在基质表面均匀喷水，使试验基质水分含量达到饱和持水量的 85%。对于水溶性化学品，可将化学品溶于水再进行喷洒。如因土壤特性造成加水后种子浮起，那么应在加水后再植入种子。在每个培养皿中加入 90 g（干重）覆盖材料，使其均匀覆盖培养基质表面。

在进行上述操作时，及时将培养皿加盖，以减少挥发损失，并于培养皿放入聚乙烯袋之前移除盖子。聚乙烯袋密封前，抓提袋子以扩大培养皿顶部空间。

将密封的培养皿随机放入人工气候箱培养，设定光照条件以保证种子生长。

4. 试验条件

（1）温度和光照。

莴苣种子应于可控的最适温度下培养，（如某些莴苣品种在 24℃萌发，而有些种子超过 20℃就难以萌发）。试验期间，温度应控制在设定温度的±2℃范围内。

试验开始前 48 h，确保试验系统完全黑暗。此后保持固定光周期（16 h 光照：8 h 黑暗）和 4 300 lx±430 lx（30 μE/m²/s ± 3 μE/m²/s）的光照强度。

（2）含水量。

补充去离子水使试验系统含水量达到饱和持水量的 85%左右。试验开始时，将试验体系装入聚乙烯自封袋以便维持试验体系的含水量，试验过程中无须定时测定含水量。

5. 试验周期

空白对照组出苗后试验结束，试验周期通常为 5 d。根据培养温度的差异，试验周期可作相应调整，但任何情况下试验周期不得超过 7 d。

6. 观测与记录

试验开始和结束时，从空白对照组和最高浓度组试验基质中取样，测定并记录 pH 和电导率。样本采集应包括试验基质的全部组分，即试验混合物加覆盖材料。每天记录人工气候箱和聚乙烯袋（随机抽取其中一个）中的温度，确保试验温度恒定。试验结束时，对出苗数进行计数并仔细观察籽苗，记录所有可观测效应。

（六）有效性标准

试验结果有效性标准：空白对照组平均出苗率至少达到 80%。

（七）数据处理与结果表征

试验数据应以表格形式表述，包括每个试验容器的测试结果和每个浓度处理组的平均出苗率及其标准偏差。

试验结果以 EC_{50} 或 EC_{20} 表示，即出苗率占对照组 50% 和 20% 的处理组浓度，可通过概率分析或其他适用的统计方法计算得到。EC_{50} 或 EC_{20} 以每克受试混合物干重中受试样品的干重来表示。

（八）结果报告

试验报告应包括以下内容或信息：
（1）方法依据；
（2）实验设计和试验程序；
（3）受试物信息、受试基质制备；
（4）受试土壤或废弃物预处理过程（包括存储时间、存储条件等）；
（5）受试植物信息，即种子品种、批号、种子大小等；
（6）过筛后的受试基质描述（如含水量、饱和持水量、电导率和 pH）；
（7）受试混合物的制备；
（8）试验条件；
（9）每个容器的出苗率统计表；
（10）EC_{50}、95% 的置信区间及计算方法、剂量—效应关系曲线；
（11）参比物试验结果（必要时）；
（12）其他可能影响结果的所有细节和条件；
（13）结果讨论。

（环境保护部南京环境科学研究所　石利利　王蕾）

四、陆生高等植物慢性毒性试验（C）

参考 ISO 22030-2011，本方法描述了污染物对高等植物的慢性毒性试验方法，根据至少两种陆生植物的出苗、营养生长和繁殖能力的毒性试验结果，评估不同污染类型土壤（包括未知污染物）对高等植物的抑制和慢性毒性作用。

（一）方法原理

将两种植物种子暴露于含有不同稀释度的污染土壤或添加不同浓度受试物的介质中，在受控条件下开展陆生植物慢性影响试验。试验结束时，观测受试组与空白对照组植物的出苗、生长及繁殖情况。根据剂量—效应曲线，计算 NOEC、LOEC 和 EC_x。

（二）适用范围

本方法适用于不同来源（包括未知污染物）土壤质量的评估，也适用于测定化学物质对陆生生物的毒性影响。对于未经稀释的受试土壤对植物生长的抑制作用测试结果，也可用于评估植物对土壤的适应性。

（三）试验材料

1. 受试植物

受试植物为单子叶植物和双子叶植物。其中，单子叶植物选用国际上常用的燕麦（*Avena sativa*），双子叶植物选择芜菁油菜变种（CrGC *syn. Rbr*）。这两种植物两周之后开始开花，约 5 周之后就可确定种子的生长情况。

也可选择附件中推荐的其他品种或者具有特定生理特性的其他植物，如 C-4 植物（玉米、甘蔗、小米），与固氮菌共生的植物（如蝶形花科），也可以是在具有重要区域生态或经济意义的植物。

2. 受试样品

（1）受试土壤。

试验前，应测定土壤混合物的理化特性：质地（砂质、淤泥、黏土）、饱和持水量、pH、盐度、有机碳含量、氮磷钾总量以及可溶性氮磷钾含量。必要时，测定土壤中，如重金属、烃类、化学农药、易爆药、多氯联苯等污染物的气量。

此外，检查受试土壤是否能够通过灯芯吸水。沙化严重的土壤、烃类污染严重的土壤或者是含有较高黏粒含量的土壤，都不适合灯芯浇水。为了确保供水系统，试验前可通过预研究确定受试土壤是否适合灯芯浇水，或需要人工浇水。

（2）对照土壤。

人工土壤、参比土壤或标准土壤都可以用作对照土壤。

①参比土壤。

污染场地附近的无污染土壤经过预处理和特性鉴定后可作为参比土壤。如果无法确定土壤是否污染，应优先使用标准土壤。

②标准土壤。

标准土壤可采用未污染的自然土壤或人工土壤。其中，自然土壤的有机质含量不应超过 5%，细颗粒（$\phi < 20\ \mu m$）含量不应超过 20%。

人工土壤的配方如下：泥炭藓 10%［风干，磨细，（2±1）mm］；高岭黏土 20%（高岭石含量最好大于 30%）；工业石英砂 69%（风干，50～200 μm 粒径的细沙含量大于 50%）；0.3%～1%碳酸钙（粉末，分析纯，调节土壤 pH 至 6.0±0.5）。当存在非极性物质（log P_{ow} ＞2）或易电离物质时，5%的泥炭藓足够维持人工土壤的结构，应将各组分含量调整为泥炭藓 5%、黏土 20%、石英砂 75%。

试验前一周配制人工土壤，使用实验用大型搅拌机混匀以上干基质，混合时可添加一定比例的去离子水。在室温下混合人工土壤，至少存放 2 d 以平衡酸度。为测定 pH 和饱和持水量，应于试验前 1～2 d 添加去离子水预湿润干人工土壤（达到饱和持水量的 40%～60%）。碳酸钙的添加量应根据泥炭藓的性质和加量作相应调整。

土壤的营养成分可显著影响植物的生长，推荐向贫营养对照土壤或受试土壤中适当添加营养成分，以避免产生假阳性结果。

（四）仪器设备

（1）人工气候室、植物生长室或温室：保持恒定的试验条件。

（2）分析天平：精度 0.1 mg；电子秤：10 kg 量程，用于土壤混合物制备。

（3）筛子：$\phi 4 \sim 5$ mm 方孔筛。

（4）塑料栽培盆：$\phi 10$ cm。

（5）玻璃纤维灯芯：ϕ（10 ± 2）mm。

（6）试验容器：

可以装入约 400 g 土壤（表面积为 73.5 cm^2）的塑料容器，配备玻璃纤维灯芯（必要时）。将玻璃纤维灯芯插入容器底部的孔中（比灯芯直径窄 $1 \sim 2$ mm）。为避免下层土壤水分过多，灯芯在土壤中的深度应 $\leqslant 1$ cm。此外，使用较长的灯芯可以改善吸水性较差土壤的浇水状况。为了避免根系越过土壤污染物、穿过小孔生长，需添加一个过滤盘。灯芯应足够粗，以确保试验期间的供水。

若对受试土壤和对照土壤进行施肥处理，则应适当增大试验容器的尺寸，增加受试基质的量，保证植物能够正常生长。试验容器的尺寸应保证 14 天内生长 8 棵植株、第 14 天之后可以生长 4 棵植株。若使用较小的试验容器，则应减少每盆的植物数量，增加试验容器的数量。若使用透明的试验容器，除非试验容器互相紧密排列，否则应安装不透明套管。

（五）试验程序

1. 实验设计

应于正式试验前确定是否可采用灯芯浇水，及受试物毒性浓度的初步范围。

（1）浇水方式确定。

每个浓度处理准备两个配有灯芯的试验容器，用对照土壤配制不同浓度的受试混合物。试验容器内装入约 400 g 配制好的受试混合物，然后置于储水池上方，确保水可以 24 h 不间断地通过灯芯到达土壤表面。若无法使用灯芯浇水，应选用人工浇水，直至土壤湿润为止（注意不能过度浸泡）。大多数情况下，土壤经初次人工浇水后都可满足灯芯浇水条件，极少数情况下才需使用人工浇水。

（2）预试验。

当受试土壤含有毒化学物质时，应通过预试验确定受试浓度范围。若采用系列浓度的受试土壤混合物，预试验可以选做。通过适当方法将受试土壤与对照土壤（参比或标准土壤）混合，推荐的混合比例为 0、12.5%、25%、50%、100%。预试验周期可以比正式试验短，但应依据"土壤污染物对植物的影响：出苗和早期生长影响试验"进行。若出苗后出现明显的毒性效应，可以在两周的生长期结束之前完成预试验。

（3）正式试验。

在预试验基础上，至少设置 5 个浓度组（浓度间隔系数 $\leqslant 2$）和 1 个空白对照组，每组至少 4 个平行，每个平行播种 10 颗种子。若受试物采用助溶剂助溶，则须增加一个助溶剂对照组。

（4）限度试验。

如果预试验或系列浓度试验没有发现毒性效应，则可以采用限度试验。进行限度试验时，只需设置最高浓度的受试土壤（不经稀释或某个限度浓度）和空白对照组，至少设 4 个平行。此外，若受试物通过助溶剂助溶，则须增加一个助溶剂对照组。

2. 栽培盆的准备（受试基质的准备）

经过储存的土壤或土壤混合物，使用前应重新混合、风干，装入试验盆钵（有灯芯或无灯芯）至距上部边缘约 1 cm 处。所有处理的试验盆钵装入等量的土壤。风干后大多数土壤较易处理,而湿土的操作相对较繁。此外,种子潮湿时还可能粘在镊子上。因此,装土前必须风干土壤。测定每个受试混合物的含水量,以计算试验开始时需要的浇水量。

适当压实土壤。若土壤结构明显太过松散或者不均匀,可以将装好土壤的试验容器从小于 5 cm 的高度坠落至坚实表面。

3. 种子的准备

每个试验容器均匀种植 10 颗裸露的种子。若使用其他规格的试验容器,应调整种子数量保证植物正常生长。用镊子夹起种子,将种子植入所需深度的孔中,如芜菁(*Brassica rapa*)5~10 mm、燕麦(*Avena sativa*)10~15 mm,每孔放入一颗种子,抚平土壤表面。

可以根据重量选择燕麦种子,弃用特别轻、特别重或者形状不均匀的种子。芜菁种子由于太小,无法通过重量筛分,但应剔除不均匀形状的种子。若选择其他植物品种,则参考对应种子的选择标准。

4. 试验条件

温度、湿度和光照条件应适合植物的正常生长。试验可在人工气候室、植物生长室或温室内进行。除日光(温室)外,还可选择荧光灯、气体放电灯、金属卤化物灯、高压汞灯和高压钠灯等植物生长灯。植物生长灯应安装在土壤表面上方至少 1 m 处以确保光照强度,及便于试验过程中对植物所做的相关处理(重排、浇水、授粉),并且避免温度的不均匀性。此外,应确保光照均匀。

对于燕麦和芜菁设置 8 h 光暗、16 h 光照周期,光强(13 000±2 000)lx,温度(23±3)℃。

对于污染土壤试验,应确保充分的通风条件,以避免不同处理间挥发性有毒物质的交叉污染与防止危害健康。

5. 开始试验

播种之后马上浇水,调节土壤含水量至饱和持水量的 80%(燕麦)或 60%(白菜)。将试验容器置于储水池上方,仅允许灯芯接触水。只有相同浓度处理的试验容器才可使用同一个储水池。因化学物质或一些成分可能会被淋入储水池内,应严格控制水量(如小于 0.5 L/容器)。试验容器或处理组应随机放置在培养区域内。

6. 试验期间的处理与观测

(1)植物数量以及降株。

为了避免种子对试验结果造成未发芽的影响,每个栽培盆内一般可种植比试验所需植株数更多的种子(通常是 10 颗)。当出苗之后不久(燕麦和芜菁为播种后第 7 天),每盆植株数量降至 8 棵,若使用其他物种或不同尺寸的试验容器,应对种子数量作相应调整。摘除植株时,可以将植株拔出;若土壤非常黏滞,或者植株生长过程中互相接近,则应予以切除。被摘除的植株应随机选择,使剩余植株均匀分布,密度不影响植株的正常生长。

若试验基质的数量和空间足够,第 14 天时可以选择。

(2)浇水。

定期通过目测或者小心触摸土壤表面,检查土壤表面是否湿润。如果不湿润,则重新称量栽培盆,用去离子水补充所需的水量;若灯芯浇水失败,则应定期向土壤表面喷洒所需水量;若未使用灯芯,则应根据前述规定对土壤混合物进行调整。

试验期间,若植株迅速生长,植株的质量会影响土壤水分的计算,应根据经验评估加水量,保证植株能够健康生长(不萎蔫)。

(3) 试验盆钵的重排。

为了防止光照、温度、湿度的不均匀或通风对受试植物生长造成影响，应定期、至少每周两次对试验容器进行重新随机排列。

（4）授粉。

芜菁需要授粉才会产生种子和豆荚。约两周后植株开花时，使用较柔软棉签、软涂料刷或其他工具进行人工授粉，一周重复两次。

（5）温湿度测定。

连续或每隔一段时间（<1 h）测量并记录培养室内的温度和湿度。

7. 效应终点测定

（1）出苗。

记录每个试验盆钵内的出苗数量，用基于对照组平均出苗数的百分比表示。确定对照组 50%出苗率时的天数。

（2）第 14 天时收获。

当对照组达到 50%出苗率后，第 14 天时，在土壤表面随机选择和去除部分受试植株，每个试验盆钵中留下 4 株用于最终收获。测定以下效应终点：

①每棵植株的可见花蕾发生率，表示为"有"或"无"，仅适用于芜菁；

②每棵植株的花朵数量（仅适用于芜菁）；

③每棵植株的鲜重；

④成活植株的比例（降株后植株数量与植株总数量的比值）；

⑤受损植株的数量（变黄，枯萎等）。

（3）最终收获。

剩余植株的准确收获日期无法确定。燕麦通常在花序（对照组）出现之后收获（7～8 周后），芜菁在出现豆荚之后（对照组）收获（5～6 周后）。应注意，开花和豆荚的出现时间可能有变化，因为它取决于营养水平、毒性物质和种子批次等因素。

最终收获的植株应测定以下终点：

①BBCH 生长期；

②每棵植株的花朵总数（仅适用于燕麦）；

③包含种子的饱满豆荚数（仅限芜菁）；

④嫩芽的鲜重；

⑤花序（燕麦）或豆荚（芜菁）鲜重；

⑥如果对照组植物与受试组植物 BBCH 生长期明显不同，应测定每个栽培盆内萌芽、花序和豆荚的含水量；

⑦嫩芽的干重；

⑧花序（燕麦）或豆荚（芜菁）的干重；

⑨死亡植物的比例（降株后的植物数量与植物总数的比值）。

8. 试验时间

试验各阶段的具体操作与试验时间汇总，见表 6-2-3。

表 6-2-3　试验时间一览表

试验阶段 [a]	具体操作（正式试验）	
试验前 第 1 步	制备受试土壤（风干、过筛、测定土壤特性）； 检查土壤是否能够通过灯芯吸水； 准备试验容器（标识，安装灯芯）	
试验前 第 2 步	制备受试土壤混合物或加入受试物	
	化学品测试	土壤测试
	制备储备溶液或乳液，与土壤 或石英砂混合； 若含有机溶剂，将有机溶液挥 尽后，混匀含药石英砂与土壤	将受试土壤与对照土壤混合； 受试土壤或土壤混合物装入试验容器； 播种； 将试验容器随机置于试验区域内； 土壤初次浇水，湿润
试验前 第 3 步	必要时，重新加满储水池或从试验容器上方洒水； 清点并且摊薄出苗的植株； 试验容器重新排列（每周两次）	
第 1 天	对照组出现 50% 出苗率	
第 14 天	首次收获受试植株；目测检查并测定收获植株的生物量	
第 15～35 天	必要时，重新加满储水池或从试验容器上方洒水； 重新排列试验容器（每周两次）； 芜菁的花朵进行授粉（每周两次）	
第 35 天 [b]	最终收获芜菁；目测检查并测定收获嫩芽、豆荚的生物量	
第 35～49 天	必要时，重新加满储水池或从试验容器上方洒水； 重新排列试验容器（每周两次）	
第 49 天 [b]	最终收获燕麦；目测检查并测定收获萌芽和豆荚的生物量	

注：a. 时间表仅适用于燕麦和快周期芜菁（RCBr）；
　　b. 建议时间；根据试验条件，芜菁豆荚或燕麦花序到繁殖终点之前的时间可能会有所不同。

（六）有效性标准

对照组符合下列标准，试验结果有效：

（1）平均出苗率至少达到 75%；

（2）植株生长正常：未出现黄化，并且在前 3 周（芜菁）或 8 周（燕麦）期间出现花朵；

（3）试验期间，每个栽培盆内死亡的植株不超过 1 棵。

（七）数据处理和结果表征

（1）NOEC。

运用 Cochran 检验进行方差齐性的统计分析。如在 Dunnett 检验（$\alpha=0.05$）之后，进行"单向方差分析"（ANOVA）。如在低浓度时观测到生物量增加（毒物兴奋效应），则应进行双边 Dunnett 检验；反之，则进行单边 Dunnett 检验，以确定 NOEC。

如果不满足齐性，则应进行数据转换。否则，可使用非参数方法，如 Mann 和 Whitney U 检验或 Bonferroni U 检验。

若进行限度试验，并且试验数据满足正态、均匀性的前提条件，则使用检验或

Mann-Whitney U 检验。

（2）EC_x。

只有出现明确的剂量—效应关系时，运用回归分析处理测试结果平均值，计算 EC_x（建议选用 EC_{50}）。其中，R^2 至少应为 0.7，出现的效应应在 20%～80%。否则，应对试验结果作出专业解释。在任何情况下，统计分析结果都应给予生物学意义的解释。

（八）结果报告

试验报告应包括以下内容或信息：

（1）方法依据；

（2）实验设计和试验程序；

（3）受试植物种类（品种，来源）；受试土壤；对照土壤（类型，来源）；

（4）栽培盆尺寸和材料；

（5）土壤预处理方法，受试化学物质的混合或添加（必要时）；

（6）每个栽培盆的土壤质量；

（7）培养条件：包括培养环境类型（人工气候室、实验室、温室等）、温度、湿度、光照条件；

（8）播种深度；

（9）收获方法；

（10）试验期间的处理详情，包括授粉、收获等；效应终点及所使用的统计方法；

（11）可见异常的定性描述；

（12）结果讨论。

（上海市环境监测中心　汤琳　龚海燕）

五、高等植物遗传毒性测定—蚕豆微核试验（C）

参考 ISO 29200-2013，本方法描述了蚕豆（*Vicia faba*）微核试验程序与方法，用于评估土壤污染物对高等植物的遗传毒性效应。

（一）方法原理

微核是细胞内细胞质中可见的核物质，是由于染色体断裂或纺锤体功能障碍所产生的。染色体碎片或者有丝分裂后期不能迁移到纺锤体两极的染色体都会产生一个或多个微核。通过检测对照组的根尖细胞和暴露在土壤（或土壤类物质）或土壤提取液中的根尖细胞中的微核发生率，可评估土壤污染物对高等植物的遗传毒性效应。

（二）适用范围

本方法适用于评价土壤及土壤类物质（如堆肥、沉积物、废物、化肥等）的遗传毒性。也适用于评价化学物质、水和废水等的遗传毒性效应。

（三）试验材料

1. 受试生物

选择对轻微污染具有高灵敏度，并且易于获得的蚕豆（*Vicia faba*），这类植物具有非常长的豆荚，属于双子叶植物纲中的豆科。杀虫剂和（或）杀菌剂包衣的种子不能使用。

2. 设备

塑料盆（直径 9 cm，高 10 cm），用于土壤和土壤类物质对植物的暴露试验。

玻璃容器（如 200 mL 玻璃烧杯），用于土壤浸提液对植物的暴露试验。

显微镜（配置 400 倍的物镜），用于观测细胞内微观结构效应。

旋转振荡器：转速 $5\sim10$ $\min^{-1}$。

高纯硼硅酸玻璃瓶：1 L，配惰性材质盖子，例如 PTFE（聚四氟乙烯）。

3. 参比物

推荐使用马来酰肼作为阳性对照物（参比物）。

阳性对照物在固相和水相暴露试验中分别采用 10^{-5} mol/L，即 1.12 mg/kg 和 1.12 mg/L 的暴露剂量。马来酰肼溶液的配制与暴露试验时应在黑暗条件下进行。

4. 试剂

卡诺（Carnoy's）溶液：用 25%的冰乙酸和 75%的乙醇配制，临用配现。

水解溶液：1 mol/L 的 HCl 溶液，用于蚕豆根的水解。

染色液：1%地衣红溶液（45%醋酸配制），用于 DNA 特异性染色。染色液需煮沸 10 min，冷却后过滤。每次使用过后，需对染色液进行过滤，以防止在显微观察中，形成的地衣红结晶与细胞微核造成混淆。（注：可以使用其他特异性的 DNA 染色液。）

霍格兰氏（Hoaglad's）营养液：营养液的成分见附件 2H。

溶剂：二甲基亚砜（DMSO），最大浓度 1%。

（四）试验程序

常用两种暴露方式：直接将受试植物暴露于可能存在潜在遗传毒性的土壤中（土壤暴露），或将受试植物暴露于土壤的水提取物中（水相暴露）。

1. 受试介质制备

（1）受试土壤（包括土壤类物质）。

任何情况下，应确保过筛后受试土壤（采自污染场地，修复的土壤，或者其他土壤类物质，如堆肥、沉积物、废物、化肥等）的 pH 对蚕豆无毒性影响。受试土壤应用 4 mm 孔径的筛网过筛，然后充分混匀，并立即于黑暗条件、(4 ± 2) ℃下冷藏保存。保存容器应确保尽量减少土壤中污染物因挥发和吸附到容器内壁所产生的损失。此外，不应调整土壤的 pH。

试验前，测定土壤质地、pH、含水量、饱和持水量、阳离子交换量、有机质含量等理化参数。土壤混合物应储存在含水率达到 70%饱和持水量的塑料盆中。

（2）对照土壤。

任意一个参照或标准的自然土壤都可以作为对照土壤。土壤在室温下风干，并用 $2\sim5$ mm 筛网过筛，黏粒（<2 μm）含量<25%、粉沙粒（$2\sim50$ μm）含量<45%、土壤有机质含量为 1.5%$\sim$5%、pH$_水$为 $5\sim8$。

比较已知和未知土壤的质量时，对照土壤和受试土壤应有相同的结构类型。事实上，除了由于污染物的存在会引起植物细胞分裂产生差异外，土壤本身特性的显著差异也会引起同样的差异变化，所以有可能产生微核率假阳性的测试结果。

虽然细胞有丝分裂指数（在有丝分裂期间，从有丝分裂前期至有丝分裂末期，处于任意分裂阶段的细胞数量除以 1 000）在 pH 为 4～9 不会发生改变，但仍推荐使用 $pH_水$ 为 5～8 的土壤作为对照，以更好的评价化学物质的遗传毒性。

（3）土壤水浸提液制备。

实验室收到样品后，应尽快制备土壤或者土壤类物质的水浸提液。称取一定量［如（700±5）g，干重］经预处理的土壤或者土壤类物质，装至 2 L 高纯硼硅酸玻璃容器中，加入一定体积的霍格兰氏营养液［固液比（2±0.04）L/kg，应包括土壤含水量］，塞上惰性材质的塞子，置于旋转振荡器中，于转速 5～10 min^{-1} 条件下旋转振荡提取 6 h。任何情况下，得到的浸提液都不能过滤，应在两小时之内，慢慢将浸提液倒出。并将上层清液转移出来，于黑暗条件、（4±3）℃下冷藏保存。试验应于浸提后 24 h 内进行。霍格兰氏营养液用作阴性对照和配制水浸提液所需的稀释液。

2. 种子的准备

从保存的种子中挑取所需的种子（试验所需数量的 3 倍），并于黑暗、4℃下冷藏保存。为获得次生根种子需进行如下萌发过程：种子用去离子水清洗后，在室温下用去离子水中浸泡 6～24 h。将去掉种皮后的种子垂直插在湿润棉花（未加氯消毒处理）中，于黑暗、23～25℃条件下萌发。也可以使用其他萌发材料：蛭石、泥土等。

大约 3 d 之后，选择主根长度在 3～5 cm 的种子。切断主根的根尖（大约 5 mm）部分，使主根停止生长，从而刺激次生根的生长。

土壤暴露试验：将生有主根的种子直接插入土壤之中，使其生长产生次生根。

水相暴露试验：将种子置于装有培养基（霍格兰氏营养液）的容器上，仅让根部浸泡在培养基内，在（24±1）℃下培养，诱导次生根萌发。培养基应每 24 h 更换一次。4 天后，种子的次生根生长到 1～2 cm 时可用于试验。

蚕豆种子的萌发应分别在土壤暴露和水相暴露试验之前的 4 天和 8 天开始。

3. 试验程序

（1）土壤和土壤类物质。

将受试混合物按几何级数稀释成一个系列，稀释系数不超过 2，稀释系列应覆盖较大的浓度范围（0.01%～100%）。受试混合物由受试土壤用对照土壤稀释配制。同时设置一个阴性对照（不含受试样品）和一个阳性对照（含参比物）。

土壤暴露试验：将萌发的种子放置在含有 200 g 受试土壤或受试混合物的塑料盆中，暴露期间至少得到 10 个 1 cm 长的根，暴露时间为 3～5 d。

（2）土壤水提取物。

将受试样品按几何级数稀释成一个系列，稀释系数不超过 2，稀释系列应覆盖较大的浓度范围（0.01%～100%）。稀释用水为经氧饱和的霍格兰氏营养液。

同时设置一个阴性对照（不含受试物）和一个阳性对照（含参比物）。

受试溶液应于暴露试验开始前现配，温度保持在（24±1）℃，并混合均匀。把发芽的种子置于一个直径足够大的玻璃容器中，暴露期内尽可能避免根尖和容器壁接触。将根浸泡在体积至少为 200 mL 的受试溶液中。

暴露时间至少需要 30 h，近似于一个细胞周期。推荐的最佳时间为 48 h，以确保完成一个细胞周期。

4. 试验条件

试验在人工气候箱中进行，保持温度为（24±1）℃，光照强度至少为 5 000 lx，光暗周期为 16∶8。必要时（如光不稳定物质），水相暴露也可在黑暗条件下进行（如马来酰肼）。

5. 细胞的制备与计数

暴露结束后，将根从提取液中移出，或小心的从土壤中移出。然后用去离子水清洗根部，截取次生根最末端 2 cm 部分（从每个种子随机选取大约 10 个次生根）放入卡诺溶液中，在黑暗条件下，于 4℃放置至少过夜。随后，这些根尖可储存在 70%的乙醇中长时间保存备以后观察，或者直接进行水解后马上观察。

将这些根尖放入蒸馏水中浸泡 10 min，然后加入 60℃水解液水解 6 min，最后转入蒸馏水浸泡几分钟即可。将根尖放置在擦拭后的载玻片上，用解剖刀去掉最前 1 mm 的根冠和分生组织部分，保留第 2 mm 处根尖部分，这部分包含有丝分裂后的下一代细胞。微核的计数需要在特定细胞区进行（见图 6-2-1）。以上操作可在黑色背景下进行，以便观察不同的细胞区。向破碎后的根尖加入一滴地衣红进行 DNA 染色，然后将盖玻片放在合适的位置上，挤压根尖以获得单层的细胞。

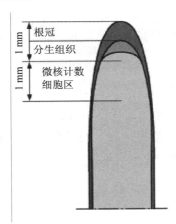

图 6-2-1 蚕豆根尖示意图（包含根冠、分生组织和用于微核计数的细胞区）

在微核计数时，应确定细胞有丝分裂的比例，以验证细胞是否处于细胞分裂的合适阶段，这是微核形成的必要条件。遗传毒性可以被细胞毒素（细胞功能相关的毒性）所掩蔽，所以可能导致对受试样品遗传毒性的评价结果偏低。在计算微核率时，不计分裂中的细胞。试验结果以每 1 000 个分裂间期的细胞中产生微核的数量表示（见图 6-2-2）。

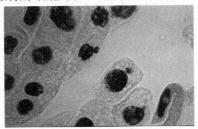

图 6-2-2 蚕豆根尖细胞内的微核（400×）

载玻片的观察应在 400 倍放大的显微镜下进行。每个浓度 3 个平行，每个平行至少制备两张片子。每个片子观察 1 000 个细胞，每个浓度至少利用 6 000 个细胞的数据计算平均值和标准偏差。

（五）数据处理与结果表征

1. 数据处理

阴性和阳性对照，以及各受试浓度处理的试验结果按每 1 000 个观察的细胞中微核数量的平均值表示。

建议使用非参数分析方法（如 Kruskal-Wallis 检验及 Dunn's 多重比较检验），分析对照组和受试组试验结果的差异显著性。

2. 结果判定

（1）阳性。至少一个受试浓度组的试验结果与阴性对照存在显著差异时，认定试验结果是阳性。

（2）阴性。如果各受试浓度组的试验结果与阴性对照均不存在显著差异，认定试验结果是阴性。

应注意，根细胞中没有产生微核，可能是细胞有丝分裂功能紊乱的结果。在这种情况下，DNA 碎片不能游离在细胞核外也不能形成任何微核。因此，核实每个涂片的细胞有丝分裂指数（处于有丝分裂细胞的数量）是否大于 20（每 1 000 个细胞）非常重要，否则微核率计算结果无效。

（六）有效性标准

阳性对照（参比物）试验结果为阳性，试验有效。

每个受试浓度组的细胞有丝分裂指数（处于有丝分裂的细胞的数量）平均值大于 20（每 1 000 个细胞），微核率可靠，结果有效。

（七）结果报告

试验报告应该包括以下内容：

（1）方法依据；

（2）试验方法和过程；

（3）蚕豆种子的来源；

（4）试验条件（温度、光周期、光照等）；

（5）受试土壤性质（必要时）；

（6）受试样品特性：堆肥、污泥和废物（必要时）；

（7）土壤水提取液制备方法（必要时）；

（8）参比土壤性质；

（9）暴露周期；

（10）急性毒性观测结果（生物体出现的可见损伤：植物根部发黑或者植物某些部位的细胞出现坏死等）；

（11）结果及统计分析方法。

附件 2H 霍格兰氏营养液的组成

表 2H-1　霍格兰氏营养液的组成

物质	储备液	1 L 培养基中储备液体积	终浓度
KNO_3	50.5 g/L	10 mg	5 mmol/L
$Ca(NO_3)_2 \cdot 4H_2O$	118.0 g/L	10 mg	5 mmol/L
$MgSO_4 \cdot 7H_2O$	123.2 g/L	10 mg	5 mmol/L
KH_2PO_4	13.6 g/L	10 mg	1 mmol/L
酒石酸铁	500 g/L	10 mg	9 μmol/L

霍格兰氏营养液的储备液可在 4℃ 下存储 3 个月。建议霍格兰氏营养液现用现配，并且进行充分的曝气。

附件 2I 参比物马来酰肼比对试验结果

由 LIEBE-CNRS 7146 组织的实验室比对试验，以马来酰肼为参比物，暴露浓度分别为 1.12 mg/kg 和 1.12 mg/L，用于土壤和水相暴露试验。每个参加实验室自备标准土壤，用于制备参比物受试基质。表 2I-1、表 2I-2 为土壤暴露试验结果，表 2I-3、表 2I-4 为水相暴露试验结果。

表 2I-1　马来酰肼（1.12 mg/kg）处理后的微核分布情况（微核数量/1 000）

实验室	阴性对照	阳性对照
法国 L1	0.2±0.4	8.5±2.4 [a]
法国 L2	0.0±0.0	32.0±10.6 [a]
法国 L3	0.2±0.4	73.7±18.9 [a]
法国 L4	0.0±0.0	5.8±1.5 [a]
法国 L5	1.8±0.6	12.4±1.2 [a]
意大利	0.3±0.5	85.7±17.2 [a]
巴西	0.2±0.4	8.5±3.3 [a]

注：a 表示与阴性对照存在统计上的显著差异（Mann-Whitney U test，$p < 0.05$）。

表 2I-2　马来酰肼（1.12 mg/kg）处理后的有丝分裂指数（处于有丝分裂的细胞数量/1 000）

实验室	阴性对照	阳性对照
法国 L1	96.3±8.7	70.2±7.1
法国 L2	93.9±15.1	148.3±24.8
法国 L3	112.5±20.5	74.3±15.3
法国 L4	52.8±9.2	29.2±8.2
法国 L5	87.8±22.2	78.7±9.3
意大利	143.0±5.5	111.8±9.7
巴西	36.8±7.1	24.2±5.2

表 2I-3　马来酰肼（1.12 mg/kg）处理后的微核分布情况（微核数量/1000）

实验室	阴性对照	阳性对照
法国 L1	0.2±0.4	21.8±4.4 [a]
法国 L2	0.7±0.8	45.2±9.0 [a]
法国 L3	0.5±0.5	63.0±11.5 [a]
法国 L4	0.0±0.0	14.3±3.2 [a]
法国 L5	1.7±1.1	55.8±7.2 [a]
意大利	0.0±0.0	97.7±12.5 [a]
巴西	0.2±0.4	16.8±5.3 [a]

注：a 表示与阴性对照存在统计上的显著差异（Mann-Whitney U test, $p < 0.05$）。

表 2I-4　马来酰肼（1.12 mg/kg）处理后的有丝分裂指数（处于有丝分裂的细胞数量/1 000）

实验室	阴性对照	阳性对照
法国 L1	61.5±5.2	24.8±4.0
法国 L2	88.0±15.1	25.0±9.7
法国 L3	113.2±9.3	92.3±20.2
法国 L4	29.2±4.8	21.7±4.0
法国 L5	97.2±13.5	77.9±7.0
意大利	128.0±10.4	23.0±14.4
巴西	37.5±6.2	27.7±5.3

（中国环境监测总站　阴琨）

第三章 土壤动物毒性监测

一、蚯蚓急性毒性试验（C）

基于 ISO 11268-1 方法，参考经济合作与发展组织（OECD）与欧盟发布的相关导则，本方法描述了污染土壤对蚯蚓的急性毒性测定。

（一）方法原理

通过观测暴露于受试土壤的成蚓死亡率（相对于暴露于对照土壤的蚯蚓）评价污染土壤或受试物对蚯蚓的急性毒性影响。

（二）适用范围

本方法适用于评估土壤的生态功能和确定土壤污染物或化学品对蚯蚓的急性毒性效应。适用于土壤或者未知性质的土壤材料（如来源于污染场地、修复过的土壤、农田土壤或者废弃物等）；不适用于测定挥发性物质（如亨利系数 H 或空气—水分配系数大于 1，或者 25℃时蒸气压 $P > 0.013\ 3$ Pa）。

本方法未考虑污染物或受试物在试验过程中的降解性对试验结果的影响。

（三）试验材料

1. 受试生物

推荐采用国际上常用的赤子爱胜蚓（*Eisenia fetida*）或者安德爱胜蚓（*Eisenia andrei*）。将新获得的蚯蚓在试验条件下于未污染土壤中驯养 7 天。驯养后选择 3 月龄以上的健康成蚓（身体前端出现鞍状或环带状生殖带）用于试验。其中，成蚓体重（湿重）要求：赤子爱胜蚓为 300～600 mg；安德爱胜蚓为 250～600 mg。投入试验介质前须用蒸馏水清洗蚯蚓并用滤纸拭去其体表水分。

2. 试验样品

（1）野外采集土壤或者废弃物。

受试样品可以是从工业用地、农田等地采集的土壤或者是考虑作为土地处理的废弃物（如疏浚淤泥、城市废水处理厂的污泥或肥料）。

土壤样品风干（切忌加热）后，过 4 mm 筛并混合均匀。土壤样品的储存时间应尽可能短，具体参见本篇第一章相关部分。土壤 pH、质地、含水量、饱和持水量、阳离子交换量、有机碳含量等理化参数的测定参照第三篇相关部分。

（2）对照土壤。

参比土壤或标准土壤（允许有蚯蚓存在）都可作为对照土壤。参比土壤应不含污染物且采集地点靠近污染点；如果无法确定参比土壤是否污染，应优先使用标准土壤。

标准土壤可以采用人工土壤，其基质配方如下：泥炭藓 10%（无明显植物残体，磨细，风干）；高岭黏土 20%（高岭石含量不低于 30%）；工业石英砂 69%（50～200 μm 粒径的细砂含量在 50% 以上）；碳酸钙 0.3%～1.0%（分析纯，研成粉末，用于调土壤 pH 至 6.0±0.5）。

人工土壤应至少在试验开始 3 天前配制，使用实验用大型搅拌机混匀以上干基质，混合时可添加一定比例的去离子水。碳酸钙的添加量应根据泥炭藓的性质调整。混合后人工土壤至少需在室温下储存 2 天以平衡酸度。为测定 pH 和饱和持水量，在试验前 1～2 天，添加去离子水预湿润干人工土壤（达到饱和持水量的 40%～60%）。

（3）饲喂。

试验前，应对蚯蚓进行饲喂以保证适当的质量。试验期间，为维持蚯蚓的生物量，也有必要对蚯蚓进行饲喂。可用麦片、土豆粉、牛粪或马粪作为蚯蚓的饲料。粪肥不能含有药物，使用前应将粪肥风干、磨细和灭菌。

（4）参比物质。

推荐以硼酸作为参比物质。

（四）仪器设备

（1）试验容器：选用由玻璃或者惰性材质的容器（1～2 L），容器的截面积约 200 cm^2，以确保当加入 500 g 干物质时，保持湿物料的深度可达 5～6 cm，同时应保证气体的交换和光照（例如使用带孔的透明盖），并防止蚯蚓逃逸（如用带子固定盖子）。

（2）实验用大型搅拌机。

（3）分析天平：至少精确至 1 mg。

（4）聚乙烯薄膜：带有小孔，可进行气体交换。

（5）人工气候箱：试验温度控制在（20±2）℃。白色荧光灯管，光强度控制在 400～800 lx，保持光/暗周期为 12：12～16：8。

（五）试验程序

1. 实验设计

现场采集的受试土壤可作为系列浓度中的一个（典型的 100%）来评估其毒性。系列浓度处理可以通过受试土壤与一定量对照土壤混合制得。当受试样品为化学物质时，将不同浓度的受试物添加到标准土壤（如人工土壤）以评价其毒性，浓度以受试物的 mg/kg 对照土干重表示。

首先进行预试验，正式试验包含一系列的土壤混合物（处理），每个处理至少设置 4 个平行。如果预试验未观测到毒性效应，可进行限度试验。

（1）预试验。

预试验用于确定受试混合物对蚯蚓的全致死最低浓度和全存活最高浓度的范围，如设定受试土壤稀释度为 0、1%、5%、25%、50%、75%、100%，或者设定受试物浓度 0，1.0，10，100，1 000 mg/kg。不设置平行组。在预试验确定的范围内设置正式试验的浓度。

如果受试土壤稀释度为 100% 或受试物浓度添加量为 1 000 mg/kg 标准土（干重），试验未观察到效应时，则进一步开展限度试验。否则，须设计正式试验。

（2）正式试验。

正式试验的设计取决于试验目的。野外采集的受试土壤的生境特征可以通过与对照相比的生物效应表征。如果参比土壤不适合作对照土壤，可以采用标准土壤代替。如果参比土壤可以作为对照土壤，建议同时设置标准土壤对照，以表征试验结果的准确性和可接受性。因标准土壤有助于区分污染物效率或内土壤理化性质引起的非污染物效益。

对于土壤危害性鉴别，正式试验应包括系列稀释度（浓度），在预试验确定的浓度范围内按照一定等比级数设置5～7个浓度组，且浓度间隔倍数不超过2。每个处理至少4个平行。

对于化学品测试，在预试验确定的浓度范围内，正式试验应按照一定等比级数设置5个浓度组，每个浓度设置4个平行，并设置空白对照（不含受试物）。如果使用了助溶剂，应另设1个溶剂对照。

（3）限度试验。

对于土壤危害鉴别，可设置单一浓度试验（限度试验，至少设置4个平行）。即野外采集的受试土壤经预处理后，直接用于生物毒性测试，并与对照土壤的生物效应比较。如果参比土壤不适合用作对照土壤，可以采用标准土壤代替。如果参比土壤可以作为对照土壤，建议同时设置标准土壤对照，以表征试验结果的准确性和可接受性。

对于受试化学物质，可设置1个最高浓度（如1 000 mg/kg 土壤干重）处理，同时设空白对照（不含受试物）。如果使用了助溶剂，应另设1个溶剂对照。受试物处理与对照组均至少设置4个平行。

2. 受试混合物制备

（1）受试土壤（污染土壤）。

根据选择的稀释度范围，将受试土壤和参比土壤或标准土壤均匀混合。每个试验容器中土壤总量为 500～600 g（干重）。添加去离子水使得受试混合物的含水量为 40%～60% 的饱和持水量。如果测定废弃物，要求更高的含水量。

在试验开始和结束时，分别测定每个容器中受试混合物的 pH（当受试物为酸或碱时，不调 pH）。

（2）受试介质的制备（化学品测试）。

受试介质是受试化学物质（受试物）、人工土壤和去离子水的混合物。添加受试物到人工土壤中并且混合均匀，每个试验容器中的混合物总量为 500 g（干重）。

根据受试物的水溶解性，采用不同的方式配制受试介质：

①如果受试物溶于水，则须先用去离子水把受试物配制成系列浓度。在试验前将该溶液以喷洒或其他形式加至人工土壤并混合均匀即可。

②如果受试物不溶于水，但是可以溶于丙酮、正己烷、氯仿等挥发性有机溶剂，则将一定量的受试物溶于有机溶剂（溶剂量尽可能小），再与一部分石英砂混合。置于通风橱中待溶剂挥发除尽后，加入标准土壤和水，混合均匀。

③如果受试物不易溶于水和有机溶剂，且不能分散或乳化，则可先将一定量受试物与细石英砂混合，其总量为 10 g，然后与 490 g 人工土壤混合。

将受试物与人工土壤混匀后再投加蚯蚓。在试验开始和结束时分别测定每个受试混合物的 pH。

最终的受试介质须充分混匀且保证最终含水率为 25%～35% 土壤干重。该含水率应经实测确定，即在 105℃对受试介质烘干至恒重并称重、计算。

（3）对照组的设置。

预试验、正式试验与限度试验均需设置空白对照组，其中预试验不设平行，正式试验与限度试验应设 4 个平行。若使用了助溶剂，则应增加 1 个助溶剂对照组，并设 4 个平行。

3. 蚯蚓的投加

在每个试验容器中的受试介质表面放 10 条经清洗并蘸干水分的蚯蚓。为了避免蚯蚓分配的系统误差，保证受试生物的均一性，每次投加前取 20 条蚯蚓逐一称重，并按照对蚯蚓体重要求（赤子爱胜蚓，300～600 mg；安德爱胜蚓 250～600 mg）从中选取 10 条蚯蚓再次称重，作为一个批次随机投加到容器中。各容器之间平均生物量的误差范围不能超过 100 mg。将容器用带小孔的聚乙烯薄膜覆盖并随机置于人工气候箱中，试验条件控制见本章"（四）仪器设备"和"（五）试验程序"。

4. 观测与记录

试验周期为 14 天。在第 7 天时，将试验容器内的受试介质轻轻倒入不锈钢平板，取出蚯蚓，记录中毒症状和死亡数（用针轻触蚯蚓尾部，蚯蚓无反应则为死亡），及时清除死亡蚯蚓。检查结束后，将受试介质重新置于试验容器中，并将存活的蚯蚓置于受试介质表面继续培养。14 天时再进行相同的检查，记录活体蚯蚓的数量并称重。试验结束时还需测定并记录每个浓度处理的其中一个容器中受试介质的含水率和 pH。

试验过程中，通过称重来校正土壤的含水量。在试验结束时，失水量不能超过试验开始时水分含量的 10%。

5. 参比物试验

为检验实验室的试验条件与受试生物是否符合要求，应设置参比物试验。参比物推荐硼酸。一年至少测定两次硼酸的 NOEC 和 LC_x。硼酸的 LC_{50} 参考值为 3 500 mg/kg（人工土壤，干重），置信限为 3 000～4 500 mg/kg（人工土壤，干重）。

（六）数据处理和结果表征

1. 统计分析与结果计算

（1）单剂量试验（限度试验）。

单剂量试验可采用不同的统计方法。同一样品的平行试验结果，可使用费舍尔的概率测试法（Fisher's exact test）评估。不同样品的试验结果，可以通过逻辑回归方法或方差分析（ANOVA）评估。

当土壤样品采集于不同点位时，首先选择方差分析（ANOVA），若假设不成立，选择多重比较检验。单剂量试验（限度试验）中，可以选取标准 t 检验进行统计分析。

（2）多浓度试验。

①预试验。如果有明显的剂量—效应关系，可以采用逻辑回归方法计算 LR_x/LC_x。其他情况下可以采用专业统计方法计算。

②正式试验。

LC_x（效应浓度）：当出现明显的剂量—效应关系时，可以使用回归分析计算 LC_x，R^2（回归系数）应≥0.7，以及受试浓度应涵盖 20%～80%的效应，推荐选用 LC_{50}。否则，需对结果进行解释。

NOEC（最大无效应浓度）：首先进行方差齐性检验，齐性数据建议使用"单因素方差分析"（ANOVA）和单边 Dunnett test（α =0.05）。如果数据不满足方差齐性，建议通过适当的数据转换。否则，可采用其他非参数方法，如 Mann-Whitney U-test 或 Bonferroni-U-Test。

③限度试验。若测试数据满足方差齐性，可以使用 t 检验以及不同等 t 检验（Welch t-检验）或者非参数测试，如 Mann-Whitney U-test。

2. 结果表征

正式试验中，测定每个稀释度或浓度下的死亡率。为了确定急性毒性效应，可以将死亡率转化为概率单位或对数值，使用线性模型计算 LC_{50} 值。为准确计算 LC_{50} 值，要求两个连续浓度倍数比≤2，且死亡率在 0～100%。绘制图表表征终点的平均值，包括受试土壤、对照土壤或受试土壤稀释度的标准偏差。

当采用多稀释度（浓度）系列，须表征剂量—效应关系，计算基于干重的受试土壤稀释度、受试土壤或者受试物的半致死浓度（LC_{50}）。当受试混合物的最高浓度低于 LOEC，在一定时间内相对于对照组，受试生物没有产生统计显著性有害效应，此浓度可作为 NOEC。

（七）有效性标准

（1）空白对照组蚯蚓死亡率不超过 10%。
（2）空白对照组平均生物量的损失不超过 20%。

（八）结果报告

试验报告应包括以下内容或信息：
（1）方法依据；
（2）受试生物（物种、年龄、质量范围、饲喂条件、供应商）；
（3）对照土壤；
（4）土壤预处理；
（5）受试物制备方法；
（6）参比物特性及试验结果；
（7）试验条件；
（8）LC_{50} 及其计算方法；
（9）NOEC 值（必要时）；
（10）每个浓度和容器对应的死亡率数值表；
（11）试验结束时，存活蚯蚓的体重测定结果（如范围、平均值）；
（12）蚯蚓的行为变化及病理症状；
（13）试验开始和结束时，人工土壤的 pH 和含水量；
（14）其他未尽细节，以及任何可能影响测试结果的内容。

附件 3A　赤子爱胜蚓和安德爱胜蚓的饲养

蚯蚓的繁殖最好在（20±2）℃的人工气候室进行。在该温度和充足的食物条件下，蚯蚓从幼虫到成虫需 2～3 个月时间。为了获得标准虫龄和体重的蚯蚓，最好从蚓茧开始培养。在孵化器中以新鲜的物料饲喂成蚓 14～28 d 以保证蚓茧的产生。蚯蚓生长到 3～12 个月龄可视为成蚓，可用于试验。

赤子爱胜蚓和安德爱胜蚓可在许多动物废弃物中繁殖。推荐的繁殖介质为马粪或牛粪与泥炭以 50 : 50 混合，也可用其他动物废弃物；介质 pH 为 7 左右，低离子电导率（低于 6.0 mS），不能受到氨或动物尿的过度污染，并保持合适的湿度，饲养箱的规格为 10～50 L。

在介质中正常活动而不是试图逃离，并能连续繁殖的蚯蚓视为健康蚓。若蚯蚓移动缓慢或者尾部变黄，建议更换介质或者降低养殖密度。

附件 3B 硼酸对蚯蚓的急性毒性数据

在人工土壤中和自然土壤中硼酸对蚯蚓的急性毒性数据见表 3B-1 和表 3B-2。

表 3B-1 人工土壤中硼酸对蚯蚓（安德爱胜蚓）的急性毒性数据

试验方法或导则（基质）	周期/d	终点	LC$_{50}$	95%置信限
			mg 硼酸/kg 土 干重	
EC's Biol. Test method EPS 1/RM/43 2004b, resp. Draft 2002b （人工土壤）	14	死亡率	3 978 3 320	3 607～4 386 3 011～3 661
EC's Biol. Test method EPS 1/RM/43 2004b, resp. Draft 2002b （人工土壤）	14	死亡率	3 503	3 113～3 942
EC's Biol. Test method EPS 1/RM/43 2004b, resp. Draft 2002b （人工土壤）	14	死亡率	3 397	3 026～3 815
EC's Biol. Test method EPS 1/RM/43 2004b, resp. Draft 2002b （人工土壤）	14	死亡率	3 524	3 127～4 014
EC's Biol. Test method EPS 1/RM/43 2004b （人工土壤）	14	死亡率	3 236	3 020～3 467

表 3B-2 自然土壤中硼酸对蚯蚓（安德爱胜蚓）的急性毒性数据

试验方法或导则（基质）	周期/d	终点	LC$_{50}$	95%置信限
			mg 硼酸/kg 土 干重	
EC's Biol. Test method EPS 1/RM/43 2004b, resp. Draft 2002b （阿尔伯塔黑钙土）	14	成蚓死亡率	3 938 3 245	3 577～4 334 2 954～3 565

（生态环境部南京环境科学研究所 石利利 宋宁慧）

二、蚯蚓繁殖毒性试验（C）

基于 ISO 11268-2，同时参考 OECD 和欧盟等发布的相关方法，本方法描述了污染土壤对蚯蚓的繁殖毒性试验程序及相关要求，也可以用于标准土壤（如人工土壤）法评价化学品对蚯蚓的繁殖毒性影响。

（一）方法原理

将成蚓暴露于一系列稀释度的受试土壤或不同浓度受试物的介质中，观测记录成蚓的生长和生存状况，以及从蚓茧中孵化出的幼虫数量。通过受试组蚯蚓的繁殖量与对照组比较得到基于浓度、死亡率和繁殖率的无效应稀释度和浓度（NOER/NOEC），以及引起繁殖率减少 $x\%$ 的稀释度或浓度（ER_x/EC_x, 56 d）。通过对比暴露于受试土壤和对照土壤中成蚓的繁殖影响，评价污染土壤对蚯蚓的繁殖毒性。

（二）适用范围

本方法适用于评估土壤的栖息地功能和测定土壤污染物或化学物质对蚯蚓的繁殖毒性（通过经皮和消化道吸收），适用于土壤或者未知性质的土壤材料（如源自污染场地、修复过的土壤、农田土壤或者废弃材料等）。

本方法不适用于测定挥发性物质（如亨利系数 H 或空气/水分配系数＞1，或者 25℃时蒸气压 P＞0.013 3 Pa）。

本方法未考虑受试物在测试过程中的降解性对试验结果的影响。

（三）试验材料

1. 受试生物

推荐采用国际上常用的赤子爱胜蚓（*Eisenia fetida*）或者安德爱胜蚓（*Eisenia andrei*）。要求使用 2 月龄至 1 年的健康成蚓（具有生殖带，赤子爱胜蚓湿重为 300～600 mg，安德爱胜蚓湿重为 250～600 mg）。选用从同批培养的蚓龄、大小、体重相似的个体，同一个试验组中的蚓龄个体差异不能超过 4 周。投入受试介质前须用蒸馏水或去离子水清洗蚯蚓并用滤纸蘸干其体表水分。

试验前，将选好的受试蚯蚓在标准土壤或参比土壤中驯养 1～7 天。驯养期间的食物应与试验期间的食物相同。

2. 受试样品

（1）现场采集土壤、土壤类物质或者废弃物。

受试土壤可以是从工业用地、农田等地采集的土壤或者是考虑作为土地处理的废弃物（如疏浚淤泥、城市废水处理厂的污泥、肥料等）。

土壤样品风干（切忌加热）后，过 4 mm 筛并混合均匀。土壤样品的储存时间应尽可能短，储存条件参见本篇第一章相关部分。土壤 pH、质地、含水量、饱和持水量、阳离子交换量、有机碳含量等理化参数的测定参见第三篇相关部分。

（2）对照土壤。

参比土壤或者标准土壤（允许有蚯蚓存在）。参比土壤应不含污染物且采集地点靠近污染地区。如果无法确定土壤是否污染，应优先使用标准土壤。

标准土壤可以采用人工土壤，其基质配方如下：泥炭藓 10%（无明显植物残体，风干，磨细）；高岭黏土 20%（高岭石含量不低于 30%）；工业石英砂 69%（50～200 μm 粒径的细砂含量在 50%以上）；碳酸钙 0.3%～1.0%（分析纯，研磨成粉末，调土壤 pH 至 6.0±0.5）。

人工土壤至少在正式试验开始 3 天前配制，使用试验用大型搅拌机混匀以上干基质，混合时可添加一定比例的去离子水。碳酸钙的添加量根据草炭的性质调整。在室温下混合人工土壤，至少需 2 天的时间来平衡酸度。为测定 pH 和饱和持水量，在试验前 1～2 天，应添加去离子水预潮湿干人工土壤（达到饱和持水量的 40%～60%）。

（3）饲喂。

试验前，应对蚯蚓进行饲喂以保证适当的质量。试验期间，为维持蚯蚓的生物量，也需对蚯蚓进行饲喂。可用麦片、土豆粉、牛粪或马粪作为蚯蚓的饲料。粪肥（市面出售的用作化肥的牛粪可能对蚯蚓有害）不能含有药物（如生长激素、杀线虫剂等可能产生影响的物质），使用前应将粪肥风干、磨细和灭菌。

（4）参比物质。

推荐以硼酸作为参比物质。

（四）仪器设备

（1）试验容器：由玻璃或者惰性材料制成的容器瓶（1～2 L）。容器的截面积约 200 cm^2，以确保当加入 500 g 干物质时，保持湿物料的深度可达 5～6 cm；同时应保证气体的交换和光照（如使用带孔的透明盖）及防止蚯蚓逃逸（如用带子固定盖子）。

（2）实验用大型搅拌机。

（3）分析天平：至少精确至 1 mg。

（4）聚乙烯薄膜：带有小孔，可进行气体交换。

（5）人工气候箱：试验温度控制在（20±2）℃。配置白色荧光灯管，光强度控制在 400～800 lx，保持光/暗周期为 12∶12～16∶8。

（五）试验程序

1. 实验设计

现场采集的受试土壤可作为单一浓度（典型的 100%），或可作为系列浓度中一个浓度来评估其毒性。系列浓度处理可以通过受试土壤与一定量对照土壤混合制得。当测定样品为受试化学物质（受试物），采用不同浓度系列的受试物添加到标准土壤（如人工土）以评价其毒性，浓度以受试物的对照土干重（mg/kg）表示。

首先进行预试验，正式试验包含一系列的土壤混合物（处理），每个处理至少设置 4 个平行。

（1）预试验。

预试验用于确定受试混合物影响蚯蚓繁殖的最适浓度范围，如设定受试土壤稀释度为 0、1%、5%、25%、50%、75%、100%，或者设定受试物浓度为 0，1.0，10，100，1 000 mg/kg。无须设置平行组。在此范围内设置正式试验的浓度。

如果 100%污染土壤或者受试物浓度为 1 000 mg/kg 处理没有观察到效应时，可开展限度试验。

（2）正式试验。

如对于土壤危害性鉴别，正式试验应包括系列稀释度（浓度），要求浓度间隔倍数不超过 2。包括以下 3 种情形：

①NOEC/NOER 测定：至少设置 5 个几何级浓度，每个浓度设 4 个平行，另设 1 个对照，8 个平行。

②EC$_x$ 测定：设置 12 个浓度，每个浓度设 2 个平行；另设 1 个对照，6 个平行。可以

设置不同的浓度倍数，低浓度可以采用小的浓度倍数，高浓度可以采用大的浓度倍数。

③混合法：设置 6～8 个几何级浓度，每个浓度设 4 个平行；另设 1 个对照，8 个平行。用于确定 NOEC 和 EC_x。

（3）限度试验。

如上所述，100%污染土壤或者受试物浓度为 1 000 mg/kg 处理未观察到效应，可开展限度试验。通过对比受试土壤与对照土壤的生物效应来评估土壤的生境特性时，也可采用限度试验（单一浓度试验）。

限度试验中，设置 1 个高浓度受试组（未稀释土壤或 1 000 mg/kg）和 1 个空白对照组，各设 8 个平行。

2. 受试混合物制备

（1）受试污染土壤。

根据预试验确定的稀释度范围，将受试土壤和参比土壤或标准土壤均匀混合。每个试验容器中加入的土壤总量为 500～600 g（干重）。添加去离子水使得受试混合物的含水量为 40%～60%的饱和持水量。如果测定废弃物，含水量应更高一些。

试验开始和结束时分别测定（每个浓度一个容器中）受试混合物的 pH（当受试物为酸或碱时，不调 pH）。

（2）受试介质制备。

受试介质是受试物、人工土壤和去离子水的混合物。每个试验容器中受试混合物总量为 500 g（干重）。添加一定量的受试物至人工土壤并且混合均匀。应根据受试物的水溶解性，采用下列不同的方式配制受试介质。

①如果受试物溶于水，则可先用去离子水配制系列浓度的受试物水溶液，试验前将水溶液以喷洒或其他方式加至人工土壤中，并混合均匀。

②如果受试物不溶于水，但溶于有机溶剂，则先将受试物溶于挥发性有机溶剂（如丙酮、正己烷），然后喷洒至或混入少量石英砂中。将石英砂置于通风橱中至少 1 h，挥发去除有机溶剂，然后将石英砂与事先润湿的人工土壤充分混合，最后将土壤混合物转移至试验容器中。

③如果受试物不溶于水和有机溶剂，则先配制含有 10 g 石英砂和一定量受试物的混合物，然后将混合物与预先润湿的人工土壤充分混合，最后将土壤混合物转移至试验容器中。

（3）对照组的设置。

加去离子水使对照土壤的湿度保持在饱和持水量的 40%～60%。每个受试组及空白对照设置 4 个平行。此外，对于限度试验，空白对照组设 4 个平行。若使用了助溶剂，则应增设一个助溶剂对照组。

3. 蚯蚓的投加

在每个试验容器中的受试介质表面放 10 条经清洗并蘸干水分的蚯蚓。为了避免蚯蚓分配的系统误差，保证受试生物的均一性，每次投加前取 20 条蚯蚓逐一称重，并按照对蚯蚓体重要求（赤子爱胜蚓，300～600 mg；安德爱胜蚓 250～600 mg）从中选取 10 条蚯蚓再次称重，作为一个批次随机投加到容器中。各试验容器之间平均生物量的误差范围不能超过 100 mg。将容器用带小孔的聚乙烯薄膜覆盖并随机置于人工气候箱中，试验条件控制如下：温度为（20±2）℃；光强度为 400～800 lx，保持光/暗周期为 12∶12～16∶8。

4. 观测与记录

一天后开始饲喂。大约每个试验容器添加 5 g 自然风干磨碎的食物到土壤表面并用适量的水润湿（每个试验容器 5～6 mL 水）。此后，4 周内每周投加一次食物。如果表面还有剩余食物则可减少饲喂量，以免真菌滋生而变质。记录试验期间每个试验容器的饲喂次数和饲喂量。

试验过程中，通过称重来校正土壤的含水量。试验结束时的失水量不能超过试验开始时含水量的 10%。

4 周后，将所有成蚓从试验容器中移出、计数并称重。将试验容器中含有蚯蚓的土壤转移到干净的托盘中，便于找到成蚓。蚯蚓称重前应洗净并用滤纸将多余的水分蘸干。移出成蚓后，含有蚓茧的土壤在相同条件下继续培养 4 周，每个试验容器补充 5 g 食物，用手仔细混合加入试验土壤；最后 4 周不再投加食物。试验结束时，观测幼虫的数量。记录所有中毒症状。

5. 参比物试验

为检验实验室试验条件与受试生物是否符合要求，应设置参比物试验。参比物推荐为硼酸。一年至少测定两次。硼酸的繁殖毒性参考值为 400～600 mg/kg（$\alpha = 0.05$）。

（六）数据处理与结果表征

1. 数据处理

计算每个稀释度（或浓度）对应的死亡率，4 周后成蚓减少或增加的生物量，以及继续培养 4 周后产生幼虫的数量。在任何情况下，统计结果应从生物学的角度进行解释。

（1）单剂量试验（包括限度试验）。

单剂量试验结果可采用不同的统计方法。对于采自不同点位的土壤样品，首先选择方差分析（ANOVA），若假设不成立，选择多重比较检验。

单剂量试验中，若仅 1 个受试样品、1 个对照样品，而无平行测试数据，可以选用标准 t 检验进行统计分析。

对于采集于多个点（大于 1 个点）受试土壤的多重比较，若试验数据满足方差齐性，可采用 ANOVA 分析，判定试验结果（如生物量）是否具有显著性差异。否则，应将数据转换重新分析。若仍不满足方差齐性，可以使用非参数统计分析法。

（2）多浓度试验。

①预试验。如果观测到明显的剂量—效应关系，可以采用逻辑回归方法计算 ER_x/EC_x 值。其他情况下可以采用专业统计方法计算。

②正式试验。

推荐 ER_x/EC_x 为试验终点，可采用线性和非线性回归分析法。假设检验（NOEC 法）通常用于确定与对照相比具有显著效应的稀释度（或浓度）。一般情况下，对于每个现场土壤（包含阴性对照）的试验，在不同稀释度（或浓度）的情况下，最好采用 ER_x/EC_x 法。但当有法规要求时，可采用 NOEC 法进行数据分析。

ER_x/EC_x（效应浓度）：当观测到明显的剂量—效应关系时，计算 ER_x/EC_x 及其置信限，推荐选用 ER/EC_{50}。其中，回归系数 $R^2 \geqslant 0.7$，试验浓度应涵盖 20%～80% 的效应。否则，须用专业知识来阐释结果。

NOEC（最大无效应浓度）：首先进行方差齐性检验。对于齐性数据，建议使用"单

・ 666 ・

因素方差分析"（ANOVA）和单边 Dunnett test（$\alpha = 0.05$，α 为显著性水平）。如果数据不满足方差齐性，建议通过适当的数据转换。若仍不满足方差齐性，选用其他非参数方法，如 Mann-Whitney U-test 或 Bonferroni-U-Test。

③限度试验。若试验数据满足方差齐性，可使用 t 检验以及不等方差 t 检验（Welch t-检验）或者非参数测试，如 Mann-Whitney U-test。

2. 结果表征

绘制图表表述各终点的平均值，包括受试土壤、对照土壤或不同稀释度（或浓度）的受试土壤的试验结果的标准偏差。采用多稀释度（或浓度）系列，应绘制剂量—效应关系曲线。

采用 ER_x/EC_x 法时，应表述与对照相比幼虫减少 50% 的 ER_{50}/EC_{50} 值。采用 NOEC 法时，当受试混合物的最高浓度低于 LOEC，在一定时间内受试生物未产生统计学意义的显著致死或繁殖量的减少和改变时，此浓度可作为 NOEC（$p > 0.05$）。

（七）有效性标准

（1）每个对照容器（各含 10 条成蚓）的幼蚓繁殖数量应至少为 30 条；

（2）对照组蚯蚓的幼蚓繁殖量变异系数应不大于 30%；

（3）对照组成蚓的死亡率 ≤10%。

（八）结果报告

试验报告应包括以下内容或信息：

（1）方法依据；

（2）受试生物的完整描述（物种、蚓龄、质量范围、饲喂条件、供应商）；

（3）对照土壤及来源；

（4）土壤预处理；

（5）受试物制备方法（必要时）；

（6）参比物特性及试验结果；

（7）试验条件；

（8）每个受试浓度和容器对应的死亡率数据表；

（9）试验开始和 4 周后存活蚯蚓的总质量（质量范围和平均值）；

（10）试验结束时每个试验容器中幼蚓的繁殖量；

（11）ER_{50}/EC_{50}、LOEC/LOER、NOEC/NOER 及计算方法；

（12）蚯蚓的行为变化及病理症状；

（13）试验开始和结束时土壤的 pH 和含水量。

附件 3C 幼蚓（孵自蚓茧）的计数方法

手工计数从蚓茧孵出的幼虫数量非常费时，建议选用下列方法：

（1）将试验容器置于温度为 50~60℃ 的水浴中，约 20 min 后幼虫会爬到土壤表面，这时就易于移出和计数了。若采用手工计数法，至少应重复 2 次。

（2）若草炭和牛粪加入土壤前是磨碎的粉状物，则可将受试土壤过筛淋洗。将两个孔径为 0.5 mm 筛子（直径 30 cm）叠放到一起，用自来水强水流冲洗试验容器中的受试物质，使幼蚓和蚓茧留在上层的筛子里。应特别注意的是，操作过程中上层筛子的整个表面要保持湿润，让幼虫能漂浮在水膜上，防止它们爬过筛孔。采用淋浴喷头可得到较好的结果。

经过淋洗之后，把幼虫和蚓茧从上层筛子里冲到烧杯里。静置，待烧杯中空的蚓茧漂浮到水面，而实的蚓茧和幼虫沉到水底。倒掉水，将幼蚓和蚓茧转移至装有少量水的培养皿中，然后用针或镊子数出蚯蚓数目。

应验证从土壤中移出蚯蚓（如可能，包括蚓茧）方法的有效性。如果采用手工计数，建议所有样品都重复操作两次。

附件 3D　方法性能

根据 9 个不同实验室的 30 项试验结果，试验方法的有效性标准及结果符合性见表 3D-1。

表 3D-1　有效性标准和试验结果符合性

指标	有效性标准	符合性（n=30）
对照组成蚓的死亡率	≤10%	100%
每个对照组幼蚓的繁殖率/条	≥30	83%
对照组幼蚓繁殖率变异系数	≤30%	67%

试验体系的敏感性，可以通过与对照相比幼蚓数量的显著差异分析结果来表征。结果表明，在数据有效性前提下，与对照相比，幼蚓数量减少率在 30%～40%（表 3D-2）。

表 3D-2　试验系统敏感性分析结果（n=45）

幼蚓减少的百分率/%（与对照相比）	试验数据数量/个	有显著差异的结果百分数/%（Williams-test）
<5	6	0
5～10	2	0
10～20	10	30
20～30	5	60
30～40	4	100
40～50	2	100
50～60	1	100
>60	15	100

参比物硼酸（mg/kg 土壤干重）对赤子爱胜蚓的繁殖率和生物量的影响试验结果见表 3D-3。浓度效应以 56 d 幼蚓的繁殖率与 28 d 后成蚓生物量的平均值和标准偏差（SD）来表示。其中，硼酸基于繁殖率的 EC_{50} 为 484 mg/kg 土壤干重。

表 3D-3　参比物硼酸的蚯蚓繁殖毒性试验结果示例

浓度（mg/kg）（土壤干重）	幼蚓数量/条（平均值±SD）	繁殖率/%（与对照相比）	成蚓生物量的平均值/%
对照	357±45.2	100	149
75.0	320±7.07	89.6	155
100	431±80.6	121	160

浓度（mg/kg） （土壤干重）	幼蚓数量/条 （平均值±SD）	繁殖率/% （与对照相比）	成蚓生物量的 平均值/%
133	454±15.6	127	161
178	407±1.1	114	156
237	446±50.9	125	157
316	418±75.0	117	167
422	298±21.2	83.5	157
562	52.5±9.19	14.7	154
750	1.00±1.41	0.3	143
1 000	0.00±0.00	0.00	114

（生态环境部南京环境科学研究所 石利利 宋宁慧）

三、鞘翅目昆虫臭花金龟幼虫的急性毒性试验（C）

参考 ISO 20963-2011，本方法描述了污染土壤或污染物对鞘翅目臭花金龟幼虫（*Oxythyrea funesta*）的急性毒性试验方法，用于评估土壤的生态功能和确定土壤污染物或化学品对昆虫幼虫的急性毒性效应。

（一）方法原理

将昆虫幼虫置于含有不同稀释度的污染土壤或添加不同浓度受试物的人工土壤中，10 d 后观测并评价其死亡率或生长抑制率。试验结果以最大无效应浓度（NOEC）、50%（或 x%）死亡率时污染土壤的浓度（10 d-LC_{50}，10 d-LC_x）或生长抑制百分比率（EC_x）表征。通过观测暴露于受试土壤中昆虫幼虫的死亡率或生长抑制率评价污染土壤和污染物对昆虫幼虫的急性毒性影响。

（二）适用范围

本方法适用于评估土壤的生态功能和确定土壤污染物或化学品对昆虫幼虫通过表皮接触和摄食引起的急性毒性效应，适用于土壤或者未知性质的土壤材料（如来源于污染场地、修复后的土壤、农田土壤等）。

本方法不适用于测定挥发性物质，即亨利系数 H 或空气/水分配系数大于 1 的物质，或 25℃蒸气压 $P>0.013\ 3$ Pa 的物质。

本方法未考虑受试物在试验过程中可能降解的情况。

（三）试验材料

1. 受试生物

推荐使用臭花金龟（*Oxythyrea funesta*，鞘翅目，金龟子科，花金龟亚科），体重为 100~200 mg 的 3 龄健康幼虫。受试生物的养殖详见附件 3E。

单次试验最小和最大幼虫的体重相差不超过 50 mg，没有任何咬伤或其他明显的损伤。在称量幼虫之前使用软刷除去粘在外皮的培育基质的颗粒，也可以让动物在稍湿润纸张上爬动以除去粘在外皮上的培育基质。

2. 试验基质（人工土壤）

试验基质人工土壤的配方如下：泥炭藓 10%（风干，磨细，无可见的植物残体）；高岭石黏土 20%（高岭石含量不低于 30%）；工业石英砂 70%（50～200 μm 粒径的颗粒含量超过 50%）；碳酸钙（分析纯，调节土壤 pH 至 6.0±0.5，通常加量为 0.5%～1%）。

人工土壤至少在开始试验前 3 天配制，在室温下使用大型实验用搅拌机混匀以上干基质。碳酸钙的添加量取决于各批次泥炭藓的性质，并在室温下保存。

在试验前 2 天，向混合后的人工土壤添加一定比例的去离子水预潮湿人工土壤（达到饱和持水量的 50%），至少需 2 天时间来平衡酸碱度。测定 pH 和含水量，必要时，添加适量碳酸钙调节 pH 或重新制备。

3. 饲喂

在试验期间，需要对臭花金龟幼体进行饲喂。食物为干燥并磨细，粒径小于 1 mm 的牛粪。牛粪应取之于两周内没有使用过抗生素或生长激素的健康牛，尤其是近期内没有得过肠道寄生虫病的牛。

4. 参比物

推荐以 2,4,5-三氯苯酚（分析纯）作为参比物。

（四）仪器设备

（1）试验容器：0.5～1 L 玻璃容器，覆盖聚乙烯膜，允许基质与外界进行空气交换。
（2）碾磨器：用于牛粪的碾磨粉碎。
（3）大型实验用搅拌机：用于测试基质的制备。
（4）天平：精度至少为 1 mg。
（5）聚乙烯膜：具有小孔的聚乙烯膜，允许气体交换。

（五）试验程序

1. 实验设计

试验过程包括预试验和正式试验两个部分，预试验用于确定受试生物无死亡和全死亡的两个近似稀释度（或污染物浓度），以确定正式试验的浓度范围。正式试验用于确定发生 10%～90%死亡率的土壤稀释度（或污染物浓度）。如果预试验无死亡发生或未观测到效应，可以采用限度试验。

（1）预试验。

预试验用于确定受试混合物对受试生物全致死的最低浓度和全存活的最高浓度范围。可选用较大范围的浓度系列，如受试土壤稀释度为 0、1%、5%、25%、50%、75%、100%，或者受试物浓度为 0，1，10，100，1 000 mg/kg。不设平行。

（2）正式试验。

根据预试验得到的结果，在引起 100%死亡的最低浓度和全部存活的最高浓度之间，以几何级数排布，至少设置 5 个浓度组，浓度间隔系数应<2，每个浓度设 3 个平行。若浓度间隔系数>2，应设置 2 个浓度，且选择的起止浓度的死亡率为 10%～90%。每个浓度设 3 个平行。

（3）限度试验。

限度试验设置最高浓度（如未稀释污染土壤或受试物浓度 1 000 mg/kg）和空白对照两

个浓度处理，各 3 个平行。

2. 受试混合物制备

（1）受试土壤制备。

用网孔为 2 mm 的筛子过筛供试污染土壤，去除粗碎屑。测定土壤 pH、含水量、饱和持水量、阳离子交换量及有机质含量等理化性质，土壤样品的保存参见本篇第一章相关部分。

根据试验目的，选用未污染土壤或人工土壤作为对照和稀释基质。若采用未污染土壤作为对照和稀释基质，应先进行预处理并测定土壤理化特性。

按照选择的稀释度范围，将受试土壤和未污染土壤或人工土壤均匀混合。每个试验容器中土壤总量为 300 g（干重）。加去离子水使受试混合物的含水量达到 50%的饱和持水量，混匀。

（2）受试介质制备。

①水溶性物质。用去离子水溶解受试物，配制成系列浓度。以喷洒或其他形式与试验基质（人工土壤）混合均匀，使受试混合物的含水量达到饱和持水量的 50%，并测定每个试验容器内基质的 pH。

②不溶于水但溶于有机溶剂的物质。用挥发性有机溶剂（如甲醇或丙酮）溶解受试物配成系列浓度，以喷洒或其他形式与石英砂（10～50 g）混合均匀。置于通风柜中挥发除去溶剂。待溶剂除尽后，与试验基质（人工土壤）充分混合，添加去离子水使受试混合物的含水量达到饱和持水量的 50%，并测定每个试验容器内基质的 pH。

③不溶于水和有机溶剂的物质。对于不溶于水与有机溶剂的受试物，称取一定量受试物与石英砂（0～50 g）混合，然后与人工土壤充分混合，配制成系列浓度。添加去离子水使受试混合物的含水量达其饱和持水量的 50%，并测定每个试验容器内基质的 pH。

3. 对照组设置

预试验设置 1 个对照，不设平行；正式试验（包括限度试验）设置 1 个对照，3 个平行。如果使用了有机溶剂，应增设溶剂对照组。测定每个对照组基质的 pH。

4. 喂食

添加幼虫之前，加入 3 g 磨细风干的牛粪至受试混合物中，并混匀。在试验开始后第 3 天和第 7 天，再在表面添加 2～3 g 磨细风干的牛粪（仅在牛粪饲料消耗尽的情况下添加）。按同样方式处理对照组。

5. 引入受试生物

每个试验容器中放入称重后的 10 条幼虫，用带小孔的聚乙烯膜覆盖容器，一方面确保空气交换，另一方面避免幼虫逃离测试容器。

6. 试验条件与观测

试验在（26±1）℃、黑暗条件下进行。10 天之后，测定每个容器的活幼虫总数和质量（可选单个质量）。如果幼虫对其前侧的针刺没有反应，可认定为死亡，并注意观察幼虫的体症。试验结束时，测定对照组和受试组的 pH。

7. 参比物试验

定期利用参比物 2,4,5-三氯苯酚检验供试生物。2,4,5-三氯苯酚的 10 d-LC$_{50}$ 为 60～180 mg/kg。

（六）数据处理和结果表征

1. 数据处理

（1）死亡率。

以表格的形式列出数据，记录每个试验容器中的存活幼虫数，计算每个浓度下的死亡率。使用合适的统计方法计算 10d-LC_{50} 及置信区间（$P = 0.95$）。

当两个连续浓度（浓度间隔系数≤2）处理的受试生物死亡率分别为 0 和 100% 时，可确定 LC_{50} 所在的范围。当数据足够时，使用合适的统计方法确定最大无影响浓度（NOEC）。

（2）生长（可选）。

本方法也可以用于测定污染土壤或受试物对幼虫生长的影响。通过观测每个试验容器中幼虫的生长情况，计算每个容器的幼虫生长速率和每个浓度幼虫的生长抑制率。其中，生长速率计算如式（6-3-1）所示，生长抑制率计算如式（6-3-2）所示。

$$R_{\mathrm{G}} = \frac{\left(m_t - m_{t_0}\right)}{m_{t_0}} \times 100 \tag{6-3-1}$$

式中：R_{G} —— 生长速率；

　　　m_t —— 试验结束时每个平行处理中幼虫的平均鲜重，mg；

　　　m_{t_0} —— 试验开始时每个平行处理中幼虫的平均鲜重，mg。

$$I_m = \frac{\left(m_{0t} - m_{0t_0}\right) - \left(m_t - m_{t_0}\right)}{\left(m_{0t} - m_{0t_0}\right)} \times 100 \tag{6-3-2}$$

式中：I_m —— 平均生长抑制率；

　　　m_{0t} —— 试验结束时对照组中幼虫的平均鲜重，mg；

　　　m_{0t_0} —— 试验开始时对照组中幼虫的平均鲜重，mg；

　　　m_t —— 试验结束时受试组幼虫的平均鲜重，mg；

　　　m_{t_0} —— 试验开始时受试组幼虫的平均鲜重，mg；

2. 结果表征

对于化学物质，用 mg（受试物）/kg（试验基质）表示 LC_{50}、LC_x 和 NOEC。对于污染土壤，用污染土壤占受试混合物的百分比来表示 LC_{50} 和 NOEC。

（七）有效性标准

（1）对照组中受试生物的死亡率不超过 10%；

（2）对照组中幼虫生物量的增长率大于 80%。

（八）结果报告

试验报告应包括以下内容或信息：

（1）方法依据；

（2）受试生物（物种、虫龄、体重、饲喂条件、供应商）；

（3）受试样品制备方法，包括不溶于水的物质所使用的溶剂；

（4）污染土壤的来源和污染类型（若已鉴别），受试物（pH、持水量、含水量）；

（5）用于对照和稀释的自然土壤来源，或人工土壤制备方法；

（6）土壤预处理；

（7）试验条件；

（8）参比物及试验结果；

（9）每个浓度受试组与对照组受试生物的死亡率（列表）；

（10）试验结束时，对照组存活幼虫的质量和生长速率（列表）；

（11）受试组和对照组受试生物的生长率和生长抑制率；

（12）LC_{50} 或 LC_x 及计算方法；

（13）无显著效应浓度（NOEC，必要时）；

（14）受试生物明显的行为变化和病理症状；

（15）其他操作细节或可能会影响结果的细节；

（16）浓度—效应关系图。

附件 3E　臭花金龟养殖方法

臭花金龟（*Oxythyrea funesta*）是以植物为食物的昆虫（金龟子科、花金龟亚科），具有广泛的地理分布。成虫出现在春季，体长 8～10 mm，同时达到性成熟。腐食性的幼虫生活在土壤和烂泥中，包括 3 个不同的生长阶段：幼虫的质量达到 600～650 mg 时开始地下化蛹，夏季末成虫出现，经过冬季的滞育（昆虫在卵、幼虫、蛹和成虫的发展过程中出现的新陈代谢中断现象）期达到性成熟。在实验室条件下，臭花金龟（*Oxythyrea funesta*）的生命周期可以概括如下：

表 3E-1　臭花金龟（*Oxythyrea funesta*）生命周期

	平均持续时间天数/d	温度/℃
卵孵化	12	26±1
幼虫生长	56	26±1
化蛹	56	26±1
成虫滞育	70	7±1
成虫（无活动）	30	23±1
成虫（产卵）	140	23±1

3E.1　繁殖培养基的成分和制备

繁殖培养基包括以下成分：牛粪（1 份，干质量）；园艺土壤（4 份，干质量）。其中，牛粪来自健康动物，在取样前的两周内没有经过任何治疗。尤其要注意动物最近没有接受肠道寄生虫治疗。

牛粪和园艺土壤在室温或者在温度低于 60℃ 的干燥箱中单独干燥或者混合后干燥。干燥后，压碎牛粪和园艺土壤，确保颗粒大小不超过 1 mm。可立即使用或者转入密封袋中置于阴凉干燥处保存数月，或在密封袋中于–20℃ 条件下冷冻几年。使用之前向繁殖培养基中加水，使其含水率（质量分数）达 70%。

3E.2　成虫

在每个育种容器（直径 90 mm、容量 0.5 L，装满繁殖培养基）放入 15～20 对成虫。

容器上面放置玻璃或聚对苯二甲酸乙二醇酯圆筒（150 mm 高）。圆筒顶部盖上小栅格防止成虫逃跑。在 1 500 lx 的光照条件下（光暗周期 16∶8）、（23±1）℃、洁净室中进行繁殖培养。

经常用更新的花粉喂养成虫（大约每个小容器放 1 cm³，通常每隔 2 d 喂食）。每周将虫卵从繁殖培养基中取出，用筛子筛滤培养基以便收集虫卵，并将其放入黑暗、（26±1）℃下的相同培养基中。

3E.3　卵孵化—幼虫生长

在 2 L 的容器中孵化卵。容器上面加盖穿有小孔的盖子，使培养基通风。容器装满繁殖培养基。幼虫生长期间需频繁更新培养基。定期检查容器，避免发霉。约 12 d 后幼虫开始从卵中孵化。孵化后约两周可获得适合实验的幼虫。饲养一部分幼虫以确保繁殖的连续性。

幼虫达到 600～650 mg 时开始化蛹，该阶段的持续时间通常为 8 周。在 7～8℃温度条件下，经过 8～12 周的滞育期后获得性成熟的成虫。其中，未成熟的成虫继续保存在装满繁殖培养基中的容器中（每个容器 50 只成虫）。滞育期后，按 3E.2 饲养成虫。

（上海环境监测中心　汤琳　汪琴）

四、蜗牛幼虫的生长影响试验（C）

参考 ISO 15952-2011，本方法描述了添加至人工土壤或自然土壤中的化学物质、混合物、污染土壤或固体废物对蜗牛幼虫生存和生长影响试验方法，适用于污染土壤或未污染土壤的比较测试。

（一）方法原理

将蜗牛幼虫暴露于系列浓度的土壤混合物中，每隔 7 天测定蜗牛鲜重和壳直径，更新土壤混合物，试验周期 28 天。试验期间用无污染食物饲喂蜗牛幼虫。与对照组比较，确定最大无效应浓度或最低效应浓度，以及基于蜗牛鲜重和壳直径的生长抑制 28 d-$EC_{50, m}$ 与 28 d-$EC_{50, d}$ 或 28 d-EC_x 值。若判定污染物对蜗牛的致死效应时，估算 28 d-LC_{50}。必要时，计算 7 d 与 14 d 或 21 d 的 EC_x、NOEC、LOEC、LC_{50} 值。

（二）适用范围

本方法适用于土壤或化学物质对蜗牛科（*Helicidae*）幼虫生长和存活影响的测定。

本方法不适用于挥发性物质，即亨利常数或空气/水分配系数大于 1 或 25℃时蒸气压超过 0.013 3 Pa 的物质。

（三）试验材料

1. 受试生物

选择蜗牛幼虫作为受试生物。推荐常见的散布大蜗牛，也称褐色庭院蜗牛（*Helix aspersa*）作为受试物种，3～5 周龄、平均鲜重（1±0.3）g、壳直径（15.5±1）mm。也可选择盖罩大蜗牛（*Helix engadensis*）等其他属或种的蜗牛。

为了确保受试蜗牛大小、质量和育龄尽可能相同，应选用同批繁育的蜗牛。繁育方法参见3F。经过3～5周的保育期后，需夏眠至少1周不超过5个月。夏眠在干燥、17℃至20℃的圆木箱（直径约12 cm、高度约4 cm）中进行。

开始试验前两到三天，将水喷至蜗牛夏眠的箱子中唤醒蜗牛。未唤醒的蜗牛比例应小于10%。当蜗牛被唤醒后（蜗牛不再黏在箱壁并开始爬行），转移至一个用水沾湿的箱子。该箱子底部覆盖浸湿的吸水纸，并装有含水量为最大持水容量50%～60%的测试基质。在唤醒和测试开始2～3天，给蜗牛喂食。

2. 试验基质

选用人工土壤或合适的自然土壤作为试验基质。

（1）人工土壤。

人工土壤配方如下：泥炭藓10%（无可见植物残体，风干，磨细至2±1 mm）；高岭石黏土20%（高岭石含量不低于30%）；工业石英砂约69%（50～200 μm粒径的细沙含量在50%以上）；碳酸钙0.3%～1.0%（用于调节土壤pH至6.0±0.5）。

人工土壤至少在开始试验2天前制备，使用大型实验用搅拌机混匀以上干基质。混合时可添加一定比例的去离子水。碳酸钙的添加量取决于各批次泥炭藓的性质。在室温下混合人工土壤，至少通过2天时间来平衡酸碱度。在试验前1～2天，干的人工土壤必须用去离子水预潮湿（达到饱和持水量的50%～60%，测定pH与饱和持水量。若pH不符合要求，用碳酸钙调节或重新制备人工土壤。

（2）自然土壤。

自然土壤经2 mm孔径的网筛筛分，除去大的碎片。并于试验前测定pH、饱和持水量、含水量、有机质含量、阳离子交换量等理化参数。

3. 饲料

含水量在5%～10%的粉状天然食物。为了使蜗牛健康生长，建议使用蜗牛幼虫需要的富含矿物盐和维生素的谷类、饲料作物（见附件3F）。

4. 水

去离子水或其他纯水。

（四）仪器设备

（1）试验容器：由透明聚苯乙烯材质的一次性鼠箱或体积约1.6 L的任何其他容器（建议尺寸：长24 cm，宽10.5 cm，高8 cm）。

（2）食物容器：培养皿（直径约5 cm，高约1 cm的或相同尺寸的任何其他容器）。

（3）卡尺：精度为0.1 mm。

（4）天平：一个精度至少为1 mg的分析天平。其他两个精度分别为0.1 g和1 g。

（5）树脂玻璃：尺寸约26.5 cm×13.5 cm，具有3～4个直径小于2 mm的小孔。

（五）试验程序

1. 实验设计

试验包括两个部分：①预试验,用于确定最大无影响的浓度NOEC和生长全抑制浓度。②正式试验，具体说明引起10%～90%的生长抑制的浓度。如果预试验时最大受试浓度没有出现任何抑制作用，则进行限度试验。

（1）预试验。

预试验用于确定受试混合物对受试生物全致死的最低浓度和全存活的最高浓度范围。通常情况下，设定受试物浓度为 0，50，100，500，1 000 mg/kg，或者设定受试土壤稀释度为 0%、12.5%、25%、50%、100%，每个浓度处理每个容器投入 5 只蜗牛。同时设置空白对照组。不设平行。

（2）正式试验。

在预试验确定的浓度范围内，按照一定级差的等比级数至少设置 5 个浓度组，且浓度间隔倍数不超过两倍。若浓度间隔倍数超过两倍，须包括产生 10%～90% 抑制率的两个浓度。同时设置空白对照组。每个浓度处理与空白对照各设 3 个平行。

（3）限度试验。

设置 1 个高浓度组（如 1 000 mg/kg 或未稀释土壤）与 1 个空白对照组，各设 3 个平行。

若使用了助溶剂，应设溶剂对照。设 3 个平行。

2. 受试混合物制备

应制备足够的受试混合物，覆盖试验容器底部至少 1 cm。当试验基质是人工土壤时，每个容器加入约 140 g（干重）受试混合物。平整混合物表面，并稍稍压紧土壤。如果使用未经干燥处理的受试样品，应考虑含水率，以 mg 受试物/kg 土壤（干重）或受试样品占受试混合物（干重）的质量百分数表示。不同受试混合物的制备方法具体如下：

（1）水溶性或可乳化物质。

用去离子水溶解受试物，以喷洒或其他形式与试验基质混合均匀，配制成系列浓度。正式试验时添加去离子水使受试混合物的含水量达到饱和持水量的 50%～60%，测定每个浓度处理的 pH。

（2）不溶于水但溶于有机溶剂的物质。

使用挥发性有机溶剂（如甲醇或丙酮）溶解受试物配成系列浓度，以喷洒或其他形式与试验基质混合均匀。在通风橱中放置 24 h，使有机溶剂挥发。正式试验时添加去离子水使受试混合物的含水量达其饱和持水量的 50%～60%，测定每个浓度处理的 pH。

（3）不溶于水和有机溶剂的物质。

定量称取受试物，与试验基质（干人工土壤）混合，总量为 10 g，然后再与人工土壤混合，配制成系列浓度。正式试验时添加去离子水使受试混合物的含水量达其饱和持水量的 50%～60%，测定 pH。

（4）固体废料。

将固体废料与试验基质混合，配制成系列浓度。如土壤稀释度为 0、12.5%、25%、50%、100%。其中，对照组为 0 受试固体废料，即 100% 人工土壤或自然土壤。

正式试验时添加去离子水，使受试混合物的含水量达其饱和持水量的 50%～60%。当需要减少固体废料的湿度时，可以放置室外除水或在温度不超过 30℃（防止挥发性产物的损失）干燥箱中除去适当的水分。测定每个浓度处理的 pH。

3. 喂食

在试验容器的底部放置饲料容器，放入饲料供受试生物自由采食。

4. 引入受试生物

每个试验容器随机选择投入 5 只蜗牛。

5. 观测

试验期间的前两周，将具有小孔的树脂玻璃覆盖试验容器。第3周时，去掉树脂玻璃盖，代之以另一个形状相同的试验容器，将两个试验容器口口相对并固定，使试验容器体积加倍，避免由于空间原因对蜗牛的增长产生负面影响。将蜗牛投放入试验容器，定期观察，并注意任何可能干扰试验的异常情况。

（1）试验条件。

对每个试验容器一周3次执行以下操作，确保试验条件符合蜗牛正常生长要求：

①使用刮刀，除去受试混合物中的粪便，避免其累积和发霉。

②用水浸湿的吸水纸擦拭容器侧壁，用自来水冲洗盖子，晾干后用去离子水润湿。

③添加去离子水使受试混合物的含水量达到饱和持水量的50%～60%。为确保整个试验期间受试混合物的含水量保持在饱和持水量的50%～60%，可设置无蜗牛对照组，通过定期称重来估算需要添加的水量。

④更换饲料。最好是在固定的时间更换饲料，如上午或下午。

（2）每隔7天。

若需每周进行测试评估，则需每周称量蜗牛鲜重、测量壳直径。否则，仅在试验结束时（28 d）对蜗牛进行鲜重称量和壳直径测量。

① 在更换饲料和清洗侧壁以及盖子之前，对每只蜗牛用天平（精度为 0.1 g）称量，用卡尺（精度为 0.01 mm）测量外壳直径（图 6-3-1）。

图 6-3-1　外壳直径测量图示（外壳最大尺寸为白色箭头指示位置）

② 更新受试混合物。每次称重以前，用抹刀将基质从蜗牛的壳或足部抹掉，或者将蜗牛放在干净的容器盖或稍湿润的纸上移动，去除附着在足部的基质。

观测蜗牛病理症状（如过量产生黏液、伸出的身体水肿、眼柄下垂）有无明显变化，或在习性上的任何明显变化（如嗜睡、厌食）。

试验结束时，测定对照组和每个浓度受试组（各选择一个试验容器）的pH。

必要时，在试验（28 d）结束，完成称重和外壳直径的测量后，将每个容器中的蜗牛转移至潮湿、无试验基质的试验容器中禁食 48 h（直至不再排泄），然后速冻冷藏，以备测定生物组织或器官中的污染物浓度。

6. 参比物

应定期利用参比物来检验供试生物、受试土壤、试验条件的符合性。推荐使用氯化镉。在半静态试验条件下，氯化镉对蜗牛的 28 d-$EC_{50,m}$ 参考值为 350～650 mg/kg（土壤干重）、

28 d-$EC_{50,d}$ 参考值为 500～800 mg/kg（土壤干重）。

（六）数据处理和结果表征

1. 数据处理

对于正式试验，计算每个浓度或稀释度下的死亡率。

试验（28 d）结束（也可按周），对每个浓度、每个试验容器，计算蜗牛的平均质量和平均壳直径，以及相对标准偏差。

根据式（6-3-3）和式（6-3-4），计算生物量增长系数（$k_{GC,m}$）和壳径生长系数（$k_{GC,d}$）。

$$k_{GC,m} = \frac{\left(\overline{m}_{t_n} - \overline{m}_{t_0}\right)}{\overline{m}_{t_0}} \times 100 \tag{6-3-3}$$

式中：$k_{GC,m}$ —— 生物量增长系数；

$\overline{m}_{t_n}$ —— 在时间 t_n 每个平行蜗牛的平均质量，g；

$\overline{m}_{t_0}$ —— 在时间 t_0 每个平行蜗牛的平均质量，g。

$$k_{GC,d} = \frac{\left(d_{t_n} - d_{t_0}\right)}{d_{t_0}} \times 100 \tag{6-3-4}$$

式中：$k_{GC,d}$ —— 外壳直径增长系数；

d_{t_n} —— 在时间 t_n 每个平行蜗牛的平均壳直径，mm；

d_{t_0} —— 在时间 t_0 每个平行蜗牛的平均壳直径，mm。

对于每个浓度，根据式（6-3-5）和式（6-3-6），计算基于生物量的平均生长抑制率（$\overline{P}_{I,m}$）和基于外壳直径的生长抑制率（$\overline{P}_{I,d}$）。

$$\overline{P}_{I,m} = \frac{\left(\overline{m}_{0t_n} - \overline{m}_{0t_0}\right) - \left(\overline{m}'_{t_n} - \overline{m}'_{t_0}\right)}{\left(\overline{m}_{0t_n} - \overline{m}_{0t_0}\right)} \times 100 \tag{6-3-5}$$

式中：$\overline{P}_{I,m}$ —— 生物量增长抑制的平均百分比；

$\overline{m}_{0t_n}$ —— 对照组蜗牛 t_n 时间的质量平均值，g；

$\overline{m}_{0t_0}$ —— 对照组蜗牛初始（t_0）质量平均值，g；

$\overline{m}'_{t_n}$ —— 每个浓度处理组蜗牛在时间 t_n 的质量平均值，g；

$\overline{m}'_{t_0}$ —— 每个浓度处理组蜗牛初始（t_0）质量平均值，g。

$$\overline{P}_{I,d} = \frac{\left(\overline{d}_{0t_n} - \overline{d}_{0t_0}\right) - \left(\overline{d}'_{t_n} - \overline{d}'_{t_0}\right)}{\left(\overline{d}_{0t_n} - \overline{d}_{0t_0}\right)} \times 100 \tag{6-3-6}$$

式中：$\overline{P}_{I,d}$ —— 壳直径增长抑制的平均百分比；

$\overline{d}_{0t_n}$ —— 对照组蜗牛 t_n 时间的壳直径平均值，mm；

$\overline{d}_{0t_0}$ —— 对照组蜗牛初始（t_0）壳直径平均值，mm；

d'_{0t_n} —— 每个浓度处理组蜗牛 t_n 时间的壳直径平均值，mm；

d'_{0t_0} —— 每个浓度处理组蜗牛初始（t_0）壳直径平均值，mm。

2. 结果表征

对每个浓度的所有测定数据，计算每个平行试验的死亡率、质量和壳直径等参数：

每个平行处理的平均值和标准偏差；

每个平行处理的生长系数；

平均生长抑制率；

剂量—效应关系图表。

用多重比较确定 LOEC 与 NOEC。根据剂量—效应关系，使用合适的统计方法，计算 28 d-LC$_{50}$ 和 95%置信区间。当有明显剂量—效应关系时，可采用 Logistic 回归模型，计算 EC$_x$（如 EC$_{10}$、EC$_{20}$ 或 EC$_{50}$）及 95%置信区间。

生长系数与受试浓度的关系如式（6-3-7）所示：

$$Y = \frac{a}{1 + \left(\dfrac{C}{EC_{50}}\right)^b} \tag{6-3-7}$$

式中：Y —— 每个平行处理中蜗牛幼虫的生长系数（$k_{GC,m}$ 或 $k_{GC,d}$）；

C —— 受试浓度（变量）；

EC$_{50}$ —— 引起 50%生长抑制的浓度；

a —— 对照组蜗牛幼虫的生长系数；

b —— 曲线斜率参数。

EC$_x$ 的计算见式（6-3-8）。

$$EC_x = EC_{50}\left(\frac{x}{100 - x}\right)^{\frac{1}{b}} \tag{6-3-8}$$

式中：x —— 计算 EC$_x$ 作用水平的初始固定参数。

试验结果以 28 d-EC$_{50,m}$、28 d-EC$_{50,d}$、NOEC、LOEC 表示。必要时，使用 EC$_x$ 值（如 EC$_{10}$、EC$_{25}$ 等），也可以用 7 d、14 d 或 21 d 时的 EC$_x$、NOEC、LOEC、LC$_{50}$ 表示。

（七）有效性标准

试验结束时，对照组蜗牛应满足下列要求：

（1）死亡率不大于 10%；

（2）基于生长率的变异系数不大于 40%；

（3）平均质量至少为开始时的 4 倍；

（4）外壳直径至少为开始时的 1.5 倍。

（八）结果报告

试验报告应包括以下内容或信息：

（1）方法依据；

（2）受试物（来源、类型、pH、饱和持水量、含水量）；

（3）土壤预处理；

（4）受试生物（物种、虫龄、质量、外壳直径、饲养条件、试验前存储时间和储存条件、供应商、觉醒状态）；

（5）饲料种类（商品名、制造日期、贮存条件、水分含量）；

（6）试验方法；

（7）对照土壤的特性参数；

（8）受试样品制备方法，包括不溶于水物质所使用的溶剂；

（9）试验条件；

（10）每个浓度处理和对照组蜗牛死亡率数据表；

（11）每个浓度、不同时间、蜗牛的质量和壳直径数据表，具体包括：每个平行试验的平均值和标准偏差、每个平行试验的生长系数、平均生长抑制率、剂量—效应关系图表；

（12）试验结果：28 d-EC_{50} 及 95%置信区间、NOEC、LOEC；

（13）参比物及试验结果；

（14）蜗牛的行为变化和病理症状描述；

（15）其他。

附件 3F　蜗牛养殖方法

3F.1　蜗牛的繁殖周期

用于毒性测试的蜗牛幼虫通过人工饲养获得。在人工受控环境下，蜗牛可以全年饲养。蜗牛养殖的不同阶段如图 3F-1 所示。

从养殖开始到获得壳上带有唇缘（壳边缘向上卷曲）的蜗牛（即成体），需要 3 个月时间。然后至少再经一个月，唇缘壳蜗牛才能繁殖。从第 10 周开始观察繁殖情况，由于并不是所有的蜗牛都以同步的方式产卵，该时段繁殖率一般在 70%～120%（繁殖率指由产卵总数与开始繁殖时亲代蜗牛数的比率）。

为了获得均匀和同步生长的蜗牛幼体，可采用"混合"培育法饲养获得亲代蜗牛，先在室内进行蜗牛繁殖和培养，5—9 月移至室外生长，8 月 15 日前采集蜗牛直接用于繁殖，或者在 9 月初至 10 月中旬采样后置于约 7℃的环境中经过至少 5 个月的冬眠之后进行繁殖。

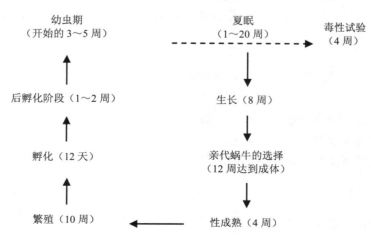

图 3F-1　受控条件下蜗牛（*Helix aspersa*）的繁殖周期

在蜗牛的不同生长阶段，都可采用降低含水率的方式使它们进入休眠阶段。在 6～7℃环境条件下，蜗牛幼体的休眠期是 1～3 个月，成年蜗牛是 1 年。若需要短时间（不超过 5 个月）的休眠，可以把蜗牛放在环境温度为 15～20℃的干燥条件下夏眠。以上方法可用于繁殖不同的有肺腹足纲的受试生物。

目前，用于实验室毒性测试的主要物种为成体质量为 8～12 g 的散布大蜗牛（*Helix aspersa*）或蜗牛（Petit-Gris）。

3F.2 环境条件

3F.2.1 光照

蜗牛繁殖、孵化、养殖和生长时，一天 24 h 中保持 18 h 光照、6 h 黑暗。光照采用日光型荧光灯管（显色指数为 85 lux、发光效率为 90 W），光强在 10～15 W/m²，养殖装置中测得的光通量为 50～100 lux（取决于蜗牛养殖笼子的材料是灰色聚氯乙烯（PVC）还是透明塑料容器）。

3F.2.2 温度

繁殖阶段温度维持在（20±2）℃。清洗时温度会明显降低，而且和季节有关（冬季和夏季水温分别在 6℃和 14℃左右）。

3F.2.3 湿度

相对湿度控制在 80%～95%。如果使用一次性塑料容器，可用浸湿吸水纸铺在容器底部确保湿度。孵化时将孵化容器放在无空气加湿器的室内。如果使用特殊的蜗牛养殖笼子，用加湿装置确保笼子所在位置的湿度（约 150 m³ 配备一个加湿装置）。

3F.2.4 饲料

幼龄阶段（最初 3～5 周）使用"第一"虫龄段饲料（表 3F-1）。经"第一"虫龄段的饲料喂养 4 周后，蜗牛的重量将由 0.03 g 上升至 1 g。

在生长和繁殖阶段，使用"第二"虫龄段饲料（表 3F-1）。

表 3F-1 蜗牛饲料组成

饲料	蛋白质	粗脂肪含量	总纤维	总灰分	Ca	维生素/（U.I./kg）			金属元素/（mg/kg）					
	g/100 g					A	D₃	E	Cu	Zn	Cd	Pb	Cr	Ni
"第一"虫龄段	13.4	4.3	2.5	34.6	12.1	15 000	2 000	20	13	65	0.09	1.27	6.2	0.12
"第二"虫龄段	15.7	7.38	1.8	31	10.3	20 500	3 900	39	30	137	0.16	0.94	9.3	0.12

3F.2.5 密度

每个箱子大约 0.5 m²，繁殖阶段，蜗牛密度为 30 只/m²。如在繁殖箱中（图 3F-2f），3 个连通的箱子放入 45 只蜗牛，即平均 30 只/m²。在一次性繁殖箱中（图 3F-2a～e），每双层容器放入 4 只繁殖蜗牛，即 30 只/m²。

生长阶段：蜗牛密度为 30～100 只/m²。如在生长箱里，每箱放入 50 只幼年蜗牛，即 100 只/m²。如在一次性的生长鼠箱中，每箱 0.09 m²，前 2 周，每箱（1 箱和 1 个平盖）放入 5 只幼年蜗牛，即 55 只/m²；在接下来的 2 周，每双层容器（两个容器，1 个倒扣在另 1 个上面，0.13 m²），放入 5 只蜗牛，即 38 只/m²；从 8～16 周开始，每双层容器放入 4 只蜗牛，即 30 只/m²。

孵育阶段：在孵育箱里，每箱 250 只蜗牛，即 500 只/m²。如在一次性孵育箱中，前 2

周，每个容器（1 个容器和 1 个盖）使用 80 只孵出的幼年蜗牛，即 888 只/m²，随后的 2～3 周时间里，放置一个向下翻的容器作为盖，即 444 只/m²。在 3、4、5 周后进行 2～3 次的分拣操作（见 3F.4.4）。

3F.3　养殖设备

3F.3.1　特殊的蜗牛养殖箱（BCS）

箱子材料由灰色的聚氯乙烯材料制成，内含可放置食品的容器，门由透明的聚碳酸酯制成。该设备可用于蜗牛的育苗、生长和繁殖三个阶段。不推荐使用该箱子进行毒性试验，因为水可以从一个水平面流到另一个水平面，无法控制对蜗牛幼虫的污染。

箱子接合表面 0.5 m²，容积 0.02 m²，可以配备一排穿过 6 个或 12 个箱子的旋转轴，同时配备 1.3 L/min 流量的喷射嘴（用于同时清洗 24 个笼子）。清洗时，先用喷嘴系统冲洗 2～5 min（取决于蜗牛的大小），然后人工操作喷水器再次清洗。其中，喷嘴喷射系统是可选的，也可以人工操作喷水器进行清洗。同一排箱子是否连通取决于箱子的用途。若用于繁殖，3 个箱子连通在一起时，中间的箱子安放产卵接收器（透明聚苯乙烯鼠箱）取代喷嘴。

3F.3.2　产卵容器

如果在箱子（BCS）里进行繁殖，使用容积为 1 600 cm³ 的透明聚苯乙烯鼠箱（MB），装满堆肥（通用园艺堆肥）。为了便于收集卵，在堆肥表面放置一张硬聚苯乙烯板（厚度 3 cm），上面钻 10 个左右的孔（孔径 2.5 cm）。

如果直接在透明聚苯乙烯鼠箱中进行繁殖（两个箱子，1 个倒置在另 1 个上），把装有堆肥的产卵罐（玻璃材质，容积 140～180 cm³）放在箱子底部。翻倒玻璃罐，用勺子收集产出的卵。

3F.3.3　孵化容器

多个个体产卵的孵化，使用塑料材质含有通风孔的封闭园艺容器（尺寸约为 34.5 cm×21 cm×5 cm）。在容器的底部，轻轻放置潮湿吸水纸，避免产出的卵脱水。每个容器最多放 18～25 个卵。

对于单个个体产卵的孵化，使用培养皿（直径 90 mm、高 15 mm）。每个培养皿底部放置潮湿吸水纸，卵分散放置在上面。

3F.4　饲养

3F.4.1　清洁和食物

无论是在 BCS 还是在 MB，每周都应清洁 3 次。在固定的时间（如周一、周三和周五）进行清洁和饲养很重要，因为蜗牛习惯于有规律的活动和进食，否则会影响正常生长。

选用配备自动喷嘴的 BCS 时，根据蜗牛卵的数量或蜗牛的大小，喷水 1～5 min。再用喷水器进行人工清洗后，待箱子滴水 15～30 min，清除留在箱子底部的饲料。

选用 MB 时，清洁箱子的四壁后，在底部放置干净的湿吸纸，然后放入装有新鲜饲料的培养皿。

3F.4.2　繁殖

在 BCS 中安放产卵接收器，时间最长为 1 周。到时间后，用鼠箱盖上产卵接收器，收集仍在产卵的蜗牛，并把它们放回原来的蜗牛群中。收集孵出的卵，并放在培养容器中。

在 MB 中，采用同样的方式，但是使用玻璃罐作为产卵箱。

3F.4.3　孵育/孵化

监控孵化容器的含水量，确保吸水纸不干透（防止卵脱水），但也不能过于潮湿导致卵胀破或发霉。

3F.4.4　培育

产卵后的 12～14 d 为孵化阶段。刚孵出的蜗牛首先应放在容器的底部，经过几天，它们开始往盖上爬。这时它们以作为孵化基质的纸为食物。之后的几天（一般为 6～15 d），蜗牛颜色逐渐变化，结束后孵化阶段，进入幼虫繁殖阶段。在此阶段，散布大蜗牛（*Helix aspersa*）的平均质量为 25～40 mg。

幼龄阶段可在 BCS 或 MB 中进行（500 只/m², 888 只/m², 444 只/m²）；3、4、5 周后进行 2～3 次的分选操作。环境条件同 3F.2。

挑选平均质量为 0.7～1.3 g 的 1 月龄的蜗牛幼体（尽可能保持大小一致）用于毒性测试（通常在繁殖 3 周后首次挑选；在 4、5 周后再次挑选），或者继续生长，不做特殊处理。分选操作是必要的，因为在培育阶段结束时，种群并不均匀，平均 15%～30% 的蜗牛幼体从孵化后就"个小"，应在养殖过程中予以剔除。

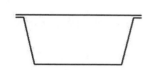

a）一次性透明聚苯乙烯鼠箱（正视图）[a]

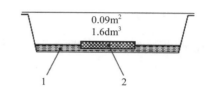

b）一次性透明聚苯乙烯鼠箱（侧视图）[a]

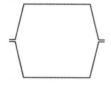

c）一次性透明聚苯乙烯鼠箱（正视图）[b]

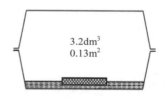

d）一次性透明聚苯乙烯鼠箱（侧视图）[b]

e）一次性透明聚苯乙烯鼠箱[c]

f）BCS 蜗牛养殖笼

1. 土壤或湿纸；2. 装有食物的容器

a. 在 a）和 b）中，用两根橡皮筋捆住透明有机玻璃盖（测试 1～2 周），容积为 1.6 dm³。

b. 在图 c）和 d）中，平盖被另一个向下扣的箱子来代替（测试 3～4 周），容积为 3.2 dm³。

c. "鼠箱"照片中包括了正在进行测试的 5 只蜗牛，用两根橡皮筋捆住箱盖。

图 3F-2　一次性使用的透明聚苯乙烯鼠箱和 BCS 蜗牛养殖笼

（上海市环境监测中心　汤琳　朱梦杰）

第四章　土壤微生物活性与多样性监测

一、土壤酶活性测定（C）

参考 ISO/TS 22939-2010，本方法描述了土壤样品中若干种酶活性的同时测定方法，通过比较空白土壤以及受试土壤的酶活性，评估有毒化学品以及其他人为因素引起的危害效应。

（一）方法原理

土壤样品用含有荧光底物的缓冲溶液稀释，并在（30±2）℃下多孔板中培养 3 h。培养结束后，使用平板数显荧光仪测定荧光值，表征酶活性。

（二）适用范围

本方法适用于评估化学品以及其他人为因素对土壤微生物的危害效应。

（三）试剂和材料

1. 缓冲溶液

pH 对酶的活性具有显著影响，应根据土壤样品选择适当的缓冲溶液。其中，pH=5.5、醋酸钠浓度为 0.5 mol/L 的缓冲溶液可用于有机质含量高的酸性土壤样品。改进的通用缓冲溶液（MUB）适用于多种类型的土壤样品，因其 pH 可调节至与土壤样品的 pH 相同。不同缓冲溶液应确保底物具有适当的稳定性。已经证实，底物在 pH=5.5、醋酸钠浓度为 0.5 mol/L 的缓冲溶液中具有良好的稳定性。

（1）醋酸钠缓冲溶液（0.5 mol/L，pH=5.5）。

将 68.04 g 三水合醋酸钠溶解在 800 mL 去离子水中，用浓醋酸（>99.8%）调节 pH 至 5.5 后，加去离子水定容至 1 000 mL。使用高压灭菌锅（121±3）℃灭菌 20 min。在冰箱中储存，不超过两周。

（2）改进的通用缓冲溶液（MUB）。

①贮备液。将 12.1 g 三羟基氨基甲烷、11.6 g 马来酸、14.0 g 柠檬酸、6.3 g 硼酸、488 mL 氢氧化钠（1 mol/L）混匀，加去离子水定容至 1 000 mL，在冰箱中保存。

②最终缓冲溶液。在 500 mL 烧杯中加入 200 mL MUB 贮备液，磁力搅拌。使用盐酸（0.1 mol/L）或氢氧化钠（0.1 mol/L）调节 pH，转入 1 L 容量瓶并用去离子水定容至 1 L，使用高压灭菌锅（121±3）℃灭菌 20 min。

2. 标准溶液与底物

（1）标准溶液配制。

①4-甲基伞形酮（MUF）溶液。粉末状的 MUF 于室温、避光保存。准确称取 0.022 0 g

MUF 于 25 mL 棕色容量瓶中，用二甲基亚砜（DMSO）溶解并定容。注意避光操作，临用现配。

②7-氨基-4-甲基香豆素（AMC）溶液。粉末状的 AMC 可存储于冰箱。准确称取 0.021 9 g AMC 于 25 mL 棕色容量瓶中，用 DMSO 溶解并定容。注意避光操作，临用现配。

（2）底物溶液配制。

市售荧光底物通常为粉末状，须冷冻保存（−20±2）℃。使用时，称取适量荧光底物至棕色容量瓶（如 50 mL），配制浓度为 1 000 μmol/L、2 500 μmol/L 或 2 750 μmol/L 的 DMSO 溶液，注意避光操作。根据多孔板数量配制足够体积的荧光底物溶液，确保称量及定容的准确度。

移液排枪为 8 头、40 μL。为了确保移液排枪的吸量精度，先配制 2 500 μmol/L 底物溶液。但对于 4-MUF-β-D-吡喃葡萄糖底物以及 4-MUF-磷酸盐底物，先配制浓度为 2 750 μmol/L 的底物溶液，最终稀释至 500 μmol/L。在含有上述两种底物的多孔板中分别加入 20 μL DMSO 助溶。测定几丁质酶活性时，应采用较低浓度的底物溶液防止产生底物抑制作用，即配制浓度为 1 000 μmol/L 的 4-MUF-N-乙基-β-D-氨基葡萄糖苷溶液，以达到 200 μmol/L 的最终浓度。

新鲜底物的使用参见附件 4A。

（3）多孔板的准备。

将底物溶液和标准溶液添加到多孔板中，干燥（例如冷冻干燥）。干燥的多孔板可在（−20±2）℃条件下存储 1 年。底物和标准溶液在使用和存储过程中应避光，底物与标准溶液多孔板应分别放置。

（4）标准板的准备。

由于样品体积较小，应设足够数量的平行，如 3~4 个平行。MUF 和 AMC 应设置若干个浓度以及平行。稀释标准溶液时应避光操作。根据样品及多孔板的数量计算所需体积。

酶活标准溶液的配制过程示例如下（根据样品中酶活的范围可做适当调整）：

吸取适量体积浓度为 5 mmol/L 的 MUF 贮备液至多孔板中，配制浓度分别为 0，1.0，5.0，10，25，50，100，200 μmol/L 的 MUF 标准溶液，设置平行。

吸取适量体积浓度为 5 mmol/L 的 AMC 贮备液至多孔板中，配制浓度分别为 0，0.1，0.5，1.0，5.0，10，25，50 μmol/L 的 AMC 标准溶液，设置平行。

上述步骤对测量不确定度至关重要。采用自动移液排枪吸量，相比于手动移液枪具有更好的精度。

（5）底物板的准备。

底物稀释时应当避光。当制备底物浓度为 500 μmol/L、样品体积为 200 μL 的多孔板时，应向多孔板中添加 40 μL 2 500 μmol/L 的底物溶液，设置平行。对于 4-MUF-β-D 吡喃葡萄糖苷及 4-MUF-磷酸盐，添加 2 750 μmol/L 底物溶液至多孔板，并设置平行。对于几丁质酶，添加 40 μL 4-MUF-N-乙酰-β-D-氨基葡萄糖苷底物溶液（1 000 μmol/L），制备得到 200 μmol/L 溶液。

上述基质浓度假定为不同土壤中的饱和浓度。在广谱性土壤的验证试验中，应检查设置的底物浓度，同时考虑酶动力学。

如果使用 96 孔盘以及 8 头排枪（8 种基质），则共有 12 个平行。如果设置 4 个平行，则可在 1 个板中分析 3 种不同的样品或者 3 个浓度。

（6）干燥多孔板。

可借助于冷冻干燥设备，干燥时应避光。

（7）荧光底物。

荧光底物见表 6-4-1。

表 6-4-1　用于酶活性测定的人工荧光底物

酶	底物	成分	可降解的大分子
芳香基硫酸酯酶	4-MUF-硫酸盐	S	有机 S 的矿化作用
α-葡萄糖苷酶	4-MUF-α-D-吡喃葡萄糖苷	C	淀粉和糖原
纤维二糖苷酶	4-MUF-β-纤维二糖苷酶	C	纤维素
β-木糖苷酶	4-MUF-β-D-木吡喃糖苷	C	木糖胶，木二糖
β-葡萄糖苷酶	4-MUF-β-D-吡喃葡萄糖苷	C	纤维素
磷酸二酯酶（PDE）	二（4-MUF）-磷酸盐	P	磷酸二酯的水解
几丁质酶	4-MUF-N-乙酰基-β-D-氨基葡萄糖苷	C	N-乙酰基葡萄糖苷（几丁质）和壳二糖中的 β-1,4-糖苷键断裂
磷酸单酯酶（PME）	4-MUF-磷酸盐	P	磷酸单酯的水解作用
亮氨酸-氨肽酶	L-亮氨酸-AMC	N	寡肽水解为氨基酸
丙氨酸-氨肽酶	L-丙氨酸-AMC	N	寡肽水解为氨基酸

注：MUF=-4-甲基伞形酮；AMC=7-氨基-4-甲基香豆素。

（四）仪器设备

（1）土壤样品均质化设备：筛，如 5 目（4 mm），可根据土壤质地的不同选用其他规格；均质仪或超声破碎仪。

（2）多孔板，含盖。

（3）自动移液排枪。

（4）多孔板干燥设备（如冷冻干燥设备）。

（5）摇床：（30±2）℃、振荡速度为 450～700 次/min。

（6）平板数显荧光计：含有适当的激发光源，激发波长为 355 nm，发射波长为 460 nm。

（五）测定程序

1. 取样

土壤样品的采集与预处理参照本篇第一章相关部分。每份样品采 20 个点位，过筛混匀。土壤 pH 与有机质含量是影响酶活性的重要指标。测试前，应测定 pH 和土壤有机质含量。

过筛后的土壤样品冷藏保存有效期为 2 天，（-20±2）℃冷冻条件下可保存 4 个月。

2. 样品准备

（1）均质化。

将过筛的土壤均质化，在（22±2）℃条件下，将 4 g 受试样品添加到 120 mL 缓冲溶液中，在冰浴中用均质仪以 9 600 min^{-1} 均质处理 3 min。将均质后的样品定容至 200 mL（稀释比 1∶50）。

对于某些类型的土壤，可以使用超声破碎仪：将土壤分散至缓冲溶液中（根据土壤酶活性选择稀释倍数），使用输出能量为 50 J/s 超声破碎仪均质处理土壤悬浮液 120 s。

（2）稀释液制备。

最佳的稀释比取决于土壤样品以及酶活性，通常为 1∶100 或 1∶1 000。由于不同的稀释比无法给出准确的可比性结果，因此建议每种酶采用相同的稀释比。

使用底物和标准溶液的干多孔板时：

① 在（22±2）℃条件下，添加 20 mL 缓冲溶液到 20 mL 均质样品中，配制稀释比为 100 的样品溶液。

② 在（22±2）℃条件下，添加 36 mL 缓冲溶液到 4 mL 稀释比为 100 的样品溶液中，配制稀释比为 1 000 的样品溶液。

（3）上样。

向每个含有冷冻干燥基质的多孔板中添加 200 μL 稀释的土壤样品，使底物浓度为 500 μmol/L，设置 4 个平行。向含有 β-葡萄糖苷酶与磷酸单酯酶的多孔板上分别加入 20 μL DMSO。盖好每个多孔板。对于每种土壤样品，以及 MUF 和 AMC 的稀释样品，都应单独制备标准曲线。添加完样品后，立即测定底物板得到空白值。该空白值不能反映荧光化合物的化学不稳定性，因此灭菌缓冲溶液中化合物的稳定性应单独测定。

3. 培养

多孔板在（30±2）℃下持续振荡（700 min^{-1}）培养 3 h。培养温度影响反应速率，最佳温度取决于酶的种类。根据测定目的，也可使用其他温度，如原位温度。

4. 荧光测定

培养 3 h 后测定荧光值，测定条件为激发波长为 335 nm、发射波长为 460 nm。多孔板加入样品后，如果未溶解化合物漂浮于表面，干燥后测定的荧光值可能偏高，但对于土壤样品，该情形不是测量不确定度的主要来源。可通过重复测定荧光值，获得关于溶解、反应速率以及动力学常数的信息。对于每批次底物，应通过测定培养期间无菌缓冲溶液荧光值的变化，确定其稳定性。

（六）数据处理和结果表征

1. 数据处理

以 MUF 或 AMC 摩尔浓度对荧光值绘制标准曲线，从标准曲线中读出空白对照以及样品中 MUF 或者 AMC 的浓度。

将样品测定浓度减去 4 个空白对照平行的平均值后，乘以稀释倍数，并以土壤的体积、鲜重、干重或者有机质含量（SOM）表示。

2. 结果表述

测定结果用 3 h 内单位体积、单位质量（新鲜和/或干重和/或土壤有机质）土壤释放的 MUF 或 AMC 摩尔浓度（μmol/L）表示。对于每种表示方法，应分别测定土壤体积、土壤质量或者土壤有机质灼烧损失。

土壤特性随地理、气候以及土地使用情况变化，因此无法对每种酶的活性划定等级。实验设计应有利于比较空白对照及不同采样点样品的测定结果。

（七）结果报告

试验报告应包含下列内容或信息：

（1）方法依据；

（2）样品特性；

（3）样品存储温度以及存储时间；

（4）土壤类型以及土壤理化性质；

（5）缓冲溶液以及培养条件；

（6）测定结果；

（7）其他未说明的细节，以及任何对测定结果可能产生影响的偏离。

附件4A　新鲜配制底物的使用指南

荧光底物也可以新鲜配制。新鲜的土壤样品应在采样与均质化处理完成后直接进行分析。然而，由于试剂在溶液中不稳定且不同批次间的显著性差异，因而可将所有土壤样品低温冷冻储存，同时进行分析。底物以及标准物的称量是测量不确定性的潜在来源，增加称样量可降低测量不确定度。

4A.1　试剂

4A.1.1　缓冲溶液

缓冲溶液的选择至关重要。缓冲能力应能确保整个测定过程的 pH 恒定。应根据土壤特性或者不同的酶选择最佳 pH 的缓冲溶液。然而酶活分析时，需要同时测定的所有酶活使用同一缓冲溶液。醋酸钠缓冲溶液和改进的通用缓冲溶液（MUB）可用于配制新鲜底物，土壤样品可以使用正文"（三）1. 缓冲溶液"中所述缓冲溶液进行稀释。通常，配制新鲜底物时，使用 pH=6.1 的 2-[N-吗啉代]乙磺酸（MES）缓冲溶液；配制测定氨肽酶活的三羟甲基氨基甲烷使用 pH=7.8 的缓冲溶液。

磷酸酶及参与碳循环的酶类（含 MUF 作为荧光化合物的底物，见表 6-4-1）使用 MES 缓冲溶液。溶解 2-[N-吗啉代]乙磺酸（MES）22.1 g 于 1 L 水中，配制 0.1 mol/L 的 MES 缓冲溶液（pH=6.1）。

蛋白酶（含 AMC 作为荧光化合物的底物，见表 6-4-1）使用三羟甲基氨基甲烷缓冲溶液。溶解 0.985 g 三羟甲基氨基甲烷以及三羟甲基氨基甲烷盐酸 2.66 g 于 0.5 L 水中，配制浓度为 0.05 mol/L 的三羟甲基氨基甲烷缓冲溶液（pH=7.8）。

在（121±3）℃灭菌器中灭菌 20 min。

4A.1.2　底物

贮备液（10 mmol/L）：将底物溶解在 300 μL 二甲基亚砜（DMSO）中，用无菌水定容至 10 mL。

工作溶液（1 mmol/L）：用灭菌的 MES 缓冲溶液稀释贮备液得到 MUF 底物工作溶液。用灭菌的三羟甲基氨基甲烷缓冲溶液稀释贮备液得到 AMC 底物工作溶液。对于一个样品系列，应一次性配制所有的底物溶液。当每个孔中样品体积等同于底物体积时，底物的终浓度为 500 μmol/L。

4A.1.3　标准物质

在 DMSO 中溶解标准物质得到浓度为 5 mmol/L 的标准溶液；随后用 MES 缓冲溶液稀释（含 MUF 作为荧光物质的底物）或者用三羟甲基氨基甲烷缓冲溶液稀释（含 AMC 为荧光物质的基质），标准物质终浓度为 10 μmol/L。根据样品数量决定溶液体积。对于一个样品系列，所有的标准溶液应一次性制备。

4A.2 测定程序

4A.2.1 底物板

先将样品加入到多孔板，再将底物溶液添加到多孔板中。使用超声仪（50 J/s，120 s）将 1 g 土壤分散在 100 mL 无菌去离子水中（最佳稀释比视情况而定）。在多孔板中加入 50 μL 土壤悬浮液、50 μL 灭菌缓冲溶液（MUF 底物使用 MES 缓冲溶液，AMC 底物使用三羟甲基氨基甲烷缓冲溶液）及 100 μL 底物溶液。每个样品设 3～4 个平行。应注意手动吸取 50 μL 底物溶液，尤其是吸取 50 μL 土壤悬浮液会引起较高的测量不确定度。

4A.2.2 标准板

先将样品加入到多孔板，再将标准溶液添加到多孔板中。吸取不同体积的标准贮备溶液，与 50 μL 土壤悬浮液混合（每个样品单独设置标准曲线），并用适量缓冲溶液定容至 200 μL，得到浓度分别为 0，0.5，1.0，2.5，4，6 μmol/L 的标准溶液。将 100 μL 缓冲溶液和 100 μL 底物混合用于评估荧光猝灭。

4A.2.3 培养和荧光测定

培养和荧光测定同前文相关部分。使用新鲜配制的样品板且存在荧光物质时，即使很短的培养时间也能测定酶活，应在固定的时间间隔内测定荧光的变化。

（生态环境护部南京环境科学研究所 石利利 周林军）

二、土壤微生物的生物量测定

（一）底物诱导呼吸法（C）

参考 ISO 14240-1-1997，本方法描述了土壤微生物生物量底物诱导呼吸法，仅测定土壤微生物活性细胞的生物量。

1. 方法原理

通过向土壤中加入葡萄糖，形成系列葡萄糖含量梯度，诱导微生物活性细胞的呼吸作用，直到达到最大呼吸速率（一般不超过 1 h），用于估算土壤活的微生物量。

2. 适用范围

本方法适用于测定常规农田土壤和矿质土壤中活的好氧异养微生物的生物量。不适用于测定土壤中化学物质对生物量的影响。

3. 试验材料

（1）受试土壤。

土壤的采集、处理和存储见本篇第一章相关部分，应测定 pH、有机质含量、粒径分布、含水量等土壤理化特性参数。

（2）石英砂：粒径为 0.1～0.5 mm，或滑石粉。

（3）D-葡萄糖（粉末状）。

4. 仪器设备

（1）陶瓷研钵：用于研磨 D-葡萄糖、石英砂或滑石粉；

（2）搅拌机；

（3）CO_2 分析仪：通过自动红外气体分析、气相色谱法或其他方法测定。

5．测定程序

（1）最佳葡萄糖浓度选择。

准备足够的土壤样品（至少 5 份），将过量的葡萄糖加入受试土壤中，通过观察二氧化碳的生成情况来确定加入的葡萄糖浓度。确保加入的葡萄糖量不会引起抑制作用，如反向渗透。对于旱作土壤，葡萄糖浓度范围一般为 500～6 000 mg/kg。

将葡萄糖与石英砂（或滑石粉）以 1∶5 的比例混合均匀，在陶瓷研钵中充分研磨，然后与土壤混合。应注意土样量取决于土壤质量、土壤微生物活性以及二氧化碳的测定方法。

在恒温（22±1）℃、恒湿条件下，测定二氧化碳产生速率，每小时测定 1 次，至少持续 6 h，以确定 CO_2 产生量最大时的葡萄糖浓度。此过程不设平行。

（2）微生物生物量测定。

选择二氧化碳产生率最大时的葡萄糖浓度进行上述操作，至少设 3 个平行。如果上述操作时设置了足量的平行样，则无需进行本步骤，可直接测得生物量。

6．数据处理

选取测定开始后 CO_2 的最低释放速率，应用下式计算：

$$X = 40R + 0.37 \tag{6-4-1}$$

式中：X —— 土壤微生物碳含量，mg/kg；

R —— CO_2 释放速率，mL/kg/h；

40 —— 转换系数，由熏蒸和培养法测定的土壤微生物呼吸率（单位时间单位质量土壤释放二氧化碳的量）和生物量（土壤中所有微生物细胞的生物量）之间的关系得到。

7．结果报告

测试报告应含有下列内容或信息：

（1）方法依据；

（2）受试土壤的特性；

（3）测定程序，如测定方法、使用的设备和仪器等；

（4）原始数据，分析结果的图或表。

（二）熏蒸提取法（FE）（C）

参考 ISO 14240-2-1997，本方法描述了土壤微生物生物量熏蒸提取测定法，其中的土壤微生物生物量包括活细胞、死亡细胞和细胞碎片的生物量之和。

1．方法原理

用氯仿熏蒸土壤样品 24 h，杀死微生物细胞，释放细胞内的有机物，非生命体的土壤有机物不会受熏蒸影响而释放。用 0.5 mol/L 硫酸钾提取熏蒸样品和未熏蒸样品，测定有机碳含量，计算得到微生物含碳量。

2．适用范围

本方法适用于测定土壤中微生物的生物量。

3．试验材料

（1）受试土壤。

土壤的采集、处理和存储见本篇第一章相关部分，并测定 pH、有机质含量、粒径分布、含水量等土壤理化特性参数。如果需要均匀的样品，应将持水量约为 40%的土壤样品过筛处理。土样含水量应大于 30%饱和持水量以确保氯仿均匀分布及熏蒸效果，避免潮湿土壤的沾污和压实现象。在分析之前，潮湿的土壤样品无须干燥。

（2）试剂。

①硅酯：中等黏度；

②无乙醇氯仿：在避光条件下保存无乙醇氯仿，避免发生光解形成无味高毒光气（$COCl_2$）；

③硫酸钾溶液：0.5 mol/L（ρ=87.135 g/L）；

④碱石灰；

⑤重铬酸钾，c（$K_2Cr_2O_7$）= 0.066 7 mol/L（称取 19.612 5 g 干燥后的重铬酸钾，溶于 1 L 水）；

⑥磷酸（H_3PO_4），ρ = 1.71 g/mL；

⑦硫酸（H_2SO_4），ρ = 1.84 g/mL；

⑧过硫酸钾（$K_2S_2O_8$）；

⑨磷酸（H_3PO_4），ρ =1.71 g/mL；

⑩焦磷酸钠 [$(NaPO_3)_n$]，超纯；

⑪1,10-邻菲啰啉硫酸亚铁溶液：0.025 mol/L；

⑫铁（Ⅱ）硫酸铵滴定溶液，c[$(NH_4)_2Fe(SO_4)_2·6H_2O$] = 0.040 mol/L：称取 15.69 g 铁（Ⅱ）硫酸铵，溶于适量蒸馏水，加 20 mL 硫酸（ρ =1.84 g/mL）酸化，用蒸馏水定容至 1 000 mL；

⑬酸混合剂：硫酸（ρ = 1.84 g/mL）和磷酸（ρ = 1.71 g/mL）以 2：1 混合；

⑭过硫酸钾溶液：20 g 过硫酸钾溶解于 900 mL 蒸馏水，用磷酸（ρ =1.71 g/mL）将溶液 pH 调至 2，加蒸馏水定容至 1 000 mL；

⑮焦磷酸钠溶液：将 50 g 焦磷酸钠（超纯）溶解于 900 mL 蒸馏水，用磷酸（ρ = 1.71 g/mL）将溶液 pH 调至 2，加蒸馏水定容至 1 000 mL。

4. 仪器设备

（1）人工气候室或培养箱：（25±2）℃。

（2）配置红外或紫外检测的自动碳分析仪。

（3）干燥器（防内爆）。

（4）滤纸：2.5 μm 中速纤维滤纸。

（5）玻璃烧杯。

（6）皮氏培养皿。

（7）聚乙烯瓶：250 mL。

（8）真空泵（水泵或电泵）。

（9）水平或高架振荡器。

（10）低温冰箱（−20～−15℃）。

（11）防爆沸颗粒。

（12）李比希冷凝器（冷却水）。

（13）圆底烧瓶：250 mL。

（14）滴定管：10 mL。

（15）移液管：2 mL。

5. 测定程序

（1）熏蒸和提取。

①熏蒸。

将湿润的滤纸放入干燥器中。称量至少 3 份湿土壤样品（每份相当于 25～50 g 烘干土壤）分别置于玻璃烧杯或皮氏培养皿中，放入干燥器。再放入一个含有 25 mL 无乙醇氯仿、几个防爆沸颗粒的烧杯和一个装有碱石灰的烧杯。用真空泵抽吸干燥器直到氯仿猛烈沸腾约 2 min。关闭干燥器上的真空阀，在黑暗、（25±2）℃条件下熏蒸 22～24 h。

若土壤样品量不够，可适当减少受试样品量，但应确保土壤质量与提取剂体积的比率为 1∶4。若土壤中有机质含量大于 20%，将土壤和提取剂的比率增加到 1∶4 以上（有机质含量为 95% 的土壤，比率最大可达到 1∶30），以便提取完全。

在熏蒸完成之后，将含有氯仿的烧杯和滤纸从干燥器取出。用真空泵反复抽真空 6 次，每次 2 min，以除去土壤中残存的氯仿。同时，称取 3 份未熏蒸的、潮湿对照试样（相当于 50 g 干土）放入聚乙烯瓶中，并立即用 200 mL 硫酸钾溶液提取。

②提取。

有机碳提取：将熏蒸处理过的土壤定量转移到聚乙烯瓶中，加入 200 mL 硫酸钾溶液，置于水平振荡器以 200 r/min 的速度振摇 30 min，或置于高架振荡器以 60 r/min 的速度振摇 45 min。提取后的混合液用滤纸过滤。对照组按相同方法处理。

若样品不进行立刻分析，将提取液置于温度为 –20～–15℃ 的低温冰箱中保存。使用前，将提取液在室温下解冻后混匀。

注：①硫酸钾提取液，一般用硫酸钙（$CaSO_4$）过饱和，而多余的硫酸钙并不影响测定结果，故若在存储期间（特别是样品冷冻时）产生白色沉淀物，并不影响结果。②嫩根中的细胞膜也会因氯仿熏蒸而释放有机物，对结果产生影响。故针对含有大量根系的土壤，应先按附件 4B 进行预提取。

（2）提取液中碳的测定。

使用重铬酸盐氧化法或仪器分析法测定提取液中的碳含量。

①重铬酸盐氧化法测定微生物量碳。

在强酸环境下，有机物被氧化，$Cr(VI)$ 被还原成 $Cr(III)$，然后反滴定中和过量的重铬酸盐得到与有机碳反应的重铬酸盐量，求得有机碳含量。

取 8 mL 过滤后的提取液或对照样品的提取液（P_S）于 250 mL 圆底烧瓶中，加入 2 mL 重铬酸钾溶液（P_O）和 15 mL 酸混合液，在李比希冷凝器中回流 30 min，冷却后加入 20～25 mL 水稀释。利用反滴定法，以 1,10-邻菲啰啉硫酸亚铁溶液作为指示剂，用铁（II）硫酸铵滴定溶液中过量的重铬酸盐。

②分光光度法测定微生物量碳。

在过硫酸钾（$K_2S_2O_8$）存在的情况下，提取液中的有机碳被氧化成二氧化碳，用红外（IR）或紫外（UV）光谱测定。

取 5 mL 提取液与 5 mL 焦磷酸钠溶液混合，此时土壤提取液中的硫酸钙沉淀物也会被溶解。将过硫酸钾溶液自动注入紫外氧化室，有机碳在紫外激活下氧化生成二氧化碳，生成的二氧化碳经红外吸收或紫外分光光度计测定。

6. 结果处理

（1）重铬酸盐氧化法。

运用式（6-4-2）和式（6-4-3）计算提取的有机碳（C）。

$$C=[(V_H-V_S)/V_C]\times M\times P_O\times E\times 1\,000/P_S \qquad (6\text{-}4\text{-}2)$$

式中：C —— 提取的有机碳含量，$\mu g/mL$；

$\quad\quad V_H$ —— 回流空白滴定体积，mL；

$\quad\quad V_S$ —— 样品滴定体积，mL；

$\quad\quad V_C$ —— 非回流空白滴定体积，mL；

$\quad\quad M$ —— $K_2Cr_2O_7$ 浓度，mol/L；

$\quad\quad E$ —— 有机碳转化成 CO_2 的转换因数，$E=3$；

$\quad\quad P_O$ —— $K_2Cr_2O_7$ 溶液加入体积，mL；

$\quad\quad P_S$ —— 提取液加入体积，mL。

$$C\,（\mu g/g\,干土）= C\,（\mu g/mL）\times（P_K/D_w+S_w） \qquad (6\text{-}4\text{-}3)$$

式中：P_K —— 提取剂质量，g；

$\quad\quad D_w$ —— 土壤干重，g；

$\quad\quad S_w$ —— 土水比（水的克数/干土克数）。

生物量碳（B_C）计算如式（6-4-4）所示：

$$B_C = E_C/K_{EC} \qquad (6\text{-}4\text{-}4)$$

式中：E_C =（熏蒸土壤提取的有机碳质量）−（未熏蒸土壤提取的有机碳质量）；

$\quad\quad K_{EC} = 0.38$（由熏蒸—培养法和熏蒸—提取方法测定 12 份土壤分析得到）。

（2）分光光度法。

运用式（6-4-5）计算提取的有机碳（C）。

$$C\,（\mu g/g\,干土）=[(V\times D_V)-(B\times D_B)]\times（P_K/D_w+S_w） \qquad (6\text{-}4\text{-}5)$$

式中：V —— 样品 C 含量，$\mu g/mL$；

$\quad\quad B$ —— 空白样品 C 含量，$\mu g/mL$；

$\quad\quad D_V$ —— 用磷酸钠稀释的样品量，mL；

$\quad\quad D_B$ —— 用磷酸钠稀释的空白样品量，mL。

生物量 B_C 计算如式（6-4-6）所示：

$$B_C = E_C/K_{EC} \qquad (6\text{-}4\text{-}6)$$

式中：E_C =（熏蒸土壤提取的有机碳质量）−（未熏蒸土壤提取的有机碳质量）；

$\quad\quad K_{EC} = 0.45$（由熏蒸—培养法和熏蒸—提取方法测定 12 份土壤分析得到）。

7. 结果报告

试验报告应含有下列内容或信息：

（1）方法依据；

（2）受试土壤的特性；

（3）测试程序，如测定方法、使用的设备和仪器等；

（4）原始数据，分析结果的图或表。

附件 4B 含大量活的植物根系土壤中微生物量的测定 预提取程序

将潮湿土壤（相当于 25～50 g 干重）加至 250 mL 玻璃瓶中，以 200 r/min 的速度振摇，用 100 mL 硫酸钾溶液（0.05 mol/L）预提取 20 min，提取液过筛（耕地土壤 2 mm 网孔，草地土壤 3 mm 网孔）。另取 75 mL 硫酸钾溶液冲洗筛网上的根（以及小石头）直到无土粒黏附为止，干燥并称量。将土壤悬浮液置于离心机，于 500 g 速度下离心 15 min。然后轻轻地将上清液倾出，滴加 3 滴液体无醇氯仿于待熏蒸土壤。按前文所述进行熏蒸处理。

在有生命根系的情况下必须进行上述预处理。此外，该过程可消除土壤中可能含有的其他无机氮，以及干燥土壤中微生物量测定的一些问题。适合土壤微生物碳和氮全量的测定。预提取过程不会从土壤中提取微生物量（土壤中所有微生物细胞的生物量）。

（上海市环境监测中心　汤琳
中国环境监测总站　金小伟）

三、土壤微生物的丰度和活性测定：呼吸曲线法（C）

参考 ISO 17155-2012，本方法描述了土壤微生物活性的呼吸曲线测定法。

（一）方法原理

定期（如每小时）测定土壤的 CO_2 产生量或 O_2 消耗量（即呼吸速率），同时测定易降解底物（葡萄糖+氨+磷酸）的分解率。根据 CO_2 产生量或 O_2 消耗量数据，计算各种反映微生物活性的参数（如基础呼吸速率、底物诱导呼吸速率、呼吸活化熵、呼吸速率峰值时间、CO_2 累计产生量或 O_2 累计消耗量）。

（二）适用范围

本方法适用于土壤中异养微生物的好氧活性测定方法，监测土壤质量，评估土壤和土壤材料的生态毒性潜力，也可用于对采自场地的梯度污染土壤，以及来自场地或实验室的实验性污染土壤样品的生态毒性评估。

（三）试验材料

1. 试剂
（1）葡萄糖（$C_6H_{12}O_6$），磷酸二氢钾（KH_2PO_4），硫酸铵$(NH_4)_2SO_4$；
（2）底物：将 80 g 葡萄糖、13 g 硫酸铵和 2 g 磷酸二氢钾充分研磨并混匀。
2. 受试土壤
根据土壤的粒径、有机质含量及样品特性确定合适的样品量，至少采集 3 个平行。土壤样品的采集、预处理及保存参见本篇第一章相关部分。测定土壤粒径分布、含水量、饱和持水量、pH、有机质含量等理化特性。

（四）仪器设备

常规实验室仪器、用于连续测定 CO_2 产生量或 O_2 消耗量的呼吸计量仪。

（五）测定程序

1. 土壤样品测试

对于土壤样品测试,测定开始前将潮湿的土壤样品(饱和持水量的 40%～60%或 0.01～0.03 MPa 吸水压)在 20℃培养 3～4 天。首先测定基础呼吸速率(在单位时间内,单位质量空白对照土壤(即不加底物)所消耗的 O_2 量或者释放的 CO_2 量),直到维持恒定呼吸速率。基础呼吸速率测定完成后,向土壤中添加底物(添加量为 10 mg 底物/g 土壤干重)并混匀。如果土壤有机质含量大于 5%,则按照每克腐殖质添加 0.2 g 底物的水平添加。

2. 化学品毒性测试

本方法可用于测定化学品对土壤微生物丰度和活性的影响,但有关这方面的应用报道较少。

对于化学品测试,土壤应具有较低的有机碳含量(0.5%～1.5%),小于 20 μm 颗粒含量不应超过 20%,以利于提高生物利用度。

先通过预试验确定化学品可能对微生物活性产生影响的浓度范围。试验设置 5 个浓度及空白对照,并以几何级数排布,如最低浓度的 1 倍、3.2 倍、10 倍、32 倍、100 倍,各处理分别设置 3 个平行。按前文所述进行测试,建立剂量—效应曲线。

测试开始之前,按下述方法将受试化学物质加入到土壤中:

（1）水溶液(取决于水溶解度);

（2）用有机溶剂溶解(取决于溶剂的溶解度),该有机溶剂应能与水互溶;

（3）与固体载体混合,如涂覆在石英砂上(与土壤混合之前)。

如果受试化学品以有机溶剂的方式添加,应确保溶剂的加入量小于 1%,并考虑溶剂的毒性(如设置溶剂对照)及溶剂的生物降解性。也可设置较长的培养周期(数周或数月)测定化学品的长期效应。经空白对照和受试化学品处理样品的比较发现,土壤微生物对化学品非常敏感。

（六）数据处理和结果表征

1. 微生物参数

（1）基础呼吸速率(R_B),稳定阶段平均呼吸速率。

（2）底物诱导呼吸速率(R_S):加入底物后,呼吸速率达到恒定时的平均值,至少应计算 3 h 平均值。R_S 也可根据式（6-4-7）计算:

$$R_S = r + K \tag{6-4-7}$$

式中:r —— 生长微生物的呼吸速率;

K —— 非生长微生物的呼吸速率。

非生长微生物的呼吸速率 K 及生长微生物的呼吸速率 r,按式（6-4-8）进行计算。

$$dp/dt = r \exp(\mu t) + K \tag{6-4-8}$$

式中:dp/dt —— 添加基质后产物生成速率;

p —— 单位时间单位土壤 CO_2 累计产生量或 O_2 累计消耗量;

t —— 添加底物后的持续时间,h;

μ —— 比生长速率。

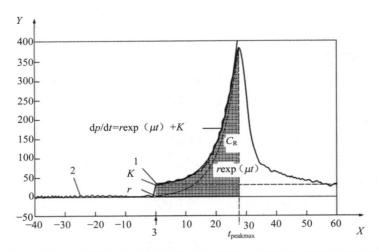

X	t	h	时间
Y	R	$\mu g \cdot g^{-1} \cdot dm \cdot h^{-1}$	基于 CO_2 或 O_2 呼吸速率
	C_R		CO_2 累计产生量或 O_2 累计消耗量
	d_p/d_t		基质添加后产物形成速率
	K		基质添加时 K-非生长微生物的呼吸速率
	r		基质添加时 r-生长微生物的呼吸速率
	$t_{peakmax}$		呼吸速率峰值时间
	μ		比生长速率
1	R_S		基质诱导呼吸速率 $R_S = K + r$（当 $t = 0$）
2	R_B		基础呼吸速率
3			基质添加时间

图 6-4-1　易降解基质添加前后的土壤呼吸速率图示

底物诱导呼吸速率（R_S）可用于估算土壤微生物量。根据式（6-4-9），可将 R_S 转化为 C_{mic}（SIR）：

$$C_{mic}（SIR）=20.6R_S+0.37 \tag{6-4-9}$$

式中：C_{mic}（SIR）—— 每克土壤含有的微生物生物量；

C_{mic} 与 C_{mic}（SIR）的相关系数 $=0.84\sim0.97$，R^2 取决于土壤质地和底物浓度（底物浓度为 3 mg/g，土壤质地为沙壤土，则一般 $R^2>0.9$；土壤质地为粉砂、壤土或黏土质土壤，则一般 $R^2>0.8$）。

（3）呼吸活化熵（基础呼吸速率与底物诱导呼吸速率的比值，Q_R）的计算公式如下：

$$Q_R=R_B/R_S \tag{6-4-10}$$

（4）比生长速率（在指数生长阶段，单位时间内的呼吸速率 μ）的计算见式（6-4-8）。

（5）呼吸速率峰值时间（$t_{peakmax}$）为底物加入后呼吸速率达到最大值时的时间。

（6）CO_2 累计产生量或 O_2 累计消耗量（C_R）。

通过测定底物加入后到呼吸速率达到峰值期间（$t_{peakmax}$）CO_2 累计产生量或 O_2 累计消耗量，可以评估化学品的比生长速率效应。

将每个浓度组的 CO_2 累计产生量或 O_2 累计消耗量扣除空白对照值，以受试化学品的对数浓度作图，得到 S 曲线，然后计算 EC_{10} 和 EC_{50} 值。

2. 结果表征

（1）土壤生态毒性潜力评估。

污染土壤通常比未受污染土壤表现出较高的呼吸活化熵及较长的呼吸速率峰值时间，见图 6-4-2。将测定值与未受污染且具有相似理化性质的土壤或土壤材料进行比较，可以评估土壤的污染程度。$Q_R > 0.3$（矿质可耕种土壤、草原），$Q_R > 0.4$（矿质森林土壤），$Q_R > 0.6$（有机层），$t_{peakmax} > 50\ h$ 表明受到污染。

此外，加入底物后，污染土壤的呼吸速率通常不会表现出对数增加或出现双峰（图 6-4-2）。双峰是由于污染物的短期毒性效应或者选择性毒性效应，缓慢生长的真菌似乎与二次呼吸最大值有关。但应注意，双峰在未污染的样品中也可能出现，其原因是由于不适宜（高）含水量导致真菌的生长。

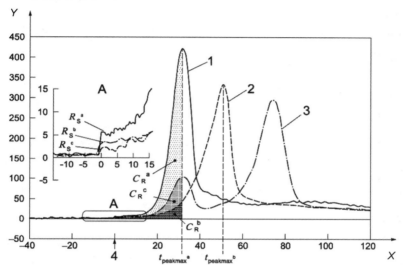

X		t		h	时间
Y		R		$\mu g \cdot g^{-1} \cdot dm \cdot h^{-1}$	CO_2 呼吸速率
		C_R			CO_2 累计产生量或 O_2 累计消耗量
		R_S			底物诱导呼吸速率
		$t_{peakmax}$			呼吸速率峰值时间
		1			无污染土壤
		2			Cu 污染土壤（190 $mg \cdot kg^{-1} \cdot dm$）
		3			TNT 污染土壤（50 $mg \cdot kg^{-1} \cdot dm$）
		4			添加底物时间

图 6-4-2　无污染土壤（1 种）和污染土壤（2 种）的呼吸曲线

（2）化学品测试结果表述的补充说明。

理论上，当化学品添加到土壤后，微生物群落有 4 种反应方式，其中中间两种情形最有可能发生。

①死亡。化学品毒性很高。呼吸急剧减小，但是当有毒化学品通过降解或挥发去除后，存活的微生物可以分解凋亡的生物质，呼吸作用回到甚至高于底物添加之前，不过在很长时间内生物质的量仍然很低。

②耐受。化学品毒性中等。敏感性种群被耐受性种群替代。土壤中有机质的分解速率

变慢，生物质生成量减少。微生物的活性和生命力可能会降低。

③无可观察效应。化学品毒性较小。如果某些种群受到影响，则会被其他原始种群代替。有机化学品缓慢降解产生的 CO_2 可能会掩盖土壤有机质降解变缓而少产生的 CO_2。

④促进。化学品是一种合适的底物，至少适合某些土壤微生物。呼吸速率增加直到受试化学品耗尽。微生物的活性和生物量也会增加。

（七）结果报告

试验报告应该包含以下内容或信息：

1. 一般信息
①土壤采集、预处理、培养，包括采集日期、存储时间、存储温度等；
②受试物：化学鉴别数据（化学品测试）；
③土壤特性：包括粒径分布、含水量、饱和持水量、pH、有机质含量。

2. 测试条件
①取样日期和取样点；
②试验开始和结束日期；
③试验温度；
④测定时间间隔；
⑤试验浓度或浓度范围；
⑥添加受试物所用的溶剂。

3. 结果
①每个样品的微生物学参数；
②每个样品的平均值；
③受试物的浓度对数与微生物学参数（如 EC_{10} 和 EC_{50}）的作图；
④相关关系。

（中国环境监测总站　许人骥）

四、土壤微生物多样性（种群分析）

（一）磷脂脂肪酸和磷脂醚酯分析法（C）

参考 ISO/TS 29843-1-2010，本方法描述了土壤脂肪酸和磷酯醚酯含量测定方法，可作为一种表型和分子遗传学的补充工具，用于评估土壤微生物多样性。

1. 方法原理

土壤微生物中脂类的提取采用 Bligh& Dyer 提取法。脂类提取物通过硅胶柱分离后，经中度碱水解使磷脂转化为脂肪酸甲酯，经酸水解和甲酯化将磷脂转化为磷脂醚酯。利用固相萃取柱将脂肪酸甲酯分离为饱和脂肪酸、单不饱和脂肪酸、多不饱和脂肪酸、羟基脂肪酸、非酯链未取代脂肪酸和非酯链羟基取代脂肪酸。不同的脂肪酸经甲酯化后采用气相色谱/质谱，定性和定量不同的磷脂脂肪酸和磷脂醚酯，以区分确定不同微生物类群及结构。

2. 适用范围

本方法描述了土壤中磷脂脂肪酸（PLFA）和磷脂醚酯（PLEL）扩展提取方法及土壤中 PLFA 测试方法，适用于测定与评估土壤微生物多样性。

3. 试验材料

（1）试剂。

除另有说明外，均为分析纯试剂。

丙酮（C_3H_6O），残留分析；

乙腈（CH_3CN），色谱纯（HPLC 级）；

双（三甲基硅烷基）氟乙酰胺（BSTFA）；

硅藻土 Celite 545，粒径 0.02～0.10 mm；

氯仿（$CHCl_3$）；

二氯甲烷（CH_2Cl_2），残留分析；

二乙醚（$(C_2H_5)_2O$）；

二甲基二硫（$(CH_3S)_2$）；

乙酸（CH_3COOH）；

乙酸乙酯（C_4H_8O）；

六甲基二硅胺（HMDS）；

己烷（C_6H_{14}），残留分析；

氢氧化钾（KOH）；

甲醇（CH_3OH），残留分析；

硫酸钠（Na_2SO_4）；

硫代硫酸钠（$Na_2S_2O_3 \cdot 5H_2O$）；

氨丙基柱，Aminopropyl-column[Chromabond^2]-NH_2-column；

吡啶，最大含水量 0.01%；

盐酸（HCl）；

硝酸银（$AgNO_3$）；

甲苯（C_7H_8），闪烁纯；

三甲基氯硅烷（TMSI）；

磷酸氢二钾（K_2HPO_4）；

十九烷酸甲酯（$C_{20}H_{40}O_2$）；

氢碘酸（57%，稳定在 H_3PO_2）；

异辛烷（C_8H_{18}）；

碘（I_2），6%乙醚介质；

碳酸钠（Na_2CO_3）；

锌粉，优级纯，粒径 45 μm；

磷酸盐缓冲液（0.05 mol/L）：2 000 mL 水中加入 17.42 g K_2HPO_4，用 4 mol/L HCl 调节溶液 pH 至 7.4；

甲醇—氢氧化钾溶液（0.2 mol/L）：10 mL 甲醇中加入 0.11 g KOH；

乙酸（1 mol/L）：100 g 水中加入 6.0 g 乙酸（100%）；

碳酸钠溶液（0.1 mol/L）：500 mL 水中加入 5.3 g Na_2CO_3；

碳酸钠溶液（10%）：360 g 水中加入 40 g Na$_2$CO$_3$·5H$_2$O；

硫代硫酸钠溶液（50%）：200 g 水中加入 272.5 g Na$_2$S$_2$O$_3$·5H$_2$O；

标准溶液（C$_{19:0}$ 脂肪酸甲酯）：25 mL 辛烷中加入 25.0 mg 十九烷酸甲酯（贮备液），以 1∶10 的比例用异辛烷稀释（准确吸取 2.5 mL 贮备液，用异辛烷稀释至 25 mL），最终浓度为 32.05 nmol/100 μL。

（2）受试土壤。

土壤样品的采集与预处理方法参见本篇第一章相关部分。如果过筛的新鲜土样不能及时分析测定，应于–20℃条件下保存或在脂质提取后储存在氯仿中。

4. 仪器设备

（1）气相色谱仪，配置质量选择性检测器（MSD）和毛细管柱（长度为 50 m，内径 0.2 mm，涂覆交联 5%苯基甲基橡胶相，液膜厚度 0.3 μm）。

（2）固相萃取小柱：强阳离子交换柱，0.5 g/3 mL；硅胶柱，2 g/12 mL。

5. 测定程序

土壤样品中磷脂脂肪酸（PLFA）和磷脂醚酯（PLEL）提取分析程序如图 6-4-3 所示：

（1）脂类提取（Bligh&Dyer 提取法）。

在体积为 500 mL 的烧瓶中加入 10～25 g 受试土壤（干重），加入 125 mL 甲醇、62.5 mL 氯仿、0.05 mol/L 磷酸盐缓冲液（pH 为 7.4，50 mL 减去土壤含水量）。振荡提取 2 h，加入 62.5 mL 水和 62.5 mL 氯仿，混匀后静置 24 h，分离去除水相。有机相和悬浮液通过含有 2 cm 硅藻土 545 的漏斗，经无水硫酸钠干燥后体积减小至约 10 mL。

（2）硅胶柱分离脂类。

柱尺寸：2 g/12 mL（柱体积，V）；

固定相活化：1V 氯仿；

上样：样品用氯仿复溶；上样体积＜12 mL；

洗脱：1V 氯仿用于洗脱中性脂，1V 丙酮用于洗脱糖脂，4V 甲醇用于洗脱磷脂。最后一部分洗脱液浓缩至近干。

（3）磷脂脂肪酸（PLFA）分析。

①中度碱性条件下水解。甘油主键和脂肪酸侧链的酯键断裂，释放的脂肪酸形成脂肪酸甲酯（FAME）。将剩余的磷脂溶解于 1 mL 甲醇—甲苯溶液（1∶1 体积比），再加入 5 mL 0.2 mol/L KOH 甲醇溶液（现配），置于 37℃恒温反应 15 min，接着用 1 mol/L 乙酸调节混合液的 pH 至 6。再加入 10 mL 氯仿和 10 mL 水后转移至离心管中，振荡 1 min，于 2 000 g 离心 10 min 分离后，水相再用 5 mL 氯仿提取一次。合并有机相（氯仿相），经无水硫酸钠干燥后浓缩至小体积。

②选用 NH$_2$ 柱从羟基脂肪酸（PLOH）和不可皂化脂类中分离脂肪酸甲酯（FAME）。

柱尺寸：0.5 g/3 mL；

固定相活化：1V 己烷∶二氯甲烷（体积比为 3∶1）；

上样：样品用己烷∶二氯甲烷（体积比为 3∶1）溶解，上样体积＜1.5 mL；

洗脱：1V 己烷—二氯甲烷溶液（体积比为 3∶1）用于洗脱未取代脂肪酸甲酯（FAME）；1V 二氯甲烷—乙酸乙酯溶液（体积比为 9∶1）用于洗脱羟基脂肪酸（PLOH）；2V 2%乙酸—甲醇溶液用于洗脱不可皂化脂类。

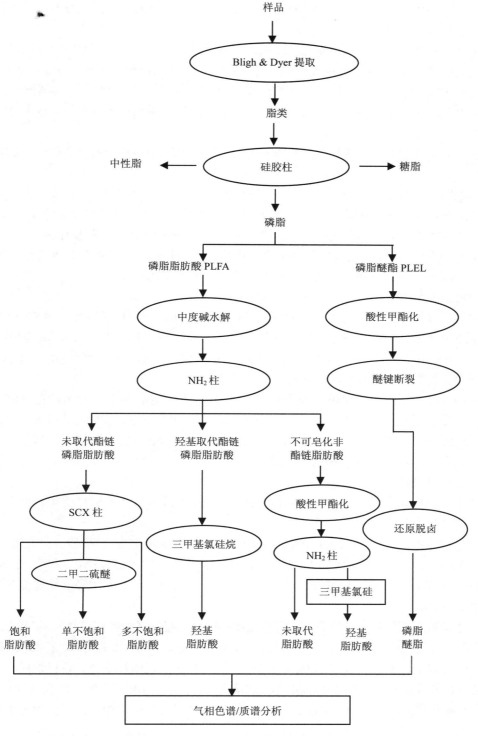

图 6-4-3 磷脂脂肪酸（PLFA）和磷脂醚酯（PLEL）提取分析程序

③ SCX 柱分离未取代酯链磷脂脂肪酸（EL-PLFA）。

柱尺寸：0.5 g/3 mL；

固定相活化：先通过含 0.1 g 硝酸银的 1.5 mL 乙腈水溶液（体积比为 10∶1），接着加入 $2V$ 乙腈，$2V$ 丙酮和 $4V$ 二氯甲烷；

上样：样品溶解在二氯甲烷-己烷溶液中（体积比为 7∶3），上样体积＜3.0 mL；

洗脱：$2V$ 二氯甲烷—己烷（体积比为 7∶3）用于洗脱饱和脂肪酸（SATFA）；$2V$ 二氯甲烷—丙酮（体积比为 9∶1）用于洗脱单不饱和脂肪酸（MUFA）；$4V$ 丙酮—乙腈（体积比为 9∶1）用于洗脱多不饱和脂肪酸（PUFA）。所有脂类在无外加压力的条件下通过交换柱。

④不可皂化脂肪酸酸性甲酯化以及羟基脂肪酸（UNOH）和未取代脂肪酸（UNSFA）分离。

非酯链脂肪酸由不可皂化脂类的水解和甲酯化形成。去除溶剂后，将剩余的不可皂化脂类重新溶解于 2 mL 甲醇—氯仿—盐酸（37%）溶液（体积比为 10∶1∶1），于 60℃ 下恒温过夜。加入 2 mL 2%氯化钠溶液，加入 4 mL 己烷—甲苯溶液（体积比为 1∶1）提取，重复提取 3 次。样品经无水硫酸钠干燥（硫酸钠经己烷洗涤）。产生的非酯链脂肪酸经 NH_2 柱分离为羟基脂肪酸（UNOH）和未取代脂肪酸（UNSFA）。

⑤PLOH 和 UNOH 的三甲基氯硅烷衍生化。

将经②和④处理后得到的 PLOH 和 UNOH 衍生化，即向样品中加入 0.5 mL 吡啶—BSTFA—六甲基二硅胺—三甲基氯硅烷混合液（体积比为 0.2∶1∶2∶1），混合物在 60℃ 恒温保持 15 min，接着用氮气吹干，得到 PLOH 和 UNOH 衍生物，待气相色谱测定。

⑥单不饱和脂肪酸（MUFA）的二甲基二硫衍生化。

将经③处理后获得的单不饱和脂肪酸（MUFA）衍生化，即将样品溶解在 0.05 mL 己烷、0.1 mL 二甲基二硫和 3～5 滴碘（6%乙醚），置于 60℃ 下恒温 72 h。然后加入 1 mL 5% 的硫代硫酸钠去除过量的碘，分别加 1.5 mL 己烷提取三次；合并有机相（己烷相），经硫酸钠干燥后蒸至近干，待气相色谱测定。

（4）磷酸醚酯分析。

用于分析的磷脂量相当于约 5 g 干物质（有机质）或者 12.5 g 干物质（矿物质）。

①酸性甲酯化。

在酸性条件下，断裂磷脂的极性基团以获得醚酯。去除溶剂后，将磷脂部分复溶于 2 mL 甲醇—氯仿—37%盐酸溶液（体积比为 10∶1∶1），置于 60℃ 恒温过夜。冷却后，加入 4 mL 水。然后分别加入 5 mL 己烷提取 3 次。合并有机相（己烷相），并用经己烷洗涤 3 次的无水硫酸钠干燥。

②氢碘酸断裂醚键。本操作用于释放醚酯中的醚键烃类（如碘代烷烃）。将含有醚键的酯转移到一个 50 mL 的试管中，氮气吹干；加入 2.0 mL 氢碘酸振荡 20 s。样品在 100℃ 恒温 18 h。冷却后，加入 4 mL 水以停止反应。然后用 5 mL 己烷提 3 次，将己烷层收集至一个 100 mL 分液漏斗中，依次用 4 mL 水（振荡 15 s）、10 mL 10%碳酸钠（振荡 30 s）、10 mL 50%硫代硫酸钠（振荡 30s）洗涤。静置 15 min 后，弃去下层水相，己烷相用无水硫酸钠干燥。

③锌粉还原脱卤。向装有经干燥的碘代烷烃样品的离心管中加入 300 mg 锌粉，接着加入 3 mL 100%乙酸振荡 20 s。混合后在 100℃ 下恒温 18 h；冷却后，加入 5 mL 0.1 mol/L 碳酸钠中和。然后分别用 7 mL 己烷提取 3 次（2000 g 离心 10 min）。将己烷层合并倒入 100 mL 分液漏斗中，依次用 10 mL 0.1 mol/L 碳酸钠（振荡 15 s），8 mL 水（振荡 30 s），8 mL

水（振荡 30 s）洗涤。静置 15 min 后，弃去下层水相，己烷相用无水硫酸钠干燥。

（5）磷脂脂肪酸/磷脂醚酯测定。

在干燥的样品中加入 50 μL 或 100 μL 内标物（十九烷酸甲酯，100 ng/μL）。将脂类转入 GC-MS 进样瓶中，待 GC-MS 分析，测定条件如下：

色谱柱：涂覆交联 5%苯基甲基聚硅氧烷固定液的毛细管柱（50 m×0.2 mm，液膜厚度为 0.3 μm）；

进样方式：不分流进样，在 0.75 min 打开吹扫阀；

进样口温度：290℃；

载气：氢气，流速为 1.0 mL/min；

柱温：① 磷脂脂肪酸分析，初始温度为 70℃（保持 2 min），以 40℃/min 速率升至 160℃，再以 3℃/min 速率升至 280℃，保持 10 min。② 磷脂醚酯分析，初始温度为 70℃ 保持 2 min，以 30℃/min 速率升至 130℃，再以 4℃/min 速率升至 320℃，保持 30 min。

6. 定性与计算

（1）脂肪酸定性定量分析。

利用色谱分析软件对各组分进行定性与定量分析。也可与已获得的标准物质或文献报道的图谱进行比较分析来定性。土壤提取物中脂肪酸甲酯含量可通过式（6-4-11）进行计算：

$$C = \frac{R_f \times k \times m}{R_i \times V \times M} \times 1\,000 \tag{6-4-11}$$

式中：C —— 土壤中目标化合物的浓度，nmol/g；

R_f、R_i —— 目标化合物和内标物的平均响应值；

k —— 校正因子，目标化合物相对于内标物的因子，与响应值有关；

m —— 内标物质量，ng；

V —— 进样体积，mL；

M —— 目标化合物的摩尔质量，g/mol。

（2）微生物总量与多样性。

总微生物量可以通过土壤总磷脂脂肪酸估算。脂肪酸甲酯含量也可用摩尔百分比的对数表示。不同土壤类型（污染、未污染）或经过不同处理（如加入化学物质、修复）土壤之间的微生物多样性变化可采用主成分分析法（PCA）分析。也可应用商业公司开发的基于脂肪酸分析的微生物鉴定系统（如 Miorolial Identification Syrtems，MIS）。

（二）快速提取法测定磷脂脂肪酸（PLFA）（C）

参考 ISO/TS 29843-2-2011，本方法描述了 PLFA 的快速提取方法，可用于评估分析土壤微生物群落变化，它与扩展提取法的灵敏度对比见表 6-4-2。

表 6-4-2　扩展提取法和快速提取法灵敏度对比

特性	PLFA 快速提取法	PLFA 扩展提取法
区分两种微生物群落	是	是
微生物量估算	是	是
表征群落结构的单个组分（"指纹"）	否	是

特性	PLFA 快速提取法	PLFA 扩展提取法
鉴定除了酯链脂肪酸外的脂肪酸	否	是
土壤样品中脂肪酸种类	<50	200~400
检测脂肪酸和分子中脂肪之间关连的能力	是，酯链	是，酯链、非脂肪酸
土壤提取物中低浓度特定脂肪酸测定	否	是
土壤提取物中特异脂肪酸检测	否	是
特定生物中特征脂肪酸数目	少量	大量
广泛出现在谱图中的脂肪酸之间的相关性	高	正常
微生物群落变化的生物体鉴定	否	基本是

1. 方法原理

土壤微生物中脂类提取物经硅胶柱分离为中性脂、糖脂和磷脂，磷脂经中度碱性水解液水解为脂肪酸甲酯（FAME）后，利用气相色谱法检测分析不同的 FAME，以确定不同土壤微生物类别及含量。

2. 适用范围

本方法适用于估测土壤微生物的生物量及分析不同土壤样品中微生物群落的差异。尤其适用于土壤微生物群落结构的快速变化检测，同时也可用于粗略描述土壤样品中的微生物群组（如革兰氏阳性菌、放线菌、真菌）。

3. 试验材料

（1）试剂。

除另有说明外，均为分析纯试剂。

丙酮（C_3H_6O），液相色谱纯。

氯仿（$CHCl_3$），液相色谱纯。

己烷（C_6H_{14}）。

甲醇（CH_3OH），液相色谱纯。

甲苯（C_7H_8）。

2,6-二叔丁基-4-甲基苯酚（BHT）（$C_{15}H_{24}O$）。

柠檬酸（$C_6H_8O_7 \cdot H_2O$）。

柠檬酸三钠（$C_6H_5Na_3O_7 \cdot 2H_2O$）。

水合硅酸（$SiO_2 \cdot nH_2O$）。

无水硫酸钠（Na_2SO_4）。

氢氧化钾（KOH）。

乙酸（$C_2H_4O_2$）。

氢氧化钠（NaOH）。

十九烷酸甲酯（$C_{20}H_{40}O_2$）。

氮气（N_2）。

氯仿/甲醇（CM）溶液：在体积比为 1∶2 的氯仿—甲醇溶液中加入 0.005% BHT。

柠檬酸缓冲液（CB）：

①水合柠檬酸，0.15 mol/L，500 mL 水中加入 15.76g $C_6H_8O_7 \cdot H_2O$；

②柠檬酸三钠，0.15 mol/L，500 mL 水中加入 22.06g $C_6H_5Na_3O_7 \cdot 2H_2O$；

③将 59 mL 柠檬酸溶液加至 41 mL 柠檬酸三钠溶液中，调 pH 为 4。

　　BD（Bligh & Dyer）溶剂：在氯仿—甲醇—柠檬酸缓冲液（体积比1∶2∶0.8）中加入0.005% BHT。例如，（100 mL氯仿∶200 mL甲醇∶80 mL柠檬酸缓冲液）+ BHT。

　　KOH-甲醇溶液（0.2 mol/L）：50 mL无水甲醇（无水硫酸钠）中加入0.56 g KOH，临用现配。

　　提取溶剂（SE）：己烷—氯仿溶液，体积比为4∶1。

　　乙酸（1 mol/L，58 mL/L）：在750 mL蒸馏水中加入58 mL乙酸，用蒸馏水定容至1 L。

　　氢氧化钠溶液（0.3 mol/L，12 g/L）：在750 mL蒸馏水中溶解12 g氢氧化钠，用蒸馏水定容至1 L。

　　内标（C19:0FAME）：在1 mL己烷储备液中加入10 mg十九烷酸甲酯（己烷稀释比为1∶100）。

　　外标（BAME）：细菌脂肪酸甲酯混合Supelco™ #47080-U商品化试剂（供参考）。

　　（2）受试土壤。

　　土壤样品的采集与预处理方法参见本篇第一章相关部分。如果过筛的新鲜土样不能及时分析测定，应在-20℃条件下保存或在脂质抽提后储存在氯仿中。

4. 仪器设备

　　（1）聚四氟乙烯管，也可用具有聚四氟乙烯盖或带聚四氟乙烯隔垫盖的玻璃管，约20 mL巴斯德吸管。

　　（2）烧瓶（40 mL），具聚四氟乙烯塞。

　　（3）玻璃试管（20 mL）。

　　（4）自制小柱：聚丙烯吸头（1 mL，5 mL或10 mL）。无灰棉（如玻璃纤维）。

　　（5）超声仪。

　　（6）离心机。

　　（7）冰箱或冷冻箱。

　　（8）烘箱。

　　（9）涡旋振荡器。

　　（10）水浴锅。

　　（11）气相色谱，配置火焰离子化检测器和石英毛细管柱（长度为30 m，内径为0.25 mm，液膜厚度为0.25 μm）。

5. 测定程序

　　土壤样品中磷脂脂肪酸（PLFA）快速提取分析程序如图6-4-4所示。

　　（1）脂类提取（Bligh & Dyer提取法）。

　　在体积为20 mL的聚四氟乙烯管中加入约2 g新鲜土样，加入11.9 mL CM溶液。然后加入CB溶液使含水量增加至3.16 mL。将样品置于涡旋振荡器，并在超声仪中超声30 min后，在冰箱中放置过夜。

　　样品振荡后置于1 200 r/min条件下离心10 min。将上清液移至干净的40 mL烧瓶中。在剩余土壤泥浆中加入5 mL BD溶液。再次振荡后置于1 200 r/min条件下离心10 min，接着将上清液转移至前述40 mL烧瓶中。重复操作3次。将所有上清液转移至烧瓶中，加入4 mL氯仿和4 mL CB溶液以分离各相。将烧瓶置于冰箱中过夜。

　　弃去样品的上层液体，下层在50℃条件下用氮气吹干，冷藏或冷冻保存。

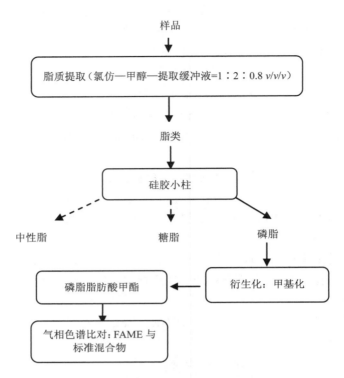

图 6-4-4　磷脂脂肪酸（PLFA）快速提取分析程序

（2）硅胶柱分离脂类。

将 0.5 g 水合硅酸在 100℃下活化 1 h，将无灰棉塞入 10 mL 移液器吸头中。活化后的水合硅酸溶解于 3 mL 氯仿并引入吸头中，待氯仿挥发干。小柱先用 2 mL 甲醇活化，然后加入 2 mL 丙酮，接着加入 2 mL 氯仿活化。

脂质提取物复溶于 300 μL 氯仿中，经过滤器（可由 5 mL 移液器吸头内装无灰棉和 2.5 cm 厚的无水硫酸钠制成）加入到柱头。依次加入 5 mL 氯仿、12 mL 丙酮以及 8 mL 甲醇。收集加入甲醇后的洗脱液至干净的 20 mL 试管中，在 40℃条件下氮吹至干后，置于冰箱中冷冻。

（3）衍生化—转甲基化—净化。

将分离得到的样品溶解至 0.5 mL 无水甲醇和 0.5 mL 无水甲苯中，接着加入 1 mL KOH-甲醇溶液，置于恒温振荡器在 37℃下至少振荡 30 min。然后加入 0.3 mL 1 mol/L 乙酸、5 mL SE 和 3 mL 重蒸水以停止反应。样品经振荡、超声净化 30 min，于 1 200 r/min 条件下离心 5 min，弃去水相（下层）。最后，加入 3 mL 氢氧化钠溶液（12 g/L），振荡 30 s 后于 1 200 r/min 条件下离心 15 min。上清液经过滤（装有无灰棉和无水硫酸钠的移液器管吸头）后移入干净的玻璃小瓶中。再次用 3 mL SE 溶液净化水相，1 200 r/min 条件下离心 5 min，将上清液过滤后合并移至玻璃小瓶中。重复最后两步（加入 SE 溶液和离心），合并收集 3 次提取物于玻璃小瓶中。40℃条件下氮吹至干，于−20℃冷冻保存，待 GC 分析。

（4）PLFA 分析。

在干燥后的样品中加入 50 μL 内标物，混匀后进样 2 μL 进行 GC 分析。GC 测定条件如下：

进样口温度：200℃；

载气（氢气）：0.8 mL/min；

柱温：初始温度 180℃，保持 1 min；然后以 2℃/min 的速率升至 240℃，保持 1 min。以脂肪酸标准物质的保留时间定性。

6. 结果计算与表征

土壤提取物中每种 FAME 的含量可参考前述扩展提取法描述的方法计算与表征。

（南京市环境监测中心站　张哲海　孙洁梅　方东）

五、污染物对菌根真菌的影响：孢子萌发试验（C）

参考 ISO 10832-2011，本方法描述了污染物对菌根真菌（*Glomus mosseae*）孢子（真菌的无性繁殖体）萌发的影响测试方法，无须提取步骤直接采用污泥或土壤分析。

（一）方法原理

将菌根真菌（*Glomus mosseae*）孢子置于由两个硝化纤维滤膜形成的层状装置，并将其放入含有不同浓度或稀释度受试混合物的培养皿中。14 天后测定萌发孢子的百分比，与对照组相比，估算 50% 孢子萌发抑制质量分数（W_{50}）。

（二）适用范围

本方法适用于评价污染物对菌根真菌（*Glomus mosseae*）孢子萌发的影响及对土壤有益微生物的潜在危害。适用于化学物质、污染土壤、废弃物及土壤与废物混合物的测定。

（三）试验材料

1. 受试生物（真菌和孢子）

真菌门，球囊菌属 *Glomus mosseae* （Nicolson 和 Gerdeman）Gerdeman 和 Trappe（球囊菌门菌种库，BEG 12）。使用成熟的孢子，基因库识别号：U96139（18S rDNA 的亚单位）、YO7656（部分 25S rDNA 亚单元序列）。可选用商品化含孢子的子实体（图 6-4-5），或利用小于 5 个月的盆栽物提取子实体。

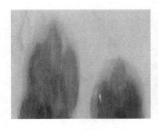
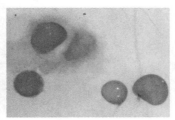

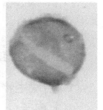

<table>
<tr><td>a）子实体</td><td>b）打开的子实体</td><td>c）完整的孢子</td><td>d）破壁的孢子</td></tr>
</table>

图 6-4-5　*Glomus mosseae* 子实体和孢子

孢子的萌发率应大于 75%，孢子和子实体（菌丝包围的孢子群）保存在 4℃的蒸馏水中，子实体可保存一周，孢子保存期不超过两天。

2. 受试样品（受试基质）

土壤样品按照本篇第一章相关部分中的规定保存。废物和污泥样品应于（4±2）℃下储存在密闭容器内。用于保存具有微生物活性的污泥和废物的容器不应完全装满。测定土壤、废物和污泥的 pH（土壤 pH 不低于 5.5）、含水量、饱和持水量、速效磷、可溶性磷含量（应小于 100 mg/kg）。使用粒径小于 4 mm 的土壤或废物。否则，应将土壤或废物研磨并过 4 mm 筛。

3. 参比土壤（对照基质）

使用砂或人工土壤作为参比土壤。其中，砂的二氧化硅含量大于 99%，pH 为 6.6～7.5，粒径为 0.8～1.6 mm，用 pH>6 的蒸馏水洗涤 3 次，然后干燥。最终的 pH 应>6。测定前，确保孢子在对照基质中的萌发率大于 75%。

4. 参考物质

硝酸镉（$Cd(NO_3)_2 \cdot 4H_2O$）。

5. 台盼蓝

0.5 g 台盼蓝（分子式 $C_{34}H_{24}N_6O_{14}S_4Na_4$，分子量 960.82）溶解于 50 mL 盐酸（1%）、450 mL 水与 500 mL 甘油中。用台盼蓝非活体染色可使菌根真菌结构清晰可见（着色为蓝色）。

6. 蒸馏水

蒸馏水的 pH 应为中性或不小于 5.5。

（四）仪器设备

（1）双目显微镜：放大倍率为 32 倍。

（2）无菌塑料培养皿：直径 9 cm。

（3）滑动框：24 mm×36 mm。

（4）硝化纤维滤膜：白色，直径 47 mm，孔径 0.45 μm，3 mm 网格线。

（5）天平：量程 0～200 g，精度 0.001 g。

（6）超细镊子。

（7）滤纸。

（8）塑料微管：1.5 mL。

（9）塑料薄膜。

（10）微管和切割刀。

（11）漏斗。

（五）测定程序

1. 受试生物的准备

（1）孢子。

Glomus mosseae 孢子应为黄色、明亮，并有一个完整和干净的包膜（应剔除空的和压碎的孢子）。

（2）受试生物准备。

每个浓度处理中孢子的数目：每个层状装置（两层硝化纤维滤膜组成的一个装置，由两个滑动框把两个膜固定在一起）含 30 个孢子，每个浓度处理设 6 个平行（层状结构）；

即每个浓度处理 180 个孢子。

在双筒显微镜下，从子实体中小心收集孢子。将子实体放置在略微湿润的滤纸上，以使孢子附着在滤纸上。用超细镊子轻轻打开子实体，取出孢子，并转移到含蒸馏水的微型管中。

将用蒸馏水加湿的过滤薄膜放置在双目显微镜下的潮湿滤纸上，用微量吸管将 *Glomus mosseae* 孢子从微管中取出，将其放置在过滤膜的中间，数量由每平方滑动框架数而定（1 个网格线方框内 1 个孢子，见图 6-4-6）。加湿前小心地用第二层过滤膜覆盖孢子，以使这两个膜的网格线重叠。这两种膜用两个滑动框在一起，形成层状结构。孢子的层状装置应迅速放置在培养皿中。

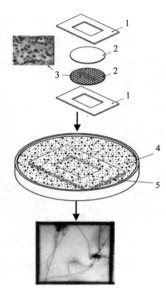

1. 滑动架；2. 过滤膜与网格线；3. 孢子；4. 受试物质；5. 层状装置

图 6-4-6　试验装置

2. 受试混合物制备

受试混合物是由对照基质和受试样品或基质组成，应准备足够的受试溶液或基质混合物。

（1）水溶性或可乳化的物质。

根据浓度设计，溶解或稀释一定量的受试物至蒸馏水中，制备得到不同浓度的受试物溶液。将不同浓度的受试物溶液加入到含 80 g 对照基质的培养皿中，以获得 90% 持水量的受试混合物（图 6-4-7）。同时设置不含受试物的对照处理。

（2）不溶于水的有机溶剂可溶性物质。

根据浓度设计，溶解或稀释一定量的受试物至挥发性溶剂（如甲醇）中，制备得到不同浓度的受试物溶液。吸取一定量受试物溶液与 10 g 对照基质混合。在真空条件下挥发 24 h 去除有机溶剂。然后转移至含 70 g 对照基质的培养皿中，并小心混匀。加蒸馏水将 80 g 受试混合物的含水量调节到 90% 持水量（图 6-4-7）。同时设置不含受试物的对照处理。

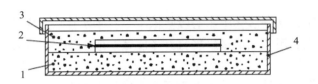

1. 第一层基质或受试混合物；2. 含孢子层状装置；3. 第二层的基质或受试混合物；4. 培养皿

图 6-4-7 水溶性或可乳化物质测试操作示意图

（3）不溶于水与有机溶剂的物质。

根据浓度设计，直接称取一定量的受测物质和对照基质混匀，加蒸馏水将 80 g 受试混合物的含水量调节到 90%持水量（见图 6-4-8）。同时设置不含受试物的对照处理。

1. 有润湿滤纸衬底培养皿；2. 含有孢子层状结构的物质或试验混合物；3. 漏斗供应所需的水量

图 6-4-8 固体基质和受试混合物操作程序示意图

（4）固体物质。

使用对照基质制备不同稀释度的受试混合物。将受试混合物等分成两份。加蒸馏水将 80 g 受试混合物的含水量调节到 90%持水量。同时设置不含受试物的对照处理。

3. 受试浓度选择

（1）预试验。

设置 5 个浓度和一个对照（如 0，0.1，0.2，0.5，1，2 mg/kg），每个培养皿和每个浓度含有 30 个孢子。预试验不设平行。

（2）正式试验。

根据预试验结果，按照几何级数（比率应不超过 2），至少选择 5 个浓度，覆盖对孢子萌芽没有影响的最高浓度和完全抑制孢子萌芽的最低浓度。每个浓度设 3 个平行。

（3）限度试验。

如果预试验结果显示，受试混合物对孢子萌发低毒，可采用限度试验。设置 1 个最高浓度处理（如 1 000 mg/kg 或未稀释土壤）和 1 个空白对照。若使用了助溶剂，增设助溶剂对照。各设 3 个平行。

4. 开始试验

将层状装置转移到一个培养皿中，并放置于两层受试混合物的中间（图 6-4-7）。

（1）受试混合物含有水溶性或可乳化物质。

将第一层对照基质（约 40 g）置于培养皿中。加少量受试物质或蒸馏水（对照）至对照基质至一定湿度。在上面放置含孢子的层状装置，并用同一对照基质（约 40 g）覆盖第二层。用剩余的受试物质或蒸馏水（对照）加湿以获得 90%的持水量（图 6-4-7）。

（2）受试混合物含有机溶剂可溶性物质。

将第一层（约 40 g）的混合受试物置于培养皿中。在上面放置含孢子的层状装置，并用受试混合物（约 40 g）覆盖第二层。用蒸馏水加湿以获得 90%的持水量（图 6-4-7）。

（3）受试混合物含有水或有机溶剂不溶性物质。

将第一层（约 40 g）的受试混合物置于培养皿中。在上面放置含孢子的层状装置，并用受试混合物（约 40 g）覆盖第二层。用蒸馏水加湿以获得 90%的持水量（图 6-4-7）。

（4）受试混合物含有固体物质。

将第一层（约 40 g）的受试混合物置于培养皿中，并在其底部铺上一层湿润滤纸。将含孢子的层状装置置于培养皿中，并用受试混合物（约 40 g）覆盖第二层。通过毛细作用，用蒸馏水将受试基质加湿到 90%的持水量。通过一个漏斗（末端塞有湿脱脂棉，以控制水的流速），滴加蒸馏水使其保持 90%的持水量，或用吸量管在培养皿底部与滤纸接触（图 6-4-8）。

5. 培养条件

用塑料薄膜密封培养皿，在（24±2）℃黑暗条件培养 14 天。

6. 观测与测定

14 天后，从培养皿中小心取出含孢子的层状装置（保持水平），用蒸馏水冲洗，必要时，将其浸没在 0.05%台盼蓝溶液中 15 min，确保菌丝萌芽可见。仔细冲洗层状装置，用吸水纸吸干后打开。在双目显微镜下观测、计数回收到的总孢子数和萌发的孢子的数目。

对于土壤样品，在染色前应用蒸馏水冲洗层状装置。

萌发后菌丝的长度应至少大于孢子直径的 5 倍才进行计数。

（六）数据处理和结果表征

1. 数据处理

对于每个处理、浓度和重复，计数回收到的总的孢子数和萌发的孢子数量。计算萌芽的孢子与回收孢子数的百分比，萌发的平均百分比和每个处理和浓度的标准偏差，并与对照组比较。计算质量分数（W_{50}）及95%置信区间。必要时，采用适当的统计方法计算 W_x。

2. 结果表征

对于每个浓度处理，绘制孢子的萌发百分比对质量分数的效应图。

（七）有效性标准

回收的孢子总数的平均值大于或等于 25。对照中孢子萌发的平均百分比不小于 75%。参比物硝酸镉（$n=4$）的 W_{50} 值为 0.15～1.7 mg/kg。

（八）结果报告

试验报告应包括以下内容或信息：

（1）方法依据；

（2）试验开始与结束时间、测试条件；

（3）受试物及受试混合物制备，包括原始样品、受试混合物（必要时）、污染物（必要时）、pH、水溶性磷、饱和持水量和水分含量等；

（4）受试废物或土壤预处理；

（5）测定前，子实体和孢子编号、接收时间、存储时间及存储条件；

（6）对照基质石英砂的理化参数（批号、pH、粒径）；

（7）对照基质自然土壤的理化特性（必要时）；

（8）在各浓度处理的测试结果：初始和萌发孢子的数量、孢子的萌芽率、平均值和标准偏差、数据图表（萌芽率与浓度）；

（9）其他未尽细节，或可能影响结果的任何事件。

（南京市环境监测中心站　王美飞　梅卓华　张哲海　陈明）

参考文献

[1] 东方人华. 统计基础和 SPSS11.0. 北京：清华大学出版社，2004.

[2] 方安平，叶卫平，等. Origin7.5 科技绘图及数据分析. 北京：机械工业出版社，2006.

[3] Hamilton M A，Russo C R and Thurston V R. Trimmed spearman-karber method for estimating median lethal concentrations in toxicity bioassays. Environmental Science & Technology，1997，11（7）：714-719.

[4] ISO 11268-1（2012）. Soil quality-Effects of pollutants on earthworms-Part 1：Determination of acute toxicity of Eisenia fetida/Eisenia Andrei. Adopted 1，November，2012.

[5] ISO 11268-2（2012）. Soil quality-Effects of pollutants on earthworms-Part 2：Determination of effects on reproduction of Eisenia fetida/Eisenia Andrei. Adopted 1，November，2012.

[6] ISO 11269-1（2012）. Soil quality-Determination of the effects of pollutants on soil flora. Part 1：Method for the measurement of inhibition of root growth. December，2012.

[7] ISO 11269-2（2013）. Soil quality-Determination of the effects of pollutants on soil flora. Part 2：Effects of contaminated soil on the emergence and early growth of higher plants. February，2013.

[8] ISO 14240-2（1997）. Soil quality-Determination of soil microbial biomass-Part 2：Fumgation-extraction method.

[9] ISO 15952（2011）. Soil quality-Effects of pollutants on juvenile land snails（Helicidae）-Determination of the effects on growth by soil contamination. June，2011.

[10] ISO 17155（2012）. Soil quality-Determination of abundance and activity of soil microflora using respiration curves.

[11] ISO 20963（2011）. Soil quality-Effects of pollutants on insect larvae（Oxythyrea funesta）-Determination of acute toxicity. December，2011.

[12] ISO 22030（2011）. Soil quality-Biological methods-Chronic toxicity in higher plants. August，2011.

[13] ISO 29200（2013）. Soil quality-Assessment of genotoxic effects on higher plants-Vicia faba micronucleus test. September，2013.

[14] ISO/TS 10832（2009）. Soil quality-Effects of pollutants on mycorrhizal fungi-Spore germination test. October，2009.

[15] ISO/TS 14240-1（1997）. Soil quality-Determination of soil microbial biomass-Part 1：Substrate-induced respiration method. January，1997.

[16] ISO/TS 21268-1 （2007）. Soil quality-Leaching procedures for subsequent chemical and ecotoxicological testing of soil and soil materials-Part 1：Batch test using a liquid to solid ratio of 2 L/kg dry matter. 2007.

[17] ISO/TS 22939（2010）. Soil quality-Measurement of enzyme activity patterns in soil samples using fluorogenic substrates in micro-well plates. March，2010.

[18] ISO/TS 29843-1（2010）. Soil quality-Determination of soil microbial diversity-Part 1：Method by phospholipid fatty acid analysis（PLFA）and phospholipid ether lipids（PLEL）analysis. October，2010.

[19] ISO/TS 29843-2（2011）. Soil quality-Determination of soil microbial diversity-Part 2：Method by hospholipid fatty acid analysis（PLFA）using the simple PLFA extraction method. September，2011.

[20] Lancashire P D，Bleiholder H，Boom T V D，et al. A uniform decimal code for growth stages of crops and weeds. Ann. Appl. Biol.，1991，119：561-601.

[21] OECD Guideline for testing of chemicals 207. Earthworm acute toxicity tests. Adopted 4 April 1984.

[22] OECD Guideline for testing of chemicals 222. Earthworm Reproduction Test （Eisenia fetida/Eisenandrei）. Adopted 13 April 2004.

[23] OECD Guidelines for the Testing of Chemicals 208（2006）：Terrestrial Plant Test：Seedling Emergence and Seedling Growth Test.

致　谢

　　《土壤环境监测分析方法》的编写得到了生态环境部领导的亲切关怀和支持，监测司、法规司、科技司等相关部门也给予了指导和帮助，在此对他们表示衷心的感谢。全书的编写出版工作是在中国环境监测总站领导的精心组织与安排下，由全国两百多位参加编写和审阅的技术人员共同努力下完成的，编委会向大家的工作致以由衷的敬意。在编写过程中也得到了各级监测站和相关农林国土等单位领导的关心和支持，在此编委会特向他们表示最诚挚的感谢。